抗菌防霉技术手册

第三版 3 THE THIRD EDITION

ANTIBACTERIAL AND ANTIFUNGAL TECHNOLOGY MANUAL

顾学斌
王 磊
陈 灵
等编著

化学工业出版社
·北京·

内容简介

本书在简述微生物的形态构造、特点和生长条件、霉腐微生物造成的危害等内容基础上，详细介绍了400余种通过植物提取、生物提取、化学合成等方式制取的抗菌防霉剂的化学结构式、化学名称、分子式、CAS号、理化性质、毒性、抗菌防霉效果及其制备、应用和法规等内容。另外本书还较为详细地介绍了工业杀菌剂、霉腐微生物、抗菌防霉效果测试等内容，供读者以市场需求为导向进行研发时参考。

本书具有实用性强、信息量大、内容齐全、重点突出等特点，可供广大抗菌防霉领域，包括科研、教学、生产、应用、销售及管理等领域相关人员参考。

图书在版编目（CIP）数据

抗菌防霉技术手册 / 顾学斌等编著. -- 3版.
北京：化学工业出版社，2025. 5. -- ISBN 978-7-122-47656-2

Ⅰ. TQ047.1-62

中国国家版本馆CIP数据核字第2025CX1531号

责任编辑：张　艳　刘　军　　文字编辑：段曰超　师明远
责任校对：边　涛　　装帧设计：王晓宇

出版发行：化学工业出版社
（北京市东城区青年湖南街13号　邮政编码100011）
印　　装：北京盛通数码印刷有限公司
710mm×1000mm　1/16　印张36　字数789千字
2026年1月北京第3版第1次印刷

购书咨询：010-64518888　　售后服务：010-64518899
网　　址：http://www.cip.com.cn
凡购买本书，如有缺损质量问题，本社销售中心负责调换。

定　　价：268.00元

本书编写人员名单

顾学斌　王　磊　陈　灵　马宝龙

周银辉　马振瀛　张一宾　薛章荣

前言

微生物在人们的日常生活中发挥着不可或缺的作用，极大地促进了食品工业和化学工业的发展。借助微生物发酵工艺，我们能够生产出丰富的调味品与饮品，如酱油、醋、味精以及各类酒品（白酒、黄酒、啤酒），还能制造乙醇、丙酮、丁醇等重要的化学品。此外，微生物还是生产有机酸、氨基酸、核苷酸等生物分子的关键，同时在医药领域，它们也为我们提供了抗生素、维生素、疫苗等对人类健康具有重大意义的医药产品。

然而，微生物同样构成了一定的威胁。霉菌、细菌等微生物广泛分布于地球的生物圈，其生长繁殖迅速，新陈代谢活跃，且具备强大的环境适应性和变异能力。在适宜的条件下，它们能在各种材料及其制品上快速繁殖，并释放出水解酶、有机酸以及有害毒素等物质。这不仅影响了物品的外观和使用价值，更对生态环境造成了污染，严重时甚至危及人类和其他动物的健康。因此，鉴于当前行业的发展态势，我们必须对微生物的控制与防范工作给予高度重视，积极采取有效手段，以减轻其可能带来的不利影响。

对微生物进行控制的方法可分为物理方法、化学方法和生物方法三类。物理方法主要通过温度、水分，或使用辐射、气体、压力以及超声波等物理手段杀菌；化学方法主要通过酸、碱、氧化还原电位、化学药剂等手段杀菌；生物方法主要通过寄生、互生、共生以及拮抗等手段达到杀菌抑菌目的。其中，用杀菌剂防止微生物生长，迄今仍是最广泛采用的方法。

然而不断变化的行业法规是影响工业杀菌剂市场走向的一个重要因素，由于遵守这些法规的成本越来越高，过去五年中引入的新产品很少。自从生物杀灭剂产品指令于2000年中期在欧盟生效以来，原有大量的生物杀灭活性物质已从市场上消失，迫使大家不断寻求新的工业杀菌剂品种。

本书所介绍的工业抗菌防霉剂在第二版的基础之上，从品种种类上淘汰了部分不适合工业领域的药物；在化学合成品种基础上，增加了植物提取、生物提取等化合物，极大丰富了可用于工业等领域的抗菌品种；从内容上进一步完善原有的项目内容，尤其是从安全性、作用机理、实际应用和相关法规等方面，使其内容更为贴近市场。

《抗菌防霉技术手册》（第三版）注重市场需求，覆盖面广，技术信息来源准确可靠，是防腐防霉、抗菌行业科研、生产、应用、营销以及相关专业人士不可缺少的工具书之一。

限于编著者水平和对相关信息的掌握程度，书中内容难免会有不足之处，希望读者不吝批评和指正，以便于再版时修正。

编著者

2025 年 6 月于上海

第一版序一

由微生物引起的霉变以及腐败给人类的生产和生活带来了极大的影响，如何抵御有害微生物的侵袭，是人们长期以来奋战的课题。众所周知，抗菌防霉几乎涉及所有领域。除农业及日常生活外，还主要关系到纤维、皮革、塑料与薄膜、建筑材料、木材、金属加工液、工业用水、光学仪器、涂料、胶黏剂、食品、医药品、化妆品、饲料、造纸、电工材料、橡胶以及树脂等领域，也涉及国防、文物、水产养殖等领域。

由于抗菌防霉涉及面极广，迫切需要较为系统的资料予以全面介绍。在我国，虽然出版过几种相关的书籍，但年代一般久远，而且从品种、特性、试验方法等方面予以全面介绍的抗菌防霉类书籍近几年还是一片空白。《抗菌防霉技术手册》一书的出版正是顺应了社会的需求。

本书的一大特点是作者新老结合，其中长者传授了许多经验，年轻人也增添了许多新内容。

由于抗菌防霉剂的品种有限，且不少品种的毒性、抗性问题日益显现，有的在发达国家已禁用或限制使用，故亟需开发新的品种。而不少农用杀菌剂亦可在抗菌防霉领域中应用。书中三百余个品种中有三分之一以上为农用杀菌剂，其中有的品种还是本书作者所开发或正在开发的品种，此是本书的又一特点。

总之，本书的出版对抗菌防霉领域是一件大好事，对此领域工作具有一定的指导作用。我衷心祝贺本书顺利出版，并向有关读者推荐。

中国工程院院士

2011 年 3 月

第一版序二

抗菌防霉工作涉及的范围十分广泛，并日益引起人们的重视。随着社会的发展和环境生态保护意识的提高，研究工业抗菌防霉剂的任务除要不断提高抗菌防霉效果外，也更加注重解决使用安全和环境友好等问题。

本书作者长期从事抗菌防霉的研究开发和市场信息研究，近年来更致力于抗菌防霉的对外检测服务，同时在剂型配方及应用方面亦积累了丰富的经验。其中两位作者还曾编著过多本抗菌防霉领域方面的书籍。

该技术手册收录了300多个在工业领域曾使用、正使用或正在研发的抗菌防霉剂，详细叙述了工业抗菌防霉的研发方法。此书凝结了作者从事工业抗菌防霉工作的心血。

该书内容丰富，对我国工业领域从事抗菌防霉研发工作的科研人员，对从事抗菌防霉剂生产的管理、生产和市场营销人员以及抗菌防霉学科的教师和学生都是一部十分有益的参考书；同时，对从事农用杀菌剂开发和生产的企业或人员也有相当的参考价值，为此向大家推荐。

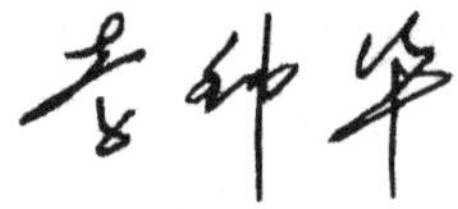

2011年3月

第一版前言

微生物给人类生活带来了很多益处，人们利用微生物制造出了酱油、醋、味精、白酒、黄酒、啤酒；乙醇、丙酮、丁醇；有机酸、氨基酸、核苷酸；抗生素、维生素、疫苗等。同时，微生物也给人类造成了不少危害，致使人类、动物、植物等患病而造成个体死亡。

但是，微生物对各种工业材料及其制品的霉腐变质和腐蚀破坏作用却没有引起人们的足够重视。由于霉菌、细菌等微生物广布于地球的生物圈内，它们的生长繁殖非常迅速，新陈代谢十分旺盛，而且容易适应和变异，所以在适宜条件下，它们就会在各种材料及其制品上生长繁殖，并由此而产生各种水解酶、有机酸及有害毒素等。这不仅影响物品的外观和质量，而且污染环境，危害人畜健康。由此，必须切实做好防范工作。

采用抗菌防霉剂是控制材料及其制品的霉变、腐败、腐蚀的重要手段之一。鉴于抗菌防霉剂种类繁多，物理化学性质各异，安全性有差别，抗菌防霉效果不同，应用对象亦不一样，这就需要经过筛选试验才能选择到适合于特定物品的抗菌防霉剂。同时，因抗菌防霉剂的抗性、毒性还必须不断开发新品种、新配方。必须指出，选择两种或两种以上的药物复配使用效果更佳。书中对一些已被禁、限使用的品种也专门予以指出。

本书所介绍的工业抗菌防霉剂包括已经在工业领域使用的药物，有些单位正在研制开发的药物，原来在其他行业使用而被实践证明可以用于工业领域的药物以及国外报道的新型药物等。同时对部分药物作了抗菌防霉效果检测和应用试验，使其内容更为完善。

工业抗菌防霉剂的应用范围广泛，其涉及的领域有：食品、饮料、粮食、饲料、烟草、中草药、化妆品、洗涤剂、胶黏剂、皮革及其制品、竹木藤草及其制品、塑料橡胶制品、纺织品、帆布、漆布、漆纸、墙纸、地毯、涂料、纸浆、铜版纸、包装材料、金属加工液、石油制品、混凝土、循环冷却水、油田注水系统、光学镜头、仪器仪表、电线电缆、航天航空器材、工艺美术品、墨水墨汁、美术颜料、感光胶片、乐器、文物以及档案图书等。

为方便读者查询，本书中的抗菌防霉剂以中文名称出现的药物，按汉字笔画排列，优先考虑通用名。

本书在编写过程中参阅和引用了不少专家、学者如陈仪本、欧阳友生、薛广波、吕嘉枥等的有关著作和数据，获益匪浅，特此感谢。

中国工程院沈寅初院士和中化化工科技研究总院李钟华副院长专门为本书撰写序言，深表谢意。

由于作者水平有限，有不妥之处，诚请读者提出宝贵意见。

编著者

2011 年 4 月于上海

目录

第1章 概述

第2章 抗菌防霉剂品种

第 3 章 抗菌防霉步骤和试验方法

参考文献

第1章
概　述

微生物给人类带来的益处是众所周知的，例如：厨房烹调用的酱油、食醋、味精，餐桌上喝的啤酒、黄酒、白酒，防治疾病用的疫苗和抗菌素，作为有机溶剂的乙醇、丙酮以及农业上使用的菌肥等，都是利用微生物发酵生产的。然而，由微生物所导致的危害，如动植物病变，食物、饲料、材料的霉变、腐败和腐蚀等，迫使人们长期以来采用各种方法与微生物引起的危害进行斗争。所以微生物控制一直是人类所关注的课题。

微生物控制的方法可分为物理方法、化学方法和生物方法三类。物理方法主要通过温度、水分，或使用辐射、气体、压力以及超声波等物理手段杀菌；化学方法主要通过酸、碱、氧化还原电位、化学药剂等手段杀菌；生物方法主要通过寄生、互生、共生以及拮抗等手段达到杀菌抑菌目的。其中，用杀菌剂防止微生物生长，迄今仍是最广泛采用的方法。

中国工业杀菌剂产业发展始于20世纪80年代，催生于20世纪90年代末。特别是随着中国逐步成为全球制造业的中心，以及精细化学品在国内的快速发展，杀菌剂的生产制造在中国迅速发展起来，以至于近些年来，中国已经成为主流工业杀菌剂产品的制造基地，中国的工业杀菌剂行业形成欣欣向荣的景象。

然而不断变化的行业法规是影响工业杀菌剂市场走向的一个重要因素，由于遵守这些法规的成本越来越高，过去几年中引入的新产品很少。自从生物杀灭剂产品指令于2000年在欧盟生效以来，原有大量的生物杀灭活性物质已从市场上消失，同时成本的增加也导致了行业内进一步整合。

人们抗菌意识也由最初单一产品杀灭思路、微生物控制体系转变为生物综合治理理念，采用预防为主、综合防治、科学用药三大策略，通过化学防治、生态防治、生物防治以及实践技术等手段，在加强工厂生产人员微生物知识培训，提升企业控制微生物污染管理水平的同时，更要提高消费者的适度抗菌意识，共同努力控制产品生产过程、产品储存过程以及产品使用阶段中可能出现的微生物污染，协调应用各种措施，将有害生物控制在经济受害允许的水平之下，以获得最佳的经济、生态和社会效益，切实为生产“健康且美丽”的工业产品，为消费者创造更加清洁卫生、更加健康舒适的生活环境而保驾护航，达到真正意义上的“环保和高效”。

1.1 霉腐微生物

微生物一词不是生物分类学上的专有名称，而是一群体形微小、构造简单，必须借助光学显微镜甚至电子显微镜才能观察到的低等生物的统称。微生物类群十分复杂，其中包括不具备细胞结构的病毒、类病毒，原核单细胞的细菌、蓝细菌、放线菌、支原体、立克次氏体、衣原体，具有真核细胞的酵母菌、霉菌、蕈菌、单细胞藻类和原生动物等。而与工业、农业、食品、医药等产品腐败、霉变有关，造成工业灾害的是细菌、放线菌、酵母菌和霉菌四大类微生物。为了说明方便，对以上引起工业灾害的几大类微生物，一般称为“霉腐微生物”或“有害微生物”。

1.1.1 霉腐微生物的形态构造和特点

下面主要介绍细菌、放线菌、酵母菌和霉菌四种。

1.1.1.1 细菌

细菌是自然界中分布最广、数量最多、与人类关系最密切的一类微生物。日常生活中出现的低度酒类、果汁、乳品、蛋品、肉类等食品的变质，食物中毒，墨汁发臭，抹布发黏，化妆品产气发胀，某些传染病的发生，铁、铜、铝等金属制品的腐蚀等，主要是细菌活动的结果。

1.1.1.1.1 细菌的形态和构造

（1）细菌的大小与形态　细菌的个体很小，它的大小通常以微米（μm）表示。细菌的形态多种多样，常随着菌龄和环境条件的不同而有所改变。各种细菌在幼龄和生长条件适宜时，表现正常的形态。根据外形不同，可将细菌分为球形、杆形和螺旋形三种基本形态，分别称为球菌、杆菌和螺旋菌。球菌的直径约为0.5～2μm，杆菌大小约为（0.5～1μm）×（1～5μm），弧菌大小约为（0.3～0.5μm）×（1～5μm），螺旋菌大小约为（0.3～1μm）×（1～50μm）。

① 球菌。这类细菌单个存在时，呈圆球形或扁圆形。几个球菌联合在一起，其接触面常呈扁平状态，如尿素小球菌（*Micrococcus ureae*）、金黄色葡萄球菌（*Staphylococcus aureus*）等。

② 杆菌。杆状的细菌，多数细菌为杆菌。杆菌的长短、形态差别很大。杆菌按其形态有短杆菌、链杆菌、分枝杆菌、棒状杆菌和芽孢杆菌等，如伤寒沙门菌（*Salmonella typhi*）、普通变形杆菌（*Proteus vulgaris*）、痢疾志贺菌（*Shigella dysenteriae*）等。

③ 螺旋菌。细胞呈弯曲、螺旋状的细菌，弯曲不足一圈的称为弧菌，如霍乱弧菌（*Vibrio cholerae*）、玫瑰色螺菌（*Spirillum roseum*）等。

（2）细菌的细胞结构　细菌的细胞结构可分为一般结构和特殊结构两类。一般结构，这是任何细菌都具有的共同构造，主要由细胞壁、细胞膜、细胞质和核质体组成。鞭毛、荚膜和芽孢等，是某些细菌所特有的结构。

① 细胞壁。包在细胞表面的一层坚韧而具有弹性的结构，厚度一般在10～

80nm，细菌的细胞壁约占菌体干重的 10%～25%。

细菌细胞壁的主要成分是肽聚糖（又称黏质复合物）。肽聚糖是由 N-乙酰葡萄糖胺、N-乙酰胞壁酸（N-乙酰羧乙基氨基葡萄糖）以及短肽聚合而成的多层网状结构大分子化合物。其中的短肽一般由 4～5 个氨基酸组成，如 L-丙氨酸-D-谷氨酸-L-赖氨酸-D-丙氨酸等，而且短肽中常有 D-氨基酸与二氨基庚二酸存在。不同种类细菌的细胞壁中肽聚糖的结构与组成不完全相同。肽聚糖是细菌、放线菌所特有的成分，它使细胞壁具有坚韧的特性。

细胞壁上有许多微细的小孔，可容许直径 1nm 的可溶性物质通过，对大分子物质有阻拦作用。

② 细胞膜。细胞膜也称细胞质膜或原生质膜，或简称为质膜，是紧靠在细胞壁内侧，在细胞壁与细胞质之间的一层柔软而富有弹性的半渗透性薄膜。细胞膜厚度一般为 5～8nm，细菌细胞膜约占其干重的 10%。细胞膜主要由蛋白质（60%～70%）和脂质（主要是磷脂，含 20%～30%）组成，此外还有少量的糖类物质、固醇类物质以及核酸等，构成精细的膜结构。

细胞膜的基本结构是在液体的脂质双层中镶嵌着可移动的球形蛋白质。脂质双层由两排脂质分子排列构成膜的基本骨架，每个脂质分子是由一个可溶于水的“头部”（亲水部分）和两条脂肪酸链（疏水部分）组成。在脂质双层中，所有脂质分子的亲水端都朝向膜内外两表面，疏水端则朝向膜中央。镶嵌在脂质双层内的膜蛋白被称为嵌入蛋白质，对膜的通透性起着重要作用。附着在脂质双层内表面的膜蛋白被称为外在蛋白质，含有许多呼吸酶系、三羧酸循环酶系和脱氢酶系。

③ 细胞质及其内含物。细胞质是包于细胞膜内、除核质体之外的一种无色透明的胶状物。细胞质的主要成分是水、蛋白质、核酸、脂类及少量的糖类和无机盐类。细菌细胞质中核糖核酸的含量较高，可达固形物的 15%～20%。

细胞质是细菌的内在环境，具有生命活动的所有特性，含有各种酶系统，是细菌进行新陈代谢的主要场所，通过细胞质，细菌细胞与周围环境不断进行物质交换。

④ 核质体。细菌属于原核生物，细胞内没有一个结构完整的核，不具有核膜和核仁，因此没有固定的形状，只有一个核质体。细菌核质体的主要成分是 DNA（脱氧核糖核酸），细菌的核实际上是一个巨大的、连续的、环状双链 DNA 分子，长达 1mm，比细菌本身长 1000 倍。

⑤ 鞭毛。某些细菌的表面长着一种从细胞内伸出的纤细而呈波状的丝状物，称为鞭毛。鞭毛着生在接近细胞膜的细胞质中的基粒上，通过细胞膜和细胞壁而伸出体外。鞭毛的长度常可超过菌体的若干倍，但直径很小，一般为 10～20nm。

鞭毛的主要成分是蛋白质，只含有少量的多糖，或可能有脂类。鞭毛蛋白类似于动物肌肉中的肌球蛋白，能收缩。鞭毛是细菌的运动“器官”。鞭毛极其纤细，易于脱落，细菌在幼龄时期运动频繁，衰老的细胞鞭毛脱落而不运动。

大多数球菌不生鞭毛。杆菌中有的生鞭毛，有的不生鞭毛。螺旋菌都生有鞭毛。鞭毛着生的位置、数目与排列是细菌种的特征，有鉴定意义。

⑥ 荚膜。有些细菌在其细胞壁表面覆盖一层疏松、透明的黏液性物质，称为

荚膜。荚膜的厚度一般可达 200nm。荚膜含有大量的水分，约占 90%以上。其化学成分随菌种的不同而不同，通常是多糖，少数革兰氏阳性菌的荚膜是单一的多肽。

荚膜的形成与环境条件密切相关。如炭疽杆菌只是在被它所感染的动物体内才形成荚膜；而肠膜状明串珠菌（*Leuconostoc mesenteroides*）只有在含糖量高、含氮量低的培养基中，才会产生大量的荚膜物质。

⑦ 芽孢。某些细菌生长到一定阶段，细胞内会形成一个圆形、椭圆形或圆柱形的对不良环境条件具有较强抗性的休眠体，称为芽孢。由于细菌芽孢的形成都在细胞内，故又称内生孢子。由于每一个细菌只产生一个芽孢，所以芽孢不是细菌的繁殖方式。

1.1.1.1.2 细菌的繁殖方式

细菌一般进行无性繁殖，主要以裂殖的方式，由 1 个细胞分裂为 2 个大小基本相等的子细胞。

细菌细胞分裂可分为核与细胞质分裂、横隔壁形成和子细胞分离等过程。首先核分裂，同时在细胞赤道附近的细胞质膜从外向中心做环状推进，然后闭合而形成一个垂直于细胞长轴的细胞质隔膜，使细胞质分开。其次形成横隔壁。细胞壁向内生长，把细胞质隔膜分成两层，每一层分别形成子细胞的细胞质膜。随后横隔壁也分成两层，这样每一个子细胞就各具一完整的细胞壁。最后是子细胞的分离。

除无性繁殖外，细菌亦存在着有性结合。但细菌有性结合频率较低，主要以裂殖方式进行无性繁殖。

1.1.1.1.3 细菌的菌落形态

细菌的形态很小，肉眼看不见单个细菌细胞。但是，当单个或少数细菌（或其他微生物的细胞、孢子）接种到固体培养基后，如果条件适宜，它们就会迅速生长繁殖。由于大量子细胞不能像在液体培养基中那样自由弥散，势必会以母细胞为中心形成一个较大的子细胞群体。这种由单个细菌细胞（或少数细菌细胞），在固体培养基的表面（有时在内部）繁殖出来的、肉眼可见的子细胞群体，称为菌落。

不同种的细菌所形成的菌落形态不同。同一种细菌常因培养基成分、培养时间等不同，菌落形态也有变化。但是，各种细菌在一定的培养条件下形成的菌落具有一定的特征。菌落的特征，对菌种的识别和鉴定有一定意义。

菌落形态包括菌落的大小、形状（圆形、假根状、不规则状等）、隆起形态（如扩散、台状、低凸、凸面、乳头状等）、边缘（如边缘整齐、波状、裂叶状、圆锯齿状等）、表面状态（如光滑、皱褶、颗粒状、龟裂状、同心环状等）、表面光泽（如闪光、不闪光、金属色泽等）、质地（油脂状、膜状、黏、脆等）、颜色以及透明程度（如不透明、半透明等）等项。

在观察细菌菌落时，一般要求分散度合适，并培养一定的时间，在这种情况下生长的菌落就可以比较充分地反映此细菌在这种培养条件下的典型菌落特征。

1.1.1.2 放线菌

放线菌由于菌落呈放射状而得名。它具有生长发育良好的菌丝体。放线菌在自然界分布很广，土壤是它们的大本营，一般在中性或偏碱性的土壤和有机质丰富的土壤中较多。

放线菌大部分是腐生菌，少数是寄生菌。寄生性放线菌可引起动物、植物病害，如一些放线菌（*Actinomyces*）和诺卡菌（*Nocardia*）会引起动物的皮肤、脚、肺或脑膜感染。放线菌引起的植物病害有马铃薯疮痂病与甜菜疮痂病等。放线菌具有特殊的土霉味，使食品变味。有些放线菌能使棉、毛、纸张等霉坏。

1.1.1.2.1　放线菌的形态和构造

放线菌是一类介于真菌和细菌之间，但又接近于细菌的原核微生物。放线菌与细菌一样，细胞可被溶菌酶溶解，也可被特异性噬菌体感染，凡能抑制细菌的抗生素也多能抑制放线菌，而抑制真菌的抗生素（如多烯类抗生素）对放线菌无抑制作用。

放线菌的菌丝体无横隔膜，是多核的单细胞微生物，而丝状真菌一般是多细胞微生物，细菌也是单细胞微生物。

另外，放线菌会形成纤细的、没有横隔膜的、多核的分枝菌丝体，在固体培养基上有基质菌丝和气生菌丝的分化，在气生菌丝的顶端会形成分生孢子等，这些特点与丝状真菌相似。放线菌虽然是介于细菌和丝状真菌之间的一类微生物，但它在微生物中的分类位置应在细菌之中，而不属于真菌。

1.1.1.2.2　放线菌的繁殖方式

放线菌主要是通过形成无性孢子的方式进行繁殖。在液体培养基中，菌丝断裂的片段即可繁殖成新的菌丝体。在固体培养基上生长时，气生菌丝分化为孢子丝，它通过分裂可形成一长串分生孢子或在气生菌丝上形成孢子囊，产生孢子囊孢子。

1.1.1.2.3　放线菌的菌落形态

放线菌由于产生大量基内菌丝而伸入培养基内，而气生菌丝又紧贴培养基表面互相交错缠绕，气生菌丝纤细、致密、生长缓慢，所以形成的菌落质地致密，表面呈较紧密的绒状或坚实、干燥、多皱，菌落较小而不致广泛延伸。

放线菌的基内菌丝和孢子常有不同的颜色，故菌落的背面、正面常呈相应的不同颜色。基内菌丝大部分呈黄、橙、红、紫、蓝、绿、灰褐色，甚至黑色，也有无色的，这些色素有水溶性的，可扩散至培养基中，脂溶性色素则不能扩散。放线菌孢子一般呈白、灰、黄、橙黄、红、蓝、绿等颜色。用放大镜仔细观察，可以看到菌落周围有放射状菌丝。

1.1.1.3　酵母菌

酵母菌通常是指一群以单细胞为主，以出芽方式进行营养繁殖，既能好气生长又能厌气生长的真菌。

在自然界，酵母菌主要分布在含糖量较高的偏酸性环境中，如浆果、蔬菜、花蜜及蜜饯上，特别是在果园、葡萄园的土壤中较多。在油田和炼油厂周围的土壤中，则易找到石油酵母。

1.1.1.3.1　酵母细胞的形态和构造

（1）酵母菌的形态大小　大多数酵母菌为单细胞，其细胞形态多样，如卵圆形、圆形、椭圆形、柠檬形或香肠形等，有的种类还可产生藕节状假菌丝，少数种类也可产生竹节状真菌丝。这些形态因培养时间、营养状况以及其他条件的差异而有所变化。

酵母细胞的大小，根据种类的不同差别很大，一般在（1～5μm）×（5～30μm）。通常见到的椭圆形酵母，大小约为（3～5μm）×（8～15μm）。

（2）酵母菌的细胞结构　酵母菌具有典型的细胞结构，有细胞壁、细胞膜、细胞质及细胞核。细胞质中有液泡、线粒体及各种储藏物等。

酵母细胞壁是由特殊的酵母纤维素构成，它的主要成分是甘露聚糖（31%）、葡聚糖（29%）、蛋白质（6%～8%）、脂类（8.5%～13.5%）等，一般不含有真菌所具有的甲壳质或纤维素。酵母菌细胞壁不及细菌细胞壁坚韧。

酵母幼细胞的细胞质较稠密而均匀，老细胞的细胞质则出现较大的液泡。多数酵母，尤其是圆形与椭圆形的酵母只有一个液泡，长形酵母有的在细胞两端各有一个液泡。液泡的成分为有机酸及其盐类水溶液，液泡的颜色比周围细胞质淡。

酵母为真核微生物，酵母菌体中存在明显的定型的核，每个细胞只有一个细胞核，呈圆形或卵圆形，多在细胞的中央与液泡相邻。细胞核有核膜、核仁和染色体。细胞核的主要成分是DNA。

1.1.1.3.2　酵母菌的繁殖方式

（1）无性繁殖

① 芽殖。出芽繁殖是酵母菌最普遍的繁殖方式，如啤酒酵母、热带假丝酵母、解脂假丝酵母（*Candida lipolytica*）等均进行出芽繁殖。

② 裂殖。少数酵母菌，如八孢裂殖酵母（*Schizosaccharomyces octosporus*）进行分裂繁殖的过程是细胞伸长，核分裂为二，细胞中央出现隔膜，将细胞分为两个具有单核的子细胞。

（2）有性繁殖　酵母菌以形成子囊孢子的方式进行有性繁殖。凡具有有性繁殖产生子囊孢子的酵母称为真酵母，尚未发现有性繁殖的酵母称为假酵母。

1.1.1.3.3　酵母菌的菌落形态

由于酵母菌与细菌一样，大多数呈单细胞状态，没有营养菌丝与气生菌丝的分化，细胞间隙充满着水分，所以在固体培养基上形成与细菌相似的菌落。菌落湿润、黏稠、表面光滑，易被接种环挑起。但酵母细胞比细菌大，故形成的菌落也比细菌大，具有较厚和隆起的特征。酵母菌落的颜色十分单调，多数呈乳白色，仅少数呈红色，如红酵母（*Rhodotorula*）与掷孢酵母（*Sporobolomyces*）等。

1.1.1.4　霉菌

霉菌在自然界分布很广，大量存在于土壤中，比其他微生物更能耐受较酸的环境，空气中也含有大量霉菌孢子。人们可以轻易地用肉眼看到这些生长在阴暗潮湿处，呈绒毛状、絮状或丝状的“霉”。霉菌是引起各种工业原料、农副产品、仪器设备、衣物、器材、工具和食品等发霉变质的主要微生物。

1.1.1.4.1　霉菌的形态和构造

霉菌的菌体由菌丝构成，菌丝可无限制伸长和产生分枝，分枝的菌丝相互交织在一起形成菌丝体。

霉菌的菌丝有两类：一类菌丝中无隔膜，整个菌丝体可看作是一个多核的单细胞，如低等种类的根霉、毛霉、犁头霉等霉菌的菌丝均无隔膜；另一类菌丝体有横隔膜，每一段就是一个细胞，整个菌丝体是由多细胞构成，多数霉菌属这一类。

霉菌的菌丝细胞都由细胞壁、细胞膜、细胞质、细胞核和其他内含物组成。菌丝的宽度一般为 2～10μm，比细菌或放线菌宽几倍至几十倍。细胞壁的厚度为 100～250nm，成分各有差异，大部分霉菌的细胞壁由甲壳质组成（占干重的 2%～26%）。

1.1.1.4.2 霉菌的繁殖方式

（1）无性孢子繁殖　无性孢子主要有孢子囊孢子、分生孢子、节孢子、厚垣孢子等。

① 孢子囊孢子。一种内生孢子，为毛霉、根霉、犁头霉等一些低等霉菌无性繁殖产生。

② 分生孢子。在菌丝顶端或分生孢子梗上，以类似于出芽的方式形成单个或成簇的孢子，称为分生孢子。分生孢子是青霉、曲霉、木霉等大多数霉菌所具有的一种外生孢子，其形状、大小、结构以及着生的情况多种多样。

③ 节孢子。亦称粉孢子，为白地霉等少数种类所产生的一种外生孢子。由菌丝中间形成许多隔膜，顺次断裂成许多竹节状的短圆柱形的无性孢子。

④ 厚垣孢子。又称厚壁孢子，很多霉菌可形成这类孢子。它们形成的方式类似于细菌的芽孢。厚垣孢子对外界环境有较强的抵抗力。

⑤ 芽孢子。由菌丝细胞如同发芽一般产生的小突起，经过细胞壁紧缩形成的一种耐受体，形似球状，如某些毛霉或根霉在液体培养基中形成，被称为酵母型细胞的，亦属芽孢子。

（2）有性孢子繁殖　有性孢子主要有卵孢子、接合孢子、子囊孢子、担孢子等。霉菌的有性孢子是经过不同性别的细胞配合而产生的。

① 卵孢子。菌丝分化成雄器和藏卵器。藏卵器内有一个或数个卵球。当雄器与藏卵器相配时，雄器中的细胞质和细胞核通过受精管而进入藏卵器，与卵球配合，配合后的卵球生出外壁，即成为卵孢子。

② 接合孢子。接合孢子是由菌丝生出形态相同或略有不同的配子囊接合而成。其形成过程为两个相邻近的菌丝相遇，各自向对方伸出极短的侧枝，称原配子囊，原配子囊接触后，顶端各自膨大并形成配子囊，然后两者接触处溶解，隔膜消失，细胞质与细胞核相互结合，形成一个深色、厚壁和较大的接合孢子。

③ 子囊孢子。子囊孢子是一种内生的有性孢子，各种子囊菌都能产生。子囊孢子产生于子囊中，子囊是一种囊形结构，呈圆球状、棒状或圆筒状。同一或相邻的两个菌丝细胞形成两个异形配子囊，即产囊器和雄器，两者进行配合，经过一系列复杂的质配和核配后，形成子囊。子囊中子囊孢子数目通常是 2 的倍数，一般为 8 个。大多数真菌子囊包在特殊的子囊果中。子囊的形状、大小、颜色、形成方式等，均为子囊菌的菌种特征，常作为分类的依据。

④ 担孢子。各种担子菌所特有的外生有性孢子，经过两性细胞核配合后产生，

着生在担子上，典型担子菌的担子都有4个担孢子。

此外，在液体培养基中，霉菌菌丝断裂的片段也可以生长成新的菌丝体而进行繁殖。

1.1.1.4.3 霉菌的菌落形态

霉菌同放线菌一样，在固体培养基上有营养菌丝和气生菌丝的分化。气生菌丝较松散地暴露在空气中，因而形成干燥、疏松和不易从培养基中挑出菌丝的菌落。由于霉菌的菌丝细胞较粗长，生长速度较快，所以形成的菌落比放线菌的更大而疏松。也由于霉菌形成的孢子有不同的形状、构造与颜色，所以菌落表面往往呈现出肉眼可见的不同结构与色泽特征。不仅营养菌丝和气生菌丝的颜色不同，而且前者还会分泌不同的水溶性色素扩散到培养基中，因此菌落的正反面呈现不同的色泽。

同一种霉菌在不同成分培养基上形成的菌落特征可能有变化，但各种霉菌在一定培养基上形成的菌落形状、大小、颜色等相对稳定。菌落特征是鉴定霉菌的重要依据之一。

1.1.2 霉腐微生物的生长条件

研究环境因素与微生物间的相互影响，有助于了解霉腐微生物在自然界、工业制品、物品以及食品等中的分布及作用，使人们有可能采取有效措施来抑制甚至完全破坏霉腐微生物的生命活动，从而防止疾病的传染以及工业制品、物品、食品等的腐败霉变。

影响微生物生长繁殖的环境因素是复杂的、多方面的，它们相互之间又密切联系。本节主要介绍营养物质、空气、水分、温度、pH值和渗透压对微生物生长繁殖的影响。

1.1.2.1 营养物质

微生物具有一般生物所具有的生命活动规律，其需要从外界环境中不断吸收营养物质并加以利用，从而获得进行生命活动所需要的能量，并合成新的细胞物质，同时排出废物。

从各类微生物细胞物质成分的分析中得知：微生物细胞的化学组成和其他生物的化学组成并没有本质的区别，主要组成元素是碳、氢、氧、氮（占全部干重的90%～97%）和矿质元素（占全部干重的3%～10%）。由这些元素组成细胞中的蛋白质、核酸、碳水化合物、脂类等各种有机物质以及无机成分。

（1）碳源　凡可构成微生物细胞和代谢产物中碳架来源的营养物质称为碳源。碳源（碳素化合物）是构成菌体成分的重要物质，又是产生各种代谢产物和细胞内储藏物质的主要来源。微生物对碳素化合物的需要极其广泛，从简单的无机碳化物到复杂的天然有机碳化物都能被不同的微生物所利用。

（2）氮源　凡构成微生物细胞物质或代谢产物中氮素来源的营养物质称为氮源。氮源是构成微生物细胞蛋白质、核酸等重要物质的主要营养物质。氮源一般不提供能量，但硝化细菌能利用铵盐和亚硝酸盐作为氮源和能源。

氮源可分为无机氮和有机氮。就微生物的总体来说，从分子态氮到复杂的有机含氮化合物，包括硝酸盐、铵盐、尿素、酰胺、嘌呤碱、嘧啶碱、氨基酸、蛋白质等都能被微生物利用。

(3) 无机盐类 无机盐类也是微生物生命活动所不可缺少的营养物质，其主要功能是：构成菌体的成分；作为辅酶或酶的组成部分或维持酶的活性；调节细胞渗透压、氢离子浓度以及氧化还原电位等。某些自养微生物可以利用无机盐作为能源。

无机元素包括主要元素和微量元素两类：主要元素有磷、硫、镁、钾、钙等；微量元素如铁、铜、锌、锰、钼、钴、硼等。

(4) 生长素 凡能调节微生物代谢活动的微量有机物质称生长素。广义的生长素包括氨基酸、嘌呤、嘧啶、维生素等；狭义来说生长素主要指B族维生素，B族维生素是构成辅酶的重要组成成分，或者本身就是辅酶。

生长素与碳源、氮源不同，它不是一切微生物所需要的营养要素，而仅为某些不能自己合成一种或几种生长素的微生物的必要的营养物质。

1.1.2.2 空气

空气对微生物的生长繁殖有极大的影响。根据微生物对氧的要求，可将微生物分为以下三类。

(1) 专性好气菌 又称专性好氧菌，仅在空气或有氧的条件下才能生长，它们要求空气中的分子态氧作为呼吸过程中最终的电子（氢）受体。这类微生物包括全部霉菌、大部分放线菌及部分细菌。

(2) 专性厌气菌 又称专性厌氧菌，仅在没有空气或无氧条件下生长，它们不需要分子态氧，而需要其他物质作为生物氧化过程中的最终电子（氢）受体，分子态氧对它们往往有毒害作用。专性厌气菌包括部分细菌、放线菌。例如，硫酸盐还原菌生活在含有有机质及硫酸盐的厌氧环境中，产生大量H_2S，引起土壤中、水中金属构件腐蚀，造成危害。

(3) 兼性好气菌或兼性厌气菌 它们既能在有空气或氧气的条件下生长，又能在没有空气或氧气的条件下生长。在有分子态氧的条件下，它们进行正常的有氧呼吸；在缺乏分子态氧的条件下，则进行无氧呼吸或发酵，以获得新陈代谢所必需的能量。这类微生物包括酵母菌、一些肠道菌和硝酸盐还原菌等。

1.1.2.3 水分

水分是微生物最基本的营养要素。微生物细胞中含有大量的水分，例如细菌平均含水量为80%（73.35%～87.7%），酵母平均含水量为75%（54.0%～83%），霉菌含水量为85.79%～88.32%，霉菌的孢子含水量为38.87%。微生物的生长繁殖和一切生命活动都离不开水。需水量的多少随微生物的种类而不同，一般来说水分的需要量细菌＞酵母菌＞霉菌。

与微生物的发育有密切关系的不是水分含量，而是水分活性（water activity，A_w）。微生物的繁殖与培养基或基质中的水分活性有关，水分活性低，繁殖就差，一旦水分活性低于某种水平时整个繁殖就停止。当水分活性在0.995附近，普通菌的发育最旺盛。表1-1列出了微生物的发育与水分活性的关系。

表 1-1 微生物的发育与水分活性的关系

微生物	发育的最低 A_w	微生物	发育的最低 A_w
普通细菌	0.90	好盐细菌	≤0.75
普通酵母菌	0.88	耐干性霉菌	0.65
普通霉菌	0.80	耐渗透压酵母菌	0.61

1.1.2.4 温度

在影响微生物生长繁殖的外界因素中，温度的影响最为密切。温度的影响表现在两方面：一方面，随着温度的上升，细胞中的生物化学反应速率加快；另一方面，组成细胞的物质如蛋白质、核酸等都对温度较敏感，随着温度的升高，这些物质的立体结构受到破坏，从而引起微生物生长的抑制，甚至死亡。因此只在一定的温度范围内，微生物的代谢活动和生长繁殖才随着温度的上升而增加。温度上升到一定程度，开始对微生物产生不良影响，如果温度继续升高，则微生物细胞功能急剧下降以致死亡。

温度对微生物的生长繁殖影响很大。一般来讲，微生物对低温的抵抗能力较之对高温的抵抗能力强。当环境温度超过微生物的最高生长温度时，引起细菌内核酸、蛋白质等物质的变性以及酶的失活，最终引起微生物的死亡。温度越高，微生物死亡越快。不同的微生物对高温的抵抗力不同。大多数细菌、酵母菌、真菌的营养细胞在 50～65℃加热 10min 就可致死。放线菌和霉菌的孢子比营养细胞抗热性强，在 76～80℃加热 10min 才致死。细菌的芽孢抗热性最强，要在 100℃高温下处理相当长时间才致死。

微生物的抗热性还取决于菌龄、基质成分及微生物的数量。一般老龄菌比幼龄菌抗热性强。基质成分对微生物的抗热性也有影响，基质中的脂肪、糖、蛋白质对微生物有保护作用，从而增强了微生物的抗热性。基质 pH 值偏离 7 时，特别是偏向酸性时，微生物的抗热性明显降低。微生物的数量越多，抗热性越强，这是因为菌体细胞能分泌对菌体有保护作用的蛋白质等。

1.1.2.5 pH 值

环境中的 pH（氢离子浓度）值对微生物的生长繁殖有很大的影响。pH 值对微生物生长繁殖的影响是多方面的，但不外乎是影响微生物细胞的外环境和内环境。前者如影响氧的溶解度、营养物质的物理化学状态以及氧化还原电位等。

各类微生物有其不同的最适 pH 值及可以生长的 pH 值范围。大多数细菌生长的 pH 值范围是 4～9，最适 pH 值接近 7。酵母菌和霉菌的最适 pH 值趋向酸性。放线菌的最适 pH 值一般在微碱性范围。人们可利用酸类或碱类物质，通过改变环境的 pH 值来达到抑制或杀死霉腐微生物的目的。酸、碱的浓度越高，则杀菌力越大。此外还与酸、碱的电离度有关，电离度越大，则灭菌效果越好。无机酸如硫酸、盐酸等杀菌力强，但由于腐蚀性大，实际上不宜用作消毒剂。食品工业中常应用苯甲酸、丙酸、脱氢乙酸等作为防腐剂，来抑制酵母菌、霉菌、细菌的生长。碱类物质由于毒性大，一般只用于仓库及棚舍等环境的消毒。

1.1.2.6 渗透压

渗透压对微生物的生命活动有很大的影响。微生物的生活环境必须具有与其细胞大致相等的渗透压，超过一定限度或突然改变渗透压，会抑制微生物的生命活动，甚至会引起微生物的死亡。在高渗透压溶液中，微生物细胞脱水，原生质收缩，细胞质变稠，引起质壁分离。在低渗透压溶液中，水分向细胞内渗透，细胞吸水膨胀，甚至破坏。在等渗溶液中，微生物的代谢活动最好，细胞既不收缩，也不膨胀，保持原形不变。常用的生理盐水（0.85% NaCl 溶液）就是一种等渗溶液。

适宜微生物生长的渗透压范围比较广，微生物对渗透压有一定的适应能力，逐渐改变环境的渗透压，微生物能适应这种变化。在海水、盐湖、水果汁中生长的微生物，大部分可以逐渐适应在低渗透压的培养基中生长。有些微生物专性嗜高渗透压，必须在高渗环境中才能生长。中等嗜盐微生物可在 2%盐溶液中生长，极端嗜盐微生物可在 15%～30%盐溶液中生长。

综上所述，微生物的繁殖和生命活动需要一定的营养条件和生理条件，而且各种微生物都有自己最适合的生长条件。防霉防腐的目的，就是有目的地控制这些条件，人为地破坏霉腐微生物的最适生长条件，抑制甚至杀死霉腐微生物，从而防止制品和物品被微生物污染。

1.1.3 微生物快速检测技术

微生物检测技术包括定量和定性两方面。定量指产品中微生物的数量测定；定性则是根据微生物表现出的各种性状特征，对微生物的种类进行鉴别。

目前常用的微生物数量检测方法主要有传统平板培养计数法和快速检测法，微生物快速检测法包括螺旋平板计数法、滤膜培养法、纸片培养法、最近似数测定（MPN）法、显微镜直接计数法（涂片法）、阻抗测定法、辐射测量法、荧光素（ATP）测定法、荧光定量 PCR 法等。

1.1.3.1 螺旋平板计数法

螺旋平板计数法实质上属于菌落计数法，菌落计数法是把定量样品中的微生物经稀释后接种于固体培养基上，经过培养，根据培养基上出现的菌落数检测样品中微生物含量。

螺旋平板计数法的基本原理：接种针将样品液以阿基米德螺旋方式从平板中央往外连续稀释接种，每次接种量约 0.05mL，接种于平板中央部分的菌体密度较高，往外则逐渐稀释，在单一平板上可获得（1∶1）～（1∶10000）的系列稀释度。培养后，因平板上每一特定面积的接种量为已知，所以由此部位出现的菌落数可以估计出原来样品每克（或每毫升）的含菌量。

螺旋平板计数法的优点为：①可测定 500～500000cfu/mL 的菌数。②样品不需事先稀释。③不需做 2 个重复。④接种速度快，每次接种只需 1～2min。⑤培养结果既可人工计数，也可用激光计数器计数。⑥人力与物力的花费成本低（不考虑仪器投资成本）。⑦测定结果与传统方法比较，相关性高。1984～1985 年，螺旋平板计数法相继被美国食品与药物管理局和美国公共卫生协会推荐为正式的细菌总数检验法。但是，螺旋平板计数法也有一些缺点：①设备投资较高。②含颗粒的样品容易堵塞接种针的微细孔道（固体样品均质后常有的现象）。③如果每毫升样品的带菌量小于数百个或大于 105 个，结果的准确性将降低。④对琼脂平板的表面品质要求较高，应平整、无皱缩和无气泡，否则会影响接种和计数结果。

1.1.3.2 滤膜培养法

滤膜培养法，又称等格过滤法，由加拿大卫生福利健康保健研究所最早进行研究应用。该法的基本原理是：在 $5cm^2$、孔径为 0.45μm 的滤膜上，用疏水物质横竖各刻印 40 条线，将滤膜分为 1600 个小格，以疏水刻线作为格栏，防止菌落的扩散。样品稀释液首先通过 5μm 的前滤器过滤，再通过 0.45μm 滤膜过滤，把样品液中的细菌截留在疏水网膜的小格中，然后根据所需检验菌的特性，将滤膜置于适当的选择性培养基上，培养 24～48h，阳性菌落即可通过呈色而显示，据此进行人工计数或计数器计数。

滤膜培养法的优点是：①能去掉样品中酸类及其他不利于细菌生长的可溶性物质，并排除其中的一些固体物质，因此有利于菌落的生长和菌落的计数。②可以浓缩样品中的细菌。③便于恢复受伤细菌的活力，且不影响检测结果。上述优点使滤膜培养法灵敏度高，检测时间短。

1.1.3.3 纸片培养法

纸片培养法（纸片法）也叫皿膜法。脱水培养基固化在载体上，含有测试菌生长所需的营养物，还加入了染色剂和显色剂，增强了菌落的目视效果。与常规标准平板培养计数法比较省去制备培养基的时间，操作简便，快速省时，而且可以现场进行接种，因此不涉及样品运输和保存的步骤，能最大限度地保证结果的真实性，缺点是成本较高，该法适用于物体表面微生物数量的检测。目前应用较多的是美国 3M 公司生产的 PetrifilmTM Plates 测试片，包括需氧菌平板计数纸片、大肠菌群纸片、霉菌与酵母菌纸片等。与标准平板培养计数法进行比较，统计结果表明两种方法检验结果间差异无显著性。国标 GB 14934《食品安全国家标准 消毒餐（饮）具》中规定，检测餐饮具的大肠菌群可以采用纸片法。

1.1.3.4 最近似数测定法

当混匀的样品通过一系列稀释和等量分配成为小样品时，有些小样品中最后含样品量极少，以至于其中不再含有需检验的细菌。在一定的小样品中存在或不存在细菌，可被用来对原始样品中的菌数做统计学估计。最近似数测定（MPN）法就是这样一种将样品“多次（管）稀释迄至无菌”的计数方法。在此方法中，将 3 个稀释梯度的检样稀释液接种于 9 支或 15 支试管培养基中，每个稀释度接种 3 支或 5 支。经培养后，根据结果查阅 MPN 检索表，就可得到原样品中微生物的估计数量。

MPN 法虽不是一种精确的分析方法，但这一方法仍被普遍应用，主要原因是：此方法相对简单；不同实验室中得到的实验结果与 SPC（标准平板计数法）相比，相似率较高；使用适当的选择性培养基可检测特殊的微生物菌群等。

MPN 法尤其适用于带菌量极少、其他方法不能检测的产品，比如水、化妆品、涂料及其他产品中大肠菌群的计数。在对一个产气肠杆菌纯培养物做计数时，应采用选择性平板计数法而不用 MPN 法。如果待检样品是以其他细菌为主，就应选用 MPN 法。

1.1.3.5 显微镜直接计数法（涂片法）

涂片法属于显微镜直接计数法。在涂片法中，将一定量的食品均匀涂布于载玻片的规定区域，进行干燥、固定，如必要，需脱脂、染色，用显微镜在一定数目的视野中计算单个的和成团的微生物细胞数量，将计算的视野数目换算成所检验食品的量，从而计算出每克或每毫升食品中的细菌数。食物涂片法除了广泛应用于鲜奶及其制品的细菌计数外，还应用于其他产品的微生物检测，如化妆品、涂料。

这种方法的优点是：操作简便快速，所需设备少，可以同时鉴定细胞形态和革兰氏染色类型，涂片可保存供以后参考；缺点是：仅适于含有大量微生物的产品；由于检验的样品量太少（0.01mL 或 0.001mL），准确性受限制；样品中的碎片影响试验的准确性。

1.1.3.6 阻抗测定法

电阻抗是交流电路中导电物质对电流所起的阻碍和抵抗作用，可由电导和电容计算出来。微生物可使培养基中的电惰性底物，如碳水化合物、蛋白质等营养物质代谢成为电活性产物，如乳酸盐或氨等，当微生物的生长和代谢活性旺盛时，培养基中的电惰性分子即为许多电活性分子所取代，从而使培养基的导电性增大，培养物的电阻抗降低。如将样品接种后从开始培养至阻抗值发生急剧变化的时间称为检测时间，则该时间的长短与样品中的原始菌数呈反比，即原始菌数越高，检测时间越短；反之，越长。

目前已经有根据上述原理制成的细菌检测仪面市，如一种称为 Bactomer 的细菌记数仪对细菌（10^4 以上）计数的准确率（与标准平板计数比较）在 93%以上。该检测仪由孵育器、一对插入培养基的不锈钢电极、阻抗监测系统和一个微处理机组成。据资料报道，在筛选牛奶样品时（21℃），用 Bactomer 可在 22h 之内区分出含菌大于 10^3 和小于 10^3 的样品，准确率达 88%；在 13.7h 内区分出含菌大于 10^4 和小于 10^4 的样品，准确率达 91%。

1.1.3.7 荧光素（ATP）测定法

三磷酸腺苷（ATP）是所有活细胞中的主要能量储藏物，它在细胞死亡 2h 后消失。每个细菌细胞中的 ATP 含量恒定，为 $10^{-18}\sim10^{-17}$ mol/细胞。因此通过测定样品中微生物的 ATP 量，可以大致估算出样品所含的总活菌数。种类或生长期不同的细菌细胞中 ATP 含量有所不同。

目前经常利用萤火虫的荧光素·荧光素酶系统检测细胞中的 ATP。当 ATP 存在时，在 Mg^{2+} 与 O_2 参与下，萤火虫荧光素酶催化萤火虫荧光素氧化发光，光强度可用液体发光分光计和照度计测量。反应式如下：

$$E+LH_2+ATP \longrightarrow ELH_2AMP+PPi(\text{焦磷酸})$$

$$ELH_2AMP+O_2 \longrightarrow \text{氧化荧光素}+E+AMP+H_2O$$

该反应对 ATP 呈特异性。当固定发光剂于饱和量下时，发光强度与样品 ATP 含量成正比。据此，可间接计算出样品中细菌的总活菌数。由于该发光系统的光量子效应高，故对 ATP 的检测下限可达 $10^{-15}\sim10^{-13}$ mol/L，相当于 10^4 左右活菌数。

荧光素（ATP）测定法可用于快速检测工业产品中的微生物，是一种很有潜力的方法。比如我国制定了纺织品抗细菌性能和抗真菌性能检测的国家标准《纺织

品 抗真菌性能的测定 第1部分：荧光法》。

1.1.3.8 辐射测量法

细菌在生长繁殖过程中，可利用培养基中加有^{14}C标记的碳水化合物或盐类底物代谢产生CO_2，然后通过放射测量仪测量$^{14}CO_2$含量的增加与否，来确定标本中有无细菌的存在。在处理过程中使用50mL有盖的血清药瓶，内装12～36mL含已标记的可代谢物的培养基。药瓶中可为好氧条件，也可充入气体形成厌氧条件，然后接种样品。药瓶中的预留空间可用于检测CO_2的存在。检测CO_2所需的时间与食品中微生物的含量成反比。这样可迅速进行细菌计数，检测时间随接种量、繁殖率和代谢类型而变化，但仍比常规方法要快，一般只需6～18h。

1.1.3.9 荧光定量PCR法

聚合酶链式反应（简称PCR）技术，自1985年由美国Cetus公司Mullis等人建立，随着PCR技术的发展日趋完善，已经被广泛应用于生命科学研究、食品卫生、医疗及环境监测等诸多方面。近年来，在PCR定性技术基础上发展起来一种新的核酸定量技术，即实时荧光定量PCR技术（FQ-PCR）。该技术自1996年由美国Applied Bio systems公司推出，不仅实现了PCR从定性到定量的飞跃，而且与常规PCR相比，具有特异性更强、有效解决PCR污染问题、自动化程度高等特点。随着分子生物学及其技术的不断发展，实时荧光定量PCR技术已逐步应用于微生物研究领域，使全面快速准确检测和分析鉴定微生物成为可能。

1.2 工业杀菌剂

1.2.1 工业杀菌剂的定义

我们理解的“杀菌”并不意味着一定要把微生物杀死，虽然有一部分杀菌剂对微生物有杀灭作用，但是大多数的杀菌剂对微生物只是起到抑制其生长和繁殖的作用。另外，许多杀菌剂对微生物的“杀死”或“抑制”是与它的使用剂量或接触时间密切相关的，在低剂量或短时间接触时可能只起抑制作用，而在高剂量或长时间接触时则可能起杀灭作用。不过，在杀菌剂的实际应用时，由于使用对象、环境条件、目标微生物种类和数量的差异等原因，这个“阈值”是很难掌握的。

其实不论对微生物是“杀死作用”或“抑制作用”，仍是在程度上的划分，均属于“微生物控制”，也就是说，微生物的生长和繁殖不能超出一定范围，或使其按控制者的意愿活动。

在本书中“杀菌剂”是一个使用习惯称呼，概念上更偏向于“生物杀灭剂或生物杀伤剂（BIOCIDE）”，包括杀微生物剂、杀软体动物剂、杀螨剂、杀虫剂、除草剂等。其中，“杀微生物剂”是一个总称，包括杀菌剂、抗菌剂、防腐剂、防霉剂、除藻剂等概念。

由于使用习惯不同，在英语中，广义的杀微生物剂为“microbicides”，广义的抗菌为“antimicrobial”；狭义的杀菌为“bactericides”，类似的还有杀真菌剂“fungicides”和除藻剂“algicides”等概念；同理狭义的抗菌为“anti-bacteria”，类似的还有防霉“anti-fungi”，抗病毒“anti-virus”等概念。

在实际应用过程中，各种广义的和狭义的杀菌、防腐、防霉、抗菌等概念往往被混合使用，经常不做具体的说明，比如同样的药剂在不同的行业习惯称呼不一样：异噻唑啉酮在循环冷却水行业习惯称为“杀菌灭藻剂”，在涂料行业称为“罐内防腐剂”，在金属加工业、纸浆行业称为“杀菌剂”；4,5-二氯-2-正辛基-4-异噻唑啉酮（DCOIT）在涂料行业称为“干膜防霉剂”，在塑料行业称为“抗菌剂”，在木材行业称为“木材防腐剂”，而在海洋涂料行业又称为“防污剂”。

专家们完全熟悉这些区别，并认为这些概念是理所当然的，但使用者或初学者常常为之困惑，有时需要结合上下文意思或者各行业使用习惯统一考虑。为了避免混乱，可以通过表 1-2（术语解释）加以理解。

本书涉及的生物体包括微生物、昆虫、螨虫、软体动物和植物等，微生物只是生物体的一个分支。严格意义来说，在本书中采用生物杀灭剂（或生物杀伤剂）比工业杀菌剂概念更精准，但从国内使用习惯而言，工业杀菌剂比生物杀灭剂（或生物杀伤剂）更加符合消费者使用习惯称呼。

表 1-2 术语解释

术语	定义	来源
生物杀灭剂	所有能够杀死生物体的制剂的统称	WS/T 466—2014《消毒专业名词术语》
杀菌剂	包含一个或多个物质的混合物，其目的是以任何形式对有害微生物进行破坏、阻止，使之无害，预防或加以控制	欧盟 BPR 法规(EU) No 528/2012
罐内防腐剂	用于除食品、饲料、化妆品、医药产品或医疗器械以外的制成品的保存，通过控制微生物腐败来确保其保质期的产品	欧盟 BPR No 528/2012 附件五
抗菌剂	一种物质或混合物，用于破坏或抑制有害微生物，如细菌、病毒或真菌在非生物体和表面的生长	美国环保署(EPA)
工业杀菌剂	在工业领域中用以杀灭和(或)抑制微生物生长的制剂	2001 年陈仪本等《工业杀菌剂》
防腐剂	是指能杀死、抑制和阻碍霉腐微生物生长与繁殖，防止保护对象腐朽、腐烂(腐败)或腐蚀的一类制剂	2003 年吕嘉枥《轻化工产品防霉技术》
微生物	在显微镜下才能看到的微小实体，包括细菌、真菌、病毒、某些原生动物和藻类	WS/T 466—2014《消毒专业名词术语》
杀微生物剂	能够杀灭微生物，尤其是致病性微生物的化学或生物制剂	WS/T 466—2014《消毒专业名词术语》
抗菌	采用化学或物理方法杀灭细菌或妨碍细菌生长繁殖及其活性的过程	WS/T 466—2014《消毒专业名词术语》
抗菌剂	能够杀灭微生物或抑制其生长和繁殖的制剂	WS/T 466—2014《消毒专业名词术语》
灭菌	杀灭或清除传播媒介上一切微生物的处理	WS/T 466—2014《消毒专业名词术语》
灭菌剂	能够杀灭一切微生物，达到灭菌要求的制剂	WS/T 466—2014《消毒专业名词术语》

续表

术语	定义	来源
抑菌	采用化学或物理方法抑制或妨碍细菌生长繁殖及其活性的过程	WS/T 466—2014《消毒专业名词术语》
抑菌剂	对细菌的生长繁殖有抑制作用，但不能将其杀死的制剂	WS/T 466—2014《消毒专业名词术语》
防霉	指产品具有耐受或阻止、抑制霉菌孢子及菌丝体的生长与繁殖的能力	GB/T 1741—2007《漆膜耐霉菌性测定法》
防霉剂	指能够防止易感染霉菌材料表面霉菌生长的化合物	GB/T 24128—2018/ISO 16869：2008
杀真菌剂	用于杀灭真菌的化学或生物制剂	WS/T 466—2014《消毒专业名词术语》
消毒剂	采用一种或多种化学或生物的杀微生物因子制成的用于消毒的制剂	WS/T 466—2014《消毒专业名词术语》
抗藻	采用化学或物理方法杀灭藻类或妨碍藻类生长繁殖及其活性的过程	GB/T 21353—2008《漆膜抗藻性测定法》
防螨	指产品具有的趋避螨虫或抑制螨虫生长繁殖的能力	GB/T 24253—2019《纺织品 防螨性能的评价》

注：GB/T 24128—2018/ISO 16869：2008《塑料 塑料防霉剂的防霉效果评估》。

就使用范围而言，目前的杀菌剂主要应用于农业、医学和工业三个方面：①农业杀菌剂主要包括大田农药、兽药、水产养殖及相关的品种；②医学杀菌剂主要是控制人体健康的药物及相关的品种；③如无特别法规规定，其他杀菌剂基本都可以归为工业杀菌剂的范畴。

不过，对于某一种杀菌剂来说，其归属并不都是唯一的、固定的。杀菌剂就其本身而言，就是一个化学物质，用于农业领域，就是农业杀菌剂；用于医学领域，就是医用杀菌剂；用于工业领域，就是工业杀菌剂。

一般认为，工业杀菌剂主要保护工业产品制造过程、储存过程以及使用过程三个阶段免于有害生物的侵蚀，分别称为杀菌剂、罐内防腐剂和干膜防霉剂、抗菌剂、防污剂、驱螨剂及表面消毒剂等。

综上所述，工业杀菌剂是在工业领域中用于杀灭或抑制生物体的制剂的统称，其历史是随着人类社会工业文明的开始和各种杀菌剂的产业化发展而来的。

1.2.2 工业杀菌剂的分类

众所周知，市面上出售的有机杀菌剂数量大、品种多，对其进行精准分类是比较困难的，本书根据现有的资料，对其进行分类。

工业杀菌剂首先是化学物质，那么化学物质分类同样适合工业杀菌剂。化学物质树状分类法是一个比较常见的方法（见图 1-1）。

市场上有许多工业杀菌剂，或者称为防腐剂、防霉剂、防藻剂、防污剂、抗菌剂、抑菌剂等，从上面化学物质分类来看，主要属于无机化合物和有机化合物，同时包括部分单质金属如银、锌、铜等及其载体。

本书中，我们把具有杀灭或抑制有害生物的有机化合物，称为“有机杀菌剂”；

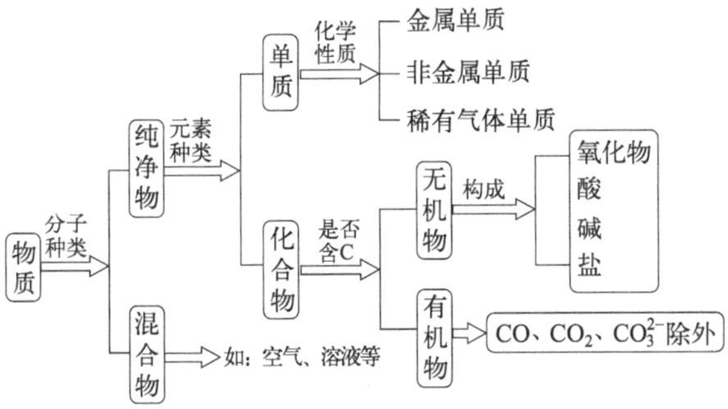

图 1-1　化学物质树状分类法

把具有杀灭或抑制有害生物的无机化合物，称为“无机杀菌剂”。银、锌、铜、钛等金属离子及其金属盐化合物通过离子交换、物理吸附以及表面包覆等加工技术，与硅胶、高岭土、沸石、磷酸盐等无机载体相结合，从而制得的具有抗菌能力的制剂，我们习惯称为“无机抗菌剂”或“无机系抗菌剂”。这里论述的抗菌剂还包括“有机系抗菌剂”，主要指能够有效抑制有害生物生长繁殖或杀死病原菌的物质，通常加入到各种材料中，制成抗菌材料，再由这些抗菌材料制造出人们经常接触的日常用品。“抗菌剂”称呼主要集中在塑料、纺织、陶瓷、金属等几个大类。

1.2.2.1　按作用机理分类

工业杀菌剂按照作用机理可分为亲电活性和膜活性，亲电活性按照杀菌机理又可分为电负性和氧化性两大类，膜活性又可分为溶解性和质子性两大类（见图 1-2）。

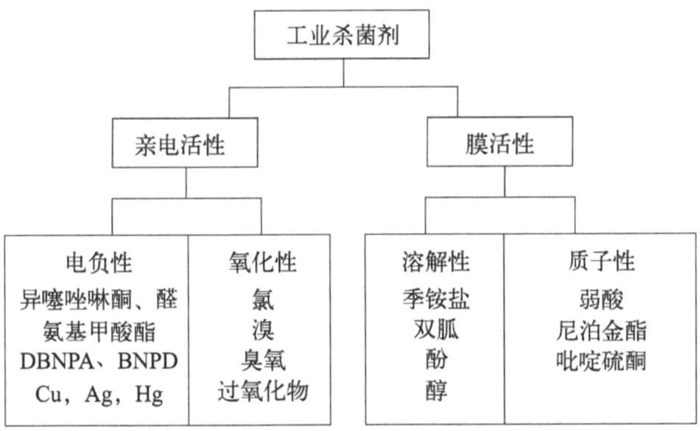

图 1-2　工业杀菌剂作用机理分类

DBNPA 为 2,2-二溴-2-氰基乙酰胺；BNPD 为 2-溴-2-硝基-1,3-丙二醇。摘自 Terry M. Williams，The Mechanism of Action of Isothiazolone Biocides，2007

1.2.2.2　按照来源分类

（1）天然杀菌剂是指来自天然矿物、植物源、动物源和微生物源的化学物质，且具有杀菌作用。如硫黄、石灰、鱼精蛋白、蜂巢蜡胶、日柏醇（桧叶油）、芦荟提取物、艾菊提取物、蕺菜、茶叶（多酚）、山嵛、芥末提取油（烯丙基异硫氰酸酯）、脱乙酰甲壳素、桂皮油等。

（2）化学杀菌剂是指一些天然条件下并不存在的由人工合成的化学物质，且具有杀菌作用。如异噻唑啉酮、多菌灵、甲醛、苯氧乙醇、百菌清、季铵盐、有机胍、吡啶硫酮钠、尼泊金酯、均三嗪、脱氢乙酸钠、对氯间苯二酚等。

1.2.2.3 按化学组成分类

由两种或两种以上元素化合形成的纯物质称为“化合物”，化合物分为无机化合物和有机化合物。工业杀菌剂是化合物，按照组成可以分为无机杀菌剂、有机杀菌剂。有机杀菌剂进一步可分为低分子有机杀菌剂和高分子有机杀菌剂。

（1）无机杀菌剂　与有机化合物相对应，通常指不含碳元素的化合物，且具有杀菌作用。如臭氧、漂白粉、双氧水、二氧化氯、亚硫酸及其盐、高锰酸钾、硼酸钠等。

（2）有机杀菌剂　狭义上的有机化合物主要是由碳元素、氢元素组成，一定是含碳的化合物，但是不包括碳的氧化物和硫化物。如醇类、醛类、酚类、有机和无机酸、酯和盐、季铵盐类、胍类、碳酸酯、酰胺、氨基甲酸酯、吡啶衍生物、唑类、杂环 S-N 化合物、*N*-卤代烷基硫类化合物、含活性卤素基团化合物、有机金属化合物、其他化合物等。

上面所表述的大部分都属于低分子有机杀菌剂，其使用历史悠久，生产工艺也较为成熟，并且在大部分领域具有不可取代的作用。与无机杀菌剂相比，有机杀菌剂效果更持久，便于添加到涂料、乳液、塑料、皮革、水处理、木材等有机物体系中。根据有机杀菌剂抑杀有害生物的效用，亦可将其细分为杀菌剂、防腐剂、防霉剂、防藻剂、防污剂、抗细菌剂或抗菌剂等。但从作用方式来看，不管哪类称呼，有机杀菌剂和生物体之间均为接触性杀伤，我们可以把有机杀菌剂比作“子弹”，在保护工业产品免于微生物侵蚀的同时，随着微生物不断被消灭或控制，“子弹”亦在不断消耗，正所谓“伤敌一千自损八百”（见图 1-3）。

高分子有机杀菌剂的杀菌性能主要是通过杀（或抗）菌活性官能团的单体聚合或以接枝的方式在高分子链上引入杀（或抗）菌官能团而获得的。按照杀（或抗）菌基团的不同，目前有机高分子杀（或抗）菌剂研究较多的有壳聚糖及其衍生物、有机锡、季磷盐、胍盐、季铵盐等，其中季铵盐是最常用的杀（或抗）菌剂。

高分子有机杀菌剂不仅具有安全性能优异，其活性物质不易挥发、不易溶出、不易渗入人或动物表皮等特点，而且杀菌性能稳定、优异，比有机小分子杀菌剂更不易产生抗药性。我们可以把此类抗菌剂比作“绳镖”。“镖”作为杀菌基团，“绳”作为高分子聚合物，这样的杀菌结构攻防兼备，但又不过度伤害周围的菌群环境（见图 1-4）。相对于低分子杀菌剂，高分子杀菌剂的杀菌机理非常复杂，高分子的分子量及分布，以及高分子在溶液中的形态都可能对杀菌剂的杀菌性能产生影响。此外，高分子的交联结构对杀菌性能影响也非常大。李凤艳考察了交联结构对高分子杀菌剂杀菌性能的影响，结果表明，随着高分子载体交联度的升高，杀菌产品的杀菌率明显降低。

鉴于其对环境的友好性，虽然对它的研究还处于刚刚起步的阶段，但具有非常广阔的应用前景，近年来受到越来越多研究人员的重视。

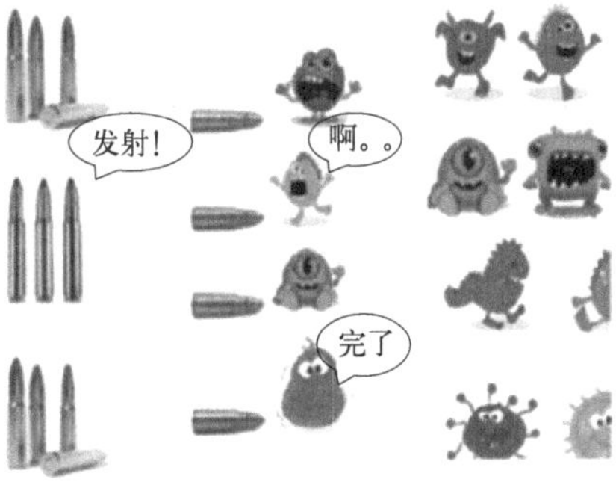

图 1-3 “子弹”杀菌示意图

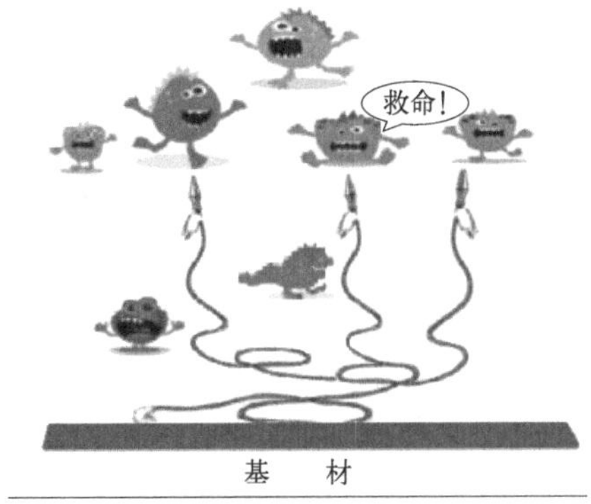

图 1-4 “绳镖”杀菌示意图

1.2.2.4 按实际应用领域分类

工业杀菌剂涉及行业相当多，如造纸、皮革、水处理、涂料乳液、胶黏剂、密封胶、色浆、颜料、金属加工液、纺织纤维、塑料、木材等，行业包罗万象，可以说有水和空气的地方就需要用到杀菌剂。

美国环保署（EPA）根据杀菌剂（antimicrobial pesticide）的应用分为两大类：其一为非公共卫生产品，用于控制具有经济和美学意义的微生物的生长，主要特征是微生物可能对物体破坏。如冷却塔、燃料、木材、纺织、涂料、塑料、纸品、金属加工液、海洋防污等领域的处理。其二为公共卫生产品，旨在控制在任何无生命环境中对人类具有传染性的微生物，主要特征微生物的存在可能引起人的疾病。如医院的医疗、外科、仪器设备、环境等消毒；食品加工厂、餐饮机构等非生物表面或物体消毒；空气消毒液、洗衣消毒液及游泳池、净水器等的消毒产品。

1.3 微生物灾害研究概况

微生物灾害的研究是一门新兴的边缘科学，近年来已引起世界各国的普遍重视。早在 20 世纪 50 年代初，欧美国家以及日本等就开始研究出口商品、军用品以及民用品等方面的微生物灾害及防治技术，主要对象是皮革制品、纺织品、木材及其制品、纸张、包装材料等。20 世纪 60 年代以后，研究工作开始涉及塑料、橡胶、金属材料、光学仪器、精密仪器等范围。如“阿波罗”登月号所用的精密仪器都采用了有效的防霉措施。

1.3.1 国内外相关机构

国外许多高等院校、研究机构以及产业部门都开展了微生物灾害的研究，其任务是调查微生物灾害的实态，研究防治技术，确定综合性的防范措施等。在英国伯明翰阿斯顿大学设立了“国际生物灾害情报中心”（International Biodeterioration Information Center）。日本于 1973 年成立了防菌防霉学会，同时出版《防霉防菌》

杂志，定期举办讨论会，日本的大阪大学、筑波大学、近畿大学、东京农业大学、井上微生物灾害研究所、东京综合防霉研究所等都开展这方面的研究工作。国外的奥沙达、朗盛、托尔、科莱恩、温克、普隆、艺康、路博润、亚士兰、东亚合成、石塚硝子、妙抗保、山宁泰、海客迈斯、三博、霍夫曼等公司，国内如中石化北京化工研究院、北京化工大学、广东省石油化工研究院、广东微生物研究所、陕西石油化工研究院、中国科学院理化技术研究所，以及百傲、天赐、恒盛诺德、中杰、博雅、新泰、大丰跃龙、山的、裕凯、科维津宏、奥友、崇高、晋大、润河、天佑晶创、朗亿、艾斯尔、洁尔爽、洁宜康、靖安、迪美、万厚、迈肯、汉宁、新诺科、日乾、鹏图、新大地、武汉瓴本、桑普、思源利等相关研究机构、学校及生产、复配、服务公司，都在全力开展这方面的研究和应用工作。

1.3.2 国内外相关协会

我国自 20 世纪 60 年代起开始重视微生物灾害及其防治的研究和系统控制。工业防霉防菌产业技术创新战略联盟（前身为全国防霉防菌协会筹委会，由国内 16 家从事防霉防菌技术开发、生产经营的企业、高校和科研院所组成，依托单位为中化化工科学技术研究总院）于 2003 年起至今连续组织召开全国防霉防菌技术研讨及产品交流会。

中关村汇智抗菌新材料产业技术创新联盟是由从事抗菌相关科学研究、技术开发、产业应用、产品制造、性能评价、市场推广、行业服务等的高校、科研院所、企业、检测机构、服务单位等共同组成的具有独立法人资质的全国性和非营利性的社会组织。其英文全称是 Chinese Industry Association for Antimicrobial Materials &Products，简称 CIAA。

CIAA 立足中国、服务中国抗菌产业的同时，已经发展成为具有国际影响力的抗菌行业组织。其不仅与日本、韩国、美国、欧洲等国家和地区的抗菌行业组织建立了密切联系，还与日本和韩国共同发起成立了全球性的抗菌行业组织——世界抗菌产业联合会（WFAI）。CIAA 至今已经顺利召开多届中国抗菌产业发展大会。

日本抗菌制品技术协议会（SIAA）于 1998 年成立，其以自主管理和情报公开为基本原则，公布有关抗菌剂和抗菌制品的安全性与质量标准，对各生产商自主登记的制品赋予 SIAA 协会标志，为消费者能安心地购买抗菌制品提供重要依据。

日本纤维评价技术协议会（JTETC）是 2002 年由“纤维产品新机能评价协议会”和“社团法人　纤维评价技术协议会”合并成立，2012 年名称变更为“一般社团法人　纤维评价技术协议会”。

美国国际抗菌委员会（IAC）是一个非营利组织，致力于促进在微生物污染受到关注的行业中安全有效地使用抗菌药物和气味控制技术。IAC 为这些技术的用户提供教育，参与测试方法和标准的开发等。

国际生物劣化研究会（IBRG）最初是在巴黎经济合作与发展组织（OECD）的支持下于 1968 年成立的。其成员主要是生物杀灭剂工业用户、生物杀灭剂制造商、微生物测试学家、私人和政府部门以及学术机构的实验室等。IBRG 通常每年举行两次会议，其主要目标是测试方法开发和研究生物降解的基本原则。

第 2 章 抗菌防霉剂品种

2.1 醇类化合物

醇类通常作为溶剂，亦可作为膜活性抗菌剂之一，具有亲脂性和一定程度的亲水性特性。其很容易通过氧化过程（如通过乙醇脱氢酶）进行代谢，生成相应的醛和酸。

醇类物质是最早得到国际社会认证的有效活性成分，一般认为醇类的抗微生物活性随着碳链长度的增加而增强，六个碳原子的醇类具有最好的效果，但是也得考虑到在水中的溶解性。

一般来说，醇类杀菌剂是一种无色的挥发性液体。因此，在许多应用领域，它们提供了无残留的优势。

1,2-丁二醇
(1,2-butanediol)

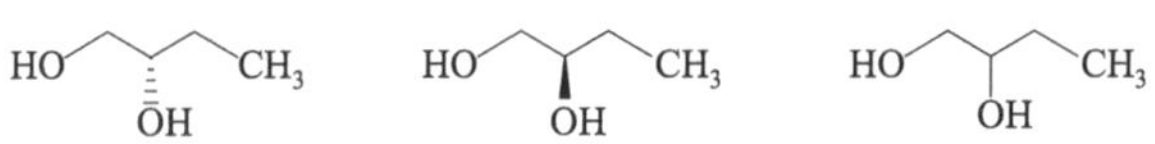

$C_4H_{10}O_2$ 90.21 73522-17-5（S）、40348-66-1（R）、584-03-2

其他名称　1,2-butanediol

化学名称　1,2-丁二醇

IUPAC 名　1,2-butanediol

EC 编号　[805-782-4]（S）；[805-781-9]（R）；[209-527-2]

理化性质　无色液体。凝固点≤−50℃。相对密度 1.002。沸点 193℃。黏度：39cP（20℃），13cP（50℃）。

毒性　小鼠急性经口 LC_{50} 3720mg/kg。

抗菌防霉效果　1,2-丁二醇、1,2-戊二醇、1,2-己二醇等为代表的邻位二元醇类化合物，由于分子结构中同时含有 2 个羟基亲水基团和直链烷基疏水基团，具有油水两亲性，可以与微生物细胞膜上的脂质双分子层作用，增强细胞膜的通透性，有助于其他防腐剂进入细胞内部，起到良好的防腐增效作用。此外，该类物质可以与体系中的水结合，降低水的活度从而达到抑制微生物生长的作用。

邻位二元醇类化合物作为化妆品保湿剂，同样具有广谱的抑菌作用，可部分代替苯甲酸类、甲醛类供体和苯氧乙醇类的防腐剂。林国照等对常用的化妆品多元醇保湿剂进行了抗菌能力测试，测定了最低抑制浓度（MIC），结果见表 2-1。

表 2-1 多元醇的最低抑制浓度试验结果 单位：mg/L

微生物	大肠杆菌	铜绿假单胞菌	金黄色葡萄球菌	白色念珠菌	黑曲霉菌
1,2-壬二醇	2500	4200	4100	2700	2400
1,2-辛二醇	1250	3000	2250	1500	1560
单辛酸甘油酯	500	500	300	8000	1000
异辛基甘油	1560	780	3130	780	1560
1,2-己二醇	2300	3100	3200	2200	2400
1,2-戊二醇	4350	6980	7840	5250	5150
1,3-丁二醇	7640	7950	8300	7890	7450
1,2-丙二醇	9000	12000	15000	11600	10500
丙三醇	13000	15100	18000	145000	13000

由表 2-1 结果可知，这些多元醇都有一定的抑菌效果，尤其是 1,2-壬二醇、1,2-辛二醇（又名辛甘醇）、单辛酸甘油酯、异辛基甘油、1,2-己二醇等多元醇有较强的抗菌能力，1,3-丁二醇、1,2-丙二醇、1,2-戊二醇、丙三醇的抗菌能力不及 1,2-辛二醇等多元醇。值得注意的是，随着碳原子数的增加，二元醇的抗菌能力增强，达到 6～8 个碳原子左右时，抗菌能力最强；之后随着碳原子数的增加，二元醇的抗菌能力下降，其原因可能是随着碳原子数增加，水溶性下降。

制备 邻位二醇的合成方法如烯烃氧化法、过氧环化氧化水解法、烯烃过硼酸盐氧化法、环氧烷烃水加成法、有机酸溴代水解法、环状碳酸酯水解法和乙酐合成法等。

应用 1,2-丁二醇因具有保湿性和抗菌活性，用于祛粉刺、祛屑、除臭剂、杀菌、防腐剂、增效剂及其他领域。其本身亦是一种重要的化工原料，可用在聚氨酯、聚酯、PVC 增塑剂、医药、化妆品、农药等领域。

实际应用参考：

烷基邻位二醇（R—CHOHCH$_2$OH，R 为碳原子数≥2 的烷基）在第 1 和第 2 位置的碳链上具有两个亲水性的羟基基团，极性大，对水有很好的相容性，因而可作为保湿剂添加到个人护理品中。又因其具有广谱抗菌与防腐活性、对皮肤刺激性低和安全性良好等特点，其作为新型保湿防腐剂的应用开发受到国内外科研工作者的广泛关注。

法规 《化妆品安全技术规范》（2015 年版）中对防腐剂的管理采用正面清单的方式，以《化妆品准用防腐剂表》的形式列举了 51 种防腐剂组分，同时还做出说明“化妆品中其他具有抗微生物作用的物质，如某些醇类和精油，不包括在本表之列”。这也就意味着化妆品中具有其他功能又能起到防腐作用的原料有可能作为替代性防腐成分而被使用。

1,2-癸二醇
(1,2-decanediol)

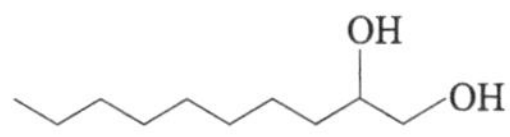

$C_{10}H_{22}O_2$ 174.28 1119-86-4

化学名称　1,2-癸二醇

IUPAC 名　1,2-decanediol

EC 编号　[214-288-2]

理化性质　1,2-癸二醇常温下为白色固体，轻微气味。熔点 48～50℃。沸点 255℃。闪点 113℃。密度（20℃）0.97g/mL。溶解度：溶于醇及酯类，几乎不溶于水。

毒性　大鼠急性经口 LC_{50}＞2500mg/kg。大鼠急性经皮 LC_{50}＞2000mg/kg。

抗菌防霉效果　参考 1,2-丁二醇。

制备　参见专利 CN109384641B《1,2-邻二醇类化合物的合成方法》。

应用　1,2-癸二醇属于邻位烷基二醇，具有保湿和抑菌作用，可部分代替苯甲酸类、甲醛类供体和苯氧乙醇类的防腐剂。尤其在化妆品方面，市场对无气味或气味小的 1,2-癸二醇化合物的需求正在增加。

1,2-己二醇
(1,2-hexanediol)

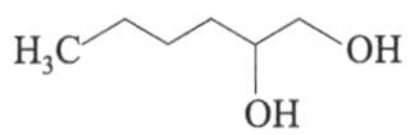

$C_6H_{14}O_2$ 118.2 6920-22-5

其他名称　DL-1,2-己二醇

化学名称　1,2-己二醇

IUPAC 名　1,2-hexanediol

EC 编码　[230-029-6]

理化性质　常温呈无色透明至淡黄色液体状态。沸点 223～224℃。闪点 122℃。相对密度 0.951。折射率 1.441～1.443。溶解度：溶于水、乙醇、乙醚，对低碳脂肪烃具有很强溶解性，可溶解大部分化妆品用酯类。稳定性：化学性质稳定，具有很高的 pH 及高温稳定性。

毒性　经 Draize 试验确认体积分数 5.00％的 1,2-己二醇无刺激性，体积分数 10.00％时有轻刺激性。

抗菌防霉效果　参考 1,2-丁二醇。

制备　以 1-己烯为起始物合成 1,2-己二醇。

应用　1,2-己二醇在护肤霜、眼霜、护肤水、婴儿护理产品、防晒、除臭等各种护肤产品领域具有广阔的应用前景。其本身亦是一种重要的化工原料，多应用于彩色喷墨打印机的油墨以及医药行业的合成原料中。

实际应用参考：

添加 C_4～C_6 饱和烷基邻位二醇的个人护理品有稳定性好、对皮肤无刺激和可抑制微生物生长等特性，这使得烷基邻位二醇作为保湿抑菌组分受到重视。目前法国、日本等已经使用1,2-戊二醇和1,2-己二醇；2009年2月韩国清都精密化学株式会社开始将1,2-己二醇应用于个人护理品。迄今国内外1,2-己二醇在保湿剂、除味剂、消毒洗手液等产品配方设计中都有应用。

1,2-戊二醇

(pentylene glycol)

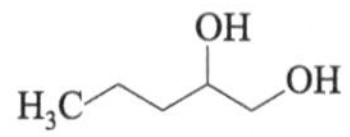

$C_5H_{12}O_2$，104.1，5343-92-0

其他名称　戊二醇

化学名称　1,2-戊二醇

IUPAC 名　pentane-1,2-diol

INCI 名　pentylene Glycol

EC 编码　[226-285-3]

理化性质　无色至微黄色透明液体。密度（20℃）0.98g/cm^3。熔点－40℃。蒸气压0.01hPa（20℃）。闪点110℃。lgK_{ow}=0.06（25℃）。溶解度：易溶于水和醇类等有机溶剂。

毒性　据报道，1,2-戊二醇被认为对水生生物无毒性。

抗菌防霉效果　1,2-戊二醇具有较广的抗菌活性，与传统防腐剂之间有协同效应。其部分抗菌数据见表2-2。

表2-2　1,2-戊二醇对常见微生物的最低抑制浓度（MIC）

微生物	MIC/%	微生物	MIC/%
大肠杆菌	8	铜绿假单胞菌	4
金黄色葡萄球菌	8	白色念珠菌	8
黑曲霉	NA		

制备　以正戊烯为原料的合成工艺是目前工业生产1,2-戊二醇的主要路线。

应用　1,2-戊二醇是直链的二醇，具有明显的极性和非极性，既含有亲水基团，也含有亲油基团，尤其适用于护肤霜、眼霜、护肤水、婴儿护理产品、防晒等领域保湿和防腐。其本身亦是聚酯纤维、表面活性剂、医药、农药等的重要原料。

1,2-辛二醇

(1,2-octanediol)

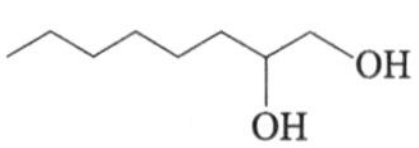

$C_8H_{18}O_2$ 146.23 1117-86-8

其他名称　辛甘醇

化学名称　1,2-辛二醇

IUPAC 名　1,2-octanediol

EC 编码　[214-254-7]

理化性质　外观呈无色透明黏稠状，有低刺激性气味。相对密度 0.914。熔点 36～38℃。沸点 131～132℃ (10mmHg)。闪点 138℃。常温常压下性质稳定。

毒性　大鼠急性经口 LC_{50} >2000mg/kg，大鼠吸入 LC_{50} >7.015mg/L 空气。

抗菌防霉效果　参考 1,2-己二醇。

应用　1,2-辛二醇不仅是一种很好的保湿剂，在化妆品配方中可以单独使用，而且还有良好的防腐效果，同时与低剂量的常用防腐剂配伍时能大大提升产品防腐性能。其本身亦在润滑油、胶黏剂、香精等方面具有广泛应用前景。

2,3,3-三碘烯丙醇 (TIAA)
(2,3,3-triiodoallyl alcohol)

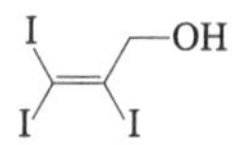

$C_3H_3I_3O$ 435.77 42778-72-3

IUPAC 名　2,3,3-triiodoprop-2-en-1-ol

理化性质　淡黄色至灰棕色结晶性粉末。熔点 150～152℃。溶解度：易溶于二甲基亚砜、二甲基甲酰胺、环己烷；适度溶于甲醇、乙醇、丙酮、乙酸乙酯、异丙醇；微溶于乙二醇；几乎不溶于水。

毒性　小鼠急性经口 LD_{50} >5000mg/kg。

抗菌防霉效果　2,3,3-三碘烯丙醇 (TIAA) 抗菌活性广谱，涵盖细菌、霉菌和酵母。具体数据如表 2-3。

表 2-3　2,3,3-三碘烯丙醇 (TIAA) 对常见微生物的最低抑制浓度 (MIC)

微生物	MIC/(mg/L)	微生物	MIC/(mg/L)
链格孢	51	黑曲霉	3.5
出芽短梗霉	1	球毛壳菌	7.5
粉孢革菌	0.5	大肠杆菌	50
绿色木霉	10	金黄色葡萄球菌	10
黏细菌	2.5		

[来源：Described by Kato & Fukumura (1962)]

应用　2,3,3-三碘烯丙醇 (TIAA) 作为一种广谱杀微生物剂，可用于抗霉菌和抗细菌以及木材防腐剂中，其对木材破坏真菌具有非凡的功效 (Lee 等，1990)。

2,4-二氯苄醇 (DCBA)
(2,4-dichlorobenzyl alcohol)

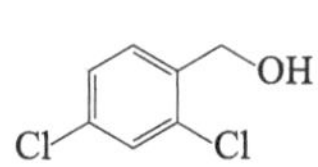

$C_7H_6Cl_2O$ 177.03 1777-82-8

其他名称　二氯苯甲醇

化学名称　2,4-二氯苯甲醇

IUPAC 名　(2,4-dichlorophenyl)methanol

EC 编码　[217-210-5]

理化性质　纯品为白色至黄色晶体。含量 99%。沸点 150℃（101kPa）。熔点 55～58℃。闪点 ＞ 110℃。溶解度（20℃）：水约 1g/L；易溶于有机溶剂。稳定性：常温下稳定，可氧化成 2,4-二氯苯甲醛。共容性/钝化作用：与最常用的药物、化妆品组分共容，某些表面活性剂可使其活性降低。

毒性　2,4-二氯苄醇是一种安全性较高的化学物质。小鼠急性经口 LD_{50} 2300mg/kg。小鼠皮下注射 LD_{50} 1700mg/kg。鱼类生态毒性：LC_{50}（96h）10～100mg/L；水蚤 LC_{50}（48h）10～100mg/L（来源：BASF）。

抗菌防霉效果　2,4-二氯苄醇（DCBA）通过使病原微生物蛋白质变性、沉淀或凝固而起杀菌作用。就杀菌性能而言，2,4-二氯苄醇比苯甲醇更有效，具体数据详见表 2-4。

表 2-4　2,4-二氯苄醇对常见微生物的最低抑制浓度（MIC）

微生物	MIC/(mg/L)	微生物	MIC/(mg/L)
白色念珠菌(美国标准库)	250	热带念珠菌 897	250
酿酒酵母 NCYC 87	500	变质酵母 Y67	125
须苍癣菌 PHL 515	125	红色毛菌 NCPF 418	125
趾间发癣菌 PHL 80	250	石膏样小孢子菌 PHL 413	250
黑曲霉菌 ATCC16404	250	腐败白曲霉菌	250
蝇状青霉菌 IMI 87160	250	青绿色木霉菌 1096	250
金黄色葡萄球菌 NCIB 9518	500	大肠杆菌	500
普通变形杆菌 NCTC 4635	500	绿脓杆菌 NCTC 6750	2000
恶臭假单胞菌 NCIB 9034	1000	黏质沙雷菌	500

制备　由苯甲醇在浓盐酸存在下与氯气发生加成反应制得。

应用　2,4-二氯苄醇（DCBA）是 19 世纪 50 年代由 Boots 公司公布的一种广谱抗菌剂，具有杀菌和消炎止痒功能。

2,4-二氯苄醇被作为防腐剂和杀菌成分，用于食品、化妆品、口腔护理产品中。二氯苄醇作为抗菌成分还用于药品中，用于预防擦伤、小面积烧伤和烫伤、皮肤干燥皲裂、昆虫叮咬等引起的感染，可用于成人和儿童。

法规　我国 2015 年版《化妆品安全技术规范》规定：2,4-二氯苄醇在化妆品中使用时，最大允许浓度为 0.15%。

3-碘-2-丙炔-1-醇
(3-iodo-2-propynol)

C_3H_3IO 182.0 1725-82-2

其他名称　IPA

化学名称　3-碘-2-丙炔醇

IUPAC 名　3-iodoprop-2-yn-1-ol

EC 编码　[217-035-4]

理化性质　淡黄色固体，有不愉快的气味。密度 (2.3±0.1)g/cm^3。熔点 41～42℃。沸点 218℃ (760mmHg)。闪点 85.6℃。折射率 1.653。溶解度 (20℃)：水 1.5g/L；易溶于极性和芳香族溶剂。稳定性：在热水中不稳定，部分转化为表现出较强抗菌活性的 1,1,2-三碘丙烯 (1) -3-醇。

毒性　大鼠急性经口 LD_{50} 140～170mg/kg。

抗菌防霉效果　3-碘-2-丙炔-1-醇 (IPA) 抗菌范围广泛，涵盖细菌、霉菌和酵母，发现 IPA 对真菌和酵母的有效性大约是对细菌的 10 倍（见表 2-5)。

表 2-5　3-碘-2-丙炔-1-醇 (IPA) 对常见微生物的最低抑制浓度 (MIC)

微生物	MIC/(mg/L)	微生物	MIC/(mg/L)
链格孢	5	黑曲霉	5
出芽短梗霉	5	球毛壳菌	5
枝状枝孢菌	2	大肠杆菌	100
绿色木霉	10	金黄色葡萄球菌	150
白色念珠菌	20		

制备　3-碘-2-丙炔-1-醇由丙炔醇原料制备。

应用　3-碘-2-丙炔-1-醇 (IPA) 主要用于各种工业材料的杀真菌处理。注意：该化合物易挥发，气味大。

苯甲醇
(benzyl alcohol)

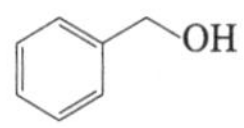

C_7H_8O 108.14 100-51-6

其他名称　苄醇、苄基醇

化学名称　苯甲醇

IUPAC 名　phenylmethanol

EC 编码　[202-859-9]

理化性质　无色透明液体，含轻微的芳香味，有时在久置后，会因为氧化微带苯甲醛苦杏仁气息。蒸气压 0.094mmHg (25℃)。沸点 205～206℃ (101kPa)。熔点－15.7℃。密度 1.050g/mL (20℃)。表面张力 38.8mN/m (20℃)。折射率 1.538～1.541 (nD，20℃)。闪点 94℃ (闭杯)。$\lg K_{ow}$＝1.10。溶解度 (25℃)：水 42.9g/L；溶于苯、甲醇、氯仿、乙醇、乙醚和丙酮。稳定性：暴露于空气中时，被缓慢氧化成苯甲醛和苯甲酸，低 pH 时脱水。

毒性　大鼠急性经口 LD_{50} 1230mg/kg，小鼠急性经口 LD_{50} 1360mg/kg，兔急性经皮 LD_{50} 1940mg/kg (来源：Raw Material Data Handbook，1974)。

抗菌防霉效果　苯甲醇杀菌速率较缓慢，抑制霉菌的性能稍强于其抑制细菌的性能，具体数据见表 2-6。

表 2-6　苯甲醇对常见微生物的最低抑制浓度（MIC）

微生物	MIC/(mg/L)	微生物	MIC/(mg/L)
产气杆菌	5000	大肠杆菌	4000
绿脓假单胞菌	3000	荧光假单胞菌	6000
金黄色葡萄球菌	5000	白色念珠菌	3500
假丝酵母	6000	球毛壳菌	2500
绿色木霉	4500	毛癣菌	3500

制备　苯甲醇在自然界中多数以酯的形式存在于香精油中。但氯化苄水解法是国内外工业化生产苯甲醇的主要化学合成方法。

应用　苯甲醇是最简单的芳香醇之一，亦是最简单的含有苯基的脂肪醇，可以看作是羟甲基取代的苯，或苯基取代的甲醇。工业领域，苯甲醇用途极为广泛，是环氧树脂及涂料的优良添加剂，还广泛应用于食品、医药、油墨、印染等领域。

作为药用辅料，苯甲醇载于美国 FDA《非活性物质指南》中，是药膏或药液中常用的抑菌剂，一般用量为 1%～2%。

实际应用参考：

醇被氧化一般会生成相应的醛，继续氧化最终生成相应的酸。在化妆品的生产条件下，醇一般不易被氧化，但苯甲醇由于甲醇直接连在苯环上，受苯环影响，在长时间储存下容易发生缓慢的自动氧化，生成苯甲醛，继续氧化最终变成苯甲酸。故苯甲醇不宜长期储存，在添加苯甲醇的体系中，应加入抗氧化剂，防止其自动氧化影响防腐效果。

法规

① 欧盟化学品管理局（ECHA）。根据指令 98/8/EC（BPD）或规则（EU）No. 528/2012（BPR）提交了批准申请的所有活性物质/产品类型组合：PT-6（产品在储存过程中的防腐剂）。生物杀灭剂苯甲醇申请目前处于审核进行之中。

② 欧盟 76/768/EEC [Regulation（EC）No 1223/2009]。在化妆品中作为防腐剂最大允许使用浓度 1.0%，无其他限制条件；当用于香料时，必须标签标注（在非淋洗类产品中浓度≥0.001%，在淋洗类产品中浓度≥0.01%）。

③ 据欧盟食品安全局（EFSA）消息，欧盟食品添加剂和调味剂小组（FAF）重新评估了苯甲醇作为食品添加剂的安全性。据了解，对所有人群来说，苯甲醇的每日容许摄入量为 4mg/kg 体重。专家小组发现监管最高水平暴露评估情景中的暴露低于规定的每日容许摄入量。经过评估，专家小组认为在规定的用途和使用水平下，苯甲醇作为食品添加剂不存在安全问题。

④ 我国 2015 年版《化妆品安全技术规范》规定：苯甲醇在化妆品中使用时，最大允许浓度为 1.0%。

苯氧乙醇

(phenoxyethanol)

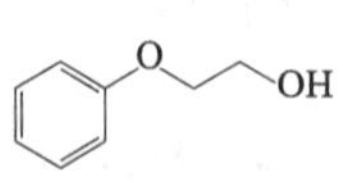

$C_8H_{12}O_2$ 138.17 122-99-6

其他名称 2-苯氧基乙醇、苯基溶纤剂、乙二醇苯醚、乙二醇单苯醚

化学名称 2-苯氧乙醇

IUPAC名 2-phenoxyethan

INCI名 phenoxyethanol

EC编码 [204-589-7]

理化性质 纯品为无色、微黏性液状液体，有芳香气味。含量100%。沸点245.2℃（101kPa）。熔点14℃。密度1.104g/mL（20℃）。蒸气压<0.01mmHg（20℃）。折射率1.538（nD，20℃）。闪点107℃（闭杯）。$\lg K_{ow}=1.16$。溶解度（20℃）：水26g/L；白矿油7g/L，棕榈酸异丙酯39g/L；与酒精、甘油、丙乙醇、醚、苯混溶。稳定性：在较宽的pH范围内稳定。产品储存时，推荐储罐中充入干燥的氮气。如果暴露在空气中，少量的分子分解为醛和酸。$pK_a=15.10$（25℃）。

毒性 豚鼠急性经皮 LD_{50} 22180mg/kg体重。兔急性经皮 LD_{50} >5000mg/kg体重。大鼠急性经口 LD_{50} 2728mg/kg体重（来源：HSDB）。

抗菌防霉效果 苯氧乙醇是环氧乙烷和苯酚的反应产物，主要成分是2-苯氧乙醇，其具有广谱的抑菌作用，尤其是对革兰氏阴性菌如假单胞菌等杀菌效果更好。苯氧乙醇的杀菌机理是作用于细胞膜，提高细胞膜对钾离子的通透性，抑制细胞生长需要的酶活性（如苹果酸脱氢酶）。

苯氧乙醇很少单独使用，常与其他防腐剂或防腐增效剂共同使用，增大抗菌谱，降低使用量。苯氧乙醇对常见微生物的最低抑制浓度详见表2-7。

表2-7 苯氧乙醇对常见微生物的最低抑制浓度（MIC）

微生物	MIC/%	微生物	MIC/%
革兰氏阳性菌		黏质沙雷氏菌(工业隔离菌)	0.32
枯草芽孢杆菌 NCTC 10073	1.00	酵母菌	
金黄色葡萄球菌 ATCC 6538	0.75	酿酒酵母 NCYC 87	0.25
表皮葡萄球菌 NCIB 9518	0.64	白色念珠菌 ATCC 10231	0.32
粪肠球菌 NCTC 8213	0.32	热带假丝酵母	0.32
革兰氏阴性菌		霉菌	
大肠杆菌 NCIB 9517	0.32	黑曲霉 ATCC 16404	0.25
产气克雷伯氏菌 NCTC 418	0.50	枝孢霉	0.16
普通变形菌 ATCC 14153	0.75	绳状青霉 IMI 87160	0.06
铜绿假单胞菌 NCTC 6750	1.00	葡萄穗霉孢菌 IMI 82021	0.06
恶臭假单胞菌 NCIB 9034	0.32	绿色木霉	0.25
鼠伤寒沙门氏菌 NCTC 74	0.32		

（来源：BASF）

制备 合成方法包括苯酚和氯乙醇合成法、苯酚和环氧乙烷合成法等。

应用 苯氧乙醇是自20世纪50年代开始用于化妆品的防腐剂，有很长的安全使用历史。近年来，由于苯氧乙醇的低致敏性和全球范围内的化妆品法规许可使用，苯氧乙醇的使用呈扩大趋势。美国是最早统计化妆品防腐剂使用动向的国家，根据FDA在2007年和2010年发表的使用频率调查可以发现，苯氧乙醇的使用频率从2007年的18.48%增加到2010年的24.12%。在Mintel的数据调查中，从

2012～2021 年，苯氧乙醇在驻留型化妆品中的使用比例从 45.6％继续上升，达到 57.5％。

苯氧乙醇广泛应用于洗涤用品、化妆品、空气清新剂、除臭剂、医疗器械、织物及皮革整理剂等产品中，作为外科药物用于防治皮肤粉刺以及创伤、烧伤和烫伤等表面感染，亦可作为鱼类麻醉剂。

实际应用参考：

由于醇类防腐剂同样含有羟基，故和酚类防腐剂一样，这类物质可与含氮、氧元素的较大分子物质如蛋白质、纤维素、聚氧乙烯类非离子乳化剂等形成氢键，影响防腐效果。

法规

① 欧盟化学品管理局（ECHA）。根据指令 98/8/EC（BPD）或规则（EU）No 528/2012（BPR）提交了批准申请的所有活性物质/产品类型组合：PT-1（人体卫生学消毒剂）、PT-2（不直接用于人体或动物的消毒剂和杀藻剂）、PT-4（食品和饲料领域消毒剂）、PT-6（产品在储存过程中的防腐剂）、PT-13（金属工作或切削液防腐剂），苯氧乙醇申请目前处于审核进行之中。2014 年发布法规 Decision 2014/227/EU，未批准苯氧乙醇作为 PT-3（兽医卫生消毒剂）类生物杀灭剂产品的活性物质。

② 我国 2015 年版《化妆品安全技术规范》规定，苯氧乙醇在化妆品中使用时的最大允许浓度为 1.0％。

苯氧异丙醇
（phenoxypropanol）

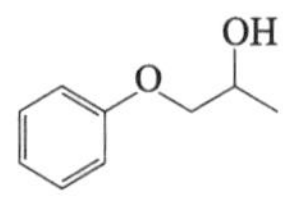

$C_9H_{12}O_2$ 152.20 770-35-4

其他名称　丙二醇苯醚、3-苯氧基-1-丙醇

化学名称　1-苯氧基-2-丙醇

IUPAC 名　1-phenoxypropan-2-ol

INCI 名　phenoxyisopropanol

EC 编码　[212-222-7]

2-苯氧基-1-丙醇

其他名称　2-苯氧基丙醇

化学名称　2-苯氧基-1-丙醇

IUPAC 名　2-phenoxypropan-1-ol

CAS 号　[4169-04-4]

EC 编码　[224-027-4]

理化性质　商业苯氧基丙醇一般是 1-苯氧基-2-丙醇和 2-苯氧基-1-丙醇的混合物，前者是主要成分。

1-苯氧基-2-丙醇　外观呈透明无色液体。含量≥99%。沸点（101kPa）242℃。熔点 114℃。凝固点 13℃。蒸气压（25℃）0.00218mmHg。密度（20℃）1.062g/mL。折射率（nD，20℃）1.5240。闪点 127℃。lgK_{ow}＝1.50。溶解度（20℃）：水 15.1g/L；溶于大多数有机溶剂，不溶于矿物油。

2-苯氧基-1-丙醇　分子式 $C_9H_{12}O_2$，分子量 152.2。

毒性　大鼠急性经口 LD_{50}＞2000mg/kg。兔子急性经皮 LD_{50}＞2000mg/kg。水生生物：圆腹雅罗鱼 LC_{50}（96h）＞100mg/L。水蚤急性 EC_{50}（48h）＞100mg/L（来源：BASF）。

抗菌防霉效果　作为醇类化合物，总体来说对微生物抑制效果一般。从表 2-8 列出的最小抑制浓度可以看出，混合物显示出中等的抗微生物活性。

表 2-8　苯氧基丙醇对常见微生物的最低抑制浓度（MIC）

微生物	MIC/%	微生物	MIC/%
金黄色葡萄球菌 ATCC 6538	0.5	大肠杆菌 ATCC 11229	0.5
变形杆菌 ATCC 14153	0.5	铜绿假单胞菌 ATCC 15442	1.0
白色念珠菌 ATCC 10231	0.75		

（来源：BASF）

制备　苯氧基丙醇用苯酚与环氧丙烷在氯化钠参与下反应，醚化后所得。

应用　苯氧基丙醇是一种微有水果香味的无色液体，水溶性小、挥发速度慢、沸点较高，分子结构中的醚键和羟基使得该物质对憎水化合物和亲水化合物都具有强溶解能力，比如涂料中的强溶剂。化妆品中可用作溶剂和防腐剂，仅用于淋洗类产品。

法规

① 关于化妆品的第 1223/2009/EC 号法规附件Ⅲ，经法规（EU）2022/2195 修订，作为限制物质。仅适用于冲洗型产品，最大阈值为 2%，不适用于口服产品。关于化妆品的第 1223/2009/EC 号法规附件Ⅴ，经法规（EU）2022/1531 修订，可作为防腐剂使用，最大阈值为 1%。

② 2015 年版《化妆品安全技术规范》规定，苯氧异丙醇（1-苯氧基-2-丙醇）在化妆品中使用时的最大允许浓度 1.0%；使用范围和限制条件：淋洗类产品。

苯乙醇
(phenethyl alcohol)

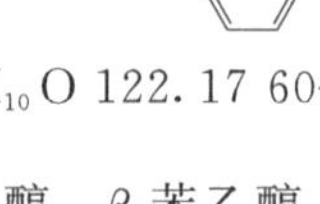

$C_8H_{10}O$ 122.17 60-12-8

其他名称　苄基乙醇、2-苯乙醇、β-苯乙醇

化学名称　2-苯基乙醇、2-phenylethanol

IUPAC 名　2-phenylethanol

EC 编码　[200-456-7]

理化性质 无色透明液体，有玫瑰的味道。含量99%。沸点（101kPa）215～217℃。熔点 −27℃。密度（20℃）1.020g/mL。折射率（nD，20℃）1.531～1.534。闪点102℃（闭杯）。$\lg K_{ow}=1.36$。溶解度（20℃）：水20g/L；溶于醇、酮、醚等有机溶剂；可溶于脂肪油；在矿物油中溶解性差。稳定性：在性质上较为稳定，在酸性或碱性条件下相当稳定，但容易挥发，对光敏感，与氧化剂能剧烈反应。

毒性 小鼠急性经口 LD_{50} 0.8～1.5g/kg。大鼠急性经口 LD_{50} 1.7～2.46g/kg。豚鼠急性经皮 LD_{50} 5～10mL/kg。兔急性经皮 LD_{50} 0.79mL/kg（来源：HSDB）。

抗菌防霉效果 苯乙醇是一种具有玫瑰气味的芳香醇，研究发现其对多种细菌和真菌具有抑菌作用。其杀菌作用机制在细菌方面研究非常多，具体可以归纳如下：苯乙醇能可逆性地抑制DNA的合成，或通过抑制大分子的合成来抑制细菌的生长；也有研究认为苯乙醇首要作用点是细胞质膜，抑制DNA的合成及其他细胞功能性结构的改变属于是第二作用。Richards和McBridge（1973）的研究证明，苯乙醇会导致铜绿假单胞菌细胞膜通透性的变化，从而促进其他抗菌活性物质的渗透。

苯乙醇对部分微生物最低抑制浓度如表2-9。

表2-9 苯乙醇对常见微生物的最低抑制浓度（MIC）

微生物	MIC/(mg/L)	微生物	MIC/(mg/L)
大肠杆菌	2500	金黄色葡萄球菌	4750
绿脓假单胞菌	3500	黑曲霉	2750
球毛壳霉	2000	白色念珠菌	2500
青霉	2750		

制备 主要生产方法是苯-环氧乙烷合成法和氧化苯乙烯加氢法。

应用 苯乙醇是一种芳香醇，有玫瑰花一样的香气，是使用量排名第二的香料。作为香味调节剂用于食品、饮料、化妆品、香水、肥皂、清洁剂等领域，亦用作昆虫引诱剂。

实际应用参考：

理查兹和麦克布里奇（1973）证实苯乙醇引起假单胞菌细胞膜通透性改变，从而促进其他杀微生物剂更好渗透，尤其在酸性介质下效果更明显。比如苯乙醇和对羟基苯甲酸酯、季铵盐、对氯间甲酚等分别组合使用，具有明显的协同作用。

丙二醇

(1,2-propanediol)

$C_3H_8O_2$ 76.1 57-55-6

化学名称 丙二醇、propylene glycol

IUPAC名 1,2-propanediol

EC编码 [200-338-0]

理化性质 无色，几乎无气味的油性液体。含量约为99%。沸点（101kPa）186～190℃。凝固点−59℃。密度（20℃）1.036g/mL。蒸气压（20℃）0.27hPa。黏度（20℃）55～60mPa·s。表面张力（20℃）38mN/m。折射率（nD，20℃）

1.433。闪点 103℃。溶解度：在水中完全溶解，极易溶于许多有机溶剂。

毒性　1,2-丙二醇大多被认为是无毒的。大鼠急性经口 LD_{50} 28280mg/kg。大鼠皮下注射 LD_{50} 22000mg/kg。

抗菌防霉效果　作为醇类化合物，总体来说对微生物抑制效果一般。1,2-丙二醇和 1,3-丁二醇在浓度为＞10％时达到抗菌活性；此外，这两种溶剂都提高了低水溶性杀微生物剂（如对羟基苯甲酸酯）在水相中的生物利用度。

制备　工业上，丙二醇主要通过环氧丙烷水合生产。

应用　1,2-丙二醇一般可作溶剂、防冻剂、保湿剂、防腐剂等。

实际应用参考：

王红叶等研究发现，食用香精中含有乙醇、丙二醇溶剂的香精对霉菌有一定抑制作用。40％以上浓度乙醇对霉菌有显著的抑制效果，20％以上浓度乙醇保存 48h 对霉菌有显著抑制效果。20％以下浓度乙醇抑菌效果不显著。100％丙二醇对霉菌有显著抑菌效果，40％丙二醇 48h 以上抑菌效果显著，40％以下抑菌效果不显著。

芳樟醇

(linalool)

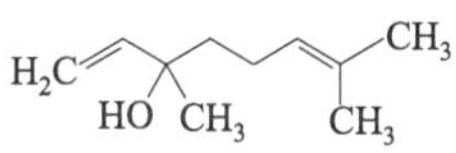

$C_{10}H_{18}O$ 154.25 78-70-6

其他名称　里那醇、沉香醇、胡荽醇、芫荽醇、沉香油醇、伽罗木醇

化学名称　3,7-二甲基-1,6-辛二烯-3-醇

IUPAC 名　3,7-二甲基-1,6-辛二烯-3-醇

EC 编码　[201-134-4]

理化性质　芳樟醇是一种无环单萜醇，属于链状萜烯醇类，有 *R*-和 *S*-两种对映体。无色液体，具有强烈的铃兰花香香气。微溶于水，易溶于有机溶剂，易挥发。由于结构中第 3 个碳原子是手性碳，因此自然界中芳樟醇存在光学异构体。凝固点－74℃。沸点（101kPa）196.3℃。密度（20℃）0.858g/mL。闪点 77.2℃（ECHA）。

毒性　大鼠急性经口 LD_{50} 2790mg/kg，雄兔急性经皮 LD_{50} 5610mg/kg（ECHA）。

抗菌防霉效果　吴克刚等研究报道，芳樟醇具有较强的气相抗菌活性，对大肠杆菌的 MIC 和 MBC 均为 200μL/L。大肠杆菌经芳樟醇气相熏蒸处理时，首先细胞壁的完整性受到破坏，更易暴露于芳樟醇，导致合成生物膜的长链饱和脂肪酸减少、不饱和脂肪酸以及较短链脂肪酸增多，细胞膜流动性增加；同时，细胞膜蛋白三级结构发生改变，使细胞膜完整性破坏。芳樟醇导致大肠杆菌细胞膜膜脂组成以及膜蛋白结构发生变化，使细胞膜的通透性增加，引起一些维持细胞正常生长的钾盐、磷酸盐等小分子以及蛋白质、DNA、RNA 等生物大分子物质泄漏，最终导致大肠杆菌死亡。

通过实验发现芳樟醇对常见食源致病菌的抗菌作用如表 2-10。

表 2-10 芳樟醇对常见食源性致病菌两种测试方法的 MIC 值、MBC 值

供试菌		液体接触法/(μL/mL)		气相接触法/(μL/mL)	
		MIC	MBC	MIC	MBC
革兰氏阴性菌	沙门氏菌	1	4	1	1
	志贺氏菌	0.25	1	0.25	0.25
	大肠埃希氏菌	0.5	1	1	1
	副溶血性弧菌	0.5	2	0.25	0.25
革兰氏阳性菌	蜡样芽孢杆菌	0.5	2	0.5	0.5
	金黄色葡萄球菌	2	2	0.25	0.25
	单增李斯特菌	0.25	2	0.25	0.25

制备 传统的制取方法是从富含芳樟醇的天然精油中分离得到。芳樟醇的化学合成方法包括乙炔-丙酮法、异戊二烯法、β-蒎烯法与α-蒎烯法。

应用 芳樟醇主要用于化妆品、家用洗涤剂、家具护理产品、杀虫剂、香料的制造，在食品和饮料加工过程中，也用到了芳樟醇作香料和调味剂。工业生产中，芳樟醇是合成维生素 E 的重要中间体。

芳樟醇是香水、清洁去污产品中使用频率最高的香料。除此之外，诸多体内外实验研究表明芳樟醇具有镇痛、抗焦虑、镇静催眠、抗炎、抗肿瘤、抗菌等活性，在医药、食品领域应用前景十分广阔。

氯苯甘醚
(chlorphenesin)

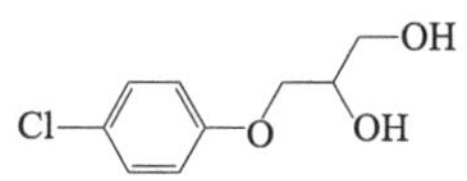

$C_9H_{11}ClO_3$ 202.64 104-29-0

其他名称 氯苯甘油醚、氯酚醚

化学名称 3-(4-氯苯氧基)-1,2-丙二醇

IUPAC 名 3-(4-chlorophenoxy)propane-1,2-diol

EC 编码 [203-192-6]

理化性质 纯品为白色至黄白色的结晶或粉末，味苦，几乎无臭。含量约100%。沸点（2.6kPa）214～215℃。熔程 78～81℃。闪点 100℃。$\lg K_{ow}=1.500$。溶解度（25℃）：水 6g/L；溶于有机溶剂，易溶于乙醇等。稳定性：在正常条件下稳定；蒸汽中不挥发，不受稀酸碱影响。耐热低于 100℃。

毒性 老鼠急性经口毒性 LD_{50} 3000mg/kg。小鼠皮下注射 LD_{50} 911mg/kg。近年来在全球范围内屡有文献报道消费者因为使用含有氯苯甘醚的化妆品而引发皮炎。氯苯甘醚还可使骨骼肌松弛，抑制中枢神经系统并引起呼吸困难。

抗菌防霉效果 氯苯甘醚对真菌和细菌具有广谱的抗菌作用，可以有效地抵御革兰氏阳性及阴性菌，尤其对黑曲霉 IMI 149007 及嗜松青霉 IMI 87160（真菌）有较强的杀菌活性，而且对表皮癣菌、小孢子癣菌、毛癣菌等真菌亦有灭杀作用。氯苯甘醚对部分微生物杀菌效果见表 2-11。

表 2-11　氯苯甘醚对部分微生物杀菌效果

测试菌株	ELESTAB® CPN/(μg/mL)	
	MIC	MMC
金黄色葡萄球菌 NCTC 10788	3000	>3000
表皮葡萄球菌 NCIMB 8853	3000	>3000
乳链球菌 NCIMB 6681	1500	>3000
大肠杆菌 NCIMB 8545	500	3000
产气杆菌 NCTC 7427	1500	3000
肺炎克雷伯菌 NCIMB 10341	1500	3000
普通变形杆菌 NCIMB 4175	500	1500
铜绿假单胞菌 NCIMB 8626	3000	3000
黑曲霉 IMI 149007	1500	3000
白色念珠菌 NCPF 3179	>3000	>3000
酿酒酵母 NCPF 3275	>3000	>3000

注：MIC—minimum inhibitory concentration；MMC—minimum microbicidal concentration。

制备　参考英国专利 GB 628497 或天津市若围药物研究所专利 CN 101445436B。

应用　作为杀菌剂、防霉剂、抗皮癣成分，常用于日化领域，比如洗发、护发、护肤、洗涤等产品中，亦用于医药领域，比如 IgE 介导的组胺释放抗原相关的免疫抑制剂。

实际应用参考：

1996 年，氯苯甘醚开始应用于化妆品，既可单独应用，也可与其他防腐剂联合应用，可有效增强防腐效果，比如与苯氧乙醇或山梨酸复配，发挥协同抗菌防腐效果。

法规

①《欧盟化妆品指令》（2009 年 12 月 22 日）中规定，氯苯甘醚在化妆品中的最大允许使用量为 0.3%（质量分数）。

② 根据 2015 年版《化妆品安全技术规范》规定，氯苯甘醚在化妆品中使用时，最大允许浓度为 0.3%（质量分数）。

三氯叔丁醇

(chlorobutanol)

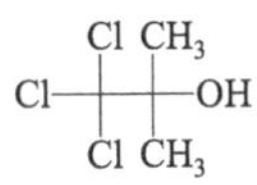

$C_4H_7Cl_3O$ 177.46 57-15-8（无水）

其他名称　氯丁醇、三氯丁原醇 、克劳喘通

化学名称　1,1,1-三氯-2-甲基-2-丙醇

IUPAC 名　1,1,1-trichloro-2-methylpropan-2-ol

CAS 号　[6001-64-5]（半水合物）、[57-15-8]（无水合物）

EC编码［611-927-0］（半水合物）、［200-317-6］（无水合物）

理化性质 纯品为白色结晶，有微似樟脑的特臭，易挥发。半水合物熔点78℃，无水合物熔点91℃，沸点167℃。溶解度：易溶于热水、醇和甘油；溶于氯仿、乙醚、丙酮、冰醋酸；在水中微溶。稳定性：碱性溶液不稳定，酸性溶液较稳定。

毒性 大鼠急性经口LD_{50} 213mg/kg，对眼睛和黏膜有一定刺激性。

抗菌防霉效果 三氯叔丁醇对细菌繁殖体及霉菌均有作用，且优于苯甲醇。在酸性体系中，抑制效果尤佳。其作用机制是凝固细菌的蛋白及球蛋白。

制备 由丙酮与氯仿反应而制得目标物。

应用 一种医药中间体，亦是一种防腐剂，广泛用于医药、食品、化妆品等领域。

实际应用参考：

常用0.5%溶液在注射剂、滴眼剂及化妆品中作防腐剂。用5%～10%软膏或1%～2%撒粉治疗皮肤瘙痒及其他皮肤刺激性疾患。口服还被用作镇静剂和局部止痛剂。1%的液体石蜡液用于治疗鼻炎。

法规 作为欧盟允许使用的防腐剂：关于化妆品的第1223/2009/EC号法规附件Ⅴ，经法规（EU）2022/1531修订（EU）2022/1531，OJ L 240，16 September 2022。

松油醇

（terpilenol）

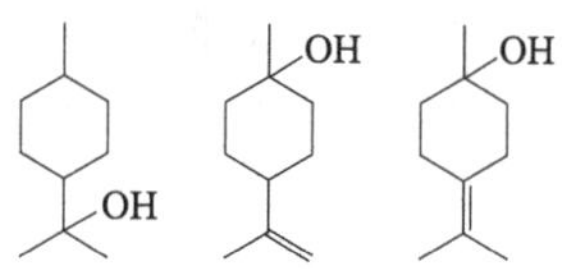

$C_{10}H_{18}O$ 154.25 10482-56-1

其他名称 萜品醇、α-松油醇

化学名称 （S）-α，α-4-三甲基-3-环己烯-1-甲醇

IUPAC名 2-(4-甲基-1-环己基-3-烯基)丙醇

EC编码 ［233-986-8］

理化性质 无色稠厚或低熔点透明液体，有紫丁香的芳香和甜味。固化点40℃。相对密度0.9337。沸点220.85℃。具有可燃性。一般工业品为三种异构体的混合物，α-松油醇有左旋、右旋和消旋三种光学异构体。松油醇微溶于水和甘油，能溶于乙醇，1份松油醇能溶于2份体积分数70%的乙醇溶液中。

毒性 松油醇水溶液小鼠急性经口LD_{50}＞5000mg/kg体重。

抗菌防霉效果 石超峰等研究了α-松油醇对大肠杆菌的抑菌作用，结果证明α-松油醇是通过破坏大肠杆菌细胞壁和细胞膜的结构、抑制DNA的合成、抑制细菌蛋白质的合成来实现抑菌作用。

国内早在1995年即有研究报道，体积分数30%的松油醇在常温下作用5min，对载体上金黄色葡萄球菌、大肠杆菌和铜绿假单胞菌均可达到完全杀灭，将其与戊二醛或碘伏进行复配，作用5min可以杀灭载体上枯草杆菌黑色变种芽孢和乙型肝炎表面抗原。国内孙贵娟等2006年报道，浓度为3000mg/L松油醇水溶液，对载体上金黄色葡萄球菌、铜绿假单胞菌、大肠杆菌和白色念珠菌等细菌作用1min，平均杀灭率达到99.99%以上。最新研究表明，以松油醇为主要杀菌成分的新型医用消毒超声耦合凝胶对载体上大肠杆菌、金黄色葡萄球菌、铜绿假单胞菌和白色念珠菌作用1.5min，平均杀灭对数值均达到4.0以上。

制备　专利CN 102276420A《一种制备松油醇的工艺方法》。

应用　松油醇存在于松油、樟油、橙花油等精油中，因此属于植物醇类。目前，松油醇用于制备香精、高级溶剂、杀菌除臭，也可用于医药、农药和肥皂等行业，近年亦用于食品防腐和抗菌消毒。

乙醇

(ethanol)

C_2H_6O 46.07 64-17-5

其他名称　酒精、alcohol

IUPAC名　ethanol

EC编码　[200-578-6]

理化性质　无色透明液体，易挥发、有辛辣味、易燃烧。沸点（101kPa）78.2～80℃。密度（20℃）0.79g/mL。蒸气压（20℃）58～59hPa。表面张力（20℃）22.8mN/m。折射率（nD，25℃）1.3595。闪点12～13℃。溶解性：完全存在于水、醇、丙酮、乙醚、三氯甲烷、苯中。

毒性　大鼠急性经口LD_{50} 13700mg/kg。兔急性经口LD_{50} 9500mg/kg。研究表明，70%的乙醇消毒有引起患者接触性皮炎的概率。

抗菌防霉效果　乙醇是一种醇类消毒剂，由于其不能完全杀死细菌芽孢，属于中效消毒剂。乙醇杀菌作用机制主要有以下三种解释：第一种，使蛋白质变性。乙醇分子进入蛋白质分子的肽链，使蛋白质变性沉淀。第二种，破坏细菌细胞壁。乙醇分子以自由扩散的方式迅速渗透到菌体内，使细菌细胞破坏溶解。第三种，对微生物酶系统的破坏。通过抑制酶系统，特别是脱氢酶和氧化酶等，阻碍其正常代谢（雷毅，2020）。

乙醇作为消毒剂，《中国药典》推荐使用浓度为体积分数70%～75%，浓度范围70%～80%的乙醇更容易进入菌体细胞内，能迅速杀菌。无水或过高浓度的乙醇溶液使菌体细胞迅速脱水，导致菌体表面蛋白质凝固，在菌体表面形成保护膜，阻止乙醇进入细胞，阻碍杀死菌体；过低浓度的乙醇溶液，因为乙醇浓度过低，杀菌能力会迅速减弱，甚至无杀菌效果。乙醇浓度过高或过低时都会影响其杀菌效果。

黄钰骄研究表明，60%～90%的乙醇可杀灭细菌繁殖体（革兰氏阳性菌和革兰氏阴性菌）、分枝杆菌（结核分枝杆菌和非结核分枝杆菌）、酵母菌和真菌以及部分病毒。其中，革兰氏阴性菌对乙醇的抗力低于革兰氏阳性菌。一些亲脂性病毒和亲水性病毒（如腺病毒、肠病毒、鼻病毒和轮状病毒）很容易被乙醇灭活，但不包括甲型肝炎病毒（HAV）和细菌芽孢。

制备 乙醇的生产工艺主要有生物发酵法和化学合成法。

应用 乙醇用作消毒杀菌已有很长历史，并已用于食品加工环境和操作者手指的消毒。乙醇亦作无气味和无刺激性防腐剂使用，尤其自1985年以来，日本在低浓度乙醇防腐技术及其复配技术方面取得卓越研究成果，使乙醇制剂发展很快，其在防腐剂市场的占有率越来越大。

2020年伊始，新型冠状病毒对世界经济的发展和人类的健康造成破坏性影响，乙醇作为一种有效的消毒杀菌材料，对防范“新冠肺炎”疫情有重要作用，是居家及公共场所消毒的一种有效物质，其需求量持续增加。

实际应用参考：

马学芬等2012年报道日本有微胶囊化的乙醇保鲜剂，在密封包装中缓慢释放乙醇蒸气以防止霉菌的生长，质量分数为6%的乙醇微胶囊，杀菌能力相当于70%的乙醇，将微胶囊化的乙醇置入乙醇蒸气不易透过的密封包装中，利用胶囊缓慢释放的乙醇气体达到杀菌防腐的目的。

法规

① 欧盟化学品管理局（ECHA）。根据指令98/8/EC（BPD）或规则（EU）No 528/2012（BPR）提交了批准申请的所有活性物质/产品类型组合：PT-1（人体卫生学消毒剂）、PT-2（不直接用于人体或动物的消毒剂和杀藻剂）、PT-4（食品和饲料领域消毒剂）、PT-6（产品在储存过程中的防腐剂）。生物杀灭剂乙醇的申请目前处于审核之中。

② GB 38850—2020《消毒剂原料清单及禁限用物质》规定其可以使用的范围：A，用于室内的消毒剂；E，用于环境及物体表面的消毒剂；H，用于人体的消毒剂；M，用于医疗器械的消毒剂。

乙基己基甘油
(ethylhexlglycerin)

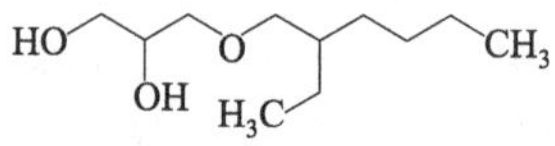

$C_{11}H_{24}O_3$ 204.3 70445-33-9

其他名称　甘油单异辛基醚、辛氧基甘油

化学名称　3-[2-(乙基己基)氧]-1,2-丙二醇

IUPAC名　3-(2-ethylhexoxy)propane-1,2-diol

INCI名称　ethylhexylglycerin

EC编码　[408-080-2]

理化性质 纯品含量≥99.0%，外观呈无色或微黄色黏稠液体。沸点145℃。凝固点<－76℃。闪点（ASTM D98）152℃。蒸气压（20℃）约0.3Pa。pH（1.0g/L，20℃）6～8。密度（20℃）0.950～0.965g/cm³。折射率（20℃）约1.451。溶解性：水1.8g/L（22℃）；高度溶于有机溶剂，如醇、二醇和乙二醇醚。

毒性 大量的毒理试验证实了乙基己基甘油良好的耐受性，被证明无毒和对皮肤无刺激。

抗菌防霉效果　乙基己基甘油是一种多功能的皮肤护理添加剂，其独特的分子结构，使其具有一定的表面活性，影响微生物的细胞膜界面张力，使抗微生物剂和防腐剂更有效地渗透到微生物细胞内将其杀死。乙基己基甘油、甘油辛酸酯、1,3-丙二醇和1,2-己二醇分子结构式中都含有羟基且是1,2-邻位羟基，可以推断醇类保湿防腐剂可能是通过破坏微生物的细胞壁和细胞膜的结构、抑制 DNA 的合成、抑制细菌蛋白质的合成来实现抑菌作用。

乙基己基甘油对微生物最小抑制浓度详见表 2-12。

表 2-12　乙基己基甘油对常见微生物的最低抑制浓度（MIC）

微生物	MIC/%	微生物	MIC/%
大肠杆菌	0.14	绿脓杆菌	0.16
金黄色葡萄球菌	0.11	白色念珠	0.10
黑曲霉	0.12		

制备　专利 CN 108191614A《一种制备乙基己基甘油的方法》。

应用　鉴于乙基己基甘油与所有化妆品成分高度相容等特性，其作为化妆品防腐剂的增效剂应用前景广阔，本身亦是一种除臭活性物质。

实际应用参考：

乙基己基甘油是公认的除臭活性成分，可抑制引发恶臭的细菌的生长和繁殖。葡萄柚籽提取物也是已知的除臭活性成分。上述两种成分与丙二醇的组合会起到更持久的防臭性能。除臭剂组合物，包括按质量计基于所述除臭剂组合物的总质量：丙二醇 40%～45%，乙基己基甘油 0.1%～0.6%，葡萄柚籽提取物 0.5%～0.9%，硬脂酸钠 2%～4%，甘油 20%，淀粉磷酸酯 0.01%～0.9%，乳化剂 0.01%～0.3%，其他还包括碳酸氢钠、食盐、纤维素等。

异丙醇（IPA）
（isopropyl alcohol）

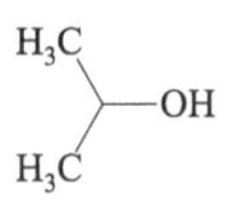

C_3H_8O 60.10 67-63-0

其他名称　仲丙醇、二甲基甲醇、火酒、2-丙醇

化学名称　异丙醇

IUPAC 名　propan-2-ol，2-propanol

EC 编码　[200-661-7]

理化性质　异丙醇是正丙醇的同分异构体。异丙醇是无色透明可燃液体，有似乙醇和丙酮混合物的气味。含量 99%。沸点（101kPa）82～83℃。熔点－88℃。密度（20℃）0.785～0.786g/mL。蒸气压（20℃）41hPa。表面张力（20℃）22.7mN/m。折射率（nD，20℃）1.377。闪点 12℃。溶解性：异丙醇可与水和乙醇混溶；与水能形成共沸物；能与乙醇、乙醚、氯仿混溶，能溶解生物碱、橡胶等

多种有机物和某些无机物。稳定性：异丙醇具有易燃性，蒸气与空气形成爆炸性混合物。常温下可引火燃烧，其与空气混合易形成混合物。异丙醇容易产生过氧化物，使用前有时需做鉴定。

毒性 大鼠急性经口 LD_{50} 5850mg/kg。异丙醇对破损皮肤和黏膜有刺激性。

抗菌防霉效果 异丙醇（IPA）作为醇类消毒剂的一种，由于其不能完全杀死细菌芽孢，所以属于中效消毒剂。其消毒机理是首先对微生物起脱水作用，随即迅速渗透到菌体细胞内，使蛋白质变性、凝固，破坏细胞壁和细胞膜的结构功能，使细胞内物漏出，最终导致微生物死亡，同时醇类消毒剂能够抑制微生物的酶系统，干扰其正常代谢，加速消毒过程。

丙醇分为正丙醇和异丙醇，虽然分子量相同，但化学性质有所差别。实验证明，异丙醇对乙型肝炎病毒（HBV）的灭活效果比乙醇更强，70%异丙醇 10min 可灭活乙型肝炎病毒，对于在干燥物体表面上的 HIV-1 可在 1min 消除其传染性，但是异丙醇对非脂质肠道病毒无杀灭作用（黄钰骄，2021）。

异丙醇对于细菌繁殖体、包膜病毒、真菌和分枝杆菌均有很好的杀灭作用，但是对于细菌芽孢和无包膜病毒作用较差。水的存在对异丙醇的抗微生物效能至关重要。鲍威尔（1945）的调查显示，在有效浓度为 50%异丙醇水溶液中，20℃下，金黄色葡萄球菌 1min 内被杀死；在 50%～91%异丙醇溶液中，20℃下，大肠杆菌 5min 内被杀死。

制备 合成方法有丙烯间接水合法、丙烯直接水合法、丙酮加氢法等。

应用 异丙醇在油墨、涂料、医药中间体、电子工业清洗剂等许多领域有着广泛应用。此外，由于其消毒杀菌性能优于乙醇，其在杀菌消毒，食品保鲜，空气净化，皮肤、假肢以及医疗器械的消毒领域需求大增。

实际应用参考：

两种以上醇进行复配可以提高杀灭微生物的作用，缩短有效作用时间，特别是对病毒更有优势。A. Kramer 等对一种新手消毒剂的病毒灭活效果与其他含醇手消毒剂进行了对比，这种手消毒剂含 55%乙醇、10% 丙醇、5.9% 异丙醇、5.7% 1，3-丁二醇和 0.7% 磷酸，其展现出广谱的病毒灭活能力。W. R. Moorer 发现 5%异丙醇与 80%乙醇组合具有绝佳的抗菌作用，还可迅速灭活人类免疫缺陷病毒（HIV）及乙型、丙型肝炎病毒，与其他可替代消毒剂相比，在牙科表面消毒中高浓度的醇采用喷洒-擦拭-喷洒方式，安全且有效（银燕等，2013）。

法规

① 欧盟化学品管理局（ECHA）。2015 年，欧盟生物杀灭剂产品委员会（BPC）发布法规（EU）2015/407，批准异丙醇作为第 1 类、第 2 类以及第 4 类生物杀灭剂产品的活性物质。批准日期 2016 年 7 月 1 日，批准期满 2026 年 6 月 30 日。

② GB 38850—2020《消毒剂原料清单及禁限用物质》规定其可以使用的范围：E，用于环境及物体表面的消毒剂；H，用于人体的消毒剂。

正丙醇

(1-propanol)

C_3H_8O 60.10 71-23-8

其他名称　乙基甲醇、丙醇

化学名称　正丙醇

IUPAC 名　1-propanol，*n*-propanol

EC 编码　[200-746-9]

理化性质　正丙醇和异丙醇分子式（$CH_3CH_2CH_2OH$）和分子量（60.10）都相同，只是在结构式中羟基位置不同，因此它们属于同分异构体，在某些化学性质上表现出一定的差别。

正丙醇是无色透明可燃液体，具有轻微酒精气味。含量 99%。沸点（101kPa）96.5～97.5℃。熔点－126.2℃。密度（20℃）0.8035g/mL。蒸气压（20℃）18.7hPa。折射率（nD，20℃）1.385。表面张力（20℃）23.45mN/m。闪点 23℃。溶解性：正丙醇可与水和乙醇混溶，与水能形成共沸物；能与乙醇、乙醚、氯仿混溶；能溶解生物碱、橡胶等多种有机物和某些无机物。稳定性：常温下可引火燃烧。正丙醇蒸气与空气形成爆炸性混合物，爆炸极限为体积分数 2.0%～12%。

毒性　大鼠急性经口 LD_{50} 5400mg/kg。小鼠皮下 LD_{50} 3230mg/kg。

抗菌防霉效果　正丙醇的杀菌效果与乙醇处于同一水平，与乙醇的气味及颜色相似，属于中效消毒剂。醇类消毒剂作用机理为侵入菌体细胞，破坏蛋白质表面的水膜、化学结构，导致其变性，引起微生物新陈代谢障碍，且具有溶菌作用。

制备　合成工艺有乙烯羰基合成法、烯丙醇氧化法和环氧丙烷加氢法等。

应用　正丙醇目前被广泛用于涂料、油漆、胶黏剂、化妆品、塑料和杀菌剂等领域，同时也是医药、食品添加剂、合成香料、清洁剂和刹车油等多个领域的重要原料。

注意：水的存在对其功效至关重要，1-丙醇 50%～60%的浓度用于手消毒。

法规　GB 38850—2020《消毒剂原料清单及禁限用物质》规定其可以使用的范围：E，用于环境及物体表面的消毒剂；H，用于人体的消毒剂。

2.2　醛类化合物

醛类是一种活泼的烷化剂，属于亲电活性剂。如图 2-1 不同类型的醛和图 2-2 醛类物质的作用模式所示，醛的亲电特性是羰基上缺少电子，这使得醛和醛释放化合物能够与细胞中的亲核成分发生反应。

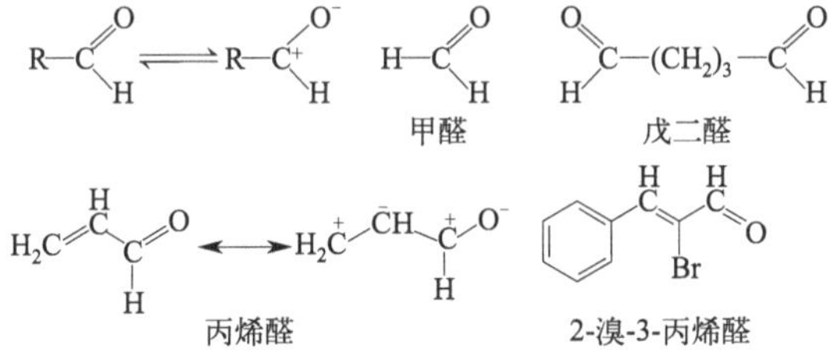

图 2-1　醛类——不同类型

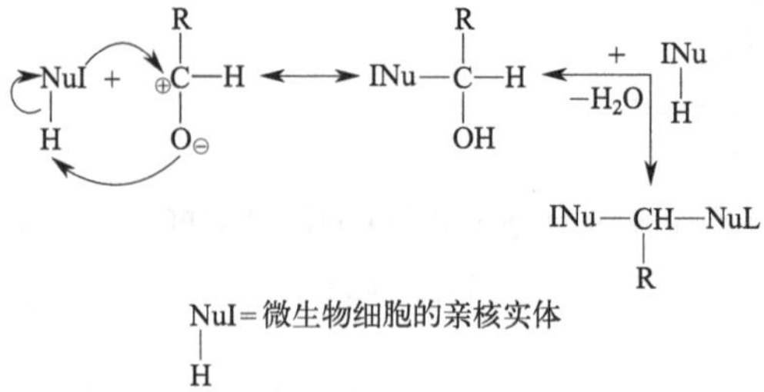

图 2-2　醛类——作用模式

甲醛是醛类中分子量最小的化合物，因此也是立体阻碍最小的化合物。这种反应性很强的物质是最有效的单醛。二醛含有两个醛基基团，意味着两个亲电基团能够与微生物细胞成分相互作用并发生多种连接反应。戊二醛是用作杀微生物剂的最重要的二醛，虽然在 1962 年之前它还没有被用作抗菌物质，但人们依然对它进行了广泛的研究，并将其发展成为一种非常有效的抗菌成分（Gorman 等，1980；Power，Russel，1989）。

与甲醛相比，戊二醛是最有效的二甲醛，在杀菌性能上具有以下优势：活性更高；作用更快；刺激性更低。丙烯醛作为一种不饱和醛，值得一提。它在羰基的 α，β 位含有一个乙烯基，从而形成两个亲电中心。这使小分子丙烯醛具有相对较高的反应活性和抗菌功效。与丙烯醛一样，α-溴代肉桂醛（BCA）也是一种不饱和醛。不过，除了活化的乙烯基外，它还含有一个活化的卤素原子。不过，BCA 中的苯基确保了系统的共振稳定，化学性能方面比丙烯醛更稳定，杀菌效果和毒性也比丙烯醛低。

醛类化合物中某些醛可作为灭菌剂、消毒剂、防腐剂和抗菌剂，醛类消毒剂杀菌谱广，可以杀灭芽孢等，但醛类消毒剂具有刺激性与毒性。醛类消毒剂主要包括戊二醛、甲醛、邻苯二甲醛等消毒剂。醛类消毒剂作为第一代化学消毒剂，其杀菌机理是通过凝固病原微生物蛋白质杀灭病原菌。醛类消毒剂的主要特性为化学活性强，常温条件下容易挥发，其中戊二醛在畜牧行业的使用较为广泛；已经将邻苯二甲醛开发成为一种新型、高效的消毒剂，并且通过了美国 FDA 认证。醛类消毒剂的优点为消毒效果明显，缺点是具有较大毒副作用（王文惠，2021）。

2-丙烯醛

（2-propenal）

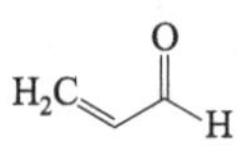

C_3H_4O 56.1 107-02-8

其他名称　丙烯醛、烯丙醛、败脂醛、acrolein

化学名称　2-丙烯醛

IUPAC 名　prop-2-enal

EC 编码　[203-453-4]

理化性质　原药纯度 92%～97%。无色或黄色液体，有难闻气味。沸点 (760mmHg，1mmHg＝133.322Pa) 52.5℃。熔点－87.7℃。蒸气压 (25℃) 274mmHg。闪点－26.1℃（闭杯）。$\lg K_{ow}=-0.01$。溶解性：水 208g/kg (20℃)；能与大多数有机溶剂完全互溶。稳定性：≤80℃时稳定。光照下易聚合（稳定剂如氢醌）。储存中缓慢聚合；在浓酸、浓碱和浓胺存在下剧烈聚合。须在避光、氮气保护下储存。水解 DT_{50} 3.5d (pH 5)、1.5d (pH 7)、4h (pH 10)。运输时需无氧条件并加入稳定剂。

毒性　雄小鼠急性经口 LD_{50} 13.9mg/kg。雌小鼠急性经口 LD_{50} 17.7mg/kg。水生生物：虹鳟鱼 LC_{50} (24h) 0.15mg/L；水蚤 LC_{50} (48h) 22μg/L。

抗菌防霉效果　2-丙烯醛是 α、β-不饱和醛中最简单且活性最高的小分子醛，其杀菌机理是通过与蛋白质中的磺基和氨基反应，使细菌细胞中的蛋白质和酶变性。

Penkala 等研究表明，与传统的生物杀菌剂相比，丙烯醛在控制好氧细菌、兼性厌氧性细菌（GAB）以及硫酸盐还原菌（SRB）方面效果最好。

制备　目前工业上生产丙烯醛，主要是通过丙烯氧化。

应用　2-丙烯醛可作杀菌剂、杀藻剂、杀软体剂或黏泥剥离剂。比如施用于水面以下（1～15mg/L），可用于排灌管道中控制水草、藻类及软体动物的生长。

实际应用参考：

Penkala 等在 2008 年研究表明，在美国俄克拉何马州油田水驱过程中最有效的控制 APB 的方法就是加入 2-丙烯醛。在地面分离设备中进行的常规间歇注水处理结果表明，整个注水系统中 APB 减少了 99.99%，同时注水失败率也减少了 50%。除了具有杀菌性外，丙烯醛还可以与硫化物如 H_2S、FeS 反应生成不可逆转的水溶液制品。

法规

① 欧盟化学品管理局（ECHA）。2010 年，欧盟委员会发布法规（EU）2010/5，批准丙烯醛作为第 12 类（杀黏菌剂）生物杀灭剂产品的活性物质。批准日期 2010 年 9 月 1 日，批准期满 2023 年 7 月 27 日。已过期。

② 美国 CFR 法规（21CFR.176.300）规定了可以安全地用于制造与食品接触的纸和纸板的杀黏菌剂相关物质，其中丙烯醛作为杀黏菌剂未做限量要求。

2-羟基-1-萘甲醛（HNA）
(2-hydroxy-1-naphthaldehyde)

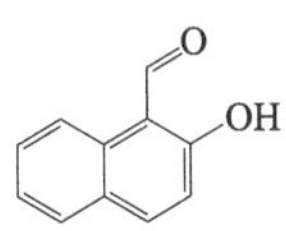

$C_{11}H_8O_2$ 172.19 708-06-5

其他名称　二羟基-1-萘醛、1-甲酰基-2-萘酚

IUPAC 名　2-hydroxynaphthalene-1-carbaldehyde

EC编码 ［211-902-0］

理化性质 在乙醇中结晶出的棱柱体或从乙酸乙酯中结晶出的针状体结晶，熔点82～85℃。沸点（3.6kPa）192℃。溶解性：不溶于水，溶于乙醇、乙醚、石油醚和碱的水溶液，溶于浓硫酸呈黄色溶液。稳定性：在蒸汽中略有挥发，与氧化铁作用呈棕色。$\lg K_{ow}=3.18$。

毒性 大鼠急性经口 LD_{50}＞5000mg/kg。大鼠腹腔注射 LD_{50} 710mg/kg。老鼠腹腔注射 LD_{50} 1170mg/kg（来源：ChemIDplus）。

抗菌防霉效果 作为膜活性物质，醛基的存在使得2-羟基-1-萘甲醛（HNA）具有亲电子性能并增强杀菌性能。该化合物尤其对霉菌抑制特别有效。Sharma（1989）确定了40种不同真菌的最低抑制浓度，发现没有一种真菌能耐受超过60mg/L的HNA。在HNA的抑制浓度下，胞外酶（淀粉酶、纤维素酶、蛋白酶、脂肪酶）的分泌受到抑制（100％抑制）。

制备 常见的合成方法有Duff法和Reimer-Tiemann法。

应用 2-羟基-1-萘甲醛（HNA）由于分子中既有酚羟基又有醛基，作为化学中间体，应用于制备皮革用金属络合染料、织物、油墨及荧光增白剂等。

鉴于其广泛的抗菌性，亦可作防止材料生物降解的长期保护剂，例如皮革、鞋类、棉花、纺织品、纸张等。

3,5-二氯-4-羟基苯甲醛（DCHB）
（3,5-dichloro-4-hydroxybenzaldehyde）

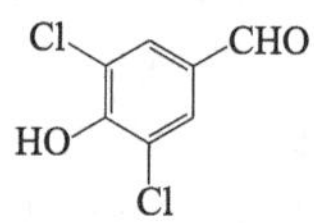

$C_7H_4Cl_2O_2$ 191.02 2314-36-5

IUPAC名 3,5-dichloro-4-hydroxybenzaldehyde

理化性质 白色，具有特征气味的结晶固体。熔点156℃。溶解性：易溶于乙醇、丙二醇、乙醚、乙酸；不易溶于苯、氯仿；微溶于水。

毒性 大鼠急性经口 LD_{50}＞5000mg/kg。大鼠急性经皮 LD_{50}＞2000mg/kg。

抗菌防霉效果 3,5-二氯-4-羟基苯甲醛（DCHB）具有广泛的抗菌活性，涵盖了细菌、霉菌和酵母菌。具体数据如表2-13。

表2-13 30％ DCHB溶液对常见微生物的最低抑制浓度（MIC）

微生物	MIC/(mg/L)	微生物	MIC/(mg/L)
绿脓假单胞菌	1500	恶臭假单胞菌	1500
荧光假单胞菌 NCTC 10038	70	普通变形杆菌 NCTC 4175	700
沙门氏菌 NCTC 5765	700	金黄色葡萄球菌 NCTC 4163	700
金黄色葡萄球菌 NCTC 10449	1500	表皮葡萄球菌	1500
白色念珠菌 NCYC 597	2300	酿酒酵母 NCYC 200	2300
青霉	2300		

（来源：Maddox，1988）

制备 3,5-二氯-4-羟基苯甲醛由 2,6-二氯对甲酚原料制备而来。

应用 3,5-二氯-4-羟基苯甲醛（DCHB）可作工业液体防腐剂，如洗涤剂浓缩液和基于表面活性剂的产品，添加量 0.1%～0.15%；亦可用作化妆品中的防腐剂。

α-溴代肉桂醛（BCA）
（*α*-bromocinnamaldehyde）

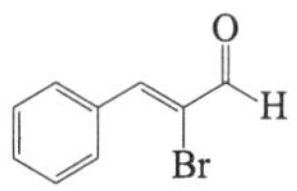

C_9H_7BrO 211.06 5443-49-2

其他名称 *α*-溴代苯丙烯醛

化学名称 *α*-溴代-*β*-苯基-2-丙烯醛

IUPAC 名 (*Z*)-2-bromo-3-phenylprop-2-enal

EC 编码 [226-637-6]

理化性质 淡黄色粉末，具有类似于肉桂的气味。熔点 71～72℃。蒸气压（20℃）0.0013hPa。溶解性：微溶于水，易溶于有机溶剂如乙醇、丙酮、甲基乙基酮、苯、甲苯、二甲苯。稳定性：在 3～11 的 pH 范围内稳定，在 230～240℃分解。

毒性 小鼠腹腔注射 LD_{50} 822mg/kg。小鼠皮下注射 LD_{50} 2200mg/kg。大鼠腹腔注射 LD_{50} 513mg/kg。大鼠急性经口 LD_{50} 1450mg/kg（来源：Pubchem）。

抗菌防霉效果 *α*-溴代肉桂醛（BCA）作为肉桂醛的溴代产物，其杀菌作用机制为醛基（—CHO）的极性效应使醛基碳带上正电荷，醛基氧带负电荷，醛类通过带正电荷的碳与蛋白质上带孤对电子的氨基（$—NH_2$，细菌蛋白质的氨基）、亚氨基或巯基（—SH，细菌酶系统的巯基）等活性基团发生亲核加成反应，使细菌失去复制能力，引起代谢系统紊乱而达到杀菌的目的。

α-溴代肉桂醛常温下的蒸气压极低，在密闭的容器内，蒸气不会再形成结晶，但能杀死多种霉菌、酵母、细菌及一些害虫。

α-溴代肉桂醛对一些微生物的最低抑制浓度见表 2-14。

表 2-14 *α*-溴代肉桂醛（BCA）对一些微生物的最低抑制浓度（MIC）

微生物	MIC/(mg/L)	微生物	MIC/(mg/L)
黑曲霉	40	球毛壳霉	20
黄曲霉	50	枯草杆菌	20
变色曲霉	75	巨大芽孢杆菌	20
桔青霉	30	大肠杆菌	50
宛氏拟青霉	20	荧光假单胞杆菌	50
腊叶芽枝霉	10	金黄色葡萄球菌	10

制备 以肉桂醛为原料合成杀菌剂 *α*-溴代肉桂醛是最直接的反应路线。

应用 Zinko 和 Hagen 于 1884 年合成 *α*-溴代肉桂醛（BCA），1975 年左右开始其抗菌机理和应用方面的研究。目前，作为一种广谱杀菌、防霉、防蛀、防臭剂，*α*-溴代肉桂醛广泛应用于环境保护、个人及家庭卫生、皮革、化纤、塑料、涂料等领域抗菌防霉。

实际应用参考：

①可添加或涂布于橡胶和泡沫塑料中，制成各种防臭胶鞋、球鞋、旅游鞋和各种鞋垫。除具有明显防霉、除臭效果外，对医治各类脚癣也有明显效果；②可添加于纸浆中，制成防霉纸张、防霉贴墙纸，亦可放置于书库中，防止书籍、档案文件发霉；③可喷涂于皮革或皮革制品中，防止皮革及其制品发霉，亦可添加于鞋油中，用于防止皮鞋和皮件发霉；④可将其吸收在沸石内、袋装置于吸尘器中，可除去吸尘器内灰中的异味，并防止微生物的生长；⑤可作为工厂纺织、制药、食品车间，家用厨房、卫生间墙壁和家具装饰面的防霉和除臭剂；⑥用于光学仪器、声像器材、乐器、电子通信部件、精密仪器防霉，其不会损害透镜、快门及精密零部件；⑦可用于金属切削油、汽油、润滑油以及尸体的防腐；⑧对有害昆虫也有一定抑制作用，亦可用于防治森林木材腐蛀。

苯甲醛

(benzaldehyde)

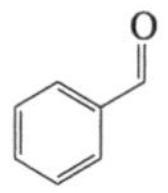

C_7H_6O 106.12 100-52-7

其他名称　安息香醛、苯醛、苦杏仁油

IUPAC 名　benzaldehyde

EC 编码　[202-860-4]

理化性质　纯品为无色或浅黄色的挥发性油状液体，具有苦杏仁味，燃烧时具有芳香气味。沸点（760mmHg）178.9℃。熔点－26℃。蒸气压（26℃）1mmHg。闪点（闭杯）64.5℃。有强折射性，折射率 1.5463（20℃）。溶解性（25℃）：水 6.95g/L；混溶于乙醇、乙醚、苯、氯仿。稳定性：能随水蒸气挥发；不稳定，遇空气逐渐氧化为苯甲酸。$\lg K_{ow}=1.48$。

毒性　兔急性经皮 LD_{50} ＞1250mg/kg。豚鼠急性经口 LD_{50} 1000mg/kg。大鼠急性经口 LD_{50} 1300mg/kg。水蚤 LC_{50}（24h）50mg/L。

抗菌防霉效果　苯甲醛对大多数微生物均有一定的抑制效果，在室温下其为无色液体，亦可利用其挥发性开发一些气相杀菌产品。

制备　苯甲醛主要以苯、甲苯等为原料合成。

应用　苯甲醛是醛基和苯环直接相连而成的芳香族化合物，天然存在于自然界的苦杏仁油、依兰油、风信子油和藿香油等植物精油，蔷薇科植物中含量较高。

苯甲醛是医药抗生素、香料香精、染料印染和树脂等领域的重要的化工中间体。

法规

① 欧盟玩具安全指令 2009/48/EC 附件二中第Ⅲ部分表示：如果添加到玩具中，浓度超过 100mg/kg，则应在玩具上、贴的标签上、包装上或随附的传单中列出该物质的名称。

② 美国 CFR 法规（40CFR. 180. 940）：当作为抗菌农药配方中的成分时，苯甲醛可用于公共饮食场所的食品接触表面、乳制品加工设备以及食品加工设备和器皿，准备使用时，最终用途浓度不超过 100×10^{-6}。

对硝基苯甲醛
(*p*-nitrobenzaldehyde)

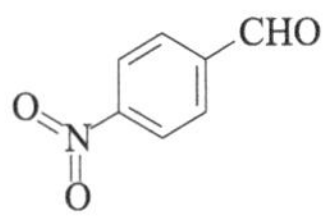

$C_7H_5NO_3$ 151 555-16-8

其他名称　PHB、4-nitrobenzaldehyde、H50

化学名称　4-硝基苯甲醛

EC 编码　[209-084-5]

理化性质　白色或无色结晶，具有芳香气味。熔点 116℃。相对密度 1.129。溶解性：易溶于乙醇、乙醚、丙酮、乙酸乙酯等常用溶剂中，在 30℃的水中溶解度为 13.3g/L，在 65℃苯中溶解度为 36.8g/L。在空气中易升华，毒性小。稳定性好，对光学零件及金属零件无腐蚀性。

毒性　鼠急性经口 LD_{50} 690mg/kg。

抗菌防霉效果　对硝基苯甲醛是一种理想的熏蒸防霉剂，对多种微生物显示良好抑制作用。其对实验室试验菌的抗菌情况见表 2-15。

表 2-15　对硝基苯甲醛对一些微生物的最低抑制浓度（MIC）

微生物	MIC/(mg/kg)	微生物	MIC/(mg/kg)
黑曲霉	500	拟青霉	250
黄曲霉	250	腊叶芽枝霉	100
变色曲霉	100	绿色木霉	500
桔青霉	50	球毛壳霉	500

制备　对硝基苯甲醛合成有对硝基甲苯氧化法，氯化苄硝化、水解、氧化法等。

应用　对硝基苯甲醛化学性质和苯甲醛基本相似，本身是有机合成和制取医药、染料、农药等精细化学品的重要中间体。就杀菌防霉而言，对硝基苯甲醛主要用于望远镜、显微镜、照相机、测量仪、放映机、潜望镜等光学仪器和精密仪器的气相防霉，同时也可以用于档案文物的防霉。

实际应用参考：

对硝基苯甲醛是被压成片剂而使用。国内研究报道，将它用于光学仪器的防霉，分别在海南、福建、西双版纳等地区经五年以上的整机环境试验，证明防霉性能良好。使用本品时，可以将其安放在箱体或镜盒内部（即仪器外部），也可以将其直接嵌入仪器的恰当部位。例如：可以在望远镜的左镜盖上粘上一个带孔的塑料或胶木小盒，然后将本品放置在小盒内，然后闭合镜盖。于是，防霉药片就不断挥发出杀菌气体，弥漫在望远镜的内部，有效地抑制了霉菌的生长。

多聚甲醛

(paraformaldehyde)

H(CHOH)$_n$OH

$(CH_2O)_n$ $n=8\sim100$ 30.0 30525-89-4

其他名称　固体甲醛、聚合甲醛、聚蚁醛、仲甲醛

IUPAC 名　formaldehyde

EC 编码　[608-494-5]，[690-727-5]

理化性质　多聚甲醛是甲醛水溶液脱水缩聚形成的线型高分子聚合物，外观白色无定形粉末。熔点 163～165℃。密度（20℃）0.88g/mL。闪点 70℃。稳定性：在酸、碱和热水中解聚；多聚甲醛的解聚也发生在极性溶剂中，如果涉及热量和添加碱性物质的痕迹，那么速度会非常快，如碳酸钾；多聚甲醛对强氧化剂和还原剂敏感。聚合物的溶解度随着聚合程度的增加而降低。

毒性　大鼠急性经口 LD_{50} 800mg/kg。兔急性经皮 LD_{50} >2000mg/L。严重刺激皮肤和黏膜——可能会引起过敏反应。

抗菌防霉效果　多聚甲醛的杀菌作用较强，因刺激性较小、穿透性较强而优于福尔马林。多聚甲醛熏蒸对枯草杆菌黑色变种芽孢（ATCC 9372）的杀灭效果见表 2-16。多聚甲醛熏蒸对不同物品上自然菌杀灭效果见表 2-17。

表 2-16　多聚甲醛熏蒸对枯草杆菌黑色变种芽孢的杀灭效果

多聚甲醛用量/(mg/L)	消毒后平均菌数/(cfu/mL)	平均杀灭率/%
90	29	99.90
100	3	99.99
110	3	99.99
120	3	99.99
130	3	99.99
150	2	99.99

注：未消毒对照组的回收菌数为 29600cfu/ml；表内结果为 5 次试验平均值。

表 2-17　多聚甲醛熏蒸对不同物品上自然菌杀灭效果

物品	检测份数	阴性份数	灭菌合格率/%
缝线	24	24	100.0
电灼器	20	20	100.0
穿刺针	58	58	100.0
吸引管外壁	34	34	100.0
吸引管内壁	34	32	94.7

注：多聚甲醛用量为 100mg/L，熏蒸 1h。

制备　多聚甲醛以稀甲醛溶液为原料，经减压蒸发，在催化剂存在下缩合制得。

应用　20 世纪 90 年代，多聚甲醛生产商主要集中在美国、日本、西班牙等国家，直到 21 世纪初我国才逐步实现国产化量产替代。多聚甲醛主要应用于农药和树脂生产，在其他化学品合成领域也有一定的应用，此外还有杀菌剂、熏蒸剂等用途。

法规

① 2019 年 5 月 21 日，欧盟法规（EU）2019/931 修订化妆品条例法规，将其

纳入（EC）No 1223/2009 的附件二中，即为化妆品禁止添加物质。

② 美国 CFR 法规（21CFR. 177. 1210）规定：多聚甲醛可用于食品容器密封垫片的制备，限值为 1%（以封闭密封垫片组合物的质量分数表示）。

③ 2021 年 5 月，国家药监局发布《关于更新化妆品禁用原料目录的公告》，更新了化妆品禁用原料目录，将此前作为防腐剂使用的苄氯酚、甲醛、多聚甲醛列为禁用原料。

甲醛
（formaldehyde）

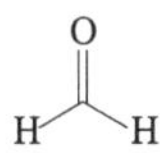

CH_2O 30. 03 50-00-0

其他名称　蚁醛、福尔马林、formalin

化学名称　甲醛

IUPAC 名　formaldehyde

EC 编码　[200-001-8]

理化性质　甲醛为无色、有刺激性气味的气体，可溶于水（高达 55%）形成福尔马林（formalin），其溶于醇，形成半甲醛，可溶于极性溶剂。沸点（101kPa）−19.5℃。熔点−92℃。相对密度（−20℃）0.815。稳定性：易燃。干燥气体趋于发生缓慢聚合。作为还原剂，甲醛容易被氧化，如过氧化氢、碘、高锰酸钾。它与氨和蛋白质发生失活反应。碱的影响导致甲醛歧化为甲醇和甲酸。

福尔马林即市售含 35%～40% 的甲醛水溶液，是一种无色液体，有刺鼻的气味。相对密度（25℃）1.081～1.085。甲醛水溶液对碳钢具有腐蚀性。

毒性　大鼠急性经口 LD_{50} 550～800mg/kg（福尔马林）。水生生物：对鱼有毒，多数种类 LC_{50}（96h）50～100mg/L（HSG）。

早在 2004 年甲醛就被国际癌症研究署（IARC）和世界卫生组织（WHO）定义为一类致癌物质。表 2-18 为甲醛浓度与症状对照表（不完全统计）。

表 2-18　甲醛浓度与症状对照表

甲醛浓度/(mg/m^3)	人体症状	甲醛浓度/(mg/m^3)	人体症状
0.00～0.588	头疼，眼、呼吸道刺激	0.15	慢性呼吸病增加，肺功能下降
0.05	脑电图改变	1.0	组织损伤
0.06	眼睛刺激	6.0	肺部刺激
0.06～1.92	眼鼻咽刺激、嗅觉刺激、健康成人存在不适	60	肺水肿
0.12	上呼吸道刺激	120	致死

抗菌防霉效果　醛类消毒剂是使用最早的一类化学消毒剂，早在 1860 年 Butlero 就发现了甲醛，1888 年 Loew 第一次报道了甲醛的灭菌特性。

甲醛与甲醛释放体类防腐剂虽不相同，但两者都是依靠甲醛分子进行杀菌，甲醛杀灭微生物的机制主要是烷基化作用，甲醛分子中的醛基可与微生物蛋白质和核酸分子中的官能团发生反应，从而破坏生物分子的活性，致使微生物死亡。比如甲醛和菌体蛋白（包括酶）的氨基结合，使蛋白质变性，引起菌体和芽孢的死亡。

Wilson 和 Miles 认为，在相对湿度 80%和温度 20℃的环境中，用含 1～2mg/L 的甲醛消毒 6h，可杀灭大多数细菌繁殖体，但不能杀死耐酸杆菌和细菌芽孢。另外，细菌比真菌和酵母更容易被甲醛的抗菌效果所覆盖。其抗菌数据见表 2-19。

表 2-19 营养琼脂中甲醛的最低抑制浓度（MIC）

微生物	MIC/(mg/L)	微生物	MIC/(mg/L)
黑曲霉	300	产蛋白圆酵母	80
出芽短梗霉菌	140	产气杆菌	50
球毛壳	70	斑点气单胞菌	15
灰绿青霉	750	枯草杆菌	15
黑色根霉菌	200	脱硫弧菌	15
野木霉	1200	大肠杆菌	45
白念珠菌	1000	普通变形杆菌	10
克鲁塞念珠菌	200	绿脓假单胞菌	60
金黄色葡萄球菌	20	荧光假单胞菌	75

（来源：Paulus，1976）

制备 以甲醇、空气作为原料的生产工艺是目前工业化生产的主要工艺。

应用 甲醛属于亲电活性剂。常规可作表面和环境杀菌消毒剂或者各种工业材料的罐内防腐剂，亦可作土壤消毒剂和工业产品的中间体。

实际应用参考：

美国的一项研究认为含羰基和氮的五元杂环化合物具有很好的消醛效果，其中包括环脲化合物，其分子中的亚胺基团和甲醛的亲核加成反应速度很快。美国的另一项研究对一些消醛剂的消醛效果进行了比较，认为含有亚胺基团但不含羰基的杂环化合物，都具有很好的消醛效果。其物性如表 2-20 所示。

表 2-20 几种化合物的物性

CAS 登录号	英文名称	中文名称	分子式	分子量	熔点/℃	沸点/℃
95-14-7	benzotriazole	苯并三唑	$C_6H_5N_3$	119.12	94～99	204
51-17-2	benzimidazole	苯并咪唑	$C_7H_6N_2$	118.13	171～174	360
615-15-6	2-methyl-1*H*-benzimidazole	2-甲基苯并咪唑	$C_8H_8N_2$	132.16		
288-32-4	imidazole	咪唑	$C_3H_4N_2$	68.07	87～90	255～256
120-72-9	indole	吲哚	C_8H_7N	117.15		
288-88-0	1,2,4-triazole	三唑	$C_2H_3N_3$	69.05	119～122	260

法规

① 欧盟化学品管理局（ECHA）。根据指令 98/8/EC（BPD）或规则（EU）No 528/2012（BPR）提交了批准申请的所有活性物质/产品类型组合：PT-2（不适合直接应用于人类或动物的消毒剂和除藻剂）、PT-3（兽医卫生消毒剂）、PT-22（尸体和样本防腐液）。PT-2 批准通过，批准日期 2022 年 2 月 1 日，批准期满 2027 年 7 月 31 日；PT-3 批准通过，批准日期 2022 年 2 月 1 日，批准期满 2027 年 7 月 31 日；PT-22 目前正在申请中。

② 甲醛在法规（EC）No1272/2008 附件Ⅵ中被归类为 1B 致癌物，根据法规（EC）No 1223/2009，禁止在该附件中归类为 1B 类致癌物质用于化妆品，因此甲醛已经禁止在化妆品中使用；（EC）No 1223/2009 附件Ⅴ中包含甲醛缓释体用作防腐剂，仅用于免洗型和冲洗型产品。

③ 欧盟玩具安全指令（2009/48/EC 号指令）。关于限制在玩具中使用某些化学物质的部分，这些限制针对供 36 个月以下幼儿使用的玩具，以及让幼儿放进口中的玩具。该指令对不同玩具材料中甲醛含量限值进行了规定：聚合物玩具材料中限值 1.5mg/L（迁移极限）；树脂黏结木质玩具材料中限值 0.1mL/m^3（排放限值）；纺织玩具材料中限值 30mg/kg（含量限值）；皮革玩具材料中限值 30mg/kg（含量限值）；纸质玩具材料中限值 30mg/kg（含量限值）；水性玩具材料中限值 10mg/kg（含量限值）。

④ 德国蓝天使 DE-UZ 102：2019 将原先 RAL-UZ 102：2015 版中“甲醛限量 100ppm”修改为“甲醛限量 10ppm；如申明不含防腐剂，则甲醛浓度须不超过 2ppm”。

⑤ 中华人民共和国国家标准 GB 18582—2020《建筑用墙面涂料中有害物质限量》规定：水性墙面涂料中甲醛含量≤50mg/kg。将原先版本 GB 18582—2008《室内装修材料 内墙涂料中有害物质限量》中的“游离甲醛”改为“甲醛含量”，并将限值由“100mg/kg”降至“50mg/kg”。

⑥ GB 38850—2020《消毒剂原料清单及禁限用物质》规定其可以使用的范围：E，仅限用于物体表面的消毒剂，不用于环境的消毒剂；M，用于医疗器械的消毒剂。

邻苯二甲醛（OPA）
（*o*-phthalaldehyde）

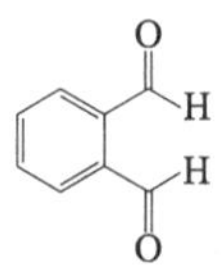

$C_8H_6O_2$ 134.14 643-79-8

化学名称　1,2-苯二甲醛

IUPAC 名　benzene-1,2-dicarbaldehyde（ECHA）、phthalaldehyde（Pubchem）

EC 编码　[211-402-2]

理化性质　纯品为无色至淡黄色针状结晶。熔点 54～56℃。折射率 1.622。溶解性（25℃）：水 50g/L；易溶于甲醇、乙醇、乙二醇、四氢呋喃等有机溶剂。稳定性：对光和空气敏感，能随水蒸气挥发。

毒性　0.55%邻苯二甲醛急性毒性试验 LD_{50}≥6500mg/kg。对人和动物极为安全，对正常皮肤无刺激。

抗菌防霉效果　邻苯二甲醛（OPA）是一种高效化学消毒剂，对细菌繁殖体、真菌、分枝杆菌、病毒和细菌芽孢甚至某些寄生虫都有很强的杀灭作用，尤其对耐戊二醛结核分枝杆菌有良好的杀灭作用。

邻苯二甲醛的杀菌作用机制主要有两方面解释：第一，OPA 与氨基酸基团之间的交联作用；第二，OPA 属芳香族的二醛类物质，具有脂溶性，易通过细胞膜进入菌体中起作用。另外，OPA 属于二醛类化合物，像戊二醛一样主要是通过醛基与氨基酸、蛋白质和微生物一些其他成分的氨基酸基团发生交联反应，但 OPA 由于位阻效应不能与菌体表面的氨基酸发生广泛的交联，加之其亲脂的特性，其能以较高的浓度渗透入菌体内部发生反应。邻苯二甲醛的常规杀菌性能比较见表 2-21。

表 2-21　邻苯二甲醛、戊二醛最低杀菌浓度比较

项目			大肠杆菌	沙门氏菌	魏氏梭菌	荧光假单胞菌	蜡样芽孢杆菌	葡萄球菌
邻苯二甲醛/%	4～8℃	5min	0.2	0.1	0.2	0.4	0.7	0.2
		10min	0.2	0.1	0.2	0.4	0.7	0.2
	室温	5min	0.2	0.1	0.1	0.4	0.7	0.2
		10min	0.2	0.1	0.1	0.4	0.7	0.2
	37℃	5min	0.2	0.1	0.1	0.4	0.7	0.2
		10min	0.2	0.1	0.1	0.4	0.7	0.2
		10min	0.2	0.1	0.2	0.2	0.2	0.2
戊二醛/%	4～8℃	5min	0.6	0.5	0.5	1.4	5.5	0.6
		10min	0.6	0.5	0.5	1.4	5.5	0.6
	室温	5min	0.6	0.5	0.5	1.4	5.5	0.6
		10min	0.6	0.5	0.5	1.4	5.5	0.6
	37℃	5min	0.6	0.5	0.4	1.4	5.5	0.6
		10min	0.6	0.5	0.4	1.4	5.5	0.6

研究发现，传统的碱性 2%的戊二醛消毒剂在 5min 可以杀灭常见细菌，在 4～5h 杀灭芽孢，而含量为 0.55%～1.0%的邻苯二甲醛消毒剂的微生物学实验，证实其对细菌繁殖体作用 2～3min 即可杀灭，1.5～2h 内杀灭芽孢，是一种高水平的消毒剂。

制备　合成路线有邻二甲苯溴化、氯化水解法，硝酸氧化法，萘臭氧化加氢法等。

应用　邻苯二甲醛（OPA）作为消毒剂应用最早见于 1994 年 Alfa 等的报道，1999 年由美国 FDA 批准使用。目前适用于医院的内窥镜手术用器械的消毒灭菌。

注意：邻苯二甲醛容易使蛋白变性，使用时做好防护。

法规　GB 38850—2020《消毒剂原料清单及禁限用物质》规定其可以使用的范围：M，用于医疗器械的消毒剂。

柠檬醛

(citral)

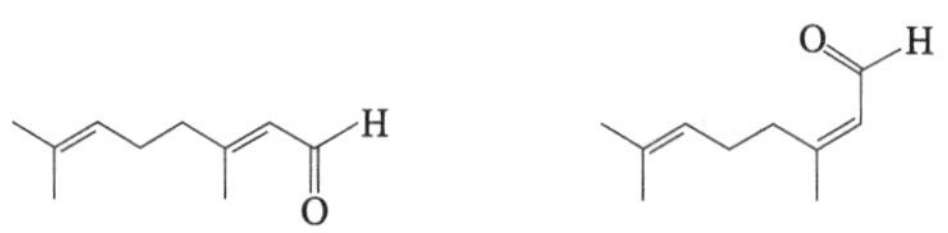

α-柠檬醛(香叶醛)　　β-柠檬醛(橙花醛)

$C_{10}H_{16}O$ 152.24 5392-40-5（*Z* 型+*E* 型）

其他名称　香叶醛、橙花醛

化学名称　3,7-二甲基-2,6-辛二烯-1-醛

IUPAC名 3,7-dimethylocta-2,6-dienal

CAS号 [5392-40-5](*Z* 型+*E* 型)

EC编码 [226-394-6]

柠檬醛 a (citral a/geranial)

其他名称 香叶醛、(*E*)-柠檬醛、柠檬醛 a

化学名称 (*E*)-3,7-二甲基辛-2,6-二烯醛

IUPAC名 (*E*)-3,7-dimethylocta-2,6-dienal、(2*E*)-3,7-dimethylocta-2,6-dienal

CAS号 [141-27-5]

EC编码 [205-476-5]

柠檬醛 b (citral b/neral)

其他名称 橙花醛、(*Z*)-柠檬醛、柠檬醛 b

化学名称 (*Z*)-3,7-二甲基辛-2,6-二烯醛

IUPAC名 (*Z*)-3,7-dimethylocta-2,6-dienal、(2*Z*)-3,7-dimethylocta-2,6-dienal

CAS号 [106-26-3]

EC编码 [203-379-2]

理化性质 柠檬醛是一种萜烯脂肪醛，是开链单萜中最重要的代表之一，无色或淡黄色透明液体。存在两种柠檬醛的同分异构体：反式柠檬醛（香叶醛，geranial，柠檬醛 a，*E*-citral）和顺式柠檬醛（橙花醛，neral，柠檬醛 b，*Z*-citral），两者比例约为 2∶3。柠檬醛不溶于水，溶于乙醇等有机溶剂中。

香叶醛（又称反式柠檬醛）为无色油状液体，有柠檬香气；沸点 229℃；相对密度 0.8888；在空气中易氧化变黄。橙花醛（又称顺式柠檬醛）为无色或淡黄色液体；沸点 120℃ (20mmHg)；相对密度 0.8869。两种异构体都溶于乙醇和乙醚；在碱性和强酸条件下不稳定。

毒性 小鼠急性经口 LD_{50} 1440mg/kg 体重。大鼠急性经口 LD_{50} 4950mg/kg 体重。兔急性经皮 LD_{50} 2250mg/kg 体重（来源：欧洲化学品局）。

抗菌防霉效果 柠檬醛是具有顺式和反式两种异构体、不饱和、含氧无环萜醛类化合物。研究发现，柠檬醛具有防腐抗菌、杀虫、消炎、抗癌、抗氧化等生物活性，其抗菌活性及作用机理列于表 2-22。

表 2-22 柠檬醛对不同微生物的抗菌作用及机理（高永生等，2021）

序号	微生物	抗菌机理
1	耐甲氧西林金黄色葡萄球菌	破坏细胞膜;戊糖磷酸途径及关键酶活性受到抑制,减少了生命活动所需物质与能量生成;以嵌合体的形式与DNA发生反应
2	大肠杆菌	破坏细胞膜结构
3	阪崎克罗诺杆菌	降低细胞内ATP浓度,细胞膜超极化
4	链孢霉	影响细胞完整性,不可逆转地破坏真菌孢子,扰乱氧化应激的平衡,下调真菌毒素生物合成基因
5	大肠杆菌 O157:H7	与菌体DNA发生嵌入合成作用,破坏DNA结构
6	黄曲霉	破坏线粒体结构,破坏氧化还原反应系统,琥珀酸脱氢酶(SDH)、苹果酸脱氢酶(MDH)活性不可逆下降,减少能量合成与利用,抑制菌体DNA、RNA、脂类和蛋白质等生物合成,促进细胞死亡

相对于传统的食用防腐剂，柠檬醛显示出了更具优势的抗菌能力。余伯良等采用平板法比较了柠檬醛与合成食用防腐剂苯甲酸钠、山梨酸钾对 8 种霉菌的抗菌能力。

柠檬醛对试验霉菌的抗菌效力与山梨酸钾接近，而明显优于苯甲酸钠。但是，山梨酸钾、苯甲酸钠的抗菌活性受基质 pH 的影响大，苯甲酸钠对试验黄曲霉在 pH 5.5 以上几乎无效，山梨酸钾的抗菌性也随 pH 上升有所降低。而柠檬醛抗菌活性 pH 范围在 3.5～7.5 之间，受基质 pH 影响较小。

制备 天然柠檬醛主要存在于山苍子油、柠檬草油、马鞭草油、垂叶香茅油等植物精油中，可以通过减压蒸馏提取获得。合成方法：①以甲基庚烯酮、乙炔为原料合成制得；②以异丁烯为原料合成异戊烯醇、异戊烯醛，再进行醛醇缩合重排制得。

应用 Balakhovskii 和 Meisei 等早在 1945 年就对柠檬醛做了研究，柠檬醛是含有两个双键的不饱和链状醛类单萜，具有一定的香味、抗菌功能。其通常作为调味剂、防腐剂和芳香剂用在食品和化妆品中；亦具有杀虫驱避、抗氧化等生物活性；同时柠檬醛具有治疗心血管疾病和抗白血病等功效。近年又发现，柠檬醛有较强的平喘镇咳、抗过敏等作用。

巴斯夫 2023 年 3 月 7 日宣布，在其位于中国湛江的一体化基地投资新建一座柠檬醛装置，并在德国路德维希港一体化基地投资新建薄荷醇和芳樟醇的下游装置。这些装置预计将从 2026 年起投产，以满足全球香精香料市场不断增长的需求。投资完成后，巴斯夫柠檬醛的年产能将增至 11.8 万吨。

实际应用参考：

Oyedele 等报道将柠檬草精油溶于液体石蜡中，对该制剂进行了驱蚊实验，结果显示柠檬草精油具有良好的驱避埃及伊蚊的效果，而且 15% 的柠檬醛的驱蚊效果类似于 5% 的柠檬草精油，这表明柠檬醛是柠檬草精油的主要作用成分。国内研究人员用剃去毛的小鼠作为蚊子的血餐，发现柠檬醛空间浓度在 $0.013\mu g/cm^3$、$0.025\mu g/cm^3$、$0.050\mu g/cm^3$、$0.100\mu g/cm^3$ 和 $0.250\ \mu g/cm^3$ 时，24h 和 48h 内不同程度地降低了白纹伊蚊的寻求宿主能力，且柠檬醛显著影响蚊子嗜血行为的激活和取向阶段，深入研究，柠檬醛有望成为日后新型的天然驱避剂。

法规

① 欧盟化妆品条例（EC）No 1223/2009 将柠檬醛纳入附件三（化妆品不得含有的物质清单，除非受到规定的限制）中，其在化妆品中的限值条件为：当该物质的浓度在免洗产品中超过 0.001% 或在冲淋产品中超过 0.01% 时，必须在包装的成分清单中注明该物质的存在。

② 欧盟玩具安全指令 2009/48/EC 附件二中禁止在玩具中使用柠檬醛。应允许其存在的痕迹，前提是良好的生产规范且技术上的不可避免，但不得超过 100mg/kg。

肉桂醛（CIN）

（cinnamaldehyde）

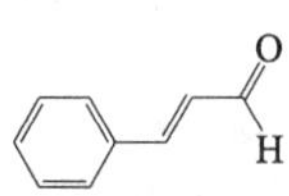

C_9H_8O 132.16 104-55-2、14371-10-9（反式）

其他名称　3-苯基-2-丙烯醛、桂醛、苯丙烯醛、桂皮醛、RQA

化学名称　β-苯丙烯醛

IUPAC 名　(*E*)-3-phenylprop-2-enal（PubChem）、3-phenylacrylaldehyde（ECHA）

EC 编码　［203-213-9］、［604-377-8］（反式）

理化性质　天然存在的肉桂醛为反式结构，其分子是 1 个苯环连接 1 个丙烯醛。纯品为淡黄色黏稠液体，有特殊的肉桂香味。熔点－7.5℃。沸点 253℃（部分分解）。相对密度：1.048～1.052（25℃，HSDB）。闪点：120℃（闭杯，HSDB）。$\lg K_{ow}$＝1.9。溶解性：水 1420mg/L（25℃）；难溶于水、甘油与石油醚，易溶于醇、醚。稳定性：在空气中易被氧化成硅酸，能随水蒸气挥发。易变色。

肉桂醛分子结构中含有一个苯环基团和一个丙烯醛基团，具有很强的抗菌活性，但是容易受到光、热、氧和自由基的攻击而发生降解 ，降解产物为苯甲醛和乙二醛 ，不仅具有一定的刺激性，而且抑菌活性也降低了（陈帅等，2018）。

毒性　小鼠急性经口 LD_{50} 2225mg/kg。小鼠腹腔注射 LD_{50} 200mg/kg。小鼠静脉注射 LD_{50} 75mg/kg（来源：Pubchem）。

抗菌防霉效果　肉桂醛是一种醛类有机化合物，具有良好的抑菌性能。陈帅等报道肉桂醛的抑菌机理并不是通过单一方面起作用，并且这种抑菌作用因肉桂醛的浓度不同，而呈现剂量-效应关系。高浓度的肉桂醛通过影响细菌细胞膜上脂肪酸的分布和连接，以及抑制细胞膜上的酶活性，调控细胞膜的流动性，增强其渗透作用，使胞内物质外渗导致细菌死亡；中等浓度肉桂醛可以抑制细胞内三磷酸腺苷（ATP）蛋白酶的活性，影响细胞的供能以及生物膜的合成从而起到抑菌作用。低浓度的肉桂醛可以与细胞内的蛋白、激素等因子相结合，影响细胞正常分裂。此外还有一些研究表明，肉桂醛能够渗透进入细菌细胞内部，与细菌 DNA 发生相互作用，影响 DNA 的正常合成，而且能够改变细菌内部的离子平衡（Ca^{2+}、K^{+} 和 H^{+} 等），从而使细菌发生死亡。

日本科研人员在 22 种致病性真菌条件下对肉桂醛进行抗真菌作用研究，结果表明，肉桂醛对受试各菌具有抗菌作用，主要是通过破坏真菌细胞壁，使药物渗入真菌细胞内，破坏细胞器而起到杀菌作用。

定性试验证明，肉桂醛对皮肤癣菌的 MIC 绝大多数在 11.7～40μg/mL 之间，对深部真菌和其他真菌的 MIC 波动范围较大，在 14～300μg/mL 之间。肉桂醛对大多数真菌的抑菌作用均不及咪康唑，但优于石炭酸。

制备　自然界中肉桂醛存在于硅油中，目前有效的提取方法主要有水蒸气蒸馏法、有机溶剂萃取法、超临界提取法三类。

应用　肉桂醛又称桂皮醛，于 19 世纪第一次从肉桂精油中提取出来，是传统中药肉桂挥发性油的主要活性成分（约占 75％～95％）。自然界中天然存在的肉桂醛均为反式结构，为一种丙烯醛衍生物，具有抗癌、降血糖、抗纤维化、抗病毒、抗虫、抑菌、食品保鲜等多种功能，被美国食品及药物管理局（FDA）推荐为安全的食品添加剂。我国《食品安全国家标准 食品添加剂使用标准》（GB 2760—2024）中也将肉桂醛批准为可在食品中使用的天然防腐剂。

实际应用参考：

① 肉桂醛被用于牙膏、口气清新剂和口香糖等口腔产品中，可以起到杀菌和除臭的功效。肉桂醛还具有很强的脂肪分解作用，同时肉桂醛对皮肤的疤痕清除有较好效果，常被应用于按摩液、美容产品中。

② 肉桂醛对传播黄热病的伊蚊幼虫有很强的杀灭效果，它将成为新型的杀虫剂。研究发现，含有肉桂醛的抗微生物剂具有驱避昆虫功能，可直接用于排水管（下水道）或汽车专用香精、空气清新剂、氧气发生器、冰箱除味剂及保鲜剂等。

③ 肉桂醛因具有广谱的抗菌性和抗氧化性而广泛应用于食品抗菌保鲜包装、医学和日化等领域。随着科技的不断发展，其在各方面的独特应用正不断被开发，在食品包装领域主要利用其抗菌性和抗氧化性制备活性包装材料，已取得了一定的成果。

法规

① 欧盟化妆品条例（EC）No 1223/2009 将肉桂醛纳入附件三（化妆品不得含有的物质清单，除非受到规定的限制）中，其在化妆品中的限值条件为：当该物质的浓度在免洗产品中超过 0.001%或在冲淋产品中超过 0.01%时，必须在包装的成分清单中注明该物质的存在。

② 欧盟玩具安全指令 2009/48/EC 附件二中禁止在玩具中使用肉桂醛。应允许其存在的痕迹，前提是良好的生产规范且技术上的不可避免，但不得超过 100mg/kg。

③ GB 2760—2024《食品安全国家标准 食品添加剂使用标准》将其列入表 1 作为食品防腐剂，适用范围为：经表面处理的鲜水果，最大使用量按生产需要适量使用，但要保证残留量不超过 0.3mg/kg。

水杨醛
（salicylaldehyde）

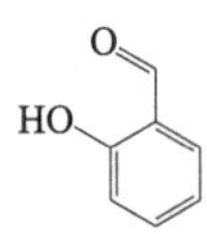

$C_7H_6O_2$ 122.1 90-02-8

其他名称　2-羟基苯甲醛、邻羟基苯甲醛

化学名称　salicylaldehyde

IUPAC 名　2-hydroxybenzaldehyde

EC 编码　[201-961-0]

理化性质　无色至淡黄色透明液体；凝固点 −7℃；沸点 197℃（101.325KPa）；密度 1.167g/cm^3（20℃）；水溶性 4.9g/L（25℃）。

毒性　对鱼短期毒性 LC_{50}（4d）2.3mg/L。

抗菌防霉效果　Sun 等对 30 种芳香醛类进行防腐抑菌测试，发现绝大多数芳香醛类食用香料有较强的抑菌活性，其中水杨醛、苯丙醛、肉桂醛、2-呋喃丙烯醛对供试菌的抑菌效果最明显。如表 2-23 所示，两种测试方法中水杨醛的抑菌效果良好，0.125μL/mL 即可抑制所有供试菌，气相接触法的效果更优，0.125μL/mL 空间浓度即可杀灭 7 种供试菌。

表 2-23　水杨醛对常见食源性致病菌两种测试方法的 MIC 值、MBC 值（林雅慧等，2021）

单位：μL/mL

供试菌		液体接触法		气相接触法	
		MIC	MBC	MIC	MBC
革兰氏阴性菌	沙门氏菌	0.125	1	0.125	0.125
	志贺氏菌	0.125	0.25	0.125	0.125
	大肠埃希氏菌	0.125	1	0.125	0.125
	副溶血性弧菌	0.125	0.25	0.125	0.125
革兰氏阳性菌	蜡样芽孢杆菌	0.125	>8	0.125	0.125
	金黄色葡萄球菌	0.125	0.25	0.125	0.125
	单增李斯特菌	0.125	0.25	0.125	0.125

注：最低抑制浓度 MIC（minimum inhibitor concentrations）；最低杀菌浓度 MBC（minimum bacteccidal concentrations）。

制备　有以苯酚为原料的 Reimer-Tiemann 法，以邻甲酚为原料的合成法等。

应用　单离香料是指通过物理或化学法从植物精油中分离提纯的单体化合物，如肉桂醛、香芹酚、月桂烯、柠檬醛、水杨醛、丁香酚、百里香酚、茴香脑等，从植物精油及单离香料中探索抗菌活性物质，成为国内外研发新型抗菌剂的一大热点。

低浓度的水杨醛除具有一定的香味外，还具有很强的抗菌能力，常作为防腐剂用于香精和香料中。

在被新型冠状病毒围困之际，人民对物品、空气消毒的要求提升到了最高水平，75%乙醇、紫外线照射、过氧乙酸、过氧化氢、普通含氯消毒剂喷雾（洒）消毒这些方法都会对人体有不同程度的刺激，甚至对物品、用具造成腐蚀性损害，利用植物精油及其单离成分开发安全、高效、绿色的消毒剂具有巨大的市场前景。

实际应用参考：

林雅慧等报道，气相抗菌是通过单离香料挥发到空间与培养基表面的菌体接触进而发挥抗菌作用，因此抗菌能力还与气体挥发性及其在琼脂层的溶解度有关。表 2-24 用蒸气压代表单离香料的挥发性，亲疏水性质以 lg$P$（辛醇/水分配系数）表示，值越大，说明该物质越亲油；反之，则越亲水。从表中可以看出，挥发性由强至弱：百里香酚>水杨醛>柠檬醛>芳樟醇>肉桂醛>丁香酚；相对亲水性由强至弱：肉桂醛>丁香酚>芳樟醇>柠檬醛>百里香酚>水杨醛。

表 2-24　单离香料的物化参数

物化参数	芳樟醇	肉桂醛	水杨醛	柠檬醛	丁香酚	百里香酚
溶解性/(mg/L)	683.7	2150	10670	84.71	754	1000
蒸气压(25℃)/mmHg	0.0832	0.0337	0.222	0.0917	0.00948	0.4
lg$P$	2.468	1.968	5.449	2.701	2.223	3.281

戊二醛（GA）
（glutaraldehyde）

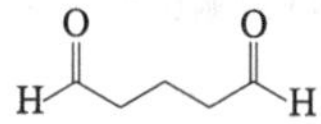

$C_5H_8O_2$ 100.12 111-30-8

其他名称　五碳双缩醛、胶醛

化学名称　1,5-戊二醛

IUPAC 名　pentanedial（Pubchem）、glutaraldehyde（ECHA）

EC 编码　[203-856-5]

理化性质　戊二醛是一种饱和五碳二醛。外观呈无色透明油状液体，具有微弱的醛气味。沸点（101kPa）187～189℃（分解）。沸点（50mmHg）106～108℃。沸点（10mmHg）71～72℃。溶于水、酒精和小分子醇中。

戊二醛的水溶液中含有多种成分，它们处于平衡状态，其相对含量随 pH 值、温度、浓度等不同而变化。Korn 等研究发现，在酸性条件下，戊二醛水溶液中有五种主要成分，其变化可表示为图 2-3。

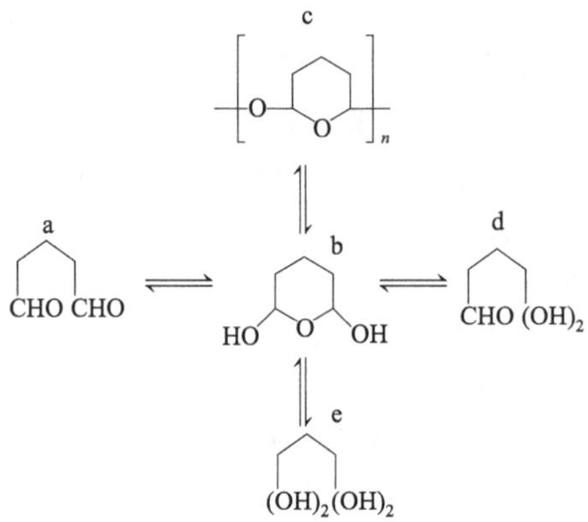

图 2-3　五种（a～e）戊二醛水溶液成分

商业出售的戊二醛通常是质量分数为 25％、50％的酸性溶液。

稳定性：倾向于在水中聚合；在酸性溶液中稳定；在碱性溶液中只有有限程度的稳定；在中性和较高的 pH 值下被氨和伯胺失活；对强氧化剂敏感。

毒性　戊二醛小鼠经口 LD_{50} 248mg/kg（体重），大鼠经口 LD_{50} 239mg/kg（体重），经皮 $LD_{50} \geqslant$2000mg/kg（体重）（许崇辉等，2012）。

抗菌防霉效果　戊二醛（GA）为饱和直链脂肪族二元醛，是高效消毒剂，被誉为第三代化学灭菌剂，对细菌繁殖体、病毒、分枝杆菌、霉菌和细菌芽孢等具有高效杀灭作用，具有杀菌谱广，杀菌效果可靠，对金属腐蚀性小等特点。

从化学结构和微生物效果之间的研究，发现戊二醛的杀菌作用主要基于其两个毒理学（醛）基团，它们可以与亲核微生物细胞成分，如蛋白质的氨基和巯基，与嘌呤碱基的环氮原子相互作用。这种相互作用随着 pH 值的增加而增加。因此，在典型的使用条件下，pH 是调节戊二醛活性的最重要的因素。在碱性条件下，戊二醛的生物学活性较高，当 pH 值在 7.5～8.5 时，其杀菌活性最强；pH≥8 的溶液通常在 4 周内失去活性；当 pH＞9 时，戊二醛的聚合作用较快且不可逆，活性逐渐减弱或消失。

在戊二醛浓度 50mg/L，起始混合异氧菌和大肠杆菌浓度分别为 1.27×10^9 个/L、5.6×10^8 个/L 时，不同 pH 值下戊二醛的杀菌率结果见表 2-25。

表 2-25　不同 pH 值下戊二醛的杀菌率　　单位：%

pH 值	5.5	6.0	6.5	7.0	7.5	8.0	8.5	9.0
大肠杆菌	66.1	69.3	80.9	88.1	89.8	90.5	91.9	97.1
混合异氧菌	71.8	80.7	84.5	88.0	90.1	91.2	93.5	98.9

由表 2-25 看出，在相同条件下的戊二醛溶液随着 pH 值的变化，其杀菌效果有着显著差异，说明 pH 值是影响戊二醛杀菌效果的一个重要因子，且戊二醛在碱性条件下相对于酸性条件下杀菌效果更好，这一点对戊二醛在工业水处理中的应用具有重要的指导意义。戊二醛对常见微生物的最低抑制浓度见表 2-26。

表 2-26　戊二醛对常见微生物的最低抑制浓度（MIC）

微生物	MIC/(mg/L)	微生物	MIC/(mg/L)
金黄色葡萄球菌 NCIB 9518	50	枯草芽孢杆菌 NCTC 10073	250
蜡样芽孢杆菌 NCOO 2599	1250	产气克雷伯氏菌 NCTC 418	150
肺炎克雷伯杆菌 PC 1602	150	绿脓杆菌 NCIMB 8626	150
荧光假单胞杆菌 NCIB 9046	150	脱硫弧菌 NCIB 8301	60
白色念珠菌 NCPF 3179	1250	酿酒酵母 NCTC 87	1250
黑曲霉 IMI 14007	500	绳状青霉 IMI 87160	250

（来源：BASF）

制备　戊二醛制备方法包括吡啶法、吡喃法和醇氧化法等。

应用　戊二醛又称胶醛，是德国化学家 Harrics 和 Jank 在 1908 年首次合成的五碳饱和脂肪族双醛基化合物，被誉为继甲醛（1920 年）和环氧乙烷（1930 年）之后在化学消毒剂发展史上的第三个里程碑。最初的戊二醛主要用在有机合成方面。到了 20 世纪 50 年代初，美国科学家发现了它对畜皮具有很好的鞣制效果，从而开辟了其在新型皮革鞣制工业中的一大用途。进入 60 年代，戊二醛用作生物显微观测的组织固定剂，蛋白质的交联剂，并具有活性高，反应快，结合量高，产物稳定，对沸水、酸、酶抵抗力强等优点，是已知其他醛所不及的。至 70 年代末，人们又发现其有广谱、快速、高效的消毒灭菌作用。1973 年，世界卫生组织推荐 2.0%戊二醛溶液作为病毒性肝炎污染器械和物品的消毒剂。

法规

① 欧盟化学品管理局（ECHA）：2015 年 10 月 2 日，欧盟委员会发布法规（EU）2015/1759，批准戊二醛作为第 2 类（不直接用于人体或动物的消毒剂和杀藻剂）、第 3 类（兽医卫生消毒剂）、第 4 类（食品和饲料领域消毒剂）、第 6 类（产品在储存过程中的防腐剂）、第 11 类（液体制冷和加工系统防腐剂）和第 12 类（杀黏菌剂）生物杀灭剂产品的活性物质。批准日期 2016 年 10 月 1 日，批准期满 2026 年 9 月 30 日。发布法规 Decision 2014/227/EU，未批准戊二醛作为第 1 类（人体卫生学消毒剂）、第 13 类（金属工作或切削液防腐剂）生物杀灭剂产品的活性物质。

② 欧盟化妆品法规附件Ⅴ中规定了戊二醛作为防腐剂用在化妆品中的限值为 0.1%，且不得用于气溶胶（喷雾剂）；当浓度超过 0.05%时，须标记警示语“含有戊二醛”。

③ 我国2015年版《化妆品安全技术规范》规定：戊二醛在化妆品中使用的最大允许浓度0.1%。使用范围和限制条件：禁用于喷雾产品。

④ GB 38850—2020《消毒剂原料清单及禁限用物质》规定其可以使用的范围有：E，表示仅限用于物体表面的消毒剂，不用于环境的消毒剂；M，表示用于医疗器械的消毒剂。

乙二醛

(glyoxal)

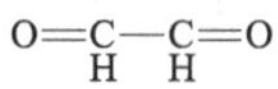

$C_2H_2O_2$ 58.0 107-22-2

IUPAC名　oxaldehyde

EC编码　[203-474-9]

理化性质　乙二醛是分子结构最简单的脂肪族二元醛，外观呈无色或淡黄色棱状结晶。沸点（101kPa）51.2℃。熔点15℃。蒸气压（20℃）18mmHg（Exposure Limits）。相对密度（20℃）1.14。折射率（20℃，nD）1.3826。pH值（40%水溶液）2.1～2.7。闪点>100℃。$\lg K_{ow}=-1.66$。溶解性：水≥100mg/mL（22℃）；易溶于常用有机溶剂。稳定性：单体极不稳定，在微量水存在时即可快速聚合生成聚乙二醛水合物，加热时无水聚合物又可转变为单体；对强碱和氧化剂敏感。乙二醛的反应活性与甲醛相当。

市场上销售的产品多是含30%～40%的乙二醛水溶液，以四醇型的形式存在。

毒性　兔急性经皮LD_{50} 10g/kg。大鼠急性经口LD_{50} 7070mg/kg。水生生物：黑头呆鱼LC_{50}（静态，96h）215mg/L（来源：HSDB）。

抗菌防霉效果　乙二醛是分子结构最简单的α-二羰基化合物，其杀菌作用机制为醛基（—CHO）的极性效应使醛基碳带上正电荷，醛基氧带负电荷，醛类通过带正电荷的碳与蛋白质上带孤对电子的氨基（$—NH_2$，细菌蛋白质的氨基）、亚氨基或巯基（—SH，细菌酶系统的巯基）等活性基团发生亲核加成反应，使细菌失去复制能力，引起代谢系统紊乱而达到杀菌的目的。

乙二醛显示广泛的抗微生物性能，包括革兰氏阳性菌和革兰氏阴性菌、真菌、孢子和某些病毒。其对一些微生物的最低抑制浓度见表2-27。

表2-27　40%乙二醛溶液对一些微生物的最低抑制浓度（MIC）

微生物名称	MIC/%	微生物名称	MIC/%
金黄色葡萄球菌 ATCC 6538	0.25	大肠杆菌 ATCC 11229	0.50
变形杆菌 ATCC 14153	0.50	绿脓假单胞杆菌 ATCC 15442	0.50
白色念珠菌 ATCC 10231	2.50		

（来源：BASF）

制备　乙二醛的工业生产方法主要有乙二醇气相氧化法和乙醛硝酸氧化法2种。

应用　乙二醛又名草酸醛，本身是一种重要的化学中间体或原料，广泛应用于纺织印染、建材、皮革、医药、农药、涂料、轻工、黏合剂、石油冶金以及环保等领域。

乙二醛亦作杀菌剂、消毒剂、除虫剂、除臭剂，适用于医院和畜牧业环境消毒，还适用于水基油井压裂液作杀菌剂。

实际应用参考：

醛类化合物的官能团醛基的化学活性较强，可与多种物质发生缩合反应，既可以消除氨及胺类臭气，又可以消除硫化氢、硫醇等含硫臭气。特公昭60-13701：含乙二醛和硫酸铝盐的固体除臭剂，这种除臭剂对氨效果好，对硫化氢效果较差。特公昭60-40085：含粉转阳离子高分子化合物、纤维素衍生物和乙二醛的除臭脱水剂，主要用于下水污泥处理。特公昭62-14589：含乙二醛、乙二醇、氯化钙的除臭剂，可使乙二醛除臭效果延长。

法规

① 欧盟化学品管理局（ECHA）：根据指令98/8/EC（BPD）或规则（EU）No 528/2012（BPR）提交了批准申请的所有活性物质/产品类型组合为PT-2（不直接用于人体或动物的消毒剂和杀藻剂）、PT-3（兽医卫生消毒剂）、PT-4（食品和饲料领域消毒剂）。

② GB 38850—2020《消毒剂原料清单及禁限用物质》规定其可以使用的范围有：E，表示仅限用于物体表面的消毒剂，不用于环境的消毒剂；M，表示用于医疗器械的消毒剂。

乙醛

(acetaldehyde)

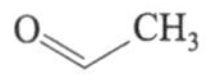

CH_3CHO 44.05 75-07-0

其他名称　醋醛

化学名称　acetaldehyde

IUPAC名　acetaldehyde

EC编码　[200-806-6-8]

理化性质　外观无色、易燃、高活性的低黏度液体，具有刺鼻的麻醉气味。沸点（101kPa）21℃。凝固点－125℃。密度（20℃）0.785g/mL。蒸气密度（20℃）1.52g/L。折射率（20℃）1.3316。闪点－40℃。稳定性：热解成二氧化碳和甲烷；对空气和氧化剂敏感；倾向于聚合成副醛（环三聚体）和金属醛（环四聚体）。溶解性：溶于水和有机溶剂。

毒性　大鼠急性经口 LD_{50} 661mg/kg。小鼠急性经口 LD_{50} 900mg/kg。

抗菌防霉效果　乙醛是近年来研究较多的天然植物精油抗菌剂之一。研究发现，乙醛能够破坏细胞膜形成和线粒体功能并诱导黄曲霉等真菌凋亡。除了抗菌特性外，乙醛还能阻断超氧化物歧化酶（SOD）的活性。

不同浓度的乙醛对荧光假单胞菌均有抑制作用，并随着乙醛浓度增加，其抑菌作用增大。对培养至对数期的荧光假单胞菌采用 0.5μL/mL 的乙醛处理后，菌液密度低于等体积的卡那霉素阳性对照，表明乙醛对荧光假单胞菌的最低抑制浓度为 0.5μL/mL。此外，乙醛对荧光单胞菌的最小杀菌浓度为 1μL/mL。与 Zhang 等研究的没食子酸对 P. fluorescens 的抗菌功效相比，乙醛对 P. fluorescens 具有较好的抑菌效果（钱雄锋等，2022）。

制备 有乙烯直接氧化法、乙醇氧化法、乙炔直接水合法、乙醇脱氢法等。

应用 乙醛是近年来研究较多的一种天然抗菌剂，可用于食品、水产等行业防腐保鲜。研究亦发现，在适当浓度下乙醛具有青草味，对虾的整体香气影响很小，不会改变虾肉的味道。

法规 2017 年 10 月 27 日，世界卫生组织国际癌症研究机构公布的致癌物清单初步整理参考，乙醛在 2B 类致癌物清单中。

2.3 甲醛释放类化合物

甲醛通常挥发性和反应性太强，不能用作保护材料或消毒剂的杀微生物剂。甲醛释放化合物可以是固体或液体，水溶性或油溶性，无味，碱性、中性或微酸，正好可以改善甲醛的不利特性，同时弥补杀菌的持久性，它们为活性物质甲醛的应用拓展了新的应用领域。

甲醛释放化合物的第一步通常是羟甲基化过程，即在具有活性氢原子的分子中引入羟甲基，从而与甲醛发生可逆反应，详见图 2-4。

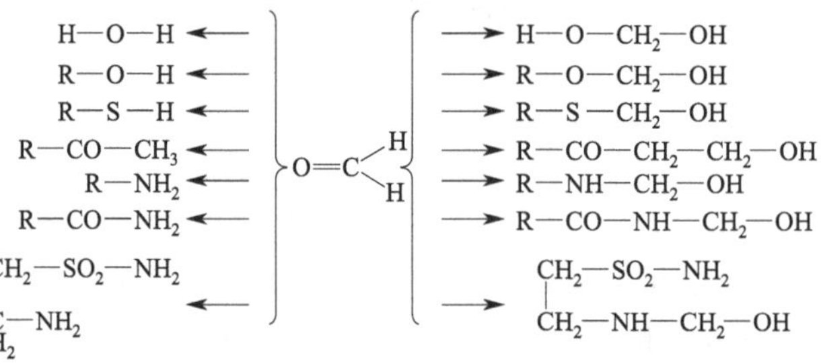

图 2-4 甲醛与活性氢原子的羟甲基化反应过程

1,1′-(2-亚丁烯基)-双-(3,5,7-三氮杂-1-氮鎓金刚烷氯化物)
(1,1′-(2-butenylene)-bis-(3,5,7-triaza-1-azoniaadamantanechloride))

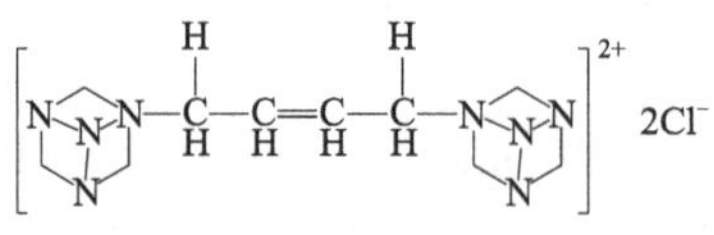

$C_{16}H_{30}Cl_2H_8$ 405.43 51350-84-6

化学名称 1,1′-(2-亚丁烯基)-双-(3,5,7-三氮杂-1-氮鎓金刚烷氯化物)

EC 编码 [257-149-1]

理化性质　纯品含量96%（醛含量88.8%），外观白色结晶性粉末，无味。熔点150℃（分解）。pH值（2%水溶液）8.5～9。稳定性：固态下稳定。溶解性：溶于水。

毒性　大鼠急性经口 LD_{50} 3400mg/kg；兔急性经皮 LD_{50} 8000mg/kg（来源：Luloff & Eilender，1975）。

抗菌防霉效果　1,1′-(2-亚丁烯基)-双-(3,5,7-三氮杂-1-氮鎓金刚烷氯化物）抗菌活性基于甲醛的释放，其对常见微生物的抑制效果见表2-28。

表2-28　该化合物对常见微生物的最低抑制浓度（MIC）

微生物	MIC/(mg/L)	微生物	MIC/(mg/L)
产气杆菌	125	枯草芽孢杆菌	60
铜绿假单胞菌	250	沙门氏菌	60
金黄色葡萄球菌	125		

应用　1,1′-(2-亚丁烯基)-双-(3,5,7-三氮杂-1-氮鎓金刚烷氯化物）属于广谱型防腐剂，可用于聚合物乳液、乳胶漆、染料浆料、混凝土添加剂等各种水性体系。

1,3-二羟甲基-5,5-二甲基海因（DMDMH）

(1,3-bis(hydroxymethyl)-5,5-dimethylhydantoin)

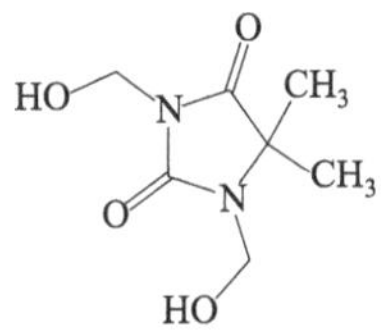

$C_7H_{12}N_2O_4$　188.19　6440-58-0

其他名称　DMDM乙内酰脲、DMDM hydantoin、二羟甲基海因

化学名称　1,3-二(羟甲基)-5,5-二甲基咪唑烷-2,4-二酮

IUPAC名　1,3-bis(hydroxymethyl)-5,5-dimethylimidazolidine-2,4-dione

INCI名　DMDM hydantoin

EC编码　[229-222-8]

理化性质　纯品为白色无味粉末。沸点198～200℃（沸腾分解）。熔点90℃（OECD)。蒸气压（25℃）9.0×10^{-8}mmHg。密度（21℃）0.4g/cm^3。$\lg K_{ow}=-2.9$。溶解性：水773g/L；乙醇564g/L；己烷0.2g/L。稳定性：pH 6～8之间稳定。

商品有效物含量为55%（醛含量约17%～19%），外观呈无色透明液体。凝固点−11℃。密度（25℃）1.16g/mL。闪点>100℃。pH（20℃）6.5～7.5，含氮量8.04%～8.34%。稳定性：耐热性良好（可达80℃）。

1,3-二羟甲基-5,5-二甲基海因在水溶液中极不稳定，可水解为1-羟甲基-5,5-二甲基乙内酰脲和3-羟甲基-5,5-二甲基乙内酰脲、5,5-二甲基乙内酰脲和甲醛。

毒性　大鼠急性经口 LD_{50} 2000mg/kg。新西兰兔急性经皮 LD_{50}>2000mg/kg。水生生物：虹鳟鱼 LC_{50}（96h）283mg/kg。水蚤 EC_{50}（48h）20.4mg/L。

抗菌防霉效果　1,3-二羟甲基-5,5-二甲基海因（DMDMH）杀菌机制有两种解释：其一，这类防腐剂是通过缓慢分解、释放甲醛起抑菌、杀菌作用，甲醛是活性成分；其二，这类防腐剂分子中 *N*-羟甲基本身是一个灭菌活性基团，可起灭菌作用。

作为甲醛缓释体，具有广谱抗菌活性，其对一些微生物的最低抑制浓度见表 2-29。

表 2-29　DMDMH 对一些微生物的最低抑制浓度（MIC）

微生物	MIC/(mg/L)	微生物	MIC/(mg/L)
黑曲霉	1455	枯草杆菌	727
黄曲霉	1550	大肠杆菌	291
啤酒酵母	1300	金黄色葡萄球菌	291
阴沟肠杆菌	1455	铜绿假单胞杆菌	291
酿脓链球菌	364	黏质沙雷氏菌	727

（来源：LONZA）

制备　1-羟甲基-5,5-二甲基乙内酰脲通过二甲基乙内酰脲与甲醛反应制得目标物。

应用　1,3-二羟甲基-5,5-二甲基海因（DMDMH）最早是由美国龙沙公司研究开发的杀菌剂。其性质类似于 Germal，能缓慢放出甲醛，并且具有极好的亲水和配位性能，可与洗涤剂或化妆品原料很好配合；亦可广泛用于涂料、胶黏剂、油墨、色浆、印染助剂、金属切割液、循环水等行业的杀菌防腐。

注意：甲醛的化学反应活性较高，可能与含胺类、巯基官能团的表面活性剂或者乳化成分在碱性条件下发生反应，影响防腐效果，需要特别注意。

法规

① 欧盟化学品管理局（ECHA）根据指令 98/8/EC（BPD）或规则（EU）No 528/2012（BPR）提交了批准申请的所有活性物质/产品类型组合：PT-6（产品在储存过程中的防腐剂）、PT-13（金属工作或切削液防腐剂）。1,3-二羟甲基-5,5-二甲基海因（DMDMH）申请处于审核进行中。

② 我国 2015 年版《化妆品安全技术规范》规定：1,3-二羟甲基-5,5-二甲基海因（DMDMH）在化妆品中使用时，最大允许浓度为 0.6%。

1-(*N*-羟甲基-氨基甲酰基)-甲基-3,5,7-三氮杂-1-氮鎓金刚烷氯化物

(1-(*N*-hydroxymethyl-carbamoyl)methyl-3,5,7-triaza-1-azoniaadamantane chloride)

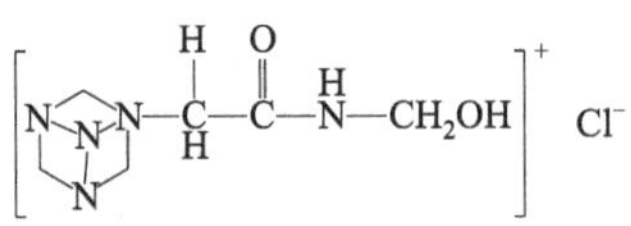

$C_9H_{18}ClN_5O_2$　263.72　67508-69-4

化学名称　1-[(*N*-羟甲基-氨基甲酰基)-甲基]-3,5,7-三氮杂-1-氮鎓金刚烷氯化物

理化性质　有效含量近 100%（醛含量 79.6%），外观呈白色结晶，无味。熔点 155℃（分解）。pH（5g/L 水溶液）约 5。溶解性（20℃）：甲醇 47g/L；乙二醇

19g/L；丙酮 0.08g/L；环己烷 0.02g/L；易溶于水。稳定性：在固态下稳定，在水溶液中释放甲醛。

毒性　大鼠急性经口 LD_{50}＞5000mg/kg。大鼠静脉注射 LD_{50}＞1000mg/kg。大鼠急性经皮 LD_{50}＞1000mg/kg（70%含量，BAYER）。

抗菌防霉效果　活性基于甲醛的释放，对常规微生物的抑制效果详见表 2-30。

表 2-30　该化合物对常见微生物的最低抑制浓度（MIC）

微生物	MIC/(mg/L)	微生物	MIC/(mg/L)
芽孢杆菌	120	枯草芽孢杆菌	50
大肠杆菌	80	变形杆菌	80
铜绿假单胞菌	120	荧光假单胞菌	120
金黄色葡萄球菌	120	黄曲霉	180
黑曲霉	400	根霉	250

应用　作为甲醛释放类化合物，适用于各种水性体系杀菌防腐，添加量 0.05%～0.20%。

1-(羟甲基)氨基-2-丙醇

[1-(hydroxymethyl)amino-2-propanol]

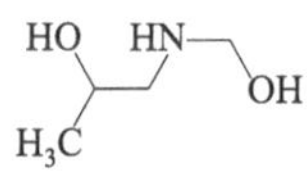

$C_4H_{11}NO_2$ 105.14 76733-35-2

化学名称　1-[(羟甲基)氨基]丙-2-醇

EC 编码　[278-534-0]

理化性质　有效含量 100%（醛含量 28%～29%），外观淡黄色透明液体，具有特有的胺味。沸点（101kPa）约 100℃。密度（20℃）1.08g/mL。蒸气压（20℃）60hPa。凝固点－23℃。闪点＞100℃。pH（1%水溶液）10.6。溶解性：易溶于极性溶剂。稳定性：对酸敏感；在含水介质中释放甲醛。

毒性　大鼠急性经口 LD_{50} 1430mg/kg。对兔子眼睛有腐蚀性，可能发生致敏。

抗菌防霉效果　1-[(羟甲基)氨基]丙-2-醇抗菌活性基于甲醛的释放，具有广谱的抗菌活性，尤其抑制硫酸盐还原菌效果明显。具体数据详见表 2-31。

表 2-31　1-[(羟甲基)氨基] 丙-2-醇对常见微生物的最低抑制浓度（MIC）

微生物	MIC/(mg/L)	微生物	MIC/(mg/L)
斑点气单胞菌	275	大肠杆菌	350
变形杆菌	275	铜绿假单胞菌	350
荧光假单胞菌	350	金黄色葡萄球菌	300
黄曲霉	500	黑曲霉	600
黑根霉	500	白色念珠菌	500
青色霉菌	100	球毛壳	1000

（来源：Bayer）

应用　1-[(羟甲基)氨基]丙-2-醇具有广谱抗菌活性，适用于黏合剂、乳液、金属加工液等水性体系，通常添加量0.05%～0.3%。

1-羟甲基-5,5-二甲基海因（MMDMH）
(1-(hydroxymethyl)-5,5-dimethyl hydantoin)

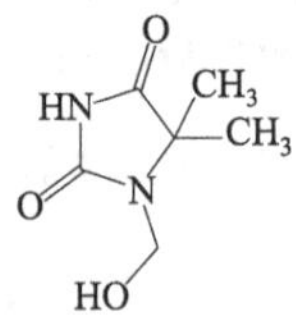

$C_6H_{10}N_2O_3$ 158.2 116-25-6（27636-82-4）

其他名称　MDM hydantoin、MDM乙内酰脲、单甲基醇二甲基海因

化学名称　1-羟甲基-5,5-二甲基海因

IUPAC名　1-(hydroxymethyl)-5,5-dimethylimidazolidine-2,4-dione

INCI名　MDM hydantoin

CAS号　[116-25-6]

EC编码　[204-132-1]

化学名称　1-羟甲基-5,5-二甲基咪唑烷-2,4-二酮

CAS号　[27636-82-4]

EC编码　[608-120-0]

理化性质　纯品为白色无味结晶。熔点110～117℃。溶解性：水40g/100g（20℃），水76.7g/100g（50℃）；易溶于甲醇和丙酮；可溶于乙酸乙酯；不溶于烃和三氯乙烯。稳定性：与氨水反应之后，产生难溶于水的三（二甲基乙内酰脲甲基）胺。

毒性　1-羟甲基-5,5-二甲基海因按定量使用无毒，对黏膜、眼睛有刺激。

抗菌防霉效果　1-羟甲基-5,5-二甲基海因（MMDMH）杀菌机理有两种解释：其一，这类防腐剂是通过缓慢分解释放甲醛起抑菌、杀菌作用，甲醛是活性成分；其二，这类防腐剂分子中*N*-羟甲基本身是一个灭菌活性基团，可起灭菌作用。MMDMH具有广泛的抑菌作用，但对酵母的作用较弱。杀菌效果参考DMDMH。

制备　1-羟甲基-5,5-二甲基海因由甲醛和5,5-二甲基海因反应制备。

应用　1-羟甲基-5,5-二甲基海因（MMDMH）可作洗发香波、护发素等领域防腐剂；亦用于淀粉、纤维、毛皮、纸张等领域的消毒、防腐。最佳pH值为4.5～9.5。通常不受各种乳化剂的影响，易被白明胶、蛋白质钝化。

1-羧甲基-3,5,7-三氮杂-1-氮鎓盐酸盐氯化物
(1-carboxymethyl-3,5,7-triaza-1-azoniaadamante chloride)

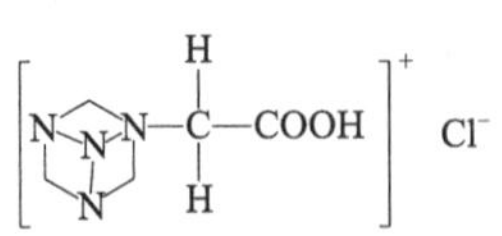

$C_8H_{15}ClN_4O_2$ 234.69 92623-86-4

化学名称　1-羧甲基-3,5,7-三氮杂-1-氮鎓盐酸盐氯化物

理化性质　有效含量 40%（醛含量约 28%），外观清澈，棕色液体。密度（20℃）1.19g/mL。pH 值（1%水溶液）5.5～7.0。溶解性：高度溶于水，可溶于极性溶剂。

毒性　大鼠急性经口 LD_{50} >5000mg/kg（40%钠盐溶液）。兔急性经皮 LD_{50} >2000mg/kg（40%钠盐溶液）（来源：Buckman）。

抗菌防霉效果　抗菌活性基于甲醛的释放，1-羧甲基-3,5,7-三氮杂-1-氮镓盐酸盐氯化物对常规微生物的抑制效果见表 2-32。

表 2-32　40%有效含量对常见微生物的最低抑制浓度（MIC）

微生物	MIC/(mg/L)	微生物	MIC/(mg/L)
枯草芽孢杆菌	80	产气肠杆菌	100
大肠杆菌	120	肺炎克雷伯菌	80
普通变形杆菌	100	铜绿假单胞菌	200
沙门氏菌	80	金黄色葡萄球菌	80

应用　1-羧甲基-3,5,7-三氮杂-1-氮镓盐酸盐氯化物在宽泛的 pH 范围内使用，用作各种水性体系的防腐剂。添加量一般为 0.1%～0.3%。

2-(羟甲基氨基)乙醇

(2-((hydroxymethyl)amino)ethanol)

$C_3H_9NO_2$ 91.1 34375-28-5

化学名称　2-(羟甲基氨基)乙醇

EC 编码　[251-974-0]

理化性质　无色至浅黄色透明液体，具有刺激性气味，含量接近 100%（醛含量约 40%）。沸点（101kPa）113℃。密度（20℃）1.135～1.165g/mL。闪点>110℃。pH 值（10%水溶液，20℃）9.5～11.5。溶解性：完全溶于水，极易溶于极性溶剂。稳定性：酸性体系不稳定。

毒性　大鼠急性经口 LD_{50} 1620～1956mg/kg。大鼠急性经皮 LD_{50} >2000mg/kg。大鼠吸入 LD_{50}（4h）0.62mg/L（气雾）（来源：DEGUSSA）。

抗菌防霉效果　抗菌活性基于甲醛的释放，其具体数据详见表 2-33。

表 2-33　2-(羟甲基氨基）乙醇对常见微生物的最低抑制浓度（MIC）

微生物	MIC/(mg/L)	微生物	MIC/(mg/L)
铜绿假单胞菌	200～300	大肠杆菌	200～300
枯草芽孢杆菌	100～200	金黄色葡萄球菌	100～200
产气肠杆菌	100～200	普通变形菌	50～100
粪链球菌	200～300	白色念珠菌	>1000
酿酒酵母	>500	黑曲霉	>50
青霉	>50	出芽短梗霉	>50

（来源：TROY）

应用　可作工业防腐剂，用于保护水基化产品，尤其是 pH>7 的体系，如乳胶漆、乳液、黏合剂、混凝土添加剂和金属加工液等。正常使用量范围在 0.1%～0.3%。

2,2-二溴-2-硝基乙醇（DBNE）
（2,2-dibromo-2-nitroethanol）

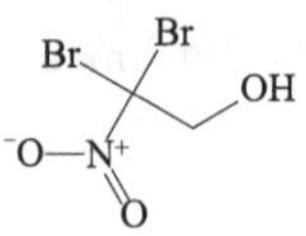

$C_2H_3Br_2NO_3$ 248.9 69094-18-4

化学名称　2,2-二溴-2-硝基乙醇

IUPAC 名　2,2-dibromo-2-nitroethanol

EC 编码　[412-380-9]

理化性质　含量≥76.0%，外观呈无色至淡黄色黏稠液体，稍有气味。pH 值为 3.5～5.5。

毒性　小鼠急性经口 LD_{50} 93mg/kg。兔急性经皮 LD_{50} 297mg/kg。大鼠急性经口 LD_{50} 29.1mg/kg（来源：Toxicologist，1996）。

抗菌防霉效果　2,2-二溴-2-硝基乙醇（DBNE）对霉菌、细菌等微生物均有不错的抑制效果，尤其对细菌的抑制效果更佳。

制备　由溴硝丙二醇等原料制备而来。

应用　2,2-二溴-2-硝基乙醇（DBNE）作为有机溴杀菌剂，广泛应用于工业循环水、污水处理等行业的杀菌灭藻，亦适用于橡胶乳液、涂料、木材等领域消毒杀菌。

法规　根据化妆品的第 1223/2009/EC 号法规附件Ⅱ，经法规（EU）2022/1531 修订，此物质在化妆品中禁用。

2-苯氧乙醇半缩醛
（2-phenoxyethanolhemiformal）

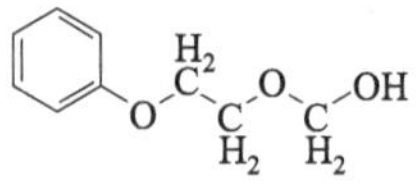

$C_9H_{12}O_3$ 168.17 41965-76-8

其他名称　phenyl-hydroxymethyl-ethyleneglycolether

化学名称　2-苯氧乙醇半缩醛

理化性质　含量>99%（醛含量 17.8%）。密度（20℃）1.113g/mL。加热及稀释于水性配方时释放甲醛。溶解性（20℃）：水 30g/L；与醇酮混溶。

毒性　可参照多聚甲醛及苯氧乙醇。

抗菌防霉效果　如表 2-34 所示，2-苯氧乙醇半缩醛的杀菌效果明显优于苯氧乙醇。

表 2-34　2-苯氧乙醇半缩醛对一些微生物的最低抑制浓度（MIC）

微生物	MIC/(mg/L)	微生物	MIC/(mg/L)
大肠杆菌	500	黑曲霉	1500
铜绿假单胞菌	1000	球毛壳	500
金黄色葡萄球菌	500	灰绿青霉	2000
白假丝酵母菌	1000		

2-硝基-2-三氟甲基-1,3-丙二醇

(bis(hydroxymethyl)-trifluoromethyl-nitromethane)

$(HOCH_2)_2CNO_2—CF_3$

$C_4H_6F_3NO_4$ 189.10 3857-06-5

其他名称 2-nitro-2-trifluoromethyl-1,3-propanediol

化学名称 bis(hydroxymethyl)-trifluoromethyl-nitromethane

理化性质 外观为无色晶体，含量99%（醛含量32%）。熔点128～130℃。溶解性：微溶于水，可溶于丙酮等。

毒性 未见相关报道。

抗菌防霉效果 2-硝基-2-三氟甲基-1,3-丙二醇活性基于甲醛释放，具有广谱抗菌活性。具体数据见表2-35。

表2-35 2-硝基-2-三氟甲基-1,3-丙二醇对部分微生物最低抑制浓度（MIC）

微生物	MIC/(mg/L)	微生物	MIC/(mg/L)
产气肠杆菌	500	金黄色葡萄球菌	200
斑点气单胞菌	500	绿色木霉	500
蕈状芽孢杆菌	500	链格孢	200
枯草芽孢杆菌	500	黑曲霉	500
大肠杆菌	200	出芽短梗霉	500
荧光假单胞菌	500	球毛壳菌	350
奇异变形杆菌	200	灰绿青霉	500
铜绿假单胞菌	350		

（来源：DOW-ANGUS）

应用 该化合物可用于洗涤剂、化妆品、聚合物乳液等水性体系产品。

2-溴-2-硝基丙醇（debropol）

(2-bromo-2-nitropropan-1-ol)

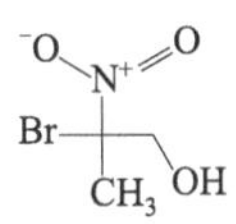

$C_3H_6BrNO_3$ 184.0 24403-04-1

化学名称 2-溴-2-硝基丙醇

IUPAC名 2-bromo-2-nitropropan-1-ol

EC编码 [407-030-7]

理化性质 纯品含量100%（醛含量16%），外观无色至浅黄色结晶。熔点约

40℃。溶解性：水 130g/L；易溶于极性有机溶剂。稳定性：随着 pH 值和温度的提高，水介质中活性物稳定性降低，分解产物为溴离子、甲醛、亚硝酸盐等；酸性体系稳定性优于溴硝醇。

抗菌防霉效果 2-溴-2-硝基丙醇具有广泛的活性，涵盖细菌、酵母、霉菌和藻类，结果见表 2-36。

表 2-36 2-溴-2-硝基丙醇（debropol）对常见微生物的最低抑制浓度（MIC）

微生物	MIC/(mg/L)	微生物	MIC/(mg/L)
金黄色葡萄球菌 NCIB 9518	50	表皮葡萄球菌 NCTC 7291	25
粪肠球菌 NCTC 8213	50	绿脓假单胞菌 NCIB 11338	25
恶臭假单胞菌 NCIB 9034	25	洋葱假单胞菌 NCIB 9085	25
荧光假单胞菌 NCIB 9046	25	普通变形杆菌 NCTC 4635	25
普通变形杆菌 NCTC 4635	25	产气克雷伯氏菌 NCTC 418	25
鼠伤寒沙门氏菌 NCTC 74	25	白色念珠菌 ATCC 10231	25～50
酿酒酵母 NCYC 87	50	黑曲霉 ATCC 16404	100～200
球毛壳菌 IMI 45550	25～50	枝孢杆菌	50
绿色木霉	400	小球藻	6.25

（来源：Elsmore&Guthrie，1991）

应用 考虑到 2-溴-2-硝基丙醇（debropol）仅含有一个羟甲基，与含有两个羟甲基的溴硝醇（bronopol）相比，具有更好的脂质溶解性，其余特征与溴硝醇类似。

3,3′-亚甲基双(5-甲基噁唑啉)(MBO)
(3,3′-methylenbis(5-methyloxazolidin))

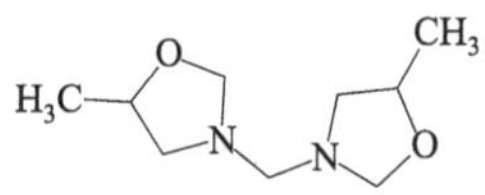

$C_9H_{18}N_2O_2$ 186.26 66204-44-2

化学名称 3,3′-亚甲基双(5-甲基噁唑啉)

IUPAC 名 5-methyl-3-[(5-methyl-1,3-oxazolidin-3-yl)methyl]-1,3-oxazolidine

EC 编码 [266-235-8]

理化性质 纯品含量约 100%（醛含量约 48%），外观几乎无色液体，具有特征胺气味。沸点（1.7kPa）116℃。熔点＜1℃。密度（20℃）1.06g/mL。蒸气压（20℃）＜1hPa。闪点＞100℃。pH 值（1.5g/L，20℃）约 10。溶解性：溶于水和极性溶剂。稳定性：对强酸敏感，水性介质下释放甲醛，耐温可达 80℃。

毒性 大鼠急性经口 LD_{50} 900mg/kg。斑马鱼 LC_{50}（96h）57.7mg/L。水蚤 EC_{50}（48h）37.9mg/L。淡水藻 LC_{50}（72h）5.7mg/L（来源：SCHUELKE & MAYR）。

抗菌防霉效果 3,3′-亚甲基双(5-甲基噁唑啉)（MBO）具有广谱的抗菌功效（包括硫酸盐还原菌），作用快速有效，同时有很好的防锈性能。本品对一些微生物的最低抑菌浓度见表 2-37。

表 2-37　3,3′-亚甲基双（5-甲基噁唑啉）对一些微生物的最低抑制浓度（MIC）

微生物	MIC/(mg/L)	微生物	MIC/(mg/L)
粪产碱菌	0.075	脱硫弧菌	0.050
日勾维肠杆菌	0.100	白色念珠菌	0.200
大肠杆菌	0.050	黏质红酵母	<0.025
肺炎克氏杆菌	0.050	酿酒酵母	0.050
地分支杆菌	<0.075	烟草赤星病菌	0.050
龟分支杆菌	<0.075	黑曲霉	0.050
奇异变形杆菌	0.100	米曲霉	0.100
铜绿假单胞杆菌	0.050	尖镰孢菌	0.100
荧光假单胞菌	0.050	绳状青霉	<0.025
恶臭假单胞菌	0.050	扩展青霉	0.050
金黄色葡萄球菌	0.050	绿色木霉	<0.025

应用　3,3′-亚甲基双(5-甲基噁唑啉)（MBO）主要适用于水溶性金属切削液及其他乳液的防腐，其适用 pH 值范围为 8～11，具有良好的热稳定性，最高可耐 80℃。

实际应用参考：

水混溶性切削液推荐用量为 0.10%～0.15%；金属切削液浓缩液（最终稀释液中有 0.15%的含量）为 2%～4%；系统清洗液（最终稀释液中有 0.15%的含量）为 10%～15%。

法规　欧盟化学品管理局（ECHA）根据指令 98/8/EC（BPD）或规则（EU）No 528/2012（BPR）提交了批准申请的所有活性物质/产品类型组合：PT-2（不直接用于人体或动物的消毒剂和杀藻剂）、PT-6（产品在储存过程中的防腐剂）、PT-11（液体制冷和加工系统防腐剂）、PT-12（杀黏菌剂）、PT-13（金属工作或切削液防腐剂）。3,3′-亚甲基双(5-甲基噁唑啉)（MBO）申请目前处于审核进行之中。

3,5-二甲基吡唑-1-甲醇
(3,5-dimethylpyrazole-1-methanol)

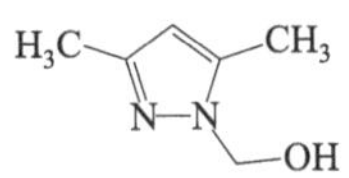

$C_6H_{10}N_2O$ 126.16 85264-33-1

其他名称　二甲基羟甲基吡唑、1-羟甲基-3,5-二甲基吡唑

化学名称　3,5-二甲基吡唑-1-甲醇

IUPAC 名　(3,5-dimethylpyrazol-1-yl) methanol

EC 编码　[286-553-0]

理化性质　无味白色结晶粉末，含量接近 100%（醛含量 23.8%）。蒸气压（20℃）0.0034hPa。沸点 110～113℃。溶解性：水 42g/L；丙二醇 200g/L。稳定性：耐温达 100℃。

毒性　大鼠急性经口 LD_{50} 2600mg/kg。兔急性经皮 LD_{50} >2000mg/kg（来源：Buckman）。

抗菌防霉效果 3,5-二甲基吡唑-1-甲醇对细菌、霉菌和酵母均有较好的抑杀作用，尤其对金黄色葡萄球菌、产气杆菌、链球菌等抑杀效果良好，具体抗菌数据详见表 2-38。

表 2-38 3,5-二甲基吡唑-1-甲醇对常见微生物的最低抑制浓度（MIC）

微生物	MIC/(mg/L)	微生物	MIC(mg/L)
黑曲霉	>800	球毛壳菌	400
短柄帚霉	>800	铜绿假单胞菌	800
金黄色葡萄球菌	400		

制备 由甲醛和 3,5-二甲基吡唑等原料制备而得。

应用 3,5-二甲基吡唑-1-甲醇可用于乳胶漆、黏合剂、润滑剂、聚合物乳液、洗涤剂、化妆品等的罐内防腐，其在广泛的 pH 值（3～11）范围内持久稳定。

3-羟基甲基-1,3-苯并噻唑-2-硫酮（MBTT）
(3-(hydroxymethyl)-1,3-benzothiazole-2-thione)

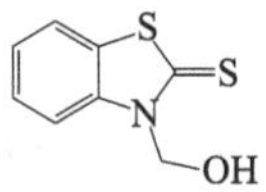

$C_8H_7NOS_2$ 197.28 3161-57-7

其他名称 1-hydroxymethyl-2-thiono-1,2-dihydro-benzothiazol

化学名称 3-羟基甲基-1,3-苯并噻唑-2-硫酮

IUPAC 名 3-(hydroxymethyl)-1,3-benzothiazole-2-thione

理化性质 黄色结晶，无明显气味。含量接近 100%（醛含量 15%）。熔点 130℃。溶解性：丙酮 180g/L；二甲基甲酰胺 550g/L（20℃）。稳定性：碱性条件下分解成甲醛和相应的 2-巯基苯并噻唑盐（MBT）。

抗菌防霉效果 抗菌活性部分来自甲醛的释放。3-羟基甲基-1,3-苯并噻唑-2-硫酮和促进剂 MBT（CAS 号 149-30-4）对常见微生物的抑制效果对比详见表 2-39。

表 2-39 MBT 和 MBTT 对常见微生物的最低抑制浓度（MIC）

测试菌株	MIC/(mg/L)		测试菌株	MIC/(mg/L)	
	MBT	MBTT		MBT	MBTT
黄曲霉	500	500	芽孢杆菌	450	100
黑曲霉	300	300	枯草芽孢杆菌	700	200
球毛壳菌	100	100	铜绿假单胞菌	8000	500
青霉	150	200	荧光假单胞菌	8000	750
出芽短梗霉	150	200	金黄色葡萄球菌	450	150
黑根霉	500	500			

制备 3-羟基甲基-1,3-苯并噻唑-2-硫酮（MBTT）由甲醛和促进剂 M（CAS 号：149-30-4）为原料制备而来。

应用 3-羟基甲基-1,3-苯并噻唑-2-硫酮（MBTT）可作广谱防腐剂，亦能抑制有色金属的腐蚀。

4,4-二甲基噁唑烷
(4,4-dimethyloxazolidine)

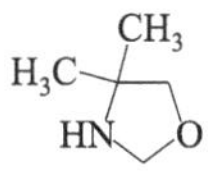

$C_5H_{11}NO$ 101.14 51200-87-4

其他名称 二甲基噁唑烷、二甲基噁唑啉、oxazolidine

化学名称 4,4-二甲基-1,3-噁唑烷

IUPAC名 4,4-dimethyl-1,3-oxazolidine

EC编码 [257-048-2]

理化性质 有效含量77%(醛含量21%),外观呈无色至淡黄色的液体,具有刺鼻的气味。沸点(101kPa)99℃(共沸物)。密度(25℃)0.985g/mL。折射率(20℃,nD)1.420~1.432。闪点49℃。溶解性:易溶于水;与甲醇、乙醇、丙醇和丙酮混溶。稳定性:对强酸敏感,在pH<6体系中释放甲醛。pK_a=9.35。

毒性 大鼠急性经口LD_{50} 956mg/kg。兔急性经皮LD_{50} 1400mg/kg。水生生物:虹鳟鱼LC_{50}(96h)93mg/L。水蚤LC_{50}(48h)45mg/L(来源:DOW)。

抗菌防霉效果 4,4-二甲基噁唑烷活性基于甲醛的释放,其对常见的细菌、霉菌都有较好的抑制性能,具体见表2-40。

表2-40 4,4-二甲基噁唑烷对一些微生物的最低抑制浓度(MIC)

微生物	MIC/(mg/L)	微生物	MIC/(mg/L)
黑曲霉	250~500	枯草杆菌	125~250
青霉属	250~500	普通变形杆菌	125~250
白色念珠菌	500~1000	大肠杆菌	250~500
沙门氏菌	250~500	荧光假单胞杆菌	250~500
铜绿假单胞杆菌	250~500	金黄色葡萄球菌	125~250

(来源:DEGUSSA-CREANOVA)

制备 章德宏等报道由2-硝基丙烷与多聚甲醛经碱催化缩合,再经还原氢化为2-氨基-2-甲基-1-丙醇,进一步与甲醛水溶液反应失水关环得到产品。

应用 4,4-二甲基噁唑烷可作化妆品防腐剂,亦可用于金属切削液、涂料添加剂、墨水、颜料分散、乳胶等水性工业体系,一般使用浓度为0.05%~0.2%。

法规

① 欧盟化学品管理局(ECHA):2014年,欧盟生物杀灭剂产品委员会(BPC)发布法规(EU)2014/22,未批准4,4-二甲基噁唑啉(4,4-dimethyloxazolidine)作为第6类(产品在储存过程中的防腐剂)、第12类(杀黏菌剂)、第13类(金属工作或切削液防腐剂)生物杀灭剂产品的活性物质。

② 我国2015年版《化妆品安全技术规范》规定4,4-二甲基噁唑烷在化妆品中使用时的最大允许浓度为0.1%;使用范围和限制条件:pH≥6。

4-氯苯基-3-碘炔丙基
(4-chlorophenyl-3-iodopropargylformal)

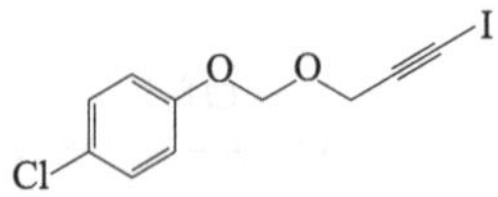

$C_{10}H_8ClIO_2$ 322.54 29772-02-9

其他名称　4-氯苯基-3-碘炔丙基

IUPAC名　1-氯-4-[(3-碘丙基-2-炔基)氧基]甲氧基苯

EC编码　[249-838-0]

理化性质　淡棕色液体，具有令人不愉快的气味，含量99%（醛含量9.3%）。沸点（0.027kPa）130℃。密度（25℃）1.572g/mL。蒸气压（25℃）<1000hPa。黏度（25℃）16mPa·s。折射率（25℃，nD）1.583。闪点164℃。溶解性：微溶于水，易溶于有机溶剂。稳定性：对酸敏感，水解为3-碘炔丙醇、4-氯苯酚和甲醛。

毒性　大鼠急性经口 LD_{50} 1250mg/kg。大鼠急性经皮 LD_{50} >2000mg/kg。

抗菌防霉效果　4-氯苯基-3-碘炔丙基对霉菌的抑制性能明显优于对细菌的抑制效果，其具体数据见表2-41。

表2-41　4-氯苯基-3-碘炔丙基对一些微生物的最低抑制浓度（MIC）

微生物	MIC/(mg/L)	微生物	MIC/(mg/L)
链格孢	25	出芽短梗霉	25
黑曲霉	5	球毛壳菌	15
粉孢革菌	0.5	青霉	3.5
枝状枝孢	1.5	大肠杆菌	>1000
绿色木霉	50	金黄色葡萄球菌	20
铜绿假单胞菌	>1000		

制备　由3-碘丙炔醇和4-氯苯酚合成。

应用　4-氯苯基-3-碘炔丙基具有广谱抗菌活性，可作木材、皮革、纺织品、油漆和纸张等防霉剂，该化合物还表现出杀黏菌和杀藻功效。

5-溴-5-硝基-1,3-二噁烷（bronidox）
(5-bromo-5-nitro-1,3-dioxane)

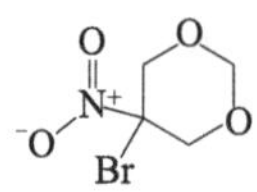

$C_4H_6BrNO_4$ 212.0 30007-47-7

化学名称　5-溴-5-硝基-1,3-二氧杂环己烷

IUPAC名　5-bromo-5-nitro-1,3-dioxane

INCI名　5-bromo-5-nitro-1,3-dioxane

EC编码　[250-001-7]

理化性质　纯品白色晶体粉末，含量 99%（醛含量 42.3%）。沸点（1.7kPa）113～166℃（分解）。熔点 58～60℃。溶解性（20℃）：水 4g/L，乙醇 250g/L，异丙醇 100g/L，丙二醇 100g/L，氯仿 500g/L；溶于植物油；不溶于石蜡油。

稳定性：bronidox 具有布罗波尔相近的化学式，并且根据其结构特点来看，其比布罗波尔更加稳定。bronidox 在碱性介质（pH=9）中只能极缓慢地释放少量甲醛。在中性介质（pH=7）中，低于 40℃时无甲醛释放。在温度高于 50℃的酸性条件下，分子发生分裂，发生逆醇醛缩合反应。

毒性　小鼠急性经口 LD_{50} 590mg/kg。大鼠腹腔注射 LD_{50} 31mg/mg。大鼠急性经口 LD_{50} 455mg/kg（来源：Pubchem）。

抗菌防霉效果　5-溴-5-硝基-1,3-二噁烷抗菌活性基于甲醛的释放，该化合物杀菌具体数据详见表 2-42。

表 2-42　bronidox 对常见微生物的最低抑制浓度（MIC）

微生物	MIC/(mg/L)	微生物	MIC/(mg/L)
大肠杆菌	35	普通变形杆菌	50
铜绿假单胞菌	35	荧光假单胞菌	50
金黄色葡萄球菌	50	粪链球菌	75
白色念珠菌	50	黑曲霉	50
球毛壳菌	10	青霉	10

制备　以甲醛、氢氧化钠和硝基甲烷为原料，经溴化、缩合、环化得溴硝二噁烷。

应用　5-溴-5-硝基-1,3-二噁烷可作为加工液等各种水性体系的防腐剂。

法规

① 欧盟批准为允许在化妆品中使用的防腐剂。关于化妆品的第 1223/2009/EC 号法规附件Ⅴ，经法规（EU）2022/1531 修订，OJL240，2022 年 9 月 16 日。需要注意的是，所有含有本附件所列物质且释放甲醛的成品，如果成品中释放的甲醛总浓度超过 0.001%（10×10^{-6}），无论成品是否含有一种或多种释放甲醛的物质，均应标有“释放甲醛”警告。

② 我国 2015 年版《化妆品安全技术规范》规定：5-溴-5-硝基-1,3-二噁烷在化妆品中使用时的最大允许浓度为 0.1%。限制范围和限制条件：淋洗类产品；避免形成亚硝铵。

7-乙基双环噁唑烷（EDHO）
（7-ethylbicyclooxazolidine）

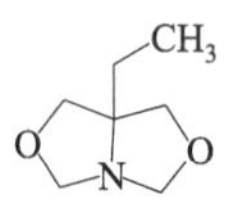

$C_7H_{13}NO_2$ 143.19 7747-35-5

其他名称　1-氮杂-3,7-二氧-5-乙基二环［3.3.0］辛烷、Bioban CS-1246

化学名称　7*a*-乙基二氢-1*H*,3*H*,5*H*-噁唑并［3,4-*c*］噁唑

IUPAC 名　7*a*-ethyl-1,3,5,7-tetrahydro-[1,3]oxazolo[3,4-*c*][1,3]oxazole

INCI 名　7-ethylbicyclooxazolidine

EC 编码　[231-810-4]

理化性质　含量97.5%（醛含量约42%），外观呈淡黄色液体，有一定气味。沸点（15mmHg）71℃。熔点0℃。蒸气压（71℃）19.95hPa。密度（20℃）1.085g/mL。表面张力（25℃）36.5mN·m。pH值8～9。黏度（25℃）20.8mPa·s。闪点79.4℃（闭杯）。溶解性：易溶于水、乙醇、苯和丙酮。稳定性：对酸敏感，释放甲醛。

毒性　雄大鼠急性经口 LD_{50} 5250mg/kg。雌大鼠急性经口 LD_{50} 3680mg/kg。水生生物：虹鳟鱼 LC_{50}（96h）240mg/kg。水蚤 LC_{50}（48h）42mg/kg（来源：DOW）。

抗菌防霉效果　7-乙基双环噁唑烷（EDHO）活性基于甲醛的释放。该化合物尤其对化妆品污染菌有抑杀效果，如金黄色葡萄球菌、产气杆菌、链球菌等，其抗菌数据可见表2-43。

表2-43　7-乙基双环噁唑烷（EDHO）对常见微生物的最低抑制浓度（MIC）

微生物	MIC/(mg/L)	微生物	MIC/(mg/L)
巨大芽孢杆菌	200～250	枯草芽孢杆菌	300～350
产气肠杆菌	250～300	大肠杆菌	450～500
嗜酸乳杆菌	200～250	黄曲霉	100～150
藤黄微球菌	450～500	普通变形菌	300～350
铜绿假单胞菌	800～850	金黄色葡萄球菌	200～250
粪链球菌	400～450	溶血性链球菌	400～450

（来源：DOW）

制备　在碱存在下，甲醛与硝基丙烷发生缩合生成2-硝基-2-乙基-1,3-丙二醇。

应用　7-乙基双环噁唑烷（EDHO）本身是一种专业金属加工液用杀菌剂，亦可应用于油漆、油墨、矿物浆料、胶黏剂、表面活性剂、家化日化等水性产品体系。

法规

① 欧盟化学品管理局（ECHA）根据指令98/8/EC（BPD）或规则（EU）No 528/2012（BPR）提交了批准申请的所有活性物质/产品类型组合：PT-6（产品在储存过程中的防腐剂）、PT-13（金属工作或切削液防腐剂）。7*a*-ethyl-dihydro-1*H*,3*H*,5*H*-oxazolo[3,4-*c*]oxazole（EDHO）申请现已不再支持，申请失败。

② 根据我国2015年版《化妆品安全技术规范》规定：7-乙基双环噁唑烷（EDHO）在化妆品中使用时，最大允许浓度为0.3%，禁用于接触黏膜的产品。

Bioban CS-1135

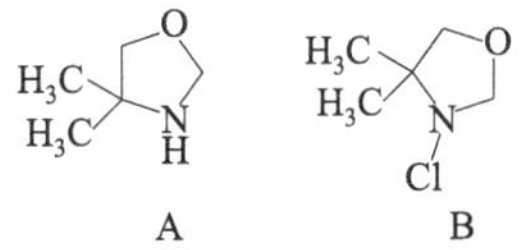

A：$C_5H_{11}NO$ 101.1　　　B：$C_6H_{13}NO$ 115.2

嗯唑烷混合物：A+B

IUPAC 名　4,4-dimethyl-1,3-oxazolidine、3,4,4-trimethyl-1,3-oxazolidine

分子式　$C_{11}H_{24}N_2O_2$

分子量　216.3

二甲基噁唑烷 dimethyloxazolidine（A）

其他名称　4,4-二甲基噁唑啉

化学名称　4,4-二甲基-1,3-噁唑烷

IUPAC 名　4,4-dimethyl-1,3-oxazolidine

CAS 号　[51200-87-4]

EC 编码　[257-048-2]

三甲基噁唑烷 trimethyl oxazolidine（B）

化学名称 3,4，4-三甲基-1,3-噁唑烷

IUPAC 名 3,4，4-trimethyl-1,3-oxazolidine

CAS 号　[75673-43-7]

理化性质　无色至淡黄色液体，具有刺鼻的气味。有效含量 73%～77%（醛含量 20%～21%）。沸点（101kPa）99℃（共沸物）。密度（25℃）0.985g/mL。蒸气压：7.58mmHg（25℃）；133hPa（70℃）。折射率（20℃，nD）1.420～1.432。pH=10.5～11.5。闪点 49℃（闭杯）。$\lg K_{ow}=-0.08$。溶解性：易溶于水；与甲醇、乙醇、丙醇和丙酮混溶。稳定性：对强酸敏感，在 pH<6 体系中释放甲醛。$pK_a=9.35$。

毒性　大鼠急性经口 LD_{50} 956mg/kg。兔急性经皮 LD_{50} 1400mg/kg。水生生物：虹鳟鱼 LC_{50}（96h）93mg/L。水蚤 LC_{50}（48h）45mg/L（来源：DOW）。

抗菌防霉效果　Bioban CS-1135 抗菌活性主要来自甲醛的释放，其结果见表 2-44。

表 2-44　Bioban CS-1135 对一些微生物的最低抑制浓度（MIC）

微生物	MIC/(mg/kg)	微生物	MIC/(mg/kg)
黑曲霉	250～500	枯草杆菌	125～250
青霉属	250～500	普通变形杆菌	125～250
白色念珠菌	500～1000	大肠杆菌	250～500
沙门氏菌	250～500	荧光假单胞杆菌	250～500
铜绿假单胞杆菌	250～500	金黄色葡萄球菌	125～250

（来源：DEGUSSA-CREANOVA）

制备　Bioban CS-1135 由甲醛、2-氨基-2-甲基-1 丙醇等原料制备而成。

应用 Bioban CS-1135 适用于金属加工液、脱模剂、油田回注水、矿物浆料、油墨、家化日化等水性体系杀菌防腐。注意：更适用于 pH 7～11（偏碱性）体系杀菌防腐。

法规

① 欧盟化学品管理局（ECHA）：2014 年，欧盟生物杀灭剂产品委员会（BPC）发布法规（EU）2014/22，未批准 4,4-二甲基噁唑啉作为第 6 类（产品在储存过程中的防腐剂）、第 12 类（杀黏菌剂）、第 13 类（金属工作或切削液防腐剂）生物杀灭剂产品的活性物质。

② 我国 2015 年版《化妆品安全技术规范》规定该防腐剂在化妆品中使用时的最大允许浓度为 0.1%；使用范围和限制条件：pH≥6。

Bioban P-1487

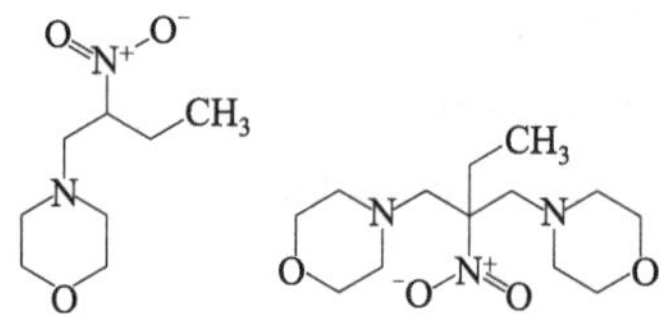

A　　　　B

A：$C_8H_{16}N_2O_3$ 188.23　　B：$C_{13}H_{25}N_3O_4$ 287.36

吗啉混合物：（A+B）

IUPAC 名　4-[2-(morpholin-4-ylmethyl)-2-nitrobutyl] morpholine、4-(2-nitrobutyl)morpholine

CAS 号　[1854-23-5]、[2224-44-4]

分子式　$C_{21}H_{41}N_5O_7$

分子量　475.6

化学名称　4-(2-硝基丁基）吗啉（A）

IUPAC 名　4-(2-nitrobutyl) morpholine

CAS 号　[2224-44-4]

EC 编码　[218-748-3]

化学名称　4,4′-(2-乙基-2-硝基三亚甲基)二吗啉（B）

IUPAC 名　4-[2-(morpholin-4-ylmethyl)-2-nitrobutyl]morpholine

CAS 号　[1854-23-5]

EC 编码　[217-450-0]

理化性质 Bioban P-1487 以混合物存在［70% 4-(2-硝基丁基)吗啉+20% 4,4′-(2-乙基-2-硝基丙烷-1,3-二基)二吗啉］。外观呈黄棕色液体，微弱的胺气味（醛含量：A 15.9%；B 20.9%）。沸点（101kPa）>200℃。密度（25℃）1.076g/mL。蒸气压（90℃）39.9 hPa。折射率（nD，20℃）1.472。黏度（20℃）40mPa·s。闪点 87℃。pH 值（20℃）9.5～10.0。溶解性（25℃）：水 11g/L；溶于有机溶剂。稳定性：对酸敏感；分解从 pH<6.5 开始，在 7.0 或更高的 pH 值下稳定且有效。

毒性 大鼠急性经口 LD_{50} 625mg/kg。兔急性经皮 LD_{50} 420mg/kg。水生生物：虹鳟鱼 LC_{50}（96h）1.1mg/L。水蚤 LC_{50}（48h）1.9mg/L（来源：DOW）。

抗菌防霉效果 Bioban P-1487 抗菌活性基于甲醛释放，具体数据详见表 2-45。

表 2-45 Bioban P-1487 对一些微生物的最低抑制浓度（MIC）

微生物	MIC/(mg/L)	微生物	MIC/(mg/L)
金黄色葡萄球菌	100～500	粪链球菌	100～500
溶血性链球菌	100～500	大肠杆菌	100～500
巴氏杆菌	10～100	铜绿假单胞菌	100～500
枯草芽孢杆菌	500～1000	白色念珠菌	16～32
青霉属	125～250	黑曲霉	125～250
小球藻	1	鱼腥藻	＜16

（来源：DOW）

应用 Bioban P-1487 水溶性一般，但完全溶于脂肪烃等有机溶剂，适用于金属加工液、压铸润滑剂与脱模剂等领域杀菌防腐。注意：该化合物比较适用于 pH ≥7.0 以上的碱性溶液；若 pH＜6.0，该产品的活性会下降。

实际应用参考：

Bioban P-1487 的特征在于在非极性溶剂中的高溶解度，尤其适用于金属加工液浓缩液。现场工作液内 Bioban P-1487（有效成分）浓度在 500×10^{-6}～1000×10^{-6} 之间。

N,*N'*-亚甲基双吗啉（MBM）
(*N*,*N'*-methylenebismorpholine)

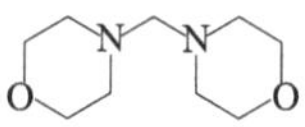

$C_9H_{18}N_2O_2$ 186.26 5625-90-1

其他名称 亚甲基二吗啉、双吗啉甲烷

化学名称 *N*,*N'*-亚甲基双吗啉

IUPAC 名 4-(morpholin-4-ylmethyl)morpholine

EC 编码 [227-062-3]

理化性质 商品外观为无色至淡黄色液体，有胺气味，含量接近 100%（醛含量 16%）。沸点（0.02kPa）74℃。密度（25℃）1.052g/mL。折射率（nD，20℃）1.479～1.483。pH 值（1%稀释液）9.5～10.5。溶解性：完全溶于水和大多数低级醇。稳定性：耐热可达 100℃，耐碱性可达 pH 8～12，酸性介质易降解。

毒性 大鼠急性经口 LD_{50} 550mg/kg（来源：THOR）。

抗菌防霉效果 *N*,*N'*-亚甲基双吗啉（MBM）在推荐使用范围内对铜绿假单胞杆菌、普通变形杆菌、大肠杆菌、金黄色葡萄球菌、白念珠菌等都有较好的抑制效果。

制备 *N*,*N'*-亚甲基双吗啉（MBM）由吗啉和甲醛为原料制备而成。

应用 *N*,*N'*-亚甲基双吗啉（MBM）杀菌剂在金属加工液浓缩液中的加入量为 2%～5%，在最终稀释液中为 1000～2000mg/kg。

法规 欧盟化学品管理局（ECHA）：2015 年，欧盟生物杀灭剂产品委员会（BPC）发布法规（EU）2015/1981，批准 *N*,*N*′-亚甲基双吗啉（MBM）作为第 6 类（产品在储存过程中的防腐剂）和第 13 类（金属工作或切削液防腐剂）生物杀灭剂产品的活性物质。批准日期 2017 年 4 月 1 日，批准期满 2022 年 4 月 1 日，目前已过期。

N-羟甲基甘氨酸钠

(sodium *N*-(hydroxymethyl)glycinate)

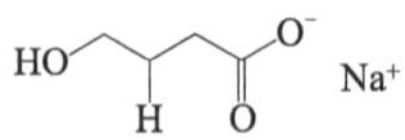

$C_3H_6NNaO_3$ 127.08 70161-44-3

其他名称 羟甲基甘氨酸钠

化学名称 *N*-羟甲基甘氨酸钠

IUPAC 名 sodium、2-(hydroxymethylamino)acetate

INCI 名 sodium hydroxymethyl glycinate

EC 编码 [274-357-8]

理化性质 外观呈无色至浅黄色透明液体，略带特征性气味。固含量 49.0%～52.0%（醛含量约 12%）。氮含量 5.3%～6.0%。密度（20℃）1.28～1.30g/mL。pH 值 10～12。溶解性：水 60g/100g，丙二醇 20g/100g，甘油 10g/100g，甲醇 15g/100g，乙醇 <0.1g/100g，矿物油 <0.1g/100g。稳定性：在高温下不稳定，释放甲醛，数量随着 pH 值的降低而增加。

毒性 大鼠急性经口 LD_{50} 1200mg/kg。大鼠急性经皮 LD_{50} >2000mg/kg。水生生物：虹鳟鱼 LC_{50}（96h）93.8mg/L。水蚤 EC_{50}（48h）46.5mg/L。

抗菌防霉效果 羟甲基甘氨酸钠作用机制有两种解释：其一，甲醛释放体类防腐剂；其二，分子结构中线型 *α*，*β*-不饱和羰基是其抑菌活性中心。

羟甲基甘氨酸钠在 pH 值为 3～12 范围内对各类细菌、霉菌和酵母均有很好的抑杀性能。当使用浓度为 0.3%时，对金黄色葡萄球菌、铜绿假单胞杆菌、大肠杆菌、白假丝酵母和黑曲霉作用 24h 的杀菌率达 100%。羟甲基甘氨酸钠对几种常见微生物的最低抑菌浓度见表 2-46。

表 2-46 50%羟甲基甘氨酸钠对一些微生物最低抑制浓度（MIC）

测试菌株	MIC/%	测试菌株	MIC/%
铜绿假单胞菌	0.125	黄体微球菌	0.125
大肠杆菌	0.125	白色念珠菌	0.800
普通变形杆菌	0.100	酿酒酵母	0.100
肠炎沙门氏菌	0.100	黑曲霉	0.275
金黄色葡萄球菌	0.125	紫色青霉	0.100

制备 CN113956171A 报道，将甘氨酸和/或甘氨酸钠与甲醛和/或多聚甲醛在氢氧化钠的存在下在水溶液体系中缩合而成。

应用　羟甲基甘氨酸钠是 20 世纪 90 年代国际上应用最广泛的防腐剂，是极少数在高 pH 值下，仍能保持活性的防腐剂之一，广泛应用于化妆品、食品、涂料、制药、造纸等工业领域。注意：不宜用于含有铁离子或柠檬醛香精的产品中，否则可能改变产品的颜色。

法规

① 欧盟化学品管理局（ECHA）根据指令 98/8/EC（BPD）或规则（EU）No 528/2012（BPR）提交了批准申请的所有活性物质/产品类型组合：PT-6（产品在储存过程中的防腐剂）。sodium *N*-(hydroxymethyl)glycinate 申请现已不再支持。

② 欧盟化妆品法规（EC1223/2009）规定，羟甲基甘氨酸钠作为防腐剂在化妆品中的含量不得超过 0.5%；我国 2015 年版《化妆品安全技术规范》规定，羟甲基甘氨酸钠在化妆品中使用时的最大允许浓度为 0.5%。

N-羟甲基氯乙酰胺（MCA）
（*N*-methylolchloracetamide）

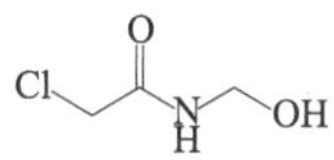

$C_3H_6ClNO_2$ 123.54，2832-19-1

其他名称　*N*-羟甲基-2-氯乙酰胺、氯乙酰胺-*N*-甲醇

化学名称　2-氯-*N*（羟甲基）乙酰胺

IUPAC 名　2-chloro-*N*-(hydroxymethyl)acetamide

EC 编码　[220-598-9]

理化性质　纯品为白色结晶固体，含量接近 100%（醛含量 24%）。熔点 102℃。溶解性（20℃）：水 260g/L；甲醇 200g/L；微溶于非极性溶剂。稳定性：在中性至碱性介质中释放甲醛。

毒性　大鼠急性经口 LD_{50} 340mg/kg。大鼠急性经皮 LD_{50} >500mg/kg。

抗菌防霉效果　抗菌活性基于甲醛的释放，*N*-羟甲基氯乙酰胺（MCA）对常见的微生物均有良好的抑制效果，详见表 2-47。

表 2-47　MCA 对常见微生物的最低抑制浓度（MIC）

微生物	MIC/(mg/L)		微生物	MIC/(mg/L)	
	pH 5	pH 8		pH 5	pH 8
大肠杆菌	>2500	1000	球毛壳菌	1000	750
铜绿假单胞菌	1500	1200	灰绿青霉	4000	1000
金黄色葡萄球菌	>2500	600	黑根霉	4000	750
黑曲霉	4000	1500			

制备　*N*-羟甲基氯乙酰胺（MCA）由甲醛和氯乙酰胺为原料制备而来。

应用　*N*-羟甲基氯乙酰胺（MCA）适用于聚合物乳液、水性涂料、黏合剂、金属加工液等罐内防腐保护。注意：在 pH 7.5～9 达到杀菌最佳活性。

布罗波尔（bronopol）
（2-bromo-2-nitro-1,3-propanediol）

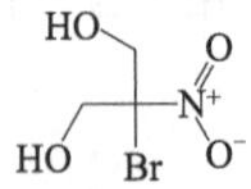

$C_3H_6BrNO_4$ 199.99 52-51-7

其他名称　溴硝醇、溴硝丙醇、溴硝丙二醇、BNPD

化学名称　2-溴-2-硝基-1,3-丙二醇

IUPAC 名　2-bromo-2-nitropropane-1,3-diol

INCI 名　2-bromo-2-nitropropane-1,3-diol

EC 编码　[200-143-0]

理化性质　纯品含量 99%（醛含量 30%），外观呈白色至淡黄色粉末或结晶。熔点 130℃。蒸气压（20℃）1.68mPa。溶解性：水 250g/L（22℃）；乙醇 500g/L；异丙醇 250g/L；丙二醇 143g/L；甘油 10g/L；液体石蜡<5g/L（23～24℃）。稳定性：在光照下会变成黄色，具有轻微的吸湿性。根据国外文献报道，溴硝醇在酸性条件下相对稳定，提高 pH 值会加速溴硝醇的分解，其结果显示：50%分解时间>5 年（pH 4）；50%分解时间可达 1 年半（pH 6）；50%分解时间 2 个月（pH 8）。但是即使在碱性条件下，布罗波尔（溴硝醇）仍然有防腐作用，由于其分解放出甲醛。

毒性　大鼠急性经口 LD_{50} 180～400mg/kg。小鼠急性经口 LD_{50} 250～500mg/kg。水生生物：虹鳟 LC_{50}（96h）20.0mg/L。水蚤 LC_{50}（48h）1.4mg/L。

抗菌防霉效果　布罗波尔分别在有氧和无氧氛围下通过不同化学反应机理而起杀菌作用。在有氧氛围下，布罗波尔催化氧化半胱氨基酸为胱氨酸残基（Shepherd 等，1988）。这个机理被认为是通过形成活性氧物质如超氧化物或过氧化物而起杀灭微生物作用。而且，形成的胱氨酸残基连接在细胞壁上，阻止了细胞壁的正常形成。活性氧物质的形成和胱氨酸残基与细胞壁的交联作用共同导致了细胞的死亡。在无氧环境下，其机理是细胞和胞外亲核物质进攻溴硝醇分子中 2 号碳原子。布罗波尔不是快速杀菌剂，分解后可能会释放甲醛，但少量甲醛对其生物杀灭不起主要作用。

布罗波尔具有广谱抗菌作用，在 2.5×10^{-8} 浓度下就能抑制大多数细菌生长发育，尤其对革兰氏阴性菌效果更佳。布罗波尔对一些微生物的最低抑制浓度见表 2-48。

表 2-48　布罗波尔对一些微生物的最低抑制浓度（MIC）

微生物	MIC/(mg/L)	微生物	MIC/(mg/L)
金黄色葡萄球菌 NCIB 9518	25	表皮葡萄球菌 NCTC 7291	25
粪链球菌 NCTC 8213	25	大肠杆菌 NCIB 9517	25
克雷伯杆菌产科 NCTC 418	25	普通变形杆菌 NCTC 4635	25
铜绿假单胞菌 NCTC 6750	25	荧光假单胞菌 NCIB 9046	25
鼠伤寒沙门氏菌 NCTC 74	12.5	脱硫弧菌脱硫剂 NCIB 8301	12.5
白色念珠菌 ATCC 10231	1600	酿酒酵母 NCYC 87	3200
球毛壳菌 IMI 45550	800	黑曲霉 ATCC 16404	3200
绿色木霉	6400		

（来源：BASF）

制备 美国 Angus 化学公司等提出，等物质的量硝基甲烷和溴素反应制取一溴代硝基甲烷，再与 2mol 甲醛缩合得到布罗波尔。

应用 布罗波尔（又名溴硝醇）在 1989 年被发现，1919 年，由 E. Schmidt 及 R. Wilkendorf 制得，但很长一段时间内没有找到它的应用领域。直到 1964 年由 Boots Company Ltd 作为一个中间产品的成分加以介绍，1971 年 D. F. Spooner 等首先报道了其在农业上的应用。之后，英国药学协会公布其通用名为 bronopol。从 20 世纪 70 年代中后期至今，其被广泛应用于化妆品、造纸纸浆、涂料、木材、循环冷却水等领域杀菌防腐。注意：对铁、铝包装材质敏感。

实际应用参考：

贺晓蓉报道，布罗波尔是一类特殊的防腐剂，实际应用中很少单独使用，通常与其他防腐剂复配使用。行业中一直存在对布罗波尔的误解，认为其属于“甲醛释放体”类防腐剂。尽管在某些情况下，布罗波尔由于水解作用会释放微量的甲醛，但是即使考虑到最极端水解条件，布罗波尔释放的甲醛量远远低于杀菌作用所需要的剂量，因此，布罗波尔并不是真正意义上的“甲醛释放体”类防腐剂。

法规

① 欧盟化学品管理局（ECHA）根据指令 98/8/EC（BPD）或规则（EU）No 528/2012（BPR）提交了批准申请的所有活性物质/产品类型组合：PT-2（不直接用于人体或动物的消毒剂和杀藻剂）、PT-6（产品在储存过程中的防腐剂）、PT-9（纤维、皮革、橡胶和聚合材料防腐剂）、PT-11（液体制冷和加工系统防腐剂）、PT-12（杀黏菌剂）、PT-22（尸体和样本防腐液），布罗波尔申请目前处于审核进行之中。截至 2023 年 9 月，PT-9（纤维、皮革、橡胶和聚合材料防腐剂）已驳回，不再支持。

② 德国蓝天使环保认证：获批准的罐内防腐剂清单。

溴硝醇及其物质组合的总含量产品中$\leqslant 200\times10^{-6}$ 的单个物质可用于罐内外墙涂料的保存。初级产品中使用的防腐剂的数量还必须确保最终产品的保存符合危险类别及危险说明要求。

③我国 2015 年版《化妆品安全技术规范》规定：布罗波尔在化妆品中使用时，最大允许浓度为 0.1%，避免形成亚硝胺。

海克替啶
(hexetidine)

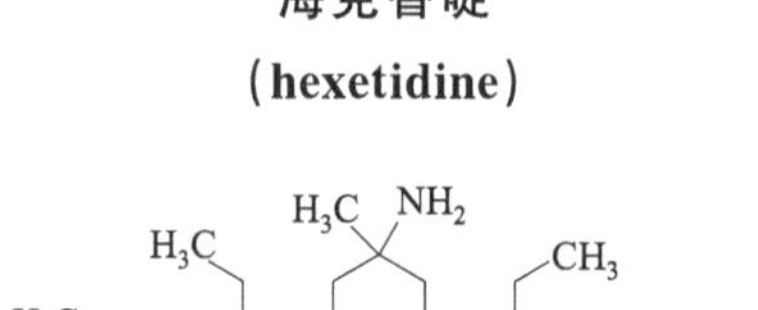

$C_{21}H_{45}N_3$ 339.61 141-94-6

其他名称 海克西定

化学名称 1,3-二（2-乙基己基）-5-甲基-氨基六氢嘧啶

IUPAC 名 1,3-bis(2-ethylhexyl)-5-methyl-1,3-diazinan-5-amine

EC 编码 ［205-513-5］

理化性质 无色黏稠液体，具有微弱的胺气味，含量接近 100%（醛含量

27%）。沸点（0.4mmHg）160℃。蒸气压（25℃）1.54×10^{-5}mmHg。密度（20℃）0.8889g/mL。折射率（nD，20℃）1.4640。$\lg K_{ow}=5.26$。溶解性：微溶于水；溶于石油醚、甲醇、乙醇、正己烷、氯仿等。稳定性：海克替啶虽然在有机溶液中很稳定，但在水溶液中，特别是通过弱酸的催化，会发生快速的开环和随后的歧化作用。$pK_a=8.3$。

毒性 大鼠急性经口 LD_{50} 610～1430mg/kg。小鼠急性经口 LD_{50} 1520mg/kg。大鼠皮下注射 LD_{50} 1430mg/kg（体重）（来源：HSDB）。

抗菌防霉效果 海克替啶杀菌机制基于甲醛的释放，抗菌数据见表 2-49。

表 2-49 海克替啶对常见微生物的最低抑制浓度（MIC）

微生物	MIC/(mg/L)	微生物	MIC/(mg/L)
金黄色葡萄球菌	5～10	大肠杆菌	1250
铜绿假单胞菌	＞5000	白色念珠菌	5000
黑曲霉	800	球毛壳菌	75
青霉	400		

制备 由 1,3-bis(2-ethylhexyl)hexahydro-5-methyl-5-nitropyrimidine 氢化制备。

应用 海克替啶是一种六氢嘧啶衍生物，可作家化日化领域的抑菌剂或消毒剂。

法规 我国 2015 年版《化妆品安全技术规范》规定：海克替啶在化妆品中使用时的最大允许浓度为 0.1%。

季铵盐-15（quaternium-15）
(*N*-(3-chloroallyl)-hexaminium-chloride)

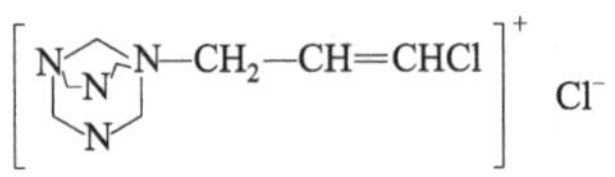

$C_9H_{16}Cl_2N_4$ 251.16 51229-78-8（＞97%）/4080-31-3（67%）

其他名称 顺式异构体（cis-CTAC）、顺式/反式异构体混合物（CTAC）、cis-1-(3-chloroallyl)-3,5,7-triaza-1-azoniaadamantanechloride(cis-CTAC)、methenamine 3-chloroallylochloride(CTAC)

化学名称 1-(3-氯丙)-3,5,7-三氮-1-氮鎓金刚烷氯化物

INCI 名 quaternium-15（mixture of cis-/trans-isomers）

CAS 号 [51229-78-8]（cis-CTAC）、[4080-31-3]（cis-/trans-CTAC）

EC 编码 [426-020-3]（cis-CTAC）、[223-805-0]（cis-/trans-CTAC）

理化性质 季铵盐-15 是异构体的混合物，存在顺反两种构型，其中顺式是主要形式，反式为次要组分，在化妆品中常用顺式。现有对季铵盐-15 的毒理学研究基本上均来源于对顺反混合物的研究，而不单纯为顺式。但据 1987 年一个相关研究显示，两种结构的单体具有相似的性质。

商品 DOWICIL 200 组成如下：98.6% 顺-CTAC，0.65% 反-CTAC，0.03% HMTA。商品 DOWICIL™ 150 组成如下：98.6% 顺-CTAC，0.7% 反-CTAC，

(0.3 ± 0.1)% HMTA。

外观白色至灰白色粉末，具有轻微的胺气味，含量>97（醛含量约71%）。熔点大于97℃（开始分解）。溶解性（25℃）：水1272g/L；甲醇（无水）208g/L；丙二醇187g/L；甘油（99.5%）126g/L；异丙醇（无水）<1g/L；矿物油<1g/L。稳定性：温度>40℃，释放甲醛［0.1%浓度左右的季铵盐-15（1000×10^{-6}）可释放出约100×10^{-6}左右的游离甲醛］。

毒性　大鼠急性经口LD_{50} 1550mg/kg。兔急性经皮LD_{50} 2877mg/kg（粉末）。鱼LC_{50} 26～48mg/L，水蚤LC_{50} 1～10mg/L（来源：DOW）。

抗菌防霉效果　季铵盐-15结构上是六甲基四胺的衍生物，依靠释放出甲醛进行杀菌。该化合物极易溶于水，脂溶性差，能与各种表面活性剂和蛋白相配伍，对细菌抑制效果较好，对真菌较差（见表2-50）。

表2-50　季铵盐-15对常见微生物的最低抑制浓度（MIC）

微生物	MIC/(mg/L)	微生物	MIC/(mg/L)
产碱杆菌	80	枯草杆菌 ATCC 8473	80
大肠杆菌 ATCC 11229	80	肺炎克雷伯菌 ATCC 8308	80
普通变形菌 ATCC 881	40	铜绿假单胞菌 ATCC 10145	240
黑曲霉 ATCC 16404	500	金黄色葡萄球菌 ATCC 6538	40
白色念珠 ATCC 10231	250	发癣菌	50

（来源：DOW）

制备　甲醛和氨反应得四氮金刚烷，进一步与1,3-二氯丙烯反应生成季铵盐-15。

应用　季铵盐-15适用于婴儿护理品、洗手液、面膜、乳剂、洗剂、防晒品等领域防腐，添加量为0.05%～0.20%。注意：含柠檬醛的芳香剂可能会造成上述配方变色。

法规

① 欧盟化学品管理局（ECHA）根据指令98/8/EC（BPD）或规则（EU）No 528/2012（BPR）提交了批准申请的所有活性物质/产品类型组合：PT-6（产品在储存过程中的防腐剂）、PT-13（金属工作或切削液防腐剂）。季铵盐-15（cis CTAC）（CAS号51229-78-8）申请目前处于审核进行之中。PT-6、PT-12、PT-13目前已不再支持。

② 欧盟化学品管理局（ECHA）根据指令98/8/EC（BPD）或规则（EU）No 528/2012（BPR）提交了批准申请的所有活性物质/产品类型组合：PT-6（产品在储存过程中的防腐剂）、PT-12（杀黏菌剂）、PT-13（金属工作或切削液防腐剂）。季铵盐-15（CTAC）（CAS号4080-31-3）申请现已不再支持。

③ 我国2015年版《化妆品安全技术规范》规定：季铵盐-15从附表中删除，即被禁用作化妆品防腐剂。季铵盐-15在欧盟尚未被正式禁用，但根据SCCS最新意见，季铵盐-15是一种同分异构体的混合物，它的顺式异构体占主要形式，反式异构体作为杂质占次要形式。近期，顺式异构体（cis-CTAC）被列为生殖毒性2类物质，SCCS认为季铵盐-15在化妆品中继续使用是不安全的（SCCS/1344/10；2011-12-13）。

甲醛苄醇半缩醛（BHF）
((benzyloxy)methanol)

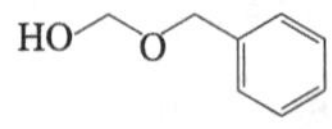

$C_8H_{10}O_2$ 138.2 14548-60-8

其他名称　（苄氧基）甲醇

化学名称　（苯基甲氧基）甲醇

IUPAC 名　phenylmethoxymethanol

INCI 名　benzylhemiformal

EC 编码　[238-588-8]

理化性质　无色液体，具有特有的甲醛气味。含量＞99%（醛含量 29%）。沸点（101kPa）105℃（分解）。凝固点＜－60℃。密度（20℃）1.11g/mL。蒸气压（20℃）约 10hPa。闪点 80℃。pH 值（1%水溶液）约 5。溶解性（25℃）：水 25g/L；溶于有机溶剂。稳定性：加热时释放甲醛；在 pH 3～12（20℃）之间稳定。

毒性　雄大鼠急性经口 LD_{50} 1700mg/kg。雄大鼠急性经皮 LD_{50} ＞2000mg/kg（4h）。雌大鼠急性经皮 LD_{50} 1000～2000mg/kg（4h）。

抗菌防霉效果　甲醛苄醇半缩醛（BHF）对大多数微生物均有一定的抑制效果，尤其针对细菌。具体数据详见表 2-51。

表 2-51　甲醛苄醇半缩醛（BHF）对一些微生物的最低抑制浓度（MIC）

微生物	MIC/(mg/L)	微生物	MIC/(mg/L)
产气杆菌	150	芽孢杆菌	100
枯草芽孢杆菌	50	大肠杆菌	100
铜绿假单胞菌	150	金黄色葡萄球菌	70
链格孢	500	黑曲霉	1000
曲霉菌	1000	黑根霉	600
绿色木霉	2000	白色念珠菌	2000

（来源：Paulus，1979）

应用　甲醛苄醇半缩醛（BHF）作化妆品等水性产品防腐剂，亦作消毒除臭剂使用。

法规

① 欧盟化学品管理局（ECHA）根据指令 98/8/EC（BPD）或规则（EU）No 528/2012（BPR）提交了批准申请的所有活性物质/产品类型组合：PT-6（产品在储存过程中的防腐剂）、PT-13（金属工作或切削液防腐剂）。PT-6 批准申请目前处于审核进行之中；PT-13 审请现已不再支持。

② 欧盟化妆品和非食品产品科学委员会（SCCNFP）发布的《化妆品中特定甲醛释放体的测定》指出：一般而言，含质量分数 0.15%甲醛苄醇半缩醛（含 1.5mol 甲醛）的化妆品中含质量分数 0.044% 的游离甲醛。

③ 2015 年版《化妆品安全技术规范》规定：甲醛苄醇半缩醛（BHF）在化妆品中使用时，最大允许浓度为 0.15%，只适用于淋洗类产品。

聚甲氧基双环噁唑烷
(polymethoxy bicyclic oxazolidine)

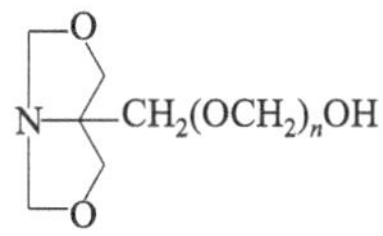

$C_7H_{13}NO_4$ (n=1) 175.17 (n=1) 56709-13-8

其他名称 聚甲氧基二烷噁唑烷、双环噁唑烷、二环-1,3-氧氮杂环戊烷

化学名称 5-聚亚甲基-1-氮杂-3,7-二氧双环[3.3.0]辛烷的低聚物

理化性质 商品为50%活性水溶液(总醛含量约24%),呈透明淡黄色液体。沸点(101kPa)100℃。凝固点－23.3℃。蒸气压(20℃)23hPa。密度(20℃)1.14g/mL。折射率(nD,25℃)1.404～1.412。闪点60℃。pH值(20℃)6.0～7.5。溶解性:完全溶于水,易溶于极性有机溶剂。稳定性:加热至100℃分解,酸性介质中不稳定,释放甲醛。

制剂的组成:

24.5% 5-羟甲氧基甲基-1-氮杂-3,7-二氧杂双环(3.3.0)辛烷

17.7% 5-羟甲基-1-氮杂-3,7-二氧杂双环(3.3.0)辛烷

7.8% 5-羟基聚(亚甲氧基)-甲基-1-氮杂-3,7-二氧杂双环(3.3.0)辛烷

毒性 大鼠急性经口 LD_{50} 2974mg/kg。兔急性经皮 LD_{50}>2000mg/kg(来源:DEGUSSA)。

抗菌防霉效果 聚甲氧基双环噁唑烷活性基于甲醛的释放,具体数据详见表2-52。

表2-52 聚甲氧基双环噁唑烷对常见微生物的最低抑制浓度(MIC)

微生物	MIC/(mg/L)	微生物	MIC/(mg/L)
铜绿假单胞菌	150	白色念珠菌	1800
大肠杆菌	200	酿酒酵母	300
普通变形杆菌	200	黑曲霉	500
枯草芽孢杆菌	150	米曲霉	500
金黄色葡萄球菌	150	出芽短梗霉	250

(来源:DEGUSSA)

应用 聚甲氧基二烷噁唑烷主要作为化妆品防腐剂,与对羟基苯甲酸酯类结合使用效果更佳,亦用于乳胶漆、乳液、金属切割液等领域。最佳使用pH值范围5～9。

六氢-1,3,5-三(2-羟基丙基)-均三嗪(HPT)
(hexahydro-1,3,5-tris(2-hydroxypropyl)-s-triazine)

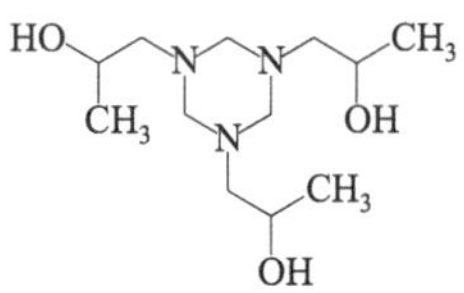

$C_{12}H_{27}N_3O_3$ 261.4 25254-50-6

其他名称　1,3,5-tris-(2-hydroxypropyl)-hexahydro-1,3,5-triazin

化学名称　1,3,5-三(2-羟基丙基)-六氢均三嗪

IUPAC 名　1-[3,5-bis(2-hydroxypropyl)-1,3,5-triazinan-1-yl]propan-2-ol

EC 编码　[246-764-0]

理化性质　含量约 80%（醛含量 27.55%），外观淡黄色液体，有微弱的胺味。沸点（101kPa）>100℃。密度（20℃）1.09g/mL。蒸气压（20℃）约 25hPa。折射率（nD，20℃）1.47。闪点>100℃。pH 值（2g/L 水溶液，20℃）约 10。

毒性　参考六氢-1,3,5-三(羟乙基)-均三嗪（BK）。

抗菌防霉效果　六氢-1,3,5-三(2-羟基丙基)-均三嗪（HPT）活性基于甲醛的释放，其对细菌的抑制效果优于对真菌的抑制效果。

制备　由甲醛、异丙醇胺等原料制备而成。

应用　六氢-1,3,5-三(2-羟基丙基)-均三嗪（HPT）作为防腐剂，主要应用于水性金属加工液体系。

法规　欧盟化学品管理局（ECHA）根据指令 98/8/EC（BPD）或规则（EU）No 528/2012（BPR）提交了批准申请的所有活性物质/产品类型组合：PT-2（不直接用于人体或动物的消毒剂和杀藻剂）、PT-6（产品在储存过程中的防腐剂）、PT-11（液体制冷和加工系统防腐剂）、PT-13（金属工作或切削液防腐剂）。六氢-1,3,5-三（2-羟基丙基)-均三嗪（HPT）活性物质申请目前处于审核进行之中。

六氢-1,3,5-三(羟乙基)-均三嗪（BK）
(hexahydro-1,3,5-tris(hydroxyethyl)-s-triazine)

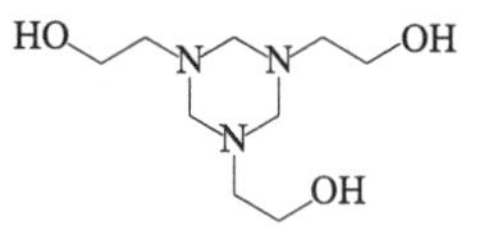

$C_9H_{21}N_3O_3$ 219.29 4719-04-4

其他名称　HHT、三丹油、古罗丹、羟乙基六氢均三嗪

化学名称　六氢-1,3,5-三(羟乙基)-均三嗪

IUPAC 名　2-[3,5-bis(2-hydroxyethyl)-1,3,5-triazinan-1-yl]ethanol

EC 编码　[225-208-0]

理化性质　纯品为无色至浅黄色黏稠状液体，有一定胺味，含量 100%（醛含量 41%）。沸点（0.9kPa）100℃。凝固点－20℃。密度（20℃）1.157g/mL。蒸气压（20℃）25hPa。折射率（nD，20℃）1.480～1.486。闪点>100℃。pH 值（1.5g/L 水溶液，20℃）为 10。溶解性：溶于水和低级醇。稳定性：对酸敏感，pH 7～12 稳定，耐温可达 80℃。

商品含量 74.0%～78.0%，外观无色至浅黄色液体。醛含量>30%。pH 值（1.0%水溶液）为 9.0～11.0。相对密度 1.140～1.170。

毒性　大鼠急性经口 LD_{50} 910mg/kg。大鼠急性经皮 LD_{50} >2000mg/kg。

抗菌防霉效果　六氢-1,3,5-三(羟乙基)-均三嗪（BK）活性主要基于甲醛的释

放。其本身属于杂环氨基化合物，具有空间位阻结构，同时由于三嗪基分子含有活泼 H 原子，能与—NCO 反应，抗菌分子成为大分子中的一部分，大分子中因含有抗菌基团而具有抗菌效果；由于抗菌基团是通过化学键形式与大分子链接在一起，这类大分子具有长效的抗菌效果。

六氢-1,3,5-三(羟乙基)-均三嗪实验室对一些微生物最低抑制浓度见表 2-53。

表 2-53 六氢-1,3,5-三(羟乙基)-均三嗪（BK）对一些微生物的最低抑制浓度（MIC）

微生物	MIC/(mg/L)	微生物	MIC/(mg/L)
黑曲霉	800	串珠状镰刀霉	700
木霉	800	大肠杆菌	120
球毛壳霉	50	普通变形杆菌	1600
蜡叶芽枝霉	400	铜绿假单胞菌	200
金黄色葡萄球菌	200	奇异变形杆菌	200
青色霉菌	150	耐甲醛菌属	2500

制备 六氢-1,3,5-三(羟乙基)-均三嗪由甲醛和乙醇胺反应制备而得。

应用 六氢-1,3,5-三(羟乙基)-均三嗪（BK）主要用于金属加工液、洗涤剂以及油田回注水等行业的杀菌防腐，还可作油田的脱硫剂使用。该化合物尤其适用于高温、碱性作业环境防腐防霉，且对设备无腐蚀。

法规 欧盟化学品管理局（ECHA）根据指令 98/8/EC（BPD）或规则（EU）No 528/2012（BPR）提交了批准申请的所有活性物质/产品类型组合：PT-6、PT-11、PT-12、PT-13。六氢-1,3,5-三(羟乙基)-均三嗪（BK、HHT）申请处于审核进行中。

六氢-1,3,5-三[(四氢-2-呋喃基)甲基]均三嗪
[hexahydro-1,3,5-tris(tetrahydro-2-furanyl)-methyl-s-triazine]

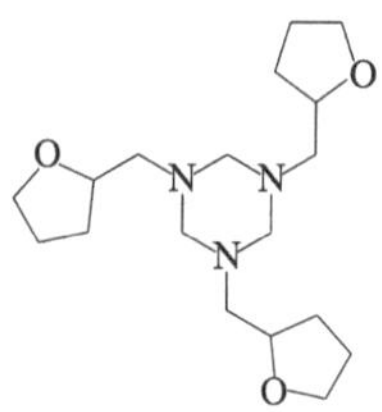

$C_{18}H_{33}N_3O_3$ 339.48 69141-51-1

化学名称 六氢-1,3,5-三[(四氢-2-呋喃基)甲基]均三嗪

IUPAC 名 1,3,5-tris(oxolan-2-ylmethyl)-1,3,5-triazinane

理化性质 含量接近 100%（醛含量约 27%），外观黄色油状物。沸点(0.1kPa)＞50℃。溶解性：易溶于水、油脂。稳定性：碱性介质稳定；酸性体系降解。

毒性 小鼠急性经口 LD_{50} 1060mg/kg。小鼠皮下注射 LD_{50}＞500mg/kg。

抗菌防霉效果 Grier 等（1980）报道了六氢 1,3,5-三[(四氢-2-呋喃基)甲基]均三嗪在金属加工液中对真菌的抑制情况，详见表 2-54。

表 2-54　该化合物对常见真菌的最低抑制浓度（MIC）

微生物	MIC/(mg/L)	微生物	MIC/(mg/L)
黑曲霉	300	短双歧杆菌	200
头孢霉属	400	镰刀菌	400
指状青霉	400	绿色木霉	200

应用　六氢-1,3,5-三[(四氢-2-呋喃基)甲基]均三嗪主要作金属加工液防腐使用，亦可作其他工业产品保存应用。

六氢-1,3,5-三甲基-*S*-三嗪
(hexahydro-1,3,5-trimethyl-1,3,5-triazine)

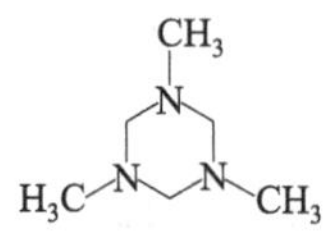

$C_6H_{15}N_3$ 129.2 108-74-7

其他名称　1,3,5-三甲基六氢均三嗪、三甲基六氢均三嗪

化学名称　六氢-1,3,5-三甲基-1,3,5-三嗪

IUPAC 名　1,3,5-trimethyl-1,3,5-triazinane

EC 编码　[203-612-8]

理化性质　商品有效含量为 42%，外观呈无色至淡黄色液体。沸点 162～163.5℃。相对密度（25℃）0.92g/cm³。闪点（闭杯）51℃。溶解性：溶于水。

毒性　小鼠静脉注射 LD_{50} 100mg/kg（来源：Pubchem）。

抗菌防霉效果　六氢-1,3,5-三甲基-*S*-三嗪杀菌活性基于甲醛释放。其对混合菌株（巨大芽孢杆菌、大肠杆菌、金黄色葡萄球菌、枯草杆菌、荧光假单孢杆菌）杀菌数据详见表 2-55。

表 2-55　三甲基六氢均三嗪和 BK 杀菌率对比

杀菌剂名称	杀菌剂浓度：10×10^{-6}(作用 2h)		杀菌剂浓度：100×10^{-6}(作用 2h)	
	2h 含菌量/(cfu/mL)	2h 杀菌率/%	2h 含菌量/(cfu/mL)	2h 杀菌率/%
BK	6.4×10^5	80.0	4.6×10^5	85.6
三甲基六氢均三嗪	7.4×10^5	76.9	5.5×10^5	82.8
空白对照(CK)	3.2×10^6	—	3.2×10^6	—

制备　六氢-1,3,5-三甲基-*S*-三嗪由甲醛和氨基甲烷反应而成。

应用　六氢-1,3,5-三甲基-*S*-三嗪可作农药、石油工业的杀菌、脱硫。

六氢-1,3,5-三乙基-均三嗪（HTT）
(hexahydro-1,3,5-triethyl-s-triazine)

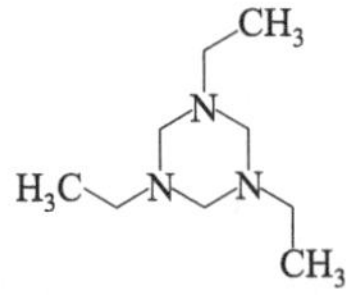

$C_9H_{21}N_3$ 171.29 7779-27-3

其他名称 1,3,5-三乙基六氢-S-三叠氮 、1,3,5-三乙基六氢-*S*-三吖嗪

化学名称 1,3,5-三乙基-1,3,5-六氢三嗪

IUPAC 名 1,3,5-triethyl-1,3,5-triazinane

EC 编码 [231-924-4]

理化性质 无色液体，具有强烈刺激性的胺气味，含量 100%（醛含量 53%）。沸点（101kPa）196～198℃。折射率（nD，25℃）1.4588。pH 值（0.5g/L 水溶液）为 10.4。溶解性：溶于水和大多数有机溶剂。稳定性：在碱性介质中稳定。

毒性 大鼠经口 LD_{50} 316mg/kg。小鼠急性经口 LD_{50} 370mg/kg（来源：Pubchem）。

抗菌防霉效果 六氢-1,3,5-三乙基-均三嗪活性基于甲醛的释放，其对细菌的抑制效果优于对霉菌的抑制效果。

制备 六氢-1,3,5-三乙基-均三嗪由甲醛、乙胺等原料制备而成。

应用 六氢-1,3,5-三乙基-均三嗪主要作金属加工液防腐使用。

咪唑烷基脲（IU）

（imidazolidinyl urea）

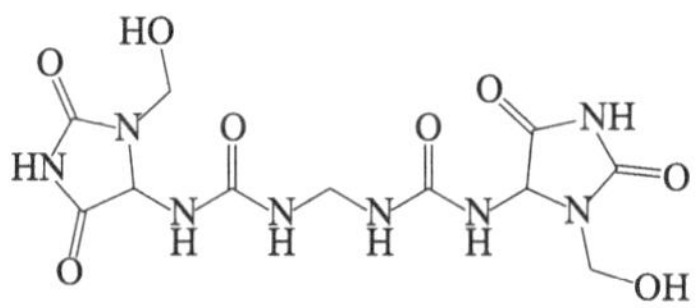

$C_{11}H_{16}N_8O_8$ 388.3 39236-46-9

其他名称 杰马尔-115、杰美 115、5-二酮-4-咪唑烷基脲

化学名称 *N*,*N*′-亚甲基二(*N*′-3-羟甲基-2,5-二氧-4-咪唑基)脲

INCI 名 imidazolidinyl urea

EC 编码 [254-372-6]

理化性质 纯品为白色粉末，含量接近 100%（醛含量 23%）。熔点 150℃（分解）。水溶液呈中性。溶解性：水＞700g/100g；丙二醇 50g/100g；甘油 16g/100g；甲醇＜0.05g/100g；乙醇＜0.05g/100g；矿物油＜0.05g/100g。稳定性：pH 3～9 体系稳定。

咪唑烷基脲在溶液中极不稳定，文献报道，1mol 的咪唑烷基脲在分解过程中可释放 2～4mol 的甲醛，并且分解过程与化妆品基质、环境条件相关。

毒性 大鼠急性经口 LD_{50} 7500mg/kg，小鼠急性经口 LD_{50} 7200mg/kg。

美国化妆品成分审核和欧洲化妆品和非食品消费者科学委员会对甲醛释放体的安全评估报告均明确表示，在目前的研究数据支持下，甲醛释放体在法规允许使用限量下安全无毒、不致癌、不致畸。

抗菌防霉效果 孙晓青等报道杀菌机理有两种解释：其一，通过缓慢分解释放甲醛起抑菌、杀菌作用，甲醛是活性成分；其二，*N*-羟甲基本身是一个灭菌活性基团，可起灭菌作用。咪唑烷基脲抑制或使必需的细胞酶失活，通常在酶的活性部

位与巯基或羟基反应，直接攻击酶的活性物。

研究发现，咪唑烷基脲使用浓度为0.3%时，室温下对大肠杆菌的杀灭率为99.99%，对金黄色葡萄球菌的杀灭率为100%，对铜绿假单胞杆菌的杀灭率为100%，对白假丝酵母的杀灭率为99.70%。其对一些微生物的最低抑制浓度见表2-56。

表2-56　咪唑烷基脲对一些微生物的最低抑制浓度（MIC）

微生物	MIC/(mg/L)	微生物	MIC/(mg/L)
大肠杆菌	200	黑曲霉菌	800
金黄色葡萄球菌	100	变形杆菌	250
枯草杆菌	200		

制备　尿囊素和甲醛在碱或酸的催化下发生*N*-羟甲基化反应而得到咪唑烷基脲。

应用　20世纪60年代，人们发现使用未添加防腐剂的护肤品后，皮肤会出现细菌感染症状。出于对健康护肤的追求，第一支咪唑烷基脲防腐剂——Germall 115在Sutton实验室应运而生。1973年被化妆品盥洗用品香精香料协会（CTFA）以咪唑烷基脲的名称收入化妆品原料词典，从此被广泛应用于各种化妆品配方。

法规

① 根据欧盟化妆品法规中的要求：1982年至今，咪唑烷基脲最大允许用量0.6%，如果成品中甲醛含量大于0.05%时需要标注“含甲醛”。

② 我国2015年版《化妆品安全技术规范》规定：咪唑烷基脲在化妆品中使用时的最大允许浓度为0.6%。

棉隆（dazomet）

（tetrahydro-3,5-dimethyl-1,3,5-thiadiazine-2-thione）

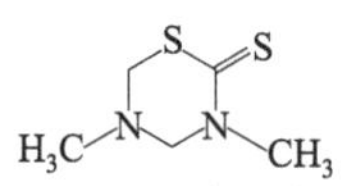

$C_5H_{10}N_2S_2$ 162.28 533-74-4

其他名称　DMTT、必速灭

化学名称　3,5-二甲基-1,3,5-噻二嗪-2-硫酮

IUPAC名　3,5-dimethyl-1,3,5-thiadiazinane-2-thione

EC编码　[208-576-7]

理化性质　纯品含量98%～100%（醛含量37%），外观无色结晶状固体。熔点104～105℃（分解）。蒸气压：0.58mPa（20℃）；1.3mPa（25℃）。相对密度1.36。溶解性：水3.5g/L（20℃）；环己烷400g/L，氯仿391g/L，丙酮173g/L，苯51g/L，乙醇15g/L，乙醚6g/kg（20℃）。稳定性：35℃以下稳定；对于＞50℃或水分敏感。水解DT_{50} 6～10h（pH 5）、2～3.9h（pH 7）、0.8～1h（pH 9）（25℃，FAO规格）。

毒性　大鼠急性经口LD_{50} 519mg/kg。大鼠急性经皮LD_{50}＞2000mg/kg。水生

生物：水蚤 EC_{50}（48h）0.3mg/L。海藻 EC_{50}（96h）1.0mg/L。虹鳟鱼 LC_{50}（96h）0.16mg/L。

抗菌防霉效果 棉隆通过降解产物，对酶非选择性抑制，分解出异硫氰酸甲酯、甲醛和硫化氢，有效杀灭细菌和真菌。其抗菌数据见表 2-57。

表 2-57 棉隆对一些微生物的最低抑制浓度（MIC）

微生物	MIC/(mg/L)	微生物	MIC/(mg/L)
金黄色葡萄球菌 ATCC 6538	117	蜡状芽孢杆菌 NCTC 2599	117
枯草芽孢杆菌 NCTC 10073	117	脱硫杆菌 NCIMB 8370	2
铜绿假单胞菌 NCIMB 8626	117	洋葱伯克霍尔德菌 NCIMB 9085	78
荧光假单胞菌 NCIB 9046	234	大肠杆菌 NCIMB 8545	375
产气杆菌 NCTC 418	375	肺炎克雷伯菌 PC 1602	117
脱硫弧菌 NCIB 8314	2	白色念珠菌 NCPF 3179	375
酿酒酵母 NCYC 87	375	黑曲霉 IMI 149007	188
绳状青霉 IMI 87160	47		

（来源：BASF）

制备 棉隆可通过 CH_3NH_2、HCHO 和 CS_2 等原料反应制得。

应用 棉隆是一种杀细菌和真菌药剂，同时也是具有熏蒸作用的杀线虫剂。在工业上主要用作工业冷却水、石油回注水以及纸浆等领域的杀菌除藻剂以及黏泥防止剂，亦可用于涂料、胶黏剂等行业的罐内杀菌防腐，农业上可作土壤熏蒸剂。

实际应用参考：

以 15%的本药剂与 5%的 *N*-(2-硝基丁基）吗啉复配控制水中黏泥微生物，使用浓度 5～50mg/L，3h 后杀菌率达 89%～99%；其与甲醛以（1∶4)～(4∶1)（质量比）复配成的药剂，可用于控制工业过程中有害微生物，使用浓度为 5～500mg/L。注意：水处理剂在 pH>8.0 时才有效。

法规 2010 年欧盟委员会发布法规（EU）2010/50，批准棉隆作为第 8 类（木材防腐剂）生物杀灭剂产品的活性物质。批准日期为 2012 年 8 月 1 日到 2025 年 1 月 31 日，目前处于批准续展中。棉隆作为第 6 类（产品在储存过程中的防腐剂）和第 12 类（杀黏菌剂）生物杀灭剂产品的活性物质的申请已不再支持。

三(羟甲基)硝基甲烷（THNM）
(tris(hydroxymethyl)nitromethane)

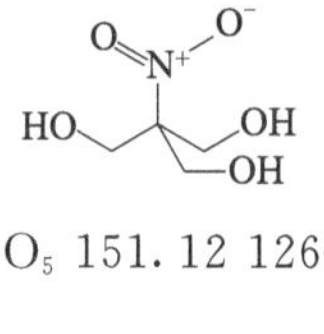

$C_4H_9O_5$ 151.12 126-11-4

化学名称 2-(羟甲基)-2-硝基-1,3-丙二醇

IUPAC 名 2-(hydroxymethyl)-2-nitropropane-1,3-diol

EC 编码 ［204-769-5］

理化性质 纯品白色或淡黄色无味晶体粉末，含量 99%（醛含量 60%）。熔点

175～176℃。蒸气压（25℃）3.2×10^{-7}mmHg（计算）。pH 值（0.1mol/L 水溶液，20℃）为 5.0。$\lg K_{ow}=-1.66$。溶解性：水 2200g/L（20℃）；易溶于乙醇等醇类；几乎不溶于煤油、矿物油、苯、甲苯等。稳定性：有强烈的吸水性；其水溶液在中性或酸性时稳定；在碱性溶液中会慢慢分解出甲醛；热稳定较差，在 60℃以上长时间受热，会产生刺激性气味。

毒性 大鼠急性经口 LD_{50} 1875mg/kg。虹鳟鱼 LC_{50}（96h）410mg/L。水蚤 LC_{50}（24h）50mg/L。藻类 EC_{50}（72 h）64.3mg/L（来源：DOW-ANGUS，50%水溶液）。

抗菌防霉效果 三(羟甲基）硝基甲烷作用机制来自甲醛（HCHO）缓慢释放。溶液 pH 值越高或温度越高，化合物释放甲醛速度越快，其杀菌效果越明显。其对一些微生物的最低抑制浓度见表 2-58。

表 2-58 50%三(羟甲基)硝基甲烷对一些微生物的最低抑制浓度（MIC）

微生物	MIC/(mg/L)	微生物	MIC/(mg/L)
黑曲霉	>2000	大肠杆菌	500～1000
须发癣菌	250～500	金黄色葡萄球菌	62～125
念珠形镰刀菌	>2000	藤黄八迭球菌	125～250
白色念珠菌	>2000	粪链球菌	250～500
酿酒酵母	500～1000	铜绿假单胞杆菌	500～1000
枯草杆菌	250～500	伤寒杆菌	65～125

（来源：DOW-ANGUS）

制备 以硝基甲烷与多聚甲醛在乙酸乙酯中，以氢氧化钾为碱反应制得目标物。

应用 三(羟甲基)硝基甲烷作为杀菌剂，可用于循环冷却水、金属切削液、水性浆料等领域抑制细菌繁殖。注意：碱性条件和高于 50℃不稳定并分解成甲醛。

双羟甲脲
(dimethylol urea)

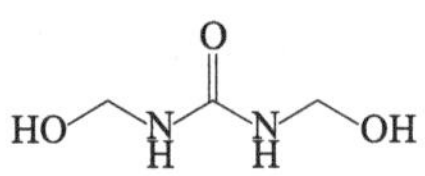

$C_3H_8N_2O_3$ 120.11 140-95-4

其他名称 1,3-双(羟甲基)脲、*N*,*N'*-bishydroxymethy urea

化学名称 *N*,*N'*-双二羟基甲基脲

IUPAC 名 1,3-bis(hydroxymethyl) urea

INCI 名 dimethylol urea

EC 编码 [205-444-0]

理化性质 白色晶体，醛含量 50%。熔点 126℃。沸点 460℃。溶解性：水 150g/L。稳定性：分子中有活泼的羟甲基，和许多其他羟甲基化合物一样，在适当的条件下，能缓慢稳定地解聚分解，释放出微量甲醛。

抗菌防霉效果　双羟甲基脲作用机制是其分子中有两个羟甲基，受邻近酰氨基的影响变得活泼，在极性水分子作用下，羟甲基就容易断裂，分解放出甲醛分子，一个双羟甲基脲分子可放出两个甲醛分子，然而这时的甲醛分子并非完全自由，它与原来的双羟甲基脲形成平衡。如此时的甲醛不消耗，则双羟甲基脲是不会分解的，而当甲醛遇到细菌等其他微生物，并与其中蛋白质发生生化反应，杀死细菌而被消耗掉，上述平衡被打破，双羟甲基脲就会开始分解，生成甲醛维持平衡。如果甲醛不断被消耗，那么双羟甲基脲就会缓慢而稳定地分解产生甲醛，直至耗尽。

制备　双羟甲基脲由尿素和甲醛在盐类或碱性催化剂存在下制得。

应用　双羟甲基脲属于甲醛释放类化合物，可用于日化家化、工业领域杀菌防霉，亦可用于土壤消毒，杀灭线虫和真菌。用量最佳为 0.01%～0.10%。

四羟甲基甘脲（TMAD）
（tetramethylolacetylene diurea）

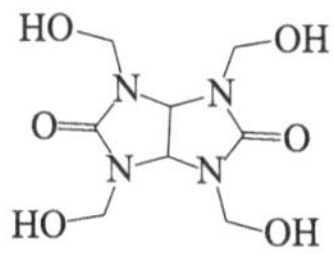

$C_8H_{14}N_4O_6$ 262.23 5395-50-6

其他名称　1,3,4,6-四羟甲基甘脲

化学名称　四羟甲基咪唑杂[4,5-*D*]咪唑-2,5[1*H*,2*H*]-二酮

IUPAC 名　1,3,4,6-tetrakis(hydroxymethyl)-3*a*,6*a*-dihydroimidazo[4,5-d]imidazole-2,5-dione

EC 编码　[226-408-0]

理化性质　商品 45%～49%水溶液（醛含量 20%～24%），外观呈无色或淡黄色透明液体。pH（20℃）6.5～7.5。密度（20℃）1.21～1.2g/mL。溶解性：溶于水和低级醇。稳定性：HCHO 的释放随着 pH 值和温度的升高而增加。

毒性　大鼠急性经口 LD_{50} > 5000mg/kg。圆腹雅罗鱼 LC_{50}（96h）>100mg/L（来源：BASF）。

抗菌防霉效果　四羟甲基甘脲活性基于甲醛的释放，其抗菌数据见表 2-59。

表 2-59　47%四羟甲基甘脲乳液对常见微生物的最低抑制浓度（MIC）

微生物	MIC/(mg/L)	微生物	MIC/(mg/L)
金黄色葡萄球菌 ATCC 6538	1000	大肠杆菌 ATCC 11229	1000
变形杆菌 ATCC 14153	1000	绿脓假单胞菌 ATTC 15442	1000
白色念珠菌 ATTC 10231	5000		

（来源：BASF）

制备　以甘脲和甲醛溶液为原料，在碱性条件下合成四羟甲基甘脲。

应用　甘脲和四羟甲基甘脲主要用于水性涂料的交联剂、工业防霉剂、混凝土外加剂。另外，在涂料中甘脲和四羟甲基甘脲往往还可以作增白剂和增光剂，亦与其他杀微生物剂一起使用配制硬表面消毒剂、畜牧业消毒剂等。

法规 欧盟化学品管理局（ECHA）提交了批准申请的所有活性物质/产品类型组合：PT-2（不直接用于人体或动物的消毒剂和杀藻剂）、PT-6（产品在储存过程中的防腐剂）、PT-11（液体制冷和加工系统防腐剂）、PT-12（杀黏菌剂）、PT-13（金属工作或切削液防腐剂）。PT-2批准审请已不再支持，PT-12批准申请参与者退出，其他申请目前处于审核进行之中。

乌洛托品（HMTA）
（hexamethylenetetramine）

$C_6H_{12}N_4$ 140.2 100-97-0

其他名称 Hexamine、HTA、Methenamine、六亚甲基四胺

化学名称 六亚甲基四胺

INCI名 methenamine

EC编码 [202-905-8]

理化性质 白色结晶粉末，无明显气味。含量99.5%（醛含量6mol/L）。熔点280℃（230～270℃升华）。蒸气压（25℃）6.1×10^{-4}mmHg。闪点250℃（闭杯）。pH（0.2mol/L水溶液）8.4。$\lg K_{ow}=-2.18$（pH 7～9，20℃）。溶解性（20℃）：水680g/L；乙醇28g/L；易溶于氯仿；不溶于乙醚。稳定性：易燃品和易制爆品；中性和碱性体系稳定；酸性介质中释放甲醛。$pK_a=4.89$。

毒性 大鼠静脉注射LD_{50} 9.200mg/kg。小鼠皮下注射LD_{50} 215mg/kg。大鼠皮下注射LD_{50} 200mg/kg。小鼠急性经口LD_{50} 569mg/kg。

抗菌防霉效果 乌洛托品的杀菌功效是基于其甲醛含量，且仅在酸性介质中释放甲醛，对革兰氏阴性菌有效。其杀菌性能参考甲醛或多聚甲醛。

制备 乌洛托品由甲醛和氨缩合制得。

应用 乌洛托品的研究在我国起步较晚，1956年开始工业化生产，1975年产量突破1万吨。作为一种重要的化工产品，乌洛托品可作酚醛塑料的固化剂、氨基塑料的催化剂、橡胶硫化的促进剂，还可作工业防腐剂、农业上的杀虫剂以及防毒面具的光气吸收剂等，亦是大型锅炉的盐酸酸洗常用缓蚀剂等。

六亚甲基四胺（又名乌洛托品）是一类常见的皮肤杀菌剂，可用于脚气、疱疹等疾病的治疗，还可以联合维生素B_1治疗扁平疣。

实际应用参考：

专利CN1435174A《乌洛托品外用喷雾剂及制备方法》所述的外用喷雾剂每1000mL含有1～100g乌洛托品，浓度为75%～95%的乙醇100～700mL，余量为水。还可加入助溶剂100～250mL，矫嗅剂0.1～5g，抑菌剂0.1～10g，抗氧剂0.1～5g，表面活性剂0.1～10g。助溶剂可为丙二醇或丙三醇。本发明所述的喷雾剂具有杀菌、收敛、止汗作用，可用于手足多汗及腋臭（狐臭）的治疗。

法规

① 欧盟批准为允许在化妆品中使用的防腐剂，添加量上限为0.15%。关于化妆品的第1223/2009/EC号法规附件Ⅴ，经法规（EU）2022/1531修订，OJL240，2022年9月16日。

② 欧盟指令2008/68/EC实施的ADR危险品清单，指令适用欧洲国际公路危险货物运输协定（ADR）和内陆水道运输协定（ADN），乌洛托品的危险识别编号为40。

③ GB 38850—2020《消毒剂原料清单及禁限用物质》规定其可以使用的范围有：A，表示用于室内的消毒剂；E，表示用于环境及物体表面的消毒剂；H，表示用于人体的消毒剂；K，表示用于集中空调通风系统的消毒剂。

乙二醇双羟甲基醚（EGForm）

(ethylenedioxy)dimethanol

$$HO—CH_2—O—CH_2—CH_2—O—CH_2—OH$$

$C_4H_{10}O_4$ 122.08 3586-55-8

其他名称　乙二醇二羟甲醚、乙二醇半缩醛、EDDM、EG-bishemiformal

化学名称　[1,2-亚乙基二(氧)]二甲醇

IUPAC名　2-(hydroxymethoxy) ethoxymethanol

EC编码　[222-720-6]

理化性质　含量>99%（醛含量42.2%），外观呈无色透明液体，具有甲醛气味。沸点89.6℃。密度（20℃）约1.2g/mL。蒸气压（20℃）<10hPa。折射率（nD，20℃）1.436。闪点83℃。pH（20℃）约5。溶解性：溶于水和醇类。

毒性　大鼠急性经口LD_{50} 761mg/kg。刺激皮肤和黏膜。

抗菌防霉效果　乙二醇双羟甲基醚（EGForm）作用机制基于甲醛的释放，具体数据详见表2-60。

表2-60　乙二醇双羟甲基醚（EGForm）对一些微生物的最低抑制浓度（MIC）

微生物	MIC/(mg/L)	微生物	MIC/(mg/L)
大肠杆菌	350	黑曲霉	500
铜绿假单胞菌	1000	球毛壳	200
金黄色葡萄球菌	200	灰绿青霉	1000
白色念珠菌	200		

制备　乙二醇双羟甲基醚（EGForm）由乙二醇与多聚甲醛反应制备。

应用　乙二醇双羟甲基醚（EGForm）和其他组分复配，协同保护罐内工业产品免于微生物的侵蚀，比如CMIT/MIT+EGForm。根据其成分组成，EG半缩醛对细菌特别有效，因此可用于各种工业流体的罐内保护，与其他成分（例如杀菌剂）一起作为配方助剂类防腐剂也很重要。

法规　欧盟化学品管理局（ECHA）根据指令98/8/EC（BPD）或规则（EU）No 528/2012（BPR）提交了批准申请的所有活性物质/产品类型组合：PT-2（不直接用于人体或动物的消毒剂和杀藻剂）、PT-6（产品在储存过程中的防腐剂）、PT-11（液体制冷和加工系统防腐剂）、PT-12（杀黏菌剂）、PT-13（金属工作或切削液防腐剂）。目前，PT-2申请已不再支持，其他申请处于审核进行之中。申请目前

处于审核进行之中。

重氮烷基脲
（diazolidinyl urea）

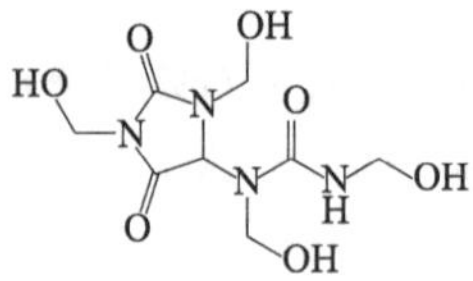

$C_8H_{14}N_4O_7$ 278.23 78491-02-8

其他名称　极美Ⅱ、杰马 B、杰马 115、双（羟甲基）咪唑烷基脲

化学名称　*N*-(1,3-二羟甲基-2,5-二酮-4-咪唑烷基)-*N*,*N'*-二羟甲基脲

IUPAC 名　1-[1,3-bis(hydroxymethyl)-2,5-dioxoimidazolidin-4-yl]-1,3-bis(hydroxymethyl)urea

INCI 名　diazolidinyl urea

EC 编码　[278-928-2]

理化性质　白色结晶性粉末，有轻微气味，含量接近 100%（醛含量 43%）。熔点约 150℃（分解）。溶解性（20℃）：水 700g/L；乙醇 0.1g/L；甘油 360g/L；丙二醇 400g/L。稳定性：耐温可达 60℃。

毒性　小鼠急性经口 LD_{50} 2570mg/kg。大鼠急性经口 LD_{50} 2600mg/kg。兔急性经皮 LD_{50} >2000mg/kg（来源：Pubchem）。

抗菌防霉效果　重氮烷基脲作用机制抑制或使必需的细胞酶失活，通常在酶的活性部位与巯基或羟基反应，直接攻击酶的活性物。具体参考咪唑烷基脲。

重氮烷基脲具有广谱抗菌活性，对革兰氏阴性菌有特效。在结构上类似于咪唑烷基脲，但其杀菌活性是咪唑烷基脲的 2～4 倍。其抗菌数据见表 2-61。

表 2-61　重氮烷基脲对常见微生物的最低抑制浓度（MIC）

微生物	MIC/(%)	微生物	MIC/(%)
铜绿假单胞菌 NCIB 8626	0.1	恶臭假单胞菌 NCTC 10936	0.15
大肠杆菌 NCIB 8545	0.125	普通变形菌 NCTC 4635	0.125
沙门氏菌 NCTC 5188	0.15	金黄色葡萄球菌 ATCC 6538	0.08
蜡状芽孢杆菌 NCTC 7464	0.10	枯草芽孢杆菌 NCTC 3160	0.10
化脓性链球菌 ATCC 19615	0.25	白色念珠菌 NCPF 3179	>0.60
酿酒酵母 NCYC 200	0.15	黑曲霉 IMI 149007	0.3

（来源：CLARIANT）

制备　胡艾希等以乙二醛为原料，经三步反应制得重氮烷基脲。

应用　美国 Sutton 公司于 20 世纪 80 年代研制新型化妆品防腐剂重氮烷基脲，常用商品名为 Germal，目前适用于含高蛋白营养成分的化妆品配方。

注意：在原料配伍方面，建议避免与二苯酮类防晒剂共用。

法规

① 欧盟化妆品法规中的要求：1982 年至今，重氮烷基脲最大允许用量 0.5%，

如果成品中甲醛含量大于 0.05 时需要标注“含甲醛”。

② 我国 2015 年版《化妆品安全技术规范》规定：该防腐剂在化妆品中使用时，最大允许浓度为 0.5%。

2.4 酚类化合物

酚类化合物具体指的是羟基取代芳香烃苯环上的氢原子后所形成的有机化合物，因此属于芳烃的羟基衍生物。酚类化合物种类很多，用途也十分广泛，是精细化学品中非常重要的一类。酚类化合物的命名通常使用其衍生物来命名，命名时首先在酚的前面加上芳环的名称，此作为母体，在加上其他取代基的名称和位置，比如间甲基苯酚。另外酚类化合物根据其结构分子中所含的羟基数目可分为一元酚和多元酚，像前面提到的间甲基苯酚即属于酚类化合物中的一元酚，多元酚在命名时则称为二酚或者三酚等，比如间苯二酚、间苯三酚等。

大多数酚类化合物为无色针状结晶或白色结晶，具有特殊的芳香性气味，在光和空气接触的条件下会显轻微的红色，这是微量的酚类化合物在环境中被氧化所致。

苯酚衍生物是一种具有膜活性的广谱杀菌剂，对亲脂性病毒非常有效，但对具有亲水性的病毒缺乏活性。表 2-62 列出部分重要苯酚衍生物的活性谱。

表 2-62　营养琼脂中部分苯酚衍生物的最小抑制浓度（MIC）（Wilfried Paulus，2004）

测试菌株	MIC/(mg/L)						
	OPP	BP	CBP	PCMC	PCMX	DC	PCP
斑点气单胞菌	200	100	10	200	100	50	10
枯草杆菌	100	100	10	150	75	100	10
大肠杆菌	200	500	3500	250	200	100	500
肠系膜明串珠菌	100	100	10	200	100	5	35
普通变形杆菌	200	200	100	200	200	50	100
绿脓假单胞菌	1500	5000	5000	800	1000	>5000	500
荧光假单胞菌	1500	5000	>5000	800	500	3500	500
金黄色葡萄球菌	100	100	20	200	100	5	10
脱硫弧菌	50	100	50	35	50	20	35
耐甲醛细菌	750	4000	>5000	250	300	300	250
白色念珠	100	100	50	200	75	50	35
细链格孢	100	75	20	200	75	50	1
黄曲霉	85	200	75	100	100	50	100
黑曲霉	75	100	100	100	100	100	50
出芽短梗霉菌	35	100	20	30	50	35	20
球毛壳	60	50	20	80	50	20	20
橘青霉	35	100	75	100	50	50	50
灰绿青霉	80	100	50	100	35	50	50
根霉菌	50	100	50	100	100	35	15
根霉菌	75	200	100	140	100	50	200
足癣菌	20	20	10	100	50	10	10

1,3-苯二酚
(resorcine)

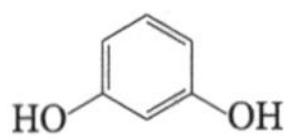

$C_6H_6O_2$ 110.11 108-46-3

其他名称 雷锁酚、雷锁辛、间苯二酚、雷索酚

化学名称 1,3-二羟基苯

IUPAC名 benzene-1,3-diol

EC编码 [203-585-2]

理化性质 纯品为白色结晶。若含杂质，受光照射则带淡红色。熔点110℃。沸点281.4℃。相对密度1.272。溶解性：易溶于水、乙醇，可溶于乙醚、甘油，难溶于氯仿、二硫化碳。

毒性 小鼠急性经口毒性LD_{50} 286.9mg/kg。苯二酚的致突变、致畸和致癌研究已有一些报道，其毒性国内外只有零星报道。本品车间空气中容许浓度（日本）是10mg/m^8。

抗菌防霉效果 作为酚类化合物，1,3-苯二酚对细菌、霉菌等微生物均有不错的抑制效果。以1,3-苯二酚浓度为800mg/L和1200mg/L的消毒剂溶液作用10min，对载体上金黄色葡萄球菌杀灭率分别为99.96%和100%。1,3-苯二酚400mg/L和800mg/L分别作用10min，对大肠杆菌的杀灭率分别为99.98%和100%。6000mg/L和8000mg/L 1,3-苯二酚分别作用10min和3min，对白色念珠菌的杀灭率分别为100%和99.98%（见表2-63）。

表2-63 1,3-苯二酚（间苯二酚）消毒剂杀菌试验结果

供试菌	间苯二酚含量/(mg/L)	对各细菌作用不同时间平均杀灭率/%			
		1min	3min	5min	10min
大肠杆菌(ATCC 8099)	400	74.15	90.78	99.34	99.98
	800	97.41	99.82	99.99	100.00
	1200	99.31	100.00	100.00	100.00
金黄色葡萄球菌(ATCC 6538)	800	60.32	88.56	99.75	99.99
	1200	75.62	99.96	99.99	100.00
	1600	89.00	99.99	100.0	100.00
白色念珠菌(ATCC 10231)	6000	23.61	64.73	99.04	100.00
	8000	90.78	99.98	100.00	100.00
	10000	94.02	100.00	100.00	100.00

注：阳性对照组平均菌数大肠杆菌为1340000cfu/片，金黄色葡萄球菌为2590000cfu/片，白色念珠菌为1990000cfu/片。结果为3次试验的平均值。

制备 合成方法有苯磺化碱熔法、间二异丙苯氧化法和间苯二胺法。

应用 1,3-苯二酚（间苯二酚）是苯间位两个氢被羟基取代后形成的化合物，是工业上重要的二元酚。在医药上，间苯二酚具有杀菌作用，还可以用来制取肠道消毒剂、皮肤病药物。在农业上，间苯二酚用于制取农用薄膜及杀虫剂、除草剂等。

实际应用参考：

手足癣是一种临床极为常见的发生于足或手部皮肤的癣疾，致病菌为丝状真菌。据报道研制的复方间苯二酚酊处方：水杨酸25g，苯甲酸25g，苯二酚20g，甘油30mL，酒精（75%）加至100mL。该处方治疗手癣60例，足癣136例，均取得了满意疗效。处方中水杨酸、苯甲酸具有消毒防腐作用，可软化溶解角质层，抑制霉菌生长；间苯二酚具有杀菌作用；甘油具有保湿作用；75%酒精杀菌力最强。

法规

① 根据欧盟化妆品条例（EC）No1223/2009附件三受限物质清单规定：用于护发剂和洗发水时的限值为0.5%，须标明间苯二酚。用于染发用氧化着色剂时的限值为1.25%，须标明含有间苯二酚。当一般用途（不用于眉毛上）时，使用后冲洗头发，不要用于染睫毛或眉毛，如果产品接触到眼睛应立即冲洗眼睛。用于染睫毛的产品施加最大浓度不得超过1.25%，须在标签上标明仅作专业用途，含有间二苯酚。如果产品接触到眼睛应立即冲洗眼睛。

②《化妆品技术规范》（2015年版）规定，1,3-苯二酚（间苯二酚）允许使用，但主要用于护发类产品，如发露、香波等，其最大允许使用浓度为5%。

2,2′-硫代双(4-氯苯酚)
[2,2′-thiobis(4-chlorophenol)]

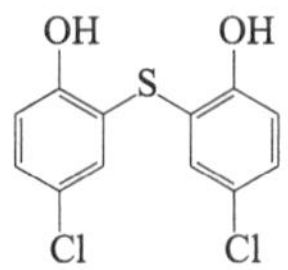

$C_{12}H_8Cl_2O_2S$ 287.2 97-24-5

其他名称 fentichlor、芬替克洛

化学名称 2,2′-硫代双(4-氯苯酚)

EC编码 [202-568-7]

理化性质 白色粉末。熔点174℃。沸点416.7℃。相对密度1.58。溶解性：水0.03g/L；易溶于碱性溶液和有机溶剂；钠盐中的溶解度为50%。稳定性：暴露于光照的溶液会变成棕色。

毒性 大鼠急性经口 LD_{50} 3250mg/kg。

抗菌防霉效果 2,2′-硫代双（4-氯苯酚）对细菌、霉菌、酵母以及藻类具有广谱而均衡的抑制性能，但对假单胞菌效果不佳。其对常见微生物最低抑制浓度见表2-64。

表2-64 2,2′-硫代双(4-氯苯酚)对常见微生物的最低抑制浓度（MIC）

微生物	MIC/(mg/L)	微生物	MIC/(mg/L)
大肠杆菌	75	铜绿假单胞菌	3500
金黄色葡萄球菌	35	黑曲霉	50
出芽短梗霉菌	<20	球毛壳菌	75
蜡叶芽枝霉	35	青霉	35
发癣菌	10	绿色木霉	50
白色念珠菌	50	淡水藻	20

制备 由4-氯苯酚、二氯化硫在$AlCl_3$存在下反应而得。

应用 2,2′-硫代双（4-氯苯酚）可作杀菌剂和杀藻剂，适用于金属加工液等各种工业水性体系防腐防霉，一般制剂为50%钠盐溶液。

2,3,4,6-四氯苯酚（TCP）
（2,3,4,6-tetrachlorophenol）

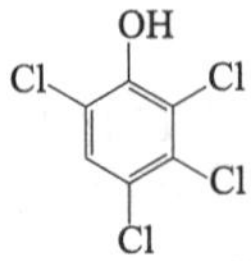

$C_6H_2Cl_4O$ 231.9 58-90-2

化学名称 2,3,4,6-四氯苯酚

IUPAC名 2,3,4,6-tetrachlorophenol

EC编码 [200-402-8]

理化性质 纯品为针状结晶。有强烈特殊气味。熔点69～70℃ 。沸点150℃。$\lg K_{ow}$=4.45。溶解性：水23mg/L（25℃）；可溶于乙醇、氯仿、二硫化碳、苯；稍溶于石油醚。pK_a=5.22。

毒性 小鼠急性经皮LD_{50} 250mg/kg。小鼠腹腔注射LD_{50} 82mg/kg。小鼠急性经口LD_{50} 131mg/kg（来源：rchives of Toxicology，1978）。

抗菌防霉效果 四氯苯酚对多种微生物有杀死或抑制作用，其抗菌力优于苯酚。

应用 四氯苯酚可作为杀虫剂、消毒剂和竹木、草藤、乳胶、皮革、纸张等的防霉防腐剂。

2,4,5-三氯苯酚（2,4,5-TCP）
（2,4,5-trichlorophenol）

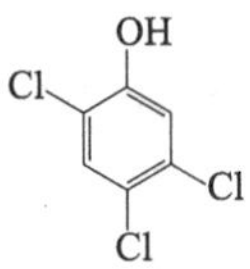

$C_6H_3Cl_3O$ 197.5 95-95-4

其他名称 2,4,5-TCP、TCP

化学名称 2,4,5-三氯苯酚

IUPAC名 2,4,5-trichlorophenol

EC编码 [202-467-8]

理化性质 纯品为灰白色片状固体，从石油醚中得到针状结晶，有强烈酚臭。沸点（760mmHg）252.8（NTP，1992）。熔点67.8℃（NTP，1992）。闪点133.0℃（闭杯）。$\lg K_{ow}$ = 3.72。溶解性（25℃）：水0.12g/100g；丙酮615g/100g；苯163g/100g；四氯化碳51g/100g；乙醚525g/100g；溶于有机溶剂和碱性

溶液。稳定性：该品能升华，具有弱碱性和强烈酚类气味。pK_a＝7.43。

毒性　大鼠急性经口 LD_{50} 820mg/kg。小鼠急性经口 LD_{50} 600mg/kg。大鼠腹腔注射 LD_{50} 355mg/kg。大鼠皮下注射 LD_{50} 2260mg/kg。

抗菌防霉效果　2,4,5-三氯苯酚最小抑制浓度：常规细菌 50～250mg/L；真菌 10mg/L。

制备　专利 CN109354570A《一种 2,4,5-三氯苯酚的制备方法》。

应用　2,4,5-三氯苯酚及其钠盐作为杀菌防霉剂，兼有气相杀菌功效。

实际应用参考：

其杀菌效力与 pH 值有关，pH 值增高则活性降低。在工业循环冷却水中，当浓度在 100mg/kg 时，杀菌率可达 99%，杀菌性能优于对氯酚、二氯酚、三氯酚和五氯酚。

2,4,6-三氯苯酚（2,4,6-TCP）（2,4,6-trichlorophenol）

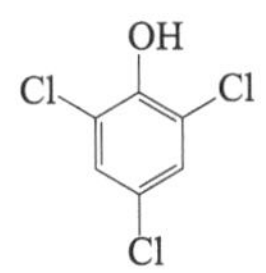

$C_6H_3Cl_3O$ 197.45 88-06-2

其他名称　三氯苯酚、2,4,6-TCP

化学名称　2,4,6-三氯苯酚

IUPAC 名　2,4,6-trichlorophenol

EC 编码　[201-795-9]

理化性质　无色针状结晶或黄色固体，具有独特的酚醛味。沸点 246℃（101kPa）。熔点 64～66℃。密度（75℃）1.4901g/L。蒸气压（20℃）0.0073hPa。pK_a＝8.5（25℃）。稳定性：与 NaOH 形成 2,4,6-三氯苯酚钠（CAS 号：3784-03-0，EC 编码：223-246-2）。溶解性：可溶于水，溶于碱液和有机溶剂。

毒性　大鼠急性经口 LD_{50} 820mg/kg。豚鼠急性吸入 LD_{50} 1000mg/kg。大鼠腹腔注射 LD_{50} 276mg/kg（来源：Pubchem）。

2,4,6-三氯苯酚是一种较为典型的氯酚类环境激素，对生物体具有较强的毒性作用，主要表现为能使蛋白质变性，从而使细胞失去活性。

抗菌防霉效果　2,4,6-三氯苯酚对多种微生物显示杀死或抑制作用，其抗菌力优于苯酚，对黑曲霉、变色曲霉、橘青霉、黄绿青霉、木霉等具有较好的防治效果。

制备　专利 CN104311396A《一种 2,4,6-三氯苯酚的合成方法》。

应用　2,4,6-三氯苯酚（2,4,6-TCP）是五氯苯酚、2,3,6-三氯苯酚的合成前体，早在 19 世纪 70 年代，日本就开始使用它来制造防腐剂，用于保护木材、皮革、纺织品等。2,4,6-三氯苯酚也是生产农药、医药、染料的中间体，重要的化工原料。由于其具有高毒性和难降解性，被美国国家环保局（EPA）列入优先控制污染物黑名单。

法规 美国环境保护署（EPA）将包括2-氯苯酚（2-CP）、2,4-二氯苯酚（2,4-DCP）、2,4,6-三氯苯酚（2,4,6-TCP）和五氯苯酚（PCP）在内的11种苯酚类和甲酚类化合物列为优先污染物，我国将2,4-DCP、2,4,6-TCP、PCP列为水中优先控制污染物，国家标准GB 5749—2006《生活饮用水卫生标准》规定了2,4,6-TCP、PCP的限值分别为0.2mg/L、0.009mg/L。

2,4,6-三溴苯酚（TBP）
(2,4,6-tribromophenol)

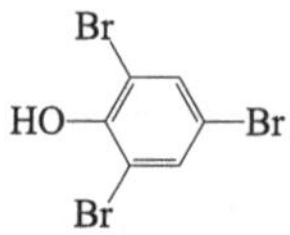

$C_6H_3Br_3O$ 330.8 118-79-6

其他名称 对称三溴酚、三溴苯酚

化学名称 2,4,6-三溴苯酚

IUPAC名 2,4,6-tribromophenol

EC编码 [204-278-6]

理化性质 粉红色至白色的薄片，含有轻微酚类气味（理论含溴量72.6%）。沸点（760mmHg）282～290℃（升华）。熔点92～96℃。蒸气压（25℃）4.2×10^{-2}Pa。密度（20℃）2.55g/cm^3。$\lg K_{ow}=4.13$。溶解性：水0.059g/L（25℃）；苯720g/L；庚烷80g/L（20℃）；溶于碱液和有机溶剂。稳定性：在空气中通过紫外光直接光解表明半衰期为4.6h（Velsicol Chemical Corp，1978）。$pK_a=5.97$（25℃）。

毒性 大鼠急性经皮LD_{50}>2000mg/kg（体重）。大鼠急性经口LD_{50} 1486mg/kg（体重）。水生生物：水蚤EC_{50}（静态，48h）1310μg/L（来源：HSDB）。

在生产和使用过程中通过物理或化学等方式进入环境水体和土壤中，因具有持久性、生物累积性和生物毒性等，可能对生态环境和人体健康构成严重威胁。

抗菌防霉效果 2,4,6-三溴苯酚（TBP）是苯酚的溴代产物，其对常见霉菌均有较好的抑制效果，对部分微生物最低抑制浓度如表2-65。

表2-65 2,4,6-三溴苯酚对一些微生物的最低抑制浓度（MIC）

微生物	MIC/(mg/L)	微生物	MIC/(mg/L)
黑曲霉	25	球毛壳菌	50
青霉	50	黑根霉	250
绿色木霉	250		

制备 专利CN 113773175A《一种2,4,6-三溴苯酚的合成方法》。

应用 2,4,6-三溴苯酚（TBP）是一种重要的精细化工中间体，广泛用于合成无毒溴系阻燃剂，医药、农药防霉防腐剂等。

2,4-二氯-3,5-二甲基苯酚（DCMX）
（2,4-dichloro-3,5-dimethylphenol）

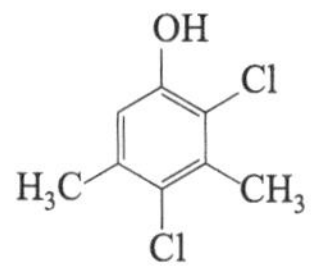

$C_8H_8Cl_2O$ 191.1 133-53-9

其他名称　二氯间甲酚、二氯二甲酚

化学名称　2,4-二氯-3,5-二甲基苯酚

IUPAC 名　2,4-dichloro-3,5-dimethylphenol

EC 编码　[205-109-9]

理化性质　纯品为灰白色或浅黄色针状或结晶性粉末，具有独特的酚味。沸点（101kPa）250℃。熔点 95～96℃（升华）。闪点 134℃。溶解性（15℃）：水 0.2g/L；苯 140g/L；甲苯 150g/L；丙酮 730g/L；在碱性水溶液中溶解。稳定性：随水蒸气挥发，正常情况下稳定。

毒性　大鼠急性经口 LD_{50} 2810～4120mg/kg。对皮肤刺激为阴性。

抗菌防霉效果　2,4-二氯-3,5-二甲基苯酚（DCMX）对寄生于卫生用品上的霉菌有特效，其对一些微生物的最低抑制浓度见表 2-66。

表 2-66　DCMX 对一些微生物的最低抑制浓度（MIC）

微生物	MIC/(mg/L)	微生物	MIC/(mg/L)
黑曲霉	200	土曲霉	160
变色曲霉	180	出芽短梗霉	80
橘青霉	180	枯草杆菌	200
宛氏拟青霉	150	巨大芽孢杆菌	180
芽枝霉	120	大肠杆菌	100
球毛壳霉	80	荧光假单胞杆菌	120
黄曲霉	180	金黄色葡萄球菌	80

制备　倪廷等报道，从 3,5-二甲酚氯化主要产品对氯间二甲酚（PCMX）工艺路线上，利用副产物纯化及废液氯化，可以得到 DCMX。

应用　2,4-二氯-3,5-二甲基苯酚（DCMX）作为抗菌防霉剂，可广泛应用于个人护理、环境消毒产品及胶卷、胶水、木材、纺织、皮革、金属加工液等工业领域。

实际应用参考：

2,4-二氯-3,5-二甲基苯酚（DCMX）在个人护理品中，如皂类、香波、沐浴露等中的用量：消毒剂 4.5%～5%，洗洁精 0.5%～1%，洗手液 1%左右，香皂 0.1%～0.3%，肥皂 1%～2%，沐浴露 2%左右。

2-苯甲基苯酚
(2-benzylphenol)

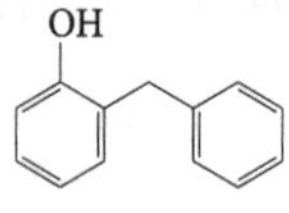

$C_{13}H_{12}O$ 184.2 28994-41-4

其他名称　邻苄基苯酚、2-苄基苯酚

化学名称　2-苯甲基苯酚

IUPAC 名　2-benzylphenol

EC 编码　[249-361-8]

4-苯甲基苯酚　4-benzylphenol

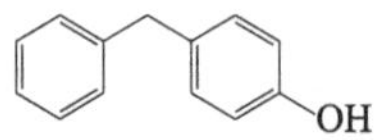

其他名称　4-羟基二苯甲烷

化学名称　4-苯甲基苯酚

IUPAC 名　4-benzylphenol

CAS 号　[101-53-1]

EC 编码　[202-950-3]

理化性质

2-苯甲基苯酚　无色至粉红色或棕褐色固体。沸点（101kPa）312℃。熔点 51.5～53℃。闪点>110℃。溶解性：微溶于水，极易溶于有机溶剂。

4-苯甲基苯酚　分子式 $C_{13}H_{12}O$，分子量 184.2。无色晶体。沸点（101kPa）325～330℃。熔点 84℃。溶解性：微溶于水，极易溶于有机溶剂。

毒性　混合物（2-苯甲基苯酚∶4-苯甲基苯酚=40∶60）大鼠急性经口 LD_{50} 3360mg/kg。对皮肤和黏膜有刺激性和腐蚀性。

抗菌防霉效果　混合物（2-苯甲基苯酚∶4-苯甲基苯酚=40∶60）对常规微生物的抑制效果见表 2-67。

表 2-67　苯甲基苯酚（混合物）对常见微生物的最低抑制浓度（MIC）

微生物	MIC/(mg/L)	微生物	MIC/(mg/L)
枯草芽孢杆菌	100	大肠杆菌	500
普通变形杆菌	200	铜绿假单胞菌	5000
荧光假单胞菌	5000	金黄色葡萄球菌	100
链格孢	75	黄曲霉	200
黑曲霉	200	土曲霉	200
出芽短梗霉	100	白色念珠菌	100
球毛壳菌	50	青霉	100
绿色木霉	200	毛癣菌	20

制备　2-苯甲基苯酚由溴苄和酚钠经缩合制得。

应用　2-苯甲基苯酚主要作消毒剂，亦用于工业产品抗菌防霉。

2-苄基-4-氯苯酚

(2-benzyl-4-chlorophenol)

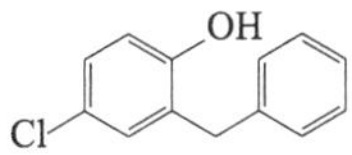

$C_{13}H_{11}ClO$ 218.69 120-32-1

其他名称　氯苄酚、苄氯酚、4-氯-2-苄基苯酚、clorophene

化学名称　4-氯-2-苄基苯酚

IUPAC 名　2-benzyl-4-chlorophenol

EC 编码　[204-385-8]

理化性质　无色至淡黄色薄片或熔融固体，带有酚类气味。沸点（101kPa）327℃。沸点（1.5kPa）190～196℃。熔点 48～49℃。蒸气压（20℃）0.1mmHg。密度（20℃）1.22g/L。闪点约 188℃。pH（22.5℃）5.3（饱和水溶液）。$\lg K_{ow}=3.6$。溶解性（20℃）：水 0.5g/L；乙醇＞3000g/L；10%氢氧化钠溶液 1000g/L。稳定性：pH 1～14 之间稳定。

毒性　大鼠急性经口 LD_{50}＞5000mg/kg。大鼠急性经皮 LD_{50}＞2500mg/kg。水生生物：圆腹雅罗鱼 LC_{50}（48h）约 0.5mg/L（来源：BAYER AG）。

2-苄基-4-氯苯酚在生物和沉积物中积累，是潜在的持久性有机污染物。

抗菌防霉效果　酚类化合物对大多数微生物均有一定抑制作用。2-苄基-4-氯苯酚对常见微生物抑制浓度详见表 2-68。

表 2-68　2-苄基-4-氯苯酚对常见微生物的最低抑制浓度（MIC）

微生物	MIC/(mg/L)	微生物	MIC/(mg/L)
枯草芽孢杆菌	10	产气肠杆菌	20
大肠杆菌 EHEC DSM 8579	500～1000	分枝杆菌 DSM 43227	100
铜绿假单胞菌	5000	霍乱沙门氏菌 DSM 4224	1000～2000
金黄色葡萄球菌 MRSA	100	白色念珠菌	50
酿酒酵母	50	链格孢	100～200
黄曲霉	75	黑曲霉	50～100
球毛壳菌	20	青霉	30～50
根霉	50	毛癣菌	5～10

（来源：BAYER AG）

制备　韩海军等报道，以非极性溶剂环己烷为介质，在室温条件下氯化苄与三氯化铝在比较温和的条件下进行付-克烷基化反应可得。

应用　2-苄基-4-氯苯酚及其钾盐和钠盐于 1948 年在美国首次作为消毒剂注册。它们目前被登记为消毒剂、抑菌剂和杀微生物剂。

作为酚类杀菌剂，其在医院、宾馆、公共卫生设施、家庭等场合的杀菌、消毒、保洁等方面具有十分广泛的应用。最佳适用 pH 值范围为 4.0～8.0。

法规

① 欧盟化学品管理局（ECHA）根据指令 98/8/EC（BPD）或规则（EU）No 528/2012（BPR）提交了批准申请的所有活性物质/产品类型组合：PT-2（不直接用于人体或动物的消毒剂和杀藻剂）、PT-3（兽医卫生消毒剂）。氯苄酚活性物质申请目前处于

审核进行之中。但根据法规（EU）2020/1765 和（EU）2018/622，产品类型 PT-2（不直接用于人体或动物的消毒剂和杀藻剂）、PT-3（兽医卫生消毒剂）均未通过审批。

② 2021 年 5 月，国家药监局发布《关于更新化妆品禁用原料目录的公告》，更新了化妆品禁用原料目录，将此前作为防腐剂使用的苄氯酚、甲醛、多聚甲醛列为禁用原料，自发布之日起施行。

3,5-二甲基苯酚
(3,5-dimethylphenol)

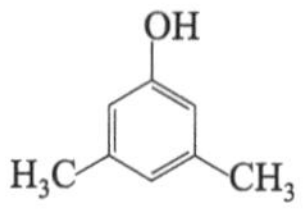

$C_8H_{10}O$ 122.17 108-68-9

其他名称　MX、3,5-xylenol、5-羟基间二甲苯

化学名称　1-羟基-3,5-二甲基苯

IUPAC 名　3,5-dimethylphenol

EC 编码　[203-606-5]

理化性质　外观为白色针状结晶，具有酚类特征性气味。沸点（760mmHg）219.5℃。熔点 65～66℃。蒸气压（25℃）0.05hPa。闪点 80℃。$\lg K_{ow}=2.35$。溶解性（25℃）：水 5g/L；易溶于醇、丙酮、乙醚等有机溶剂。$pK_a=10.19$（25℃）。稳定性：随水蒸气挥发；在光与空气接触的环境中容易发生氧化。酸碱性方面，酚类化合物的酸性比醇类要强，这是由于苯环上的大 π 键会与 O 原子 p 轨道上的电子形成 p-π 共轭效应。

毒性　大鼠急性经口 LD_{50} 608mg/kg。小鼠急性经口 LD_{50} 477mg/kg。小鼠腹腔注射 LD_{50} 156mg/kg。兔急性经口 LD_{50} 1313mg/kg。

抗菌防霉效果　3,5-二甲基苯酚对常见的微生物均有一定的抑制效果，详见表 2-69。

表 2-69　3,5-二甲基苯酚对常见微生物的最低抑制浓度（MIC）

微生物	MIC/(mg/L)	微生物	MIC/(mg/L)
大肠杆菌	500	金黄色葡萄球菌	1000
黑曲霉	500	球毛壳霉	500
青霉	500		

制备　合成方法有苯酚烷基化法、间二甲苯磺化碱熔法、异佛尔酮芳构化法。

应用　3,5-二甲基苯酚属于酚类化合物中的一元酚，本身是工业中间体或原料，作为防霉剂，可用于皮革、纸张、纺织品等领域。

3-甲基-4-异丙基苯酚（IPMP）
(3-methyl-4-propan-2-ylphenol)

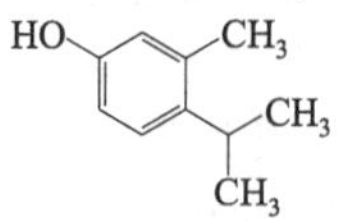

$C_{10}H_{14}O$ 150.2 3228-02-2

其他名称　4-异丙基-3-甲酚、邻伞花烃-5-醇、*o*-cymen-5-ol、*o*-伞花烃-5-醇

IUPAC 名　3-methyl-4-propan-2-ylphenol

EC 编码　[221-761-7]

理化性质　3-甲基-4-异丙基苯酚是异丙基甲酚家族的成员之一。外观白色针状晶体，具有独特气味。沸点（101kPa）245℃。熔点 111～114℃。pK_a = 10.31。溶解性：水 0.3～0.7g/L；易溶于甲醇、乙醇和异丙醇；可溶于乙二醇和丙二醇。稳定性：具有挥发性。

毒性　经美国化妆品审查专家小组（CIR）评估，小鼠急性经口 LD_{50} 2.2g/kg（体重）。

抗菌防霉效果　3-甲基-4-异丙基苯酚（IPMP）抗菌活性涵盖细菌、霉菌和酵母，具体数据详见表 2-70。

表 2-70　3-甲基-4-异丙基苯酚（IPMP）对常见微生物的最低抑制浓度（MIC）

微生物	MIC/(mg/L)	微生物	MIC/(mg/L)
枯草芽孢杆菌	200	大肠杆菌	750
铜绿假单胞菌	1000	荧光假单胞菌	300
金黄色葡萄球菌	200	黑曲霉	200
链格孢	200	出芽短梗霉	200
球毛壳菌	100	粉孢革菌	50
青霉	500	彩云革盖菌	200
绿色木霉	500		

陈雯杰等试验结果表明：以 5000mg/L 邻伞花烃-5-醇与体积分数 50%二甲亚砜水溶液对悬液内金黄色葡萄球菌作用 5min，或 5000mg/L 邻伞花烃-5-醇溶液对悬液内金黄色葡萄球菌作用 15min，杀灭对数值均>5.00。详见表 2-71。

表 2-71　IPMP 对金黄色葡萄球菌杀灭试验结果

IPMP 浓度/(mg/L)	不同作用时间的平均杀灭对数值			
	5min	10min	15min	20min
5000	7.32	7.32	7.32	7.32
4000	3.03	3.99	5.72	7.32
3000	0.37	0.94	1.11	1.44

注：阳性对照回收菌属对数值为 7.32。

制备　3-甲基-4-异丙基苯酚是源自唇形科植物的天然提取物，为香油的主要成分。人工可由间甲酚和氯代异丙烷溶于三氯乙烯制备。

应用　全球异丙基甲基酚（IPMP）的市场规模，由于 COVID-19 大流行和俄罗斯、乌克兰战争的影响，2022 年达到 1 亿 1100 万美元，预计 2029 年达 1 亿 4100 万美元，在预测期间内（2023～2029 年）以 3.49%的年复合增长率增长（https：//cn.gii.tw/report）。

目前作为一种抑菌剂被广泛应用于牙膏、漱口水、化妆品、药品等领域。注意：最佳应用 pH 值范围 4～9。

法规 国内外相关法规如《化妆品安全技术规范》（2015 年版）、GB 22115—2008《牙膏用原料规范》、《欧盟化妆品法规（EC）No 1223/2009》等均对 3-甲基-4-异丙基苯酚（IPMP）在化妆品、牙膏等产品中作为防腐剂使用的用量进行了规定，其在产品中的最大允许使用浓度均为 0.1% 。在日本，3-甲基-4-异丙基苯酚（IPMP）作为一种抑菌成分广泛用于药品和日化产品中。其中，在牙膏等口腔健康产品中的最大允许浓度为 0.05% 。IPMP 被 FDA 批准作为一种直接或间接的食品添加剂使用，CIR 专家小组批准在化妆品中的使用浓度限值为 0.5% 。

4-对硝基苯酚（PNP）

（4-nitrophenol）

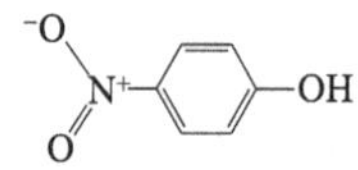

$C_6H_5O_3N$ 139.1 100-02-7

其他名称 对硝基酚

化学名称 4-硝基-1-羟基苯

IUPAC 名 4-nitrophenol

EC 编码 [202-811-7]

理化性质 纯品为无色或浅黄色结晶。熔点 114～116℃。沸点（101kPa）279℃。相对密度 1.270。$\lg K_{ow}=1.91$。溶解性：水 1.16×10^4mg/L(20℃)；易溶于醇、醚、氯仿。稳定性：在正常条件下稳定，不易随蒸汽挥发；能升华；烧碱溶液中形成 4-硝基苯酚钠盐，可分离为二水合物。$pK_a=7.15$。

毒性 大鼠急性经皮 LD_{50} 1024mg/kg。大鼠急性经口 LD_{50} 202mg/kg。小鼠腹腔注射 LD_{50} 75mg/kg。小鼠急性经口 LD_{50} 282mg/kg（来源：Pubchem）。

对硝基苯酚对生态环境造成威胁，被认定为环境内分泌干扰物，亦被列入我国优先控制污染物名单。硝基苯酚的毒性强度顺序：对位体＞间位体＞邻位体。

抗菌防霉效果 对硝基酚对霉菌、细菌、酵母菌等多种微生物显示较好效果，其抗菌力与苯酚相似。

制备 对硝基氯苯碱性水解成对硝基苯酚钠，再酸化得到成品对硝基苯酚。

应用 对硝基苯酚是重要且常用的一种化工原料，广泛应用于炸药、医药、杀虫剂、染料、木材防腐剂和橡胶等生产中。

4-己基间苯二酚（4-HR）

（4-hexylresorcinol）

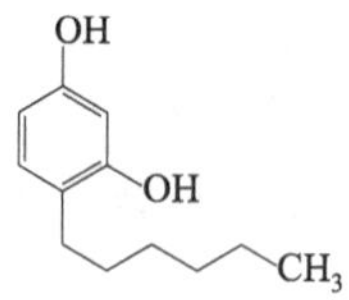

$C_{12}H_{18}O_2$ 194.27 136-77-6

其他名称　4-己基-1,3-苯二酚、己雷锁辛

EC 编码　[205-257-4]

理化性质　白色结晶针状。熔点 65～67℃。沸点 333℃。溶解性：微溶于水；易溶于乙醇、甲醇、甘油等有机溶剂。稳定性：在空气中或遇光易被氧化而变淡棕色或粉红色。

毒性　大鼠急性经口 LD_{50} 550mg/kg。

抗菌防霉效果　4-己基间苯二酚（4-HR）是一种抗氧化剂、色素稳定剂、护色剂，同时具有一定的抗菌作用。4-HR 在低浓度时就可抑制霉菌的生长。例如，抗坏血酸和抗坏血酸衍生物虽能抑制冷冻苹果片的褐变，可是储藏了 30d 苹果片会遭受微生物败坏，而 4-HR 处理的苹果片在 50d 内没有微生物败坏的迹象。

制备　以间苯二酚、正己酸、无水氯化锌为原料，经酰化反应制得目标物。

应用　4-己基间苯二酚（4-HR）是一种新型的抗氧化剂，最早被用于抑制虾类褐变，我国于 1993 年将 4-HR 纳入食品添加剂使用卫生标准，近年经美国辉瑞公司开发成能抑制褐变的新型抗氧化护色剂。其后又应用于蔬菜水果的保鲜上。在医学上，作为咳嗽的镇定剂有很长的应用历史，亦可治疗人体内蛔虫和鞭虫感染。

法规　2016 年 9 月 2 日，美国食品与药品管理局（FDA）宣布禁止抗菌皂中常用的 19 种化学物质继续使用，这项禁令最早可追溯至 2013 年，当时美国 FDA 要求生产商提供抗菌皂安全有效的证据，否则将禁止其出售。19 种化学物质包含 4-己基间苯二酚。

4-氯-3,5-二甲基苯酚（PCMX）
（4-chloro-3,5-dimethylphenol）

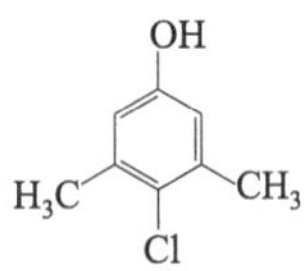

C_8H_9ClO 156.61 88-04-0

其他名称　氯二甲苯酚、对氯间二甲酚、对氯间二甲苯酚

化学名称　4-氯-3,5-二甲基苯酚

IUPAC 名　4-chloro-3,5-dimethylphenol

EC 编码　[201-793-8]

理化性质　白色结晶，有轻微的苯酚气味。沸点（101kPa）246℃。熔点 114～116℃。密度（20℃）0.89g/mL。蒸气压（25℃）1.8×10^{-3}mmHg。闪点 138℃。pK_a 9.7。pH（0.02% 水溶液）7。lgK_{ow}＝3.27。溶解性（20℃）：水 0.025g/100g；乙醇 86.6g/100g；异丙醇 50.0g/100g；苯 6.1g/100g；甘油 1.5g/100g；矿物油 0.7g/100g；溶于碱性溶液。稳定性：微有酚的气味，能随水蒸气挥发。

毒性　大鼠急性经口 LD_{50} 3830mg/kg。小鼠急性经口 LD_{50} 1000mg/kg。水生生物：虹鳟鱼 LC_{50}（96h）0.77mg/L。水蚤 EC_{50}（48h）7.7mg/L。

抗菌防霉效果 4-氯-3,5-二甲基苯酚（PCMX）的杀菌作用机理解释如下：PCMX先吸附于细菌的细胞壁上，在高浓度下可裂解并穿透细胞壁，与菌体蛋白结合，引起蛋白变性，使蛋白质沉淀达到杀菌效果；在低浓度下，酚类衍生物可使细胞的主要酶系统失去活性，干扰物质代谢，并积聚在菌体细胞上，增加细胞壁的渗透性，使菌体内含物溢出，改变细胞蛋白的胶状，致细菌死亡。

4-氯-3,5-二甲基苯酚是一种广谱的抗菌剂，对多数革兰氏阳性菌、革兰氏阴性菌、真菌和病毒具有杀灭或抑制作用，对于革兰氏阳性菌的杀灭作用要强于对革兰阴性菌、真菌和分枝杆菌的杀灭作用。其抗菌数据见表2-72。

表2-72 PCMX对一些微生物的最低抑制浓度（MIC）

微生物	MIC/(mg/L)	微生物	MIC/(mg/L)
黑曲霉	50	高大毛霉	50
黄曲霉	50	枯草杆菌	50
变色曲霉	50	巨大芽孢杆菌	50
橘青霉	50	大肠杆菌	250
宛氏拟青霉	100	荧光假单胞杆菌	>1000
腊叶芽枝霉	50	金黄色葡萄球菌	50
绿色木霉	50	铜绿假单胞杆菌	>1000
球毛壳霉	50	酒精酵母	50
交链孢霉	50	啤酒酵母	100

注：采用液体振荡培养法测MIC。

关于PCMX对病毒的杀灭效力，2005年，Wolff等使用QCT-2方法对于人冠状病毒229E进行了测试，结果是PCMX对于人冠状病毒229E有效。2009年，Dellanno等使用鼠肝炎病毒（作为SARS-Cov的替代）进行了表面测试，得出的结论是PCMX对于鼠肝炎病毒有效。

制备 以二甲基苯酚为原料，通过与氯化剂进行氯代反应制得PCMX。

应用 1959年，4-氯-3,5-二甲基苯酚（PCMX）在美国主要用于杀灭真菌，后来被美国FDA认定为首选的杀菌药物。

随着新冠病毒的传播，作为一种低毒的消毒剂，PCMX被广泛应用于日常生活、医疗卫生中。含有PCMX的组合物在工业领域被应用于杀菌防霉，并且发现含有PCMX结构片段的先导化合物具有广泛的抗肿瘤、抗炎、防虫、抗菌、抗病毒等活性。

实际应用参考：

PCMX被开发成多种消毒剂，含PCMX的消毒剂（1250mg/L PCMX），作用5min即可杀灭金黄色葡萄球菌、沙门氏菌以及单核细胞增生李斯特菌等致病菌，且杀灭对数值≥5.0；作用10min，对红色毛癣菌的真菌杀灭对数值≥5.0，对H1N1、H3N2流感病毒杀灭对数值≥4.0，效果显著。含有PCMX（0.12%～0.48%）的消毒剂能够灭活物品表面的埃博拉病毒，减少病毒传播，有效用于卫生预防。

法规

① 欧盟化妆品条例（EC）No 1223/2009附件Ⅴ中规定：PCMX用作化妆品里

的防腐剂时，最大允许浓度为0.5%。

② GB 38850—2020《消毒剂原料清单及禁限用物质》规定其可以使用的范围有：E，表示用于环境及物体表面的消毒剂；H，表示用于人体的消毒剂；M，表示用于医疗器械的消毒剂。

4-氯-3-甲基苯酚（PCMC）
（*p*-chloro-*m*-cresol）

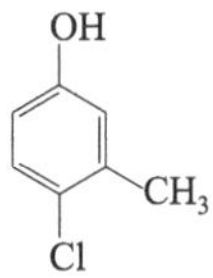

C_7H_7ClO 142.6 59-50-7

其他名称 氯甲酚、间甲基对氯苯酚、对氯间甲酚、chlorocresol

化学名称 4-氯-3-甲基苯酚

IUPAC名 4-chloro-3-methylphenol

EC编码 [200-431-6]

4-氯-3-甲基酚钠盐（PCMC-Na）

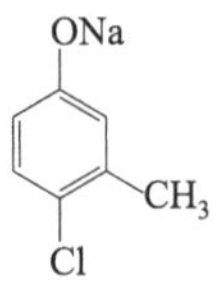

其他名称 sodium *p*-chloro-*m*-cresolate

IUPAC名 sodium、4-chloro-3-methylphenolate

CAS号 [15733-22-9]

EC编码 [239-825-8]

理化性质

4-氯-3-甲基酚 纯品为无色结晶，具有明显酚味。沸点（101kPa）约235℃。熔点63～66℃。沸点110℃（NTP，1992）。密度（20℃）1.37g/mL。堆积密度约630kg/m^3。蒸气压：0.08hPa（20℃）；7hPa（100℃）。闪点约118℃。pH（0.1%水溶液）6.5。lgK_{ow}=3.02。溶解性（20℃）：水4g/L（随温度上升有所增加）；10%氢氧化钠溶液320g/L；乙醇500g/L。稳定性：随水蒸气挥发；当暴露在空气、光、水分或高温下时，可能会轻微变色，pH 1～14范围内稳定。pK_a=9.6。

4-氯-3-甲基酚钠盐 分子量164.6。无色至黄色薄片（PCMC占63%）。熔点约94℃。密度（20℃）1.36g/mL。堆积密度约700kg/m^3。蒸气压（100℃）0.001hPa。pH（1g/L水溶液）10.5～11.5。lgK_{ow}=3.10。溶解性（20℃）：水580g/L；乙醇约2000g/L；异丙醇约450g/L。

毒性

4-氯-3-甲基酚 大鼠急性经口LD_{50} 1800～5000mg/kg。大鼠急性经皮LD_{50} >

2000mg/kg。藻类 EC_{50}(96h)＞10mg/L。水蚤 EC_{50}(48h)2.29mg/L。

4-氯-3-甲基酚钠盐　雄性大鼠急性经口毒性 LD_{50} 1610mg/kg；雌性大鼠急性经口 LD_{50} 约 1360mg/kg。对皮肤、眼睛和黏膜具有严重的腐蚀性，与其碱度有关。

抗菌防霉效果　4-氯-3-甲基苯酚（PCMC）是一种酚类衍生物消毒剂，不但能损害菌体细胞膜，使菌体内含物逸出和蛋白质变性，呈杀菌作用，而且通过抑制细菌脱氢酶和氧化酶等酶的活性，呈现抑菌作用。其对一些微生物的最低抑制浓度见表 2-73。

表 2-73　4-氯-3-甲基苯酚（PCMC）对一些微生物的最低抑制浓度（MIC）

微生物	MIC/(mg/L)	微生物	MIC/(mg/L)
黑曲霉	50	球毛壳霉	50
黄曲霉	50	枯草杆菌	50
变色曲霉	50	巨大芽孢杆菌	50
橘青霉	50	大肠杆菌	250
宛氏拟青霉	10	荧光假单胞杆菌	100
腊叶芽枝霉	50	金黄色葡萄球菌	50

4-氯-3-甲基苯酚（PCMC）在 pH 4～8 之间最有效，通过比较 PCMC 和 PCMC-Na 的杀菌浓度，在 pH 值高于 8 的溶液中，可以发现在碱性介质中 PCMC 的活性明显下降（见表 2-74）。

表 2-74　PCMC 5min 和 10min 内的杀菌活性和 PCMC-Na 实用稀释试验

测试菌	杀菌浓度/(g/L)			
	PCMC		PCMC-Na	
	5min	10 min	5 min	10 min
白色念珠菌	1.0	1.0	6.0	6.0
大肠杆菌	1.5	1.0	8.0	4.0
铜绿假单胞菌	1.5	0.7	6.0	6.0
金黄色葡萄球菌	1.0	1.0	10.0	10.0

特别值得注意的是，PCMC 对亲脂性包膜病毒，如疱疹病毒、单纯疱疹病毒、乙型肝炎病毒或 HIV 病毒具有高活性。PCMC 仅对裸病毒和耐药细菌孢子（如芽孢杆菌孢子）有微弱的作用。然而，将 PCMC 制剂与小浓度戊二醛结合，可以达到完全杀病毒效果。

制备　参考 CN104045521A《一种对氯间甲酚绿色合成工艺》。

应用　4-氯-3-甲基苯酚（PCMC）具有悠久的使用历史，作为环境消毒剂用于家禽、医院、家居等领域，亦用于皮革、胶水、切削液、纺织等领域抗菌防霉。

法规

① 欧盟化学品管理局（ECHA）。2016 年，欧盟生物杀灭剂产品委员会（BPC）发布法规（EU）2016/1930，批准 4-氯-3-甲基苯酚作为 PT-1（人体卫生学消毒剂）、PT-2（不直接用于人体或动物的消毒剂和杀藻剂）、PT-3（兽医卫生消毒剂）、PT-6（产品在储存过程中的防腐剂）、PT-9（纤维、皮革、橡胶和聚合材料防腐剂）类型生物杀灭剂产品的活性物质。批准日期 2018 年 5 月 1 日，批准期

满 2028 年 5 月 1 日。

② 欧盟化学品管理局（ECHA）。2016 年，欧盟生物杀灭剂产品委员会（BPC）发布法规（EU）2016/1931，批准 4-氯-3-甲基苯酚作为 PT-13（金属工作或切削液防腐剂）类型生物杀灭剂产品的活性物质。批准日期 2018 年 5 月 1 日，批准期满 2028 年 5 月 1 日。

③ 我国 2015 年版《化妆品安全技术规范》规定，PCMC 在化妆品中使用时的最大允许浓度为 0.2%；使用范围和限制条件：禁用于接触黏膜的产品。

4-肉桂苯酚

（4-cumylphenol）

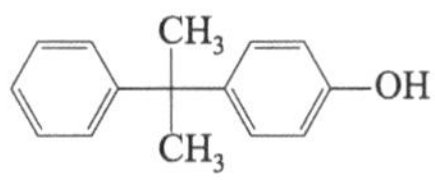

$C_{15}H_{16}O$ 212.3 599-64-4

其他名称　对异丙苯基苯酚、枯基苯酚

化学名称　4-(1-甲基-1-苯乙基)苯酚

IUPAC 名　4-(2-phenylpropan-2-yl)phenol

EC 编码　[209-968-0]

理化性质　纯品为白色晶体。凝固点 71～73℃。沸点 189～191℃。溶解性（30℃）：甲醇 54.6g/100g；丙酮 59.3g/100g；苯 25.3g/100g；乙烷 2.4g/100g；四氯化碳 29.2g/100g。稳定性：有酚气味。

毒性　青蛙急性经口 LD_{50} 335mg/kg（来源：Pubchem）。

抗菌防霉效果　4-肉桂苯酚作为酚类化合物，其对常见微生物均有一定防治效果，尤其对霉菌具有良好的抑杀作用。

制备　由苯酚与 α-甲基苯乙烯缩合而得。

应用　4-肉桂苯酚杀菌防霉力强，对矿物油和锭子油的亲和性好，可用作润滑等的杀菌防霉剂，亦可用于木材的杀菌、防霉。

4-溴-2,5-二氯苯酚

（4-bromo-2，5-dichlorophenol）

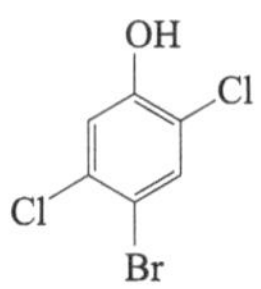

$C_6H_3BrCl_2O$ 241.9 1940-42-7

其他名称　防霉剂 DP、2,5-二氯-4-溴苯酚

化学名称　4-溴-2,5-二氯苯酚

IUPAC 名　4-bromo-2,5-dichlorophenol

EC 编码　[217-719-2]

理化性质 纯品为白色或浅灰色粉末，具有酚类气味。溶解性：溶于乙醇、丙酮、氯仿、苯、甲苯、四氯化碳、油类等有机溶剂；不溶于水；其钠盐溶于水（pH 10 左右）。熔点 71～72℃，加热到 230℃时也不分解。制成钠盐时需用 50％的氢氧化钠，即能制成 30％的钠盐溶液，其 pH 值为 10 左右。

毒性 大鼠急性经口 LD_{50} 1350mg/kg（来源：Pubchem）。

抗菌防霉效果 4-溴-2,5-二氯苯酚对多种微生物有杀死或抑制作用。据文献报道，使用本品 100×10^{-6} 浓度时，就能抑制霉菌的生长。其抗菌数据见表 2-75。

表 2-75 4-溴-2,5-二氯苯酚对一些微生物的最低抑制浓度（MIC）

微生物名称	MIC/(mg/L)	微生物名称	MIC/(mg/L)
黑曲霉	10	枯草杆菌	10
黄曲霉	10	巨大芽孢杆菌	25
变色曲霉	10	大肠杆菌	25
橘青霉	10	荧光假单胞杆菌	50
宛氏拟青霉	10	金黄色葡萄球菌	10
腊叶芽枝霉	10	酒精酵母	10
绿色木霉	25	啤酒酵母	10
球毛壳霉	10		

注：上述结果采用液体振荡培养法测得。

制备 由 2,5-二氯苯酚经过溴化反应而制得。

应用 4-溴-2,5-二氯苯酚主要用于皮革及其制品的防霉，亦用于橡胶、竹木制品等的防霉。注意：若将 4-溴-2,5-二氯苯酚与 PCMC 按比例复配使用，效果更佳。

百里香酚
(thymol)

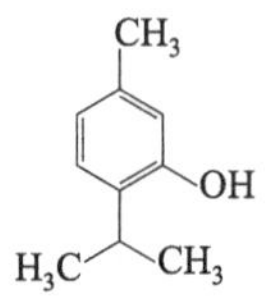

$C_{10}H_{14}O$ 150.22 89-83-8

其他名称 百里酚、麝香草酚、3-羟基对异丙基甲苯、2-异丙基-5-甲基苯酚

化学名称 5-甲基-2-异丙基酚

IUPAC 名 5-methyl-2-propan-2-ylphenol

EC 编码 [201-944-8]

理化性质 百里香酚和异百里酚互为异构体。百里酚纯品为无色或结晶性固体，有芳香性气味，也有具有酚气味的。沸点（101kPa）232.5℃。熔点 51.5℃。密度 0.9699g/mL。蒸气压（25℃）0.016mmHg。折射率（nD，20℃）1.5227。闪点 110℃（闭杯）。pH（0.1％水溶液）10.62。$\lg K_{ow}=3.30$。溶解性（20℃）：水 900mg/L；微溶于甘油；可溶于醇、氯仿、乙醚等极性溶剂以及冰醋酸、碱性溶液。稳定性：具有挥发性。$pK_a=10.62$。

毒性 大鼠急性经口 LD_{50} 980mg/kg。小鼠急性经口 LD_{50} 640mg/kg。大鼠急性经皮 LD_{50} ＞2000mg/kg。水生生物：水蚤 LC_{50}（静态，96h）3200μg/L。

抗菌防霉效果 百里香酚的杀菌作用机制主要有如下解释：第一，通过抑制 H^+-ATP 酶的活性，阻止 H^+ 外流导致细胞内酸化和细胞死亡；第二，化合物结构与抗菌活性的研究显示，酚类化合物的疏水性亦是一个重要的影响因素，同时自由的羟基，可以增加化合物的抗菌活性；第三，Ahmad 等对念珠菌的研究发现，百里香酚通过竞争性地与麦角固醇生物合成中必需的关键酶结合，抑制麦角固醇的生物合成，使真菌的细胞膜受到破坏，从而抑制真菌的生长繁殖。

百里酚等异丙基苯酚对常见微生物的最低抑制浓度比较见表 2-76。

表 2-76 百里香酚等对常见微生物的最低抑制浓度（MIC）比较

单位：mg/L

微生物	百里酚	3-甲基-4-异丙基苯酚	香芹酚
枯草芽孢杆菌	200	200	—
大肠杆菌	500	750	200
铜绿假单胞菌	1000	1000	—
荧光假单胞菌	1000	300	—
金黄色葡萄球菌	200	200	—
黑曲霉	200	200	200
细链格孢	200	200	—
出芽短梗霉	200	200	—
球毛壳霉	100	100	100
粉孢革菌	50	50	—
灰绿青霉	350	500	200
绿色木霉	350	500	—

已知酚类物质是植物产生的次生代谢产物之一，广泛存在于多种植物的组织中，并具有杀虫、杀螨、抑菌和抗病毒等多种活性。张静等在室内测定了多种丙基酚类物质对朱砂叶螨的杀螨作用。表 2-77 结果表明，百里香酚、香芹酚、丁香酚和 3-甲基-4-异丙基苯酚 4 种酚类物质对朱砂叶螨具有很好的触杀作用，24h 的校正死亡率均在 90％以上。

表 2-77 酚类物质对朱砂叶螨的毒杀作用

供试药剂	24h	
	死亡率	校正死亡率
对异丙基酚	8.78±1.04e	2.25
3-甲基-4-异丙基苯酚	94.07±1.28ab	93.66
2-异丙基酚	66.61±5.65c	64.17
5-异丙基-2-甲基酚(香芹酚)	100.00±0.00a	100
2-异丙基-5-甲基酚(百里香酚)	100.00±0.00a	100
甲基丁香酚	85.56±6.52b	84.59
2-烯丙基苯酚(银果)	24.42±5.44d	19.07
对甲氧基苯丙烯(甲基胡椒酚)	36.30±4.63d	31.77
4-丙烯基-2-甲氧基苯酚(异丁香酚)	55.24±4.12c	52.08
4-烯丙基-2-甲氧基苯酚(丁香酚)	97.30±4.68ab	97.10

续表

供试药剂	24h	
	死亡率	校正死亡率
2-羟基-4-甲氧基苯乙酮(丹皮酚)	85.85±7.04b	84.92
CK	6.67±1.67e	

制备　百里香酚主要是从百里香油、牛至油、罗勒油等中提取。

应用　百里香酚和异百里酚是一对天然单萜酚类化合物，两者均属百里香素的衍生物，并且互为同分异构体。百里香酚和异百里酚显示了良好的抗氧化、抗炎、抗菌及抗肿瘤等药理学活性。晶体物质的百里酚早在1719年就被Caspar Neumann等发现，并且在1842年就由M. Lallemand等使用电化学分析的方法合成了其纯体化合物。百里香酚最早被成功用来控制蜂蜜中瓦螨属的生长，预防其中霉菌的发酵和生长。在1999年、2006年其分别被欧盟、FDA批准作为安全的食品添加剂。

百里香酚具有抗菌、抗氧化、抗癌和抗炎等多种生物活性，同时具有作为生长增强剂和免疫调节剂的潜力。

实际应用参考：

① 百里香酚针对图书资料档案和工艺美术品，可在密闭空间中以65g/m^3的剂量显示防霉效果，还可代替樟脑丸用作衣物的防霉剂。

② 专利CN103865276A《一种具有控制释放功能的活性抗菌可食包装及其制备方法》发明制备一种具有控制释放功能的抗菌可食包装。

③ 专利CN101601382B《百里香酚杀螨微乳剂及其制备方法》发明可有效防治朱砂叶螨、皮氏叶螨、比哈小爪螨等多种农业害螨。

法规　百里香酚和肉桂醛对人体无毒无害，已被美国FDA批准用于食品以及食品添加剂，我国《食品安全国家标准 食品添加剂使用标准》也将百里香酚和肉桂醛批准为可在食品中使用的天然防腐剂。

苯酚

(phenol)

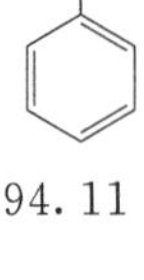

C_6H_6O 94.11 108-95-2

其他名称　石炭酸、羟基苯

化学名称　苯酚

IUPAC名　phenol

EC编码　[203-632-7]

理化性质　纯品为无色或淡红细长的针状结晶，或结晶性块状，有特殊臭味。沸点182℃。熔点41～43℃。密度（20℃）1.071g/mL。蒸气压（20℃）6.19hPa。闪点79℃（闭杯）。溶解性（16℃）：水67g/L；易溶于乙醇、乙醚、甘油、氯仿、脂肪油；适量溶于苯和碱溶液。稳定性：水蒸气易挥发；不纯品在光和空气作用下变为淡红或红色，遇碱变色更快。技术指标可参考 HG/T 4367—2012《化学试剂 苯酚》。

毒性　大鼠急性经口 LD_{50} 317mg/kg。大鼠急性经皮 LD_{50} 669mg/kg。大鼠急性吸入 LC_{50} 316mg/m^3。水生生物：小球藻 EC_{50}（24～96h）230～850mg/L。

美国有毒物质和疾病登记局（ATSDR）关于苯酚的资料显示：苯酚的气味特别，比较容易使人觉察。它的嗅阈值大约是接触限值的百分之一。苯酚在中国的接触限值是 8h 加权平均浓度(TWA)10mg/m^3(GBZ 2.1)，美国接触限值（TWA）是 5×10^{-6}（美国 ACGIH），约合 19mg/m^3（盛怡，2019）。

随着现代工农业的发展，越来越多的苯酚类化合物随着废水排放到环境中，给动植物造成严重的危害。廖立敏等在《取代苯酚类化合物生物毒性的模拟预测》一文中，以 25 个取代苯酚类化合物为研究样本，化合物毒性以其诱发浮萍萎黄的活性值的负对数（pC）表示，结果如表 2-78 所示。pC 值越大表示化合物对浮萍的毒性越强，反之越弱。

表 2-78　化合物及其毒性活性值的负对数（pC）

序号	化合物	毒性值(Exp)
1	苯酚 phenol	1.80
2	4-氯苯酚 4-chlorophenol	2.70
3	2,4-二氯苯酚 2,4-dichlorophenol	3.40
4	2,4,6-二氯苯酚 2,4,6-trichlorophenol	4.50
5	2,4,5-二氯苯酚 2,4,5-trichlorophenol	5.10
6	2,3,4,6-二氯苯 2,3,4,6-tetrachlorophenol	5.60
7	五氯苯酚 pentachlorophenol	6.20
8	4-氯-2-甲基苯酚 4-chloro-2-methylphenol	3.20
9	2-甲基-6-氯苯酚 2-methyl-6-chlorophenol	2.40
10	4-氯-3-甲基苯酚 4-chloro-3-methylphenol	3.20
11	2,6-二氯-4-甲基苯酚 2,6-dichloro-4-methylphenol	3.40
12	2,4,6-三氯-3-甲基苯酚 2,4,6-trichloro-3-methylphenol	4.70
13	2,4,5,6-三氯-3-甲基苯酚 2,4,5,6-tetrachloro-3-methylphenol	5.40
14	2-甲基苯酚 2-methylphenol	2.20
15	2,6-二甲基苯酚 2,6-dimethylphenol	2.40
16	2,4-二甲基苯酚 2,4-dimethylphenol	2.60
17	2,5-二甲基苯酚 2,5-dimethylphenol	2.60
18	3,5-二甲基苯酚 3,5-dimethylphenol	2.70
19	2,4,6-三甲基苯酚 2,4,6-trimethylphenol	2.80
20	2,3,5-三甲基苯酚 2,3,5-trimethylphenol	2.80
21	3-甲基-5-乙基苯酚 3-methyl-5-ethylphenol	3.10
22	4-氯-3,5-二甲基苯酚 4-chloro-3,5-dimethylphenol	3.60
23	4-氯-2,5-二甲基苯酚 4-chloro-2,5-dimethylphenol	3.60
24	4-氯-2,6-二甲基苯酚 4-chloro-2,6-dimethylphenol	3.40
25	4-氯-3-甲基-5-乙基苯酚 4-chloro-3-methyl-5-ethylphenol	4.00

抗菌防霉效果 酚类消毒剂是一种中效消毒剂，研究发现，酚类消毒剂在有机物存在时比其他消毒剂更具活性。其杀菌作用机制解释为高浓度苯酚能穿透并破坏细菌细胞壁，沉淀细菌蛋白质。低浓度苯酚和更高分子量的苯酚衍生物能够通过使细菌酶系统失活和破坏细胞壁主要代谢物致细菌死亡。同时，苯酚对有机物有很好的穿透力。

研究发现，苯酚在浓度为0.1%～1%时具有抑菌作用，在浓度为1%～2%时具有杀菌作用，乙二胺四乙酸（EDTA）和适宜的温度可以增强其杀菌活性，但是碱性介质（通过电离）、脂类、肥皂和低温会降低其杀菌活性。

苯酚能杀死或抑制大部分细菌的繁殖体，对霉菌孢子则效果不大。苯酚杀菌所需要的浓度如表2-79所示，对一些微生物的最低抑制浓度如表2-80所示。

表2-79 苯酚杀菌所需浓度

细菌种类	苯酚浓度/%	细菌种类	苯酚浓度/%
伤寒杆菌	1.1～1.2	化脓性链球菌	1.4～1.6
痢疾志贺氏菌	1.0～1.1	结核杆菌	1.6
金黄色葡萄球菌	1.2		

表2-80 苯酚对一些微生物的最低抑制浓度（MIC）

微生物	MIC/(mg/L)	微生物	MIC/(mg/L)
黑曲霉	700	橘青霉	700
黄曲霉	1100	宛氏拟青霉	1100
变色曲霉	700	绿色木霉	600

制备 苯酚的生产方法有很多：异丙苯法、甲苯-苯甲酸法、苯磺化法等。

应用 苯酚是最简单的酚类有机物，一种弱酸，是最古老的防腐剂之一。最早发现于1834年，从煤焦油中提取。酚类作为消毒剂已经被人类使用了100多年的历史，之前人们最常用的酚类消毒剂是苯酚和煤酚皂，但现在已经很少使用。

法规

① 根据第1272/2008号规例（有关物质和混合物的分类、标签及包装规例），苯酚已列为第二类诱变物质。苯酚在玩具的含量限值为不得多于10000mg/kg，在混合物的含量限值为1%。此外，规例未对苯酚订立迁移限值。

② 第2017/774号指令为聚合材料所含的苯酚订立迁移限值，最高为5mg/kg，作为防腐剂的含量限值为10mg/kg。新限制指令于2018年11月4日生效，欧盟成员国必须通过法例以符合新指令的要求。

丁香酚

(eugenol)

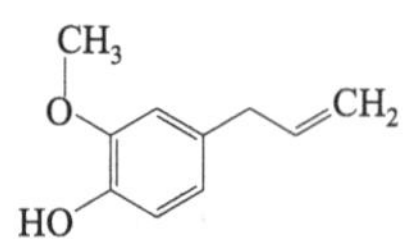

$C_{10}H_{12}O_2$ 164.20 97-53-0

其他名称　丁香油酚、丁子香酚、4-烯丙基-2-甲氧基苯酚

化学名称　2-甲氧基-4-烯丙基苯酚

IUPAC 名　2-methoxy-4-prop-2-enylphenol

EC 编码　[202-589-1]

理化性质　丁香酚是丁香酚油的主要成分，无色或淡黄色微稠厚液体，有强烈的丁香香气。熔点 −9.2℃。沸点 250～255℃。闪点 110℃。相对密度 1.065。$\lg K_{ow}$=2.27。溶解性：微溶于水；能与醇、醚、氯仿及挥发性油等混溶；溶于乙酸和苛性碱。稳定性：物化性质不稳定，暴露于空气中易变黑黏稠，有刺激性臭味。pK_a=10.19。

毒性　蒋文燕等报道，丁香酚大鼠急性 LD_{50} 3189.9mg/kg，根据中国食品毒理急性毒性分级法为 3 级，属低毒。原浓度的丁香酚（1060mg/mL）对兔完整皮肤具有较强的刺激性，稀释后的丁香酚（265mg/mL）对皮肤的刺激性减轻，提示在浓度较高时有皮肤刺激性作用。

抗菌防霉效果　丁香酚杀菌作用机制主要有如下解释：第一，疏水性是其具有抗菌活性的重要因素，通过疏水性可以隔离细菌细胞膜的脂质和线粒体，改变其结构，从而使细胞膜更具有渗透性；第二，其可以隔断质子动势、电子流、主动转运以及对细胞内含物的聚沉作用。此外，丁香酚的酚羟基结构对其抗细菌群体感应活性同样至关重要。

吕世明等报道，应用微量稀释法对丁香酚体外抑菌活性进行了研究，表 2-81 表明，丁香酚对 12 种常见细菌具有较好的抑制作用，其中对大肠杆菌 ATCC 25922 效果最好，其最低抑菌浓度（MIC）、最低杀菌浓度（MBC）分别为 5μg/mL、10μg/mL；对蜡状芽孢菌作用较差，MIC 和 MBC 分别为 320μg/mL 和 640μg/mL；其余菌株的 MIC 和 MBC 分别在 20～80μg/mL 和 40～160μg/mL。

表 2-81　丁香酚对 12 种细菌的 MIC 和 MBC 值

细菌	MIC/(μg/mL)	MBC/(μg/mL)
大肠杆菌 ATCC 25922	5.0	10.0
大肠杆菌 O54	20.0	40.0
鼠伤寒沙门氏菌	40.0	40.0
猪霍乱沙门氏菌	10.0	20.0
都柏林沙门氏菌	160.0	160.0
福氏志贺杆菌	20.0	40.0
金黄色葡萄球菌	40.0	80.0
溶血性链球菌	40.0	80.0
猪链球菌	10.0	20.0
李斯特菌	160.0	320.0
铜绿假单胞杆菌	320.0	0.0
蜡状芽孢杆菌	320.0	640.0

制备 丁香酚存在于多种天然精油中，如丁香油（含 80%）、月桂叶油（含 80%）、丁香罗勒油（含 60%），另外在樟脑油、金合欢油、紫罗兰油中也有丁香酚存在。

应用 丁香酚具有抗菌、抗氧化、抗炎、抗癌、抗虫、驱蚊等药理活性，在医药、农业、香料、香精、化妆品等多个行业得到应用。

实际应用参考：

① 麻醉作用。在鲜活水产品运输过程中添加一定量的丁香酚可以减少其应激反应，降低死亡率，从而提高经济效益。

② 抗菌作用。丁香酚抑菌效果显著，抗真菌效果良好，且有麻醉镇痛功效，因此可用于根尖周炎、干槽症、口腔溃疡以及口腔念珠菌病的治疗。

③ 抗螨作用。如丁香酚、异丁香酚、甲基丁香酚等，该类防螨剂有很好的杀螨驱螨作用，同时也有很好的杀菌作用。Vanna Mahakittikun 等将合成纤维浸泡在 2%的丁香油溶液中，干燥后测其抗尘螨性能发现，丁香油对尘螨具有很好的杀灭效果。宋小萍等公开了从植物中提取丁香酚作为抗螨剂，并且通过实验证明，丁香酚类化合物可以达到同阿维菌素、伊维菌素等剧毒化学品同样的杀螨活性，但低毒环保，对人畜无害（魏文君，2016）。

④ 祛蚊作用。其有效驱避蚊虫时间可达到 6h，可开发为一种天然植物祛蚊剂。

法规

① 丁香酚被列入欧盟化妆品条例（EC）No. 1223/2009 附录三中：当该物质的浓度超过 0.001%（在免洗产品中）或 0.01%（在冲淋产品中），须在成分清单中指明该物质的存在。

② 根据欧盟玩具安全指令 2009/48/EC 附件规定，丁香酚被禁止在玩具中使用，由于技术问题，残留量不得大于 100mg/kg，具体限制说明请参阅欧盟玩具指令。

对苯基苯酚

（*p*-phenylphenol）

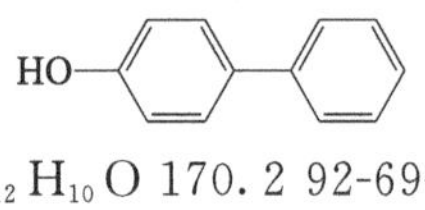

$C_{12}H_{10}O$ 170.2 92-69-3

其他名称 PPP、联苯-4-酚

化学名称 4-苯基苯酚

EC 编码 [202-179-2]

理化性质 白色晶体。沸点（101kPa）321℃。熔点 165℃。密度（20℃）1.219g/mL。闪点 160℃。溶解性：难溶于水；10%氢氧化钠溶液 0.1g/L；易溶于有机溶剂。稳定性：pH 1～14 之间稳定。

毒性 小鼠腹腔注射 LD_{50} 150mg/kg。刺激皮肤、黏膜和眼睛。

抗菌防霉效果 对苯基苯酚属于酚类化合物，其抗菌数据详见表 2-82。

表 2-82　对苯基苯酚对常见微生物的最低抑制浓度（MIC）

微生物	MIC/(mg/L)	微生物	MIC/(mg/L)
产气杆菌	150	芽孢杆菌	75
枯草芽孢杆菌	100	大肠杆菌	＞1000
铜绿假单胞菌	＞1000	金黄色葡萄球菌	50
黑曲霉	100	短梗霉	150
绿色木霉	200		

制备　有二苯基砜碱熔法、联苯磺化法、环己酮与苯酚合成法等。

应用　国外自 20 世纪 70 年代开始研究与生产苯基苯酚，本身是重要的精细化工中间体，广泛应用于染料、农药、防腐剂、涂料、印染助剂、感光材料等领域，亦可直接作杀菌消毒剂。

对羟基苯乙酮（*p*-HAP）
（*p*-hydroxyacetophenone）

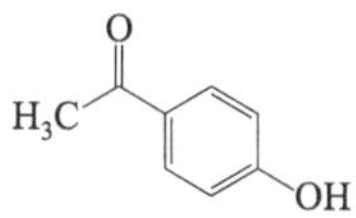

$C_8H_8O_2$ 136.2 99-93-4

其他名称　4-HAP、4-(羟基苯基)甲基酮、对乙酰基苯酚、针枞酚

化学名称　4′-羟基苯乙酮

IUPAC 名　1-(4-hydroxyphenyl)ethanone

INCI 名称　hydroxyacetophenone

EC 编码　[202-802-8]

理化性质　室温下为白色针状晶体。沸点（760mmHg）313℃。熔点 109～111℃。蒸气压（25℃）7.48×10^{-3}mmHg。密度（25℃）1.109g/mL。溶解性：水 9900mg/L；易溶于温水、乙醇、乙醚等。稳定性：化学性质较稳定。$pK_a=8.05$（25℃ ）。

毒性　小鼠腹腔注射 LD_{50} 200mg/kg。小鼠急性经口 LD_{50} 1500mg/kg。陈田研究发现，在常规使用条件下，对羟基苯乙酮引起皮肤刺激、眼刺激以及皮肤致敏的风险很低。

抗菌防霉效果　对羟基苯乙酮属于含羟基类化合物，一般分为酚羟基类化合物和醇羟基类化合物。作为防腐剂而言，这一类化合物均含有羟基，抗菌机理也类似，均能引起微生物细胞膜通透性丧失，导致细胞内容物漏出，同时，羟基还能使蛋白质变性。

从分子结构看，对羟基苯乙酮具有酚的特性，其抗氧性及抑菌性都来自羟基基团。其抗菌数据见表 2-83。

表 2-83　对羟基苯乙酮对常见微生物的最低抑制浓度（MIC）

微生物	MIC/%	微生物	MIC/%
大肠杆菌(EC)	0.4	铜绿假单胞菌(PA)	0.4
金黄色葡萄球菌(SA)	0.6	白色念珠(CA)	0.6
巴西曲霉(AB)	0.4		

制备　对羟基苯乙酮的合成通常有两种方法：傅-克酰基化反应和傅瑞斯重排。

应用　对羟基苯乙酮作为一种天然的植物提取物，主要存在于植物的茎、叶及根部，具有较好的清热利湿、利胆退黄功效，在肝炎等疾病引起的眼黄治疗中具有较好的效果，同时它也是一种防腐促进剂，在化妆品生产中常作为新型防腐剂替代品。

实际应用参考：

对羟基苯乙酮、多元醇与山梨坦辛酸酯的复合应用，显示了良好的防腐性能，包含如下质量分数的组分：1,2-己二醇，10%～70%；1,2-戊二醇，5%～10%；山梨坦辛酸酯，5%～10%；茴香酸，2%～5%；对羟基苯乙酮，5%～10%；中草药提取物，1%～5%。

法规　对羟基苯乙酮不在《化妆品安全技术规范》（2015 版）准入防腐剂名录里，使用无限量要求。因为其具有酚羟基，所以具有一定的抗氧化性，通常作为抗氧化剂使用，但由于其具有较强的防腐效果，常常作为防腐增效剂使用。同样，由于其具有苯环的对称性和能形成分子间氢键，其熔点较高，常温下为结晶固体粉末，易溶于热水、醇类物质。对羟基苯乙酮天然存在于菊科植物中，安全性较高，化妆品所使用的对羟基苯乙酮多为人工合成（范培浩等，2020）。

对叔戊基苯酚（PTAP）
(*p*-tert-amylphenol)

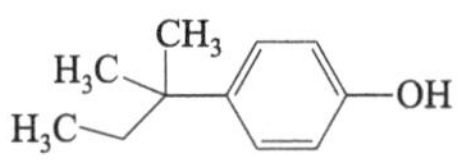

$C_{11}H_{16}O$ 164.3 80-46-6

其他名称　PTAP

化学名称　4-叔戊基苯酚

IUPAC 名　4-(1,1-dimethylpropyl)phenol

EC 编码　[201-280-9]

理化性质　无色结晶，具有酚类气味。沸点(760mmHg)265～267℃。熔点 93～94℃。蒸气压（25℃）2.00×10^{-3}mmHg。密度（20℃）0.9624g/mL。闪点 121℃。$\lg K_{ow}$=4.03。溶解性（20℃）：水 2g/L；易溶于大多数有机溶剂。稳定性：正常条件下稳定。

毒性　大鼠急性经口 LD_{50} 1830mg/kg。大鼠急性经皮 LD_{50} 2000mg/kg。腐蚀皮肤和黏膜。黑头呆鱼 LC_{50}(96h)2.5mg/L(来源:SCHENECTADY)。

抗菌防霉效果　对叔戊基苯酚 10min 内的杀菌浓度：铜绿假单胞菌>1.0g/L；霍乱沙门氏菌 0.4g/L；金黄色葡萄球菌 0.5g/L(来源：Block，1983)。

制备　对叔戊基苯酚由叔戊醇与苯酚缩合制备。

应用　许多杀菌消毒剂都含有对叔丁基酚（PTBP）和对叔戊基酚（PTAP），且 PTAP 要比 PTBP 应用更为广泛。对叔戊基酚可作为薰蒸剂。注意：接触可能引起严重的皮肤灼伤和眼睛损伤。

实际应用参考：

对叔戊基苯酚钠、邻苯基苯酚钠、邻苄基对氯苯酚钠在消毒产品中作为杀菌的有效成分，常被用于一般物体的表面消毒。此类产品可杀灭肠道致病菌、化脓性球菌、致病性酵母菌以及感染常见细菌及病毒。

法规　2019 年执行（EC）1907/2006 号条例，将对叔戊基苯酚确定为高度关注物质。

二氯生（DCPP）
(diclosan)

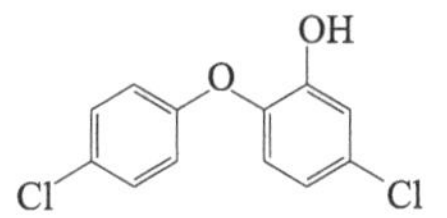

$C_{12}H_8O_2Cl_2$ 255.11 3380-30-1

其他名称　羟基二氯二苯醚

化学名称　4,4′-二氯-2- 羟基联苯醚

IUPAC 名　5-chloro-2-(4-chlorophenoxy)phenol

EC 编码　[429-290-0]

理化性质　纯品为白色结晶粉末，具有类似酚的轻微气味。沸点 359.3℃。熔点 73.6℃。蒸气压（25℃）1.2×10^{-6}Pa。相对密度（20.1℃）1.47。$\lg K_{ow}=3.7$（20℃）。溶解性：水 19.5mg/L(20℃，pH 5～6)；水 6.3mg/L(10℃，pH 5)；水 10mg/L(20℃，pH 5)；水 14.7mg/kg（30℃，pH 5)；己烷约 8731mg/L(10℃)；己烷约 18638mg/L(20℃)；己烷约 27049mg/L(30℃)。稳定性：DCCP 的主要代谢产物为甲基 DCPP。$pK_a=9.49$。

毒性　大鼠急性经口 LD_{50}＞2000mg/kg。大鼠急性经皮 LD_{50}＞2000mg/kg。斑马鱼 LC_{50}(96h)2mg/L。水蚤 EC_{50}(48h)0.32mg/L。藻类 EC_{50} 0.07mg/L（来源：CIBA）。

抗菌防霉效果　二氯生（DCPP）广谱高效抗菌，对革兰氏阳性和阴性菌抑制十分有效。二氯生对常见微生物的最低抑制浓度见表 2-84。

表 2-84　二氯生（25%～35%）对常见微生物的最低抑制浓度（MIC）

微生物	MIC/(mg/L)	微生物	MIC/(mg/L)
金黄色葡萄球菌 ATCC 9144	0.2	金黄色葡萄球菌 NCTC 11940（耐甲氧西林）	0.1
表皮葡萄球菌 ATCC 12228	0.2		
大肠杆菌 NCTC 8196	0.07	阴沟肠杆菌 ATCC 13047	1.0
克雷伯杆菌 DSM 30106	2.5	肺炎克雷伯菌 ATCC 4352	0.07
奇异变形杆菌 ATCC 14153	2.5	铜绿假单胞菌 ATCC 15442	＞1000
沙门氏菌霍乱弧菌 ATCC 9184	0.25	黑曲霉 ATCC 6275	250
白色念珠菌 ATCC 10259	30		

（来源：CIBA）

制备 专利 CN113045390A《一种利用 Baeyer-Villiger 氧化制备二氯生的方法》。

应用 二氯生（DCPP）作为高效杀菌剂，可溶于有机溶剂和表面活性剂的溶液，耐热性可达 200℃，在碱性环境中有很好的稳定性。适用于家居和织物护理产品，直接作用于织物、硬表面或厨房用具，低浓度即有效，效果持久。亦可在清洗中与活性漂白剂同时使用，但在强氧化性（活性漂白）体系中长期储存是不稳定的。在洗衣液中建议添加量≤0.6％。

法规 欧盟化学品管理局（ECHA）：2015 年，欧盟生物杀灭剂产品委员会（BPC）发布法规（EU）2015/1727，批准 5-chloro-2-(4-chlorphenoxy) phenol 作为第 1 类（人体卫生学消毒剂）、第 2 类（不直接用于人体或动物的消毒剂和杀藻剂）和第 4 类（食品和饲料领域消毒剂）生物杀灭剂产品的活性物质。批准日期 2016 年 12 月 1 日，批准期满 2026 年 12 月 1 日。

甲酚皂溶液
（lysol）

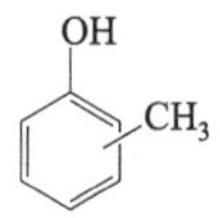

C_7H_8O 108.13 1319-77-3

其他名称 煤酚皂溶液、来苏儿

化学名称 三混甲酚

理化性质 甲酚有三种异构体，分别是邻甲酚、间甲酚、对甲酚。甲酚皂溶液为甲酚含量为 48％～52％的溶液，黄棕色至红棕色黏稠液体，带有酚臭。可溶于水（硬度极强的水除外）和醇，溶液为浅棕色透明状，呈碱性反应。性质稳定，耐储存。

对甲酚外观为无色结晶，有芳香气味。熔点 35.5℃。闪点 86℃。沸点 201.8℃。相对密度（水＝1）1.03。相对蒸气密度（空气＝1）3.72。饱和蒸气压 0.13kPa(53℃)。溶解性：溶于乙醇、乙醚、氯仿等常见有机溶剂和苛性碱，能随水蒸气挥发。

毒性 以甲酚皂溶液（甲酚含量 17％～22％）为测试样品，甲酚皂消毒液原液对小鼠急性经口 LD_{50} 3160mg/kg；甲酚皂消毒液原液对家兔皮肤有中等刺激性。小鼠骨髓嗜多染红细胞微核试验和小鼠精子畸变试验表明无致突变作用（洪丽华等，2017）。

抗菌防霉效果 甲酚一般只能杀灭细菌繁殖体，不能杀灭芽孢和肝炎病毒。甲酚皂溶液的杀菌性能与苯酚相似，其石炭酸系数随成分与菌种不同波动于 1.6～5.0 之间。常用浓度可破坏肉毒杆菌毒素。本消毒剂能杀灭包括铜绿假单胞杆菌在内的细菌繁殖体，对结核杆菌和真菌有一定杀灭能力，能杀灭亲脂性病毒，但不能杀灭亲水性病毒，也难以杀灭细菌芽孢。2％溶液经 10～15min 能杀灭大部分致病性细菌，2.5％溶液经 30min 能杀灭结核杆菌。

甲酚含量为 8000 mg/L 的消毒剂溶液作用 1min、4000mg/L 作用 5min 对金黄色葡萄球菌和大肠杆菌杀灭率均达99.99%；甲酚含量为10000mg/L的消毒剂溶液作用1 min、8000mg/L的消毒剂溶液作用3min，对白色念珠菌杀灭率达99.99%。当滴染布片的大肠杆菌菌悬液中含50%小牛血清时，对杀菌效果有轻度影响；含25%小牛血清时，对杀菌效果无影响。

制备　甲酚的三种同分异构体，分别是邻甲酚、间甲酚、对甲酚。目前，国内外分离方法主要分为物理法和化学法。

应用　甲酚皂溶液属于酚类消毒剂，已有100年的历史，曾经是医院的主要消毒剂之一。19世纪末，一种名叫来苏尔（甲酚皂溶液）的消毒剂的生产和使用，标志着人类消毒灭菌史上真正意义的化学消毒剂诞生。

甲酚皂溶液用于表面和环境消毒及皮肤消毒。如家具、地面、墙面、器皿、衣服和实验室污染物品等，可使用1%～5%的水溶液浸泡、喷洒或擦拭，作用时间30～60min。对结核杆菌的污染，应使用5%的水溶液，作用1～2h。

实际应用参考：

来苏儿消毒液配方：甲酚500mL，植物油173g，氢氧化钠约27g，水适量，全量1000mL。来苏儿消毒液制法：氢氧化钠加水100mL溶解后放冷，不断搅拌加入植物油中，使均匀乳化，放置30min，水浴加热，当皂体颜色加深、呈透明状时再进行搅拌，并趁热加入甲酚搅拌至皂块全溶，放冷后再添加适量水，使总量为1000mL。

姜黄素（Cur）
（curcumin）

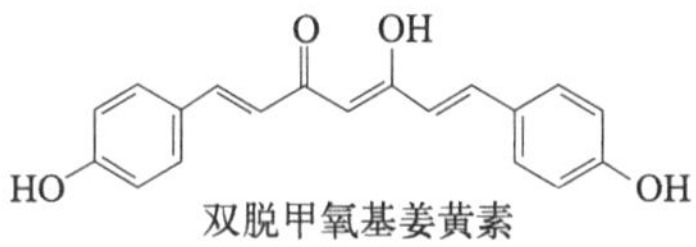

双脱甲氧基姜黄素

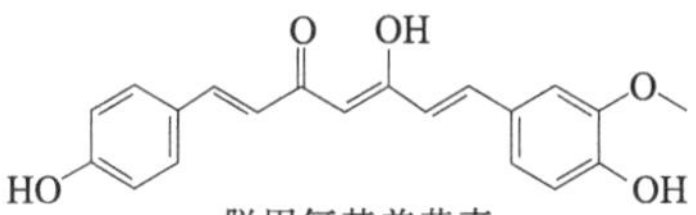

脱甲氧基姜黄素

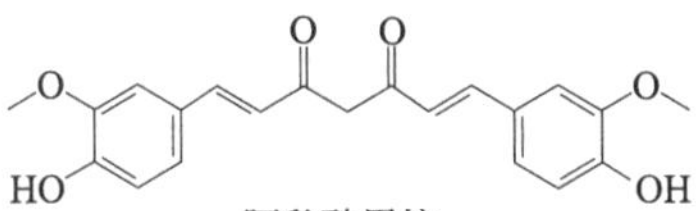

阿魏酰甲烷

化学名称　1,7-双(4-羟基-3-甲氧基苯基)庚-1,6-二烯-3,5-二酮

IUPAC名　(1,6,*E*)-1,7-双(4-羟基-3-甲氧基苯基)庚-1,6-二烯-3,5-二酮

CAS号　[458-37-7]

EC编码　[207-280-5]

理化性质　姜黄素外观为橙黄色晶体或结晶性粉末，带有姜黄特有的气味，味稍苦，不易溶于水。姜黄素是具有二酮结构的多酚化合物，含有一个特殊的1,7-二芳基庚烷的骨架，含有两种互变异构形式：酮和烯醇。前者在固相和液相均能稳定，颜色呈现为红棕色；后者的生物活性成分则以双酮1,7-双(4-羟基-3-甲氧基苯

基)-1,6-庚二烯-3,5-二酮的形式存在于酸性和中性条件下，并呈现为亮黄色。姜黄素可分为双脱甲氧基姜黄素、脱甲氧基姜黄素和阿魏酰甲烷，成分结构相似，有相似药理作用。

毒性 姜黄素被WHO和FDA公认为天然食品添加剂。

抗菌防霉效果 姜黄（Cur）是一种姜科草本植物，其主要活性成分姜黄素是一种多酚类化合物，具有广谱抗菌活性。有研究发现，姜黄素的亲脂性结构可以直接插入到脂质体的双分子层中，从而增强双分子层的通透性，同时姜黄素可以破坏革兰氏阳性和阴性菌细胞膜的通透性和完整性，干扰细胞代谢，抑制细菌分裂，最终导致细菌细胞死亡（Liu等，2020）；此外，姜黄素在激光的照射下可以产生ROS，进一步起到抗菌的作用。

制备 姜黄素主要来源于姜科、姜黄属植物姜黄的根茎。

应用 姜黄素于1815年被命名，当时亨利·奥古斯特·沃格尔（Henri Auguste Vogel）和皮埃尔·约瑟夫·佩尔蒂埃（Pierre Joseph Pelletier）首次从姜黄的根茎中分离出“黄色着色物质”。后来，它被发现是树脂和姜黄油的混合物。

姜黄素是一种从姜黄根茎中提取的多酚类物质，被广泛用作香料以及食品调味剂、着色剂、防腐剂等。研究表明，姜黄素具有抗炎、抗癌、抗氧化、抗菌、抗肿瘤、抗病毒、降血糖、降血脂等多种生物活性，近年来姜黄素逐渐成为研究热点，为多种疾病的治疗提供了一个新的方向，具有广阔的应用前景。

实际应用参考：

Mahund等通过静电纺丝工艺制备了负载不同浓度姜黄素的聚乙烯醇纳米纤维，实验采用了数菌落数的方法对该纤维的抗菌性能进行评价，金黄色葡萄球菌和大肠杆菌的所有菌落均在6h内被杀死。增加细菌细胞膜的通透性也是姜黄素与其他抗菌剂协同杀菌的关键机制。Wang等采用同轴静电纺丝技术制备负载姜黄素和银纳米粒子的核壳结构纳米纤维膜，Cur/Ag纤维膜对金黄色葡萄球菌抑菌率高达93.04%，与单负载姜黄素的纤维膜抑菌率（45.65%）和单负载AgNP的纤维膜抑菌率（66.96%）相比，Cur/Ag纤维膜CS的抑菌率显著提高，实验表明姜黄素和AgNP表现出明显的协同抑制作用。

法规 2018～2023年期间，FDA向美国膳食补充剂制造商发出了29封警告信，因为他们虚假声称使用含有姜黄素的产品具有抗病作用。在每封信中，FDA都表示，该补充剂产品不是批准的新药，因为“该产品对于广告用途并不普遍被认为是安全和有效的”，“未经FDA事先批准，不得合法引入或交付新药以引入洲际贸易”。

邻苯基苯酚（OPP）

（*o*-phenylphenol）

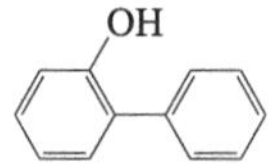

$C_{12}H_{10}O$ 170.21 90-43-7

其他名称　2-苯基苯酚、2-羟基联苯、联苯-2-酚、2-hydroxybiphenyl

化学名称　联苯-2-醇

IUPAC 名　2-phenylphenol

EC 编码　[201-993-5]

邻苯基苯酚钠

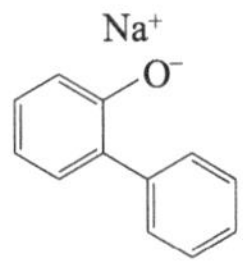

化学名称　邻苯基酚钠、sodium 2-biphenylate

IUPAC 名　sodium 2-phenylphenolate

CAS 号　[132-27-4]

EC 编码　[205-055-6]

邻苯基苯酚钾

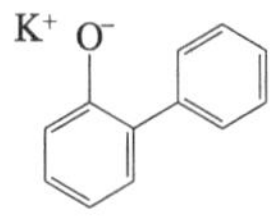

化学名称　邻苯基苯酚钾、potassium 2-biphenylate

CAS 号　13707-65-8

EC 编码　[237-243-9]

理化性质

邻苯基苯酚　无色薄片或淡黄色结晶物，带有轻微酚味；沸点（101kPa）286℃。沸点（2kPa）152～154℃。熔点 56～58℃。密度(20℃)1.26 g/mL。蒸气压(20℃)7×10^{-4}hPa。蒸气压（100℃）1hPa。闪点约 138℃（闭杯）。黏度（100℃）2.4 mPa·s。$\lg K_{ow}=3.09$。饱和水溶液 pH 值约为 6.1(22.7℃)。pK_a 约为 11.6。在 pH 值 1～14 范围内稳定。溶解性（20℃）：水 0.2g/L；10%氢氧化钠溶液 500g/L；乙醇 5900g/L；异丙醇 3300g/L；乙二醇 2750g/L；1,2-丙二醇 3000g/L；丙酮 6600g/L；松油 2000g/L。稳定性：随水蒸气挥发。DT_{50}(在水中生物降解)＝4～8d。

邻苯基苯酚钠　分子式 $C_{12}H_9NaO$。分子量 192.2。在 pH 12.0～13.5 的水中溶解度 1.1kg/kg(35℃)。

毒性

邻苯基苯酚　雄大鼠急性经口 LD_{50} 2700mg/kg。小鼠急性经口 LD_{50} 2000mg/kg。大鼠急性经皮 LD_{50}＞2000mg/kg。大型蚤 EC_{50} 0.38mg/L（4h）。斑马鱼 LC_{50} 约 2.3mg/L（96h）。绿藻 EC_{50} 约 0.85mg/L（72h）。

邻苯基苯酚钠　由于其具有碱性，对皮肤、黏膜和眼睛都有腐蚀性。

抗菌防霉效果　邻苯基苯酚（OPP）会裂解生物细胞、破坏细胞壁，使菌体蛋白变性，抑制多种细胞生物酶的活性，增加细胞通透性，导致菌体失活。邻苯基苯酚抗菌数据见表 2-85。

表 2-85 邻苯基苯酚对一些微生物的最低抑制浓度（MIC）

微生物	MIC/(mg/L)	微生物	MIC/mg/L)
黑曲霉	10	黑根霉	30
米曲霉	10	金黄色葡萄球菌	50
黄曲霉	15	大肠杆菌	80
枝孢霉	20	铜绿假单胞杆菌	170
出芽短梗霉	15	枯草芽孢杆菌	60
橘青霉	10		

制备 合成工艺有联苯抱氧法，联苯磺化水解法，苯酚、氯苯偶合法等。

应用 邻苯基苯酚（OPP）应用于食品的杀菌保鲜、环境消毒，木材、皮革、加工液、织物、胶黏剂等领域的抗菌防霉，在印染行业当中被广泛用作印染助剂和表面活性剂，合成新型热稳定材料，制备环保无卤的阻燃材料等。

实际应用参考：

I/E 消毒剂是"Olle-StrokeEnviron"的简称，它是一种复合制剂，其配方为：邻苯基苯酚 10%，邻-苄基-对-氯苯酚 8.5%和对-叔戊基苯酚 2%。I/E 消毒剂是一种能消灭非洲猪瘟病毒的特效药剂。用 1%的 I/E 消毒剂处理污染非洲猪瘟病毒的厩舍，1h 后，厩舍即消毒干净，安全可靠。在该制剂里，邻苯基苯酚是起决定作用的主药，如单独使用邻苯基苯酚进行消毒，同样能收到杀灭非洲猪瘟病毒的效果，但药效稍低于 I/E 消毒剂。

Lomasept 消毒剂是国外曾经生产的一种复方消毒剂，其配方为：喹啉 5.94%，邻苯基苯酚 4.79%，福尔马林 11.57%，二硫化碳 3.75%，黄原酸钠 7.65%和亚甲蓝 0.003%。据介绍，Lomasept 消毒剂对杀灭细菌、真菌、病毒和鸡球虫卵囊都有效，是一种"万能"消毒剂。

法规

① 欧盟化学品管理局（ECHA）。2016 年，欧盟生物杀灭剂产品委员会（BPC）发布法规（EU）2016/105，批准邻苯基酚作为第 1 类（人体卫生学消毒剂）、第 2 类（不直接用于人体或动物的消毒剂和杀藻剂）、第 4 类（食品和饲料领域消毒剂）、第 6 类（产品在储存过程中的防腐剂）以及第 13 类（金属工作或切削液防腐剂）生物杀灭剂产品的活性物质。批准日期 2017 年 7 月 1 日，批准期满 2027 年 7 月 1 日。

② 欧盟化学品管理局（ECHA）。2016 年，欧盟生物杀灭剂产品委员会（BPC）发布法规（EU）2016/1084，批准邻苯基酚作为 PT-3（兽医卫生消毒剂）生物杀灭剂产品的活性物质。批准日期 2018 年 1 月 1 日，批准期满 2028 年 1 月 1 日。其中，2024 年 4 月 15 日起，PT-7（干膜防霉剂）不再被批准。PT-9（纤维、皮革、橡胶和聚合材料防腐剂）和 PT-10（建筑材料防腐剂）的审核目前处于进行之中。

③ 欧盟化妆品条例附件Ⅴ中，邻苯基苯酚用作冲洗产品里的防腐剂时，最大允许浓度为 0.2%（避免眼睛接触）；用作免洗产品中的防腐剂时最大允许浓度为

0.15%（避免眼睛接触）。不允许将邻苯基苯酚钠、邻苯基苯酚钾作为防腐剂。

④ EPA 允许美国企业将邻苯基苯酚作为防腐剂、保鲜剂等化工制品的成分。国际上对于果蔬中邻苯基苯酚的残留量规定不得多于 10～12 mg/kg。

⑤ 2017 年，邻苯基苯酚被世界卫生组织国际癌症研究机构列入 3 类致癌物清单中。2018 年 4 月 24 日，欧盟发布通报，修订化妆品法规（EC1223/2009），拟禁止使用邻苯基苯酚钠、邻苯基苯酚钾和邻苯基苯酚乙醇胺盐作为防腐剂用于化妆品中。我国《化妆品安全技术规范》（2015 年版）规定，邻苯基苯酚及其盐类在化妆品中的使用限量为 2mg/g。

⑥ GB 38850—2020《消毒剂原料清单及禁限用物质》规定其可以使用的范围有：E，表示用于环境及物体表面的消毒剂。

六氯酚

（hexachlorophene）

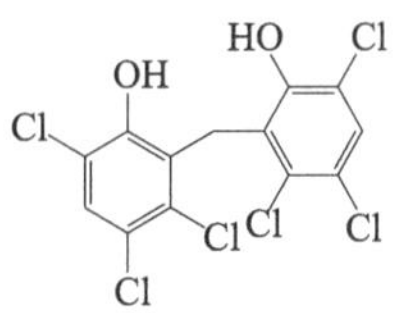

$C_{13}H_6Cl_6O_2$ 406.92 70-30-4

其他名称　菌螨酚、灭菌酚

化学名称　2,2′-亚甲基双(3,4,6-三氯苯酚)

IUPAC 名　3,4,6-trichloro-2-[(2,3,5-trichloro-6-hydroxyphenyl)methyl]phenol

EC 编码　[200-733-8]

理化性质　白色或微带黄色结晶性粉末。熔点 164～165℃。沸点 479℃。溶解性（20℃）：丙酮 1010g/L；乙醇 500g/L；甲苯 56g/L；几乎不溶于水；可溶于碱性溶液（形成碱盐）。稳定性：正常情况下稳定。pK_a=4.95。

毒性　大鼠急性经口 LD_{50} 56mg/kg；大鼠急性经皮 LD_{50} 1840mg/kg；大鼠静脉注射 LD_{50} 7.5mg/kg。

抗菌防霉效果　六氯酚在碱性条件下，其一个羟基和碱反应生成酚盐，另一个羟基具有杀菌作用，对革兰氏阳性菌有效，而对革兰氏阴性菌效力较差。

制备　由 2,4,5-三氯苯酚与甲醛在浓硫酸存在下缩合而成。

应用　六氯酚主要作为皮肤消毒药，亦可作高分子胶黏剂的防腐防霉剂。

实际应用参考：

Montfort A. Johnsen 报道，1961 年美国首先推出“好卫生”腋下除臭剂，配方大致为：八水合酚磺酸锌 1.50%，六氯酚 0.12%，Solulan 16 0.50%，无水乙醇 35.0%，肉豆蔻酸异丙酯 2.58%，香精 0.30%，CFC-12 34.20%，CFC-14 25.80%。八水合酚磺酸锌有杀菌作用，并有几乎不易察觉的抗汗作用。杀菌作用主要来自六氯酚，当乙醇和抛射剂蒸发后，六氯酚的浓度变为约 2.4%，当它碰到存在于皮肤及其毛孔上的微生物时便发挥杀灭作用。

法规 GB 38850—2020《消毒剂原料清单及禁限用物质》规定其可以使用的范围有：H，表示用于人体的消毒剂。

氯代百里酚

(chlorthymol)

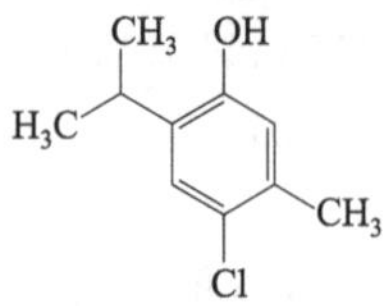

$C_{10}H_{13}ClO$ 184.67 89-68-9

其他名称 2-甲基-3-氯-5-异丙基苯酚、6-氯代百里酚、氯麝香草酚

化学名称 4-氯-2-异丙基-5-甲基苯酚

IUPAC 名 4-chloro-5-methyl-2-propan-2-ylphenol

EC 编码 [201-930-1]

理化性质 无色晶体，味道类似于百里酚。沸点（101kPa）259～263℃。熔点64℃。随水蒸气挥发。溶解性（20℃）：水 0.3g/L；溶于碱性溶液和有机溶剂。

毒性 小鼠急性经口 LD_{50} 2460mg/kg。刺激皮肤和黏膜。

抗菌防霉效果 氯代百里酚对抑制真菌比较有效，其抗菌数据见表 2-86。

表 2-86 氯代百里酚对常见微生物的最低抑制浓度（MIC）

微生物	MIC/(mg/L)	微生物	MIC/(mg/L)
大肠杆菌	200	铜绿假单胞菌	4000
黑曲霉	100	球毛壳菌	20～50
青霉	50	黑根霉	20～50

制备 氯代百里酚由百里酚、氯等原料制备而得。

应用 属于广谱型杀菌剂，具有一定的气相杀菌功效，亦可用作化妆品防腐剂。

三氯生（TCS）

(triclosan)

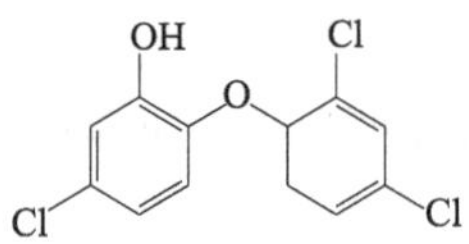

$C_{12}H_7Cl_3O_2$ 289.55 3380-34-5

其他名称 三氯新、DP300、玉洁新 DP-300、三氯羟基二苯醚、三氯均二苯脲

化学名称 2,4,4′-三氯-2′-羟基二苯醚

IUPAC 名 5-chloro-2-(2,4-dichlorophenoxy)phenol

EC 编码 [222-182-2]

理化性质 纯品为白色细小结晶状粉末，有轻微的芳香味。沸点 280～290℃（分解）。熔点 56～58℃。蒸气压(20℃)4×10^{-6}mmHg。相对密度 1.55～1.56。蒸气压(20℃)5.32×10^{-6}hPa。闪点 223℃。溶解性（20℃）：水 0.01g/L；95%乙醇 >1000g/L；异丙醇>1000g/L；丙二醇>1000g/L；乙酸乙酯>1000g/L；1mol/L 氢氧化钠溶液 371g/L。稳定性：常温常压下其挥发性较低。280～290℃以下不会迅速分解，在 200℃加热 14h 仅有 2%的活性物被分解，长时间的紫外光照射下，也只有轻微的分解。然而，三氯生（TCS）可通过甲基化、光解和氯化产生甲基三氯生、二噁英、氯酚和氯仿。TCS 的辛醇-水分配系数（$\lg K_{ow}$）为 4.76，表明其具有良好的亲脂性。

毒性 大鼠急性经口 LD_{50}>5000mg/kg。对兔子急性经皮 LD_{50}>6000mg/kg。大量动物毒理实验表明，三氯生能与含氯漂白剂反应，生成有毒的含氯衍生物，受紫外光照射及加热后会产生致癌物质。三氯生对自然环境和人体健康具有不容忽视的潜在危害。

抗菌防霉效果 三氯生（TCS）杀菌作用机理是先吸附于细菌细胞壁，再穿透细胞壁，与细胞质的脂质、蛋白质反应，产生不可逆变性，杀死细菌。三氯生是一种非离子型化合物，与皮肤（蛋白质）有良好的亲和性，能与各种日化常用原料共同使用，对革兰氏阳性菌和革兰氏阴性菌、甲肝及乙肝病毒、HIV 病毒、狂犬病毒、梅毒螺旋体等具有显著的杀灭作用，其综合杀菌能力远优于其他消毒品。

刘忠杰等采用载体定量法进行了杀菌试验。结果表明，以含质量分数 0.3%的三氯生和 65%～75%乙醇组成的凝胶手部消毒剂对金黄色葡萄球菌、大肠杆菌和白色念珠菌作用 0.5min，杀灭对数值均>5.00。用该凝胶消毒原液对医护人员手擦拭消毒 3min，手上自然菌平均杀灭率达到 90%以上，符合国家卫生标准。该消毒凝胶产品置于 40℃恒温储存 3 个月，三氯生和乙醇的有效成分含量下降率为 1.94%和 3.51%。

制备 瑞士 Ciba 特殊化学控股公司公开专利 EP857711。

应用 三氯生（TCS）具有与多氯联苯、多溴联苯醚和二噁英等化合物相似的化学物质。20 世纪 60 年代由瑞士 Ciba-Geigy 成功研制，并于 80 年代投入生产。90 年代，在国内三氯生也实现了工业化生产。

三氯生作为一款高效酚类杀菌剂，被大量应用于个人护理用品、医疗样品、家居清洁用品以及纺织、塑料等领域。TCS 大量生产和应用已超 30 多年，其对生态环境和人类健康影响也已颇受关注，三氯生的光降解产物或与水中的氯反应的产物被列为有毒物和可致癌物。因此，美国食品和药品管理局已经禁止将三氯生应用于非处方类洗涤用品中（Lin，2022）。

法规

① 欧盟化学品管理局（ECHA）。三氯生申请用作以下几种产品类别的杀生物剂未被通过：产品类型 PT-1(人体卫生学消毒剂)[(EU) 2016/110]；产品类型 PT-2（不直接用于人体或动物的消毒剂和杀藻剂）（Decision 2014/227/EU）；产品类型 PT-7（干膜防霉剂）（Decision 2014/227/EU)；产品类型 PT-9（纤维、皮革、橡胶和聚合材料防腐剂）（Decision 2014/227/EU）。

② 欧盟化妆品条例授权的防腐剂，受附件Ⅴ第25条监管，用于牙膏、肥皂/沐浴露、洗手液、非喷雾型除臭剂、化妆粉及遮瑕剂、人造指甲使用前清洗手指甲和脚指甲产品中的最大允许浓度为0.3%；用于漱口水的最大允许浓度为0.2%。

③ 2015年国际标准化委员会首次发布ISO 8124-7：2015《玩具安全 第7部分：指画颜料的要求和测定方法》，提出对三氯生0.3%、三氯卡班0.2%的限制要求。国内GB 6675.14—2014《玩具安全 第14部分：指画颜料要求和测试方法》中三氯生和三氯卡班的要求同上述标准。2018年修订的EN71-7：2014＋A2：2018《玩具安全 第7部分：指画颜料的要求和测定方法》中对三氯卡班的限制要求同上述标准，禁止添加三氯生。

④ 我国2015年版《化妆品安全技术规范》中规定：三氯生在化妆品中的最大允许量（质量分数）为0.3%。限制范围和限制条件：洗手皂、浴皂、沐浴液、除臭剂（非喷雾）、化妆粉及遮瑕剂、指甲清洁剂（指甲清洁剂的使用频率不得高于2周一次）。

依据我国现行法规[《化妆品卫生监督条例》（卫生部令第3号）、《化妆品卫生监督条例实施细则》（卫生部令第13号）]，化妆品不具有杀菌、抑菌功效，因此，将三氯生作为抗菌剂使用的产品不属于我国化妆品定义范畴，而属于消毒产品。

⑤ GB 38850—2020《消毒剂原料清单及禁限用物质》规定其可以使用的范围有：E，表示用于环境及物体表面的消毒剂；H，表示用于人体的消毒剂；K，表示用于集中空调通风系统的消毒剂；M，表示用于医疗器械的消毒剂。

双氯酚（DCP）
（dichlorophen）

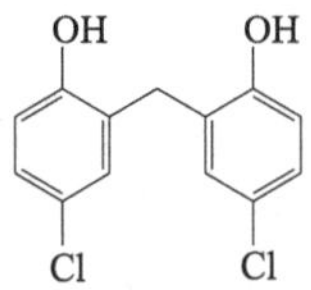

$C_{13}H_{10}Cl_2O_2$ 269.1 97-23-4

其他名称 菌霉净、二氯酚、2,2′-二羟基-5,5′-二氯二苯基甲烷

化学名称 4,4-二氯-2,2-亚甲基双酚

IUPAC名 4-chloro-2-[(5-chloro-2-hydroxyphenyl)methyl]phenol

EC编码 [202-567-1]

双氯酚单钠盐（dichlorophen-monosodium）

IUPAC名 sodium;4-chloro-2-[(5-chloro-2-hydroxyphenyl)methyl]phenolate

CAS号 [10254-48-5]

二氯酚单钠盐

CAS号 [10187-52-7]

EC编码 [233-457-1]

二氯酚二钠盐

CAS 号 [22232-25-3]

EC 编码 [244-853-9]

理化性质　纯品为无色无味晶体（原药浅棕色粉末，略有酚味）。熔点 177～178℃（原药≥164℃）。蒸气压（25℃）1.3×10^{-5}mPa。$\lg K_{ow}$ 4.3。溶解性：水 30mg/L（25℃）；乙醇 530g/L；异丙醇 540g/L；丙酮 800g/L；丙二醇 450g/L（25℃）；溶于甲醇、异丙醚和石油醚；微溶于甲苯。稳定性：在空气中缓慢氧化。酸性反应，形成碱金属盐。在缺氧条件下、酸性溶液中光解，导致一个氯原子水解，形成相应的酚；在氧气存在的条件下，形成相应的苯醌。pH 9 时形成同样的产品 4-氯-2,2′-亚甲基双氯酚。

毒性　大鼠急性经口 LD_{50} 2690mg/kg。小鼠急性经口 LD_{50} 1000mg/kg。豚鼠急性经口 LD_{50} 1250mg/kg。水生生物：虹鳟鱼 LC_{50}（48h）540μg/L。

抗菌防霉效果　双氯酚（DCP）具有广泛的抗菌谱，该化合物对细菌的抑制效果比对霉菌的抑制效果好，尤其对水中的硫酸盐还原菌、铁细菌、藻类很有效。双氯酚抗菌数据见表 2-87。

表 2-87　双氯酚对一些微生物的最低抑制浓度（MIC）

微生物	MIC/(mg/L)	微生物	MIC/(mg/L)
黑曲霉	250	枯草杆菌	5
黄曲霉	100	巨大芽孢杆菌	5
变色曲霉	100	大肠杆菌	250
橘青霉	100	荧光假单胞杆菌	2
宛氏拟青霉	50	金黄色葡萄球菌	2
腊叶芽枝霉	50	酒精酵母	250
球毛壳霉	50	啤酒酵母	250

制备　由对氯苯酚和甲醛在浓硫酸催化下发生缩合反应。

应用　双氯酚（DCP）广泛用于化肥、石油化工等行业冷却循环水处理，当用量为 50～100g/m³ 时，24h 杀菌率达 99%以上；还可作涂料、织物、纸浆、木材的防霉剂，以及船舶水下涂层灭藻剂等；亦作抗蠕虫药物。

注意：偏碱性条件处理效果更佳；不宜与阳离子药剂（如季铵盐等）共用，但其与某些阴离子表面活性剂复合使用，具有显著协同增效性能。

实际应用参考：

法国“G-4”杀菌剂可灭除藻类，用作灭藻剂，常用量是 0.01%～0.1%。法国“G-4”杀菌剂主要由 29%双氯酚、5%氢氧化钠、6%乙二醇、59%水、1%对氯苯酚配制而成。使用该杀菌剂时，一般加入适量的氢氧化钠，使其以单钠盐形式存在。在大型化肥厂冷却水系统中使用，水样 pH 值为 7.8～8.2，加入 50～100mg/L 的 G-4，作用 24h，杀菌率超过 98%；加入 100mg/L 的 G-4，杀菌率一直在 99.65%以上，药效发挥比较长。

法规　欧盟化妆品条例将其列入附件Ⅲ中，限制浓度为 0.5%，且在标签上应贴有“含有二氯芬”的标识。

四溴邻甲酚
(tetrabromo-o-cresol)

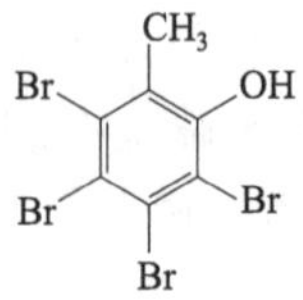

$C_7H_4Br_4O$ 423.75 576-55-6

其他名称　3,4,5,6-四溴邻甲酚

化学名称　2-methyl-3,4,5,6-tetrabromophenol

IUPAC 名　2,3,4,5-tetrabromo-6-methylphenol

EC 编码　[209-403-8]

理化性质　微黄色，无味，结晶粉末。熔点 205～208℃。稳定性：在光线中和与铁的痕迹接触时变色。溶解性（20℃）：乙醇 85g/L；异丙醇 80g/L；乙二醇 9g/L；1,2-丙二醇 8g/L；甘油 4g/L。

毒性　大鼠急性经口 LD_{50} >6400mg/kg。

抗菌防霉效果　研究发现，3,4,5,6-四溴邻甲酚对金黄色葡萄球菌非常有效（MIC2.5mg/L）。但对假单胞菌的活性非常低（MIC2000mg/L）。值得注意的是，四溴邻甲酚对藻类有效（小球藻 MIC 1mg/L）。其对部分真菌抑制效果见表 2-88。

表 2-88　四溴邻甲酚对营养琼脂中真菌的最低抑制浓度（MIC）

微生物	MIC/(mg/L)	微生物	MIC/(mg/L)
黑曲霉	3000	灰绿青霉	2500
球毛壳菌	60	黑根霉	1200

五氯苯酚（PCP）
(pentachlorophenol)

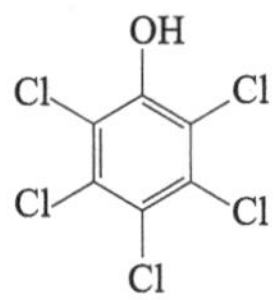

C_6HCl_5O 266.34 87-86-5

其他名称　五氯酚、penta

化学名称　1-hydroxy-pentachlorobenzene

IUPAC 名　2,3,4,5,6-pentachlorophenol

EC 编码　[201-778-6]

五氯酚钠（sodium pentachlorophenolate）

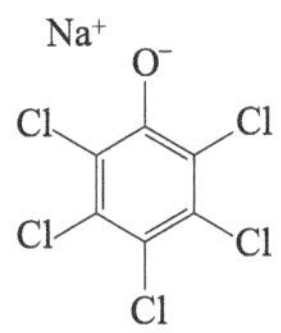

化学名称　五氯酚钠

IUPAC 名　sodium；2,3,4,5,6-pentachlorophenolate

CAS 号　[131-52-2]

EC 编码　[205-025-2]

理化性质

五氯苯酚　白色至灰色的结晶粉末或薄片，带有酚类气味。沸点 310℃（101kPa，分解）。熔点为 191℃（原药 187～189℃）。密度（22℃）1.978g/mL。蒸气压（20℃）5.1×10^{-5}hPa。蒸气压（100℃）0.16hPa。溶解性（20℃）：水 0.02g/L；溶于有机溶剂和碱性介质。PCP-Na 水合物（CAS 号：131-52-2，EC 编码：205-025-2）在 H_2O 中高度溶解，但稳定的透明溶液仅在烧碱过量的情况下形成。稳定性：在正常条件下非常稳定；在光照下迅速分解，脱出氯化氢，颜色变深；在碱性介质和高温条件下生成八氯二苯并对二噁英。

五氯酚钠　NaPCP，分子式为 C_6Cl_5ONa，是 PCP 的钠盐，纯品为白色针状结晶，原药为淡红色鳞状结晶，分子量 288.34，易挥发，有明显的刺鼻气味。易溶于水，水中溶解度为 330g/L（25℃），其水溶液有强烈的酚臭味；溶于醇和丙酮；不溶于石油和苯；遇酸析出五氯苯酚结晶；常温下不易挥发；光照下迅速分解，脱出氯化氢，颜色变深。

毒性　五氯苯酚大鼠急性经口 LD_{50} 210mg/kg。在雌大鼠体内，基本代谢产物为四氯单酚、二元酚和对苯二酚。五氯苯酚苯环上含有 5 个氯，这就决定了氯苯酚体系中，五氯苯酚的毒性最大。苯环的结构相对稳定，PCP 是一种难降解的持久性有机污染物。

抗菌防霉效果　五氯苯酚（PCP）是氯代烃类杀菌剂，于 20 世纪 30 年代开始使用。其在酚类杀菌剂中有最高的杀菌力，并且抑制孢子萌发能力优于其盐类。其对几种木腐菌的抗菌性能见表 2-89。

表 2-89　五氯苯酚对几种木腐菌的使用剂量

菌种名称	使用剂量/(kg/m^3)	菌种名称	使用剂量/(kg/m^3)
洁丽香菇菌	0.5～1.0	地窖粉孢革菌	1～5
密黏褶菌	1.8～3.2	棉腐卧孔菌	0.4～4
采绒革盖菌	0.6～1.0		

制备　以苯酚以原材料，在催化剂氯化铁等作用下，通入氯气制得目标物。

应用　五氯苯酚是氯苯酚族中的芳香烃。1841 年首次被合成出来，直到 1936 年才进行工业生产，最初作为木材防腐剂投入使用。之后，五氯苯酚被用于多种其他用途，如杀虫剂、消毒剂、枯叶剂、防变色剂和抗微生物剂，并用于生产月桂酸五氯苯酯。

五氯酚钠盐的用途与五氯苯酚类似，并且很容易降解成五氯苯酚，在我国，五氯酚钠（PCP-Na）曾作为杀灭血吸虫中间宿主——钉螺的药物，在长江中下游血吸虫病疫区大范围长时间使用。随着研究的深入，鉴于其对机体的毒害作用，多国都已将五氯酚列为禁用物质。

法规 2017 年 10 月 27 日，世界卫生组织国际癌症研究机构公布了致癌物清单，其中五氯酚属于一类致癌物。五氯苯酚在所有酚类中是毒性最大的，同时也是最难降解的，具有很强的“三致”（致癌、致畸、致突变）效应。

我国 2002 年将五氯酚列入环境优先监测污染物黑名单，禁止在水生动物养殖中使用。我国《动物性食品中兽药最高残留限量》和农业农村部公告第 250 号中，将五氯酚酸钠列为违禁药物，不得在动物性食品中检出。

香芹酚（CV）
（carvacrol）

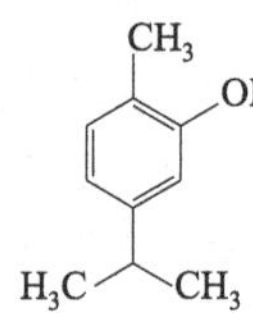

$C_{10}H_{14}O$ 150.22 499-75-2

其他名称 异百里酚、5-异丙基邻甲酚、香荆芥酚

化学名称 2-甲基-5-异丙基苯酚

IUPAC 名 2-methyl-5-propan-2-ylphenol

EC 编码 [207-889-6]

理化性质 百里酚和香芹酚（异百里酚）互为同分异构体。香芹酚外观为无色至黄色黏稠液体，具有独特气味。沸点（760mmHg）237～238℃。熔点 1～3℃。密度（20℃）0.976g/mL。折射率（nD，20℃）1.5233。闪点 100℃。pK_a = 10.32。溶解性：水 1.25mg/mL（25℃）；溶于乙醇、乙醚、碱液。稳定性：水蒸气挥发性；易被氧化，氧化后呈淡黄色至橙色。

毒性 美国环境保护署对相关文献和出版物的调查发现，百里酚和香芹酚（异百里酚）的毒性极低，使用风险较小。相关香芹酚（异百里酚）的前期毒性研究显示，大鼠口服的半数致死量 LD_{50} 810mg/kg；小鼠静脉注射和腹腔注射的 LD_{50} 分别为 80mg/kg 和 73mg/kg；兔子皮肤给药 LD_{50} 2700mg/kg。

抗菌防霉效果 香芹酚（异百里酚，CV）是一种单萜酚。其抗菌性能归因于在细胞水平上是通过多个靶点协同发挥作用，并不是单一的机制。陈一中等研究表明，香芹酚和百里香酚抑菌的主要机制是其分子的特殊结构对细菌生物膜具有亲脂性和敏感性，可导致脂肪酸链中细菌膜膨胀和损伤细菌膜，造成细菌膜流动性增强、生理功能失常和膜内物质外泄等，抑制细菌增殖。

该化合物具有广泛的生物活性，包括抗菌、抗真菌、抗病毒、抗螨虫、抗氧化和抗癌特性，其羟基和离域电子系统的存在对其抗菌活性起着关键作用。

欧阳海燕等研究指出，香芹酚和百里酚对产气荚膜梭菌抑制效果较好，最低抑制浓度仅为 0.02%。香芹酚和百里酚的抗菌活性见表 2-90。

表 2-90　香芹酚和百里酚的抗菌活性　　单位：μg/mL

项目	最小抑制浓度		最小杀菌浓度	
	百里酚	香芹酚	百里酚	香芹酚
大肠杆菌	187.5	375.0	375.0	750.0
产气荚膜梭菌	375.0	375.0	750.0	750.0
鼠伤寒沙门氏菌	375.0	375.0	750.0	750.0
肠炎沙门氏菌	375.0	187.5	1500.0	750.0
鸡瘟沙门氏菌	375.0	375.0	750.0	750.0
嗜酸乳杆菌	1500.0	1500.0	3000.0	3000.0
罗伊氏乳杆菌	1500.0	1500.0	3000.0	3000.0
唾液乳杆菌	1500.0	1500.0	3000.0	3000.0
空肠弯曲杆菌	—	75.0	—	—
出血性大肠杆菌	—	1000.0	—	—
金黄色葡萄球菌	125.0	125.0	—	—
芽孢杆菌	250.0	250.0	—	—

注:“—”表示文献中未进行此实验。

耿俊强等以挥发性香芹酚、香茅醛、2-苯乙醇等备选抑菌剂，筛选绿色空间型抑菌剂。MIC 统计数值发现，空间型抑菌剂中香芹酚的抑菌效果最好，对里氏木霉和枝孢属最低抑制浓度为 7.81mg/L，对赭曲霉和黑曲霉最低抑制浓度为 15.63mg/L。综合排序空间型抑菌剂抑菌效果：香芹酚＞香茅醛＞2-苯乙醇。

制备　以香芹酮为原料，在强酸或者金属催化剂的作用下合成香芹酚。

应用　香芹酚（CV）在自然界中普遍存在于芳香性中药材中，具有抗菌、抗寄生虫和抗疟原虫活性，抗氧化、抗炎活性，对心血管的保护作用和降压作用，对神经系统的保护作用，对糖尿病及其血管并发症的治疗作用，抗肿瘤作用，细胞毒性保护作用，镇痛作用，对皮肤病的治疗作用，以及潜在的抑制钠欲和中枢降压作用等。

香芹酚是一类天然的单酚类化合物，最早被埃及人用于保存木乃伊，同时表现出抗菌和杀灭真菌的效用。在日常生活中，香芹酚可用于制作香料、饲料添加剂、口腔卫生品、驱虫剂、卫生杀菌剂、防腐剂等。

实际应用参考：

① 专利 CN108812657A《香芹酚类似物及其在驱蚊产品中的应用》报道，本发明的 5 种香芹酚类似物为对-孟烷-2-醇、2-甲基-4-异丙基苯酚、4-甲基-2-异丙基苯酚、3-甲基-4-异丙基苯酚、4-甲基-3-异丙基苯具有显著或十分显著的蚊虫驱避作用。这 5 种香芹酚类似物驱蚊活性属首次被发现并被测试，驱蚊活性强。

② 李美林等研究报道，6 种精油单萜体外杀螨试验证明，精油单萜的杀螨功效顺序为：香芹酚＞丁香酚＞香叶醇＞柠檬醛＞松油烯-4-醇＞芳樟醇。在 0.5%浓度下，香芹酚、丁香酚、香叶醇、柠檬醛、松油烯-4-醇和芳樟醇的 LT_{50} 值分别为 6.7min、33.8min、48.1min、6.11h、22.3h 和 39.9h。

③ Huang 等引入植物精油香芹酚构建了环保持久抗菌涂层。他们将香芹酚与抗污垢的羧基甜菜碱两性离子结合并掺入到生物基聚氨酯中，涂层的持久抗菌性是通过香芹酚在水环境中水解并延长释放而实现的。此外，香芹酚的释放会产生两性离子部分，进一步起到防止细菌在释放部位黏附的作用，实现了“杀死和防御”的协同功能。

法规 美国 FDA 已批准将香芹酚用于人类食品中；香芹酚被归类为 GRAS (generally recognized as safe)，其在食品中的用途同样获得欧洲议会和理事会的批准。

溴氯芬
(bromochlorophen)

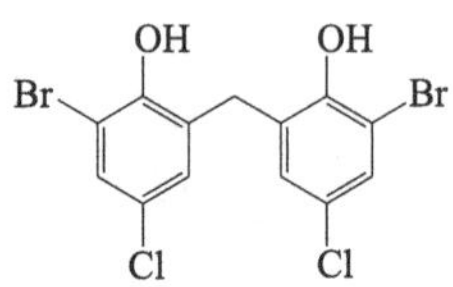

$C_{13}H_8Br_2Cl_2O_2$ 426.9 15435-29-7

其他名称 溴氯苯

化学名称 2,2′-亚甲基双(6-溴-4-氯苯酚)

IUPAC 名 2-bromo-6-[(3-bromo-5-chloro-2-hydroxyphenyl) methyl]-4-chlorophenol

EC 编码 [239-446-8]

理化性质 白色结晶粉末，具有轻微酚类气味。熔点 188～191℃。溶解性(20℃)：乙醇 95g/L；正丙醇 70g/L；异丙醇 40g/L；水<1.0g/L；甘油<1.0g/L。稳定性：在光照下不稳定；与非离子和阳离子表面活性剂、蛋白质不相容(失活)。

毒性 大鼠急性经皮 LD_{50}>10000mg/kg。大鼠急性吸入 LC_{50}(5h)800mg/m^3。

防霉抗菌效果 溴氯芬对金黄色葡萄球菌的最低抑制浓度在 10mg/L 左右；对大肠杆菌和铜绿假单胞菌的最低抑制浓度在 1000mg/L 左右；对真菌的抑制功效不明显。最佳的应用 pH 值范围为 5～6。

制备 溴氯芬由双氯酚等原料反应制备而得。

应用 溴氯芬可作家化日化、画材颜料等领域的抗菌剂、防腐剂、除臭剂。

法规

① 欧盟化妆品条例将其列入附件五（允许的防腐剂）中，最大允许浓度为 0.1%。

② 我国 2015 年版《化妆品安全技术规范》规定：该防腐剂在化妆品中使用时，最大允许浓度为 0.1%。

③ 我国 GB 6675.14—2014《玩具安全 第 14 部分：指画颜料技术要求及测试方法》规定：该防腐剂在指画颜料中最大允许限量为 0.1%。

乙萘酚
(2-naphthol)

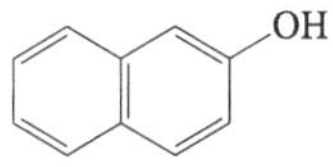

$C_{10}H_8O$ 144.2 135-19-3

其他名称　2-萘酚、β-萘酚

化学名称　2-羟基萘

IUPAC 名　naphthalen-2-ol

EC 编码　[205-182-7]

理化性质　纯品为米黄色或白色结晶状粉末，具有微苯酚气味。沸点 285～286℃。熔点 121～123℃。相对密度 1.21。$\lg K_{ow}=2.7$。溶解性：1g 溶于 1000mL 水，80mL 沸水，0.8mL 乙醇，17mL 氯仿或 1.3mL 乙醚；溶于甘油和碱溶液。稳定性：加热能升华，与蒸汽一同挥发；在空气中长期储存时颜色变深。$pK_a=9.51$。

毒性　小鼠腹腔注射 LD_{50} 97500mg/kg。大鼠急性吸入 LC_{50}(1h)＞770mg/kg。大鼠急性经口 LD_{50} 1960mg/kg。

抗菌防霉效果　乙萘酚具有较好的抗菌效果，0.4%～0.5%浓度的乙萘酚与 0.1%浓度的多菌灵抗霉效果接近。实验室试验菌的抗菌情况见表 2-91。

表 2-91　乙萘酚对实验室试验菌的抗菌力

防霉剂浓度/%	抑菌圈(直径)/mm	
	混合霉菌	混合细菌
0.5	26	28
0.3	0	×
0.1	×	×

注：表中数字表示抑菌圈大小，“0”表示无抑菌圈，但滤纸片上不长菌；“×”表示无抑菌圈，滤纸片上也长菌。

制备　异丙萘法或专利 CN1513824A《联产甲萘酚和乙萘酚的制备方法》。

应用　乙萘酚是有机合成原料及其染料的中间体，也是橡胶防老剂、杀菌剂、选矿剂、防腐剂、防霉剂、防治寄生虫以及驱虫药物等的原材料。

法规　GB 2760—2014《食品安全国家标准 食品添加剂使用标准》中删除了原 GB 2760 版本表 A.1 中乙萘酚及其使用规定。

2.5　酸性化合物

在众多有机酸和无机酸中，只有少数几种可用作防腐剂，特别是在食品和化妆品行业。作为杀菌剂的酸性化合物属于膜活性物质。该类酸性化合物只有在未解离状态下才会显示出显著的抗菌活性。因此了解非解离形式的可用性非常重要，其特征是 pK_a 值，表示 50%的酸以未离解状态存在时的 pH 值。如图 2-5 显示羧酸的解离方程式，表 2-92 列出了部分具有酸性的杀微生物剂的 pK_a 值。

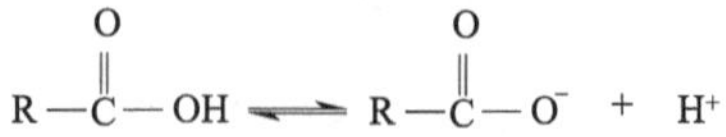

图 2-5 羧酸解离方程式

表 2-92 部分酸性化合物的 pK_a 值

酸性化合物	pK_a	酸性化合物	pK_a
甲酸	3.8	乙酸	4.8
丙酸	4.9	乳酸	3.8
脱氢乙酸	5.4	山梨酸	4.8
苯甲酸	4.2	水杨酸	3.0
对羟基苯甲酸甲酯	8.5	对羟基苯甲酸丙酯	8.1
2-苯基苯酚	11.6	4-氯-3-甲基苯酚	9.6
亚硫酸	1.8/6.9	硼酸	9.1

有机酸在不同 pH 条件下呈现解离及未解离的动态平衡，可以通过多种方式对微生物生长产生抑制作用。在胞外有机酸能够解聚外膜组分中脂多糖，导致细胞外膜通透性增加；在胞内有机酸解离出质子和酸根离子，酸根离子可以破坏胞内渗透压平衡，质子则可能通过泵出胞外消耗能量的方式影响微生物生长（李莉，2023）。

2-甲-4-氯丙酸（MCPP）
（mecoprop ）

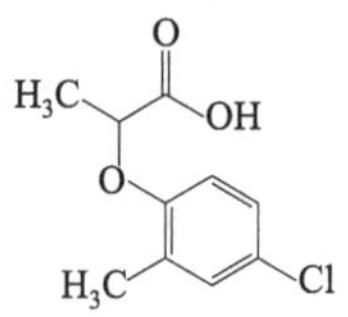

$C_{10}H_{11}ClO_3$ 93-65-2

其他名称　CMPP、2-(4-氯-2-甲基苯氧基)丙酸

EC 编码　[202-264-4]

Mecoprop（来源：ECHA）

CAS 号　230-386-8

EC 编码　[7085-19-0]

分子式　$C_{10}H_{11}ClO_3$

理化性质　2-(4-氯邻甲苯氧基)丙酸异构体化合物具有两种对映体结构。无色晶体。沸点 298℃。熔点 94.5℃。蒸气压(20℃)2.33×10^{-6}mmHg。lgK_{ow}=2.94。溶解性（20℃）：水 880mg/L（25℃）；丙酮、乙醚、乙醇>1000g/kg；乙酸乙酯 825g/kg（20℃）。稳定性：对热、水解、还原和大气氧化稳定。2-甲-4-氯丙酸是酸，可形成盐：2-甲-4-氯丙酸钾或 2-甲-4-氯丙酸钠。

毒性　小鼠急性经口 LD_{50} 369mg/kg。兔急性经皮 LD_{50} 900ng/kg。大鼠腹腔注

射 LD_{50} 402mg/kg。大鼠急性经口 LD_{50} 650mg/kg。

抗菌防霉效果 作用机制为合成生长素（作用类似吲哚乙酸），通过叶子吸收，然后传输到根部。

制备 专利CN104447288A《一种精2-甲-4-氯丙酸的制备方法》。

应用 2-甲-4-氯丙酸是典型的手性苯氧羧酸类激素型除草剂，20世纪50年代开发的常用谷类稻田苗后除草剂，主要用于控制双叶阔叶杂草，对春蓼、大马蓼特别有效；亦作除藻剂，用于屋顶防护。

10-十一烯酸（UA）
（undecylenic acid）

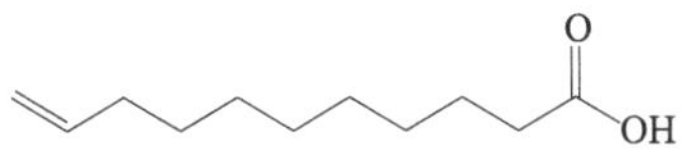

$C_{11}H_{20}O_2$ 184.3 112-38-9

其他名称 十一烯酸

化学名称 10-十一碳烯酸

IUPAC名 undec-10-enoic acid

EC编码 [203-965-8]

十一烯酸锌 zinc undecylenate

其他名称 ZnUA

化学名称 十一烯酸锌

IUPAC名 zinc diundec-10-enoate

CAS号 [557-08-4]

EC编码 [209-155-0]

理化性质

十一烯酸 十一烯酸是含有11个C的单不饱和脂肪酸，为无色而有强烈果实香味的液体（夏季）或结晶体（冬季）。沸点（101kPa）275℃（分解）。熔点24.5℃。密度（25℃）0.912g/mL。闪点149℃。溶解性：水73.7g/L（30℃）；溶于大多数有机物溶剂。稳定性：可燃；长期接触空气，会氧化变质。

十一烯酸锌 分子式 $C_{22}H_{38}O_4Zn$，分子量431.9。白色蓬松状细粉，具有特殊气味，易燃，熔点115～116℃。溶解性：几乎不溶于水、乙醇。稳定性：遇强酸分解为十一烯酸和相应的锌盐。

毒性 十一烯酸大鼠急性经口 LD_{50} 2500mg/kg。小鼠急性经口 LD_{50} 8150mg/kg。浓度＞1%时对黏膜有刺激性。

抗菌防霉效果 大部分的有机脂肪酸都具有杀菌的活性，并且碳原子数越多，杀菌活性越大。但是当碳原子数超过11个时其溶解性就会逐渐降低。十一稀酸及其衍生物具有广泛的杀菌抑菌活性，特别是对常见霉菌和皮肤癣菌有良好的抑制效果，pH最佳值在酸性范围内（4.5～6.0）。

周东顺等采用悬液定量杀菌方法，发现十一烯酸锌含量为110mg/L，原液呈酸性，pH 值为 2.75 时，分别对悬液内大肠埃希菌、金黄色葡萄球菌和白色念珠菌作用 1min，平均杀菌率均≥90%；pH 值在 2.75～3.56 范围内，其抗菌效果随着 pH 值升高而降低。

制备 合成有蓖麻油高温裂解法、蓖麻油酸甲酯高温裂解法和蓖麻油催化裂解法。

应用 早在 20 世纪 40 年代，十一烯酸就被发现具有抗真菌的活性。美国 FDA 将其列为非处方药物。十一烯酸及其锌盐主要用作膏霜类化妆品的助乳化剂，具有良好的乳化和杀菌作用；还可作抗霉药剂，制成脚气灵软膏，用于治疗皮肤霉菌病；另外也可用于农业、美术颜料、纸张等行业抗菌防霉。

实际应用参考：

邢舒雅报道，十一烯酸及其衍生物是优良的抗脱头屑成分，具有抗微生物活性，被广泛用于去屑洗发水、其他洗浴产品、脚气药物等日用品中。十一烯酸锌盐由于其抑制真菌的效果很好，也是用于治疗脚气的有效成分之一。但十一烯酸锌盐的溶解性很差，在洗发产品中的应用有很大的限制，其衍生物十一烯酸单乙醇酰胺磺基琥珀酸酯二钠盐（NS）更常被应用。

法规

① 我国 2015 年版《化妆品安全技术规范》规定：十一烯酸及其盐类在化妆品中使用时的最大允许浓度为 0.2%（以酸计）。

② GB 38850—2020《消毒剂原料清单及禁限用物质》规定十一烯酸锌可以使用的范围有：H，表示用于人体的消毒剂。

p-茴香酸

(*p*-anisic acid)

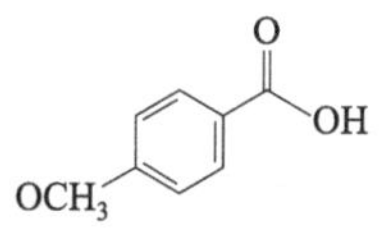

$C_8H_8O_3$ 152.15 100-09-4

其他名称 大茴香酸、4-茴香酸、4-甲氧基苯甲酸

化学名称 对甲氧基苯甲酸

IUPAC 名 *p*-茴香酸

EC 编码 [202-818-5]

理化性质 *p*-茴香酸呈白色至微黄色晶体粉末。溶于乙醇、乙醚、氯仿和乙酸乙酯，微溶于热水。密度 1.385 g/cm^3。熔点 185℃(363F，457K)。沸点 276.5℃(升华)。pK_a=4.47

赵雪华研究去离子水用量对 *p*-茴香酸溶解性影响，结果发现，仅用 1,2-己二醇作为溶剂的体系不能完全溶解 *p*-茴香酸，当去离子水添加量为 0.5～100 时，*p*-茴香酸在 69～75℃范围内即可完全溶解，此时所得的溶液相对稳定。去离子水配比对 *p*-茴香酸的溶解性影响更多体现在溶解时间而非溶解温度上。

毒性　国家标准 GB 2760—2014 将其列为允许使用的食品用合成香料。

抗菌防霉效果　*p*-茴香酸（对甲氧基苯甲酸）源于天然物质茴香菜和茴香油，具有特殊的香味，属于有机酸范畴，不属于防腐剂范畴，但有着较好的防腐效果。

p-茴香酸防腐作用机制源于茴香酸作为有机弱酸，在 pH＜6 时能电离出一个质子和一个弱酸根离子，会逐渐造成菌种细胞内弱酸负离子的积累，积聚在细胞质中的高水平弱酸阴离子可对细胞和发生在细胞质内的代谢过程产生渗透作用（Hirshfield，2003）；还可对菌种细胞膜功能产生影响，使细胞产生许多问题，如干扰营养物质运输、细胞质膜损伤导致渗漏、外膜通透性破坏和影响大分子合成，诱导菌种细胞壁和细胞膜损伤，从而造成微生物的死亡（Li 等，2020）。

制备　以对羟基苯甲酸为原料制得对甲氧基苯甲酸。

应用　*p*-茴香酸常在化妆品配方中作为香料使用，但具有优良的抑菌活性。在日化领域中，将 *p*-茴香酸应用于化妆品配方中的产品并不少见，例如：法国 Mulato Cosmetics 公司的儿童香波产品采用了 *p*-茴香酸与苯甲醇作为防腐体系；美国强生婴儿脸手两样纸巾采用 *p*-茴香酸与苯氧乙醇提供防腐效果；德国喜宝公司的一款婴儿创伤护理霜也采用 *p*-茴香酸与苯氧乙醇作为防腐剂。

茴香酸在植物茴香菜中大量存在，在中医中具有散热、顺气、止痛的功效。

实际应用参考：

王劲阳等采用绿色安全的植物提取物茴香酸与儿茶素为主要抑菌原料，以聚丙烯（PP）为主要基材制得改性薄膜，结果表明，当加入 3%（质量分数）的茴香酸与儿茶素的抑菌效果最好。与对照组相比，24h 大肠杆菌的 OD 值下降 30%，72h 黑霉菌干重减少 48%，展现出了良好的抑菌性，且力学性能、微观结果均未发生较大改变。通过正交实验的测试，薄膜在一定时间段内仍具有持续抑菌性。

苯甲酸
（benzoic acid）

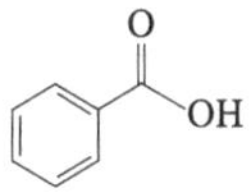

$C_7H_6O_2$ 122.1 65-85-0

其他名称　安息香酸

化学名称　苯甲酸

IUPAC 名　benzoic acid

EC 编码　[200-618-2]

苯甲酸钠　sodium benzoate

其他名称　安息香酸钠

化学名称　苯甲酸钠

IUPAC 名　sodium benzoate

CAS 号　[532-32-1]

EC 编码　[208-534-8]

理化性质

苯甲酸　纯品为白色结晶。沸点（101kPa）250℃。沸点 122℃（100℃升华）。密度（20℃）1.32g/L。蒸气压（132℃）13.3hPa。闪点 121℃。溶解性：难溶于冷水而略溶于热水；易溶于乙醇、乙醚、氯仿、苯、二硫化碳和松节油。稳定性：在酸性条件下容易同水蒸气挥发；加热至 370℃时，分解成苯和二氧化碳。$pK_a=4.2$。

苯甲酸钠　分子式：$C_7H_5NaO_2$。分子量：144.1。纯品为白色的颗粒或结晶性粉末，无臭或带苯甲酸的气味，味微甜而有收敛性。溶解性：易溶于水；微溶于乙醇；不溶于乙醚和其他非极性溶剂和脂类。稳定性：在空气中稳定。

苯甲酸钠在食品中的酸性条件下（pH 2.5～4.0）能转化为苯甲酸。1g 苯甲酸相当于 1.18g 苯甲酸钠，也就是 1g 苯甲酸钠相当于 0.84g 苯甲酸。

毒性　苯甲酸狗急性经口 LD_{50} 2000mg/kg。大鼠急性经口 LD_{50} 1700mg/kg。小鼠急性经口 LD_{50} 1940mg/kg。水生生物：蓝藻 EC_{50}（静态，14d）9mg/L（来源：HSDB）。

抗菌防霉效果　苯甲酸杀菌作用机制研究发现，苯甲酸能阻碍霉菌和细菌对氨基酸的吸收，抑制微生物细胞的呼吸酶、脱氢酶及大肠杆菌的氧化还原酶等的活性，能干扰细菌体内的代谢过程。

苯甲酸具有抗菌性，仅以未解离的形式存在，根据其 pK_a 值，它仅在 pH 值为 4.5 或以下（最佳 pH 值为 4～2.5）的酸配方中显著有效。在 pH 值为 6 时，只有 1.52%的非电离苯甲酸可用。表 2-93 所列的是在不同 pH 值条件下，苯甲酸完全抑制各种微生物的最小浓度。

表 2-93　苯甲酸对一些微生物的最低抑制浓度（MIC） 单位：mg/L

微生物	pH 3.0	pH 4.5	pH 5.5	pH 6.0	pH 6.5
黑曲霉	130	1000	<2000	<2000	
娄地青霉	60	1000	<2000	<2000	
黑根霉	130	500	<2000	<2000	
啤酒酵母	130	500	2000	<2000	<2000
毕赤氏皮膜酵母	250	500	1000	<2000	
异型汉逊氏酵母	130	500	<2000	<2000	
纹膜醋酸杆菌		2000	2000	<2000	
乳酸链球菌		250	2000	<2000	
嗜酸乳杆菌		2000	2000	<2000	
肠膜状明串珠菌		500	4000	4000	<4000
枯草芽孢杆菌			500	1000	4000
凝结芽孢杆菌			1000	2000	<4000
浅黄色小球菌				1000	2000
薛基尔假单胞菌				2000	2000
普通变形杆菌			500	2000	<2000
生芽孢梭状芽孢杆菌				<2000	
丁酸梭状芽孢杆菌				2000	<2000
巨大芽孢杆菌			500	1000	2000

苯甲酸钠是苯甲酸的钠盐，没有经过解离的苯甲酸钠 HLB 值低，穿过细胞膜

概率大。进入细胞内之后，它会滋扰细菌类微生物细胞膜的通透性，妨碍吸收氨基酸。它所携带的苯甲酸分子，令细胞内储存的碱性物质变酸，降低细胞内呼吸酶系活性，防止乙酰辅酶A收缩，以起到防腐作用。苯甲酸钠与苯甲酸相比更易溶于水，另外，它在空气中不易分解，相同条件下克制酵母菌和细菌的性能更为优秀。苯甲酸钠的防腐最佳pH值是2.5～4.0，在pH值大于4时其水溶液杀菌效果不佳。

制备 合成方法主要有甲苯液相空气氧化法、苄卤氧化法、邻苯二甲酸酐脱羧法等。

应用 1870年，H. Fleck在寻求一种酸来代替熟知的水杨酸时，第一次描述了苯甲酸的防腐作用，他确定了这种物质的防腐作用。

苯甲酸及苯甲酸钠应用于保藏果冻、果酱、饮料糖浆及其他酸性食品，同时还用作医药、化妆品的防腐剂，还可作汽车的防冻液、钢铁的防锈剂。

实际应用参考：

① Mintel市场报告显示，在来自全球的调查样本中，苯甲酸钠在驻留型产品中从2012年的7.8%上升到2021年的15.9%，而在洗涤产品中2021年使用比例高达46.4%。有机酸类防腐剂在酸性条件下起效，低于pH 4.2的配方中，苯甲酸钠表现出对细菌良好的抑制作用。实际配方中，有机酸类防腐剂常常和其他防腐剂复合使用，常用的复配物有苯氧乙醇、苯甲醇、乙基己基甘油等。

② 专利CN113349203A《苯甲酸在防治植物线虫病害中的应用》包括将苯甲酸作为杀线虫剂中的有效成分进行使用。基于本发明的研究结果，苯甲酸对根结线虫、孢囊线虫及松材线虫等多种线虫均有强毒杀活性。

法规

① 欧盟化学品管理局（ECHA）。2013年，欧盟生物杀灭剂产品委员会（BPC）发布法规（EU）1035/2013，批准苯甲酸作为PT-3（兽医卫生消毒剂）、PT-4（食品和饲料领域消毒剂）类型生物杀灭剂产品的活性物质。批准日期2015年7月1日，批准期满2027年12月31日。作为第7类（干膜防霉剂）、第9类（纤维、皮革、橡胶和聚合材料防腐剂）生物灭杀剂产品的活性物质申请目前处于审核之中。

② 欧盟化妆品条例（EC）No 1223/2009将苯甲酸及苯甲酸钠列入附件五中作为化妆品中允许使用的防腐剂：用于冲洗产品（口腔产品除外）时的限制浓度为2.5%（以酸计）；用于口腔产品时的限制浓度为1.7%（以酸计）；用于免洗产品时的限制浓度为0.5%（以酸计）。

③ 我国2015年版《化妆品安全技术规范》规定：苯甲酸在化妆品中使用时，最大允许浓度为0.5%（以酸计）。

④ GB 38850—2020《消毒剂原料清单及禁限用物质》规定，苯甲酸钠可以使用的范围有：E，表示用于环境及物体表面的消毒剂；H，表示用于人体的消毒剂。

苯乳酸（PLA）
（phenyllactic acid）

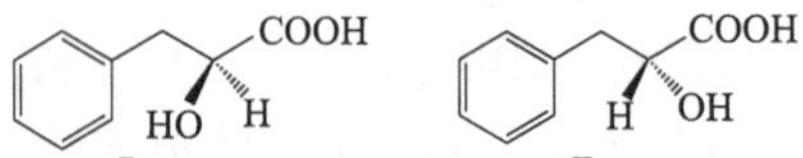

I　　　　　　　　Ⅱ

$C_9H_{10}O_3$，166.17

(±)-3-phenyllactic acid

其他名称　2-羟基-3-苯基丙酸、β-苯基乳酸、3-苯基乳酸

IUPAC 名　(+/−)-3-phenyllactic acid

CAS 号　[828-01-3]

EC 编码　[212-580-4]

L-(−)-3-phenyllactic acid(Ⅰ)

IUPAC 名　L-(−)-3-phenyllactic acid

CAS 号　[20312-36-1]

EC 编码　[243-726-1]

(*R*)-3-phenyllactic acid(Ⅱ)

IUPAC 名　D-phenyllactic acid

CAS 号　[7326-19-4]

EC 编码　[230-803-3]

理化性质　苯乳酸的第二个碳原子为手性碳原子，因此有 L-苯乳酸（L-PLA）和 D-苯乳酸（D-PLA）两种手性形式对映异构体。

无水苯乳酸通常呈白色晶体状。熔点 121～125℃。比旋光度：−19°±1°。溶解性：易溶于水。稳定性：在广泛的 pH 范围内和高温的条件下均不易被破坏。

毒性　苯乳酸以有机酸的形式存在于天然蜂蜜中，对人和动物无毒。

抗菌防霉效果　苯乳酸（PLA）对于细菌的抑制作用机理研究较多。宁亚维等发现，苯乳酸通过破坏细胞膜的完整性抑制荧光假单胞菌正常的生长繁殖。苯乳酸抑制霉菌的作用机理与抑制细菌的作用机理有所不同，郭明媚等发现，苯乳酸对链格孢霉的主要作用靶位应不是菌丝体的细胞壁和细胞膜，而是在菌丝体内部，通过破坏菌丝内部细胞器结构或引起细胞内的生化反应，从而抑制链格孢霉的生长和繁殖，发挥抑菌活性。

文献报道，以革兰氏阳性菌、革兰氏阴性菌和真菌作为指示菌，测定苯乳酸对这些菌株的抑制作用。结果表明，苯乳酸对细菌（包括革兰氏阳性菌和革兰氏阴性菌）的最低抑制浓度在 1.25～5mg/mL 范围内。苯乳酸对真菌的最低抑制浓度较大，主要集中在 5～10mg/mL 范围内；对红酵母、克鲁维酵母和青霉抑制作用较强，其最低抑制浓度为 5mg/mL；对毛霉的抑制作用较弱，最低抑制浓度为 10mg/mL。

进一步分析苯乳酸对金黄色葡萄球菌、表皮葡萄球菌、枯草杆菌、大肠杆菌、铜绿假单胞菌、李斯特菌等 6 种细菌的 MIC 和 MBC 的测定结果，发现苯乳酸对以上6种细菌抑菌谱范围在2.5～5mg/mL之间。

制备 以苯甲醛和对羟基苯甲醛为原料合成苯乳酸和羟基苯乳酸。

应用 苯乳酸（PLA）是自然界中天然存在的一种小分子有机酸，该物质最先在麦卢卡蜂蜜中发现，而后陆续在多种发酵食品（如面团、乳酸菌发酵产物、泡菜等）中发现，以前被称为3-苯基乳酸和β-苯乳酸。根据2006年修订的《生物化学与分子生物学名词》推荐名称，现在称其为"苯乳酸"。

苯乳酸可以作为一种防腐剂应用在食品、饲料、水果、药品以及化妆品的保存与防腐方面。聚苯乳酸是一种新型高分子材料，可以作为聚乳酸的替代物。

丙酸
propionic acid

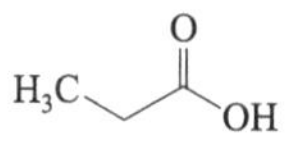

$C_3H_6O_2$ 74.08 79-09-4

其他名称 初油酸、甲基乙酸、乙基甲酸

化学名称 丙酸

IUPAC名 propionic acid

EC编码 [201-176-3]

丙酸钙（calcium propionate）

商品名称 Niacet Calcium Propionate FCC、Unistat CALPRO

化学名称 丙酸钙

CAS号 [4075-81-4]

IUPAC名 calcium；propanoate

EC编码 [223-795-8]

理化性质

丙酸 无色透明液体，带有刺激性气味，是三个碳的饱和羧酸，有腐蚀性。沸点（101kPa）141℃。熔点－21℃。密度（20℃）0.993g/mL。黏度（15℃）1.175mPa·s。蒸气压（20℃）13.3hPa。闪点58℃（开杯）。溶解性：可以任意比例与于水、乙醇及有机酸互溶；几乎所有的盐都可溶于水。稳定性：易燃。

丙酸钙 分子式$C_6H_{10}CaO_4$，分子量186.2。白色结晶性粉末，无臭或具轻微特臭。可制成一水物或三水物，为单斜板状结晶。熔点400℃以上（分解）。pH（10%水溶液）7.4。溶解性：溶于水（1g约溶于3mL水）；微溶于甲醇、乙醇；不溶于苯及丙酮。

丙酸盐主要指丙酸钙、丙酸钠、丙酸锌、丙酸钾、丙酸铵等，多为白色颗粒或粉末，无臭或稍有异臭味，溶于水；在酸性条件下，产生游离丙酸。

毒性 丙酸属微毒化合物。丙酸的大白鼠急性经口LD_{50} 5600mg/kg。据FAO/WHO报道，丙酸及其盐类几乎不存在毒性。

抗菌防霉效果 丙酸是一种酸性防腐剂，对各类霉菌、需氧芽孢杆菌或革兰氏阴性菌有较强的抑制作用，对能引起食品发黏的菌类如枯草芽孢杆菌抑制效果很好，并且它在抑制霉菌生长时对酵母的生长基本无影响。其最低抑制浓度在 pH 5.0 时为 100mg/kg，在 pH 6.5 时为 500mg/kg。

研究发现，丙酸的防真菌效果在 pH 值 6.0 以下时优于苯甲酸。

制备 美国和德国是最早研究开发丙酸生产技术的国家，两国掌握着最具有代表性的两种工艺技术，分别是丙醛氧化法和乙烯羰基化一步法。

应用 丙酸最初是 19 世纪中叶在木炭制造和煤炭炼焦过程中产生的蒸气凝液中发现，经蒸馏分离得到，作为精细化工原料，被广泛用于化工、医药和农业生产方面。

丙酸和丙酸盐类作为三大防腐剂之一，由于其价格比山梨酸低，防真菌效果优于苯甲酸，因此丙酸也是世界上公认最为经济和安全有效的食用防霉剂和防腐剂。

实际应用参考：

蒋硕等研究了经 0～2.5g/100mL 丙酸钙改性后的聚乙烯醇包装薄膜的各项包装性能和抗菌性能，结果发现，丙酸钙与聚乙烯醇薄膜相容性好，有良好的耐热性，丙酸钙的添加增加了薄膜的抗拉强度，降低了薄膜的断裂伸长率，影响了其光学性能，增加了薄膜的水蒸气透过系数、溶胀率和溶解率，提高了薄膜的热封温度。添加量为 2.5g/100mL 的丙酸钙改性薄膜对蜡样芽孢杆菌、大肠杆菌、米曲霉菌产生了一定的抑制效果。经丙酸钙改性后的聚乙烯醇薄膜有良好的包装性能和一定的抑菌性，可以作为一种新型的食品内包装材料。

法规

① 欧盟化妆品条例（EC）1223/2009 附件五中规定丙酸及丙酸钙用作防腐剂时的最大使用浓度不得超过 2%（以酸计）。

② GB 22115—2008《牙膏用原料规范》表 4 中规定：牙膏中丙酸及其盐类最大允许使用浓度为 2%（以酸计）。

噁喹酸（OA）
(oxolinic acid)

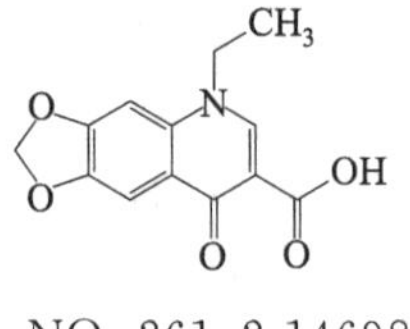

$C_{13}H_{11}NO_5$ 261.2 14698-29-4

其他名称　奥索利酸

化学名称　5-乙基-5,8-二氢-8-氧代-1,3-二氧杂环戊烯并[4,5-*g*]喹啉-7-羧酸

IUPAC 名　5-ethyl-5,8-dihydro-8-oxo[1,3]dioxolo[4,5-*g*]quinoline-7-carboxylic acid

EC 编码　[238-750-8]

理化性质 无色晶体，原药为浅棕色晶体。熔点＞250℃。蒸气压（100℃）＜0.147 mPa。相对密度 1.500～1.600（23℃）。溶解性：水 3.2mg/L(25℃)；己烷、

二甲苯、甲醇<10g/kg(20℃)。

毒性　雄大鼠急性经口 LD_{50} 630mg/kg。雌大鼠急性经口 LD_{50} 570mg/kg。雌、雄大鼠急性经皮 LD_{50}>2000mg/kg。水生生物：鲤鱼 LC_{50}(48h)>10mg/L。

抗菌防霉效果　噁喹酸（OA）抗菌机制主要作为 DNA 拓扑异构酶Ⅱ型（旋转酶）抑制剂，阻碍了病菌分裂和增殖，导致其机能受压抑而使 DNA 无法复制，不久引起死亡。该化合物用于预防和治疗革兰氏阴性菌，包括假单胞菌属和欧文氏菌属，但对真菌与结核杆菌没有抗菌作用。

由于噁喹酸（OA）独特的抗菌作用机理，其在抗菌方面具有抗菌谱广、抑菌浓度低、抗菌效果明显的特点。其抗菌数据详见表 2-94。

表 2-94　噁喹酸体外抗菌谱

项目	病原体(菌)	噁喹酸
革兰氏阴性菌	费氏志贺氏菌 2a	0.10
	乙型副伤寒杆菌 8006	0.20
	肠炎沙门氏菌 G-14	0.20
	耶耳费氏肠炎菌 03	0.39
	杆菌 171-3	0.39
	副友病弧菌 S	0.20
	淋病奈瑟氏菌 Moriwaki	1.56
革兰氏阳性菌	酿脓链球菌	>400
	肺炎链球菌	50
	枯草芽孢杆菌 ATCC 6633	0.78
	蜡状芽孢杆菌亚种霉菌 9634	3.13
	白喉棒状杆菌 A-9	50

制备　以胡椒环为原料，经硝化、催化氢化乙基化反应合成 *N*-乙基-3,4-（亚甲二氧基）苯胺，然后与乙氧甲叉丙二酸二乙酯（EMME）合成噁喹酸酯，水解得噁喹酸。

应用　1966 年首先由 Warner-Lambert Pharmaceutical Company 获得美国专利。从 20 世纪 70 年代后期开始，关于该药的研究报告主要覆盖人、兽、农三方面：作为人药，主要用于治疗泌尿系统感染；作为兽药，主要为家畜、家禽、水产类的抗菌药物；作为农药，主要为农作物的抗菌药物。噁喹酸亦可用于纸张、纺织品及热塑性树脂中作抗菌剂使用。

实际应用参考：

噁喹酸（OA）或其盐与氧化锌等结合使用，可以作为纸张、纺织品以及树脂等的杀菌剂。在纺织品制造中，将黏胶丝及噁喹酸（OA）的钠盐溶于氢氧化钠溶液中，然后在硫酸浴中进行纺织，即制造出具有很强杀菌活性的人造纤维。

二氧化硫（SO_2）

(sulfur dioxide)

SO_2 64.06 7446-09-5

其他名称　亚硫酸酐

化学名称　二氧化硫

IUPAC 名　sulphur dioxide

EC 编码　[231-195-2]

理化性质　外观无色、不易燃气体，气味刺鼻。沸点（101kPa）－10.08℃。熔点－75.5℃。蒸气压（20℃）2.37hPa。$pK_a = 1.8/6.9$。溶解性：易溶于水、乙醇、甲醇、醚及氯仿。稳定性：高反应性和还原性；易被物品吸附，特别是潮湿的物品，比如1体积的水可以溶解约40体积的SO_2。

毒性　对人体来说，二氧化硫是一种全身性的毒物。世界卫生组织（WHO）和粮食及农业组织（FAO）建议亚硫酸氢盐的摄取水平应低于0.7mg/kg（体重）。

抗菌防霉效果　二氧化硫（SO_2）在酸性介质（pH<4）中最有效。在pH值为3时，只有6%的硫酸处于其有效的未解离状态。SO_2具有高度的活性，可以与微生物细胞的许多成分相互作用，如结构蛋白、酶、核酸和脂类中的SH基团。由于其还原特性，SO_2也可以作为一种抗氧化剂。

在pH值为3.5时，二氧化硫含量为0.03%～0.08%即可抑制微生物的繁殖。而当pH值为7时，二氧化硫含量达0.5%也不能抑制微生物的生长。

乔言平等以二氧化硫和臭氧为杀菌剂，比较低浓度长时间处理和较高浓度短时间处理对链格孢菌的生长抑制能力，并比较气体处理后储藏温度对链格孢菌生长的影响。结果表明，较低浓度长时间二氧化硫处理组的抑菌率显著高于臭氧处理组，当气体浓度均为20μL/L时，二氧化硫处理对链格孢菌的抑菌率为95%，比臭氧处理组的抑菌率提高了79%。因此，采用较低浓度长时间二氧化硫（20μL/L处理5d）处理可以有效抑制链格孢菌的生长。

制备　国内采用最多的仍然是纯氧法、柠檬酸钠法和氨一酸法。

应用　二氧化硫是常见的大气污染物，也是常见的漂白剂、杀菌剂和化学工业原料。通常情况下，二氧化硫是以低亚硫酸钠、焦亚硫酸钠、亚硫酸氢钠、亚硫酸钠等亚硫酸盐的形式添加至食品中，或者采用硫黄熏蒸的方式处理食品。这些含硫物质在使用过程中会释放出二氧化硫，二氧化硫才是真正发挥食品添加剂作用的主角。

作为一种食品添加剂，可以起到漂白、护色、抗氧化、防腐和抑制虫害及霉菌滋生等作用。二氧化硫主要用于保护酸性食品。

实际应用参考：

二氧化硫可以改变细胞膜的通透性，在蔬菜制品的干制过程中，可以显著提高脱水效率。二氧化硫还具有还原性，可以破坏酶的氧化系统，从而防止氧化褐变。在白砂糖等食品的加工中，二氧化硫与有颜色的物质化合生成一种无色物质，可以实现漂白的效果。在酿酒过程中，二氧化硫可以起到杀菌的作用，尤其是在葡萄酒的发酵过程中，适量的二氧化硫既可以杀菌又不会伤害酵母，还可以调节发酵基质的酸度。

法规　根据（EU）2023/1421，欧盟批准二氧化硫作为第9类生物杀灭剂产品的活性物质。批准日期2023年8月1日，批准期满2033年7月31日。第6类生物杀灭剂产品的活性物质申请正在进行中。

富马酸

(fumaric acid)

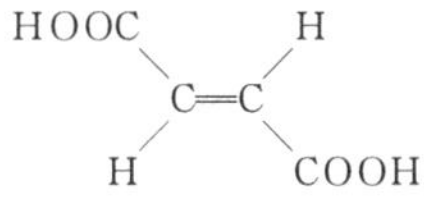

$C_4H_4O_4$ 116.07 10-17-8

其他名称　反-1,2-乙烯二羟酸、反丁烯二酸、胡羧酸、延胡索酸、紫堇酸

化学名称　2-丁烯二酸

IUPAC 名　fumaric acid

EC 编码　[203-743-0]

理化性质　反丁烯二酸是含有两个羧酸基团的最简单不饱和酸，即富马酸，与马来酸（maleic acid）互为几何异构体。富马酸熔点 286～287℃，常压下沸点 290℃(760mmHg)，升华温度 200℃，相对密度 1.635。溶解性：微溶于冷水(25℃时为 0.63g/100g，100℃时为 9.8g/100g)；热水中易溶，溶解度随温度增高而增大；微溶于乙醚；可溶于乙醇（5.67g/100g，30℃）；几乎不溶于氯仿、四氯化碳、苯。富马酸盐如富马酸钙和富马酸钠在水中溶解受温度影响较大。

毒性　富马酸作为三羧酸循环的中间产物，是公认安全物质，能参与机体的正常代谢，无毒且能抑菌和防止食物腐烂，还可以作为 H 调节剂使用。

抗菌防霉效果　富马酸是一种有机酸化剂。有机酸主要通过大分子的合成、能量的竞争、提高胞内渗透压、诱导宿主产生抗菌肽等方面来达到抑菌目的，比如苯甲酸。对于富马酸而言，其抑菌机理与苯甲酸不同。富马酸能够损坏微生物的细胞壁和细胞膜，从而使富马酸分子穿过细菌细胞壁，进入细胞，抑制胞内各种酶的合成，抑制细胞代谢的活性，导致细菌生长受抑，富马酸与其他抗菌剂配合使用能增强其抑菌效果。

董瑗榕等选取致病性大肠杆菌（ATCC 83912)、沙门氏菌（ATCC 21512)、金黄色葡萄球菌（ATCC 65213）三种常见的致病菌为指示菌，苯甲酸、富马酸为测试药剂，以无菌水为空白对照，采用牛津杯法测定不同有机酸制剂的抑菌圈直径(mm)，以此评价两种不同有机酸制剂体外抑菌活性。由结果可知，苯甲酸、富马酸均对三种菌的生长产生显著的抑制作用（$P<0.05$)。就极差（R）而言，苯甲酸对大肠杆菌、沙门氏菌、金黄色葡萄球菌的 R 值分别为 7.09、6.83、7.09，说明苯甲酸对沙门氏菌的抑制效果最差。富马酸对大肠杆菌、沙门氏菌、金黄色葡萄球菌的 R 值分别为 7.00、6.54、6.97，说明富马酸对大肠杆菌的抑菌效果最好，对金黄色葡萄球菌次之，对沙门氏菌最差。

制备　富马酸可通过石油化工工艺、酶转化工艺及微生物发酵工艺来生产。

应用　全球富马酸市场规模预计将从 2023 年的 274.58kt 增长到 2028 年的 333.27kt，在预测期间（2023～2028 年）的复合年增长率为 3.95%(www.mordorintelligence.com)。

富马酸，又名延胡索酸，因从紫堇属植物延胡索中发现而得名，多存在于牛肝菌属植物、地衣、蘑菇及冰岛海苔中。富马酸是制备有机化工产品和精细化工产品的重要原材料。同时，可用作食品的调味、酸化、防腐、抑菌和抗氧化助剂，还可用于洗浴用剂、饲料的防腐剂以及动物生长激素。

实际应用参考：

富马酸盐已成功用于治疗牛皮癣和多发性硬化症。富马酸盐的抗氧化、免疫调节和神经保护特性使其成为其他疾病的有吸引力的治疗候选物。

甲酸
(formic acid)

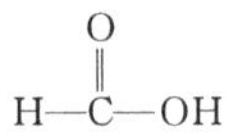

CH_2O_2 46.0 64-18-6

其他名称　蚁酸

化学名称　甲酸、methanoic acid

IUPAC 名　formic acid

EC 编码　[200-579-1]

甲酸钙（calcium formate）

其他名称　蚁酸钙、CAF

IUPAC 名　calcium diformate

CAS 号　[544-17-2]

EC 编码　[208-863-7]

甲酸钠（sodium formate）

IUPAC 名　sodium formate

CAS 号　[141-53-7]

EC 编码　[205-488-0]

理化性质

甲酸　无色透明液体，具有刺激性气味。沸点（101kPa）100～101℃。熔点 8.4℃。密度（20℃）1.22g/L。蒸气压（20℃）59.6hPa。折射率（nD，20℃）1.371。闪点 68.8℃。溶解性：能与水、乙醇、乙醚、甘油任意混溶。稳定性：它不仅可以作为酸反应，还可以作为醛反应，具有还原性；160℃以上分解成二氧化碳和氢；与浓硫酸一起加热分解出一氧化碳。本品呈强酸性。

甲酸钙　分子式：$Ca(HCOO)_2$。分子量：130.0。白色结晶或粉末，略有吸湿性，味微苦。相对密度（20℃）2.023。溶解性：不溶于醇；可溶于水；甲酸钙溶解度随温度升高变化不大，在 0℃和 100℃条件下 100g 水中的溶解量分别为 16.0g 和 18.4g。pH 为中性。稳定性：400℃左右分解。

毒性　大鼠急性经口 LD_{50} 1100mg/kg。小鼠急性经口 LD_{50} 700mg/kg。小鼠腹腔注射 LD_{50} 940mg/kg。小鼠静脉注射 LD_{50} 145mg/kg。

抗菌防霉效果　甲酸抗菌活性主要表现在未解离状态下，能够以酸分子形式直接高效地进入细菌体内，降低菌体内 pH 值；羧酸根负离子能够抑制 DNA 和蛋白质的合成，使细菌无法繁殖，从而抑制或杀灭细菌。比较不同有机酸的抑菌效果的结果显示（Strauss 等，2001），甲酸等有机酸对大肠杆菌、沙门氏菌等病原菌具有很强的抑制作用（见表 2-95）。

表 2-95　不同有机酸对常见病菌的最低抑菌浓度（MIC）

项目	甲酸/%	丙酸/%	乳酸/%
鼠伤寒沙门氏菌	0.10	0.15	0.30
大肠杆菌	0.15	0.20	0.40
空肠弯曲杆菌	0.10	0.20	0.25
金黄色葡萄球菌	10.15	0.25	0.40
肉毒杆菌	0.15	0.25	0.30
产气荚膜梭菌	0.10	0.25	0.30

甲酸对部分酵母和多种细菌的最低抑制浓度（MIC）见表 2-96。

表 2-96　甲酸的最低抑制浓度（MIC）

微生物	pH 值	MIC(mg/L)	微生物	pH 值	MIC(mg/L)
毛虫假单胞菌	6.0	250～750	酵母菌属	5.0	80～3600
白色葡萄球菌	6.0	1400	不产生孢子酵母菌	5.0	100～3600
乳酸链球菌	5.2	400	亚膜汉逊氏酵母菌	3.0	1000～1250
阿拉伯乳杆菌	6.0	3500～5000	异常汉逊氏酵母菌	3.0	800
大肠杆菌	5.2	70～100	克鲁氏假丝酵母菌	3.0	1600
杆菌属	6.0	50～500	星形球拟酵母菌	3.0	600～1600

由于甲酸分子量小，在同等质量下其酸分子数高于其他有机酸。因此，单从抑菌能力上来看，甲酸强于其他有机酸。

制备　有甲酸钠法、甲酰胺法、丁烷液相氧化法和甲酸甲酯水解法四种工艺路线。

应用　1936 年，通过草酸分解制得了甲酸。甲酸作为最简单的有机羧酸，与其他有机酸相比，其分子中既含有羧基又含有醛基，因此甲酸既有酸的性质，又有醛的性质，本身就是重要的化工原料，具有广泛用途。

甲酸杀菌抑菌能力优于常用的有机酸，一般在饲料中作为防霉剂添加。甲酸亦用于水果、蔬菜、水产品等清洗防腐，还是一种香味增强剂，用于配制菠萝、朗姆酒和熏烟等香精，兼有消毒防腐作用。

实际应用参考：

甲酸抑菌能力强，对大肠杆菌、沙门氏菌等病原菌具有很强的抑制效应，其抑菌效果优于其他有机酸。8 种酸化剂的抑菌效果见表 2-97～表 2-99。

表 2-97　8 种酸化剂的抑菌圈直径　　单位：mm

种类	大肠杆菌 ATCC 25922	大肠杆菌临床分离株	金黄色葡萄球菌 ATCC 6538	沙门氏杆菌 ATCC 9120
甲酸	9.65	5.67	5.53	12.08
二甲酸	7.51	3.89	9.25	5.91

续表

种类	大肠杆菌 ATCC 25922	大肠杆菌临床分离株	金黄色葡萄球菌 ATCC 6538	沙门氏杆菌 ATCC 9120
酒石酸	5.89	4.82	7.53	8.51
乳酸	5.26	3.77	1.25	3.47
富马酸	4.98	4.44	6.40	6.71
柠檬酸	5.33	2.13	3.43	3.79
苹果酸	2.49	2.61	2.23	4.09
磷酸	2.37	2.10	1.47	3.03

表 2-98　8 种酸化剂的最低抑制浓度（MIC）　　单位：g/L

种类	大肠杆菌 ATCC 25922	大肠杆菌临床分离株	金黄色葡萄球菌 ATCC 6538	沙门氏杆菌 ATCC 9120
甲酸	0.31	0.31	0.31	0.31
二甲酸	1.25	1.25	1.25	1.25
酒石酸	1.25	2.50	1.25	1.25
乳酸	1.25	2.50	1.25	1.25
富马酸	2.50	2.50	2.50	2.50
柠檬酸	2.50	2.50	2.50	1.25
苹果酸	2.50	2.50	2.50	2.50
磷酸	2.50	2.50	2.50	2.50

表 2-99　8 种酸化剂的最小杀菌浓度（MBC）　　单位：g/L

种类	大肠杆菌 ATCC 25922	大肠杆菌临床分离株	金黄色葡萄球菌 ATCC 6538	沙门氏杆菌 ATCC 9120
甲酸	1.25	1.25	1.25	1.25
二甲酸	2.50	1.25	2.50	22.50
酒石酸	2.50	2.50	2.50	2.50
乳酸	5.00	10.00	10.00	2.50
富马酸	5.00	5.00	10.00	10.00
柠檬酸	5.00	5.00	10.00	10.00
苹果酸	5.00	5.00	5.00	5.00
磷酸	5.00	5.00	5.00	5.00

法规

① 欧盟化学品管理局（ECHA）根据法规（EU）2023/2643，甲酸被批准用于PT-2（不直接用于人体或动物的消毒剂和杀藻剂）、PT-3（兽医卫生消毒剂）、PT-4（食品和饲料领域消毒剂）、PT-5（饮用水消毒剂）中的生物杀灭剂活性物质，批准日期 2024 年 11 月 1 日，批准期满 2034 年 10 月 31 日。用于 PT-6（产品在储存过程中的防腐剂）申请，目前处于审核进行之中。

② 欧盟于 2003 年批准甲酸作为动物营养添加剂使用，美国于 2018 年批准甲酸作为家禽饲料酸化剂使用。目前，欧洲、泰国、北美等国家和地区的大型饲料和养殖企业普遍使用甲酸预防和控制饲料以及肉蛋中的沙门氏菌问题。

③ 我国 2015 年版《化妆品安全技术规范》规定：甲酸及其钠盐在化妆品中使用时的最大允许浓度为 0.5%（以酸计）。

对羟基苯甲酸丙酯（PrP）
（propyl paraben）

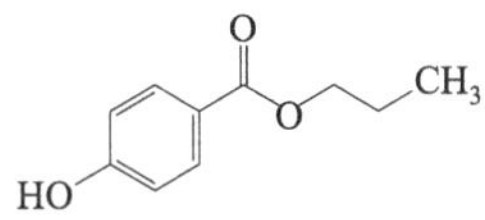

$C_{10}H_{12}O_3$ 180.2 94-13-3

其他名称 尼泊金丙酯、对羟基安息香酸丙酯、羟苯丙酯

化学名称 4-羟基苯甲酸丙酯

IUPAC 名 propyl 4-hydroxybenzoate

EC 编码 ［202-307-7］

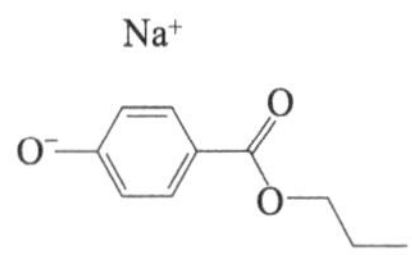

$C_{10}H_{11}NaO_3$ 202.19 35285-69-9

尼泊金丙酯钠（sodium propylparaben）

化学名称 4-羟基苯甲酸丙酯钠盐

IUPAC 名 sodium；4-propoxycarbonylphenolate

CAS 号 ［35285-69-9］

EC 编码 ［252-488-1］

理化性质

对羟基苯甲酸丙酯 无色结晶或白色粉末，无臭，稍有涩味。熔点 96～97℃。蒸气压（25℃）3.07×10^{-4}mmHg。密度（20℃）1.287g/cm^3。pH（0.4g/L 水溶液，20℃）约 7。lgK_{ow}＝3.04。溶解度（25℃）：水约 0.5g/L；乙醇 750g/L；二甘醇 350g/L；丙二醇 250g/L；橄榄油 52g/L；石蜡油 10g/L。稳定性：在正常条件下稳定，pH＞8 溶液体系不稳定。pK_a＝8.5（苯酚）。

对羟基苯甲酸丙酯钠 分子式 $C_{10}H_{11}NaO_3$，分子量 202.2。白色吸湿性粉末，易溶于水，呈碱性。

毒性 M. Surekha 等研究发现，对羟基苯甲酸酯作为防腐剂的安全性很高，毒理试验表明其半数致死量（LD_{50}）为 5000～8000mg/kg。其他常用防腐剂，如苯甲酸及其盐类的 LD_{50} 为 500～2000mg/kg，苯氧乙醇的 LD_{50} 为 5000mg/kg，山梨酸及其盐类的 LD_{50} 为 6～10g/kg。

随着科学研究的逐步深入，以前被认为是无毒、安全的对羟基苯甲酸酯，现在很多都被证明是潜在的内分泌干扰物，会对生殖系统、免疫系统和血糖水平以及甲状腺功能产生干扰，并可以对隔代效应的表观遗传发挥调节作用（韩林学等，

2023)。

抗菌防霉效果 作用机制可参考对羟基苯甲酸甲酯（尼泊金甲酯）。

对羟基苯甲酸丙酯（尼泊金丙酯）的抗菌作用大于对羟基苯甲酸乙酯（尼泊金乙酯），当它与对羟基苯甲酸甲酯（尼泊金甲酯）或对羟基苯甲酸乙酯混合使用时，抗菌效果更好，能杀死铜绿假单胞杆菌。其对一些微生物的最低抑制浓度见表2-100。

表 2-100 对羟基苯甲酸丙酯对常见微生物的最低抑制浓度（MIC）

微生物	MIC/%	微生物	MIC/%
铜绿假单胞菌	0.08	大肠杆菌	0.04
产气克雷伯菌	0.04	肺炎克雷伯杆菌	0.025
黏质沙雷氏菌	0.04	普通变形菌	0.025
肠炎沙门氏菌	0.04	伤寒沙门氏菌	0.06
金黄色葡萄球菌	0.04	溶血性链球菌	0.04
蜡状芽孢杆菌	0.025	枯草芽孢杆菌	0.025
白色念珠	0.013	酿酒酵母	0.013
黑曲霉	0.020	黑根霉	0.013

（来源：CLARIANT-NIPA）

制备 专利CN106365990A《一种对羟基苯甲酸丙酯的制备方法》。

应用 目前，包括我国在内的多个国家或地区均允许在食品、药品和个人护理品的生产中添加对羟基苯甲酸酯，各领域使用较多的主要包括对羟基苯甲酸甲酯(MeP)、对羟基苯甲酸乙酯（EtP)、对羟基苯甲酸丙酯（PrP)、对羟基苯甲酸丁酯（BuP)，以及它们的盐类。

实际应用参考：

酚羟基在诱导效应上是强给电子基团，在共轭效应上可以与苯环形成p-π共轭，使得酚氧自由基能够稳定存在。酚羟基可与氧自由基发生氧化还原反应，使氧自由基转化为稳定的分子化合物，其自身形成稳定的酚氧自由基。所以酚羟基易被氧化，这类物质可以作为抗氧化剂使用。在使用对羟基苯甲酸酯（尼泊金酯)、对羟基苯乙酮这类防腐剂时，为避免其发生氧化反应影响防腐效果，应在体系中加入适量的抗氧化剂，如BHT、BHA等。

法规

① 欧盟委员会颁布了（EU）No 1003/2014及（EU）No 1004/2014两项指令降低对羟基苯甲酸丙酯和丁酯的最大浓度，并且禁止了它们在婴幼儿产品上的使用。这些修订遵循消费者安全科学委员会（SCCS）的风险评估，将对羟基苯甲酸丙酯和丁酯两种防腐剂的最大浓度限制从现行的0.4%（单独使用）及0.8%（与其他酯类混合使用）降低至0.14%（单独或混合使用)，并禁止在专为三岁以下婴幼儿尿布覆盖范围而设的驻留类产品中使用上述两种防腐剂。

② 我国2015年版《化妆品安全技术规范》规定，对羟基苯甲酸酯（4-羟基苯甲酸酯）及其盐类在化妆品中最大使用浓度：单一酯0.4%（以酸计)；混合酯总量0.8%（以酸计）且其丙酯及盐类、丁酯及其盐类之和分别不得超过0.14%；这类物质不包括对羟基苯甲酸异丙酯及其盐，对羟基苯甲酸异丁酯及其盐，对羟基

苯甲酸苯酯，对羟基苯甲酸苄酯及其盐，对羟基苯甲酸戊酯（4-羟基苯甲酸戊酯）及其盐。

③ 20 世纪 90 年代，美国 FDA 批准对羟基苯甲酸甲酯和对羟基苯甲酸丙酯应用于注射用剂（包括皮下、肌内和静脉等注射），鼻内制剂和眼内制剂（如药膏、溶液和悬浮液）等药品。《中华人民共和国药典》（2020 年版）规定，中药糖浆剂、合剂中对羟基苯甲酸酯的含量不得超过 0.05%。

对羟基苯甲酸丁酯（BuP）

（butyl paraben）

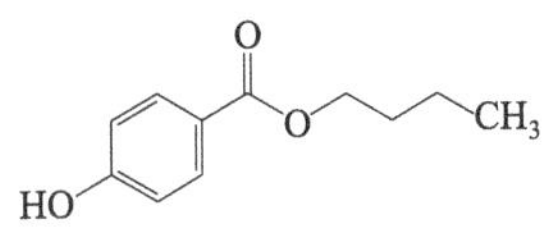

$C_{11}H_{14}O_3$ 194.20 94-26-8

其他名称　尼泊金丁酯

化学名称　4-羟基苯甲酸正丁酯

IUPAC 名　butyl 4-hydroxybenzoate

EC 编码　[202-318-7]

对羟基苯甲酸丁酯钠（butylparaben sodium）

其他名称　对羟基苯甲酸丁酯钠

化学名称　4-对羟基苯甲酸正丁酯钠

IUPAC 名　sodium 4-butoxycarbonylphenolate

CAS 号　[36457-20-2]

EC 编码　[253-049-7]

理化性质

对羟基苯甲酸丁酯　纯品为无色结晶或白色粉末，无臭，稍有涩味。熔点 68～69℃。蒸气压（25℃）2.51×10^{-4}mmHg。闪点 181℃。$\lg K_{ow}=3.57$。溶解性（20℃）：水 0.207g/L；易溶于丙酮、乙醇、乙醚、氯仿、丙二醇；微溶于甘油。稳定性：在 pH 3～9.5 之间稳定有效；热稳定性较好。$pK_a=8.47$。

对羟基苯甲酸丁酯钠　分子式 $C_{11}H_{13}O_3Na$，分子量 216.20。白色吸湿性粉末。溶解性（20℃）：水 500g/L。pH（0.1%水溶液）9.5～10.5。

毒性

对羟基苯甲酸丁酯　大鼠急性经口 LD_{50} 13200mg/kg。小鼠皮下腹腔注射 LD_{50} 230mg/kg。

对羟基苯甲酸丁酯钠　小鼠急性经口 LD_{50} 950mg/kg。

抗菌防霉效果　对羟基苯甲酸丁酯钠（尼泊金丁酯钠）起防腐作用的物质是对羟基苯甲酸丁酯。对羟基苯甲酸丁酯钠溶于水后，可形成分子态对羟基苯甲酸丁酯。据表 2-101 可知，pH 8.0 时，对羟基苯甲酸丁酯钠溶液中分子态尼泊金丁酯未解离度为 70.08%。未电离的对羟基苯甲酸丁酯可以破坏微生物细胞膜，使细胞内蛋白质变质；抑制微生物体内呼吸酶系统、电子传递系统。故对羟基苯甲酸丁酯钠在 pH 4.0～8.0 的范围内均有较好的防腐作用。

表 2-101　不同 pH 下对羟基苯甲酸丁酯（尼泊金丁酯）的解离度

pH	尼泊金丁酯解离度/%	pH	尼泊金丁酯解离度/%
3.0	0	7.0	4.10
4.0	0	8.0	29.92
5.0	0.04	9.0	81.02
6.0	0.43		

对羟基苯甲酸丁酯的抗菌作用大于对羟基苯甲酸丙酯、乙酯和甲酯，对霉菌、酵母有较强的抑制作用。pH 接近中性时，可对细菌充分发挥作用。对羟基苯甲酸丁酯对部分微生物最低抑制浓度见表 2-102。

表 2-102　对羟基苯甲酸丁酯对常见微生物的最低抑制浓度（MIC）

微生物	MIC/%	微生物	MIC/%
铜绿假单胞菌	>0.02	大肠杆菌	>0.02
产气克雷伯菌	0.02	肺炎克雷伯杆菌	0.015
黏质沙雷氏菌	0.2	普通变形菌	0.015
肠炎沙门氏菌	>0.02	伤寒沙门氏菌	>0.02
金黄色葡萄球菌	0.015	溶血性链球菌	0.015
蜡状芽孢杆菌	0.015	枯草芽孢杆菌	0.015
白色念珠菌	0.013	酿酒酵母	0.005
黑曲霉	0.020	黑根霉	0.005

（来源：CLARIANT-NIPA）

制备　专利 CN104725232A《尼泊金丁酯的制备方法》。对羟基苯甲酸丁酯钠可由对羟基苯甲酸丁酯与 NaOH 中和制得。

应用　20 世纪 20 年代首次报道对羟基苯甲酸酯（尼泊金酯）具有抑菌活性，1923 年就提出对羟基苯甲酸酯用作食品和药品的防腐剂。1932 年对羟基苯甲酸酯被正式批准作为食品防腐剂，因此对羟基苯甲酸酯作为防腐剂的应用已经有近百年历史。

对羟基苯甲酸酯作为防腐剂已被广泛应用于化妆品、药品、食品、饲料、日用工业品等领域。注意：该系列化合物更适合在中性体系使用。

法规　欧盟委员会颁布了（EU）No 1003/2014 及（EU）No 1004/2014 两项指令规定对羟基苯甲酸丙酯和丁酯的最大浓度，并且禁止了它们在婴幼儿产品上的使用。这些修订遵循消费者安全科学委员会（SCCS）的风险评估，将对羟基苯甲酸丁酯防腐剂的最大浓度限值从现行的 0.4%（单独使用）及 0.8%（与其他酯类混合使用）降低至 0.14%（单独或混合使用），并禁止在专为三岁以下婴幼儿尿布覆盖范围而设的驻留类产品中使用上述两种防腐剂。

对羟基苯甲酸庚酯
(heptyl paraben)

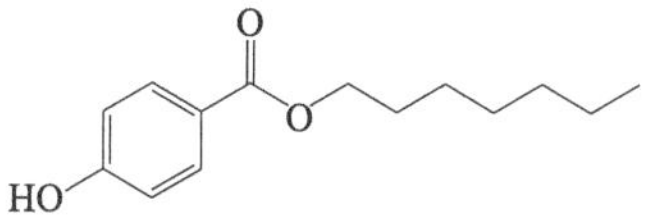

$C_{14}H_{20}O_3$ 236.3 1085-12-7

其他名称　正庚基对羟基苯甲酸酯、尼泊金庚酯

化学名称　4-羟基苯甲酸庚酯

IUPAC 名　heptyl 4-hydroxybenzoate

EC 编码　[214-115-0]

理化性质　纯品为无色针状结晶或白色粉末。熔点 48～51℃。沸点 320.0℃（分解）。溶解性：水 0.02mg/mL（30℃）；易溶于乙醇、丙醇、乙醚。稳定性：对 pH 稳定；耐热可达 100℃。热处理对对羟基苯甲酸庚酯抑菌最低抑制浓度的影响见表 2-103。

表 2-103　热处理对对羟基苯甲酸庚酯抑菌最低抑制浓度的影响

供试菌	25℃	100℃	121℃
金黄色葡萄球菌/(mg/L)	12	12	12
枯草芽孢杆菌/(mg/L)	12	12	12
热带假丝酵母/(mg/L)	25	25	25

毒性　小鼠急性经口 LD_{50}≥12500mg/kg，黑鼠急性经口 LD_{50}≥31600mg/kg。对黑鼠的三代实验，在喂饲 3%尼泊金庚酯饲料群中，其出生率、畸形发育与对照实验比较没有变化。这说明对羟基苯甲酸庚酯（尼泊金庚酯）毒性很小，低于苯甲酸（LD_{50}>2.7g/kg）与山梨酸（LD_{50}>7.6g/kg）。

抗菌防霉效果　文献指出，对羟基苯甲酸酯（尼泊金酯，简称 PB）的抑菌机制主要是通过破坏细胞壁及细胞膜的完整性和抑制蛋白、核酸的合成等途径来实现的。进一步研究发现，基团空间位阻也是限制物质抗菌活性大小的因素，因为抗菌物质中的基团的空间位置关系到碰撞菌体中的受体部位的频率。

对羟基苯甲酸庚酯（尼泊金庚酯）与其他的对羟基苯甲酸酯一样对霉菌、酵母和细菌均有一定的抑制作用。但相比之下，对羟基苯甲酸庚酯属于高碳醇酯，其抗菌力更强。对羟基苯甲酸庚酯对一些微生物的最低抑制浓度（MIC）见表 2-104。

表 2-104　对羟基苯甲酸庚酯（尼泊金庚酯）对一些微生物的最低抑制浓度（MIC）

微生物	MIC/(mg / L)	微生物	MIC/(mg / L)
蜡状芽孢杆菌	12	热带假丝酵母	12～25
藤黄八叠球菌	12	产蛋白圆酵母	25
金黄色葡萄球菌	12	生䴙根霉	25
乳酸链球菌	12	灰葡萄根霉	50～100
山茶接合酸母菌	12～525	交链孢霉	50～100
啤酒酵母	100		

梁晓为等研究发现，系列尼泊金酯和常用防腐剂山梨酸钾、苯甲酸钠的 MIC（最低抑制浓度）相比，尼泊金十四、十六酯 MIC 更低，抑菌效果更佳。同时，MIC 数据表明尼泊金酯系列针对金黄色葡萄球菌、粪肠球菌、沙门氏菌、志贺氏菌均有抑菌性，随着 R 基上碳原子数的增加，尼泊金酯类的抑菌活性增大。这是由于酯类的脂溶性增大，更有利于吸附并渗透入菌体，进而抑制微生物细胞的呼吸酶系与电子传递酶系的活性及破坏维生素的细胞结构，抑制细菌的发育。当 R 基上碳原子数达到 12 时抑菌活性最高。随后，R 基上碳原子数再增加，长链尼泊金酯的抑菌性逐渐下降，但其抑菌性仍旧高于山梨酸钾以及苯甲酸钠。粪肠球菌、金黄色葡萄球菌为革兰氏阳性菌，志贺氏菌与沙门氏菌为革兰氏阴性菌的菌类种属表明，革兰氏阴性菌对尼泊金酯更敏感，可能是与革兰氏阳性菌和阴性菌的结构有关。相比于革兰氏阴性菌，革兰氏阳性菌细胞壁更厚，溶液更难渗透，所以抑菌效果有差异。具体数据见表 2-105。

表 2-105　系列尼泊金酯与苯甲酸钠防腐剂的最低抑制浓度（MIC）

单位：mg/L

项目	乙酯	丙酯	庚酯	十二酯	十四酯	十六酯	山梨酸钾	苯甲酸钠
金黄色葡萄球菌	1000	600	400	200	1400	1400	2800	1800
粪肠球菌	1000	600	400	200	1200	1400	2800	1800
沙门氏菌	800	500	200	150	1000	1200	3000	1600
志贺氏菌	800	500	200	150	1000	1200	3000	1600

制备　以对羟基苯甲酸、庚醇为原料，经过催化、酯化等反应制得目标物。

应用　对羟基苯甲酸庚酯对食品中常见的污染菌有很强的抑制作用。

注意：适合在中性食品中使用，高温不影响其抑菌能力；尼泊金庚酯与短碳链的尼泊金酯复配使用，具有明显协同增效作用。

实际应用参考：

Lioyd Chan 等所做的研究表明，尼泊金庚酯是对乳酸菌很有效的防腐剂，并将尼泊金己酯、庚酯、辛酯以一定的比例复合使用到葡萄酒的防腐中，表现出协同作用，能够有效抑制酵母的生长。他们还研究了一种分析尼泊金己酯、庚酯、辛酯在葡萄酒中含量的方法。感官实验表明，这些酯类略微有一点焦煳味，但一般的消费者不易分辨出来。

对羟基苯甲酸甲酯（MeP）
（methylparaben）

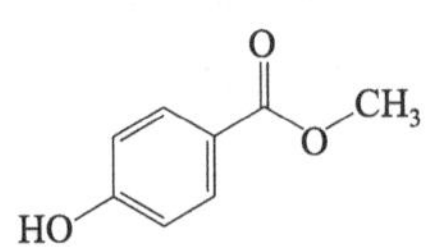

$C_8H_8O_3$ 152.2 99-76-3

其他名称　尼泊金甲酯、羟苯甲酯、对羟基安息香酸甲酯

化学名称　4-对羟基甲酸甲酯、4-羟基苯甲酸甲酯

IUPAC 名　methyl 4-hydroxybenzoate

EC 编码　[202-785-7]

对羟基苯甲酸甲酯钠（sodium methylparaben）

其他名称　尼泊金甲酯钠盐、对羟基苯甲酸甲酯钠

化学名称　4-对羟基苯甲酸甲酯钠

IUPAC 名　sodium 4-(methoxycarbonyl)phenolate

CAS 号　[5026-62-0]

EC 编码　[225-714-1]

理化性质

对羟基苯甲酸甲酯　纯品为无色针状结晶或白色粉末。沸点 270.5℃（分解）。熔点 126～128℃。蒸气压（25℃）2.37×10^{-4}mmHg。$\lg K_{ow}=1.96$。溶解性：溶于甲醇、乙醚、乙醇、丙二醇、丙酮；微溶于水、苯、四氯化碳。稳定性：在碱性溶液中水解。$pK_a=8.5$。

对羟基苯甲酸甲酯钠　分子式 $C_8H_7O_3Na$。分子量 174.1。外观白色，几乎无气味的粉末；含量>99.5%（PHBA-酯含量：87%）；体积密度 700g/L。稳定性：由于这些溶液的碱度，水溶液不能储存。溶解性（25℃）：水 330g/L；乙醇 20g/L，丙二醇 250g/L；甘油 500g/L；几乎不溶于油。

毒性　小鼠急性经口 LD_{50} 8000mg/kg。兔急性经皮 LD_{50} 6000mg/kg。钠盐的毒性随烷基长度的增加而增加，丁酯的毒性是甲酯的三倍。

对羟基苯甲酸酯是对羟基苯甲酸的烷基酯，按照其携带酯基的不同可分为对羟基苯甲酸甲酯、对羟基苯甲酸乙酯、对羟基苯甲酸丙酯、对羟基苯甲酸丁酯（BuP）等进入人体后可以被胃肠道和皮下脂肪组织迅速吸收，在肝脏的微粒体中代谢，最后以游离或结合物形式从尿液、胆汁和粪便中排出。

抗菌防霉效果　Soni 等（2005）较为全面地阐述了对羟基苯甲酸酯的抑菌机理：对羟基苯甲酸酯以分子态的形式发挥抑菌活性，其拥有与苯酚基类似的结构，可作用于微生物的细胞膜，使细胞内的蛋白质变性，从而阻止霉菌、酵母菌、细菌等微生物的发育；另外，对羟基苯甲酸酯可通过作用于微生物体内的酶系，对其产生活性抑制、代谢干扰，阻止微生物在细胞膜上的运输，以发挥抑菌作用。

此外，Crovetto 等（2017）发现对羟基苯甲酸酯发挥抑菌作用可能还与抑制微生物线粒体相应功能有关。

对羟基苯甲酸酯的抑菌效果主要跟酯链长度及 pH 有关。随着 R 基中碳原子个数的增加，其抑菌性能增强，尤其是 R 基为 C_{11}、C_{12} 的酯具有较高的抑菌活性（万素英等，1998）；对羟基苯甲酸酯抑菌最适宜的 pH 4～8，强酸强碱环境中，其防霉抑菌效果显著降低（李霞，2006）。

一般讲来，随着对羟基苯甲酸酯和对羟基苯甲酸酯钠烷基碳链的增长，它对革兰氏阴性菌的作用比对革兰氏阳性菌的作用强。另外，在储藏过程中，革兰氏阳性菌比革兰氏阴性菌更敏感，因为革兰氏阴性菌的细胞壁层含有脂多糖。短链对羟基苯甲酸酯和对羟基苯甲酸酯钠比长链对羟基苯甲酸酯和对羟基苯甲酸酯钠对革兰氏阴性菌的影响大。因此，可以通过对羟基苯甲酸酯（尼泊金酯）同系物长短碳链的

搭配，来增效对羟基苯甲酸酯的抗菌作用，扩大对羟基苯甲酸酯的抗菌谱。

对羟基苯甲酸酯（尼泊金酯）系列产品，以甲酯的杀菌力最低，但是，甲酯在低浓度情况下能溶解于80℃的热水，这是其一大优点。将尼泊金甲酯和尼泊金丙酯各100mg/kg复配使用，即可抑制肉毒杆菌NCT 2021产毒。尼泊金甲酯和尼泊金丙酯复配使用，能够抑制产气荚膜梭状芽孢杆菌的生长。以干基计，1g尼泊金甲酸甲酯钠、尼泊金甲酸乙酯钠、尼泊金甲酸丙酯钠和尼泊金甲酸丁酯钠分别相当于0.873g尼泊金甲酸甲酯、0.883g尼泊金甲酸乙酯、0.891g尼泊金甲酸丙酯和0.898g尼泊金甲酸丁酯。尼泊金甲酯钠盐的抗菌性与尼泊金甲酯完全相同，尤其在碱性条件下其抗菌活性会明显增加。尼泊金甲酯对一些微生物的最低抑制浓度（MIC）见表2-106。

表2-106　尼伯金甲酯对常见微生物的最低抑制浓度（MIC）

微生物	MIC/%	微生物	MIC/%
铜绿假单胞菌	0.2	大肠杆菌	0.1
产气克雷伯菌	0.075	肺炎克雷伯杆菌	0.1
黏质沙雷氏菌	0.075	普通变形菌	0.1
肠炎沙门氏菌	0.15	伤寒沙门氏菌	0.15
金黄色葡萄球菌	0.15	溶血性链球菌	0.1
蜡状芽孢杆菌	0.075	枯草芽孢杆菌	0.1
白色念珠	0.1	酿酒酵母	0.1
黑曲霉	0.1	黑根霉	0.05

（来源：CLARIANT-NIPA）

制备　专利CN104725235A《尼泊金甲酯的制备方法》。

应用　1875年，Flock在实验中发现对羟基苯甲酸有抑菌性能。到1903年时，美国将对羟基苯甲酸作为食品防腐剂。1924年，Sabalitschka发现对羟基苯甲酸酯对细菌以及真菌有较优的抑菌性能。从20世纪开始对羟基苯甲酸酯作为防腐剂已被广泛应用于化妆品、药品及食品。1942年被美国收入国家处方集Ⅶ，1947年羟苯甲酯和羟苯丙酯同时被编入美国药典ⅩⅢ。

对羟基苯甲酸酯类（又名尼泊金酯）防腐剂，是前些年化妆品中使用频率最高的防腐剂，也是近来倍受争议的防腐剂。最常使用的主要是尼泊金甲酯和丙酯。近年来随着研究机构和消费者对尼泊金酯类物质安全性的担忧，它的使用频度一直呈下降趋势。Mintel调查数据表明，2012～2021年间，在全球范围内尼泊金甲酯的使用比例从35.6%降低至13.2%，尼泊金丙酯的使用比例从26.8%降低至8.6%，由于中国市场的消费者敏感性，尼泊金甲酯和丙酯的使用比例估计会更低（贺晓蓉，2023）。

目前而言，对羟基苯甲酸酯广泛用作食品、药品、化妆品及个人护理产品中的抗菌防腐剂。

法规

① 2023年6月8日，欧盟消费者安全科学委员会（SCCS）发布羟苯甲酯和羟苯丁酯在化妆品中安全用量的初步意见稿（SCCS/1652/23和SCCS/1651/23 Preliminary Opinion），拟对化妆品中羟苯甲酯和羟苯丁酯最高含量征求意见，意见反

馈期截至 2023 年 8 月 21 日。

SCSS 初步意见中给出的评估结论如下：

基于现有的数据，同时考虑到对其潜在内分泌活性的担忧，SCCS 认为羟苯甲酯作为防腐剂时，单独使用时最高浓度为 0.4%（以酸计），以及混合酯中使用时最高浓度为 0.8%（以酸计）是安全的，这与现行欧盟化妆品法规附件Ⅴ第 12 条的规定是一致的。

SCCS 认为，从羟苯甲酯的结构和化学性质来看，其并不是激素受体的强结合物；也没有发现羟苯甲酯和雌激素、雄激素、甲状腺激素、类固醇生成活性（EATS）相关的证据；没有充足证据显示 1000mg/(kg・d) 的羟苯甲酯在体内具有内分泌活性。羟苯甲酯的 BMDL 5%为 374mg/(kg・d)。

② 丹麦环境部于 2010 年 12 月 20 日宣布，将禁止 3 岁以下儿童产品中含有对羟基苯甲酸酯，为第一个禁止这个化学防腐剂的欧洲国家。

③ 我国 2015 年版《化妆品安全技术规范》规定，4-羟基苯甲酸及其盐类和酯类化妆品中最大使用浓度：单一酯 0.4%（以酸计）；混合酯总量 0.8%（以酸计）。

对羟基苯甲酸辛酯
(octyl paraben)

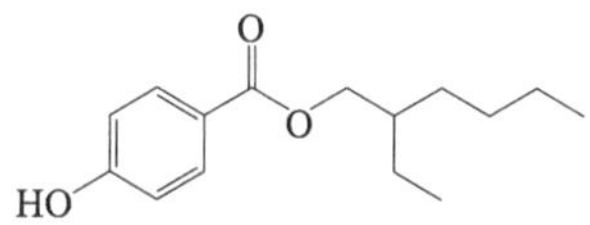

$C_{15}H_{22}O_3$ 250.3 5153-25-3

其他名称　尼泊金辛酯、羟苯辛酯

化学名称　4-羟基苯甲酸-2-乙基己基酯

IUPAC 名　2-ethylhexyl 4-hydroxybenzoate

EC 编码　[225-925-9]

理化性质　纯品为白色结晶，微有特殊气味。熔点 51.0～51.6℃。溶解性：溶于醇、醚、丙酮和氯仿中；难溶于水。

毒性　可参照其他对羟基苯甲酸酯类化合物有关部分。

抗菌防霉效果　对羟基苯甲酸酯类的作用机制基本上与苯酚类似，可破坏微生物的细胞膜，使细胞内蛋白质变性，并抑制微生物细胞的呼吸酶系与电子传递酶系的活性。尼泊金酯类的抑菌活性主要是分子态起作用，但是由于其分子内的羧基已经酯化，不再电离，所以它的抗菌作用在 pH 4～8 的范围内均有很好的效果。

另外，对羟基苯甲酸酯抑菌作用随着醇烃基碳原子数的增加而增加，如对羟基苯甲酸辛酯对酵母菌发育的抑制作用是丁酯的 50 倍，比乙酯强 200 倍左右；而在水中的溶解度则随着醇烃基的碳原子数增加而降低。

制备　对羟基苯甲酸辛酯由对溴苯酚和 2-乙基己醇原料反应制备。

应用　对羟基苯甲酸辛酯主要用于有机合成，医药、食品、化妆品、胶片及高档产品的防腐剂、杀菌剂。建议将几种产品混合使用，以提高溶解度，并通过增效作用提高其防腐能力。

对羟基苯甲酸乙酯（EtP）
（ethyl paraben）

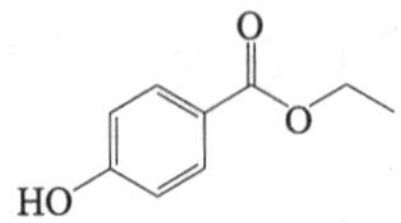

$C_9H_{10}O_3$ 166.2 120-47-8

其他名称　尼泊金乙酯、羟苯乙酯

化学名称　4-羟基苯甲酸乙酯

IUPAC 名　ethyl 4-hydroxybenzoate

EC 编码　[204-399-4]

对羟基苯甲酸乙酯钠（sodium ethylparaben）

化学名称　对羟基苯甲酸乙酯钠

IUPAC 名　sodium 4-（ethoxycarbonyl）phenolate

CAS 号　[35285-68-8]

EC 编码　[252-487-6]

理化性质

对羟基苯甲酸乙酯　白色结晶或结晶性粉末，有轻微特殊香气，味微苦，灼麻。沸点 297～298℃（分解）。熔点 115～118℃。蒸气压（25℃）9.29×10^{-5}mmHg。pH（1g/L，水溶液）约 7。$\lg K_{ow}=2.47$。溶解性（25℃）：水 1.2g/L；水 8.6g/L（80℃）；乙醇 600g/L；二甘醇 250g/L；丙二醇 250g/L；甘油 6g/L；橄榄油 30g/L；石蜡油 5g/L。稳定性：在 pH＞8.5 时不稳定，对光和热稳定。$pK_a=8.34$。

对羟基苯甲酸乙酯钠　分子式 $C_9H_9O_3Na$，分子量 188.2。纯品为白色吸湿性粉末。pH(1g/L 水溶液，20℃）约 10。溶解性（25℃）：水 500g/L；乙醇 20g/L；丙二醇 300g/L；甘油 500g/L。稳定性：耐热可达 100℃。

表 2-107 列出了常用的对羟基苯甲酸酯的性质。对羟基苯甲酸酯类随着 R 烷基碳原子数增加，其水溶性减弱、抗菌性增加、酯溶性增大。复配可以提高溶解度，提高防腐能力通常所用的方法是提高增效作用。部分对羟基苯甲酸低级酯目前已在国内得到生产，然而一些长碳链的对羟基苯甲酸酯还没有生产，如庚酯、辛酯和壬酯等，所以，对这类高级对羟基苯甲酸醇酯系列化的研究非常重要。

表 2-107　对羟基苯甲酸酯有关的性质

名称	缩写	CAS 号	化学式	熔点/℃	沸点/℃	pK_a	抑菌效果（苯酚抑菌效果倍数）
甲酯	MeP	97-76-3	$C_8H_8O_3$	125～128	270～280	8.17	3
乙酯	EtP	120-47-8	$C_9H_{10}O_3$	114～117	287～298	8.22	8
丙酯	PrP	94-13-3	$C_{10}H_{12}O_3$	95～98	133	8	17

续表

名称	缩写	CAS 号	化学式	熔点/℃	沸点/℃	pK_a	抑菌效果(苯酚抑菌效果倍数)
丁酯	BuP	94-26-8	$C_{11}H_{14}O_3$	67～70	156～157	8.37	32
异丁酯	iBuP	4247-02-3	$C_{11}H_{14}O_3$	74～78	302	8.17	—
异戊酯	iAmP	6521-30-8	$C_{12}H_{16}O_3$	51	317	8.22	—
庚酯	HeP	1085-12-7	$C_{14}H_{20}O_3$	48～51	338～368	8.27	—
辛酯	OcP	1219-38-1	$C_{15}H_{22}O_3$	50	353～383	8.23	—

毒性

对羟基苯甲酸乙酯　雌大鼠急性经口 LD_{50} 4.3g/kg。兔急性经口 LD_{50} 5.0g/kg。兔急性经皮 LD_{50} 15.0g/kg。水生生物：绿藻 EC_{50}(72h) 18000μg/L。

对羟基苯甲酸乙酯钠　小鼠急性经口 LD_{50}＞2000mg/kg（来源：CLARIANT-NIPA）。

抗菌防霉效果　对羟基苯甲酸乙酯（尼泊金乙酯）对霉菌和酵母菌的抑制作用较强，对细菌特别是对乳酸菌及革兰氏阴性菌的作用较差，但抗菌能力比山梨酸和苯甲酸强，在 pH 4～8 的范围内效果较好。其对一些微生物的最低抑制浓度见表 2-108。

表 2-108　对羟基苯甲酸乙酯对常见微生物的最低抑制浓度（MIC）

微生物	MIC/%	微生物	MIC/%
铜绿假单胞菌	0.10	大肠杆菌	0.05
产气克雷伯菌	0.05	肺炎克雷伯杆菌	0.05
黏质沙雷氏菌	0.05	普通变形菌	0.06
肠炎沙门氏菌	0.05	伤寒沙门氏菌	0.10
金黄色葡萄球菌	0.07	溶血性链球菌	0.06
蜡状芽孢杆菌	0.025	枯草芽孢杆菌	0.10
白色念珠	0.07	酿酒酵母	0.05
黑曲霉	0.04	黑根霉	0.025

（来源：CLARIANT-NIPA）

只有分子态的对羟基苯甲酸酯才具有抗菌活性，因为其对位羟基的电离常数非常小，再加上其羧基已被酯化，不会再发生电离，所以对羟基苯甲酸酯及其盐在酸性环境、中性环境下抑菌作用的效果均良好。同样，能透过细胞壁在细胞内发挥抑菌作用的只有苯甲酸和山梨酸的分子态，因为抑制各种酶是山梨酸和苯甲酸的抑菌机理。

严格地讲，苯甲酸、山梨酸、对羟基苯甲酸酯（尼泊金酯）都属于有机弱酸，均能在水溶液中发生电离，因此以分子态和离子态的形式存在于溶液中。溶液1%、10%和 50%的电离度的 pH 值根据酸碱平衡理论计算出来，结果如表 2-109，不同 pH 环境下防腐剂以分子态存在的情况根据酸碱平衡理论计算出来，结果如表2-110 所示。可以通过表 2-109 和表 2-110 的数据看出，在溶液 pH＝8 时，对羟基苯甲酸酯（尼泊金酯）及其盐类防腐剂呈分子状态的仍有 60%以上，然而苯甲酸及其盐只有 13.5%在溶液 pH＝5 以分子状态存在，山梨酸及其盐有 36.63%以分子状态存在。在电离率为50%时，山梨酸及其盐溶液的pH值为4.8左右，苯甲酸及其盐溶液的pH值为4.2，然而能够达到平均pH值为8.2左右的是对羟基苯甲酸酯及其盐溶液。显然，提高这类防腐剂的抗菌活性的方法是使溶液的pH值减小，但这种防腐剂的抗菌活性的提高不能仅仅依靠增强溶液的酸性，因为有机弱酸防腐剂的溶解度与溶液pH值成线性关系。各方面的因素综合来考虑，pH 2.5～4.0是苯甲酸和苯甲酸钠防腐剂最适合的抗菌环境，pH值不高于5.0是山梨酸及其盐类防腐剂最适合的抑菌环境，然而，对羟基苯甲酸酯及其盐类防腐剂的抗菌环境可以是pH 4～8。

表 2-109 溶液中防腐剂的电离状况

项目	山梨酸	苯甲酸(钠)	对羟基苯甲酸酯(钠)盐				
			甲酯及盐	乙酯及盐	丙酯及盐	丁酯及盐	庚酯及盐
pK_a	4.76	4.19	8.17	8.22	8.35	8.37	8.27
$K_a\times10^9$	1.73	6.41×10^4	6.73	6.03	4.47	4.27	5.37
pH_{50}	4.76	4.19	8.17	8.22	8.35	8.37	8.27
pH_{10}	3.81	3.23	7.21	7.27	7.40	7.42	7.32
pH_1	2.77	2.20	6.17	6.22	6.35	6.37	6.27

注：电离率为50%、10%、1%时溶液的pH值用pH_{50}、pH_{10}、pH_1表示。

表 2-110 溶液pH对防腐剂分子态的影响 单位：%

项目	山梨酸	苯甲酸(钠)	对羟基苯甲酸酯(钠)盐				
			甲酯及盐	乙酯及盐	丙酯及盐	丁酯及盐	庚酯及盐
2	99.36	99.83	100	100	100	100	100
3	93.98	98.30	100	100	100	100	100
4	6.094	85.25	99.90	99.99	100	100	99.99
5	13.50	36.63	99.93	99.4	99.96	99.96	99.95
6	1.54	0.57	93.66	94.31	95.72	95.90	94.9
7	0.16	0.06	59.67	62.38	69.11	70.08	65.06
8	0.02	0.06	59.67	62.38	69.11	70.08	65.06
9	0	0.01	12.89	14.22	18.28	18.98	15.7

注：表中数据为在不同pH溶液中防腐剂分子态占其总量的分数。

制备 专利CN104725233A《尼泊金乙酯的制备方法》。

应用 对羟基苯甲酸乙酯（尼泊金乙酯）及其钠盐广泛应用于化妆品、医药、日用工业品、食品工业、纺织工业、饲料等的防腐防霉。

实际使用时，一般都是将不同的酯类混合使用，也可与苯甲酸、对氯间二甲酚等复配使用，通过协同作用提高防腐防霉效果。

注意：对羟基苯甲酸酯类与淀粉共存时会影响杀菌效果；对羟基苯甲酸类抗菌作用强弱与其烷链长短有关，其烷链越长，抗菌作用越强。

法规

① 丹麦环境部于2010年12月20日宣布，将禁止3岁以下儿童产品中含有对羟基苯甲酸酯，为第一个禁止该化学防腐剂的欧洲国家。

② 我国2015年版《化妆品安全技术规范》规定，4-羟基苯甲酸及其盐类和酯类化妆品中最大使用浓度：单一酯0.4%（以酸计）；混合酯总量0.8%（以酸计）。

对羟基苯甲酸异丙酯（IPrP）
（isopro pylparaben）

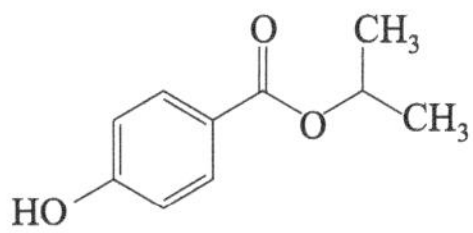

$C_{10}H_{12}O_3$ 180.2 4191-73-5

其他名称　尼泊金异丙酯

化学名称　4-羟基苯甲酸异丙酯

IUPAC 名　propan-2-yl 4-hydroxybenzoate

EC 编码　[224-069-3]

理化性质　纯品为无色小晶体或白色结晶性粉末，无臭。熔点 84～86℃。溶解性：难溶于水；易溶于乙醇、丙酮、冰醋酸等有机溶剂。稳定性：在酸、碱存在时不稳定。

毒性　小鼠急性经口 LD_{50} 7200mg/kg。大鼠急性经口 LD_{50} 10000mg/kg 以上。

抗菌防霉效果　对羟基苯甲酸异丙酯（尼泊金异丙酯）抗真菌效果不错，对细菌稍差，一般为一种或几种对羟基苯甲酸与其他防腐剂如重氮咪唑烷基脲、咪唑烷基脲、DMDMH、苯氧乙醇、异噻唑啉酮和布罗波尔等复配使用。

制备　对羟基苯甲酸异丙酯（尼泊金异丙酯）由异丙醇和对羟基苯甲酸制备而来。

应用　本品主要用作食品、化妆品、医药的杀菌防腐剂，也可用作饲料防腐剂。

对羟基苯甲酸异丁酯（IPrP）
（isobutyl paraben）

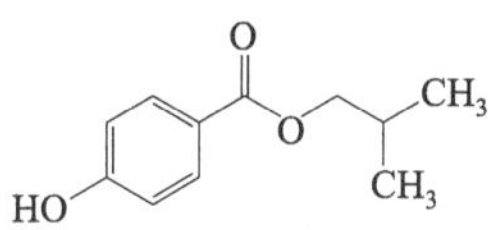

$C_{11}H_{14}O_3$ 194.2 4247-02-3

其他名称　尼泊金异丁酯

化学名称　4-羟基苯甲酸-2-甲基丙酯

IUPAC 名　2-methylpropyl 4-hydroxybenzoate

EC 编码　[224-208-8]

理化性质　纯品为无色细小晶体或白色结晶性粉末，无臭。熔点 75～77℃。溶解性：难溶于水；易溶于乙醇、冰醋酸、丙二醇和丙酮。

毒性　小鼠急性经口 LD_{50} 13200mg/kg，小鼠皮下注射 LD_{50} 16000mg/kg。

抗菌防霉效果　对羟基苯甲酸异丁酯（尼泊金异丁酯）抗菌作用强于丙酯、乙酯和甲酯。一般来说，构成酯的醇，碳原子数越大，抗菌作用越强，而毒性相反，碳原子数越小，毒性越大。

制备 对羟基苯甲酸异丁酯（尼泊金异丁酯）由对羟基苯甲酸与异丁醇酯化而得。

应用 对羟基苯甲酸异丁酯（尼泊金异丁酯）可用作食品、化妆品的防腐防霉剂。

柠檬酸
(citric acid)

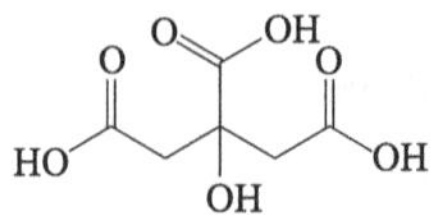

$C_6H_8O_7$ 192.1 77-92-9（无水）

其他名称 枸橼酸、3-羟基-1,3,5-戊三酸

IUPAC名 2-hydroxypropane-1,2,3-tricarboxylic acid

化学名称 2-羟基丙烷-1,2,3-三羧酸

EC编码 [201-069-1]、[680-681-4]

柠檬酸（一水物）：

IUPAC名 citric acid monohydrate

CAS号 [5949-29-1]

EC编码 [611-842-9]、[691-328-9]

柠檬酸锌

其他名称 枸橼酸锌

化学名称 2-羟基-1,2,3-三羧酸锌

IUPAC名 trizinc dicitrate

CAS号 [546-46-3]

EC编码 [208-901-2]

理化性质 柠檬酸锌分子式 $C_{12}H_{10}O_{14}Zn_3$，分子量：574.3。白色结晶粉末。溶解性：稍溶于水；易溶于稀盐酸和碱性溶液中。稳定性：热稳定性好。

柠檬酸铜

IUPAC名 copper citrate

CAS号 [10402-15-0]

EC编码 [641-381-9]

分子式 $C_6H_8CuO_7^{2+}$（Pubchem）

IUPAC名 1,2,3-propanetricarboxylic acid，2-hydroxy-，copper(2+) salt(1∶2)

CAS号 [866-82-0]

EC编码 [212-752-9]

分子式 $C_6H_8Cu_2O_7^{4+}$（Pubchem）

理化性质 蓝绿色粉末；密度 1.76g/cm³；熔点 240.44℃；pH 6.0；溶于氨

水和稀酸，溶于水；常温时稳定，加热至 160℃开始解离。

理化性质

柠檬酸室温下为白色晶体粉末或白色颗粒。常含一分子结晶水，结晶时控制适宜的温度（分解温度 36.6℃）可获得无水柠檬酸。无臭，有很强的酸味。柠檬酸分无水物和一水合物两种。一水物在干燥空气中易风化。相对密度 1.542（一水物）和 1.67（无水物）。熔点 135℃（一水物）和 153℃（无水物）。溶解性：易溶于水（一水物 209g/100mL，25℃；无水物 59.2g/100mL，20℃；1%溶液的 pH 值为 2.31）和乙醇；微溶于乙醚；不易溶于油类。稳定性：一定条件潮解。作为一种三羧酸类化合物，当加热到 175 ℃时就会分解，主要能分解成二氧化碳和水。因其含有三个 H^+ 可以电离，所以有三个 pK_a 值，分别为 3.13、4.76、6.40。

毒性

柠檬酸　小鼠对柠檬酸（无水物）的静脉注射 LD_{50} 42mg/kg，腹腔注射 LD_{50} 960mg/kg。大鼠腹腔注射 LD_{50} 883mg/kg。兔静脉注射 LD_{50} 330mg/kg。

柠檬酸铜　大鼠急性经口 LD_{50} 1504mg/kg。

抗菌防霉效果　柠檬酸在化学上属于一种大分子有机酸，酸性相对来说比较强，同时能够电离出 3 个氢离子。有机酸对致泻性的大肠埃希氏菌、沙门氏菌、单核增生李斯特菌等多种食源性致病菌表现出良好的抑菌性，抑菌活性取决于细菌胞内酸根离子的聚集，而细菌胞内外 pH 梯度及胞外酸根离子浓度影响聚集程度。

姜春新等研究发现，柠檬酸（CA）和乙酸（AA）对两种致腐假单胞菌（荧光假单胞菌、隆德假单胞菌）均有相似的抑制活性，CA 和 AA 的 MIC 分别为 2.1mg/mL 和 1.0mg/mL，已报道乳酸对阴沟肠杆菌的 MIC 为 5mg/mL。大多数微生物对有机酸都比较敏感，这与弱酸比强酸更容易扩散至菌体细胞膜有关，未解离的有机酸分子具有亲脂性，迅速进入细胞膜后会降低细胞周质和胞内 pH 值，解离细胞内部成分，破坏细菌的生理功能。相对于 CA，AA 抑菌效果更好，可能是因为 AA 的解离常数比 CA 高，解离 H^+ 的速度更快，使环境的 pH 值更低。

柠檬酸在正常食品中添加剂量通常为 4000mg/kg～20g/kg，此范围浓度下 pH 值小于 5.5，故大部分细菌的生长可被其抑制。

制备　柠檬酸发酵方式有液态浅盘发酵、固态发酵、深层发酵。

应用　柠檬酸是一种广泛分布于动植物与微生物细胞中的弱有机酸，其包括 3 个羧基（R—COOH）。柠檬酸发现于 8 世纪伊朗炼金术士贾比尔。

柠檬酸用途较为广泛，如在食品饲料行业，可作为防腐剂、pH 调节剂、酸味剂、抗氧化剂；在医药领域，可用作矫味剂以及抗凝血剂；在化学工业领域，可用作调色剂、缓冲剂以及凝胶剂等。

实际应用参考：

陈毓珊等选择将 0.08% *o*-伞花烃-5-醇（IPMP）与 1.5%柠檬酸锌作为新型复合防腐剂应用于牙膏体系中进行稳定性测试发现，各个配方体系牙膏的稠度、pH 值都较为稳定，且香味、色泽、稳定性正常，展示了新型复合防腐剂安全高效的抑菌效果。

法规

① 欧盟化学品管理局（ECHA）。欧盟生物杀灭剂产品委员会（BPC）发布法规（EU）2016/1938，批准柠檬酸作为PT-2（不直接用于人体或动物的消毒剂和杀藻剂）类型生物杀灭剂产品的活性物质。批准日期 2018 年 3 月 1 日，批准期满 2028 年 2 月 28 日。

② 柠檬酸等有机酸作为食品的酸化剂和抑菌剂，被美国 FDA 评价为一般公认安全（GRAS）添加剂。

③ GB 38850—2020《消毒剂原料清单及禁限用物质》规定其可以使用的范围有：H，表示用于人体的消毒剂；M，表示用于医疗器械的消毒剂。

硼砂（BX）

（borax）

其他名称　四硼酸钠（无水、五水、十水）、硼酸钠、月石

化学名称　四硼酸钠

IUPAC 名　disodium tetraborate anhydrous

CAS 号　[1330-43-4]（无水）、[12179-04-3]（五水）、[1303-96-4]（十水）、[12267-73-1]（水合物）

EC 编码　[215-540-4]（无水）、[601-808-1]（五水）、[603-411-9]（十水）、[235-541-3]（水合物）

理化性质　硼元素，化学符号为 B，原子序数 5，原子量 10.811，属化学元素周期表ⅢA 族。硼的氧化态为＋3，电子构型为 $1s^2 2s^2 2p^1$。常见的含硼化合物有硼酸（BA）、硼砂（BX）和八硼酸钠（DOT）。

硼酸钠即硼砂，是一种含结晶水的硼酸盐，主要以十水硼砂（$Na_2B_4O_7 \cdot 10H_2O$）为主。外观呈白色或无色晶体或粉末，略带甜和咸味。相对密度 1.73。溶解性：稍溶于冷水；较易溶于热水、甘油。水溶液呈碱性。稳定性：在 60℃时失去八个结晶水，在 320℃时失去全部结晶水，在空气中可缓慢风化。

毒性　动物口服硼砂后的半数致死量 LD_{50} 2～5.33g/kg，硼酸的 LD_{50} 2.66～3.45g/kg。小孩摄入 5g，成人摄入 15～20g 硼砂会导致死亡。

FAO/WHO 食品添加剂联合专家委员会（JECFA）早在 1961 年就提出硼酸及硼砂不宜作为食品添加剂。

抗菌防霉效果　硼砂是一种酸类抑制剂，能够与细菌酶系中的磷酸酶结合并抑制其活性，阻碍细菌生长。王恺报道，硼砂对真菌有防治作用，对木腐菌的防腐能力不是很好，因此很少单独将硼砂作为木材防腐剂，大多与硼酸或五氯酚钠等混合使用。但是，其防治家天牛蛀虫以及窃蠹的效果较好，具体可参考硼酸。

制备　制备硼砂的方法主要有硫酸法、常压碱解法、加压碱解法、碳碱法、钠化焙烧-常压水浸法、熔态钠化-常压水浸法、钠化焙烧-加压水浸法等。

应用　当前世界上硼酸和硼砂产量最大的几个国家有土耳其、俄罗斯、智利、美国和中国。硼酸盐类化合物主要应用于胶合板、刨花板、门窗等室内家具用材，已有 50 多年的历史，具有较强防腐性能、防虫蚁性能以及渗透性能。但无机硼化合物能溶于水，在室外使用或与土壤接触时，木材中的硼会逐渐流失，影响防腐效

果及使用寿命，因而不能在室外或与土壤接触的领域应用。目前，也有一些研究以提高硼类化合物的抗流失性，以拓展其应用范围。可在硼酸盐处理材表面进行涂饰处理，将硼化物处理后的木材再用煤焦油进行包埋处理，或在硼酸盐中添加各种助剂再对木材处理以增强其耐腐性和抗流失性。目前无机硼化合物应用前景最好的是气相硼处理法。

注意：硼砂常指四硼酸钠的十水合物，即 $Na_2B_4O_7 \cdot 10H_2O$，但市售硼砂往往已经部分风化。

实际应用参考：

非杀菌活性的添加剂的加入能够提高或加强木材保护的效果。如使用硼砂、硼酸、硼酸钙和 NHA-Na(N',N-1,8-萘二甲酰亚胺钠）的溶液处理木材，显著降低了硼的流失。当使用硼酸或者硼砂处理木材，然后用 1%的 NHA-Na 处理，结果硼的固着率提高了 30%。原因可能是堵住了木材的管胞和流动路径。

法规

① 欧盟化学品管理局（ECHA）批准：硼砂（1330-43-4）用于 PT-8（木材防腐剂）的批准日期：2011 年 9 月 1 日—2021 年 8 月 31 日；根据（EU）2024/208，硼砂（12179-04-3）用于 PT-8（木材防腐剂）的批准到期日期推迟到 2026 年 8 月 31 日。

② 国内外大多木材防腐研究中报道的可以作为木材防腐剂使用的硼酸盐，以及我国的行业标准《木材防腐剂》（LY/T 1635—2005）中规定的可以作为木材防腐剂使用的硼酸盐，主要有八硼酸钠、四硼酸钠、硼酸及其混合物，其有效成分以 B_2O_3 计。

硼酸（BA）
(boric acid)

H_3BO_3　61.80　10043-35-3（硼酸）、11113-50-1（天然粗硼酸）

化学名称　硼酸

IUPAC 名　boric acid

EC 编码　[233-139-2]（硼酸）、[234-343-4]（天然粗硼酸）

理化性质　硼酸仅从表面上看有 3 个 H^+，是三元酸，应该有三级电离平衡常数。实际上，硼酸的分子式应该是 $B(OH)_3$，是一元酸，25℃时的离解常数为 5.8×10^{-10}，它所显示的酸性是由于加合了氢氧根离子而不是离解出氢离子（郑学家，2008）。

白色粉末状或有光泽的三棱晶体颗粒状，无气味。因结构中含有羟基，溶解在水中时，与水的羟基结合形成硼酸根阴离子和质子，故硼酸水溶液呈酸性。硼酸溶于水、甘油及醚类等液体，溶解度与温度呈正相关。硼酸水溶液浓度为 0.12mol/L，pH 5.01；浓度增加到 0.75mol/L 时，pH 3.69；硼酸在 25℃下的反应平衡常数为 5.80×10^{-10}。稳定性：露置空气中无变化，加热至 169℃，即脱水成偏硼酸 HBO_2，继续加热，可完全脱水为玻璃状的三氧化二硼。

毒性　刘平等研究表明，雄性大鼠对硼酸的 LD_{50} 3160～3455mg/kg，雌性大鼠对硼酸的 LD_{50} 4080mg/kg 。许万祥等研究了硼酸对雌性小鼠的急性毒性，测得

LD_{50} 3749.73mg/kg 。

抗菌防霉效果 硼酸是一类酸类抑制剂，能够与细菌酶系中的磷酸酶结合并抑制其活性，阻碍细菌生长。硼酸盐的防腐效果主要产生于与水形成的四羟基硼酸根离子$[B(OH)_4]^-$，这种多羟基的离子络合物可以通过细胞内和细胞外基质螯合、酶抑制、改变膜功能等来摧毁生物体。

硼化物尤其对木材腐败菌如采绒革盖菌有很强的抑杀力，但对一些霉菌如青霉菌和木霉基本无效。硼酸仅在其未解离状态下有效，但由于其 pK_a 值相对较高(9.14)，即使在中性 pH 状态下，它仍具有活性。

硼酸作为目前仍在使用的无机杀虫剂的代表，张育富等观察硼酸对蚊虫的杀灭效果，发现硼酸对敏感品系淡色库蚊和白纹伊蚊幼虫的实验室 LC_{50} 分别为 0.52%和 0.50%，见表 2-111。

表 2-111 不同剂量硼酸对敏感品系幼蚊的 24h 致死率 单位：%

剂量/%	淡色库蚊	白色伊蚊	X_2 值	P 值
0.20	2.91	6.99	1.99	0.16
0.40	13.16	16.67	0.43	0.51
0.0	72.28	56.74	3.33	0.07
0.80	81.67	87.72	1.65	0.20
1.00	100.00	96.50	1.88	0.17
2.00	100.00	100.00	—	—
对照组	0.00	0.00	—	—

在硼酸同样剂量针对成蚊进一步研究中发现，蚊幼、成蚊的死亡率均与硼酸剂量存在明显的剂量反应关系，死亡率随着硼酸剂量增加而逐渐增高，>1%的硼酸对野外品系成蚊的 24h 致死率均>80%。

制备 从盐湖及其卤水中提取硼酸的方法主要有结晶法、吸附法、萃取法、离子交换法和沉淀法；从含硼矿物中提取硼酸的方法主要有硫酸法、硼砂硫酸中和法、盐酸法、碳氨法、多硼酸钠-硫酸法、电解电渗析法、二氧化碳法和丙酸法等。

应用 硼酸（H_3BO_3）和硼砂（$Na_2B_4O_7 \cdot 10H_2O$）在医学和民间验方中用于疾病防治已有很久的历史。自从 19 世纪 20 年代以来，硼酸盐在医学上一直用作杀细菌剂、杀真菌剂和防腐剂。最早用硼酸保护木材是在 20 世纪 20 年代，在美国用来防治蓝变真菌。在 20 世纪 30 年代时人们又发现硼酸具有抑制木材着火的性能。同时又发现，为了防火而用硼酸处理过的木材也能抵抗真菌的腐朽。

硼酸（H_3BO_3）是一种无机酸，同时在工业、医疗、农业、通信、航天及核领域都是重要的无机化工原料。经硼酸处理的玻璃制品机械强度大，对于原子技术和空间技术十分重要；硼酸的防腐杀菌特性除可用于木材和金属制品的防腐，还可用于外科伤口的处理和癌症的治疗；农业生产方面，硼酸可作为微量元素肥料，还可作为农药防治病虫害。

实际应用参考：

硼基防腐剂在木材上应用越来越广泛，所以研究硼的抗流失性能很重要。有研究表明，当硼被固定后可以降低其流失性，但是也有可能由于硼的固定而降低它的生物活性。硼元素并不能像元素铜那样能与木材组分结合（Lloyd 等，2001），所以目前的研究主要是部分固定硼，使它具有足够的灵活性。当硼酸盐络合后或者部分固定后，对其生物活性没有影响，从而具有防腐性能（Lloyd，1998；Pizzi 等，1996）。目前，降低硼流失率的方法如表 2-112 所示。

表 2-112　提高硼抗流失性能的方法

分类	方法
木材表面处理	木材孔道填堵、木材树脂处理
难溶于水类	无机硼、有机硼、硼酸酯
原位聚合	单体聚合、蛋白质硼酸酯、单宁酸自缩聚
含硼化合物作为其他防腐剂配方的组分	铜铬硼(CCB)、铜硼唑(CBA-A)等

法规

① 根据（EU）2021/1228，批准硼酸（CAS 号 10043-35-3）作为第 8 类（木材防腐剂）生物杀灭剂产品的活性物质。批准日期 2011 年 9 月 1 日，批准期满 2024 年 2 月 28 日。

② 根据 ED 30/2012，硼酸（硼酸、天然粗硼酸）被列为高度关注物质。

曲酸

(kojic acid)

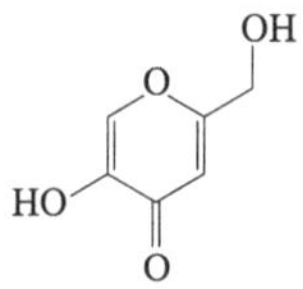

$C_6H_6O_4$ 142.1 501-30-4

其他名称　鞠酸、曲菌酸、5-羟基-2-羟甲基-1,4-吡喃酮

化学名称　5-羟基-2-羟甲基-4-吡喃酮

IUPAC 名　5-hydroxy-2-(hydroxymethyl)pyran-4-one

EC 编码　[207-922-4]

理化性质　纯品为无色棱柱形结晶。熔点 153～156℃。蒸气压（25℃）3.21×10^{-6}mmHg。$\lg K_{ow}=-0.64$。溶解性：水 9.35×10^{5}mg/kg（25℃）；溶于甲醇、乙醇、乙酸乙酯、氯仿、吡啶；不溶于苯。稳定性：不稳定，对光、热敏感，在空气中易被氧化，与金属离子可形成螯合物。

毒性　小鼠急性经口 LD_{50} 2571mg/kg，属低毒物质。动物代谢产物主要为硫酸与葡萄糖醛酸的结合物，曲酸代谢物在肝脏、肾脏含量较高，主要随尿液排出。

抗菌防霉效果　曲酸是由曲霉属和青霉属等多种真菌发酵而产生的一类有机酸，研究表明，有机酸对大多数微生物具有抑制作用，其抑菌活性主要受疏水性、未离解酸水平和 pH 值等因素的影响。

董静等选用大肠杆菌、枯草杆菌、金黄色葡萄球菌、藤黄八叠球菌 4 种细菌测定它们的最低抑菌浓度，结果发现曲酸对大肠杆菌抑制效果最好。在 0.2%的曲酸平板上无大肠杆菌生长，确定其 MIC 为 0.2%。在 0.3%的曲酸平板上无枯草杆菌生长，确定其 MIC 为 0.3%。在 0.4%的曲酸平板上无金黄色葡萄球菌和藤黄八叠球菌生长，确定其 MIC 为 0.4%。采用管碟法对曲酸与苯甲酸钠的抑菌能力进行比较，结果发现曲酸的抑菌效果明显强于苯甲酸钠。

制备 专利 CN105112470A《一种美白祛斑化妆品用曲酸生产工艺》。

应用 曲酸主要来源于真菌发酵的次级代谢产物，具有微弱酸性。曲酸于 1907 年由斋藤首次分离得到；1913 年，薮田将其命名为曲酸；1924 年，首次确定曲酸的结构。1955 年，辉瑞公司最先将曲酸生产工业化。近年来，曲酸生产公司包括中国的两家公司和日本、瑞士和美国的三家公司。

曲酸具有抑菌能力、抗氧化性、护色和与金属离子螯合等性质，广泛应用于医药、食品、化妆品、农业等领域。

实际应用参考：

日本三省制药公司生产的曲酸于 1988 年被日本厚生省批准可作为保鲜剂和增白剂加到食品与化妆品中，从此加快了对曲酸的生产及应用研究的步伐。比如曲酸相对于苯甲酸、山梨酸而言，更具热稳定性，可与食品共同加热灭菌；pH 值对曲酸的抗菌力无明显影响；曲酸对人无刺激性，并可抑制亚硝酸盐生成致癌物。

法规

① 2022 年 3 月 17 日，欧盟消费者安全科学委员会（SCCS）正式发布了关于化妆品美白成分曲酸（kojic acid）的最终安全评估意见 SCCS/1637/21，结论是曲酸存在潜在内分泌干扰特性，当前欧盟化妆品中允许使用的最大浓度 1%将不再被认为是安全的。同时 SCCS 给出了曲酸作为化妆品美白剂使用时的最大安全浓度为 0.7%。

② 曲酸目前出现在《已使用化妆品原料名称目录》（2015 版）中，序号为 05453，但我国现行化妆品法规中没有针对曲酸的管理规定。

肉桂酸
(trans-cinnamic acid)

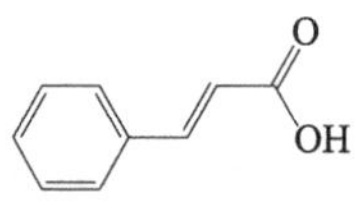

$C_9H_8O_2$ 148.16 140-10-3（反式）（来源：ECHA）

其他名称 桂皮酸、β-苯基丙烯酸、反-肉桂酸、3-苯丙烯酸

化学名称 3-苯基-2-丙烯酸

IUPAC 名 (*E*)-3-phenylprop-2-enoic acid、3-phenylacrylic acid

EC 编码 [205-398-1]

顺式肉桂酸(2*Z*)-3-phenylprop-2-enoic acid(来源：PubChem)

IUPAC 名 (2*Z*)-3-phenylprop-2-enoic acid

CAS 号　[102-94-3]

EC 编码　[827-073-9]

理化性质　肉桂酸是一类苯环上连有丙烯酸基团的化合物，具有桂皮香气。化合物有顺式和反式两种异构体，天然产品以反式游离态存在。纯品为白色至淡黄色粉末。熔点 133℃。沸点 300℃。相对密度 1.2475。$\lg K_{ow}=2.13$。溶解性：水 546mg/L（25℃）；易溶于酸、苯、丙酮、冰醋酸；溶于乙醇、甲醇和氯仿中。$pK_a=4.44$。

肉桂酸几乎不溶于水，实际应用时常使用钾盐，即肉桂酸钾（CAS 号：16089-48-8，EC 编码：240-244-7）。

毒性　肉桂酸钾 LD_{50} 远小于苯甲酸钠，肉桂酸钾的安全性在很久之前就得到了认定，其有效防腐成分肉桂酸在 1965 年被调味料提取物制造商协会认定为是安全的。

抗菌防霉效果　肉桂酸归类为不饱和羧酸，作为一种天然防腐香料，本身具有抑菌作用，能够影响酪氨酸酶的活性，主要抑菌机理是抑制菌体的孢子萌发，破坏细胞膜结构，扰乱其物质代谢，并影响三羧酸循环（TCA）的过程，使菌体的能量代谢途径受到不同程度的阻碍，从而达到抑菌杀菌的效果。

研究表明，肉桂酸对大肠杆菌、伤寒沙门氏菌、金黄色葡萄球菌、表皮葡萄球菌和酿酒酵母等具有明显的抑制作用。

研究发现，肉桂酸钾对引起食品腐败的酵母菌 、霉菌 、细菌作用最强，肉桂酸钾抑制霉菌的有效浓度为 0.05%～0.10%，抑制细菌的有效浓度为 0.01%～0.10%。同时，肉桂酸钾抑菌酸碱度范围广，pH 2～7 抑菌效果均很好，广泛运用于各类食品中。

制备　天然肉桂酸是从肉桂皮或香脂类中提取分离得到的有机酸。工业化生产肉桂酸的工艺方法主要为 Perkin 法与苯乙烯-四氯化碳法两种路线。

应用　“肉桂”一词源于香料肉桂，在古代它被用作调味剂。肉桂酸是一类芳香羧酸，广泛存在于自然界植物中。木质素是聚合物材料，为植物细胞壁提供机械支持，肉桂酸就是在产生木质素的生物化学途径中形成的（Xu 等，2009）。

肉桂酸归类为不饱和羧酸，被广泛用于合成医药、农药、香料、食品添加剂及感光树脂等化工产品。在制药行业，肉桂酸是合成冠心病药物心可定和乳酸心可定的中间体，同时也可用于制造局部麻醉剂、防腐剂和止血剂等。在食品工业中，肉桂酸常被用作固定剂、香料和防腐剂。在化妆品方面，肉桂酸具有显著的抗氧化性，可以用来减缓面部皱纹的产生，它还对紫外线具有一定的阻隔作用，因而也是高级防晒霜中的重要成分之一。此外，肉桂酸还具有促进植物生长的作用，被用于农药产品中。

实际应用参考：

许春芳等选取肉桂酸钾、苯甲酸钠、山梨酸钾、脱氢乙酸钠 4 种食品防腐剂，以大肠杆菌为目标菌，检测 4 种防腐剂对大肠杆菌的抑菌效果。结果表明，对大肠杆菌抑菌能力大小依次为肉桂酸钾＞脱氢乙酸钠＞山梨酸钾＞苯甲酸钠。当质量浓度为 4g/kg 时，肉桂酸钾、脱氢乙酸钠、苯甲酸钠、山梨酸钾对大肠杆菌的抑菌率依次为85.09%±0.79%、78.03%±1.89%、66.39%±2.51%、58.2%±0.58%。肉桂酸钾对大肠杆菌的生长速度影响最显著，强过其他3种传统的食品防腐剂。

乳酸

(lactic acid)

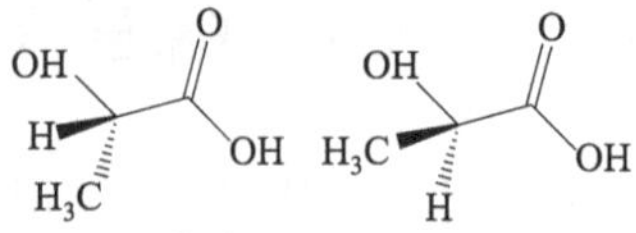

L-乳酸　　D-乳酸

$C_3H_6O_3$ 90.1 50-21-5

其他名称　丙醇酸、DL-乳酸（CAS号598-82-3，EC编码209-954-4）

化学名称　2-羟基丙酸（CAS号26100-51-6，EC编码825-250-5）

IUPAC名　2-hydroxypropanoic acid

EC编码　[200-018-0]

理化性质　乳酸是一种羧酸，其分子中羧基α位碳原子为不对称碳原子，具有两种旋光异构体L-乳酸和D-乳酸。两种旋光异构体等比例作用可合成DL-乳酸。

纯品为无色液体，呈强酸味，具有吸湿性。熔点18℃。沸点122℃。解离常数1.37×10^{-4}(25℃)。相对密度（20℃）1.206。溶解性：易与水、酒精和乙醚等溶剂互溶；与氯仿、二硫化碳、石油醚和苯等溶剂很难互溶。

毒性　大白鼠急性经口LD_{50} 3730mg/kg。乳酸参与三羧酸循环，是人体代谢营养物质，因此FAO对每日摄取量没有限制。

抗菌防霉效果　未解离的有机酸具有亲脂性，可以通过自由扩散穿过细菌细胞膜到达细胞内部，有机酸在细胞内解离，降低胞内pH值，改变细胞的内环境，从而影响细菌的正常生命活动，从而起到抑菌作用。

乳酸对结核杆菌和产芽孢菌均有较好的抑菌性能，如对凝结芽孢杆菌的抑菌效果是乙酸的4倍，随着pH值的降低，抑菌效果变好。但对酵母和霉菌没有抑制作用或抑制作用较差。

为了获得更广泛的抗菌效果，乳酸必须与其他具有抗酵母菌和霉菌活性的杀菌剂结合使用，如苯甲酸。显著的是，乳酸具有特别抑制霉菌毒素形成的能力(Reiss，1976；Lück，1980)。

制备　乳酸的制备方法有化学合成法、酶化法和微生物发酵法等。

应用　1780年瑞典科学家首先发现了乳酸，由于其分子结构的不对称性，乳酸是自然界中存在的最小的手性分子。乳酸是世界公认三大有机酸之一，其不仅是生物界中广泛存在的一种代谢产物，更是一种重要的医药化学中间体。

乳酸的酸根离子具有杀菌、抑菌等性质，可被用作各种加工食品中的酸化剂、pH缓冲剂，亦是有效的腐败微生物抑制剂，还用于空气消毒及饲料、食品等领域防腐。

实际应用参考：

空气消毒一般为$12mL/m^3$，加水20mL，加热蒸发，消毒30min。乳酸是应用最早的防霉剂，其抗菌作用弱。当浓度达到 0.5%时才会显示出防霉效果，对厌氧菌作用明显。乳酸在饲料中的添加量一般为 0.2%～1.5%。乳酸亚铁制剂，纯度在 95%以上，添加量一般为 0.3%～4.0%。

山梨酸

(sorbic acid)

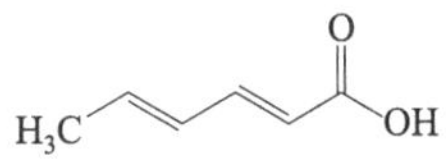

$C_6H_8O_2$ 112.1 110-44-1（反式）

其他名称　花楸酸、凉茶酸、2-丙烯基丙烯酸

化学名称　反式-2,4-己二烯酸

IUPAC 名　(2*E*,4*E*)-hexa-2,4-dienoic acid(反式)、sorbic acid

EC 编码　[203-768-7]（反式）

其他相关：

sorbic acid（ECHA）

CAS 号　[22500-92-1]

EC 编码　[640-983-9]

山梨酸钾（potassium sorbate）

其他名称　2,4-亚乙烯基钾

化学名称　2,4-己二烯酸钾

IUPAC 名　potassium(2*E*,4*E*)-hexa-2,4-dienoate

CAS 号　[24634-61-5]、[590-00-1]

EC 编码　[246-376-1]、[611-771-3]

理化性质

山梨酸　无色的针状结晶或白色的结晶性粉末，无臭或稍带刺激性臭味。沸点 (101kPa) 228℃（分解）。熔点 134℃。蒸气压（20℃）0.013hPa。闪点 127℃。pK_a=4.76。溶解性：微溶于水；溶于乙醇、乙醚。稳定性：对光、热稳定，但在空气中长期放置易被氧化着色。

山梨酸钾　分子式 $C_6H_7O_2K$，分子量 150.2。无色或白色的鳞体状结晶或结晶性粉末，无臭或稍有臭味。熔点 270℃（分解）。溶解性：易溶于水；微溶于乙醇。稳定性：在空气中不稳定，能被氧化着色，有吸湿性。

毒性　大鼠经口 LD_{50} 10.5g/kg，其毒性仅为苯甲酸的 1/4，与氯化钠相当。研究表明，山梨酸及其钾盐的微核试验、体内外染色体畸变试验等遗传毒性检测结果多为阴性。短期或亚慢性毒性试验也以阴性结果为主，尚未观察到有意义的生物学改变。

抗菌防霉效果　山梨酸化为 α、β 不饱和羰基类化合物，这使它比同碳数饱和羧酸具有更高的抗菌活性。山梨酸的抗菌机理是分子态的山梨酸进入细胞后，由于其结构中两个双键（α，β 和 γ，δ 位）因共轭作用易发生氧化作用，这为与其他自由基结合创造条件。因此，山梨酸利用双键与微生物中的巯基（—SH）键合，抑制脱氢酶的催化活性，阻碍微生物的生长代谢。研究发现，山梨酸对霉菌、酵母菌和好氧性细菌有抑制作用，而对兼气性芽孢菌、厌气性细菌和乳酸菌几乎无抑制作用。

山梨酸是一种弱有机酸型防腐剂，其防腐效果随pH值的升高而降低，山梨酸和山梨酸钾宜在pH 5～6以下的范围内使用。一般认为，只有未离解的分子状态的山梨酸才起到防腐作用，而山梨酸的离解度与所处溶液环境的pH值有关（见表2-113）。

表 2-113　不同 pH 值时山梨酸的离解度

pH值	3	4	4.4	5	6	7
离解度/%	2	14	30	63	94	99.4

另外，山梨酸对霉菌、酵母和好气性菌均有抑制作用，但对嫌气性芽孢形成菌与嗜酸乳杆菌几乎无效。山梨酸完全抑制各种微生物的最低抑制浓度见表2-114。

表 2-114　山梨酸对一些微生物的最低抑制浓度　　单位：mg/L

微生物	pH 3.0	pH 4.5	pH 5.5	pH 6.0	pH 6.5
黑曲霉	250	500	2000	<2000	
娄地青霉	130	500		<2000	
黑根霉	60	250	1000	1000	2000
啤酒酵母	130	250	500	2000	<2000
球形德巴利氏酵母	250	500	2000	2000	<2000
异形汉森氏酵母	60	250	500	1000	1000
毕赤氏皮膜酵母	130	250	500	2000	2000
纹膜醋酸杆菌		2000	2000	<2000	
乳酸链球菌		1000	2000	2000	<2000
嗜酸乳杆菌		<2000	<2000	<2000	
枯草芽孢杆菌			1000	1000	2000
蜡状芽孢杆菌			500	1000	2000
凝结芽孢杆菌			1000	2000	2000
巨大芽孢杆菌			500	1000	2000
金黄色葡萄球菌			1000		
普通变形杆菌			1000	2000	<2000
生芽孢梭状芽孢杆菌				<2000	

其pK_a值为4.76，山梨酸在pH值为4或低于其未离解形式时最有效；然而，在pH值高达6.0～6.5时，山梨酸也有相当大的抗菌活性。这可能是由于山梨酸能够部分向5-羟基-2-己酸的内酯环化，这是一种亲电的中性物质，其活性不像酸那样依赖于pH。因此，山梨酸的应用范围大于其他亲脂酸防腐剂。

制备　1900年德国的Doebner首次用合成法制得山梨酸。常规方法有丙二酸与巴豆醛缩合法、山梨醛氧化法、丙酮与巴豆醛缩合法、丁二烯路线、乙烯酮路线等。

应用　山梨酸是一种不饱和羧酸。1859年，A. W. Hofman首次从未成熟的山梨果水解油中提取出山梨酸，直到 1939 年，Muuer 发现山梨酸有抗菌作用。美国于 1953 年正式批准了山梨酸为食品添加剂，日本于 1955 年批准使用，我国于 1980 年批准使用。山梨酸是迄今为止国际公认的安全无毒防腐剂。

山梨酸亦用于粮食保存、动物饲料、日用化妆品、药品防腐剂、杀虫剂增效剂。

注意：溶解时避免使用铜、铁容器；山梨酸、山梨酸钾易氧化，山梨酸钙不易氧化。

实际应用参考：

① 户帅锋等研究报道，将山梨酸粉末添加到低密度聚乙烯树脂中，制备出山梨酸-LDPE 抗菌薄膜，山梨酸质量分数在 1.5%以上时对大肠杆菌具有抑制作用，在 2%以上时对单增李斯特菌和金黄色葡萄球菌具有抑制作用。结论：山梨酸-LDPE 薄膜具有优良的包装性能和抑菌效果，是一种良好的食品包装材料。

② 2005 年，美国 Bernard Bendiner 公开一篇专利，表明山梨酸及其衍生物，例如山梨酸钾，可预防金属表面生锈、腐蚀和结垢。该作者认为山梨酸钾具有防锈能力的根本原因是其水溶液具有较低的电导率和低的溶解氧含量，可抑制溶液中微生物的生长，防止循环水系统溶液变酸。

法规

① 欧盟化学品管理局（ECHA）根据指令 98/8/EC(BPD) 或规则(EU)No 528/2012(BPR)提交了批准申请的所有活性物质/产品类型组合：PT-6（产品在储存过程中的防腐剂），山梨酸申请目前处于审核进行之中。

② 欧盟化学品管理局（ECHA）。2015 年，欧盟生物杀灭剂产品委员会(BPC) 发布法规（EU）2015/1729，批准山梨酸钾作为 PT-8(木材防腐剂) 类型生物杀灭剂产品的活性物质。批准日期 2016 年 12 月 1 日，批准期满 2026 年 12 月 1 日。

③ 山梨酸钾经法规（EU）No 2021/807 纳入（EU）No 528/2012 的附件一中，就（EU）No 528/2012 第 89（3）条而言，山梨酸钾作为 PT-6 类防腐剂批准日期为 2023 年 2 月 1 日。

④ 我国 2015 年版《化妆品安全技术规范》规定：山梨酸及其盐类在化妆品使用时的最大允许浓度为 0.6%（以酸计）。

双乙酸钠（SDA）
(sodium diacetate)

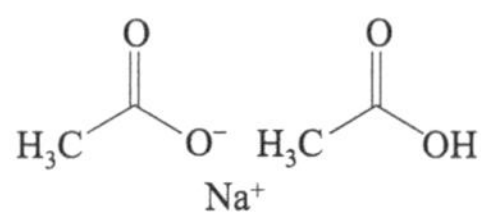

$C_4H_7NaO_4$ 142.09 126-96-5（无水）

其他名称　二醋酸一钠、二乙酸氢钠、双醋酸钠

化学名称　双乙酸氢钠

IUPAC 名　sodium；acetic acid；acetate

EC 编码　［204-814-9］

理化性质　双乙酸钠是乙酸和乙酸钠的分子复合物。外观为白色结晶状粉末，具有吸湿性及乙酸气味。熔点 96℃。溶解性：易溶于水和乙醇。稳定性：可燃。常温可保持一年，150℃以上完全分解。10％的溶液 pH 值为 4.5～5.5，含有 40％的游离乙酸。

毒性　双乙酸钠的小白鼠急性经口 LD_{50} 3310mg/kg，大白鼠急性经口 LD_{50} 4960mg/kg。

抗菌防霉效果　双乙酸钠抗菌作用通常认为是源于乙酸（HAc）（严格来说是单分子乙酸），因为 HAc 可使物品 pH 值降低，与类脂物溶解性好，不离解的 HAc（SDA 中含游离的单分子 HAc 39％～40％）比离子化 HAc 能更有效地渗透到微生物的细胞壁干扰细胞内各种酶的相互作用。同时通过降低水分活度，改变细胞形态和结构，使菌体蛋白质变性脱水而死亡，从而起到抗菌防霉作用。当既要求保持乙酸的杀菌性能，又要求因它的加入而不至于酸性增强太多时，则不直接用乙酸而使用双乙酸钠。

国内外大量实验证明，双乙酸钠对霉菌抑制效果优于常用防腐剂苯甲酸钠、山梨酸钾。试验进一步得知：双乙酸钠对黑曲霉抑制效果明显优于山梨酸，前者的最低抑制浓度为 5200mg/L，而后者在 9100mg/L 以上。双乙酸钠对黑根霉的抑制效果优于山梨酸，前者的最低抑制浓度为 2500mg/L，后者为 3700mg/L；双乙酸钠对黄曲霉的抑制效果明显优于山梨酸，前者的最低抑制浓度为 5200mg/L，后者为 7900mg/L；双乙酸钠对扩展青霉的抑制效果明显优于山梨酸，前者的最低抑制浓度为 4500mg/L，后者为 9100mg/L；双乙酸钠对绿色木霉的抑制效果优于山梨酸，前者的最低抑制浓度为 3000mg/L，后者为 4000 mg/L。

任杰等针对乳酸菌 、大肠杆菌、金黄色葡萄球菌 、酵母菌、毛霉菌种进行抑菌圈测定时发现，双乙酸纳对毛霉菌的抗菌效果最好，对乳酸菌几乎没有抗性，对金黄色葡萄球菌抗菌效果微弱，对酵母菌的抗菌性也很差。双乙酸纳是高效霉菌和细菌的抑制剂，属于广谱防腐剂，但双乙酸钠对革兰氏阳性菌抗菌效果差。

制备　双乙酸钠合成方法主要有乙酸-乙酸钠法、乙酸酐-氢氧化钠法、乙酸-纯碱法、乙酸-醋酐-纯碱法、乙酸-烧碱法等。

应用　1877 年，由美国人 Vicicrs 和 Loscour 分别独自合成出双乙酸钠（SDA），并分别发表在《Comptcs Rendus》杂志上。1938 年，由美国首先将双乙酸钠用于面包防霉并申请了专利（1942 年发布）。联合国粮农组织（FAO）1978 年批准用于饲料防霉，美国 FDA 1982 年批准用于食品添加剂，1994 年由世界卫生组织（WHO）与 FAO 制定了 SDA 的质量标准：FAO/WHO，1978，CXAS/1981。双乙酸钠（SDA）被联合国卫生组织公认为“0”毒性物质，是目前替代山梨酸钾、苯甲酸钠、丙酸钙等防霉剂的理想产品。

双乙酸钠（SDA）在日本被称为固体醋酸，主要用作饲料防霉剂、粮食防霉剂、食品保鲜防腐剂、酸味剂、缓冲剂、有机合成中间体、电镀添加剂、媒染剂等。

实际应用参考：

华南农业大学专利 CN114831117A《双乙酸钠在防治植物根结线虫病害的应用》研究发现，双乙酸钠对植物根结线虫有极强毒杀活性，能有效地抑制多种植物根结线虫的生长与繁殖，从而实现防治植物根结线虫病害的效果。

水杨酸（SA）
（salicylic acid）

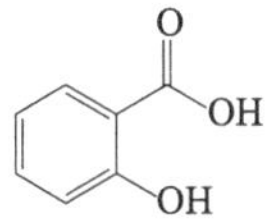

$C_7H_6O_3$ 138.1 69-72-7

其他名称　柳酸、邻羟基苯甲酸

化学名称　2-羟基苯甲酸

IUPAC 名　2-hydroxybenzoic acid

EC 编码　[200-712-3]

理化性质　外观呈毛状结晶性粉末或白色针状晶体。沸点（2.66kPa）211℃。熔点 158～161℃。密度（20℃）1.44g/mL。蒸气压(25℃)8.2×10^{-5}mmHg。闪点 157℃（闭杯）。pH（水中的饱和溶液）2.4。$\lg K_{ow}=2.26$。溶解性：易溶于乙醇、乙醚、氯仿；微溶于水，在沸水中能够溶解。稳定性：在 76℃时升华，210℃开始分解。将水杨酸于常压下加热会脱羧分解为 CO_2 和苯酚。其水溶液呈酸性，遇碳酸铁呈紫色。$pK_a=2.97$（来源：HSDB）。

毒性　小鼠急性经口 LD_{50} 480mg/kg。大鼠急性经口 LD_{50} 891mg/kg。大鼠急性经皮 $LD_{50}>2000$mg/kg。水蚤 EC_{50}（48h）870mg/L（来源：HSDB）。

抗菌防霉效果　水杨酸（SA）是一种脂溶性的有机酸，其抑菌活性主要受疏水性、未离解酸水平和 pH 值等因素的影响。

文献报道，水杨酸对白色假丝酵母抑制作用较强，而对黑曲霉抑制作用较弱。同时发现，水杨酸对大肠杆菌、枯草芽孢杆菌、金黄色葡萄球菌这三种常见细菌具有良好的抑制作用，具体发现：水杨酸对金黄色葡萄球菌的抑制作用最强，其最低抑菌浓度为 0.19mg/L；对枯草芽孢杆菌的抑制作用次之，其最低抑菌浓度为 0.38mg/L；对大肠杆菌的抑制作用相对较小，其最低抑菌浓度为 0.75mg/L。

制备　工业合成水杨酸主要通过科柏-施密特反应来实现。

应用　柳树树皮被用于缓解疼痛和治疗发热由来已久，直至 1828 年德国化学家 Johann Andreas Buchne 将树皮中活性成分进行了提取与分离，并将其命名为白柳（salix alba）。法国药剂师 Henri Leroux 于 1829 年将大量的白柳分离出来，随后，意大利化学家 Raffaele Piria 将白柳转化为糖类和某种次级代谢物，最后氧化得到水杨酸（SA）。

水杨酸具有剥脱角质、光滑皮肤、淡化色斑、清除粉刺痤疮、改善毛孔堵塞的功效。此外，水杨酸对于毛囊炎症及致使皮肤化脓或感染的痤疮丙酸杆菌等有抑菌和杀菌作用，能够有效改善和治疗痤疮或皮肤霉菌感染，亦为农业上保鲜剂。

法规

① 欧盟化学品管理局（ECHA）根据指令 98/8/EC（BPD）或规则（EU）No 528/2012（BPR）提交了批准申请的所有活性物质/产品类型组合：PT-2（不直接用于人体或动物的消毒剂和杀藻剂）、PT-3（兽医卫生消毒剂）、PT-4（食品和饲料领域消毒剂），生物杀灭剂水杨酸申请目前处于审核进行之中。

② 根据欧盟化妆品条例（EC）1223/2009 附件Ⅴ（允许的防腐剂）规定：水杨酸及其盐用作 3 岁以下儿童产品以外的化妆品的防腐剂，限值为 0.5%（不适用于 3 岁以下儿童、不用于可能导致最终用户肺部因吸入而暴露的应用、不用于口腔产品）。

③ 美国 FDA、美国皮肤病学会（AAD）认为水杨酸的安全限量为 0.5%～2.0%。

④ 我国 2015 年版《化妆品安全技术规范》表 5（化妆品准用防腐剂）规定：水杨酸及其盐类用作防腐剂时最大使用浓度为 0.5%。且明确表明除香波外，不得用于三岁以下儿童使用的产品；标签上必须标印“含水杨酸：三岁以下儿童勿用”。

⑤ GB 38850—2020《消毒剂原料清单及禁限用物质》规定其可以使用的范围有：C，表示用于污染物的消毒剂；E，表示用于环境及物体表面的消毒剂；H，表示用于人体的消毒剂。

四水八硼酸二钠（DOT）

（disodium octaborate tetrahydrate）

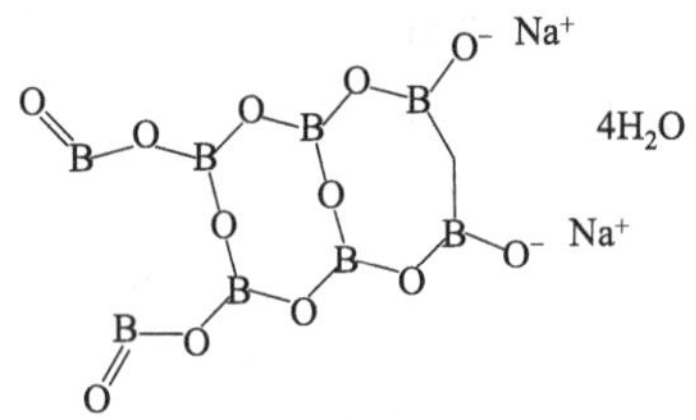

$Na_2B_8O_{13}\cdot 4H_2O$ 412.50 12280-03-4

其他名称　四水八硼酸钠、八硼酸钠

化学名称　四水八硼酸二钠

IUPAC 名　disodium octaborate tetrahydrate

CAS 号　12008-41-2（八硼酸二钠）、12280-03-4（四水八硼酸二钠）

理化性质　白色无定形粉末状微粒。熔点 803～813℃。相对密度（22℃）1.874。溶解性（20℃）：水 223.65g/L（pH 7.64 饱和溶液）。稳定性：放置在干燥空气中容易失去水分子而风化，当加热到 60℃时失去 8 分子结晶水，在 320℃失去全部结晶水。它的水溶液呈碱性。

毒性　八硼酸二钠大鼠急性经口 LD_{50} 2550mg/kg；兔子急性经皮 LD_{50} 2000mg/kg。

抗菌防霉效果　四水八硼酸二钠（DOT）具有良好的抑菌性能，DOT 处理过的木材，其防腐效果比较好，详见表 2-115。

表 2-115　DOT 对腐朽菌毒性实验

供试菌	处理液浓度/(g/mL)	吸药量/(kg/m^3)	质量损失率/%
白腐菌	0	0	76
	0.06	4.2	3.9
	0.12	7.6	0.9
褐腐菌	0	0	83
	0.06	5.0	4.2
	0.12	9.8	1.0

制备　硼酸与氢氧化钠、硼砂等原料进行合成反应，制得四水八硼酸钠产物。

应用　四水八硼酸二钠（DOT）是一种新型的速溶性硼酸盐，其在农业、木材、医疗业、文物保护等众多领域中表现出了良好的抗菌防霉应用效果。

实际应用参考：

四水八硼酸二钠（DOT）是一种环保型杀虫剂，Miller 通过实验表明，四水八硼酸钠可以杀死地毯中绝大部分的螨虫；Vyszenski Moher 验证了用含有四水八硼酸钠的水溶液清洗地毯，4 周能够杀死 78%的螨虫，8 周能够杀死 98%的螨虫；Codina 在 6 个月的时间内对比了四水八硼酸钠处理后的房间、安慰剂处理后的房间和无任何措施处理的房间中灰尘螨的数量，结果表明，在低真空下四水八硼酸钠能够有效抑制沙发及地毯中的灰尘螨；耿生发明了一种以四水八硼酸钠为原料的阻燃防腐杀虫剂，该杀虫剂在不与地面直接接触的环境中，也具有长期的防腐、防蛀效果。

法规　2009 年，欧盟生物杀灭剂产品委员会（BPC）发布法规 Directive 2009/96/EC，批准四水八硼酸二钠作为第 8 类（木材防腐剂）生物杀灭剂产品的活性物质。批准日期 2011 年 9 月 1 日，批准期满 2021 年 9 月 1 日。

脱氢乙酸（DHA）
（dehydroacetic acid）

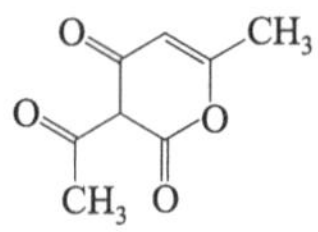

$C_8H_8O_4$ 168.1 520-45-6

其他名称　甲基乙酰吡喃二酮、保果鲜、脱氢醋酸

化学名称　3-乙酰基-6-甲基-二氢吡喃-2,4-(3*H*)-二酮、3-乙酰基-6-甲基-2[*H*]-吡喃-2,4[3*H*]-二酮

IUPAC 名　3-acetyl-6-methylpyran-2,4-dione、3-acetyl-6-methyl-2*H*-pyran-2,4(3*H*) -dione

EC 编码　[208-293-9]

脱氢乙酸钠（DHA-Na，sodium dehydroacetate）

其他名称　脱氢醋酸钠、DHA-S

化学名称　钠 3-(1-羟乙基李登)-6-甲基-1,2-吡喃-2,4-(3*H*)-二酮、(3,4-二氢-6-甲基-2,4-二氧代-2H-吡喃-3-亚基)乙醇酸钠

IUPAC 名　sodium 1-(3,4-dihydro-6-methyl-2,4-dioxo-2*H*-pyran-3-ylidene)ethanolate

CAS 号　[4418-26-2]

EC 编码　[224-580-1]

理化性质

脱氢乙酸　脱氢乙酸为无色至白色针状、板状结晶或白色结晶粉末，无臭，略带酸味。沸点（101kPa）269.9℃。熔点 109～110℃（升华）。蒸气相对密度 5.8（空气为1）。pK_a=5.27。闪点 157℃（开杯）。溶解性：脱氢乙酸难溶于水（25℃，0.13%）；在弱酸弱碱性的水溶液中（pH 7～8）溶解度较大（25℃，25%以上）；易溶于苯、乙醚、丙酮等有机溶剂。稳定性：脱氢乙酸在 366℃以上可能发生自燃，自燃的产物是 CO 和 CO_2，在剧烈撞击下可能着火甚至爆炸。脱氢乙酸分子具有内酯结构，极易发生水解、胺解反应，环上的双键极易氧化，乙酰基具有典型的甲基酮反应。

脱氢乙酸钠　分子式 $C_8H_7NaO_4 \cdot H_2O$，分子量 208.15。纯品为白色结晶粉末。含量约为 100%（水含量 8.65）。熔点 109～119℃。pH 值（100g/L 水）：在 20℃下 8.8～9.3。溶解性：易溶于水；微溶于乙醇（1%）和丙酮（0.2%）。稳定性：具有较好的耐光、耐热性，水溶液于 120℃加热 2h 仍保持稳定。

毒性

脱氢乙酸　小鼠急性经口 LD_{50} 1000～1200mg/kg。

脱氢乙酸钠　根据 WHO 对化学物的毒性分级标准，脱氢乙酸钠属于低毒级别。小鼠急性经口 LD_{50} 1768.10mg/kg。大鼠急性经口 LD_{50} 1231.33mg/kg。

抗菌防霉效果　研究表明，有机酸对大多数微生物具有抑制作用，其抑菌活性主要受疏水性、未离解酸水平和 pH 值等因素的影响。

脱氢乙酸（DHA）作为一种有机酸防腐剂，对易引起食品腐败的酵母菌、霉菌、腐败菌的抑制作用极强，抑制有效浓度为 0.05%～0.1%，一般用量为 0.03%～0.05%。但 DHA 的抑菌作用基本上不受食品酸碱度的影响，酸性强则抑菌效果会更好。

在 pH 5 以下的环境中，脱氢乙酸对酵母菌的抑制效果比苯甲酸钠大 2 倍，对灰绿色青霉菌和黑曲霉菌的抑制效果则比苯甲酸钠大 2.5 倍。大量实验证明，脱氢乙酸的抑菌效果显著，对于霉菌的抑制效果比苯甲酸强 40～50 倍，对细菌的抑制效果比苯甲酸强 15～20 倍，对乳酸杆菌的抑制效果两者接近。脱氢乙酸对一些微生物的最低抑制浓度见表 2-116。

表 2-116　脱氢乙酸对一些微生物的最低抑制浓度（MIC）

微生物	MIC/(mg/L)	微生物	MIC/(mg/L)
黑曲霉	400	啤酒酵母	250
黄曲霉	400	酒精酵母	300
杂色曲霉	400	面包酵母	300
橘青霉	300	枯草杆菌	5000
拟青霉	300	巨大芽孢杆菌	12000
木霉	100	荧光假单胞杆菌	4000

制备　目前工业上常用的合成方法是乙酰乙酸乙酯合成法和双乙烯酮合成法。

应用　脱氢乙酸（DHA）是一种吡喃的衍生物，自 1947 年发现脱氢乙酸（DHA）具有抗菌和防霉特性以来，被许多国家应用。1949 年美国批准其为食品防腐剂。1963 年被日本定为食品添加剂。我国食品添加剂标准化技术委员会在 1998 年年会上讨论并通过将脱氢乙酸列为食品添加剂的新品种，为食品提供防霉、防腐、保鲜等作用。脱氢乙酸是联合国粮农组织（FAO）和世界卫生组织（WHO）认可的一种安全的食品防霉防腐保鲜剂。

脱氢乙酸（钠盐）在国内外已广泛地应用于乳制品、饮料、果蔬等食品的防腐保鲜，以及纺织、橡胶、塑料、工艺美术品等工业品的抗菌防霉。另外还用于医药（如癣症的治疗）以及齿科材料的防腐。脱氢乙酸本身亦作合成纤维的塑化剂。

实际应用参考：

在化妆品配方中脱氢乙酸钠（DHA-S）经常与甲醛供体结合，从而形成广谱的防腐剂组合。欧美等也将 DHA-S 用于沐浴液、洗发水、剃须膏等洗化产品中，有效抑菌浓度可低至 0.6%。DHA-S 可作为茶树籽皂苷洗涤剂配方中的防霉添加成分，有效浓度为 0.3%。此外，化妆品中添加 DHA-S 有改善皮肤光泽、去除皱纹和雀斑的效果（肖金吒，2021）。

法规　我国 2015 年版《化妆品安全技术规范》规定：脱氢乙酸（钠盐）在化妆品中使用时，最大允许浓度为 0.6%（以酸计），禁用于喷雾产品。

辛酰羟肟酸（CHA）
（caprylhydroxamic acid）

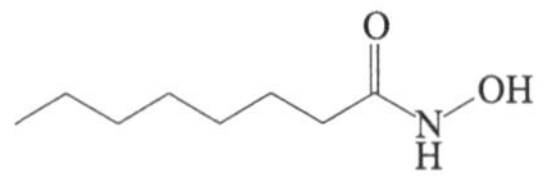

$C_8H_{17}NO_2$ 159.23 7377-03-9

其他名称　辛酰氧肟酸、辛酰异羟肟酸

IUPAC 名　*N*-hydroxyoctanamide

INCI 名　caprylhydroxamic acid

EC 编码　[230-936-7]

理化性质　白色或类白色晶体。熔点/凝固点 79.0～81℃。沸点 343.32℃。溶解性：在水中为 1.55g/L(23℃)；易溶于丙二醇、甘油、表面活性剂。分配系数（$\lg K_{ow}$，25℃）1.66。稳定性：在普通环境和使用条件下稳定，与氧化过渡金属立即反应生成复合物，可与氧化剂和酸反应。在高温或者低 pH 环境下，可水解为辛酸和羟胺。辛酰羟肟酸可能存在酮和烯醇互变异构形式。酮类化合物在酸性条件下可能占优势，而烯醇结构在碱性条件下可能占优势。

毒性　大鼠急性经口 LD_{50} 10700mg/kg。小鼠急性经口 LD_{50} 8820mg/kg。小鼠腹腔注射 LD_{50} 800mg/kg。

抗菌防霉效果　辛酰羟肟酸（CHA）是一种有机酸，在酸性到中性环境中高效抑菌，对霉菌的抑制效果突出，可以替代传统防腐剂运用于化妆品中。

辛酰氧肟酸抑菌机理主要有两种解释：第一，类似于 EDTA-2Na，通过螯合

Fe^{3+}，阻断微生物从受限环境中获取铁元素；第二，类似于辛二醇，具有能促进细胞膜结构降解的最佳碳链长度（C_8）。作为有机酸，只有以未离解状态分散于有机体里时，有机酸才能攻击霉菌（A. Niger）。CHA 是从酸性到中性全程都保持未电离状态的有机酸。CHA 在中性条件下依然可强效抑制霉菌生长。

制备　专利 CN110713444A《一种辛酰羟肟酸的制备工艺》。

应用　Inolex 公司于 2008 年推出辛酰羟肟酸。目前主要在化妆品领域作螯合剂、防腐增效剂或作酪氨酸酶抑制剂用于美白产品，亦在动物饲料中作为促生长剂或矿浮选领域用作金属捕捉剂。

实际应用参考：

2019 年，美国食品药品监督局 VCRP 数据统计结果显示，目前有 227 个配方中含有辛酰羟肟酸（CHA），在眼部产品、唇部产品、婴儿用品、洗涤产品、与黏膜接触产品中均有应用。公开文献中不乏有辛酰羟肟酸与其他防腐剂复配使用的案例，复配的防腐体系被应用于多种配方中。研究表明，辛酰羟肟酸可以在较少使用量时与其他防腐剂复配起到协同增效的作用。

法规

① 欧盟 SCCS 对辛酰羟肟酸无任何形式的限制使用说明，认定其为螯合剂在化妆品中使用。

② 澳大利亚 NICNAS 专门对辛酰羟肟酸在化妆品中的使用进行了安全性评估。其认为只要正确使用，在最大使用浓度不超过 0.3%的情况下，该物质不会引起公众的全身不良反应。

③ 美国 PCPC 定义辛酰羟肟酸为螯合剂在化妆品中使用，无限制使用说明。EWG（美国环境工作组）对辛酰羟肟酸的原料安全评级为 1，属于低风险。

④ KCII（韩国化妆品工业协会）对辛酰羟肟酸在化妆品中的使用做了安全性评估报告。KCII 认为在最大使用浓度不超过 0.3%的情况下，该物质是安全的。日本允许在一般化妆品中使用，无限制使用说明。

⑤ 辛酰羟肟酸在 CFDA 发布的已使用化妆品原料名称目录（2015 版）中，原料序号为 07218，可用于国产非特殊用途化妆品中，无使用限制说明。但在国产特殊用途化妆品以及进口化妆品中，凡是用到该成分的，则需提供安全性评价资料。

溴乙酸

(bromoacetic acid)

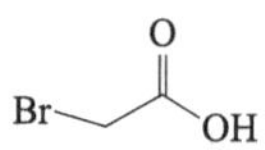

$C_2H_3O_2Br$ 139.0 79-08-3

其他名称　溴醋酸、羧甲基溴

EC 编码　[201-175-8]

理化性质　外观为白色结晶。沸点 206～208℃。熔点 47～49℃。密度 1.934g/cm^3。饱和蒸气压 0.13kPa（54.7℃）。溶解性：易溶于水、乙醇、乙醚；溶于丙酮、苯等有机溶剂。稳定性：在空气中易潮解。溴乙酸遇明火或高热可燃，在高温条件下分解为有毒的溴化氢气体，遇强氧化剂可发生化学反应。

毒性　小鼠口服溴乙酸 LD_{50} 100mg/kg，猪每天服用溴乙酸 10～54mg/kg，28～105d 内死亡，表现为肠炎、黄疸和肌无力 。

抗菌防霉效果　溴乙酸是一种含卤素酸性防腐剂。

制备　合成方法主要有乙酸液溴溴化法、乙酸氯化溴溴化法、氯乙酸溴化法。

应用　溴乙酸广泛应于医药、农药、杀菌剂及其他有机中间体的合成。

法规　欧盟生物杀灭剂产品委员会（BPC）发布法规 Regulation（EU）No 2025/360，批准溴乙酸作为第 4 类生物杀灭剂产品的活性物质。批准日期 2015 年 7 月 1 日，批准期满 2027 年 6 月 31 日。

乙酸（AA）
（acetic acid）

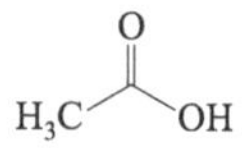

$C_2H_4O_2$ 60.10 64-19-7

其他名称　醋酸、冰醋酸、HAc

化学名称　乙酸

IUPAC 名　acetic acid

EC 编码　[200-580-7]

醋酸钠（sodium acetate）

分子式　$C_2H_3NaO_2$

IUPAC 名　sodium acetate

CAS 号　[127-09-3]

EC 编码　[204-823-8]

理化性质　外观为无色透明液体，具有特征刺鼻的气味。沸点（760mmHg）117～118℃。熔点 16.6℃。蒸气压（20℃）15hPa。密度（20℃）1.049g/mL。折射率（n_D，25℃）1.3698。闪点 40℃。溶解性：溶于水、乙醇、乙醚、氯仿；与甘油等有机溶剂混溶；不溶于二硫化碳。稳定性：与空气混合的爆炸极限为 5.4%（下限）。pK_a=4.8。

毒性　大鼠急性经口 LD_{50} 3310mg/kg。小鼠静脉 LD_{50} 525mg/kg。由于乙酸能溶解脂类化合物，所以乙酸对体内细胞变性效果强于具有同样氢离子浓度的无机酸。

抗菌防霉效果　研究表明，有机酸对致泻性的大肠埃希氏菌、沙门氏菌、单核增生李斯特菌等多种食源性致病菌表现良好的抑菌性，抑菌活性取决于细菌胞内酸根离子的聚集，而细菌胞内外 pH 梯度及胞外酸根离子浓度影响聚集程度。

大多数微生物对有机酸都比较敏感，这与弱酸比强酸更容易扩散至菌体细胞膜有关，未解离的有机酸分子具有亲脂性，迅速进入细胞膜后会降低细胞周质和胞内

pH值，解离细胞内部成分，破坏细菌的生理功能。相对于柠檬酸（CA），乙酸（AA）抑菌效果更好，可能是因为AA的解离常数比CA高，解离H^+的速度更快，使环境的pH值更低。

人们认为，未解离的乙酸由于其良好的脂溶性，可以穿透微生物细胞并发挥其抗菌作用。在较低的pH值（＜4.5）下，乙酸由于其良好的脂溶性可以穿透微生物细胞并发挥抗菌作用。乙酸对部分微生物抑制作用如表2-117。

表2-117　乙酸对部分微生物的最小抑制浓度（MIC）

微生物	抑制pH值	MIC/(mg/L)
鼠伤寒杆菌	4.9	400
金黄色葡萄球菌	5.0	300
植物乳杆菌	5.2	200
蜡状芽孢杆菌	4.9	400
茄腐杆菌	4.9	400
啤酒酵母	3.9	5900
黑曲霉	4.1	2700

制备　常规方法有乙烯一步法工艺、合成气直接制醋酸、甲酸甲酯异构化制醋酸。

应用　乙酸（AA）作为食品的酸化剂和抑菌剂，被美国FDA评价为一般公认安全（GRAS）添加剂。乙酸可作熏蒸剂、消毒剂、杀菌剂、除藻剂，比如应用于室内空气消毒、水产品等防腐保存。

实际应用参考：

文献报道，食醋（含5%乙酸）对细菌繁殖体和亲脂病毒具有杀灭作用。孙克勤等研究报道，采用悬液定量杀菌试验法对某含乙酸抗菌制剂的杀菌效果进行观察，结果显示该抗菌制剂原液含乙酸150g/L。用乙酸浓度为37.5g/L的该抗菌制剂对悬液内大肠杆菌作用2min，对金黄色葡萄球菌作用10min，杀灭率均＞90%。用乙酸浓度为90g/L的该抗菌制剂对白色念珠菌作用2min，杀灭率＞90%。

法规

① 醋酸和醋酸钙被列入法规（EU）528/2012附件一中，根据法规（EC）No 1333/2008授权作为食品添加剂的物质。

② GB 38850—2020《消毒剂原料清单及禁限用物质》规定其可以使用的范围有：H，表示用于人体的消毒剂。

月桂酸（LA）
（lauric acid）

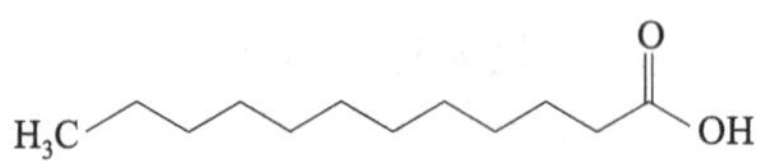

$C_{12}H_{24}O_2$ 200.3 143-07-7

化学名称　*n*-十二烷酸

IUPAC名　lauric acid

EC编码　[205-582-1]

理化性质　外观无色针状，带有轻微的月桂油气味。含量>99%。熔点44~45℃。密度（20℃）0.868g/mL。闪点165℃。溶解性：几乎溶于水；溶于醇、乙醚。稳定性：在正常条件下稳定。

中链脂肪酸是含有6~12个碳原子的脂肪酸，具有两亲特性，因为在生物系统中碳原子数通常为偶数，因此主要包括己酸、辛酸、癸酸和月桂酸，分子结构和重要的理化特性见表2-118。单甘油酯是另一类单链脂类两亲体，由一个脂肪酸分子和一个甘油分子酯化形成。

表2-118　中链脂肪酸的种类及理化性质

脂肪酸	分子量	熔点/℃	酸度系数 pK_a	外观	气味
己酸	116.2	−3.4	4.88	油性无色液体	强烈
辛酸	114.2	16.7	4.89	油性无色液体	温和
癸酸	172.3	31.9	4.89	白色结晶性粉末	轻微
月桂酸	200.3	44	5.13	白色粉末	很轻微

毒性　大鼠急性经口 LD_{50} 12g/kg。小鼠静脉注射 LC_{50} 131mg/kg。

抗菌防霉效果　月桂酸是一种中链脂肪酸（MCFA），亦是一种饱和脂肪酸。中链脂肪酸包括己酸、辛酸、癸酸和月桂酸。中链脂肪酸具有广谱的抗病原微生物作用，其抑菌机理主要有以下四种解释：第一种，由于中链脂肪酸也是一种有机酸，所以它跟短链脂肪酸有同样的抑菌机理，穿透细菌的细胞膜，在细菌细胞内开始解离并不断积聚 H^+，最终通过在细胞质中产生的酸化作用杀死细菌。第二种，中链脂肪酸具有的特殊的化学结构，可以迅速进入到细菌细胞膜的脂质层，通过破坏细菌细胞膜结构而引起内容物丢失、运输机制被破坏而起到抑制细菌的作用。第三种，中链脂肪酸可以抑制细菌脂肪酶的生成。第四种，中链脂肪酸可通过解偶联作用而抑制革兰氏阳性菌。

月桂酸主要对革兰氏阴性菌有显著的抑制效果，辛酸、癸酸及月桂酸的甘油一酯的抗菌效果要明显好于其游离的脂肪酸。辛癸酸单甘酯对革兰氏菌、霉菌、酵母均有抑制作用。月桂酸单甘酯对革兰氏阳性菌以及部分革兰氏阴性菌均具有强抑制效果，其次是丝状真菌以及酵母菌，而对部分革兰氏阴性菌抑制作用较弱，其原因是革兰氏阳性菌细胞壁肽聚糖含量高，组成简单，交联度高，月桂酸单甘酯分子较易通过细胞壁。

制备　中链甘油三酯（MCT）是由中链脂肪酸（MCFA）经甘油酯化而来，主要来源于棕榈核仁油、椰子油、萼距化植物油和母乳及其乳制品中。

应用　中链脂肪酸（MCFA）作为一种天然抗菌剂，因其特殊的化学结构和生物学特性，具有调节动物肠道形态、抑制有害菌增殖、调节免疫功能以及促进动物的生长性能等优势，作为抗生素替代产品之一逐渐在动物生产中普遍应用。此外，MCFA还作为合成生物燃料、香料、香水、润滑油黏稠剂、橡胶加工助剂等原料物质。

正癸酸

（decanoic acid）

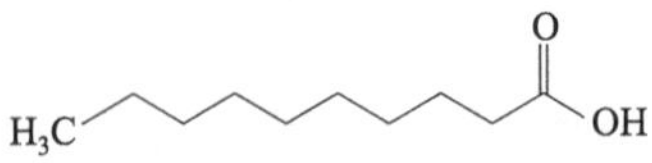

$C_{10}H_{20}O_2$ 172.26 334-48-5

其他名称　癸酸

IUPAC 名　decanoic acid

EC 编码　[206-376-4]

理化性质　中链脂肪酸是含有 6～12 个碳原子的脂肪酸，具有两亲特性，因为在生物系统中碳原子数通常为偶数，因此主要包括己酸、辛酸、癸酸和月桂酸。单甘油酯是另一类单链脂类两亲体，由一个脂肪酸分子和一个甘油分子酯化形成。

抗菌防霉效果　一般而言，癸酸（C_{10}）和月桂酸（C_{12}）在脂肪酸中表现出最高的效能，而相应链长的单甘油酯通常效能更强。据报道，GML（月桂酸的单甘油酯）、月桂酸（C_{12}）以及辛酸（C_8）和癸酸（C_{10}）的混合物对大量的细菌病原体表现出强大的抗菌活性，如大肠杆菌、猪链球菌、浦那沙门氏菌和产气荚膜梭状芽孢杆菌。MCFA 和单甘油酯往往比经常研究的有机酸（如乳酸和柠檬酸）表现出更强的抗菌效力（郭亮等，2022）。

祁姣姣等 2018 年报道了部分中链脂肪酸对三种指示菌的 MIC，如表 2-119 所示，对于大肠杆菌、沙门氏菌、金黄色葡萄球菌，己酸、辛酸、癸酸对其 MIC 依次是 800μg/mL、800μg/mL、800μg/mL，800μg/mL、1600μg/mL、800μg/mL，2000μg/mL、2000μg/mL、500μg/mL；相对于大肠杆菌和金黄色葡萄球菌，辛酸对沙门氏菌抑制效果较差；相对于金黄色葡萄球菌，癸酸对大肠杆菌和沙门氏菌的抑制效果较差。

表 2-119　中链脂肪酸对三种指示菌 MIC

试剂	MIC 值/(μg/mL)		
	大肠杆菌	沙门氏菌	金黄色葡萄球菌
己酸	800	800	800
辛酸	800	1600	800
癸酸	2000	2000	500
月桂酸	＞4000	＞4000	1000

制备　正癸酸是制取月桂酸时的主要副产物，其收率为月桂酸的 30%。为了拓展正癸酸的来源途径，目前发展了过渡金属催化交叉偶联法、葡萄糖发酵法等。

应用　中链脂肪酸的抑菌特性被广泛应用于食品及畜牧业生产之中。正癸酸亦可作消毒剂、杀菌剂。

法规

① 欧盟（EU）90/2014，批准正癸酸作为 PT-18、PT-19 活性物质，批准日期 2015 年 9 月 1 日到 2025 年 8 月 31 日。欧盟（EU）2025/949，批准正癸酸作 PT-4

活性物质，批准日期2025年9月1日到2028年2月29日。

② GB 38850—2020《消毒剂原料清单及禁限用物质》规定其可以使用的范围有：E，表示用于环境及物体表面的消毒剂；K，表示用于集中空调通风系统的消毒剂。

正己酸

(hexanoic acid)

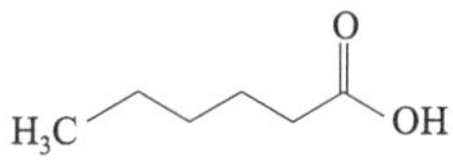

$C_6H_{12}O_2$ 116.16 142-62-1

其他名称　己酸、羊油酸或丁基乙酸

IUPAC 名　hexanoic acrid

EC 编码　[205-550-7]

理化性质　正己酸是六碳原子的脂肪酸，常温下为无色油状液体，熔点－3℃，沸点202℃，微溶于水，易溶于有机溶剂。我国准许己酸作为食品用合成香料适量添加于食品中使用。

毒性　Api等（2020）对正己酸的遗传毒性、生殖毒性、光毒性/光过敏性、环境安全进行了评估，结果表明正己酸不具有生殖毒性；根据其目前在北美的使用量，对环境影响进行风险评估，表明其风险系数＜1。

抗菌防霉效果　正己酸是一种中链脂肪酸（MCFA），属于C_6～C_{12}之间的有机酸。有机酸发挥抑菌作用的机理主要包括以下几方面解释：第一，作为一种很好的阴离子表面活性剂，其能够进入到细胞的磷酸双分子层中，破坏细胞膜结构而使细胞死亡；第二，通过细胞膜渗透入细胞中，解离出H^+，使细菌消耗大量能量，泵出H^+，以维持细菌细胞内的酸碱平衡，造成细胞代谢阻塞和衰竭，引起细菌细胞死亡，或者当泵出的H^+不足以抵消进入细菌细胞的H^+时，造成对pH敏感的细菌死亡；第三，抑制细菌内部脂肪酶活性，减少细菌在动物肠道绒毛上的附着；第四，中链脂肪酸在细菌内还可以引起解偶联作用；第五，抑制革兰氏阳性菌的活性，诱导其产生一种自溶酶，使细菌分解死亡。

胡光辉等（2022）研究发现，正己酸对大肠杆菌及金黄色葡萄球菌有明显的抑制作用，正己酸对大肠杆菌的MIC为700μg/mL，MBC为1000μg/mL；正己酸对金黄色葡萄球菌的MIC为1000μg/mL，MBC为1300μg/mL。大肠杆菌和金黄色葡萄球菌的24h生长曲线表明，己酸能够延迟大肠杆菌/金黄色葡萄球菌的生长延滞期，降低生长对数期的生长速率，降低其在24 h时的菌液浓度。抑菌圈结果显示，1600μg/mL的正己酸对大肠杆菌和金黄色葡萄球菌均具有中等抑制作用，随着浓度降低，抑菌圈直径也逐渐减小。在电镜下金黄色葡萄球菌明显受到正己酸的抑制作用，并且细胞外表面被严重破坏，大肠杆菌细胞膜却未见破坏，但却被明显抑制。

制备　专利CN1086205A《仲辛醇硝酸氧化制正己酸的方法》。

应用　中链脂肪酸（MCFA）的抑菌特性被广泛应用于食品及畜牧业生产之

中。李成良研究发现，有机酸具广谱的抑菌性，在仔猪饲料中添加乳酸，有利于胃肠道的酸化及抑制微生物的生长繁殖。李曼玲认为，有机酸是中草药发挥抗菌消炎作用的重要物质。Huang 等研究发现，口腔细菌产生的脂肪酸，对其本身无特异性活性，但抑制了其他口腔微生物的生长。

正壬酸
(nonanoic acid)

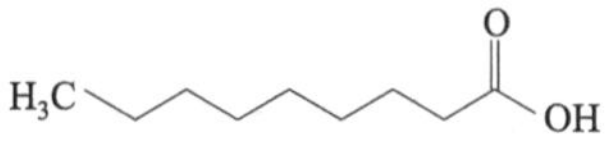

$C_9H_{18}O_2$ 158.24 112-05-0

其他名称　天竺葵酸、壬酸、pelargonic acid

IUPAC 名　nonanoic acid

EC 编码　[203-931-2]

理化性质　正壬酸是广泛存在于动物和植物体内的脂肪酸，在植物中多以酯的形态存在于精油中，极少数以游离态形式存在，微毒，在土壤中易降解。

毒性　正壬酸对大型溞 24h 和 48h 的 LC_{50} 分别为 75.08mg/L 和 38.55mg/L。

抗菌防霉效果　文献报道，正壬酸可干扰靶标机体细胞膜的结构，引起细胞膜破裂和细胞死亡，其作用具有“速效性、非选择性、触杀性”的特征，这与百草枯的作用方式及特征有许多相似之处。

制备　油酸氧化后的产物主要有两种，一种是壬酸，另一种是壬二酸。

应用　近年来其除草作用引起了人们的关注。刘婕等发现，30%壬酸 EW 对各类杂草防除效果良好，以有效成分 25kg/hm^2 以上处理效果明显，均超过 65%，禾本科和其他类杂草防效优于阔叶类杂草。

实际应用参考：

Per E. Mansson 等报道壬酸、其他烷酸及相似化合物对松树皮象甲具有拒食作用。

法规

① 欧盟生物杀灭剂产品委员会（BPC）发布法规 Decision (EU) 2025/945，批准壬酸作为第 2 类生物杀灭剂产品的活性物质。批准日期 2015 年 10 月 1 日，批准期满 2028 年 3 月 31 日。欧盟生物杀灭剂产品委员会（BPC）发布决定 Directive 2011/13/EU，批准壬酸作为第 19 类生物杀灭剂产品的活性物质。批准日期 2013 年 2 月 1 日，批准期满 2023 年 1 月 31 日。

② GB 38850—2020《消毒剂原料清单及禁限用物质》规定其可以使用的范围有：E，表示用于环境及物体表面的消毒剂；K，表示用于集中空调通风系统的消毒剂。

正辛酸
(*n*-octanoic acid)

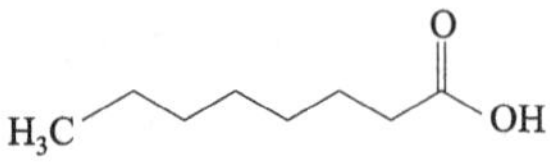

$C_8H_{16}O_2$ 144.2 124-07-2

化学名称　*n*-辛酸、辛酸、羊脂酸、caprylic acid

IUPAC名　*n*-octanoic acid

EC编码　204-677-5

正辛酸钠

其他名称　羊脂酸钠

CAS号　1984-06-1

EC编码　[217-850-5]

理化性质

正辛酸　无色至淡黄色油性液体，有轻微气味，略带难闻的腐臭味。沸点(101kPa) 239℃。熔点16.3～16.5℃。密度(20℃) 0.909g/mL。折射率(20℃) 1.4285。闪点130℃(开杯)。溶解性：微溶于水；溶于大多数有机溶剂；与乙醇、氯仿、乙腈混溶。稳定性：具有一定挥发性。正常情况下稳定，当加热时，它会释放出刺鼻的烟雾和刺激性烟雾。

正辛酸钠　分子式 $C_8H_{15}NaO_2$，分子量166。正辛酸在水里面的溶解度很低，但是正辛酸通过皂化得到正辛酸钠(羊脂酸钠)易溶于水，便于使用。

毒性　大鼠急性经口 LD_{50} 8.19～12.37g/kg。Bayer公司在报道中认为，辛酸盐作为稳定剂用于白蛋白已有5O多年的历史，其对人体的安全性及耐受性已无可置疑。

抗菌防霉效果　中链脂肪酸中辛酸(C_8)及癸酸(C_{10})对大多数的革兰氏阳性菌有显著的抑制作用，但是对革兰氏阴性菌作用很小。辛酸(C_8)及癸酸(C_{10})同时使用还具有协同效应。

20世纪70年代，研究人员发现非离子化的辛酸分子能进入病毒包膜，破坏包膜脂质层或嵌入在包膜脂质层的蛋白质，从而具有迅速杀灭病毒的能力，其机制是辛酸盐处于低pH非离子型的亲脂本质，很容易割开病毒膜，并在一定浓度下使脂衣壳崩裂和/或蛋白嵌入脂衣壳后表现出病毒灭活；而高pH值时导致离解，增加离子型辛酸盐，失去病毒灭活作用。

邹莉等发现，在酸性(pH 4.6±0.2)条件下，当辛酸钠浓度在7～13mmol/L时，均能在5min以内灭活PRV≥7.00 lgTCID$_{50}$/0.1mL。在中性(pH 7.4±0.2)条件下，13mmol/L辛酸钠能瞬时灭活PRV≥7.00lgTCID$_{50}$/0.1mL，而7mmol/L、9mmol/L和11mmol/L浓度的辛酸钠能灭活PRV 2.8lgTCID$_{50}$/0.1mL、0.43lgTCID$_{50}$/0.1mL和3.2lgTCID$_{50}$/0.1mL，均不能瞬时完全灭活病毒，但继续灭活至5min，可灭活PRV≥7.00 lgTCID$_{50}$/0.1mL。灭活后不出现病变的细胞盲传3代未出现细胞病变。从上面数据可以得知，辛酸钠可有效灭活加入人免疫球蛋白制品中的脂包膜指示病毒PRV；且酸性条件下，辛酸钠的灭活效果优于中性条件；辛酸钠对指示病毒的作用是灭活而非抑制(注：伪狂犬病病毒简称PRV)。

制备　天然存在于肉豆蔻、柠檬草、苹果、椰子油、葡萄酒、酒花等中，是一种8碳的脂肪酸，用挥发性脂肪酸分馏法从椰子油中可提取获得正辛酸。

应用　正辛酸及辛酸盐是一种中链脂肪酸(MCFA)，长期以来一直用作白蛋白溶液的稳定剂以及某些血浆蛋白的沉淀剂。20世纪70年代，研究人员发现脂肪酸具有杀病毒能力。Sands 等认为，脂肪酸烷基链的长度和不饱和脂肪酸的几何形态是决定抗病毒效果的主要因素。值得注意的是，辛酸亦具有杀虫活性。

法规

① 欧盟生物杀灭剂产品委员会（BPC）发布法规 Decision（EU）2025/946，批准辛酸作为第 4 类、第 18 类生物杀灭剂产品的活性物质。批准日期 2018 年 2 月 29 日，批准期满 2028 年 2 月 29 日。

② GB 38850—2020《消毒剂原料清单及禁限用物质》规定其可以使用的范围有：E，表示用于环境及物体表面的消毒剂；K，表示用于集中空调通风系统的消毒剂。

2.6 酸酯类化合物

尽管本节介绍的杀微生物剂都属于同一类物质即酸酯类，但它们的抗菌活性基于不同的作用机制。

含卤素的酯类具有亲电性的物质，这种特性使它们能够与微生物细胞的亲核基团发生反应，并使这些物质具有广泛的抗菌效力。

这里提到的卤代酯，溴化合物是首选（比如溴乙酸苄酯），因为溴原子的电负性相对于氯原子或氟原子来说要低。使用这些杀菌剂必须记住，根据它们的反应性，这些化学物质具有皮肤和黏膜刺激特性。

碳酸二甲酯（DMDC）中的碳酸二甲酯构型不仅决定了该化学物质的亲电性，还预示其不稳定性。

长链脂肪酸的苯基酯（比如甘油单月桂酸酯）是膜活性物质，它们释放出酚类化合物作为活性成分，但这些酯类优点是比它们所基于的酚类化合物更容易处理和应用。

1,2-双(溴乙酰氧基)乙烷（BBAE）
(1,2-bis (bromoacetoxy) ethane)

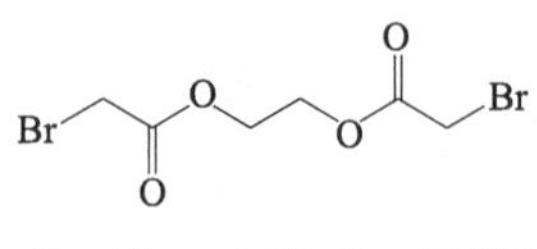

$C_6H_8Br_2O_4$　303.9　3785-34-0

其他名称　溴乙酸乙烯酯、二(溴乙酸)乙二醇酯

化学名称　1,2-双(溴乙酰氧基)乙烷

IUPAC 名　2-(2-bromoacetyl)oxyethyl 2-bromoacetate

EC 编码　[223-250-4]

理化性质　纯品为微黄色透明液体，具有刺激性气味。沸点（18.5hPa）176.5～177.5℃。溶解性：微溶于水；易溶于醇、醚和苯。稳定性：易水解（随着 pH 值和温度的增加而逐渐增加）转化为乙二醇、溴乙酸，并进一步水解为羟基乙酸。

毒性　狗静脉注射 LD_{50} 15mg/kg。小鼠腹腔注射 LD_{50} 39mg/kg（来源：Pubchem）。

抗菌防霉效果　1,2-双(溴乙酰氧基)乙烷(BBAE)对霉菌、酵母、细菌均有较好的抑杀效果。其对一些微生物的最低抑制浓度见表 2-120。

表 2-120　1,2-双(溴乙酰氧基)乙烷对一些微生物的最低抑制浓度（MIC）

微生物	MIC/(mg/L)	微生物	MIC/(mg/L)
黑曲霉	10	巨大芽孢杆菌	40
黄曲霉	20	大肠杆菌	20
变色曲霉	40	金黄色葡萄球菌	20
球毛壳霉	5	枯草杆菌	30
蜡叶芽枝霉	20	荧光假单胞杆菌	30
宛氏拟青霉	30	啤酒酵母	500
链格孢霉	40		

制备　1,2-双(溴乙酰氧基)乙烷由乙二醇、溴乙酰溴等原料制得。

应用　1,2-双(溴乙酰氧基)乙烷（BBAE）是一种高效的杀菌防腐剂，广泛用于工业循环水、冷却水以及油田回注水的处理。

1,4-双(溴乙酰氧基)-2-丁烯(BBAB)
(1,4-bis (bromoacetoxy)-2-butene)

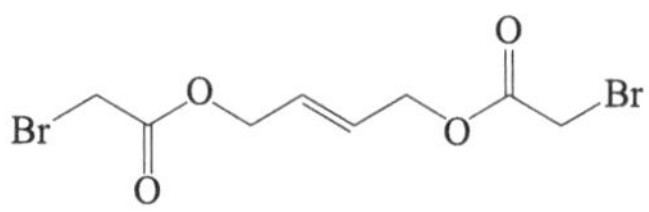

$C_8H_{10}Br_2O_4$ 329.97 20679-58-7

其他名称　2-丁烯-1,4-二基双(溴乙酸酯)

化学名称　1,4-双(溴乙酮氧)-2-丁烯

IUPAC 名　[(*E*)-4-(2-bromoacetyl)oxybut-2-enyl] 2-bromoacetate

EC 编码　[243-962-9]

理化性质　含量 95%以上，外观暗棕色油状液体，具有刺激性气味。沸点（6.7×10^{-4}kPa）135～136℃。凝固点<－20℃。溶解性：几乎不溶于水；溶于有机溶剂。稳定性：水解敏感，尤其对 pH>7 的系统。半衰期：8.25d(pH 5)；6.89h(pH 7)；4.15min(pH 9)。

毒性　小鼠急性经口 LD_{50} 191mg/kg。大鼠急性经口 LD_{50} 125mg/kg。斑马鱼 LC_{50} 0.32 mg/L（48h）。

抗菌防霉效果　1,4-双(溴乙酰氧基)-2-丁烯(BBAB)具有广泛的抑菌效果，尤其对抑制黏性细菌有特效。BBAB 对一些微生物的最低抑制浓度见表 2-121，不同浓度 BBAB 溶液对工业循环冷却水的抑菌实验结果如表 2-122 所示。

表 2-121 1,4-双（溴乙酰氧基）-2-丁烯（BBAB）对一些微生物的最低抑制浓度（MIC）

微生物	MIC/(mg/L)	微生物	MIC/(mg/L)
黑曲霉	40	巨大芽孢杆菌	100
黄曲霉	40	大肠杆菌	50
变色曲霉	50	金黄色葡萄球菌	10
球毛壳霉	50	枯草杆菌	10
蜡叶芽枝霉	50	荧光假单胞杆菌	50
宛氏拟青霉	80	啤酒酵母	500
链格孢霉	50	酒精酵母	500

表 2-122 不同浓度 BBAB 溶液对工业循环冷却水的抑菌实验结果

编号	BBAB 浓度/(mg/L)	菌落数/(个/mL)				
		1h	6h	12h	24h	48h
1#	0	59000	59000	59000	60000	62000
2#	10	830	218	118	63	405
3#	20	330	201	98	52	301
4#	50	3	0	0	0	158
5#	100	0	0	0	1	1

（来源：黄捷等，化学与生物工程，2015）

由表 2-122 可知，BBAB 溶液在低浓度下就具有较高的抑菌能力，浓度为 10mg/L，1h 后抑菌率就可达 98%以上。

制备 乙酸经过 α-氢代反应，再和 2-丁烯-1,4-二醇发生反应得到 BBAB。

应用 1,4-双(溴乙酰氧基)-2-丁烯(BBAB)是一种高效的防腐剂，广泛用于工业循环水、工业冷却水、油田回注水的水处理。

实际应用参考：

詹姆斯·李等发明公开 CN 1186412A《用作杀微生物剂和防腐剂的 1,4-双(溴乙酰氧基)-2-丁烯乳化组合物》，含有 1,4-双（溴乙酰氧基)-2-丁烯（BBAB）乳化组合物，该组合物能够均匀分散或溶解于含水体系中，从而有效控制微生物的生长。

1-溴-3-乙氧基羰基氧基-1,2-二碘-1-丙烯（BECDIP）
(1-bromo-3-ethoxycarbonyl-1,2-diiodo-1-propene)

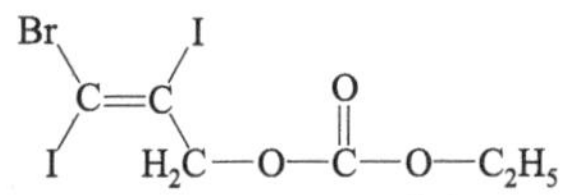

$C_6H_7BrI_2O_3$ 460.8 77352-88-6

化学名称 1-溴-3-乙氧基羰基氧基-1,2-二碘-1-丙烯

理化性质 白色晶体，具有微弱的特征气味。熔点 40℃。蒸气压（20℃）2.4×10^{-5}hPa。溶解性（25℃）：水 0.119g/L；溶于有机溶剂。稳定性：碱性体系水解。

毒性 大鼠急性经口 LD_{50} 641～529mg/kg。大鼠急性经皮 LD_{50} 2858～

2849mg/kg。

抗菌防霉效果　1-溴-3-乙氧基羰基氧基-1,2-二碘-1-丙烯（BECDIP）对真菌具有高度的抑制活性，具体详见表2-123。

表2-123　BECDIP对常见微生物的最低抑制浓度（MIC）

微生物	MIC/(mg/L)	微生物	MIC/(mg/L)
链格孢	50	黑曲霉	20
出芽短梗霉	50	球毛壳菌	20
青霉	15	绿色木霉	100
大肠杆菌	350	金黄色葡萄球菌	150

应用　1-溴-3-乙氧基羰基氧基-1,2-二碘-1-丙烯（BECDIP）对木材腐蚀真菌具有特效，可作木材防腐剂。

苯甲酸苄酯（BB）
(benzyl benzoate)

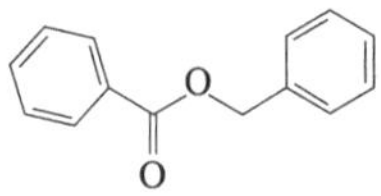

$C_{14}H_{12}O_2$ 212.25 120-51-4

其他名称　苯甲酸苯甲酯、苄苯羧基酯、苄苯甲酸苄酯、安息香酸苄酯

EC编码　[204-402-9]

理化性质　外观油状液体，低温时会凝固，具有微弱的甜香、脂香香气。相对密度（25℃）1.113～1.121。折射率（20℃）1.5660～1.5710。参考QB/T 1780—2014苯甲酸苄酯。

毒性　将两种不同剂量的苯甲酸苄酯（25mg/kg体重和100mg/kg体重）口服给予5周龄雄性大鼠90d。在毒理学评估中进行了组织病理学、形态学、血液学和生化分析。大鼠的初始/最终体重、相对器官重量以及食物和水的消耗量没有显著变化。

抗菌防霉效果　苯甲酸苄酯的防螨作用机理表现为在低浓度下对螨虫具有接触毒性，接触到螨虫表皮的苯甲酸苄酯能够溶解表皮脂质，从而增加螨虫失水并导致其脱水死亡；当螨虫通过口器摄入苯甲酸苄酯时，该物质在其消化系统中会分解成苯甲酸，从而产生毒性；此外，苯甲酸苄酯的苦杏仁气味也能够作用于螨虫的神经系统，具有极强的螨虫驱避作用（刘畅，2023）。

Suhaili等研究了2%苯甲酸苄酯商业喷雾剂在实验室条件下对户尘螨的残余效果，发现其24h后致死率为100%，28周后致死率降低为71%，半数致死时间（LT_{50}）为59周。但因苯甲酸苄酯的水溶性较差，黏稠度又高，因此将1.8%苯甲酸苄酯以2∶1稀释后测试其对户尘螨的杀螨效果，结果急性杀螨率降低为71.5%，虽有一定的杀螨效果但效率未达最好，详见表2-124。

表 2-124　0.9%苯甲酸苄酯对户尘螨的杀灭效果

重复次数	观察螨数	24h	
		死亡数	死亡率/%
1	106	88	83.0
2	142	106	74.6
3	257	167	64.9
合计	505	361	71.5

制备　苯甲酸苄酯是秘鲁香脂、香石竹和吐鲁香脂等物质中的固有物质，在工业中采用化学合成法，通过苯甲酸乙酯和苯甲醇的醇交换反应合成。

应用　苯甲酸苄酯作为一种高效安全的有机防螨剂，已被广泛证明具有优异的防螨效果，常用作新型防螨剂开发研究的对照标准。除用作防螨剂外，苯甲酸苄酯也广泛应用于多种领域。比如在香精香料领域，苯甲酸苄酯是芳香族化合物的良好溶剂；在食品领域，其可作为甜味剂等添加剂的溶剂成分；在保健领域，苯甲酸苄酯常制备为乳剂形式，含有该成分的洗剂和乳膏可用于治疗虱子和疥疮等。

实际应用参考：

芳香族羧酸酯类，如苯甲酸苄酯、邻苯二甲酸二甲酯、邻苯二甲酸二乙酯等，其中苯甲酸苄酯杀螨效果好，是纺织品中较常用的一种杀螨剂。

Mary L. Hayden 等将苯甲酸苄酯吸附在 SiO_2 上与湿的惰性纤维素制成湿的粉末后进行杀螨实验，该粉末在 12h 内杀死 90%的螨虫，24h 杀死 100%的螨虫。Anita Dietemann 用苯甲酸苄酯处理过的产品与未处理的对照，发现使用苯甲酸苄酯处理过的产品的病人尘螨过敏现象减少（魏文君，2016）。

法规　欧盟化妆品条例（EC）1223/2009 附件Ⅲ，经法规（EU）2022/2195 修订，OJ L 292，2022 年 11 月 11 日。当苯甲酸苄酯的浓度超过以下值时，必须在成分表中注明该物质的存在：免洗产品为 0.001%，冲洗产品为 0.01%。

二甲基二碳酸盐
(dimethyl dicarbonate)

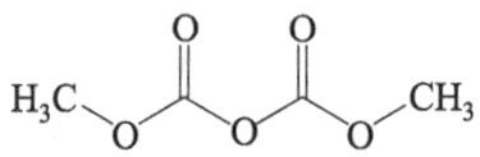

$C_4H_6O_5$ 134.1 4525-33-1

其他名称　焦碳酸二甲酯、维果灵、velcorin、二甲基二碳酸酯、DMDC

化学名称　二甲基二碳酸盐

IUPAC 名　methoxycarbonyl methyl carbonate

EC 编码　[224-859-8]

理化性质　无色液体，有点刺鼻的气味。沸点（101kPa）约 172℃（分解）。蒸气压（25℃）1.46mmHg。密度（20℃）1.25g/mL。闪点约 85℃。$\lg K_{ow}=-0.86$。溶解性：约 350g/L；与甲苯混溶。稳定性：在水中水解成甲醇和二氧化碳。水中半衰期：40min（pH 2.8，10℃）；15min（pH 2.8，20℃）；8min（pH 2.8，30℃）。

毒性　雄鼠和雌鼠口服 DMDC 的半数致死量（LD_{50}）分别为 497mg/kg 和 335mg/kg；实验已证实 DMDC 原液具有中等毒性。

抗菌防霉效果　二甲基二碳酸盐（DMDC）常被用作果蔬饮料中的防腐剂，在我国食品饮料中规定添加的最大质量浓度为 250mg/L，由于其能够快速杀灭细菌、酵母等微生物，无不良气味，并且能在短时间内分解成二氧化碳和甲醇，因此 DMDC 是一种绿色高效的抑菌剂。

二甲基二碳酸盐的抗菌作用是通过使微生物体内的酶失活而体现，主要是通过和蛋白的咪唑和氨基的反应，从而消灭微生物。尚未反应的 DMDC 会迅速分解为甲醇及二氧化碳。同时，DMDC 的活性取决于它的水解速率，在 10℃下完全水解需要 4h，20℃完全水解则需要 2h。

文献报道，二甲基二碳酸盐可以杀灭典型的饮料腐败菌，具体数据详见表 2-125。

表 2-125　DMDC 对常见微生物的最低抑制浓度（MIC）

微生物	MIC/(mg/L)	微生物	MIC/(mg/L)
酿酒酵母	40	糖酵母	40
毕赤酵母杆菌	40	念珠菌	100
醋杆菌	300	大肠杆菌	400
金黄色葡萄球菌	100	铜绿假单胞菌	100
乳酸杆菌	40	青霉	200
尖孢镰刀菌	100		

制备　美国专利 US7420076 和中国专利 CN102219690（A）。

应用　二碳酸二甲酯（DMDC）作为食品添加剂（防腐剂），即使在很低的使用浓度下，二甲基二碳酸盐也可以杀灭典型的饮料腐败菌。1988 年 10 月 21 日，FDA 批准 DMDC 为酵母抑制剂。

法规　在欧洲、美国和世界其他的一些国家与地区，维果灵被允许应用到许多不同的饮料中。世界一些重要的国际组织，像欧盟的科学食品协会、美国的食品药品管理局、世界卫生组织的食品添加剂联合专家委员会，已经证明维果灵添加到饮料中极具安全性。

富马酸单甲酯（MMF）
(monomethyl fumarate)

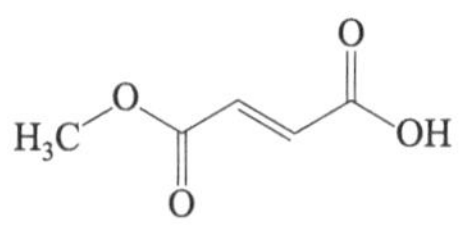

$C_5H_6O_4$ 130.1 2756-87-8

化学名称　反丁烯二酸一甲酯

IUPAC 名　(*E*)-4-methoxy-4-oxobut-2-enoic acid

EC 编码　[220-412-6]

理化性质 白色结晶粉末。熔点 141.5～143 ℃。溶解性：微溶于冷水；易溶于乙醇、丙酮等有机溶剂。稳定性：对光、热稳定；对金属无腐蚀性。

毒性 与富马酸二甲酯不同的是，富马酸单甲酯即使被误食后，也能很快转化为富马酸排出人体或禽畜，其毒性、刺激性远低于富马酸二甲酯，无残留性。

抗菌防霉效果 富马酸衍生物含有 α,β-不饱和羰基结构，分子中由羰基氧和 α-羰组成相距约 0.25nm 的电子中续系统，羰基 p 电子相邻烯键 π 电子间形成的共轭效应具有强的电子缓冲能力，可以夺取微生物代谢中的电子或诱导电子云的迁移，破坏其生物氧化电子传递链的完整性和协调性，因而具有很强的抗菌活性。

富马酸单甲酯抗菌性不受 pH 值影响。其对一些微生物的最低抑制浓度见表 2-126。

表 2-126 富马酸单甲酯对一些微生物的最低抑制浓度（MIC）

微生物	MIC/(mg/L)	微生物	MIC/(mg/L)
特异青霉菌	679.6	黄曲霉素	86.2
啤酒酵母菌	596.5	黑曲霉素	588.9
普通变形杆菌	778.0	米曲霉素	492.0
巨大芽孢杆菌	784.3	黑根霉素	93.3
粪广乳酸杆菌	110.7	棒束青霉菌	67.1

制备 以马来酸酐和甲醇为原料，无水 $AlCl_3$ 为异构化催化剂，合成富马酸单甲酯。

应用 自 1983 年 M. Dymicky 首次合成富马酸单甲酯（MMF）后，人们不断发现其具有杀菌防霉、保鲜、除藻、防蛀等功能，至今已应用于粮食、水果、食品、饲料、日用品、纺织品、居室建材等众多领域。注意：富马酸单甲酯与双醋酸氢钠配合使用，则有增效作用。

实际应用参考：

富马酸单甲酯对球形棕囊藻有显著的控制和杀灭作用，可以有效降低其生长量，缩短其稳定期并诱导和促进藻体的自溶，且效果优于异噻唑啉酮。在赤潮生物指数生长前期投加本剂效果较好，最低的除藻浓度为 0.10mg/L。

富马酸单乙酯（MEF）

（monoethyl fumarate）

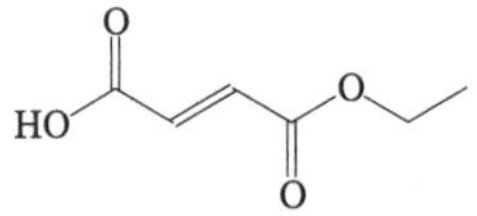

$C_6H_8O_4$ 144.1 2459-05-4

其他名称 富马酸氢乙酯

化学名称 反丁烯二酸二乙酯

IUPAC 名 (*E*)-4-ethoxy-4-oxobut-2-enoic acid

EC 编码 [219-544-7]

理化性质　纯品为白色或淡红色结晶固体。熔点 64～69 ℃。溶解性：溶于水和乙醇。稳定性：具有一定的耐热性。

毒性　富马酸单酯类化合物具有富马酸二甲酯的优点，并且毒性更小。

抗菌防霉效果　富马酸衍生物含有 α，β-不饱和羰基结构，分子中由羰基氧和 α-羰组成相距约 0.25nm 的电子中续系统，羰基 p 电子相邻烯键 π 电子间形成的共轭效应具有强的电子缓冲能力，可以夺取微生物代谢中的电子或诱导电子云的迁移，破坏其生物氧化电子传递链的完整性和协调性，因而具有很强的抗菌活性。

富马酸单乙酯对霉菌具有较好的抑制效果，具体数据详见表 2-127。

表 2-127　富马酸单乙酯等对部分霉菌的最低抑制浓度（MIC）

单位：mg/L

项目	黄曲霉	土曲霉	黑曲霉	米曲霉	总状毛霉	大毛霉	鲁氏毛霉	绳状青霉	扩展青霉	米根霉	绿色木霉
单甲酯	1000	1000	1000	1000	1000	20000	2000	500	1000	2000	2000
单乙酯	1000	1000	1000	1000	2000	2000	1000	500	500	1000	1000
单丙酯	1000	1000	1000	1000	1000	1000	1000	500	500	1000	1000
单丁酯	1000	1000	1000	1000	2000	1000	500	250	1000	1000	1000
单戊酯	1000		1000	1000	10000	1000	500	250	1000	1000	500

由表 2-127 可知，5 种富马酸单脂对所有的 11 种霉菌都有一定的抑制作用。其中对青霉的抑制效果最好，MIC 均在 1000mg/L 以下；对曲霉、根霉、木霉也有较好的抑制效果；对毛霉的抑制效果稍差。还可以得知，5 种不同富马酸单酯对各种霉菌的抑制作用不同，对除曲霉的其他 7 种霉菌的 MIC 存在差异，其中富马酸单戊酯的 MIC 最小，富马酸单甲酯的 MIC 相对较大。此可能是随着碳链的增长，富马酸单酯脂溶性增大，对霉菌的抑制作用有所增强。

制备　富马酸单乙酯由顺丁烯二酸酐、无水乙醇等异构化反应而成。

应用　富马酸单乙酯是一种食品防腐剂和饲料防霉剂，亦是高分子材料聚合剂。

富马酸二甲酯（DMF）
（dimethyl fumarate）

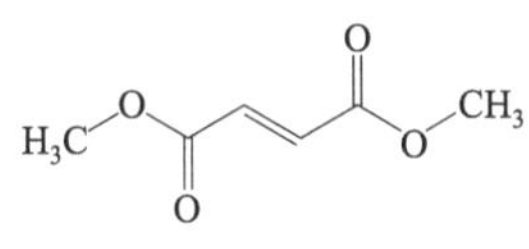

$C_6H_8O_4$ 144.13 624-49-7

其他名称　霉克星 1 号、延胡索酸二甲酯

化学名称　(E)-2-丁烯二酸二甲酯、反丁烯二酸二甲酯

IUPAC 名　dimethyl(E)-but-2-enedioate

EC 编码　[210-849-0]

理化性质　纯品白色晶状固体。沸点 193℃。熔点 103～104℃。$\lg K_{ow}=0.74$。密度（20℃）1.37g/cm³。蒸气压（25℃）0.114mmHg。溶解性：微溶于水；溶解

于乙酸乙酯、氯仿、醇类等有机溶剂。稳定性：耐高温、耐紫外线。常温下富马酸二甲酯具有升华特性。

毒性 大鼠急性经口 LD_{50} 2240～2628mg/kg。经科学证明，富马酸二甲酯可经消化道、呼吸道和皮肤进入人体，引起皮肤过敏，刺激眼睛、黏膜以及上呼吸道。同时研究表明，富马酸二甲酯具有引起细胞氧化损伤和 T 细胞凋亡等毒性。此外，富马酸二甲酯易水解生成甲醇，长期食用对肝、肾有很大的副作用。

抗菌防霉效果 富马酸二甲酯（DMF）是富马酸两个羧基均被甲酯化后的产物，其抑菌活性体为富马酸二甲酯的分子状态，处于分子状态的富马酸二甲酯通过接触和熏蒸双重途径顺利穿透微生物的细胞膜，有效地进入微生物细胞内抑制细胞分裂，并通过抑制糖酵解途径（EMP）、三羧酸循环（TCA）和戊糖磷酸途径（HMP）中酶的活性来抑制微生物的呼吸作用，从而有效控制微生物的生长繁殖。

富马酸二甲酯对黄曲霉菌、黑曲霉菌、芽枝霉菌等 30 种霉菌和串珠镰刀菌等多种细菌（含某些产毒细胞）有很好的抑制作用，而且它的抑菌剂量为传统苯甲酸的 1/20～1/600，为山梨酸的 1/10～1/30，为丙二酸的 1/13～1/130。富马酸二甲酯对一些微生物的最低抑制浓度见表 2-128。

表 2-128 富马酸二甲酯对一些微生物的最低抑制浓度

微生物	MIC/(mg/L)	微生物	MIC/(mg/L)
黄曲霉	100	黑曲霉	100
构巢曲霉	100	展青霉	100
橘青霉	100	常现曲霉	100
禾谷镰刀菌	800	半裸镰刀霉	100
异常汉逊酵母	800	亚膜汉逊酵母	800
白色球拟酵母	800	黑根霉	130
总状毛霉	150	蜡叶枝孢霉	100
互隔交链孢霉	100		

制备 以富马酸和无水甲醇为原料，通过酯化反应完成对 DMF 的合成。

应用 1981 年美国药物和食品管理局正式批准富马酸及其酯类作为食品添加剂，但最终因易引起皮肤红肿、瘙痒、充血等过敏反应而停止其在食品中使用，2000 年我国禁止其使用于食品，人们把目光转向了以富马酸为主体的其他防腐剂的开发和研究上。

实际应用参考：

① 刘锡瑛将富马酸二甲酯与某物质配制成一种升华防霉防虫剂。Eguchi 等将富马酸衍生物用作防虫剂，具有良好的效果。

② Kokai 等将一些富马酸酯（如富马酸二甲酯、富马酸单甲酯、富马酸二乙酯）应用于垃圾的处理，来控制垃圾中细菌生长及防臭。Brill 等将一些富马酸酯添加到宠物的窝里，可以除去异味。

法规

① 2012 年 5 月 16 日，欧盟发布条例（EU）No 412/2012，将富马酸二甲酯加入 REACH 法规附件 17（REACH 法规限制物质清单），自此，REACH 法规限制

物质清单增加到 61 项。该法令在欧盟公报发布之日 20 天后执行，并要求欧盟成员国将其无条件转化为本国法律。故 2012 年 6 月 4 日起，全欧盟限制富马酸二甲酯。

② 我国于 2016 年 1 月 1 日正式实施的强制性国家标准 GB 30585—2014《儿童鞋安全技术规范》，明确要求儿童鞋类产品中 DMF 的质量分数不得超过 0.1mg/kg。

甲酸乙酯（EF）
(ethyl formate)

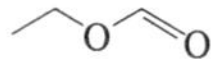

$C_3H_6O_2$ 74.08 109-94-4

其他名称　乙基甲酸酯

化学名称　甲酸乙酯

IUPAC 名　甲酸乙酯

EC 编码　[203-721-0]

理化性质　在常温下，甲酸乙酯是一种无色的液体，具有类似于乙酸乙酯的特有刺激性气味，并略带苦味，并具有轻微的酒香味。含量约 98%。熔点 −79℃。沸点 54.1℃。闪点 −19.44℃。其蒸气的相对密度为 2.55（以空气为 1 计算）。临界温度 235.3℃。引燃温度 440℃。爆炸上限和下限分别为体积分数 16.0%和 2.7%。

毒性　家鼠急性经口 LD_{50} 1850mg/kg。兔子急性经口 LD_{50} 2072 mg/kg。

抗菌防霉效果　甲酸乙酯在熏蒸的安全性上是优于目前常用熏蒸剂的。李俊等的研究表明，甲酸乙酯熏蒸嗜卷书虱成虫时熏蒸时间和温度显著影响，熏蒸时间由 12h 增长至 60h 时，LC_{50} 由 15.89μL/L 逐渐降低至 10.50μL/L；在 16℃熏蒸效果优于 31℃，在 20℃、25℃和 30℃ 熏蒸温度下，熏蒸 24h 时毒力 LC_{50} 分别为 11.37μL/L、13.28μL/L 和 15.68μL/L，处理 48h 时分别为 10.86μL/L、12.89μL/L 和 13.15μL/L。

制备　专利 CN106146304A《一种生产甲酸乙酯的方法》。

应用　1984 年 Rajenderan 第一次报道了甲酸乙酯对仓储害虫的毒力，但那时觉得治理害虫所需要的药物含量远远大于甲酸乙酯本身的安全应用含量，所以在当时并未受到人们的广泛关注。

实际应用参考：

研究人员发现，二氧化碳对许多熏蒸剂都是很好的增效剂，特别是在载粮情况下害虫作用效果明显。二氧化碳的混入可以减少粮食对熏蒸剂的吸附，并延长熏蒸气体浓度保持时间，使熏蒸效果得到强化。

法规　2002 年，甲酸乙酯被注册为专门处理干燥果实的熏蒸剂。

山梨坦辛酸酯
(sorbitan caprylate)

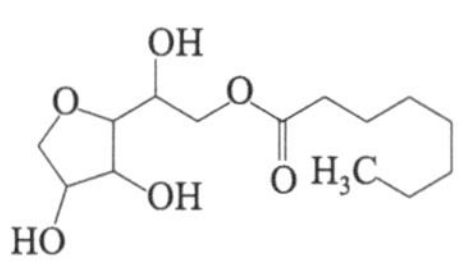

$C_{14}H_{26}O_6$ 290.4 60177-36-8

INCI 名称　山梨坦辛酸酯

EC 编码　[262-098-3]

理化性质　纯品含量≥99.0%，外观呈无色至琥珀色透明液体。沸点 144℃。凝固点＜－13℃。闪点 200℃。pH（5%，乙醇∶水＝1∶1 溶液）5～7。密度（20℃）1.198～1.200g/cm³。皂化值 185～210mgKOH/g。溶解性：水 1.8g/L（22℃）；易溶于辛酸；溶于醇。稳定性：80℃稳定，低气味非挥发。

毒性　大鼠急性经口 LD_{50}＞2000mg/kg。大量毒理试验证实了山梨坦辛酸酯无毒而且对皮肤无刺激性，非诱变性，没有发现光毒性或光敏感作用。

抗菌防霉效果　山梨坦辛酸酯是一种基于可再生来源的新的防腐增效剂，能与芳香醇复配，起到防腐增效效果。同时，可以降低芳香醇对配方的负面影响。如与一些有机酸一起使用，同样展现出非常卓越的性能。其原理为山梨坦辛酸酯是双亲分子（具有表面活性），它可以和细菌膜上的双亲分子进行接触，进而松动细菌细胞膜，协助其他防腐剂顺利穿透细胞膜。其抑菌具体数据详见表 2-129。

表 2-129　山梨坦辛酸酯与芳香醇的最低抑制浓度（MIC）

防腐体系	MIC/%				
	绿脓杆菌	金黄色葡萄球菌	大肠杆菌	白色念珠	黑曲霉
苯氧乙醇	0.4	0.4	0.4	0.6	0.6
苯甲醇	0.4	0.4	0.4	0.4	0.4
苯甲酸	0.15	0.08	0.08	0.15	0.4
山梨坦辛酸酯	＞1.0	0.08	1.0	0.2	0.4

制备　山梨坦辛酸酯是由可再生物质山梨聚糖和辛酸酯化而成的。

应用　山梨坦辛酸酯于 2010 年由科莱恩公司作为多功能防腐增效剂推出，可通过增效作用提高防腐剂性能。山梨坦辛酸酯已经在化妆品中广泛应用许多年，即使使用浓度提高到 5%也仅仅显示出轻微的刺激性并且没有致敏的风险（CIR report，2002）。

在日化体系，通常和传统的防腐剂配合使用，可大大减少防腐剂的用量，提升产品的毒理安全性，如霜剂、凝露、洗剂、洗发剂、沐浴露、除臭剂、湿巾等。

溴乙酸苯酯

（phenyl bromoacetate）

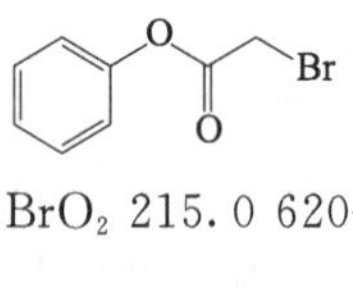

$C_8H_7BrO_2$ 215.0 620-72-4

其他名称　溴乙酸苯丙酯、溴醋酸苯酯

化学名称　α-溴乙酸苯酯

IUPAC 名　phenyl 2-bromoacetate

理化性质　纯品为片状结晶。熔点 32℃。沸点 134℃。相对密度：1.508。溶解性：不溶于水；可溶于乙醇、丙酮等。

毒性　溴乙酸苯酯有一定的刺激性，使用浓度范围内安全。

抗菌防霉效果　溴乙酸苯酯对细菌、霉菌等微生物均有一定的防治作用。特别是对铜绿假单胞杆菌、曲霉、青霉有良好的抑制效果。

制备　以 CH_3COOH、Br_2 等为原料进行系列反应制得目标物。

应用　溴乙酸苯酯可用作油漆和水分散性涂料的防腐，亦可用于防止金属切削液中的细菌生长。注意：该化合物对眼睛、皮肤有严重刺激。

溴乙酸苄酯
(benzyl bromoacetate)

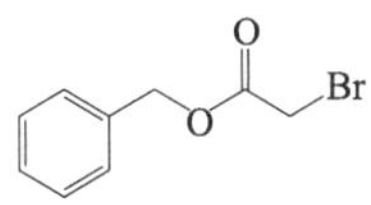

$C_9H_9BrO_2$ 229.1 5437-45-6

其他名称　二溴乙酸苄酯、溴代醋酸苄酯

化学名称　2-溴乙酸苄酯

IUPAC 名　benzyl 2-bromoacetate

EC 编码　[226-611-4]

理化性质　纯品为无色刺激性液体。沸点（2.9kPa）166～170℃。密度（20℃）1.46g/mL。折射率（nD，20℃）1.5436。闪点＞110℃。溶解性：微溶于水；易溶于有机溶剂。稳定性：碱性体系水解。

毒性　刺激皮肤、黏膜、眼睛、呼吸道，吸入和皮肤吸收可能有毒。

抗菌防霉效果　溴乙酸苄酯是一种亲电活性化合物，由于其电子吸引力（电负性），溴原子可以被亲核取代，即被微生物细胞的亲核活性成分取代，从而抑杀微生物。溴乙酸苄酯对一些微生物的最低抑制浓度见表 2-130。

表 2-130　溴乙酸苄酯对一些微生物的最低抑制浓度（MIC）

微生物	MIC/(mg/L)	微生物	MIC/(mg/L)
黑曲霉	10	黑根霉	30
橘青霉	10	大肠杆菌	15
腊叶芽枝霉	5	铜绿假单胞杆菌	5
绿色木霉	35	金黄色葡萄球菌	10
串珠镰刀霉	25	啤酒酵母	5

制备　溴乙酸苄酯由溴乙酸和苯甲醇为原料制备而成。

应用　溴乙酸苄酯可作罐内防腐剂，比如乳胶涂料的防腐，用量为 0.2% 左右。

实际应用参考：

专利 CN103881485A《一种建筑涂料的配制方法》，本发明对黑曲霉、黄曲霉、杂色曲霉等多种霉菌具有有效抑制作用。其组成包括：硼酸 1%～6%、苯丙乳液 15%～20%、溴乙酸苄酯 1%～5%、聚氨酯树脂 5%～10%、贝壳粉 10%～20%、钛白粉 5%～10%、成膜助剂 0.5%～2%、六偏硫酸钠 0.1%～0.8%、重钙

10%～25%、滑石粉6%～10%等。

溴乙酸乙酯
（ethyl bromoacetate）

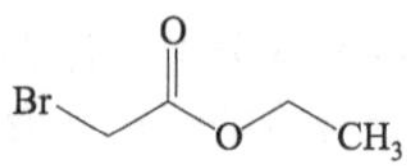

$C_4H_7BrO_2$ 167.0 105-36-2

其他名称　antol、溴代醋酸乙酯

化学名称　2-溴乙酸乙酯

IUPAC名　ethyl 2-bromoacetate

EC编码　[203-290-2]（ECHA）

理化性质　无色刺激性液体，具有令人不快的气味。沸点（101kPa）168～169℃。密度（20℃）1.5032g/mL。蒸气压（25℃）3.37mmHg。折射率（nD，20℃）1.4510。闪点48℃（闭杯）。$\lg K_{ow}=1.12$。溶解性：水7.02g/L；溶于丙酮、乙醇等有机溶剂（来源：HSDB）。稳定性：在水溶液中水解为羟基乙酸（随着pH值的增加而逐渐增加）。

毒性　大鼠急性经口LD_{50} 50mg/kg。小鼠急性经口LD_{50} 100mg/kg。

抗菌防霉效果　溴乙酸乙酯对于细菌、霉菌、酵母以及黏液形成的微生物和藻类均有一定抑制效果，对酵母特别有效。

制备　专利CN101891615A《一种溴代乙酸乙酯的合成方法》。

应用　溴乙酸乙酯作为广谱的杀菌剂，可用于循环冷却水等工业领域。

异硫氰酸甲酯（MITC）
（methyl isothiocyanate）

$$CH_3—N=C=S$$

C_2H_4NS 73.12 556-61-6

其他名称　甲基异硫氰酸酯

化学名称　异硫氰酸甲酯

IUPAC名　异硫氰酸甲酯

EC编码　[209-132-5]

理化性质　无色结晶性粉末。沸点（101kPa）118～120℃。熔点35～36℃。密度（37℃）1.07g/mL。闪点32℃。稳定性：对高温敏感；与醇类、碱类、胺类和氧化剂不相容。

毒性　大鼠急性经口LD_{50} 72mg/kg。小鼠急性经口LD_{50} 90mg/kg。

抗菌防霉效果　棉隆和威百亩在土壤中能转化成活性物质异硫氰酸甲酯（MITC）。但由于MITC易溶于水、蒸气压低，且蒸气在土中的传播区域较小，故为提高其扩散性，MITC通常以母体的形态（棉隆或威百亩）施于土中。Sanon等研究了异硫氰酸甲酯对四纹豆象（*Callosobruchusmaculatus* F.）的杀虫活性，结果表明，当异硫氰酸甲酯浓度高于0.8mg/L时，处理结束后所有昆虫都死亡。

用异硫氰酸甲酯处理四纹豆象24h，其成虫的 LC_{50} 0.48mg/L，卵的 LC_{50} 0.04mg/L。

刘涛等使用不同比例的硫酰氟（SF）和异硫氰酸甲酯（MITC）混剂对木包装中的松材线虫进行了熏蒸。结果表明，75.5g/m^3 硫酰氟在20℃单独熏蒸24h才杀灭99%的松材线虫，而添加2.5%、5%、10%、20%质量分数的异硫氰酸甲酯后分别只需硫酰氟11.8g/m^3、8.72g/m^3、5.49g/m^3、3.75g/m^3 即可在同等条件下杀灭99%的松材线虫，说明异硫氰酸甲酯对硫酰氟杀灭松材线虫存在明显增效。

制备　以甲胺和二硫化碳为原料，经过水相反应、双氧水氧化得到异硫氰酸甲酯。

应用　为了增加异硫氰酸甲酯（MITC）在土壤中的扩散性，一般以母体形式（威百亩或棉隆）施用于土壤中。

月桂酸五氯苯酯（PCPL）
（pentachlorophenyl laurate）

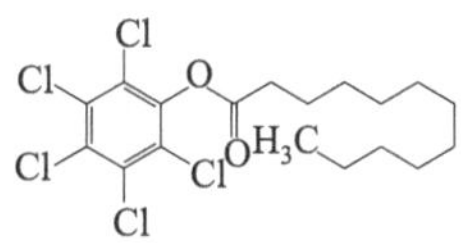

$C_{18}H_{23}Cl_5O_2$　448.6　3772-94-9

化学名称　十二酸五氯苯酯、十二烷酸五氯苯基酯

IUPAC名　(2,3,4,5,6-pentachlorophenyl)dodecanoate

EC编码　[223-220-0]

理化性质　棕色，无臭油状液体。密度（20℃）1.25g/mL。溶解性：不溶于水和醇类；溶于丙酮、酯、乙醚、甲苯等。稳定性：不挥发，不受稀酸或碱的影响。

毒性　只要月桂酸五氯苯酯中的五氯苯酚不释放，那么其就具有低毒性和良好的皮肤相容性。实际应用时，月桂酸五氯苯酯可能释放出约57%的五氯苯酚。

抗菌防霉效果　月桂酸五氯苯酯（PCPL）具有广泛抑菌活性，尤其对各种木材丝状真菌有效。其对一些微生物的最低抑制浓度见表2-131。

表2-131　月桂酸五氯苯酯对一些微生物的最低抑制浓度（MIC）

微生物	MIC/(mg/L)	微生物	MIC/(mg/L)
黑曲霉	>1000	球毛壳菌	>1000
青霉	>1000	大肠杆菌	>2500
金黄色葡萄球菌	750		

从表2-132可看出，完整PCPL没有表现出显著的抗菌活性，尤其在与PCP的比较时。

表 2-132　PCPL 和营养琼脂中的 PCP 的最小抑制浓度（Wilfried Paulus，2004）

测试菌株	MIC/(mg/L)	
	PCPL	PCP
黑曲霉	>1000	50
球毛壳菌	>1000	20
青霉	>1000	50
大肠杆菌	>2500	200
金黄色葡萄球菌	>750	10

制备　由五氯酚和月桂酸直接酯化而得。

应用　月桂酸五氯苯酯（PCPL）加在矿油或沥青中浸渍木材，可增强枕木、坑木、电杆及建筑木材的防腐性能。此外，本品加在皮革加脂剂中处理皮革，可增加皮革的耐霉性能；还可用于合成纤维油剂和切削油中，能提高油剂的防腐性能。

2.7　酰胺类化合物

酰胺是一种化学物质，在构造上，酰胺可看作是羧酸分子中羧基中的羟基被氨基或烃氨基（—NHR 或—NR_2）取代而成的化合物；也可看作是氨或胺分子中氮原子上的氢被酰基取代而成的化合物。其中，R 可以是任意的烷基、芳基、取代的烷基或芳基等。

本节作为杀菌剂的酰胺类化合物包括酰替苯胺类、脲类、环状酰胺类等，亦包括磺酰胺类。

2,2-二溴-丙二酰胺（DBMAL）
(2,2-dibromo-propanediamid)

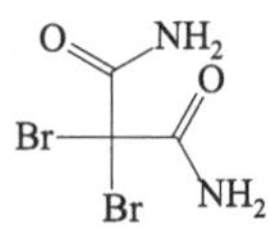

$C_3H_4Br_2N_2O_2$　259.9　73003-80-2

其他名称　二溴丙二酰胺

化学名称　2,2-二溴-丙二酰胺

IUPAC 名　2,2-dibromopropanediamide

EC 编码　[277-205-9]

理化性质　粉末。熔点 202～207℃。沸点（760mmHg）294℃±40℃。

抗菌防霉效果　2,2-二溴-丙二酰胺（DBMAL）尤其对抑杀细菌十分有效。

制备　专利 CN102630224A《用于制备 2,2-二溴丙二酰胺的方法》。

应用　2,2-二溴-丙二酰胺（DBMAL）主要针对水体环境微生物控制。

实际应用参考：

专利 CN201080041151《2,2-二溴丙二酰胺（DBMAL）和异噻唑啉酮的组合物》，该发明涉及组合活性浓度总量至少约 1×10^{-6}，或者至少约 3×10^{-6}，或者至

少约 7×10^{-6}，或者至少约 10×10^{-6}，或者至少约 100×10^{-6}。组合物可有效控制各种水性系统中的微生物。

4-(三氟甲基）苯磺胺
(4-(trifluoromethyl) benzenesulfonamide)

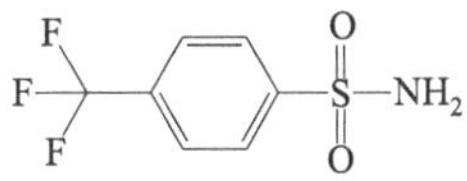

$C_7H_6F_3NO_2S$ 225.2 830-43-3

其他名称　对三氟甲基苯磺酰胺

化学名称　4-(三氟甲基)苯磺胺

IUPAC 名　4-(trifluoromethyl)benzenesulfonamide

EC 编码　[212-596-1]

理化性质　无色晶体。熔点 181～183℃。溶解性：微溶于水；溶于醇类有机溶剂。稳定性：在酸性或碱性介质中稳定。

毒性　大鼠急性经口 LD_{50} 270mg/kg。小鼠腹腔注射 LD_{50} 533mg/kg（来源：Pubchem)。

抗菌防霉效果　4-(三氟甲基）苯磺胺对真菌抑制效果优于对细菌抑制效果。

制备　4-(三氟甲基）苯磺胺由原料对三氟甲基苯胺反应而得。

应用　4-(三氟甲基）苯磺胺可作水性涂料干膜防霉剂，亦可协助罐内防腐。

5,5-二甲基海因（DMH）
(5,5-dimethylhydantoin)

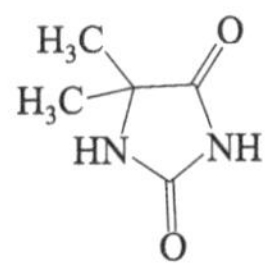

$C_5H_8N_2O_2$ 128.13 77-71-4

其他名称　5,5-二甲基乙内酰脲、二甲基海因、5,5-二甲基乙内酰脲

化学名称　5,5-二甲基-2,4-咪唑二酮

IUPAC 名　5,5-dimethylimidazolidine-2,4-dione

EC 编码　[201-051-3]

理化性质　纯品为白色棱状体结晶或结晶性粉末。熔点 178～182.5℃。$\lg K_{ow}=-0.48$。溶解性：溶于水、己醇、乙酸乙酯、二甲醚；微溶于异丙酮、丙酮、甲乙酮；不溶于脂肪烃、三氯乙烯。稳定性：无嗅，能升华，呈酸性。

毒性　小鼠皮下注射 LD_{50} 2800mg/kg。兔急性经皮 LD_{50} 12660mg/kg。大鼠急性经口 LD_{50} 7800mg/kg。水生生物：水蚤 LC_{50}（静态，48h）6200mg/L。

抗菌防霉效果　5,5-二甲基海因对细菌的抑制效果比对霉菌的抑制效果更好。

制备　以丙酮氰醇和碳酸铵为原料生产 DMH。

应用 5,5-二甲基海因（DMH）在国外早在20世纪70年代就已经投入工业化生产，主要生产国有美国、瑞士、德国、英国等。作为杀菌消毒剂，5,5-二甲基海因及其衍生物广泛应用于日用化工、农业（花卉、种子消毒）、畜牧业、水产业、医药卫生、游泳池、循环冷却系统等领域。亦在彩色印刷中作防褪色剂等。

N-(2,4,6-三氯苯基)马来酰亚胺(TCPM)

(*N*-(2,4,6-trichlorophenyl)maleimide)

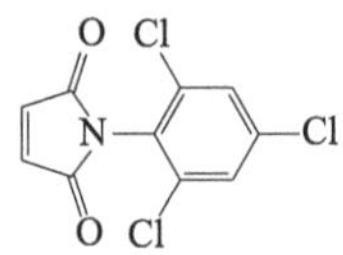

$C_{10}H_4Cl_3NO_2$ 276.5 13167-25-4

其他名称 三氯苯基马来酰亚胺

化学名称 1-(*N*-2,4,6-三氯苯基)-1*H*-吡咯-2,5-二酮

IUPAC名 1-(2,4,6-trichlorophenyl)pyrrole-2,5-dione

EC编码 [236-108-1]

理化性质 外观米黄色晶体。熔点128～131℃。溶解性：不溶于水；溶于甲苯、二甲苯、乙醇、氯仿等有机溶剂。

毒性 大鼠急性经口LD_{50}≥4500mg/kg。日本公开特许公报JP04300806报道用其作防污剂在海水中的防污活性超过三年，并且不会对海洋环境产生影响。

抗菌防霉效果 *N*-(2,4,6-三氯苯基)马来酰亚胺（TCPM）对细菌、霉菌以及藻类均有较好的抑杀作用，尤其对防止海洋贝类动物、海洋软体动物和海藻类海洋植物等寄生附在船体上有特效。其对一些微生物的最低抑制浓度见表2-133。

表2-133 TCPM对一些微生物的最低抑制浓度（MIC）

微生物	MIC/(mg/L)	微生物	MIC/(mg/L)
黑曲霉	40	巨大芽孢杆菌	50
黄曲霉	80	大肠杆菌	80
变色曲霉	50	金黄色葡萄球菌	10
球毛壳霉	40	枯草杆菌	10
蜡叶芽枝霉	20	荧光假单胞杆菌	50
橘青霉	5	啤酒酵母	＞500
宛氏拟青霉	40	酒精酵母	＞500
链格孢霉	40		

制备 张颖朦等报道，由顺丁烯二酸酐、氯化亚锡、2,4,6-三氯苯胺等原料制得。

应用 *N*-(2,4,6-三氯苯基)马来酰亚胺（TCPM）是一种不含金属的有机防污剂，已在日本JPMA登记。TCPM对海洋常见污损生物都具有非常好的生长抑制活性，尤其对藻类有特效，是有机锡、DDT、Cu_2O、无水硫酸铜等防污剂的优良替代产品。

作为一款防腐防霉防藻剂，TCPM 亦可在涂料、木材、木地板、胶合板等领域应用。

实际应用参考：

专利 JP5785302 报道了 TCPM 可作为一种既安全又经济的木材防腐和防霉剂。只要有 0.2%的 TCPM 就可以抑制木材上霉菌、细菌和某些小虫的生长。德国专利（Ger often 3042337）也有类似的报道。

N-(2-甲基-1-萘基)马来酰亚胺

(*N*-(2-methyl-1-naphthyl)maleimide)

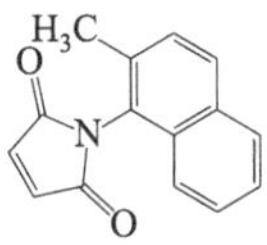

$C_{15}H_{11}NO_2$ 237.3 70017-56-0

化学名称　1-(2-甲基萘基)-1*H*-吡咯-2,5-二酮

IUPAC 名　1-(2-methylnaphthalen-1-yl)pyrrole-2,5-dione

EC 编码　[274-255-3]

理化性质　白色固体。熔点 163～165℃。密度 1.25～1.28g/mL。稳定性：具有耐热性（>190℃）。溶解性（25℃）：水 0.025g/L；乙醇 4g/L；异丙醇 2g/L；二甲基亚砜 180g/L；丙酮 100g/L；甲苯 20g/L；四氢呋喃 50g/L。

毒性　大鼠急性经口 LD_{50}>7000mg/kg。大鼠急性经皮 LD_{50}>7000mg/kg。

抗菌防霉效果　*N*-(2-甲基-1-萘基)马来酰亚胺对真菌的抑制效果明显优于对细菌的抑制效果，具体详见表 2-134。

表 2-134　*N*-(2-甲基-1-萘基)马来酰亚胺对常见微生物的最低抑制浓度（MIC）

微生物	MIC/(mg/L)	微生物	MIC/(mg/L)
黑曲霉	2	大肠杆菌	100
啤酒酵母	10～25	铜绿假单胞菌	1000
假丝酵母	1～10	粪链球菌	500～1000
肺炎克雷伯杆菌	20	金黄色葡萄球菌	20

应用　*N*-(2-甲基-1-萘基)马来酰亚胺是能够保护织物、塑料、油漆等免受真菌和细菌侵袭的杀微生物剂（Becker 和 Gurnee，1979）。

N-苯基马来酰亚胺（*N*-PMI）

(*N*-phenylmaleimide)

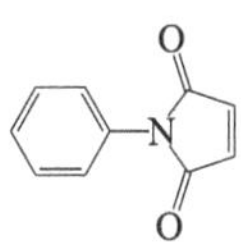

$C_{10}H_7NO_2$ 173.17 941-69-5

化学名称　1-苯基的-1H-吡咯-2,5-二酮

IUPAC名　1-phenyl-2,5-dihydro-1H-pyrrole-2,5-dione

EC编码　[213-382-0]

理化性质　纯品为淡黄色片状固体，有较强烈的气味。熔点88～90℃。沸点162～163℃。蒸气压（25℃）8.99×10^{-7}mmHg。$\lg K_{ow}=1.09$。溶解性（25℃）：水0.11g/100g；易溶于乙醇、丙酮和甲苯等。

毒性　大鼠急性经口LD_{50} 58mg/kg。小鼠急性经口LD_{50} 78mg/kg（来源：Pubchem）。

抗菌防霉效果　N-苯基马来酰亚胺对霉菌、细菌均有相当的抑制效果。其对部分微生物最低抑制浓度见表2-135。

表2-135　N-苯基马来酰亚胺对一些微生物的最低抑制浓度（MIC）

微生物	MIC/(mg/L)	微生物	MIC/(mg/L)
黑曲霉	30	巨大芽孢杆菌	70
黄曲霉	30	大肠杆菌	60
变色曲霉	20	金黄色葡萄球菌	100
球毛壳霉	20	枯草杆菌	60
蜡叶芽枝霉	10	荧光假单胞杆菌	60
橘青霉	15	啤酒酵母	>500
宛氏拟青霉	50	酒精酵母	500
链格孢霉	500		

制备　合成基本上采用苯胺和顺丁烯二酸酐，经过酰化反应、环化反应制得。

应用　N-苯基马来酰亚胺可作海洋防污剂，应用到轮船、军舰、水下管道等设备或渔网上可以有效防止水中有害生物的附着与繁殖，其对鱼类的毒性较低，同时具有不污染海域、不腐蚀设备和金属等特性；亦作硫化交联剂和ABS等树脂耐热改性剂。

实际应用参考：

用含15%N-苯基马来酰亚胺的涂料喷涂的钢制品，放在海水中6个月可以不长海蛎子和海藻，一年后只有5%左右的表面被藻类和牡蛎类覆盖。而用其他一般涂料喷涂的钢板在水中6个月就有100%的表面被贝壳和海藻覆盖。

N-苄基马来酰亚胺（N-BMI）

（N-benzylmaleimide）

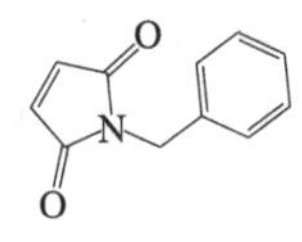

$C_{11}H_9NO_2$　187.2　1631-26-1

其他名称　N-苯甲基马来酰亚胺、PMI、BZMI

化学名称　1-苄基吡咯-2,5-二酮

IUPAC名　1-benzylpyrrole-2,5-dione

EC　编码　[216-631-1]

理化性质　白色或类白色晶体。沸点 177℃。熔点 66～70℃。溶解性：不溶于水；可溶于二甲基甲酰胺、二甲基乙酰胺和 *N*-甲基-2-吡咯烷酮等溶剂。

毒性　苄基马来酰亚胺按定量使用低毒。但对眼睛、皮肤、黏膜有刺激作用。

抗菌防霉效果　苄基马来酰亚胺对细菌，特别是异养菌、铁细菌和硫酸还原菌等有很好的抑制效果。

测试了苄基马来酰亚胺和苯基马来酰亚胺对石化污水中的三种主要菌类，即异养菌、铁细菌和硫酸盐还原菌的静态杀菌性能，并将其与目前常用的异噻唑啉酮和 1227（十二烷基二甲基苄基氯化铵）进行了比较，结果表明，苄基马来酰亚胺是一种高效杀菌剂，其性能优于异噻唑啉酮，与 1227 相比，其 1h 的杀菌效果稍弱，但其持久杀菌效果远好于 1227。苯基马来酰亚胺对异养菌和铁细菌有一定的杀菌效果，但对硫酸盐还原菌无效。其结果见表 2-136。

表 2-136　几种杀菌剂性能比较

项目		对异养菌的杀菌率/%		对铁细菌的杀菌率/%		对硫酸盐还原菌的杀菌率/%	
杀菌剂	药剂质量浓度/(mg/L)	1h	24h	1h	24h	1h	24h
N-BMI	10	0	83.2	65.0	89.3	89.5	92.4
	30①	46.7	80.7	78.5	92.4	92.3	95.7
	50	83.3	97.1	85.4	99.1	94.5	99.1
异噻唑啉酮	10	0	45.6	0	25.4	54.1	69.7
	30①	25.7	89.2	39.7	50.8	64.8	81.9
	50	56.3	91.4	79.4	85.4	79.4	90.3
1227	10	93.2	0	81.9	0	81.4	0
	30①	98.4	0	87.3	0	91.5	0
	50	99.1	0	92.4	45.2	94.7	0
N-PMI	10			45.2	80.1		
	30	66.1	47.3	61.7	68.1		
	50	64.5	63.5	75.4	69.7		
现场水起始细菌数/(cfu/mL)		7.1×10^{6}		1.1×10^{5}		1.4×10^{4}	

① 只有在测定药剂对异养菌的杀菌率时，采用的药剂质量浓度是 20mg/L，而不是 30mg/L。

由表 2-136 可见，苄基马来酰亚胺对异养菌有很好的杀菌作用。无论是瞬间还是持续杀菌性能，苄基马来酰亚胺都优于异噻唑啉酮。并且苄基马来酰亚胺杀菌剂的药效有很好的持续性，在投入药品的 24h 内效果逐渐增强。可见，它是一种长效缓释型杀菌剂。而 *N*-苯基马来酰亚胺的瞬间和持续杀菌率均在 60%左右，效果不及 *N*-苄基马来酰亚胺、异噻唑啉酮和 1227。

同时可以看出，苄基马来酰亚胺对铁细菌的瞬间和持续杀菌性能均优于异噻唑啉酮。苯基马来酰亚胺对铁细菌的杀菌率与异噻唑啉酮大致相当。

针对硫酸盐还原菌的静态杀菌试验看出：苄基马来酰亚胺对硫酸盐还原菌的杀菌效果极佳，无论是瞬间杀菌效果，还是药效的持久性均优于市售杀菌剂异噻唑啉酮和 1227，效果令人满意。

制备 苄基马来酰亚胺由顺丁烯二酸酐和苄胺原料制得。

应用 苄基马来酰亚胺是一种优良的防污剂，应用到轮船、军舰、水下管道等设备或渔网上，还可以用于工业冷却水处理、纸浆防腐等。

实际应用参考：

苄基马来酰亚胺是一种水中生物回避剂，用含 15%的涂料喷涂的钢制品，放在海水中 8 个月不长海蛎子和海藻。

拌种胺

(furmecyclox)

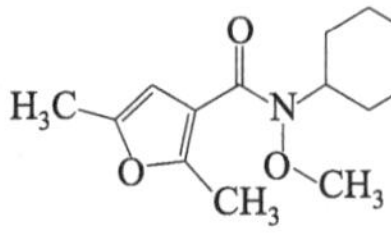

$C_{14}H_{21}NO_3$ 251.3 60568-05-0

化学名称 *N*-cylohexyl-*N*-methoxy-2,5-dimethyl-3-furan carboxamide

IUPAC 名 *N*-cyclohexyl-*N*-methoxy-2,5-dimethylfuran-3-carboxamide

EC 编码 [262-302-0]

理化性质 黄色，轻微黏稠的液体。熔点 33℃。凝固点约 30℃。沸点（0.07kPa）135～140℃。密度（20℃）1.081g/mL。蒸气压（20℃）9.6×10^{-5} hPa。$\lg K_{ow}$=4.38。溶解性：水 0.3mg/L（20℃）；易溶于有机溶剂。稳定性：在强酸和碱中水解。

毒性 大鼠急性经口 LD_{50} 3780mg/kg。兔子急性经口 LD_{50} 3500mg/kg。大鼠急性经皮 LD_{50}>5000mg/kg（来源：Pesticide Manual，1987）。

抗菌防霉效果 拌种胺对粉孢革菌、彩云革盖菌及豹皮香菇等抑制效果明显。

应用 拌种胺是一种对木材腐烂真菌特别有活性的杀真菌剂。

法规 欧盟化妆品条例规定，禁止拌种胺添加到化妆品中。

苯氟磺胺

(dichlofluanid)

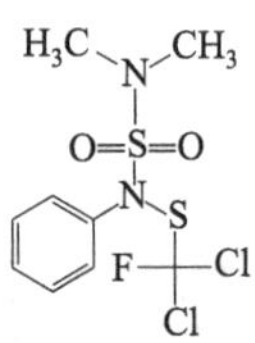

$C_9H_{11}Cl_2FN_2O_2S_2$ 333.2 1085-98-9

其他名称 二氯氟磺胺、抑菌灵、*N*′-dimethyl-*N*-phenylsulphamide

化学名称 *N*,*N*′-二甲基-*N*-苯基-(*N*-氟二氯甲硫基)-磺酰胺

IUPAC 名 *N*-[dichloro(fluoro)methyl]sulfanyl-*N*-(dimethylsulfamoyl)aniline

EC 编码 [214-118-7]

理化性质 纯品无色无味结晶粉末。沸点 336.8℃。熔点 106℃。蒸气压(20℃) 0.014mPa。$\lg K_{ow}$ = 3.7(21℃)。溶解性(20℃)：水 0.006mg/L；二氯甲烷＞200g/L；甲苯 145g/L；异丙醇 10.8g/L；正己烷 2.6g/L。稳定性：在碱性介质中分解；DT_{50}(22℃)＞15d(pH 4)、＞18h(pH 7)、＜10min(pH 9)；对光敏感。

毒性 大鼠急性经口 LD_{50}＞5000mg/kg。大鼠急性经皮 LD_{50}＞5000mg/kg。水生生物：虹鳟鱼 LC_{50}(96h)0.01mg/L。水蚤 LC_{50}(48h)＞1.8mg/L(90%预混)。

抗菌防霉效果 苯氟磺胺为非特定硫醇反应物，具有抑制微生物呼吸作用。苯氟磺胺对很多真菌及藻类、苔藓、木材变色菌均有效，以较低的浓度就能阻止其繁殖，尤其对于木材染色真菌（蓝色染色霉菌）特别有效。其抗菌数据见表 2-137。

表 2-137 苯氟磺胺对一些微生物的最低抑制浓度（MIC）

微生物	MIC/(mg/L)	微生物	MIC/(mg/L)
黑曲霉	6	出芽短梗霉	3
黄曲霉	5	串珠镰孢霉	15
米曲霉	3	大肠杆菌	15
球毛壳霉	5	金黄色葡萄球菌	20
枝孢霉	10	枯草芽孢杆菌	30
树脂枝孢霉	5	啤酒酵母	50
木霉 T-1	40	铜绿假单胞杆菌	20
黑根霉	10	普通变形杆菌	30
链格孢	10		

结合有关船舶防污杀生剂对非靶标水生生物毒性的现有数据来看，部分常规海洋防污剂对海洋非靶标生物的敏感性可归纳为 Irgarol 1051＞DCOIT＞敌草隆＞百菌清＞苯氟磺胺。苯氟磺胺对部分非靶标海洋生物的具体毒性数据见表 2-138。

表 2-138 苯氟磺胺对非靶标海洋生物的毒性（罗海威等，2022）

生物	物种	毒性终点	数值/(mg/L)
藻类	三角褐指藻	72 h EC_{50}	0.193
藻类	糖海带	3 h NOEC	0.00001
甲壳类动物	汤氏纺锤水蚤	48 h LC_{10}	0.017
甲壳类动物	卤虫	48 h LC_{50}	154
甲壳类动物			
棘皮动物	普通海胆	48 h LC_{50}	0.282
棘皮动物	黄海胆	53 h LC_{50}	0.177
鱼类	舌齿鲈	96 h LC_{50}	0.015
鱼类	黄尾平口石首鱼	24 h LC_{50}	0.032

制备 由硫酰氯依次与二甲胺和苯胺反应，再与氟二氯甲基硫氯化物反应制得。

应用 苯氟磺胺由德国拜耳公司 1965 年开发成功，应用于涂料、海洋涂料、木材、乳液等领域抗菌防霉，本身亦是农业杀菌剂。注意：与噻菌灵等复配，增效明显。

实际应用参考：

苯氟磺胺主要用于防污涂料中的防污剂，其半衰期较短，在海水中约为 3～18h，在水中高度不稳定，会发生水解并迅速转化为 DMSA。在沉积物中半衰期小于 10h，因此不易在沉积物中积累。

法规

① 2007 年，欧盟生物杀灭剂产品委员会（BPC）发布法规 2007/20/EC，批准苯氟磺胺作为第 8 类（木材防腐剂）生物杀灭剂产品的活性物质。批准日期 2009 年 3 月 1 日，批准期满 2019 年 2 月 28 日，现已过期。

② 2017 年，欧盟生物杀灭剂产品委员会（BPC）发布法规（EU）2017/796，批准苯氟磺胺作为第 21 类（海洋防污产品）生物杀灭剂产品的活性物质。批准日期 2018 年 11 月 1 日，批准期满 2025 年 12 月 31 日。

避蚊胺（DEET）
（*N*,*N*-diethyl-*m*-toluamide）

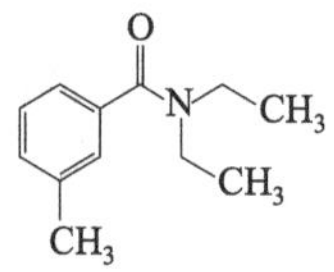

$C_{12}H_{17}NO$ 191 134-62-3

其他名称　*N*,*N*-二乙基甲氨基甲苯

化学名称　*N*,*N*-二乙基间甲苯酰胺

IUPAC 名　*N*,*N*-diethyl-*m*-toluamide

EC 编码　[205-149-7]

理化性质　无色或淡黄色液体，带有芳香味。相对密度 0.996。闪点 155℃。黏度 13.3cP(30℃)。溶解性：难溶于水；不溶于甘油；与乙醇、氯仿、苯等互溶。

毒性　雌大鼠经口 LD_{50} 2420mg/kg（1940～3020mg/kg）。雄大鼠 LD_{50} 3290mg/kg（2660～4060mg/kg）。美国 FDA 申明 DEET 最高浓度不得超过 33%，2 岁以下婴幼儿禁止使用。

抗菌防霉效果　避蚊胺（DEET）对蚊虫、蜱、蚤等 20 多种昆虫均具有驱避作用，驱避机制主要是通过构成气态屏障，阻止蜱与皮肤接触（边书阳，2018）。

研究表明，避蚊胺是一种真正的驱蚊剂，DEET 涂抹于皮肤上可形成气状屏障，可以有效阻断蚊子触角上的特殊神经元，干扰蚊虫对人体所散发气味（主要包括乳酸、1-辛烯-3-醇）的化学感应，使其失去对人类或者动物体味的辨别能力。

陈旭等报道，含量 10%～30% 的 DEET 驱蚊效果相似，不同浓度的差异为有效驱避时间不同，10% 可提供约 2h 的保护时间，而 24% 可提供达 5h 的保护时间，含量超过 30% 之后，有效时间不再提升，存在边际效应，要突破 DEET 驱蚊时间的限制可借助制剂的方法，达到缓释挥发的效果。

制备　由间甲苯甲酸与三氯化磷生成的间甲苯甲酰氯，与二乙胺进行氨解生成。

应用　避蚊胺（DEET）是驱虫剂中最常用的成分，可涂在皮肤或衣服表面，对蚊子、蜱、跳蚤、恙虫、水蛭等许多昆虫有驱避作用，是美军率先开发使用的一款高效驱避剂。避蚊胺于1957年在美国注册供公众使用，自1965年以来一直作为个人驱虫剂在市场上销售，其使用超过了2亿人次，至今仍是全世界上应用最广泛的广谱驱避剂。

实际应用参考：

避蚊胺可用于浸渍/喷洒驱蚊用纺织材料，但应适当控制其浓度，且不同国家或地区存在不同的使用浓度要求。但是，对于避蚊胺在驱蚊服装中的应用含量以及进出口情况，并没有国家做出相关要求。

法规

① 欧盟化学品管理局（ECHA）2011年发布Decision（EU）2021/2146，批准避蚊胺作为第19类（驱虫剂和引诱剂）生物杀灭剂产品的活性物质。批准日期2012年8月1日，批准期满2025年1月31日。

② 避蚊胺既是一种杀虫剂，也是一种增塑剂，可破坏某些合成纤维织物，各国在其使用方面都做了相关规定。在美国，除了一些兽医用药外，避蚊胺是需要登记注册才可供消费者使用的。已注册的可直接用于人体皮肤的配方，可含有避蚊胺的量在5%～99%之间。在加拿大，对杀虫剂的管理较为严格，只有经过政府批准的安全有效的杀虫剂才能在加拿大销售，而含有避蚊胺的驱虫剂可按照指示在适当的浓度下使用。而在欧盟，避蚊胺受欧盟生物杀灭剂产品法规管辖，2012年被列入欧盟BRP（法规528/2012）中的杀虫剂活性成分，但是2016年以后，欧盟规定，浓度超过50%的避蚊胺产品不允许在市场上销售。

敌草隆（diuron）

[3-(3,4-dichlorphenyl)-1,1-dimethylurea]

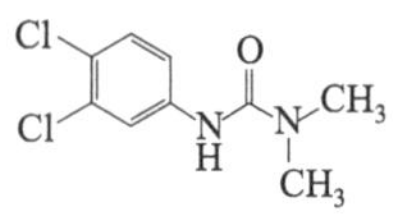

$C_9H_{10}Cl_2N_2O$ 233.1 330-54-1

其他名称　DCMU、地草净、二氯苯基二甲脲

化学名称　3-(3,4-二氯苯基)-1,1-二甲基脲

IUPAC名　3-(3,4-dichlorophenyl)-1,1-dimethylurea

EC编码　[206-354-4]

理化性质　无色晶体。沸点385.2℃。熔点158～159℃。蒸气压（25℃）1.1×10^{-3}mPa。相对密度1.48。$\lg K_{ow}=2.85\pm0.03$（25℃）。溶解性：水37.4mg/L（25℃）；丙酮53g/kg；硬脂酸丁酯1.4g/kg；苯1.2g/kg（27℃）；微溶于烃类。稳定性：常温中性介质中稳定，升温后分解；酸性和碱性环境中均水解；180～190℃热分解。

毒性 大鼠急性经口 LD_{50}＞2000mg/kg。与 Irgarol 1051 相似，敌草隆对藻类、无脊椎动物、甲壳类动物和鱼类都具有一定的毒性影响。总体而言，敌草隆对水生生物毒性的敏感性为藻类＞无脊椎动物＞甲壳类动物＞鱼类。人体接触敌草隆后，会刺激皮肤和眼睛，并产生致癌作用。此外，敌草隆会导致肝脏和脾脏的异常，导致血液中高铁血红蛋白的形成，进而影响体内激素的运输和释放（Tekin 等，2020）。

抗菌防霉效果 敌草隆是一种有效的除草剂，在陆地上主要用来控制杂草的生长，也能抑制其光合作用，其防污机理主要抑制 PS Ⅱ 电子传递，干扰植物的光合作用过程。

敌草隆在海水中具有良好持久性和稳定性，其半衰期为 30～365d，而在沉积物中的持久性则相对较低，约为 14d。结合有关船舶防污杀生剂对非靶标水生生物毒性的现有数据来看，对海洋非靶标生物的敏感性可归纳为 Irgarol 1051＞DCOIT＞敌草隆＞百菌清＞苯氟磺胺。敌草隆对部分非靶标海洋生物的具体毒性数据见表 2-139。

表 2-139 敌草隆对部分非靶标海洋生物的毒性

生物	物种	毒性终点	数值/(mg/L)
藻类	赫氏圆石藻	72 h EC_{50}	0.002
藻类	等鞭金藻	96 h EC_{50}	0.00373
藻类	杜氏藻	96 h EC_{50}	0.035
刺胞类动物	海月水母	10 d LC_{50}	0.00478
甲壳类动物	剑水蚤	96 h LC_{50}	11
甲壳类动物	锯齿长臂虾	24 h LC_{50}	3.04
甲壳类动物	卤虫	24 h LC_{50}	10.3
棘皮动物	普通海胆	48 h LC_{50}	2.39
棘皮动物	喇叭海胆	24 h LC_{50}	3.33
鱼类	青鳉鱼	96 h LC_{50}	7.8
鱼类	大海鲢	96 h LC_{50}	0.89

制备 对氯硝基苯与催化剂无水 $FeCl_3$ 混合后，经过通氯等系列反应制得敌草隆。

应用 敌草隆 1954 年由拜耳公司发明，自 20 世纪 80 年代以来一直用作船舶防污杀生剂。敌草隆亦用于防除非耕地杂草或涂料防藻。

法规

① 欧盟化学品管理局（ECHA）根据指令 98/8/EC（BPD）或规则（EU）No 528/2012（BPR）提交了批准申请的所有活性物质/产品类型组合：PT-7、PT-10，敌草隆申请处于审核进行中。

② GB/T 35602—2017《绿色产品评价-涂料》规定：敌草隆在涂料领域不得添加。实施日期为 2018 年 7 月 1 日。

二硫代-2,2′-双苯甲酰甲胺（DTBMA）(dithio-2,2′-bis (benzmethylamide)

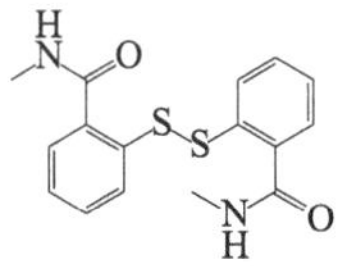

$C_{16}H_{16}N_2O_2S_2$ 332.5 2527-58-4

其他名称 亚二硫基二（苯甲酰甲胺）

化学名称 二硫代-2,2′-双（*N*-甲基苯甲酰胺）

IUPAC 名 2,2-dithiobis（*N*-methylbenzamide）

EC 编码 [219-768-5]

理化性质 纯品类白色粉末。熔点 214℃。蒸气压（20℃）$<4\times10^{-13}$hPa。溶解性：水 0.2g/L；甲基乙基酮 1.0g/L；甲苯 0.02g/L；溶剂油 0.01g/L。稳定性：具有良好的热稳定性；不兼容氧化剂和还原剂；碱性介质水解成 *N*-甲基苯并异噻唑啉酮（MBIT）。

表 2-140 中显示了二硫代-2,2′-双苯甲酰甲胺（DTBMA）到 MBIT 在不同系统中的转换率，在所有存在和可用水的系统中，转换开始非常快。DTMBA 与 MBIT 的快速转化以及 MBIT 的高水溶性表明，MBIT 是 DTBMA 中的实际杀生物活性成分。

表 2-140 不同系统中 DTBMA 到 MBIT 的转换率（浓度）（来源：DOW）

单位：$\times10^{-6}$

项目	0d		1d		3/4d		14d	
	DTBMA	MBIT	DTBMA	MBIT	DTBMA	MBIT	DTBMA	MBIT
A:pH 8	166	32	102	88	66	124	2	179
B:pH 8.05	169	29	101	92	0	184	0	181
C:pH 8.89	155	28	75	97	9	154	0	159
D:pH 3.02	164	15	136	35	129	39	92	54
E:纯水	189	25	190	26	197	22	183	27
F	175	33	63	139	52	152	14	179
G	200	0	195	4	196	7	NM	NM

注：A 为基于丙烯酸黏合剂的砖石漆；B 为苯乙烯-丙烯酸乳液；C 为苯乙烯-丙烯酸漆；D 为黏合剂（醋酸乙烯酯/酯乳液）；E 为纯水；F 为 90%水，10%四氢呋喃；G 为 100% DMSO；NM 为未测量。

毒性 大鼠急性经口 $LD_{50}>2000$mg/kg。大鼠急性经皮 $LD_{50}>2000$mg/kg。水生生物：虹鳟鱼 LC_{50}（96h）1.2mg/L。水蚤 EC_{50}（48h）0.044mg/L。

抗菌防霉效果 二硫代-2,2′-双苯甲酰甲胺（DTBMA）可有效抑杀各类工业产品中的细菌、霉菌和酵母，对微生物的最低抑制浓度见表 2-141。

表 2-141　二硫代-2,2′-双苯甲酰甲胺（25%）对微生物的最低抑制浓度（MIC）

微生物	MIC/(mg/L)	微生物	MIC/(mg/L)
铜绿假单胞杆菌	500	黑曲霉	60
恶臭假单胞菌	30	米曲霉	15
大肠杆菌	80	变色曲霉	50
阴沟肠杆菌	50	出芽短梗霉	30
普通变形菌	50	球毛壳霉	30
荚膜红细菌	150	枝状枝孢	3
金黄色葡萄球菌	40	腐皮镰孢	75
枯草芽孢杆菌	40	扩展青霉	75
粪肠球菌	40	特异青霉	25
酿酒酵母	15	红色青霉	15
深红酵母	75	绿色木霉	3
黄曲霉	15		

（来源：AVECIA）

制备　由 2,2-二硫代二苯甲酰氯和氨基甲烷等反应而得。

应用　二硫代-2,2′-双苯甲酰甲胺（DTBMA）对水性涂料、胶黏剂的罐内防腐和干膜防霉有良好的作用；亦可用于水性油墨、水性颜料浆、金属切削液、密封胶和皮革处理液等产品中，一般添加量 0.05%～2.0%。注意：pH 4～12 之内均有稳定活性。

法规　欧盟化学品管理局（ECHA）根据指令 98/8/EC（BPD）或规则（EU）No 528/2012（BPR）提交了批准申请的所有活性物质/产品类型组合：PT-6（产品在储存过程中的防腐剂）。二硫代-2,2′-双苯甲酰甲胺申请目前处于审核进行之中。

氟灭菌丹
(fluorofolpet)

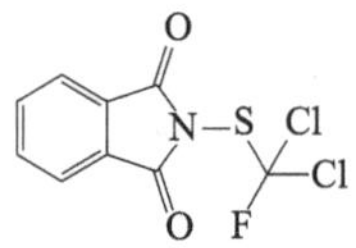

$C_9H_4Cl_2FNO_2S$ 280.1 719-96-0

其他名称　*N*-邻苯二甲酰亚胺

商品名称　Preventol® A3

化学名称　2-[二氯(氟)甲基]硫基异吲哚-1,3-二酮

IUPAC 名　2-[dichloro(fluoro)methyl]sulfanylisoindole-1,3-dione

EC 编码　[211-952-3]

理化性质　纯品为白色粉末。熔点约 145℃。密度（20℃）1.89g/mL。蒸气压（20℃）3.65×10^{-6}kPa。溶解性（20℃）：水 0.015g/L；丙酮约 120g/L。稳定性：于 150℃ 开始分解，200℃ 显著分解。水解：0.3h 内完全水解（pH 7～8，20℃）。

毒性 大鼠急性经口 LD_{50} 2900mg/kg。兔急性经口 LD_{50} 约 1000mg/kg。大鼠急性经皮 LD_{50} 约 1000mg/kg。水生生物：圆腹雅罗鱼 LC_{50}（48h）2mg/L（来源：BAYER）。

抗菌防霉效果 氟灭菌丹对细菌和霉菌的效果均较好，其抗菌数据见表 2-142。

表 2-142 氟灭菌丹对一些微生物的最低抑制浓度（MIC）

微生物	MIC/(mg/L)	微生物	MIC/(mg/L)
链格孢	10	枯草杆菌	6
黑曲霉	200	铜绿假单胞菌	100
球毛壳霉	100	毛癣菌	20
粉孢革菌	2	白色念珠菌	5
灰绿青霉	35	酿酒酵母	5
绿色木霉	40	圆拟酵母菌	10
大肠杆菌	10	水藻	20

制备 由邻苯二甲酰亚胺钾、二氯氟甲基亚磺酰氯等原料制备而成。

应用 西村名男报道，氟灭菌丹最早由 Bayer 公司生产销售，是一种塑料用抗菌防霉剂，比如制造聚乙烯薄板和人造革的热处理时也不会分解。

氟唑菌苯胺
(penflufen)

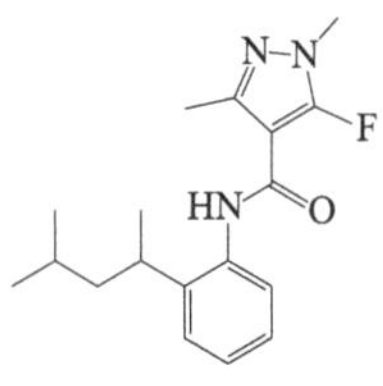

$C_{18}H_{24}FN_3O$ 317.41 494793-67-8

化学名称 *N*-[2-(1,3-二甲基丁基）苯基]-5-氟-1,3-二甲基-1*H*-吡唑-4-甲酰胺

EC 编码 [619-823-7]

IUPAC 名 2′-[(RS)-1,3-dimethylbutyl]-5-fluoro-1,3-dimethylpyrazole-4-carboxanilide（ACD）

理化性质 灰白色粉末状固体。熔点 111℃。沸点 320℃（分解）。蒸气压（25℃）1.2×10^{-6}Pa。分配系数 $\lg K_{ow}=3.3$（20℃，pH=7）。亨利常数 1.05×10^{-5}Pa·m³/mol（25℃）。溶解性：在水中为 10.9mg/L；甲苯中为 62g/L；丙酮中为 139g/L；甲醇中为 126g/L；乙酸乙酯中为 96g/L（以上均为 20℃）。稳定性：水中稳定（pH 值为 4、7、9 时）。

毒性 大鼠急性经口 LD_{50} >5000mg/kg，急性经皮 LD_{50} >2000mg/kg。水蚤急性 EC_{50}（48h）>4.66mg/L；NOEC（21d，慢性）1.53mg/L。水生植物：EbC_{50}（7d）>4.7mg/L。

抗菌防霉效果 氟唑菌苯胺对多种植物病原真菌具有良好活性。该杀菌剂为琥珀酸脱氢酶（SDH）抑制剂，主要作用于呼吸链电子传递复合体Ⅱ，阻断能量代谢。

制备 以2-氨基苯乙酮、氯化异丁基镁发生格氏反应，然后和5-氟-1,3-二甲基-1*H*-吡唑-4-甲酰氟反应，得到氟唑菌苯胺。

应用 吡唑酰胺类杀菌剂是近年来发展起来的一类新型杀菌剂，氟唑菌苯胺是拜耳公司开发的又一个吡唑酰胺类杀菌剂，于2006年申请专利，主要用于种子处理。

法规 根据欧盟法规Reg（EU）2018/1131规定，批准氟唑菌苯胺作为第8类（木材防腐剂）生物杀灭剂产品的活性物质。批准日期2019年2月1日，批准期满2029年1月31日。

环草定

(lenacil)

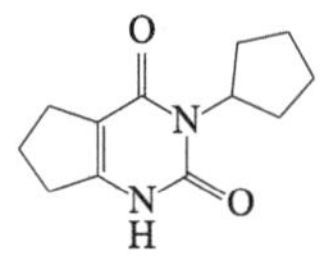

$C_{13}H_{18}N_2O_2$ 234.30 2164-08-1

化学名称 3-环己基-1,5,6,7-四氢环戊嘧啶-2,4-(3*H*)二酮

IUPAC名 3-cyclohexyl-1,5,6,7-tetrahydrocyclopenta-pyrimidine-2,4(3*H*)-dione

EC编码 ［218-499-0］

理化性质 原药纯度98.9%～99%，白色结晶固体。熔点＞270℃。相对密度1.31（20～25℃）。溶解性（20～25℃）：水3mg/L（pH 5～9）；甲苯80mg/L；丙酮500mg/L；甲醇1500mg/L；乙酸乙酯690mg/L。稳定性：270℃以下稳定，在酸性水溶液中稳定，遇热碱分解。pK_a（20～25℃）＝10.3，属于弱酸。

毒性 大鼠急性经口LD_{50}＞5000mg/kg。兔急性经皮LD_{50}＞5000mg/kg。

抗菌防霉效果 光系统Ⅱ受体部位的光合作用电子传递抑制剂。选择性、内吸性除草剂，主要通过根部吸收，然后传导到芽苗嫩枝和根尖而抑制植物生长。

制备 通过1-环己基-3-(2-丁氧基羰基-1-环戊烯)脲合成环草定。

应用 环草定是1964年由G. W. Cussans等报道除草活性，由杜邦公司开发。环草定防除一年生禾本科杂草和阔叶杂草。

实际应用参考：

① 专利CN105338814A《用于干膜保护的环草定与DCOIT或OIT之一的协同性组合》，该发明提供一种协同性抗微生物组合物，其含有环草定与4,5-二氯-2-正辛基-4-异噻唑啉-3-酮之一。

② 专利CN109068650A《用于干膜保护的环草定和噻菌灵的协同组合》，该发明提供了一种含有环草定和噻菌灵的协同微生物组合物。

甲苯氟磺胺

(tolylfluanid)

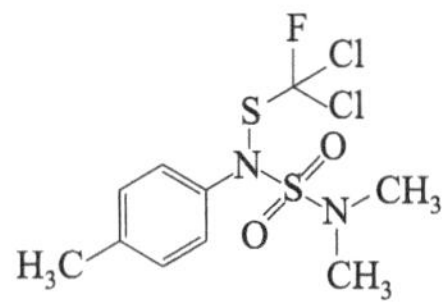

$C_{10}H_{13}Cl_2FN_2O_2S_2$ 347.2 731-27-1

其他名称　防霉剂 A5、甲抑菌灵、对甲抑菌灵

化学名称　二氯-*N*-[(二甲基氨基)磺酰基]氟-*N*-(对甲苯基)甲磺酰胺

IUPAC 名　dichloro-*N*-[(dimethylamino) sulphonyl] fluoro-*N*-(*p*-tolyl) methanesulphenamide

EC 编码　[211-986-9]

理化性质　纯品为白色至淡黄色结晶粉末，带有微弱的特殊气味。熔点 93℃，200℃以上分解。蒸气压 0.2mPa (20℃)。$\lg K_{ow}=3.90$ (20℃)。相对密度 1.52 (20℃)。溶解性 (20℃)：水 0.9mg/L；正己烷 54g/L；二甲苯 190g/L；异丙醇 22g/L；聚乙二醇 56g/L；二氯甲烷、丙酮、乙酸乙酯＞250g/L。稳定性：DT_{50} 11.7d (pH 4，22℃，推断)、29.1h (pH 7，22℃，推断)、＜10min (pH 9，20℃)。

毒性　大鼠急性经口 LD_{50}＞5g/kg。小鼠急性经口 LD_{50}＞1g/kg。水生生物：虹鳟鱼 LC_{50} (96h，静态) 0.045mg/L。水蚤 LC_{50} (48h，静态) 0.69mg/L。

抗菌防霉效果　甲苯氟磺胺属于多作用点模式，非特异性硫醇反应物。该化合物对大多数真菌、细菌及藻类均有较好的抑制效果。其抗菌数据见表 2-143。

表 2-143　甲苯氟磺胺对一些微生物的最低抑制浓度 (MIC)

微生物	MIC/(mg/L)	微生物	MIC/(mg/L)
链格孢	10	黄曲霉	75
黑曲霉	100	土曲霉	20
出芽短梗霉菌	10	球毛壳菌	20
蜡叶芽枝霉	10	镰刀菌	20
绿色木霉	＞1000	白色念珠菌	20
酿酒酵母	5	藻类	5～10

(来源：Described by Kato & Fukumura，1962)

制备　由 Cl_3CSCl 与 HF 反应，再与 *N*-对甲苯胺-*N′*,*N′*-二甲基磺酰胺反应制得。

应用　甲苯氟磺胺主要用于木材、纸张、涂料防腐，船漆防污，渔网杀菌防藻，亦可防治柑橘、葡萄等水果和蔬菜等真菌性病害。

实际应用参考：

甲苯氟酰胺对海洋生物抑制效果很好，甲苯氟酰胺和氧化铜的组合显示防污涂料性能优良。建议添加率：占海洋防污涂料总配方的 2.5%～10%。

法规

① 2009年，欧盟生物杀灭剂产品委员会（BPC）发布法规（Directive）2009/151/EC，批准甲苯氟酰胺作为第8类（木材防腐剂）生物杀灭剂产品的活性物质。批准日期2011年10月1日，批准期满2021年9月30日。

② 2015年，欧盟生物杀灭剂产品委员会（BPC）发布法规（EU）2015/419，批准甲苯氟酰胺作为第21类（海洋防污剂）生物杀灭剂产品的活性物质。批准日期2016年7月1日，批准期满2025年12月31日。

③ 2016年，欧盟生物杀灭剂产品委员会（BPC）发布法规（EU）2016/1087，批准甲苯氟酰胺作为第7类（干膜防霉剂）生物杀灭剂产品的活性物质。批准日期2018年1月1日，批准期满2027年12月31日。

克菌丹
(captan)

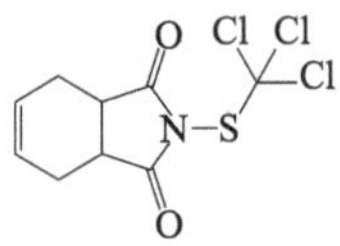

$C_9H_8Cl_3NO_2S$ 300.55 133-06-2

其他名称　盖普丹、开普顿

化学名称　*N*-(三氯甲硫基)-环己-4-烯-1,2-二甲酰亚胺

IUPAC名　2-(trichloromethylsulfanyl)-3*a*,4,7,7*a*-tetrahydroisoindole-1,3-dione

EC编码　[205-087-0]

理化性质　纯品为白色结晶。熔点178℃。蒸气压<1.3mPa（25℃）。相对密度1.74（26℃）。$\lg K_{ow}$=2.8（25℃）。溶解性：水3.3mg/L（25℃）；乙醇2.9g/L；氯仿70g/L；二氧六环47g/L；苯21g/L；乙醚2.5g/L；环己烷23g/L；正辛醇160g/L；丙酮21g/L；异丙醇1.7g/L；甲苯6.9g/L；不溶于石油醚。稳定性：对酸稳定，高pH和热不稳定。

毒性　大鼠急性经口LD_{50} 9000mg/kg。兔急性经皮LD_{50}>4500mg/kg。水生生物：水蚤LC_{50}（48h）7～10mg/L。蓝腮翻车鱼LC_{50}（96h）0.072mg/L。

抗菌防霉效果　克菌丹属于非特异性硫醇反应剂，抑制呼吸作用，具有广谱杀菌性能，相对而言对霉菌的抑菌效果优于细菌。其对常见微生物最低抑制浓度见表2-144。

表2-144　克菌丹对一些微生物的最低抑制浓度（MIC）

微生物	MIC/(mg/L)	微生物	MIC/(mg/L)
黑曲霉	100	巨大芽孢杆菌	200
黄曲霉	50	大肠杆菌	10
变色曲霉	50	金黄色葡萄球菌	10
球毛壳霉	50	枯草杆菌	200
蜡叶芽枝霉	50	荧光假单胞杆菌	200
橘青霉	50	啤酒酵母	50

续表

微生物	MIC/(mg/L)	微生物	MIC/(mg/L)
宛氏拟青霉	50	酒精酵母	50
链格孢霉	200	白色念珠	10

制备　以四氢邻苯二甲酰亚胺与氢氧化钠为原料，再与三氯硫氯甲烷缩合制得。

应用　克菌丹是一种邻苯二甲酰亚胺类杀菌剂，工业领域适用于涂料、乳液、皮革、塑料等领域抗菌防霉，本身亦是一款农业杀菌剂。注意：最佳 pH 值为 4～7，在无水、无碱系统中极其稳定。

实际应用参考：

推荐用于涂料和塑料材料，特别是 PVC 抗菌防霉处理，添加率基于总材料质量的 0.5%～1.0%，比如座椅罩、浴帘、遮阳篷和类似的材料应用。

辣椒素（CAP）
（capsaicin）

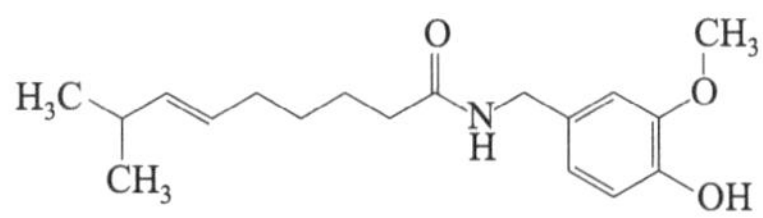

$C_{18}H_{27}NO_3$ 305.4 404-86-4

其他名称　辣椒碱、反式-8-甲基-*N*-香草基-6-壬烯酰胺

化学名称　(*E*)-*N*-(4-羟基-3-甲氧基苄基)-8-甲基-6-壬烯酰胺

IUPAC 名　(*E*)-*N*-[(4-hydroxy-3-methoxyphenyl)methyl]-8-methylnon-6-enamide

EC 编码　[206-969-8]

理化性质　纯品单斜晶，矩形板，晶体和鳞片。沸点 210～220℃。熔点 65℃。蒸气压（25℃）1.32×10^{-8}mmHg。闪点 113℃（闭杯）。$\lg K_{ow}=3.04$。溶解性：冷水中几乎不溶；溶于碱水溶液；微溶于二硫化碳；易溶于乙醇、乙醚、苯。稳定性：高温下可产生刺激性气体。辣椒素可被水解为香草基胺和癸烯酸，溶液呈弱酸性，可与斐林试剂发生呈色反应。

毒性　小鼠急性经口 LD_{50} 47.2mg/kg。小鼠急性经皮 LD_{50}＞500mg/kg。小鼠腹腔注射 LD_{50} 6.5mg/kg。小鼠静脉注射 LD_{50} 0.4mg/kg（来源：Toxicon，1980）。美国 EPA 认为作为一种传统食物，没有发现辣椒素对人体有害的证据。

抗菌防霉效果　辣椒素（CAP）是一种酚类化合物，是由香草胺和脂肪酸缩合形成的酰胺类化合物。

研究发现，辣椒素不仅具有强烈的刺激性，也是一种高活性的抑菌剂。通过对金黄色葡萄球菌、大肠杆菌、铜绿假单胞菌、白色念珠菌、黑曲霉的辣椒碱单体抑菌试验结果（表 2-145）分析可知，辣椒碱单体在其质量浓度为 0.1mg/mL 时抑菌效果就明显好于质量浓度为 0.06mg/mL 的苯甲酸钠。当质量浓度在 0.025mg/mL 以上时，辣椒碱单体对供试细菌、白色念珠菌均有较强的抑制作用，抑菌圈直径都大于 8.5mm，但发现对黑曲霉基本无效。

表 2-145 不同浓度辣椒碱单体对不同受试菌抑菌圈直径的影响

辣椒碱单体/(mg/mL)	抑菌圈直径/mm				
	金黄色葡萄球菌	大肠杆菌	铜绿假单胞菌	白色念珠菌	黑曲霉菌
0.2	13.5	12.8	12.5	11.5	—
0.1	12.5	11.5	11.5	10.0	—
0.05	11.4	10.0	9.8	9.2	—
0.025	10.0	9.5	9.0	8.6	—
0.0125	9.3	8.0	8.2	7.5	—
苯甲酸钠	11.2	10.6	10.4	9.1	—
乙酸乙酯	—	—	—	—	—

注：—表示无明显抑菌作用。

杀虫亦是辣椒素最突出的功能之一。害虫与辣椒素接触后被麻痹，无法进行活动与取食，害虫逐渐瘫痪；同时，辣椒素发挥胃毒作用，抑制害虫解毒酶系作用，并干扰呼吸、代谢、消化、吸收等，扰乱害虫正常的生理活动，从而因生理性病变无法继续发育，直至死亡。

Claros 等研究了辣椒素和芥子油苷对蚜虫的杀虫活性。室内试验表明，两种活性成分对蚜虫的毒力随浓度的增加而逐渐增加。采用 10%辣椒素、75%～100%芥子油苷或 10%辣椒素、90%芥子油苷复配溶液作用于蚜虫时，蚜虫死亡率在 83%～99%；田间试验发现，喷洒 5%辣椒素、50%芥子油苷或 5%辣椒素、45%芥子油苷复配的溶液，蚜虫死亡率达到 87%～97%。

制备 天然辣椒素提取法有溶剂提取法、超声辅助提取法、微波辅助提取法等。

应用 辣椒素最早是由 Thresh 于 1876 年从辣椒果实中分离出来，并命名为辣椒素，其是一种含酚羟基的生物碱，又名辣椒碱。辣椒素作为杀菌剂、杀螨剂，主要应用于食品、生化农药领域；作为驱避剂，主要添加到电线、电缆等防护材料及滴灌带制作材料中防止老鼠、白蚁等啃咬破坏；作为防污剂，替代有毒的有机锡、有机氯等添加到防污涂料中，涂布于船舶、海上建筑物及海水养殖器具表面，能有效驱避藤壶、藻类、贝类、软体动物等海洋附着生物。其亦可用于医药、有机化工等领域。

实际应用参考：

美国沃茨水工业公司于 1995 年首次将从辣椒中提取的辣椒素用于防污涂料中。随后，很多学者对辣椒素的防污性能进行了研究。天然辣椒素类物质由一系列同系物所组成，至今发现有 20 种以上，其主要成分为辣椒素和二氢辣椒素。与其他防污剂相比，天然辣椒素的主要作用是驱避，涂于船舶及海上建筑物与海水接触的部分，可有效防止海洋生物附着和水生生物聚集，减少其对船舶及海上建筑物的迫害。

咪鲜胺
(prochloraz)

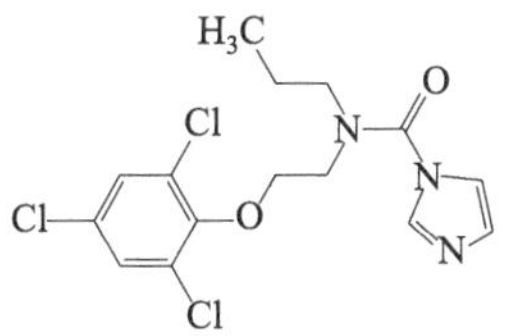

$C_{15}H_{16}Cl_3N_3O_2$　376.7　67747-09-5

其他名称　施保克

化学名称　*N*-丙基-*N*-(2,-(2,4,6-三氯苯氧基)乙基)咪唑-1-甲酰胺

IUPAC 名　*N*-propyl-*N*-[2-(2,4,6-trichlorophenoxy)ethyl] imidazole-1-carboxamide

EC 编码　[266-994-5]

CAS 号　[75747-77-2]（与氯化锰的络合物）

EC 编码　[278-301-3]（与氯化锰的络合物）

理化性质　纯品为无色、无嗅结晶固体（原药为带温和芳香味的浅棕色半固体）。熔点 46.5～49.3℃（纯度>99%）。沸点：未达到沸点就分解。蒸气压 1.5×10^{-1}mPa（25℃），9.0×10^{-2}mPa（20℃）。$\lg K_{ow}=3.53$（pH 6.7，25℃）。相对密度 1.42（20℃）。溶解性（25℃）：水 34.4mg/L；易溶于大多数有机溶剂。稳定性：在水中 30d 不发生降解（pH 5～7，22℃）；遇强酸、强碱或长期处于高温（200℃）条件下不稳定。$pK_a=3.8$，呈弱碱性。闪点 160℃（闭口杯）。

毒性　大鼠急性经口 LD_{50} 1023mg/kg。小鼠急性经口 LD_{50} 1600～2400mg/kg。水生生物：虹鳟鱼 LC_{50}（96h）1.5mg/L。水蚤 LC_{50}（48h）4.3mg/L。

抗菌防霉效果　咪鲜胺作用机制主要通过抑制甾醇的生物合成而起作用，尤其对子囊菌和半知菌引起的病害具有明显的防效。其抗菌数据见表 2-146。

表 2-146　咪鲜胺对一些微生物的最低抑制浓度（MIC）

微生物	MIC/(mg/L)	微生物	MIC/(mg/L)
黑曲霉	10	巨大芽孢杆菌	10
黄曲霉	10	大肠杆菌	10
变色曲霉	25	金黄色葡萄球菌	25
球毛壳霉	15	枯草杆菌	25
蜡叶芽枝霉	25	荧光假单胞杆菌	>500
橘青霉	25	啤酒酵母	>500
宛氏拟青霉	60	酒精酵母	>500
链格孢霉	60		

制备　以 2,4,6-三氯酚为原料，依次与 1,2-二溴乙烷、丙胺等系列反应制得咪鲜胺。

应用　咪鲜胺是英国 Boots 公司（后来的德国艾格福公司）于 1974 年合成，可用于皮革、合成革、纺织品、地毯、木材等领域抗菌防霉，亦是果蔬、花卉的保鲜剂。

米丁 FF

(sulcofuron-sodium)

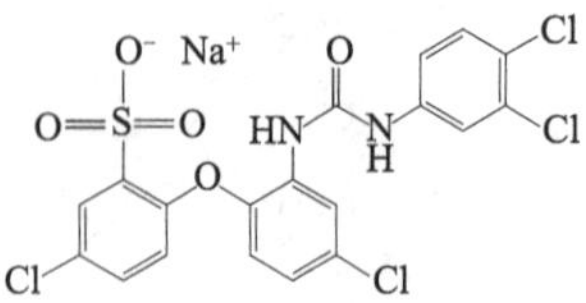

$C_{19}H_{11}Cl_4N_2NaO_5S$ 544.2 3567-25-7

其他名称　灭丁 FF、MitinFF

化学名称　5-氯-2-[4-氯-2-[(3,4-二氯苯基)氨基]酰胺苯氧基]苯磺酸钠

IUPAC 名　sodium 5-chloro-2-(4-chloro-2-{[(3,4-dichlorophenyl) carbamoyl] amino} phenoxy) benzene-1-sulfonate

EC 编码　[222-654-8]

理化性质　外观固体。熔点 223℃。蒸气压（25℃）1.43×10^{-11}mmHg。溶解性：水 1240mg/L。

毒性　小鼠急性经口 LD_{50} 1075mg/kg。大鼠急性经口 LD_{50} 750mg/kg（来源：Bulletin of the Entomological Society of America，1969）。

应用　毛纤维或其织物虫蛀起因于食毛虫。食毛虫有两类，一类为鳞翅目蛾蝶类；另一类为鞘翅目甲虫类皮蠹虫。它们以角蛋白为食料，每年 4～5 月处于活跃期，阴湿闷热的环境更有利于虫蛀。灭丁 FF 可与各种酸性染料一同使用，经处理的织物耐日晒、洗涤、汗渍、摩擦等，牢度及抗蛀性能都很好。

灭菌丹

(folpet)

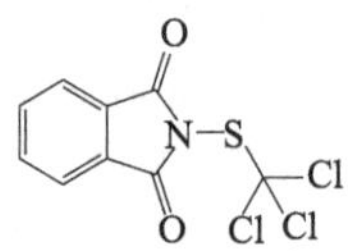

$C_9H_4Cl_3NO_2S$ 296.5 133-07-3

其他名称　苯开普顿

化学名称　*N*-(三氯甲基硫)邻苯二甲酰亚胺

IUPAC 名　2-(trichloromethylsulfanyl)isoindole-1,3-dione

EC 编码　[205-088-6]

理化性质　纯品为白色结晶。熔点 178～179℃。蒸气压 2.1×10^{-2}mPa (25℃)。相对密度 1.72（20℃）。$\lg K_{ow}=3.02$（pH 7）。溶解性：水 0.8mg/L (25℃)；甲苯 26g/L（25℃）；甲醇 3g/L（25℃）。稳定性：在干燥条件下较稳定，室温下遇水缓慢水解，遇高温或碱性物质迅速分解（降解为邻苯二甲酰亚胺和其他产物）。

毒性　大鼠急性经口 LD_{50}>9000mg/kg。兔急性经皮 LD_{50}>4500mg/kg。水生

生物：水蚤 EC_{50}＞1.46mg/L。藻类 EbC_{50} 和 ErC_{50}＞10mg/L。

抗菌防霉效果　灭菌丹发生非特定的硫醇反应，抑制微生物呼吸，其对革兰氏阴性菌、革兰氏阳性菌、霉菌和酵母均有良好抑制效果。其实验室试验菌的抗菌情况见表 2-147。

表 2-147　灭菌丹对一些微生物的最低抑制浓度（MIC）

微生物	MIC/(mg/L)	微生物	MIC/(mg/L)
黑曲霉	100	巨大芽孢杆菌	200
黄曲霉	50	大肠杆菌	10
变色曲霉	50	金黄色葡萄球菌	10
球毛壳霉	50	枯草杆菌	200
蜡叶芽枝霉	50	荧光假单胞杆菌	200
橘青霉	50	啤酒酵母	50
宛氏拟青霉	50	酒精酵母	50
链格孢霉	200	白色念珠	10

制备　灭菌丹由邻苯二甲酰亚胺和三氯硫氯甲烷在碱液下反应制备而得。

应用　灭菌丹为一款有机硫杀菌剂，适用于涂料、塑料、橡胶、纺织品、线带、鞋类、绢花等领域抗菌防霉，其用量约为 0.5%～1.0%。本身亦是农业杀菌剂，且对植物有刺激生长作用。注意：灭菌丹对水生生物毒性很大，但其在水中不稳定（DT_{50}＜0.7h），在实际条件下对水生生物无毒。

法规

① 2015 年 10 月 2 日，欧盟生物杀灭剂产品委员会（BPC）发布法规（EU）2015/1757，批准灭菌丹作为第 6 类（产品在储存过程中的防腐剂）生物杀灭剂产品的活性物质。批准日期 2016 年 10 月 1 日，批准期满 2025 年 12 月 31 日。

② 2015 年 10 月 2 日，欧盟生物杀灭剂产品委员会（BPC）发布法规（EU）2015/1758，批准灭菌丹作为第 7 类（干膜防霉剂）和第 9 类（纤维、皮革、橡胶和聚合材料防腐剂）生物杀灭剂产品的活性物质。批准日期 2016 年 10 月 1 日，批准期满 2026 年 9 月 30 日。

尿囊素
(allantoin)

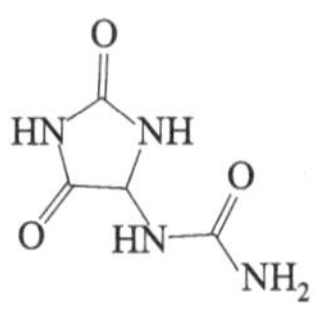

$C_4H_6N_4O_3$ 158.12 97-59-6

其他名称　5-脲基乙内酰脲、2,5-二氧代-4-咪唑烷基脲

化学名称　*N*-(2,5-二氧代-4-咪唑啉啶基)尿素

IUPAC 名　(2,5-dioxoimidazolidin-4-yl)urea

EC 编码　[202-592-8]

理化性质 尿囊素分子结构有“酮式”和“烯醇式”两种互变异构体，一般文献上均以酮式表示。其纯品为无色结晶性粉末，无臭，无味。熔点 238～240℃。蒸气压（25℃）4.32×10^{-9}mmHg。pH（5%水溶液，20℃）4.5～6。$\lg K_{ow}=-3.14$。溶解性：微溶于水，能溶于热水；溶于乙醇、氢氧化钠；不溶于乙醚、甲醇。稳定性：在 pH 值为 4～9 的水溶液中稳定，在非水溶剂和干燥空气中亦稳定；在强碱性溶液中煮沸及日光曝晒下可分解。

毒性 尿囊素按定量使用低毒，对眼睛和皮肤没有刺激性，使用安全。

抗菌防霉效果 尿囊素是肉苁蓉中一种酰脲类化合物，属于咪唑类杂环化合物。尿囊素又是尿酸的衍生物，实验和临床研究表明，它具有角质松解、水合、麻醉镇痛、抗刺激物、促进上皮生长、消炎、抑菌等作用。

制备 以尿素为原料，采用草酸电解还原法、乙醛酸钙法等工艺合成尿囊素。

应用 尿囊素最早发现于动物的尿囊液中，因而俗称尿囊素。化学结构决定了其具有两性，可以和多种金属形成金属盐类，用途十分广泛。目前，尿囊素主要应用于化妆品、医药、农业、化工等领域，是一种用途极为广泛的精细化工产品。

实际应用参考：

由于尿囊素是一种两性化合物，能结合多种物质形成复盐，具有避光、杀菌防腐、止痛、抗氧化作用，能使皮肤保持水分、滋润和柔软，是美容美发等化妆品的特效添加剂，广泛用作雀斑霜、粉刺液、香波、香皂、牙膏、刮脸洗剂、护发剂、收敛剂、抗汗除臭洗剂等的添加剂。

三氯卡班（TCC）
（triclocarban）

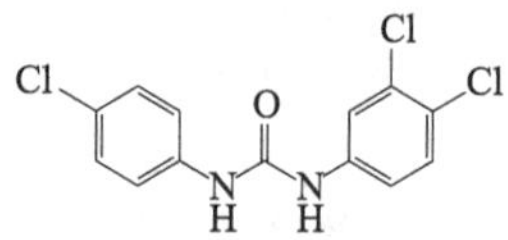

$C_{13}H_9Cl_3N_2O$ 315.6 101-20-2

其他名称　三氯卡巴、康洁新、三氯均二苯脲、三氯碳酸苯胺

化学名称　3,4,4′-三氯均二苯脲

IUPAC 名　1-(4-chlorophenyl)-3-(3,4-dichlorophenyl)urea

EC 编码　[202-924-1]

理化性质 纯品为白色结晶性粉末，具有微弱的气味。熔点 254～256℃（分解）。蒸气压（25℃）3.6×10^{-9}mmHg。$\lg K_{ow}=4.90$。闪点＞300℃。堆积密度约 650g/L。溶解性（20～25℃）：水 0.11×10^{-3}g/L；乙醇 10g/L；异丙醇 10g/L；二丙二醇 48g/L；脂肪醇聚乙二醇 100g/L。稳定性：对光和热稳定。其有强亲脂性，溶于非极性介质，易被生物体细胞吸收，能在各种生物体内累积和富集。

毒性 大鼠急性经口 LD_{50}＞2000mg/kg。小鼠急性经口 LD_{50}＞5000mg/kg。水生生物：虹鳟鱼 LC_{50}（96h）0.12mg/L（来源：ECHA，2014）。

三氯卡班已被证明是一种可能的内分泌干扰物，通过增强内源性激素的活性来发挥作用，在个体生长发育过程中 TCC 也可能会转移到后代。

抗菌防霉效果　三氯卡班（TCC）是一种对称二苯脲类抗菌素，三氯卡班对引起感染或病原性革兰氏阳性菌及革兰氏阴性菌、真菌、酵母菌和病毒（如甲肝、乙肝病毒）等都具有杀灭和抑制作用，尤其对分解体汗及尿的皮肤菌效果特别显著。其对部分微生物抗菌效果见表 2-148。

表 2-148　三氯卡班对一些微生物的最低抑制浓度（MIC）

微生物	MIC/(mg/L)	微生物	MIC/(mg/L)
毛癣菌	500	球毛壳菌	100
枯草芽孢杆菌 ATCC 11774	35～50	粪肠球菌 ATCC 19433	50
大肠杆菌 EHECDSM 8579	1000	发酵乳杆菌 ATCC 14931	50
嗜肺军团菌 ATCC 33152	＜10	藤黄微球菌 ATCC 7468	5～10
分枝杆菌 ATCC 11758	＜0.05	霍乱沙门氏菌 DSM 4224	1000
金黄色葡萄球菌 ATCC 6538	10～50	溶血葡萄球菌 ATCC 29970	50

（来源：Bayer）

制备　专利 CN101033203A 制得 3,4,4′-三氯均二苯脲。

应用　三氯卡班（TCC）是一种氯化双苯基脲。自 1957 年以来，TCC 被广泛应用于纺织品、洗衣粉、除臭剂、皮肤护理品、牙膏和伤口消毒剂等产品中，起到杀菌、抑菌和除臭的作用，是常见的 PPCP 类污染物，其应用已超过 30 年。

法规

① 欧盟化妆品条例中规定：三氯卡班（TCC）用作化妆品中的防腐剂时的最大允许使用浓度为 0.2%。三氯卡班用作防腐剂以外的目的时（这个目的必须从产品的标注中显而易见），用于冲淋产品中，最大允许使用浓度为 1.5%。

② 美国 FDA 于 2016 年 9 月 2 日颁布禁令，要求含三氯生（TCS）和三氯卡班（TCC）的抗菌洗涤产品（包括液体、泡沫、手工香皂凝胶、肥皂和沐浴产品）不得进入市场。由此，TCS 和 TCC 作为新型污染物引起了全球范围的广泛关注。

③我国 2015 年版《化妆品安全技术规范》规定：三氯卡班在化妆品中使用时的最大允许浓度为 0.2%。

④ GB 38850—2020《消毒剂原料清单及禁限用物质》规定其可以使用的范围有：E，表示用于环境及物体表面的消毒剂；H，表示用于人体的消毒剂。

水杨酰苯胺
(salicylanilide)

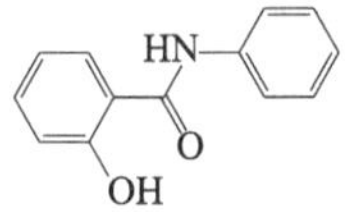

$C_{13}H_{11}NO_3$ 213.2 87-17-2

其他名称　*N*-水杨酰苯胺、*N*-苯柳酰胺

化学名称　2-羟基-*N*-苯基苯酰胺

IUPAC 名　2-hydroxy-*N*-phenylbenzamide

EC 编码 [201-727-8]

理化性质 纯品白色叶片状结晶。熔点 135.8～136.2℃。沸点 294.3℃。蒸气压 2.45×10^{-8}mmHg。溶解性：微溶于水，其钠盐能溶于水；易溶于醇、醚和苯等有机溶剂。稳定性：相对耐热，不挥发。

毒性 小鼠急性经口 LD_{50} 2400mg/kg。小鼠腹腔注射 LD_{50}＞500mg/kg（来源：Farmaco，1989）。

抗菌防霉效果 水杨酰苯胺抗真菌作用较强，对小孢子菌和某些毛癣菌有特效，且能杀死在相对湿度大的情况下生长的毛霉、交链孢霉、根霉等。水杨酰苯胺对一些微生物的最低抑制浓度见表 2-149。

表 2-149 水杨酰苯胺对一些微生物的最低抑制浓度（MIC）

微生物	MIC/(mg/L)	微生物	MIC/(mg/L)
黑曲霉	60	绿色木霉	50
黄曲霉	70	枯草杆菌	120
变色曲霉	80	大肠杆菌	80
橘青霉	60	金黄色葡萄球菌	90
宛氏拟青霉	60		

制备 水杨酰苯胺由乙酰水杨酸（或水杨酸）和苯胺为原料制备而成。

应用 早在 1930 年就已发现水杨酰苯胺有防止纺织品发霉的作用，可用于电器设备、包装材料、皮革、塑料、橡胶、涂料等领域防霉，还可用于治疗皮肤癣病。

实际应用参考：

以载银纳米 TiO_2 和水杨酰苯胺与乙烯-醋酸乙烯酯（EVA）乳液复配，合成具有抑霉防变色功能的木材防裂剂。室外试验表明，质量分数 1.0%以上、成膜厚度 0.18mm 以上时，水杨酰苯胺的防治效力为 75%以上，载银纳米 TiO_2 的防治效力达 100%。研究结果表明，功能型木材防裂剂在防止木材端面开裂的同时，兼具了抑霉和防变色功能（韩成宇等，2023）。

异丙隆

(isoproturon)

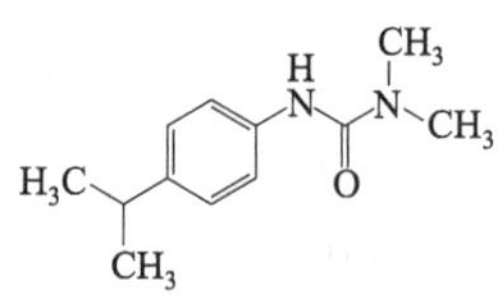

$C_{12}H_{18}N_2O$ 206.30 4123-59-6

化学名称 3-(4-异丙苯基)-1,1 二甲基脲

IUPAC 名 1,1-dimethyl-3-(4-propan-2-ylphenyl)urea

EC 编码 [251-835-4]

理化性质 原药纯度≥98.5%。无色晶体。熔点 158℃（原药 153～156℃）。蒸气压 3.15×10^{-3}mPa（20℃）。lgK_{ow}＝2.5（20℃）。相对密度 1.2（20℃）。溶解性：水 65mg/L（22℃）；甲醇 75g/L，二氯甲烷 63g/L，丙酮 38g/L，苯 5g/L，混

二甲苯、正己烷约0.2g/L（20℃）。稳定性：对光稳定，酸碱环境下很稳定，强碱条件下加热水解。DT_{50} 1560d（pH 7）。

毒性 大鼠急性经口 LD_{50} 1826～2417mg/kg。小鼠急性经口 LD_{50} 3350mg/kg。水生生物：虹鳟鱼 LC_{50}（96h）37mg/L。水蚤 LC_{50}（48h）507mg/L。藻类 LC_{50}（72h）0.03mg/L。

抗菌防霉效果 光合电子传递抑制剂，作用位点为光合体系Ⅱ受体。选择性内吸性除草剂，通过根和叶片吸收，在植株内传导。用于大麦、小麦、棉花、花生、玉米、水稻、豆类作物田中防除一年生杂草。

制备 以异丙苯为起始原料，经过硝化、还原等反应，与二甲胺反应制得异丙隆。

应用 异丙隆属于取代脲类选择性除草剂，是由汽巴-嘉基（现先正达公司）和联邦德国赫斯特公司于1972年研究开发。

异丙隆杀草谱广，不论芽前、芽后均能使用，可防治旱地（麦田、棉花、花生、烟叶等）一年生杂草和大多数阔叶杂草，对防治麦田看麦娘及硬草、网草特别有效。

法规 欧盟化学品管理局（ECHA）根据指令98/8/EC（BPD）或规则（EU）No 528/2012（BPR）提交了批准申请的所有活性物质/产品类型组合：PT-7（干膜防霉剂）、PT-10（建筑材料防腐剂）。生物杀灭剂异丙隆申请目前处于审核进行之中。

异菌脲
（iprodione）

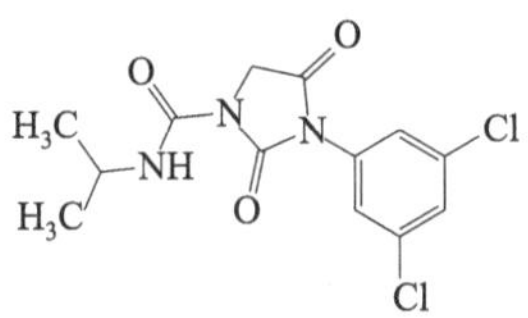

$C_{13}H_{13}O_3N_3Cl_2$ 330.17 36734-19-7

其他名称 扑海因（rovral）、抑霉酮（iprodione）

化学名称 3-(3,5-二氯苯基)-1-异丙基氨基甲酰基乙内酰脲

IUPAC名 3-(3,5-dichlorophenyl)-2,4-dioxo-*N*-propan-2-ylimidazolidine-1-carboxamide

EC编码 [253-178-9]

理化性质 原药纯度≥96%，纯品为白色结晶或粉末，无味，无吸湿性。熔点134℃（原药128～128.5℃）。蒸气压（25℃）5×10^{-4}mPa。相对密度（20℃）1.00（原药1.434～1.435）。$\lg K_{ow}=3.0$（pH 3.5）。溶解性（20℃）：水13mg/L；正辛醇10g/L；乙腈168g/L；甲苯150g/L；乙酸乙酯225g/L；丙酮342g/L；二氯甲烷450g/L；己烷0.59g/L。稳定性：酸性条件下相对稳定，在碱性环境中容易分解。DT_{50}<1h（pH 9）。水溶液通过紫外线降解，在太阳光下相对稳定。

毒性 大鼠急性经口 LD_{50} 2060mg/kg（雄）。大鼠急性经口 LD_{50} 1530mg/kg（雌）。水生生物：虹鳟鱼 LC_{50}（96h）4.1mg/L。水蚤 EC_{50}（48h）0.7mg/L。

抗菌防霉效果 异菌脲作用于渗透信号传导中的丝裂原活化蛋白组氨酸激酶，主要抑制蛋白激酶，控制许多细胞功能的细胞信号，包括碳水化合物结合进入真菌细胞组分的干扰作用。因此，异菌脲既可抑制真菌孢子萌发及产生，也可抑制菌丝的生长。异菌脲对一些微生物的最低抑制浓度见表 2-150。

表 2-150 异菌脲对一些微生物的最低抑制浓度（MIC）

微生物	MIC/(mg/L)	微生物	MIC/(mg/L)
灰葡萄孢(葡萄)	3	细交链格孢	1.5
小核盘菌	4	甘蓝果斑链格孢	0.5
黑曲霉	15	黑根霉	500
指状青霉	15	巴斯德酵母	500
立枯丝核菌	2	尖镰孢	150

制备 以 3,5-二氯苯胺、氨基乙酸、异丙基异氰酸酯为原料，经反应制得。

应用 异菌脲是拜耳公司开发的羧酰亚胺类杀菌剂，2003 年在欧洲的市场转让给了巴斯夫公司。其为广谱触杀型杀菌剂，主要作农业杀菌剂，亦可用于其他工业制品防霉。

2.8 氨基甲酸酯类化合物

氨基甲酸酯包括氨基甲酸的酯类和盐类。这是一种从化学方面的系统分类。这类物质的杀微生物剂在药效和活性机制方面存在很大差异。

氨基甲酸和二硫代氨基甲酸是氨基甲酸酯的组成基础，其缺乏化学稳定性，分解为二氧化碳（CO_2）、二硫化碳（CS_2）和胺（详见图 2-6）。

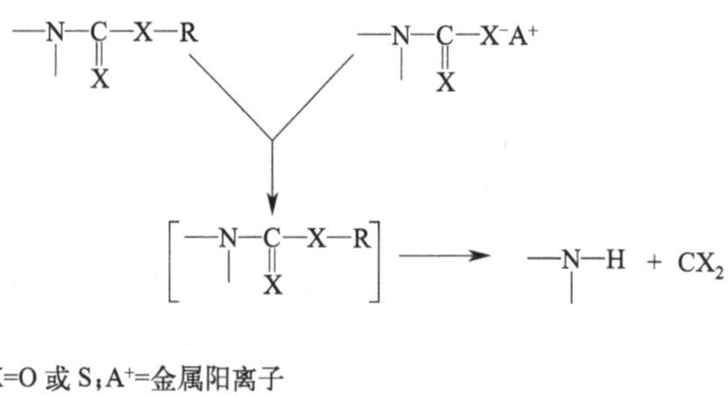

图 2-6 氨基甲酸盐的水解/降解

3-(3-碘代炔丙基)苯并噁唑-2-酮

[3-（3-iodopropargyl）benzoxazol-2-one]

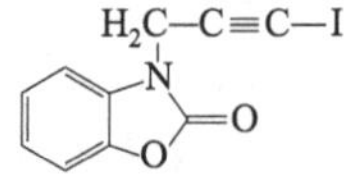

$C_{10}H_6INO_2$ 299.1 135306-48-8

化学名称　3-(3-碘代炔丙基)苯并噁唑-2-酮(A)

理化性质　熔点 162～164℃。

抗菌防霉效果　据报道，3-(3-碘代炔丙基)苯并噁唑-2-酮(A)和 3-(3-碘代炔丙基)苯并噁唑-2-酮-6-氯(B,CAS 号 135306-49-9)化合物均为苯并噁唑酮类化合物，其对真菌的抑制活性远大于对细菌的抑制活性，具体详见表 2-151。

表 2-151　A 和 B 化合物分别对常见微生物的最低抑制浓度（MIC）

微生物	(A)MIC/(mg/L)	(B)MIC/(mg/L)
黑曲霉	<0.13	<0.13
出芽短梗霉	0.25	1
树脂子囊菌	5	1
青霉	1	1
红酵母	1	1
酿酒酵母	1	5
大肠杆菌	>250	>250
铜绿假单胞菌	>250	>250
荧光假单胞菌	>250	16
金黄色葡萄球菌	>250	16

应用　该化合物对霉菌、酵母具有很高的生物活性，可作工业防霉剂使用。

3-碘代-2-丙炔基-苯基甲氨酸酯（IPPC）
（3-iodoprop-2-yn-1-ol，phenylcarbamic acid）

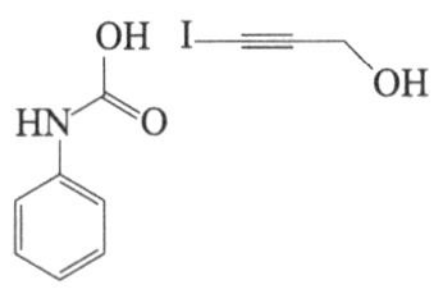

$C_{10}H_{10}INO_3$ 319.1 22618-38-8

其他名称　碘丙炔醇苯基氨甲酸酯

化学名称　3-碘代-2-丙炔基-苯基甲氨酸酯

IUPAC 名　3-iodoprop-2-yn-1-ol; phenylcarbamic acid

理化性质　白色结晶性粉末。熔点 144～146℃。溶解性：不溶于水；极易溶于芳族和极性有机溶剂。稳定性：在强碱性介质中水解。

抗菌防霉效果　3-碘代-2-丙炔基-苯基甲氨酸酯（IPPC）的抗微生物活性类似3-碘代-2-丙炔基-丁基甲氨酸酯（IPBC），具体数据详见表 2-152。

表 2-152　IPPC 对常见微生物的最低抑制浓度（MIC）

微生物	MIC/(mg/L)	微生物	MIC/(mg/L)
链格孢	3.5	黑曲霉	1
出芽短梗霉	5	球毛壳菌	1
绿色木霉	10	红酵母	10
大肠杆菌	200	金黄色葡萄球菌	1000

应用　3-碘代-2-丙炔基-苯基甲氨酸酯适用于木材、油漆涂料、画材颜料、金

属加工液、皮革等工业领域杀菌防霉。使用时注意化合物中碘游离，导致材料变色。

3-碘代-2-丙炔基-丁基甲氨酸酯（IPBC）
（3-iodo-2-propynylbutylcarbamate）

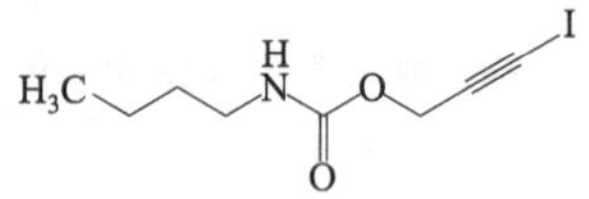

$C_8H_{12}INO_2$ 281.1 55406-53-6

其他名称　丁基氨基甲酸碘代丙炔酯、碘丙炔醇丁基氨甲酸酯

化学名称　3-碘代-2-丙炔基-丁基甲氨酸酯

IUPAC 名　3-iodoprop-2-ynyl *N*-butylcarbamate

INCI 名　iodopropynyl butylcarbamate

EC 编码　[259-627-5]

理化性质　纯品白色结晶性粉末。熔点 65～68℃。堆积密度（20℃）450g/L。蒸气压（20℃）1.04×10^{-5}hPa。溶解性（20℃）：水 0.016g/100g；白矿油 3.5g/100g；异丙醇 19.2g/100g；丙二醇 20.5g/100g；聚乙二醇 20.1g/100g；乙醇 34.5g/100g。稳定性：化学性质稳定，但是碱性环境和加热会促进其分解，分解产物包括碘和炔丙醇。$\lg K_{ow}=2.81$（25℃）。

毒性　大鼠急性经口 LD_{50} 1400mg/kg。兔急性经皮 $LD_{50}>2000$mg/kg。水蚤 EC_0（48h）0.11mg/L。绿藻 EC_0（72h）0.01mg/L（来源：ARCH）。

抗菌防霉效果　3-碘代-2-丙炔基-丁基甲氨酸酯（IPBC）是一种不饱和碘代氨基甲酸酯，其抗菌作用机制主要是通过分子链上的碘和微生物细胞中酶活性部位的巯基或羟基进行反应，造成酶失去活性，微生物死亡。IPBC 具有广谱抗菌活性，尤其是对霉菌、酵母菌有很强的抑杀作用。其抗菌数据见表 2-153。

表 2-153　IPBC 对一些微生物的最低抑制浓度（MIC）

微生物	MIC/(mg/L)	微生物	MIC/(mg/L)
链格孢	5.0	黑曲霉	4.0
米曲霉	4.0	出芽短梗霉菌	4.0～6.0
白色念珠菌	6.0～8.0	球毛壳霉	5.0
粉红粘帚霉	8.0	绳状青霉	4.0～6.0
酿酒酵母	5.0	绿色木霉	10
小球藻	8.0	枯草芽孢杆菌	50.0
大肠杆菌	100.0	铜绿假单胞菌	250.0～1000.0

（来源：DEGUSSA）

张斌等研究发现，氟环唑（FCZ）、戊唑醇（TEB）、丙环唑（PPZ）、苯醚甲环唑（DCZ）、抑霉唑（IMZ）、溴菌腈（BMN）、碘丙炔醇丁基氨甲酸酯（IPBC）等七种防霉剂对木材腐朽菌（彩绒革盖菌和密粘褶菌）均具有较好的抑制效果，但 FCZ、TEB 和 PPZ 对变色菌（可可球二孢）和混合霉菌几乎没有抑制作用，IPBC

和抑霉唑（IMZ）对所测试菌种均有较好的抑制效果，溴菌腈（BMN）和抑霉唑（IMZ）虽然对混合霉菌和变色菌有抑制作用，但抑菌圈均小于 IPBC。因此，优先将 IPBC 作为防霉成分（详见表 2-154）。

表 2-154　各杀菌剂的室内抑菌效果

杀菌剂	质量浓度/(mg/L)	抑菌圈大小/mm			
		彩绒革盖菌	密粘褶菌	可可球二孢	混合霉菌
FCZ	200.0	>45.0	>45.0	0	0
TEB	200.0	>45.0	>45.0	0	0
PPZ	200.0	>45.0	>45.0	0	0
DCZ	200.0	>45.0	>45.0	11.4	0
IPBC	200.0	>45.0	>45.0	34.6	21.9
BMN	800.0	37.2	35.4	12.8	10.6
	600.0	38.1	29.0	9.0	9.4
	400.0	26.8	31.8	8.3	7.1
IMZ	400.0	39.2	41.6	26.9	12.7

将苯醚甲环唑（DCZ）和 IPBC 按 1∶1、1∶3、3∶1 的质量比配制成混合药剂，测试 DCZ+IPBC 复配药剂对腐朽菌和霉菌的抑制效果；将其他 3 种三唑类防腐药剂（氟环唑（FCZ）、戊唑醇（TEB）和丙环唑（PPZ）与碘丙炔醇丁基氨甲酸酯（IPBC）按照质量比 1∶1 配制复配药剂，作为对照测试抑菌效果。

由表 2-155 可以看出：DCZ+IPBC 复配药剂对木材腐朽菌、变色菌和混合霉菌的抑制效果较好，其中按照 1∶1 复配的药剂效果最好。其他三唑类与 IPBC 的复配药剂，抑菌效果亦有所提高。由此确认防腐/防霉复配药剂，DCZ 和 IPBC 按照 1∶1 进行配制。

表 2-155　不同三唑类药剂与 IPBC 复配的抑菌效果

组分	质量浓度/(mg/L)	抑菌圈大小/mm			
		彩绒革盖菌	密粘褶菌	可可球二孢	混合霉菌
DCZ	200.0	>45.0	>45.0	11.4	0
DCZ+IPBC	150.0+50.0	>45.0	>45.0	22.4	15.1
DCZ+IPBC	100.0+100.0	>45.0	>45.0	31.0	23.6
DCZ+IPBC	50.0+150.0	>45.0	>45.0	29.1	23.7
IPBC	200.0	>45.0	>45.0	30.6	21.9
FCZ+IPBC	100.0+100.0	>45.0	>45.0	25.7	21.8
PPZ+IPBC	100.0+100.0	>45.0	>45.0	25.8	22.5
TEB+IPBC	100.0+100.0	>45.0	>45.0	24.0	21.0

制备　以炔丙醇与正丁基异氰酸酯为原料，再与碘化剂反应生成 IPBC。

应用　3-碘代-2-丙炔基-丁基甲氨酸酯（IPBC）适用于木材、油漆涂料、画材颜料、金属加工液、皮革等工业领域杀菌防霉，亦用于护发用品、防晒产品、皮肤护理品等家化日化领域等。注意：碘游离，可能导致材料变色。

实际应用参考：

早在 20 世纪 80 年代即采用 3-碘代-2-丙炔基-丁基甲氨酸酯（IPBC）作为防腐

剂处理实木和复合材料，并于1998年再次修订列入AWPA标准P8。在美国的海滨城市夏威夷，采用3-碘代-2-丙炔基-丁基甲氨酸酯（IPBC）和毒死蜱联合处理包括细木工配件、层压板、胶合梁等。结果表明，在恶劣的暴露条件下经IPBC和毒死蜱联合处理后，木材具有良好的抗腐朽和抗昆虫侵害的作用。

法规

① 欧盟化学品管理局（ECHA）。

2008年，欧盟生物杀灭剂产品委员会（BPC）发布法规Directive 2008/79/EC，批准碘代-2-丙炔基-丁基甲氨酸酯（IPBC）作为第8类（木材防腐剂）生物杀灭剂产品的活性物质。批准日期2010年7月1日，批准期满2026年7月31日，目前处于批准续展中。

2013年，欧盟生物杀灭剂产品委员会（BPC）发布法规（EU）1037/2013，批准碘代-2-丙炔基-丁基甲氨酸酯（IPBC）作为第6类（产品在储存过程中的防腐剂）生物杀灭剂产品的活性物质。批准日期2015年7月1日，批准期满2027年12月31日，目前处于批准续展中。

2015年，欧盟生物杀灭剂产品委员会（BPC）发布法规（EU）2015/1728，批准碘代-2-丙炔基-丁基甲氨酸酯（IPBC）作为第13类（金属工作或切削液防腐剂）生物杀灭剂产品的活性物质。批准日期2016年12月1日，批准期满2026年11月30日，目前处于批准续展中。

根据指令98/8/EC（BPD）或规则（EU）No 528/2012（BPR）提交了批准申请的所有活性物质/产品类型组合：PT-7（干膜防霉剂）、PT-9（纤维、皮革、橡胶和聚合材料防腐剂）、PT-10（建筑材料防腐剂）。该化合物申请目前处于审核进行之中。

② 欧盟化妆品和非食品科学委员会SCCNFP/0826/04中建议欧洲人群碘的日摄入量不超过150μg/d，短期上限为1000μg/d。欧盟委员会根据SCCNFP的安全评估建议，于2007年修改了IPBC在化妆品法规中的准用范围，沿用至今。1998年5月1日美国CIR公布IPBC安全性的最终评估报告［International Journal of Toxicology，1998，17（5）：1-37］，结论是IPBC作为化妆品原料使用量低于0.1%是安全的，不建议用于喷雾剂，并于2013年做了复评，维持1998年的评估建议不变。

③ 德国蓝天使环保认证对洗发水、沐浴露、肥皂和其他“冲洗型”化妆品的基本判定标准要求，最终产品中不允许使用IPBC，无论是配方的一部分或作为制剂中包含的任何制剂的一部分。

同时，在对低污染外墙涂料获批准的罐内防腐剂清单中，允许IPBC添加，限值为80×10^{-6}。

④ 根据我国2015年版《化妆品安全技术规范》规定，该防腐剂在化妆品中使用时，最大允许浓度：(a) 0.02%。淋洗类产品，不得用于3岁以下儿童使用的产品中（沐浴产品和香波除外）；禁止用于唇部产品。(b) 0.01%。驻留类产品，不得用于3岁以下儿童使用的产品中；禁用于唇部用产品；禁用于体霜和体乳。(c) 0.0075%。除臭产品和抑汗产品，不得用于3岁以下儿童使用的产品中；禁用于唇部产品。

3-碘代丙炔基氨基甲酸酯（IPC）
（carbamic acid，3-iodoprop-2-yn-1-ol）

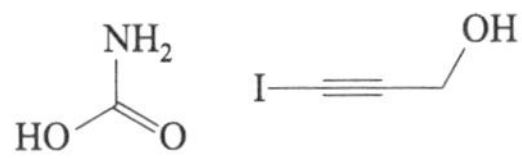

$C_4H_6INO_3$ 243.0 129348-50-1

化学名称　3-iodopropynylcarbamate

IUPAC 名　carbamic acid；3-iodoprop-2-yn-1-ol

理化性质　白色固体。熔点 85～87℃。溶解性：微溶于水；溶于有机溶剂。稳定性：pH 3～11 之间水解稳定。

抗菌防霉效果　据报道，3-碘代丙炔基氨基甲酸酯（IPC）（Rayudu，1988）与3-碘代-2-丙炔基-丁基甲氨酸酯（IPBC）和 3-碘代-2-丙炔基-苯基甲氨酸酯（IPPC）相比，尤其在抗细菌（包括形成黏液的细菌）方面具有明显的优势。

应用　3-碘代丙炔基氨基甲酸酯（IPC）不仅可作干膜防霉剂使用，亦可作罐内防腐使用，亦适用于涂料、乳液和金属加工液等各种工业水性体系。

实际应用参考：

据报道（Rayudu，1988），IPC 是一种优秀的杀微生物剂，其抗菌活性涵盖真菌和细菌，包括形成黏液的微生物。这些特性为杀微生物剂 IPC 打开了各种 IPBC 和 IPPC 不能应用的领域，比如聚合物乳液、乳胶漆和金属工作流体等。IPC 的另一个用途是加入浆料或冷却水以抑制黏液的形成。此外，IPC 可保护涂层在使用后免受霉菌生长。

5,6-二氯苯并噁唑-2（3*H*）-酮
（5,6-dichlorobenzoxazolinone）

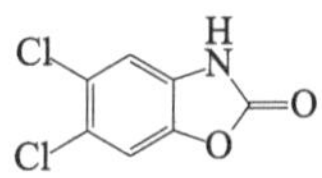

$C_7H_3Cl_2NO_2$ 204.0 5285-41-6

其他名称　防霉剂 O

化学名称　5,6-二氯苯并噁唑-2(3*H*)-酮

IUPAC 名　5,6-dichloro-3*H*-1,3-benzoxazol-2-one

EC 编码　[226-121-0]

理化性质　具有特征气味的灰色粉末。熔点 205～206℃。堆积密度 240g/L。溶解性（25℃）：水 0.25g/L；乙醇 60g/L；异丙醇 60g/L；丙二醇 60g/L；甲基乙基酮 120g/L；甲苯 4.8g/L。稳定性：在碱性介质中转化为可溶性盐。

毒性　小鼠腹腔注射 LD_{50} 263mg/kg。小鼠静脉注射 LD_{50} 56mg/kg。小鼠急性经口 LD_{50} 515mg/kg。大鼠急性经口 LD_{50} 700mg/kg。

抗菌防霉效果　5,6-二氯苯并噁唑-2(3*H*)-酮对大多数真菌的最低抑制浓度

（MIC）为 10～100mg/mL。

制备 由氯唑沙宗或 2-苯并唑啉酮原料制得目标物。

应用 5,6-二氯苯并噁唑-2(3*H*)-酮曾主要用于保护纺织材料抵抗生物降解，亦可作为电工材料、橡胶、塑料和涂料的防霉剂，用量 0.6%～1.5%。

苯菌灵

（benomyl）

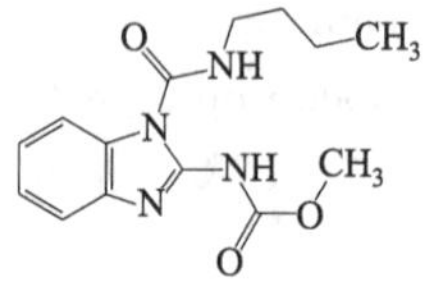

$C_{14}H_{18}N_4O_3$ 290.3 17804-35-2

其他名称 苯来特、苯雷特

化学名称 1-丁基甲酰胺-2-氨基甲酸甲酯苯并咪唑

IUPAC 名 methyl *N*-[1-(butylcarbamoyl)benzimidazol-2-yl]carbamate

EC 编码 [241-775-7]

理化性质 纯品为无色结晶。熔点 140℃（分解）。相对密度 0.38。蒸气压（25℃）$<5.0\times10^{-3}$mPa。溶解性：水 3.6mg/L（pH 5）、2.9mg/L（pH 7）、1.9mg/L（pH 9）（室温）；乙醇 4g/kg，氯仿 94g/kg，二甲基甲酰胺 53g/kg，丙酮 18g/kg，二甲苯 10g/kg，庚烷 0.4g/kg（25℃）。稳定性：对光稳定。水解 DT_{50} 3.5h（pH 5）、1.5h（pH 7）、<1h（pH 9）（25℃）。$\lg K_{ow}=1.37$。

毒性 大鼠急性经口 $LD_{50}>5000$mg/kg。兔急性经皮 $LD_{50}>5000$mg/kg。水生生物：虹鳟鱼 LC_{50}（96h）0.27mg/L。水蚤 LC_{50}（48h）640 μg/L。

抗菌防霉效果 苯菌灵具有高效、广谱、内吸和低毒等特性，对杀菌和杀螨卵作用良好，在植物体内代谢为多菌灵及具有挥发性的异氰酸丁酯。苯菌灵主要附着在 *β*-微管蛋白上，抑制有丝分裂。其抗菌力与多菌灵相似。

制备 专利 CN107857733A《一种苯菌灵的合成方法》。

应用 苯菌灵可用于木材、涂料、皮革等领域抗菌防霉，本身是农业杀菌剂，亦可作螨虫杀卵剂。

法规 欧盟化妆品条例（EC）No 1223/2009 中将其列入附件二禁止添加物质。

苯氧威

（fenoxycarb）

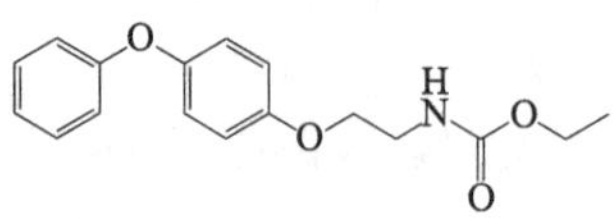

$C_{17}H_{19}NO_4$ 301.3 72490-01-8

其他名称 双氧威、苯醚威

化学名称　2-(4-苯氧基）乙基氨基甲酸乙酯

IUPAC 名　ethyl *N*-［2-(4-phenoxyphenoxy) ethyl］carbamate

EC 编码　［276-696-7］

理化性质　纯品为无色至白色结晶。熔点 53～54℃。蒸气压 8.67×10^{-4}mPa (25℃)。闪点 224℃。相对密度 1.23（20～25℃）。溶解性：微溶于水；溶于有机溶剂。稳定性：对光稳定。

毒性　大鼠毒性经口 LD_{50}＞10000mg/kg。大鼠急性经皮 LD_{50}＞2000mg/L。

抗菌防霉效果　苯氧威是一种氨基甲酸酯类杀虫剂，具有胃毒和触杀作用，并具有昆虫生长调节作用，杀虫广谱，它的杀虫作用是非神经性的，表现为对多种昆虫有强烈的保幼激素活性，可导致杀卵抑制成虫期的变态和幼虫期的蜕皮，造成幼虫后期或蛹期死亡。

郑芹等选用不同浓度的 3%高渗苯氧威、5%阿维菌素乳油、48%毒虫殊悬浮剂对越冬代松梢螟幼虫进行药剂喷洒试验。试验结果表明：施用 7d 后 48%瘗虫殊悬浮剂 1000 倍液、48%瘗虫殊悬浮剂 2000 倍液、5%阿维菌素乳油 1000 倍液、5%阿维菌素乳油 2000 倍液、3%高渗苯氧威 1000 倍液的防效均在 90%以上。

制备　用对苯氧基苯酚与 2-氯乙基氨基甲酸乙酯在催化剂作用下制得目标物。

应用　苯氧威属于非萜烯类氨基甲酸酯化合物，是 1982 年由瑞士 Maag（现属先正达公司）开发成功的一种氨基甲酸酯类杀虫剂，通常被用来治理白蚁、卷叶蛾、美国白蛾等虫害问题。

法规　欧盟化学品管理局（ECHA）2011 年发布文件 Directive 2011/12/EU，批准苯氧威作为第 8 类（木材防腐剂）生物杀灭剂产品的活性物质。批准日期 2013 年 2 月 1 日，批准期满 2023 年 1 月 31 日。

代森铵
(amobam)

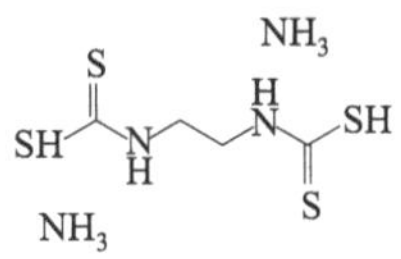

$C_4H_{14}N_4S_4$ 246.4 3566-10-7

其他名称　亚乙基双（二硫代氨基甲酸铵）

化学名称　1,2-亚乙基双二硫代氨基甲酸铵

IUPAC 名　diazanium;*N*-［2-(sulfidocarbothioylamino)ethyl］carbamodithioate

EC 编码　［222-651-1］

理化性质　纯品为无色结晶，原药为橙黄色或淡黄色水溶液，呈弱碱性，有氨和硫化氢臭味。相对密度 1.1～1.2 (25℃)。溶解性：易溶于水；微溶于乙醇、丙酮；不溶于苯。稳定性：在空气中不稳定；水溶液化学性质较稳定，但在温度高于 40℃时易分解；遇酸性物质也易分解。

毒性 大鼠急性经口 LD_{50} 395mg/kg。小鼠急性经口 LD_{50} 540mg/kg（来源：Pubchem）。

抗菌防霉效果 由于代森类产品作用于病原菌细胞上的多个位点，病原菌难以产生遗传性适应能力，其抗药性风险较低（华乃震，2019）。

代森铵在较低的浓度下即对细菌、真菌、酵母和藻类有效。实验室试验菌的抗菌情况：浓度 0.5%代森铵的纸片抑菌圈，霉菌为 28mm，细菌为 30mm。

应用 代森类产品是一组分子中含有亚乙基双二硫代氨基甲酸盐（或酯）结构（EBDC）的杀菌剂，拥有近 80 年的发展历史。其中，代森铵可作为水处理杀菌剂、灭藻剂及养蚕用药剂，使用浓度在 $(5\sim100)\times10^{-6}$。

实际应用参考：

专利 CN200410023900《一种含代森铵的杀菌组合物的制作方法》报道，以代森铵和十二烷基二甲基苄基氯化铵为有效成分。各组分质量：代森铵 10%～50%，十二烷基二甲基苄基氯化铵 5%～25%，复硝酚钠 0%～1.5%、水余量。

代森锰锌

(mancozeb)

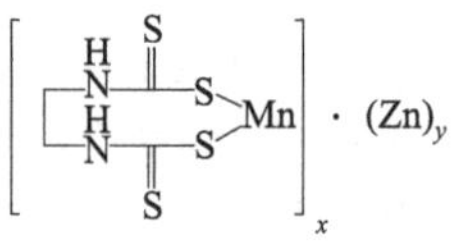

$[C_4H_6MnN_2S_4]_xZn_y$（$x:y=1:0.091$）330.7 8018-01-7

其他名称 Dithane M-45、大生、速克净

化学名称 亚乙基双二硫代氨基甲酸锰和锌盐多元配位化合物

CAS 号 曾用［8065-67-6］

EC 编码 ［616-995-5］

理化性质 ISO 确定的代森锰锌组成是代森锰为锌组成的配位化合物，其中含有 20%锰和 2.55%锌，并申明有盐存在（如代森锰锌氯化物）。原药为灰黄色流动粉末，具有轻微的硫化氢气味。172℃以上分解。蒸气压（20℃）$<1.33\times10^{-2}$mPa（根据相似的离子固体估计）。$\lg K_{ow}=0.26$。相对密度 1.99（20℃）。溶解性：水 6.2mg/L（pH 7.5，25℃）；在绝大多数有机溶剂中不溶，在强螯合剂溶液中解聚但不会析出。稳定性：在正常、干燥的储存条件下稳定，遇热、遇湿慢慢分解。25℃平均水解 DT_{50} 20h（pH 5）、21h（pH 7）、27h（pH 9）。代森锰锌有效成分不稳定，可直接生产各种制剂。$pK_a=10.3$。

毒性 大鼠急性经口 $LD_{50}>5000$mg/kg。水生生物：水蚤 EC_{50}（24h）0.11mg/L。虹鳟鱼 LC_{50}（96h，流动）1.0mg/L。

抗菌防霉效果 二硫代氨基甲酸盐的杀菌机制是多方面的，但其主要为抑制菌体内丙酮酸的氧化和参与丙酮酸氧化过程的二硫辛酸脱氢酶中的巯基（SH）结合，代森类化合物先转化为异硫氰酯，其后再与巯基结合，主要的是异硫酸氰甲酯和二硫化亚甲基双胺硫代甲酰基，这些产物的最重要毒性反应也是蛋白质体（主要是酶）上的巯基，反应最快、最明显的辅酶A分子上的巯基与复合物中的金属键结合。

代森锰锌对细菌、霉菌、酵母菌、藻类均有效，其生物活性居代森锰和代森锌之间，杀菌性与代森锰相仿。代森锰锌对一些微生物的最低抑制浓度见表2-156。

表2-156　代森锰锌对一些微生物的最低抑制浓度（MIC）

微生物	MIC/(mg/L)	微生物	MIC/(mg/L)
黑曲霉	80	巨大芽孢杆菌	15
黄曲霉	80	大肠杆菌	10
变色曲霉	15	金黄色葡萄球菌	40
球毛壳霉	50	枯草杆菌	10
蜡叶芽枝霉	2.5	荧光假单胞杆菌	80
橘青霉	20	啤酒酵母	10
宛氏拟青霉	10	酒精酵母	15
链格孢霉	10		

制备　代森锰锌由代森钠、氯化锰、硫酸锌等原料反应制备而成。

应用　代森锰锌适用于涂料防霉、水处理杀菌剂、渔网防藻剂、船漆防污剂等，亦作蚕硬化病防治剂、动物用皮肤治疗剂、红藻类（紫菜）养殖用药剂等，通常使用浓度为20～50mg/L。代森锰锌本身亦为一种重要农用杀菌剂。

代森锌
(zineb)

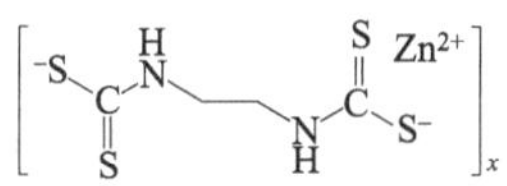

$C_4H_6N_2S_4Zn$ 275.8 12122-67-7

其他名称　亚乙基-1,2-双二硫代氨基甲酸锌

化学名称　亚乙基双（二硫代氨基）甲酸锌（聚合）

IUPAC名　zinc; *N*-[2-(sulfidocarbothioylamino)ethyl]carbamodithioate

EC编码　[235-180-1]

理化性质　纯品为浅黄色或白色粉末，有硫黄气味。熔点157℃分解而未熔化。蒸气压（20℃）<0.01mPa。溶解性：水10mg/L（室温）；几乎不溶于一般有机溶剂。稳定性：长期储存对光、水和加热不稳定（稳定剂可减少分解）。

毒性　小鼠急性经口LD_{50} 7600mg/kg。大鼠急性经口LD_{50} 5200mg/kg。

抗菌防霉效果　代森锌属于非特定硫醇反应物，能够抑制病菌能量的产生，主要是通过干扰病菌的呼吸过程。代森锌在水中非常容易被氧化成异硫氰化合物，可对—SH基的酶有强大的抑制作用而直接杀死病菌孢子，或者抑制孢子的发芽。

代森锌对一些微生物的最低抑制浓度见表2-157。

表 2-157 代森锌对一些微生物的最低抑制浓度（MIC）

微生物	MIC/(mg/L)	微生物	MIC/(mg/L)
黑曲霉	＞500	巨大芽孢杆菌	400
黄曲霉	2.5	大肠杆菌	400
变色曲霉	5	金黄色葡萄球菌	150
球毛壳霉	5	枯草杆菌	150
蜡叶芽枝霉	15	荧光假单胞杆菌	＞500
橘青霉	15	啤酒酵母	＞500
宛氏拟青霉	2.5	酒精酵母	200
链格孢霉	＞100		

制备 以乙二胺、二硫化碳和氢氧化钠为原料，再与氯化锌反应制得目标物。

应用 代森锌自 1934 年合成以来，一直主要作为农业杀菌剂使用。代森锌亦在涂料、循环冷却水、水产养殖、渔网、海洋防污等领域杀菌灭藻。

实际应用参考：

代森锌已在欧盟 BPR 进行登记，其化学性质较不稳定，易分解放出二硫化碳和硫化氢，目前仅在传统的溶蚀型防污涂料中还有所应用。

氧化亚铜是目前应用最为广泛的一种防污剂，它对硬污损海生物具有良好的防污活性，但对软污损海生物防污效果不佳。代森锌因其对软体动物具有良好的防污效果，故作为一种新型辅助防污剂，用以增强涂料的防污性能。

法规 2014 年，欧盟生物杀灭剂产品委员会（BPC）发布法规（EU）2016/92，批准代森锌作为第 21 类（海洋防污剂）生物杀灭剂产品的活性物质。批准日期 2016 年 1 月 1 日，批准期满 2028 年 6 月 30 日，目前处于批准续展中。

多菌灵（BCM）
(carbendazim)

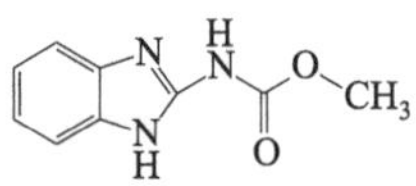

$C_9H_9N_3O_2$ 191.2 10605-21-7

其他名称 苯并咪唑 44

化学名称 *N*-(2-苯并咪唑基）氨基甲酸甲酯

IUPAC 名 methyl *N*-(1*H*-benzimidazol-2-yl)carbamate

EC 编码 [234-232-0]

多菌灵磷酸盐（carbendazim phosphate）

化学名称 磷酸多菌灵

IUPAC 名 methyl *N*-(1*H*-benzimidazol-2-yl)carbamate; phosphoric acid

CAS 号 [52316-55-9]

理化性质

多菌灵 白色结晶。熔点 302～307℃（分解）。蒸气压 0.09mPa（20℃）。相对密度 1.45（20℃）。$\lg K_{ow}$＝1.38（pH 5）、1.51（pH 7）、1.49（pH 9）。溶解性：几乎不溶于水；微溶于有机溶剂。稳定性：50℃以下至少稳定存在 2 年。pK_a＝4.2，弱碱。

多菌灵磷酸盐　分子式 $C_9H_{12}N_3O_6P$，分子量 289.18。

毒性　多菌灵对大、小鼠急性经口 LD_{50} 均大于 5000～15000mg/kg。水生生物：虹鳟鱼 LC_{50}（96h）0.83mg/L；水蚤 LC_{50}（48h）0.13～0.22mg/L。

多菌灵是一种可能的致癌物质，被欧盟委员会列入内分泌干扰化学物质优先清单。

抗菌防霉效果　多菌灵是一种苯并咪唑类杀菌剂，其作用机制是在病原微生物细胞分裂的过程中，能与纺锤丝的微管蛋白质相结合进而干扰有丝分裂，从而有效抑制病原菌的繁殖和生长，干扰脱氧核糖核酸的合成。多菌灵对子囊菌纲的某些病原菌和半知菌类中的大多数病原真菌有效，但对相对湿度大的条件下生长的毛霉、根霉和交链孢霉等效果较差。另外，对细菌和酵母菌的作用也弱。其抗菌数据见表 2-158。

表 2-158　多菌灵对一些微生物的最低抑制浓度（MIC）

微生物	MIC/(mg/L)	微生物	MIC/(mg/L)
黑曲霉	10	球毛壳霉	3
变色曲霉	3	土曲霉	15
橘青霉	2	石膏样小孢子菌	98
宛氏拟青霉	15	大脑癣菌	98
芽枝霉	4	絮状癣菌	195
出芽短梗霉	4	石膏癣菌(毛)	98
枝孢霉	4	石膏癣菌(粉)	198
木霉	6		

制备　多菌灵的合成方法有多种，我国采用氰胺化钙法缩合得到多菌灵。

应用　多菌灵原是 1967 年美国杜邦公司开发杀菌剂苯菌灵的中间体，1969 年美国的克莱蒙斯、彼德森和西姆斯等分别报道了多菌灵的杀菌性质。1973 年英国的汉佩尔和劳契尔发表了多菌灵杀菌活性的报道，随后由联邦德国和美国等国家开始生产推广。国内 1970 年沈阳化工研究院张少铭等也独立发现了多菌灵的杀菌性质。到 80 年代，多菌灵在中国已发展成产量最大的内吸杀菌剂品种。

多菌灵可用于纺织品、涂料、铜版纸、皮革、工艺品、塑料等领域抗菌防霉，本身亦是重要的农业杀菌剂。

注意：若与对氯间二甲苯酚复配使用，可治疗癣症；与福美双、ZnO 复配，可以明显提高药效，扩大杀菌谱。

法规

① 2021 年，欧盟生物杀灭剂产品委员会（BPC）发布法规（EU）2021/348，批准多菌灵作为第 7 类（干膜防霉剂）、第 10 类（建筑材料防腐剂）生物杀灭剂产品的活性物质，批准期满 2025 年 1 月 31 日。委员会于 2019 年执行决定（EU）

2019/1942，未批准将多菌灵作为第9类（纤维、皮革、橡胶和聚合材料防腐剂）生物杀灭剂产品的活性物质。

②《欧洲危险物质导则》第29次技术修订将含量≥0.1%的多菌灵（BCM）防霉剂列为Ⅱ类致变物和Ⅱ类重现毒性物。假定干膜防霉抗藻剂中多菌灵（BCM）含量为10%，干膜防霉抗藻剂（BCM）在乳胶漆配方中添加量为1%。则涂料中多菌灵（BCM）含量刚好为0.1%。也就是说，涂料配方中干膜防霉抗藻剂的添加量≥1%时，要在外包装上用标志明示。

③ GB/T 35602—2017《绿色产品评价-涂料》规定：多菌灵（BCM）在涂料领域不得添加。实施日期为2018年7月1日。

二甲基二硫代氨基甲酸钾（KDD）
(potassium dimethyldithiocarbamate)

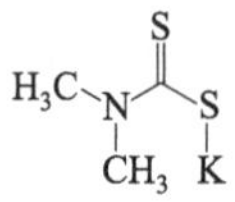

$C_3H_6KNS_2$ 159.3 128-03-0

其他名称　福美钾

化学名称　*N*-二甲基二硫代氨基甲酸钾

IUPAC名　potassium；*N*,*N*-dimethylcarbamodithioate

EC编码　[204-875-1]

理化性质　固含量50%，外观浅黄色到绿色的水溶液，带有微弱的硫味。沸点（101kPa）>100℃。相对密度1.02。闪点>100℃（闭杯）。溶解性：易溶于水。稳定性：在酸性介质中形成不稳定的二甲基二硫代氨基甲酸，进一步分解成CS_2、H_2S和二甲胺；高于70℃不稳定；与重金属接触可能会发生着色。

毒性　大鼠急性经口LD_{50} 1867～2196mg/kg。水生生物：虹鳟鱼LC_{50}（96h）0.4mg/L。水蚤LC_{50}（48h）0.3mg/L（来源：BUCKMAN）。

抗菌防霉效果　二甲基二硫代氨基甲酸钾（福美钾，KDD）是一种广谱杀菌剂，对真菌、细菌、藻类以及原生动物都有较好的杀菌效果。其抗菌数据见表2-159。

表2-159　二甲基二硫代氨基甲酸钾对一些微生物的最低抑制浓度（MIC）

微生物	MIC/(mg/L)	微生物	MIC/(mg/L)
黑曲霉	20	巨大芽孢杆菌	20
黄曲霉	25	大肠杆菌	20
变色曲霉	50	金黄色葡萄球菌	20
球毛壳霉	20	枯草杆菌	20
蜡叶芽枝霉	20	荧光假单胞杆菌	25
橘青霉	50	啤酒酵母	50
宛氏拟青霉	20	酒精酵母	20
链格孢霉	25		

制备　专利 CN102391165B《*N*-甲基二硫代氨基甲酸钾的生产工艺》。

应用　二甲基二硫代氨基甲酸钾（福美钾，KDD）可以应用于皮革、造纸纸浆、工业循环冷却水（如化肥厂、炼油厂、电厂等）、排污废水、油田注水作杀菌灭藻和黏泥防止剂。在 pH≥7.0 时效果最好，尤其适于在碱性条件下运行的冷却水系统中应用，一般使用浓度为 0.03%～0.2%。

实际应用参考：

专利 CN110123803A《一种福美钾作为杀虫剂的应用以及防治剂、制备方法、防治方法》报道杀灭鱼类体外寄生虫的防治药，原料包括质量分数为纯度 50%的福美钾 60%和其余溶剂。防治方法为将剂量为 0.14～0.2mL/m^3 的防治剂均匀泼洒于池塘中，防治水产动物体外寄生虫，对鱼类车轮虫具有显著的杀灭效果。福美钾还能作为脱镉螯合剂，降低水体中重金属含量，提升水质。

法规　欧盟化学品管理局（ECHA）根据指令 98/8/EC（BPD）或规则（EU）No 528/2012（BPR）提交了批准申请的所有活性物质/产品类型组合：因未在规定期限内向机构提交通知，欧盟委员会于 2024 年 4 月 15 日起，不再批准福美钾应用于 PT-9（（纤维、皮革、橡胶和聚合材料防腐剂））、PT-11（液体制冷和加工系统防腐剂）和 PT-12（杀黏菌剂）。

二甲基二硫代氨基甲酸钠（SDD）
（sodium dimethyldithiocarbamate）

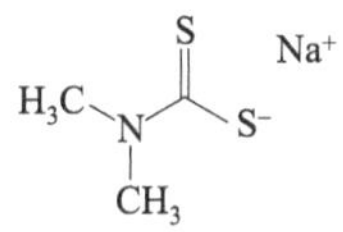

$C_3H_6NaNS_2$ 143.2 128-04-1

其他名称　福美钠、SDD、dibam、敌百亩

化学名称　*N*,*N*-二甲基二硫代氨基甲酸钠

IUPAC 名　sodium；*N*,*N*-dimethylcarbamodithioate

EC 编码　[204-876-7]

理化性质　商品固含量 40%，外观呈黄色液体，有一定胺味。蒸气压（20℃）20hPa。密度（20℃）1.170～1.185g/L。pH（1%水溶液）9～12。pK_a=5.4（估算）。溶解性：易溶于水。稳定性：pH 7～13 之间稳定；温度>100℃分解；与 Fe，Cu，Sn，Pb 和 Co 接触变色，可能会产生不溶性盐。

毒性　大鼠急性经口 LD_{50} 3591mg/kg。大鼠急性经皮 LD_{50} >5000mg/kg（24h）。水生生物：水蚤 EC_{50}（48h）0.67mg/L。小球藻 EC_{50}（96h）0.8mg/L（来源：BAYER）。

抗菌防霉效果　二甲基二硫代氨基甲酸钠（福美钠，SDD）是一种广谱杀菌剂，对真菌、细菌、藻类以及原生动物都有较好的杀菌效果。其抗菌数据见表 2-160。

表 2-160 40%二甲基二硫代氨基甲酸钠对一些微生物的最低抑制浓度（MIC）

微生物	MIC/(mg/L)	微生物	MIC/(mg/L)
黑曲霉	25	巨大芽孢杆菌	25
黄曲霉	31.5	大肠杆菌	25
变色曲霉	62.5	金黄色葡萄球菌	25
球毛壳霉	25	枯草杆菌	25
蜡叶芽枝霉	25	荧光假单胞杆菌	31.5
橘青霉	62.5	啤酒酵母	80
宛氏拟青霉	25	酒精酵母	25
链格孢霉	31.5		

制备 二甲胺与二硫化碳经过加成反应，再与氢氧化钠溶液成盐而得目标物。

应用 二甲基二硫代氨基甲酸钠（福美钠，SDD）用于污水处理等领域作金属沉淀剂、絮凝剂，亦可作橡胶制品的硫化促进剂及农业杀虫剂等。

SDD 适用于纸浆、循环冷却水、油田注水等领域作杀菌灭藻和黏泥防止剂，尤其适于在碱性条件下运行的冷却水系统中应用。

实际应用参考：

皮革工业，其可用于防止水场浸泡液中的细菌生长和微生物对皮革的损伤。含有 40%～42%活性成分二甲基二硫代氨基甲酸钠（福美钠，SDD）的溶液加入量约 0.1%～0.2%。

法规 欧盟化学品管理局（ECHA）根据指令 98/8/EC（BPD）或规则（EU）No 528/2012（BPR）提交了批准申请的所有活性物质/产品类型组合：PT-9（纤维、皮革、橡胶和聚合材料防腐剂）、PT-11（液体制冷和加工系统防腐剂）、PT-12（杀黏菌剂），二甲基二硫代氨基甲酸钠申请目前处于审核进行之中。

二甲基二硫代氨基甲酸铜（CDDC）

（copper（Ⅱ）dimethyldithiocarbamate）

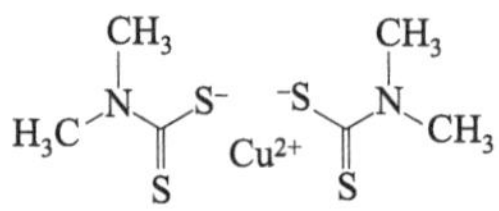

$C_6H_{12}CuN_2S_4$ 304.0 137-29-1

其他名称 福美铜、CuMDC

化学名称 二（二甲基二硫代氨基甲酸）铜（Ⅱ）

IUPAC 名 copper；*N*,*N*-dimethylcarbamodithioate

EC 编码 [205-287-8]

理化性质 纯品为深棕色粉末，稍有气味。分解温度大于 245℃。相对密度 1.70～1.78。溶解性：不溶于水、乙醇和汽油；溶于丙酮、苯和氯仿。

毒性 小鼠急性经口 LD_{50}≥500mg/kg。对皮肤和黏膜有轻微的刺激性。

抗菌防霉效果 二甲基二硫代氨基甲酸铜（CDDC）作为有机硫杀菌剂，尤其对造成木材腐朽的微生物有较好的抑杀效果。有关二甲基二硫代氨基甲酸铜（CDDC）的研究主要集中于美国和加拿大等国，CDDC 处理的木块防白腐和软腐的效果也较 CCA 好，抗流失性较 CCA 和 ACA 均强，且固着时间短（处理后 1h 即固定）。

制备　利用二甲胺在氢氧化钠碱性条件下与二硫化碳反应生成目标物。

应用　二甲基二硫代氨基甲酸铜（CDDC）除在农业上应用外，在工业上主要用作木材防腐剂。注意：铜离子的流失对环境的影响同样不容忽视。

实际应用参考：

1918 年，首次报道了二硫代氨基甲酸盐（如 ZnMDC，ZnEDC，CuMDC）可用作橡胶硫化交联促进剂。同时，二硫代氨基甲酸盐可以用作抑菌剂和农业上的杀虫剂等。另外，由于一些二硫代氨基甲酸盐类化合物具有有趣的生物效应，如抗烷基化、抗 HIV 特性等，因此它被广泛地用作抗癌剂和用于艾滋病的治疗，具有潜在的应用前景。

二甲基二硫代氨基甲酸锌（ziram）
（zinc dimethyldithiocarbamate）

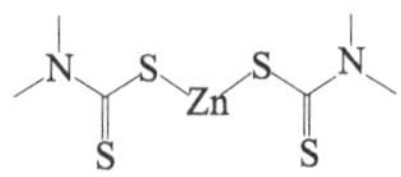

$C_6H_{12}N_2S_4Zn$ 305.8 137-30-4

其他名称　福美锌、ziram

化学名称　双（二甲基二硫代氨基甲酸）锌

IUPAC 名　zinc；*N*,*N*-dimethylcarbamodithioate

EC 编码　[205-288-3]

理化性质　纯品为无色粉末。熔点 246℃（工业品为 240～244℃）。蒸气压（99%，25℃）1.8×10^{-2}mPa。$\lg K_{ow}=1.65$（20℃）。相对密度 1.66（20～25℃）。溶解性：水 0.97～18.3mg/L（20℃）；丙酮 2.3g/L，甲醇 0.11g/L，甲苯 2.33g/L，正己烷 0.07g/L（20～25℃）。稳定性：pH 5～10 之间稳定；在酸性溶液中降解非常迅速，释放出 CS_2 和二甲胺；当与痕量金属（比如铁、铜等）接触时引起着色。水解 DT_{50}＜1h（pH 5）、18h（pH 7）。

毒性　大鼠急性经口 LD_{50} 2068mg/kg。兔经皮 LD_{50}＞2000mg/kg。水生生物：虹鳟鱼 LC_{50}（96h）1.9mg/L。水蚤 EC_{50}（48h）0.048mg/L。藻类 0.66mg/L。

抗菌防霉效果　二甲基二硫代氨基甲酸锌（福美锌）抑制病原菌的呼吸，尤其对常见的霉菌、细菌均有很好的抑制效果。其对实验室微生物的最低抑制浓度见表 2-161。

表 2-161　福美锌对实验室微生物的最低抑制浓度（MIC）

微生物	MIC/(mg/L)	微生物	MIC/(mg/L)
黑曲霉	20	巨大芽孢杆菌	10
黄曲霉	50	大肠杆菌	5
变色曲霉	40	金黄色葡萄球菌	10
球毛壳霉	10	枯草杆菌	10
蜡叶芽枝霉	20	荧光假单胞杆菌	80
橘青霉	40	啤酒酵母	20
宛氏拟青霉	5	酒精酵母	5
链格孢霉	10		

制备 二甲基二硫代氨基甲酸钠中加入硫酸锌或氯化锌反应即得成品。

应用 二甲基二硫代氨基甲酸锌（福美锌）是一种二甲基二硫代氨基甲酸盐，于20世纪60年代首次在美国注册为农业杀菌剂，之后适用于涂料、石膏、帆布、地毯、木材等领域抗菌防霉。另外，亦作橡胶促进剂和鸟类或小型锯齿动物驱避剂。注意：与铁、铜、汞等不兼容。

实际应用参考：

专利CN103070183B《一种含有福美双和邻苯二甲酸二甲酯的高效、低毒复配驱鸟剂》，该发明配方中包含活性成分福美双和邻苯二甲酸二甲酯，其中福美双和邻苯二甲酸二甲酯的质量比为（4∶1）～（1∶20）。该复配驱鸟剂对鸟有很好的驱避效果。

福美双
(thiram)

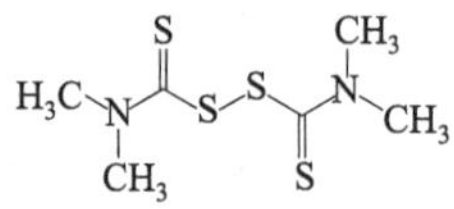

$C_6H_{12}N_2S_4$ 240.4 137-26-8

其他名称 TMTD、秋兰姆、二硫化四甲基秋兰姆

化学名称 四甲基秋兰姆二硫化物

IUPAC名 dimethylcarbamothioylsulfanyl *N*,*N*-dimethylcarbamodithioate

EC编码 [205-286-2]

理化性质 纯品为白色粉末。熔点144～146℃。蒸气压2×10^{-2}mPa（25℃）。分配系数$\lg K_{ow}=2.1$。相对密度1.36（20～25℃）。水中溶解度16.5mg/L（20～25℃）；有机溶剂中溶解度（20～25℃）：正己烷0.093g/L，二甲苯8.3g/L，甲醇1.91g/L，二氯甲烷164g/L，丙酮21.0g/L，乙酸乙酯8.53g/L。稳定性：在中性或碱性溶液中迅速分解。DT_{50}（25℃）68.5d（pH 5）、3.5d（pH 7）、<1d（pH 9）。$pK_a=8.19$。

毒性 雄大鼠急性经口LD_{50} 3700mg/kg。雌大鼠急性经口LD_{50} 1800mg/kg。水生生物：虹鳟鱼LC_{50}（96h）0.046mg/L。水蚤EC_{50}（48h）0.011mg/L。

抗菌防霉效果 福美双属于非特异性、多作用点杀菌剂，通过和参与丙酮酸氧化过程的二硫辛酸和二硫辛酸去氢酶中的硫氢基结合来抑制菌体内丙酮酸的氧化，而抑制孢子萌发和菌丝生长，具有广泛的抑菌活性。其抗菌数据见表2-162。

表2-162 福美双对一些微生物的最低抑制浓度（MIC）

微生物	MIC/(mg/L)	微生物	MIC/(mg/L)
黑曲霉	100	巨大芽孢杆菌	250
黄曲霉	50	大肠杆菌	100
变色曲霉	20	金黄色葡萄球菌	100
球毛壳霉	50	枯草杆菌	100
蜡叶芽枝霉	50	荧光假单胞杆菌	>1000

续表

微生物	MIC/(mg/L)	微生物	MIC/(mg/L)
橘青霉	50	铜绿假单胞菌	＞1000
宛氏拟青霉	50	酒精酵母	50
链格孢霉	50	白色念珠	100

制备　将仲胺、碱金属碳酸盐混合，加入 CS_2 等进行系列反应制得福美双。

应用　福美双是一种性能优良的农业杀菌剂，主要用于处理种子和土壤；福美双在橡胶工业中亦是天然橡胶的超速促进剂，也可作硫化剂；作为工业杀菌剂，可用于涂料、木材、纺织品、漆布及纸张等领域抗菌防霉防藻；亦作小型动物驱避剂。

实际应用参考：

专利 CN201710144014.4《一种能够高效抗菌的塑料剂》：四氯苯二腈 30～60 份、*N*-（三氯甲基硫代）邻苯三酰亚胺 15～25 份、四甲基秋兰姆二硫化物 25～50 份。该塑料杀菌剂能够提高塑料制品的抗菌性能，有效提升塑料制品的品质。

法规　欧盟化学品管理局（ECHA）根据指令 98/8/EC（BPD）或规则（EU）No 528/2012（BPR）提交了批准申请的所有活性物质/产品类型组合：PT-9（纤维、皮革、橡胶和聚合材料防腐剂），生物杀灭剂福美双申请目前处于审核进行之中。截至 2023 年 10 月，此项申请未能审核成功，已不再支持。

甲萘威
(carbaryl)

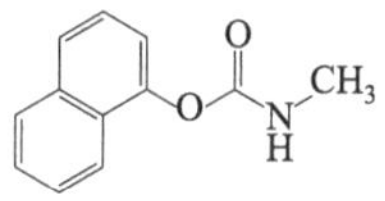

$C_{12}H_{11}NO_2$ 201.2 63-25-2

其他名称　西维因、NAC、卡巴立

化学名称　1-萘基-*N*-甲基氨基甲酸酯

IUPAC 名　naphthalen-1-yl *N*-methylcarbamate

EC 编码　[200-555-0]

理化性质　纯品为白色结晶固体（工业品略带灰色或粉红色）。熔点 145℃。蒸气压 4.1×10^{-2}mPa（23.5℃）。相对密度 1.232（20℃）。闪点 193℃。$\lg K_{ow}$ = 1.85。溶解性：水 120mg/L；丙酮 200～300g/mg，异丙醇 100g/mg，二甲苯 100g/mg（25℃）。稳定性：中性和微酸性环境中稳定，碱性介质中水解为 1-萘酚；对光和热稳定。

毒性　雄大鼠急性经口 LD_{50} 264mg/kg。雌大鼠急性经口 LD_{50} 500mg/kg。水生生物：虹鳟鱼 LC_{50}（96h）1.3mg/L。水蚤 EC_{50}（48h）0.006mg/L。

抗菌防霉效果　甲萘威对常见细菌、真菌、藻类等都有良好的杀生效果，是军用快速饮用水消毒剂和医用消毒剂。同时对工业循环冷却水中常见的细菌、藻类等都有良好的杀生效果，表 2-163 列举了甲萘威对铁细菌和硫酸盐还原菌的杀菌率。

表 2-164 为甲萘威与洗必泰对某石化总厂水中细菌的杀菌效果。

表 2-163　不同浓度甲萘威对铁细菌和硫酸盐还原菌杀灭效果

西维因浓度/$\times 10^{-6}$	铁细菌浓度/(个/ml)	杀菌率/%	硫酸盐还原菌浓度/(个/ml)	杀菌率/%
25	2.5×10^4	82.2	1.5×103	99.4
500	1.4×10^4	90.0	2.5×102	99.9
1000	1.1×10^3	99.4	45	99.98

表 2-164　甲萘威与洗必泰对某石化总厂水中细菌的杀菌效果（使用浓度 50mg/kg）

药剂名称		甲萘威	洗必泰
铁细菌	试验菌数/(cfu/mL)	4.5×10^3	4.5×10^3
	存活菌数/(cfu/mL)	0	2.5×10^3
	杀菌率/%	100	44.5
硫酸盐还原菌	试验菌数/(cfu/mL)	9.5×10^3	9.5×10^3
	存活菌数/(cfu/mL)	0.2×10^2	0.4×10^2
	杀菌率/%	91.5	95.8

制备　通过氨基甲酸乙酯和 1-萘酚合成甲萘威。

应用　甲萘威本身是一种农业杀菌剂，相关领域亦具有优良的杀菌和除藻效果。

实际应用参考：

可用若干个多孔塑料篮放上甲萘威固体于进水处，使甲萘威溶解至 25mg/L 左右，进入冷却水系统杀菌灭藻。另外，还可用于油田注水系统、造纸纸浆等的抗菌防腐。

威百亩
(metam)

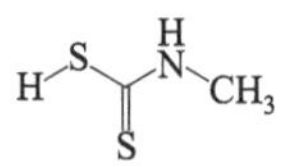

$C_2H_5NS_2$ 107.2 144-54-7

化学名称　甲基二硫代氨基甲酸

IUPAC 名　methylcarbamodithioic acid

EC 编码　[205-632-2]

威百亩钠（metham sodium）

其他名称　SMDC、甲基二硫代氨基甲酸钠

化学名称　甲氨基二硫代甲酸钠

IUPAC 名　sodium；*N*-methylcarbamodithioate

CAS 号　[137-42-8]、[6734-80-1]（二水合物）

EC 编码　[205-293-0]

分子式　$C_2H_4NNaS_2$，分子量 129.2

威百亩钾（metam potassium）

其他名称　甲基二硫代氨基甲酸钾

化学名称　甲氨基二硫代甲酸钾

IUPAC 名　potassium；*N*-methylcarbamodithioate

CAS 号　[137-41-7]

EC 编码　[205-292-5]

分子式　$C_2H_4KNS_2$，分子量 145.3

威百亩胺（metam-ammonium）

其他名称　安百亩

化学名称　铵甲基氨基二硫代甲酸盐

IUPAC 名　azanium；*N*-methylcarbamodithioate

CAS 号　[39680-90-5]

分子式　$C_2H_8N_2S_2$，分子量 124.2

理化性质

威百亩钾　40%水溶液，外观呈橙色至红色或黄色至绿色的液体，有轻微的硫黄味。沸点（101kPa）＞100℃。密度（25℃）1.23g/mL。凝固点＜－15℃。蒸气压（25℃）＜10mPa。闪点＞100℃（闭杯）。pH（100mg/L 水溶液）8～10。溶解性：溶于水和醇类。稳定性：酸性体系分解，与重金属接触可能形成有色反应物。

威百亩钠　纯品的二水合物为白色结晶。分解，无熔点，不挥发。$K_{ow}\lg P<1$（25℃）。相对密度 1.44（20℃）。溶解性（20℃）：水 722g/L；丙酮、乙醇、石油醚、二甲苯均小于 5g/L；难溶于大多数有机溶剂。稳定性：浓溶液较稳定，稀释后不稳定，遇酸和重金属能加速其分解。其溶液暴露于光线下 DT_{50} 1.6h（pH 7，25℃）。

毒性

威百亩钠　大鼠急性经口 LD_{50} 806mg/kg。小鼠急性经口 LD_{50} 285mg/kg。水生生物：蓝鳃翻车鱼 LC_{50}（96h）0.39mg/L。水蚤 LC_{50}（48h）2.3mg/L。藻类 EC_{50}（72h）0.56mg/L。

威百亩钾　大鼠急性经口 LD_{50} 630mg/kg。兔急性经皮 LD_{50}＞2000mg/kg（来源：BUCKMAN）。

抗菌防霉效果　威百亩主要通过分解成异硫氰酸甲酯而呈现广泛的抗菌作用，尤其对常见细菌有不错的抑制效果。具体可参见二甲基二硫代氨基甲酸钠。

制备　威百亩由甲胺、二硫化碳和氢氧化钠等原料制得。

应用　威百亩可作土壤杀真菌剂、杀线虫剂和除草剂，且有熏蒸作用，用量约为 155L（32.7%水溶液）/hm^2。工业领域主要是用于短期控制微生物污染。

法规　欧盟化学品管理局（ECHA）根据指令 98/8/EC（BPD）或规则（EU）No 528/2012（BPR）提交了批准申请的所有活性物质/产品类型组合：PT-9（纤维、皮革、橡胶和聚合材料防腐剂）、PT-11（液体制冷和加工系统防腐剂）。但截至 2023 年，此物质的两项审批均已失败，未通过。

2.9 吡啶衍生物及相关化合物

吡啶类化合物是一类含有吡啶环的有机化合物。吡啶环是一种六元杂环，由五个碳原子和一个氮原子组成。吡啶类化合物具有广泛的应用，例如用于医药、农药、染料、溶剂和催化剂等。

本节主要介绍2-羟基吡啶-*N*-氧化物、2-巯基吡啶-*N*-氧化物和8-羟基喹啉等工业杀菌剂，属于膜活性物质。

2-羟基吡啶-*N*-氧化物
(2-hydroxypyridine *N*-oxide)

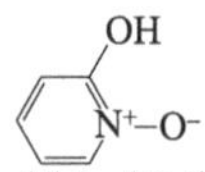

$C_5H_5NO_2$ 111.10 13161-30-3

化学名称　2-HOPO、1-氧代-2-羟基吡啶、1-hydroxypyridin-2-one

IUPAC名　2-hydroxypyridine 1-oxide

EC编码　[236-100-8]

理化性质　纯品白色结晶性粉末。熔点151℃。含量20%水溶液呈黄棕色液体。密度（20℃）1.135g/mL。折射率1.1389。pH 7～8。溶解性：溶于水和醇类。稳定性：强还原剂可将该化合物还原为2-羟基吡啶。

毒性　大鼠急性经口 LD_{50} 920mg/kg。

抗菌防霉效果　2-羟基吡啶-*N*-氧化物对大多数微生物均有不错的抑制效果，尤其对抑制细菌特别有效。其对部分微生物最低抑制浓度见表2-165。

表2-165　2-羟基吡啶-*N*-氧化物对常见微生物的最低抑制浓度（MIC）

微生物	MIC/(mg/L)	微生物	MIC/(mg/L)
枯草芽孢杆菌	0.1	产气肠杆菌	3.3
大肠杆菌	2.5	嗜酸乳杆菌	0.2
普通变形菌	1.8	铜绿假单胞菌	3.5
黏质沙雷氏菌	1.2	金黄色葡萄球菌	0.4
溶血性链球菌	0.2		

（来源：PYRION-CHEMIE）

制备　以2氯吡啶和双氧水为原料，在钨酸钠和硫酸催化下与氢氧化钠反应制得。

应用　2-羟基吡啶-*N*-氧化物可用作功能性流体的防腐剂和木材防腐剂。

8-羟基喹啉（oxine）
(8-hydroxyquinoline)

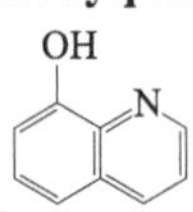

C_9H_7ON 145.16 148-24-3

其他名称　喹啉醇喔星（oxine）

化学名称　quinolin-8-ol

IUPAC 名　quinolin-8-ol

EC 编码　[205-711-1]

理化性质　白色或淡黄色晶体或结晶性粉末，露光变黑，有石炭酸气味。熔点 73～75℃。沸点 267℃。溶解性：几乎不溶于水 [0.52g/L 水（18℃），3.6g/L 水（90℃）]；溶于乙醇、丙酮、苯等有机溶剂；与盐酸、硫酸可形成水溶性盐。稳定性：升华。螯合剂。

8-羟基喹啉是既可以溶于强酸又可以溶于强碱的两性物质，在酸性条件下与氢离子结合，在碱性条件下电离成阴离子，因此在中性条件下其溶解度最小。8-羟基喹啉是含有氮原子及酚羟基的有机化合物，其中的氮原子和氧原子能与一些金属离子形成配位键，得到比较稳定的环状化合物。

毒性　大鼠急性经口 LD_{50} 730mg/kg。豚鼠急性经口 LD_{50} 1200mg/kg。路淑霞等研究表明，8-羟基喹啉及其衍生物都具有潜在的致癌、致畸、致突变的性质，对环境和人体健康会产生潜在的危害。

抗菌防霉效果　8-羟基喹啉（oxine）因具有两性，可与大多数金属离子发生络合反应，其硫酸盐与铜盐相互络合后具有一定的杀菌作用。

如表 2-166 所示，8-羟基喹啉是一种广谱型杀菌剂，但不利的溶解度和着色风险使其不能成为重要的杀微生物剂。

表 2-166　oxine 对一些微生物最低抑制浓度（MIC）

测试菌株	MIC/(mg/L)	微生物	MIC/(mg/L)
链格孢	5	金黄色葡萄球菌	20
黑曲霉	50	产气杆菌	15
出芽短梗霉菌	10	产气单胞菌	15
球毛壳	10	蕈状芽孢杆菌	35
支孢样支孢霉	5	枯草芽孢杆菌	7.5
粉孢革菌	7.5	大肠杆菌	100
灰绿青霉	10	变形杆菌	100
绿色木霉	50	铜绿假单胞菌	500
荧光假单胞菌	500		

制备　合成有喹啉磺化碱融、氯代喹啉水解、氨基喹啉水解和 Skraup 等方法。

应用　8-羟基喹啉（oxine）可作金属离子螯合剂。由于 8-羟基喹啉以及衍生物大多数具有生物活性，亦可作杀菌剂、消毒剂、防腐剂、防霉剂。

8-羟基喹啉硫酸盐

(8-hydroxyquinoline sulfate)

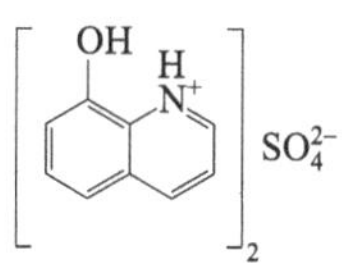

$C_{18}H_{16}N_2O_6S$ 388.4 134-31-6 12557-04-9（硫酸钾盐）

其他名称　喹诺苏、硫酸-8-羟基喹啉、硫酸羟基喹啉、硫酸羟喹啉

化学名称　双（8-羟基喹啉）硫酸盐

IUPAC 名　bis（8-hydroxyquinolinium）sulfate

INCI 名称　oxyquinoline，oxyquinoline

EC 编码　[205-137-1]

8-羟基喹啉硫酸盐一水合物（8-hydroxyquinoline sulfate monohydrate）

CAS 号　[207386-91-2]

EC 编码　[677-811-7]

IUPAC 名　8-hydroxyquinoline hemisulfate hemihydrate（ECHA）、quinolin-8-ol；sulfuric acid；hydrate（PubChem）

理化性质　羟基喹啉硫酸钾盐组成：英国药典委员会（BPC）认为羟基喹啉硫酸钾盐为8-羟基喹啉一水硫酸盐[$(C_9H_7NO)_2 \cdot H_2SO_4 \cdot H_2O$]（50.6%～52.6%）和硫酸钾($K_2SO_4$)（29.5%～32.5%）的等物质的量混合物，计算参考无水原料。但请注意，化学文摘（CA）用羟基喹啉硫酸钾盐代表8-羟基喹啉硫酸氢盐（酯）（[14534-95-3]）的钾盐。状态为黄白色固体，熔点172～184℃。溶解性：易溶于水；热的乙醇能将8-羟基喹啉硫酸盐溶解，但能留下硫酸钾；不溶于乙醚。稳定性：碱能使8-羟基喹啉游离出来，而游离的8-羟基喹啉能使重金属沉淀（刘长令等，2022）。

毒性　大鼠急性经口 LD_{50} 1250mg/kg。小鼠急性经口 LD_{50} 500mg/kg。

抗菌防霉效果　8-羟基喹啉硫酸盐对常见微生物有一定的抑制效果，可作内吸性杀真菌和杀细菌剂。

制备　以邻氨基苯酚为原料，经反应即制得目标物。

应用　8-羟基喹啉硫酸盐是一种强有力的金属螯合剂，能沉淀多种重金属；其作为防腐剂及消毒剂主要用于花卉、林业、医药、化工等方面。

实际应用参考：

专利CN103518708A《8-羟基喹啉硫酸盐鲜花保鲜液》发明其特征在于以质量计，物料配方为：糖30～150份，尿素3～4份，磷酸二氢钾30～50份，水1500～2000份，硝酸银0.1～0.2份，8-羟基喹啉硫酸盐0.1～0.2份，将糖，尿素、磷酸二氢钾、水、硝酸银、8-羟基喹啉硫酸盐溶于水中即得产品。

8-羟基喹啉铜（Ⅱ）

(copper 8-quinolinolate)

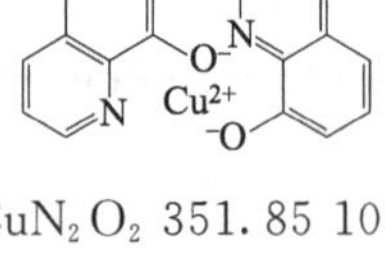

$C_{18}H_{12}CuN_2O_2$　351.85　10380-28-6

其他名称　oxine copper

化学名称　双（喹啉-8-羟基-O,N）铜

IUPAC名　bis(quinolin-8-olato-*O*,*N*)copper（Ⅱ）

EC编码　[233-841-9]

理化性质　含量接近100%（铜含量18%）。原药含量≥95%。外观橄榄绿色粉末。熔点：270℃以上分解。蒸气压4.6×10^{-5}mPa（25℃）（EECA4）。相对密度1.687（20℃）。$\lg K_{ow}=2.46$（蒸馏水，25℃）。溶解性：水1.04mg/L（20℃），己烷0.17mg/L，甲苯45.9mg/L，二氯甲烷410mg/L，丙酮27.6mg/L，乙醇150mg/L，乙酸乙酯28.6mg/L（20℃）。稳定性：在酸性和碱性溶液中稳定（pH 5～9）。$pK_a=4.29$（24.5℃）。

毒性　雄大鼠急性经口LD_{50} 585mg/kg。雄小鼠急性经口LD_{50} 1491mg/kg。水生生物：虹鳟鱼LC_{50}（96h）8.94μg/L。水蚤LC_{50}（48h）240μg/L。

国际癌症研究机构（IARC）将8-羟基喹啉铜（Ⅱ）对人类致癌性归为第三类，即现有证据尚不能就其对人类致癌性进行分类。

抗菌防霉效果　8-羟基喹啉铜（Ⅱ）对常见的细菌、霉菌以及酵母均有不错的抑制效果。其对一些微生物的最低抑制浓度见表2-167。

表2-167　8-羟基喹啉铜（Ⅱ）对一些微生物的最低抑制浓度（MIC）

微生物	MIC/(mg/L)	微生物	MIC/(mg/L)
黑曲霉	5	枯草杆菌	10
黄曲霉	5	巨大芽孢杆菌	2.5
变色曲霉	15	大肠杆菌	2.5
橘青霉	15	金黄色葡萄球菌	10
宛氏拟青霉	5	酒精酵母	5
腊叶芽枝霉	5	啤酒酵母	5
球毛壳霉	10		

制备　以8-羟基喹啉和铜盐为原料，经反应即制得目的物。

应用　8-羟基喹啉铜（Ⅱ）是一种铜离子杀菌剂，最早由D. Powell于1946年报道其杀菌活性。在农业生产中使用广泛，可用于预防和控制真菌引起的农业病害。

美国FDA允许非直接接触食品的包装中使用8-羟基喹啉铜（Ⅱ）。8-羟基喹啉铜（Ⅱ）还是一种常用的防腐防霉剂，可用于纺织品防霉和木材防腐或军用帆布、电线电缆方面的防霉，其使用量为0.2%。

实际应用参考：

翟炜等报道，8-羟基喹啉铜（Ⅱ）是一种防霉和防变色性能都很好的防腐剂，也是一种没有受到美国EPA限制的防腐剂，还被美国FDA批准可用于直接和食物接触的木材的防腐处理。8-羟基喹啉铜（Ⅱ）可以用作地面以上使用木材的防腐剂，也可以单独或与其他杀菌剂组合成新的防腐剂，如8-羟基喹啉铜（Ⅱ）可以和多菌灵或正辛基异噻唑啉酮组成复配药剂，还可以与$CrCl_3$络合组成防霉剂19。此外，8-羟基喹啉铜（Ⅱ）溶解在重油中组成的防腐剂，具有作为与土壤接触木材处理用防腐剂的潜力。

奥替尼啶盐酸盐
（octenidine dihydrochloride）

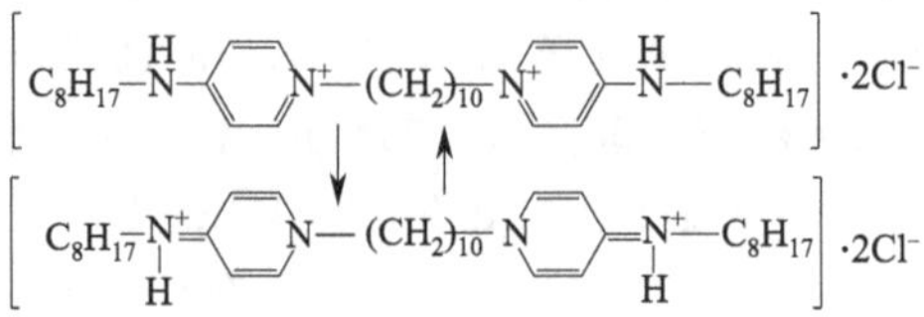

$C_{36}H_{62}N_4 \cdot 2HCl$ 623.80 70775-75-6

其他名称　奥克太啶、奥替尼啶、盐酸奥替尼啶

化学名称　*N*,*N*′-[1,10-亚癸基二-1(4*H*)-吡啶-4-亚基]双(1-辛胺)二盐酸盐

IUPAC 名　*N*,*N*′-(1,10-decanediyldi-1(4*H*)-pyridinyl-4-ylidene) bis(1-octanamine) dihydrochloride

INCI 名　octenidine HCl

EC 编码　[274-861-8]

理化性质　白色结晶性粉末，纯度≥98%。熔点 215～217℃。堆积密度 0.36～0.56g/cm^3。溶解性：溶于水。稳定性：测试表明，盐酸奥替尼啶在 pH 1.6～12.2 的范围内分子结构依然是稳定的，且对光线不敏感，配制成水溶液在 130℃条件下既不会失去消毒效果也不会降低疗效。

毒性　大鼠急性经口 LD_{50} 800mg/kg。小鼠急性经口 LD_{50} 933mg/kg（来源：舒美）。

抗菌防霉效果　作为一种阳离子活性物质，盐酸奥替尼啶容易结合带负电荷的细菌细胞壁和细胞膜，扰乱微生物至关重要的细胞功能，导致细菌死亡，其对革兰氏阳性菌、阴性菌和真菌都具有很好的抗菌作用，并且这种抗菌能力不受干扰物（如血液、黏液）影响。此外，盐酸奥替尼啶在皮肤表面有很强的残存效应，应用 24h 后仍可以观察到其抗菌效应。导致细菌对其他阳离子活性抗菌剂产生抗性的机理对盐酸奥替尼啶并不适用。因此，使用盐酸奥替尼啶作为抗菌剂不易产生耐药细菌，可以长期有效使用。

制备　吕加国等报道，由 4-辛氨基吡啶、癸二酸二乙酯等原料反应而得。

应用　奥替尼啶盐酸盐属于双吡啶胺类化合物，可作抗菌剂、表面活性剂。

该化合物被用于皮肤、黏膜和开放性伤口的杀菌消毒。1990 年，英国率先推出奥替尼啶的三种剂型：奥替尼啶伤口凝胶（0.05%奥替尼啶），奥替尼啶伤口冲洗液（0.05%奥替尼啶）和奥替尼啶洗涤化妆水（0.3%奥替尼啶）。

实际应用参考：

专利 CN111437276A《一种用于杀灭真菌或细菌的药物组合物》，该发明由奥替尼啶和/或其药理上可接受的盐与百里香酚和/或香芹酚组成，大大提高了百里香酚和/或香芹酚的抗菌效果，降低了两化合物有效抑菌浓度，降低了百里香酚和香芹酚的刺激性，扩大了百里香酚和香芹酚的应用范围。

吡啶硫酮

(pyridine-2-thiol-1-oxide)

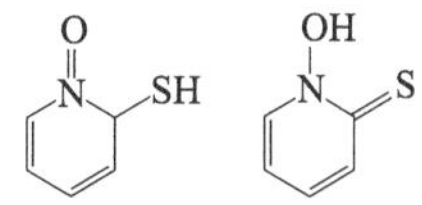

I　　　II

C_5H_5NOS 127.2 1121-31-9（Ⅰ）、1121-30-8（Ⅱ）(Pubchem)

化学名称　2-巯基吡啶-*N*-氧化物

IUPAC 名　1-hydroxypyridine-2-thione (Pubchem)、2-mercaptopyridine *N*-oxide (ECHA)

EC 编码　[214-329-4]（Ⅰ）、[214-328-9]（Ⅱ）

理化性质　纯品为类白色或微黄色粉末。熔点 69～72℃。沸点 253.8℃。相对密度 1.43。闪点 107.3℃。$\lg K_{ow}=-0.300$。稳定性：pH<4.5 时，吡啶硫酮在有氧和光照条件下不稳定。

毒性　小鼠急性经口 LD_{50} 535mg/kg。小鼠腹腔注射 LD_{50} 165mg/kg。小鼠皮下注射 LD_{50} 450mg/kg。小鼠静脉注射 LD_{50} 340mg/kg（来源：Pubchem）。

抗菌防霉效果　吡啶硫酮的抗菌防霉效果参考吡啶硫酮钠。

制备　2-氯吡啶经氧化、巯基化系列反应，再用酸调 pH 值制得目标物。

应用　吡啶硫酮在塑料、家化、纺织、木材、材料等领域可作抗菌防霉剂使用。

吡啶硫酮钠 (SPT)

(sodium pyrithione)

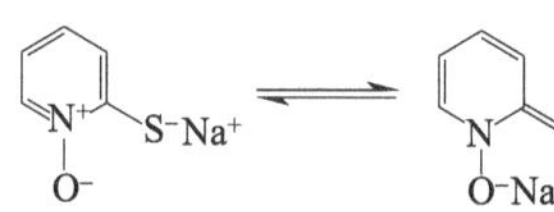

I　　　II

C_5H_4NOSNa 149.2 3811-73-2（Ⅰ）、15922-78-8（Ⅱ）

其他名称　奥麦丁钠、吡硫霉净、sodium pyrithione

化学名称　2-巯基吡啶-1-氧化钠盐

CAS 号　（Ⅰ）[3811-73-2]、（Ⅱ）[15922-78-8]（两种互变异构体的混合物）

IUPAC 名　sodium；1-oxidopyridine-2-thione

EC 编码　[223-296-5]（Ⅰ）、[240-062-8]（Ⅱ）

理化性质　纯品为白色或类白色粉末。熔点 250℃（分解）。pH（2%水溶液）8.0。溶解性（25℃）：水>500g/L，乙醇>150g/L，聚乙二醇>100g/L，异丙醇≈8g/L。

市售商品 40%制剂，呈淡黄色到黄褐色透明液体。沸点（101kPa）109℃。密度（25℃）1.27g/mL。蒸气压（25℃）25.27hPa。pH（4%水溶液，25℃）8.5～

10.5。溶解性：溶于水和醇类。稳定性：耐热 100℃，稳定性不少于 120h；在酸性条件下使用持效下降，溶液在 pH 4.5～9.5 之间稳定，低于 pH 4.5 转化为吡啶硫酮；高于 pH 9.5 缓慢转化为吡硫磺酸盐。

毒性 大鼠急性经口 LD_{50} 1500mg/kg。兔急性经皮 LD_{50} 1800mg/kg。水生生物：蓝腮翻车鱼 LC_{50}（96h）8.6mg/L；虹鳟鱼 LC_{50}（96h）7.3mg/L（40%制剂，来源：ARCH）。

抗菌防霉效果 张熠等报道，吡啶硫酮类化合物的杀菌机理如图 2-7 所示。吡啶硫酮类化合物作用于细菌细胞上，在外部环境 pH 不同的情况下，它的杀菌机理略有不同。当外部环境为酸性或者中性时，吡啶硫酮类化合物容易将 H^+ 带入细胞中，而将 K^+ 带出细胞外，发生 H^+ 与 K^+ 的交换；当外部环境为碱性时，吡啶硫酮类化合物容易将 Na^+ 带入细胞，而将 K^+ 与 Mg^{2+} 带出细胞外。离子梯度的改变使得细菌无法获取营养而最终被“饿死”，而吡啶硫酮类化合物在杀菌的同时自身并没有被消耗。

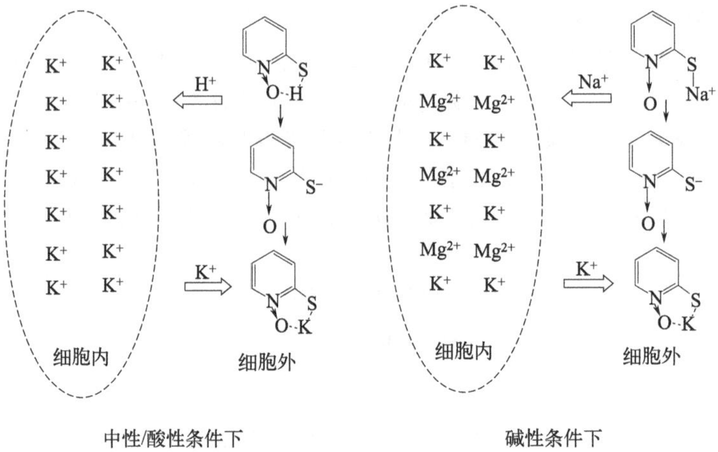

图 2-7 吡啶硫酮类化合物的杀菌机理

吡啶硫酮钠（SPT）对霉菌、细菌均有很好的抑制效果。其抗菌数据见表 2-168。

表 2-168 吡啶硫酮钠对一些微生物的最低抑制浓度（MIC）

微生物	MIC/(mg/L)	微生物	MIC/(mg/L)
黑曲霉	8	枯草杆菌	10
黄曲霉	10	巨大芽孢杆菌	10
变色曲霉	6	大肠杆菌	8
橘青霉	6	荧光假单胞杆菌	15
宛氏拟青霉	3	金黄色葡萄球菌	8
腊叶芽枝霉	3	酒精酵母	5
球毛壳霉	3	啤酒酵母	6

制备　以 2-氨基吡啶为起始原料，经乙酰化等系列反应得到 2-巯基氧化吡啶钠盐。

应用　吡啶硫酮钠（SPT）可用于日用化工，既防止产品的腐败霉变，又可止痒去屑；还可用于建筑涂料、胶黏剂、纺织品、皮革制品、造纸纸浆、金属加工液、水处理等领域杀菌防霉；亦可配制消毒剂和医用皮肤科用药等产品；同时亦是农业等行业的有效杀菌剂和优良的蚕用消毒剂。注意：必须特别注意着色风险。

法规　欧盟化学品管理局（ECHA）根据指令 98/8/EC（BPD）或规则（EU）No 528/2012（BPR）提交了批准申请的所有活性物质/产品类型组合：PT-2（不直接用于人体或动物的消毒剂和杀藻剂）、PT-6（产品在储存过程中的防腐剂）、PT-7（干膜防霉剂）、PT-9（纤维、皮革、橡胶和聚合材料防腐剂）、PT-10（建筑材料防腐剂）、PT-13（金属工作或切削液防腐剂），生物杀灭剂吡啶硫酮钠申请目前处于审核进行之中。

吡啶硫酮脲（PM）

2-(2-pyridyl)isothiourea-*N*-oxide hydrochloride]

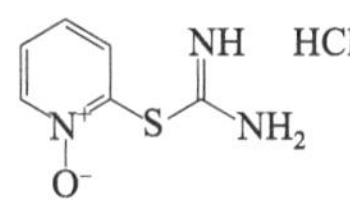

$C_6H_6ClN_3OS$ 205.70 2770-93-6

化学名称　2-（2-吡啶基）异硫脲-*N*-氧化物盐酸盐

IUPAC 名　(1-oxidopyridin-1-ium-2-yl)carbamimidothioate;hydrochloride(Pubchem)、*N*-oxo-1-(pyridin-2-ylsulfanyl)methanimidamide hydrochloride(ECHA)

EC 编码　[220-465-5]

理化性质　纯品为浅灰色或奶黄色粉末，略有微酸味。沸点（760mmHg）357.6℃。闪点 170.1℃。蒸气压（25℃）9.78×10^{-6}mmHg。熔点 157～159℃（分解）。溶解性：溶于水；微溶于甲醇、乙醇。稳定性：固体有一定升华作用。

毒性　小鼠急性经口 LD_{50} 970mg/kg。使用浓度范围内，对皮肤和眼睛无刺激性。

抗菌防霉效果　吡啶硫酮脲（PM）对霉菌、细菌均有很好的抑制效果。其对一些微生物的最低抑制浓度见表 2-169。

表 2-169　吡啶硫酮脲（PM）对一些微生物的最低抑制浓度（MIC）

微生物	MIC/(mg/L)	微生物	MIC/(mg/L)
黑曲霉	5	枯草杆菌	2
黄曲霉	2	巨大芽孢杆菌	2
变色曲霉	2	大肠杆菌	16
橘青霉	5	荧光假单胞杆菌	30
宛氏拟青霉	0.5	金黄色葡萄球菌	5
腊叶芽枝霉	0.5	铜绿假单胞杆菌	50
球毛壳霉	0.5		

制备 以卤代吡啶、氧化剂等为原料，进一步与硫脲在溶剂中缩合反应制得。

应用 吡啶硫酮脲（PM）可用于诸多工业领域，比如日化产品、涂料、皮革制品、工业循环冷却水、动植物标本保藏、文物保护等领域抗菌防霉；在医药领域，治疗脚气有特效；农业领域，亦作农作物杀菌剂、种子处理剂等。

实际应用参考：

专利 CN106727692A《一种皮肤抗菌喷剂及其制备方法》中纯胶银的规格为（20～280）$\times10^{-6}$（纳米银含量），吡啶硫酮脲水溶液的质量分数为 5%～15%，聚乙烯吡咯烷酮的质量分数为 1%～10%，将七份纯胶银、两份吡啶硫酮脲水溶液和一份聚乙烯吡咯烷酮混合即得成品。该发明具有皮肤抗菌止痒、见效快、安全性好等优点。

吡啶硫酮铜（CPT）
（copper pyrithione）

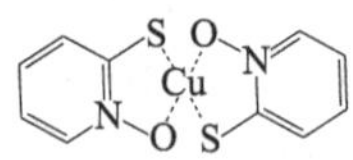

$C_{10}H_8N_2O_2S_2Cu$ 315.85 14915-37-8（Ⅰ）

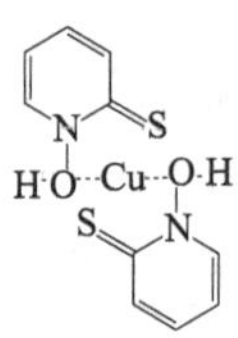

$C_{10}H_{10}N_2O_2S_2Cu$ 317.85 154592-20-8（Ⅱ）（Pubchem）

其他名称　CuPT、奥麦丁铜、2-巯基吡啶-*N*-氧化物铜盐

化学名称　1-氮氧化-2-巯基吡啶铜盐

IUPAC 名　copper；1-oxidopyridine-2-thione

EC 编码　[238-984-0]（Ⅰ）、[604-967-5]（Ⅱ）

理化性质 纯品为绿色粉末。沸点 253.8℃。熔点 282℃（分解）。$\lg K_{ow}=0.97$。堆积密度<0.35g/mL。pH（5%水悬液）6.0～9.0。溶解性：不溶于水和大多数有机溶剂；可溶于 DMF（*N*,*N*-二甲基甲酰胺）、DMSO（二甲基亚砜）。稳定性：对强氧化剂敏感；直接暴露于紫外线辐射导致缓慢分解。

毒性 大鼠急性经口 LD_{50} 1000～2000mg/kg。兔急性经皮 LD_{50}>2000mg/kg。水生生物：黑头呆鱼 LC_{50}（96h）0.0043mg/L。水蚤 EC_{50}（48h）0.022mg/L（来源：ARCH）。

抗菌防霉效果 吡啶硫酮铜（CPT）对霉菌、细菌和藻类均有很好的抑制效果。其对一些微生物的最低抑制浓度见表 2-170。

表 2-170　吡啶硫酮铜（CPT）对一些微生物的最低抑制浓度（MIC）

微生物	MIC/(mg/L)	微生物	MIC/(mg/L)
黑曲霉	20	枯草杆菌	8
黄曲霉	20	巨大芽孢杆菌	6
变色曲霉	18	大肠杆菌	8
橘青霉	8	荧光假单胞杆菌	18
宛氏拟青霉	8	金黄色葡萄球菌	6
腊叶芽枝霉	6	酒精酵母	6
球毛壳霉	6	啤酒酵母	8

制备　以可溶性吡啶硫酮钠盐与可溶性铜盐经过反应、过滤、干燥制得目标物。

应用　吡啶硫酮铜（CPT）广泛应用于涂料、胶黏剂和地毯等领域抗菌防霉；亦用于船舶防污漆，可以有效地防止甲壳生物、海藻以及水生物附着船壳板。

实际应用参考：

王科等报道，吡啶硫酮铜是一种金属螯合物，性质较为稳定，在水中的溶解度较低（<1mg/L），并且其毒性会随海水温度而变化，例如在 15～31℃范围内，对日本虎斑猛水蚤的半数致死浓度值随着温度的升高而降低。吡啶硫酮铜能够发生生物降解、化学水解和光降解反应，在人工海水（初始浓度为 50μg/L，pH 8）中的化学水解半衰期为 12.9d，在天然海水中的化学水解半衰期为 4d。吡啶硫酮铜更易发生光降解反应，以过滤氙弧灯（154W/m^2）为光源，其在人工海水中的半衰期仅为 29.1min。吡啶硫酮铜释放到海水中后，配位键断裂，分解为铜离子和羟基吡啶硫酮。铜离子的化学转变如前所述，羟基吡啶硫酮的化学转变如图 2-8 所示。羟基吡啶硫酮可再与金属离子形成复合物，而其稳定性取决于 pH 值、金属离子的种类和数量。羟基吡啶硫酮的化学转变产物均对光线非常敏感，如 1-氧-2-巯基吡啶（羟基吡啶硫酮的自由形态）经紫外线辐照后可形成羟基吡啶硫酮二聚体，并可被进一步氧化形成 1-氧-2-磺酸吡啶，其毒性已远低于母体化合物毒性。

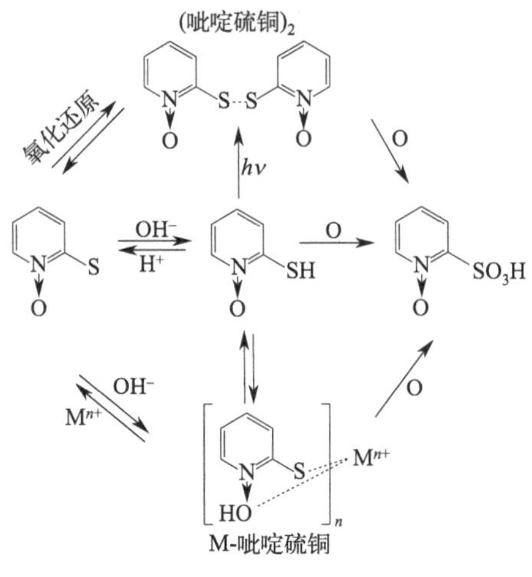

图 2-8　羟基吡啶硫酮的化学转变

法规 2015年6月25日，欧盟委员会发布法规（EU）2015/984，批准吡啶硫酮铜作为第21类（海洋防污剂）生物杀灭剂产品的活性物质。批准日期2016年10月1日，批准期满2028年6月30日，目前处于批准续展中。

吡啶硫酮锌（ZPT）
（zinc pyrithione）

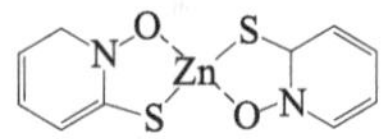

$C_{10}H_8N_2O_2S_2Zn$ 317.71 13463-41-7

其他名称 ZnPT、奥麦丁锌、吡硫鎓锌、吡噻旺锌

化学名称 1-氮氧化-2-巯基吡啶锌盐

IUPAC名 zinc；1-oxidopyridine-2-thione

EC编码 ［236-671-3］

理化性质 纯品为白色至类白色粉末。沸点262.0℃。熔点240℃（分解）。蒸气压1.33×10^{-4}Pa。堆积密度（25℃）0.35g/ml。$\lg K_{ow}=0.97$。pH（5%水悬液）6.5～8.5。溶解性（25℃）：几乎不溶于水和有机溶剂。稳定性：溶液在pH 4～8.5之间稳定，低于pH 3.5转化为巯基吡啶，高于pH 8.5可能转化为可溶性碱盐；热稳定性好，在100℃至少能稳定存在120h。铁和铜存在下都可能引起明显的着色。

毒性 大鼠急性经口LD_{50} 269mg/kg；兔急性经皮LD_{50}＞2000mg/kg。水生生物：虹鳟鱼LC_{50}（96h）3.2μg/L；水蚤EC_{50}（48h）34μg/L。

抗菌防霉效果 文献报道，吡啶硫酮锌（ZPT）作用于细菌细胞上，在不同酸碱度下杀菌机理稍有不同。通过消除细菌获取营养的离子梯度，使细胞最终被“饿死”，可见吡啶硫酮锌在杀死细菌的同时本身并未被消耗。具体参考吡啶硫酮钠。

吡啶硫酮锌对霉菌、细菌及酵母均有很好的抑制效果，其抗菌数据见表2-171。

表2-171 吡啶硫酮锌（ZPT）对一些微生物的最低抑制浓度（MIC）

微生物	MIC/(mg/L)	微生物	MIC/(mg/L)
金黄色葡萄球菌6538	4	粪链球菌19433	16
大肠杆菌9637	8	铜绿假单胞菌9721	512
肺炎克雷伯菌4352	8	镰刀菌	32
黑曲霉9642	8	出芽短梗霉菌9348	2
球毛壳霉6205	2	绿粘帚霉9645	64
嗜松青霉9644	2	白色念珠菌11651	2
糠秕孢子菌	4	橘色藻属	0.06
绿球藻属	8	伪枝藻属	0.5

（来源：ARCH，细菌10^6cfu/mL，真菌10^5cfu/mL）

制备 以2-氨基吡啶为起始原料合成吡啶硫酮锌。

应用 吡啶硫酮锌（ZPT）曾是洗发用品主要止痒去屑剂；亦可用于聚合物、

塑料、地毯纤维、黏合剂、密封剂等领域抗菌防霉；还可用于海洋钻井平台、船舶防污漆，防止甲壳生物、海藻以及水生物附着船壳板。注意：该活性物质添加可能导致材料变色。

实际应用参考：

王科等报道，该化合物吡啶硫酮锌（ZPT、ZnPT）对软污损海生物具有良好的防污活性，因此通常与 Cu_2O 或吡啶三苯基硼（PTPB）配合使用。吡啶硫酮锌也是一种金属螯合物，但其性质较不稳定，可与其他金属阳离子发生交换螯合反应。因此，当吡啶硫酮锌从含 Cu_2O 的防污涂料中释放出来后，会部分转变为 CuPT，如图 2-9 所示。与 ZnPT 相比，CuPT 的性质更为稳定，毒性更强，但其溶解度较低（$<1mg/L$）。ZPT 在水中的溶解度为 6mg/L，从自抛光型防污涂料中的渗出速率约为 $3\sim11\mu g/(cm^2 \cdot d)$，具有较低的吸附系数，不易被悬浮颗粒所吸附。ZPT 除能发生生物降解和化学水解反应外，更易发生光降解反应，其在人工海水中的化学水解半衰期大于 90d，在天然海水中的化学水解半衰期为 4d。以过滤氙弧灯为光源，ZPT 在人工海水中的半衰期仅为 17.5min，自然光照射下的半衰期更是小于 2min。Zn 作为微量元素，在生物代谢过程中发挥着重要作用，但浓度过高时却能降低鱼类的繁殖能力。总体来说，海洋环境对 Zn 的容忍度较高。

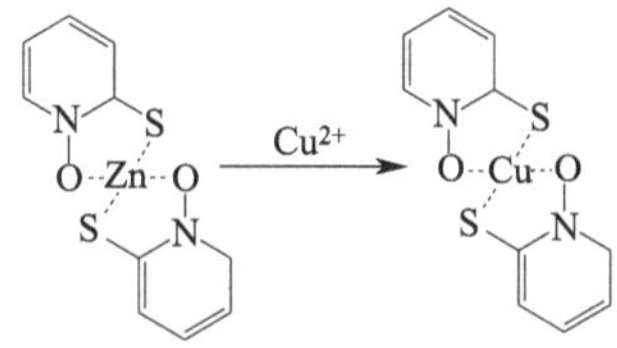

图 2-9　ZnPT 与 CuPT 的交换螯合反应

法规

① 欧盟化学品管理局（ECHA）根据指令 98/8/EC（BPD）或规则（EU）No 528/2012（BPR）提交了批准申请的所有活性物质/产品类型组合：PT-2（不直接用于人体或动物的消毒剂和杀藻剂）、PT-6（产品在储存过程中的防腐剂）、PT-7（干膜防霉剂）、PT-9（纤维、皮革、橡胶和聚合材料防腐剂）、PT-10（建筑材料防腐剂）、PT-21（海洋防污剂）。吡啶硫酮锌 PT-2 和 PT-10 的申请已不再支持，其他类型申请目前处于审核进行之中。

② 根据欧盟条例（EU）2021/1902，SCCS 在 2020 年 3 月的意见中得出结论，当吡啶硫酮锌用作冲洗头发产品中的抗头皮屑成分时，最高浓度可达 1%时，可以被认为是安全的。但是，由于尚未确定在冲洗掉的头发产品中没有合适的抗头皮屑成分的替代物质，因此应从法规（EC）No 1223/2009 附件Ⅲ的受限物质清单中删除吡啶硫酮锌，并从该法规附件Ⅴ的化妆品中允许的防腐剂清单中删除。并将其添加到法规（EC）No 1223/2009 附件Ⅱ中化妆品中禁止的物质清单中。自 2022 年 3 月 1 日开始生效，禁止添加到化妆品中。

③ 我国 2015 年版《化妆品安全技术规范》规定，吡啶硫酮锌（ZPT）在化妆

品中使用时的最大允许浓度为0.5%；使用范围和限制条件：淋洗类产品。

④ GB/T 35602—2017《绿色产品评价-涂料》规定：吡啶硫酮锌（ZPT）在涂料领域不得>1500×10^{-6}。实施日期为2018年7月1日。

吡啶三苯基硼（PTPB）
（pyridine-triphenylborane）

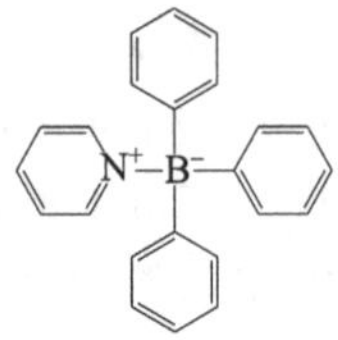

$C_{23}H_{20}BN$ 321.2 971-66-4

其他名称　borocide

化学名称　三苯基硼烷吡啶络合物

IUPAC名　pyridine triphenyl borane、pyridine - triphenylborane（1∶1）

EC编码　[690-733-8]

理化性质　白色微结晶粉末。沸点348℃。熔点240～270℃。蒸气压1.3×10^{-4}Pa。溶解性：水1.0mg/L。稳定性：吡啶三苯基硼易发生光降解作用，在人工海水中的光降解半衰期小于3h，分解产物为硼酸、苯酚、苯、联苯、二苯基硼氢氧化物、单苯基硼二氢氧化物等。其中，苯酚、苯和联苯的稳定性较高，二苯基硼氢氧化物和单苯基硼二氢氧化物的稳定性较差。

毒性　由于吡啶三苯基硼（PTPB）是单纯作为海洋防污剂来开发的，使用时间较短，其分解产物对海洋生态环境的影响还不明确。

抗菌防霉效果　吡啶三苯基硼（PTPB）对动物类污损海生物和硅藻具有良好的防污效果，从1995年开始它已经成为防污系统中的主要生物杀灭剂，其毒性机制尚不清楚。范会生等为研究吡啶三苯基硼对海洋生物的毒性影响，进行卤虫致死试验，得知吡啶三苯基硼毒性较强，且卤虫无节幼体死亡率随着吡啶三苯基硼质量浓度的升高而快速升高，即使在浓度很低时（如0.15mg/L），对卤虫无节幼体也有明显杀灭作用，在1.5mg/L时，死亡率达100%。在实验中吡啶三苯基硼对卤虫无节幼体24h的半数致死质量浓度为0.247mg/L，95%置信区间为0.202～0.306mg/L。

制备　以水性三苯基硼-NaOH加合物或三苯基硼-KOH加合物与吡啶反应制得。

应用　吡啶三苯基硼（PTPB）是一种广谱生物杀灭剂。自1960年以来就已知具有杀菌、抗真菌和防污等性能。日本北兴化学工业株式会社（Hokko Chemical Industry Co.，Ltd.）于1993年引入日本防污涂料市场。该化合物可以与氧化亚铜合用或单独用于海洋涂料防污剂，替代于2008年全面禁用的有毒有机锡化合物；亦可用于烯烃聚合反应，农用化学品，车用燃料添加剂，阻燃剂，金属清除等领域。

实际应用参考：

绝大多数的辅助防污剂需要与 Cu_2O 配合使用才能发挥良好的防污效果，但吡啶三苯基硼（PTPB）对动物类污损海生物和硅藻具有良好的防污效果，可不需要 Cu_2O 的存在，而与吡啶硫酮锌（ZnPT）或吡啶硫酮铜（CuPT）配合使用就可发挥良好的防污效果，因此，吡啶三苯基硼成为能够制备无铜防污涂料的有机防污剂。

吡罗克酮乙醇胺盐（PO）
（piroctone olamine）

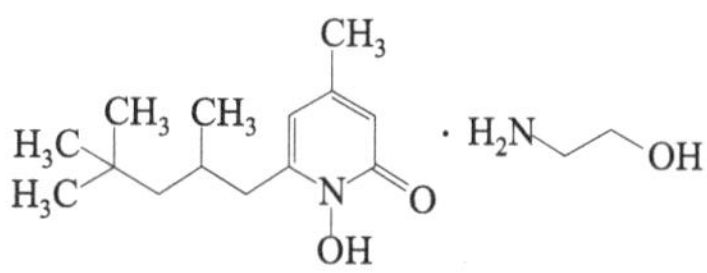

$C_{16}H_{30}N_2O_3$ 298.46 68890-66-4

其他名称　octopirox、去屑剂 OCT、羟吡酮、吡啶酮乙醇胺盐

化学名称　1-羟基-4-甲基-6-(2,4,4-三甲基戊基)-2(1*H*)-吡啶酮-2 氨基乙醇盐（1∶1）

IUPAC 名　1-hydroxy-4-methyl-6-(2,4,4-trimethylpentyl) pyridin-2(1*H*)-one-2-aminoethanol(1∶1)

EC 编码　[272-574-2]

吡罗克酮（piroctona）

CAS 号　[50650-76-5]

理化性质　白色或浅黄色的晶状粉末，很淡的特征气味。熔点 135～136℃。分解温度 235℃。蒸气压（25℃）0.00048Pa。$\lg K_{ow}=3.86$（20℃）。溶解性（20℃）：水 400mg/L；溶于乙醇等有机溶剂。稳定性：pH 5～9 之间稳定（来源：CLARIANT）。

毒性　大鼠急性经口 LD_{50} 8100mg/kg。小鼠急性经口 LD_{50} 5000mg/kg（来源：Farmaco，1998）。

抗菌防霉效果　吡罗克酮乙醇胺盐（OCT 或 PO）作为一种吡啶类化合物，其杀菌作用点是细胞膜，抑制底物如亮氨酸的运输，导致细胞膜改变，最终导致细胞破裂，从而起到抑菌杀菌效果。相对细菌而言，OCT 对真菌具有更好的抑菌效果，可以与铁（Ⅲ）离子形成络合物，抑制真菌的线粒体能量代谢，进而起到抑制和杀菌效果。

吡罗克酮乙醇胺盐有着广泛的抗菌作用，不仅能有效地杀死产生头屑的莽形酵母菌和正圆形酵母菌，同时还能有效地抑制革兰氏阳性、阴性菌以及各种真菌。去屑机理是通过杀菌、抑菌、抗氧化作用和分解氧化物等方法，从根本上阻断头屑产生的外部因素，有效地根治头屑，止头痒。其对常见微生物最低抑制浓度见表 2-172。

表 2-172　吡罗克酮乙醇胺盐（OTC 或 PO）对一些微生物的最低抑制浓度（MIC）

微生物	MIC/(mg/L)	微生物	MIC/(mg/L)
大肠杆菌	64	肺炎克雷伯菌	32
铜绿假单胞菌	>500	金黄色葡萄球菌	32
白色念珠菌	64	青霉菌	>500

（来源：Wallhaüsser，1984）

制备　4-甲基-6-(2,4,4-三甲基戊基)-2-吡喃酮为起始物系列反应制得目标物。

应用　宋杰等报道，吡罗克酮乙醇胺盐（OTC 或 PO）是赫司特（Hoechst）公司研制的去屑止痒产品，在国外已经应用了几十年，目前为止没有有关细胞毒性的报道。

吡罗克酮乙醇胺盐可用作防腐剂、抗真菌剂、去屑剂和祛味剂等，广泛应用于化妆品、医药卫生等领域。而作为其他功能性液体的防腐剂，吡罗克酮乙醇胺盐迄今尚未得到重视。注意：吡罗克酮乙醇胺盐可与多种阳离子表面活性剂（季铵盐）组分混合，在某些情况，这种复配还能增加该药剂的溶解度。

实际应用参考：

吡罗克酮乙醇胺盐具有抑制痤疮作用，对丙酸杆菌的最低抑制浓度（MIC）为 3～6μg/mL，相对于水杨酸（MIC>2000μg/mL）效果强很多倍，优于克林霉素（MIC 约 32μg/mL）和红霉素（MIC 约 64μg/mL）。实验发现，使用含有 0.3%吡罗克酮乙醇胺盐的乳剂 4 周后，皮脂中游离脂肪酸的含量降到 40%～45%，丙酸杆菌恢复正常水平。吡罗克酮乙醇胺盐适用于乳液、膏霜和啫喱等化妆品类型。

法规　根据欧盟化妆品条例（EC）No 1223/2009 规定：将吡罗克酮与吡罗克酮乙醇胺盐纳入附件五化妆品防腐剂清单中，用于冲洗产品时的限值为 1.0%；用于其他产品时的限值为 0.5%。国际上关于吡罗克酮乙醇胺盐使用法规见表 2-173。

表 2-173　国际上关于吡罗克酮乙醇胺盐使用法规

国家或地区	限值范围/%	使用范围
中国	1.0	淋洗类产品
	0.5	其他产品
欧盟	1.0	淋洗类产品
	0.5	驻留型产品
日本	0.05	水剂产品
	0.5～0.75	洗发水
	0.3	护发素产品
	0.05	作为防腐剂

双吡啶硫酮（BPT）

［2,2′-dithiobis(pyridine-1-oxide)］

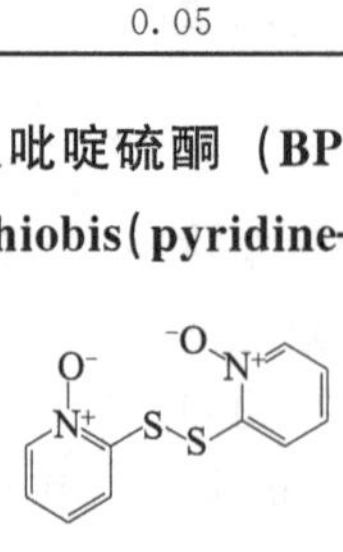

$C_{10}H_8N_2O_2S_2$ 252.32 3696-28-4

其他名称　双硫氧吡啶、奥麦丁二硫化物

化学名称　2,2′-二硫代二(吡啶-1-氧化物)

IUPAC 名　1-oxido-2-[(1-oxidopyridin-1-ium-2-yl) disulfanyl] pyridin-1-ium (Pubchem)

INCI 名　bispyrithione

EC 编码　[223-024-5]

理化性质　白色或类白色结晶粉末。微吸湿，带有淡淡的气味。熔点 203～205（℃）(分解)。pH（1%水溶液）约 7.0。溶解性（21℃）：水（pH 4.5）11.3g/L；乙醇 8.1g/L；丙酮 1.1g/L；氯仿 28.1g/L；正己烷<0.01g/L。稳定性：在盐溶液和乙酸溶液中稳定（生成可溶性酸性盐而不会断裂 S—S 键）；在碱性溶液中双硫键（S—S）会缓慢断裂，释放出 2-巯基吡啶氮氧化物碱性盐及一定量的吡啶硫酮亚磺酸。

毒性　雄大鼠急性经口 LD_{50} 1640mg/kg。雌大鼠急性经口 LD_{50} 1240mg/kg。

抗菌防霉效果　双吡啶硫酮（BPT）的抗菌活性是基于当双硫键断裂时释放出的吡啶硫酮的活性，其对杀灭真菌类和革兰氏阳性菌特别有效，抗菌数据见表 2-174。

表 2-174　40%双吡啶硫酮制剂对常见微生物的最低抑制浓度（MIC）

微生物	MIC/(mg/L)	微生物	MIC/(mg/L)
肺炎克雷伯氏菌	30.9	阴沟肠杆菌	27.8
大肠杆菌	24.8	嗜热脂肪芽孢杆菌	12.3
枯草芽孢杆菌	11.0	脓链球菌	10.9
表皮微球菌	9.7	金黄色葡萄球菌	9.6
索氏志贺氏菌	9.3	鼠伤寒沙门氏杆菌	8.4
烟曲霉	10.9	黑曲霉	9.3
青霉	6.3	犬小芽孢菌	6.3
须毛癣菌	6.2	新型隐球酵母	4.7
酿酒酵母	3.1	白念珠菌	3.1

（来自：Pyrion®-Disulfide）

制备　由原料 2-巯基吡啶-*N*-氧化物等反应而得。

应用　临床研究发现，双吡啶硫酮（BPT）具有抗肿瘤作用，与稀土苦味酸盐形成的配合物具有更优的抗肿瘤活性，还具有潜在的治疗急性肺损伤的抗炎药物可能性。

实际应用参考：

袁立新等报道，双吡啶硫酮（BPT）是目前在市场上去屑、止痒效果较佳的化学品之一。该化合物的分子结构与吡硫鎓锌（ZPT）类似，能有效杀灭卵状米糠疹癣菌、卵状芽孢菌及白色念珠球菌等多种真菌，ZPT 的去屑止痒效果稍差于 BPT，1% ZPT 能使头屑明显减少，而 BPT 在用量低至 0.2%即可达到良好的去屑效果。由于 BPT 对金属离子的敏感程度比 ZPT 低得多，因此，在香波中的颜色稳定性可大大提高，而且其脱脂能力弱，是去屑剂的一个新的发展方向。

乙氧基喹啉

(ethoxyquin)

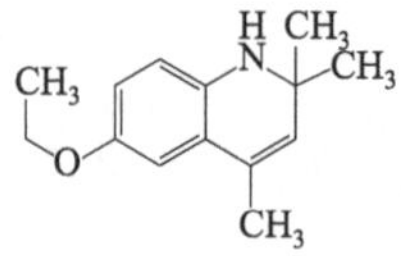

$C_{14}H_{19}NO$ 217.3 91-53-2

其他名称 乙氧喹啉、防老化剂 AN、抗氧喹、虎皮灵

化学名称 6-乙氧基-2,2,4-三甲基-1,2-二氢化喹啉

IUPAC 名 6-ethoxy-2,2,4-trimethyl-1*H*-quinoline

EC 编码 [202-075-7]

理化性质 浅褐色黏稠液体，稍有特异气味。沸点 123～125℃。相对密度 1.029。溶解性：不溶于水；溶于苯、乙醇等有机溶剂。稳定性：易受空气和光照影响而发生变化。其颜色随时间渐渐变为暗褐色，但不影响生物活性。

毒性 雄大白鼠急性经口 LD_{50} 3150mg/kg，小白鼠急性经口 LD_{50} 3000mg/kg。

抗菌防霉效果 乙氧基喹啉对常见微生物，特别对霉菌有较好的抑制效果。

制备 由对氨基苯乙醚与丙酮在催化剂作用下缩合而得。

应用 乙氧基喹啉可作食品、水果、饲料等抗氧化剂、保鲜剂和杀菌剂。

实际应用参考：

苹果和梨的保鲜剂量为 0.3mg/kg。保鲜方法可配成溶液直接喷洒或浸泡，也可以将本品配制成乳液后制成保鲜纸，包裹在水果的外面。保鲜期 6 个月，有效率 93%。

法规 UCN2022 年 10 月 31 日讯，欧盟委员会已正式将合成抗氧化剂乙氧基喹啉（ethoxyquin）列入禁用名单，除了欧盟进口鱼粉不得含有该物质外，任何投喂过含该物质饲料的农产品也被禁止。2022 年 8 月 5 日，欧盟委员会通过第 2022/1375 号法规，拒绝在所有动物养殖和食品类别中重新授权乙氧基喹啉的使用，数年来这款合成抗氧化剂的禁令得到延续保留。

2.10 唑类化合物

唑类杀菌剂是一类新的杀微生物剂，具有良好的毒性和低生态毒性。本节所述唑类化合物主要以三唑或咪唑类为主。

比如三唑类杀菌剂是作为植物和种子保护杀菌剂而开发的，抗菌机制主要基于抑制麦角甾醇的生物合成。它们具有相对较高的药效，而且具有选择性，同时对环境友好。后期研究发现，三唑类杀菌剂在控制木材腐朽真菌领域有特效，因此三唑类杀菌剂的应用领域，尤其在工业杀菌剂领域得到进一步拓展。

苯醚甲环唑
(difenoconazole)

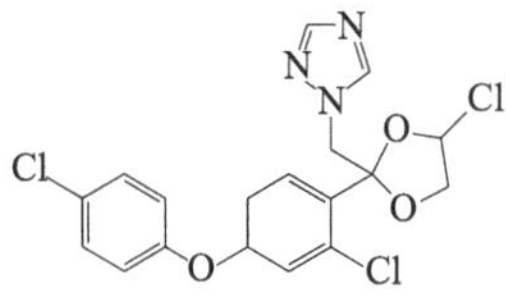

$C_{19}H_{17}Cl_2N_3O_3$ 406.3 119446-68-3

其他名称　恶醚唑

化学名称　顺,反-3-氯-4-[4-甲基-2-(1*H*-1,2,4-三唑-1-基甲基)-1,3-二噁戊烷-2-基]苯基 4-氯苯基醚

IUPAC 名　1-[2-[2-chloro-4-(4-chloro-phenoxy)-phenyl]-4-methyl[1,3]dioxolan-2-ylmethyl]-1*H*-1,2,4-triazole

EC 编码　[601-613-1]

理化性质　纯品为白色至米黄色结晶性固体。熔点 82.0～83.0℃。沸点 100.8℃（3.7mPa）。相对密度 1.40（20℃）。$\lg K_{ow}=4.4$（25℃）。溶解性：水中 15mg/L（25℃）；丙酮、二氯甲烷、甲苯、甲醇和乙酸乙酯＞500g/L，己烷 3g/L，辛醇 110g/L（25℃）。稳定性：在 150℃下仍稳定，不水解。$pK_a=1.1$。

毒性　大鼠急性经口 LD_{50} 1453mg/kg。雌小鼠急性经口 LD_{50}＞1000mg/kg。水生生物：虹鳟 LC_{50}（96h）1.1mg/L；蓝鳃翻车鱼 1.2mg/L；水蚤 EC_{50}（48h）0.77mg/L。

抗菌防霉效果　苯醚甲环唑主要为甾醇脱甲基化抑制剂，抑制细胞壁甾醇的生物合成，阻止真菌的生长。苯醚甲环唑对子囊菌纲、担子菌纲以及半知菌、白粉菌科、锈菌目及某些种传病原菌有持久的治疗作用。其抗菌数据见表 2-175。

表 2-175　苯醚甲环唑对一些微生物的最低抑制浓度（MIC）

微生物	MIC/(mg/L)	微生物	MIC/(mg/L)
黑曲霉	15	链格孢霉	2.5
黄曲霉	20	巨大芽孢杆菌	15
变色曲霉	20	大肠杆菌	10
球毛壳霉	1.0	金黄色葡萄球菌	15
蜡叶芽枝霉	2.5	枯草杆菌	15
橘青霉	80	荧光假单胞杆菌	80
宛氏拟青霉	10		

制备　以间二氯苯为原料经过酰化、醚化、溴化等系列反应制得苯醚甲环唑。

应用　苯醚甲环唑作为三唑类杀菌剂，可用于防治多种作物的多种真菌病害，瑞士先正达作物保护有限公司于 1999 年在农业上开始应用。工业领域可作涂料、木材以及高分子材料等工业领域防霉剂。

实际应用参考：

① 专利 CN201410854963《一种防虫面料及其制备方法》所述防虫整理液包括

下述质量份的组分：三氟氯氰菊酯 5～20 份、右旋苯醚菊酯 5～20 份、苯醚甲环唑 5～20 份、吡唑嘧菌酯 5～20 份、分散剂 10～20 份、水 100～200 份。

② 张斌等（2022）通过筛选有效成分，制得质量分数为 0.20％苯醚甲环唑、0.20％碘丙炔醇丁基氨甲酸酯、0.02％高效氯氟氰菊酯和 40.00％液体石蜡的木材保护复合制剂。该制剂兑水稀释 5 倍处理木材，木材中苯醚甲环唑和碘丙炔醇丁基氨甲酸酯单位面积含量均为 0.165g/m^2 时，室内防霉测试中霉菌侵染值为 0；稀释 10 倍处理木材，木材中高效氯氟氰菊酯载药量达 14.7g/m^3，白蚁蛀蚀完好值为 9.2，质量损失率为 2.6％。

丙环唑（PPZ）
（propiconazole）

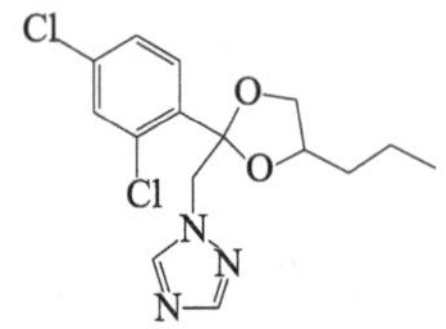

$C_{15}H_{17}Cl_2N_3O_2$ 342.2 60207-90-1

其他名称　敌力脱

化学名称　（±）1-[2-(2,4-二氯苯基)-4-丙基-1,3-二氧戊烷-2-基甲基]-1*H*-1,2,4-三唑

IUPAC 名　1-[[2-(2,4-dichlorophenyl)-4-propyl-1,3-dioxolan-2-yl] methyl]-1*H*-1,2,4-triazole

EC 编码　[262-104-4]

理化性质　原药为黄色黏稠液体，轻微的特征气味。熔点-23℃（玻璃化转变温度）。沸点 99.9℃（0.32Pa）。蒸气压（25℃）5.6×10^{-2}mPa。相对密度（20℃）1.29。$\lg K_{ow}$＝3.72（pH 6.6，25℃）。溶解性：水 100mg/L（20℃）；正己烷 47g/L；与乙醇、丙酮、甲苯和正辛醇（25℃）完全混溶。稳定性：高达 320℃稳定，无明显的水解。pK_a＝1.09，弱碱性。

毒性　大鼠急性经口 LD_{50} 1517mg/kg。小鼠急性经口 LD_{50} 1490mg/kg。大鼠急性经皮 LD_{50}＞4000mg/kg。水生生物：虹鳟鱼 LC_{50}（96h）4.3mg/L；水蚤 EC_{50}（48h）10.2mg/L。

抗菌防霉效果　丙环唑在分子结构中含有两个手性 C 原子，二者都有光学异构体。由于饱和五元环的存在，每个光学异构体都存在两种几何异构体（顺、反），这种独特的结构使其杀菌活性较高。就杀菌作用机制来看，丙环唑主要是通过干扰真菌类固醇生物合成和抑制麦角甾醇的形成，使大多数真菌缺乏麦角甾醇，导致细胞膜不可修复，从而达到使真菌死亡的目的。

丙环唑是一种广谱型杀菌剂，尤其对曲霉、青霉、木霉等大多数真菌有良好抑杀效果。丙环唑对一些微生物的最低抑制浓度见表 2-176。

表 2-176　丙环唑对一些微生物的最低抑制浓度（MIC）

微生物	MIC/(mg/L)	微生物	MIC/(mg/L)
黑曲霉	20	枯草杆菌	60
链格孢	100	巨大芽孢杆菌	60
橘青霉	65	大肠杆菌	30
宛氏拟青霉	20	荧光假单胞杆菌	1000
蜡叶芽枝霉	20	金黄色葡萄球菌	60
球毛壳霉	5	铜绿假单胞菌	1000
黄曲霉	40		

张景朋等通过抑菌圈测试探究了三种不同甲氧基丙烯酸酯类杀菌剂、碘丙炔醇丁基氨甲酸酯（IPBC）和 4,5-二氯正辛基-4-异噻唑啉-3-酮（DCOIT）对腐朽菌的抑制活性，以列入国家标准的药剂丙环唑为对照，进行室内耐腐测试，褐腐菌选用密黏褶菌，白腐菌选用彩绒革盖菌。5 种药剂对褐腐菌和白腐菌的抑菌圈试验结果分别如表 2-177 和表 2-178 所示。

表 2-177　不同药剂对褐腐菌的抑菌圈直径　　单位：mm

药剂	药液质量分数		
	0.01%	0.03%	0.10%
嘧菌酯 azoxystrobin	40.8	45.5	>49
醚菌酯 kresoxim-methyl	18.4	26.6	32.7
吡唑醚菌酯 pyraclostrobin	39.8	>49	>49
4,5-二氯正辛基-4-异噻唑啉-3-酮(DCOIT)	30.7	44.8	>49
碘代丙炔基丁基氨基甲酸酯(IPBC)	41.9	>49	>49
丙环唑 propiconazole	38.9	>49	>49

表 2-178　不同药剂对白腐菌的抑菌圈直径　　单位：mm

药剂	药液质量分数		
	0.01%	0.03%	0.10%
嘧菌酯 azoxystrobin	0	14.8	22.3
醚菌酯 kresoxim-methyl	0	0	0
吡唑醚菌酯 pyraclostrobin	25.8	47.9	>49
4,5-二氯正辛基-4-异噻唑啉-3-酮(DCOIT)	0	12.9	19.8
碘代丙炔基丁基氨基甲酸酯(IPBC)	26.4	38.2	>49
丙环唑 propiconazole	16.4	32.6	42.6

制备　专利 CN101323612 A《杀菌剂丙环唑的制备方法》。

应用　丙环唑是由比利时 Janssen 药物公司 20 世纪 70 年代末合成，后由瑞士 Ciba-Geigy 公司首先将其应用到农业上。目前丙环唑作为防霉剂已开始在木材、竹材、草藤制品、皮革、帆布、塑料、橡胶、合成纤维等方面得到应用。

实际应用参考：

Valcke 于 1989 年介绍了丙环唑（PPZ）在木材防腐中的应用潜力，试验结果显示，PPZ 对担子菌类（褐腐菌和白腐菌）和子囊菌类有很好的杀灭效果，对不同的树种和菌株其毒性极限在 220～490g/m^3 之间。2003 年，Darrel D. Nicholas 等将南方松（SYP）先用氨溶碳酸铜 ACC 处理，处理材气干后用 PPZ 进行二次处理。对处理材进行 100～118 个月的长期野外耐腐观察，结果表明，单独用铜处理的木材只有在高载药量下（以 CuO 计达到 10kg/m³）对耐铜菌有较好的防治效果，而经 PPZ 二次处理后，载药量达到 CuO 1.6kg/m³ 和 PPZ 0.7kg/m³ 及以上的木材不发生腐朽。

法规

① 2008 年，欧盟委员会发布法规（EU）2015/1609，批准丙环唑作为第 8 类（木材防腐剂）生物杀灭剂产品的活性物质。批准日期 2010 年 4 月 1 日，批准期满 2030 年 11 月 30 日。

② 2013 年，欧盟委员会发布法规 Regulation（EU）2023/2596，批准丙环唑作为第 9 类（纤维、皮革、橡胶和聚合材料防腐剂）生物杀灭剂产品的活性物质。批准日期 2015 年 6 月 1 日，批准期满 2025 年 5 月 31 日。

③ 2015 年，欧盟委员会发布法规（EU）2015/1758，批准丙环唑作为第 7 类（干膜防霉剂）生物杀灭剂产品的活性物质。批准日期 2016 年 12 月 1 日，批准期满 2026 年 11 月 30 日。

粉唑醇
（flutriafol）

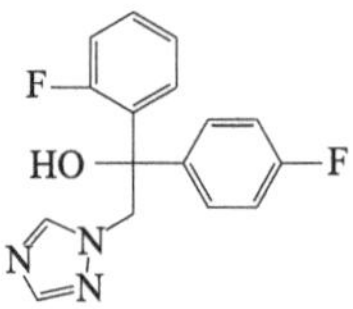

$C_{16}H_{13}F_2N_3O$ 301.3 76674-21-0

化学名称 (*RS*)-2,4′-二氟-*a*-(1*H*-1,2,4-三唑-1-基甲基)二苯基甲醇

IUPAC 名 1-(2-fluoro-phenyl)-1-(4-fluoro-phenyl)-2-[1,2,4]triazol-1-yl-ethanol

EC 编码 [616-367-0]、[687-648-3]

理化性质 纯品为白色晶体。熔点 130℃。蒸气压 7.1×10^{-6} mPa（20℃）。相对密度 1.17（20℃）。$\lg K_{ow}=2.3$（20℃）。溶解性（20℃）：水 130mg/L（pH 7）；丙酮 190g/L；二甲苯 12g/L；甲醇 69g/L；二氯甲烷 150g/L；己烷 0.3g/L。

毒性 雄大鼠急性经口 LD_{50} 1140mg/kg。雌大鼠急性经口 LD_{50} 1480mg/kg。兔急性经皮 LD_{50} >2000mg/kg。水生生物：虹鳟鱼 LC_{50}（96h）61mg/L；水蚤 LC_{50}（48h）78mg/L。

抗菌防霉效果 粉唑醇主要通过抑制麦角甾醇的生物合成，导致真菌细胞壁破裂和菌丝的生长受抑。其有着广泛的抗菌作用，比如担子菌和子囊菌，尤其对木材变色真菌有特效。粉唑醇对一些微生物的最低抑制浓度见表 2-179。

表 2-179 粉唑醇对一些微生物的最低抑制浓度（MIC）

微生物	MIC/(mg/L)	微生物	MIC/(mg/L)
黑曲霉	10	橘青霉	20
黄曲霉	20	宛氏拟青霉	80
变色曲霉	20	链格孢霉	2.5
球毛壳霉	5	蜡叶芽枝霉	20

王丽等研究发现，粉唑醇对木材腐朽菌和霉菌，如白腐菌（彩绒革盖菌）、褐腐菌（密黏褶菌）、黑曲霉均表现出良好的抑菌活性，但发现对其他一些霉菌，如绿色木霉没有抑菌活性。具体见表 2-180。

表 2-180　粉唑醇抑菌实验结果

化合物	质量分数/%	菌种生长直径/mm		抑菌圈直径/mm	
		彩绒革盖菌	密黏褶菌	绿色木霉	黑曲霉
粉唑醇	0.5	17.9	33.7	—	20.6
	1.0	12.2	25.1	—	28.5
	1.5	未生长	19.3	—	32.7
	2.0	未生长	13.2	—	38.2

制备　格氏试剂法，由二苯基卤代乙醇与 1,2,4-三唑钠反应制得粉唑醇。

应用　粉唑醇 1980 年被英国捷利康公司合成并发现具有良好的杀菌活性，由于其分子结构上带有氟原子，更显示出强的杀菌活性，该化合物 1983 年商品化。作为三唑类杀菌剂，可作木材、竹材制品的防腐和变色控制；本身亦是重要的农业杀菌剂。

氟环唑（EPO）
(epoxiconazole)

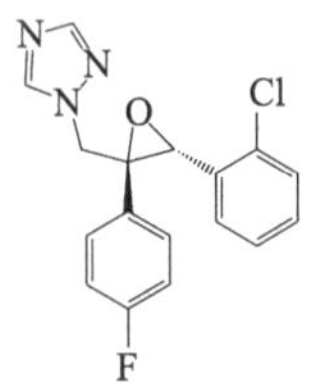

$C_{17}H_{13}ClFN_3O$ 329.8 133855-98-8

其他名称　环氧菌唑

化学名称　(2*RS*,3*SR*)-1-[3-(2-氯基苯)-2,3-环氧-2-(4-氟苯基)丙基]-1*H*-1,2,4-三唑

IUPAC 名　(2*RS*,3*RS*)-3-(2-chlorophenyl)-2-(4-fluorophenyl)-[(1*H*-1,2,4-triazol-1-yl)methyl]oxirane

EC 编码　[406-850-2]

理化性质　原药是（2*R*，3*S*-2*S*，3*R*）对映体。无色结晶状。熔点 136.2～137℃。蒸气压＜0.01mPa（20℃）。相对密度 1.384（室温）。$\lg K_{ow}=3.33$（pH 7）。溶解性（20℃）：水 6.63mg/L；丙酮 14.4g/100mL；二氯甲烷 29.1g/100mL。稳定性：在 pH 7 和 pH 9 条件下 12d 不分解。

毒性　大鼠急性经口 LD_{50}＞5000mg/kg。大鼠急性经皮 LD_{50}＞2000mg/kg。水生生物：虹鳟鱼 LC_{50}（96h）2.2～2.4mg/kg；水蚤 LC_{50}（48h）8.7mg/L。

抗菌防霉效果　氟环唑（EPO）是一种内吸性三唑类杀菌剂，其通过抑制病菌麦角甾醇的合成，阻碍病菌细胞壁的形成而致效。其抗菌数据见表 2-181。

表 2-181　氟环唑对一些微生物的最低抑制浓度（MIC）

微生物	MIC/(mg/L)	微生物	MIC/(mg/L)
黑曲霉	10	橘青霉	50
黄曲霉	50	宛氏拟青霉	100～500
变色曲霉	5	链格孢霉	10
球毛壳霉	5	蜡叶芽枝霉	50

张斌等相关杀菌剂室内抑菌测试报道：测试杀菌剂有氟环唑（FCZ）、戊唑醇（TEB）、丙环唑（PPZ）、苯醚甲环唑（DCZ）；测试菌株有木材腐朽菌（褐腐菌、密黏褶菌、白腐菌、彩绒革盖菌）、木材变色菌（可可球二孢）以及木材混合霉菌（黑曲霉、木霉、青霉）；相关结果详见表 2-182。

表 2-182　各杀菌剂的室内抑菌效果

杀菌剂	质量浓度/(mg/L)	抑菌圈大小/mm			
		彩绒革盖菌	密黏褶菌	可可球二孢	混合霉菌
FCZ	200.0	>45.0	>45.0	0	0
TEB	200.0	>45.0	>45.0	0	0
PPZ	200.0	>45.0	>45.0	0	0
DCZ	200.0	>45.0	>45.0	11.4	0

制备　以过氧酸、双氧水等为原料，再与 1*H*-1,2,4-三唑缩合反应制得氟环唑。

应用　氟环唑（EPO）是巴斯夫公司于 1985 年创制的一种三唑类农业杀菌剂，分子中具有环氧乙烷的特征结构，亦用于皮革、塑料、纺织品、木材等领域的防霉。

咯菌腈

(fludioxonil)

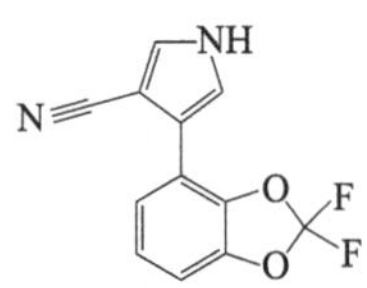

$C_{12}H_6F_2N_2O_2$ 248.19 131341-86-1

其他名称　咯菌酯、氟咯菌腈、适乐时

化学名称　4-(2,2-二氟-1,3-苯并二氧杂环戊烯-4-基)-1*H*-吡咯-3-甲腈)

IUPAC 名　4-(2,2-difluoro-1,3-benzodioxol-4-yl)-1*H*-pyrrole-3-carbonitrile

EC 编码　[603-476-3]

理化性质　纯品为无色无味晶状固体。熔点 199.8℃。相对密度 1.54（20℃）。蒸气压 3.9×10^{-4}mPa（25℃）。$\lg K_{ow}=4.12$（25℃）。溶解性：水 1.8mg/L（25℃）；丙酮 190g/L，乙醇 44g/L，甲苯 2.7g/L，正辛醇 20g/L，正己烷 0.01g/L（25℃）。稳定性：在 pH 5～9 条件下不易发生水解（25℃）。水中光解 DT_{50} 9～10d（自然光下）。

毒性　大鼠急性经口 LD_{50} ＞5000mg/kg。大鼠急性经皮 LD_{50} ＞2000mg/kg。水生生物：虹鳟鱼 LC_{50}（96h）0.23mg/L；水蚤 LC_{50}（48h）0.40mg/L。

抗菌防霉效果　咯菌腈作用机制为抑制与葡萄糖磷酰化相关的转移，影响病原菌正常生长和代谢，最终导致病原菌生长受阻甚至死亡；同时可以阻碍蛋白质与核酸两者的合成，细胞正常的生物氧化过程被阻扰。

该化合物对子囊菌、担子菌和半知菌等具有良好的抑制作用，对真菌性病害具有专一性阻碍克制作用。

制备　以 4-醛基-2,2-二氟苯并[1,3]间二氧杂环戊烯、KOH 等为原料制得咯菌腈。

应用　咯菌腈是一种五元含氮杂环结构的重要杀菌剂，农业上可作为种衣剂，一度获得市场的广泛认可，亦作涂料、木材、塑料、纺织等领域抗菌防霉。

法规　2017 年，欧盟生物杀灭剂产品委员会（BPC）发布法规（EU）2017/2003，批准咯菌腈作为第 7 类（薄膜防腐剂）、第 9 类（纤维、皮革、橡胶和聚合材料防腐剂）和第 10 类（建筑材料防腐剂）生物杀灭剂产品的活性物质。批准日期 2018 年 4 月 1 日，批准期满 2028 年 3 月 31 日。

环丙唑醇
（cyproconazole）

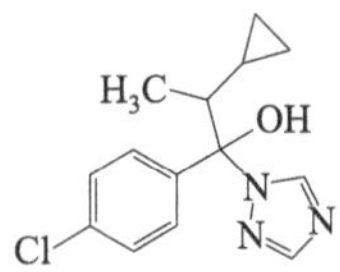

$C_{15}H_{18}ClN_3O$ 291.8 94361-06-5

其他名称　环唑醇

化学名称　2-(4-氯苯基)-3-环丙基-1-(1*H*-1,2,4-三唑-1-基)丁-2-醇

IUPAC 名　2-(4-chlorophenyl)-3-cyclopropyl-1-(1,2,4-triazol-1-yl)butan-2-ol

EC　编码　[619-020-1]

理化性质　原药为两种非对映异构体的混合物（比例大约 1∶1），无色固体。熔点 106.2～106.9℃。沸点＞250℃。蒸气压 2.6×10^{-2} mPa（25℃）。相对密度 1.25。闪点：360℃以下无反应。$\lg K_{ow}=3.1$。溶解性：水 93mg/L（22℃）；丙酮 360g/L，乙醇 230g/L，甲醇 410g/L，二甲苯 120g/L，乙酸乙酯 240g/L，二氯甲烷 430g/L，辛醇 100g/L（25℃）。稳定性：大约 115℃开始氧化分解，之后大约 300℃开始热分解。pH 4 及 pH 9，50℃时对水解稳定 5d。在 pH 3.5～10 范围内无酸特性或碱特性。

毒性　雄大鼠急性经口 LD_{50} 350mg/kg。雌大鼠急性经口 LD_{50} 1333mg/kg。水生生物：虹鳟鱼 LC_{50}（96h）19mg/L；蓝腮翻车鱼 LC_{50} 21mg/L；水蚤 LC_{50}（48h）26mg/L。

抗菌防霉效果　环丙唑醇作为甾醇脱甲基化抑制剂，通过抑制病原菌甾醇生物合成中细胞色素 P450 的 C_{14} 去甲基过程，阻碍真菌细胞壁的形成。其抗菌数据见

表 2-183。

表 2-183 环丙唑醇对一些微生物的最低抑制浓度（MIC）

微生物	MIC/(mg/L)	微生物	MIC/(mg/L)
黑曲霉	50	链格孢霉	20
黄曲霉	100～500	金黄色葡萄球菌	400
变色曲霉	100	枯草杆菌	200
球毛壳霉	5	荧光假单胞杆菌	200
蜡叶芽枝霉	20	啤酒酵母	200
橘青霉	100		

制备 专利 CN101565406 B《环唑醇的制备工艺》。

应用 1986 年，U. Gisi 等在英国布赖顿植保会议上报道了环丙唑醇。1988 年，环丙唑醇由山道士公司首先在法国和瑞士上市，商品名为 Alto，用于谷物。2016 年 9 月 18 日，江苏丰登作物保护股份有限公司 95％环丙唑醇原药和 40％环丙唑醇悬浮剂获得正式登记，标志着环丙唑醇进入中国农业杀菌剂市场。

作为木材防腐剂，目前已被列入美国木材保护协会（AWPA）标准。其中，三唑类杀菌剂主要有丙环唑（PPZ）、戊唑醇（TEB）及环丙唑醇（CY）。

实际应用参考：

环丙唑醇（CY）用于木材防腐剂比 PPZ 和 TEB 晚，2010 年 Leithoff 对一种名为 EVIPOL® 的 CY 商业制剂处理材的耐腐性能进行了测试，室内和野外的耐久性试验结果均表明，其对白腐和褐腐菌亦具有很好的防治效力。且其载药量为 0.04kg/m^3 时便能对处理材提供长期的保护。

法规 2014 年，欧盟生物杀灭剂产品委员会（BPC）发布法规（EU）438/2014，批准环丙唑醇作为第 8 类（木材防腐剂）生物杀灭剂产品的活性物质。批准日期 2015 年 11 月 1 日，批准期满 2020 年 11 月 1 日，现已过期。

己唑醇（HEX）
（hexaconazole）

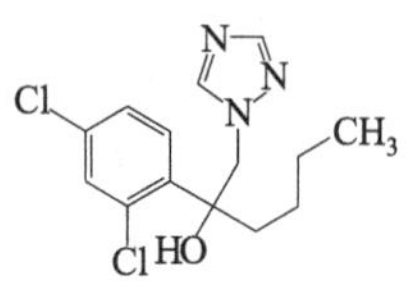

$C_{14}H_{17}Cl_2N_3O$ 314.2 79983-71-4

化学名称 (*RS*)-2-(2,4-二氯苯基)-1-(1*H*-1,2,4-三唑-1-基)-己-2-醇

IUPAC 名 (*RS*)-2-(2,4-dichlorophenyl)-1-(1*H*-1,2,4-triazol-1-yl)hexan-2-ol

EC 编码 [413-050-7]、[616-763-3]

理化性质 纯品为无色晶体。熔点 111℃。蒸气压 0.018mPa（20℃）。$\lg K_{ow}=3.9$（20℃）。密度 1.29g/cm^3（25℃）。溶解性（20℃）：水 17mg/L；二氯甲烷 336g/L；丙酮 164g/L；甲醇 246g/L；甲苯 59g/L；乙酸乙酯 120g/L；己烷 0.8g/L。稳定性：室温放置至少 6 年稳定；水中对水解和光解稳定。

毒性　雄大鼠急性经口 LD_{50} 2189mg/kg。雌大鼠急性经口 LD_{50} 6071mg/kg。水生生物：虹鳟鱼 LC_{50}（96h）3.4mg/L。水蚤 LC_{50}（48h）2.9mg/L。

抗菌防霉效果　己唑醇（HEX）的抑菌活性基团三唑环进入到菌体内与铁卟啉中心铁原子进行配位，阻碍铁卟啉铁氧络合物的形成，从而抑制麦角甾醇的合成，最终导致菌体因细胞膜损伤而死亡，达到杀菌的目的。

己唑醇具有广泛的抗菌作用，能有效地防治子囊菌、担子菌和半知菌所致的病害。己唑醇对一些微生物的最低抑制浓度见表 2-184。

表 2-184　己唑醇对一些微生物的最低抑制浓度（MIC）

微生物	MIC/(mg/L)	微生物	MIC/(mg/L)
黑曲霉	40	橘青霉	50
黄曲霉	100	宛氏拟青霉	20
变色曲霉	40	链格孢霉	5
球毛壳霉	5	蜡叶芽枝霉	15

王蓓以木材防腐剂戊唑醇（TEB）、己唑醇（HEX）为测试药剂，选取白腐菌（彩绒革盖乳白耙齿菌）、褐腐菌（密黏褶菌、绵腐卧孔菌）和霉菌（黑曲霉、绿色木霉）作为实验菌株，比较它们的抑菌活性，检测目标化合物的抑菌性能，其抑菌效果见表 2-185。其中，木腐菌只在培养皿中间生长，无抑菌圈出现，故选择菌种的生长直径表示抑菌强弱；而霉菌活性较强，生长铺满整个培养皿，有明显的抑菌圈出现，故用抑菌圈直径表示抑菌作用强弱。

表 2-185　目标化合物的抑菌实验结果

化合物	质量分数/%	菌种生长直径/mm				抑菌圈直径/mm	
		彩绒革盖菌	乳白耙齿菌	密黏褶菌	绵腐卧孔菌	黑曲霉	绿色木霉
戊唑醇(TEB)	0.5	17.67	13.08	14.00	18.20	17.58	12.39
	1.0	13.50	11.60	未生长	15.50	25.60	18.20
	1.5	未生长	未生长	未生长	11.10	31.75	26.80
	2.0	未生长	未生长	未生长	未生长	37.96	30.90
己唑醇(HEX)	0.5	14.04	12.20	13.02	未生长	13.56	—
	1.0	11.16	10.40	未生长	未生长	20.60	13.48
	1.5	未生长	未生长	未生长	未生长	27.48	17.60
	2.0	未生长	未生长	未生长	未生长	33.30	25.56

制备　欧洲专利《EP 0110536，1983-10-182》。

应用　己唑醇（HEX）是英国捷利康公司研制开发的三唑类杀菌剂，于 1980 年申请专利。本身是一种重要的农业杀菌剂。工业领域亦可用于纺织品、塑料、涂料、皮革、帆布、木材、草藤制品等方面的抗菌防霉。

甲硝唑

(metronidazole)

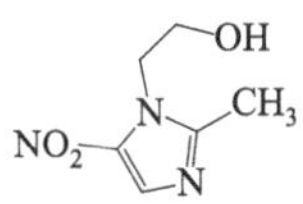

$C_6H_9N_3O_3$ 171.16 443-48-1

其他名称　甲硝哒唑、灭滴灵、1-(2-羟乙基)-2-甲基-5-硝基咪唑

化学名称　2-甲基-5-硝基咪唑-1-乙醇

IUPAC 名　2-(2-methyl-5-nitroimidazol-1-yl)ethanol

EC 编码　[207-136-1]

理化性质　本品为 2-甲基-5-硝基咪唑-1-乙醇，按干燥品计算，含 $C_6H_9N_3O_3$ 不得少于 99.0%［《中国药典》（2015 年版）］。纯品为白色或微黄色结晶粉末，微臭，味苦而略咸。熔点 158～160℃。蒸气压（25℃）3.1×10^{-7}mmHg。pH（饱和水溶液）5.8。$\lg K_{ow}=-0.02$。溶解性（20℃）：水 1.0g/100mL；乙醇 0.5g/100mL；微溶于二甲基甲酰胺。稳定性：当加热分解时，会放出一氧化碳、二氧化碳和氮氧化物的有毒烟雾。$pK_a=2.38$。

毒性　小鼠急性经口 LD_{50} 3800mg/kg。大鼠急性经口 LD_{50} 3000mg/kg。水生生物：水蚤 EC_{50}（静态，48h）$>1000\times10^{-6}$。虹鳟鱼 LC_{50}（静态，96h）$>100\times10^{-6}$。

抗菌防霉效果　甲硝唑几乎对所有的革兰氏阴性厌氧杆菌、芽孢梭菌属和某些革兰氏阳性厌氧球菌有较高的活性，但对丙酸杆菌、乳酸杆菌、真杆菌等革兰氏阳性厌氧杆菌无明显作用。甲硝唑对部分厌氧微生物的最低抑制浓度见表 2-186。

表 2-186　甲硝唑对厌氧微生物的最低抑制浓度（MIC）

微生物	MIC/(mg/L)	微生物	MIC/(mg/L)
破伤风芽孢杆菌	0.01	碱性费氏球菌属	0.03
腐败梭菌	0.03	需氧细菌	>1000
梭菌属	0.03		

制备　甲硝唑以 2-甲基咪唑为原料反应而得。

应用　20 世纪 60 年代发现甲硝唑具有抗厌氧菌作用，临床实践证明，其效果显著，现在已是世界上公认的抗厌氧菌首选药物。美国、英国等药典均有收载，我国 1985 年版药典已正式收载。医疗行业主要用于治疗或预防厌氧菌引起的系统或局部感染。工业领域亦用于油田回注水或工业冷却水系统厌氧菌的防治。

实际应用参考：

在水处理领域被用来杀灭硫酸盐还原菌，在二次采油和三次采油中用作回注水的杀菌剂。对油田回注水选用 0.1～10mg/L，如采用连续注水方式 1mg/L 甲硝唑即可有效控制硫酸盐还原菌的生长。

腈菌唑
(myclobutanil)

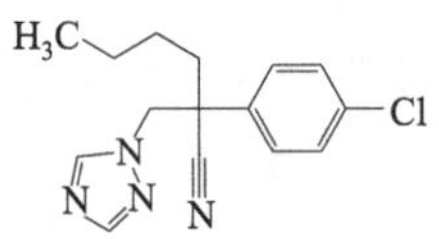

$C_{15}H_{17}ClN_4$　288.8　88671-89-0

化学名称　2-(4-氯苯基)2-(1*H*-1,2,4-三唑-1-甲基)己腈

IUPAC 名　2-(4-chlorophenyl)-2-(1,2,4-triazol-1-ylmethyl)hexanenitrile

EC编码　[410-400-0]、[618-198-8]（外消旋体）

理化性质　纯品为白色无味结晶固体（原药为淡黄色固体）。熔点70.9℃（原药）。沸点390.8℃（97.6kPa）。蒸气压1.98×10^{-1}mPa（20℃）。$\lg K_{ow}=2.94$（pH 7～8，25℃）。溶解性：水124mg/L（pH 4）、水132mg/L（pH 7）、水115mg/L（pH 9～11）（25℃）；丙酮、乙酸乙酯、甲醇、1，2-二氯乙烷＞250g/L；二甲苯270g/L；正庚烷1.02g/L（20℃）。稳定性：在25℃，pH 4～9的水中稳定；对光解稳定。

毒性　雄大鼠急性经口LD_{50} 1600mg/kg。雌大鼠急性经口LD_{50} 1800mg/kg。兔急性经皮LD_{50}＞5000mg/kg。水生生物：虹鳟鱼LC_{50}（96h）2.0mg/L；水蚤LC_{50}（48h）17mg/L。

抗菌防霉效果　腈菌唑主要对病原菌的麦角甾醇的生物合成起抑制作用，用于多种作物防治子囊菌、半知菌和担子菌病害。其对一些微生物的最低抑制浓度见表2-187。

表2-187　腈菌唑对一些微生物的最低抑制浓度（MIC）

微生物	MIC/(mg/L)	微生物	MIC/(mg/L)
黑曲霉	20	橘青霉	10
黄曲霉	150	宛氏拟青霉	150
变色曲霉	5	链格孢霉	40
球毛壳霉	40	啤酒酵母	600
蜡叶芽枝霉	120		

制备　以2-丁基-2-溴甲基-2-（4-氯苯基）乙腈、二甲基亚砜等原料反应制得。

应用　腈菌唑主要作为农业杀菌剂，亦可用于竹木制品或其他工业领域的防霉。

克霉唑（CLZ）
（clotrimazole）

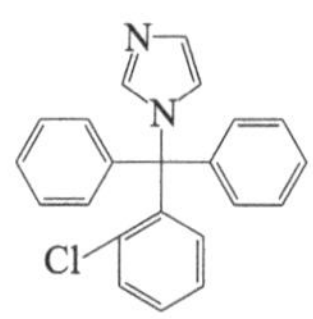

$C_{22}H_{17}ClN_2$ 344.84 23593-75-1

其他名称　三苯氯甲咪唑、氯苯甲咪唑、杀癣净

化学名称　1-[(2-氯苯基)二苯甲基]-1*H*-咪唑

IUPAC名　1-[(2-chlorophenyl)-diphenylmethyl]imidazole

EC　编码　[245-764-8]

理化性质　1-[(2-氯苯基)二苯甲基]-1*H*-咪唑按干燥品计算，含$C_{22}H_{17}ClN_2$不得少于98.5%，白色至微黄色结晶性粉末，无臭[《中国药典》（2015年版）]。沸点494.52℃（计算）。熔点141～145℃。相对密度1.13。闪点245.5℃。$\lg K_{ow}=$

4.1。溶解性：能溶于无水乙醇、氯仿、丙酮等有机溶剂；微溶于水、苯和甲苯；难溶于乙醚。稳定性：其为弱碱性，在强酸中缓缓水解（例如在40℃，pH 2的情况下，4h之后约水解3%），对光不敏感。克霉唑盐酸盐的熔点为159℃。

毒性 雄大鼠急性经口 LD_{50} 708mg/kg。雄小鼠急性经口 LD_{50} 923mg/kg。

抗菌防霉效果 林佛添等以沙伯氏液采用稀释法将测试药物各稀释度分别装小管中，每管1.5mL。每管接种稀释菌液（$10^{-2}\sim10^{-4}$）0.1mL。于27℃恒温箱中培养，连续观察5d，结果见表2-188。

表 2-188 克霉唑抗真菌谱（MIC）

微生物	MIC/(mg/L)	微生物	MIC/(mg/L)
石膏样癣菌	<1.0	白念珠菌	20
新型隐球菌	5	热带念珠菌	20
红色隐球菌	5	熏烟色曲菌	15
副克柔氏念珠菌	5	黑曲菌	50
高里氏念珠菌	5	孢子丝菌	100

制备 克霉唑是以2-氯苯基二苯氯甲烷和咪唑经缩合反应制备。

应用 克霉唑为一款广谱型抗真菌药，1967年西德拜尔药厂发现，1967年报道了其抗真菌效能和临床结果，1971年我国开始试制，随即投入生产。

克霉唑亦可用于纺织、手工、皮革及合成革、草藤制品、帆布地毯、漆布漆纸、胶黏剂等领域抗菌防霉，使用浓度一般为0.1%～0.5%。

氯咪巴唑（CBZ）
（climbazole）

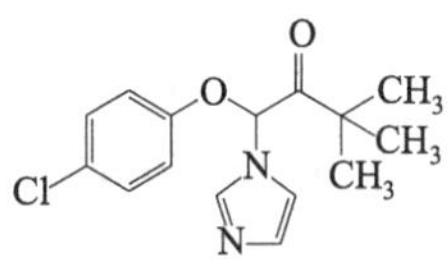

$C_{15}H_{17}ClN_2O_2$ 292.8 38083-17-9

其他名称 甘宝素、二唑酮、CLM

化学名称 1-(4-氯苯氧基)-3,3-甲基-1-咪唑-2-丁酮

IUPAC名 1-(4-chlorophenoxy)-1-imidazol-1-yl-3,3-dimethylbutan-2-one

EC编码 [253-775-4]

理化性质 纯品为白色或微黄色结晶性粉末。熔点95.5℃。溶解性：水5.5mg/L（20℃）；环己酮400～600g/kg；异丙醇100～200g/kg（200℃）。$\lg K_{ow}=3.76$。稳定性：酸性和微碱性介质中性质稳定，在pH 9.2和50～70℃条件下会有部分水解，14d后水解达15%；对光和热稳定。

毒性 大鼠急性经口 LD_{50} 400mg/kg。大鼠急性经皮 LD_{50} >5000mg/kg（来源：Farmaco. Vol. 53，Pg. 405，1998）。

抗菌防霉效果 其抑制或杀灭真菌的机理在于氯咪巴唑咪唑环上的N-3与真菌

的羊毛固醇 14α-脱甲基酶（CYP51）上的血红素相结合，通过减弱 CYP51 的活性阻碍真菌细胞膜的主要成分麦角固醇的生成，以此达到杀菌目的。唑类抗真菌剂包括酮康唑、克霉唑、氯咪巴唑、氟康唑、氟环唑和三唑酮等（邹婷，2021）。

氯咪巴唑对真菌具有较明显的抑杀作用，尤其对引起人体皮屑的真菌有独特的作用。刘迪等研究了丁香酚、酮康唑、吡啶硫酮锌、吡罗克酮乙醇胺盐、氯咪巴唑对糠秕马拉色菌（M. furfur）的抗菌活性，结果见表 2-189。丁香酚的 MIC 为 312.5μg/mL，MFC 为 625.00μg/mL，酮康唑、吡啶硫酮锌（ZPT）和氯咪巴唑表现出较强的抗菌活性。

表 2-189　各药物单独用药对糠秕马拉色菌的 MIC 和 MFC

单位：μg/mL

药物	MIC	MFC
丁香酚	312.5	625.00
酮康唑	6.25	12.5
吡啶硫酮锌	7.50	30.00
吡罗克酮乙醇胺盐	62.50	125.00
氯咪巴唑	6.25	12.50

制备　专利 CN107739341A《一种甘宝素的制备方法》。

应用　氯咪巴唑（CZ）是一种非常典型的唑类抗真菌剂。该化合物由德国 Bayer 公司在 1977 年开发上市，作为高效杀菌剂产品，主要用于止痒去屑调理型洗发、护发香波，也可用于抗菌香皂、药物牙膏、嗽口液等。推荐用量为 0.4%～0.8%。若与吡啶硫酮锌合用，对去屑具有明显的协同效应。

法规

① 欧盟化妆品法规（EC）NO 1223/2009：氯咪巴唑可用于冲洗洗发水中，最大允许浓度为 2%；允许在护发乳液、面霜、足部护理产品和冲洗洗发水中作为防腐剂使用的最大浓度为 0.2%、0.2%、0.2%和 0.5%。

② 我国 2015 年版《化妆品安全技术规范》规定：该防腐剂在化妆品中使用时，最大允许浓度为 0.5%。

美托咪定

（medetomidine）

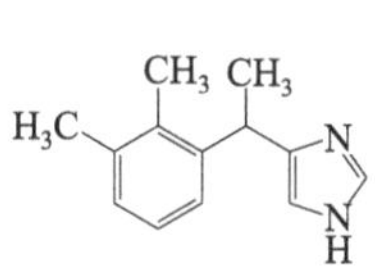

$C_{13}H_{16}N_2$ 200.3 86347-14-0

其他名称　美托咪定、Selektope、Catemine

化学名称　(*RS*)-4-[1-(2,3-二甲基苯基)乙基]-1*H*-咪唑

IUPAC 名　4-[1-(2,3-dimethylphenyl)ethyl]-1*H*-imidazole

EC 编码　[811-718-6]

盐酸美托咪定（medetomidine hydrochloride）

其他名称　盐酸美托咪定

化学名称　(*RS*)-4-[1-(2,3-二甲基苯基)乙基]-1*H*-咪唑盐酸盐

IUPAC名　5-[1-(2,3-dimethylphenyl)ethyl]-1*H*-imidazole hydrochloride

CAS号　[86347-15-1]（盐酸美托咪定，medetomidine HCl）、[145108-58-3]（盐酸右美托咪定，dexmedetomidine HCl）

EC编码　[645-306-0]（盐酸美托咪定，medetomidine HCl）、[682-047-2]（盐酸右美托咪定，dexmedetomidine HCl）

分子式　$C_{13}H_{16}N_2 \cdot HCl$

分子量　236.7

理化性质　美托咪定是两种光学对映体的外消旋混合物，具有左旋和右旋旋光异构体，分别具有通用名称左美托咪定和右美托咪定。

外观白色或类白色结晶性粉末，含量≥99.0%。

抗菌防霉效果　美托咪定是一种高度有效的藤壶抑制剂，在1～10nmol/L的低浓度下阻止幼虫沉降。美托咪定与藤壶类幼虫中的章鱼胺受体相互作用，引起幼虫的脚踢，从而防止幼虫沉降到含有或释放美托咪定的表面上。美托咪定还显示出对其他硬污垢的影响，例如蠕虫。但对海藻类不起作用。

应用　美托咪定可作镇静剂和肾上腺素受体激动剂，亦可作海洋防污剂。

实际应用参考：

瑞典的I-Tech公司与哥德堡大学合作开发以美托咪啶（medetomidine）为防污剂的防污涂料，发现对硬的污损生物非常有效，在涂料配方中0.1%就非常有效。

法规　2015年9月29日，欧盟委员会发布法规（EU）2015/1731，批准美托咪定作为第21类（海洋防污剂）生物杀灭剂产品的活性物质。批准日期2016年1月1日，批准期满2025年6月30日。

三唑醇（Tri）
（triadimenol）

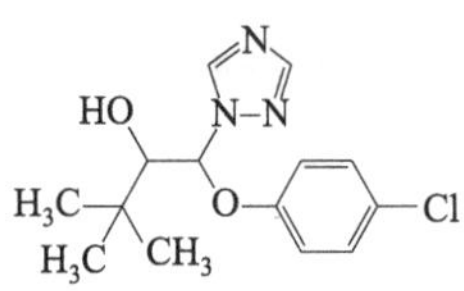

$C_{14}H_{18}ClN_3O_2$ 295.8 55219-65-3

化学名称　1-(4-氯苯氧基)-1(1*H*-1,2,4-三唑)-3-二甲基-2-丁醇

IUPAC名　1-(4-chlorophenoxy)-3,3-dimethyl-1-(1,2,4-triazol-1-yl)butan-2-ol

EC编码　[259-537-6]

理化性质　三唑醇（Tri）是非对映异构体A、B的混合物，A代表（1*RS*，2*SR*），B代表（1*RS*，2*RS*），A∶B=7∶3。纯品为无色结晶状固体且带有轻微特殊气味，熔点：A 138.2℃，B 133.5℃，A+B共晶110℃（原药103～120℃）。相对密度：A 1.237，B 1.299。溶解性（20℃）：水A 62 mg/L；B 33mg/L；二氯甲

烷 200～500g/L，异丙基乙醇 50～10g/L，正己烷 0.1～1.0g/L，甲苯 20～50g/L（20℃）。两个非对映异构体对水解稳定，它的半衰期 DT_{50}（20℃）＞1a（pH 4、pH 7 或 pH 9）。

毒性 大鼠急性经口 LD_{50} 700mg/kg。大鼠急性经皮 LD_{50}＞5000mg/kg。水生生物：虹鳟鱼 LC_{50}（96h）14～23.5mg/L；水蚤 LC_{50}（48h）51mg/L。

抗菌防霉效果 三唑醇主要抑制赤霉素和麦角固醇的生物合成，进而影响细胞分裂速率。三唑醇对一些微生物的最低抑制浓度见表 2-190。

表 2-190 三唑醇对一些微生物的最低抑制浓度（MIC）

微生物	MIC/(mg/L)	微生物	MIC/(mg/L)
黑曲霉	500～1000	宛氏拟青霉	500～1000
黄曲霉	500～1000	链格孢霉	200
变色曲霉	500～1000	绿色木霉	500～1000
球毛壳霉	50	大肠杆菌	300
蜡叶芽枝霉	500～1000	金黄色葡萄球菌	400

席丽霞试验以 50％乙醇作为对照试剂，10 种三唑类化合物为防腐药剂。测试菌株：褐腐菌选用密黏褶菌（GT），白腐菌选用彩绒革盖菌（TV）。结果显示，50％乙醇对测试菌种均无活性。10 种三唑类化合物抑菌圈试验结果如表 2-191 所示。

表 2-191 三唑类化合物抑菌圈试验结果

编号	药剂名称	浓度/％	抑菌圈直径/mm	
			白腐菌(TV)	褐腐菌(GT)
1	丙环唑	0.01	29.0	＞64
		0.03	42.0	＞64
		0.10	51.4	＞64
2	戊唑醇	0.01	31.9	＞64
		0.03	49.9	＞64
		0.10	53.4	＞64
3	环丙唑醇	0.01	45.3	＞64
		0.03	54.1	＞64
		0.10	63.0	＞64
4	己唑醇	0.01	46.0	＞64
		0.03	57.0	＞64
		0.10	63.9	＞64
5	氟环唑	0.01	50.2	＞64
		0.03	53.8	＞64
		0.10	63.6	＞64
6	三唑醇	0.01	38.8	＞64
		0.03	52.1	＞64
		0.10	63.3	＞64
7	三唑酮	0.01	16.9	＞64
		0.03	31.7	＞64
		0.10	44.8	＞64

续表

编号	药剂名称	浓度/%	抑菌圈直径/mm	
			白腐菌(TV)	褐腐菌(GT)
8	烯唑醇	0.01	9.3	22.8
		0.03	12.0	29.3
		0.10	11.7	30.5
9	粉唑醇	0.01	6.1	9.4
		0.03	12.8	16.5
		0.10	20.0	28.1
10	氟菌唑	0.01	0	11.0
		0.03	3.0	13.2
		0.10	14.2	18.0

综合来看，10种三唑化合物中，丙环唑、戊唑醇、环丙唑醇、己唑醇、氟环唑和三唑醇对褐腐菌和白腐菌的抗菌效果均较好。其中，己唑醇、氟环唑和三唑醇与环丙唑醇的抗菌效果相当。

制备 专利CN85102944B《制取三唑醇的方法》。

应用 三唑醇（Tri）可作农业杀菌剂；亦可用于木材及其制品、草藤制品、皮革、帆布、塑料等领域抗菌防霉。

酮康唑（KCZ）
(ketoconazole)

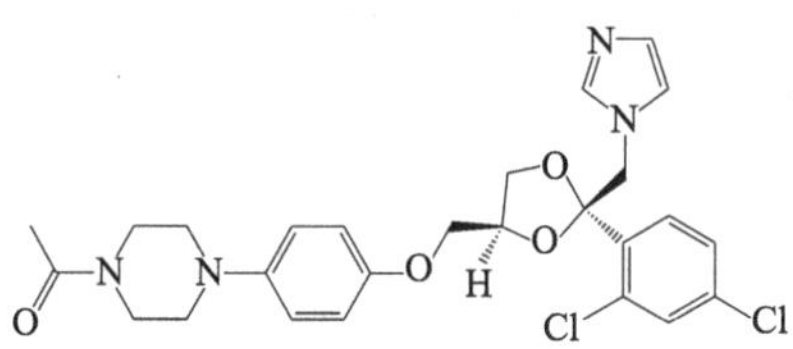

$C_{26}H_{28}Cl_2N_4O_4$ 531.44 65277-42-1

其他名称　酮糠唑

化学名称　1-乙酰基-4{4-[2-(2,4-二氯苯基)-2(1*H*-咪唑-1-甲基)-1,3二氧戊环-4-甲氧基]苯基}-哌嗪

IUPAC名　(±)-cis-1-acetyl-4-{4-[(2-[2,4-dichlorophenyl]-2-[1*H*-imidazol-1-ylmethyl]-1,3-dioxolan-4-yl)-methoxy]phenyl}piperazine

EC编码　[265-667-4]

理化性质 本品为(±)-顺-1-乙酰基-4[4-[2-(2,4-二氯苯基)-2(1*H*-咪唑-1-甲基)-1,3二氧戊环-4-甲氧基]苯基]-哌嗪。按干燥品计算，含$C_{26}H_{28}Cl_2N_4O_4$不得少于99.0%。纯品为类白色结晶粉末。无臭［《中国药典》（2015年版）］。熔点147～151℃。$\lg K_{ow}=4.34$。溶解性：氯仿中易溶，乙醇中微溶，水中几乎不溶。

毒性 小鼠腹腔注射LD_{50} 2937mg/kg。小鼠皮下注射$LD_{50}>4000$mg/kg。大鼠腹腔注射LD_{50} 1474mg/kg。大鼠皮下注射$LD_{50}>2400$mg/kg（来源：Pubchem）。

酮康唑作为抗生药物，头皮屑问题人群不可以随便使用，它具有较大的副作用，有导致肝损伤的可能（邢舒雅，2021）。

抗菌防霉效果　作为咪唑类广谱抗真菌药，酮康唑的抗真菌活性强，其通过干扰真菌细胞膜的麦角甾醇的合成进而增大膜通透性，最终使其失去正常的生理功能。

酮康唑对真菌、酵母菌（念珠菌属、糠秕孢子菌属、球拟酵母菌属、隐球菌属）有抑菌和杀菌作用，该化合物对曲霉菌、某些暗色孢科、毛霉菌属的作用较弱。

制备　以1-乙酰基-4(4-羟基苯)哌嗪等为原料，进行系列反应制得目标物。

应用　酮康唑是一种咪唑类广谱抗真菌药，可用于治疗浅表和深部真菌病；1980年被美国FDA评为A类广谱抗菌药。1992年美国FDA批准可用于香波中的去屑止痒剂，具有很好的去屑效果，但止痒效果一般，产品易发红。

法规　《食品药品监管总局关于停止生产销售使用酮康唑口服制剂的通知》（食药监药化监［2015］75号）。

戊环唑
(azaconazole)

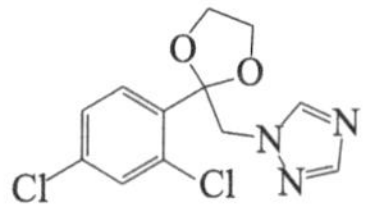

$C_{12}H_{11}Cl_2N_3O_2$ 300.1 60207-31-0

其他名称　氧环唑、阿扎康唑

化学名称　1-[[2-(2,4-二氯苯基)-1,3-二氧环戊-2-基]甲基]-1,2,4-三唑

IUPAC名　1-{[2-(2,4-dichlorophenyl)-1,3-dioxolan-2-yl]methyl}-1*H*-1,2,4-triazole

EC编码　[262-102-3]

理化性质　米黄至棕色粉状。熔点112.6℃。闪点180℃。蒸气压（20℃）0.0086mPa。$\lg K_{ow}$=2.17［pH 6.4，(23±1)℃］。相对密度1.511（23℃）。溶解性（20℃）：水0.3g/L；丙酮160g/L；己烷0.8g/L；甲醇150g/L；甲苯79g/L。稳定性：低于或等于220℃时稳定。普通储存条件下对光稳定，但在酮类溶剂中不稳定。pH为4和9时无明显水解。pK_a<3，具有非常弱的碱性。

毒性　大鼠急性经口LD_{50} 308mg/kg。小鼠急性经口LD_{50} 1123mg/kg。水生生物：虹鳟LC_{50}（96h）42mg/L；水蚤LC_{50}（96h）86mg/L。

抗菌防霉效果　戊环唑主要为甾体脱甲基化抑制剂，对霉菌有较好的抑制作用，特别对朽木菌和木材变色真菌具有特殊活性。

制备　以乙酰氯为原料经酰基化、溴化、环化和取代四步反应合成（简称溴化法）。

应用　戊环唑主要用于木材防腐，或与抑霉唑混合用于树木作为伤口治愈剂；还可用作蘑菇栽培中的消毒剂；本身亦是重要的农业杀菌剂。

戊菌唑

（penconazole）

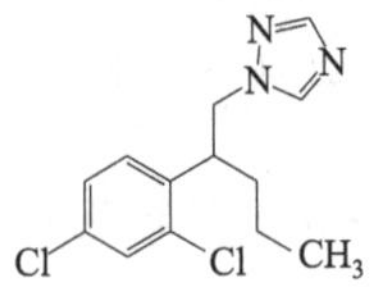

$C_{13}H_{15}Cl_2N_3$ 284.2 66246-88-6

化学名称 1-[2-(2,4-二氯苯基)戊基]-1*H*-1,2,4-三氮唑

IUPAC名 1-[2-(2,4-dichlorophenyl)pentyl]-1,2,4-triazole

EC编码 [266-275-6]

理化性质 纯品为白色粉状固体。熔点60.3～61.0℃。沸点>300℃。蒸气压0.37mPa（25℃）。$\lg K_{ow}=3.1$（pH 5.7，25℃）。相对密度1.30（20℃）。溶解性（25℃）：水73mg/L；乙醇730g/L；丙醇770g/L；正辛醇400g/L；甲苯610g/L；正辛醇400g/L；正己烷24g/L。稳定性：水中稳定（pH 4～9），温度至350℃仍稳定。pK_a 1.51，弱碱。

毒性 大鼠急性经口LD_{50} 2125mg/kg。小鼠急性经口LD_{50} 2444mg/kg。大鼠急性经皮LD_{50}>3000mg/kg。水生生物：虹鳟鱼LC_{50}（96h）1.3mg/L；水蚤LC_{50}（48h）6.7mg/L。

抗菌防霉效果 戊菌唑主要为甾醇脱甲基化抑制剂，破坏和阻止病菌的细胞膜重要组成成分麦角甾醇的生物合成，导致细胞膜不能形成，使病菌死亡。戊菌唑对常见的细菌、霉菌以及酵母均有良好的抑制效果，其抗菌数据见表2-192。

表2-192 戊菌唑对一些微生物的最低抑制浓度（MIC）

微生物	MIC/(mg/L)	微生物	MIC/(mg/L)
黑曲霉	10	链格孢霉	10
黄曲霉	50	枯草杆菌	80
变色曲霉	15	巨大芽孢杆菌	100
橘青霉	20	大肠杆菌	80
宛氏拟青霉	40	金黄色葡萄球菌	80
腊叶芽枝霉	5	酒精酵母	400
球毛壳霉	2.5	啤酒酵母	150

制备 以2,4-二氯苯乙腈和溴代正丙烷为原料，经过酯化、还原、缩合等制得。

应用 戊菌唑是汽巴-嘉基公司研究开发的三唑类杀菌剂。工业领域可用于竹木草藤制品、皮革、油漆涂料、塑料、橡胶等领域的防霉；本身亦是重要的农业杀菌剂。

戊唑醇（TEB）
（tebuconazole）

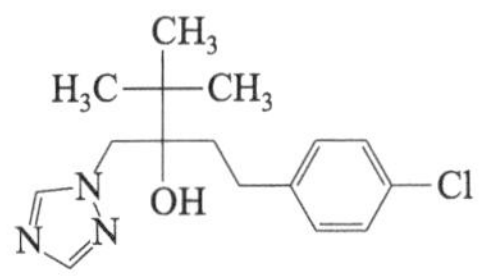

$C_{16}H_{22}ClN_3O$ 307.8 107534-96-3

化学名称 （*RS*）1-(4-氯苯基)-4,4-二甲基-3-(1*H*-1,2,4-三唑-1-基甲基)戊-3-醇

IUPAC名 1-(4-chlorophenyl)-4,4-dimethyl-3-(1,2,4-triazol-1-ylmethyl)pentan-3-ol

EC编码 [403-640-2]

理化性质 组成为外消旋体。无色晶体（原药为无色至浅棕色粉末）。熔点105℃。蒸气压（20℃）1.7×10^{-3}mPa。相对密度（26℃）1.25。$\lg K_{ow}=3.7$（20℃）。溶解性（20℃）：水36mg/L（pH 5～9）；二氯甲烷＞200g/L；异丙醇与甲苯50～100g/L；已烷＜0.1g/L。稳定性：对高温稳定，在无菌条件下，纯水不易发生水解和光解；水解DT_{50}＞1a（pH 4～9，22℃）。

毒性 雄大鼠急性经口LD_{50} 4000mg/kg。雌大鼠急性经口LD_{50} 1700mg/kg。水生生物：虹鳟鱼LC_{50}（96h，流动）4.4mg/L；水蚤LC_{50}（48h，流动）2.79mg/L。

抗菌防霉效果 戊唑醇主要为甾醇脱甲基化抑制剂，破坏和阻止病菌细胞膜的重要组成成分麦角甾醇的生物合成，导致细胞膜不能形成，使病菌死亡。戊唑醇对常见的黑曲霉、青霉、绿色木霉、链格孢霉等均有很好的抑制效果。其抗菌数据见表2-193。

表2-193 戊唑醇对一些微生物的最低抑制浓度（MIC）

微生物	MIC/(mg/L)	微生物	MIC/(mg/L)
黑曲霉	25	链格孢霉	15
黄曲霉	25	枯草杆菌	100
变色曲霉	25	巨大芽孢杆菌	100
橘青霉	25	大肠杆菌	25
宛氏拟青霉	100	金黄色葡萄球菌	65
腊叶芽枝霉	10	假单胞荧光杆菌	1000
球毛壳霉	10	酒精酵母	＞1000

王蓓以木材防腐剂戊唑醇为测试药剂，选取白腐菌（彩绒革盖乳白耙齿菌）、褐腐菌（密黏褶菌、绵腐卧孔菌）和霉菌（黑曲霉、绿色木霉）作为实验菌株，比较它们的抑菌活性，检测目标化合物的抑菌性能，其抑菌效果见表2-194。其中，木腐菌只在培养皿中间生长，无抑菌圈出现，故选择菌种的生长直径表示抑菌强弱；而霉菌活性较强，生长铺满整个培养皿，有明显的抑菌圈出现，故用抑菌圈直

径表示抑菌作用强弱。

表 2-194　目标化合物的抑菌实验结果

化合物	质量分数/%	菌种生长直径/mm			抑菌圈直径/mm		
		彩绒革盖菌	乳白耙齿菌	密黏褶菌	绵腐卧孔菌	黑曲霉	绿色木霉
戊唑醇（TEB）	0.5	17.67	13.08	14.00	18.20	17.58	12.39
	1.0	13.50	11.60	未生长	15.50	25.60	18.20
	1.5	未生长	未生长	未生长	11.10	31.75	26.80
	2.0	未生长	未生长	未生长	未生长	37.96	30.90

李晓文认为戊唑醇（TEB）和丙环唑（PPZ）能有效防治白腐菌和褐腐菌，在低载药量下即可达到很好的效果，对霉菌和蓝变菌也有一定的防治效果。但是有机化合物有易被氧化的缺点，同时一些微生物虽然不对木材造成危害，但是会引起三唑的生物降解。

制备　以对氯甲苯、片呐酮和三唑为基本原料，经过四步反应制得戊唑醇。

应用　戊唑醇（TEB）是一种羟乙基三唑衍生物，最早由拜耳公司研制并于1986年制成商品用于农作物微生物灾害防治。1994年被列入美国木材保护协会（AWPA）标准。欧盟BPR法规（Regulation（EU）528/2012）已于2015年正式认可其用于薄膜防腐剂和建筑材料防腐剂中。

实际应用参考：

Morrell等于1994年研究了戊唑醇（TEB）和丙环唑（PPZ）对白腐菌的作用效果，结果显示（0.2～0.8）$\times 10^{-6}$ 的TEB或PPZ对菌丝体的干重影响最大。Uschhaus等于1995年研究了TEB和PPZ的协同作用，认为将二者以合适的配比混合使用，会取得比单独使用好得多的效果。1998年，Tolley等在试验中发现，TEB和PPZ以质量比1∶1配合使用所得到的杀菌效果最好。

法规

① 2008年，欧盟生物杀灭剂产品委员会（BPC）发布法规2008/86/EC，批准戊唑醇作为第8类（木材防腐剂）生物杀灭剂产品的活性物质。批准日期2010年4月1日，批准期满2026年6月30日。

② 2013年，欧盟生物杀灭剂产品委员会（BPC）发布法规（EU）1038/2013，批准戊唑醇作为第7类（干膜防霉剂）和第10类（建筑材料防腐剂）生物杀灭剂产品的活性物质。批准日期2015年7月1日，批准期满2025年6月30日。

烯唑醇
(diniconazole)

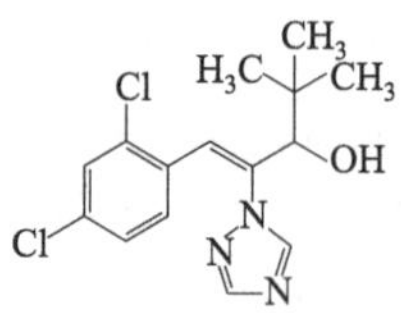

$C_{15}H_{17}C_{12}N_3O$ 326.2 83657-24-3

化学名称　(*E*)-β-(二氯苯基)亚甲基-α-(1,1-二甲基乙基)-1*H*-1,2,4-三唑-1-乙醇

IUPAC 名　(*E*)-beta-((dichlorophenyl) methylen)-alpha-(1,1-dimethyl-ethyl)-1*H*-1,2,4-triazol-1-ethanol

EC 编码　[617-485-5]

理化性质　原药为无色结晶状固体，熔点约 134～156℃。相对密度 1.32 (20℃)。蒸气压 2.93mPa (20℃)。溶解性：水 4mg/L (25℃)；丙酮 95g/kg，甲醇 95g/kg，二甲苯 14g/kg，正己烷 0.7g/kg (25℃)。稳定性：对光、热和潮湿稳定。

毒性　雄大鼠急性经口 LD_{50} 639mg/kg。大鼠急性经皮 LD_{50} >5000mg/kg。水生生物：虹鳟鱼 LC_{50} (96h) >1.58mg/L；鲤鱼 LC_{50} (96h) 4.0mg/L。

抗菌防霉效果　烯唑醇属三唑类杀菌剂，亦是一种甾醇脱甲基化抑制剂。其对常见的微生物均有一定的防治效果，尤其对由子囊菌、担子菌和半知菌有较好的抑制效果。但对巨大芽孢杆菌、大肠杆菌、金黄色葡萄球菌、枯草杆菌、荧光假单胞杆菌、啤酒酵母以及酒精酵母抑制效果较差。烯唑醇对一些微生物的最低抑制浓度见表 2-195。

表 2-195　烯唑醇对一些微生物的最低抑制浓度 (MIC)

微生物	MIC/(mg/L)	微生物	MIC/(mg/L)
黑曲霉	>40	橘青霉	10
黄曲霉	5	宛氏拟青霉	2.5
变色曲霉	5	链格孢霉	1.25
球毛壳霉	2.5	蜡叶芽枝霉	>40

制备　烯唑醇的合成路线分为三步：唑酮的合成、烯酮的合成和烯唑醇的合成。

应用　烯唑醇是日本住友化学公司于 1984 年研制成功的，其高效、广谱、内吸性低毒，兼作植物生长调节剂。其在农业上可作农用杀菌剂或用于果蔬、花卉的运输和保藏；工业上可作竹木制品、纺织品、地毯、漆布、帆布、颜料等领域的防霉。

乙环唑
(etaconazole)

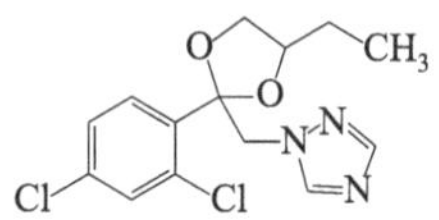

$C_{14}H_{15}Cl_2N_3O_2$ 328.2 60207-93-4

其他名称　抑霉胺、sonax

化学名称　(±)-1-[2-(2′,4′-二氯苯基)-4-乙基-1,3-二氧戊环-2-甲基]-1*H*-1,2,4-三唑

IUPAC 名　1-[2-(2′,4′-dichlorophenyl)-4-ethyl-1,3-dioxolan-2-yl-methyl]-1*H*-1,2,4-triazole

EC 编码　[262-107-0]

理化性质　纯品外观呈无色结晶。熔点 75～95℃（与立体异构体含量有关）。相对密度（20℃）1.40。蒸气压 0.031mPa（20℃）。溶解性（20℃）：水 80mg/L；丙酮 300g/kg；二氯甲烷 700g/kg；甲醇 400g/kg；异丙醇 100g/kg；甲苯 250g/kg。稳定性：不易水解，在 350℃以下稳定。

毒性　大鼠急性经口 LD_{50} 1343mg/kg。大鼠急性经皮 LD_{50} ＞3100mg/kg。水生生物：虹鳟鱼 LC_{50}（96h）2.5～2.9mg/L。

抗菌防霉效果　乙环唑属甾醇脱甲基化抑制剂，对细菌、霉菌均有较好的防治作用，尤其对曲霉、青霉、木霉等有较强的抑杀效果。其抗菌数据见表 2-196。

表 2-196　乙环唑对一些微生物的最低抑制浓度（MIC）

微生物	MIC/(mg/L)	微生物	MIC/(mg/L)
黑曲霉	10	巨大芽孢杆菌	500
黄曲霉	50	大肠杆菌	200
变色曲霉	20	金黄色葡萄球菌	200
球毛壳霉	5	枯草杆菌	100
蜡叶芽枝霉	5	荧光假单胞杆菌	＞500
橘青霉	40	啤酒酵母	＞500
宛氏拟青霉	50	酒精酵母	500
链格孢霉	20		

制备　以 2,4-二氯苯乙酮、溴等为原料，与三氮唑钠缩合反应制得乙环唑。

应用　乙环唑是原汽巴-嘉基公司开发的一种三唑类杀菌剂，本身是一种重要的农业杀菌剂，亦可用于木材、草木藤制品等领域的抗菌防霉。

抑霉唑

(imazalil)

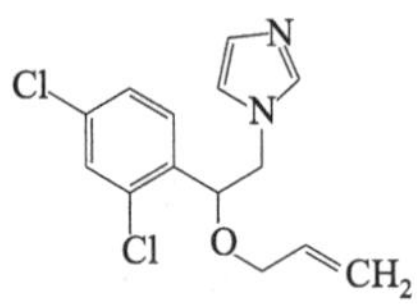

$C_{14}H_{14}Cl_2N_2O$ 297.2 35554-44-0

化学名称　1-[2-(2,4-二氯苯基)-2-(2-烯丙氧基)乙基]-1*H*-咪唑

IUPAC 名　1-[2-(2,4-dichlorophenyl)-2-(prop-2-en-1-yloxy)ethyl]-1*H*-imidazole

CAS 号　[35554-44-0]（未说明立体化学），曾用 [73790-28-0]、[51004-46-7]

EC 编码　[252-615-0]

抑霉唑硫酸盐

CAS 号　[58594-72-2]，曾用 [60534-80-7]、[76228-57-4] 和 [83918-57-4]

EC 编码　[261-351-5]（未说明立体化学）

理化性质

抑霉唑　原药含量≥95%。纯品为浅黄色结晶。熔点 52.7℃，沸点>340℃。蒸气压 0.158mPa（20℃）。密度 1.348g/mL（26℃）。水中溶解度：0.0951g/100mL（pH 5）、0.0224g/100mL（pH 7）、0.0177g/100mL（pH 9）（EPA 方法）；有机溶剂中溶解度：丙酮、二氯甲烷、甲醇、乙醇、异丙醇、苯、二甲苯、甲苯>500g/L（20℃）。稳定性：在 285℃以下稳定；在室温及避光条件下，对稀酸及碱非常稳定。

抑霉唑硫酸盐　分子式 $C_{14}H_{14}Cl_2N_2O \cdot H_2SO_4$，分子量 395.26。原药纯度≥96.4%。近白色至米色粉末。熔点 128～134℃。溶解性：易溶于水、醇类；微溶于非极性有机溶剂。

毒性　抑霉唑大鼠急性经口 LD_{50} 227～243mg/kg。大鼠急性经皮 LD_{50} 4200～4880mg/kg。水生生物：虹鳟鱼 LC_{50}（96h）1.5mg/L，水蚤 LC_{50}（48h）3.2mg/L。

抗菌防霉效果　抑霉唑主要影响细胞膜的渗透性、生理功能和脂类合成代谢，从而破坏霉菌的细胞膜，同时抑制霉菌孢子的形成。其抗菌数据见表 2-197。

表 2-197　抑霉唑对一些微生物的最低抑制浓度（MIC）

微生物	MIC/(mg/L)	微生物	MIC/(mg/L)
链格孢	50	黑曲霉	50
出芽短梗霉	50	球毛壳菌	10
支孢霉	50	青霉	10
黑根霉	200	绿色木霉	500

制备　抑霉唑由咪唑乙醇、3-溴丙烯等原料制备而得。

应用　抑霉唑是比利时杨森公司（Janssen）于 1971 年开发的咪唑类杀菌剂，本身可用于果蔬、花卉等的储藏保存，亦可用于其他工业领域防霉。

2.11　含 N、S 杂环化合物

本节含 N、S 杂环化合物指在芳香环体系中含有 N 原子和 S 原子的环状有机杀菌剂，例如噻唑或异噻唑衍生物，详见图 2-10。

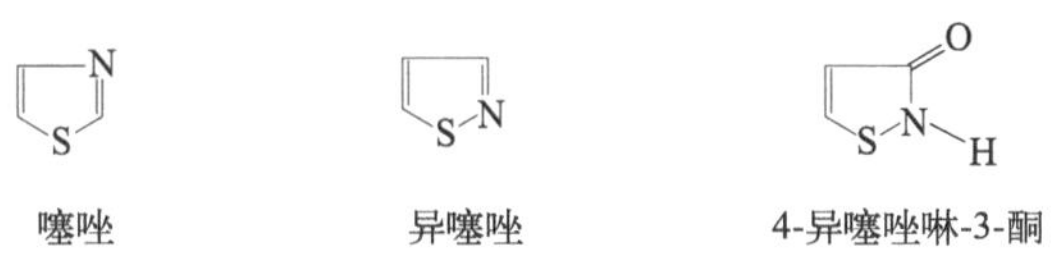

图 2-10　不同含 N、S 杂环化合物

此类杂环化合物具有活性的 N-S 键与细胞内含硫分子等相互作用，使 N-S 键断裂，形成 S-S 键，破坏细胞活性，达到抑菌或杀菌效果。

1,2-苯并异噻唑-3-酮（BIT）
(1,2-benzisothiazol-3(2*H*)-one)

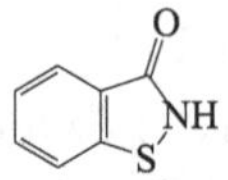

C_7H_5NOS 151.2 2634-33-5

其他名称　噻霉酮、菌立灭、苯并异噻唑啉-3-酮

化学名称　1,2-苯并异噻唑啉-3(2*H*)-酮

IUPAC 名　1,2-benzisothiazol-3(2*H*)-one

INCI 名　benzisothiazolinone

EC 编码　[220-120-9]

理化性质　纯品为白色或淡黄色粉末。沸点 327.6℃。熔点 155～158℃。蒸气压（25℃）2.78×10^{-6}mmHg。密度（20℃）1.483g/cm³。$\lg K_{ow}=0.76$。溶解性（20℃）：水 1.1g/L，热水可增加溶解度；可溶于乙醇、乙醚、丙酮等有机溶剂；其铵盐、钠盐有较高的水溶性。热稳定性：（控制升温速度 4℃/min）180℃开始会失重，至 250℃时明显失重。pH 在 4～12 之间稳定。与胺类相容，对金属无腐蚀作用。在土壤中可被迅速降解，半衰期＜24h。稳定性：DT_{50}（在水中生物降解）=1d。

毒性　雄大鼠急性经口 LD_{50} 670mg/kg。雌大鼠急性经口 LD_{50} 784mg/kg。水生生物：虹鳟鱼 LD_{50}（96h）1.6mg/L；水蚤 EC_{50}（48h）4.3mg/L（来源：AVECIA）。

抗菌防霉效果　Morley 等（1988）研究认为异噻唑啉酮类化合物作用机制为化合物对受体细胞膜和细胞壁具有极强的穿透能力，在穿透细胞外围后可与细胞内含硫的蛋白质、酶或简单分子相互作用，使其 S—N 键断裂，从而与受体形成 S—S 键，破坏细胞的正常功能。

1,2-苯并异噻唑-3-酮（BIT）可与含巯基物质（如硫代乙醇酸、巯基乙醇、谷胱甘肽、半胱氨酸等）发生反应（图 2-11）。通过这个反应，BIT 可作用于微生物

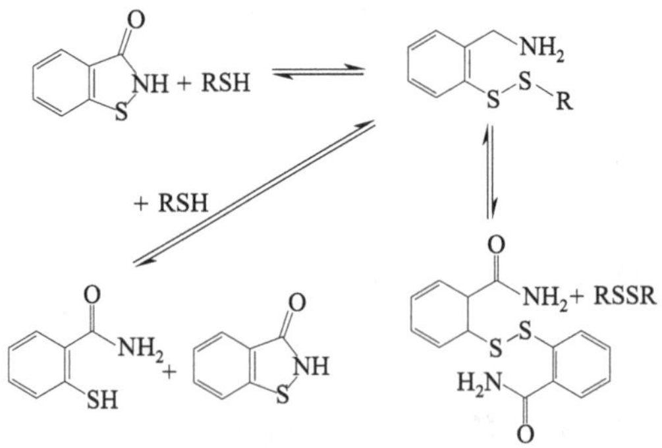

图 2-11　BIT 和巯基的反应（梁爽，2008）

细胞质膜上的蛋白分子，使其失活，从而抑制微生物细胞中葡萄糖的传递。反之，含巯基物质也可以通过这个反应，使BIT失活，降低其杀菌效果，在使用BIT杀菌剂时应注意。另外，使用BIT时还应注意避免接触氧化剂、还原剂。

1,2-苯并异噻唑啉-3-酮对细菌、霉菌、酵母以及硫酸盐还原菌（SRB）等均有效，尤其对革兰氏阴性菌的效果突出。其对一些微生物的最低抑制浓度见表2-198。

卡松（CMIT/MIT）和1,2-苯并异噻唑啉-3-酮（BIT）抑菌比较详见表2-199。

表2-198　20% BIT制剂对常见微生物的最低抑制浓度（MIC）

微生物	MIC/(mg/L)	微生物	MIC/(mg/L)
黑曲霉	350	铜绿假单胞杆菌	250
出芽短梗霉	350	恶臭假单胞杆菌	250
链格孢	700	大肠杆菌	40
球毛壳霉	400	阴沟肠杆菌	80
枝状枝孢	400	金黄色葡萄球菌	40
特异青霉	125	枯草芽孢杆菌	40
混浊酿酒酵母	250	普通变形杆菌	125
深红酵母	400	乳酸乳球菌	15
白色拟内孢霉	200	粪肠球菌	40

（来源：AVECIA）

表2-199　CMIT/MIT（有效成分）和BIT（有效成分）的最低抑制浓度比较

测试菌株	MIC/(mg/L)	
	CMIT/MIT(有效成分)	BIT(有效成分)
棒状杆菌	2.5	25
大肠杆菌	2.5	25
克雷伯氏菌	2.5	25
羽状变形菌	2.5	20
铜绿假单胞菌	2.5	150
恶臭假单胞菌	2.5	60
施氏假单胞菌	1.0	20
黑曲霉	5.0	100
绳状青霉菌	1.0	40
酿酒酵母	5.0	15

制备　以二硫代二苯甲酸为原料，经过氯化、氨化、氧化成环制得BIT。以2-卤代苯腈化合物为原料，在碱性条件下与硫醇化合物进行系列反应制得BIT。

应用　1990年Collier和Ramsey合成了一种新型的异噻唑酮化合物1,2-苯并异噻唑啉-3-酮（BIT），并且由英国帝国化学公司市场开发成功。

1,2-苯并异噻唑啉-3-酮（BIT）可广泛用于涂料、水性高聚物、淀粉分散体、金属切割液、胶黏剂、油墨、染料分散液、皮革加脂剂、颜料分散剂、洗涤剂和清洁液等大多数水性产品领域作罐内防腐，一般使用浓度为0.02%～0.04%（有效成分），亦可做农业杀菌剂。注意：过硫酸盐等氧化剂的存在导致BIT很快降解。

实际应用参考：

① 作为不含甲醛或甲醛释放剂的BIT和“卡松”（CMIT/MIT），由于化学性

能不同，应用领域有所不同。具体区别详见表 2-200。

表 2-200 BIT 和传统“卡松”杀菌剂的区别

不同点	BIT	卡松(CMIT/MIT)
杀菌性能	杀菌速率慢、杀菌谱有缺陷	杀菌速率快、广谱高效
安全性	不含氯、不含重金属，致敏性中等	含氯、多以 Cu^{2+} 为稳定剂，致敏性高
pH 要求	＞12 稳定	＞8.5 稳定
温度要求	耐温可达 150℃，稳定	45℃以下稳定
相容性	化学稳定性优异，与胺类物质相容	化学稳定性稍差，遇胺类物质失活
GB/T 35602—2017	BIT $\leqslant 500\times10^{-6}$	CMIT/MIT $\leqslant 15\times10^{-6}$

在实际应用中，建议 BIT 和 CMIT/MIT 两者配合使用，有效弥补各自杀菌性能和化学性能方面的缺陷。

②到目前为止，已有很多苯并异噻唑啉酮类衍生物被应用于除草剂和植物生长调节剂等。20 世纪 80 年代有文献报道，1,2-苯并异噻唑啉-3-酮-1,1-二氧化物衍生物具有一定的除草活性，可用于甜菜生产中的杂草防除，用药量为 $30g/hm^2$，可杀死猪笼草、鸡尾草等杂草；1990 年 BIT 被 Collier 等发现具有高效广谱的杀菌性能，对细菌、真菌、放线菌均有明显的抑制作用，因此对植物的腐烂病、根腐病、早期落叶病等具有良好的防治作用；刘铁岩等研发了一种可应用于农作物杀菌剂和水果辅助保鲜的苯并异噻唑啉酮衍生物，将其喷施在农作物的种子、叶、茎、芽、穗或果上，可杀灭多种菌并延长保鲜时间达 90d 以上，同时其在应用全过程中无味无臭，残留物可降解，被认为是一种优良的绿色保鲜剂。

噻霉酮（1,2-苯并异噻唑啉-3-酮）是一种新型、广谱杀菌剂，亦可用于防治和治疗黄瓜霜霉病、梨黑星病、苹果疮痂病等病虫害，目前已有西大华特等取得登记。

法规

① 欧盟化学品管理局（ECHA）根据指令 98/8/EC（BPD）或规则（EU）No 528/2012（BPR）提交了批准申请的所有活性物质/产品类型组合：PT-2（不直接用于人体或动物的消毒剂和杀藻剂）、PT-9（纤维、皮革、橡胶和聚合材料防腐剂）、PT-11（液体制冷和加工系统防腐剂）、PT-12（杀黏菌剂）。其中根据欧盟法规（EU）2025/929，BIT 被批准为用于产品类型 6（罐内防腐剂）和 13（工作液或切割液防腐剂）的杀菌剂产品的活性物质，但须符合附件中规定的条件。批准日期均为：2026 年 10 月 1 日到 2036 年 9 月 30 日。截至 2025 年 6 月，生物杀灭剂 1,2-苯并异噻唑-3(2*H*)-酮于 PT-10（建筑材料防腐剂）审核未通过，已驳回。根据 Decision（EU）2025/1262，BIT 用于 PT-2 未获批准。其余项主管当局仍在进行审核中。

② 欧盟玩具安全指令（第 2009/48/EC 号指令）：关于限制在玩具中使用某些化学物质的部分，这些限制针对供 36 个月以下幼儿使用的玩具，以及让幼儿放进口中的玩具。BIT 用作水性玩具如手指颜料里的防腐剂，被视为主要的接触性过敏

原，会影响消费者健康。欧盟已经禁止在化妆品中添加 BIT。按照 EN71-10：2005 以及 EN71-11：1005 两项标准所列的方法，BIT 在水性玩具物料中的限值为 5mg/kg。从 2017 年 5 月 24 日起，成员国必须实施新规定。

③ 德国蓝天使测试相关技术文件 DE-UZ 102：2019 相对于原先 RAL-UZ 102：2015，除甲醛和 VOC 含量外，增加了需要提供 BIT 和其他几个物质的第三方检测报告，且 BIT 的限值不得大于 10mg/kg，检出限不大于 2mg/kg（即证明产品中不含有 BIT 需满足检测结果不大于检出限）。

德国蓝天使环保认证 DE-UZ 12a（低污染、低排放清漆）、DE-UZ 113（地板胶黏剂及其他覆盖材料）、DE-UZ 225（外墙涂料）：获批准的罐内防腐剂清单（总含量产品中的单个物质≤360×10^{-6} BIT 可用于以上物质的罐内保存）。

④ GB/T 35602—2017《绿色产品评价-涂料》规定：1,2-苯并异噻唑-3(2*H*)-酮（BIT）在涂料领域最大添加量不超过 500×10^{-6}。实施日期为 2018 年 7 月 1 日。

2-丁基-1,2-苯并异噻唑啉-3-酮（BBIT）
(2-butyl-1,2-benzisothiazolin-3-one)

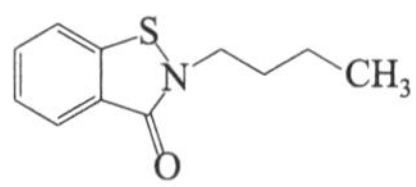

$C_{11}H_{13}NOS$ 207.3 4299-07-4

其他名称　正-丁基-1,2-异噻唑啉-3-酮

化学名称　2-丁基-1,2-苯并异噻唑啉-3-酮

IUPAC 名　*n*-butyl-1,2-benzothiazol-3-one

EC 编码　[420-590-7]

理化性质　纯品为黄色透明液体。沸点 333℃（沸腾前先分解）。密度（20℃）约 1.17g/mL。蒸气压（25℃）0.00015hPa。闪点约 178℃。溶解性：水＜0.0005g/L；易溶于大多数有机溶剂。稳定性：耐热可达 250～300℃，pH 2～12 之间稳定。

毒性　大鼠急性经口 LD_{50}＞2000mg/kg。大鼠急性经皮 LD_{50}＞2000mg/kg。水生生物：虹鳟鱼 LC_{50}（96h）0.15mg/L；水蚤 EC_{50}（48h）0.093mg/L；绿藻 EbC_{50}（72h）0.24mg/L（来源：AVECIA）。

抗菌防霉效果　异噻唑啉酮类物质中都含有活性的 N-S 键，该键会与细胞中含有—SH 的蛋白质、酶或氨基酸反应开环，进而与细胞膜或细胞内所含有的氨基、巯基及氨基酸和蛋白质中的氨基化合物起加成或取代反应，破坏细胞的正常代谢，抑制或杀死细胞，从而达到杀菌防腐的作用。2-丁基-1,2-苯并异噻唑啉-3-酮（BBIT）可有效杀灭大多数霉菌、酵母菌、细菌及藻类。其对一些微生物的最低抑制浓度见表 2-201。

表 2-201　2-丁基-1,2-苯并异噻唑啉-3-酮（BBIT）对一些微生物的最低抑制浓度（MIC）

微生物	MIC/(mg/L)	微生物	MIC/(mg/L)
黑曲霉	16	大肠杆菌	87.5
宛氏拟青霉	4	金黄色葡萄球菌	2.5
腊叶芽枝霉	2.3	鲍曼不动杆菌	14
绿色木霉	50	粪产碱菌	20
球毛壳霉	1.6	棒状杆菌红藓	1.4
变色曲霉	25	荚膜黄杆菌	11
枝孢芽枝菌	19	佛里德兰德氏杆菌	137
绿黏帚霉	62	短乳杆菌	2.1
绳状青霉	3	奇异变形杆菌	137
短柄帚霉	37	铜绿假单胞杆菌	200
普通小球藻	16	白念珠菌	19
颤藻	16	黏质红酵母	4
橘色藻	16	酿酒酵母	0.4
枯草杆菌	4		

（来源：AVECIA）

制备　方法 1：以二硫代水杨酸为原料，与氯化亚砜反应合成酰氯，再跟正丁胺反应生成酰胺，最后经磺酰氯关环反应得到 BBIT，该方法最早由巴斯夫公司报道。方法 2：以 1,2-苯并异噻唑啉-3-酮（BIT）为原料，通过与卤代正丁烷反应得到 BBIT。

应用　2-丁基-1,2-苯并异噻唑啉-3-酮（BBIT）可应用于涂料、塑料、聚氨酯、密封胶、胶黏剂、金属加工液、画材颜料、色浆、木材等领域抗菌防霉防藻。

实际应用参考：

2-丁基-1,2-苯并异噻唑啉-3-酮专用于杀灭侵蚀附着在聚氨酯（PU）、聚氯乙烯（PVC）、聚硅氧烷（硅酮）、聚乙烯（PE）、聚丙烯（PP）等高分子材料上的微生物，可与增塑剂、有机载体及稀释剂混溶，使用方便。其不会与助剂发生反应，不影响制品性能，热稳定性大于 300℃。有良好的耐紫外线性能，户外使用不会失效。建议添加量 0.1%～0.3%（有效成分）。

法规

① 欧盟化学品管理局（ECHA）根据指令 98/8/EC（BPD）或规则（EU）No 528/2012（BPR）提交了批准申请的所有活性物质/产品类型组合：PT-6（产品在储存过程中的防腐剂）、PT-7（薄膜防腐剂）、PT-9（纤维、皮革、橡胶和聚合材料防腐剂）、PT-10（建筑材料防腐剂）、PT-13（金属工作或切削液防腐剂），生物杀灭剂 2-丁基-1,2-苯并异噻唑啉-3-酮（BBIT）申请目前处于审核进行之中。

② 欧盟法规 1272/2008 版《物质和混合物分类、标识和包装》，2015 年 6 月 1 日，把可能导致皮肤过敏反应 H317 类修订为含有＜敏感物质名称＞可能产生过敏反应 EU H208 类。与 H317 比较，浓度限制要求提高了一个数量级。BBIT 无 H317 标具体限值，其 EU H208 限制为 0.1%。

③ 德国蓝天使环保认证 DE-UZ 12a（低污染、低排放清漆）、DE-UZ 225（外墙涂料）：BBIT 不得主动添加至蓝天使环保认证的产品中进行相关产品的罐内

防腐。

2-甲基-1,2-苯并异噻唑-3-酮（MBIT）(2-methyl-1,2-benzothiazol-3-one)

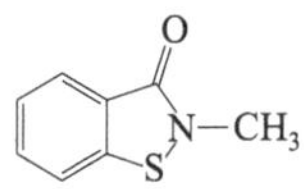

C_8H_7NOS 165.2 2527-66-4

其他名称 MBIT、2-甲基-1,2-苯并噻唑-3-酮

其他名称 2-methyl-1,2-benzothiazol-3(2*H*)-one

化学名称 2-甲基-1,2-苯并异噻唑-3(2*H*)-酮

IUPAC 名 2-methyl-1,2-benzothiazol-3(2*H*)-one

理化性质 纯度99.7%，外观白色固体。熔点53.3℃。沸点324.6℃。蒸气压23.4mPa（20℃）；42.5mPa（25℃）。密度（20℃）1.4527g/ml。$\lg K_{ow}=1.52$（pH 3.4，20℃），1.52（pH 8.0，20℃）。溶解性：水14.63g/L（pH 3.4，20.1℃）；水15.97g/L（pH 8.0，20.1℃）（来源：CLH报告，2017）。

毒性 雌大鼠急性经口 LD_{50} 175mg/kg（95%置信区间54～608mg/kg）。大鼠急性吸入 LC_{50}（4h）>0.53mg/L。大鼠急性经皮 LD_{50} 200～2000mg/kg（来源：CLH报告，2017）。

抗菌防霉效果 2-甲基-1,2-苯并异噻唑-3-酮（MBIT）属于异噻唑啉酮类衍生物，对细菌、酵母和霉菌均有活性。具体抗菌数据详见表2-202。

表 2-202 MBIT对常见微生物的最低抑制浓度（MIC）

微生物	MIC/(mg/L)	微生物	MIC/(mg/L)
大肠杆菌 ATCC 8739	9.1±2.3(1d)	肺炎克雷伯杆菌 ATCC 10031	7.3±0.3(1d)
肠杆菌 ATCC 33028	77.5±7.4(1d)	洋葱伯克霍尔德菌 ATCC 25416	27.1±1.6(1d)
白地霉 ATCC 12784	30.7±2.5(7d)	红酵母菌 ATCC 9449	1.8±0.2(7d)

制备 以邻氨基苯甲酸为原料，经重氮二硫代、酰氯化等系列反应制得目标物。

应用 2-甲基-1,2-苯并异噻唑-3-酮（MBIT）用于抗菌配方，主要用作罐内保存或储存期间产品的防腐剂，如黏合剂、胶乳乳液、矿物浆料、加工液、家用产品等其他水性产品。

法规 欧盟化学品管理局（ECHA）根据指令98/8/EC（BPD）或规则（EU）No 528/2012（BPR）提交了批准申请的所有活性物质/产品类型组合：PT-6（产品在储存过程中的防腐剂）、PT-13（金属工作或切削液防腐剂）。根据法规Reg（EU）2017/2327，PT-6申请已批准，批准日期2018年7月1日到2028年6月30日。

截至2023年10月，2-甲基-1,2-苯并异噻唑-3-酮（MBIT）提交申请PT-13（金属工作或切削液防腐剂）的所有活性物质/产品类型组合已被驳回，未能通过。

2-甲基-4,5-三亚甲基-4-异噻唑啉-3-酮(MTI)
(2-methyl-4,5-trimethylene-4-isothiazolin-3-one)

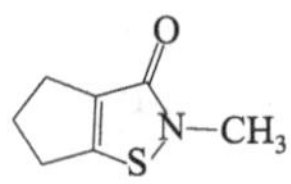

C_7H_9NOS 155.2 82633-79-2

化学名称　5,6-二氢-2-甲基-2*H*-环戊并[D]异噻唑-3(4*H*)-酮

IUPAC 名　2-methyl-5,6-dihydro-4*H*-cyclopenta[d][1,2]thiazol-3-one

EC 编码　[407-630-9]

理化性质　无色至淡褐色固体，无味。熔点 121～123℃。蒸气压（25℃）3×10^{-6}Pa。相对密度（20℃）1.51。$\lg K_{ow}=0.6$。溶解性：水＞20%（质量分数）（来源：NICNAS，1996）。

商品有效含量 5%水溶液，外观呈浅绿色液体。沸点（101kPa）接近 100℃。密度（25℃）1.02g/mL。蒸气压（25℃）0.0017hPa。黏度（25℃）约 1.1mPa·s。pH 4～6。溶解性：水可稀释。稳定性：该溶液在正常储存条件下稳定；有效成分在 216℃开始分解；在 pH 值通过氨调节至 9 的水溶液（Eacott，1991）中相对稳定。稳定性优于 CMIT，但比 BIT 稳定性要差。

毒性　大鼠急性经口 LD_{50} 168～224mg/kg。大鼠急性经皮 LD_{50}＞1000mg/kg。虹鳟 LC_{50}（96h，半静态）0.97mg/L。水蚤 EC_{50}（48h）1.2mg/L（来源：AVECIA）。

抗菌防霉效果　2-甲基-4,5-三亚甲基-4-异噻唑啉-3-酮（MTI）对大多数微生物具有优异的抑制效果，其对部分微生物的最低抑制浓度见表 2-203。

表 2-203　MTI 对常见微生物的最低抑制浓度（MIC）

微生物	MIC/(mg/L)	微生物	MIC/(mg/L)
嗜水气单胞菌	5	铜绿假单胞杆菌	20
肺炎克雷伯杆菌	10	黏质沙雷氏菌	10
雷特格氏变形杆菌	40	奇异变形杆菌	40
假丝酵母	10	粪肠球菌	5
链格孢	40	甲醇酵母	5
绳状青霉	20	黑曲霉	40

（来源：AVECIA）

制备　以 2-*N*-甲基氨基甲酰基环戊硫酮为原料，经卤素氧化环合反应制备 MTI。以 *N*-环戊烯基吗啉为原料通过取代、水解、硫化、环合反应制取 MTI。

应用　2-甲基-4,5-三亚甲基-4-异噻唑啉-3-酮（MTI）是广谱高效杀菌剂，适用于水性涂料、聚合物乳液等罐内保护。一般建议添加量（50～100）$\times10^{-6}$。

2-甲基-4-异噻唑啉-3-酮（MIT）
（2-methyl-4-isothiazolin-3-one）

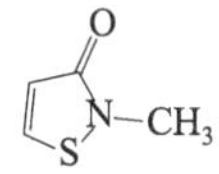

C_4H_5NOS 115.2 2682-20-4

其他名称　甲基异噻唑啉酮、2-methyl-2*H*-isothiazol-3-one

化学名称　2-甲基-4-异噻唑啉-3-酮

IUPAC 名　2-methylisothiazol-3(2*H*)-one

INCI 名　methylisothiazolinone

EC 编码　[220-239-6]

理化性质　纯品含量约 100%，外观无色，极易吸湿的晶体。沸点（0.04hPa）93℃。熔点 50～51℃。蒸气压 5.85×10^{-5}hPa。商品含量 50%，外观呈无色至浅黄色液体，具有温和的气味。沸点（101kPa）100℃。密度（20℃）1.2g/mL。蒸气压（20℃）0.083hPa。pH 4～5。溶解性：无限溶于水。稳定性：光照稳定，pH 2～10 稳定，耐温高达 80℃。水解（半衰期）：>720h（pH 5，pH 7，pH 9）。光解（半衰期）：266h（pH 7）。

毒性　雄大鼠急性经口 LD_{50} 235mg/kg。雌大鼠急性经口 LD_{50} 120mg/kg。大鼠急性经皮 LD_{50} 242mg/kg（来源：DOW）。

抗菌防霉效果　甲基异噻唑啉酮（MIT）杀菌机理主要是杂环上硫原子具有较高的生物反应活性，易与生物 DNA 分子上碱基以及活性酶形成氢键，破坏胞内的 DNA 结构，而对细胞造成不可逆的损伤，最终达到抑制微生物代谢及生物膜形成的效果。

MIT 对大多数细菌、霉菌和酵母抑杀效果良好，尤其对细菌抑制能力明显优于对真菌。具体抗菌数据见表 2-204。

表 2-204　MIT、BIT 等对常规微生物的最低抑制浓度

测试菌株	MIC/(mg/L)		
	MIT	BIT	MIT/BIT(1∶1)
大肠杆菌	17.5	25	10
克雷白氏杆菌	20	25	15
普通变形杆菌	25	20	10
铜绿假单胞菌	30	150	20
恶臭假单胞菌	12.5	60	10
施氏假单胞菌	12.5	20	10
黑曲霉	750	100	50
宛氏拟青霉	100	40	20
绳状青霉菌	200	40	20
酿酒酵母	150	15	10

（来源：THOR）

制备 专利CN102786491B《2-甲基-4-异噻唑啉-3-酮的制备方法》。

应用 2-甲基-4-异噻唑啉-3-酮（MIT）特别适用于化妆品和个人护理品制剂的防腐保存，亦用于工业冷却水、造纸行业、涂料、乳液、胶黏剂等领域罐内防腐。

实际应用参考：

陆书来等报道，以线型低密度聚乙烯/低密度聚乙烯（LLDPE/LDPE）（3∶1）为基材，添加具有抗菌功能的2-甲基-4-异噻唑啉-3-酮（MIT）分子，制备了厚度为0.016～0.017mm，浓度为0.30%（质量分数）的MIT抗菌聚乙烯（PE）保鲜膜。用MIT抗菌聚乙烯保鲜膜和空白对照保鲜膜对油菜包装储藏12d，发现MIT保鲜膜包装的油菜黄化率和腐烂率明显比空白对照保鲜膜包装的油菜黄化率（13.2%）和腐烂率（1.36%）低，0.30%MIT保鲜膜的黄化率（7.3%）和腐烂率（0.56%）分别比空白对照显著降低44.70%和58.82%。

法规

① 甲基异噻唑啉酮根据欧盟法规（EU）2025/1257，PT-6批准日期为2027年2月1日—2037年1月31日；根据法规（EU）2017/1278，PT-11批准日期为2019年1月1日到2028年12月31日；根据法规（EU）2017/2004，PT-12批准日期为2019年4月1日到2029年3月31日；根据法规（EU）2015/1726，PT-13批准日期为2016年10月1日到2026年9月30日。

② 欧盟于2016年4月5日通过禁用规定，禁止驻留类化妆品使用甲基异噻唑啉酮（MIT），该规定于2017年初执行。更为重要的是，2016年4月1日，欧盟委员会开始征求关于甲基异噻唑啉酮在淋洗类化妆品中限值的公众意见。如果该意见通过，甲基异噻唑啉酮（MIT）只能用于冲洗类产品，限值修订为0.0015%。

③ 根据我国2015年版《化妆品安全技术规范》规定：甲基异噻唑啉酮（MIT）在化妆品中使用时的最大允许浓度为0.01%。

④ GB/T 35602—2017《绿色产品评价-涂料》规定：甲基异噻唑啉酮（MIT）在涂料领域不得＞200×10^{-6}。实施日期2018年7月1日。

2-正辛基-4-异噻唑啉-3-酮（OIT）
（2-octyl-2*H*-isothiazol-3-one）

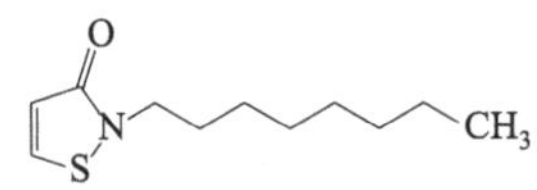

$C_{11}H_{19}NOS$ 213.3 26530-20-1

其他名称 OIT、辛噻酮、*N*-辛基异噻唑啉酮、octhilinone

化学名称 2-正辛基-4-异噻唑啉-3-酮，2-辛基噻唑-3(2*H*)-酮

IUPAC名 2-octyl-1,2-thiazol-3-one，2-octylisothiazol-3(2*H*)-one

EC编码 [247-761-7]

理化性质 纯品为淡金黄色透明液体，具有弱的刺激性气味。低温下固体。沸点（1.33Pa）120℃。蒸气压（25℃）2.98mmHg。$\lg K_{ow}=2.45$（24℃）。相对密

度（15.7℃）1.040。闪点>93.3℃。蒸馏水中溶解度（20～25℃）：0.05%；其他溶剂中溶解度：甲醇和甲苯>800g/L，乙酸乙酯>900g/L，已烷 64g/L。

通常为含有 45%有效成分的液剂，外观呈浅黄色液体，无明显气味。沸点（101kPa）188℃。密度 1.038g/mL。闪点 97℃。pH（10%水溶液）2.45。溶解性（25℃）：水 0.48g/L，甲苯 250g/L，正己烷 5g/L；极易溶于醇、丙酮、醚、乙酸酯；部分溶于油。稳定性：耐热性可达 200℃，pH 2～10 之间稳定，碱性介质下易分解。

毒性　大鼠急性经口 LD_{50} 1470mg/kg。大鼠急性经口 LD_{50} 760mg/kg。兔急性经皮 LD_{50} 690mg/kg。水生生物：蓝腮翻车鱼 LC_{50}（96h）0.196mg/L；虹鳟鱼 LC_{50}（96h）0.065mg/L；水蚤 LC_{50}（48h）0.180mg/L。

抗菌防霉效果　2-正辛基-4-异噻唑啉-3-酮（OIT）作为 DNA/RNA 合成抑制剂，其对多种细菌、霉菌、酵母菌和藻类都有优异的抗菌效果，尤其对霉菌具有极强的杀灭能力。防霉性能可与有机汞、有机锡相媲美。其抗菌数据见表 2-205。

表 2-205　2-正辛基-4-异噻唑啉-3-酮（OIT）对一些微生物的最低抑制浓度（MIC）

微生物	MIC/(mg/L)	微生物	MIC/(mg/L)
链格孢	1.5	黑曲霉	5～10
米曲霉	2.0	出芽短梗霉菌	0.3
球毛壳霉	4.0	树脂枝孢霉	0.5
绿黏帚霉	5.0	绳状青霉菌	0.5
灰绿青霉	2.5	匍茎根霉菌	4.0
白色念珠菌	5.0	酿酒酵母	1.0
棒状杆菌	12.5	大肠杆菌	62.5
克雷伯氏菌	125.0	铜绿色假单胞菌	437.5
斯氏假单胞菌	100.0	金黄色葡萄球菌	31.5
小球藻	5.0	绿藻	5.0

（来源：THOR）

李晓文等研究 *N*-辛基-4-异噻唑啉-3-酮（OIT）应用于木材保护的防霉防蓝变效果，测试菌株分别为烟曲霉、哈茨木霉、产紫青霉、蓝变菌（可可球二孢）。

实验室防霉试验结果见表 2-206。经过为期 4 周的室内试验，素材的被害值全部达到 4。OIT 处理对四种菌株的防治效力有很大的差异。其中，对产紫青霉和烟曲霉的防治效果最好，当处理液质量分数达到 0.8%时，对产紫青霉的防治效力可达到 100%，对烟曲霉的防治效力可达到 88%。对蓝变菌可可球二孢的防治效力较差，在 0.8%的质量分数下，防治效力为 71%。OIT 对哈茨木霉的防治效力较差，在低质量分数下几乎无效力。

表 2-206　实验室内 OIT 防霉试验结果

质量分数/%	烟曲霉		哈茨木霉		产紫青霉		可可球二孢	
	被害值	防治效力/%	被害值	防治效力/%	被害值	防治效力/%	被害值	防治效力/%
—	4	—	4	—	4	—	4	—
0.2	1.83	54	4	0	1.50	63	2.67	33
0.4	1.67	58	3.50	13	1.00	75	2.00	50

续表

质量分数/%	烟曲霉		哈茨木霉		产紫青霉		可可球二孢	
	被害值	防治效力/%	被害值	防治效力/%	被害值	防治效力/%	被害值	防治效力/%
0.6	0.67	83	3.67	8	0.33	92	1.83	54
0.8	0.5	88	3.17	21	0.00	100	1.17	71

制备 以 $CH_2CHCOOCH_3$、NaHS 等为原料，经过硫化、氯化、闭环等系列反应制得。

应用 2-正辛基-4-异噻唑啉-3-酮（OIT）广泛应用于涂料、油漆、润滑油、鞋油、皮革化学、塑料、木材制品和文物保护等诸多领域抗菌防霉。

法规

① 2017 年，欧盟生物杀灭剂产品委员会（BPC）发布法规（EU）2017/1277，批准 2-正辛基-4-异噻唑啉-3-酮（OIT）作为第 8 类（木材防腐剂）生物杀灭剂产品的活性物质。批准日期 2018 年 1 月 1 日，批准期满 2028 年 1 月 1 日。

② 欧盟化学品管理局（ECHA）根据指令 98/8/EC（BPD）或规则（EU）No 528/2012（BPR）提交了批准申请的所有活性物质/产品类型组合：PT-6（产品在储存过程中的防腐剂）、PT-7（干膜防霉剂）、PT-9（纤维、皮革、橡胶和聚合材料防腐剂）、PT-10（建筑材料防腐剂）、PT-11（液体制冷和加工系统防腐剂）、PT-13（金属工作或切削液防腐剂）。生物杀灭剂 2-正辛基-4 异噻唑啉-3-酮（OIT）申请目前处于审核进行之中。

③ 根据 DE-UZ 148 基本标准来保护生皮和鞣制半成品（蓝湿皮、白湿皮）的储存和运输。在最终产品“皮革”中检测限值应为：OIT＜100mg/kg。

④ GB/T 35602—2017《绿色产品评价-涂料》规定：2-正辛基-4-异噻唑啉-3-酮（OIT）在涂料领域不得＞500ppm。实施日期 2018 年 7 月 1 日。

4,5-二氯-2-甲基-3-异噻唑啉酮(DCMIT)
(4,5-dichloro-2-methyl-3-isothiazolone)

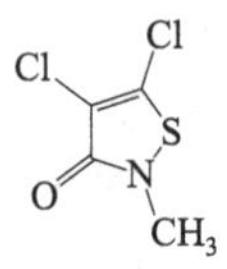

$C_4H_3Cl_2NOS$ 184.0 26542-23-4

其他名称 DCMIT

化学名称 4,5-二氯-2-甲基-3(2*H*)-异噻唑啉酮

IUPAC 名 4,5-dichloro-2-Methyl-3(2*H*)-Isothiazolone

理化性质 白色结晶粉末。沸点（760mmHg）199℃。密度（20℃）1.66g/cm^3。pH（1%水溶液，20℃）5.2。

抗菌防霉效果 4,5-二氯-2-甲基-3-异噻唑啉酮（DCMIT）对大多数微生物均有不错的抑杀效果。思源利报道，将测试样品 DCMIT 分别配制成一定浓度，加入到细菌液体培养基中，并接种标准混合细菌（巨大芽孢杆菌、大肠杆菌、金黄色葡萄球菌、枯草杆菌、荧光假单孢杆菌等混合菌株），在一定培养条件下[温度(32±

1)℃；转速 180r/min］摇床振荡培养，样品的最终浓度为 1mg/L、2mg/L、5mg/L、10mg/L。定时取样检测，结果见表 2-207。

表 2-207　DCMIT 样品杀菌效果表

杀菌剂浓度/$\times10^{-6}$	初始含菌量/(cfu/mL)	24h 含菌量/(cfu/mL)	48h 含菌量/(cfu/mL)	72h 含菌量/(cfu/mL)	96h 含菌量/(cfu/mL)	7d 含菌量/(cfu/mL)
1	3.12×10^{6}	2.22×10^{5}	1.06×10^{7}	3.98×10^{8}	—	—
2		1.68×10^{2}	1.14×10^{2}	10～100	10～100	10～100
5		1.10×10^{2}	10～100	10～100	10～100	10～100
10		1.00×10^{2}	10～100	10～100	10～100	10～100
0		1.68×10^{7}	7.24×10^{7}	3.12×10^{9}	—	—

结果表明，4,5-二氯-2-甲基-3-异噻唑啉酮（DCMIT）在浓度≥2mg/L 时能有效抑杀细菌，效果可达到 99.99%以上，并能持续抑菌 7d 以上。

应用　4，5-二氯-2-甲基-3-异噻唑啉酮（DCMIT）适用于纸浆、工业循环水、涂料、黏合剂、木材、皮革、纺织印染、油墨、金属切削液等领域杀菌防腐。

4,5-二氯-2-正辛基-3-异噻唑啉酮(DCOIT)
(4,5-dichloro-2-octyl-isothiazolone)

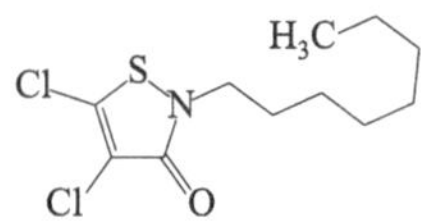

$C_{11}H_{17}Cl_2NOS$ 282.2 64359-81-5

化学名称　4,5-二氯-2-正辛基-4-异噻唑啉-3-酮

IUPAC 名　4,5-dichloro-2-octyl-1,2-thiazol-3-one

EC 编码　[264-843-8]

理化性质　纯品类白色粉末。沸点 322.6℃。熔点 40.0～42.0℃。蒸气压 4.0×10^{-4}Pa。$\lg K_{ow}=2.85$。溶解性（25℃）：水 0.0065g/L；乙醇约 650g/L，丙酮约 650g/L，甲苯约 750g/L，环己烷 540g/L。稳定性：耐高温达 220℃以上，pH 3～9 之间稳定。

毒性　大鼠急性经口 LD_{50} 500mg/kg。大鼠吸入 LC_{50}（4h）0.29mg/L。研究发现，DCOIT 对多种水生生物具有急性毒性，但是对其进行的大量毒理学试验中没有观察到慢性毒性作用（Wang 等，2011）。

抗菌防霉效果　付忠叶等报道异噻唑啉衍生物为非氧化性杀菌剂，其穿过细胞膜进入细胞，杂环上的活性部分与细菌体内的蛋白质作用使其键断开。也能与 DNA 结合，一方面阻断核酸的复制从而抑制微生物的繁殖，另一方面导致基因变异引起蛋白质的合成异常，最终导致细胞死亡。Morley 等通过研究电子结构特性，认为其机理是：杀菌剂透过细胞膜和细胞壁进入菌体分子，并与分子内含巯基的成分发生反应，从而使细胞死亡。4,5-二氯-2-正辛基-3-异噻唑啉酮（DCOIT）具有杀菌广谱活性，能够控制范围很广的真菌和细菌，还具有优异的杀藻性能。

DCOIT 对一些微生物的最低抑制浓度见表 2-208，对藻类杀灭性能分别见表 2-

209、表 2-210。

表 2-208　DCOIT 对一些微生物的最低抑制浓度（MIC）

微生物	MIC/(mg/L)	微生物	MIC/(mg/L)
出牙短梗霉 ATCC 12536	26	金黄色葡萄球菌 ATCC 8638	20
黑曲霉 ATCC 6278	45	粉核小球藻 UTEX 1230	0.3
似枝孢类枝孢 ATCC 16022	5	绿球藻 UTEX 105	5
绿色木霉 ATCC 9645	12	方尾栅藻 UTEX 614	6
腔式嗜分枝霉 ATCC 52426	3	尖丝藻 UTEX 739	3
白色念珠菌霉 ATCC 11651	26	水花项圈藻 UTEX 1444	2
大肠杆菌 ATCC 11229	80	绿铜微孢藻 UTEX 2063	3
铜绿假单胞菌 ATCC 15442	65		

注：MIC 数据来自双重两次连续稀释试验；资料来自得克萨斯（Texas）大学的藻类培养专集。

表 2-209　DCOIT 暴露 96h 条件下加药量与灭藻率的关系

质量浓度/(mg/kg)	0.5	0.75	1	1.5	1.75
灭藻率/%	50	65	91	92	93

表 2-210　DCOIT 作用时间和灭藻效果的关系（浓度为 2.0mg/kg）

作用时间/h	0	6	24	48	96
灭藻率/%	0	34	50	91	99

由表 2-209 可见，DCOIT 的灭藻效果随加药量的增加而提高。在有效组分质量浓度为 1.0mg/kg 时，DCOIT 的灭藻率达到 90%以上，显示出良好的灭藻性能。

由表 2-210 可见，DCOIT 在有效组分质量浓度为 2.0mg/kg 时，作用 24h 后灭藻率为 50%左右，48h 后灭藻率达到 90%以上。

制备　以 $CH_2CHCOOCH_3$、NaHS 等为原料，经过硫化、胺化、氯化等反应制得。

应用　1977 年，4,5-二氯-2-正辛基-3-异噻唑啉酮（DCOIT）合成文献首次发表于《杂环化学》期刊。1978 年作为防污剂，德国专利 DE 2732145。1984 年美国罗门哈斯获得将 DCOIT 用于工业水处理的专利 BR8305103。

从 20 世纪 90 年代起，使用 SEA-NINE 商标的 DCOIT 就作为防霉剂的活性成分在全球范围内得到广泛而安全的使用，SEA-NINE 211 曾获得颇具声望的“总统绿色化学挑战奖”（安全化学产品设计奖），并于 1994 年取得美国 EPA 授权登记。

DCOIT 亦用于油漆、涂料、塑料、聚氨酯、造纸、木材等领域抗菌防霉防藻。

实际应用参考：

① 20 世纪 90 年代末期开始，DCOIT 作为一种木材防腐剂，逐渐应用于木材领域，尤其是户外非触地的使用。已有研究表明，DCOIT 在较低载药量的条件下就能够保障处理材的防腐、防霉性能，如：在溶剂型 DCOIT 处理材中，当其有效成分（DCOIT）的载药量达到 0.27kg/m^3 时，经过 10 周的实验室耐褐腐测试，质量损失降低至 3.6%，而对于白腐菌，需要更高的载药量来达到相同的耐腐效果

(Nicholas 等，1984)，更多关于载药量的信息参照 EN 113。在户外长期测试中，当处理材中 DCOIT 的载药量达到 0.42kg/m^3 时，经过 3 年的户外放置，试件无任何腐朽迹象，这表明 DCOIT 木材防腐剂适用于长期保护户外木制品（Greenley 和 Hegarty，1988）。且 DCOIT 已于 2007 年 1 月通过美国国际法规委员会（ICC-ES）的评估，批准其作为木材专用防腐剂。

② 4,5-二氯-2-正辛基-3-异噻唑啉酮（DCOIT）对细菌、真菌、藻类和海洋无脊椎动物具有良好的防污活性，且在现有环境中的浓度对海洋生物具有最小毒性。表 2-211 是 DCOIT 与三丁基锡（TBT）防污剂的毒性效果比较。

表 2-211 DCOIT 与 TBT 的毒性效果比较

毒性	浓度/(μg/L)	
	DCOIT	TBT
急性毒性	2～10	2～10
慢性毒性	0.6～6	0.001～0.01
代谢物的毒性	＞125000	100～400

2011 年 2 月欧盟批准 DCOIT 成为 Annex I 杀菌剂产品指令中第 21 类防霉产品，是列表中首个使用的防霉剂活性物质。DCOIT 具有良好的环境选择性，其在中性水中的稳定性高，便于保存和施工，但在海洋环境中易发生化学水解、生物降解和光降解，降解产物主要为水和二氧化碳等无毒小分子。另外，DCOIT 疏水性强，在海水中不易富集，同时其半衰期不到 24h，在沉积物中的半衰期小于 1h。当 Sea-Nine 浓度为 2mg/L 时就可以有效抑制或杀灭绿藻和褐藻，Sea-Nine 对 amphipora paludosa 和 navicula incerta 等硅藻也具有优异的生长抑制活性。另外，Sea-Nine 对典型无损生物藤壶也具有良好的生长抑制活性。

DCOIT 在涂料中的添加量过多易引起涂膜变软，并且其初期渗出行为不甚理想，加工过程中对人体皮肤和眼睛还具有一定的刺激性，为此，美国 Rohm & Hass 公司和日本 Nippon Soda 公司共同开发了 TEP-DCOIT 复合物，它是以 1,1,2,2-四(4-羟基苯基)乙烷（TEP，化学结构式见图 2-12）为主体化合物，以 DCOIT 为客体化合物形成的笼型化合物。TEP-DCOIT 的初期渗出率显著降低，在防污剂的利用率方面具有明显的优势，对海洋生态环境的影响相对较小。经过 6 个月的浸泡后，所有涂层的 DCOIT 渗出率均能维持在 1.0～2.0μg/（cm^2·d）的稳定状态。

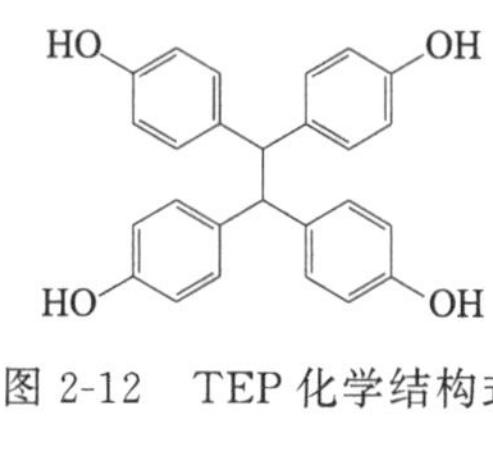

图 2-12 TEP 化学结构式

DCOIT 与其他防污剂组分组合成如下几种防污剂体系：DCOIT＋氧化亚铜；DCOIT＋氧化亚铜＋百菌清；DCOIT＋硫氰酸亚铜；DCOIT＋氧化亚铜＋敌草隆；DCOIT＋硫氰酸亚铜＋敌草隆；DCOIT＋2-甲硫基-4-叔丁氨基-6-环丙氨基三嗪；

DCOIT＋氧化亚铜＋2-甲硫基-4-叔丁氨基-6-环丙氨基三嗪；DCOIT＋氧化亚铜＋硫氯酸亚铜＋2-甲硫基-4-叔丁氨基-6-环丙氨基三嗪。

法规

① 欧盟委员会根据法规 Decision（EU）2025/1811，批准 4,5-二氯-2-正辛基-3-异噻唑啉酮（DCOIT）作为第 8 类（木材防腐剂）生物杀灭剂产品的活性物质。批准日期 2013 年 7 月 1 日，批准期满 2028 年 6 月 30 日。欧盟委员会根据法规 Decision（EU）2025/1811，批准 4,5-二氯-2-正辛基-3-异噻唑啉酮（DCOIT）作为第 21 类（海洋防污剂）生物杀灭剂产品的活性物质。批准日期 2016 年 1 月 1 日，批准期满 2028 年 6 月 30 日。

② 欧盟化学品管理局（ECHA）根据指令 98/8/EC（BPD）或规则（EU）No 528/2012（BPR）提交了批准申请的所有活性物质/产品类型组合：PT-7（干膜防霉剂）、PT-9（纤维、皮革、橡胶和聚合材料防腐剂）、PT-10（建筑材料防腐剂）、PT-11（液体制冷和加工系统防腐剂）。生物杀灭剂 4,5-二氯-*N*-辛基-4-异噻唑啉-3-酮（DCOIT）申请目前处于审核进行之中。

③ GB/T 35602—2017《绿色产品评价-涂料》规定：4,5-二氯-2-正辛基-3-异噻唑啉酮（DCOIT）在涂料领域不得＞500×10^{-6}。实施日期 2018 年 7 月 1 日。

苯噻硫氰（TCMTB）

（benthiaiole）

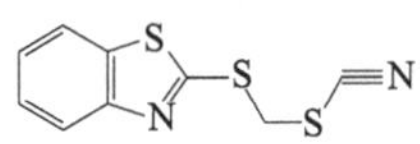

$C_9H_6N_2S_3$ 238.4 21564-17-0

其他名称　busan、倍生、苯噻氰、硫氰苯噻

化学名称　2-(硫氰基甲基硫代)苯并噻唑

IUPAC 名　1,3-benzothiazol-2-ylsulfanylmethyl thiocyanate

EC 编码　[244-445-0]

理化性质　原油为棕红色液体。有效成分含量 80%。密度（22℃）1.38g/mL。闪点不低于 120.7℃。蒸气压小于 0.01mmHg。$\lg K_{ow}=3.30$。溶解性：水 0.03g/L；异丙醇＜0.5g/L，乙二醇＜0.5g/L，丙二醇＜0.5g/L；易溶于丙酮、DMF、甲苯等。稳定性：碱性条件易分解，130℃以上会分解。DT_{50}（在水中生物降解）2.8d。商品为 60%、30%活性成分制剂。

TCMTB 可水解为苯并噻唑硫醇（MBT），厌氧条件下转化为苯并噻唑（BT）。MBT 在有氧条件下会生物降解为甲基硫代苯并噻唑（MTBT）。

毒性　大鼠急性经口 LD_{50} 2664mg/kg。家兔急性经皮 LD_{50} 2000mg/kg。水生生物：虹鳟鱼 LC_{50}（96h）0.029mg/L。

抗菌防霉效果　苯噻硫氰（TCMTB）不仅有效地抑制常见的细菌，而且高效抑制黑曲霉、桔青霉、黄曲霉等大多数霉菌的繁殖和生长。其抗菌数据见表 2-212。

表2-212 苯噻硫氰（TCMTB）对一些微生物的最低抑制浓度（MIC）

微生物	MIC/(mg/L)	微生物	MIC/(mg/L)
黑曲霉	3	巨大芽孢杆菌	50
黄曲霉	3	大肠杆菌	20
变色曲霉	3	金黄色葡萄球菌	20
球毛壳霉	1	枯草杆菌	50
蜡叶芽枝霉	3	荧光假单胞杆菌	50
橘青霉	3	铜绿假单胞菌	50
宛氏拟青霉	3	啤酒酵母	10
绿色木霉	20		

制备 以2-巯基苯并噻唑、多聚甲醛和氯化氢为原料，与硫氰化钠反应制得。

应用 苯噻硫氰（TCMTB）由美国巴克曼实验室首先合成，并于1996年申请专利。TCMTB是一种传统农药，对各种虫类、细菌、酵母菌有很好的抑制效果，亦可广泛用于造纸、皮革、涂料等工业行业抗菌防霉。

实际应用参考：

苯噻硫氰（TCMTB）具有挥发度低，对温度、pH和紫外线的稳定性良好，与其他水处理剂配伍性佳等特性，是理想的灭菌灭藻剂。

Nalco化学品公司研究得出，只有戊二醛含量等于或大于苯噻硫氰的情况下，两者复配才增效；而作用24h后，m(苯噻硫氰)/m(戊二醛)在(19∶1)～(1∶9)范围内，两者复配均有显著的增效作用。

法规 欧盟化学品管理局（ECHA）根据指令98/8/EC（BPD）或规则（EU）No 528/2012（BPR）提交了批准申请的所有活性物质/产品类型组合：PT-9（纤维、皮革、橡胶和聚合材料防腐剂）、PT-12（杀黏菌剂）。苯噻硫氰（TCMTB）申请目前处于审核进行之中。

2-甲基-4-异噻唑啉-3-酮盐酸盐

(2-methyl-4-isothiazolin-3-one hydrochloride)

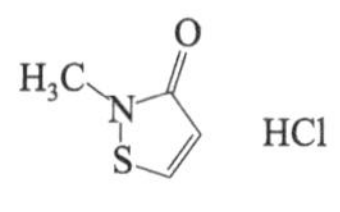

$C_4H_5NOSHCL$ 151.61 26172-54-3

其他名称 甲基异噻唑啉酮盐酸盐

化学名称 2-甲基-4-异噻唑啉-3-酮盐酸盐

IUPAC名 2-methyl-2*H*-isothiazol-3-one hydrochloride

EC编码 [247-499-3]

理化性质 纯品为无色晶体。熔点54～55℃。蒸气压（20℃）0.0036hPa。密度（21℃）1.551g/cm^3。稳定性：加热至55℃开始分解；对亚硫酸氢钠、SH化合物、胺、碱性溶液（pH＞8）敏感。溶解性：水约420.3g/L；溶于有机溶剂（来源：ECHA）。

毒性 大鼠急性经口LD_{50} 175mg/kg（来源：ECHA）。

抗菌防霉效果 参考MIT。

制备 由磺酰氯和3-[(3-氨基-3-氧代丙基)二硫代]丙酰胺合成。

法规 欧盟化学品管理局（ECHA）根据法规 Regulation（EU）2025/1282，批准2-甲基-4-异噻唑啉-3-酮盐酸盐作为PT-6（产品在储存过程中的防腐剂）生物杀灭剂产品的活性物质。批准日期2025年8月1日，批准期满2035年7月31日。

噻菌灵（TBZ）
（thiabendazole）

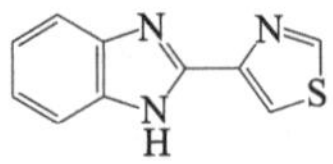

$C_{10}H_7N_3S$ 201.3 148-79-8

其他名称 噻苯咪唑、特克多、噻苯达唑

化学名称 2-(1,3-噻唑-4-基)苯并咪唑

IUPAC名 4-(1*H*-benzimidazol-2-yl)-1,3-thiazole

EC编码 [205-725-8]

理化性质 纯品为白色无味粉末。熔点297～298℃。蒸气压5.3×10^{-4}mPa（25℃）。相对密度1.3989。$\lg K_{ow}=2.39$（pH 7，25℃）。溶解性（20℃）：水0.16g/L（pH 4），水0.03g/L（pH 7），水0.03g/L（pH 10）；庚烷＜0.01g/L，二甲苯0.13g/L，甲醇8.28g/L，二氯甲烷0.81g/L，丙酮2.43g/L，乙酸乙酯1.49g/L，正辛醇3.91g/L。稳定性：水解稳定；水中光解DT_{50} 29h（pH 5）。$pK_{a1}=4.73$，$pK_{a2}=12.00$。

毒性 小鼠急性经口LD_{50} 3600mg/kg。大鼠急性经口LD_{50} 3100mg/kg。兔急性经皮LD_{50}＞2000mg/kg。水生生物：蓝腮翻车鱼LC_{50}（96h）19mg/L；虹鳟鱼LC_{50}（96h）0.55mg/L；水蚤LC_{50}（48h）0.81mg/L；月牙藻EC_{50}（96h）9mg/L。

抗菌防霉效果 噻菌灵作用机制是抑制真菌线粒体的呼吸作用和细胞繁殖，通过与微管蛋白结合抑制有丝分裂，从而严重影响真菌的生长和发育。与苯菌灵等苯并咪唑类药剂有正交互抗药性。具有内吸传导作用，根施时能向顶传导，但不能向基传导。抗菌活性限于子囊菌、担子菌、半知菌，而对卵菌和接合菌无效。

噻菌灵对许多微生物都显示出良好的抑制作用，对霉菌的效果特别好。其对一些微生物的最低抑制浓度见表2-213。

表2-213 噻菌灵对一些微生物的最低抑制浓度（MIC）

微生物	MIC/(mg/L)	微生物	MIC/(mg/L)
黑曲霉	10	橘青霉	15
黄曲霉	15	草酸青霉	5
米曲霉	25	淡黄青霉	1
烟曲霉	10	黑根霉	30
杂色曲霉	10	疣孢冻斑菌	5
球毛壳霉	5	刺状毛霉	10

续表

微生物	MIC/(mg/L)	微生物	MIC/(mg/L)
树脂枝孢霉	10	膝曲弯孢	20
蜡叶芽枝霉	15	烟色盘多毛孢	30
出芽短梗霉	0.2	尖镰孢	20

制备　以邻苯二胺或邻位取代苯胺与噻唑衍生物反应制得噻菌灵。

应用　噻菌灵是 1960 年代初美国发明的一种驱寄生虫药，已经被美国 FDA 批准作为人类系统性口服药剂（作为抗真菌和抗寄生虫治疗），又被证实是血管破坏试剂，从而辅助于目前的抗血管生成治疗组合使用。

在工业上可用于涂料、纺织品、纸张、皮革、电线电缆等领域的抗菌防霉，亦可作水果保鲜剂或农业杀菌剂。

实际应用参考：

将噻菌灵以 0.1%～0.2%的量添加到聚乙烯薄膜、聚丙烯薄膜、聚氯乙烯薄膜以及各种复合薄膜中去，做成防霉塑料薄膜，用来包装食品，可以防止食品霉变。

法规

① 2008 年，欧盟生物杀灭剂产品委员会（BPC）发布法规 Directive 2008/85/EC，批准噻菌灵作为第 8 类（木材防腐剂）生物杀灭剂产品的活性物质。批准日期 2010 年 7 月 1 日，批准期满 2020 年 7 月 1 日。

② 欧盟化学品管理局（ECHA）根据指令 98/8/EC（BPD）或规则（EU）No 528/2012（BPR）提交了批准申请的所有活性物质/产品类型组合：PT-7（干膜防霉剂）。PT-9（纤维、皮革、橡胶和聚合材料防腐剂）、PT-10（建筑材料防腐剂）。生物杀灭剂噻菌灵申请目前处于审核进行之中

异噻唑啉酮
(kathon)

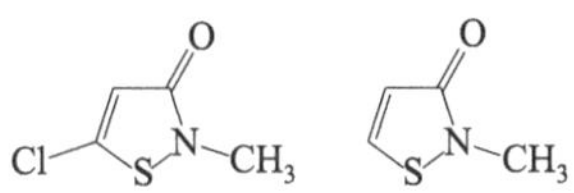

CMIT　　MIT

C_4H_4ClNOS/C_4H_5NOS 150.0/115.2 55965-84-9

其他名称　卡松、凯松、CMIT/MIT

化学名称　5-氯-2-甲基-4-异噻唑啉-3-酮和 2-甲基-4-异噻唑啉-3-酮（3∶1）混合物

IUPAC 名　mixture of 5-chloro-2-methyl-isothiazol-3(2*H*)-one and 2- methylisothiazol-3(2*H*)-one

INCI 名称　methylchloroisothiazolinone、methylisothiazolinone

CAS 号　[55965-84-9]（混合物）、[26172-55-4] + [2682-20-4]

EC 编码　[611-341-5]（混合物）、[247-500-7] + [220-239-6]

理化性质 异噻唑啉酮主要由5-氯-2-甲基-4-异噻唑啉-3-酮（CMIT）和2-甲基-4-异噻唑啉-3-酮（MIT）组成，二者通常以质量比3∶1[m(CMIT)∶m(MIT)]混合。该混合物有效含量14.0%，其中，CMIT 10%～12%，MIT 3%～5%，硝酸镁14%～18%，氯化镁8%～10%，水60%～64%。外观呈琥珀色液体，有刺激性气味。沸点（101kPa）100℃。密度1.3g/mL。黏度（25℃）16mPa·s。pH 2.0～4.0。溶解性：溶于水和醇类溶剂。稳定性：温度>50℃开始分解，pH 4～8之间稳定，水溶性Cu^{2+}盐可提高活性物质的稳定性，胺类、硫醇、硫化物、强还原剂（如亚硫酸钠和漂白剂）以及高pH均会使本品失活。

付忠叶等报道，异噻唑啉酮衍生物有很好的环境因素，在环境中能快速自然降解成低毒或无毒物。水解条件下，随着pH值的变化，其降解速度不同，如表2-214所示。

表2-214 异噻唑啉酮衍生物的非生物和生物降解的半衰期

环境介质	半衰期/h		
	CMIT	MIT	DCOIT
水解(pH=5)	>720	>720	216
水解(pH=7)	>720	>720	>720
水解(pH=9)	528	>720	288
光解作用	158	266	322
有氧水生态体系	17	9	<1
有氧水生态体系	5		<1
25℃	5		20
无菌生态体系	>1536	>1536	>5600

重金属离子对异噻唑啉酮的降解有很大的影响，Law等报道，Cu^{2+}、Zn^{2+}、Mn^{2+}均会抑制杀菌剂活性组分2-甲基-4-异噻唑啉-3-酮（MIT）和5-氯-2-甲基-4-异噻唑啉-3-酮（CMIT）的降解，铁离子对杀菌剂的降解有促进作用，Sb^{3+}、Cu^{2+}表现为抑制作用。CMIT、MIT、DCOIT的辛醇-水分配系数的对数（一种化合物的水生生物累积性的最直接标征参数）小于3，所以它们的生物累积性可以忽略。

毒性 大鼠急性经口LD_{50} 457mg/kg。兔急性经皮LD_{50} 660mg/kg。大鼠吸入（4h）LC_{50} 0.33mg/L。水生生物：虹鳟鱼LC_{50} 0.19mg/L（96h）；蓝腮翻车鱼LC_{50} 0.28mg/L（96h）；水蚤EC_{50} 0.16mg/L（96h）；藻类EC_{50} 0.018mg/L。

大量研究数据表明，异噻唑啉酮，尤其是5-氯-2-甲基-4-异噻唑啉-3-酮（CMI）和2-甲基-4-异噻唑啉-3-酮（MI）被认为是皮肤刺激剂和致敏原。

抗菌防霉效果 Morley等通过研究电子结构特性，认为其机理是：杀菌剂透过细胞膜和细胞壁进入菌体分子，并与分子内含巯基的成分发生反应，从而使细胞死亡。图2-13为异噻唑啉酮类化合物与谷胱甘肽（GSH）的反应式。异噻唑啉酮衍生物杀藻的机理也相同，其穿过细胞壁和细胞膜进入细胞内，与叶绿素、蛋白质和酶等反应，从而杀死藻细胞。

异噻唑啉酮作为一种亲电子型杀生剂，对各种细菌、霉菌、酵母和藻类均有很强的抑杀能力，亦可杀灭软体动物及浮游生物。其抗菌数据见表2-215。

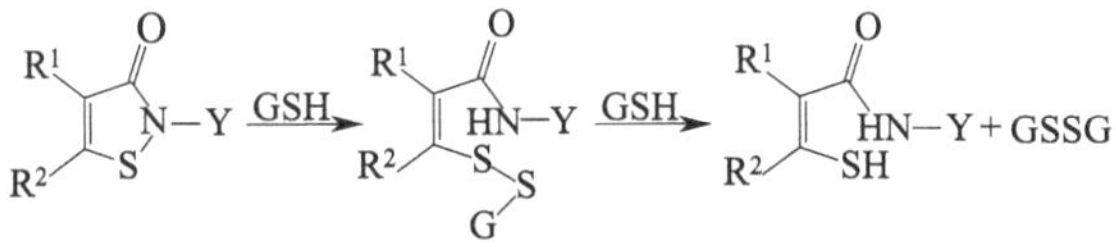

图 2-13　异噻唑啉酮类化合物与谷胱甘肽（GSH）的反应式

表 2-215　异噻唑啉酮（有效物含量为 1.5%）对微生物的最低抑制浓度（MIC）

微生物	MIC/(mg/L)	微生物	MIC/(mg/L)
黑曲霉 9642	9	米曲霉 10196	11.5
球毛壳菌 6205	9	粉红黏帚霉 32913	4.5
毛霉 24905	9	青霉菌 9644	11.5
出芽短梗霉 9348	2.3	根霉 10404	11.5
须毛癣菌 9533	4.5	白色念珠菌 11651	9.0
红酵母 9449	9.0	酿酒酵母 2601	9.0
产氨短杆菌 6871	9.0	蜡状芽孢杆菌 11778	9.0
枯草芽孢杆菌 6633	9.0	金黄色葡萄球菌 6538	11.5
表皮葡萄球菌 155	9.0	无乳葡萄球菌 624	9.0
无色杆菌 4335	4.5	粪产碱杆菌 8750	4.5
产气肠杆菌 3906	9.0	大肠杆菌 11229	9.0
黄杆菌 958	9.0	肺炎克雷伯菌 13883	9.0
普通变形杆菌 8427	9.0	铜绿假单胞菌 15442	9.0
洋葱假单胞菌 25416	9.0	荧光假单胞菌 13525	9.0
志贺氏杆菌 9290	9.0	黏质沙雷氏菌 8100	9.0

（来源：LONZA）

制备　以 $CH_2CHCOOCH_3$、NaHS 等为原料，经过硫化、胺化、氯化闭环等反应制得。

应用　20 世纪 70 年代，由美国的 Rohm & Hass 公司对异噻唑啉酮进行开发研究，并取得商品代号为 Kathon 的系列产品的专利权，其中活性成分为 2-甲基-3-异噻唑酮（MIT）和 5-氯-2-甲基-3-异噻唑酮（CMIT）。1978 年，CMIT 与 MIT 的混合物作为一种防腐剂首先在美国使用，商品名为卡松（Kathon CG），CMIT 与 MIT 质量比约为 3∶1，并常含有少许氯化镁及硝酸镁作为稳定剂。

该混合物广泛应用于循环冷却水、涂料、乳液、黏合剂、造纸、建材、制革等领域杀菌防腐。

实际应用参考：

异噻唑啉酮两组分 CMIT 和 MIT 共存，通过工艺的调整，两者比例可随意变换。市售商品 CMIT∶MIT=（2.5～3.5）∶1 是一个经典值。主要综合考虑以下因素：①刺激性和杀菌率。CMIT 是含氮杂环化合物，刺激性大于 MIT，但 CMIT 的杀菌效率远远高于 MIT。②酸碱性和耐温性。CMIT 在偏碱性条件下迅速失活，MIT 可耐受相当高的碱性；MIT 在 80℃体系 3h 内稳定，CMIT 只能短时间耐受 50℃。③兼顾快速杀菌和长效抑菌。主要利用 MIT 的持久抑菌特性和 CMIT 的快速杀菌特性。5-氯-2-甲基-4-异噻唑啉-3-酮（CMIT）与 2-甲基-4-异噻唑啉-3-酮（MIT）的混合物溶解在硝酸镁溶液中，CMIT/MIT 的值在 2.5～4 之间时，统称卡松。

该类防腐剂在使用方面对pH比较敏感，在偏酸性的环境中能发挥非常好的防腐作用。但在碱性环境中，则会失去其防腐活性。本类产品中含有镁盐或铜盐，故在使用时，必须考虑原料之间的相容性问题，以免发生沉淀或分层，特别是在透明产品中，或者使用卡波类树脂增稠时要注意。此时可选择不含二价金属盐异噻唑啉酮。此外，胺类、硫醇、硫化物、亚硫酸盐、漂白剂可使卡松失活。

法规

① 2016年，欧盟生物杀灭剂产品委员会（BPC）发布法规（EU）2016/131，批准 mixture of 5-chloro-2-methyl-2*H*- isothiazol-3-one（EINECS 247-500-7）and 2-methyl-2*H*-isothiazol-3-one（EINECS 220-239-6）（mixture of CMIT/MIT）作为第2类（不直接用于人体或动物的消毒剂和杀藻剂）、第4类（食品和饲料领域）、第6类（产品在储存过程中的防腐剂）、第11类（液体制冷和加工系统防腐剂）、第12类（杀黏菌剂）、第13类（金属工作或切削液防腐剂）生物杀灭剂产品的活性物质。批准日期2017年7月1日，批准期满2027年7月1日。

② 欧盟和韩国，MIT的最大允许使用量分别为15mg/kg和100mg/kg，仅限用于淋洗类产品，且不得与卡松同时使用，卡松作为化妆品或者沐浴露中保鲜剂使用最高不能超过15mg/kg。日本、中国台湾均将MIT禁用于接触黏膜部位的产品，其他产品中的最大允许使用量为100mg/kg。在加拿大，MIT的最大允许使用量为100mg/kg。我国现行的《化妆品安全技术规范》（2015年版）中将MIT和卡松收录于准用防腐剂列表中，并规定MIT的最大允许使用量为100mg/kg，卡松最大允许使用量为15mg/kg，且仅限于淋洗类产品中使用，同时二者不可共用。

③ 欧盟玩具安全标准EN71-9-2005规定，MIT、CMIT和BIT的限量分别为10mg/kg、10mg/kg和5mg/kg，并且MIT和BIT的总限量为15mg/kg；我国GB 9685—2008《食品容器、包装材料用添加剂使用卫生标准》规定，MIT、CMIT和BIT的特定迁移限量分别为0.5mg/kg、不得检出（ND＝0.01mg/kg）和1.2mg/kg；我国和欧盟化妆品法规对MIT和BIT的限量分别为0.01%和0.0015%。

④ 蓝天使环保认证：获批准的罐内防腐剂清单。

总含量产品中的单个物质$\leqslant 15\times 10^{-6}$卡松可用于低污染、低排放清漆的保存。

但MIT、CMIT为不得主动添加至蓝天使认证产品的活性物质，其生物杀灭剂产品ACTICIDE C1的临时授权至2024年3月16日。

⑤ GB/T 35602—2017《绿色产品评价 涂料》规定：涂料内异噻唑啉酮（CMIT/MIT）含量不得$>15\times 10^{-6}$。2018年7月1日实施。

2.12 含活性卤素原子化合物

由于卤素原子的电子亲和力远高于碳原子，将卤素原子引入α位或乙烯基与电负性基团相连，会导致相应的碳原子上出现强烈的电子缺失。卤代乙烯基化合物与亲核物发生加成/消除反应，详见图2-14。

这类杀微生物剂是亲电活性物质，其α位和/或乙烯基位上的活化卤素原子与

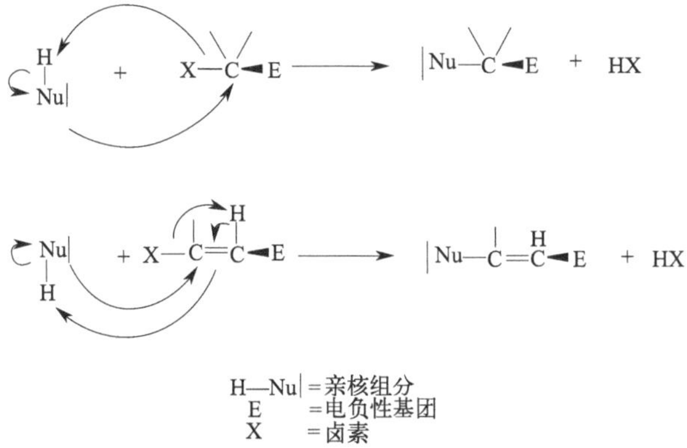

图 2-14　具有活性卤素原子的杀微生物剂的作用模式

电负性基团 E 相连，详见图 2-15。

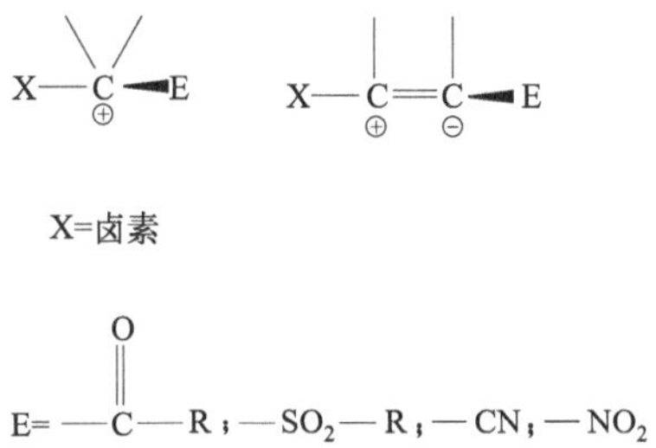

图 2-15　活化的卤素原子

对二氯苯（PDCB）
（dichloricide）

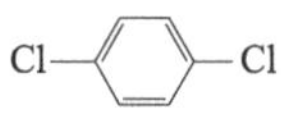

$C_6H_4Cl_2$ 147.0 106-46-7

其他名称　1,4-DCB

化学名称　1,4-二氯苯

IUPAC 名　1,4-dichlorobenzene

EC 编码　[203-400-5]

理化性质　白色结晶体，有刺鼻的樟脑气味。沸点（760mmHg）174℃。熔点 52.7℃。蒸气压（25℃）1.74mmHg。密度（20℃）1.2475g/mL。闪点 66℃。$\lg K_{ow}$＝3.44。溶解性：不溶于水；溶于乙醇等有机溶剂。稳定性：常温下升华。

毒性　大鼠急性经口 LD_{50} 500mg/kg。小鼠急性经口 LD_{50} 2950mg/kg。1990 年美国环境保护局和科学顾问委员会专家对于 PDCB 的毒性和致癌性界定降为动物致癌物。

抗菌防霉效果　对二氯苯对常见的微生物均有很好的抑杀效果。

制备 苯或氯化苯的定向催化氯化法。国内生产多采用间歇法。

应用 对二氯苯（PDCB）是合成药物、人造树脂等中间体。同时，由于该化合物具有防蛀、防霉和除臭的特性，已在众多领域得到了广泛的应用。

二氯乙二肟（DCG）
（dichloroglyoxime）

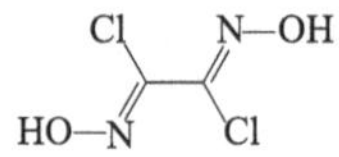

$C_2H_2Cl_2N_2O_2$ 157.0 2038-44-0

其他名称 DCO

化学名称 二氯乙二醛二肟

IUPAC 名 *N*-[(*E*)-1,2-dichloro-2-nitrosoethenyl]hydroxylamine

理化性质 纯品为白色结晶。熔点 200～204℃。溶解性：水 14g/L，遇水易分解；易溶于极性有机溶剂。稳定性：二氯乙二肟在固态时非常不稳定，受到摩擦或振动即可能发生爆炸，遇水 10～15min 内水解。商品一般为 10%制剂。

毒性 大白鼠急性经口 LD_{50} 258mg/kg，鱼 LC_{50}（48h）4.49mg/L。

抗菌防霉效果 二氯乙二肟（DCG）是一种新型高效工业杀菌剂。当浓度在 0.5～3μg/L 时，DCG 可干扰乃至中断胞浆的流动，造成细胞原生质膜崩解起到杀菌作用，杀菌力是常用溴类杀菌剂的 10 倍。

二氯乙二肟（DCG）具有广谱的抑菌活性，尤其对细菌抑制效果较佳。一般在几 mg/kg 浓度范围，可干扰乃至中断胞浆的流动，最终导致细胞原生质膜崩解而起到杀菌的作用。其对一些微生物的杀菌试验见表 2-216。

表 2-216 二氯乙二肟（DCG）对几种细菌的杀菌试验

微生物	对照/(cfu/mL)	DCG/(cfu/mL)	
		10mg/L	5mg/L
粪产碱菌	3.8×10^7	$<10^2$	$<10^2$
金黄色葡萄球菌	2.3×10^6	$<10^2$	$<10^2$
产气肠杆菌	7.8×10^7	$<10^2$	$<10^2$
枯草杆菌	7.5×10^6	2.9×10^3	3.5×10^3

制备 以乙二醛、盐酸羟胺等为原料，再通氯气等系列反应制得二氯乙二肟。

应用 二氯乙二肟（DCG）主要用于造纸白水以控制腐浆生成，还可作为工业洗涤剂、冷却水、润滑油、金属加工液、纺织油剂等工业领域杀菌防腐剂使用。

二氯乙烷
（ethylidene chloride）

$C_2H_4Cl_2$ 99.0　107-06-2

其他名称 1,2-DCE、亚乙基二氯、二氯化乙烯

化学名称 1,2-二氯乙烷

IUPAC 名 1,2-dichloroethane

CAS号 [1300-21-6]（1,1-二氯乙烷和1,2-二氯乙烷的混合物）

EC编码 [203-458-1]

理化性质 无色透明油状液体，具有类似氯仿气味。沸点（760mmHg）83.5℃。熔点-35.5℃。闪点13.3℃（闭杯）。相对密度1.235。溶解性：8.6g/L（25℃）；可与乙醇、乙醚、氯仿等各种有机溶剂混溶。稳定性：对水、酸、碱稳定，具有抗氧化性，不腐蚀金属。

毒性 1,2-二氯乙烷(1,2-DCE)属高毒类的神经性毒物。大鼠急性经口 LD_{50} 770mg/kg，空气中最高容许浓度为100mg/L（400mg/m^3）。

抗菌防霉效果 二氯乙烷对霉菌、细菌等多种微生物显示良好的抗菌效果。

制备 二氯乙烷生产技术主要为乙烯直接氯化法、乙烯氧氯化法。

应用 1,2-二氯乙烷(1,2-DCE)系卤代烃类化合物，使用历史已有150多年，作为工业上常用的有机溶剂之一，主要用于黏合剂、溶剂和氯代烃的生产，亦用作谷物和粮仓的熏蒸剂或者用于密闭空间的杀菌消毒。

氯丙炔碘
(haloprogin)

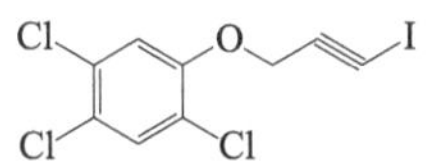

$C_9H_4Cl_3IO$ 361.4 777-11-7

其他名称 卤普罗近、碘氯苯炔醚、碘炔三氯酚

化学名称 2,4,5-三氯苯基-γ-碘代丙炔醚

IUPAC名 1,2,4-trichloro-5-(3-iodoprop-2-ynoxy)benzene

EC编码 [212-286-6]

理化性质 纯品为淡黄色或白色结晶，有特殊气味。熔点114～115℃，在190℃分解。$\lg K_{ow}=5.030$。溶解性：可溶于乙醚、氯仿、乙酸乙酯、甲醇、乙醇和热冰醋酸；几乎不溶于水。

毒性 狗腹腔注射 LD_{50} 230mg/kg。狗急性经口 LD_{50}>3000mg/kg。鼠急性经口 LD_{50}>5600mg/kg。兔急性经口 LD_{50} 1525mg/kg（来源：ChemIDplus）。

抗菌防霉效果 氯丙炔碘对小孢子菌、表皮癣菌、毛发癣菌和念珠菌属等具有抗菌作用。其对一些微生物的最低抑制浓度见表2-217。

表2-217 氯丙炔碘对一些微生物的最低抑制浓度（MIC）

微生物	MIC/(μg/mL)	微生物	MIC/(μg/mL)
链格孢	0.78	黑曲霉	0.78
镰刀菌 SUI 1900	0.19	产黄青霉	0.19
根霉 SUI 2100	>25	念珠丝霉菌	0.4
白色念珠菌	0.2	金黄色葡萄球菌	1.56
异常汉逊酵母	0.2	粪链球菌	100
枯草芽孢杆菌	25	铜绿假单胞杆菌	>100

（来源：APPLED MICROBIOLOGY，1970）

应用 氯丙炔碘作杀菌剂、消毒防腐剂、木材防腐剂、农业杀菌剂等。临床上主要局部应用治疗皮肤黏膜念珠菌、皮肤癣菌引起的感染。霜剂或溶液使用量1%。

氯化苦

(chloropicrin)

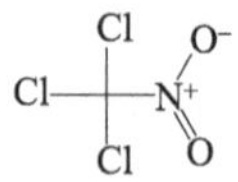

CCl_3NO_2 164.4 76-06-2

其他名称 三氯硝甲烷、硝基氯仿

化学名称 三氯硝基甲烷

IUPAC名 trichloro(nitro)methane

EC编号 [200-930-9]

理化性质 纯品为无色液体，具有催泪作用。熔点−64℃。沸点（760mmHg）112.4℃（NTP，1992）。蒸气压（20℃）16.9mmHg。相对密度（20℃）1.6658。$\lg K_{ow}$=2.09。溶解性：水2.27g/L（0℃），1.62g/L（25℃）；和大多数溶剂相溶，如丙酮、苯、乙醇、二硫化碳、乙醚、四氯化碳。稳定性：酸性介质下稳定，碱性介质下不稳定。该药吸附力很强，特别在湿物上能保持很久。闪点：不可燃。

毒性 大鼠急性经口LD_{50} 250mg/kg。吸入0.008mg/L空气时，能清晰地感觉到；0.016mg/L时，导致咳嗽和流泪；在0.12mg/L空气中暴露30～60min导致死亡。鲤鱼TLm（48h）0.168mg/L。水蚤LC_{50}（3h）0.91mg/L（来源：《农药手册》，2015）

抗菌防霉效果 氯化苦防治真菌效果良好，与溴甲烷相比要高20倍左右。氯化苦对霉菌、细菌、酵母菌等多种微生物以及昆虫均有杀死作用。其抗菌情况见表2-218。

表2-218 氯化苦对实验室试验菌的抗菌力

氯化苦浓度/%	抑菌圈直径/mm	
	混合霉菌	混合细菌
0.5	32	30
0.3	29	29
0.1	27	27

制备 硝基甲烷在氢氧化钠存在下，通入氯气，生产氯化苦、氯化钠和水。

应用 氯化苦由苏格兰化学家Stenhouse合成，1848年作为土壤熏蒸剂被首次报道（Stenhouse，1848），随着第一次世界大战的爆发，在战场上用作催泪瓦斯；1920年，Russell负责的一个农业试验站发现，氯化苦可有效地防治番茄上一些未知的土传病害，作物增产显著（Russell，1920）；1934年开始被作为土壤熏蒸剂得到广泛的应用（Jackson，1934；贺明，2014）。

氯化苦是一种有机氯化合物，可用作熏蒸剂和杀线虫剂，适用于粮食和土壤熏蒸；还可用于木材防腐、船舶消毒、植物种子消毒等，用药量一般为 20～40g/m^3。

法规　氯化苦已在美国、日本等多个国家获得登记使用，在我国主要登记用于防治黄萎病、枯萎病、青枯病、疫霉菌及根结线虫。由于氯化苦也可作为生产化学武器如催泪弹等的基础原料，因此一直受到联合国《禁止化学武器公约》的重点监控，目前全球仅有 4 家公司拥有氯化苦的生产许可证，分布在日本、美国、中国和俄罗斯（王永崇，2013）。

2015 年 10 月 1 日起施行的《中华人民共和国食品安全法》里明确规定，禁止氯化苦农药用于蔬菜、瓜果、中药材等作物，氯化苦农药登记的使用范围是土壤熏蒸。

四氯甘脲（TCGU）
（tetrachloroglycoluril）

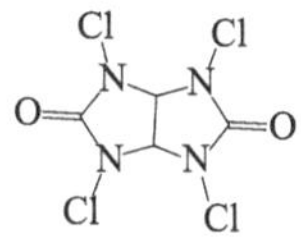

$C_4H_2Cl_4N_4O_2$ 279.9 776-19-2

化学名称　1,3,4,6-四氯甘脲

IUPAC 名　1,3,4,6-tetrachloro-3*a*,6*a*-dihydroimidazo[4,5-d]imidazole-2,5-dione

EC 编码　[212-276-1]

理化性质　白色粉末状固体，具有氯气臭味，有效氯含量大于 95%。熔点 180℃，超过 280℃分解。pH（饱和水溶液）4.6。溶解性（25℃）：水 77mg/L；溶于丙酮、甲酰胺等有机溶剂；甲酰胺溶解后，加水稀释成任何溶液不再析出。稳定性：稳定性好，加热或暴露于空气后有缓慢分解现象。

毒性　小鼠急性经口 LD_{50} 2150mg/kg（来源：Pubchem）。

抗菌防霉效果　四氯甘脲（TCGU）对细菌有较好的抑制能力。李景芹等试验测定了 5 种消毒剂在 20～33℃条件下作用 30min，杀灭 3 种细菌所需的浓度（杀灭率 100%），结果见表 2-219。

表 2-219　不同消毒剂杀菌有效浓度

项目	杀菌有效浓度		
	金黄色葡萄球菌	大肠杆菌	蜡状芽孢杆菌
四氯甘脲	20	20	77
酸性复方	25	50	77
碱性复方	25	50	77
过氧乙酸	500	500	3500
二氯异氰尿酸	20	25	600

制备　四氯甘脲（TCGU）主要由原料甘脲参与反应而得。

应用 四氯甘脲（TCGU）是一种广谱高效消毒剂。早在20世纪60年代美国将该药用于漂白、消毒、防腐等方面。1983年西安204研究所合成该药。主要用于游泳池、食品厂、化妆品厂、制药厂、医院、饭店、食堂等部门杀菌消毒。

溴虫腈
(chlorfenapyr)

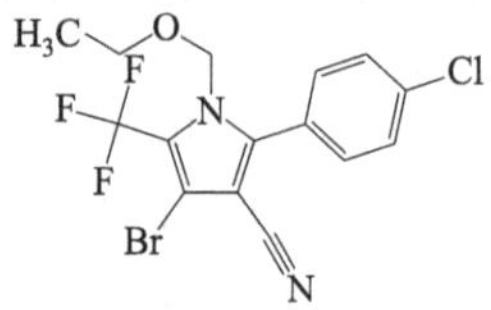

$C_{15}H_{11}BrClF_3N_2O$ 407.61 122453-73-0

其他名称 虫螨腈

化学名称 4-溴-2-(4-氯苯基)-1-乙氧基甲基-5-三氟甲基吡咯-3-腈

IUPAC名 4-bromo-2-(4-chlorophenyl)-1-(ethoxymethyl)-5-(trifluoromethyl)-1*H*-pyrrole-3-carbonitrile

EC编码 [602-782-4]

理化性质 白色固体。熔点101～102℃。蒸气压<1.2×10^{-2}mPa（20℃）。$\lg K_{ow}=4.83$。相对密度0.355（24℃）。溶解性（25℃）：水0.14mg/L（pH 7）；己烷0.89g/100mL，甲醇7.09g/100mL，乙腈68.4g/100mL，丙酮114g/100mL。稳定性：水中（直接光解），DT_{50} 4.8～7.5d。pH 4、7、9时不水解。

毒性 雄大鼠急性经口LD_{50} 441mg/kg。雌大鼠急性经口LD_{50} 1152mg/kg（EPA Fact Sheet）。水生生物：虹鳟鱼LC_{50}（96h）7.44μg/L；水蚤LC_{50}（96h）6.11μg/L；羊角月牙藻EC_{50} 132μ/L。

抗菌防霉效果 溴虫腈是一种芳基吡咯类化合物，其作用机制是通过昆虫体内的多功能氧化酶（位于昆虫体内的细胞线粒体上）来起作用的，主要抑制了二磷酸腺苷向三磷酸腺苷的转化，进而干扰了呼吸链上电子传递过程，从而影响了昆虫体内的能量代谢，导致细胞衰竭，最终导致害虫死亡，因为三磷酸腺苷（是一种高能磷酸化合物，储存机体细胞维持机体生命机能所必需的能量）是生物体内最直接的能量来源。

溴虫腈主要是胃毒作用，有部分触杀活性。有效防治多种害虫和害螨，包括螨、蛾、红蜘蛛、蚁、蠊等。

制备 三氟乙酰氨基-4-氯苯甲酸与醛酸酐为原料，与溴素等系列反应制得虫螨腈。

应用 溴虫腈是美国氰胺公司（现归属巴斯夫公司）于1985年从链霉菌、放线菌等微生物中分离、修饰、合成的吡咯类杀虫、杀螨剂。首次上市于1996年，且氰胺公司于1999年在美国环保署（Environmental Protection Agency）注册登记了该种药物的使用方法。

法规 2013年，欧盟生物杀灭剂产品委员会（BPC）发布法规2013/27/EU，批准溴虫腈作为第 8 类（木材防腐剂）生物杀灭剂产品的活性物质。批准日期 2015 年 5 月 1 日，批准期满 2025 年 4 月 30 日。作为第 18 类（杀虫剂，杀螨剂和控制其他节肢动物的产品）生物杀灭剂产品的活性物质申请目前处于审核之中。

溴代吡咯腈（Econea）

（tralopyril）

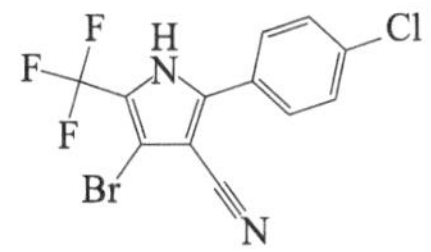

$C_{12}H_5BrClF_3N_2$ 349.53 122454-29-9

其他名称　曲洛比利

化学名称　4-溴-2-(4-氯苯基)-5-三氟甲基-1*H*-吡咯-3-甲腈

IUPAC 名　4-bromo-2-(4-chlorophenyl)-5-(trifluoromethyl)-1*H*-pyrrole-3-carbonitrile

EC 编码　[602-784-5]

理化性质　米色至浅棕色粉末。熔点 252.3℃。相对密度 1.714。水中溶解度：0.17mg/L。溴代吡咯腈可水解为 3-溴-5-（4-氯苯基）-4-氰基-1*H*-吡咯-3-羧酸（BCCPCA）。研究显示，18℃时溴代吡咯腈在海水、河水和 E3 培养基中的半衰期分别为 6.1h、8.1h 和 7.4h，并且温度越低溴代吡咯腈的半衰期越稳定（Downs 等，2017）。

毒性　海洋防污剂模型预测显示，水环境中溴代吡咯腈的浓度可达 0.7μg/L（Oliveira 等，2014）。研究显示，溴代吡咯腈不仅具有很高的生物富集潜力，而且其水解产物 BCCPCA 也不易生物降解，因此应重视其对水生生物的潜在危害（Koning 等，2021）。

抗菌防霉效果　溴代吡咯腈（Econea）是一种新型防污杀菌剂，用于控制藤壶、水螅、贻贝、牡蛎和多毛磊动物造成的生物污损。

溴代吡咯腈通常被认为是线粒体氧化磷酸化的解偶联剂，通过干扰线粒体膜内外质子的平衡来影响腺嘌呤核苷三磷酸（ATP）的产生。生物体内的各项生命活动均离不开能量，因此溴代吡咯腈也不可避免地会对生物体产生影响。

以溴代吡咯腈为主防污剂、以其他非铜类有机防污剂作为辅助防污剂的防污剂体系，通过实海挂板实验，筛选无铜海洋防污涂料，得出符合国际环保法规要求的有机防污剂体系，见表 2-220。

表 2-220　防污剂体系的筛选

防污剂种类	Econea 复配 A5s	Econea 复配 吡啶硫酮锌	Econea 复配 Sea-Nine 211N
36 个月防污效果	良好	优秀	良好

注：防污剂如吡啶硫酮锌、吡啶三苯基硼烷、Sea-Nine 211N、Preventol A4-S、Preventol A5-S、Econea 等。

于雪艳等结合实海挂板实验结果，综合考虑良好的施工性能及以上因素，经过基体树脂结构设计、防污剂的复配方式、复配比例的改变以及大量的配方试验，确定了防污涂料的基础配方，如表 2-221。

表 2-221　防污涂料基础配方

名称	质量/g	名称	质量/g
丙烯酸锌树脂	30	econea	15
吡啶硫酮锌	10	酞菁蓝	2
微细滑石粉	8	氧化锌	10
助剂	2	硫酸钡	8
溶剂	15		

应用　由比利时 Janssen Pharmaceutica NV 公司（隶属美国 Johnson & Johnson 集团公司）研发成功，商品名为 Econea，目前已取得美国的 EPA 登记，并成为最新取得欧盟 BPD 登记的第 11 种海洋防污剂。溴代吡咯腈（Econea）成为新型海洋防污剂，制备无铜防污涂料的理想选择。

实际应用参考：

Econea 对无脊椎海洋污损生物具有高效、广谱的生长抑制活性。铜基防污涂料中添加 Econea 可以降低 Cu_2O 的使用量，并提高防污性能。Econea 能够在海水中迅速降解，在 25℃和 10℃的海水中的水解半衰期为 3h 和 15h，不会产生生物积累现象。与 DCOIT 相同，Econea 具有较高的光降解速率、好氧和厌氧降解速率，降解产物能够继续进行生物降解（冯文，2019）。

法规　2014 年，欧盟生物杀灭剂产品委员会（BPC）发布法规（EU）1091/2014，批准溴代吡咯腈作为第 21 类（海洋防污剂）生物杀灭剂产品的活性物质。批准日期 2015 年 4 月 1 日，批准期满 2027 年 9 月 30 日。

溴甲烷　(bromomethane)

CH_3Br　95.0　74-83-9

其他名称　甲基溴、溴代甲烷

化学名称　溴甲烷

IUPAC 名　bromomethane

EC 编码　[200-813-2]

理化性质　室温下，纯品为无色、无味气体，在高浓度下具有氯仿气味。熔点 −93℃。沸点（76mmHg）3.6℃（EPA，1998）。熔点 −93℃（EPA，1998）。蒸气压（20℃）1420mmHg（EPA，1998）。$\lg K_{ow}=1.19$。溶解性：在 20℃时，100g 水中溶解 1.75g；能溶于乙醇、乙醚、氯仿、二硫化碳等有机溶剂。稳定性：在水中水解缓慢，碱性介质中则水解很快。

毒性　大鼠急性经口 $LD_{50}<100$mg/kg（PDS）。对人类高毒，临界值为 0.019mg/L 空气。水生生物：鱼 LC_{50}（96h）3.9mg/L；水蚤 EC_{50}（48h）2.6mg/L。

抗菌防霉效果 通常通过酶的抑制作用，接着是酶蛋白部分的甲基化发挥作用，尤其是在任何巯基基团上。溴甲烷和其他烷基消毒剂一样，亦是一种广谱杀菌剂。但其杀菌作用较弱，仅为环氧乙烷的十分之一。

用3400～3500mg/L溴甲烷在相对湿度40%～60%、温度20℃的条件下，作用18h可杀灭炭疽芽孢杆菌。干燥的芽孢对溴甲烷的抵抗力增强。芽孢干燥后再用上述条件消毒，作用3d亦不能达到灭菌，但若增高灭菌环境的相对湿度，作用24h则可达到灭菌效果。溴甲烷和环氧乙烷混合使用杀菌作用增强。

蔡波等就溴甲烷在椰子木蛾不同虫态的杀灭效果试验中发现，经1.0h熏蒸处理后，椰子木蛾的5个虫态中幼虫和成虫校正死亡率均为100.00%。其中，蛹的校正死亡率为52.89%，卵的校正死亡率最低且显著小于蛹，表明卵对溴甲烷的耐受程度最高，其次是蛹。椰子木蛾的卵、幼虫、蛹和成虫在2.0h、3.0h处理下校正死亡率均为100.00%，表明2.0h及以上的处理可完全杀死椰子木蛾的全部虫态。

制备 溴甲烷由甲醇和溴化氢制备而成。

应用 溴甲烷又称甲基溴，是全球商品化使用超过60年、使用广泛的熏蒸剂，普遍用于土壤、耐久储藏品、易腐果品和建筑物的消毒，可杀灭真菌、细菌、土传病毒、昆虫、螨类、线虫和啮齿动物（Ristaino & Thomas，1997）。

实际应用参考：

由法国的Le Goupil于1932年发现其检疫用途，20世纪80年代早期溴甲烷被发现其对大气臭氧层具有破坏作用，因此，1992年哥本哈根《关于消耗臭氧层蒙特利尔议定书》修正案中将其列为受控物质，中国政府于2003年4月正式加入《蒙特利尔议定书》哥本哈根修正案。1997年第9次缔约国会议上规定，发达国家在2005年停止生产和使用消耗臭氧层的溴甲烷（ODS用途，即消耗臭氧层物质用途），发展中国家于2015年停止生产使用（Ristaino & Thomas，1997；曹坳程等，2010）。截至目前，ODS用途的溴甲烷因为一些必要用途，仍有部分被豁免应用在土壤消毒、商品及建筑物熏蒸上。

2,2-二溴-3-氰基丙酰胺(DBNPA)
(2,2-dibromo-2-cyanoacetamide)

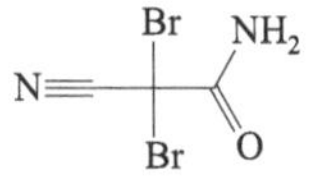

$C_3H_2Br_2N_2O$ 241.9 10222-01-2

其他名称 二溴氰基乙酰胺、2,2-二溴-3-氮川丙酰胺

化学名称 2,2-二溴-3-亚氮基丙酰胺

IUPAC名 2,2-dibromo-2-cyanoacetamide

EC编码 [233-539-7]

理化性质 白色结晶粉末。熔点124～126℃。密度（20℃）1.4～1.6g/mL。蒸气压（20℃）2.9×10^{-5}hPa。$\lg K_{ow}=7.7$。溶解性：水15g/L，乙醇250g/L，乙

二醇 90g/L，丙二醇 200g/L，异丙醇 350g/L。稳定性：其水溶液在酸性条件下较为稳定，在碱性条件下容易水解，提高 pH 值、加热、用紫外线或荧光照射，都可使其水解速度大大加快。

2,2-二溴-3-氰基丙酰胺（DBNPA）在不同 pH 值下的半衰期见表 2-222。其在自然水体中依次降解为 2-溴-3-亚氮基丙酰胺、氰乙酰胺、丙二酸，最终降解为溴离子和二氧化碳。此降解过程所产生的中间产物及最终产物毒性均符合有关环境标准，对水质无污染。此外，日光及土壤微生物也能让二溴氰基乙酰胺分解成无害的物质。

表 2-222　2,2-二溴-3-氰基丙酰胺(DBNPA)在不同 pH 值下的半衰期(室温)

pH 值	半衰期/h	pH 值	半衰期/h
3.9	2140	7.7	5.8
6.0	155	8.0	2.0
6.7	37.0	8.9	0.34
7.3	8.8	9.7	0.11

（来源：Exner 等，1973）

DBNPA 是非氧化型杀菌剂中杀菌速度最快的，可以提供媲美氧化型杀菌剂的杀菌速度。在循环冷却水系统中加入有机溴后，它能快速作用于微生物，在其有效含量衰减至半衰期时，其杀菌率能达到 99.99%。进一步研究发现，在中性 pH 值和正常的系统运行温度条件下，有机溴的半衰期大约能达到 9h。当 pH 值升高时，有机溴的衰减加快。在碱性系统中，当有机溴的投加浓度为 2.5mg/L 时，3h 后，其活性组分衰减至半衰期时，杀菌率达到 99.999%（以上实验水的水质指标：总碱度 100mg/L，总硬度 500mg/L，pH 8.5，初始菌数 2.2×10^6）。

毒性　大鼠急性经口 LD_{50} 235mg/kg。雌豚鼠经口 LD_{50} 118mg/kg。兔经口 LD_{50} 366mg/L。兔急性经皮 LD_{50} >2000mg/kg。水生生物：虹鳟鱼 LC_{50} 0.71～2.9mg/L；水蚤 LC_{50} 0.732mg/L。

抗菌防霉效果　2,2-二溴-3-氰基丙酰胺（DBNPA）杀菌作用机制显示，DBNPA 分子中 2 号碳原子上的两个溴原子的存在意味着这个碳原子是极度亲电的，因而是可以受细胞或胞外亲电物质进攻的活性位点。最可能进攻 DBNPA 骨架碳的细胞亲电物质是亲电性的含硫的氨基酸，如甲硫氨酸和巯基丙氨酸。这个反应是不可逆的，因而其导致含有这两种氨基酸的蛋白失活。含胺的氨基酸（如赖氨酸、精氨酸）也可能会与 DBNPA 发生亲电反应，但是这些反应的速率要比含硫的亲电物质反应速率要慢。这是因为在大多数 DBNPA 使用的氛围下（pH<7.5），这些如赖氨酸和精氨酸中的氨基被质子化，因而比游离氨基反应速率慢。

2,2-二溴-3-氰基丙酰胺（DBNPA）对细菌、真菌、藻类都有很好的灭杀作用，尤其对形成黏泥的细菌具有极好的活性，具有在环境中快速水解、在低剂量下发挥高效作用的双重优点。DBNPA 对部分微生物最低抑制浓度见表 2-223，DBNPA 在 0.5mg/kg 和 1.0mg/kg 的浓度下对几种细菌和真菌的杀灭效果见表 2-224。

表 2-223 DBNPA 对一些微生物的最低抑制浓度（MIC）

微生物	MIC/(mg/L)	微生物	MIC/(mg/L)
铜绿假单胞杆菌	100	产气杆菌	100
脱硫弧菌	10	大肠杆菌	100
黑根霉	10	伤寒沙门氏菌	100
黄曲霉素	20	金黄色葡萄球菌	250
土曲霉	100	枯草芽孢杆菌	100
白假丝酵母	100		

表 2-224 0.5mg/kg 和 1.0mg/kg 的 DBNPA 对几种细菌的杀菌效果

菌株	浓度/(mg/kg)	30min 杀菌率/%	60min 杀菌率/%	90min 杀菌率/%
大肠杆菌	0.5	85	95	98
	1	85	95	99
产气杆菌	0.5	80	95	99
	1	85	95	99
金黄色葡萄球菌	0.5	80	90	97
	1	80	93	98
伤寒沙门氏菌	0.5	85	95	99
	1	85	96	99
铜绿假单胞杆菌	0.5	85	90	98
	1	85	95	99
白色念珠菌	0.5	80	90	98
	1	85	95	98
土霉菌	0.5	85	95	99
	1	85	95	99
黑根菌	0.5	90	98	99.9
	1	90	98	99.9

从实验结果看，2,2-二溴-3-氰基丙酰胺（DBNPA）对大肠杆菌、金黄色葡萄球菌、伤寒沙门氏菌、铜绿假单胞杆菌、白色念珠菌、土霉菌、黑根菌的杀菌效果：30min 时杀菌率达 80%以上，60min 时杀菌率达 90%以上，90min 时达 95%以上。DBNPA 具有极强的杀菌作用，在 0.5mg/L 的低浓度下的杀菌效果也很好，几乎与 1.0mg/L 浓度相当，并具有杀菌迅速、效果好的特点，可作为广谱杀菌剂使用。

制备 氰基乙酰胺与生成的溴素进行溴化反应生成 2,2-二溴-2-氰基乙酰胺。

应用 关于 2,2-二溴-3-氰基丙酰胺（DBNPA）合成文献首次由芝加哥大学 B. C. Hesse 发表（1986）。1972 年由美国氰胺公司引入市场作农业杀菌剂使用，之后进入工业领域。

2,2-二溴-3-氰基丙酰胺属于高效的杀菌消毒剂和优良的水处理剂，适用于饮用水、工业用水、城市污水、游泳池水、冷却水、纸浆等方面作为杀菌灭藻和剥离黏泥剂；亦可作为鱼塘消毒、植物种子和水产饲料等的消毒杀菌剂；还可作为金属加工润滑油、水乳化液、纸浆、木材、涂料、胶合板的杀菌防腐剂。

实际应用参考：

① 取该冷却水系统中的水样，分别测试未投加 DBNPA 及投加 15mg/kg DBN-

PA后1h、2h、3h、4h、8h、24h、48h的细菌数，结果见表2-225。

表2-225　二溴氰基乙酰胺（DBNPA）加入到冷却水塔中的杀菌活性

加药后时间/h	存活菌数/(cfu/mL)	杀菌率/%
0	2.73×10^{5}	
1	298	99.89
2	188	99.93
3	95	99.97
4	105	99.96
8	151	99.96
24	276	99.90
48	281	99.90

从杀菌试验的结果来看，在冷却水系统中投加15mg/kg的DBNPA杀菌效果极好，且杀菌迅速。1h后的杀菌率就达到99%以上，并且这个效果至少可持续48h。如果以后每天补充投加5mg/kg的DBNPA，杀菌率可控制在99%以上，细菌指标合格率达100%。

在冷却水系统中分别测试未投加DBNPA及投加15mg/kg DBNPA后1h、2h、4h、8h、24h、48h的浊度，测试结果见表2-226。

表2-226　2,2-二溴-3-氰基丙酰胺(DBNPA)加入到冷却塔后的浊度分析

加药后时间/h	浊度/(mg/L)	加药后时间/h	浊度/(mg/L)
0	5.8	8	14.7
1	9.6	24	14.0
2	16.5	48	10.2
4	18.8		

浊度分析结果证明：DBNPA具有良好的除黏能力，剥离效果明显，且除黏迅速。加药4h就能使浊度上升为原来的3倍以上。坚持加药1个月，不仅控制了微生物，而且还能剥离掉原堵满填料的黏泥团块，恢复了冷却塔的冷却效率。

② DBNPA对杀灭细菌、霉菌、酵母、蓝绿藻和真藻类均有效。浮游细菌接触DBNPA后，通常在10min之内就会很快被杀灭。DBNPA也是为数不多的能有效杀灭固着细菌的非氧化性杀菌剂之一。

在杀菌剂对铜绿假单胞菌产生的生物膜杀灭效率的研究表明，12.6×10^{-6}的DBNPA在不到20min内能够降低膜细菌5个数量级。在给定浓度、pH值和温度的条件下，DBNPA杀灭效果优于氯和戊二醛。研究发现，DBNPA在水溶液中水解，其水解速度随pH值和温度的升高而加快。DBNPA使用的最佳pH值范围是4～8，但因其杀灭微生物的速度非常快，以至于在其失去杀生能力之前可以完全杀灭微生物，因此其使用范围可以延伸到pH 8以上。在正常使用环境下，DBNPA降解的另外一个主要途径涉及存在于水中的亲核物质和有机成分。另外，DBNPA溶液在紫外线照射下不稳定。DBNPA化学降解的主要途径如图2-16所示。

法规

① 欧盟化学品管理局（ECHA）根据指令98/8/EC（BPD）或规则（EU）No

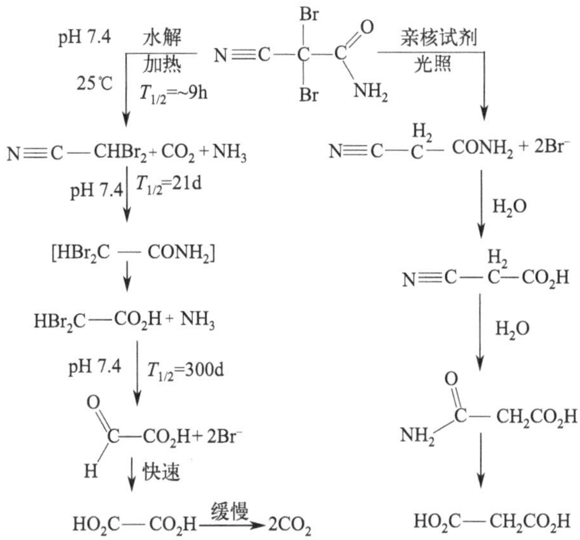

图 2-16　DBNPA 化学降解的典型途径

528/2012（BPR）提交了批准申请的所有活性物质/产品类型组合：PT-2（不直接用于人体或动物的消毒剂和杀藻剂）、PT-4（食品和饲料领域消毒剂）、PT-6（产品在储存过程中的防腐剂）、PT-11（液体制冷和加工系统防腐剂）、PT-12（杀黏菌剂）。截至目前，PT-2 以及 PT-4 两项已取消申请，不再批准；PT-13（一项已被驳回或不再支持；2025 年 5 月根据欧洲议会和理事会条例（EU）No 528/2012，批准 DBNPA 作为现有活性物质，用于产品类型 PT-6（产品在储存过程中的防腐剂）。其余两项主管当局仍在进行审核中。

② GB 38850—2020《消毒剂原料清单及禁限用物质》规定其可以使用的范围有：E，表示用于环境及物体表面的消毒剂。

2,3,5,6-四氯-4-(甲基磺酰)吡啶(TCMS pyridine)
(2,3,5,6-tetrachloro-4-(methylsulphonyl)pyridine)

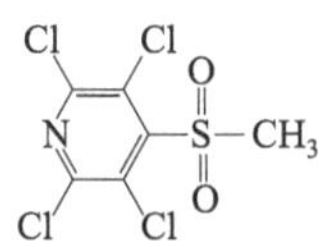

$C_6H_3Cl_4NO_2S$ 294.97 13108-52-6

其他名称　四氯甲硫酰基吡啶

化学名称　2,3,5,6-四氯-4-(甲磺酰)吡啶

IUPAC 名　2,3,5,6-tetrachloro-4-methylsulfonylpyridine

EC 编码　[236-035-5]

理化性质　外观为白色至微黄色结晶性粉末。沸点 451.1℃。熔点 152℃。溶解性（25℃）：水 2.5×10^{-5}g/L，甲醇 20g/L，丙酮 220g/L，DMF 343g/L，甲苯

50g/L。稳定性：在 pH 4～8.5 范围内稳定和有效，在碱性介质中水解。

毒性 小鼠急性经口 LD_{50} 770mg/kg（来源：Pubchem）。

抗菌防霉效果 从毒理学的角度来看，2,3,5,6-四氯-4-(甲磺酰)吡啶（TCMS pyridine）被认为是一种有效的呼吸链抑制剂。因此，该化合物能够阻断在线粒体水平产生三磷酸腺苷（ATP），导致细胞死亡。其对微生物的抑制效果详见表 2-227。

表 2-227 2,3,5,6-四氯-4-(甲磺酰)吡啶对常见微生物的最低抑制浓度（MIC）

微生物	MIC/(mg/L)	微生物	MIC/(mg/L)
链格孢	7.5	黑曲霉	10
黄曲霉	50	出芽短梗霉菌	7.5
球毛壳霉	10	拟青霉	10
绿色木霉	50	白色念珠菌	10
酿酒酵母	50	枯草芽孢杆菌	200
大肠杆菌	5000	铜绿假单胞菌	5000
金黄色葡萄球菌	50		

应用 2,3,5,6-四氯-4-(甲磺酰)吡啶（TCMS pyridine）显示出广谱高效的抗真菌活性，适用于涂料、黏合剂、木材等领域抗菌防霉，亦作海洋防污剂。

2-氯-3-(苯磺酰)-2-丙烯腈
(2-chloro-3-（phenylsulphonyl）acrylonitrile)

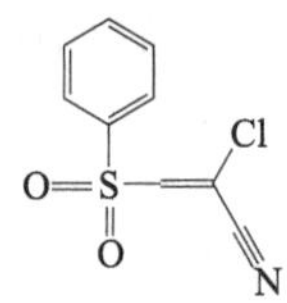

$C_9H_6ClNO_2S$ 227.7 60736-58-5

化学名称 2-氯-3-(苯基磺酰基)-2-丙烯腈

IUPAC 名 3-(benzenesulfonyl)-2-chloroprop-2-enenitrile

EC 编码 ［262-395-8］

理化性质 商品含量（10.0±0.5)%（含 3%柠檬酸），外观呈淡黄色至棕色液体，具有微弱的芳香气味。沸点（101kPa）约 150℃。密度（20℃）约 1.16g/mL。蒸气压（20℃）＜0.01hPa。黏度（25℃）约 74mPa・s。折射率（nD，20℃）1.475。闪点约 160℃。pH（0.1%水溶液）约 4。溶解性：易溶于有机溶剂。稳定性：随着 pH 值和温度的升高，水性介质中的活性成分水解和失活加快。

毒性 大鼠急性经口 LD_{50}＞5000mg/kg。在用兔子进行测试时，产品会引起中度皮肤和眼睛刺激（暴露 24h）（来源：BAYER）。

抗菌防霉效果 对细菌、霉菌和酵母均有活性，一般最低抑制浓度（MIC）在 5～30mg/L 之间，尤其对形成黏液的微生物特别有效，最低抑制浓度（MIC）＜0.5mg/L。

应用 2-氯-3-（苯磺酰）-2-丙烯腈可作造纸厂和冷却水等水性体系杀生物剂。

2-溴-4′-羟基苯乙酮(BHAP)
(2-bromo-4′-hydroxyacetophenone)

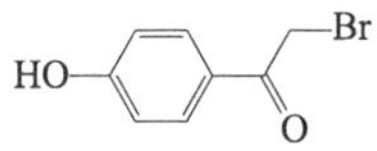

$C_8H_7BrO_2$ 215.0 2491-38-5

其他名称 BHAP

化学名称 α-溴代对羟基苯乙酮

IUPAC名 2-bromo-1-(4-hydroxyphenyl)ethanone

EC编码 [219-655-0]

理化性质 纯品红棕色黏稠液体。沸点(737.9mmHg)(139.1±0.7)℃。相对密度(20℃)1.2733。蒸气压[(25±1)℃]1.1×10^{-5}mmHg。闪点(48.2±0.6)℃。溶解性:水(0.248±0.070)g/100mL(EPA 738-R-95-010,1995)。稳定性:可在高pH值下稳定。其在水中半衰期比较长,一般为175~250h。

毒性 大鼠急性经口LD_{50} 1150mg/kg。大鼠急性经皮LD_{50}>2000mg/kg。水生生物:浓缩产品对鱼有毒(来源:BUCKMAN,10%制剂)。

抗菌防霉效果 有机溴化合物对常见微生物均有良好的抑杀效果,2-溴-4′-羟基苯乙酮(BHAP)具体数据详见表2-228。

表2-228 BHAP对常见微生物的最低抑制浓度(MIC)

微生物	MIC/(mg/L)	微生物	MIC/(mg/L)
球毛壳菌	500	黑曲霉	100
青霉	200	铜绿假单胞菌	200
黏细菌	1~2	大肠杆菌	100

(来源:Described by Kato & Fukumura,1962)

制备 以对羟基苯乙酮为原料,Br_2为溴化试剂合成得目标物。

应用 2-溴-4′-羟基苯乙酮(BHAP)适用于低水平连续或半连续给药的情况,比如30%BHAP活性含量制剂,日常维护一般添加量10~20mg/L,污染系统添加量80mg/L。

4-甲苯基-二碘甲基砜(Amical 48)
(diiodomethyl-*p*-tolylsulphone)

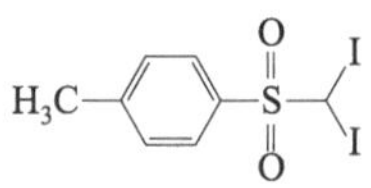

$C_8H_8I_2O_2S$ 422.0 20018-09-1

其他名称 对甲苯基-二碘甲基砜、二碘甲基对甲苯砜

化学名称 4-甲苯基-二碘甲基砜

IUPAC名 1-(diiodomethylsulfonyl)-4-methylbenzene

EC 编码 ［243-468-3］

理化性质 纯品含量＞90%，外观黄褐色粉末，具有轻微酸味。沸点 394℃。熔点 149～152℃。pH（1%水悬浊液）5.0～7.0。$\lg K_{ow}=2.66$。溶解性（25℃）：水 0.001g/L，乙醇 40g/L，乙二醇 20g/L，丙酮 350g/L，甲苯 95g/L。稳定性：pH 4～10 之间稳定，耐温可达 200℃。

毒性 大鼠急性经口 LD_{50}＞9400mg/kg。兔急性经皮 LD_{50}＞2000mg/kg。水生生物：虹鳟鱼 LC_{50}（96h）0.75mg/L；水蚤 LC_{50}（96h）8 mg/L（来源：DOW）。

抗菌防霉效果 4-甲苯基-二碘甲基砜（二碘甲基对甲苯砜）作为广谱的生物杀灭剂，其对霉菌、酵母和藻类比对细菌更有活性。其对常见微生物的抑制效果见表 2-229。

表 2-229 二碘甲基对甲苯砜对常见微生物的最低抑制浓度（MIC）

微生物	MIC/(mg/L)	微生物	MIC/(mg/L)
烟曲霉	0.5	葡萄穗霉	0.5
交链孢	0.4	黑曲霉	0.4
米曲霉	1.6	出芽短梗霉	0.4
球毛壳霉	0.2	尖孢镰刀菌	6.2
橘青霉	0.8	青霉	1.0
枯草芽孢杆菌	10	金黄色葡萄球菌	6
粪链球菌	50	绿脓杆菌	＞1000

（来源：DOW）

制备 以取代磺酰基乙酸为原料，与碘化剂反应得二碘化产物并脱羧而得。

应用 4-甲苯基-二碘甲基砜（二碘甲基对甲苯砜）主要用于塑料、木材、加工液、纺织、涂料、胶黏剂、密封胶、皮革和印刷用墨水等领域的防霉。注意：含碘化合物，使用时注意黄变。

实际应用参考：

4-甲苯基-二碘甲基砜（二碘甲基对甲苯砜）对皮革污染菌有极强的抑杀能力，使用浓度范围为 0.2～1.6mg/kg。本品在皮革添加为加铬之前，在复鞣、染色、加脂工艺中，在用加脂剂之前添加。其使用量见表 2-230。

表 2-230 二碘甲基对甲苯砜在皮革中的使用量 单位：mg/kg

储存类	本品使用量	
	一般情况	长期储存
牛皮	0.01～0.02	0.02～0.04
绵羊皮	0.05～0.08	0.08～0.15

法规 欧盟化学品管理局（ECHA）根据指令 98/8/EC（BPD）或规则（EU）No 528/2012（BPR）提交了批准申请的所有活性物质/产品类型组合：PT-6（产品在储存过程中的防腐剂）、PT-7（干膜防霉剂）、PT-9（纤维、皮革、橡胶和聚合材料防腐剂）、PT-10（建筑材料防腐剂）。二碘甲基对甲苯砜申请目前均已不再支持。

5-氯-2,4,6-三氟间苯二腈
(5-chloro-2,4,6-trifluoro isophthalonitrile)

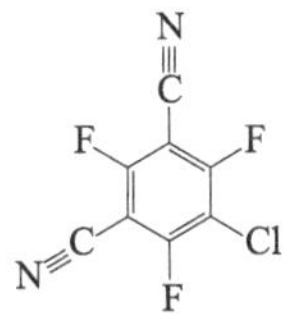

$C_8ClF_3N_2$ 216.6 1897-50-3

化学名称　5-氯-2,4,6-三氟间苯二腈、5-氯-2,4,6-三氟-1,3-二氰基苯

IUPAC 名　5-chloro-2,4,6-trifluorobenzene-1,3-dicarbonitrile

理化性质　黄色结晶粉末。熔点 109～110℃。沸点 224℃。相对密度 1.59。闪点 89.3℃。

抗菌防霉效果　氟原子具有模拟效应、电子效应、阻碍效应和渗透效应，百菌清分子中引入氟原子后，杀菌活性往往成倍提高。抗菌活性参考百菌清。

制备　由百菌清等原料制备而得。

应用　工业上可用于循环水、造纸、涂料、皮革等杀菌消毒；农牧业上用于种子预处理、鱼塘和养鸡场等杀菌消毒；还可用于医疗、日常生活的杀菌消毒。

N-(4-溴-2-甲基苯基)-2-氯乙酰胺(BMPCA)
(N-(4-bromo-2-methylphenyl)-2-chloroacetamide)

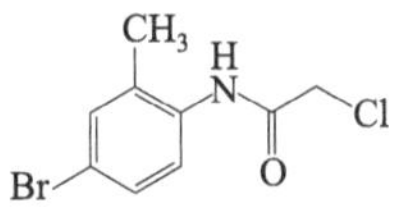

$C_9H_9BrClNO$ 262.5 96686-51-0

其他名称　BMPCA

化学名称　*N*-(4-溴-2-甲基苯基)氯乙酰胺

IUPAC 名　*N*-(4-bromo-2-methylphenyl)-2-chloroacetamide

EC 编码　[661-379-1]

理化性质　纯品为白色粉末。熔点 135～136℃。蒸气压（24℃）＜2hPa。溶解性：几乎不溶于水，可溶于有机溶剂。稳定性：强酸和碱性体系不稳定。

毒性　大鼠急性经口 LD_{50} 4044mg/kg。兔急性经皮 LD_{50}＞21g/kg。在豚鼠检测中无致敏。稍微中度刺激皮肤和黏膜（来源：COSAN）。

抗菌防霉效果　*N*-（4-溴-2-甲基苯基）-2-氯乙酰胺（BMPCA）具有广谱抗菌活性，其对一些微生物的最低抑制浓度见表 2-231。

表 2-231　BMPCA 对一些微生物的最低抑制浓度（MIC）

微生物	MIC/(mg/L)	微生物	MIC/(mg/L)
黑曲霉	35	青霉	63
黄曲霉	50	镰刀霉	105
交链孢霉	31	黑根霉	65
橘青霉	75	球毛壳霉	32
出芽短梗霉	63	脉孢霉	125

制备　以 2-甲基苯胺为原料，进行氯乙酰化等系列反应制得 BMPCA。

应用　*N*-(4-溴-2-甲基苯基)-2-氯乙酰胺（BMPCA）主要用作涂料防霉剂。

实际应用参考：

BMPCA 与涂料中各组分不发生作用，对涂料的物化性能如黏度、气味、色泽及防腐性能等均无影响。*N*-(4-溴-2-甲基苯基)-2-氯乙酰胺（BMPCA）抗氧化、抗紫外线照射而不发生涂层分解、粉化、脱落和发黄，因此在户外涂料中的应用前景十分广阔。

α-氯代萘
(1-chloronaphthalene)

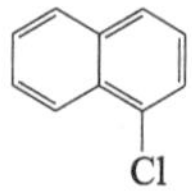

$C_{10}H_7Cl$ 162.6 90-13-1

其他名称　氯萘、PCN-1

化学名称　*α*-氯代萘

IUPAC 名　1-chloronaphthalene

EC 编码　[201-967-3]

理化性质　含量 90%（约含 10% 2-氯萘），外观为无色至微黄色挥发性油状液体。沸点（760mmHg）259.3℃。密度（20℃）1.194g/mL。折射率（nD，20℃）1.633。蒸气压（25℃）约 0.014mmHg。闪点 121℃（闭杯）。$\lg K_{ow}=4.0$。溶解性：水<1mg/mL（20℃）；溶于苯、石油醚、乙醇。稳定性：随水蒸气挥发。

毒性　大鼠急性经口 LD_{50} 1540mg/kg。小鼠急性经口 LD_{50} 1091mg/kg。豚鼠急性经口 LD_{50} 2000mg/kg。空气中最高允许浓度 0.5mg/m^3。

抗菌防霉效果　*α*-氯代萘具有广泛抗菌性能，尤其对木材上常见的腐败菌有效。

制备　由萘直接氯化而得。

应用　*α*-氯代萘可用于木材、润滑油的抗菌防霉，以及土壤杀虫。

百菌清
(chlorothalonil)

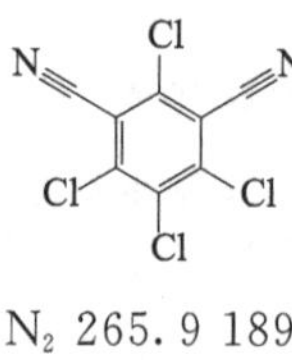

$C_8Cl_4N_2$ 265.9 1897-45-6

其他名称　TPN、霉必清、达科宁、2,4,5,6-四氯-1,3-苯二腈

化学名称　四氯间苯二腈

IUPAC名 2,4,5,6-tetrachlorobenzene-1,3-dicarbonitrile

EC编码 [217-588-1]

理化性质 纯品为无色、无味结晶性固体（原药略带刺激性臭味，纯度97%）。沸点（760mmHg）350℃。熔点252.1℃。蒸气压（25℃）0.076mPa。相对密度（20℃）1.732。$\lg K_{ow}=2.92$（25℃）。溶解性：水0.81mg/L（25℃）；二甲苯74.4g/L；丙酮20.9g/L；乙酸乙酯13.8g/L；甲醇1.7g/L；正庚烷0.2g/L。稳定性：室温储存稳定，弱碱性和酸性水溶液以及对紫外线均稳定；pH>9时缓慢水解。

毒性 大鼠急性经口LD_{50}>5000mg/kg。大鼠急性经皮LD_{50}>5000mg/kg。水生生物：虹鳟鱼急性LC_{50}（96h，静态）39μg/L；水蚤EC_{50}（48h，静态）70μg/L。2017年，百菌清被国际癌症研究机构列入2B类致癌物质。

抗菌防霉效果 作用机制为与来自萌发的真菌细胞的硫醇类（特别是谷胱甘肽）轭合并将其消耗掉，干扰糖酵解和能量产生，从而达到抑菌和杀菌效果。百菌清具有广泛的抗菌谱，其对一些微生物的最低抑制浓度见表2-232。

表2-232 百菌清对一些微生物的最低抑制浓度

微生物	MIC/(mg/L)	微生物	MIC/(mg/L)
黑曲霉	250	巨大芽孢杆菌	15
变色曲霉	15	大肠杆菌	15
球毛壳霉	200	金黄色葡萄球菌	15
蜡叶芽枝霉	15	枯草杆菌	20
橘青霉	15	啤酒酵母	15
宛氏拟青霉	15	酒精酵母	大于200
链格孢霉	15		

结合有关船舶防污杀生剂对非靶标水生生物毒性的现有数据来看，相关防污杀菌剂对海洋非靶标生物的敏感性可归纳为Irgarol 1051>DCOIT>敌草隆>百菌清>苯氟磺胺。百菌清对部分非靶标海洋生物的具体毒性数据见表2-233。

表2-233 百菌清对非靶标海洋生物的毒性（罗海威等，2022）

生物	物种	毒性终点	数值/(mg/L)
藻类	多毛藻	96h IC_{50}	0.064
环节动物	华美盘管虫	48h LC_{50}	0.012
甲壳类动物	指虾蛄	48h LC_{50}	0.56
甲壳类动物	剑水蚤	24h LC_{50}	0.098
甲壳类动物	凶猛片钩虾	96h LC_{50}	0.067
甲壳类动物	草虾	96h LC_{50}	0.153
鱼类	青鳉	96h LC_{50}	0.11
鱼类	杂色鳉	96h LC_{50}	0.032
鱼类	三刺鱼	96h LC_{50}	0.027

制备 间苯二腈粉剂经过氯化后产生四氯间苯二甲腈粉剂。

应用 百菌清（TPN）于1963年首先由美国钻石制碱公司（Diamond Alkali Co.）开发，到20世纪70年代末，已在美国、英国、日本、法国、德国等20多个国家注册生产。我国自1975年开始实验性合成，先后在湖南南天实业股份有限公司、云南化工厂等多家化工企业建立了工业化生产装置，并于1982年投入生产。

百菌清是有机氯类农药代表品种之一，在农业领域能够有效地防治蔬菜、果树以及茶叶等多种农作物的霉菌病。工业领域主要用于木材防霉及防蓝变，或者用于纤维、造纸、涂料、密封胶、皮革、海洋防污等工业领域的抗菌防霉。

实际应用参考：

1993年，经美国EPA批准，美国木材防腐协会（AWPA）将百菌清正式列入AWPA油溶性防腐剂标准P-8。近年来，百菌清制剂广泛用于防止木材霉菌、变色菌、木腐菌、土栖白蚁及处理工艺的研究。霉菌及变色菌一般在木材表面滋生。经试验表明，百菌清浓度为0.5%～1.0%，采用涂刷或喷雾等方法。若与多菌灵等药剂复配使用，效果更佳。将百菌清与多菌灵以1%的比例配制成悬浮剂，喷涂包装木箱的内外部，就可以防止箱子的发霉，使箱内物品免受霉菌之害。百菌清可湿性粉剂与8-羟基喹啉铜（0.50%＋0.50%），百菌清与二碘甲基-对甲基苯砜（DITS）（0.50%＋0.10%）的混合剂对霉菌及变色菌抑制效果较好。

法规 GB/T 35602—2017《绿色产品评价-涂料》规定：百菌清在涂料领域不得添加。实施日期为2018年7月1日。

敌菌灵
(anilazine)

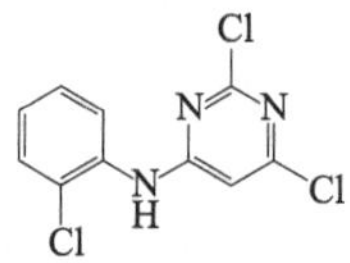

$C_9H_5Cl_3N_4$ 275.5 101-05-3

其他名称 防霉灵、代灵、Dyrene

化学名称 2,4-二氯-6-(2-氯代苯氨基)-1,3,5-三嗪

IUPAC名 4,6-dichloro-*N*-(2-chlorophenyl)-1,3,5-triazin-2-amine

EC编码 [202-910-5]

理化性质 纯品为白色至黄色结晶。沸点180℃（分解）。熔点159～160℃。密度（20℃）1.700g/mL。$\lg K_{ow}=3.88$。溶解性（30℃）：微溶于水，溶于有机溶剂；甲苯5g/100mL，二甲苯45g/100mL，丙酮105g/100mL。稳定性：中性和弱酸性介质中较稳定，在碱性介质中受热易分解。DT_{50}（22℃）730h（pH 4），790h（pH 7），22h（pH 9）。

毒性 大鼠急性经口LD_{50}＞5g/kg。兔急性经皮LD_{50}＞9.4g/kg。长时间与皮肤接触有刺激性。水生生物：虹鳟LC_{50}（48h）0.15mg/L；蓝鳃翻车鱼LC_{50}（96h）＜1.0mg/L。

抗菌防霉效果 敌菌灵是一种活性物质，其抗菌活性是由于其活性氯原子使该物质与亲核细胞实体反应。敌菌灵具有很强的抑制孢子发芽能力，其抗菌数据见表2-234。

表 2-234　敌菌灵对常见微生物的最低抑制浓度（MIC）

微生物	MIC/(mg/L)	微生物	MIC/(mg/L)
链格孢	200	黑曲霉	>1000
出芽短梗霉	200	球毛壳菌	200
枝孢孢菌	100	青霉	>1000
绿色木霉	>1000		

制备　邻硝基氯苯还原制得邻氯苯胺，再与三聚氯氰反应制得敌菌灵。

应用　敌菌灵可用于工业材料及其制品的防霉，亦是农用杀菌剂。

碘甲烷

(iodomethane)

CH_3I 141.94 74-88-4

其他名称　甲基碘

化学名称　碘甲烷、methyl iodide

IUPAC 名　iodomethane

EC 编码　[200-819-5]

理化性质　无色至浅黄色液体，具有刺激性味道。沸点（760mmHg）42.4℃（NTP，1992）。熔点−66.5℃。$\lg K_{ow}=1.51$。溶解性：水 14.2g/L(25℃)。稳定性：与强氧化剂、金属粉和还原剂不相容。常用土壤熏蒸剂的理化特性详见表 2-235。

表 2-235　土壤熏蒸剂的理化特性

熏蒸剂	沸点/℃	密度/(g/mL)	水溶性/(mg/g)	蒸气压/kPa	亨利常数
溴甲烷	3.6	1.73(0℃)	1782.2	213.3(20℃)	0.240(20℃)
碘甲烷	42.4	2.28(20℃)	1862.0	53.1(20℃)	0.210(25℃)
顺式 1,3-二氯丙烯	104.0	1.22(20℃)	308.6	4.6(25℃)	0.074(25℃)
反式 1,3-二氯丙烯	113.0	1.22(20℃)	289.9	3.1(25℃)	0.043(25℃)
氯化苦	112.0	1.65(20℃)	0.2	2.4(20℃)	0.100(20℃)
异硫氰酸甲酯	119.0	1.05(24℃)	1090.6	2.5(20℃)	0.010(20℃)
二甲基二硫	117.0	1.06(16℃)	558.6	2.9(20℃)	0.054(20℃)

碘甲烷由于分子量稍大，它的饱和蒸气压比溴甲烷低，但也显著高于其他熏蒸剂，所以碘甲烷在土壤中有较好的扩散性（Gan，Yates，1996；Ashworth 等，2012）。有报道称，光解是溴甲烷（Castro，Belser，1981）和碘甲烷化学降解的一个主要途径（Fahret 等，1995；Gan，Yates，1996），碘甲烷在对流层中的降解半衰期小于 10d，而溴甲烷的降解半衰期长达 1.5～2 年（Rasmussen 等，1982；Solomon 等，1994；Ohr 等，1996）。

毒性　雄大鼠急性经口 LD_{50} 80mg/kg。雌大鼠急性经口 LD_{50} 132mg/kg。兔急性经皮 LD_{50} >2000mg/kg。水生生物：虹鳟鱼 LC_{50}（96h）1.4mg/L；水蚤 EC_{50}（48h）0.57mg/L。

抗菌防霉效果　碘甲烷对大多数微生物引起的病害均有一定的防治性能。病害防治包括腐霉属、镰刀属、轮枝孢属等引起的病害。剂量 134～263kg/hm^2。

制备　在搅拌下将碘化钾、水和少量碳酸钙混合均匀，滴加硫酸二甲酯反应而得。

应用 碘甲烷和溴甲烷结构相似，早在19世纪30年代就有研究表明，碘甲烷可以控制多种土壤有害生物（Ruzo，2006），但其高成本和碘的缺乏导致了这个产品的商业化发展缓慢，最终于1986年开始作为土壤熏蒸剂进入市场（Blecker，Thomas，2012）。2004年在日本登记用于木材，2007在美国登记用作土壤熏蒸剂。

实际应用参考：

使碘甲烷溶解在二氧化碳气体中的药剂的使用量，即熏蒸所必需的碘甲烷的量（汽化量）根据处理体系的密封状态、处理区域的温度、处理时间等具体实施条件的不同而不同，在密封条件下、环境温度为10～25℃、处理时间为24～48h下进行熏蒸时，以50～110g原药/m^3的药量即可以完全地杀死木材寄生线虫。

法规 与溴甲烷或者其他熏蒸剂相比，碘甲烷具有不破坏臭氧层、对地下水污染风险小、常温状态为液体、容易使用且能有效降低暴露量的优点（Ashworth等，2012)。目前碘甲烷已作为土壤熏蒸剂在美国、日本、土耳其、新西兰、墨西哥及摩洛哥获得登记使用（Ashworth等，2012)，在中国尚未获得登记。

碘乙酰胺
(iodoacetamide)

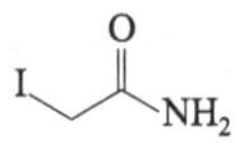

C_2H_4INO 185.0 144-48-9

其他名称 碘代乙酰胺

化学名称 2-碘乙酰胺

IUPAC名 2-iodoacetamide

EC编码 [205-630-1]

理化性质 无色结晶。熔点94.5℃。蒸气压（25℃）5.06×10^{-3}mmHg。$\lg K_{ow}=-0.19$。溶解性（25℃）：水7.57×10^4mg/L；溶于有机溶剂。稳定性：光敏感，强酸强碱中不稳定。

毒性 小鼠急性经口LD_{50} 74mg/kg。小鼠静脉注射LD_{50} 56mg/kg。

抗菌防霉效果 卤代化合物，对常规细菌、霉菌和酵母抑制效果良好。2-碘乙酰胺对部分微生物最低抑制浓度如表2-236。

表2-236 2-碘乙酰胺对常见微生物的最低抑制浓度（MIC）

微生物	MIC/(mg/L)	微生物	MIC/(mg/L)
黑曲霉	500	球毛壳霉	200
青霉	100	黑根霉	200
大肠杆菌	50	铜绿假单胞菌	20

制备 碘乙酰胺由氯乙酰胺与碘化钠反应而制得。

应用 2-碘乙酰胺可作工业杀菌消毒剂。

实际应用参考：

金茜等在优化碘乙酰胺改性溶菌酶研究过程中，发现0.06mol/L碘乙酰胺与5mg/mL溶菌酶改性时对大肠杆菌和沙门氏菌的抑菌效果最好。在45℃，反应时间30min，pH=5的条件下改性后的溶菌酶，其对大肠杆菌的抑菌圈直径为25.7mm，是改性前抑菌圈的2.7倍。在55℃，反应时间70min，pH=6的条件下改性后的溶菌酶对大肠杆菌的抑菌圈直径为24.1mm，是改性前抑菌圈的2.6倍。

二碘甲基-4-氯苯基砜（Amical 77）
（diiodo methyl *p*-chlorophenyl sulfone）

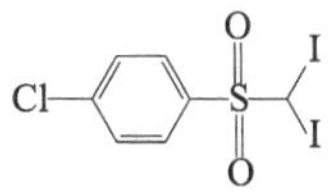

$C_7H_5ClI_2O_2S$ 442.4 20018-12-6

其他名称　Amical 77

化学名称　二碘甲基-4-氯苯基砜

IUPAC名　1-chloro-4-(diiodomethylsulfonyl)benzene

理化性质　褐色粉末。熔点134～138℃。溶解性（25℃）：水0.0002g/L，乙醇40g/L，异丙醇20g/L，丙二醇20g/L，丙酮350g/L，甲苯95g/L。稳定性：pH 4～10之间稳定。

毒性　大鼠急性经口LD_{50} 600mg/kg。小鼠急性经口LD_{50} 3600mg/kg。虹鳟鱼LC_{50} 0.14mg/L。蓝腮翻车鱼LC_{50} 0.24mg/L（来源：ANGUS）。

抗菌防霉效果　杀菌性能参考二碘甲基对甲苯砜。

应用　二碘甲基-4-氯苯基砜主要用于塑料、木材、加工液、纺织、涂料、胶黏剂、皮革等工业领域的抗菌防霉。注意：含碘化合物，使用可能导致黄变。

二氯-1,2-二硫环戊烯酮
（4,5-dichloro-1,2-dithiacyclopentene-3-one）

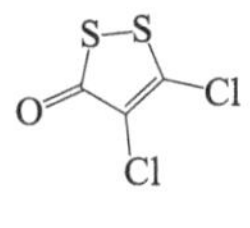

$C_3Cl_2OS_2$ 187.1 1192-52-5

其他名称　DDCP

化学名称　4,5-二氯-3*H*-1,2-二硫环戊-4-烯-3-酮

IUPAC名　4,5-dichloro-1,2-dithiacyclopentene-3-one

EC编码　[214-754-5]

理化性质　淡黄色结晶粉末。熔点52～56℃。蒸气压（25℃）0.011mmHg。密度（15℃）1994kg/m³。$\lg K_{ow}$=3.6(±0.3)。溶解性（25℃）：水500mg/L；可溶于极性有机溶剂，可在水中乳化。稳定性：应在氩气下0～4℃保存；酸性介质稳定；碱性介质水解。半衰期：54.1d（pH 5，25℃）；104.4h（pH 7，25℃）；

0.9h（pH 9，室温）。

毒性 小鼠静脉注射 LD_{50} 13mg/kg（来源：Pubchem）。

抗菌防霉效果 Kato 和 Fukumura（1962）报道，该化合物二氯-1,2-二硫环戊烯酮对于形成黏泥的微生物抑制效果明显，最低抑制浓度（MIC）约 1mg/L。

制备 专利 CN102040586A《4,5-二氯-1,2-二硫环戊烯酮的合成方法》。

应用 二氯-1,2-二硫环戊烯酮可作制浆造纸厂和冷却水系统的杀细菌剂。

氯乙酰胺

(chloroacetamide)

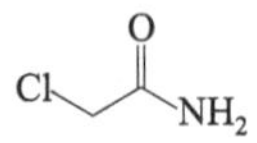

C_2H_4ClNO 93.5 79-07-2

化学名称 2-氯代乙酰胺、对氯乙酰胺

IUPAC 名 2-chloroacetamide

INCI 名称 chloroacetamide

EC 编码 [201-174-2]

理化性质 室温下呈白色针状晶体。沸点（98kPa）224℃（分解）。熔点 119～120℃。蒸气压（25℃）1.06×10^{-2}mmHg。闪点 170℃。pH（1%水溶液）4.5。$\lg K_{ow}=-0.53$。溶解性：水约 50g/L（20℃），水约 1500g/L（40℃）；乙醇 1000g/L（20℃）。稳定性：pH 4～9 之间稳定。

氯乙酰胺分子结构中，邻近的氢与酰氨基之间有一定的结合，虽然氯乙酰胺分子量较低，但不易挥发。值得注意的是氯乙酰胺的不稳定性，如在酸性和碱性条件下都容易发生水解反应。

毒性 大鼠急性经口 LD_{50} 138mg/kg。小鼠急性经口 LD_{50} 155mg/kg。小鼠腹腔注射 LD_{50} 100mg/kg。小鼠静脉注射 LD_{50} 180mg/kg。

抗菌防霉效果 在三种卤代乙酰胺（氯代、溴代和碘代）中，2-氯乙酰胺是抗菌活性最低的，尽管它由于氯原子具有高电负性从而是较强的亲电型化合物，但是它在脂类中的溶解度比溴代物和碘代物要低很多。2-氯乙酰胺对真菌的活性比其对细菌活性更为显著。其对部分微生物最低抑制浓度见表 2-237。

表 2-237 2-氯乙酰胺对常见微生物的最低抑制浓度（MIC）

微生物	MIC/(mg/L)	微生物	MIC/(mg/L)
产气杆菌	5000	斑点气单胞菌	2000
枯草芽孢杆菌	5000	大肠杆菌	2000
普通变形杆菌	5000	铜绿假单胞菌	1500
荧光假单胞菌	5000	金黄色葡萄球菌	1500
链格孢	100	黑曲霉	800
出芽短梗霉菌	750		

制备 氯乙酰胺由氯乙酸乙酯与氨反应而得。

应用　2-氯乙酰胺具有良好的水溶性及分配系数，其抗菌活性甚至随着阴离子表面活性剂的存在而增强。作杀菌剂，一度广泛应用于化妆品和纺织助剂等行业。

实际应用参考：

如用于罐内水基颜料、胶黏剂、干酪素防腐时典型用量为 0.2%～0.6%。2-氯乙酰胺也可用作皮革工业防腐剂，如用于蓝湿皮防腐时其活性成分用量为毛皮质量的 0.2%～2%。

双(三氯甲基)砜
(bis(trichloromethyl)sulfone)

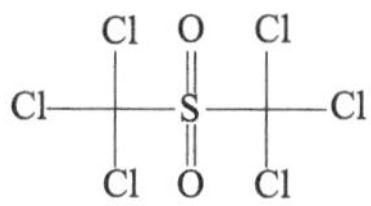

$C_2Cl_6O_2S$ 300.8 3064-70-8

其他名称　六氯二甲砜

化学名称　二(三氯甲基)砜

IUPAC 名　trichloro (trichloromethylsulfonyl) methane

EC 编码　[221-310-4]

理化性质　白色结晶性粉末，有刺激性气味。熔点 35～38℃。蒸气压 (25℃) 3.1×10^{-3}mmHg。lgK_{ow}=3.3。溶解性：水 0.07g/L，苯 780g/L，己烷 530g/L，白油 600g/L。稳定性：100～140℃开始分解，pH>7 介质水解。

毒性　大鼠急性经口 LD_{50} 691mg/kg。兔急性经皮 LD_{50} >631mg/kg (来源：Pubchem)。

抗菌防霉效果　双(三氯甲基)砜对大多数细菌、霉菌、酵母和藻类的最低抑制浓度 (MIC) 范围在 10～100mg/L。Kato 和 Fukumura (1962) 报道，其对形成黏液的细菌特别有效，MIC 约为 0.5mg/L。

应用　许烨等报道，双(三氯甲基)砜为 20 世纪 50 年代人工合成的杀微生物剂，可以使用来抑制细菌、真菌和藻类的生长，也可以掺入香皂中作消毒剂以及涂抹于树木创面防止腐败溃烂。至 90 年代前后，此物质仍处于未开发阶段，相关报道较少。

溴菌腈 (DBDCB)
(bromothalonil)

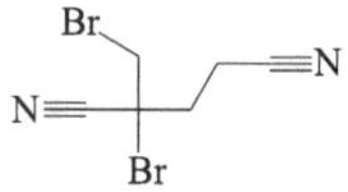

$C_6H_6Br_2N_2$ 266.0 35691-65-7

其他名称　休菌清、甲基二溴戊二腈、MDBGN

化学名称　1,2-二溴-2,4-二氰基丁烷、1,2-dibromo-2,4-dicyanobutane

IUPAC 名　2-bromo-2-(bromomethyl)pentanedinitrile

INCI 名　methyldibromo glutaronitrile

EC 编码　[252-681-0]

理化性质　纯品白色结晶体。熔点 52.2～53.2℃。原药（95%）为白色或浅黄色结晶固体。熔点 48～50℃。密度（20℃）0.970g/mL。蒸气压（25℃）6.70×10^{-3}hPa。溶解性（室温）：水 0.212g/100mL；易溶于醇、苯等有机溶剂（来源：EPA）。稳定性：分解温度可达 190℃，持久稳定于 pH 8 和 60℃水性体系。

毒性　大鼠急性经口 LD_{50} 541mg/kg。兔急性经皮 LD_{50}＞5000mg/kg。水生生物：虹鳟鱼 LC_{50}（96h）1.75mg/L；水蚤 LC_{50}（48h）2.2mg/L（来源：MERCK，USA）。

抗菌防霉效果　溴菌腈（DBDCB）具有广谱杀菌性能，尤其抗细菌的有效浓度为 0.025%～0.075%，并能持续 18 个月。其抗菌数据见表 2-238。

表 2-238　溴菌腈（DBDCB）对一些微生物的最低抑制浓度（MIC）

微生物	MIC/(mg/L)	微生物	MIC/(mg/L)
产气杆菌 ATCC 7356	5	芽孢杆菌 IPC 509	10
大肠杆菌 ATCC 4352	10	奇异变形杆菌 ATCC 7002	10
绿脓假单胞菌 ATCC 10145	100	黑曲霉 ATCC 6275	100
球毛壳菌 ATCC 6205	10	黄曲霉 ATCC 10466	50
产糖芽霉菌 ATCC 9348	25	绿色木霉 ATCC 9678	100
酿酒酵母 ATCC 4111	5	蛋白核小球藻 Wisc 2005	5

（来源：Lederer 等，1982）

制备　溴菌腈由丙烯腈制取 2-亚甲基戊二腈，再与溴素加成制得。

应用　溴菌腈（DBDCB）广泛用于纺织品、皮革、涂料、黏合剂、金属加工液、钻探泥浆、化妆品、纸张、冷却循环水系统等领域杀菌灭藻，本身亦是农用杀菌剂。

实际应用参考：

溴菌腈（DBDCB）可能与氧化铁色素相互作用导致活性物质失活，必要时添加更高浓度的防腐剂；在铁离子存在的情况下，有出现黄色变色的风险，可以通过添加螯合剂来解决，如 EDTA。

法规

① 2016 年，欧盟委员会发布法规（EU）2016/1086，批准溴菌腈（DBDCB）作为第 6 类（产品在储存过程中的防腐剂）生物杀灭剂产品的活性物质。批准日期 2018 年 1 月 1 日，批准期满 2027 年 12 月 31 日。

② 化妆品中曾允许使用的防腐剂 EC 列表提及最大认可浓度为 0.1%的 DCB，但不能用于浓度超过 0.025%的化妆品防晒产品。根据 2015 年版《化妆品安全技术规范》规定：该防腐剂从表中删除，即被禁用作化妆品防腐剂。

溴硝基苯乙烯（BNS）
（bromonitrostyrene）

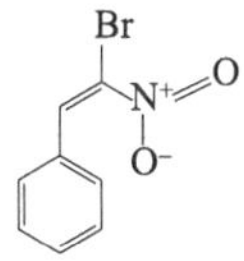

$C_8H_6BrNO_2$ 228.0 7166-19-0

化学名称 2-溴-2-硝基-苯乙烯

IUPAC名 [(*Z*)-2-bromo-2-nitroethenyl] benzene

EC编码 [230-515-8]

理化性质 黄色结晶性粉末。熔点67～69℃。相对密度（21.4℃）1.018。闪点54.5℃。溶解度：水1mg/mL（22℃）（来源：CAMEO Chemicals）。稳定性：在水系统中迅速水解，当pH值大于7时，它的半衰期由19h降到1h，并且其衰变产物对水上动物的毒性更小。

毒性 虹鳟鱼 LC_{50}（96h）1～2mg/L。蓝腮翻车鱼 LC_{50}（96h）1～2mg/L。

抗菌防霉效果 溴硝基苯乙烯（BNS）对细菌、真菌、藻类都有效。将溴硝基苯乙烯（BNS）和DBNPA复配[比例为(15∶85)～(95∶5)]具有增效作用，其对软垢控制效果与五氯苯酚和二甲基二硫代氨基甲酸钠的对照见表2-239。溴硝基苯乙烯对一些微生物的最低抑制浓度见表2-240。

表2-239 几种杀菌剂对软垢的控制效果

杀菌剂名称	杀菌剂用量/(mg/kg)	3d后杀伤百分率/%	杀菌剂名称	杀菌剂用量/(mg/kg)	3d后杀伤百分率/%
5%DBNPA、BNS、90%惰性物质	5	71		50	0
	10	93		100	0
	25	96	二甲基二硫代氨基甲酸钠(10%活性物质)	5	0
	50	99		10	0
	100	99		25	0
五氯苯酚(10%活性物质)	5	0		50	0
	10	0		100	0
	25	0			

表2-240 溴硝基苯乙烯（BNS）对常见微生物的最低抑制浓度（MIC）

微生物	MIC/(mg/L)	微生物	MIC/(mg/L)
黑曲霉	10	球毛壳菌	35
青霉	5	大肠杆菌	20
绿脓假单胞菌	10	黏细菌	0.25

（来源：Described by Kato & Fukumura，1962）

应用 溴硝基苯乙烯（BNS）由于对黏细菌、软体动物有极好的控制性能，适用于切削油乳液、胶乳、涂料、造纸纸浆、工业冷却水等领域杀菌灭藻。

实际应用参考：

①15%～95%的溴硝基苯乙烯和85%～5%的季铵盐混合，可叠加它们的黏泥防止活性；②溴硝基苯乙烯（BNS）和DBNPA复配[比例为(15∶85)～(95∶5)]具有增效作用；③5%～95%的六氯二甲亚砜和95%～5%的溴硝基苯乙烯（BNS）构成双组分杀菌剂，有协同增效作用，该组分药剂用来处理造纸水和工业冷却水，用量一般为1～100mg/L。

溴乙酰胺
(bromoacetamide)

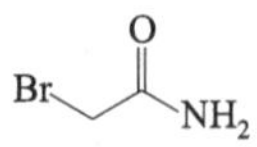

C_2H_4BrNO 138.0 683-57-8

化学名称　2-溴代乙酰胺

IUPAC名　2-bromoacetamide

EC编码　[614-427-0]

理化性质　纯品为无色晶体。熔点88～90℃。蒸气压（25℃）0.024mmHg。溶解性：水1.60×10^5mg/L（20℃）。稳定性：在pH 4～9水中相对稳定。半衰期（pH 8）208d。对光和热敏感。

毒性　大鼠急性经口LD_{50} 100mg/kg。小鼠急性经口LD_{50} 124mg/kg。兔急性经口LD_{50} 61mg/kg。大鼠急性经皮LD_{50} 3160mg/kg（来源：Pubchem）。

研究证实，卤代酰胺的细胞毒性比卤代乙酸高99倍，遗传毒性比卤代乙酸高19倍。

抗菌防霉效果　2-溴乙酰胺表现出广泛和均衡的抗菌活性，也可通过气相杀菌显示其抗微生物活性，见表2-241。

表2-241　2-溴乙酰胺对常见微生物的最低抑制浓度（MIC）

微生物	MIC/(mg/L)	微生物	MIC/(mg/L)
链格孢	20	黑曲霉	50
出芽短梗霉	50	球毛壳菌	20
青霉	50	黑曲霉	50
绿色木霉	100		

制备　2-溴乙酰胺由溴乙酸乙酯、氨水反应而得。

应用　2-溴乙酰胺可作杀菌剂、杀软体动物剂，亦作伯醇和仲醇的氧化剂。

实际应用参考：

工业循环水体系，添加5～10mg/L2-溴乙酰胺足以抑制黏液细菌的生长和繁殖，同时2-溴乙酰胺具有强的杀软体动物功效（Chin. Acad. Med.，1981）。

2.13　表面活性剂

表面活性剂的特点是能够降低水性流体的表面张力，因此可用作清洁剂、润湿剂和乳化剂。詹姆斯（1965）将它们定义为具有两种不同结构元素的分子，一种是疏水碳氢化合物（憎水）基团，另一种是亲水极性（吸水）基团。根据亲水结构元素所带电荷的不同，表面活性剂可分为阴离子、阳离子、两性和非离子化合物。

就工业杀菌剂而言，本节主要分成季铵盐化合物、季鏻盐类化合物、有机胍类化合物及其他化合物四部分。

季铵盐类化合物（QAC）指的是 N 原子上带正电荷的一类化合物，主要由亲水部分（铵阳离子）和疏水部分（不同长度的烷基链）组成。一般来说，QAC 的抗菌效果是由烷基链的长度、带正电荷的季铵盐基团的数量等决定的。当季铵盐长链中的碳原子数从 3 增至 16 时，抑菌和抗菌效率会大大增加，而当季铵盐烷基长链中碳原子的个数为 12～16 时，抗菌效果较好，尤其是当碳原子数为 14～16 时抗菌效果最佳。

季鏻盐（QPS）与季铵盐（QAS）有类似的化学结构与性质，但是刘少祯等的研究表明，季鏻盐（QPS）的烷基链比季铵盐（QAS）长，同时 P 原子半径大于 N 原子半径，相比于季铵盐，具有更好的灭菌水平和更低的耐药性。季鏻盐（QPS）是一般常用的表面接触型灭菌剂，毛勇等认为季鏻盐的灭菌机理与季铵盐相似，自身所带的正电荷与细胞膜带负电荷的微生物正负相吸，穿过微生物的脂质双层细胞膜致微生物死亡，对大肠杆菌、金黄色葡萄球菌及霉菌、念珠菌等常见微生物具有明显的杀伤效果。

有机胍类化合物是一类含有胍基的阳离子化合物，许多具有胍类结构的化合物都具有抗菌功能。聚六亚甲基双胍盐酸盐（PHMB）是胍类抗菌剂中最具代表性的一种。Kaehn 认为聚合胍是一种对生物体毒性较小的广谱抗菌剂。与体内细胞相比，阳离子聚合胍倾向于与细菌细胞膜中的阴离子磷脂层相互作用，最终导致细胞质脱落。因此，聚合胍的风险效益优于其他抗菌剂。

2.13.1　季铵盐化合物

苯扎氯铵（BAC）
（benzalkonium chloride）

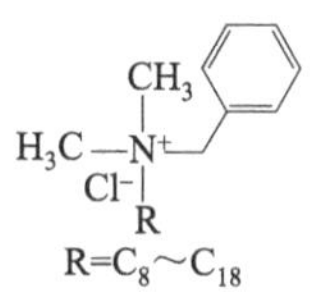

$C_9H_{13}NClR$ 8001-54-5*、63449-41-2**

其他名称　BAC、BZK、BKC、ADBAC、洁尔灭、1227

化学名称　*烷基苄基二甲基氯化铵、**烷基（C_8～C_{18}）二甲基苄基氯化铵混合物（ECHA）

IUPAC 名　quaternary ammonium compounds，benzyl-$C_{8\text{-}18}$-alkyldimethyl，chlorides

EC 编码　［264-151-6］

理化性质烷基（C_8～C_{18}）ADBAC是混合物。CAS号8001-54-5最常测试的烷基链长度分布为R=C_{12}(50%)、C_{14}(30%)、C_{16}(17%)、C_{18}(3%)。CAS号63449-41-2最常测试的烷基链长度分布为R=C_8-Not specified、C_{10}-Not specified、C_{12}(67%)、C_{14}(25%)、C_{16}(7%)、C_{18}-Not specified（摘自美国环境保护署，2006）。

GB 38850—2020《消毒剂原料清单及禁限用物质》规定，苯扎氯铵CAS号为8001-54-5、63449-41-2。

本品为氯化二甲基苄基羟铵的混合物。按无水物计算，含羟铵盐（$C_{22}H_4OClN$）应为95.0%～105.0%。本品为白色蜡状固体或黄色胶状体；水溶液呈中性或弱碱性，振摇时产生多量泡沫。本品在水或乙醇中极易溶解，在乙醚中微溶。按照水分测定法（通则0832第一法1）测定，含水分不得过10.0%［摘自《中国药典》(2015年版)］。

苯扎氯铵（BAC）是由氯化二甲基苄基烃铵的同系物组成的混合物，其结构中阳离子部分由中心氮原子连接四个官能团组成，阴离子部分为氯离子。其中主要的三种同系物为十二烷基二甲基苄基氯化铵（DDBAC，C_{12}-BAC）、十四烷基二甲基苄基氯化铵（TDBAC，C_{14}-BAC）和十六烷基二甲基苄基氯化铵（HDBAC，C_{16}-BAC）。美国药典（USP32）规定了配方中C_{12}-BAC不少于40%，C_{14}-BAC不少于20%，C_{12}-BAC和C_{14}-BAC的总量不少于70%，否则达不到杀菌效果。

毒性 毒理学研究表明，苯扎氯铵（BAC）对哺乳动物和水生动物均有急性和慢性毒性。BAC对大鼠的半数致死量（LD_{50}）为234～525mg/kg。MELIN等发现，BAC能够干扰雌性小鼠的排卵系统和发情周期，并降低雄性小鼠的精子浓度和活动能力，从而降低小鼠的繁殖率。BAC对水生生物（如藻类、水蚤、轮虫和原生动物）均具有急性毒性，半数效应浓度（EC_{50}）为21～2940μg/L。

在欧盟修订的（EC）No.1272/2008条例中，将BAC归类为“对水生生物毒性极大”的物质，并认为对与其共存污染物的迁移性和生物有效性具有显著影响。

抗菌防霉效果 苯扎氯铵（BAC）是一种季铵盐阳离子表面活性剂，对革兰氏阳性菌和阴性菌、滴虫、原虫和真菌均具有较好的抑制效果。作用机制可参考其他单链季铵盐化合物。苯扎氯铵化合物杀菌性能如表2-242。

表2-242 苯扎氯铵杀菌性能

浓度/(mg/kg)	杀菌率/%		
	异氧菌	铁细菌	硫酸盐还原菌
5	98.4	52.6	99.2
10	98.3	82.4	99.7
20	99.9	95.2	99.8
30	99.99	99.9	99.8

宋金武等试验结果见表2-243，苯扎氯铵对微生物杀灭效果与其作用浓度、作用时间成正比。苯扎氯铵浓度为500mg/L时，其对大肠杆菌、金黄色葡萄球菌、铜绿假单胞菌作用3min，杀灭率≥99.999%；苯扎氯铵浓度为625mg/L时，其对白色念珠菌作用3min，杀灭率为99.984%。

苯扎氯铵对常见木材腐败菌有出色的杀菌作用，对粉孢革菌、密黏褶菌和采绒革盖菌有很好的防治效果。

表 2-243　苯扎氯铵杀菌实验结果

试验菌	苯扎氯铵浓度/(mg/L)	不同作用时间杀灭率/%		
		0.5min	1min	3min
大肠杆菌	250	99.852	99.910	99.991
	500	99.981	99.992	100
金黄色葡萄球菌	250	99.991	99.999	99.999
	500	100	100	100
白色念珠菌	500	99.753	99.894	99.962
	625	99.891	99.931	99.984
铜绿假单胞菌	250	98.891	99.951	99.993
	500	99.925	99.991	99.999

注：平均阳性对照菌数为大肠杆菌 1.89×10^8cfu/mL，金黄色葡萄球菌 2.61×10^8cfu/mL，白色念珠菌 1.75×10^8cfu/mL，铜绿假单胞菌 1.95×10^8cfu/mL。

制备　以 *N*,*N*-二甲基十二烷基胺为原料，与丁酮、氯化苄反应制得。

应用　苯扎氯铵作为常见的 PPCP 之一，通常以白色或近乎白色的晶体或凝胶形式存在，是烷基苄基二甲基氯化铵的混合物，俗称“洁尔灭”，主要由 3 种正烷烃基（n-$C_{12}H_{25}$、n-$C_{14}H_{29}$ 和 n-$C_{16}H_{33}$）取代二甲基苄基氯化铵组成同系物混合物，其具有较强的杀菌作用。

其常用作季铵盐类阳离子表面活性剂，亦是消毒剂中最常见的活性成分，被广泛应用于工业、农业、医药等众多领域杀菌消毒灭藻。

注意：对角膜上皮有损害，能使塑料瓶开裂，对肥皂、碘及硝酸银、硫酸锌、水杨酸盐、枸橼酸盐、5%硼酸均有配伍禁忌，应避光，避免与铝制品直接接触等。

实际应用参考：

① 1935 年，德国生物化学家 Domagk 发现含有长链烷基的季铵盐具有强力杀菌性能，并研究了其杀菌性能与化学结构的关系，而且用烷基二甲基苄基季铵盐氯型（BAC-Cl）处理了军服以防止伤口发生感染。这在季铵盐杀菌领域的研究是具有里程碑意义的。烷基二甲基苄基季铵盐的杀菌效果与烷基链长度有关，以 BAC-Cl 进行的实验研究表明，烷基链上含有 12～16 个碳原子的化合物具有最强的杀菌活性。因此大部分的烷基二甲基苄基季铵盐主要带有 C_{12}～C_{16} 的烷基链，C_{12} 和 C_{14} 是最常见的。Daoud 等发现 C_{12} 同系物对酵母和真菌的杀灭效果显著，C_{14} 同系物对革兰氏阳性细菌和 C_{16} 同系物对革兰氏阴性细菌的杀灭最有效。因此，BAC 在医学中使用非常广泛，它们被广泛用作眼科、鼻用和肠胃外产品的防腐剂，也被用作医疗设备的局部防腐剂和消毒剂。这些化合物通常不作为单一组分使用，而是作为由两个或三个烷基二甲基苄基季铵盐成员组成的混合物，仅在烷基链的长度上不同。这是因为上述每种季铵盐对不同病原体的特异性，从而应对复杂的菌落环境。

② Floris A. Groothuis 等发现，苯扎氯铵的毒性效力随着烷基链长度的增加而增加。这些友好的抗菌剂在发挥所需效果后，会相对快速地降解成无毒和无活性的产品。Oh Seungdae 等研究报道了苯扎氯铵的微生物降解，具体而言，是几株假单胞菌菌株如 Pnitroreducens、嗜水气单胞菌和芽孢杆菌胺氧化酶及相关酶通过脱烷

基化，将苯扎氯铵降解成无毒的苄基二甲胺。降解机制见图 2-17。

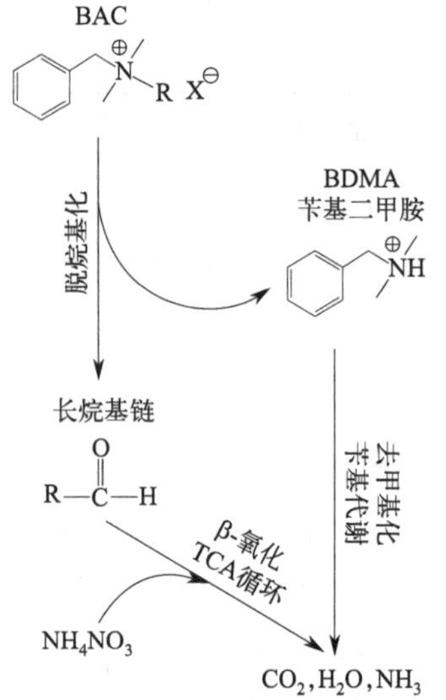

图 2-17　BAC 生物降解机制模型

法规

① 美国 EPA 将其列入干扰内分泌的物质列表。2016 年 6 月，欧洲化学品管理局（ECHA）更新了需要进行符合性检查的物质清单，苯扎氯铵就在新增的 14 种物质中。欧盟化妆品法规（EC）1223/2009 对苯扎氯铵的限量值要求≤0.1%，因为当其质量分数超过 0.1%时就会刺激到皮肤和眼部。除此之外，2019 版国际生态织品标准 STANDARD 100 by OEKO-TEX®原则上不允许生态纺织品使用活性化学产品，但对于那些不可避免地使用活性化学产品的纺织品必须经过独立毒理学家评估，确定为对人类健康无害、OEKO-TEX®认可的处理方法才被允许，因此用苯扎氯铵处理后的抗菌纺织品需要符合此规定才能被 STANDARD 100 by OEKO-TEX®认可。

②《化妆品安全技术规范》(2015 版）对抗菌剂苯扎氯铵的要求为：淋洗类毛发用产品中的质量分数≤3%，其他产品中的质量分数≤0.1%（以苯扎氯铵计）。

③ GB 38850—2020《消毒剂原料清单及禁限用物质》规定其可以使用的范围有：A，表示用于室内空气的消毒剂；E，表示用于环境及物体表面的消毒剂；H，表示用于人体的消毒剂；K，表示用于集中空调通风系统的消毒剂；M，表示用于医疗器械的消毒剂。

苯扎溴铵

(benzalkonium bromide)

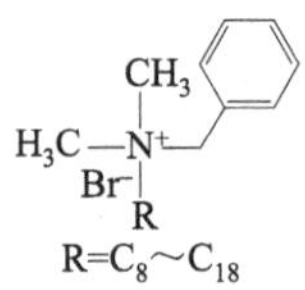

$C_{22}H_{40}BrN$ 91080-29-4

化学名称　$C_8 \sim C_{18}$ 烷基二甲基苄基溴化铵（ECHA）

IUPAC 名　benzyl-$C_{8\text{-}18}$-alkyldimethyl，bromides

EC 编码　[293-522-5]

理化性质　本品为溴化二甲基苄基羟胺的混合物，按无水物计算，含羟胺盐（$C_{22}H_{40}BrN$）应为 95.0%～105.0%。本品在常温下为黄色胶状体，低温时可能逐渐形成蜡状固体；水溶液呈碱性反应，振摇时产生多量泡沫。本品在水或乙醇中易溶，在丙酮中微溶，在醚中不溶。按照水分测定（通则 0832 第一法）测定，含水分不得过 10.0%［摘自《中国药典》(2020 年版)］。

赵文英等报道：苯扎溴（氯）铵为八、十、十二、十四、十六、十八烷基二甲基苄基溴（氯）化铵的混合物，其主要成分是十二烷基二甲基苄基溴（氯）化铵，商品名称为新洁尔灭（洁尔灭），作为消毒防腐剂等使用。

毒性 《生物技术检测规范（水环境部分）》规定，化学物质对鱼类的毒性等级分为5级。苯扎溴铵对白甲鱼幼鱼的96h LC_{50} 为63.10mg/L，95%的可信限为57.28～69.50mg/L，对于白甲鱼幼鱼属中毒。

抗菌防霉效果 烷基二甲基苄基季铵盐主要有氯型（BAC-Cl）、溴型（BAC-Br）和碘型（BAC-I）3种类型，真正决定表面活性的是其阳离子部分，阳离子部分由三个不同的基团组成：长烷基链、短烷基链（两个 CH_3 基团）和苄基。研究人员对单烷基链季铵盐杀菌剂的作用机理也进行了较多的研究，认为主要是带正电荷的阳离子吸附带负电的细菌体并聚集在细胞壁上，产生室阻效应，导致细菌生长受抑而死亡；同时其疏水基与细菌的亲水基作用，改变膜的通透性，继而发生溶胞作用，破坏细胞结构，引起细胞的溶解和死亡。

苯扎溴铵溶液作为日常消毒剂使用，对常见病原微生物有很好的杀灭作用。在20世纪80年代已经证实苯扎溴铵浓度在0.01mg/L时对常见致病菌如大肠杆菌、金黄色葡萄球菌具有良好的杀灭作用。从不同研究者的研究结果来看，苯扎溴铵对不同病原菌的杀灭效果也不尽相同，表2-244列举了一些研究者的研究成果。从这些成果可以发现，在早期苯扎溴铵在低浓度时对病原菌就有良好的杀灭效果，随着年代的变迁达到良好效果所需苯扎溴铵的浓度也相应提高。日常0.2%的苯扎溴铵溶液对大肠杆菌、金黄色葡萄球菌等常见致病菌有较好的杀灭效果。

表 2-244 不同学者对苯扎溴铵抑菌效果的研究

年代	病原菌	作用效果
1986	大肠杆菌 金黄色葡萄球菌	0.01mg/L可以杀死
1993	痢疾杆菌 金黄色葡萄球菌	1mg/L作用20min可以杀死痢疾杆菌，作用15min可以杀死金黄色葡萄球菌
1994	铜绿假单胞菌	500mg/L作用10min、1000mg/L作用5min，杀灭率可达到99.9%
1998	伤寒杆菌 鼠伤寒沙门菌 大肠杆菌	25mg/L作用5min对伤寒杆菌的杀灭率达到99.9%，40mg/L作用5min对鼠伤寒沙门菌杀灭率达到99.95%；40mg/L作用5min对大肠杆菌杀灭率为99.9%
2004	大肠杆菌 金黄色葡萄球菌	200mg/L对大肠杆菌作用1min；400mg/L对金黄色葡萄球菌作用1min
2012	金黄色葡萄球菌	200mg/L作用2min、300mg/L作用1.5min、500mg/L作用1min，平均杀灭对数值均大于5

制备 苯扎溴铵由苄基二甲基胺和溴代十二烷反应而成。

应用 苯扎溴铵的商品名称为新洁尔灭，常作为日常消毒剂使用。相对于苯扎氯铵而言，苯扎溴铵对人体表现出较小的毒性与较为显著的杀菌作用。

法规

①欧盟化学品管理局（ECHA）化妆品的第1223/2009/EC号法规附件Ⅲ，经

法规（EU）2022/2195 修订，OJ L 292，限制物质。在作为冲洗头发（头部）的最终产品中，溴化物和苯扎溴铵与 C_{14} 或更短的烷基链的浓度不得超过 0.1%（如烷基二甲基苄基氯化铵）。用于抑制产品中微生物发育以外的作用。这个作用必须从产品的展示中明确标注。

② 烷基（C_{12}～C_{14}）ADBAC 在卫生部办公厅印发的卫办监督发［2010］17 号《食品用消毒剂原料（成分）名单》中，可以使用。

③ GB 38850—2020《消毒剂原料清单及禁限用物质》规定其可以使用的范围有：A，表示用于室内空气的消毒剂；E，表示用于环境及物体表面的消毒剂；H，表示用于人体的消毒剂；K，表示用于集中空调通风系统的消毒剂；M，表示用于医疗器械的消毒剂。

苄索氯铵

（benzethonium chloride）

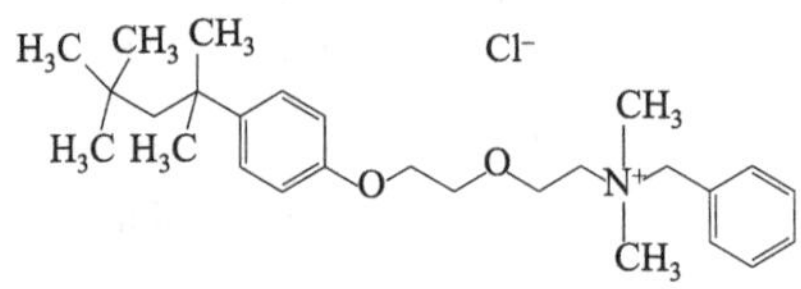

$C_{27}H_{42}ClNO_2$ 448.09 121-54-0

其他名称　氯化苄氧乙铵、季铵盐 1622

化学名称　*N*,*N*-二甲基-*N*-(2-(2-4-(1,1,3,3-四甲基丁基)苯氧基)乙氧基)苯甲基氧化铵

INCI 名　benzethonium chloride

EC 编码　［204-479-9］

物化性质纯品外观为白色或类白色粉末，略带特征性气味。含量（以干基计），（质量分数）为 97.0%～103.0%。熔点 158～163℃。干燥失重（质量分数）≤5.0%。灼烧残渣（质量分数）≤0.1%。pH（1%水溶液）4.8～5.5（NTP，1992）。溶解性：溶于水；微溶于乙醇、乙二醇等；可与二氯乙烯和四氯化碳混合。稳定性：pH 1～12 溶液中稳定。参考 QB/T 5106—2017《化妆品原料 苄索氯铵》

毒性　陈耿等报道（2022）苄索氯铵对雌、雄 ICR 小鼠的急性经口 LD_{50} 均为 316mg/kg（95% CI：205～488mg/kg）。其 5000mg/L 水溶液对完整皮肤、黏膜分别为轻刺激性和极轻刺激性，且无皮肤致敏性。有学者研究发现，水生生物：蓝腮翻车鱼 LC_{50}（96h）＜1mg/L；黑头呆鱼 LC_{50}（96h）＜1mg/L。

抗菌防霉效果　苄索氯铵是一种四价铵的复合物，亦是一种阳离子型广谱防腐杀菌剂。苄索氯铵的最大杀菌稀释比例测定如下：将有机体接种到一系列浓度梯度受试物的新鲜培养基试管中。培养 24h 后向未显示出微生物生长的试管中加入季铵盐失活剂。再培养 24h（总共培养 48h），能够抑制微生物生长的季铵盐最高稀释比例（在季铵盐失活剂存在的情况下），即为微生物杀生剂稀释比例测定。结果详见表 2-245。

表 2-245 静态微生物和微生物杀菌剂的测定表

测试微生物	活性组分稀释比例	
	杀菌比例	静态杀菌比例
绿脓链球菌	1∶50000	1∶50000
绿色链球菌	1∶200000	1∶400000
大肠杆菌	1∶16000	1∶16000
家禽沙门氏菌	1∶32000	1∶32000
霍乱沙门氏菌	1∶32000	1∶32000
鼠伤沙门氏菌	1∶16000	1∶16000
沙门氏菌	1∶8000	1∶32000
铜绿假单胞菌	1∶8000	1∶8000
干酪乳酸杆菌	1∶50000	1∶100000
宋内氏志贺杆菌	1∶16000	1∶32000
克雷伯氏杆菌	1∶16000	1∶16000
酿酒酵母菌	1∶100000	1∶100000
毛癣菌	1∶20000	1∶40000
白色念珠菌	1∶400000	1∶800000
黑曲霉菌	1∶400	1∶800
曲霉菌	1∶800000	1∶1600000
青霉菌	1∶800000	1∶800000

王丹锋等在研究苄索氯铵对大肠杆菌和金黄色葡萄球菌的杀菌效果时发现，苄索氯铵对两种菌均有较好的杀菌效果，进一步研究可知，苄索氯铵对金黄色葡萄球菌的杀菌效果略优于对大肠杆菌的杀菌效果。

制备 由对（二异丁基）苯酚、二氯二乙醚等为原料，再与氯化苄反应制得。

应用 苄索氯铵作为一种阳离子表面活性剂类杀菌剂，广泛适用于湿巾、尿不湿、卫生巾、洗手液、洗手皂、婴儿护理用品、妇女卫生用品或者其他高级个人护理用品领域，亦可作农业杀菌剂或应用于某些特殊行业。注意：苄索氯铵耐硬水性相对低，必须复配有机或无机螯合剂以提高杀菌性能。

实际应用参考：

沈莲等报道苄索氯铵是一种化学防螨剂，常用于布料的处理中，效果也很好。使用复方制剂，增加了除螨的效率，减少了单品的用量，安全性也大大提高。4%八硼酸二钠+0.05%苄索氯铵+0.9%苯甲酸苄酯复配制剂的杀螨率为88%。

法规

① 我国2015年版《化妆品安全技术规范》规定：苄索氯铵在化妆品中使用时的最大允许浓度为0.1%。

② WS 575—2017《卫生湿巾卫生要求》规定，用于手、皮肤和黏膜的苄索氯铵含量需要和所标示的含量符合。除了作为卫生湿巾中的有效成分，还被广泛使用在疫苗、注射液、消毒剂和化妆品等各类产品中。

③ GB 38850—2020《消毒剂原料清单及禁限用物质》规定其可以使用的范围有：A，表示用于室内空气的消毒剂；E，表示用于环境及物体表面的消毒剂；H，表示用于人体的消毒剂；K，表示用于集中空调通风系统的消毒剂；M，表示用于医疗器械的消毒剂。

度米芬（DMP）
（domiphen bromide）

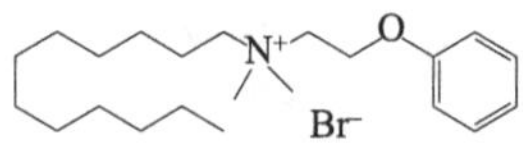

$C_{22}H_{40}BrNO$ 414.46 538-71-6

其他名称 PDDB、DMP、消毒宁、EDDAB、Domiphen、杜美芬

化学名称 十二烷基-二甲基-2-苯氧基-乙基溴化铵

IUPAC 名 dodecyl-dimethyl-(2-phenoxyethyl) azanium；bromide

EC 编码 [208-702-0]

理化性质 本品为溴化 *N*,*N*-二甲基-*N*-(2-苯氧乙基)-1-十二烷铵一水合物。按干燥品计算，含 $C_{22}H_{40}BrNO$ 不得少于 98.0%。白色至微黄色片状结晶；无臭或微带臭；振摇水溶液，则产生泡沫。本品在乙醇或三氯甲烷中极易溶解，在水中易溶，在丙酮中略溶，在乙醚中几乎不溶。取本品，80℃减压干燥 5h 后，立即依法测定（通则 0612），熔点为 108～118℃［摘自中国药典（2020 年版）］。

毒性 小鼠静脉注射 LD_{50} 31mg/kg。兔静脉注射 LD_{50} 11mg/kg。大鼠静脉注射 LD_{50} 18mg/kg。大鼠腹腔注射 LD_{50} 40mg/kg（来源：Federation of American Societies for Experimental Biology，1947）。

抗菌防霉效果 度米芬作为一种阳离子表面活性剂类杀菌剂，其杀菌机制为能改变细菌胞浆膜通透性，使菌体胞浆物质外渗，阻碍其代谢而起杀灭作用。

度米芬作为广谱消毒剂，对化脓性病原菌、肠道菌与部分病毒有较好的杀灭能力；对结核杆菌与真菌的杀灭效果较差；对细菌芽孢仅有抑制作用。其对革兰氏阳性菌的杀灭作用比对革兰氏阴性菌强。其杀菌、抑菌浓度见表 2-246。

表 2-246 度米芬杀菌、抑菌的临界浓度

菌种	临界浓度	
	杀菌	抑菌
金黄色葡萄球菌	1∶400000	1∶1000000
枯草芽孢杆菌	1∶200000	1∶1000000
大肠杆菌	1∶40000	1∶40000
白假丝酵母	1∶1000000	1∶2000000
铜绿假单胞杆菌	1∶10000	1∶10000
产气荚膜杆菌	1∶400	1∶1000
破伤风芽孢杆菌	1∶40	1∶200

制备 度米芬以十二烷基二甲基叔胺和 2-溴苯乙醚为原料制得。

应用 度米芬（又称消毒宁）是一款杀菌消毒剂，我国于 20 世纪 60 年代初合成出度米芬。注意：度米芬杀菌消毒作用在碱性条件下得到增强。

实际应用参考：

污染物表面消毒：可用 0.1%～0.5%度米芬溶液喷洒、浸泡或擦拭，作用 60min；金属器械消毒：用 0.05%的水溶液或含有硝酸钠（0.5%）的水溶液；饮食用具消毒：可用0.005%水溶液浸泡；公共用具的消毒：可用0.05%水溶液；食品工业的消毒：用0.02%～0.05%水溶液；水果玩具的消毒：0.01%水溶液浸泡或抹洗；五官科用药：可用于口腔和皮肤消毒，以及皮肤、黏膜、局部感染及器械等消毒。

法规　GB 38850—2020《消毒剂原料清单及禁限用物质》规定其可以使用的范围有：A，表示用于室内的消毒剂；E，表示用于环境及物体表面的消毒剂；H，表示用于人体的消毒剂；K，表示用于集中空调通风系统的消毒剂；M，表示用于医疗器械的消毒剂。

二癸基二甲基碳酸铵（DDA Carbonate）（didecyl dimethyl ammonium carbonate）

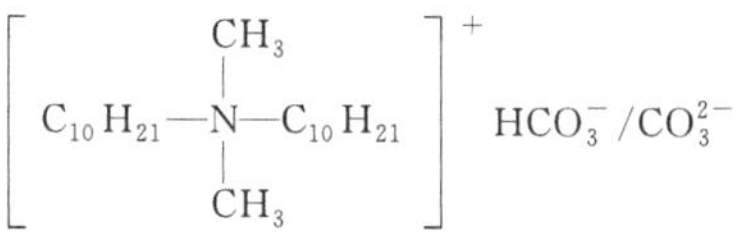

其他名称　DDACarbonate、二癸基二甲基铵碳酸盐

化学名称　二癸基二甲基碳酸铵/二癸基二甲基碳酸氢铵（混合物）、reaction mass of *N*,*N*-didecyl-*N*,*N*-dimethylammonium carbonate and *N*,*N*-didecyl-*N*,*N*-dimethylammonium bicarbonate

CAS号　[894406-76-9]

EC编码　[451-900-9]

其他名称　二癸基二甲基碳酸铵、didecyldimethylammonium carbonate

化学名称　1-decanaminium，*N*-decyl-*N*,*N*-dimethyl-，carbonate（2∶1）

CAS号　[148788-55-0]

EC编码　[604-650-1]

分子式　$C_{45}H_{96}N_2O_3$；分子量713.30

其他名称　二癸基二甲基碳酸氢铵、didecyldimethylammonium bicarbonate

化学名称　1-decanaminium，*N*-decyl-*N*,*N*-dimethyl-，carbonate（1∶1）

CAS号　[148812-65-1]

EC编码　[604-653-8]

分子式　$C_{23}H_{49}NO_3$；分子量387.60

理化性质　纯度79.7%，外观呈黄色固体（凝胶状）。熔点59～81℃（随黏度而变）。沸点（102～104kPa）107.8～266.4℃。蒸气压（25℃）7.7×10^{-3}Pa。相对密度[(21.2±0.5)℃] 0.947。lgK_{ow}=0.053。溶解性[(20.0±0.5)℃]：易溶于水和醇类有机溶剂。水解稳定性（DT_{50}，25℃）：368d（pH 5），175d（pH 7），506d（pH 9）。

毒性　大鼠急性经口LD_{50} 245mg/kg（100% a.s.）。大鼠急性经皮LD_{50}<1000mg/kg（100% a.s.）。

抗菌防霉效果　与其他季铵盐杀菌剂相比，二癸基二甲基氯化铵保持异常高的在有机质、蛋白质、土壤和硬水存在下的活性。事实证明：400mg/mL在5%血清存在下对金黄色葡萄球菌有效。

应用 二癸基二甲基铵碳酸盐（DDACarbonate）可作杀菌消毒剂，广泛应用于医药、化妆品、食品、饮料、纺织、造纸、印染、油漆、建材、日化家化等水性领域。在医药领域，亦用于制备口腔消毒剂、皮肤消毒剂、外科手术消毒剂等。

法规 2012年，欧盟生物杀灭剂产品委员会（BPC）发布法规2012/22/EU，批准二癸基二甲基铵碳酸盐作为第8类（木材防腐剂）生物杀灭剂产品的活性物质。批准日期2013年2月1日，批准期满2028年1月31日，处于批准续展中。

聚二甲基二烯丙基氯化铵（PDADMAC）

poly（diallyl dimethyl ammonium chloride）

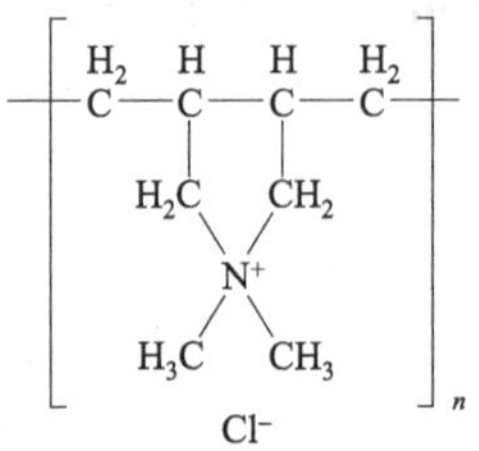

$C_{24}H_{54}Cl_3N_3$ 26062-79-3 491.07

其他名称 polydimethyldiallylammonium chloride

IUPAC名 2-Propen-1-aminium，*N*,*N*-dimethyl-*N*-2-propenyl-，chloride，homopolymer

EC编码 ［607-855-4］（固体，固含量约90%）、［687-463-8］（液体，固含量约20%）

理化性质 聚二甲基二烯丙基氯化铵（PDADMAC）分为溶液和固体两种型号，Ⅰ型为白色至浅黄色固体，固含量约90%；Ⅱ型为无色或微黄色至琥珀色液体或胶体，固含量约20%。pH（10g/L溶液）5.0～7.0。

毒性 岳舜琳对国内两家化工厂生产的PDADMAC产品的毒理学评价结果表明：PDADMAC原液属低毒，有中等蓄积性，质量分数0.5%的应用液基本无毒，有轻度蓄积性；致突变性AMES实验、微核发生率及精子畸变率证明，PDADMAC原液无致突变、致畸变作用。

抗菌防霉效果 对高分子聚季铵盐杀生机理的认识并不完善，至今为止对每一步作用过程的描述不很清晰，以致对其杀生机理尚无明确认识。其中原理之一为聚二甲基二烯丙基氯化铵（PDADMAC）利用其正电荷密度高的特点，确实易于吸附到带负电荷的菌、藻细胞表面而可能产生杀生作用。

研究表明，聚二甲基二烯丙基氯化铵对原核生物如细菌、真核生物如霉菌和绿藻等的杀灭效果明显。例如：PDADMAC不仅对大肠杆菌、假单胞菌和军团菌等革兰氏阴性菌具有抗菌活性，而且对葡萄球菌、枯草芽孢杆菌、链球菌和硫酸还原菌等革兰氏阳性菌有很好的杀抑效果。同时，PDADMAC可用于抑制绿色木霉、黑曲霉、土曲霉和出芽短梗霉的生长，并对绿藻显示出极为优异的杀灭效果。

研究表明，PDADMAC对各类病毒有较好的杀灭效果。例如：PDADMAC与苄青霉素联合作用时，对梅毒螺旋体有明显的杀菌作用；含有 PDADMAC 的消毒清洁剂可预防肝炎病毒；含有 PDADMAC 的强化乙醇复合物可用于人类诺沃克类病毒和其他酸性稳定病毒的灭活。

制备　以二甲基二烯丙基氯化铵为原料，驱氧，加入引发剂聚合得到 PDADMAC。

应用　聚二甲基二烯丙基氯化铵是一种以二甲基二烯丙基氯化铵为主体阳离子型有机高分子聚合物，在水溶液中电离后产生带正电荷季铵盐类线型作用基团。除了具有高分子絮凝剂的吸附架桥、网捕卷扫功能外，还具有相当强的电性中和能力。

作为一种聚季铵盐，聚二甲基二烯丙基氯化铵（PDADMAC）属于第 6 代季铵盐杀生剂，同样具有优良的杀生活性，其应用涉及水处理、医疗卫生、家化等众多领域。

法规　GB 38850—2020《消毒剂原料清单及禁限用物质》规定其可以使用的范围有：A，表示用于室内的消毒剂；E，表示用于环境及物体表面的消毒剂；H，表示用于人体的消毒剂；K，表示用于集中空调通风系统的消毒剂；M，表示用于医疗器械的消毒剂。

聚季铵盐-1（PQ-1）
(polyquaternium-1)

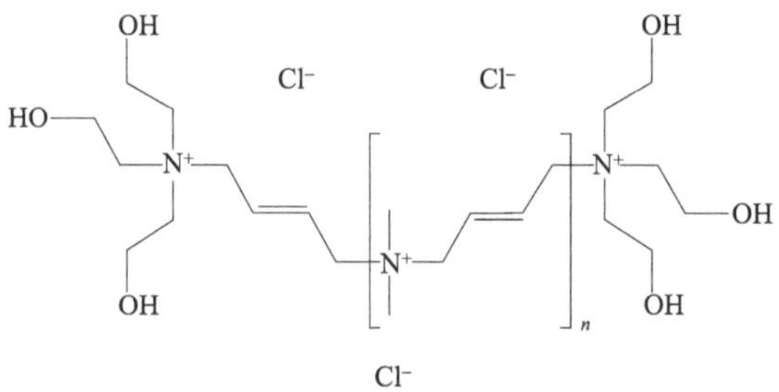

$(C_6H_{12}ClN)_nC_{16}H_{36}Cl_2N_2O_6$（$n$＝1 时为最小重复单元）556.99（$n$＝1）75345-27-6

其他名称　泊利氯铵

化学名称　α-4-[三(2-羟乙基)氯化铵-2-丁烯基]聚[1-二甲基氯化铵-2-丁烯基]-γ-三(2-羟乙基)氯化铵

IUPAC 名　polyquaternium-1

EC 编码　[682-227-0]

理化性质　聚季铵盐-1（PQ-1）为琥珀色到深褐色的透明黏性液体，完全溶于水，味淡，无刺激性。其中，固体含量 40%，氯化物含量 10%，游离胺含量 1.5%。1%水溶液 pH 6～8。

毒性　聚季铵盐-1（PQ-1）对眼部的刺激性和毒性与苯扎氯铵（BAC）相当或略低，但也不可忽略。二者的主要眼部不良反应对比如表 2-247 所示。

表 2-247　BAC 和 PQ-1 的主要眼部毒性和不良反应

眼部部位	BAC	PQ-1
角膜	细胞毒性；减弱角膜上皮细胞之间的联结；炎症反应	细胞毒性(低于苯扎氯铵)；角膜浅表上皮损伤；诱发 NF-KB 引起的炎症反应
结膜	细胞毒性；破坏泪膜使干眼症症状加剧	降低结膜杯状细胞的密度，影响泪膜生成
眼内	可渗入眼内，可能导致神经毒性	—

抗菌防霉效果　聚季铵盐类抑菌剂的抑菌机理尚不十分明确，一般认为聚季铵盐的抑菌作用过程与小分子季铵盐类似。在各种细菌和真菌的实验中，Codling 等在电子显微镜下观察到聚季铵盐-1（PQ-1）会导致细胞质膜的破坏以及细胞内含物的泄漏。PQ-1 对细胞膜的破坏已在研究中得到了证实，可引起铜绿假单胞菌、黏质沙雷氏菌、金黄色葡萄球菌和白色念珠菌的钾离子（K^+）泄漏。另外也有研究表明，PQ-1 会引起细胞质凝结。

苯扎氯铵（BAC）是目前应用最广泛的眼用制剂抑菌剂之一，在欧洲、美国、日本等国家及地区上市的眼用制剂中，大约 70%使用 BAC 作为抑菌剂，其安全性和有效性得到认可，常用浓度为 0.004%～002%。在不添加辅助抑菌剂的情况下，也有报道研究了 BAC 和 PQ-1 的最低抑制浓度（MIC）。

《中国药典》(2020 版)“抑菌剂效力检查法指导原则”规定，抑菌剂效力检查应包括以下 5 个菌种：铜绿假单胞菌、大肠埃希菌、金黄色葡萄球菌、白色念珠菌和黑曲霉。BAC 和 PQ-1 对 5 个菌种的 MIC 如表 2-248 所示。可见，BAC 和 PQ-1 的 MIC 基本处于同一个数量级，二者的抑菌效力相差不大。

表 2-248　BAC 和 PQ-1 对 5 个菌种的最低抑制浓度（MIC_{90}）

菌种	MIC_{90}	
	BAC/%	PQ-1/%
铜绿假单胞菌	0.0016	0.0016
大肠埃希菌	0.0032	0.0016
金黄色葡萄球菌	0.0004	0.0004
白色念珠菌	0.0004	0.0008
黑曲霉	0.0032	0.0064

贾瑞等研究报道，采用营养肉汤试管二倍稀释法测定聚季铵盐-1 对大肠杆菌、金黄色葡萄球菌、铜绿假单胞菌、白色念珠菌和黑曲霉的最低抑菌浓度（MIC）和最低杀菌浓度（MBC），并研究紫外线照射、温度、pH 值和盐浓度对聚季铵盐-1 稳定性的影响。结果显示，聚季铵盐-1 对 5 种试验菌的 MIC 依次为 16μg/mL、4μg/mL、16μg/mL、8μg/mL、64μg/mL；对 5 种试验菌的 MBC 依次为 16μg/mL、8μg/mL、32μg/mL、8μg/mL、128μg/mL。聚季铵盐-1 的抑菌活性不受紫外线和环境 pH 值的影响，但会随温度和盐浓度的升高而降低。从上可知，聚季铵盐-1 在较低浓度时具有抑制微生物生长活性，对紫外线照射和不同 pH 值较稳定，高温易使其分解，在高渗环境下，其抑菌活性也会显著降低。

制备　Abbott 公司的 Yu 发明，其合成所用材料包括反式-四甲基-2-丁烯-1，4-

二胺、反(顺)式-1,4-二氯-2-丁烯、三乙醇胺、盐酸和水。

应用 聚季铵盐-1(PQ-1) 是一种亲水性阳离子聚合物，分子大小约为苯扎氯铵(oride，BAC) 的27倍，其分子量大，不能进入哺乳动物细胞。虽然PQ-1可归类为季铵，但与BAC的区别是PQ-1缺乏大的疏水结构域，并且不起表面活性剂作用。

聚季铵盐-1(PQ-1) 出现于20世纪90年代初期，由美国爱尔康（Alcon）公司研发并申请了专利，Alcon公司出品的OPTI-FREE EXPRESS隐形眼镜护理液以及TEARS NATUALE Ⅱ人工泪液均选PQ-1作为抑菌剂。常用的质量分数为0.001%。

法规 REACH法规规定，聚合物本身豁免注册。但是，需要对其中的单体和添加的其他化学物质进行注册，只要符合2%和1t/年原则：组成聚合物的以单体单元和化学键合物质形式存在的此类单体物质或其他物质的质量分数≥2%；此类单体物质或其他物质的总量≥1t/年。通过注册单体物质，可以有效了解单体的风险，通过单体的风险即可从另一方面确认使用聚合物过程可能导致的风险。

聚季铵盐（PQ）

（poly（dimethylamine-co-epichlorohydrin））

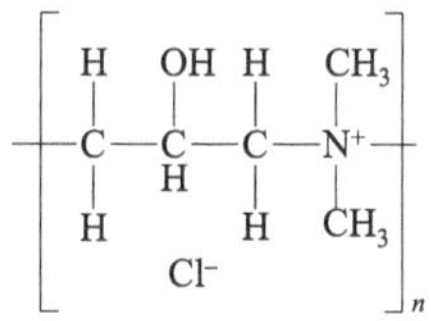

$(C_5H_{12}NO)_n^+Cl^-$ 平均分子量20000 25988-97-0

其他名称 二甲胺与环氧氯丙烷的聚合物、PQ polymer

化学名称 *N*,*N*-二甲基-2-羟基丙基氯化铵聚合物

CAS号 [25988-97-0]

EC编码 [607-843-9]

理化性质 固含量60%，外观无色至微黄色液体，微微的氨气味。沸点(101kPa) 大于100℃。pH（10%水溶液）7.7～8.7。密度（20℃）1.170g/cm^3。黏度（23℃）1900mPa·s。闪点>100℃。凝固点<－15℃。溶解性：极易溶于水。稳定性：冻融解冻稳定性好，不起泡。

毒性 大鼠急性经口 LD_{50} >2000mg/kg。水生生物：斑马鱼 LC_{50}（96h）0.27mg/L；藻类 ErC_{50}（72h）0.18mg/L（来源：LONZA）。

抗菌防霉效果 聚季铵盐（PQ）对常见细菌有不错的抑制效果，同时对各种藻类亦有优异的抑杀作用，见表2-249。

表2-249 聚季铵盐（PQ）对常见微生物的抑杀情况

微生物	作用浓度/(mg/kg)	作用时间	作用温度/℃
大肠杆菌 Escherichia coli	<120	72h	37
小球藻 Chlorella saccharophilia	>100	14d	20
小球藻 Chlorella fusum	>100	14d	25
Fusurium solani	<50	72h	25

续表

微生物	作用浓度/(mg/kg)	作用时间	作用温度/℃
铜绿假单胞杆菌 Pseudomonas aeruginosa	<20	72h	37
小球藻 Chlorella vulgaris	<5	14d	20

应用 作为阳离子聚合生物杀菌剂，亦可作高效絮凝剂，可有效抑制游泳池、水塘、循环冷却水中藻类、黏液形成菌的生长。该产品无泡沫、无刺激性，在酸性和碱性环境中均能使用，一般用量为 0.1～20mg/kg。

法规 欧盟化学品管理局（ECHA）根据指令 98/8/EC（BPD）或规则（EU）No 528/2012（BPR）提交了批准申请的所有活性物质/产品类型组合：PT-2（不直接用于人体或动物的消毒剂和杀藻剂）、PT-11（液体制冷和加工系统防腐剂）。聚季铵盐（PQ）申请目前处于审核进行之中。

聚塞氯铵（WSCP）
（polixetonium chloride）

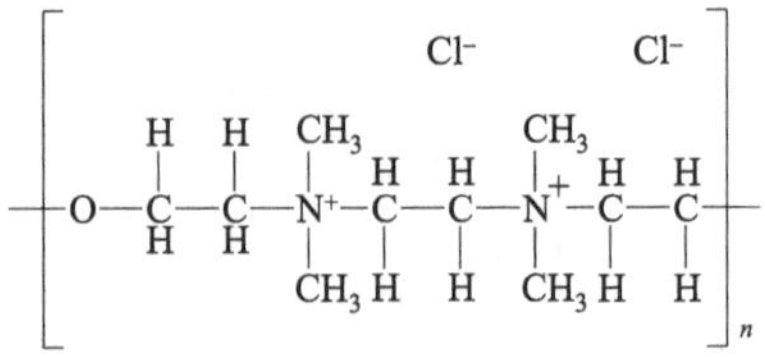

经验公式：聚合物单元不同而变化　31512-74-0

化学名称　poly[oxyethylene(dimethyliminio)-ethylene(dimethyliminio)ethylenedichloride]

IUPAC 名　2-[dimethyl(propyl)azaniumyl]ethyl-(2-methoxyethyl)-dimethylazanium;dichloride

EC 编码　[608-627-7]

理化性质 固含量 59.5%～60.5%，外观呈浅黄色至棕色黏稠液体。pH（20℃）6.0～7.5。相对密度 1.13～1.18。黏度（25℃）550～700mP·s。溶解性：完全溶于水（来源：山的）。

毒性 雄大鼠急性经口 LD_{50} 1952mg/kg。雌大鼠急性经口 LD_{50} 2587mg/kg。兔急性经皮 LD_{50} >2000mg/kg。水生生物：虹鳟鱼 LC_{50}（96h）0.047mg/kg（来源：HSDB）。

抗菌防霉效果 聚塞氯铵（WSCP）对常见细菌有不错的抑制效果，同时对各种藻类亦有优异的抑杀作用，见表 2-250。

表 2-250　聚塞氯铵（WSCP）对一些微生物的最低抑制浓度（MIC）

微生物	MIC/(mg/L)	微生物	MIC/(mg/L)
产气肠杆菌	5	嗜肺军团杆菌	200
绿脓杆菌	3	猪霍乱沙门菌	5
大肠杆菌	5	肠链球菌	5

续表

微生物	MIC/(mg/L)	微生物	MIC/(mg/L)
肺炎克雷白杆菌	5	巨大芽孢杆菌	5
黏质沙雷菌	1	球毛壳菌	5
粪产碱杆菌	4	白念珠菌	2.5
紫色色杆菌	2		

制备 二氯乙醚、四甲基乙二胺，按一定比例加成反应。

应用 聚塞氯铵（WSCP）是一种阳离子聚合杀菌灭藻剂，有效控制水体系中细菌、藻类和贝类（含软体微生物）生长，包括金属加工液、工业循环冷却水、蓄水池、游泳池及SPA和温泉等（来源：ANSI/NSF，1997）。

实际应用参考：

金华中研究认为，聚塞氯铵（WSCP）具有以下特点：①微生物控制广谱型，有效控制细菌、藻类和贝类（含软体动物）；②实际使用量低，对常规细菌的最低抑制浓度（1～10）$\times10^{-6}$，明显优于常规季铵盐；③不产生泡沫，适用于酸性和碱性水体系统；④不挥发，易溶于水；⑤可以与氯、双氧水一起使用，避免与阴离子、碳酸盐、多聚硫酸盐一起使用；⑥控制贝类的最低浓度（0.5～2.0）$\times10^{-6}$；⑦水体中WSCP的耗竭靠吸附和生物降解两种主要方式。

十八烷基二甲基苄基氯化铵（ODBAC）(octadearyl dimethylbenzyl ammonium chloride)

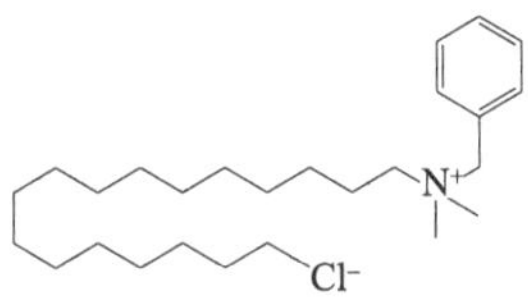

$C_{27}H_{50}NCl$ 424.20 122-19-0

其他名称 SKC、1827、司拉氯铵、stearalkonium chloride

化学名称 十八烷基二甲基苄基氯化铵

IUPAC名 benzyl-dimethyl-octadecylazanium；chloride

INCI名称 stearalkonium chloride

EC编码 [204-527-9]

理化性质 白色固体或浓稠液体，具有温和的气味。沸点607℃。熔点263℃。蒸气压1.59×10^{-13}Pa。$\lg K_{ow}=5.87$（EPIWIN，U.S.EPA，2009）。

毒性 小鼠急性经口LD_{50} 760mg/kg。大鼠急性经口LD_{50} 1250mg/kg（来源：Pubchem）。

抗菌防霉效果 十八烷基二甲基苄基氯化铵（ODBAC）属于单链季铵盐化合物，作用机制可参考苯扎溴铵等。文献报道，十八烷基二甲基苄基氯化铵杀菌试验数据见表2-251。

表 2-251　十八烷基二甲基苄基氯化铵的杀菌试验结果

药剂使用浓度/(mg/L)	杀菌率/%		
	异氧菌	铁细菌	硫酸盐还原菌
5	80.6	68.8	59.1
10	97.7	90.0	99.9
20	99.8	99.0	99.99

制备　十八烷基二甲基苄基氯化铵由二甲基十八胺与氯化苄反应而得。

应用　十八烷基二甲基苄基氯化铵在化妆品中作抗静电、表面活性剂使用；在石油、造纸、食品、纺织等工业水处理中用作缓释剂、杀菌剂和浮萍的杀伤剂；亦可作为化工设备及医药上的杀菌剂。作为水处理杀菌剂使用时一般使用量为 30～100mg/L，视水中细菌污染程度而定。

实际应用参考：

曹西华等研究了几种不同结构的季铵盐灭藻剂对赤潮异弯藻的杀灭效果，结果表明，随着季铵盐灭藻剂作用时间延长灭藻效果明显增加。其中，双十八烷基二甲基氯化铵的用量为 5.0mg/L 时，24h 后杀灭率仅为 70%左右，而十八烷基三甲基氯化铵和十八烷基二甲基苄基氯化铵的用量均为 1.0mg/L 时，24h 后灭藻率即可达到 85%和 90%以上，可见单长链季铵盐对赤潮异弯藻的灭杀效果优于双长链季铵盐。张珩等研究了双链季铵盐 2-(2-苯氧基氧基)基三甲基氯化铵对两种赤潮生物的杀灭和抑制作用，发现该季铵盐能有效抑制赤潮藻，其中对球形棕囊藻 96h 的最小抑藻用量为 0.8mg/L，对塔玛亚历山大藻 96h 的最小抑藻用量为 0.4mg/L。

十八烷基二甲基［3-(三甲氧基硅基)丙基］氯化铵（DC-5700）

[dimethyloctadecyl (3-(trimethoxysilyl)propyl)ammonium chloride]

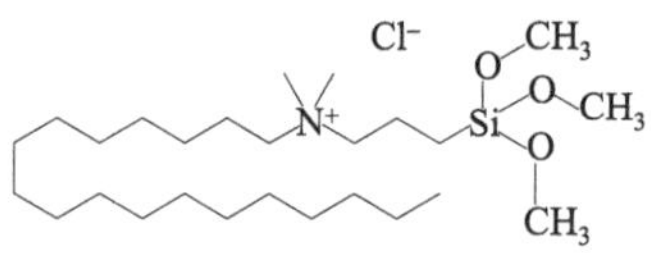

$C_{26}H_{58}ClNO_3Si$ 496.30 27668-52-6

化学名称　十八烷基二甲基(3-甲氧基硅烷基丙基)氯化铵

IUPAC 名　dimethyl-octadecyl-(3-trimethoxysilylpropyl)azanium；chloride

EC 编码　[248-595-8]

理化性质　商品 40%～60%有效成分（甲醇溶液），外观呈清澈至淡黄色液体，含有酒精气味。沸点 68℃。密度（20℃）0.883g/mL。闪点 15℃。pH（10%水溶液）约 5。$\lg K_{ow}=4.90$。溶解性：溶于水和醇。

毒性　兔急性经皮 LD_{50}＞2000mg/kg。大鼠急性经口 LD_{50}＞5000mg/kg。水生生物：水蚤 EC_{50}（48h）720μg/L；虹鳟鱼 LC_{50}（96h）560μg/L（来源：HSDB）。

抗菌防霉效果　十八烷基二甲基[3-(三甲氧基硅基)丙基]氯化铵（DC-5700）是一种有机硅季铵盐抗菌剂，其抗菌机理是在化学结构上有三个甲氧基和一个长碳链基，用水稀释有机硅季铵盐后，甲氧基水解释放甲醇，生成的硅醇基团可以与织物纤维表面的羟基缩合，形成共价键，同时细菌的细胞壁带负电荷，有机硅季铵盐经水稀释后其阳离子会被吸引，形成静电结合。通过这两种结合方式，有机硅季铵盐可以在纤维表面形成牢固的表面膜，表面膜处的有机硅季铵盐的长碳链基硅烷可以破坏细菌的细胞壁，从而杀死细菌。

实际应用可知 DC-5700 具有很广的杀菌谱，对革兰氏阳性细菌和阴性细菌、霉菌、酵母菌、藻类等都显示出卓越的抗菌效果。有研究表明，将 DC-5700 用于纯棉织物整理中，发现对金黄色葡萄球菌、大肠杆菌和白色念珠球菌在 24h 后的抑菌率可分别达到 98.12％、96.86％和 95.14％。

制备　裴忠强等报道以 γ-氯丙基三甲氧基硅烷和 N,N-二甲基十八胺为原料，KI 为催化剂，甲醇和二甲基亚砜为混合溶剂，合成该化合物。

应用　1967 年美国 Dow Corning 公司成功研发了十八烷基二甲基[3-(三甲氧基硅基)丙基]氯化铵（道康宁 5700，DC-5700）。1975 年获得美国 EPA 认可。

抗菌剂 DC-5700 可广泛用于床单、内衣及女性卫生用品的抗菌整理，使人们生活的环境卫生得到大大改善，亦可在造纸、泡沫聚氨酯、皮革、木材、涂料等行业作抗菌防霉应用。注意：易燃液体。

法规　欧盟化学品管理局（ECHA）根据指令 98/8/EC（BPD）或规则（EU）No 528/2012(BPR) 提交了批准申请的所有活性物质/产品类型组合：PT-2(不直接用于人体或动物的消毒剂和杀藻剂)、PT-7(干膜防霉剂)、PT-9(纤维、皮革、橡胶和聚合材料防腐剂)。十八烷基二甲基[3-(三甲氧基硅基)丙基]氯化铵（DC-5700）申请目前处于审核进行之中。

十八烷基三甲基氯化铵（STAC）
(steartrimonium chloride)

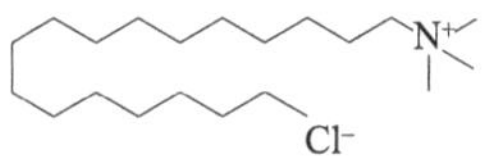

$C_{21}H_{46}NCl$ 348.06 112-03-8

其他名称　1831、OTAC、硬脂基三甲基氯化铵、氯化十八烷基三甲烷

商品名称　Daistat SM 80、Nissan Cation AB

化学名称　十八烷基三甲基氯化铵

IUPAC 名　trimethyl (octadecyl) azanium; chloride

EC 编码　[203-929-1]

理化性质　白色蜡状物，含活性物 80％，其余为乙醇和水。熔点 80℃。沸点 250℃。溶解性：易溶于水和醇，振荡时产生大量泡沫。稳定性：耐热、耐光、耐强酸和强碱，可生物降解。

毒性　小鼠急性经口 LD_{50} 536mg/kg。小鼠急性经皮 LD_{50} 1600mg/kg（来源：Pubchem）。

抗菌防霉效果　十八烷基三甲基氯化铵（STAC）是单链季铵盐，其作用机制主要通过破坏细胞壁、膜结构，抑制酶或蛋白活性，影响细胞代谢发挥作用。可参见其他季铵盐类杀菌剂。

朴泰训等利用最低抑菌浓度法（MIC）对氯化十六烷基铵基吡啶（CPC）、异丙基甲基苯酚（IPMP）、氯二甲苯酚（PCMX）、十八烷基三甲基氯化铵（STAC）的抗菌力进行了测定，对金黄色葡萄球菌、大肠杆菌的抗菌力如表 2-252 所示。

表 2-252 各原料的抗菌效果

活性成分	MIC/%	
	金黄色葡萄球菌	大肠杆菌
CPC	0.000391	0.000391
IPMP	0.05	0.8
PCMX	0.05	0.05
STAC	0.00625	0.0125

制备 由十八叔胺在异丙醇介质下，氢氧化钠作催化剂，和氯甲烷反应而得。

应用 十八烷基三甲基氯化铵（STAC）具有优良的渗透、柔软、乳化、抗静电及杀菌功能，广泛应用于沥青乳化、硅油乳化、护发素化妆品乳化调理、植物纤维柔软抗静电、有机膨润土改性、生物制药工业的蛋白质絮凝及水处理絮凝等。

法规 欧盟化学品管理局（ECHA）化妆品的第 1223/2009/EC 号法规附件Ⅲ，经法规（EU）2022/2195 修订，OJ L 292，2022 年 12 月 11 日。作为免洗面产品中的抑制微生物成分，十八烷基三甲基氯化铵的最大添加量不允许超过 0.5%；作为免洗类护发产品中的抑制微生物成分，十八烷基三甲基氯化铵的最大添加量不允许超过 1%；作为冲洗型护发产品中的抑制微生物成分，十八烷基三甲基氯化铵的最大添加量不允许超过 2.5%。

十二烷基二甲基苄基氯化铵（DDBAC）
（dodecyl dimethyl benzyl ammonium chloride）

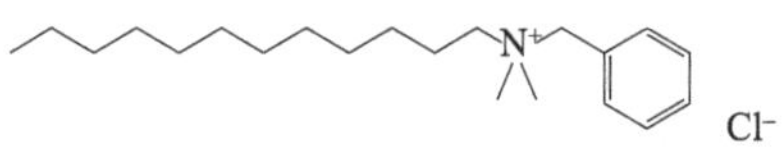

$C_{21}H_{38}NCl$ 340.00 139-07-1

其他名称 劳拉氯铵、lauralkonium chloride、C_{12}-BAC

化学名称 十二烷基二甲基苄基氯化铵

IUPAC 名 benzyl-dodecyl-dimethylazanium；chloride

EC 编码 ［205-351-5］

理化性质 外观呈无色或淡黄色黏稠透明液体。活性物含量≥44.0%。铵盐含量≤2.0。pH 6.0～8.0。溶解性：与水互溶。稳定性：稳定性良好，能耐热、耐光、耐压，无挥发性。参考 HG/T 2230—2006《水处理剂 十二烷基二甲基苄基氯化铵》。

毒性 大鼠急性经口 LD_{50} 400mg/kg。无积累毒性，对皮肤和黏膜的刺激性很小。

抗菌防霉效果 十二烷基二甲基苄基氯化铵（DDBAC）作为一种带有正电荷

季铵化合物，具有良好的杀菌性。其对细菌细胞有三个作用靶点：细胞壁、细胞质膜和细胞质。其中，细胞膜是 DDBAC 更具有生物活性的地方。DDBAC 的三种杀灭生物机制分别是膜的物理破坏、质子动力的消散和膜相关酶活性的抑制，从而使微生物失活。

刘吉起等研究报道，以十二烷基二甲基苄基氯化铵 2000mg/L 稀释液对布片上金黄色葡萄球菌和大肠杆菌分别作用 4min，杀灭率均≥99.90%；以十二烷基二甲基苄基氯化铵 5000mg/L 的稀释液对布片上白色念珠菌作用 8min，杀灭率达 99.90%（表 2-253）。

表 2-253　十二烷基二甲基苄基氯化铵溶液对微生物的杀灭效果

含量/(mg/L)	作用不同时间的平均杀菌率/%			
	2min	4min	6min	8min
金黄色葡萄球菌				
6000	99.98	100	100	100
4000	99.88	99.99	100	100
2000	99.57	99.93	99.96	100
大肠杆菌				
6000	99.99	100	100	100
4000	99.98	99.99	100	100
2000	99.57	99.99	100	100
白色念珠菌				
10000	99.86	99.94	99.99	100
7500	99.51	99.83	99.97	100
5000	99.03	99.71	99.92	100

注：试验温度为 19～21℃。阳性对照组平均菌数为金黄色葡萄球菌 1240000cfu/片，大肠杆菌 860000cfu/片，白色念珠菌 1220000cfu/片。结果为 3 次平均值。

仇春华等发现，十二烷基二甲基苄基氯化铵在 25mg/L 时，灭藻率在 90%以上，达到了工业水处理的要求，用 2mg/L 的 NaClO 与 2mg/L 的季铵盐复配后灭藻率达到 100%，且需要的时间更短，说明季铵盐与 NaClO 在灭藻方面具有协同效应。

制备　以 $C_{12}H_{25}NH_2$、HCHO、HCOOH 等为原料，经过系列反应制得目标物。

应用　十二烷基苄基二甲基氯化铵是一种季铵盐阳离子表面活性剂。就杀菌而言，可用作工农业杀菌灭藻剂及农业器械、运输工具、农用畜禽养殖场所消毒剂。

实际应用参考：

腐蚀性试验表明，十二烷基二甲基苄基氯化铵 10000mg/L 的溶液对不锈钢、铝和铜基本无腐蚀，对碳钢有轻度腐蚀。

法规

① GB 38850—2020《消毒剂原料清单及禁限用物质》规定其可以使用的范围有：A，表示用于室内的消毒剂；E，表示用于环境及物体表面的消毒剂；H，表示用于人体的消毒剂；K，表示用于集中空调通风系统的消毒剂；M，表示用于医疗器械的消毒剂。

② 十二烷基二甲基苄基氯化铵（DDBAC）在卫生部办公厅印发的卫办监督发［2010］17号《食品用消毒剂原料（成分）名单》中，可以使用。

十二烷基二甲基苄基溴化铵

（dodecyl dimethyl benzyl ammonium bromide）

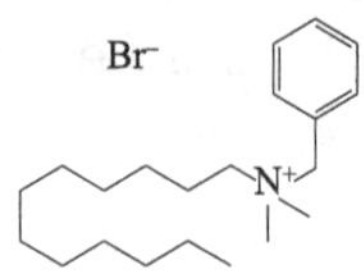

$C_{21}H_{38}NBr$ 384.40 7281-04-1

其他名称　劳拉溴铵、苄基二甲基十二烷基溴化铵

化学名称　十二烷基二甲基苄基溴化铵

IUPAC名　benzyl-dodecyl-dimethylazanium；bromide

EC编码　［230-698-4］

理化性质　在常温下为黄色胶状体，低温时可能逐渐形成蜡状固体；臭芳香，味极苦。相对密度（25℃）0.96～0.98。溶解性：易溶于水，起泡。稳定性：加热分解成NH_3、NO_x、Br^-。

毒性　大鼠急性经口LD_{50} 230mg/kg。大鼠腹腔注射LD_{50} 90mg/kg（来源：Pubchem）。

抗菌防霉效果　十二烷基二甲基苄基溴化铵是单链季铵盐化合物，其作用机制可参考苯扎溴铵等。文献报道，该化合物只能杀灭一般细菌繁殖体，对化脓性病原菌、肠道菌与部分病毒有较好的杀灭能力；对结核杆菌与真菌的杀灭效果不好；不能杀灭细菌芽孢和分枝杆菌，对细菌芽孢一般只能起到抑制作用。

该化合物对革兰氏阳性细菌的杀灭能力比对革兰氏阴性细菌强。

制备　以十二醇为原料，经溴化反应，再与*N*,*N*-甲基苯叔胺作用制得目标物。

应用　十二烷基二甲基苄基溴化铵是阳离子化合物，可用于医药、化妆品杀菌与消毒，以及公共卫生环境或硬表面清洗及消毒去臭等；亦可用于工业循环水的杀菌灭藻。该化合物忌与肥皂、盐类或其他合成洗涤剂同时使用，避免使用铝制容器。

法规　GB 38850—2020《消毒剂原料清单及禁限用物质》规定其可以使用的范围有：A，表示用于室内空气的消毒剂；E，表示用于环境及物体表面的消毒剂；H，表示用于人体的消毒剂；K，表示用于集中空调通风系统的消毒剂；M，表示用于医疗器械的消毒剂。

十二烷基三甲基氯化铵（DTAC）

（dodecyl trimethyl ammonium chloride）

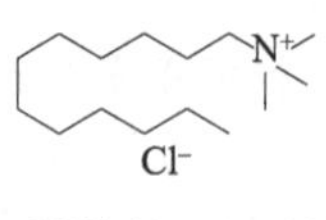

$C_{15}H_{34}NCl$ 263.90 112-00-5

其他名称　月桂基三甲基氯化铵、1231

化学名称　十二烷基三甲基氯化铵

IUPAC 名　dodecyl（trimethyl）azanium；chloride

EC 编码　[203-927-0]

理化性质　市售商品活性物含量 30%，外观呈无色至浅黄色液体。相对密度 0.97±0.04。pH（5%有效含量）7.0±2.0。沸点 100℃。闪点>93.3℃。溶解性：溶于水和乙醇、异丙醇等水溶液。

毒性　大鼠急性经口 LD_{50} 250～300mg/kg。对人体皮肤和眼睛有刺激性。

抗菌防霉效果　十二烷基三甲基氯化铵（DTAC）是单链季铵盐化合物，是一种阳离子表面活性剂，通过氢键、静电作用吸附在细菌表面，破环细胞渗透率，使蛋白质变异从而达到杀菌的目的。文献报道，十二烷基三甲基氯化铵对异养菌、铁细菌和硫酸盐还原菌有较好效果，加药 4h 后的杀菌率见表 2-254。

表 2-254　十二烷基三甲基氯化铵的杀菌性能

药剂使用浓度/(mg/kg)	杀菌率/%		
	异氧菌	铁细菌	硫酸盐还原菌
10		78.89	98.00
20	94.42	94.40	99.17
30	97.9	97.89	99.98

制备　由十二烷基二甲基胺和氯甲烷进行季铵化反应制得。

应用　十二烷基三甲基氯化铵具有抗静电、乳化及杀菌等性能，适用于个人护理、纺织品等领域清洁调理，还可以适用于食品机械器具和蚕室、蚕具、畜圈的环境设备杀菌消毒，亦可在油田注水系统、循环冷却水等领域用作杀菌灭藻剂或黏泥剥离剂。

法规

① 欧盟化学品管理局（ECHA）关于化妆品的第 1223/2009/EC 号法规附件Ⅴ，经法规（EU）2022/1531 修订，OJL240，2022 年 9 月 16 日。化妆品中可以添加，添加量不允许超过 0.1%。

② GB 38850—2020《消毒剂原料清单及禁限用物质》规定其可以使用的范围有：A，表示用于室内的消毒剂；E，表示用于环境及物体表面的消毒剂；H，表示用于人体的消毒剂；K，表示用于集中空调通风系统的消毒剂；M，表示用于医疗器械的消毒剂。

十二烷基三甲基溴化铵（DTAB）
(dodecyl trimethyl ammonium bromide)

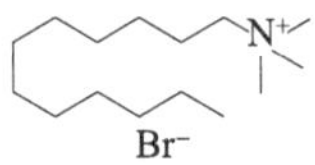

$C_{15}H_{34}NBr$ 308.34 1119-94-4

化学名称　月桂基三甲基溴化铵

IUPAC 名　*N*,*N*,*N*-trimethyl-1-dodecanaminium bromide

EC 编码　214-290-3

理化性质　外观为白色粉末，熔点 246℃。HLB 值：17～19。溶解性：能溶于水。98%水溶液理化性质：外观为无色透明溶液，pH（5%水溶液）6～8（来源：Echa）。

毒性　小鼠静脉注射 LD_{50} 5200mg/kg。大鼠静脉注射 LD_{50} 6800g/kg。

抗菌防霉效果　十二烷基三甲基溴化铵（DTAB）是单链季铵盐化合物，作用机制和杀菌效果参考其他。

制备　由溴代十二烷和三甲胺合成。

应用　十二烷基三甲基溴化铵属于阳离子表面活性剂，含有一个长链亲油基和一个带正电荷的亲水基，具有抗静电、乳化、润湿、杀菌等性能，适用于洗涤剂、汽车护理产品、香水和空气清新剂等领域。

法规

① 欧盟化学品管理局（ECHA）关于化妆品的第 1223/2009/EC 号法规附件Ⅴ，经法规（EU）2022/1531 修订，OJL240，2022 年 9 月 16 日。化妆品中可以添加，添加量不允许超过 0.1%。

② GB 38850—2020《消毒剂原料清单及禁限用物质》规定其可以使用的范围有：A，表示用于室内的消毒剂；E，表示用于环境及物体表面的消毒剂；H，表示用于人体的消毒剂；K，表示用于集中空调通风系统的消毒剂；M，表示用于医疗器械的消毒剂。

十六烷基吡啶氯化铵（CPC）
（hexadecylpyridinium chloride）

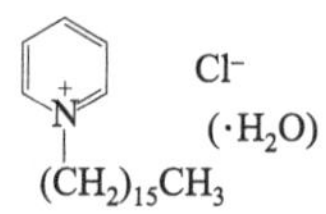

$C_{21}H_{38}NCl$ 339.99 123-03-5（无水）

$C_{21}H_{38}NCl.H_2O$ 358.00 6004-24-6（一水合物）

其他名称　氯化十六烷吡啶、西吡氯铵、cetylpyridinium chloride

化学名称　氯化-*N*-十六烷基吡啶翁盐

IUPAC 名　*n*-hexadecylpyridinium chloride

INCI 名　cetylpyridinium chloride

EC 编码　[204-593-9]

西吡氯铵单水合物 cetylpyridinium chloride monohydrate

其他名称　氯化十六烷吡啶单水合物

化学名称　十六烷基吡啶氯化铵

IUPAC 名　1-hexadecylpyridin-1-ium；chloride；hydrate

CAS 号　[6004-24-6]

分子式　$C_{21}H_{38}ClN\cdot H_2O$；分子量 358.00

理化性质　纯品为白色结晶粉末。常带一个分子的结晶水。一水物质的分子量为 358.0。熔点 77～83℃。沸点：不适用，在 234℃下分解，物质在沸腾前分解。$\lg K_{ow}$ =1.78（测定值）。pH（1%水溶液）6.0～7.0。溶解性：溶于水、醇、氯仿；难溶于苯和醚。

毒性　黑鼠急性经口 LD_{50} 200mg/kg，家兔静脉注射 LD_{50} 35mg/kg。

抗菌防霉效果　十六烷基吡啶氯化铵（西吡氯铵，CPC）或十六烷基吡啶氯化物一水合物，具有亲水氯根和亲脂十六烷基吡啶两个基团，既能被水吸引又能被脂吸引，因此与物质接触时有很好的渗透性，可以通过与细菌表面阴离子结合，降低细菌表面张力，增加细菌细胞壁通透性，造成细菌体肿胀、破裂而死亡，并使菌体蛋白质变性，从而杀死细菌。

在同等使用条件下，十六烷基吡啶氯化铵（西吡氯铵，CPC）对异养菌、铁细菌和硫酸盐还原菌的杀灭率均优于十二烷基二甲基苯甲基氯化铵、十二烷基二甲基苯甲基溴化铵及其他常用的季铵盐杀菌剂。已有的试验结果表明：西吡氯铵对多种口腔致病和非致病菌具有较强的抑制和杀灭作用，包括白色念珠菌。

文献报道，十六烷基吡啶氯化铵对革兰氏阳性菌和革兰氏阴性菌都有很强的杀菌能力，对抗生素有抗性的葡萄球菌也具有杀菌作用，对伤寒杆菌抑制浓度为 250mg/kg，对金黄色葡萄球菌抑制浓度为 111mg/kg。它的杀菌作用随温度升高而增强，pH 值对其杀菌作用影响很小。有机物存在时，其杀菌能力显著降低（见表 2-255）。十六烷基吡啶氯化铵对水中常见的异养菌、铁细菌和硫酸盐还菌的杀菌试验情况见表 2-256。

表 2-255　十六烷基吡啶氯化铵的杀菌作用

微生物	37℃时杀菌浓度/(mg/kg)	
	不添加血清	添加 10%的牛血清
金黄色葡萄球菌	10	80
白色葡萄球菌	10	80
绿色链球菌	20	80
酿脓链球菌	10	60
黏膜炎布兰汉氏球菌	10	80
肺炎双球菌Ⅰ	10	70
肺炎双球菌Ⅲ		50
铜绿假单胞杆菌	170	＞1000
肺炎克雷伯氏菌	20	180
白喉棒杆菌	20	70
草分枝杆菌	670	1000
伤寒埃伯泽氏菌	20	330
大肠杆菌	20	＞1000
普通变形杆菌	30	500
痢疾志贺氏菌	20	200
副痢疾志贺氏菌	20	290
副痢疾志贺氏菌	20	500
索氏志贺氏菌	20	150
嗜酸乳酸菌		60

续表

微生物	37℃时杀菌浓度/(mg/kg)	
	不添加血清	添加10%的牛血清
流产布鲁氏菌		50
白色假丝酵母	30	290
新型隐球酵母	20	170
须发癣菌	30	330
狗小胞霉	30	20

表 2-256 十六烷基吡啶氯化铵对水中常见菌的杀菌率

药剂浓度/(mg/kg)	异养菌杀菌率/%	铁细菌杀菌率/%	硫酸盐还原菌杀菌率/%
1	88.7	97.0	68.6
5	96.5	97.4	75.5
10	99.9	99.9	99.99

制备 以氯化亚砜、二甲基甲酰胺为原料，加入十六醇、干吡啶等系列反应制得。

应用 十六烷基吡啶氯化铵（西吡氯铵，CPC）经日本厚生劳动省批准作为防腐剂使用于化妆品中，在美国口腔护理安全应用超过40年，欧盟SCCS于2015年将西吡氯铵列为可以在规定的浓度范围内，在漱口水、乳液、面霜、止汗除臭剂中使用。由于西吡氯铵具有安全性，常被用于牙膏、漱口水、婴幼儿湿巾等产品中。

其亦可应用于工业助剂、精密电镀、水处理、油田化学品等领域作为杀菌剂、表面活性剂、缓蚀剂等。

法规

① 欧盟化学品管理局（ECHA）根据指令98/8/EC（BPD）或规则（EU）No 528/2012（BPR）批准申请的所有活性物质/产品类型组合：PT-2（不直接用于人体或动物的消毒剂和杀藻剂）的申请，现已不再支持。

② 西吡氯铵在日本化妆品标准中，在不用于黏膜的驻留型化妆品中最大用量为1%，在用于黏膜的漱口水中最大用量为0.01%，在不用于黏膜的洗去型化妆品中最大用量为5%；西吡氯铵在美国的标准中最大用量为0.3%；我国《化妆品安全技术规范》(2015版）中未对西吡氯铵的使用量进行限制。

十六烷基吡啶溴化铵（CPB）
(hexadecylpyridinium bromide)

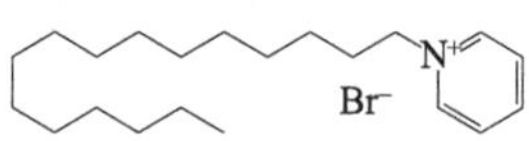

$C_{21}H_{38}NBr$ 384.40 140-72-7

其他名称 溴代十六烷基吡啶、西吡溴铵、cetylpyridinium bromide

化学名称 十六烷基溴化吡啶

IUPAC名 1-hexadecylpyridin-1-ium；bromide

EC 编码　[205-428-3]

理化性质　白色或淡黄色粉状固体。熔点 61～62℃。$\lg K_{ow}=1.83$。溶解性：溶于丙酮、乙醇和氯仿；微溶于水、苯、石油醚。

毒性　大鼠急性静脉 LD_{50} 71mg/kg。小鼠急性经口 LD_{50} 360mg/kg。小鼠急性腹腔 LD_{50} 100mg/kg。小鼠急性静脉 LD_{50} 33mg/kg（来源：Echa）。

抗菌防霉效果　季铵盐表面活性剂具有良好的杀菌效果，这是由于正电性的季铵离子头基可吸附于负电荷的细菌表面，改变细菌细胞壁的通透性，使菌体内组分泄漏。吡啶季铵盐表面活性剂由于形成季铵盐的正电荷更集中，其杀菌能力增强，对杀灭大肠杆菌、金黄色葡萄球菌和白色念珠菌所使用的有效浓度比较低。吡啶季铵盐表面活性剂分子中含有长链烷基，结构呈现锯齿状，可以将细菌包起来，改变细胞的渗透性，水分进入使菌体肿胀破裂；同时，吡啶季铵盐具有良好的表面活性作用，可高度聚集于菌体表面，影响细菌的新陈代谢。

文献报道，十六烷基吡啶溴化铵（西吡溴铵，CPB）的杀菌性能优于十六烷基吡啶氯化铵（西吡氯铵，CPC），其杀菌试验结果如表 2-257。

表 2-257　十六烷基吡啶溴化铵（西吡溴铵，CPB）杀菌试验效果

药剂使用浓度/(mg/kg)	杀菌率/%		
	异氧菌	铁细菌	硫酸盐还原菌
1	88.7	97.0	68.8
2	96.5	97.4	75.5
5	99.9	99.9	99.99
10	99.9	99.9	100

制备　溴代十六烷基吡啶由原料吡啶和十六烷基溴季铵化反应而得。

应用　十六烷基吡啶溴化铵（西吡溴铵，CPB）是一种季铵盐结构的杀菌剂，在水中离解成阳离子活性基团，环境中降解率为 100%，目前普遍应用于化工、食品和医药领域，在工业循环冷却水处理中用作杀菌剂、缓蚀剂。

注意：柠檬醛和十六烷基吡啶溴化铵复配，杀菌协同增效明显。

十六烷基苄基二甲基氯化铵（HDBAC）
(dimethy hexadecyl ammonium chloride)

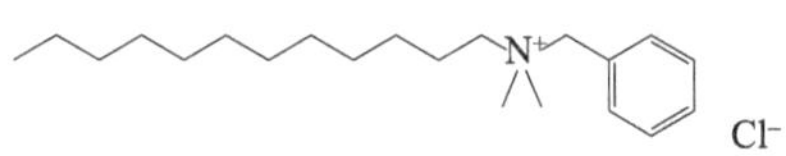

$C_{25}H_{46}N.Cl$ 396.10 122-18-9

其他名称　BDHAC、1627、C_{16}-BAC、西他氯铵、cetalkonium chloride

化学名称　十六烷基二甲基苄基氯化铵

IUPAC 名　benzyl-hexadecyl-dimethylazanium；chloride

EC 编码　[204-526-3]

理化性质　白色至类白色固体粉末。熔点 111.6～113.3℃。沸点 163℃。可溶于水（来源：Echa）。

毒性 雄大鼠急性经口 LD_{50} 1100mg/kg。雄大鼠急性经皮 LD_{50} 1420mg/kg。0.1%水性溶液测试，对人体皮肤有刺激性（来源：Echa）。

抗菌防霉效果 琼脂平皿扩散法作为抗菌性能的定性试验和评价方法，能够直观快速地呈现抗菌剂的抑菌效果。研究可知，三种季铵盐对所选菌种的抑菌作用各不相同。其中，单链季铵盐（DDBAC）和双链季铵盐（DDAC）对不同菌均产生透明的抑菌带，且抑菌带宽度都大于 1mm，说明这两种季铵盐能有效抑制细菌生长，抗菌效果良好。而 HDBAC 作用于所选菌种的滤纸片周围均有不透明的晕圈，可能是由于在该浓度下 HDBAC 仅仅抑制了细菌生长，并不具有持续抑菌效果，随着培养时间的延长，部分细菌恢复生长。

测得 3 种季铵盐的抑菌性强弱为 DDBAC>DDAC>HDBAC，具体见表 2-258。

表 2-258 季铵盐对不同菌种的抑菌带宽度 单位：mm

季铵盐品种	大肠杆菌	金黄色葡萄球菌	混合菌
DDBAC	4.30	6.51	5.87
HDBAC	无透明抑菌圈	无透明抑菌圈	无透明抑菌圈
DDAC	1.57	2.57	2.88

制备 专利 CN1267405C《制备烷基二甲基苄基氯化铵的方法》。

应用 十六烷基二甲基苄基氯化铵是一种双长链季铵盐，其分子结构中含有两个十六烷基和一个苄基，具有良好的表面活性和乳化性能。在工业中，广泛应用于乳化剂、防静电剂、杀菌剂等领域。在日化品中，亦用作洗涤剂、柔顺剂等。

十六烷基三甲基氯化铵（CTAC）
（C_{16}-alkyltrimethylammonium chloride）

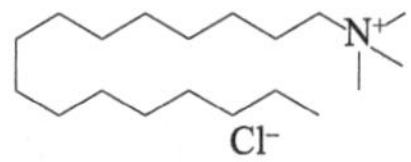

$C_{19}H_{42}NCl$ 320.11 112-02-7

其他名称 西曲氯铵、1631、鲸蜡烷三甲基氯化铵、氯化十六烷基三甲铵

化学名称 十六烷基三甲基氯化铵

IUPAC 名 hexadecyl（trimethyl）azanium；chloride

EC 编码 [203-928-6]

理化性质 无色或淡黄色的液体、膏体或固体（因含量不同而异），(50±2)%的产品时常为软膏体。沸点（760mmHg）82.2℃（异丙醇，USCG，1999）。凝固点 16.1℃。pH（1%的水溶液）6～8。闪点 20.5℃（USCG，1999）。相对密度（25℃）0.90。溶解性：水 440mg/L（30℃）。

毒性 大鼠急性经口 LD_{50} 250～300mg/kg。小鼠静脉注射 LD_{50} 325mg/kg。

抗菌防霉效果 杀菌效果和作用机制可参考其他季铵盐类化合物。

制备 在以硅胶为载体的 CuO/Cr_2O_3 系催化剂催化下，十六烷醇与二甲胺于一定温度和压力下合成十六烷基二甲基叔胺，再以氢氧化钠为催化剂与一氯甲烷反应制得。

应用　十六烷基三甲基氯化铵（CTAC）是一种阳离子表面活性剂，可以给头发提供一定调理性和抗静电性能，适用于柔软剂和护发剂等产品；亦可在石油、造纸、食品加工等工业水处理中作为杀菌灭藻剂；可作牲畜和蚕室、蚕具等环境消毒杀菌剂。

十六烷基三甲基溴化铵（CTAB）
（C_{16}-alkyltrimethylammonium bromide）

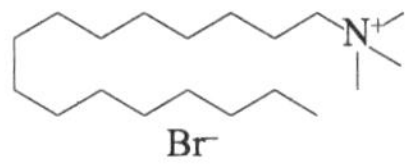

$C_{19}H_{42}BrN$ 364.5 57-09-0

其他名称　西曲溴铵、cetrimonium bromide、溴化十六烷基三甲铵

化学名称　十六烷基三甲基溴化铵

IUPAC 名　hexadecyl（trimethyl）azanium；bromide

EC 编号　[200-311-3]

理化性质　无色无味的晶体。熔点 248～251℃。闪点 244℃。pH（1%水溶液）约 5～7。$\lg K_{ow}$＝3.18。溶解性：溶于水（泡沫），100g/L（来源：MERCK INDEX，1996）。

毒性　小鼠腹腔注射 LD_{50} 106mg/kg。小鼠静脉注射 LD_{50} 32mg/kg。大鼠急性经口 LD_{50} 410mg/kg。大鼠静脉注射 LD_{50} 44mg/kg。

抗菌防霉效果　文献报道，十六烷基三甲基溴化铵（CTAB）对革兰氏阳性菌非常有效，但是对于革兰氏阴性菌而言并不是那么有效。其抗菌效果见表 2-259。

表 2-259　CTAB 对常见微生物的最小杀菌浓度（MMC）（22℃，24h）

微生物	MMC/(mg/L)	微生物	MMC/(mg/L)
金黄色葡萄球菌	1.5	金黄色酿脓葡萄球菌	0.6
枯草芽孢杆菌	6	大肠杆菌	25
铜绿假单胞菌	＞50	黏质沙雷氏菌	25
脱硫微螺菌	50	分枝杆菌 607	6
白色念珠菌	25	产黄青霉	＞50

制备　三甲胺丙酮溶液和溴代十六烷与丙酮的混合液反应即为成品。

应用　十六烷基三甲基溴化铵（CTAB）主要作杀菌、抗静电、乳化剂，广泛应用于各类香波、护发素产品中，亦作工业领域杀菌灭藻剂。

实际应用参考：

十六烷基三甲基溴化铵可用于循环水系统的微生物控制与清洗，对异养菌、铁细菌、硫酸盐还原菌有很好的杀灭效果。通常情况下，其使用浓度为 50～100mg/L。

法规

① 根据法规 10/2011/EU（欧盟清单），关于再生塑料 FCM 的指令 282/2008/

EC，2015 年 12 月 23 日。作为食品接触塑料，从食品包装材料或食品容器迁移到食品中的十六烷基三甲基溴化铵的特定迁移限值不允许超过 6mg/kg。

② 我国 2015 年版《化妆品安全技术规范》规定：烷基（C_{12}～C_{22}）三甲基铵溴化物或氯化物，在化妆品中使用时的最大允许浓度均为 0.1%。

十四烷基二甲基苄基氯化铵（TDBAC）
（tetradecyl dimethyl benzyl ammonium chloride）

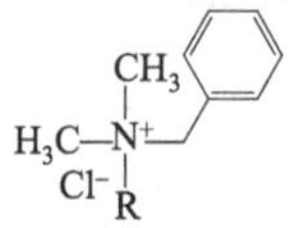

$C_9H_{13}NClR^*$ 368.02** 139-08-2

* R=C_{12}（1%），C_{14}（98%），C_{16}（1%）（摘自美国环境保护署，2006）

** 最常测试的 $C_9H_{13}NClC_{14}H_{29}$ 的链长分布

其他名称 BDTAC、米他氯铵、miristalkonium chloride、肉豆蔻基苄基二甲基氯化铵、1427、C_{14}-BAC

化学名称 十四烷基二甲基苄基氯化铵

IUPAC 名 benzyl-dimethyl-tetradecylazanium；chloride

EC 编码 [205-352-0]

理化性质 活性物含量在 85%以上的十四烷基二甲基苄基氯化铵为白色或淡黄色结晶粉末，含两个结晶水的产品，熔点为 63℃。蒸气压（25℃）3.6×10^{-10}mmHg。活性物含量为 40%的产品为无色或淡黄色液体，略有苦杏仁味。pH 6～8。$\lg K_{ow}=3.91$。溶解性：溶于水和乙醇。稳定性：随着温度的上升，在 188.27～370.6℃时急剧失重，总失重率达到 99.858%，在 370.6℃完全分解。

毒性 小鼠静脉注射 LD_{50} 18mg/kg（来源：Pubchem）。

抗菌防霉效果 文献报道对一系列烷基二甲基苄基氯化铵的杀菌活性与结构关系研究表明：十四烷基二甲基苄基氯化铵显示较高活性，其杀菌试验结果如表 2-260。

表 2-260 十四烷基二甲基苄基氯化铵的杀菌试验效果

加药浓度/(mg/kg)	异养菌杀菌率/%	铁细菌杀菌率/%	硫酸盐还原菌杀菌率/%
5	98.5	95.5	99.9
10	99.9	99.0	99.9
20	99.99	99.6	99.9

制备 氯代十四烷与二甲胺反应，再和氯化苄反应得十四烷基二甲基苄基氯化铵。

应用 十四烷基二甲基苄基氯化铵可作杀藻剂、杀菌剂、木材防腐剂、杀虫剂、除臭剂以及消毒剂等，亦可作表面活性剂，适用于餐馆、酿酒工业、食品加工设备消毒，以及用于工业循环冷却水处理的杀菌灭藻和油田回注水处理的杀菌。

双八烷基二甲基氯化铵（DDAC-C_8）
（dimethyl dioctyl ammonium chloride）

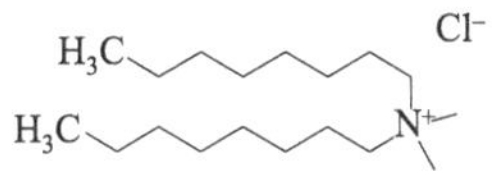

$C_{18}H_{40}NCl$ 306.0 5538-94-3

其他名称　双辛烷基二甲基氯化铵、氯化双辛烷基二甲基铵、D821

化学名称　双八烷基二甲基氯化铵

IUPAC 名　dimethyl（dioctyl）azanium chloride

EC 编码　[226-901-0]

理化性质　商品含量 50%～52%，外观呈无色至黄色液体。密度（20℃）0.9320g/L。黏度（20℃）22mPa·s。闪点 50℃。pH（1%水溶液）6.5～8.0。溶解性：溶于水和醇类溶剂。

毒性　大鼠急性经口 LD_{50} 1025mg/kg。虹鳟鱼 LC_{50}（96h）<1mg/L（来源：LONZA）。

抗菌防霉效果　双烷基二甲基氯化铵是第三代杀菌剂，据报道双烷基中烷基碳数为 8～10 的季铵盐杀菌效果最好。其作用机制是通过破坏细胞壁、膜结构，抑制酶或蛋白活性，影响细胞代谢发挥作用，还可干扰细胞核酸和蛋白质的合成，因此对微生物的杀灭效果优于单链季铵盐。

抑菌圈直径法是经常被用来检测抗菌剂抗菌活性的方法之一，张金萍等分别测定了双八烷基二甲基氯化铵（DDAC-C_8）、双十烷基二甲基氯化铵（DDAC-C_{10}）、双十二烷基二甲基氯化铵（DDAC-C_{12}）对大肠杆菌、枯草芽孢杆菌及金黄色葡萄球菌的抑制杀灭能力，其抑菌圈直径越大，表明抗菌能力越强。试验结果清楚地表明，在 1g/L 和 5g/L 两种浓度下，3 种双链季铵盐氯化物的抑菌圈直径都比较大，尤其是对枯草芽孢杆菌和金黄色葡萄球菌，显示出它们具备良好的杀菌能力，其抑菌圈直径大小顺序为 DDAC-C_8>DDAC-C_{10}>DDAC-C_{12}（结果参见表 2-261）。

表 2-261　3 种氯化双链季铵盐对受试菌的抑制作用

消毒液浓度/(g/L)		抑菌圈直径/cm		
		大肠杆菌	枯草芽孢杆菌	金黄色葡萄球菌
DDAC-C_8	1	0.76±0.08	2.34±0.11	2.11±0.09
	5	1.56±0.22	3.35±0.05	3.10±0.09
DDAC-C_{10}	1	0.75±0.03	1.10±0.05	0.90±0.04
	5	0.90±0.09	1.22±0.03	1.10±0.06
DDAC-C_{12}	1	0.67±0.02	0.88±0.00	0.89±0.02
	5	0.69±0.005	1.15±0.075	1.09±0.07

制备　在催化剂的存在下，氯代辛烷与甲胺反应先制得双辛基甲基叔胺，再于

一定温度和压力下，在水和异丙醇的介质中同氯甲烷反应制得。

应用 可作游泳池、油田水、循环冷却水等领域杀菌灭藻剂，亦可用作毛织品的防蛀剂和硬表面的消毒剂，亦可作乳化剂、抗静电剂、絮凝剂等。

实际应用参考：

由辛基癸基二甲基氯化铵（50%）、双辛基二甲基氯化铵（25%）、双癸基二甲基氯化铵（25%）三者混合占60%，烷基二甲基苄基氯化铵占40%构成第四代季铵盐杀菌剂，其杀菌性能优异，适于在有机污物和硬水污染的条件下工业水的处理。

法规 GB 38850—2020《消毒剂原料清单及禁限用物质》规定其可以使用的范围有：A，表示用于室内的消毒剂；E，表示用于环境及物体表面的消毒剂；H，表示用于人体的消毒剂；K，表示用于集中空调通风系统的消毒剂；M，表示用于医疗器械的消毒剂。

双十八烷基二甲基氯化铵（DDAC-C_{18}）
（dimethyl dioctadecyl ammonium chloride）

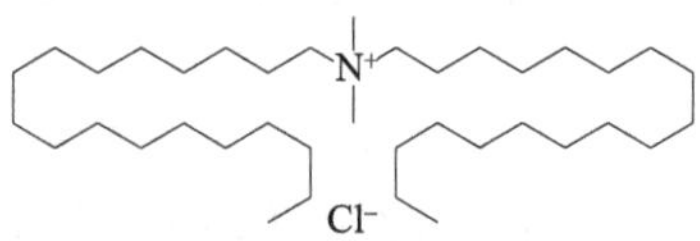

$C_{38}H_{80}NCl$ 586.60 107-64-2

其他名称 D1821、DSDMAC、DODMAC、二甲基双十八烷基氯化铵

化学名称 双十八烷基二甲基氯化铵

IUPAC名 dimethyl（dioctadecyl）azanium；chloride

EC编码 [203-508-2]

理化性质 纯品为固体。沸点135℃（分解）。熔点72～122℃。密度（88℃）0.84g/cm^3。溶解性：水2.7mg/L。lgK_{ow}=3.80（计算）。

毒性 大鼠急性经口LD_{50} 11300mg/kg（来源：Pubchem）。

抗菌防霉效果 双十八烷基二甲基氯化铵（DDAC-C_{18}、DODMAC）属于双链季铵盐化合物，其作用机制和杀菌效果可参考其他双链季铵盐化合物。

制备 双十八烷基二甲基氯化铵（DDAC-C_{18}、DODMAC）可以由双十八烷基胺（仲胺）季铵化而得，也可由双十八烷基甲基胺（叔胺）季铵化而得。

应用 双十八烷基二甲基氯化铵（DDAC-C_{18}、DODMAC）于1951年首先由美国工业化；50年代末日本开始工业生产。DODMAC主要用途是作为纤维柔软剂、抗静电剂、膨润土改性剂、乳化剂等。作为工业杀菌剂而言，该化合物在工业水处理中可作杀菌和黏泥防止剂。同时，被广泛用于织物、纺织、化工、石油开采等多个领域杀菌除藻。其亦为环境消毒剂（蚕室、蚕居、畜圈、食品机械器具）或农业的杀菌剂。

实际应用参考：

DODMAC与传统表面活性剂相比更易吸附在两相界面，其吸附能力是传统活性剂的 10～1000 倍，因而在降低表面张力、发泡、稳泡、乳化方面具有特佳的效率和能力。DODMAC 具有较低的临界胶束浓度（CMC），其 CMC 值仅为传统表面活性剂的 1/10～1/100，这就意味着其刺激性小，并具有超强的增溶效果和成本优势。

双十二烷基二甲基氯化铵（DDAC-C_{12}）
（didodecyldimethylammonium chloride）

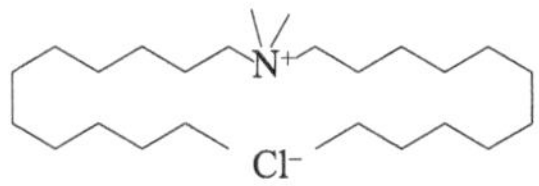

$C_{26}H_{56}NCl$ 418.20 3401-74-9

其他名称　DDDMAC、D1221、氯化双月桂基二甲基胺

化学名称　双十二烷基二甲基氯化铵

IUPAC 名　didodecyl (dimethyl) azanium chloride

EC 编码　[222-274-2]

理化性质　无色或淡黄色液体或膏体（随活性物含量不同而异，活性物含量有 90%、75%、50%三种）。微溶于水，易溶于极性溶剂，5%溶液的 pH 值为 5.0～7.5。其有较好的分散、乳化和起泡作用，有良好抗静电性和防腐蚀性能。

毒性　小鼠腹腔注射 LD_{50} 150mg/kg。小鼠急性经口 LD_{50} 2000mg/kg（来源：Pubchem）。

抗菌防霉效果　双十二烷基二甲基氯化铵是季铵盐杀菌剂的第三代产品之一，其对微生物的杀灭能力明显高于第一、二代产品。它还能与第一代产品复配制得第四代产品。具体可参照 DDAC-C_8 或 DDAC-C_{10}。

制备　由双十二烷基甲基叔胺与氯甲烷进行季铵化反应制得目标物。

应用　双十二烷基二甲基氯化铵（DDAC-C_{12}、DDDMAC）可作抗静电剂、稳定剂、絮凝剂、防腐蚀剂、杀菌消毒剂等，在工业水处理中作为杀菌剂和黏泥防止剂，亦作为油田化学品的分散剂，纺织品柔软剂及染色助剂等。

双十烷基二甲基氯化铵（DDAC-C_{10}）
（didecyldimethyl ammonium chloride）

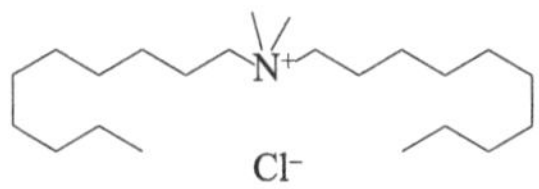

$C_{22}H_{48}NCl$ 362.08 7173-51-5

其他名称　双癸基二甲基氯化铵、氯化二甲基双癸基铵、二癸基二甲基氯化铵

化学名称　双十烷基二甲基氯化铵

IUPAC 名　didecyl-dimethylammonium chloride

EC 编码　[230-525-2]

理化性质　纯品浅色固体［纯度 87.0%～99.5%（质量分数，干重）］。熔点

188～205℃。煮沸前约280℃分解。蒸气压（20℃）5.9×10^{-6}Pa。蒸气压（25℃）1.1×10^{-5}Pa。相对密度（20℃）0.902。溶解性（20℃）：水500g/L（pH 2.2～9.2）；丙酮＞600g/L；甲醇＞600g/L；辛醇＞250g/L（来源：BPR指令98/8/EC的附件Ⅰ，2012）。商品有40%、50%、70%等活性物含量溶液。

毒性 大鼠急性经口LD_{50} 645mg/kg。兔急性经皮LD_{50} 2600mg/kg。水生生物：虹鳟鱼LC_{50}（96h）2mg/L；水蚤EC_{50}（48h）＜1mg/L；藻类ErC_{50}（72h）0.33mg/L。

李丹报道，双十烷基二甲基氯化铵（DDAC-C_{10}）含量为1800～2200mg/L的消毒剂的毒理学评价结果：小鼠急性经口为实际无毒级；家兔一次完整皮肤刺激为无刺激；小鼠骨髓嗜多染红稀细胞微核实验结果为阴性。

抗菌防霉效果 双十烷基二甲基氯化铵（DDAC-C_{10}）属于双链季铵盐化合物，其作用机制是由于分子结构中有两个长链的疏水基团，可以产生协同作用，从而使其杀菌性能优于一般的单链季铵盐；同时由于分子中有两个带正电荷的N^+，诱导作用使得季铵盐上的正电荷密度增加，更有利于吸附在细菌表面，从而影响细胞膜的正常功能，还可干扰细胞核酸和蛋白质的合成，导致细胞死亡。

双十烷基二甲基氯化铵是季铵盐杀菌剂的第三代产品之一，其对微生物的杀灭能力明显高于第一、二代产品。它还能与第一代产品复配制得第四代产品。据报道，其杀菌性能可比前三代产品高出4～20倍。

在常温（20℃）下，含双十烷基二甲基氯化铵（DDAC-C_{10}）5000mg/L的该双链季铵盐消毒液对枯草杆菌黑色变种芽孢基本无杀灭作用。将2500mg/L该双链季铵盐消毒液加温至40℃作用120min，对枯草杆菌黑色变种芽孢杀灭对数值＞3.0；加温至60℃作用30min，杀灭对数值＞3.0；将1250mg/L该双链季铵盐消毒液加温至80℃作用60min，对枯草杆菌黑色变种芽孢杀灭对数值＞5.00。

双十烷基二甲基氯化铵（DDAC-C_{10}）对金黄色葡萄球菌、大肠杆菌杀菌作用见表2-262。

表2-262 双十烷基二甲基氯化铵（DDAC-C_{10}）对部分细菌的杀菌作用

二癸基二甲基氯化铵的含量/(mg/kg)	作用不同时间平均杀灭率/%			
	1min	3min	5min	7min
大肠杆菌				
60	99.99	100.0	100.0	100.0
40	99.94	99.99	100.0	100.0
20	98.81	99.94	99.99	99.99
金黄色葡萄球菌				
40	99.99	100.0	100.0	100.0
20	99.99	99.99	99.99	99.99
10	99.89	99.99	99.99	99.99

制备 专利CN101914026A《一种双十烷基二甲基氯化铵的生产工艺》。

应用 双十烷基二甲基氯化铵（DDAC-C_{10}）对于各种类型的物体表面，包括金属、瓷器、塑料、织物等几乎没有损伤，适合用于各种物体表面的消毒，亦用于油田注水和工业循环冷却水系统杀菌灭藻，还用作杀软体动物剂。

研究发现，双十烷基二甲基氯化铵是最具应用前景的木材防腐剂和抗变色的药剂。DDAC-C_{10} 对木材具有天然亲和力，通过阳离子交换作用固定在木材上，可作与地面接触场合的木材防腐剂，但其固定速度较慢，一般需两周。

注意：硬水会降低季铵盐的抗菌活性（Petrocci，1974）；季铵盐作为杀菌剂时，起泡通常是最大的担忧。

实际应用参考：

① 传统的苯扎氯铵和苯扎溴铵消毒剂受到很多因素影响，且对革兰氏阴性菌的作用较弱，双链季铵盐结构中由一条长碳氢链取代了单链季铵盐结构中的—CH_3 基团，在性能上对革兰氏阴性菌、病毒等的杀灭作用比传统季铵盐有所增强，且受硬水与有机物的影响减弱。因此，双链季铵盐消毒剂的杀菌性能更优越，且避免了单链季铵盐在长期使用过程中产生的耐药性问题。

② 李晓文等报道，将具有较好杀菌效果的碘代丙炔基丁基氨基甲酸酯（IPBC）和双十烷基二甲基氯化铵（DDAC-C_{10}）用于橡胶木防霉防蓝变处理。室内试验显示，单方 IPBC 制剂和 IPBC 与 DDAC-C_{10} 复配制剂处理的木材，均具有较优的防霉防蓝变性能，且复配制剂处理效果更优（来源：木材工业，2015）。

法规

① 欧盟化学品管理局（ECHA）根据指令 98/8/EC（BPD）或规则（EU）No 528/2012（BPR）提交了批准申请的所有活性物质/产品类型组合：PT-1（人体卫生学消毒剂）、PT-2（不直接用于人体或动物的消毒剂和杀藻剂）、PT-3（兽医卫生消毒剂）、PT-4（食品和饲料领域消毒剂）、PT-6（产品在储存过程中的防腐剂）。DDAC 申请目前处于审核进行之中。

② 2013 年，欧盟生物杀灭剂产品委员会（BPC）发布法规（EU）2013/4，批准 DDAC 作为第 8 类（木材防腐剂）生物杀灭剂产品的活性物质。批准日期 2015 年 2 月 1 日，批准期满 2025 年 2 月 1 日。

③ 欧盟化学品管理局根据指令 98/8/EC（BPD）或规则（EU）No 528/2012（BPR）提交了批准申请的所有活性物质/产品类型组合：PT-1（人体卫生学消毒剂）、PT-2（不直接用于人体或动物的消毒剂和杀藻剂）、PT-3（兽医卫生消毒剂）、PT-4（食品和饲料领域消毒剂）、PT-6（产品在储存过程中的防腐剂）。DDAC（C_8～C_{10}）申请目前处于审核进行之中。

截至 2023 年 8 月，PT-1（人体卫生学消毒剂）、PT-2（不直接用于人体或动物的消毒剂和杀藻剂）、PT-3（兽医卫生消毒剂）、PT-4（食品和饲料领域消毒剂）、PT-8（木材防腐剂）已通过批准。

PT-6（产品在储存过程中的防腐剂）及新增的 PT-10（建筑防腐剂）、PT-11（液体制冷和加工系统防腐剂）、PT-12（杀黏菌剂）主管当局正在审批进行中。

④ GB 38850—2020《消毒剂原料清单及禁限用物质》规定其可以使用的范围有：A，表示用于室内的消毒剂；E，表示用于环境及物体表面的消毒剂；H，表示用于人体的消毒剂；K，表示用于集中空调通风系统的消毒剂；M，表示用于医

疗器械的消毒剂。

双十烷基二甲基溴化铵（DDAB-C_{10}）
（didecyldimethylammonium bromide）

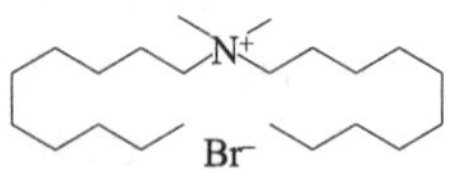

$C_{22}H_{48}N.Br$ 406.50 2390-68-3

其他名称　双癸基二甲基溴化铵、二癸基二甲基溴化铵

化学名称　双十烷基二甲基溴化铵

IUPAC 名　didecyl (dimethyl) azanium bromide

EC 编码　[219-234-1]

理化性质　商品膏状物或液体，含量 80%。pH（10%水溶液）5.0～9.0。

毒性　雌小鼠急性经口 LD_{50} 681mg/kg。雄小鼠急性经口 LD_{50} 316mg/kg。

抗菌防霉效果　双十烷基二甲基溴化铵（DDAB-C_{10}）属于双链季铵盐类杀菌剂，作用机制参考其他。

双十烷基二甲基溴化铵对常见细菌有较好的抑杀效果。本剂在 500mg/L 时，作用 1min；250mg/L 时，作用 5min；125mg/L 时，作用 10min，就能杀灭大肠杆菌。浓度为 500mg/L 时，作用 0.5min；250mg/L 时，作用 2min；125mg/L 时，作用 10min，能杀灭金黄色葡萄球菌。浓度为 500mg/L，作用 2min；250mg/L 时，作用 10min，可杀灭铜绿假单胞杆菌。

张金萍等通过抑菌圈直径法分别测定了双十烷基二甲基溴化铵（DDAB-C_{10}）、双十二烷基二甲基溴化铵（DDAB-C_{12}）、双十八烷基二甲基溴化铵（DDABC-$_{18}$）对大肠杆菌、枯草芽孢杆菌及金黄色葡萄球菌的抑制杀灭能力。其抑菌圈直径越大，表明抗菌能力越强。

结果见表 2-263，在 1g/L 和 5g/L 两个试验浓度下，对大肠杆菌的抑菌作用大小顺序为 DDAB-C_{10}＞DDAB-C_{12}＞DDAB-C_{18}；对枯草芽孢杆菌亦是 DDAB-C_{10} 抑菌效果最为明显，在浓度为 5g/L 时抑菌圈直径达到 1.20cm，DDAB-C_{12} 与 DDAB-C_{18} 未表现出抑制作用；然而对金黄色葡萄球菌，DDAB-C_{10} 与 DDAB-C_{12} 表现出了相同抑制作用，在 1g/L 时抑菌圈直径均为 0.93cm，且在浓度为 5g/L 时，DDAB-C_{12} 的抑菌圈直径比 DDAB-C_{10} 还要大 0.25cm，DDAB-C_{18} 效果最差。通过该组试验数据可以看出，总体上 DDAB-C_{10} 与 DDAB-C_{12} 的杀菌效果接近，但与 DDAB-C_{18} 差异很大。这说明用抑菌圈试验来判定双链季铵盐消毒剂的抑菌活性，其结果除了与消毒剂杀菌原理有关，与其在琼脂上的扩散能力也有一定关系。

表 2-263　3 种溴化双链季铵盐对受试菌的抑制作用

消毒液浓度/(g/L)		抑菌圈直径/cm		
		大肠杆菌	枯草芽孢杆菌	金黄色葡萄球菌
DDAB-C_{10}	1	0.81±0.01	0.98±0.02	0.93±0.02
	5	0.97±0.13	1.20±0.02	1.12±0.10

续表

消毒液浓度/(g/L)		抑菌圈直径/cm		
		大肠杆菌	枯草芽孢杆菌	金黄色葡萄球菌
DDAB-C_{12}	1	0.75±0.01	0	0.93±0.11
	5	0.87±0.05	0	1.37±0.20
DDAB-C_{18}	1	0	0	0.66±0.06
	5	0	0	0.76±0.08

应用 双十烷基二甲基溴化铵（DDAB-C_{10}）是一种阳离子表面活性剂类消毒剂，20世纪80年代由美国首先开发使用，1990年首次引入我国。其广泛用于木材、油田、医药卫生、日化家化、水产养殖、农业、工业循环水等领域杀菌消毒灭藻。

法规 GB 38850—2020《消毒剂原料清单及禁限用物质》规定其可以使用的范围有：A，表示用于室内的消毒剂；E，表示用于环境及物体表面的消毒剂；H，表示用于人体的消毒剂；K，表示用于集中空调通风系统的消毒剂；M，表示用于医疗器械的消毒剂。

烷基(C_{12}～C_{14})[(苯乙基)甲基]二甲基氯化铵
(C_{12}～C_{14}-alkyl[(ethylphenyl)methyl]dimethyl, chlorides)

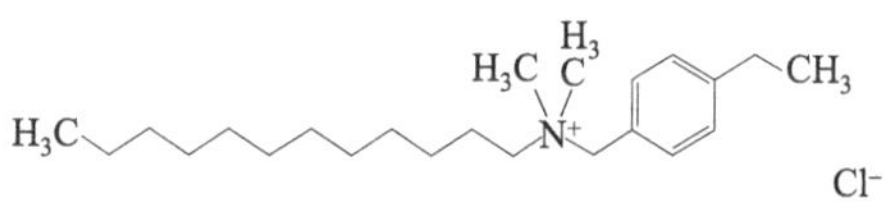

$C_{23}H_{42}ClN$（聚合物）85409-23-0

其他名称　C_{12}～C_{14}-烷基(乙基苄基)二甲基氯化铵；C_{12}～C_{14} 乙基苄基氯化铵

化学名称　烷基（C_{12}～C_{14}）二甲基（乙基苄基）氯化铵[ADEBAC(C_{12}～C_{14})]

IUPAC名　烷基（C_{12}～C_{14}）二甲基乙基苄基氯化铵

EC编码　[287-090-7]

理化性质 外观为白色固体，68%为C_{12}-烷基化合物，32%为C_{14}-烷基化合物，其熔点在130～170℃之间。密度（20℃）0.820g/mL。溶解性：在pH 1和pH 5条件下每种缓冲溶液的溶解度超过7g/mL；溶于有机溶剂（来源：Echa）。

毒性 雄大鼠急性经口LD_{50} 344mg/kg。雄大鼠急性经皮LD_{50} 2300mg/kg。对兔子皮肤具有腐蚀性（来源：Echa）。

抗菌防霉效果 杀菌机理可能是带两个正电荷的季铵盐分子，通过异性电荷吸引作用，吸附浓集于菌体表面，继而渗透扩散穿过细胞壁进入细胞膜而使其受到破坏；再经过破坏的细胞膜穿入细胞内部，使细胞内酶钝化蛋白质变性并凝集，胞内物质渗漏导致细菌死亡。杀菌效果具体参考烷基二甲基苄基氯化铵等。

制备 参考专利CN106631817A。

应用 作为杀菌剂，用于人体卫生、消毒，兽医卫生消毒；食物和动物饲料的消毒；建筑涂料储存防腐，液体制冷和加工系统的防腐（来源：Echa）。

法规

① 欧盟化学品管理局（ECHA）根据指令 98/8/EC（BPD）或规则（EU）No 528/2012（BPR）提交了批准申请的所有活性物质/产品类型组合：PT-1（人体卫生用生物杀灭剂）、PT-2（不直接用于人体或动物的消毒剂和杀藻剂）、PT-3（兽医卫生消毒剂）、PT-4（食品和饲料领域消毒剂）、PT-10（建筑防腐剂）、PT-11（液体制冷和加工系统防腐剂）、PT-12（杀黏菌剂）、PT-22（尸体和标本防腐液）。活性物质申请目前处于审核进行之中。

② GB 38850—2020《消毒剂原料清单及禁限用物质》规定其可以使用的范围有：A，表示用于室内的消毒剂；E，表示用于环境及物体表面的消毒剂；H，表示用于人体的消毒剂；K，表示用于集中空调通风系统的消毒剂；M，表示用于医疗器械的消毒剂。

③ 卫生部办公厅印发的卫办监督发［2010］17 号《食品用消毒剂原料（成分）名单》中有该物质，可以使用。

烷基(C_{12}～C_{16})二甲基苄基氯化铵（ADBAC C_{12}～C_{16}）
(alkyl(C_{12}～C_{16})dimethylbenzyl ammonium chloride)

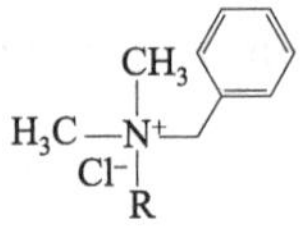

R=C_{12}～C_{16} 烷基

$C_9H_{13}NClR^*$ 359.6** 68424-85-1

* R=$C_{12}H_{25}$，$C_{14}H_{29}$ 或 $C_{16}H_{33}$

** 最常测试的 ADBAC C_{12}～C_{16}：C_{12}（40%）、C_{14}（50%）、C_{16}（10%）的链长分布

其他名称　BKC（C_{12}～C_{16}）

化学名称　烷基（C_{12}～C_{16}）二甲基苄基氯化铵混合物

EC 编码　［270-325-2］

十二烷基二甲基苄基氯化铵（DDBAC）

分子式 $C_9H_{13}NCl—C_{12}H_{25}$

CAS 号　［139-07-1］

十四烷基二甲基苄基氯化铵（TDBAC）

分子式 $C_9H_{13}NCl—C1_4H_{29}$

CAS 号　［139-08-2］

十六烷基二甲基苄基氯化铵（HDBAC）

分子式　$C_9H_{13}NCl—C_{16}H_{33}$

CAS 号　［122-18-9］

理化性质　烷基（C_{12}～C_{16}）ADBAC 是混合物，烷基链长度分布（C_{12}：39%～75%；C_{14}：20%～52%；C_{16}：<12%）详见表 2-264。

分子量 340.0～396.1，平均分子量为 359.6。纯度 94%～99%（质量分数，干重）。

纯品含量≥96.6%，外观是浅米色固体。熔点：该物质不熔化，但观察到在大约 150℃（96.6%）时开始分解。沸点：物质在熔化前分解（96.6%）。分解温度>150℃。蒸气压（20℃）6.03×10^{-4}Pa。相对密度（20℃）0.96（96.6%）。溶解性（20℃）：水 409g/L（pH 5.5）；水 431g/L（pH 6.5）；水 379g/L（pH 8.2）；乙醇>250g/L；异丙醇>250g/L。稳定性：乙醇或异丙醇体系内，55℃存放 2 周，活性物质下降 5%。

典型商品：41.82% C_{12} +48.43%C_{14} +9.51% C_{16}。

表 2-264　部分烷基（C_{12}～C_{16}）ADBAC 烷基链长度组合表

CAS 号	烷基链长度组合比例/%		
	C_{12}	C_{14}	C_{16}
68424-85-1	40	50	10
68424-85-1	25	60	15
68424-85-1	65	25	10
68424-85-1	5	90	5
68424-85-1	3	95	2

（来源：USEPA，2006）

毒性　雄大鼠急性经口 LD_{50} 510.9mg/kg。雌大鼠急性经口 LD_{50} 280.8mg/kg。

Anthony Luz 等报道 DDAC 和 C_{12}～C_{16} ADBAC 具有相似的危害特征。DDAC 和 C_{12}～C_{16} ADBAC 均通过口腔和皮肤接触途径吸收不良（≤10%），主要从粪便中排出。DDAC 和 C_{12}～C_{16} ADBAC 不是皮肤致敏剂，不是特定的发育或生殖毒性物质，不具有致癌或遗传毒性，也不引起全身毒性。DDAC 和 C_{12}～C_{16} ADBAC 在高浓度时对皮肤有刺激性/腐蚀性，并通过口服产生急性毒性。

抗菌防霉效果　该系列化合物可使微生物菌体蛋白或蛋白质类凝固，阻止细胞的代谢，杀菌力强，对许多非芽孢致病菌几分钟内即可杀灭。抑菌和杀菌机制由下列 3 种机制共同组成：能抑制细菌酶的作用，主要对产生能量的酶，如能分解葡萄糖、琥珀酸盐、丙酮酸的相关酶；能使细菌蛋白质变性；增加细胞膜的渗透能力，最后使细胞膜破裂而释放赖氨酸和谷氨酸。其他杀菌效果参考苯扎氯铵。

制备　由 *N*,*N*-二甲基苄胺和正烷基卤发生季铵化反应一步合成 BAC。

应用　烷基二甲基苄基季铵盐（BAC）是典型的带苄基的阳离子型季铵盐，烷基二甲基苄基季铵盐主要用作杀菌灭藻剂、金属缓蚀剂、原油破乳剂和控制植物病害制剂等。

法规

① 欧盟化学品管理局（ECHA）提交了批准申请的所有活性物质/产品类型组合：PT-1（人体卫生学消毒剂）、PT-2（不直接用于人体或动物的消毒剂和杀藻剂）、PT-3（兽医卫生消毒剂）、PT-4（食品和饲料领域消毒剂）、PT-10（建筑材料防腐剂）、PT-11（液体制冷和加工系统防腐剂）、PT-12（杀黏菌剂）、PT-22（尸体和样本防腐液）。其中“PT-1、PT-2、PT-3、PT-4 已通过批准。PT-1 批准起止日期 2024 年 7 月 1 日到 2034 年 6 月 30 日；PT-2 批准起止日期 2025 年 7 月 1 日到 2035 年 6 月 30 日；PT-3 和 PT-4 批准起止日期 2022 年 11 月 1 日到 2032 年 10

月 31 日。余下处于申请之中。

② 2013 年，欧盟生物杀灭剂产品委员会（BPC）发布法规（EU）2013/7，批准 ADBAC/BKC（C_{12}～C_{16}）作为第 8 类生物杀灭剂产品的活性物质。批准日期 2015 年 2 月 1 日，批准期满 2027 年 7 月 31 日，目前处于批准续展中。

③ GB 38850—2020《消毒剂原料清单及禁限用物质》规定其可以使用的范围有：A，表示用于室内的消毒剂；E，表示用于环境及物体表面的消毒剂；H，表示用于人体的消毒剂；K，表示用于集中空调通风系统的消毒剂；M，表示用于医疗器械的消毒剂。

④ ADBAC C_{12}～C_{16} 在卫生部办公厅印发的卫办监督发［2010］17 号《食品用消毒剂原料（成分）名单》中，可以使用。

烷基(C_{12}～C_{18})二甲基苄基氯化铵（ADBAC C_{12}～C_{18}）

(alkyl(C_{12}～C_{18})dimethylbenzyl ammonium chloride)

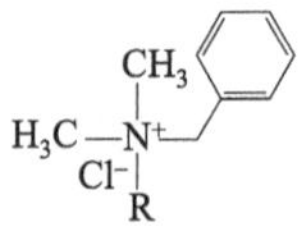

R=C_{12}～C_{18}烷基

$C_9H_{13}NClR$* 377.8** 68391-01-5

* R=$C_{12}H_{25}$，$C_{14}H_{29}$，$C_{16}H_{33}$ 或 $C_{18}H_{37}$

** ADBAC C_{12}～C_{18} 最具代表性的链长分布：C_{12}（57%）、C_{14}（18%）、C_{16}（7%）、C_{18}（18%）

十二烷基二甲基苄基氯化铵（DDBAC）

分子式 $C_9H_{13}NCl—C_{12}H_{25}$

CAS 号 ［139-07-1］

十四烷基二甲基苄基氯化铵（TDBAC）

分子式 $C_9H_{13}NCl—C_{14}H_{29}$

CAS 号 ［139-08-2］

十六烷基二甲基苄基氯化铵（HDBAC）

分子式 $C_9H_{13}NCl—C_{16}H_{33}$

CAS 号 ［122-18-9］

十八烷基二甲基苄基氯化铵（ODBAC）

分子式 $C_9H_{13}NCl—C_{18}H_{37}$

CAS 号 ［204-527-9］

理化性质 （C_{12}～C_{18}）ADBAC 是混合物，烷基链长度分布详见表 2-265。

表 2-265 部分（C_{12}～C_{18}）ADBAC 烷基链长度组合表（USEPA，2006）

CAS 号	烷基链长度组合比例/%			
	C_{12}	C_{14}	C_{16}	C_{18}
68391-01-5	57	18	7	18

续表

CAS 号	烷基链长度组合比例/%			
	C_{12}	C_{14}	C_{16}	C_{18}
68391-01-5	67	25	7	1
68391-01-5	61	23	11	5

毒性　大鼠急性经口 LD_{50} 250～300mg/kg。对人体皮肤和眼睛有刺激性。

抗菌防霉效果　具体参考苯扎氯铵等。

应用　烷基（C_{12}～C_{18}）ADBAC 在 pH 6～8 之间特别有效。其广泛的杀菌谱涵盖细菌、真菌、藻类、地衣和黏液形成生物。建议的添加量为 2～10mg/L。

法规　根据指令 98/8/EC（BPD）或规则（EU）No 528/2012（BPR）提交了批准申请的所有活性物质/产品类型组合：PT-1、PT-2、PT-3、PT-4、PT-10、PT-11、PT-12、PT-22。ADBAC（C_{12}～C_{18}）申请处于审核进行。

烷基铵化合物（AAC）
（alkyl ammonium compounds）

理化性质　烷基铵化合物（AAC）定义为季铵盐的烷基二甲基苯基氯化物（摘自 GB/T 14019—2009《木材防腐术语》）。

烷基铵化合物（AAC）是第三级和第四级季铵盐的总称。AAC-1 的组成如下：二癸基二甲基氯化铵（DDAC）≥90%；双十二烷基或双八烷基二甲基氯化铵（含有 C_8 或 C_{12}）≤10%。AAC-2 的组成如下：十二烷基苄基二甲基氯化铵（BAC）≥90%；其他烷基胺的混合物≤10%。液体浓缩液由短链醇（≤C_4）或水或两者配成，pH 值为 3.0～7.0。

毒性　从表 2-266 所列数据可知，同类季铵盐烷基链短的毒性要比长的大；在烷基键长相同时，带苄基的毒性要比带甲基的小；单烷基的毒性要比双烷基的大。

表 2-266　季铵盐的口服毒性

季铵盐名称	半致死量（LD_{50}）	季铵盐名称	半致死量（LD_{50}）
N-十二烷基二甲基苄基氯化铵	350	*N*-十四烷基二甲基苄基氯化铵	450
N-十二烷基三甲基氯化铵	250～300	*N*-十六烷基三甲基氯化铵	400
十四烷基苄基二甲基氯化铵	660	十二烷基苄基二甲基氯化铵	910
双十八烷基三甲基氯化铵	1000	双十二烷基二甲基氯化铵	1100
双十四烷基二甲基氯化铵	1580	双加氢牛脂烷基二甲基氯化铵	16000

另外，根据季铵盐对手、皮肤、眼、黏膜的刺激性实验表明，季铵盐对人的接触毒性较低，即接触时对人较为安全。

抗菌防霉效果　二癸基二甲基氯化铵（系烷基铵化合物）（DDAC）是一种高效广谱、极具潜力的木材防腐、抗变色药剂，它易溶于水，浸入木材后形成固定物，抗流失性强。一些研究表明，烷基化合物与木材羟基存在着离子交换反应，使烷基铵化合物固定在木材上。这些交换反应主要发生在木质素和半纤维素上。正是因为 DDAC 对木材具有天然亲和力，通过阳离子交换作用固定在木材上，可作与地面接触木材的防腐剂。

烷基铵化合物（AAC）对于常见的木腐菌有出色的防治效能。AAC 对木材腐朽菌的毒杀力主要取决于此类化合物中烷基链长度和阴离子的种类。当AAC里只含有一个烷基链时，链长为C_{12}和C_{14}时的AAC具有最高的杀菌力；当AAC里含有两个烷基链时，链长为C_8C_{10}和$C_{10}C_{10}$时的AAC具有最高的杀菌力。

季铵盐对于常见的木腐菌有非常出色的防治效能。新西兰研究人员采用严重腐朽环境中的地面以上露天模拟试验，研究了几种AAC对粉孢革菌、密黏褶菌和彩绒革盖菌的毒性，并与CCA做了比较，结果见表2-267。

表2-267　几种AAC和CCA在地面以上露天受腐模拟试验的毒性值

防腐剂	毒性值/(kg/m^3)
烷基(64%C_{12},30%C_{14},6%C_{16})二甲基苄基氯化铵	0.8～1.6
二烷基(50%C_3C_{10},25%C_8C_8,25%$C_{10}C_{10}$)二甲基氯化铵	0.8
烷基(14%C_8～C_{10},49%C_{12},22%C_{14},15%C_{16}～C_{18})二甲基乙酸铵	0.8～1.6
烷基(5%C_{14},14%C_{16},81%C_{18})三甲基乙酸铵	0.8～1.6
烷基(10%C_{10},90%C_{18})三甲基氯化铵	1.6
CCA(含盐型)	3.9

由表2-267可见，这几种AAC对菌的毒性比CCA高得多。虽然它的价格较贵，由于效力较高，用量较低，故与CCA相比，它们的使用费用较低。

AAC对木材腐朽菌的毒杀力主要取决于此类化合物中烷基链长度和阴离子的种类。当AAC里只含有一个烷基链时，链长为C_{12}和C_{14}时的AAC具有最高的杀菌力；当有两个烷基连时，链长为C_8C_{10}和$C_{10}C_{10}$时的AAC具有高的杀菌力。

新西兰林业研究所大量的研究结果证实了大量的AAC具有防治昆虫的效果，结果见表2-268。从表2-268可以看出：这几种AAC在相当低的吸收量时都能有效地防止白蚁对木材的蛀蚀，它们的防治能力的强弱为：二烷基二甲基氯化铵＞烷基苄基二甲基氯化铵＞烷基二甲基乙酸铵。此外，在烷基苄基铵化物中，当苯环上的两个氢被氯取代后，其防治白蚁的效力较取代时强。

表2-268　在室内试验中白蚁对木块蛀蚀的平均程度

AAC种类	浓度(有效成分)/%	平均质量指数
二烷基二甲基氯化铵	0.125	9.3
	0.25	10
	0.5	10
烷基苄基二甲基氯化铵	0.125	7.8
	0.25	9.8
	0.5	10
烷基二甲基乙酸铵	0.125	2.7
	0.25	8.0
	0.5	9.8

续表

AAC种类	浓度(有效成分)/%	平均质量指数
烷基二氯苄基二甲基氯化铵	0.125	9.8
	0.25	10
	0.5	10
空白对照	0	0

注：指数为0时，表示样品已失效；指数为10时，表示样品无显著蛀蚀。

季铵盐作为木材防腐剂有广泛的应用前景，目前它的应用还局限在不与土壤接触的环境中。国外季铵盐用作木材防腐剂的研究较多，主要是与铜复配，扩大应用范围，作为与土壤接触木材的防腐剂。

应用 烷基铵化合物（AAC）是20世纪80年代初研制成的一类高效、低毒的新型木材防腐剂，对木腐菌和虫类都有很好的毒杀效果，处理后木材保持本色，对金属的腐蚀性很小，不影响油漆等二次加工。该药剂1998年再次列入AWPA标准P8。

实际应用参考：

季铵盐的生物降解性是能否对环境产生污染、维持生态平衡等的重要依据。所谓生物降解性，是指在自然界微生物的作用下，逐渐分解成CO_2、H_2O等没有公害的物质，即这些物质要能作为自然界中微生物的营养成分和碳源等逐步被消化掉。

目前已经证实，在分子结构中，烷基是直链的要比支链的易于生物降解。支链化程度越高，一般越难生物降解，特别是分子结构中含有季碳原子烷基的，常常是很难生物降解的。在使用过程中，季铵盐若较难被生物降解，一方面，含有季铵盐的废液大量排放到自然环境中，会积累造成严重的污染问题，它们对水生生物，甚至哺乳动物和人类都会产生一些危害；另一方面，在木材防腐工业中，如果能妥善地将其固着于木材上，利用它的生物难降解性，那么就可以维持对腐朽木材微生物的长效性。

2.13.2 季鏻盐化合物

十四烷基三丁基氯化鏻（TTPC）
(tributyltetradecylphosphonium chloride)

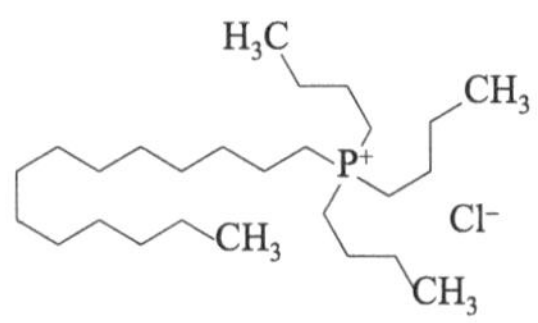

$C_{26}H_{56}ClP$ 435.2 81741-28-8

其他名称 氯化三丁基十四烷基鏻、Bellacide 350

化学名称 十四烷基三丁基氯化鏻

IUPAC名 tributyl (tetradecyl) phosphanium; chloride

EC编码 [279-808-2]

理化性质 白色或浅黄色固体。熔点45℃。溶解性：与水完全混溶。稳定性：

在不同的酸碱性都可保持高活性成分，该剂在强光下不会分解，有非常高的稳定性。

商品一般为50%的水剂，无色至淡黄色透明液体，轻微气味，沸点100～101℃，pH 6～8，密度（20℃）0.95～1.00g/mL，黏度（20℃）55～65cSt。

毒性 大鼠急性经口 LD_{50} 1002mg/kg。大鼠吸入 LC_{50}（4h）<0.9mg/L。家兔试验表明，其对皮肤和眼睛均有刺激性。

抗菌防霉效果 季鳞盐类杀生剂从结构、类型上来看属于阳离子表面活性剂，其杀菌机理一般可认为此类化合物中带正电荷的有机阳离子可被带负电荷的细菌选择性地吸附（阳离子通过静电力、氢键力以及表面活性剂分子与蛋白质分子之间的疏水结合等作用），或聚集在细胞壁上，产生室阻效应，导致细菌生长受抑而死亡，或通过渗透和扩散作用，穿过表面进入细胞膜，从而阻碍细胞膜的半渗透作用，并进一步穿入细胞内部，使细胞酶钝化，蛋白质酶不能产生，从而使蛋白质变性达到杀死细菌细胞的作用。这种阳离子表面活性剂的亲油基团能溶解并损伤细菌表面的脂肪壁，改变了细菌原生质膜的物化性质。亲油基的溶解性能越好，越有利于破坏细菌原生质膜，加速细菌的死亡。

长链烷烃和亲水基团的阳离子的综合作用使其结构具有良好的表面活化性能；活性原子P半径比较大，其极化作用更强，增加在细菌体内的吸附作用，更加有效杀灭微生物。在正常条件下，$(5\sim10)\times10^{-6}$ 十四烷基三丁基氯化鳞（TTPC）可以显示出对大部分细菌、真菌和藻类的良好杀抑作用，尤其对异养菌、铁细菌、硫酸盐还原菌等具有优异的杀菌性能，具体详见表2-269。

表2-269 TTPC和B-350的杀菌效果对比（20μg/mL）

作用时间	药剂名称	异养菌/(个/mL)		铁细菌/(个/mL)		硫酸盐还原菌/(个/mL)	
		存活菌数	杀菌率/%	存活菌数	杀菌率/%	存活菌数	杀菌率/%
4h	对照	2.5×10^6		2.5×10^4		1.1×10^5	
	TTPC	1.4×10^6	44.0	1.5×10^1	99.94	7.5×100	99.99
	B-350	1.36×10^6	45.6	2.5×10^1	99.9	4.5×100	99.99

注：杀菌试验由东南大学水处理研究室负责测试；B-350为英国Giba-Geigy公司产品；TTPC和B-350的活性物含量均为50%。

制备 在1-氯代正十四烷中滴加三丁基膦，制得十四烷基三丁基氯化鳞。

应用 十四烷基三丁基氯化鳞（TTPC）作为季鳞盐杀菌剂，广泛应用于工业循环冷却水系统、油田注水系统、造纸纸浆和其他工业用水中抑制微生物繁殖和生物污垢处理，亦可用来杀灭海水软体动物。

实际应用参考：

十四烷基三丁基氯化鳞（TTPC）对水中常见的危害菌的最低抑制浓度在1～7mg/L。当向水系统投加含量为51%的十四烷基三丁基氯化鳞（TTPC）30mg/L时，2h后管内壁藻类部分脱落，4d后塔内藻类和黏泥剥离干净。

四羟甲基硫酸鏻（THPS）
（tetrakis(hydroxymethyl)phosphonium sulfate）

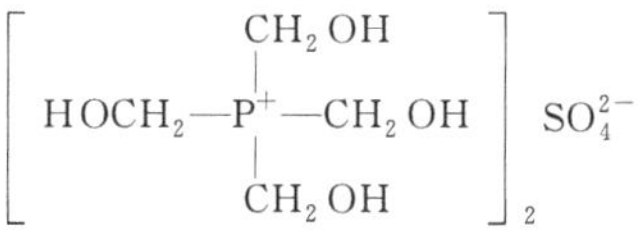

$C_8H_{24}O_{12}P_2S$　406.28　55566-30-8

其他名称　四羟甲基硫酸鏻、tetrakis（hydroxymethyl）phosphonium sulphate（2∶1）

化学名称　四羟甲基硫酸鏻

IUPAC 名　tetrakis（hydroxymethyl）phosphanium；sulfate

EC 编码　[259-709-0]

理化性质　含量 70%～75%（醛含量约 30%），活性磷≥11%，外观无色透明黏稠液体。沸点（760mmHg）111.2℃。熔点−35℃。蒸气压（51.2℃）32mmHg。相对密度（22.3℃）1.381。闪点 93.4℃。$\lg K_{ow}=-20.39$。溶解性：水≥100mg/mL（18℃）。稳定性：当加热分解时，会放出非常有毒的氧化磷和硫氧化物的烟雾（来自：CAMEO Chemicals）。

毒性　大鼠急性经口 LD_{50} 248mg/kg。水生生物：虹鳟鱼 LC_{50}（96h）119mg/L；铜吻磷腮太阳鱼 LC_{50} 93mg/L；水蚤 EC_{50}（48h）19mg/L。

四羟甲基硫酸鏻（THPS）易于生物降解，没有生物积累的潜力。THPS 在环境中迅速被氧化为三羟甲基膦氧化物（THPO），具有非常低的水生毒性，不被认为构成环境危害。以下数据说明了 THPO 的低毒性：虹鳟鱼，96h LC_{50}：>5000mg/L；大水蚤，48h EC_{50}：>1000mg/L。

抗菌防霉效果　四羟甲基硫酸鏻（THPS）分子式中磷原子半径较大，使其极化作用增大，周围的正电性增加，更容易与带负电的微生物产生静电吸附作用，通过渗透和扩散作用进入细胞膜，阻碍细胞膜的半渗透作用，使细胞膜纯化，蛋白质变性而达到杀死微生物的目的。比如 50mg/L 四羟甲基硫酸鏻在 6h 内将 2.5×10^5 个 SRB 降低到 2.7×10^3 个。其对部分微生物最低抑制浓度见表 2-270。

表 2-270　四羟甲基硫酸鏻（THPS）对常见微生物的最低抑制浓度（MIC）

微生物	MIC/(mg/L)	微生物	MIC/(mg/L)
好气杆菌	400	白色念珠	>800
枯草芽孢杆菌	400	红色酵母	400
大肠杆菌	800	黑曲霉	>800
明串珠菌属	400	球毛壳霉	600
奇异变形杆菌	800	青霉	>800
铜绿假单胞菌	800	产朊圆酵母	800
荧光假单胞菌	800		

四羟甲基硫酸鏻（THPS）被发现对硫酸盐还原菌（SRB）异常有效，详见表 2-271。

表 2-271 THPS 对 SRB 的影响

THPS浓度/$\times10^{-6}$	残余菌(SRB)数量	
	6h	24h
0(控制)	8.8×10^6	1.4×10^7
10	1.1×10^5	1.4×10^7
25	2.0×100	0
50	0	0
100	0	0

注：初始 SRB 水平为 2.0×10^6。

制备 以黄磷、锌粉、甲醛和无机酸为原料合成四羟甲基硫酸鏻（THPS）。

应用 四羟甲基硫酸鏻（THPS）最早是作为处理工作服等棉纤维制品的阻燃剂的前体化合物而大规模生产的。四羟甲基季鏻盐最早是由 Hoffman 于 1921 年在实验室制得的，最早是将其作为处理棉纤维制品的阻燃剂。

20 世纪 80 年代美国 Abright&Wilson 公司将该产品作为杀生剂应用于英国的冷却水系统，后来又应用于油田水系统，它对于杀灭硫酸盐还原菌特别有效。1995 年 THPS 作为杀生剂取得 EPA 注册，这是其发展的一个里程碑，打开了 THPS 作为杀生剂在美国冷却水、造纸和油田领域的市场。THPS 依靠进行 EAP 注册时提供的大量与传统杀生剂相比在毒性、环境和安全方面更好的数据，于 1997 年获得美国“总统绿色化学奖”，同年通过美国安全证明，正式用于环境保护领域。

注意：四羟甲基硫酸鏻（THPS）与氧化杀菌剂不兼容，但与大多数常用非氧化杀生物剂如季铵盐或戊二醛相容。THPS 在厌氧条件下比有氧条件下更稳定。

实际应用参考：

四羟甲基硫酸鏻（THPS）属于季鏻盐型杀生剂。如图 2-18 所示，季鏻盐与季铵盐有相似的结构，只是用含磷的阳离子代替季铵盐中含氮的阳离子。季鏻盐中的磷原子与季铵盐中的氮原子同是第Ⅴ主族元素，均采用 sp^3 杂化轨道与其他 4 个烷基碳原子相连，形成一个四面体，这样的分子结构是比较稳定的，与一般氧化还原剂、酸碱性物质及其他类型化合物不起作用。但是，氮原子是第二周期元素，而磷原子是第三周期元素，磷原子半径较氮原子半径大，相应的离子半径也大。离子半径大使其极化作用增大，从而使其周围的正电性增加，正电性增加使其容易与带负电荷的微生物产生静电吸附作用，更容易杀死微生物。因此，从结构上分析季鏻盐的杀菌效果比季铵盐的杀菌效果更好。

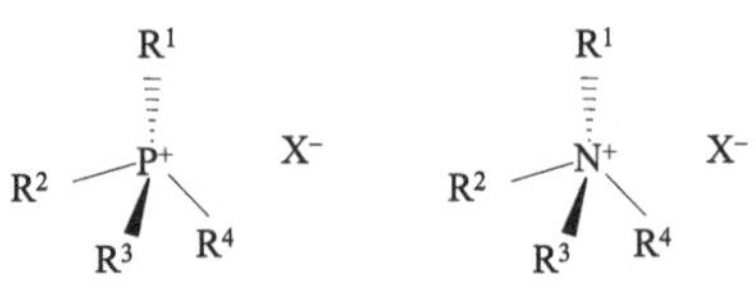

图 2-18 季鏻盐和季铵盐的结构比较图

法规 欧盟化学品管理局（ECHA）根据指令 98/8/EC（BPD）或规则（EU）No 528/2012（BPR）提交了批准申请的所有活性物质/产品类型组合：PT-6（产品

在储存过程中的防腐剂）、PT 11（液体制冷和加工系统防腐剂）、PT-12（杀黏菌剂）。该化合物四羟甲基硫酸鏻（THPS）申请目前处于审核进行之中。

四羟甲基氯化鏻（THPC）

（tetrakis（hydroxymethyl）phosphonium chloride）

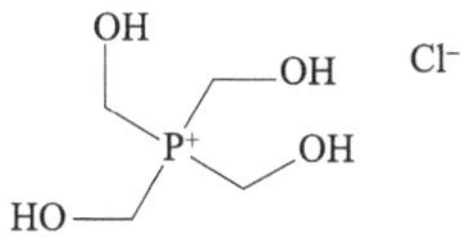

$C_4H_{12}ClO_4P$ 190.56 124-64-1

化学名称　四羟甲基氯化鏻

IUPAC 名　tetrakis（hydroxymethyl）phosphonium chloride

EC 编码　[204-707-7]

CAS 号　22031-17-0（磷酸盐[3∶1]）、52221-67-7（草酸盐[2∶1]）、55566-30-8（硫酸盐[2∶1]）、7580-37-2（乙酸盐）。

理化性质外观与性状：透明至黄色液体。密度：1.341g/mL（25℃）。沸点：115℃（760mmHg）。熔点 154℃。闪点＞96℃。折射率（n_D，20℃）1.512。溶解性（20℃）≥10g/100mL。

抗菌防霉效果　四羟甲基氯化鏻（THPC）属于季鏻盐类化合物，其从结构和类型上看属于阳离子表面活性剂，一般带正电荷，其杀菌性能和季铵盐相似。

相关文献报道，分别测定四羟甲基氯化鏻（THPC）和四羟甲基硫酸鏻（THPS）在不同浓度下对硫酸盐还原菌（SRB）和异养菌（HB）的杀菌效能，结果见表 2-272。

表 2-272　THPC 和 THPS 对硫酸盐还原菌和异养菌的杀菌效能

项目	浓度/(mg/L)	杀菌率/%	
		SRB	HB
THPC	10	53.6	
	20	98.4	52.1
	50	100.0	88.3
	100		99.6
THPS	10	55.2	
	20	98.9	53.2
	50	100.0	87.9
	100		99.6

由表 2-272 可见，THPC 和 THPS 对硫酸盐还原菌和异养菌均具有很好的杀菌效能，并且不会产生泡沫，因而在加料时不用加入消泡剂（卜洪忠等，2005）。

制备　将金属锌吸附在磷的表面，在酸存在下由金属与酸生成的新生态氢与磷反应生成活化的磷氢化合物，然后与甲醛及酸反应得到四羟甲基鏻盐。

应用　四羟甲基鏻盐是一种季鏻盐杀菌剂，其阴离子基团有磷酸根、硫酸根、乙酸根、Cl^- 等。除杀菌灭藻作用之外，主要还用作阻燃剂。

实际应用参考：

纺织染整助剂，比如纺织品阻燃剂、改良羊毛的染料吸收率和抗收缩。它与酚或胺缩合生成的有机络合物磷盐，亦用作纺织品的柔软剂。

2.13.3 有机胍化合物

醋酸氯己定（CHA）
(chlorhexidine acetate)

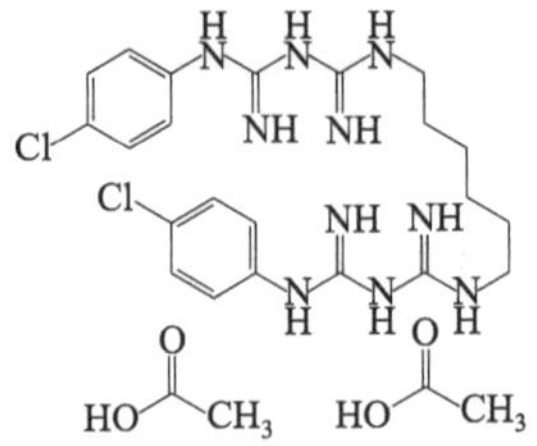

$C_{22}H_{30}Cl_2N_{10}\cdot 2(C_2H_4O_2)$ 625.56 56-95-1

其他名称　醋酸洗必泰、洗必泰二醋酸盐、1,6-双己烷二醋酸盐

化学名称　1,6-二(4-氯苯基二胍基)己烷二乙酸

INCI 名称　chlorhexidine diacetate

EC 编号　[200-302-4]

理化性质　1,6-双(N1-对氯苯基-N5-双胍基)己烷二醋酸盐，按干燥品计算，含 $C_{22}H_{30}Cl_2N_{10}\cdot 2C_2H_4O_2$ 不得少于 97.5%[《中国药典》(2015 版)]。

纯品为白色结晶性粉末，无臭，味苦。熔点 154～155℃。溶解性：在水中溶解度为 1.9g/100g (20℃)。在有非离子表面活性剂存在时，其溶解度增加。该剂可溶于乙醇、甘油等。稳定性：水溶液温度>70℃时，活性成分开始分解。

毒性　小鼠的急性经口 LD_{50} 2000mg/kg。小鼠静脉注射 LD_{50} 25mg/kg。小鼠皮下注射 LD_{50} 325mg/kg。小鼠腹腔注射 LD_{50} 38mg/kg（来源：Pubchem）。

抗菌防霉效果　醋酸氯己定作为双胍类化合物，具有非常强的抑菌及杀菌能力。醋酸氯己定的药理作用机理为它能吸附在细菌胞膜的渗透屏障，使细胞内容物可以漏出，低浓度可以起到抑制细菌、高浓度可以起到杀灭细菌的作用。

醋酸氯己定和葡萄糖酸氯己定对部分微生物的最低抑制浓度如表 2-273，最小杀菌浓度测定结果见表 2-274。

表 2-273　两种氯己定对四种标准菌株的 MIC 测定结果 单位：mg/L

微生物	醋酸氯己定	葡萄糖酸氯己定
金黄色葡萄球菌(ATCC 6538)	2	4
大肠杆菌(ATCC 8099)	2	4
白色念珠菌(ATCC 10231)	8	16
铜绿假单胞杆菌(ATCC 15442)	40	80

注：阳性对照菌量为 $(6.50\times10^5)\sim(4.05\times10^6)$ cfu/mL，阴性对照无菌生长，试验重复 3 次。

表 2-274　两种氯己定对四种标准菌株 MBC 测定结果　单位：mg/L

微生物	醋酸氯己定	葡萄糖酸氯己定
金黄色葡萄球菌(ATCC 6538)	512	1024
大肠杆菌(ATCC 8099)	1024	1024
白色念珠菌(ATCC 10231)	1024	2048
铜绿假单胞杆菌(ATCC 15442)	1024	4096

注：阳性对照菌量为 $(8.50\times10^5)\sim(5.50\times10^6)$ cfu/mL，阴性对照无菌生长，试验重复 3 次。

试验结果显示，醋酸氯己定和葡萄糖酸氯己定的 MBC 值均显著高于 MIC 值，说明两种氯己定消毒剂在较低浓度时均具有良好的抑菌效果。但要达到杀菌要求，则需大幅提高其浓度。

制备　醋酸氯己定由对氯苯胺经重氮化、缩合、消除脱氮、缩合、中和成盐制得。

应用　氯己定类消毒剂属于低效消毒剂。国内约于 20 世纪 70 年代初期开始将醋酸氯己定尝试用于注射前皮肤消毒、手术人员的泡手消毒、手术器械等的浸泡消毒，至今已有 50 余年的历史。

该化合物主要适用于医院、家庭、旅馆及办公场所环境消毒。

实际应用参考：

陈羽等采用悬液定量杀菌试验，对醋酸氯己定与乙醇的协同杀菌效果进行了实验室研究。研究发现，0.1%醋酸氯己定与 75%乙醇混合溶液对金黄色葡萄球菌、大肠埃希菌、白假丝酵母菌和黑曲霉均呈现出显著的协同杀菌作用。结果表明，醋酸氯己定与乙醇具有良好的协同杀菌效果。

法规

① 欧盟化学品管理局（ECHA）关于化妆品的第 1223/2009/EC 号法规附件Ⅴ，经法规（EU）2022/1531 修订，OJL240，2022 年 9 月 16 日。化妆品中可以作为防腐剂添加，添加量不允许超过 0.3%。

② GB 38850—2020《消毒剂原料清单及禁限用物质》规定其可以使用的范围有：A，表示用于室内的消毒剂；E，表示用于环境及物体表面的消毒剂；H，表示用于人体的消毒剂；M，表示用于医疗器械的消毒剂。

多果定
(dodine)

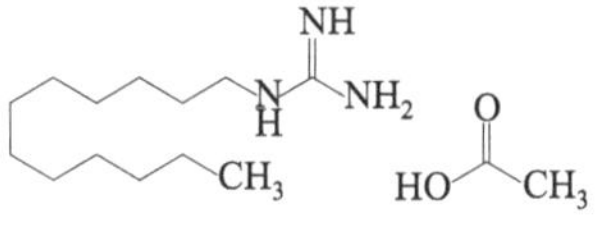

$C_{15}H_{33}N_3O_2$ 287.4 2439-10-3

其他名称　十二烷基胍醋酸盐、醋酸十二胍、醋酸十二烷基胍

化学名称　正-十二烷基胍单乙酸盐

IUPAC 名　acetic acid; 2-dodecylguanidine

EC 编码 ［219-459-5］

多果定游离碱

CAS 号 ［112-65-2］

理化性质

多果定 无色至微黄结晶粉末。沸点 200℃（分解）。熔点 136℃。蒸气压（20℃）$<1\times10^{-2}$mPa。密度（25℃）0.983g/cm^3。lg$K_{ow}=1.65$。溶解性：水 630mg/L（25℃）；易溶于无机酸；溶于热水和醇；在 1,4-丁二醇、正丁醇、环己醇、*N*-甲基吡咯烷酮、正丙醇、四氢糠醇中>250g/L；不溶于大多数有机溶剂。稳定性：在中性、中度碱性和酸性介质中稳定，但游离碱会从浓碱中析出；在厌氧水生环境下稳定。

多果定游离碱 分子式 $C_{13}H_{29}N_3$，分子量 227.39。其水合物是一种碱性强度与 NaOH 相当的一元有机碱。

毒性 雌、雄大鼠急性经口 $LD_{50}>1000$mg/kg。大鼠急性经皮 $LD_{50}>6000$mg/kg。水生生物：小丑鱼 LC_{50}（96h）0.6mg/L；水蚤 EC_{50}（48h）0.13mg/L。

抗菌防霉效果 长链烷基胍是一种阳离子表面活性剂，溶于水后带正电荷，能够渗透到微生物体内，并且容易吸附在带负电荷的微生物表面，破坏微生物体的细胞结构，从而起到杀菌灭藻的作用。

多果定对常见细菌、霉菌、藻类等微生物均有较好的抑制效果。

制备 早先制备十二烷基胍醋酸盐的方法是单氰胺与十二胺和冰醋酸反应。

应用 十二烷基胍盐是一种杀菌剂，用于消灭农作物和动物的致病菌和发癣菌十分有效，亦是有效的海藻类生物的生长抑制剂。美国 Cyanamide 公司的产品，商品名为多果定的杀菌剂就是十二烷基醋酸胍，它是第一个商品化的胍类杀菌剂。

由美国梅勒克和贝茨公司生产的多果定是一种用途广泛的杀菌剂兼表面活性剂，在工业上用于水池、冷却塔、冷却管、游泳池和其他类似水体系杀菌灭藻；作日化家化、纺织材料、包装纸等杀菌抗菌剂；亦作环境杀菌消毒及农业杀菌剂。

注意：和 2-溴-2-硝基-1,3-丙二醇等化合物复配使用时，能有效地抑制肺炎克雷伯菌的生长。

实际应用参考：

早在 1861 年，Strecke 等就发现了胍，从结构上看，胍属于亚胺脲，也可以看作氨基甲酸脒，具有独特的三氮骨架。在自然界中，胍微量存在于动物、植物和微生物体内，人在患某些疾病的时候血液或尿中胍的含量增高。胍基化合物的通式为：$R^1R^2NC(=NR^3)NR^5$，其中，R^1、R^2、R^3 和 R^5 代表 H、烷基或芳香基。

法规 欧洲食品安全局消息，根据欧盟法规 396/2005 号第 12 条的规定，欧洲食品安全局审阅了农药活性物质多果定在欧洲现行的多个最大残留限量（MRL）。根据现有数据的评估，推导出了建议的最大残留限量（MRL），并进行了消费者风险评估。多果定的每日允许摄入量为 0.1mg/(kg 体重 · d)，急性参考剂量为 0.1mg/kg 体重。

聚六亚甲基单胍磷酸盐（PHMG）
（polyhexamethyleneguanidine phosphate）

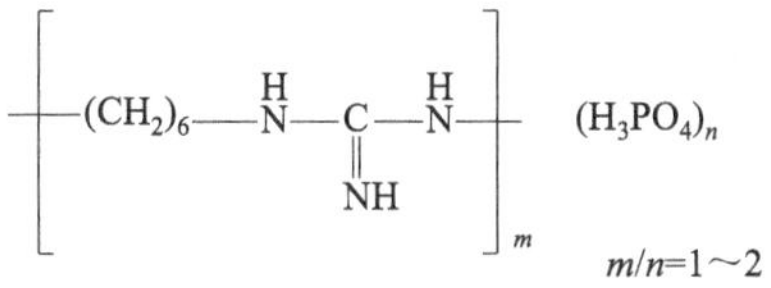

$(C_7H_{15}N_3)_m(H_3PO_4)_n$，$m/n=1\sim2$

其他名称　PHMG、PHMG phosphate

化学名称　聚六亚甲基单胍磷酸盐

IUPAC 名　poly（iminocarbonimidoylimino-1,6-hexanediyl） phosphate

CAS 号　[89697-78-9]

理化性质　分子量如下：数均分子量（M_n）18500，重均分子量（M_w）137000。多分散指数（M_w/M_n）7.37。纯品为白色粉末，无味。降解温度250℃。堆积密度0.68～0.76g/cm³。黏度（25℃，25%水溶液）1.31cP。pH（25℃，1%水溶液）6.5～8.0，酸碱值稳定范围1～10。溶解性（25℃）：水<30%，甲醇<0.002%，乙醇<0.002%，50%乙醇<3%，甘油<0.002%。

毒性　聚六亚甲基胍一般以盐酸盐、磷酸盐和丙酸盐等盐类形式存在。早期毒理学研究中，急性经口和经皮毒性研究显示，SD大鼠暴露于PHMG磷酸盐（PHMG-P）的半数致死剂量分别为610mg/kg和大于2000mg/kg；局部毒性研究显示，PHMG-P对家兔皮肤无刺激作用；遗传毒性研究显示，PHMG-P对小鼠骨髓嗜多染红细胞无致微核作用。

杨正丽等报道，自韩国发生加湿器消毒剂致肺损伤事件以来，PHMG的吸入毒性开始引起人们的重视与关注。2020年7月，韩国社会灾难调查特别委员会公布调查结果，称在1994～2011年期间，韩国约627万人使用过加湿器消毒剂，其中约67万人因此而健康受损，1.4万人因此而死亡。由此可见，PHMG的吸入毒性不容小觑。

抗菌防霉效果　聚六亚甲基单胍磷酸盐（PHMG）的抗菌机理：由于胍基具有很高的活性，聚合物呈正电性，易被各类细菌、病毒吸附。PHMG通过细胞膜扩散并与细胞质膜结合，与磷脂双分子层形成复合物，破坏渗透平衡和细胞质膜，导致细胞渗漏，并且其与核酸反应强烈，从而抑制了细菌、病毒的分裂，使细菌、病毒丧失生殖能力。同时，由于PHMG是聚合物，聚合物形成的薄膜堵塞了微生物的呼吸通道，微生物迅速窒息而死（Choi，2017）。

聚六亚甲基单胍磷酸盐对大肠杆菌、金黄色葡萄球菌、白色念珠菌、淋球菌、沙门氏菌、铜绿假单胞杆菌、李斯特菌、痢疾杆菌、黑曲霉菌、布鲁氏杆菌、副溶血弧菌、溶藻弧菌、鳗弧菌、嗜水气单胞菌及硫酸盐还原菌、铁细菌、腐生菌具有完全杀灭作用，并且有长期抑菌作用，能有效防止细菌二次污染。其对一些微生物的最低抑制浓度见表2-275。

表 2-275　聚六亚甲基单胍磷酸盐（PHMG）对一些微生物的最低抑制浓度（MIC）

微生物	MIC/(mg/L)	微生物	MIC/(mg/L)
白色念珠菌	8	芽孢杆菌	8
红酵母	16	大肠杆菌	4
新型隐球酵母	16	伤寒沙门氏菌	4
啤酒酵母	8	铜绿假单胞杆菌	8
镰孢霉	16	变形杆菌	16
红癣菌	8	金黄色葡萄球菌	8
枝孢霉	4	衣原菌	8
黑曲霉	32	白硫丝菌	8

制备　由双氰胺与磷酸二氢铵反应，合成中间体与1,6-己二胺反应制备得到。

应用　聚六亚甲基单胍磷酸盐（PHMG）广泛应用于医疗卫生、日用化学品、纺织整理剂、造纸、石油开采、农业、养殖、塑料、涂料等领域杀菌消毒或抗菌防藻。

聚六亚甲基双胍盐酸盐（PHMB）
（polyhexamethylene biguanide）

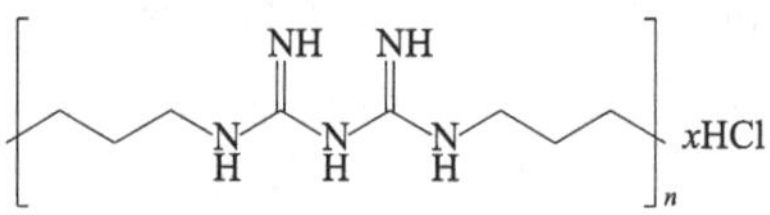

$(C_8H_{17}N_5)_n \cdot x\text{HCl}$，$n=12\sim16$

其他名称　聚己缩胍、聚己双胍、聚氨丙基双胍（PAPB）

化学名称　聚六亚甲基双胍盐酸盐

IUPAC名　poly（iminoimidocarbonyl）iminohexamethylene hydrochloride

INCI名称　polyaminopropyl Biguanide（PAPB）

CAS号　32289-58-0（USA）、27083-27-8（Europe）、133029-32-0（INCI）

EC编码　[608-723-9]、[608-042-7]

理化性质　纯品为白色粉末。pH（1%水溶液）6.5～8.5。溶解性：易溶于水。稳定性：pH 4～10之间稳定。与非离子表面活性剂、乙二醇、乙二醇酯、EDTA或强酸相溶。但与阴离子表面活性剂、强碱、磷酸盐和强氧化物相溶有限。

市售商品大多数的聚合度在12～16，固含量20%的水溶液系半透明无色到淡黄色液体。pH 4.0～6.0。沸点102～103℃。密度（20℃）1.040～1.045g/mL。吸光度（237nm）：Min. 400，吸光率比（237nm/222nm）1.2～1.6。溶解性：易溶于水。稳定性：对热稳定。不挥发。高浓度对铜等金属有一定腐蚀。

毒性　大鼠急性经口 LD_{50} 4000mg/kg。水生生物：虹鳟鱼 LC_{50}(96h) <1mg/L；水蚤 EC_{50}（48h）0.18～0.45mg/L。

抗菌防霉效果　刘心建报道，胍类化合物的杀菌机理有如下解释：第一，胍基具有较高的活性，聚合物呈正电性。由于各类细菌、病毒一般呈负电性，所以胍盐很容易被吸附，进而使细菌、病毒无法分裂繁殖，丧失活性。第二，胍类化合物使细胞膜结构塌陷，形成跨膜气孔，细胞膜破裂，破坏微生物体能量代谢，使细菌、病毒丧失活性。第三，胍类聚合物能形成一层薄膜，封闭微生物的呼吸通道，使其窒息。

聚六亚甲基双胍盐酸盐对革兰氏阳性菌、革兰氏阴性菌、真菌和酵母菌等均有杀伤能力；与聚六亚甲基单胍比较，聚六亚甲基双胍对谷草杆菌、啤酒酵母和黑曲霉的抑制效果优于聚六亚甲基单胍。

聚六亚甲基双胍盐酸盐低浓度下对革兰氏阳性、阴性菌都有很强的抗菌作用，但对霉菌效果欠佳。表 2-276、表 2-277 显示了它对一些主要的细菌、酵母、霉菌的杀菌作用，还发现它对很多的芽孢具有杀菌效果。

表 2-276　聚六亚甲基双胍盐酸盐的杀菌作用

微生物	杀菌条件	
	浓度/%	时间/min
枯草芽孢杆菌芽孢	0.05	>1
金黄色葡萄球菌	0.025	>1
同型腐酒乳杆菌 4 株	0.002～0.008	>10
铜绿假单胞杆菌	0.2	>3
大肠杆菌	0.2	>1
酿酒酵母	1.0	>3
黑曲酶	2.0	>60
枯草芽孢杆菌芽孢	0.04	>2.5
蜡状芽孢杆菌芽孢	0.08	>60
巨大芽孢杆菌	0.04	>2.5
地衣芽孢杆菌芽孢	0.04	30
坚强芽孢杆菌芽孢	0.08	20
多黏芽孢杆菌芽孢	0.08	>60
多黏芽孢杆菌芽孢	0.04	30
环状芽孢杆菌芽孢	0.04	30
短小芽孢杆菌芽孢	0.08	20
凝固芽孢杆菌芽孢	0.08	20

表 2-277　20%PHMB 对常见微生物的最低抑制浓度（MIC）

微生物	MIC/(mg/L)	微生物	MIC/(mg/L)
芽孢杆菌	5	阴沟肠杆菌	20
大肠杆菌	5	嗜肺军团菌	200
普通变形杆菌	200	铜绿假单胞菌	100
恶臭假单胞菌	25	沙门氏霍乱弧菌	55
鼠伤寒沙门氏菌	8	金黄色葡萄球菌	1
粪链球菌	25	乳酸链球菌	25
黑曲霉	750	白色念珠菌	300
酿酒酵母	100		

（来源：AVECIA）

制备　用 1,6-双氰基胍基己烷直接与己二胺盐酸盐加聚反应，得到目标物。

应用　胍类化合物早在 20 世纪 30 年代就被人们发现具有杀菌性能；20 世纪 50 年代开始，双胍类消毒剂陆续被研制出并使用；1980 年美国 ICI 公司率先制备出聚六亚甲基双胍盐酸盐（PHMB），比如 Reputex20、Arlagard E 和 Cosmocil CQ，是化妆品和纺织行业著名防腐剂品牌。

聚六亚甲基双胍盐酸盐（PHMB）具有广谱高效杀菌活性，广泛应用于疾病预防控制行业、健康卫生行业、家化日化、纺织纤维、农业、畜牧养殖业等诸多行业。

实际应用参考：

① 文献资料显示，在使用PHMB时偏碱性的环境有助于杀菌基团发挥作用，杀菌效果比在酸性条件下好。但需要注意的是，胍基在碱性条件下水解生成氨气与尿素，所以配制的PHMB溶液pH值不能太高。

② 金华中报道，聚六亚甲基双胍盐酸盐（PHMB）和聚氨丙基双胍（PAPB）本身是同一物质，只是因为根据重复化学组成单元的划分不一致，详见图2-19。另外，该化合物应用领域不同，表述不同，化妆品行业该化合物被称为PAPB。

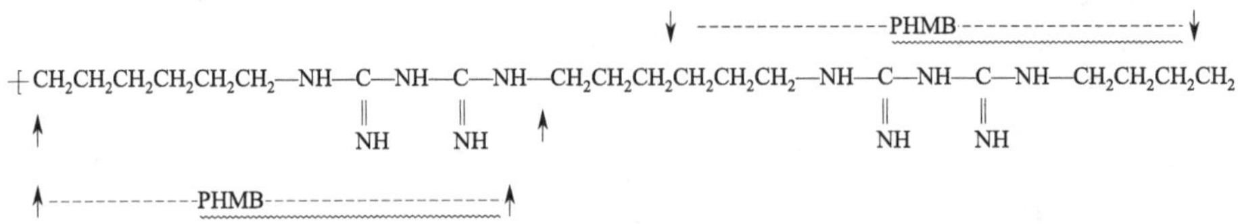

图2-19 PHMB和PAPB的位置表述不同

③ 普朗特（Prontosan®）液体伤口敷料（冲洗液）和凝胶伤口敷料（覆盖敷料）主要用于急性和慢性的皮肤伤口、烧伤及化学伤口等的清洁、冲洗、湿润和去除污染。主要成分是聚己双胍（polyhexanide）和甜菜碱（betaine），其中聚己双胍为高效广谱抗菌剂，甜菜碱为表面活性剂，二者合用可有效去除细菌生物膜，减少细菌负荷，促进伤口愈合。另外，治疗阿米巴性角膜炎的PHMB制剂，也已经被FDA批准应用于临床。

④ PHMB被证明可以灭活艾滋病毒，而一些其他胍类衍生物则可以灭活牛痘病毒和流感病毒。PHMB的主要病毒灭活机理是PHMB与病毒衣壳相互作用从而引起病毒死亡。一些研究人员则认为，PHMB的病毒灭活效率受分子结构和亚甲基含量、与病毒接触时间及与病毒相互作用的影响。同时，PHMB还可以通过影响病毒与宿主细胞结合或影响病毒进入细胞的过程而起到协同抗病毒作用（NIRO，2023）。因此，PHMB等胍类抗菌剂被广泛用于纤维材料中，用来制备具有抗菌抗病毒功能的防护纤维材料。

法规

① 2016年，欧盟生物杀灭剂产品委员会（BPC）发布法规（EU）2016/125，批准聚六亚甲基双胍盐酸盐作为PT-2、PT-3、PT-11生物杀灭剂产品的活性物质。批准日期2017年7月1日，批准期满2027年7月1日。

2016年，欧盟生物杀灭剂产品委员会（BPC）发布法规（EU）2016/124，批准聚六亚甲基双胍盐酸盐作为PT-4生物杀灭剂产品的活性物质。批准日期2017年7月1日，批准期满2027年7月1日。

2016年，欧盟生物杀灭剂产品委员会（BPC）发布法规（EU）2016/109，未批准聚六亚甲基双胍盐酸盐作为PT-1、PT-6、PT-9生物杀灭剂产品的活性物质。

② 2017年，欧盟生物杀灭剂产品委员会（BPC）发布法规（EU）2016/902，

未批准聚六亚甲基双胍盐酸盐作为PT-5生物杀灭剂产品的活性物质。

2017年提交了相关资料，申请PT-1（人体卫生学消毒剂）、PT-2（不直接用于人体或动物的消毒剂和杀藻剂）、PT-3（兽医卫生消毒剂）、PT-4（食品和饲料领域消毒剂）、PT-5（饮用水消毒剂）、PT-6（罐内防腐剂）、PT-9（纤维、皮革、橡胶和聚合材料防腐剂）、PT-11（液体制冷和加工系统防腐剂），目前该申请处于还在审核之中。截至2023年9月，PT-2（不直接用于人体或动物的消毒剂和杀藻剂）、PT-4（食品和饲料领域消毒剂）获得批准，其余项目已被驳回或不再支持。

③ 2017年欧盟消费者安全科学委员会（SCCS）发布最终评估报告SCCS/1581/16，认为0.1%浓度的PHMB作为防腐剂在所有化妆品中使用是安全的（对于PHMB 20%的添加量不超过0.5%），但不建议应用于喷雾型产品。

④ 我国2015年版《化妆品安全技术规范》规定：聚氨丙基双胍最大使用浓度为0.3%。不适用于可喷雾制剂。

⑤ GB 38850—2020《消毒剂原料清单及禁限用物质》规定其（CAS号：32289-58-0）可以使用的范围有：H，表示用于人体的消毒剂。

聚六亚甲基单胍盐酸盐（PHGC）
（polyhexamethyleneguanidine hydrochloride）

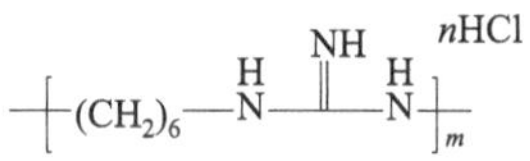

$(C_7H_{15}N_3)_m \cdot (HCl)_n$ 1000～3000 57028-96-3

其他名称 PHGC、PHMG、盐酸聚六亚甲基胍

化学名称 聚六亚甲基单胍盐酸盐

理化性质 纯品是一种白色无定形粉末或树脂状聚合物，残留己二胺及其盐无检出。市售商品固含量25%，外观呈无色至浅黄色透明液体。pH（20℃）5.0～7.0。沸点102～103℃。相对密度（20℃）1.045～1.055。溶解性：易溶于水（来源：山的）。

毒性 聚六亚甲基胍盐酸盐是高分子聚合物，所以不易被动物体内组织吸收。因此随聚合度的提高，大大降低了毒性，使其对高等生物的细胞基本无影响。毒理学试验表明，该药剂的小鼠急性经口LD_{50}雌、雄小鼠均大于10000mg/kg；皮肤刺激试验，对家兔皮肤刺激指数为0，刺激强度级别为无刺激性；皮肤变态反应试验，对豚鼠的皮肤致敏强度属极轻；对小鼠骨髓嗜一多染红细胞无致微核作用。

抗菌防霉效果 据俄罗斯防疫检测部门报道，聚六亚甲基胍盐酸盐（PHGC）的杀菌机理可解释为由于在聚六亚甲基胍盐酸盐中的胍基有很高的活性，聚合物呈正电性，故很容易被通常呈负电性的各类细菌、病毒所吸附，从而抑制了细菌、病毒的分裂功能，使细菌、病毒丧失了生殖能力，加上聚合物形成的薄膜堵塞了微生物的呼吸通道，微生物迅速窒息而死。同时，由于聚六亚甲基胍盐酸盐是聚合物结构，能使胍基的有效活性得以提高，所以聚六亚甲基胍盐酸盐的杀菌效力大大高于其他分子量较低的胍类化合物（如洗必泰）。PHGC对大肠杆菌、金黄色葡萄球菌和白色念珠菌的灭杀效果如表2-278所示。

表 2-278 聚六亚甲基单胍盐酸盐对大肠杆菌、金黄色葡萄球菌和白色念珠菌的灭杀效果

微生物	作用不同时间的灭菌率/%			
	1min	2min	5min	10min
大肠杆菌	99.98	100	100	100
金黄色葡萄球菌	99.99	100	100	100
白色念珠菌	99.99	100	100	100

注：在（22±1）℃条件下测试，试验重复 3 次，大肠杆菌、金黄色葡萄球菌、白色念珠菌阳性对照菌落分别为 6.53×10^5cfu/mL[(5.40×10^5)～(7.74×10^5)cfu/mL]、6.85×10^5cfu/mL[(6.58×10^5)～(7.20×10)cfu/mL]、7.80×10^5cfu/mL[(6.56×10^5)～(9.02×10^5)cfu/mL]；阴性对照无生长菌。

由表 2-278 可知，聚六亚甲基胍盐酸盐（PHGC 或 PHMG）具有很好的抗菌性，对大肠杆菌、金黄色葡萄球菌和白色念珠菌作用 1min，灭杀率可以达到 99.98%以上。

实验证明，聚六亚甲基胍盐酸盐对葡萄糖球菌、沙门氏菌、埃希氏菌等有很好的抑制作用。测定出聚六亚甲基胍盐酸盐浓度为 0.001%～0.1%，作用时间为 5～10min，杀菌能力非常好。

制备 大多由盐酸胍与己二胺的缩聚反应得到。

应用 盐酸聚六亚甲基胍（PHGC 或 PHMG）是 20 世纪 90 年代国际上开始开发的，具有更高杀菌效力的一类消毒剂。聚胍类化合物常被用在医院、水处理、食品工业、水产和畜牧养殖、纺织工业、瓜果蔬菜和餐饮具消毒等领域。

实际应用参考：

① 按照胍基的不同，可以将其分为聚单胍和聚双胍；按照胍基结合的酸类别，可以分为盐酸盐和磷酸盐。近年来，科学研究发现，相比于聚六亚甲基双胍盐酸盐（PHMB），聚六亚甲基单胍盐酸盐（PHGC 或 PHMG）具有更强的杀菌活性，目前研究最多的是聚六亚甲基单胍盐酸盐。通过 MALDI-TOF-MS 分析发现，因两种反应物连接方式的不同，聚六亚甲基单胍盐酸盐寡聚物有三种线状类型、三种环状类型和一种星状类型的分子链结构（图 2-20），且各自的含量随反应条件的不同而发生变化。

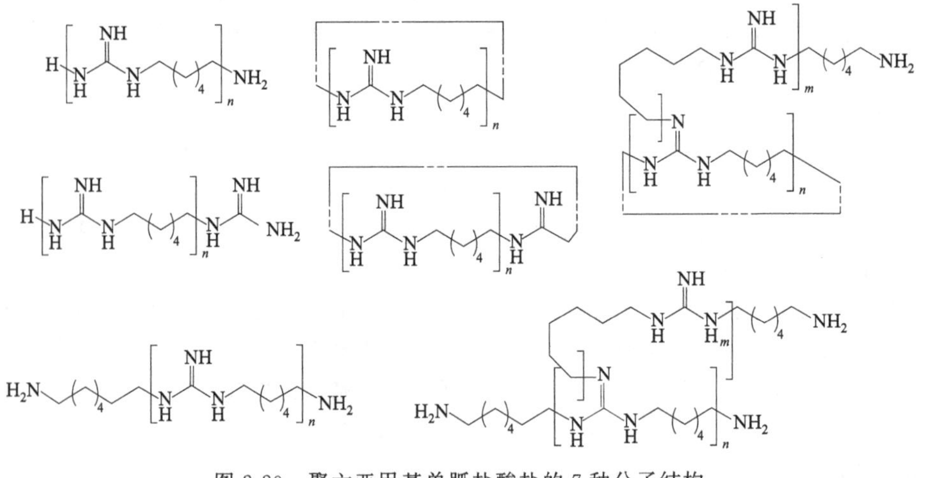

图 2-20 聚六亚甲基单胍盐酸盐的 7 种分子结构

② 潘旭东等研究了有机胍杀菌剂［主要成分为聚六亚甲基盐酸胍复配物（质量分数25%）］对污损海生物的抑制性能及对海洋生物的毒理效应，结果表明：有机胍使用质量浓度为10mg/L时对污损海生物的抑制率可达95%以上，同时，有机胍的96h LC_{50}（实验96h海生物死亡50%时）样品的质量浓度为76.17mg/L，对海域生物影响较小，用作海生物抑制剂的性能优异。

法规 GB 38850—2020《消毒剂原料清单及禁限用物质》规定其可以使用的范围有：A，表示用于室内的消毒剂；E，表示用于环境及物体表面的消毒剂；H，表示用于人体的消毒剂；K，表示用于集中空调通风系统的消毒剂。

硫酸聚六亚甲基胍

（polyhexamethylen guanidine sulfuric acid）

$(C_7H_{16}N_3HSO_4)_n$

理化性质 硫酸聚六亚甲基胍是一种白色无定形粉末，无特殊气味，易溶于水。水溶液无色至淡黄色、无味，不燃不爆，对于各种金属材料基本无腐蚀，分解温度大于400℃，分子式为 $(C_7H_{16}N_3HSO_4)_n$，对所处理表面无漂白现象，两年不会变质，0.1%浓度的水溶液具有微苦的味道。

毒性 魏兰芬等对硫酸聚六亚甲基胍做了毒理学试验，试验结果表明，经急性经口毒性试验后，试验动物均无不良反应，亦无动物死亡，硫酸聚六亚甲基胍对雌雄小鼠经口 $LD_{50}>5000$mg/kg，根据急性毒性分级标准，属于实际无毒类。

抗菌防霉效果 硫酸聚六亚甲基胍的杀菌机理可解释为由于在硫酸聚六亚甲基胍中的胍基有很高的活性，聚合物呈正电性。故很容易被通常里负电性的各类细菌、病毒所吸附，从而抑制了细菌、病毒的分裂功能，使细菌、病毒丧失了生殖能力，加上聚合物形成的薄膜堵塞了微生物的呼吸通道，微生物迅速窒息而死。同时，由于硫酸聚六亚甲基胍是聚合物结构，能使胍基的有效活性得以提高，所以硫酸聚六亚甲基胍的杀菌效力大大高于其他胍类化合物（如洗必泰）。

制备 主要由二氰胺钠和1,6-己二胺硫酸盐等反应制得。

应用 硫酸聚六亚甲基胍作为消毒杀菌剂广泛应用于游泳池、湖水、水塘、冷却塔、喷泉等领域杀菌灭藻，以及可用于纺织业、造纸业、木材加工业、橡胶工业、农业、食品等领域杀菌消毒，亦可作为污水处理的絮凝剂或油田系统中的缓蚀剂、固井水泥外加剂和三次采油助剂等。

氯己定（CHX）

（chlorhexidine）

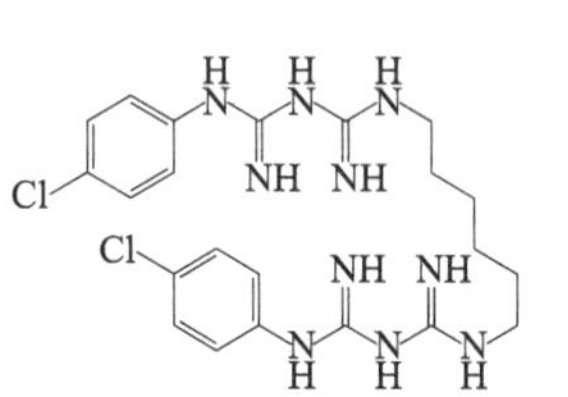

$C_{22}H_{30}Cl_2N_{10}$ 505.5 55-56-1

其他名称　洗必泰（Hibitane）、氯苯胍亭、双氯苯双胍己烷、洗必太

化学名称　1,1′-己基双[5-(对氯苯基)双胍]

IUPAC 名　1,1′-hexamethylenebis[5-(p-chlorophenyl) biguanide]

INCI 名称　chlorhexidine

EC 编号　[200-238-7]

理化性质　纯品为白色结晶性粉末。没有气味。熔点 134～136℃。密度 300～400kg/m^3。蒸气压（25℃）1.92×10^{-16}mmHg。lgK_{ow}=0.08（pH 5.0）。pK_a=10.8（25℃）（HANSCH，C&LEO，AJ，1985）。溶解性：难溶于水，水 0.08g/L（MERCK INDEX，1996）；能在乙醇中溶解。稳定性：氯己定在 pH 5.5～8 范围内有活性，偏碱性时活性最佳。

氯己定可与酸形成相应的盐类。中国药典收载了醋酸盐，英国药典记载的有盐酸盐、醋酸盐及葡萄糖酸盐 3 种。

毒性　大鼠急性经口 LD_{50} 3000mg/kg。小鼠急性经口 LD_{50} 2515mg/kg。大鼠腹腔注射 LD_{50} 60mg/kg。小鼠腹腔注射 LD_{50} 44mg/kg。大鼠静脉注射 LD_{50} 21mg/kg。小鼠静脉注射 LD_{50} 24mg/kg（来源：VM/SAC，1977）。

抗菌防霉效果　氯己定（CHX）是一种低效的皮肤黏膜消毒剂。氯己定杀菌机理解释为细菌的细胞膜主要由磷脂双分子层和蛋白质构成，由于细胞膜外层的磷酯官能团带负电荷，因此作为阳离子的洗必泰分子容易将细胞膜上的磷脂分子作为靶标相互作用并吸附在一起，从而造成各种微生物细胞膜的破裂损伤，使细胞内容物漏出，将细菌杀死。Mc Lellan 等研究表明，即使有血液等存在时，洗必泰的杀菌效果仍不受影响，这也可能与洗必泰的杀菌机理有关。由于洗必泰与皮肤的良好亲和性，吸附并残留在皮肤表面，从而表现出在皮肤上的长效抗菌性能。

张玥等报道，氯己定对革兰氏阳性菌杀灭作用最强，革兰氏阴性菌和真菌对其敏感性稍差，但对结核分枝杆菌和某些抗力较强的直菌杀灭作用较弱，对细菌芽孢仅有抑制作用。体外研究表明，氯己定对单纯疱疹病毒、艾滋病毒、流感病毒等胞膜病毒有很好的杀灭效果，对无包被病毒杀灭效果略差。氯己定对某些微生物杀菌和抑制浓度见表 2-279。

表 2-279　氯己定对几种微生物杀菌和抑制浓度

菌种	氯己定水溶液		菌种	氯己定水溶液	
	抑制浓度	杀菌浓度		抑制浓度	杀菌浓度
铜绿假单胞杆菌	1∶40000	1∶30000	大肠杆菌	1∶350000	1∶300000
变形杆菌	1∶25000	1∶20000	伤寒杆菌	1∶2000000	1∶1500000
金黄色葡萄球菌	1∶50000	1∶40000	产气杆菌	1∶90000	1∶70000
枯草芽孢杆菌	1∶220000	1∶200000	产气荚膜梭菌	1∶800	1∶600

制备　氯己定合成方法：重氮化反应、缩合反应、消除反应、缩合反应。

应用　氯己定又名洗必泰，是在 20 世纪 60 年代由 Rose 和 Swain 在实验室中首次合成得到。我国 1966 年由湖南医药工业研究所研制成功，1967 年由中国辽宁省锦州制药一厂投产。国内外常用的是其醋酸盐、葡萄糖酸盐和盐酸盐。

该化合物已在药品、医疗用品和个人卫生用品（如漱口液、牙膏等）等方面得

到广泛应用，可用于皮肤和黏膜的消毒以及食品厂、化妆品厂、制药厂等领域表面消毒。

实际应用参考：

① 邱凯报道，所谓的胍可看作是脲分子结构（—NH—CO—NH—）中的氧原子被亚氨基（═NH）取代而生成的化合物，胍分子中除去一个氢原子后的基团称为胍基。正是由于亚氨基团的存在，氯己定本身为碱性物质，由于其难于电离，因而难溶于水，其与无机酸或有机酸能形成盐类，可溶于水。

② 氯己定（又名洗必泰）盐是阳离子型物质，因此碱性物质如肥皂、阴离子表面活性剂、某些阴离子药物能降低其杀菌活性。0.1%以上的肥皂可显著降低其杀菌效果，但当肥皂浓度降低为0.001%时，则无明显的影响，故一般洗手后残留的肥皂对洗必泰的杀菌效果无明显影响，但考虑到潜在抗菌抑制效果，通常不推荐在使用洗必泰消毒剂之前使用肥皂洗手。一些强氧化性物质也能与之反应，从而破坏其杀菌性能，如含氯消毒剂、甲醛。由于自来水通常是用低浓度的含氯制剂消毒，因此采用自来水配制或混合洗必泰可能会导致杀菌效果降低。接触过洗必泰溶液的纤维织物，如用含氯化物漂白剂漂白，能导致织物变棕，可用高硼酸盐代替。除此以外，重碳酸盐、碳酸盐、枸橼酸盐、磷酸盐和硫酸配伍，有可能生成低溶解度的盐类而沉淀。

法规　我国2015年版《化妆品安全技术规范》规定：该防腐剂氯己定在化妆品中使用时，最大允许浓度为0.3%（以氯己定计）。

葡萄糖酸氯己定（CHG）
（chlorhexidine gluconate）

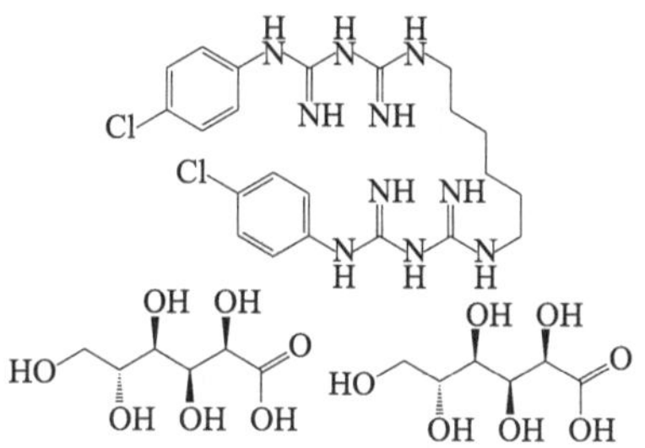

$C_{22}H_{30}Cl_2N_{10}\cdot 2(C_6H_{12}O_7)$ 897.8 18472-51-0

化学名称　1,6-双(对氯苯双胍)正己烷二葡萄糖酸盐、葡萄糖酸洗必泰

INCI名称　chlorhexidine digluconate

EC编码　[242-354-0]

理化性质　纯品为白色或浅黄色结晶。沸点（101kPa）约105℃。密度（20℃）1.06～1.07g/mL。pH（25℃）5.5～7.0。溶解性：溶于水和低级醇。稳定性：光照可能分解。其葡萄糖酸盐多为20%水溶液。

毒性　小鼠急性经口LD_{50} 1260mg/kg（雄），1950mg/kg（雌）。大鼠急性经口LD_{50} 2270mg/kg（雄），2000mg/kg（雌）。虹鳟鱼LC_{50}（96h）3.2mg/L。

抗菌防霉效果　葡萄糖酸氯己定是一种杀菌消毒剂，其作用机制是吸附于细菌胞浆膜的渗透屏障，使细胞内容物漏出，从而发挥抗菌的作用。

葡萄糖酸氯己定对细菌的抑制具有广谱性，对大肠杆菌、铜绿假单胞杆菌、金黄色葡萄球菌、枯草杆菌都有很强的杀灭作用。用葡萄糖酸氯己定乙醇皮肤消毒液作用1min、2min、3min、5min、10min，对大肠埃希菌、金黄色葡萄球菌、铜绿假单胞杆菌、白色念珠菌的杀菌率均达100%。其对部分微生物最低抑制浓度见表2-280。

表 2-280　20%葡萄糖酸氯己定水溶液对常见微生物的最低抑制浓度（MIC）

微生物	MIC/(mg/L)	微生物	MIC/(mg/L)
阴沟肠杆菌	62.5	大肠杆菌	0.5
肺炎克雷伯菌	15.5	奇异变形杆菌	64
普通变形菌	2	铜绿假单胞菌	31.25
荧光假单胞菌	4	金黄色葡萄球菌	1
黑曲霉	16	白色念珠	8
青霉	16	酿酒酵母	1

（来源：AVECIA）

制备　葡萄糖酸氯己定是由葡萄糖酸与氯己定碱反应制得。

应用　由于醋酸氯己定的刺激性，国外近年来对氯己定（洗必泰）消毒剂的研究主要集中在葡萄糖酸洗必泰上。早在1964年英国Lowbury等尝试用1.5%葡萄糖酸氯己定（CHG）的消毒液进行手消毒。丹麦Schiott等于1970年将0.2% CHG水溶液用于口腔护理，减少牙菌斑的形成。国内1985年任家玲首先报道采用0.2% CHG水溶液进行药物注射前皮肤消毒。美国疾病控制与预防中心2002年推荐CHG用于手消毒以及中心静脉相关皮肤消毒。

葡萄糖酸氯己定（又名葡萄糖酸洗必泰，CHG）可用于医疗用具的消毒以及厂房设备、环境等消毒，亦可用于化妆品等行业杀菌防腐。

实际应用参考：

王惠萍报道，葡萄糖酸氯己定抗菌透明敷料已经在国外的感染预防中得到了广泛应用，将葡萄糖酸氯己定抗菌透明敷料贴敷在患者的患处，其凝胶衬垫直接作用于穿刺点，有效抑制了细菌滋生，减少穿刺点细菌侵入的可能性。冯波研究表明，葡萄糖酸氯己定抗菌透明敷料具有明显的抗菌作用，其抗菌效果会持续至皮肤或导管下端，这种敷料可隔离外来37种微生物，对汗液、渗血等吸收量可至本身体积3倍。

法规

① 欧盟化学品管理局（ECHA）根据指令98/8/EC（BPD）或规则（EU）No 528/2012（BPR）提交了批准申请的所有活性物质/产品类型组合：PT-1（人体卫生学消毒剂）、PT-2（不直接用于人体或动物的消毒剂和杀藻剂）、PT-3（兽医卫生消毒剂）。生物杀灭剂葡萄糖酸氯己定申请目前处于审核进行之中。

② 我国2015年版《化妆品安全技术规范》规定：该防腐剂葡萄糖酸氯己定在化妆品中使用时，最大允许浓度为0.3%（以氯己定计）。

③ GB 38850—2020《消毒剂原料清单及禁限用物质》规定其可以使用的范围

有：A，表示用于室内的消毒剂；E，表示用于环境及物体表面的消毒剂；H，表示用于人体的消毒剂；M，表示用于医疗器械的消毒剂。

十二烷基盐酸胍（DGH）
(dodecylguanidine hydrochloride)

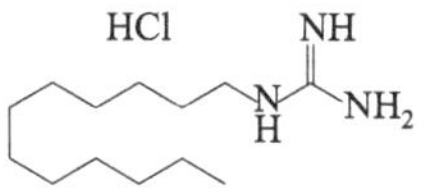

$C_{13}H_{29}N_3 \cdot HCl$ 263.9 13590-97-1

其他名称　生物抑制剂 60、盐酸十二烷基胍

化学名称　十二烷基胍单盐酸盐

IUPAC 名　2-dodecylguanidine；hydrochloride

EC 编码　[237-030-0]

理化性质　十二烷基胍常以十二烷基盐酸胍的形式出现，含量为 35%，呈淡黄色的液体，具有弱的酒精气味。沸点 108℃。冰点 0℃。pH（10%）4.3。相对密度（25℃）1.02～1.06。溶解性：易溶于水（来源：NALCO）。

毒性　雌性大鼠吸入 LC_{50}（4h）0.2mg/L。大鼠急性经口 LD_{50} 1400mg/kg。兔急性经皮 LD_{50}>2000mg/kg（来源：LANXESS）。

抗菌防霉效果　十二烷基盐酸胍在 pH 1～12 之间稳定快速杀灭细菌、真菌和藻类，包括硫酸盐还原菌（SRB）。宋永波等报道，在 25mg/L 下对金黄色葡萄球菌和大肠埃希氏菌的抑菌率达 100%。其对一些微生物的最低抑制浓度见表 2-281。

表 2-281　十二烷基盐酸胍对一些微生物的最低抑制浓度（MIC）

微生物	MIC/(mg/L)	微生物	MIC/(mg/L)
松脂芽枝霉	20	金黄色葡萄球菌	50
蜡叶芽枝霉	30	大肠杆菌	40
黑曲霉	100	铜绿假单胞杆菌	80
橘青霉	50	产氨短杆菌	70
黄曲霉	110	枯草杆菌	60
球毛壳霉	40	普通变形杆菌	25
啤酒酵母	40		

制备　以十二烷基伯胺、氰胺为原料一步合成十二烷基胍盐酸盐。

应用　十二烷基盐酸胍可作杀菌剂、消毒剂、表面活性剂，广泛适于医院、食品厂、制药厂等用于卫生毛巾、卫生口罩、长大衣、帽子等的消毒；还可用于医疗器械的用布、卫生材料、手术衣、浴室抹布、婴儿尿布等的消毒；亦可用于造纸、水处理等行业或农业领域。

实际应用参考：

宋永波等报道，十二烷基胍盐酸盐发泡和稳泡性优于十二烷基三甲基氯化铵(DTAC)，乳化能力较差，抑菌活性较高，在 25mg/L 下对金黄色葡萄球菌和大肠埃希氏菌的抑菌率达 100%，对真菌白色念珠菌的抑菌活性也明显高于 DTAC，详见表 2-282。

表 2-282　十二烷基胍盐酸盐和 DTAC 的抑菌活性

微生物	质量浓度/(mg/L)	抑菌率/%		
		金黄色葡萄球菌	大肠埃希氏菌	白色念珠菌
十二烷基胍盐酸盐	25	100	100	92.3
	100	100	100	99.5
DTAC	25	90.1	96.4	81.6
	100	94.2	99.2	91.3

法规　欧盟化学品管理局（ECHA）根据指令 98/8/EC（BPD）或规则（EU）No 528/2012（BPR）提交了批准申请的所有活性物质/产品类型组合：PT-6（产品在储存过程中的防腐剂）、PT-11（液体制冷和加工系统防腐剂）。十二烷基盐酸胍申请目前处于审核进行之中。

双胍辛乙酸盐
(guazatine acetate)

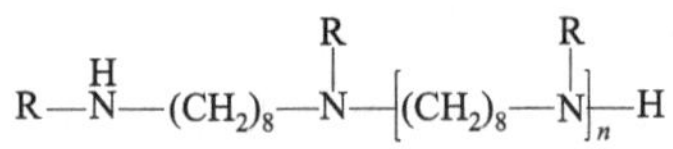

式中，n 可以是 0，1 或 2 等，任一个 R 取代基可以是—H（17%～23%）或—C(NH_2)═NH(83%～77%)。

其他名称　双胍辛醋酸盐、(双-辛基胍基）胺三乙酸盐

化学名称　双胍辛盐是一种来自聚胺（polyamines）的反应物的混合物，主要组成：辛二胺和亚氨基二(亚辛基）二胺、亚辛基双(亚氨基亚辛基）二胺以及氨基化氰等反应制得的化合物,没有固定的组成，但均有活性。实际应用的是双胍辛乙酸盐。

CAS 号　[108173-90-6] 双胍辛盐、[115044-19-4] 双胍辛乙酸盐

理化性质

双胍辛盐　经批准的英文通用名为 guazatine，最初被定名为 1,1-亚氨基双(亚辛基）二胍（BSI 从 1970～1972 年使用的名称为 guanoctine）。目前知道市场上销售的是一个反应混合物。产生于工业亚氨基双（亚辛基）二胺脒化，商业双胍辛盐包含大量的胍类（其中，聚胺链的氨基和亚氨基是组成部分）和聚胺，基本都有杀菌活性。

双胍辛乙酸盐　该混合物为褐色固体。熔点 60℃（大约）。蒸气压＜1×10^{-2}mPa（50℃）。分配系数 $\lg K_{ow}=-1.2$（pH 3），-0.9（pH 10）。相对密度 1.09。溶解性：水中＞3kg/L（室温）。有机溶剂中溶解性（20～25℃）：甲醇 510g/L；N-甲基吡咯 1000g/L；N,N-二甲基甲酰胺 500g/L；乙醇 200g/L。稳定性：25℃，pH 5，7 和 9 条件下 1 个月后无明显的水解现象发生。在中性或酸性介质中稳定，在强碱中极易分解。本品对光亦稳定（刘长令等）。

毒性

双胍辛盐　大鼠急性经口 LD_{50} 300mg/kg。大鼠无作用剂量（2 年）2.8 mg/(kg · d)。ADI/RfD（JMPR）无 ADI [1997]；(BfR) 0.008mg/kg [2001]。

双胍辛乙酸盐大鼠急性经口 LD_{50} 360mg/kg。兔急性经皮 LD_{50} 1176mg/kg。水生生物：虹鳟鱼 LC_{50}（96h）1.41mg/L；水蚤 LC_{50}（48h）0.15mg/L。

抗菌防霉效果　双胍辛醋酸盐杀菌机理为：双胍辛醋酸盐溶于水后，胍基带正电，极易吸附在带负电荷的细菌表面，从而束缚细菌的活动自由，抑制其呼吸机能，即发生“接触死亡”。在电场引力的作用下，使得细菌细胞壁和细胞膜上的负电荷分布不均匀，从而造成细菌变形并发生物理性破裂，使细胞的内容物如水、蛋白质等渗出体外，发生“细菌溶体”现象而死亡。胍基也能够渗透到微生物体内，破坏微生物的细胞结构和能量物质代谢，使细菌和病毒丧失活性。同时，聚合物形成的薄膜将会堵塞微生物的呼吸通道，使微生物迅速窒息而死亡，从而达到杀菌作用。

制备　以 *O*-甲基异脲类化合物二亚辛基三胺为原料制备双胍辛醋酸盐。

应用　双胍类杀菌剂常用作皮肤的消毒剂、牙膏和化妆品的防腐剂。双胍辛乙酸盐作为一种广谱杀菌剂，对农业和园艺的主要真菌有很高的生长抑制活性，主要用于谷类种子和柑橘储藏防腐，如抑制青绿霉、酸腐、黑霉和蒂腐等，特别对酸腐病害具有特效，还可用于木材防腐。

法规　自 2016 年起，欧盟委员会禁止从第三国进口使用双胍辛乙酸盐这一危害性药剂的柑橘类水果。早在 2011 年欧盟就已经禁止欧盟范围内的柑橘种植户使用这种杀虫剂。根据新的欧盟法规 2015/1920，不论原产地在哪里，所有在欧洲市场出售的柑橘必须符合 0.05mg/kg 的双胍辛乙酸盐的残留限量标准，但这一标准被认为是无法检测的量，所以这事实上相当于禁止双胍辛乙酸盐在进口柑橘上使用。

盐酸氯己定
(chlorhexidine dihydrochloride)

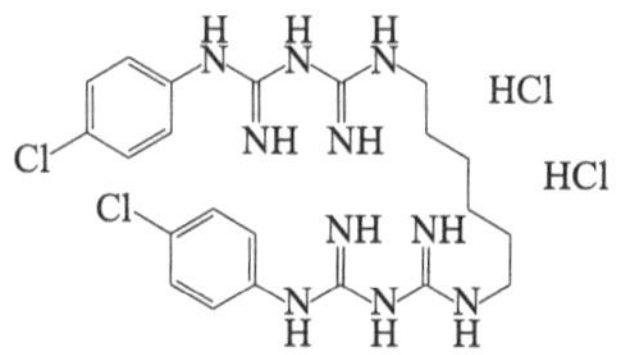

$C_{22}H_{30}Cl_2N_{10}\cdot 2(HCl)$ 578.4 3697-42-5

其他名称　盐酸洗必泰、氯己定二盐酸盐

化学名称　盐酸氯己定

INCI 名称　chlorhexidine dihydrochloride

EC 编码　[223-026-6]

理化性质　纯品为白色结晶粉末，无臭，味苦。熔点 255～262℃（分解）。溶解性：溶于低级醇。20℃时，在水中溶解度为 0.06g/100g，在沸水中为 1g/100g。20℃时，在 50%乙醇中溶解度为 0.4g/100g。

毒性　人每天服用 2g 盐酸氯己定，连续一周，无中毒现象。经常使用 1%溶液可引起红斑，偶有过敏反应，使用浓度高时易引起皮肤粗糙。小鼠皮下注射

LD_{50}>5000mg/kg（来源：Pubchem）。

抗菌防霉效果 盐酸氯己定能杀灭革兰氏阳性与阴性的细菌繁殖体和真菌，但对结核杆菌及细菌芽孢仅有抑菌作用。盐酸氯己定水溶液与醇溶液都有较好的杀菌作用，见表 2-283，其抑制浓度低达 10^{-5}。

表 2-283 不同浓度盐酸氯己定杀菌效果

菌种	不同浓度水溶液杀菌时间/min			不同浓度醇溶液杀菌时间/min		
	0.1%	0.05%	0.01%	0.1%	0.05%	0.01%
铜绿假单胞杆菌	<5	15	>15	<5	<5	15
变形杆菌	<5	<5	>15	<5	<5	10
大肠杆菌	<5	<5	10	<5	<5	<5
金黄色葡萄球菌	<5	<5	<5	<5	<5	<5
肺炎杆菌	<5	<5	>5	<5	<5	<5

研究进一步发现，有机物能减弱盐酸洗必泰的杀菌作用，碱性条件可增强杀菌效果，pH 值低于 8 时，效果明显降低。

制备 对氯苯胺经重氮化、偶合、消除、加成后冷却洗涤制得。

应用 盐酸氯己定能有效地杀灭各种细菌繁殖体，且对人无副作用，因此是用途最广泛的消毒剂之一。使用范围：房间、家具消毒；餐具消毒；金属器械消毒；皮肤消毒；食品工业中的机械、器具、容器消毒；工厂环境消毒。

法规 欧盟 ECHA 关于化妆品的第 1223/2009/EC 号法规附件Ⅴ，经法规(EU) 2022/1531 修订，OJL240，2022 年 9 月 16 日。化妆品中可以作为防腐剂添加，添加量不允许超过 0.3%。

2.13.4 其他阳离子化合物

N,*N*-二(3-氨基丙基)十二烷基胺（BDA）
(bis (aminopropyl) laurylamine)

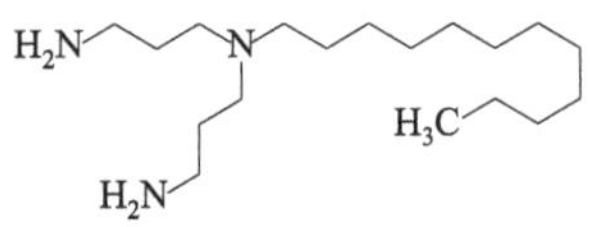

$C_{18}H_{41}N_3$ 300.0 2372-82-9

其他名称 十二烷基二亚丙三胺、月桂胺二亚丙基二胺

化学名称 *N*-(3-氨基丙基)-*N*-十二烷基-1,3-丙二胺

IUPAC 名 *N*-(3-aminopropyl)-*N*-dodecylpropane-1,3-diamine

EC 编号 [219-145-8]

理化性质 无色至黄色液体，具有氨气味。密度（20℃）0.8650g/mL。黏度（23℃）38mPa·s。pH（1%水溶液）10～12。闪点>100℃。溶解性：混溶于水和极性有机溶剂。稳定性：在正常条件下稳定。与非离子、阳离子和部分阴离子表面活性剂相容。

毒性 大鼠急性经口 LD_{50} 261mg/kg。大鼠急性经皮 LD_{50}>600mg/kg。水生生

物：虹鳟鱼 LC_{50}（96h）0.68mg/L，水蚤 EC_{50}（24h）0.64mg/L（来源：LONZA）。

抗菌防霉效果　胺类及其衍生物消毒剂大多属阳离子表面活性剂，其杀菌机理主要是通过在水中形成带正电荷的物质，吸附于带负电荷的微生物表面，形成微团，通过渗透作用进入细胞膜的类脂层，改变膜的渗透性，当其浓度达到一定程度时，胞膜非双层结构的形成可导致细胞膜的破裂和细胞内容物的外渗，进而使微生物死亡。另外，多胺类消毒剂 *N*,*N*-二(3-氨基丙基)十二烷基胺能够改变多种酶的活性和调节相关基因表达量的改变，阻碍细胞的代谢，因而具有更好的杀菌效果。

长链烷基胺［*N*,*N*-二(3-氨基丙基)十二烷基胺］对革兰氏阳性菌、革兰氏阴性菌、藻类均有良好的抑杀效果，亦体现一定的杀病毒活性。

其杀菌实验结果：用含 200mg/L 的十二烷基二亚丙三胺作用 1min，对铜绿假单胞菌、白色念珠菌、大肠杆菌和金黄色葡萄球菌的平均杀灭对数值分别为 4.14、3.89、4.84 和 4.98；含 500mg/L 的十二烷基二亚丙三胺作用 1min，对铜绿假单胞菌、白色念珠菌、大肠杆菌和金黄色葡萄球菌的平均杀灭对数值分别为 5.84、4.94、7.32 和 7.13；含 1000mg/L 的十二烷基二亚丙三胺作用 1min，对铜绿假单胞菌、白色念珠菌、大肠杆菌和金黄色葡萄球菌的平均杀灭对数值分别为 7.11、7.26、7.32 和 7.43。

制备　以十二胺、丙烯腈等为原料，经过加氢系列反应得到目标物。

应用　*N*,*N*-二(3-氨基丙基)十二烷基胺（也叫十二 Y 型胺，BDA）在强酸和强碱条件下都具有良好的稳定性，可用于日化家化、医院、工业设备等杀菌消毒，亦用于纺织材料的抗菌驱螨，本身也是一款杀菌灭藻剂。

法规

① 欧盟化学品管理局（ECHA）根据指令 98/8/EC（BPD）或规则（EU）No 528/2012（BPR）提交了批准申请的所有活性物质/产品类型组合：PT-2（不直接用于人体或动物的消毒剂和杀藻剂）、PT-3（兽医卫生消毒剂）、PT-4（食品和饲料领域消毒剂）、PT-6（产品在储存过程中的防腐剂）、PT-8（木材防腐剂）、PT-11（液体制冷和加工系统防腐剂）、PT-12（杀黏菌剂）、PT-13（金属工作或切削液防腐剂）。*N*-(3-aminopropyl)-*N*-dodecylpropane-1,3-diamine 活性物质 PT-8 申请未获批准，其他申请目前处于审核进行之中。

② Triameen Y12D 目前广泛应用于医疗设备消毒，家具和公用场所的消毒。在 BPR 审批过程中，Triameen Y12D 也列于 PT4 应用范畴（食品和饲料领域消毒剂）。对于有些可用于杀虫剂领域的杀菌剂应用在食品和饲料行业时，根据欧盟法规有最大残留量 MRL（maximum residual level）的限制，如季铵盐类消毒剂（双癸基二甲基氯化铵、苯扎氯铵等）的 MRL 值为 0.1mg/kg［REGULATION（EU）No.1119/2014］。而对于 Triameen Y12D，根据目前的欧盟标准，在非食品直接接触表面没有 MRL 的要求，因此可以安全应用于食品和饲料区域的消毒。

Tego 51

其他名称　α-亚氨基乙酸系两性表面活性剂

化学名称　十二烷基胺乙基甘氨酸

成分构成 十二烷基二乙基二氨基甘氨酸和十二烷基氨基丙基甘氨酸盐酸盐的水相混合物

理化性质 *N*-烷基甘胺酸系，其开发最早并具有代表性的两种结构，统称 α-亚氨基乙酸系两性表面活性剂。Tego 51 烷基二氨基乙基甘氨酸盐酸盐 10%。

淡黄色黏稠液体，有一点异味。pH 7～9。Tego 型杀菌消毒剂发展到现在已有很多品种，产品主要结构式列入表 2-284。

表 2-284 Tego 型杀菌剂的结构式

型号	结构式
Tego 51	$R^1CHCH_2CH_2NHCH_2CH_2NHCH_2COOH+R^1NH(CH_2)_2NHCH_2COOH$
Tego 51B	$R^1NH(CH_2)_2NH(CH_2)_2NHCH_2COOH$
Tego 103S	$R^1NH(CH_2)_2NH(CH_2)_2NHCH_2COOH\text{-}HCl$
Tego 103G （或 Tego MHG）	$R^1NH(CH_2)_2NH(CH_2)_2NHCH_2COOH\text{-}HCl$ $+[R^2NH(CH_2)_2]_2NCH_2COOH\text{-}HCl$

注：R^1 为 C_{12}；R^2 为 C_8～C_{14}。

毒性 黑鼠急性经口 LD_{50} 13500mg/kg。两性离子型表面活性剂毒性普遍较低。

抗菌防霉效果 Tego 51 作为两性表面活性剂，对霉菌、细菌均有不错的抑制作用。为完全杀灭几种细菌，其药剂的浓度和作用时间分别如表 2-285。

表 2-285 Tego 51 杀菌消毒效果

作用菌株	作用浓度/%	作用时间/min	杀菌结果
金黄色葡萄球菌	0.5	3	完全杀灭
	0.25	15	完全杀灭
铜绿假单胞杆菌	0.25	3	完全杀灭
	0.1	5	完全杀灭
大肠杆菌	0.5	3	完全杀灭
	0.25	15	完全杀灭

Tego 51 对一些常见微生物的最低抑制浓度见表 2-286。

表 2-286 Tego 51 对一些微生物的最低抑制浓度（MIC）

微生物名称	MIC/(mg/L)	微生物名称	MIC/(mg/L)
黑曲霉	300	黑根霉	300
米曲霉	500	出芽短梗霉	150
黄曲霉	600	铜绿假单胞杆菌	1000
球毛壳霉	200	金黄色葡萄球菌	800
蜡叶芽枝霉	300	大肠杆菌	1000
松脂芽枝霉	200	普通变形杆菌	1000
橘青霉	200	枯草杆菌	1200
刺状毛霉	200		

制备 Tego 型化合物可由乙撑三胺（或其他撑胺类）与氯乙酸缩合制得。

应用 Tego 51是一类广谱型杀菌消毒剂，在一定条件下，杀菌力甚至超过阳离子表面活性剂，适合于外科手术、治疗、食品、食具、家具和公共场所的消毒灭菌。

其中胺盐是由联邦德国戈尔德施莱特（Goldschmidt）公司开发的两性杀菌剂，商品名为Tego 51，适用于食品工厂对有害微生物的净化处理，也用于各种家畜饲料用器材防止微生物引起饲料变质和污染，对预防家畜的传染病有效。

实际应用参考：

① 杨哲民等报道，Tego型表面活性剂的型号组成及应用见表2-287。

表2-287 部分Tego型号组成及应用

Tego	活性组分	组成	pH	应用
1035	$RNHCH_2CH_2NHCH_2COOH$	15%水溶液		用于手消毒
Lan	$RNH(CH_2)_2NHCH(CH_2)_2COOH$			用于手消毒
1034G	$R'NH_2CH_2CH_2NHCH_2CH_2NHCH_2COOH$ $+(RNHCH_2CH_2NHCH_2COOH)$	10%水溶液	7.7	用于医院消毒
51	$RNHCH_2CH_2NHCH_2CH_2NHCH_2COOH$ $+RNHCH_2CH_2NHCH_2COOH$	9%水溶液	8.1	食品厂防止污染
51B	$R'NHCH_2CH_2NHCH_2CH_2NHCH_2COOH$		8.0	饮料厂防止污染

注：$R=C_{12}H_{25}$，$R'=C_8H_{17}\sim C_{16}H_{33}$。

② Tego 51通过破坏产生气味的生物体和与有气味的化学物质的化学结合来去除难闻的气味。Tego 51在污垢和蛋白质物质的存在下仍保持活性。Tego 51通过去除污垢而具有清洁剂的效果。与氯和碱性消毒剂不同，Tego 51对木材和金属表面没有腐蚀性。

丙二醇月桂酸酯（PGM）
（propylene glycol monolaurate）

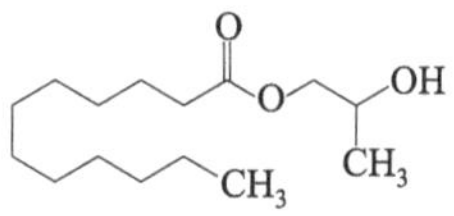

$C_{15}H_{30}O_3$ 258.4 27194-74-7

其他名称 1，2-丙二醇单月桂酸酯

化学名称 十二烷酸-2-羟丙基酯（Ⅰ）、十二烷酸-2-羟基-1-甲基乙基酯（Ⅱ）

IUPAC名 2-hydroxypropyl dodecanoate（Ⅰ）、2-hydroxy-1-methylethyl dodecanoate（Ⅱ）

CAS号 [27194-74-7]（未注明异构体）、[142-55-2]（Ⅰ）、[107328-11-0]（Ⅱ）

EC编码 [248-315-4]

理化性质 丙二醇单月桂酸酯有两个位置的异构体，其中每个异构体原则上又包括一对旋光异构体。通常在商业产品中未标明异构体或异构体的比例，但被认为主要是外消旋的伯醇的酯。化学文摘中未注明的酯和每个结构特定的外消旋体的CAS号是不一样的。

浅黄色液体。熔点 8.3℃。沸点 246.6℃。蒸气压（25℃）162mPa。相对密度（25℃）0.92。溶解性：4mg/L（25℃，水）；溶于乙醇、丙酮、二甲苯等有机溶剂。

毒性 小鼠急性经口 LD_{50} ＞40000mg/kg。大鼠急性经皮 LD_{50} ＞2000mg/kg。水生生物：鲤鱼 LC_{50}（96h）5.25mg/L；水蚤 EC_{50}（48h）0.52mg/L。

抗菌防霉效果 丙二醇月桂酸酯（PGM）是一种优良的非离子表面活性剂，亦是一种良好的油包水型乳化剂，充气能力非常优秀，形成的泡沫轻而稳定，其泡沫液滴阻塞螨的气孔，导致其窒息，防治多种作物的螨类。

制备 合成 PGM 方法主要是直接酯化法和醇解法，还有环氧烷法和酶催化法。

应用 该杀螨剂由日本 Riken Disvovery 研究所发现，2001 年首次在日本取得登记。该化合物可作食品添加剂和配方药剂。

实际应用参考：

专利 CN104304243A《生物相容性抗微生物组合物》，本发明其包含脂族聚酯和具备有效抗微生物活性的抗微生物组分，并且在一些实施例中还包含增强剂。例如：聚（乳酸）聚合物（55g）与单月桂酸丙二醇酯抗微生物组分（9g）及苯甲酸增强剂（1g）的共混物。本发明的树脂组合物能有效对抗革兰氏阴性菌和革兰氏阳性菌、霉菌和霉垢。优选的组合物包含为 GRAS（通常视为安全的）的材料。

大豆乙基硫酸乙酯吗啉

（onium compounds，morpholinium，4-ethyl-4-soya alkyl，et sulfates）

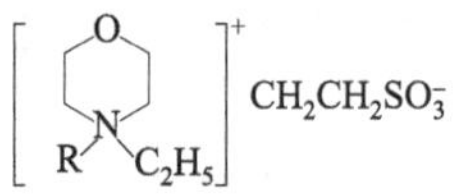

$C_{76}H_{149}N_3O_{21}S_3$ 61791-34-2

其他名称 乙基大豆烷基吗啉・硫酸盐

化学名称 L-月桂酰精氨酸乙酯盐酸盐

IUPAC 名称 4-乙基-4-大豆基硫酸乙酯吗啉

EC 编码 ［263-167-0］

理化性质 外观为琥珀色液体，带有果香味。含量 35％。pH（1％水溶液）7～8。相对密度约为 1。闪点＞300℃。溶解性：完全溶于水，在乙醇和丙酮中溶解度较低；在乙二醇和甘油中可溶，溶液浑浊。

抗菌防霉效果 大豆乙基硫酸乙酯吗啉（商品名 FORESTALL）是一种非常独特的阳离子表面活性剂，通过配位或中和有异味的有机分子，减少其在蒸气相中的浓度，达到去除臭味的效果。大豆乙基硫酸乙酯吗啉水溶性好，活性用量少，无须额外添加香精，除臭效果好。效果见表 2-288。

表 2-288 除臭剂材料对氨、硫化氢的去除效果（王金平等，2019）

除臭剂材料	浓度/％	氨去除率/％	硫化氢去除率/％
大豆乙基硫酸乙酯吗啉	1	76	39

续表

除臭剂材料	浓度/%	氨去除率/%	硫化氢去除率/%
光催化剂 TiO_2	—	80	44
蓖麻油醇酸锌	1	83	39
甲基丙烯酸脂肪醇	0.5	86	67
生物酶	1	76	—

应用　大豆乙基硫酸乙酯吗啉可以作为空气清新剂，比如异味中和剂、异味分解剂、天然除味剂、天然除臭剂。

实际应用参考：

① 专利 CN202310186558.2《一种具有除臭抑菌功能的猫砂伴侣及其制备方法》，本发明包括以下质量份的原材料：中药提取物 5～8 份，大豆乙基硫酸乙酯吗啉 1～5 份，黏合剂 3～7 份，沸石粉 85～92 份，复合生物酶 0.3～0.5 份，植物精油 3～8 份。

② 专利 CN110982633 A《净味抑菌清洁剂》，本发明包括下述质量份的原料：乙二胺四乙酸二钠 0.01～0.20 份，表面活性剂 0.5～10.0 份，丙二醇 0.1～5.0 份，防腐抑菌剂 0.01～2.0 份，净味剂 0.5～10.0 份，以及去离子水 80～100 份。其特征在于，净味剂中冷杉提取液与大豆乙基硫酸乙酯吗啉的用量比例为 2∶1。

甘油单月桂酸酯（GML）
（glycerol Monolaurate）

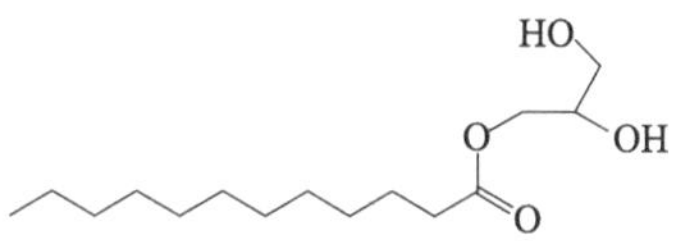

$C_{15}H_{30}O_4$ 292.41 142-18-7（Echa）、27215-38-9（Echa）

其他名称　月桂酸单酯与甘油混合物

化学名称　十二烷酸-2,3-二羟丙酯

IUPAC 名　2,3-二羟丙基十二酸酯

EC 编码　[205-526-6]、[248-337-4]

理化性质　外观为粉末状或糊状、类白色固体。含量>90%。熔点 55～56℃。溶解性（25℃）：甲醇 2500g/L，乙醇 800g/L，异丙醇 600g/L。稳定性：在正常条件下稳定，尤其在 pH 3.5～8 范围内不受影响。

毒性　小鼠急性经口 LD_{50}>25g/kg。对皮肤和眼睛有中度刺激性。被归类为轻度致敏剂（Wilfried Paulus，2004）。

抗菌防霉效果　月桂酸单甘油酯（GML）是一种亲酯性非离子型表面活性剂，具有乳化和防腐双重功能。其抑菌作用主要是通过穿越细菌、真菌的细胞壁，与细胞膜结合，引起细胞自溶或影响细胞正常的代谢来实现的。GML 对革兰氏阳性菌以及部分革兰氏阴性菌具有最强抑制效果，其次是丝状真菌以及酵母菌，而对 G^- 菌抑菌作用较弱，其原因是 G^+ 菌细胞壁肽聚糖含量高，组成简单，交联度高，分子较易通过细胞壁（陈晴，2021）。

张希等报道，大多数易腐食品的 pH 处于中性及弱酸性，为全面考察 GML 和常见抑菌剂的抑菌特性，在 pH 7.2 和 pH 5.7 两种条件下测定抑菌剂对食品中常见腐败菌的抑制效果。选用 GML 和在食品中常用的防腐剂（Nisin、山梨酸钾、双乙酸钠、脱氢醋酸钠等），以及兼具抗氧、保鲜、护色或者增味作用的 EDTA-2Na 和甘氨酸，检测它们对选定的 5 种食品中常见致腐致病菌的抑制效果。表 2-289 和表 2-290 列出各种选定抑菌剂两种 pH 条件下对食品腐败菌的 MIC 值。

表 2-289　GML 和其他常见抑菌剂对不同腐败菌的 MIC 值（pH＝7.2）

单位：μg/mL

项目	单增李斯特菌	金黄色葡萄球菌	粪肠球菌	鼠伤寒沙门氏菌	荧光假单胞菌
GML	16	16	32	＞500	＞500
Nisin	200	200	200	＞500	＞500
乳酸	2000	2000	2000	1000	1000
双乙酸钠	2000	4000	4000	2000	1000
脱氢醋酸钠	4000	＞4000	＞4000	4000	＞4000
EDTA-2Na	500	500	1000	500	1000
山梨酸钾	2000	＞4000	＞4000	＞4000	4000
甘氨酸	＞4000	＞4000	＞4000	＞4000	＞4000

注：MIC＞4000μg/mL，被认为没有抑菌效果。

表 2-290　GML 和其他常见抑菌剂对不同腐败菌的 MIC 值（pH＝5.7）

单位：μg/mL

项目	单增李斯特菌	金黄色葡萄球菌	粪肠球菌	鼠伤寒沙门氏菌	荧光假单胞菌
GML	12.5	12.5	12.5	＞500	100
Nisin	63	12.5	200	500	500
乳酸	250	500	1000	250	500
双乙酸钠	500	1000	2000	250	500
脱氢醋酸钠	200	500	2000	500	500
EDTA-2Na	250	250	250	1000	250
山梨酸钾	1000	500	4000	250	500
甘氨酸	＞4000	＞4000	＞4000	250	＞4000

宋飞等研究了月桂酸单甘油酯在中性（pH 7.2）及弱酸性（pH 5.7）条件下，对鼠伤寒沙门氏菌的抑制效果。结果表明，在中性条件下，月桂酸单甘油酯在测试浓度（＜500μg/mL）不能有效抑制鼠伤寒沙门氏菌的生长和繁殖。然而，在弱酸性条件下，月桂酸单甘油酯（最低抑制浓度为 250μg/mL）可有效抑制沙门氏菌的生长，即降低环境 pH 值可提高月桂酸单甘油酯对鼠伤寒沙门氏菌的抑制效果。

Thormar 等发现，月桂酸单甘油酯具有抗病毒活性，对单纯性疱疹病毒等包膜具有明显抑制效果，这主要是因为包膜主要成分为脂类。研究还发现，月桂酸单甘油酯（GML）对流感病毒、泡状口腔病毒、口腔炎病毒及呼吸系统多核体病毒的增殖具有显著的抑制作用。2009年，一篇发表在世界著名期刊《Nature》中的文章，研究者用恒河猴为研究对象探索了月桂酸单甘酯对预防艾滋病的效果。结果表明，月桂酸单甘酯可阻断猴免疫缺陷病毒（SIV）的传播。另有研究表明，月桂酸单甘酯对艾滋病病毒、细胞巨化病毒、疱疹病毒等均有抑制作用。

制备 GML是月桂酸和甘油形成的单酯，天然存在于母乳、美洲蒲葵及椰子油中。

应用 月桂酸单甘油酯（GML）具有一个亲油的长链烷基和两个亲水的羟基，是一种世界公认的优良食品乳化剂，也是一种安全、高效、广谱的抑菌剂，同时具有抗病毒功能，属于一般认为安全（GRAS）类食品添加剂。

甘油单月桂酸酯是美国PDA批准的安全食品添加剂，被广泛应用于食品、化妆品、医药等领域，若作为防腐用，甘油单月桂酸酯单酯含量建议在90%以上。

实际应用参考：

为了控制革兰氏阴性微生物，通常与乙二胺四醋酸（EDTA）、乳酸和/或丁化羟基茴香醚（BHA）结合使用。也可以将月桂酸酯与对羟基苯甲酸酯等联合使用，以达到足够广泛的有效性范围，例如用于化妆品和药品的罐内防腐，添加量0.5%～1%。

己脒定二（羟乙基磺酸）盐（HD）
（hexamidine diisethionate）

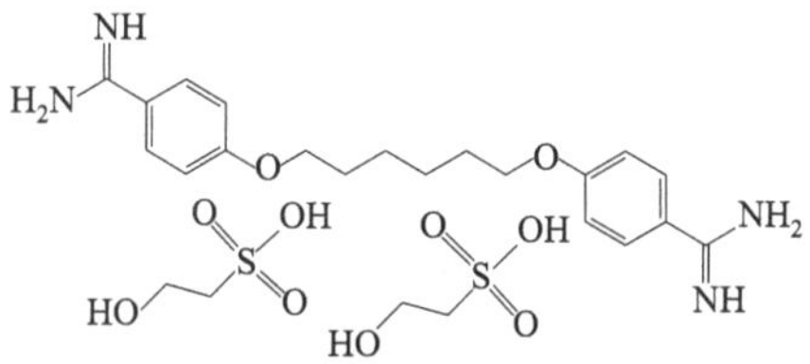

$C_{20}H_{26}N_4O_2 \cdot 2C_2H_6O_4S$ 606.7 659-40-5

其他名称 羟乙磺酸己氧苯脒、二羟乙基磺酸己氧苯脒

化学名称 4-[6-(4-甲脒基苯氧基)己氧基]苯甲脒 2-羟基乙烷磺酸盐（1∶2）

INCI名称 hexamidine diisethionate

EC编码 [211-533-5]

理化性质 白色粉末，气味微弱。密度1.003～1.011g/mL。折射率（20℃）1.437～1.443。溶解性：水2%（25℃）；乙醇1%（80℃）（来源：BASF）。

毒性 小鼠急性经口LD_{50} 710～2500mg/kg。大鼠急性经口LD_{50} 750mg/kg。

抗菌防霉效果 己脒定二（羟乙基磺酸）盐是一种阳离子型物质，对大部分革兰氏阳性菌及阴性菌，以及诸多霉菌、酵母菌均有很高的杀菌或抑菌性能，其抗菌性能如表2-291所示。

表 2-291　该化合物对一些微生物的最低抑制浓度（MIC）和最低杀菌浓度（MMC）

微生物名称	MIC/(μg/mL)	MMC/(μg/mL)
金黄色葡萄球菌　ATCC 6538	0.8	25
表皮葡萄球菌　NCIB 8853	0.8	25
大肠杆菌　NCTC 8196	1.6	25
铜绿假单胞菌　ATCC 9027	50	50
肠沙门氏菌　NCIB 10258	100	>100
黑曲霉　ATCC 16404	0.8	0.8
绳状青霉菌　ATCC 9644	0.8	1.6
白色念珠菌　ATCC 10231	3.2	6.4

（来源：BASF）

己脒定二（羟乙基磺酸）盐对于引起头屑的马拉色菌（卵状糠秕孢子菌）具有非常强的杀灭作用。对马拉色菌的最低抑制浓度（MIC）为12.5μg/mL，最小杀菌浓度（MMC）为100μg/mL；尤其因为其阳离子性对头发产生的吸附作用，更有利于其去屑作用的加强和持久发挥，这是其他去屑剂不具备的特性。皮肤科的临床研究表明，含0.1%己脒定二（羟乙基磺酸）盐的洗发香波较对照香波能明显降低单位面积头皮区域的马拉色菌，而随着马拉色菌密度的降低，头皮屑的严重程度也有明显改善。

制备　专利CN112441950A《一种己脒定二羟乙基磺酸盐的制备方法》。

应用　己脒定二（羟乙基磺酸）盐具有与日化产品中常用原料优良的配伍性，因此在化妆品行业具有非常独特的应用。

实际应用参考：

① 己脒定二（羟乙基磺酸）盐特别适用于祛痘产品，添加量0.08%～0.1%。同时因为其良好的配伍性和稳定性，几乎适用于各种化妆品剂型。

② 腋下等部位的异味都是由微生物引起，将己脒定二（羟乙基磺酸）盐做成含喷雾水剂，其除异味配方非常有效，而且方便。

法规　欧盟化妆品条例中，附件五（允许使用的防腐剂）规定己脒定二（羟乙基磺酸）盐用于化妆品中作防腐剂时最大允许使用浓度为0.1%。

月桂酰精氨酸乙酯盐酸盐（LAE）
(lauroyl arginine ethyl ester hydrochloride)

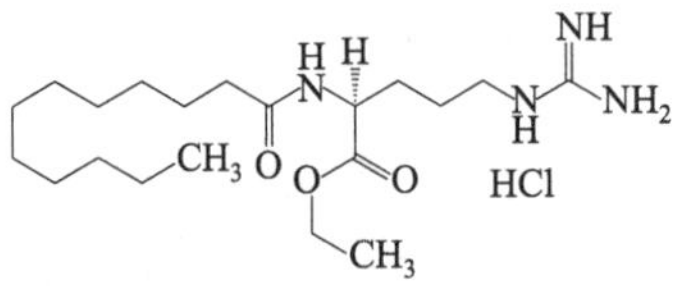

$C_{20}H_{41}N_4O_3Cl$ 421.02 60372-77-2

其他名称　Na-月桂酰-L-精氨酸乙酯盐酸盐

化学名称　L-月桂酰精氨酸乙酯盐酸盐

INCI名称　ethyl lauroyl arginate HCl

EC 编码　[434-630-6]

理化性质　月桂酰精氨酸乙酯的活性成分有脂肪酰基取代的氨基酸乙酯、月桂酰精氨酸乙酯盐酸盐。市场上应用的月桂酰精氨酸乙酯盐酸盐大都是以 85%～95%的含量作为月桂酰精氨酸乙酯的活性成分。

月桂酰精氨酸乙酯盐酸盐（LAE）为白色吸湿性粉末。熔点 50.5～58.0℃。沸点 107℃（分解）。相对密度 1.11。蒸气压（25℃）5.45×10^{-4}Pa。pH（1%水溶液）3～5。溶解性：可溶于水或异丙醇、甘油和乙醇等有机溶剂。稳定性：在 pH 3～7 范围内化学性质稳定。其稳定性随着温度的升高和 pH 值的降低而下降。总体来讲，月桂酰精氨酸乙酯盐酸盐在无机酸中的稳定性优于在有机酸中的稳定性。

毒性　月桂酰精氨酸乙酯盐酸盐有着很好的安全性，其在人体内通过化学和代谢途径水解为人们日常饮食中摄入的化合物。

LAE 被美国 FDA 证明是一种安全的食品添加剂。

抗菌防霉效果　月桂酰精氨酸乙酯盐酸盐（LAE）是一种阳离子表面活性剂（Asker 等，2009）。欧美食品工业的科学家们对其抑菌机理进行了广泛的研究，其中以 Rodríguez 等研究更为透彻，他们认为 LAE 主要作用于微生物的细胞壁、细胞质膜及细胞壁与细胞膜的中间层，抑制微生物增殖。LAE 作为阳离子表面活性剂，可降低细菌的表面张力和离子聚集的形成，从而导致细胞膜的电导率和溶解性变化；LAE 导致细胞膜蛋白质的中断会永久性改变细胞的通透性和生长，从而抑制或灭活微生物。吴闯（2016）报道，由于 LAE 阳离子表面活性剂的特性，它的特殊驱动机制影响细胞膜内带负电荷的微生物蛋白或酶促机制，使细胞改变本性，这是抑制微生物生长或使其灭亡的直接原因。

文献表明，月桂酰精氨酸乙酯盐酸盐（LAE）对革兰氏阳性菌、革兰氏阴性菌、病原体、酵母和霉菌都具有良好的抑菌效果，详见表 2-292。

表 2-292　月桂酰精氨酸乙酯盐酸盐（LAE）对部分微生物的最低抑制浓度（MIC）

测试菌株	MIC/(μg/mL)	测试菌株	MIC/(μg/mL)
革兰氏阳性菌		变形杆菌 CECT 170	32
脂环酸芽孢杆菌 DSMZ 14558	8	绿脓杆菌 ATCC 9027	32
枯草芽孢杆菌 ATCC 6633	64	褪色沙雷氏菌 ATCC 10759	32
弯曲乳芽孢杆菌 ATCC 25601	16	酵母	
植物乳芽孢杆菌 ATCC 8014	16	白色念珠菌 ATCC 10231	16
李斯特菌 ATCC 15313	32	深红酵母 CECT 1158	16
草分枝杆菌 ATCC 41423	2	啤酒酵母 ATCC 9763	32
金黄色葡萄球菌 ATCC 6538	8	霉菌	
革兰氏阴性菌		黑曲霉 ATCC 14604	32
空肠弯曲杆菌 ATCC 2942	8	毛壳菌素 ATCC 6205	16
大肠杆菌 ATCC 8739	32	绳状青霉 ATCC 2914	16

（来源：N. University of Barcelona，Spain，2004）

制备　LAE 主要由月桂酸、L-精氨酸、乙醇合成得到（Ruckman 等，2004）。

应用 月桂酰精氨酸乙酯盐酸盐（LAE）最早由西班牙公司 Laboratorios Miret，S. A.（LAMIRSA）合成。LAE 在 2005 年被 FDA，在 2007 年和 2009 年被 EFSA 认证为一种安全的食品添加剂，亦可在化妆品、日用化学品等多个行业作防腐应用。

实际应用参考：

SCCP 认为在化妆品中（除唇膏、保健产品和喷雾型产品外）使用 0.4%的 LAE 也是安全的，而且在肥皂、去屑洗发水和非喷雾型除臭剂中的使用量可高达 0.8%。值得高兴的是，研究人员正在研制用于皮肤表面的抑菌剂和清洁的洗手液，其次用于抑菌的包装材料 ART-981-2 已见雏形，它被评估为一种很有前途的抑菌包装材料。

法规

① 化妆品的第 1223/2009/EC 号法规附件Ⅴ，经法规（EU）2022/2195 修订，OJ L 292，2022 年 11 月 11 日。月桂酰精氨酸乙酯盐酸盐（LAE）在非喷雾除臭剂、香皂、洗发水中最大使用限值为 0.8%，当其用于抑制产品中微生物生长以外的目的时，这个目的必须从产品的展示中明确表示出来。

② 2005 年美国 FDA 公布月桂酰精氨酸乙酯盐酸盐（LAE）通过公认安全食品认证，同时美国农业部也允许 LAE 在肉类食品和禽类食品中使用。2007 年，欧洲 EFSA 批准其作为一种食品防腐剂在食品中使用。2009 年，欧盟委员会首次批准 LAE 作为一种防腐剂在化妆品中使用（除唇妆品、口腔卫生用品及喷雾品以外）。2012 年澳大利亚新食品标准局批准在香肠和香肠肉（包括未加工的肉类原料）中使用防腐剂月桂酰精氨酸乙酯。2014 年加拿大卫生部发布公告，批准月桂酰精氨酸乙酯作为防腐剂用于多种标准和非标准食品中。

③ 胡文静等 2013 年报道，欧盟消费者安全科学委员会（SCCS）发布了关于月桂酰精氨酸乙酯盐酸盐（CAS 号：60372-77-2）在化妆品中使用的科学意见，委员会对该物质用于部分化妆品中使用的科学意见，委员会对该物质用于部分口服化妆品中的安全性表示肯定，认为该物质在漱口水中作为防腐剂使用，并且浓度在 0.15%时是安全的。据欧盟化妆品法规 1223/2009，SCCS 对月桂酰精氨酸乙酯盐酸盐的应用发表意见认为：月桂酰精氨酸乙酯虽然不能作为防腐剂用在所有的口腔产品中，但是以不大于 0.15%的浓度作为防腐剂用于漱口水是安全的，但是长期使用对于儿童而言则不安全。

2.14 含金属化合物

在杀微生物的有机金属化合物中，首先应该提到的是有机汞、有机锡和有机砷化合物，因为它们曾经是全世界大规模用于材料保护的生物杀灭剂。然而，鉴于它们的毒性，特别是生态毒性，如今整个社会都在大力提倡替代它们，汞、锡和砷化合物作为材料保护的杀菌剂越来越不重要。

但是金属及含金属化合物作为一类重要的工业杀菌剂并没有消亡，随着科技的发展，其依然是材料保护等领域的重要成员之一。

10,10′-氧代二酚噁嗪（OBPA）
（10,10′-oxybisphenoxyarsine）

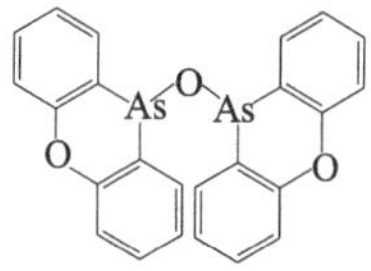

$C_{24}H_{16}As_2O_3$ 502.2 58-36-6

其他名称 霉克净、10,10′-氧代双吩噁砒、75号防霉剂

化学名称 10,10′-氧代二酚噁嗪

IUPAC名 10-phenoxarsinin-10-yloxyphenoxarsinine

EC编号 [200-377-3]

理化性质 白色，无臭粉末或颗粒，含量约100%（As含量29.84%）。熔点180～184℃。热分解温度300～380℃。密度（25℃）1.40～1.42g/mL。蒸气压（25℃）10^{-3}hPa。lgK_{ow}=7.51。溶解性：不溶于水；在一般有机溶剂中的溶解度小，可溶于二甲基酰胺、氯仿、环氧大豆油等。稳定性：稳定地存在于弱酸或弱碱体系，耐温可达300℃以上。

毒性 大白鼠急性经口LD_{50} 54mg/kg，急性经皮LD_{50} 250mg/kg。作为有机砷化合物，其毒性比无机砷化合物要低得多（三氧化二砷对鼠急性经口LD_{50} 1.38mg/kg）。

抗菌防霉效果 10,10′-氧代二酚噁嗪（OBPA）作用机理是活性组分中的三价砷与微生物细胞中酶的巯基（SH）配位结合，从而阻止菌的代谢、杀灭细胞或孢子。该化合物（OBPA）是一种杀菌剂，其抗菌效果类似于有机汞，覆盖广泛的细菌、酵母和霉菌，杀菌抑菌效果非常优异。其对一些微生物的最低抑制浓度见表2-293。

表2-293 OBPA对一些微生物的最低抑制浓度（MIC）

微生物	MIC/(mg/L)	微生物	MIC/(mg/L)
黑曲霉	5	甘蔗节菱孢	5
米曲霉	5	黑青霉	5
黄曲霉	8	烟色盘多毛孢	8
松脂芽枝霉	3	尖孢霉	1
蜡叶芽枝霉	3	枯草杆菌	3
橘青霉	3	大肠杆菌	15
淡黄青霉	3	金黄色葡萄球菌	3
出芽短梗霉	3	普通变形杆菌	10
黑根霉	10	溶乳酪小球菌	8
刺状毛霉	10	铜绿假单胞杆菌	30
串珠镰孢霉	5	荧光假单胞杆菌	30
膝曲弯孢	5		

制备 由二氧化二砷、三氧化二砷、氢氧化钠等原料制得目标物。

应用 10,10′-氧代二酚噁嗪（OBPA）具有抗菌、防霉、抗藻等性能，曾是工业领域十分有效的抗菌剂之一，添加到 PVC 制品、塑料制品、墙面涂料、油漆、海洋防污材料、油墨、纸张、电缆等内即可成为防霉抗菌制品。注意：由于毒性问题，该化合物在很多行业已被禁止使用。

法规 10,10′-氧代二酚噁嗪（OBPA）由于安全性方面有一定问题，欧盟于 2012 年 2 月 9 日决议，于 2013 年 2 月 1 日开始禁止使用，包括 PT9 产品类型（纤维、皮革、橡胶和聚合性材料防腐剂）在内的所有 22 种产品类型全部禁用。

蓖麻油酸锌
(zinc diricinoleat)

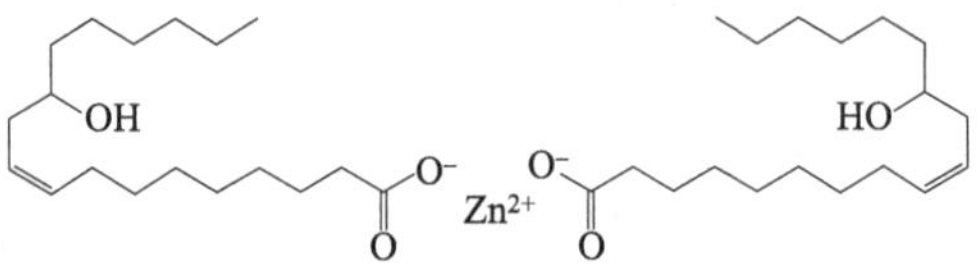

$C_{36}H_{68}O_6Zn$ 661.0 13040-19-2

其他名称 蓖麻醇酸锌

化学名称 （9*Z*，12*R*)-12-羟基-9-十八烯酸锌盐（2∶1）

IUPAC 名 zinc diricinoleat

EC 编码 [235-911-4]

理化性质 白色粉状物质。沸点（760mmHg）416.4℃。溶解性：不溶于水；溶于无水乙醇、二甲苯等溶剂。

毒性 李官贤等研究发现，蓖麻油酸锌对大鼠的 LD_{50} 在 9g/kg 体重以上，服用 3 个月对心、肝、肾无损害，组织学观察无明显变化，体内无蓄积。豚鼠皮肤毒性实验未见任何明显的刺激症状。

抗菌防霉效果 蓖麻油酸锌作为吸味剂在众多工业领域中得到广泛应用，Felix Müller 认为其作用机理还不是很明确。根据传统化学进行推测，可能是由于配体的两个蓖麻油酸均为三配位体，从而形成了一种近似于八面体的螯合物。事实上情况要复杂得多。为了将反应确定至分子层面，在活性分子四周模拟围绕 2150 个水分子，这就使得蓖麻醇酸锌在整个水系中的位置与酶类似，即金属离子中心被推至活化点上。

通过成键机理来除臭，活化的锌原子可以和臭味中的氮、硫原子形成很强的化合键，从而彻底消除臭味。

军事医学科学院采用仪器分析法和嗅觉评价法对蓖麻油酸锌的除臭效果进行了观察，结果表明，其对 NH_3、H_2S 和有机硫化物有明显的消除效果，可降低臭气强度 2～3 级。详见表 2-294 及表 2-295。

表 2-294 蓖麻油酸锌对 NH_3 的除臭效果

实验材料	浓度范围/(mg/m³)	消除率/%		
		15min	30min	60min
对照	300～1300	15.0	20.0	30.0

续表

实验材料	浓度范围/(mg/m³)	消除率/%		
		15min	30min	60min
粉剂	150～1200	85.4	89.3	94.3
纸剂	350～1500	86.5	93.8	95.2
敷料	300～1300	85.3	90.2	92.0

表 2-295　蓖麻油酸锌对 H_2S 的消除效果

实验材料	浓度范围/(mg/m³)	消除率/%		
		15min	30min	60min
对照	418～850	12.3	19.4	25.0
粉剂	250～1200	98.0	99.5	100.0
纸剂	150～1200	98.5	98.8	100.0
敷料	100～967	92.2	98.0	99.0

溴觉评价：在瓶中配制 NH_3、H_2S、NH_3+H_2S 混合气及粪尿臭气，观察除臭效果，结果见表 2-296。

表 2-296　蓖麻油酸锌除臭效果

实验材料	臭气强度/级		
	除臭前	除臭后	降低
对照	3.5	3.3	0.2
粉剂	3.5	0.6	2.9
纸剂	3.5	0.4	3.1
敷料	3.3	1.3	2.0

制备　专利 CN202210480839.4《一种蓖麻油酸锌的加工生产工艺》。

应用　蓖麻油酸锌是一种金属皂化合物。国外从 20 世纪 50 年代起就开始研究其除臭作用，到 70 年代已制成商品除臭剂。就工业用途而言，蓖麻油酸锌存在于不同类型的过滤器、洗涤剂、保鲜和喷洒系统中，例如在化工厂、鱼类加工厂或垃圾和工业废物储存企业中。其亦通常用作个人护理产品的一种成分，如除臭剂（喷雾、滚装、粘贴）、凝胶和脚霜、贴身卫生产品，甚至口腔护理产品，如漱口水或牙膏。

实际应用参考：

曾月鲜研究报道，由蓖麻油酸锌等制成的气味吸收剂浓缩物在家用洗涤剂中得到了最广泛的应用，特别是在烟草和动物的气味、织物处理、衣服和鞋子的空气清新剂、室内装潢、窗帘、地毯和汽车内饰，以及洗衣用洗涤剂等。气味吸收剂浓缩物亦可用于液体厨房肥皂以及宠物洗发水。在某些情况下，气味吸收剂浓缩物可有效中和混合物中成分的难闻气味，例如用于脱毛或直发的产品中的巯基乙酸。这些示例显示了这些产品的普遍应用范围。

类似产品还有氨基酸锌，采用天然氨基酸和活化锌为原料活化制备而成，活性物含量高，快速溶于水，安全环保，无有害物质，易生物降解。使用后通过与臭味因子发生化学键合、氧化还原以及生成盐的不可逆化学反应，从而达到快速、永久去除硫化氢、氨气、三甲胺、硫醇、硫醚、异戊酸、壬烯醛等臭味分子，对甲醛和尼古丁有一定去除效果。

醋酸苯汞（PMA）
（phenylmercuric acetate）

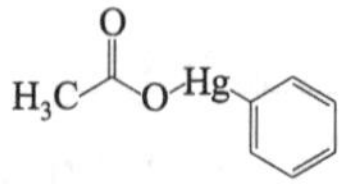

$C_8H_8HgO_2$ 336.7 62-38-4

其他名称 乙酸苯基汞

化学名称 醋酸苯汞

IUPAC名 acetyloxy（phenyl）mercury

EC编号 [200-532-5]

理化性质 无色或白色晶体。含量约100%（Hg含量59.6%）。熔点148.9℃（NTP，1992）。蒸气压（35℃）9mPa（NTP，1992）。$\lg K_{ow}=0.71$。溶解性：水4.37g/L（15℃）；丙酮48g/L，甲醇34g/L，95%乙醇17g/L，苯15g/L（15℃）。稳定性：对稀酸很稳定。在碱金属存在下，形成氢氧化苯基汞。

毒性 小鼠急性经口 LD_{50} 13.25mg/kg。大鼠急性经口 LD_{50} 41mg/kg。小鼠腹腔注射 LD_{50} 13mg/kg。小鼠静脉注射 LD_{50} 18mg/kg。

抗菌防霉效果 醋酸苯汞（PMA）对细菌、霉菌、酵母和藻类非常有效。对细菌的最低抑制浓度在5～15mg/L之间，而对霉菌、酵母和藻类的最低抑制浓度在1mg/L以下。在酸性介质中，PMA并不是特别有效；PMA活性的最佳pH值约为8.8。因为在较高的pH值下，亲电活性自由基的$Ph—Hg^+$增加。自由基很可能通过与必需的硫醇基团结合，从而抑制糖酵解而干扰大量的细胞过程。但PMA和其他有机汞化合物对磷酸盐、蛋白质的组氨酸侧链以及嘌呤和卟啉也表现出很强的亲和力（Corbett等，1984）。醋酸苯汞对一些微生物的最低抑制浓度见表2-297。

表2-297 醋酸苯汞对一些微生物的最低抑制浓度（MIC）

微生物	MIC/(mg/L)	微生物	MIC/(mg/L)
黑曲霉	0.8	绿色木霉	1.0
黄曲霉	0.8	枯草杆菌	50
变色曲霉	1.0	大肠杆菌	5
橘青霉	1.0	金黄色葡萄球菌	10
宛氏拟青霉	1.5		

制备 醋酸苯汞一般用苯与醋酸汞起汞化作用而得。

应用 醋酸苯汞曾被用作船体或船底漆防污剂，另外还在医疗上用作消毒剂，农业上用作杀虫剂。注意：由于毒性问题，该药在很多行业已被禁止使用。

二氧化钛
（titanium oxide）

TiO_2 79.9 13463-67-7

其他名称　钛白粉、金红石、氧化钛

化学名称　二氧化钛

IUPAC 名　dioxotitanium

EC 编码　[236-675-5]、[236-675-5]（以金红石砂的形式）

理化性质　白色粉末。熔点＞1800℃，热分解温度＞2000℃。二氧化钛有板钛型、锐钛型（CAS 号：1317-70-0）和金红石型三种晶型，禁带宽度分别为 2.96eV、3.2eV 和 3.02eV。其中，后两种较为广泛地应用在抗菌材料上。纳米二氧化钛（TiO_2 NP）一般是指特征维度尺寸在纳米数量级的二氧化钛颗粒（直径＜100nm），具体可见标准 GB/T 19591—2023。

毒性　通常纳米二氧化钛（TiO_2 NP）被认为是无毒物质，但由于 TiO_2 NP 具有纳米材料的独特性质，仍可对生物体造成潜在危害。TiO_2 NP 对人体可能具有潜在的遗传毒性和神经毒性。然而，现有的实验结果和证据均不能证明 TiO_2 NP 会对人体产生严重影响，由于缺乏可靠的生物安全模型，同时其物理化学性质和引起影响的强弱与粒径大小和颗粒数目有很大关系，TiO_2 NP 生物安全性值得进一步研究和讨论。

抗菌防霉效果　二氧化钛（TiO_2）是一种宽禁带半导体，是具有光催化抗菌活性的无机抗菌剂中最具代表性的一种，其禁带宽度为 3.2eV（锐钛矿相）。

纳米二氧化钛（TiO_2 NP）具有良好抗菌能力。其作用机制包括两个解释：第一，光生空穴或光生电子直接作用于微生物的细胞壁、细胞膜，使之破坏，内容物析出，或者与细胞内组成成分（如蛋白质、DNA 等）发生生化反应，从而破坏微生物，并可分解其内毒素；第二，光生空穴或电子与水反应后生成—OH 自由基等活性物质，这些活性物质氧化作用极强，可破坏有机物中的 C—C 键、C—H 键、C—O 键等，分解有机物为 H_2O 和 CO_2。TiO_2 在该抗菌过程中不消耗，可发挥长效抗菌功能，但 TiO_2 对太阳光的利用率较低，可见光波段无法激发其空穴-电子对的产生，限制了其应用。

TiO_2 光催化抗菌示意图详见图 2-21。

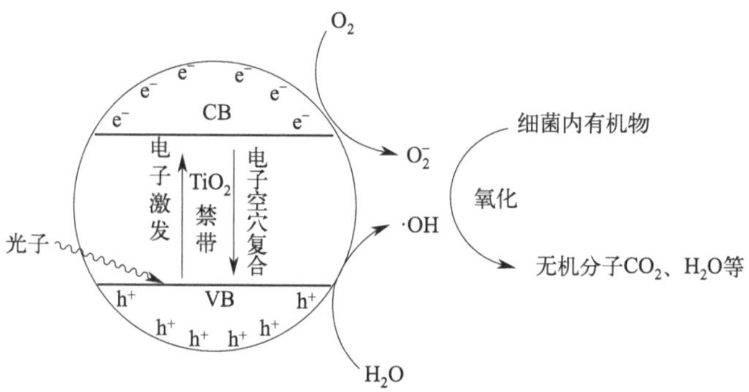

图 2-21　二氧化钛光催化抗菌示意图

实验证明，TiO_2 在可见光及室温下对大肠杆菌杀灭率非常高。浓度为 0.1mg/

cm^3 的锐钛型纳米 TiO_2 能完全杀死恶性海拉细胞，TiO_2 杀死癌细胞的光催化效率也会随超氧化物歧化酶（SOD）含量的增加而提高。田莉瑛等发现，TiO_2 具有优良的金黄色葡萄球菌杀菌效果。李君建等采用负载型 TiO_2 对大肠杆菌进行杀菌试验，抑菌环直径达 25.8mm。黄利强等采用纳米 TiO_2 处理水体环境中常见的嗜水气单胞菌，杀菌率达 98%以上。

制备 锐钛矿型钛白粉可由钛铁矿用浓硫酸分解和除铁后，经水解、过滤、焙烧、粉碎而制得。金红石型钛白粉可由氯、焦炭加热至 900～1100℃，再氧化制得。

应用 自 1791 年发现钛元素到 1918 年采用硫酸法制备钛白粉以来，钛白粉已经有 100 多年的制备和商业使用历史。1985 年日本的 Matsunaga 等首次发现了 TiO_2 在紫外线照射下具有良好的杀菌作用。此后，光催化技术逐渐被人们熟知，广泛应用于水质处理、空气净化、食品、建材、塑料、织物等众多领域。

法规 欧盟化妆品法规（EC）NO 1223/2009 指出，二氧化钛及其纳米形式作为化妆品中允许的紫外线过滤剂使用时：二氧化钛用于散粉形式的面部产品和头发气溶胶喷雾产品以外的化妆品中，最大使用浓度为 25%；纳米形式的二氧化钛不得用于可能导致最终用户肺部吸入暴露的应用且最大使用浓度为 25%，对于含有氧化铝和二氧化锰组合的二氧化钛（纳米）的面部产品不得用于唇部，在二氧化钛和二氧化钛（纳米）联合使用的情况下，总和不得超过最大浓度 25%。

环烷酸铜（CuN）
（copper naphthenate）

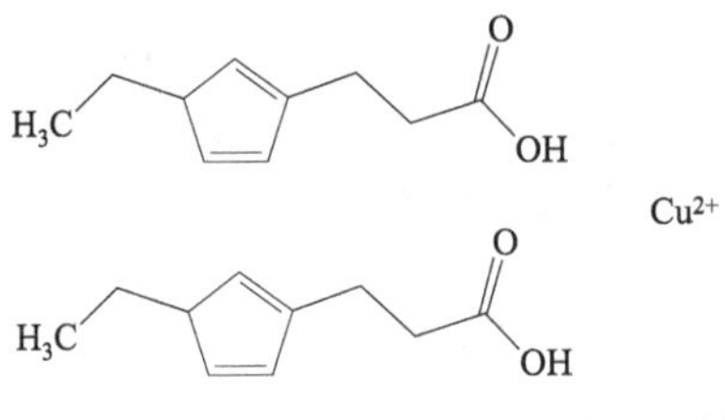

$C_{20}H_{34}CuO_4$ 401.5 1338-02-9（ECHA）

其他名称 NACS、CuN、萘酸铜

化学名称 环烷酸盐

IUPAC 名 copper naphthenate

EC 编码 [215-657-0]

环烷酸 naphthenic acids

CAS 号 1338-24-5

其他名称 萘酸、石油酸

IUPAC 名 naphthenic acid

EC 编码 [215-662-8]

理化性质 环烷酸铜（CuN）为黄绿色黏稠液，具有良好的防腐作用，与煤杂酚油或船底漆混用可以预防海生钻孔动物对木材的侵害（摘自 GB/T 14019—2009

《木材防腐术语》)。随着环烷酸纯度的变化而具有使人不快的气味。溶解性：其不溶于水，可溶于石油类溶剂，在有机溶剂中稳定。沸点 250℃。水载型的环烷酸铜（CuN-W）组成如表 2-298，环烷酸铜溶解在乙醇胺中得到水溶液，pH 值为 8～11。处理溶液中乙醇胺的质量应为环烷酸铜质量的（0.67±0.20）倍。

表 2-298　CuN-W 有效成分组成

有效成分名称	有效成分比例/%
铜(以 Cu 计)	4.5～5.5(5.0)
环烷酸铜	37.0～59.0(48.0)

环烷酸分子式 $C_{10}H_{18}O_2$，分子量 170.2。炼油的副产品。外观清晰，深褐色液体。密度（20℃）0.95g/mL。折射率（nD，20℃）1.48。

毒性　小鼠急性口服 LD_{50} 6000mg/kg 以上，大鼠急性口服 LD_{50} 16mg/kg 以上（2.3%溶液)。环烷酸铜能刺激皮肤，经环烷酸铜处理的纺织品不得与皮肤常接触。也有报道使用浓度适当不会刺激皮肤。一般来讲，由低沸点的环烷酸制得的铜盐，对人畜毒性较低，且杀菌力强，而高沸点环烷酸铜盐情况刚好相反。

抗菌防霉效果　环烷酸铜（CuN）为铜盐与石油衍生物环烷酸反应获得的有机金属化合物。环烷酸铜作用机制主要是微生物体内生物酶与铜离子结合失去活性。

环烷酸铜对木材、皮革和纺织品中的腐败细菌和霉菌有很强的抑杀力，尤其对耐铜腐朽菌（如卧孔菌等）特别有效，一般抑制木材腐朽菌发育的浓度为 0.15%。

制备　将氧化铜或碳酸铜与环烷酸共熔或用可溶性铜盐与环烷酸钠经反应制得。

应用　环烷酸铜（CuN）在 1889 年就用于木材防腐，但是一直没有得到广泛使用。直至 20 世纪 80 年代，才开始处理电线杆、桥梁、篱笆等用材。

环烷酸铜亦可用于树脂、油漆延长储存期限的抑制剂，海底电缆和一般电线的防水剂，木材、帆布和绳索等的防腐剂，并用于生产杀虫剂和杀真菌剂。在玻璃钢的制造过程中，室温下能起阻聚作用，高温下能起促进作用。

实际应用参考：

环烷酸铜和煤杂酚油混合使用，对抵抗海生钻孔动物对木船和海港木桩的危害十分有效，一般按环烷酸铜∶煤杂酚油＝3∶7 的比例混合。

当采用涂刷法处理木材时，将上述混合液稀释到 1%～3%的含铜量，一般涂刷 2～3 次，药剂渗入深度达 5～8mm，经这样处理后的木船的使用年限可达 2 年以上，而未处理的木船仅能使用 3 个月左右。若采用加压浸注法处理，木材保持量达 96～160kg/m^3，使用寿命可达 10～15 年，用于海港木桩处理时，要求保持量达 300kg/m^3 以上。用环烷酸铜处理的木材在使用过程中有缓慢的水解现象。环烷酸铜中的一部分环烷酸会挥发散失，铜虽留在木材中，但其抗腐力下降，因为酸的存在，能增加环烷酸铜的抗腐能力。

季铵铜（ACQ）
(ammoniacal copper quates)

其他名称　碱性铜季铵盐、氨（胺）溶性季铵铜、氨溶烷基铜铵

理化性质 季铵铜（ACQ）定义为铜盐（以氧化铜计）与季铵盐化合物（以二癸基二甲基氯化铵计）的混合物（摘自 GB/T 14019—2009《木材防腐术语》）。

其主要活性成分是铜，以氧化铜（CuO）表示；另一活性成分是季铵盐，常用的季铵盐是二癸基二甲基氯化铵（DDAC）或十二烷基二甲基苄基氯化铵（BKC）。在市场上同时存在着四种 ACQ 防腐剂，其主要组成成分如表 2-299。

表 2-299　四种 ACQ 防腐剂的主要组成成分

型号	活性成分/%			溶剂	
	CuO	DDAC	BAC	乙醇胺和/或氨水	氨水
ACQ-A	45.5～54.5(50.0)	45.5～54.5(50.0)		√	
ACQ-B	62.0～71.0(66.7)	29.0～38.0(33.3)			√
ACQ-C	62.0～71.0(66.7)		29.0～38.0(33.3)	√	
ACQ-D	62.0～71.0(66.7)	29.0～38.0(33.3)		√	

注：DDAC 为二癸基二甲基氯化铵或二癸基二甲基碳酸铵；BAC 为十二烷基二甲基苄基氯化铵或十二烷基二甲基苄基碳酸铵。

毒性 季铵铜（ACQ）防腐剂不含砷、铬、酚等有毒物质及其他有害挥发性有机化合物。在日本，未经稀释的 ACQ 原液就已不在有毒化学物质和医药用有毒化学物质之列，而属于一般化学物质。小鼠急性经口毒性 LD_{50} 1080mg/kg，按标准评价其毒性分级为低毒级。并且 ACQ 的主要成分不易从处理材中流失，所以用 ACQ 处理的木材在使用环境中不会对人、畜、鱼类及植物造成危害。

抗菌防霉效果 季铵铜（ACQ）中没有 CCA 含有的铬和砷，主要活性成分铜对细菌和真菌均有防治作用；另一种活性成分季铵盐对真菌、蛀虫及白蚁等都有杀灭和抑制作用；同时在 ACQ 固化到木材的过程中，胺对铜的固化起到至关重要的作用，它能使铜与木材以 Cu-ethanolamine 复合物的形式结在一起。故称 ACQ 是固定型的水载木材防腐剂。

在其四种型号的 ACQ 中，ACQ-A 的防腐效果较强，而防虫的效果会弱一些，但是在有耐铜菌（如卧孔菌）存在时，其防腐效果则大大减弱；ACQ-B 是用氨水作溶剂，产品的氨味很重，但价格比较便宜，氨的挥发性大，使得 Cu 能较好地固定在木材中，但经 ACQ-B 处理的木材颜色较鲜艳，有时呈不均匀状；ACQ-C 和 ACQ-D 除了所用的烷基铵化合物不同外，其他方面完全相同，从分类使用和保持量方面看也是相同的，但从这两种烷基铵化合物的杀菌防虫的效果看，似乎 DDAC 要比 BAC 稍好一些。

徐晓琳等以季铵铜防腐剂处理南方松为原材料，参照美国 AWPA E11-06 标准，分析不同 pH 值对季铵铜防腐木中有效成分流失率的影响，详见表 2-300。

表 2-300　不同 pH 值环境下铜和 DDAC 的总流失率

pH 值	载药量/(kg/m^3)	铜总流失率/%	DDAC 总流失率/%
3	9.81	40.80	44.43
5	10.35	16.64	30.04
7	10.02	14.23	23.53
9	10.13	14.39	21.89

由表 2-300 中铜和 DDAC 总流失率可知，ACQ 防腐木中铜和 DDAC 总流失率在 pH 9 的碱性环境下明显小于其在酸性环境下总流失率，而且随着 pH 值降低流失率明显增加。pH 3 时，铜流失率达到 40.80%，是中性环境下的 2.87 倍；DDAC 流失率达到 44.43%，是中性环境下的 1.89 倍。酸性水环境中铜和 DDAC 流失率明显高于碱性水环境。

研究分析有 3 个原因：第一，ACQ 流失率与其合成机理有关。ACQ 是一种混合物，其中铜离子起防腐作用，乙醇胺水解出来的氨分子将铜离子以铜胺络合物的形式固定在溶液中，DDAC 是一种阳离子表面活性剂，可在样品的表面形成膜，有效地阻止渗入木材内部的铜离子的流失。在酸性环境中，随着 H^+ 浓度增加，乙醇胺水解减弱，络合物部分分解，铜和 DDAC 更易流失。第二，ACQ 流失率与铜离子、DDAC 和南方松的固着机理有关。在酸性环境中，随着 H^+ 浓度增加，促进反应逆向进行，加速铜离子解离。同理酸性环境中的 H^+ 也会促进 DDAC 和南方松解离。而且随着 H^+ 浓度增加，有利于 H^+ 结合到吸附场所，更降低了铜离子和 DDAC 的吸附量。第三，酸性环境会造成南方松劣化，部分结构组织被酸水解，其中半纤维素容易被酸水解，与半纤维素发生离子交换的以及沉淀在半纤维素表面的活性成分随半纤维流失到抽提液中。

在不同 pH 值环境下，DDAC 总流失率均大于铜总流失率。这是因为铜和 DDAC 与木材中官能团发生离子反应时，会相互竞争木材中较强的固着场所。而铜离子的离子强度大于 DDAC，更容易与木材发生离子反应，所以 DDAC 更容易流失。

制备 季铵铜是由二价铜盐、烷基铵化合物（主要是二癸基二甲基氯化铵或十二烷基二甲基苄基氯化铵）、氨或胺和水按一定的比例组成。

应用 季铵铜（ACQ）由美国化学专业公司（CSI）于 20 世纪 80 年代末、90 年代初研制开发，1992 年列入美国 AWPA 标准，其在抗生物危害性能方面与 CCA 相媲美，而在对环境安全性方面大大优于 CCA，主要用于户内外木结构及可与土壤或淡水接触的木构件的防腐处理，CSI 也由此获得了 2002 年美国总统绿色化学竞赛奖。

实际应用参考：

CCA 木材防腐剂中，砷酸盐离子和铬酸盐离子能保护铁，故 CCA 的金属腐蚀性较小。但其替代者 ACQ 对金属的腐蚀性则较大，尤其是对金属罐体，这是因为水载型木材防腐剂中的金属离子充当氧化剂，可加速金属的腐蚀。高巍等测定 ACQ 各组分对 4 种金属的腐蚀性。结果表明，除 304 不锈钢以外，ACQ 对其余 3 种金属均有较强的腐蚀性；二甲基双癸基氯化铵（DDAC）中的氯离子是影响 ACQ 对 Q235A 钢腐蚀性的主要因素；CuO 质量分数和 CuO 与 DDAC 的质量比，是影响 ACQ 对 Q235A 钢腐蚀性的显著因素。建议和 ACQ 或 ACQ 处理材接触的处理设备或连接件需用有机涂料覆盖，或用热浸式涂锌的及不锈钢的固定件和连接件。

硫柳汞
(thimerosal)

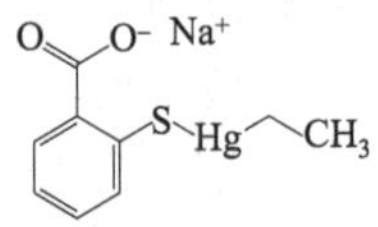

$C_9H_9HgNaO_2S$ 404.8 54-64-8

其他名称　硫柳汞钠、硫柳汞酸钠、硫代水杨酰钠乙基汞

化学名称　乙基汞硫代水杨酸钠

IUPAC 名　sodium (2-carboxylatophenyl) sulfanyl-ethylmercury

INCI 名称　thimerosal

EC 编号　[200-210-4]

理化性质　白色到淡黄色的结晶性粉末，汞含量占到分子量的 50%，稍有特异气味。溶点 232℃（分解）。闪点＞250℃。pH（1%水溶液）6.7。溶解性：水 1000g/L；甲醇 100g/L，乙醇 120g/L；几乎不溶于乙醚和苯。稳定性：在空气中稳定。在光的作用下会渐渐发生变化，硫柳汞代谢或降解产物为乙基汞和硫代水杨酸盐。在 pH 5～7 下对光照最稳定。

毒性　大鼠急性经口 LD_{50} 75mg/kg。小鼠急性经口 LD_{50} 91mg/kg。大鼠皮下注射 LD_{50} 98mg/kg。硫柳汞在世界上大部分国家被禁止使用，但在发展中国家仍然用作新生儿和婴幼儿的疫苗防腐剂。

抗菌防霉效果　硫柳汞的代谢或降解产物为乙基汞和水杨酸钠，其作用机制为汞离子与菌体中酶蛋白的—SH（巯基）结合而使酶失去活性从而抑制细菌生长。

硫柳汞为广谱抑菌剂，对革兰氏阳性菌、革兰氏阴性菌及真菌均有较强的抑制能力。硫柳汞在 0.001%～0.01%的浓度范围，即每剂 0.5mL 的制品中硫柳汞含量在 50μg（相当于 2.5～25μg 的汞含量）内能够有效地抑制细菌生长。最佳 pH 范围：6～8。

制备　专利 CN101696219A《一种制备硫柳汞钠的方法》。

应用　硫柳汞最初由美国马里兰大学的化学家 Morris Kharasch 在 1927 年申请专利，随后礼来公司以商品名“Merthiolate”将其推入市场。

硫柳汞（乙基汞硫代水杨酸钠）是眼科制剂和疫苗中常用的防腐剂之一，亦用于化妆品防腐以及皮肤、黏膜的消毒。

注意：应避免与铅、铜制品接触，不能与—SH 化合物、酸碘化物配伍；与氯霉素、新霉素、新福林、依色林、毛果芸香碱、磺胺醋酰钠、荧光素钠有配伍禁忌；当酸性时，溶液的耐热性比碱性稳定。

法规　我国 2015 年版《化妆品安全技术规范》中规定：硫柳汞在化妆品使用时的最大允许浓度为 0.007%（以 Hg 计）；使用范围和限制条件：眼部化妆品；标签上必须标印的使用条件和注意事项：含硫柳汞。

硫氰酸亚铜（CuSCN）
（cuprous thiocyanate）

CuSCN 121.62 1111-67-7

其他名称　硫氰酸铜（Ⅰ）、copper rhodanate

化学名称　硫氰酸亚铜

IUPAC 名　copper（1+）；thiocyanate

EC 编码　[214-183-1]

理化性质　白色或灰白色粉末。熔点 1084℃。相对密度 2.846。溶解性：几乎不溶于水；难溶于稀盐酸、乙醇、丙酮；能溶于氨水及乙醚。稳定性：溶于浓硫酸即分解。在空气中加热至 140℃以上可发火燃烧。

毒性　大鼠急性经口 LD_{50}＞5000mg/kg。

抗菌防霉效果　硫氰酸亚铜对藻类、细菌以及真菌均有一定的防治效果。

制备　以硫酸铜、亚硫酸钠等为原料，然后与硫氰酸钠反应制得硫氰酸亚铜。

应用　硫氰酸亚铜用于船底防污涂料，其稳定性比氧化亚铜更好，可与有机锡化合物混配成有效的防污剂；本身亦是农业杀菌剂和无机颜料；还可作聚氯乙烯塑料的阻燃与消烟剂。

实际应用参考：

硫氰酸亚铜（CuSCN）已在欧盟 BPR 和美国 EPA 进行登记，并可在英国和澳大利亚等国家使用，但在防污涂料中的初期渗出行为不甚理想，防污效果并不甚佳，目前在防污涂料中的应用已越来越少。

法规　2016 年，欧盟生物杀灭剂产品委员会（BPC）发布法规（EU）2016/1090，批准硫氰酸亚铜作为第 21 类（海洋防污剂）生物杀灭剂产品的活性物质。批准日期 2018 年 1 月 1 日，批准期满 2028 年 6 月 30 日，处于批准续展中。

硫酸铜
（copper sulfate）

$CuSO_4$ 159.6 7758-98-7

其他名称　无水硫酸铜

化学名称　硫酸铜

IUPAC 名　copper sulfate

EC 编码　[231-847-6]（无水物）

五水硫酸铜（copper sulphate pentahydrate）

$CuSO_4 \cdot 5H_2O$　246.7　7758-99-8

其他名称　硫酸铜五水合物、蓝矾、胆矾

化学名称　五水硫酸铜

IUPAC 名　copper sulphate pentahydrate

EC 编码　[616-477-9]

理化性质　纯品为蓝色结晶，含杂质多时呈黄色或绿色，无气味。熔点 147℃（无水物）。沸点 653℃（分解）。相对密度 2.286（15.6℃）。溶解性：230.5g/kg 水（25℃）；156g/L 甲醇（18℃）；不溶于多数有机溶剂。稳定性：其暴露在空气中会缓慢风化，在30℃下失去2分子结晶水，250℃成为无水硫酸铜。水溶液中与碱反应生成氧化铜。与氨或胺形成有色配合物。与很多有机酸形成微溶性盐类。

毒性 大鼠急性经口 LD_{50} 难于确定，因为进食会导致恶心。对鱼类高毒。对蜜蜂有毒。对鸟类毒性较低。水蚤 EC_{50}（14d）2.3mg/L。

抗菌防霉效果 硫酸铜作为一种常用的广谱杀虫剂，在渔业养殖中多用于防治寄生虫病。硫酸铜的杀虫作用原理：一方面，铜离子能够与蛋白结合使其沉淀、变性；另一方面，铜离子能破坏寄生虫体内的氧化还原酶系统（如巯基酶）的活性，阻碍虫体的代谢，从而对寄生虫起到杀灭作用。

铜离子等重金属离子对青泥苔、蓝藻、细菌和真菌等有害生物也具有较强的杀灭作用。作用机制主要是二价铜离子（Cu^{2+}）在孢子萌发时被吸收，积累至足够浓度后杀死细胞。活性仅能阻止孢子萌发。其杀菌灭藻的机理是对细菌、真菌、藻类有致毒作用，Cu^{2+} 通过凝集细菌、真菌、藻类的蛋白质胶体，从而导致微生物的代谢失调，引起细胞的死亡。

研究发现，铜盐对木材真菌有很强的抑杀力。一般来讲，铜盐对木材软腐菌的抑菌性能较好，但对木材卧孔菌的抑菌力稍差。由于卧孔菌在木材腐朽过程中产生草酸，与硫酸铜起反应，生成抗菌力较差的草酸铜。硫酸铜对木材腐败菌的抗菌性能见表2-301。

表2-301 硫酸铜对木材腐败真菌的抗菌性能

木材腐败真菌	硫酸铜使用剂量/(kg/m^3)	木材腐败真菌	硫酸铜使用剂量/(kg/m^3)
革菌	20～25	干腐菌	20
卧孔菌	40	球毛壳霉	4
地窖粉孢革菌	10		

制备 以硫化铜矿为原料生产硫酸铜：对矿石在高温下进行硫酸化或氧化焙烧，使硫化铜转变为易溶于稀酸的氧化铜，然后以酸浸法、氨浸法制备 $CuSO_4 \cdot 5H_2O$ 产品。

应用 硫酸铜常见的形态为其结晶体，一水合硫酸四水合铜（五水合硫酸铜）为蓝色固体，其水溶液因水合铜离子而呈现出蓝色，故在实验室里无水硫酸铜常被用于检验水的存在。

在现实生产生活中，在电镀、印染、颜料、农药等方面有广泛应用。抗菌领域主要用于水产养殖、农业杀菌、木材防腐以及抗菌纤维等。

实际应用参考：

Kubo等评价了ZnO、CuO和Ag纳米粒子及其各自的金属盐 $ZnSO_4$、$CuSO_4$ 和 $AgNO_3$ 对传播性胃肠炎病毒、甲型流感病毒、SARS-CoV-2病毒、大肠埃希菌和金黄色葡萄球菌的杀灭作用，并在此基础上，选择抗病毒效果最高的化合物掺入醋酸纤维素中，采用静电纺丝法制备口罩过滤材料，结果显示，$CuSO_4$ 和CuO纳米粒子的抗病毒性能最好，与静电纺丝技术的相容性最好，其次是Zn和Ag。

法规

① 2013年，欧盟委员会发布法规（EU）1033/2013，批准硫酸铜五水合物作

为第 2 类（不直接用于人体或动物的消毒剂和杀藻剂）生物杀灭剂产品的活性物质。批准日期 2015 年 7 月 1 日，批准期满 2027 年 12 月 31 日，目前处于批准续展中。

② 硫酸铜已经被列入 GB 2760—2014《食品安全国家标准食品添加剂使用标准》中“表 C.2 需要规定功能和使用范围的加工助剂名单（不含酶制剂）”，功能为澄清剂、螯合剂、发酵用营养物质。

③ 硫酸铜也被列入 GB 14880—2012《食品安全国家标准 食品营养强化剂使用标准》中“表 B.1 允许使用的营养强化剂化合物来源名单”，为铜的化合物来源之一。

钼酸银

(molybdenum disilver tetraoxide)

Ag_2MoO_4 375.68 13765-74-7

EC 编码　[237-374-1]

理化性质　钼金属盐主要包括三氧化钼（MoO_3）、钼酸锌（$ZnMoO_4$）、钼酸银（Ag_2MoO_4）、纳米钼酸铜（$CuMoO_4$）、纳米钼酸铋（Bi_2MoO_6）以及氧化钨（WO_3）、钼钨多金属盐（$H_2Mo_6W_6O_4$）。

钼酸银（Ag_2MoO_4）为黄白色粉末，不溶于水。钼酸锌（$ZnMoO_4$）又称钼白，白色四方或三斜晶系结晶或粉末，是一种复合颜料，微溶于水，易溶于酸，不溶于丙酮。钼酸铜（$CuMoO_4$）和钼酸铋（Bi_2MoO_6）均呈黄绿色粉末状。

抗菌防霉效果　灭杀微生物机理是钼金属盐渴望电子供体而发生电子转移环境，产生各种有害微生物的酸化水分子、氧自由基、羟基自由基等酸性产物，金属离子直接干扰细胞壁形成、破坏细胞膜，具备协同灭菌机制（张宇浩，2023）。

纳米钼酸银（Ag_2MoO_4）同样具备生物相容性高、无诱导抗药、光线下稳定且不溶于水和醇等优势，Zhang、Kobuchi 等认为由于含有活性极强的金属 Ag^+，相较于其他纳米钼金属盐有更广谱高效的灭杀微生物性能，灭杀微生物多达 680 种，2h 内彻底根除表面微生物，灭活率达 99% 以上。张文钲认为，钼酸银（Ag_2MoO_4）的灭微生物性能强大主要与活性最强的金属 Ag^+ 有关，当 Ag^+ 与菌体的酶蛋白的巯基结合，使微生物赖以生存的酶失活，并破坏其呼吸系统和膜器官，导致微生物快速死亡。研究还发现，钼酸银的形状对灭微生物性能有很大影响，李进研究得到乙醇溶液制备的立方形貌钼酸银的灭杀病菌效果要优于水溶液制得的蠕虫状钼酸银，形状越接近立方体灭微生物性能越优。

综上所述，由于钼（Mo）的靶向作用和银离子的电化学特性的复合作用，钼原子具有光催化、水汽捕捉或释放电子的能力，钼原子可以在常态下与银离子结合，可以对被氧化的银离子进行还原，单位体积释放的银离子、钼离子数量呈几十倍的提高，较其他钼酸盐，金黄色葡萄球菌、大肠杆菌以及流感病毒、肝炎病毒及肠道病毒等多种细菌、病毒均可被有效灭活。

制备　制备纳米钼酸盐的方法层出不穷，如固相法、共沉淀法、水热法、微波水热法、反相胶束法、超声化学法、模板法。

应用　钼化合物、钼酸根、钼多酸等具有杀菌抗菌作用，与高分子材料等混炼后得到各类杀菌抗菌制品，如抗菌袜、床单、抹布、菜板、手术白大褂、电冰箱、洗衣机、儿童玩具、建材陶瓷与日用陶瓷等，有着广阔的应用前景。

实际应用参考：

① 邹烈等（2023）为利用钼酸银的抗菌效果，与粉末涂料混合制备出一种新型涂料，利用抗菌实验对涂料进行性能测试，结果表明，当钼酸银含量为 0.18%（质量分数）时，钼酸银抗菌粉末涂料的综合性能优异，并且对大肠杆菌和金黄色葡萄球菌的抗菌率达到 100%。

②河北理工大学王黔平等在卫生瓷釉中引入钼酸银及钼酸银-钼酸锌作为抗菌剂制作抗菌陶瓷。钼酸银-钼酸锌的添加量 1.5%～3%（质量分数），混合搅拌时间 1～2h，烧成温度 1220℃时，陶瓷具有良好的杀菌效果。进行 3 个月的酸、碱溶液浸泡的抗菌耐久性测试，抗菌效果基本保持不变。样品性能符合国家标准。

纳米铜（Cu NP）
（copper nanoparticles）

Cu 63.54 7440-50-8

其他名称　铜粉

化学名称　纳米铜

IUPAC 名　copper

EC 编码　[231-159-6]

理化性质　纯铜是柔软的金属，表面刚切开时为红橙色带金属光泽，单质呈紫红色。熔点 1083.4℃。不溶于水。一般来讲，一些处于纳米尺寸（1～100nm）或由它们作为基本单元构成的材料，统称为纳米材料。纳米铜（Cu NP）粒子因为其尺寸小，表面能高，比表面原子数多，所以熔点、开始烧结温度和晶化温度均比常规粉体低。此外，纳米铜也具备了纳米颗粒的许多特性，可概括为光学特性、扩散特性以及吸附特性。

毒性　Chen 等报道，小鼠纳米铜（23.5nm）和微米铜（17μm）经急性毒性研究结果显示，纳米铜的 LD_{50} 为 413mg/kg，而微米铜的 LD_{50} 大于 5000mg/kg，结果表明其毒性呈现出“颗粒越小毒性越大”趋势。

抗菌防霉效果　早在 1893 年，瑞典著名植物学家内格里就发现，掺有微量铜的水具有惊人的杀菌作用，使用微量的铜就能杀灭水中微生物和藻类生物。铜的杀菌机理：Cu 与水在有氧条件下发生化学反应，产生羟自由基（—OH）和活性氧离子（O^{2-}），它们具有很强的氧化还原作用，能够破坏微生物细胞增殖能力，从而抑杀微生物。

王琦等认为目前纳米铜的抗菌机理还没有统一的定论，有 3 种可能性较大的杀菌原理被提出。第一种可能：在一定条件下，纳米铜可以促进活性氧（ROS）的产生，使得细胞结构出现氧化损伤，DNA 降解，最终导致细胞死亡。第二种可能：纳米铜颗粒可以通过破坏细胞膜、阻断生化代谢，形成蛋白质复合体，最终对 DNA 造成损害。第三种可能：带有正电荷的铜离子被认为与负责代谢过程的带负电荷的细菌细胞膜和蛋白质结合，这可能使得细胞壁损伤，导致细胞死亡。

孙晔等采用悬液定量杀菌试验方法，对纳米铜离子进行了杀菌效果观察，详见

表 2-302。结果可知，浓度为 2.0g/L 纳米铜胶体作用 5min，对大肠杆菌杀灭率大于 99%；作用 20min，对金黄色葡萄球菌杀灭率大于 99%，而对白色念珠菌杀灭率仅大于 50%。浓度为 5.0g/L 纳米铜胶体作用 2min，对大肠杆菌杀灭率大于 99%；作用 20min，对金黄色葡萄球菌和白色念珠菌杀灭率均大于 99%。

表 2-302 纳米铜对不同微生物的杀灭效果

纳米铜胶体浓度	试验菌株	不同作用时间平均杀灭率/%			
		2min	5min	10min	20min
2.0g/L	大肠杆菌	73.41	92.12	98.70	99.64
	金黄色葡萄球菌	8.57	26.84	67.15	99.47
	白色念珠菌	5.18	21.44	33.53	55.60
5.0g/L	大肠杆菌	99.64	99.77	99.99	100.0
	金黄色葡萄球菌	24.89	53.03	89.41	99.72
	白色念珠菌	91.52	97.53	98.76	99.39

白凤翎等选用金属铜丝对常见细菌进行杀菌活性测定，结果发现，铜丝对供试菌都有较强的杀菌作用。从表 2-303 可以得出，铜丝对 5 种细菌均具有较强的抑制作用，抑菌率达 99.99%以上（几乎达到 100%）。也可以说，在铜丝的作用下，受试细菌存活率不到 1%。

表 2-303 铜丝抑菌试验细菌菌落数 单位：个/mL

细菌名称	A0	A1	抑菌率/%
金黄色葡萄球菌	2.4×10^{13}	2.5×10^{8}	99.99
埃希氏大肠杆菌	3.0×10^{12}	1.2×10^{8}	99.99
产气肠杆菌	6.7×10^{12}	2.8×10^{8}	99.99
沙门氏菌	9.2×10^{12}	1.9×10^{10}	99.99
蜡样芽孢杆菌	2.1×10^{10}	6.5×10^{6}	99.99

制备 纳米铜的合成方法主要包括微乳液法、紫外线照射法、湿化学合成法、反向胶束合成法、微波辅助合成法、生物合成法、液体离子合成法、超声化学合成法等。

应用 铜是首先被人们所熟知的金属之一，也是最早被应用的无机类长效抗菌材料之一。埃及记录了用铜来清理胸部伤口和净化水源，之后，希腊名医希波克拉底介绍了用铜来治疗腿部的局部皮肤溃烂，而且在还没有抗生素的 19 和 20 世纪，铜被广泛用于治疗皮肤病、梅毒和肺结核。

近年来，铜又因其抗菌特性和在医疗机构的潜在应用引起了科研人员的广泛关注。铜的抗菌特性在医疗机构最广泛和成功的应用就是将铜和银离子加入到医院的给水系统，从而控制军团杆菌和其他细菌。在 2008 年铜获得美国环境保护机构（EPA）认证具有抗菌特性以后，其抗菌潜在应用又引起了越来越多的商业兴趣。

铜是第一个获得EPA认证的金属，根据EPA的报告，300种铜及其合金表面均对五种不同菌种表现出抗菌特性。现在，铜以其独特的抗菌性能逐渐打入了家居市场，例如在空调、冰箱、橱柜等家具中加入铜元素来抑制细菌滋生。

纳米铜在食品包装、医疗器械、纺织品、药品以及水处理方面的应用研究一直是近几年的热点。众多研究表明，纳米铜及其氧化物（如CuO、Cu_2O等）具有良好的抑制细菌、真菌、病毒和藻类生长的功效，且纳米铜-聚合物复合膜也展示出了广谱抗菌性。

纳米银（Ag NP）
(silver nanoparticles)

Ag 107.87 7440-22-4

其他名称　球形银粉、银纳米粒子、银纳米颗粒

化学名称　纳米银

IUPAC名　silver granules

EC编码　[231-131-3]

理化性质　银是白色有光泽的金属。根据抗菌粒子的粒径大小，可将银类抗菌剂划分为传统型和纳米型。“纳米银”是“银纳米颗粒”的俗称，简称Ag NP或nAg。纳米银是指在三维空间中至少有一维处于纳米尺度（粒径<100nm）的金属银单质，原子排列为介于固体和分子之间的“介态”，其比表面积极大，通过不同的制备方法可以获得立方体、球形、棒状、锥形、丝状等不同形态的纳米银粒子。

毒性　纳米银（Ag NP）可在生产、应用或处置等不同环节进入环境，进而通过多种途径迁移转化，最终进入生物体或人体，纳米银可在肝、肾、脑等重要器官中蓄积，从而对生物安全造成潜在威胁。另有国外研究显示，银纳米颗粒在45nm以下且浓度大于31.75μg/g时，才会有明显的细胞毒性。

抗菌防霉效果　传统型大块银单质材料表面具有抑菌性质早已为人共识，其机理是位于材料表面的银原子被环境中的氧气缓慢氧化而释放出银离子（Ag^+），这些银离子通过与细菌壁上巯基结合，阻断细菌的呼吸链，最终杀死附着在材料表面的细菌。

与传统型大块银单质材料相同，纳米银粒子抗菌剂的有效成分为粒径在1～100nm之间的纳米银微粒，纳米银粒子抗菌剂在使用时也会释放Ag^+，因此纳米银粒子抗菌剂具有与传统银类抗菌剂基本相同的抗菌机理。此外，纳米银粒子具有显著的体积、表面效应，能吸附在微生物的表面，导致细胞膜形态变化，破坏细胞膜使细胞质流出，从而杀灭微生物。某些纳米银粒子可进入细菌细胞中，在光照条件下催化细胞中的水，产生强氧化性的活性氧（ROS），使细胞中抗氧化/氧化之间的平衡状况打破，产生氧化应激反应，导致细菌死亡。纳米银粒子还能破坏细菌细胞中的核酸与线粒体，使细菌的脱氧核糖核酸（DNA）链断裂，导致细菌难以获取能量而死亡。纳米银杀菌示意见图2-22。

曲锋等发现，纳米银的杀菌效果受多方面的因素影响，详见表2-304。

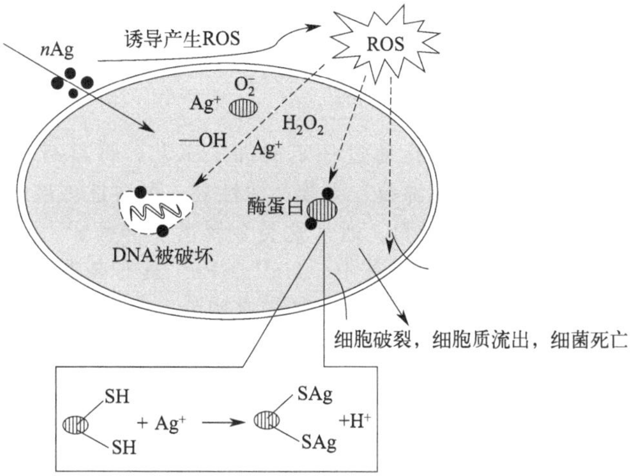

图 2-22 纳米银杀菌示意图（李倩，2017）

表 2-304 纳米银杀菌的影响因素

因素		影响
纳米银	粒径	同等条件下,纳米银颗粒的粒径越小,杀菌能力就越强
	形状	粒径相当,分别为三角形、棒形和球形的 3 种纳米银颗粒中,三角形纳米银颗粒的抗菌性能明显强于其他两种形状的颗粒
	浓度	纳米银的浓度越高,杀菌效果就越强
	表面修饰物	SDS 是离子型表面活性剂,能穿透并破坏细胞壁;Tween-80 是非离子表面活性剂,与细胞壁接触机会较少;经 SDS 修饰的纳米银,其杀菌性明显强于 Tween-80 修饰的纳米银
细菌	革兰氏阴、阳性菌浓度	纳米银对革兰氏阴性菌的杀伤作用明显强于革兰氏阳性菌;纳米银杀菌效果的强弱随着被作用细菌数量的增加而减弱
培养条件	培养基状态	60μg/mL 的纳米银能完全抑制固体培养基上大肠杆菌的生长;而在液体培养基中,即使 100μg/mL 的纳米银也不能完全抑制细菌的生长
	供养	有氧条件下,纳米银可以迅速杀菌;厌氧培养条件下则没有杀菌效果
	温度	纳米银在 37℃具有明显的杀菌效果,而在 4℃和 25℃只表现出轻微的抑制作用

制备 Beyene 等（2017）报道，纳米银（Ag NP）的合成方法分自上而下和自下而上。自上而下的方法指利用各种物理力将块状银或较大尺寸的银颗粒转化形成纳米级金属颗粒。而自下而上的方法则为自上而下的逆过程，可细分为化学合成法和生物合成法，指将银前体在原子、分子级别，通过成核和生长过程获得纳米尺寸的材料。

应用 银作为一种古老的抗菌材料很早就被人类熟知并利用，如用含有银丝的纱布包扎伤口、用银器来存放食物防止腐败等。纳米银（Ag NP）与普通的银材料相比，具有更高的比表面积和更多的活性位点，因此具有更好的抗菌活性。

正是由于纳米银（Ag NP）具有优异抗菌性能，被广泛应用在纺织品、食品包装、医疗及净水设备等产品中。目前，Ag NP是商品化程度最高的纳米材料，占据全球纳米材料消费品市场50%以上份额，预计到2025年其市场规模将达到980亿美元（Environmental Science：Nano，2020）。

实际应用参考：

① 金属离子型抗菌材料是指通过一定的加工工艺，将具有较强抗菌能力的Ag、Cu、Zn等金属离子附着在沸石、凝胶、活性炭、可溶性玻璃等硅酸盐（磷酸盐）等材料上制得的一种抗菌材料。通常这类金属离子抑菌能力顺序为：$Hg^{2+}>Ag^{+}>Cu^{2+}>Pb^{2+}>Co^{2+}>Zn^{2+}$。其中，$Hg^{2+}$、$Pb^{2+}$具有高毒性，易致癌，不符合绿色化学原理，故应用很少；Co^{2+}、Cu^{2+}带有颜色，也限制了部分应用；Ag^{+}杀菌效果好但价格昂贵；Zn^{2+}抗菌性能较低，通常需对其进行改性，进一步提高抗菌能力。

Ag系无机金属抗菌材料主要指Ag、Ag纳米粒子为有效抗菌成分的抗菌功能材料，此外也有一部分以Ag_2O、Ag_3PO_4作为抗菌功能材料的相关研究。银作为历史上使用时间最长的抗菌金属，曾在古希腊伯利克里时代就有相关的使用记录，同时银也是抗菌性能和抗菌效率极其优异的金属。

② 银型抗菌剂的种类。

根据其载体类型，银型抗菌剂可分为下列几大类：沸石抗菌剂、磷酸复盐抗菌剂、硅胶抗菌剂、膨润土抗菌剂、可溶性玻璃抗菌剂、托勃莫来石抗菌剂等。

a. 沸石载体。沸石是一种结晶型硅铝酸盐，由Si—O四面体和Al—O四面体构成三维结构，表面存在大量规则的微孔孔道，比表面积大。沸石结构带负电，有较强的离子交换性能，可以与Ag^{+}以离子交换的形式结合（Hanim等，2016）。

b. 磷酸复盐载体。磷酸复盐主要指磷酸钛盐和磷酸锆盐，这两类复盐具有Nasicon型晶体结构或离子交换性能良好的层状晶体结构，具有较强的Ag^{+}交换能力。尤其磷酸锆有较高的热稳定性、化学稳定性和耐酸碱性能，结构中含有大量的—OH可以作为Ag^{+}的反应位点。相比于沸石载体，磷酸锆的孔隙更小，因此能更好地把控Ag^{+}的释放速度，但其Ag NP的负载量也小（Zhou等，2014）。

c. 膨润土载体。膨润土为典型的层状黏土矿物，其层间的阳离子易被交换，具有很大的离子交换容量（100meq/100g）。通过阳离子交换可将银离子引入其层间，使用过程中通过缓释银离子而具有抗菌作用。

d. 可溶性玻璃载体。采用磷酸盐、硼酸盐、氧化还原剂和铜盐、银盐制成含CuO 30%～50%（质量分数）、含Ag_2O 3%～5%（质量分数）的可溶性玻璃，将其制成粉末状即得到可溶性玻璃抗菌剂，该抗菌剂通过玻璃粉的溶解而缓释Ag^{+}，产生抗菌效果。

e. 托勃莫来石载体。托勃莫来石为层状晶体结构，具有良好的二价离子交换性能，将其中的Si用一部分Al取代，并以Na进行电价平衡，得到具有一价离子交换能力的托勃莫来石。以含Ag^{+}溶液进行离子交换，使Ag^{+}取代其中的一部分Na^{+}，即得到托勃莫来石抗菌剂。

f. 硅胶载体。硅胶具有很大的比表面积，可通过两种方法制得抗菌剂。其一是硅胶表面吸附络合Nap［Agq（S_2O_3）］，而后利用溶胶-凝胶法在其表面形成

SiO_2 层，通过此种方法制得的抗菌剂具有较好的热稳定性和抗菌持久性。其二是将硅胶用碱（NaOH、KOH、LiOH）用偏铝酸盐（$NaAlO_2$、$KAlO_2$、$LiAlO_2$）混合溶液处理，在硅胶表面形成薄层的沸石（Y 型和 A 型）或无定形硅铝酸盐的结构，而后用含 Ag^+ 的溶液处理，赋予其抗菌性能（冯乃谦等，1998）。

g. 石墨烯载体。石墨烯（Gr）是一种二维片层碳材料，强度高，导热及导电性能好，比表面积较大，目前应用较多的是石墨烯衍生物，如氧化石墨烯（GO）、还原氧化石墨烯（rGO）和石墨化氮化碳（g-C_3N_4）等（Ahmed 等，2020）。GO 由碳蜂巢结构和丰富的含氧官能团组成，可以通过物理吸附、电子转移、π-π 相互作用或与含氧官能团的静电结合负载 Ag NP。

h. 脂质体载体。脂质体是由磷脂分散在水中形成的双层膜结构的球形囊泡，有良好的生物相容性和可生物降解性，在用作药物载体和污染物的生物毒理效应方面有广泛研究。Li 通过薄膜水化法在 Ag NP 和 Au NP 表面包覆脂质体，使脂质体通过金属离子的控制释放发挥抗菌活性。

i. 金属有机框架（MOF）。MOF 是金属离子与有机配体自组装形成的新型多孔晶体化合物，具有潜在孔隙的三维配位网络结构，比表面积高，孔径可调，表面易于修饰。MOF 的金属中心多是具有抗菌功能的金属离子，可以作为良好的金属离子储存库。

法规

GB 38850—2020《消毒剂原料清单及禁限用物质》规定银离子（CAS 号：7440-22-4）可以使用的范围有：E，表示用于环境及物体表面的消毒剂；H，表示用于人体的消毒剂。

硼酸苯汞

（phenylmercuric borate）

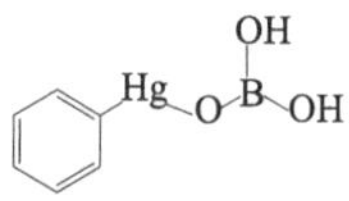

$C_6H_7BHgO_3$ 338.5 102-98-7

化学名称　硼酸苯汞

IUPAC 名　boronooxy（phenyl）mercury

EC 编码　[203-068-1]

理化性质　固体粉末。熔点 112.5℃。lgK_{ow}＝－0.260。溶解性：不溶于水。

抗菌防霉效果　含汞金属杀菌剂，有效抑制大部分细菌、霉菌和酵母。

应用　硼酸苯汞可作杀菌剂、杀虫剂、除藻剂。

法规　我国 2015 年版《化妆品安全技术规范》规定：硼酸苯汞在化妆品中使用时的最大允许浓度为 0.007%（以 Hg 计）；使用范围和限制条件：眼部化妆品。

硼酸锌（ZB）

（zinc borates）

$B_2O_6Zn_3$ 313.758 10361-94-1（1332-07-6）

化学名称　硼酸锌

IUPAC 名　zinc borates

理化性质　硼酸锌的化学通式为 $x\mathrm{ZnO}\cdot y\mathrm{B_2O_3}\cdot z\mathrm{H_2O}$，主要类型有 ZB112（$\mathrm{ZnO\cdot B_2O_3\cdot 2H_2O}$）、ZB235（$\mathrm{2ZnO\cdot 3B_2O_3\cdot 5H_2O}$）、ZB237（$\mathrm{2ZnO\cdot 3B_2O_3\cdot 7H_2O}$）、ZB2335（$\mathrm{2ZnO\cdot 3B_2O_3\cdot 3.5H_2O}$）等，其中产量最大、应用最广的是 235 型硼酸锌，又称 ZB235。ZB235 型硼酸锌为白色结晶粉末，无毒，热稳定性好，失水温度高（张玉星，2013）。

毒性　硼酸锌（CAS 号：1332-07-6）大鼠急性吸入 LC_{50}（4h）4.95mg/L。兔子急性经皮 LD_{50} 5000mg/kg。

抗菌防霉效果　高伟等报道，室温下硼酸锌（ZB）在水中的溶解度<0.28%（质量分数），遇水不易流失，固着在板材中发挥防腐作用。经绝干刨花质量 1%的硼酸锌处理后，刨花板的抗白蚁质量损失率，从未处理时的 40%～50%降至 2%；另外，在板材中同时添加 1%BAE（等硼酸当量，boric acid equivalent，BAE）的硼酸锌与 7%的异氰酸酯时，耐腐效果与 5%BAE 相当。可见，在极低硼酸锌用量下，处理材即可获得较优的耐腐性能。

金菊婉等探讨了使用硼酸锌（ZB）以改进毛竹定向刨花板（OSB）防腐防霉性能的可行性。研究表明，由脲醛（UF）、酚醛（PF）和异氰酸酯（MDI）树脂胶合压制的竹 OSB 试板，其弯曲性能、内结合强度和吸水厚度膨胀率均满足标准 LY/T 1580—2010《定向刨花板》的要求。ZB 显著改进了 PF 和 MDI 胶试板的耐腐性，两类试板对白腐和褐腐试菌耐久性均为强耐腐等级；但 ZB 不能改进 UF 胶试板对蓝变菌、黑曲霉和橘青霉的防治效力，仅当 ZB 载药量为 1.5%时，试板才能有效地防治绿色木霉。

制备　专利 CN101186308A《一种硼酸锌的制造方法》。

应用　硼化物防腐剂在国外的使用已有 50 多年，在中国现阶段得到了良好的发展。其中，硼酸、硼酸钠、硼酸锌和硼酸钙等无机硼化合物对木制品的防腐已有报道。硼酸锌具有白色、无臭、较好抗流失和热稳定性，对环境和人畜毒性危害极低，以及较好的防治真菌、白蚁、家天牛蛀虫及窃蠹等良好作用。目前硼酸锌主要用于室内防腐方面，相对于现在用量较大的 CCA、ACQ 及铜唑防腐剂，硼化物防腐剂价格经济，且其 pH 接近中性，处理材不变色，具有良好应用前景。

氢氧化钙
(calcium hydroxide)

$\mathrm{Ca(OH)_2}$ 74.09 1305-62-0

其他名称　消石灰、熟石灰

化学名称　氢氧化钙

EC 编码　[215-137-3]

理化性质　一般呈粉末状。常压下，在 580℃时，会失水成为氧化钙（生石灰）。氢氧化钙微溶于水，溶解度随温度升高而减小，溶于水所得无色透明溶液俗称澄清石灰水。氢氧化钙与水组成的乳状悬浮液称石灰乳。

毒性　氢氧化钙的粉尘或悬浮液滴对黏膜有刺激性。粉尘进入呼吸道可引起喷嚏和咳嗽。其毒性与氧化钙相同。空气中氢氧化钙粉尘的最高容许浓度为 $5mg/m^3$。

抗菌防霉效果　目前，几乎所有研究都认为 $Ca(OH)_2$ 的抗菌作用与其 pH 值有直接关系，$Ca(OH)_2$ 可通过 OH^- 诱导脂过氧化物破坏细胞膜的磷脂，并可分解不饱和脂肪酸产生自由基，从而破坏细菌的细胞膜；$Ca(OH)_2$ 通过其产生的碱化作用破坏蛋白质结构的离子键，使之成为不规则的空间结构而灭活酶；并通过 OH^- 与细菌的 DNA 发生反应导致 DNA 链分裂，损伤 DNA。

郭正东等发现，氢氧化钙可以抑制耐甲氧西林金黄色葡萄球菌（MRSA）的增殖，其最低抑菌浓度为 3.125mg/mL。抑菌机制研究结果表明，氢氧化钙可以破坏 MRSA 的菌体形态，致使其表面发生皱缩，甚至破裂，从而达到抑菌的效果。

制备　专利 CN112358205A《一种高活性氢氧化钙的制备方法》。

应用　氢氧化钙在多种场所均被用于消毒杀菌，如科学研究、实验室、医学、工厂等，其在医学临床上具备悠长的使用历史，尤其是在手术治疗中，被用作消毒药物，可使术后感染风险明显降低，临床上用于感染根管的消毒，亦用于环境和水的消毒，如畜牧农场和鱼塘的环境消毒，在高分子行业可作阻燃或可降解材料。

实际应用参考：

氢氧化钙是一种白色粉末状无机化合物，在临床牙科领域，氢氧化钙已经成为治疗牙髓炎的常见药物，在水中可以缓慢释放出钙离子和具有碱性的氢氧根离子，形成碱性的环境，其 pH 值可高达 12，羟基离子可以有效杀灭牙髓腔中的细菌，具有无耐药性、抗菌谱广等特点，能够对病牙根管部位起到很好的抑菌作用。

法规　欧盟化妆品法规（EC）NO 1223/2009 中指出：“氢氧化钙可用于（a）含有两种成分（氢氧化钙和胍类）的直发器，含有氢氧化钙的最大浓度为 7%；（b）脱毛剂 pH 调节剂；（c）其他用途（例如 pH 调节剂、加工助剂）。”

三苯基氯化锡（TPTC）

（triphenyltin chloride）

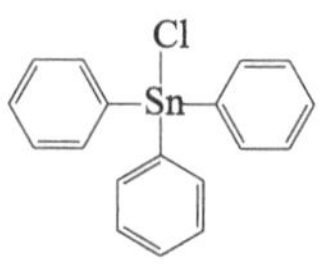

$C_{18}H_{15}ClSn$ 385.5 639-58-7

其他名称　氯三苯基锡、TPT、fentin chloride

化学名称　三苯基氯化锡

IUPAC 名　chloro（triphenyl）stannane

EC 编码　[211-358-4]

理化性质　白色粉末，有效含量≥97%（Sn 含量约 30%），具有特征气味的固体。沸点（760mmHg）240℃。熔点 103～106℃。$\lg K_{ow}=4.19$。溶解性：不溶于水；溶于大多数有机溶剂。稳定性：遇碱易分解，生成三苯基锡的氢氧化物；遇光易分解。

毒性 大鼠急性经口 LD_{50} 190mg/kg。小鼠急性经口 LD_{50} 18mg/kg。

有机锡化合物是金属锡和碳原子结合后形成的金属有机物，是一类典型的具有雄激素样的内分泌干扰物。欧洲委员会决议 2009/425/EC 已正式禁止在消费品中使用特定的有机锡化合物。

抗菌防霉效果 三苯基氯化锡由于在溶液中不电离，较易穿透微生物的细胞壁侵入细胞质，与蛋白质的氨基和羧基形成复杂化合物，从而破坏蛋白质。对常见微生物，尤其对霉菌有很好的抑制效果，最低抑制浓度见表 2-305。

表 2-305 三苯基氯化锡对一些微生物的最低抑制浓度（MIC）

微生物	MIC/(mg/L)	微生物	MIC/(mg/L)
黑曲霉	5	球毛壳霉	5
多生枝孢	2.5	橘青霉	2.5
黄曲霉	2.5	刚毛藻属	0.1
串球镰霉	2.5		

制备 专利 CN100362000C《一种三苯基氯化锡的生产方法》。

应用 三苯基氯化锡可作灭鼠剂，杀软体动物剂，杀真菌剂和杀虫剂，广泛适用于木材防腐、海洋防污等领域，亦可作农业杀菌剂。

实际应用参考：

三苯基氯化锡以前是优良的军用长效防污漆的主毒剂，其防污效果极为显著，防污有效期长，一般为 3～5 年，可广泛应用于各种舰船、浮标、码头、灯船、海上石油钻井平台及海水管道等。

三丁基锡（TBT）

(tributyltin)

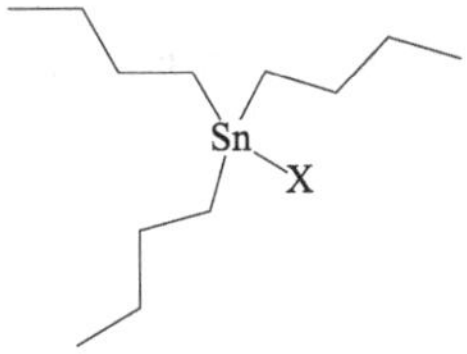

理化性质 三丁基锡（TBT）是有机锡化合物的一种，其通式为（n-C_4H_9）3Sn—X。其中，X 代表一个通过杂原子共价键与锡相连的原子或基团，它可以是无机或有机酸根、氧或卤族元素等。TBT 的物化性质在很大程度上由 X 的特性决定，尤其是水中或非极性溶剂中的溶解度和饱和蒸气压。在纯水中 TBT 会发生电离产生 Bu_3Sn^+ 离子，类似于一元弱酸，其在水中的电离常数 $pK_a=6.25$。TBT 在 20℃的黑暗环境中稳定不挥发，但在光照下会逐步脱丁基转化为二丁基锡（DBT）、单丁基锡（DBT），最终变成无机锡，半衰期长达 89d 以上。

氯化三丁基锡（TBTC）CAS 号：1461-22-9。分子式：$(CH_3CH_2CH_2CH_2)_3SnCl$。

分子量：325.49。化学结构式如图 2-23。在常温条件下，具有腐败青草气味，多数以液体形式存在，无色透明或淡黄色。一般具有一定的极性、疏水性和易挥发等特点，遇光易降解。密度 1.20g/L。沸点（5×133.32Pa）145～147℃。折射率（25℃）1.4903。溶于乙醇、庚烷、苯和甲苯，不溶于冰水。在热水中水解，有毒。密封，2～8℃保存。空气中的容许量（以 Sn 计）为 0.1mg/m^3。

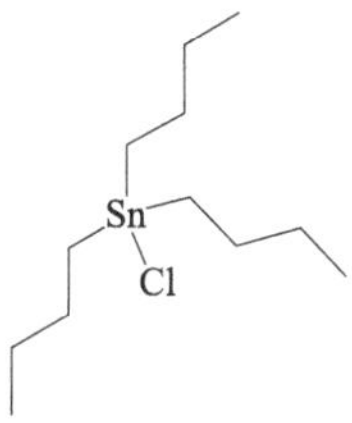

图 2-23　氯化三丁基锡的化学结构式（郭素珍，2010）

三丁基氧化锡（TBTO）CAS 号：56-35-9。分子式：$C_{24}H_{54}OSn_2$。分子量：596.1。

化学结构式如图 2-24。微黄色液体。含量约 95%（Sn 含量 38.6%）。沸点 220～230℃。凝固点<－45℃。密度（20℃）1.17g/mL。蒸气压（20℃）1×10^{-3}Pa。闪点 168～179℃。折射率（nD，20℃）1.4865～1.4870。黏度（25℃）4.8mPa·s。$\lg K_{ow}=3.84$。溶解性：实际上不溶于水，可与大多数有机溶剂混溶。稳定性：与含纤维质和木质材料混合形成的化合物不易分解。

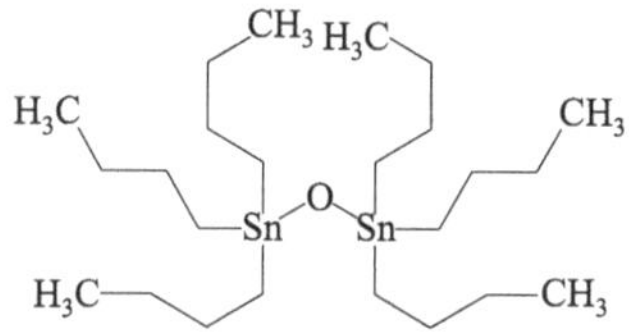

图 2-24　三丁基氧化锡化学结构式（EAHA，2008）

三丁基苯甲酸锡（简称 TBTB）CAS 号：4342-36-3。分子式：$C_{19}H_{32}O_2Sn$。分子量：411.2。化学结构式如图 2-25。无色液体。含量 97%（Sn 含量 28%）。沸点（1.3kPa）约 135℃。密度（20℃）1.17～1.20g/L。黏度（25℃）约 20mPa·s。溶解性：微溶于水；溶于有机溶剂。商品含量 45.6%，外观呈无色液体。密度（20℃）1.080～1.120g/mL。黏度（25℃）≤50mPa·s。闪点 170℃。溶解性：不溶于水；溶于有机溶剂。

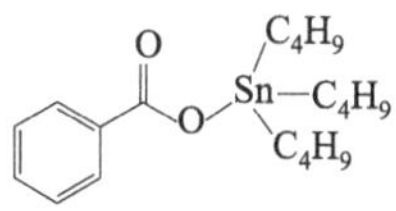

图 2-25　三丁基苯甲酸锡化学结构式

毒性　从 20 世纪 70 年代到现在，国内外已经有大量研究证明了三丁基锡

(TBT) 对生物的生存、生长、发育、繁殖存在不良影响。TBT 是美国 EPA 认定的金属有机内分泌干扰物，也是人为排放到水生环境中毒性最强的化学物质之一。

抗菌防霉效果 有机锡的分子能透过细胞膜，与蛋白质及酶中的酸性基团缔合的阳离子竞争，使细胞代谢极度紊乱而导致微生物死亡。

结合有关船舶防污杀生剂对非靶标水生生物毒性的现有数据来看，三丁基锡(TBT) 是一种毒性较强的内分泌干扰化合物，并且会影响所有营养级别的生物体，Irgarol 1051、敌草隆、百菌清和 DCOIT 是对生产者最具毒性的杀生剂，而苯氟磺胺对海洋非靶标生物毒性相对较低。其对海洋非靶标生物的敏感性可归纳为 TBT＞Irgarol 1051＞DCOIT＞敌草隆＞百菌清＞苯氟磺胺。TBT 对部分非靶标海洋生物的具体毒性数据见表 2-306。

表 2-306 TBT 对非靶标海洋生物的毒性（罗海威等，2022）

物种	毒性终点	数值/(mg/L)
班氏金针菜	48h EC_{50}	0.00016
卵囊藻	72h EC_{50}	0.003
普通海胆	48h EC_{50}	0.000309
玻璃海鞘	48h EC_{50}	0.0071
凶猛片钩虾	96h LC_{50}	0.0094
猛水蚤	96h LC_{50}	0.018
长臂虾	24h LC_{50}	0.0223
阿玛猛水蚤	96h LC_{50}	0.013
宽水蚤	72h LC_{50}	0.0006
溞	48h LC_{50}	0.00001
青鳉	96h LC_{50}	0.025
罗非鱼	96h LC_{50}	0.0038
金头鲷	24h LC_{50}	0.0283

三丁基苯甲酸锡（TBTB）对部分微生物最小抑制浓度详见表 2-307。

表 2-307 45.6% TBTB 制剂对常见微生物的最低抑制浓度（MIC）

微生物	MIC/(mg/L)	微生物	MIC/(mg/L)
枯草芽孢杆菌 ATCC 27328	2.5	地衣芽孢杆菌 ATCC 27326	5.0
巨大芽孢杆菌 ATCC 27327	10	金黄色葡萄球菌 ATCC 6588	2.5
绿脓假单胞菌 ATCC 10145	100	恶臭假单胞菌 ATCC 21399	100
大肠杆菌 ATCC 8739	＞4000	白色念珠菌 ATCC 2091	5
黑曲霉 ATCC 6275	5	米曲霉 ATCC 10191	5
出芽短梗霉 ATCC 9348	5	青霉菌 ATCC 11797	10

（来源：ISP）

应用发现三丁基氧化锡对木材褐腐菌特别有效，其抑菌性能为煤杂酚油的几百倍，比五氯苯酚高 20 倍，并且它的残效期较长，是仅次于有机汞的高效杀菌剂。

应用 三丁基锡（TBT）是锡（Sn^{4+}）的一种有机衍生物，含有三个碳原子和一个锡的共价结合键，是毒性较高的环境污染物。自 20 世纪中叶起，TBT 就作为防腐剂而被广泛应用于船体及海洋建筑的涂料中，以防止海洋软体动物及微生物的附着，还可加快船舶航行速度，节省航运燃料。除此之外，TBT 作为微生物的广谱灭菌剂还应用于纺织、工业水处理、造纸和酿酒等领域。由于 TBT 广泛而长期的大量使用，其造成的环境污染也逐渐引起人们的注意。自 20 世纪 80 年代后期，许多国家相继发现了有机锡对海洋环境及海洋生物所造成的严重危害，进而陆续采取相应措施来限制或禁止有机锡在海洋中的使用。

国际海事组织（IMO）于 2003 年 1 月 1 日起禁止 TBT 作为船体涂料的使用，并于 2008 年 1 月 1 日起，全面禁止 TBT 的使用。至 2009 年，已有 28 个国家和地区签署了此项合约。

法规　该物质在 SVHC 清单列表中，属于高度关注物质。

三氧化二砷
(diarsenic trioxide)

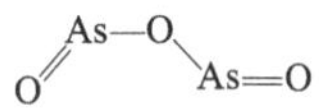

As_2O_3 197.8 1327-53-3

其他名称　砒霜、亚砷酸、白砒、氧化砷

化学名称　三氧化二砷

IUPAC 名　arsenic oxide

EC 编码　[215-481-4]

理化性质　白色粉末或结晶，有三种晶形：单斜晶体相对密度 4.15，193℃升华；立方晶体相对密度 3.865；无定形体相对密度 3.738，熔点 312.3℃。溶解性：微溶于水而生成亚砷酸；其无定形体溶于碱类，但不溶于乙醇。

毒性　砷化物是一类毒化合物，可产生有毒气体如砷化氢，对人畜有剧毒，特别是亚砷化物是致癌物质。单体砷对生物是无毒害的，但水溶性三价砷和五价砷对生物有剧毒，有人证明在生物体内五价砷能还原成三价砷，然后使生物中毒。大鼠急性经口 LD_{50} 14.6mg/kg。

抗菌防霉效果　一般来讲，砷化物对多数木材腐败菌有较好的抑杀能力，但部分木腐菌的耐药性会相差 20～30 倍。几种砷化物对不同木腐菌的抑杀性能见表 2-308。

表 2-308　几种砷化物对不同木腐菌的抑杀性能

砷化物	使用剂量/(kg/m^3)			
	地窖粉孢革菌	棉腐卧孔菌	冷杉多孔菌	洁丽香菇
三氧化二神	0.08～0.10	1.13～1.53	0.04～0.07	0.07～0.18
砷酸	0.15～0.30	—	—	—
砷酸钠	0.015～0.024	0.81～1.02	0.15～0.20	0.16～0.23
砷酸二氢钠	1.05	—	—	—
砷酸氢二钠	0.6～0.98	1.75～2.52	0.13～0.29	0.63～1.12

制备　将雄黄矿石经破碎、氧化焙烧、冷却结晶、静电除尘等步骤得三氧化二砷。

应用 三氧化二砷作为药物使用历史悠久，但因其毒性较大而使用较少。砷化物是农药中常用的杀虫剂，同时也是杀菌剂。

目前常用的含砷防腐剂是铜铬砷（CCA），主要用于木材防腐，用于玻璃、搪瓷、颜料工业和杀虫剂、皮革保存剂等，但在很多国家已禁止或限制使用。

法规 国际癌症研究机构 1980 年公布砷为致癌因子。

双-(*N*-环己烷基二氮烯二氧)铜（CuHDO）
(bis(*N*-cyclohexyl-diazenium-dioxy)-copper))

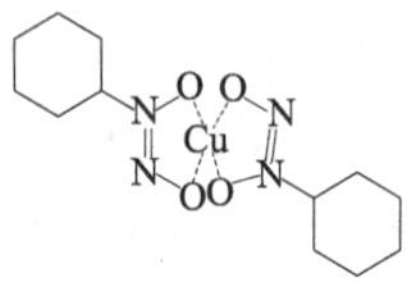

$C_{12}H_{22}CuN_4O_4$ 349.9 312600-89-8

其他名称 Cu-HDO、Cu Xyligen、铜-己二醇

化学名称 双-(*N*-环己烷基二氮烯二氧)铜

IUPAC 名 bis(*N*-cyclohexyl-diazenium-dioxy) copper

EC 编码 [608-595-4]

理化性质 蓝色结晶粉末。熔点 149℃。沸点 182℃（分解）。相对密度（20℃）1.514。蒸气压（20℃）$<1\times10^{-6}$hPa。$\lg K_{ow}=2.6$（pH 6.1，25℃）。溶解性：水 34.6mg/L（pH 4，23℃）；水 6.1mg/L（pH 7，23℃）；水 8.6mg/L（pH 9，23℃）；正辛醇 6100mg/L（25℃）。其有效组成成分如表 2-309 所示。

表 2-309 CuHDO 各组成成分的含量要求

有效成分	比例/%
二价铜(以 CuO 计)	55.3～67.7
HDO	12.6～15.4
硼(以 H_3BO_3 计)	22.1～26.9

注：其中各组成成分的含量总和应为 100%。

毒性 大鼠急性经口 LD_{50} 380mg/kg。大鼠急性经皮 $LD_{50}>2000$mg/kg（来源 BASF）。

抗菌防霉效果 双-(*N*-环己烷基二氮烯二氧)铜（Cu-HDO）可防止破坏木材的真菌，包括引起软腐的真菌。

应用 由德国 Dr. WolmanGmbH 公司研发的双-(*N*-环己烷基二氮烯二氧)铜（CuHDO），商品名为 Wolmanit CX-A 的木材防腐剂，特别适用于室内和室外使用的结构木材。例如：园艺和景观园艺，栅栏，操场设备等。

法规

① 2013 年，欧盟生物杀灭剂产品委员会（BPC）发布法规（EU）2014/89，批准 Cu-HDO（CAS 号：312600-89-8）作为第 8 类（木材防腐剂）生物杀灭剂产

品的活性物质。批准日期 2015 年 9 月 1 日，批准期满 2025 年 9 月 1 日。

② 2014 年，欧盟生物杀灭剂产品委员会（BPC）发布法规（EU）2014/227，未批准 Cu-HDO（CAS 号：312600-89-8）作为第 7 类（干膜防霉剂）、第 9 类（纤维、皮革、橡胶和聚合材料防腐剂）和第 10 类（建筑材料防腐剂）生物杀灭剂产品的活性物质。

酸性硫酸钙（ACS）
（acidic calcium sulfate）

理化性质　酸性硫酸钙（ACS）为无色、无味、透明的酸性液体。化学本质是一种微溶性ⅡA 族络合物（AGIIS）的酸性溶液，其元素排列结构与 $Ca(OH)_2$ 类似。ACS 酸性强度 pH 值最低可以达到－3 以下；其核心价值体现在是强酸，却是低腐蚀性的，且是缓蚀的。因此被美国 FDA 确认符合“GRAS”（通常认为是安全的）标准。

由于 ACS 强酸性，其原液 pH 值无法有效测定，进行系列稀释后，随着稀释倍数的增加，pH 值逐步上升，但均有较强的酸性。ACS 1/100 稀释液 pH 值为 0.32，稀释至 1/200 时，pH 值为 0.64，稀释至 1/400 时，pH 值＞1.0，详见表 2-310。

表 2-310　酸性硫酸钙 pH 值测定结果

稀释倍数	pH 值	稀释倍数	pH 值
100	0.32	800	1.34
200	0.64	1600	2.30
400	0.77		

毒性　酸性硫酸钙（ACS）是一种微溶性的酸性溶液，与 98%浓硫酸相当，因此酸性硫酸钙可以被看作是一种新型酸化剂。

抗菌防霉效果　研究表明，酸性硫酸钙（ACS）作为一种具有强酸性和低腐蚀性的复合物，对细菌和病毒具有一定的杀灭作用。强酸性是其发挥杀灭效果的主要机制。相关实验显示，酸性硫酸钙的杀菌效果与相同浓度的 98%浓硫酸相当，证实了 ACS 的杀菌核心就是酸。

张利平等发现，ACS 在 700 倍稀释时杀灭金黄色葡萄球菌的效果与 350mg/L 有效氯相当。王劲等发现，ACS 对载体表面细菌繁殖体有较好的杀菌效果，且稳定性好。谈智等发现，ACS 对铜绿假单胞菌、金黄色葡萄球菌、大肠杆菌、脊髓灰质炎病毒具有较强的抑制作用。吉钟山等发现，ACS 杀灭微生物的效果与它的 pH 呈反比，即 ACS 的 pH 越高，其杀灭微生物的能力越弱。ACS 出色的抑菌和杀毒能力可能与其强酸特性有关。

王劲等采用载体浸泡定量杀菌试验方法，结果表明，100 倍稀释液作用 4min，对载体上金黄色葡萄球菌、大肠杆菌的平均杀灭对数值均＞3.0；但 100 倍稀释液作用 32min，对白色念珠菌无明显杀菌效果（表 2-311）。进一步稳定性试验结果表明，将 ACS 产品密封包装经室温自然存放 12 个月和 24 个月后，以 100 倍稀释液作用 4min，对布片载体上的金黄色葡萄球菌的平均杀灭对数值均＞3.0，与存放前比较，其杀菌能力未见显著下降，详见表 2-312。

表 2-311　酸性硫酸钙杀菌试验结果

试验菌	稀释倍数	作用不同时间的杀灭对数值					
		1min	2min	4min	6min	16min	32min
金黄色葡萄球菌	100	0.69	2.30	4.03	6.38	6.38	6.38
	200	0.53	0.71	1.73	2.69	3.09	6.38
大肠杆菌	100	1.52	2.05	3.98	6.27	6.27	6.27
	200	0.42	0.63	1.56	2.94	3.47	6.26
白色念珠菌	100	0.01					0.06

注：阳性对照菌数对数值，金黄色葡萄球菌 6.38，大肠杆菌 6.27，白色念珠菌 5.88。

表 2-312　酸性硫酸钙杀菌稳定性试验结果

储存时间/月	作用不同时间的杀灭对数值					
	1min	2min	4min	6min	16min	32min
0	0.69	2.30	4.03	6.38	6.38	6.38
12	0.55	1.67	3.89	6.19	6.19	6.19
24	0.43	1.56	3.77	6.24	6.24	6.24

制备　专利 CN106719809A《一种酸性硫酸钙的制备方法》。

应用　酸性硫酸钙（ACS）是已获得美国 FDA 和 USDA 认证的一种新型高效杀菌防腐保鲜产品，在国际上符合“GRAS”安全标准。在美国应用于肉制品的防腐、蔬果业保鲜杀菌、生肉屠宰业、畜牧业、水产养殖业。2010 年由商务部有关单位把该制剂引入中国。

ACS 在工业领域的应用亦包括金属表面清洗、墙纸的防霉处理、建筑石膏芯板的防霉处理等方面。

实际应用参考：

邢方如等报道，将制备好的中密度纤维板进行防霉抗菌剂浸渍处理后，观测对可可球二孢菌的抑制效果。结果表明，主要成分为酸性硫酸钙的防霉抗菌剂对可可球二孢菌抑制效果显著。未经处理的纤维板对可可球二孢菌的防治效力为 0，主要成分为酸性硫酸钙的防霉剂处理纤维板后观测到防治效力达到 53.92%，且分散性和附着力良好，不影响纤维板表面色泽。

铜铬砷（CCA）

（chromated copper arsenate）

理化性质　美国木材防腐者协会规定铜铬砷（CCA）有三种类型，它们的组成成分、特性和主要用途如表 2-313。CCA-C 型兼有 A 型和 B 型的优点，所以配比比较恰当，目前世界上用得比较多的是 CCA-C 型。制备固体、膏状、浓缩液或处理液的原料化合物如下：六价铬（重铬酸钾或重铬酸钠、三氧化铬）；二价铜（硫酸铜、碱性碳酸铜、氧化铜或氢氧化铜）；五价砷（五氧化二砷、砷酸、砷酸钠或焦砷酸钠）。CCA 处理液的 pH 值，A 型为 1.6～2.7，B 型和 C 型为 1.6～2.5（有效成分浓度为 2.0%，20℃）。

表2-313 三种型号CCA的组成、特性和主要用途

型号	组成/%			特性
	三氧化铬(CrO_3)	氧化铜(CuO)	五氧化二砷(As_2O_5)	
CCA-A	59.4～69.3(65.5)	16.0～20.9(18.1)	14.7～19.7(16.4)	抗流失性能最强
CCA-B	33.0～38.0(35.3)	18.0～22.0(19.6)	42.0～48.0(45.1)	防虫、白蚁的效果最好
CCA-C	44.5～50.5(47.5)	17.0～21.0(18.5)	30.0～38.0(34.0)	兼有A型和B型的特性

毒性 在铜铬砷（CCA）的3种有效成分（铜、铬、砷）中，类金属砷是剧毒元素，对人的致死剂量很低；铬是重金属，威胁人体健康；金属铜也会影响人体健康。因此，美国环保局早已将Cu、Cr、As列入优先污染物名单。欧盟毒性、生态污染和环境科学委员会（CSTEE）的风险评估认为，砷不仅具有遗传性，还是一种致癌物质，使用含有铜、铬、砷等木材防腐剂处理的木材对人身健康存在威胁，对特定海域的水环境也存在风险，因此。将CCA处理的木材废料归类为危险性废料。

抗菌防霉效果 铜铬砷（CCA）防腐剂由含砷化物、含铬化物以及含铜化物等组成。目前最常用的类型是CCA-C。水性防腐剂与木材的结合通常叫作固化。固化过程就是六价铬还原成三价铬的过程，在这个过程中，铬离子起到了氧化作用。

CCA固化后，这3种主要成分在防腐处理中起到不同的作用，铜可以抵制腐朽菌的侵入，砷具有抗虫蚁以及抵制一些具有耐铜性的腐朽菌的侵入，而铬可以增强处理材的耐光性和疏水性。这几种成分可以与木材的组成成分产生结合，增强抗流失性。同时，CCA在一定程度上有助于木材对气候的抵抗能力。

应用 1933年铜铬砷（CCA）由印度工程师Sonti Kamesam发明，20世纪40年代开始大量使用，曾是世界公认的防腐和抗流失效果最好的木材保护剂，但因其对人体和环境的毒性于2003年12月底最终被美国禁止和限用，随后欧盟、日本等相继禁止和限用铜铬砷（CCA）处理木材。中国木材防腐起步较晚，2002年开始大量使用防腐木，目前有70%以上的户外防腐木采用铜铬砷（CCA）处理，但近几年CCA防腐剂的应用在行业内也引起不少争议。

实际应用参考：

铜铬砷（CCA）防腐剂具有较高的灭菌、防虫防白蚁、防海生钻孔动物的能力；有效成分能牢固固定在木材中，不被土壤中的水分、雨水及海水所流失，持久性好；处理后木材无气味，可以油漆、胶合；对木材强度性质影响小；还具有一定的阻燃性。CCA防腐剂广泛应用于室内外的建筑木结构用材的防腐，也可以用来防腐坑木、桩木、枕木、电杆、凉水塔木架等；还可用于海洋用木材的防腐，防止海生钻孔动物的侵害。

经铜铬砷（CCA）处理后的木材，一般要经过20d左右的时间固定后才能使用，如加热至90～100℃，可加速固化，保持3～4h后，就可以投入使用。

铜唑（CuAz）

（copper azole）

其他名称 copper triazole、CA

化学名称 copper azole（CBA-A 和 CA-B）

理化性质 铜唑（CuAz）定义为铜与三唑的复配物。目前在市场销售和使用的主要有两种铜唑防腐剂，即 CBA-A 和 CA-B，其主要组成成分如表 2-314。A 型因其成分中含有硼因此又称铜硼唑（CBA），简称 CBA-A 或 CuAz-1。

表 2-314 两种铜唑防腐剂的主要成分

型号	组成成分/%			溶剂
	CuO	硼酸	戊唑醇	乙醇胺
CBA-A	44.0～54.0(49)	44.0～54.0(49)	1.8～2.8(2)	√
CA-B	95.4～96.8(96.1)	—	3.2～4.6(3.9)	√

美国木材防腐协会标准中有两个配方 CA-A（或表示为 CBA-A）和 CA-B（或表示为 CBA-B）。这两种采用的三唑化合物都是戊唑醇，区别在于 CA-B 的配方中加入了硼。

抗菌防霉效果 铜唑（CuAz 或 CA）是目前正在推广应用的新一代有机杂环类水溶性木材防腐剂，是由二价铜离子和三唑化合物复配而成，含有三个 N 原子的五元芳杂环化合物称为三唑，目前使用的三唑化合物有丙环唑（PPZ）和戊唑醇（TEB）。

三唑化合物的抗菌机理较为复杂，主要通过抑制或干扰菌体附着孢子及吸器的发育，影响菌丝的生长和孢子的形成，常用于防治囊菌、担子菌和半知菌引起的病害。

三唑化合物的化学结构与生物活性之间有密切的关系。Janssen 药物公司的研究结果表明，在苯基、二氧戊环及 1,2,4-三唑三个母体结构上，以 2、4 位取代苯基的化合物杀菌活性最高；以卤素取代基活性最好；以 2,4 位被 C_1 取代的苯基与 4 位上有烷基取代二氧戊环结合而成的化合物具有最高的杀菌活性。并且，铜唑类防腐剂对环境友好，一方面铜唑类防腐剂的流失性较低，另一方面其主要组分（铜离子和三唑）对人都是低毒的。

CBA-A 中含有硼化物，而硼化物不会固着，很快会流失，剩下的铜和唑可以达到防腐效果。鲍敏振等采用水溶性 CuAz 防腐剂对杨木纤维化单板进行常压和真空浸渍处理，结果发现，CuAz 防腐剂能进入导管、木射线和纤维等细胞的细胞腔和细胞壁中，并与细胞壁的半纤维素和木质素发生络合反应。经过白腐采绒革盖菌和褐腐密黏褶菌 12 周侵蚀，防腐重组木的质量损失率均小于 10%，达到强耐腐等级。

制备 专利 CN102914848A《铜唑木材防腐剂及其制备方法》。

应用 铜唑（CA 或 CuAz）是美国 Arch 木材公司的前身 Hickson 木材保护公司于 20 世纪 90 年代初开始应用水载型木材防腐剂。其中的戊唑醇具有良好的灭菌防虫的效果，而 CuO 本身就是一种强有力的杀菌剂，所以它们的组合的确是一种很好的防腐剂。在 CBA-A 中，硼的作用是在开始阶段增强防虫的效果，但是众所周知，硼是不抗流失的，在野外使用时，很快就会流失，所以，在露天或与土壤接触的场合下，处理同一环境条件的木材，用CBA-A处理的防腐剂活性成分保持量要比CA-B处理的保持量几乎高一倍以上。注意：该混合物铜离子会流失，铜离子虽然毒性较CCA低，但对环境的影响也不容忽视。

实际应用参考：

2005年我国首次将铜唑（Cu Az或CA）列入国家林业标准《木材防腐剂》，是目前正在推广应用的铜系水载性木材防腐剂。但铜唑与ACQ相似，处理木材后的颜色呈绿色，会影响木材的美观，其中含有的Cu^{2+}对水生生物有一定的危害，且木材达到使用年限后易造成重金属的污染。

铜唑为一种可以替代CCA的环保型木材防腐剂。其耐腐性较好，具有高效、广谱、低毒等特点，主要成分是二价无机铜盐、无机硼和三唑类化合物。席丽霞等发现，当载药量在0.8～1.0kg/m^3范围内时，木材的防腐性能可达户外用材标准。然而，CA的易流失特性为其一大劣势，这主要是因为其不具备防水功能。且木材也常因水分含量变化而开裂，从而进一步加剧CA的流失。

硝酸银
(silver nitrate)

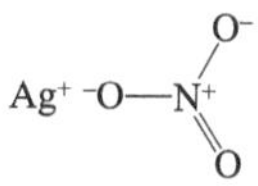

$AgNO_3$ 169.87 7761-88-8

IUPAC名　silver nitrate

EC编码　[231-853-9]

理化性质　纯品无色至白色透明斜方晶体。熔点212℃，444℃时分解。折射率（20℃）1.729～1.788。密度4.352kg/L。溶解性：易溶于水，0℃时溶解度122g/100g，20℃时增至222g/100g，100℃时为952g/100g。稳定性：在有机物存在时，该品见光变灰色或灰黑色。加热易分解，在440℃时分解产生氧化氮气体。易溶于水和氨，对光稳定，但接触有机物时易被还原为单质银。纯硝酸银对光稳定，但由于一般的产品纯度不够，其水溶液和固体常被保存在棕色试剂瓶中。

毒性　小鼠急性经口LD_{50} 50mg/kg。小鼠腹腔注射LD_{50} 23.7mg/kg。水蚤LC_{50}（48h）9.5μg/L（来源：HSDB）。

Radhesh Kumar和Helmut Münstedt的报告中描述，活性Ag^+（Ag^+通过与水分子相互作用被氧化成Ag^+的活性物质）对人体无害。

抗菌防霉效果　基于前人对于银系抗菌剂的研究，硝酸银（$AgNO_3$）和纳米银（Ag NP）的作用机制如图2-26所示。

硝酸银（$AgNO_3$）通过释放Ag^+来发挥其抗菌性，Ag^+能吸附在带负电的细菌细胞壁上，并能够穿透细胞膜进入细胞内部，与细菌中蛋白酶上的巯基（—SH）迅速结合，使蛋白酶丧失活性，同时，也可以通过浓缩DNA使其失去复制能力而引起DNA的降解来抑制细菌的生长繁殖。

纳米银（Ag NP）抗菌机理主要是其自身的尺寸很小而具有较高比表面积，从而呈现较高的反应活性，释放出 Ag^+ 发挥抗菌作用；同时，Ag NP 还可以通过扩散或内吞作用进入细胞，引起线粒体功能障碍，造成线粒体呼吸链的破坏，增加活性氧（ROS）的产生并抑制三磷酸腺苷（ATP）的合成，从而导致 DNA 损伤、细胞内的蛋白质受损，当生成的 ROS 超过细胞抗氧化防御系统的能力时，发生氧化损伤，最终抑制细菌的增殖。该研究中，$AgNO_3$ 和 Ag NP 的 $-\lg EC_{50}$ 分别为 4.51mol/L 和 4.78mol/L，说明 $AgNO_3$ 与 Ag NP 的抗菌活性相差不大。因此，推测实验中 $AgNO_3$ 与 Ag NP 可能都是主要以 Ag^+ 来发挥毒性作用。该推测和韦蕾报道硝酸银（$AgNO_3$）和纳米银（Ag NP）的抑菌机理所得到的结论在大体方向上是一致的。

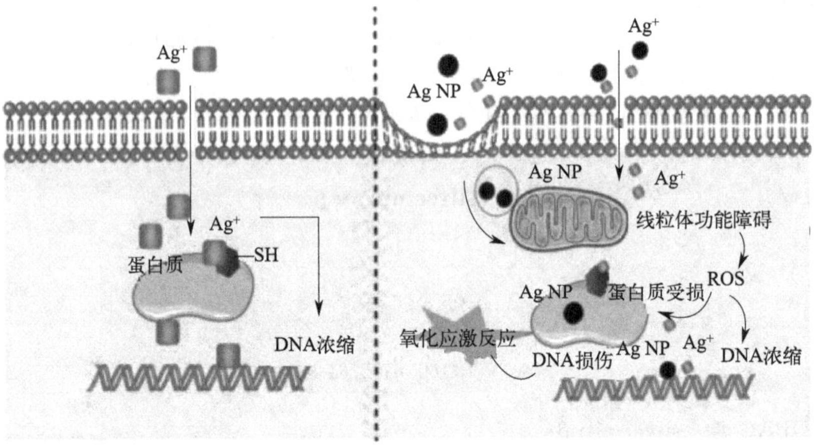

图 2-26　硝酸银与纳米银的毒性机制（包诗玉等，2022）

常涛报道，银离子对细菌繁殖体具有较好的杀灭作用。但不同细菌对银离子的抵抗力不同，较敏感的细菌有铜绿假单胞菌、白色念珠菌、淋病双球菌、肺炎克雷伯氏菌、金黄色葡萄球菌、大肠杆菌等，肠系膜杆菌、变形杆菌的抵抗力稍强。研究发现，银离子对细菌芽孢杀灭效果国内外报道均不理想。同时发现银离子对病毒有杀灭作用，有报道认为，银离子和铜离子联合作用，可有效去除水中的脊髓灰质炎病毒；银离子还可抑制肠道病毒的复制。

制备　将银块和硝酸反应，可制得硝酸银成品。

应用　自古以来，各种形态的银就被用于创面细菌感染的治疗。1770 年，硝酸银开始用于治疗性病、唾液腺瘘及骨囊肿。19 世纪，硝酸银用于去除肉芽组织，促进肉芽组织再生，使创面得以愈合。20 世纪 40 年代，青霉素诞生后，含银药物在细菌感染治疗中的应用大大降低。20 世纪 60 年代，Moyer 将 0.5%硝酸银溶液用于烧伤的治疗，含银药物再次得到应用。

根据 WTO 规定，饮水含银量应控制在 0.05mg/L 以下，硝酸银可用于消毒饮用水。工业领域可用于纤维纺织等方面进行抗菌防霉处理。所谓的阿波罗技术即包括利用银铜低压电解生成 Ag^+ 和 Cu^+ 杀菌灭藻技术，已用于登月和水族馆用水杀菌。

实际应用参考：

银原子失去一个或一个以上电子，将会形成一个或一个以上带正电荷的阳离子，如 Ag^+、Ag^{2+}、Ag^{3+} 等，称之为银离子，其通常以水溶液形式存在。由于银离子具有氧化作用，所以常被用于日常生活的消毒杀菌类产品。跟 Ag^+ 相比，Ag^{2+}、Ag^{3+} 具有较高的氧化性。高价银离子的有效性远高于金属银或银盐的有效性。由于高价态银离子的还原势较高，所以一般称为活性银离子。

法规　欧盟化学品管理局（ECHA）提交了批准申请的所有活性物质/产品类型组合：PT-1（人体卫生学消毒剂）、PT-2（不直接用于人体或动物的消毒剂和杀藻剂）、PT-3（兽医卫生消毒剂）、PT-4（食品和饲料领域消毒剂）、PT-5（饮用水消毒剂）、PT-9（纤维、皮革、橡胶和聚合材料防腐剂）、PT-11（液体制冷和加工系统防腐剂）。其中 2023 年 7 月起，禁止硝酸银用于 PT-7（干膜防腐产品）。其余申请目前处于审核进行之中。

氧化铜

(copper(Ⅱ)oxide)

CuO 79.55 1317-38-0

化学名称　氧化铜

IUPAC 名　copper(Ⅱ)oxide

EC 编码　[215-269-1]

理化性质

氧化铜（CuO）为无定形或结晶性粉末。黑色或棕黑色。熔点 1326℃。不溶于水。稍有吸湿性。

纳米氧化铜（CuO NP）粒径在 1～100nm 的范围内，是具有相对较窄带隙宽度（1.2eV）的 p 型半导体材料，晶体结构属单斜晶系，每个晶胞含有 4 个 CuO 单元。CuO 单晶是一个未充满的 d 壳层（$3d^9$）结构。其状态为一种铜的黑色氧化物，略显两性，稍有吸湿性。不溶于水，易溶于酸，对热稳定，高温下分解出氧气。

毒性　目前，对纳米氧化铜（CuO NP）的生物学毒性作用以及作用机理方面的研究尚不全面，其在实际应用中的毒性问题尚未解决。由于 CuO NP 颗粒本身及生物体的差异性，不同颗粒大小和不同形状的 CuO NP 导致的生物毒性效果不同。CuO NP 可通过纳米颗粒释放的离子及颗粒本身诱导细胞内产生 ROS，引起氧化损伤，对生物体造成毒害。

抗菌防霉效果　铜系氧化物抗菌机理主要包括两个方面解释：其一是金属离子的作用，当微量金属离子到达微生物细胞膜时，因后者带有负电荷，依靠库仑力，二者牢固吸附，蛋白质凝固，破坏细胞合成酶的活性，造成细胞丧失分裂增殖能力而死亡；其二是 Cu_2O 利用光子能量，发生价带电子向导带的跃迁，由于其价带位置高而不能和水中的 OH^- 作用生成·OH，主要靠导带的电子和水溶氧结合的另外一条途径产生·OH、O^{2-} 等活性氧基团，它们具有很强的氧化能力，对大肠杆菌细胞膜中的磷脂进行过氧化，引起细胞膜功能紊乱，细胞内物质流出，最后导致细胞死亡。

研究发现，纳米氧化铜（CuO NP）对多种细菌的生长都有抑制作用，如对弧菌、大肠杆菌、枯草杆菌、金黄色葡萄球菌、绿脓杆菌和沙门杆菌等的生长都有明显的抑制作用。研究发现，这种抑制作用与CuO NP引起的细胞膜损伤有关。

缪玲玲等研究发现，微波水热法合成的多孔球状纳米氧化铜粉体对大肠杆菌、枯草杆菌、沙门杆菌、绿脓杆菌和金黄色葡萄球菌都具有相当好的抗菌性能，对绿脓杆菌和沙门杆菌的抗菌作用更加明显，其最低浓度已经降低至3.75μg/mL。

制备 纳米氧化铜的制备方法主要有物理方法和化学方法。物理方法包括蒸发冷凝法、物理粉碎法、离子溅射法等；化学方法包括溶胶-凝胶法、水热法、醇热法等。

应用 氧化铜，尤其是纳米氧化铜（CuO NP）因具有巨大表面性能、小尺寸特性、量子尺寸效应以及良好的催化特性、热阻特性等，已经在生物医药、电子科技、化学工艺、环保科学等相关领域中良好应用。作为抗菌功能，纳米氧化铜已经用于各个领域，如用于涂料、陶瓷、纺织、医药等领域。

实际应用参考：

王佳贺等以大青杨为试材，以复配防腐剂（纳米氧化铜与壳聚糖的质量比为1∶1）为测试药剂，以彩绒革盖菌、密黏褶菌、宛氏拟青霉、黑曲霉等为测试菌株，经过12周腐朽后，对照试件由于白腐菌彩绒革盖菌的影响，试件的失重率为58.92%；由于褐腐菌密黏褶菌的影响，试件的失重率达59.86%。这说明大青杨木材天然耐腐朽能力差，属于不耐腐等级。经过防腐处理后，大青杨抗白腐菌彩绒革盖菌的能力大大提高，失重率明显降低。当药剂浓度为1.6%时，已经达到强耐腐等级。大青杨抗褐腐菌、密黏褶菌的能力与抗白腐菌能力相比要弱，但失重率也明显降低，当药剂浓度为1.6%时，也达到强耐腐等级，说明纳米氧化铜和壳聚糖复合防腐剂对白腐菌彩绒革盖菌和褐腐菌密黏褶菌都具有较好的防腐效果。

氧化锌

(zinc oxide)

ZnO 81.4 1314-13-2

其他名称　锌氧粉、锌白、锌白粉

化学名称　氧化锌

IUPAC名　oxozinc

EC编码　[215-222-5]

理化性质 氧化锌是一种Ⅱ-Ⅵ族化合物，亦是一种无机半导体材料，具有纤锌矿、闪锌矿和极为罕见的氯化钠式八面体三种不同的晶体结构。

氧化锌，特别是超微细氧化锌，由于粒度高，表面积大，颗粒的表面原子数增多，表面原子数与颗粒的总原子数比值也增大，其表面能亦随之迅速增加，从而产生表面效应，在有空气和水存在的环境中，受到光的作用，于是就发生类似于TiO_2光催化剂的光化学反应和抗菌作用。

纳米氧化锌（ZnO NP）为白色超细粉末，可呈棒状、星形或等轴晶型，平均粒径为1～100nm，分子量为81.4，对UVA（320～400nm）和UVB（290～320nm）有很好的屏蔽作用。

毒性 锌具有广泛的生理功能，是生物膜的结构离子，与蛋白质的合成密切相关，广泛参与机体蛋白质、维生素、脂肪等营养物质的代谢过程，被誉为“生命之花”。日粮中锌主要的添加方式是有机锌和无机锌，其中氧化锌为无机锌的主要添加形式。

相关研究已经评估了纳米氧化锌（ZnO NP）对动物（鱼类、无脊椎动物），植物（作物和浮游藻类）和微生物（细菌与真菌）等均具有严重的细胞毒性。然而，ZnO NP 的毒性效应是来自其释放的 Zn^{2+}，还是来自 ZnO NP 自身颗粒物，还是 Zn^{2+} 与 ZnO NP 的共同作用，仍然存在争议。

抗菌防霉效果　Ijaz 等报道氧化锌（ZnO）的光催化作用可在细菌的细胞壁上产生羟基自由基和 H_2O_2，这些物质会氧化分解细菌的表面结构，从而有效抑制细菌的生长；另外，ZnO 在潮湿环境中部分溶解产生的 Zn^{2+}，会因为细菌表面带的负电基团而吸引，Zn^{2+} 与细胞膜表面的巯基基团（—SH）有特定的亲和力，从而可以通过氧化糖酵解酶的巯醇基团来抑制糖酵解酶作用，达到抑制细胞呼吸的作用。与微米氧化锌材料相比，纳米氧化锌由于具有尺寸小、比表面积高等优点，有利于和细菌接触，因而展现出更高的抗菌性。ZnO 的抗菌机理如图 2-27 所示。

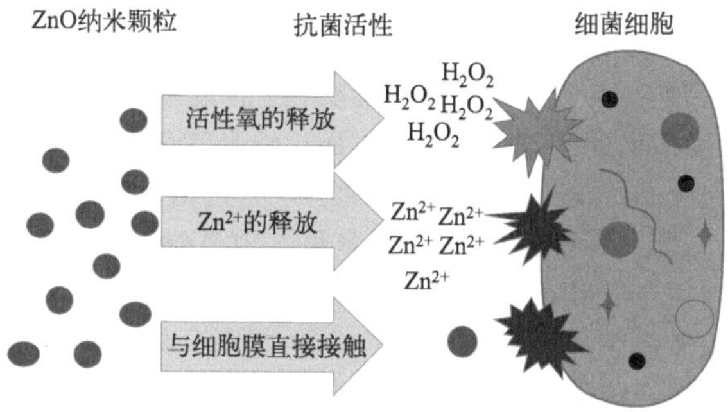

图 2-27　氧化锌（ZnO）抗菌机制

关于氧化锌（ZnO）的抗菌性能研究显示，ZnO 对革兰氏阴性菌和革兰氏阳性菌都显示出了优异的抗菌性能。有文献称，ZnO 的光催化活性甚至强于 TiO_2，Laura 等的研究结果表明，n-ZnO 在无光条件下对枯草芽孢杆菌的抗菌效果比光照条件下好，在无光照条件下，n-ZnO 对于枯草芽孢杆菌（G^+）的抗菌率达到 98%。

祖庸等在纳米氧化锌的定量杀菌实验中发现，当纳米氧化锌的浓度为 1%时，5min 内对金黄色葡萄球菌的杀菌率为 98.86%，对大肠杆菌的杀菌率为 99.93%。

朱文君等科研人员用常见的金黄色葡萄球菌和大肠杆菌两种实验菌株，对市场中采购的四针状氧化锌晶须（T-ZnO）、纳米氧化锌（n-ZnO）、普通工业级氧化锌（p-ZnO）三种形貌的氧化锌做抑菌性能检测试验，结果表明：不同形貌的氧化锌对抑菌性能有一定影响，抑菌性能强弱依次为 T-ZnO＞n-ZnO＞p-ZnO。相较于金黄色葡萄球菌，三种不同形貌的氧化锌对大肠杆菌的抗菌性能更加优异。

制备　工业品氧化锌主要生产工艺有火法、湿法两类。常用的制备纳米氧化锌的方法有机械法、气相法、溶胶-凝胶法和水热合成法等。

应用　在研究的众多金属氧化物中，氧化锌（ZnO）被认为是对人体最安全的材料，是人体健康所必需的矿物质成分，被美国FDA标定为五种安全新化合物之一（21CFR182.8991）。ZnO是使用最广泛的物理防晒剂之一，可阻挡中长波长紫外线（UVA）和中波长紫外线（UVB）波段的辐射，并具有独特的光学、化学传感、半导体、电导率和压电性能。这些特性使ZnO在许多领域都有潜在的应用，如紫外线屏蔽材料、化妆品、压电器件、半导体、污染物的光催化降解、药物载体等。

作为一种最早用于抗菌的金属氧化物，纳米氧化锌（ZnO）的合成促进了其作为新型抗菌剂的研究，广泛适用于塑料、纺织、陶瓷、涂料、皮革、化妆品等行业的抗菌。

实际应用参考：

Clausen等发现，黄胸散白蚁在强迫性进食条件下，纳米氧化锌（粒径30nm和70nm）对白蚁有抗性，且毒性要比硫酸锌大。用5%纳米氧化锌处理木材，白蚁取食量<10.0%，而死亡率为93.0%～100%；相反，用5.0%硫酸锌处理木材，白蚁取食量在10.0%～12.0%时，死亡率仅为8.0%。Akhtari和Nicholas通过对黄胸散白蚁的试验表明，用超细氧化铜处理木材效果比用超细氧化锌效果要好。另外，超细氧化铜比ACQ的处理更有效。Lee等发现，ACQ、CA和超细铜（MCQ）防白蚁的效果依次增强。Lykidis等发现，0.5%的纳米氧化锌所起的作用相当于1.0%或者更高浓度纳米硼酸锌。在拒食方面，纳米氧化锌比纳米硼酸锌更有效。

法规 欧盟化妆品法规（EC）NO 1223/2009指出："氧化锌应用于化妆品中使用的着色剂时，其限制是不用于可能导致最终用户肺部吸入暴露的应用。氧化锌和纳米级氧化锌应用于化妆品使用的紫外线过滤剂的物质时，最大浓度不得超过25%，在混合使用氧化锌和氧化锌（纳米）的情况下，总和不得超过25%，且不用于可能导致最终用户肺部吸入暴露的应用。"

氧化亚铜

（copper（Ⅰ）oxide）

Cu_2O 143.09 1317-39-1

其他名称 一氧化二铜

化学名称 氧化亚铜

IUPAC名 copper（Ⅰ）oxide

EC编码［215-270-7］

理化性质 氧化亚铜（Cu_2O）是一价铜的氧化物，作为一种p型半导体材料，氧化亚铜的禁带宽度为2.17eV，为立方晶系。氧化亚铜一般为红色或橙黄色立方晶系结晶性粉末。熔点1235℃。沸点1800℃。相对密度6.0。溶解性：不溶于水和醇；溶于稀无机酸和氨水及其盐溶液。稳定性：在潮湿空气中倾向于氧化为氧化铜。在水中铜离子有形成配合物或沉积后被吸附的强烈倾向。

毒性 大鼠急性经口LD_{50} 1500mg/kg，急性经皮LD_{50}>2000mg/kg。水生生物：小金鱼LC_{50}（48h）60mg/L，中金鱼LC_{50}（48h）150mg/L，水蚤LC_{50}（48h）18.9μg/L。

抗菌防霉效果 氧化亚铜抗菌机理尚不明确，其中较为广泛接受的解释有三种。第一种直接接触机理：氧化亚铜纳米粒子表面带正电荷，可吸附在细菌表面，破坏了细胞膜结构；或通过细胞膜进入细菌胞内，与其蛋白质结构中的含硫氨基酸结合，导致酶的失活。第二种铜离子溶出机理：氧化亚铜在潮湿环境中或者在水溶液中，释放出铜离子，铜离子穿过细菌的细胞壁，导致细胞膜发生破裂，细胞质发生了外流。第三种活性氧机理：作为 p 型半导体，氧化亚铜具有优异的光催化性能，引起细胞内活性氧积累，导致核酸损伤、蛋白质失活、线粒体功能障碍，乃至细胞膜逐渐解体。

氧化亚铜（Cu_2O）对藤壶、管虫和大多数栖息藻类具有防污活性。其防污机理是防污涂料涂膜与海水接触后，分解产生 Cu^+ 并逐步向海水溶解，在涂膜表面形成一层厚度为十几微米的有毒微层，微层内的 Cu^+ 能进入海生物幼虫和孢子体内，可降低生物机体中主酶对生物生命代谢的活化作用，并具有凝固蛋白质的作用，从而起到防止污损的作用。

傅瑛等发现，当涂料中 Cu_2O 含量由 10%增加到 20%时，涂料在海水中的 Cu^{2+} 释放速率将明显增加，继续增加 Cu_2O 含量，海水中 Cu^{2+} 的释放速率仅缓慢增加。当 Cu_2O 含量为 10%时，虽然 Cu^{2+} 的释放速率也能够达到有效杀菌的要求最低值，但是考虑到 Cu^{2+} 的累积释放可以发现，45d 后 Cu^{2+} 的累积释放超过 50%，显然达不到长期缓慢释放的要求。当 Cu_2O 含量为 26.9%时，45d 后 Cu^{2+} 的累积释放则低于 30%，符合涂料长期杀菌要求，因此涂料中的 Cu_2O 含量也不能够低于 26.9%。

制备　氧化亚铜制备方法主要包括电化学法、液相化学还原法和固相高温氧化法。

应用　氧化亚铜（Cu_2O）是一价铜的氧化物，尤其在海洋防污等领域有着广泛应用。19 世纪 40 年代，氧化亚铜首先被应用于溶解性防污涂料中。随后，各涂料公司又相继推出了铜含量高的基料不溶型防污涂料。19 世纪 50 年代以后，氧化亚铜与有机锡混合使用，大大提高防污性能。IMO 禁止使用有机锡后，以氧化亚铜为主要杀虫剂的无锡自抛光型防污涂料开始广泛使用。氧化亚铜在防污涂料中的应用一直未曾间断。

实际应用参考：

① 氧化亚铜和人工合成防污剂的复配使用具有很好的防污效果。氧化亚铜单独使用，仅能抑制藤壶、苔藓虫等硬污损海洋生物，但对藻类、水螅等软污损海洋生物抑制效果不佳，因此，复配海洋防污剂具有不错的防污效能。但氧化亚铜具有明显的自身缺陷：Cu_2O 水解产物为碱式碳酸铜，在海水中沉降后会影响海洋生物的正常生长；Cu_2O 防污效能受水中 S 离子的制约，生成黑色硫化亚铜而导致防污剂失效；铜若在海洋中或海港中大量积聚，会导致海藻死亡。因此，瑞典东海岸已经明令禁止 Cu_2O 在游艇防污涂料中使用。而且，国际法规定，到 2015 年 Cu_2O 类防污剂要降至 25%，因此可以说，开发新型高效、无毒污剂体系是大势所趋（冯文，2019）。

② 普遍采用的防污技术是海洋涂料内添加相应的防污剂，涂料生产商目前主要以铜系化合物（如氧化亚铜、硫氰酸亚铜或金属铜）代替有机锡化合物作为防污

涂料的主要防污剂，其中氧化亚铜是目前应用最为广泛的一种海洋防污剂。它对藤壶等硬污损物具有良好的防污活性，但对海草等软的海生物的防污效果不佳，需要添加辅助防污剂来达到全面的防污效果，氧化亚铜和各种辅助防污剂构成了海洋防污剂体系。几种常见的辅助防污剂见表 2-315。

表 2-315　几种常见的辅助防污剂

防污剂	水中溶解度/(mg/L)	$\lg K_{ow}$(辛醇-水分配系数)	CAS 号	半衰期
Irgarol 1051	7	3.95	28159-98-0	100～250d
敌草隆	36.4	2.85	330-54-1	—
Sea-Nine 211	14	2.8	64359-81-5	＜24h
百菌清	0.6	2.64	1897-45-6	65h
吡啶硫酮锌	6.0	0.97	13463-41-7	＜24h
吡啶硫酮钠	＜1	0.97	971-66-4	4d

法规　2016 年，欧盟生物杀灭剂产品委员会（BPC）发布法规（EU）2016/1089，批准氧化亚铜作为第 21 类（海洋防污剂）生物杀灭剂产品的活性物质。批准日期 2018 年 1 月 1 日，批准期满 2028 年 6 月 30 日，目前处于批准续展中。

2.15　氧化类化合物

氧化类化合物比如过氧化氢、过氧酸、卤素和释放卤素等化合物具有杀灭微生物的作用。由于它们具有很强的氧化能力，杀灭微生物不具有选择性，不仅包括革兰氏阳性和革兰氏阴性菌、真菌和藻类，还包括孢子和病毒。

它们作为杀微生物剂使用时，必须考虑到所讨论的药剂不仅针对微生物，而且应考虑到该药剂的适用性还要考虑到氧化剂固有的有限稳定性。当然该类氧化剂的优点也很明显，在使用时不会产生对生态有害的残留物。

1,3-二氯-5,5-二甲基海因（DCDMH）
(1,3-dichloro-5,5-dimethyl hydantoin)

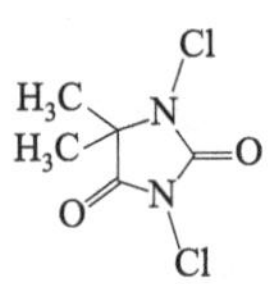

$C_5H_6Cl_2N_2O_2$ 197.12 118-52-5

其他名称　二氯海因、二氯二甲基海因

化学名称　1,3-二氯-5,5-二甲基乙内酰脲

IUPAC 名　1,3-dichloro-5,5-dimethylimidazolidine-2,4-dione

EC 编码　[204-258-7]

理化性质　纯品含量≥98%（总氯含量约 36%），外观呈白色粉末。沸点 100℃（升华）。熔点 132℃。蒸气压（25℃）2.4×10^{-5}mmHg。pH（1%水浆液，

25℃)≈3.5。闪点174.4℃（NIOSH，2016）。$\lg K_{ow}=-0.94$。溶解性（25℃）：微溶于水，溶于二氯甲烷、三氯甲烷。稳定性：于100℃升华，加热至212℃变为棕色且迅速燃烧；其容易吸潮，吸潮后部分水解。参考GB/T 23856—2009《二氯海因》。

毒性　大鼠急性经口LD_{50} 542mg/kg。兔急性经口LD_{50} 1520mg/kg。兔急性经皮LD_{50}>20g/kg。

抗菌防霉效果　1,3-二氯-5,5-二甲基海因（二氯海因，DCDMH）是一类新型卤胺型（卤代海因）广谱消毒杀菌剂，对细菌繁殖体、真菌、细菌芽孢及病毒均具有杀灭作用。其杀菌作用机制主要是通过在水中释放次氯酸，由次氯酸分解形成新生态氧的新生氧作用，以及释放出自由活化氯与含氮物质发生反应形成氯化胺干扰细菌细胞代谢作用。

DCDMH对金黄色葡萄球菌的杀灭率为99.9%，需50mg/L有效氯作用10min；对大肠杆菌杀灭率为99.9%，需20mg/L有效氯作用10min；对枯草杆菌黑色变种芽孢杀灭率为99.9%，需400mg/L有效氯作用60min；破坏HBsAg抗原性需500mg/L有效氯作用20min或400mg/L有效氯作用30min。灭菌效果受有机物影响较小。

在pH值为6时，65mg/kg DCDMH溶液的杀菌效果，相当于200mg/kg次氯酸盐的杀菌效果，然而pH值为7、8、9时，分别需要175mg/kg、400mg/kg、2000mg/kg的DCDMH，才能使杀菌效果同200mg/kg次氯酸盐相仿。pH值为5.8～7.0时，其杀菌作用与次氯酸盐相似。总之，在酸性条件下，DCDMH的杀菌作用比次氯酸盐强；在碱性条件下则相反。

制备　5,5-二甲基海因卤代衍生物的合成工艺路线是在水相中用次卤酸进行卤化。

应用　1,3-二氯-5,5-二甲基海因（二氯海因，DCDMH）属于卤化胺型杀菌剂，广泛应用于游泳池、生活用水处理、工业循环水、水产养殖、环境卫生等领域杀菌消毒。此外，还可以用作海底防污涂料。

法规　GB 38850—2020《消毒剂原料清单及禁限用物质》规定1,3-二氯-5,5-二甲基海因（二氯海因，DCDMH）可以使用的范围有：E，表示用于环境及物体表面的消毒剂；M，表示用于医疗器械的消毒剂；S，表示用于游泳池的消毒剂。

1,3-二氯-5-甲基-5-乙基海因（DCEMH）
(1,3-dichloro-5-ethyl-5-methylhydantoin)

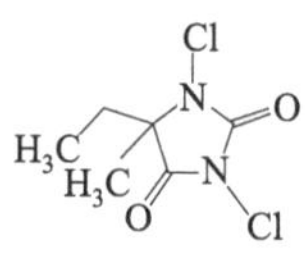

$C_6H_8Cl_2N_2O_2$　211.0　89415-87-2

其他名称　二氯甲乙基海因

化学名称　1,3-二氯-5-乙基-5-甲基-2,4-咪唑烷二酮

IUPAC 名　1,3-dichloro-5-ethyl-5-methylimidazolidine-2,4-dione

EC 编码　[685-362-3]

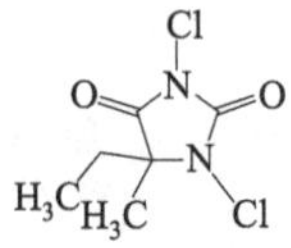

$C_6H_8Cl_2N_2O_2$　211.0　89415-87-2

其他名称　二氯甲乙基海因

化学名称　1,3-二氯-5-乙基-5-甲基-2,4-咪唑烷二酮

IUPAC 名　1,3-dichloro-5-ethyl-5-methylimidazolidine-2,4-dione

EC 编码　[401-570-7]

理化性质　纯品为白色结晶性粉末，稍有刺激性气味，不溶于水。

毒性　1,3-二氯-5-甲基-5-乙基海因（DCMEH）按规定量使用毒性较小，但对眼睛和黏膜有一定刺激性，使用时应注意做好防护措施。

抗菌防霉效果　卤代海因类化合物是一类新型卤胺型广谱消毒杀菌剂，对病毒、细菌繁殖体、真菌及细菌芽孢都具有杀灭作用。其杀菌作用主要是通过在水中释放次氯酸，由次氯酸分解形成新生态氧的新生氧作用，以及释放出的自由活化氯与含氮物质发生反应形成氯化铵和溴化铵干扰细菌细胞代谢作用。

制备　参考 1,3-二氯-5,5-二甲基海因（DCDMH）。

应用　1,3-二氯-5-甲基-5-乙基海因（DCMEH）主要用于水的杀菌灭藻。

法规　根据指令 98/8/EC（BPD）或规则（EU）No 528/2012（BPR）提交了批准申请的所有活性物质/产品类型组合：PT-11（液体冷却和加工系统用防腐剂）。根据 Decision（EU）2025/1262，DCEMH 用于 PT-11 未获批准。

1,3-二溴-5,5-二甲基海因（DBDMH）
（1,3-dibromo-5,5-dimethyl hydantoin）

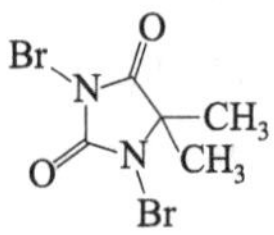

$C_5H_6Br_2N_2O_2$　285.92　77-48-5

其他名称　二溴海因、二溴二甲基海因、1,3-二溴-2,4-咪唑啉二酮

化学名称　1,3-二溴-5,5-二甲基乙内酰脲

IUPAC 名　1,3-dibromo-5,5-dimethylHydantoin

EC 编码　[201-030-9]

理化性质　纯品白色或类白色结晶粉末。熔点 197～199℃（分解）。工业品一般为黄色或淡黄色固体。具有类似漂白粉的气味。活性溴含量为 54%～55%。堆积密度 1.3g/cm^3。pH（1%水悬浊液）6.0～6.5。溶解性：微溶于水；可溶于乙醇、苯、氯仿、丙酮等有机溶剂。稳定性：容易吸潮，吸潮后发生部分水解。在强

酸或强碱中易分解，干燥时稳定，有轻微的刺激气味。由于溴元素是棕色的，故消毒剂在保存过程中可能会变成淡黄色，属正常情况。参考 GB/T 23849—2009《二溴海因》。

毒性 大鼠急性经口 LD_{50} ＞5000mg/kg。DBDMH 对吉富罗非鱼苗的 LC_{50}（24h）和 LC_{50}（48h）分别为 9.89mg/L 和 9.78mg/L，安全浓度为 2.87mg/L。

抗菌防霉效果 1,3-二溴-5,5-二甲基海因（二溴海因，DBDMH）是一类新型卤胺型（卤代海因）广谱消毒杀菌剂，对细菌繁殖体、真菌、细菌芽孢及病毒均具有杀灭作用。研究发现，DBDMH 在水中能水解成次溴酸，不断释放出活性物质，水解速度快，释放出 Br 离子与含氮物质反应形成卤胺类物质干扰细菌细胞代谢，从而起到杀菌作用；次溴酸与其分解出的新生态氧会增加细胞膜通透性，起到杀菌作用。

有文献报道，二溴海因的杀灭效果明显好于二氯海因。其杀菌效率则为常规含氯消毒剂 40 倍上，可能是有效溴作用于微生物的细胞壁使细胞壁的通透性增加，以致细胞中的蛋白质与核心物质漏出，DNA 双链发生断裂使细菌死亡。

陈荣凤等用悬液法试验发现，3mg/L 二溴海因溶液作用 2～3min 对金黄色葡萄球菌和大肠埃希菌的杀灭率达 99.97%；1000mg/L 溶液作用 60min 对枯草杆菌芽孢的杀灭率达 99.98%；对乙型肝炎表面抗原（HB2sAg），用 1000mg/L 溶液作用 5min 可将其灭活。

上海市疾病控制中心用载体试验测定发现，对金黄色葡萄球菌和大肠埃希菌，用二溴海因 100mg/L 溶液作用 2min，杀灭率达 99.94%；对白假丝酵母菌，用 200mg/L 溶液作用 2min，杀灭率达 99.99%；对枯草杆菌芽孢，用 1000mg/L 溶液作用 60min，杀灭率达 99.95%；对 HBsAg，用 2000mg/L 溶液作用 30min 可将其灭活。

制备 以 5,5-二甲基海因、NaOH、碳酸钠为原料，滴加溴素等反应得到 DBDMH。

应用 据郭如新介绍，1864 年 Baeyer 首次合成了海因，1870 年 Strecker 确定了其结构。Gresham（Dupont，1946）和 White（Dow Chem，1953）先后获得有关海因制造方法的专利。1975 年在欧洲将 1,3-二溴-5,5-二甲基海因用作游泳池用水的消毒剂。

目前，1,3-二溴-5,5-二甲基海因主要用于工业循环水、泳池、医院污水、医疗器具、水产养殖、食品加工、宾馆家庭卫生洁具的消毒杀菌灭藻，还可以用于保鲜库杀菌保鲜、口岸检验检疫消毒杀菌及疫区的防疫消毒。在有机合成化学工业、制药业、橡胶工业上用作溴化剂。

实际应用参考：

王晓蕾等对二溴海因消毒剂进行了消毒性能研究，发现其对于金属腐蚀性也极低，在高浓度长时间的浸泡中对不锈钢基本无腐蚀，对铜、铝有轻度腐蚀，对碳钢中度腐蚀。吕瑞芳等对二溴海因消毒片进行了探究，发现片剂密封包装储存于 37℃，90d 后仍能保证其有效杀菌含量，表明二溴海因片剂储存性能稳定安全。

法规 GB 38850—2020《消毒剂原料清单及禁限用物质》规定 1,3-二溴-5,5-二甲基海因（二溴海因，DBDMH）可以使用的范围有：C，表示用于污染物的消毒剂；E，表示用于环境及物体表面的消毒剂；M，表示用于医疗器械的消毒剂；S，表示用于游泳池的消毒剂。

1-溴-3-氯-5-甲基-5-乙基海因（BCMEH）（1-bromo-3-chloro-5-ethyl-5-methylhydantoin）

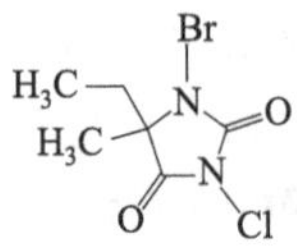

$C_6H_8BrClN_2O_2$ 255.5 89415-46-3

其他名称　溴氯甲乙基海因

化学名称　1-溴-3-氯-5-甲基-5-乙基海因

IUPAC 名　1-bromo-3-chloro-5-ethyl-5-methylimidazolidine-2,4-dione

理化性质　纯品为白色或浅黄色结晶性粉末，熔点 162～164℃。含溴海因类衍生物性质基本相似，均为白色或微黄色结晶或微细粉末，具有类似漂白粉的气味。溶解性：水中溶解度较小；可溶于氯仿、乙醇和苯等有机溶剂。稳定性：在强酸或强碱中分解。由于这类杀生剂均为固体且稳定性较好，一般被制成片状、棒状或粒状，在通常条件下，储存半年后有效卤素的含量基本无变化。

毒性　海因类溴系杀生剂在自然条件下很快被光、氧气和微生物分解为 Br^-、氨和二氧化碳，无残留而不会污染环境，因此获得美国 FDA 认证。

抗菌防霉效果　海因类溴系杀生剂系通过在水中水解反应生成的次溴酸和次氯酸达到杀生作用。杀生活性成分主要是分子态次卤酸，次卤酸根不具备杀生活性。

环境温度、pH 值和有机物的存在都会影响杀生作用，温度升高所需的杀生时间会缩短。海因类药剂在偏酸性的环境中杀生效果强烈，特别是含氯的海因，在偏酸性范围（pH 5.8～7.0）的环境中更容易释放出次氯酸。含溴的海因能适用于 pH 变化更大的环境中，即使 NH_3 和 H_2S 存在的条件下，也能发挥很好的杀生作用。有机物的存在对杀生效果有较大的影响，溴氯甲乙基海因对含有有机物水中的军团嗜肺杆菌的杀灭作用仅能使细菌的数量下降一个对数级；如水中不含有有机物，溴氯甲乙基海因的投放浓度只须达到 1mg/L，就能使水达到卫生标准。

美国 Gulf Coast 炼油厂曾进行了 1-溴-3-氯-5-甲基-5-乙基海因（BCMEH）代替氯处理冷却水的扩大试验。原工艺采用连续加氯的方法控制菌藻，缓蚀阻垢水稳系统采用膦系-钼系-甲苯二唑复合配方。两座冷却塔分别为 $340m^3$ 和 $435m^3$，循环水量分别为 $38m^3$ 和 $45m^3$，浓缩倍率为 4～5，pH 8.6，药剂由给料槽提供，并以棒状（每棒 12g）产品补给，以降低药剂的消耗量。扩试表明，冷却水系统每天只需 0.5～1.0h 的杀生处理，即可获得满意的结果，见表 2-316。

表 2-316 BCMEH 和氯处理冷却水结果比较

项目	BCMEH	氯
游离卤素(以 Cl 计)/(mg/L)	0.02	0.5～3.0
腐蚀率/(mm/a)		
钢	0.055	0.127
海军钢(Cu70%,Zn29%,Sn%)	0.055	0.025
细菌数/(col/mL)	10	10
药剂投加量/(kg/周)	10.9	79.4
相对用量/%	13.7	100

由表 2-316 可见，1kg BCMEH 的杀生效力相当于 7kg 氯的处理效果，另外在腐蚀速率方面也明显低于氯。用溴氯甲乙基海因处理可省去用氯处理所必需的辅助设施，如储罐、加氯器以及排污池残氯的脱除处理设施等。

制备 由二甲基海因（DMH）和甲乙基海因（MEH）混合后卤化制得 BC-MEH。

应用 1-溴-3-氯-5-甲基-5-乙基海因（BCMEH）主要用于杀菌灭藻。其应用领域很多，主要有冷却水处理、卫生消毒剂以及游泳池用水消毒等。

实际应用参考：

溴氯二甲基海因、二溴二甲基海因和溴氯甲乙基海因对碳钢、海军钢有轻度腐蚀，但均小于氯和二氯异氰尿酸钠。比如，溴氯甲乙基海因对碳钢和海军钢的腐蚀速率分别为 0.055mm/a 和 0.005mm/a，而氯则大于 0.127mm/a 和 0.025mm/a；对不锈钢基本不腐蚀。

臭氧

(ozone)

O_3 48.00 10028-15-6

其他名称 三氧、超氧

化学名称 臭氧

IUPAC 名 ozone

EC 编码 [233-069-2]

理化性质

臭氧（O_3）是氧气（O_2）的同素异构体，常温常压下是一种不稳定的淡紫色液体。液态时，臭氧呈蓝黑色。臭氧由三个氧原子构成，其三个氧原子呈三角形排列，具有四种结构，均有共振现象，尤以前两者最甚，详见图 2-28。

图 2-28 四种臭氧结构

臭氧的临界温度为－12℃，沸点－112℃。O_3 易热分解，270℃时迅速分解为 O_2，它在醋酸、乙酸酐、丙酸、丙酸酐、二氯乙酸、氯仿等中的溶解度比在水溶液中大。臭氧略溶于水，在标准压力和温度下（STP）其溶解度比氧大 13 倍，比空气大 25 倍；在较低的浓度下，臭氧在水中的溶解度基本符合亨利定律。

毒性 臭氧属于有害气体，毒性和接触时间有关。臭氧的浓度允许值为 4.46×10^{-9} mol/L（0.1×10^{-6}）8h。臭氧不能像其他气体那样装入瓶中待用，只能现做现用。

抗菌防霉效果 臭氧作为一种具有很强氧化能力的消毒剂，其杀菌机理主要有以下三个方面解释：第一逐步氧化重要细胞成分来破坏微生物，将细菌内部葡萄糖代谢所需酶的多不饱和脂肪酸和氨基酸转化为较短的肽，使细菌失活死亡；第二作用于细胞外膜的脂蛋白和内部的脂多糖层，导致细胞通透性增加并最终导致细胞裂解；第三直接与细菌作用，破坏它们的细胞器和核酸，使细菌的新陈代谢受到破坏而死亡（Daset 等，2006）。

刘丽君报道，臭氧灭菌属溶菌级，对几乎所有病菌、真菌及原虫、卵囊都有明显的灭活效果，并可以破坏肉毒杆菌毒素，且其灭菌速度极快，是氯的 300～600 倍、紫外线的 3000 倍。臭氧灭菌亦属无污染的环保型，能迅速弥漫到整个灭菌空间，无死角，且很快自行分解并结合成氧分子，不存在任何残留。

针对臭氧对不同细菌杀灭效果比较测试，李洪敏等研究结果详见表 2-317。

表 2-317 臭氧熏蒸对不同物品上细菌杀灭效果

试验菌	对不同物品上细菌杀灭率/%			
	培养基	空气	自来水	池塘水
金黄色葡萄球菌	92.00	93.45	80.00	50.00
大肠杆菌	95.00	93.45	90.00	60.00
白色念珠菌	80.00	90.00	70.00	40.00
结核分枝杆菌	94.00	96.00	85.00	60.00

从表 2-317 可知：以含臭氧量 0.92mg/L 气体，熏蒸作用 10min，对置于洁净台内的固体培养基表面上金黄色葡萄球菌、大肠杆菌、白色念珠菌和结核分枝杆菌杀灭率分别为 92.00%、95.00%、80.00%和 94.00%；含臭氧量为 8mg/L 熏蒸作用 10min，对上述各细菌杀灭率达到 100%；含臭氧量为 0.92mg/L 熏蒸作用 20min，对空气中金黄色葡萄球菌、大肠杆菌、白色念珠菌和结核分枝杆菌的杀灭率分别为 93.45%、93.45%、90.00%和 96.00%；含臭氧量为 1.0mg/L 作用 10min，对水中金黄色葡萄球菌、大肠杆菌、白色念珠菌和结核分枝杆菌杀灭率分别为 80%、90%、70%和 85%；含臭氧量达到 8mg/L，作用 10min，除白色念珠菌之外，对其他细菌杀灭率达到 100%。结果表明，臭氧熏蒸对培养基表面上污染菌、水中细菌和空气中细菌均有良好的杀灭效果。

制备 臭氧发生法按原理可分电晕放电法、紫外照射法、电解法和放射化学法等。

应用 1909 年德国在肉制品冷藏时使用臭氧灭菌，开创了臭氧灭菌技术在食品工业中的应用。臭氧的氧化能力仅次于氟而高于氯，且臭氧反应后的生成物是氧气，因而是一种高效的无二次污染的氧化剂。按应用领域则可分为水处理、化学氧化、医疗卫生和食品加工等领域。

实际应用参考：

在杀虫方面，臭氧有明显的优势，与磷化氢熏蒸相比，臭氧熏蒸对温度要求不高，条件相对容易实现；害虫对化学熏蒸剂有抗药性，而对臭氧不存在抗性；臭氧对仓房的气密性要求不高，便于大规模推广；臭氧不仅可以杀虫，而且还可以除霉、除菌，对成虫和虫卵均有较好的杀灭效果。

次氯酸

(hypochlorous acid)

HClO 52.46 7790-92-3

化学名称 次氯酸

IUPAC名 hypochlorous acid

EC编码 [232-232-5]

理化性质 根据消毒液的溶液pH值来分类及命名，次氯酸水消毒液可分为：酸性次氯酸水（pH<3）、微酸性次氯酸水（pH 5.0～6.5）、中性次氯酸水（pH 6.5～7.5）等。

根据制备工艺不同，次氯酸水亦可分为非电解次氯酸水及电解次氯酸水，故也叫电解水或氧化电位水。

次氯酸为无色有氯味的液体。次氯酸只能以溶于水的稀溶液形式存在。在25℃的水溶液中，HClO是一种$pK_a=7.5$的弱酸，它很容易与次氯酸根离子（ClO^-）分离。HClO和ClO^-的浓度根据溶液pH值以非线性的方式变化，当pH值在5～7的范围内时，HClO的含量占总数的90%以上，当pH值从7.4下降至8.4时，HClO的含量从57.2%下降到17.5%。一般稀释后的次氯酸钠溶液呈碱性，溶液ClO^-的含量占大多数，其杀菌能力较弱，HClO的杀菌能力大约是ClO^-的80倍，因此可以通过调节次氯酸钠溶液的pH值来获得具有较高浓度的次氯酸溶液。

毒性 次氯酸和次氯酸钠的毒理试验如表2-318所示。

表2-318 次氯酸和次氯酸钠的毒理参数与试验方法

消毒剂毒性参数/给药剂量	试验方法
次氯酸：TDLo=365mg/kg	大鼠经口注射急性毒性试验
TDLo=960mg/kg	妊娠前和妊娠间大鼠每天饮用0～100mg/L，妊娠第20d，胎鼠进行软组织和骨骼检查
次氯酸钠：$LD_{50}=8910mg/kg$	大鼠经口急性实验
$EC_{50}=100ppm/24h$	人淋巴细胞遗传学分析
$EC_{50}=100mg/L$	仓鼠肺细胞遗传学分析
$LC_{50}>10.5mg/L$	大鼠吸入急性毒性试验
$EC_{50}=5.3mg/L$	兔经皮暴露急性毒性试验
$EC_{50}=10mg$	在白化兔眼角膜中央注射100mg NaClO溶液
免疫毒性$>30\times10^{-6}$	大脾重量、DTH反应、氧化代谢和巨噬细胞减少
$EC_{50}=1mg$/皿	Salmonella typhimrium进行微生物诱变试验
$EC_{50}=420\mu mol/L$	Escherichia coli进行DNA损伤试验
$EC_{50}=20\mu g$	Escherichia coli进行DNA修复试验

续表

消毒剂毒性参数/给药剂量	试验方法
$EC_{50}=200\times10^{-9}$	非哺乳类动物核试验
$EC_{50}=103\mu g/孔$	Escherichia coli 进行噬菌体抑制试验
$EC_{50}=120\mu g/L$	非哺乳类动物细胞遗传学分析
$EC_{50}=149mg/L$	人胚胎细胞姐妹染色体互换试验

抗菌防霉效果 作为一种弱酸性强氧化剂，次氯酸（HClO）是一种环境友好的杀菌消毒剂，能灭活病毒、细菌、芽孢和真菌，且对人体组织安全，对环境无害。

次氯酸消毒剂对微生物的杀菌机制主要表现在以下几个方面：第一，对微生物的细胞壁、细胞膜可以造成一定程度的破坏；第二，可以破坏细胞内存在的大量蛋白类物质，也可以对细胞内的核苷酸造成破坏；第三，可通过破坏微生物的电子传递链及各种代谢中的关键酶，对微生物的代谢造成严重的影响，这在杀灭微生物的过程中起关键作用；第四，与微生物反应后可生成含氧活性小分子物质、氯胺等，这些物质同样具有杀菌作用。

庄建军等研究次氯酸水杀菌效果试验得知，100mg/L 次氯酸水能在 30s 内有效杀灭大肠杆菌、沙门氏菌、金黄色葡萄球菌、痢疾志贺氏菌等，但对酿酒酵母菌、白色念珠菌及枯草芽孢杆菌的杀灭效果较差。杀灭酿酒酵母菌、白色念珠菌需延长至 1min，枯草芽孢杆菌需延长至 5min 才能达到相同效果。推测原因是酿酒酵母菌、白色念珠菌为真菌，其细胞壁、细胞核、细胞器等结构与细菌明显不同，在次氯酸水的耐受性上表现不同，而枯草芽孢杆菌可产生具有强抗逆性的芽孢结构，故对次氯酸水也具有一定的耐受能力。结果详见表 2-319。

表 2-319　次氯酸水作用不同时间的杀菌效果

菌株	原始菌株浓度/(cfu/mL)	活菌数/(cfu/mL)					
		0.5min	1min	2min	5min	8min	10min
枯草芽孢杆菌	4.1×10^6	>1000	>1000	227	<10	<10	<10
酿酒酵母菌	1.5×10^6	480	<10	<10	<10	<10	<10
大肠杆菌	1.2×10^6	<10	<10	<10	<10	<10	<10
沙门氏菌	7.4×10^6	<10	<10	<10	<10	<10	<10
金黄色葡萄球菌	2.2×10^6	<10	<10	<10	<10	<10	<10
白色念珠菌	5.4×10^5	248	<10	<10	<10	<10	<10
痢疾志贺氏菌	8.8×10^5	<10	<10	<10	<10	<10	<10
副溶血性弧菌	8.1×10^5	<10	<10	<10	<10	<10	<10
铜绿假单胞菌	6.2×10^5	<10	<10	<10	<10	<10	<10
嗜水气单胞菌	3.7×10^6	<10	<10	<10	<10	<10	<10

制备 次氯酸消毒剂的制备普遍使用电解装置对稀释的食盐水或盐酸水进行电解。不同的电解原溶液和电解条件可制备不同 pH 值和含量的次氯酸溶液。因其通过电解制备且为酸性，故又称为酸性氧化电位水（EOW）。

应用 次氯酸（HClO）是氯气溶解于水时形成的一种弱酸。在工业上，HClO

作为家用漂白剂和清洁剂中的活性成分而广为人知。在生物学系统中，HClO 可被视为白细胞例如中性粒细胞和单核细胞产生的毒性最强、丰度最高的氧化剂。

酸性次氯酸水（EOW）自 20 世纪 90 年代引入我国后，因其杀菌效果明显优于传统消毒剂，在医疗卫生方面主要应用于皮肤、黏膜、创面的消毒，手术器械表面冲洗消毒，病房空气及物品表面喷雾消毒等；次氯酸水在农畜行业主要应用在农副产品的消毒保鲜、农作物的病害防治、农残降解、改善土壤、养殖场所的消毒杀菌等。

实际应用参考：

2002 年日本将次氯酸水这种安全环保的杀菌剂指定为食品添加剂引入食品行业；2009 年在上海召开的“微酸性电解水在食品产业中应用专题研讨会”极大地推动了次氯酸水在我国食品行业的推广和应用；2013 年日本将次氯酸水作为杀菌原料引入食品添加剂的新标准中，进一步规范了次氯酸水在食品行业的应用。2015 年在水产加工产品中也开始使用次氯酸水，次氯酸水的使用范围进一步扩大。日本三庆公司开发的次氯酸水不仅可用于加工食品原材料的杀菌处理，还可作为加工食品工厂的环境卫生管理剂、环境卫生维持剂使用。日本 Vita 销售公司利用碳酸与次氯酸钠制备的 pH 5.5～6.5 微酸性次氯酸钠水溶液可用于蔬菜、果实的杀菌，制造机器和机械的除菌，手指清洗，以及含水分的垃圾与污物的消臭等。

法规 GB 38850—2020《消毒剂原料清单及禁限用物质》规定次氯酸（包括微酸性电解水）可以使用的范围有：E，表示用于环境及物体表面的消毒剂；H，表示用于人体的消毒剂；M，表示用于医疗器械的消毒剂。

次氯酸钠

(sodium hypochlorite)

NaOCl 74.4 7681-52-9

其他名称 漂白水、漂水、安替福民

化学名称 次氯酸鈉

IUPAC 名 sodim hypochlorite

EC 编码 [231-668-3]

理化性质 纯品为白色粉末，通常为灰绿色结晶，有氯的气味。工业上将氯气通入氢氧化钠溶液中，制成白色或淡黄色次氯酸钠乳状液，含有效氯 8%～12%，pH 12，随水溶液稀释度增加，pH 值可降至 7～9。溶解性：能与水混溶，溶液呈碱性。稳定性：受光、热、重金属阳离子和 pH 的影响，在储存中会缓慢地分解而生产氧气。在产品次氯酸钠中加入稳定剂（比如氮化硼、硅酸钠、碳酸氢钠、焦磷酸盐或乙酰胺、尿素等），可使次氯酸钠溶液的稳定性提高。

毒性 大鼠急性经口 LD_{50} 8500mg/kg。同时，次氯酸盐释放出的氯，可引起流泪、咳嗽，严重者可使人产生氯气急性中毒。作业环境空气中最高容许浓度为 $2mg/m^3$。

抗菌防霉效果 次氯酸钠和大多数含氯消毒剂一样属于高效消毒剂，即可杀灭一切细菌繁殖体（包括分枝杆菌）、病毒、真菌及孢子等，对细菌芽孢、藻类、原虫类也有一定杀灭作用。

次氯酸钠作为一种强氧化剂，其水解生成的次氯酸会进一步分解生成新生态氧［O］。新生态氧［O］具有极强的氧化性，氧化微生物细胞壁、细胞膜中的蛋白质，导致细胞壁和细胞膜的结构破坏，细胞质基质无法稳定存在于细胞结构中；细胞壁和细胞膜的结构破坏使新生态氧［O］进入细胞内部，氧化细胞内的酶、核糖核酸（RNA）和脱氧核糖核酸（DNA）使细胞失去活性，微生物迅速死亡。

就杀菌消毒性能方面，值得一提的是：一般在没有有机物存在时，用 1～10mg/kg 左右浓度的次氯酸钠在短时间内就可将微生物杀死，但对细菌芽孢和抗性较强的霉菌则效果不佳。

在有机物质特别是含氮化合物存在时，会导致杀菌效果下降；同时其杀菌力受温度和 pH 值的影响，在 5～50℃范围内，每上升 10℃，杀菌效果就提高一倍以上；pH 值越低，杀菌力越强，最适 pH 值为 5.0 左右，当 pH 值低于 5.0℃时，会有余氯生成，因挥发而造成有效成分损失。

制备 制备方法有漂白粉复分解法、碱液氯化法和电解氯化钠溶液法。

应用 早在 1774 年，瑞典化学家 Scheele 发现了氯气，到 20 世纪上半叶氯气被应用于水体消毒中，同时期，次氯酸钠也被应用于生活用水消毒。

次氯酸钠是一种强碱弱酸盐，在溶液中水解生成次氯酸，次氯酸进而分解生成氯气，所以高浓度的次氯酸钠溶液会散发出氯气的气味。在 1983 年上海甲肝病毒爆发后，北京地坛医院的刘志德团队研制出一款以次氯酸钠为有效成分的消毒液，具有广谱高效、安全经济的优点，随后被命名为“84 消毒液”，这也是我国第一代消毒产品，也是我国使用范围最广、发展最早的消毒剂之一。

法规

① 2017 年，欧盟生物杀灭剂产品委员会（BPC）发布法规（EU）2017/1273，批准次氯酸钠作为第 1 类（人体卫生学消毒剂）、第 2 类（不直接用于人体或动物的消毒剂和杀藻剂）、第 3 类（兽医卫生消毒剂）、第 4 类（食品和饲料领域消毒剂）、第 5 类（饮用水消毒剂）生物杀灭剂产品的活性物质。批准日期 2019 年 1 月 1 日，批准期满 2028 年 12 月 31 日。第 11 类（液体制冷和加工系统防腐剂）、第 12 类（杀黏菌剂）申请目前处于审核之中。

② GB 38850—2020《消毒剂原料清单及禁限用物质》规定次氯酸钠可以使用的范围有：C，表示用于污染物的消毒剂；D，表示用于生活饮用水的消毒剂；E，表示用于环境及物体表面的消毒剂；H，表示用于人体的消毒剂；M，表示用于医疗器械的消毒剂；S，表示用于游泳池的消毒剂；W，表示用于医院污水的消毒剂。

碘

（iodine）

I_2 253.81 7553-56-2

其他名称　碘片、碘酒

化学名称　碘

IUPAC 名　iodine

EC 编码　［231-442-4］

理化性质 本品含碘（按I计）不得少于99.5%。本品为灰黑色或蓝黑色、有金属光泽的片状结晶或块状物，质重、脆；有特臭；在常温下能挥发。在乙醇、乙醚或二硫化碳中易溶，在三氯甲烷中溶解，在四氯化碳中略溶，在水中几乎不溶，在碘化钾或碘化钠的水溶液中溶解。制剂有碘甘油、碘酊。

碘酊（iodine tincture）含碘（按I计）1.80%～2.20%（g/mL），含碘化钾（KI）1.35%～1.65%（g/mL）。外观为红棕色的澄清液体，有碘和乙醇的特臭。制法：取15g碘化钾，加水20mL溶解后，加20g碘及500mL乙醇，搅拌使其溶解，再加水适量成1000mL，即得。

碘甘油（iodine glycerol）含碘（按I计）与碘化钾（KI）均为0.90%～1.10%。外观为红棕色的黏稠液体，有碘的特臭。制法：取10g碘化钾，加10mL水溶解后，加10g碘，搅拌使其溶解，再加适量甘油成1000mL，搅匀，即得［摘自《中国药典》(2015年版)］。

毒性 人口服0.1g的碘（或相应的碘液）可产生不适，口服2～3g可引起死亡。空气中允许的阈值为1mg/m^3。中毒时，可引起恶心、呕吐、痉挛以致昏迷。涂抹于皮肤、黏膜，有烧伤感。时间长可形成"碘烧伤"，导致脱皮。

抗菌防霉效果 碘杀菌谱非常广，对大部分细菌、病毒、真菌、原生动物以及细菌芽孢均有杀灭作用。

碘的抗菌机制目前学术界还没有非常明确的解释，但可以明确的是游离状态的碘原子具有超强的氧化作用，对氨基酸和核苷酸的氨基、巯基、酚羟基的强氧化作用可以破坏病原体的细胞膜结构及蛋白质分子。Schreier等通过电镜观察聚维酮碘对细胞超微结构的影响，发现其能够与微生物的细胞壁相互作用，引起细胞膜结构改变和氢键阻断，导致细胞质物质的损失与酶的变性。

赵勇采用载体定量杀菌试验对碘伏和碘酊的杀菌效果进行了比较，在相同作用时间内达到同一杀灭率水平，碘酊（pH＝5.18）以有效碘含量150mg/L，作用5min，对大肠杆菌杀灭率100%；碘伏以有效碘含量175mg/L，作用5min，对金黄色葡萄球菌杀灭率100%。碘同时是一种良好的病毒灭活剂，它能灭活脊髓灰质炎病毒、流感病毒、疱疹病毒、牛痘病毒、狂犬病毒和烟草花叶病毒。碘伏对肝炎病毒、艾滋病病毒等也有灭活作用，含有效碘35mg/L的碘溶液作用2min，30mg/L的碘溶液作用10min，可完全灭活艾滋病病毒。

制备 可从海藻、油井盐水和硝石生产的母液中提取碘。

应用 碘首次被发现是在1812年，随后被Gay-Lussac证明是一种新元素并发现其抗菌作用。至今碘用于人体杀菌消毒已有近200年的历史，许多人已经高度评价了碘作为抗菌剂的效能。

碘可用于消毒饮用水、消毒游泳池水、消毒空气，以及食品工业生产设备、环境、医疗和医疗器械消毒。

实际应用参考：

碘有较强的细胞毒性，将碘与其他物质络合是目前降低碘毒副作用最常用的方法。临床上较常见的碘络合剂包括聚维酮、卡地姆、壳聚糖及其衍生物等，聚维酮碘是应用最广泛的络合碘。

法规

① 欧盟生物杀灭剂产品委员会批准碘作为 PT-1（人体卫生学消毒剂）、PT-4（食品和饲料领域消毒剂）、PT-22（尸体和样本防腐剂）的活性物质，获批日期 2015 年 9 月 1 日到 2025 年 8 月 31 日，已过期。根据 Decision（EU）2025/947，碘用作 PT-3（兽医卫生学消毒剂）的活性物质，批准期满推迟到 2028 年 2 月 29 日。

② GB 38850—2020《消毒剂原料清单及禁限用物质》规定碘可以使用的范围有：E，表示用于环境及物体表面的消毒剂；H，表示用于人体的消毒剂；M，表示用于医疗器械的消毒剂。

二氯异氰尿酸钠（NaDCC）
（sodium dichloroisocyanurate）

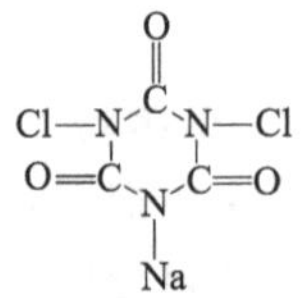

$C_3Cl_2N_3O_3Na$ 219.94 2893-78-9

其他名称　SDIC、优氯净、DCCNa、1,3-二氯均三嗪三酮钠

化学名称　1,3-二氯-1,3,5-三嗪-2,4,6-(1*H*,3*H*,5*H*)三酮钠盐

IUPAC 名　1,3,5-triazine-2,4,6(1*H*,3*H*,5*H*)-trione,1,3-dichloro-, sodium salt（1∶1）

EC 编码　[220-767-7]

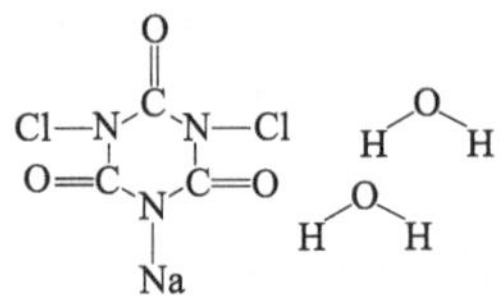

$C_3Cl_2N_3O_3Na \cdot 2H_2O$ 255.97 51580-86-0

化学名称　1,3,5-三嗪-2,4,6(1*H*,3*H*,5*H*)-三嗪-1,3-二氯钠盐水合物

IUPAC 名　sodium dichloroisocyanurate dihydrate

EC 编码　[610-700-3]

理化性质　纯品为白色结晶粉末，有较浓的氯气味。其理论有效质量分数为 64.5%，熔点 230～235℃（分解），25℃时每 100mL 水可溶解 25g，1%水溶液的 pH 值为 6.5，粉末状产品的体积密度为 0.48～0.68g/cm^3，粒状产品的体积密度为 0.75～0.95g/cm^3；工业产品一种是干品，有效率在 62%左右，另一种含有结晶水，有效率为 56%，后者的稳定性更好。SDIC 在常温下能与氨、铵盐、酰胺、苯胺反应放出 NCl_3 气体，能与金属氧化物和酸发生化学反应，是一种较为活泼的强氧化剂。可参考化工标准 HG/T 3779—2020《水处理剂 二氯异氰尿酸钠》。

毒性　雌小鼠急性经口 LD_{50} 1470mg/kg。雄小鼠急性经口 LD_{50} 1260mg/kg。

鼠类中毒时，精神萎靡，呼吸道分泌物增加。

抗菌防霉效果 二氯异氰尿酸钠（NaDCC）属于有机氯系消毒剂，其消毒作用成分常以有效氯表示，其对细菌、病毒、真菌、细菌芽孢等均有较强的杀灭作用。

二氯异氰尿酸钠在常温下性质比较稳定，溶于水产生具有杀死微生物活性的次氯酸。次氯酸分子量小，易扩散到细菌表面并穿透细胞膜进入菌体内，使菌体蛋白氧化导致细菌死亡。其亦是一种较为活泼的氧化剂，遇还原剂会损失有效氯而降低甚至失去杀菌能力。

浓度与作用时间的影响：二氯异氰尿酸钠的杀菌作用随浓度的升高与作用时间的延长而加强。从杀灭细菌芽孢所需药物浓度与作用时间来看，其消毒能力远较氯胺T为强。与次氯酸盐类消毒剂相比，则情况较复杂。在低浓度时，二氯异氰尿酸钠作用较慢，但在高浓度时，因溶液可保持弱酸性，故杀菌效果有时反较次氯酸盐类为好。

有机物的影响：有机物可降低二氯异氰尿酸钠的杀菌能力。实验证明，在蜡状杆菌芽孢悬液中加入20%马血清，用本药进行灭菌处理，所需时间大大延长。但相对来说，有机物对本药的影响要比对氯酸盐类消毒剂为小。

温度的影响：温度降低可减弱二氯异氰尿酸钠的杀菌作用。用大肠杆菌悬液进行的实验证明，当水温为16～20℃，加氯量为5mg/L时，作用15min即可达到99.999%的杀灭率。但在2～5℃时，延长到30min，杀灭率亦仅达99.92%。又如，以0.8%二氯异氰尿酸钠溶液擦拭木质表面，往返擦拭三遍，静置作用30min，在16～18℃时，可杀灭表面污染的白色葡萄球菌99.96%，而在3～5℃时，仅可杀灭99.88%。

制备 合成方法有二氯异氰尿酸法、三氯异氧尿酸复分解法和NaClO法。

应用 1776年瑞士化学家Seheel热解尿酸晶体发现氰尿酸，1902年美国化学家Chattowax和Wadmore首次合成异氰尿酸的氯化产品。直到20世纪50年代中期，Hardy等报道开发成功*N*-氯代异氰尿酸类产品，并在工业和民用领域可广泛用于消毒、杀菌和漂白。

二氯异氰尿酸钠（NaDCC）是传统含氯消毒剂——漂粉精（漂白粉）和“84”消毒液等的换代升级产品。

法规

① 欧盟化学品管理局（ECHA）根据指令98/8/EC（BPD）或规则（EU）No 528/2012（BPR）提交了批准申请的所有活性物质/产品类型组合：PT-2（不直接用于人体或动物的消毒剂和杀藻剂）、PT-3（兽医卫生消毒剂）、PT-4（食品和饲料领域消毒剂）、PT-5（饮用水消毒剂）、PT-11（液体制冷和加工系统防腐剂）。生物杀灭剂二氯异氰尿酸钠申请目前处于审核进行之中。

② GB 38850—2020《消毒剂原料清单及禁限用物质》规定二氯异氰尿酸钠可以使用的范围有：A，表示用于室内的消毒剂；C，表示用于污染物的消毒剂；D，表示用于生活饮用水的消毒剂；E，表示用于环境及物体表面的消毒剂；H，表示用于人体的消毒剂；M，表示用于医疗器械的消毒剂；S，表示用于游泳池的消毒

剂；W，表示用于医院污水的消毒剂。

二氧化氯

(chlorine dioxide)

ClO_2 67.45 10049-04-4

其他名称　过氧化氯

化学名称　二氧化氯

IUPAC 名　chlorine dioxide

EC 编码　[233-162-8]

理化性质　二氧化氯在自然界中以液态和气态两种方式存在。在常温下，二氧化氯气体的颜色随浓度增加，逐渐由黄绿色到橙黄橘红色转变。在 11℃时，ClO_2 气体的密度为 2.4g/m^3。二氧化氯液体呈红褐色，在 0℃时密度为 1.542kg/L，在 5℃时为 1.64kg/L。当温度低于－59℃时，液体变成橙黄色固体。空气中的 ClO_2 超过大气压力 40kPa 或空间体积分数大于 10%就会有爆炸危险，但将其溶于水中形成水溶液后就比较稳定。

毒性　二氧化氯消毒十分安全，无残留毒性，其安全性被世界卫生组织（WHO）定为 A1 级。但二氧化氯在空气中的允许使用浓度为 0.3mg/m^3。

抗菌防霉效果　二氧化氯作为一种强大的单电子氧化剂，具有很强的氧化性，其氧化能力是单质氯气氧化能力的 2.63 倍，是环氧乙烷氧化能力的 1000 多倍。其可以杀灭各种微生物，包括各种细菌繁殖体、芽孢、真菌、病毒，甚至原虫等。但对动植物机体却没有毒效，这是因为病毒、细菌对 ClO_2 的敏感程度很高，高等动植物对 ClO_2 的敏感程度最低。同时，二氧化氯可以阻止乙烯的生成并破坏已经生成的乙烯，这在果蔬保鲜方面有重要意义。

如今对于二氧化氯的杀菌机制，学术界并没有达成共识，较普遍被认可的杀菌过程为：二氧化氯在杀菌时释放出新生态的氧（O）和次氯酸（HClO）分子，这些分子可以很好地吸附和穿透微生物细胞，氧化细胞内含硫基的酶，使蛋白质中的氨基酸氧化分解，快速抑制微生物蛋白质的合成，从而抑制细菌的生长或者杀灭细菌。

李归浦等研究了二氧化氯对不同食品上微生物的杀灭情况，如表 2-320。

表 2-320　二氧化氯对微生物的杀灭效果

微生物	ClO_2 浓度/(mg/L)	处理时间/min	杀灭效果/%
200～250cfu/mL 大肠杆菌	2.5	5	100
4.6×10^6 cfu/mL 大肠杆菌	7.5	5	100
5×10^6 cfu/mL 金黄色葡萄球菌	7.5	5	100
1.3×10^6 cfu/mL 布氏乳杆菌	8	10	100
4.4×10^5 cfu/mL 念珠菌	8	30	100
沙门氏菌	25	30	92.2～97.9
甲型肝炎病毒	7.5	10	无感染性
脊髓灰质炎病毒	1	30	无感染性

二氧化氯对病毒的杀灭机制主要包括破坏病毒蛋白衣壳与降解RNA片段和抑制RNA分子合成。Ge等发现0.02mg/L二氧化氯可在几分钟内灭活水中的柯萨奇（肠道）病毒、人类肠道病毒、疱疹病毒、噬菌体、牛痘病毒、脊髓灰质炎病毒等。

制备　化学法是在强酸介质中，用不同的还原剂还原氯酸盐或在酸性介质中用氧化剂氧化亚氯酸盐而制得；电化学法则是通过直接电解亚氯酸盐或氯酸盐而制得。

应用　1811年，英国化学家汉弗莱·戴维用硫酸将氯酸钾酸化，制备了一种黄绿色气体。1843年米隆也获得了这种气体，后来卡扎罗利·舍恩拉科发现它是ClO_2和氯气的混合物。1930年美国成功开发出ClO_2生产工艺并实现工业化。1944年美国采用ClO_2处理饮用水成效显著，之后迅速推广到全世界。

1985年被美国FDA批准用于食品加工设备的消毒；1992年，经世界卫生组织批准用于饮用水消毒；1996年，我国卫生部批准将其用作水产品和果蔬保鲜的食品添加剂。

二氧化氯被世界卫生组织（WHO）确认为A1级杀菌剂，成为第四代高效灭菌消毒剂，具有优良的杀菌、除异味、保鲜、降解有机污染物等众多功效。

实际应用参考：

专利CN101755895B《贴片式二氧化氯气体发生剂》，所述袋子还配备有吸附了氯酸钠或氯酸钾、丙三醇、水的混合物的A片和吸附有磷酸、柠檬酸或酒石酸、水的混合物的B片。在使用时可将A、B片重叠在一起放在透气袋中，然后粘贴在要保鲜的物品包装容器内，袋子内产生的二氧化氯气体向袋外渗透逸散，在保鲜果蔬四周形成保鲜气体保护圈，达到防腐保鲜的效果。

法规

① 欧盟生物杀灭剂产品委员会就二氧化氯提出PT-2、PT-3、PT4、PT-5、PT-11、PT-12等申请，截止日前均未获批。

② GB 38850—2020《消毒剂原料清单及禁限用物质》规定二氧化氯可以使用的范围有：A，表示用于室内的消毒剂；C，表示用于污染物的消毒剂；D，表示用于生活饮用水的消毒剂；H，表示用于人体的消毒剂；M，表示用于医疗器械的消毒剂；S，表示用于游泳池的消毒剂；W，表示用于医院污水的消毒剂。

高锰酸钾
(potassium permanganate)

$KMnO_4$　158.0　7722-64-7

其他名称　过锰酸钾、灰锰氧、pp粉

化学名称　高锰酸钾

IUPAC名　potasodium permanganate

EC编码　[231-760-3]

理化性质　纯品为深紫色斜方晶系结晶，具有金属光泽，无臭。溶解性：能溶于冷水，易溶于沸水，呈紫色溶液。稳定性：强氧化剂。遇某些有机物或易氧化物（还原剂），会发生激烈燃烧或爆炸。水溶液在酸、碱条件下均不稳定，易被醇类、亚铁盐、碘化物所分解。加热至 240℃时能分解放出氧。储存时应避免与易燃物、有机物、还原剂、强酸、铵盐接触，否则可引起燃烧或爆炸。

毒性 高锰酸钾 0.02%以上的浓度对皮肤、黏膜有刺激性，大量内服会中毒。狗急性经口 LD_{50} 400mg/kg，兔急性经口 LD_{50} 600mg/kg。

抗菌防霉效果 高锰酸钾是一种无机强氧化剂，其氧化作用比过氧化氢还强。高锰酸钾的杀菌作用机理是在水中分解形成氢氧化钾、氧化锰、二氧化锰等物质，同时释放出氧。氧气可作用于细菌表面的菌体蛋白，破坏细菌的结构，从而起到杀灭病原微生物的作用。二氧化锰可与皮肤黏膜蛋白结合成复合物覆盖于皮肤黏膜上；浓度较低时本品还具有收敛作用，浓度较高时则具有腐蚀作用，作用比过氧化氢强。

高锰酸钾氧化除藻的原理主要包括两个方面：一方面高锰酸钾可以显著抑制藻类生长，使其失活，从而更易沉降；另一方面高锰酸钾能够促使藻细胞分泌胞外聚合物，这些聚合物类似于阴离子或非离子型聚电解质，可提高混凝效果。

孙佳玲等在实验室系统考察了高锰酸钾对某些细菌（大肠埃希氏菌 ATCC 8099、金黄色葡萄球菌 ATCC 6538）、某些酵母（白色念球菌 ATCC 10231）和某些曲霉菌（黑曲霉菌 ATCC 16404）的杀菌效果。从试验结果可以看出，高锰酸钾作用 10min 时，对试验菌金黄色葡萄球菌 ATCC 6538 的杀菌率达到 100%。作用 20min 时，对试验菌白色念球菌 ATCC 10231、大肠埃希氏菌 ATCC 8099、黑曲霉菌 ATCC 16404 的杀菌率达到 100%。模拟现场试验结果表明，高锰酸钾对手的杀菌率为 100%。

制备 以氢氧化钾和锰粉为原料，进行氧化等反应制得高锰酸钾。

应用 20 世纪 50 年代，国外学者就开始将高锰酸钾用于氧化有机质和控制水中的嗅、味。20 世纪 80 年代开始，李圭白等国内学者将高锰酸钾用于地下水除铁锰、氧化助凝和去除微污染有机物等方面。

就消毒杀菌而言，高锰酸钾可用于环境、污染物体表面、皮肤、黏膜的消毒，以及蔬菜、水果的处理。

法规 GB 38850—2020《消毒剂原料清单及禁限用物质》规定高锰酸钾可以使用的范围有：H，表示用于人体的消毒剂。

高铁酸钾（Ⅵ）

（potassium ferrate（Ⅵ））

K_2FeO_4 198.0 39469-86-8

其他名称 高铁酸钾

化学名称 高铁酸钾

IUPAC 名 potassium ferrate（Ⅵ）

EC 编码 ［867-378-4］

理化性质 纯高铁酸钾是具有黑紫色光泽的微细结晶粉末，易溶于水形成类似于高锰酸钾溶液的紫红色溶液。干燥的高铁酸钾在 198℃以下是稳定的，但其水溶液不太稳定，静置过久可将水分解而放出分子态氧，析出氢氧化铁，形成 OH^-，因而呈碱性，且逐渐加强。高铁酸钾在中性 pH 条件下具有很高的消毒杀菌作用。

毒性 一种高效多功能的新型非氯绿色消毒剂，通常用于饮水处理。

抗菌防霉效果 高铁酸钾具有超强、高效、优良杀菌作用，并且每个分子的电子得失数为3个，单分子氧化容量非常大，这种强氧化能力和容量使它表现出极强的杀菌能力。杀菌机理是通过其强烈的氧化作用，破坏细菌的某些结构（如细胞壁、细胞膜）以及细胞结构中的一些物质（如酶等），抑制和阻碍蛋白质及核酸的合成，使菌体的生长和繁殖受阻，起到杀死菌体的作用。

1974年，Murman等发现1.5～4.0mg/L的Na_2FeO_4可杀灭非传染性抗药性假单胞菌类细菌，20～50mg/L可杀灭水中传染性抗药性假单胞细菌。1975年，Gilbert等证明1.2～6mg/L的K_2FeO_4可杀灭水中大肠杆菌。席德孚等用6mg/L的K_2FeO_4做杀灭水中大肠杆菌实验，30min杀灭率99.9%。1983～1984年，加藤健司做杀灭水中大肠杆菌及一般细菌实验时，发现2mg/L高铁酸盐可使水中起始菌由10^5个/mL杀灭到100个/mL以下。覃长森1997年报道，5.0～6.0g/L的高铁酸盐可杀水中大肠杆菌，杀菌率达99.95%～99.99%。2000年贾汉东用稳定的高铁酸钾溶液，分别对金黄色葡萄球菌、白色念珠菌和枯草杆菌黑色变种芽孢作用10min，杀灭率均达99.95%以上。

制备 专利CN104261481B《一种高铁酸钾的制备方法》。

应用 高铁酸钾可作饮用水消毒剂，亦可除去水中部分有机污染物、重金属离子，脱色除臭或控制生物黏垢的生成，亦用于水产养殖杀菌消毒。

实际应用参考：

高铁酸盐去除水中重金属主要依靠其在水中分解后产生的氢氧化铁胶体沉淀的吸附和共沉作用。试验结果表明，高铁酸钾预处理铅和镉表现出更高的去除率，说明高铁酸钾分解后的水解产物对铅、镉的吸附作用较好。溶液的pH值是重金属去除率的一个重要影响因素，酸性条件（pH值为4）下的去除率都比较低，而碱性条件下的去除率要比酸性条件下高得多。

过硫酸钠

(sodium persulfate)

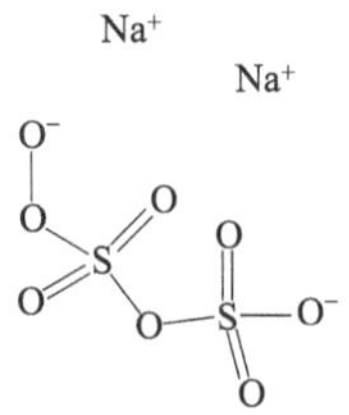

$Na_2O_8S_2$ 238.1 7775-27-1

其他名称 过二硫酸钠、高硫酸钠

IUPAC名称 disodium{[(oxidooxy)sulfonyl]oxy}sulfonate

EC编码 [231-892-1]

过硫酸钾（potassium persulfate）

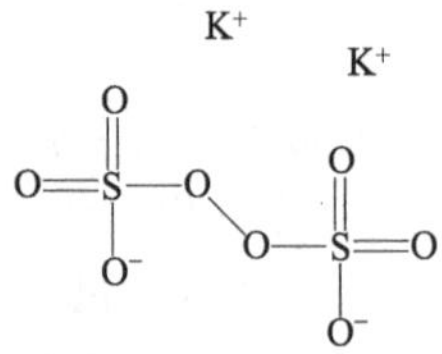

分子式　$K_2O_8S_2$

CAS 号　[7727-21-1]

其他名称　过二硫酸钾、高硫酸钾

IUPAC 名称　dipotassium[(sulfonatoperoxy)sulfonyl]oxidanide

EC 编码　[231-781-8]

理化性质　白色结晶或粉末。50g/L 溶液的 pH 4～7；相对密度（20℃）1.260～1.680。

毒性　大鼠急性经口 LD_{50}（4h）920～1200mg/kg，LD_0（4h）464～562mg/kg；大鼠急性经皮 LD_{50} 2000mg/kg。

抗菌防霉效果　有试验显示过硫酸盐的灭菌机理主要的活性物种是 $\cdot SO_4^-$、$\cdot O^{2-}$ 和 $\cdot OH$，其中 $\cdot SO_4^-$ 起着最重要的作用。确定细菌灭活过程从外膜到细胞内组分开始。$S_2O_8^{2-}$ 被可见光激活以产生自由基，其引起细胞膜的损伤。随后诱导几种抗氧化酶，如 CAT 和 SOD 表达，然后损伤基因组 DNA，导致细胞死亡（王韩纳，2019）。

制备　硫酸氨电解氧化生成过硫酸钠，再与 NaOH 进行复分解等反应可制得。

应用　近几十年，过硫酸盐作为降解水中污染物的替代氧化剂已被广泛研究，基于它的高级氧化应用在活性生物危害方面的研究也有一定进展。

法规　欧盟化学品管理局（ECHA）提交了批准申请的所有活性物质/产品类型组合：第 4 类（食品和饲料领域消毒剂）。过硫酸钠申请目前处于审核进行之中。

过碳酸钠（SPC）
(sodium percarbonate)

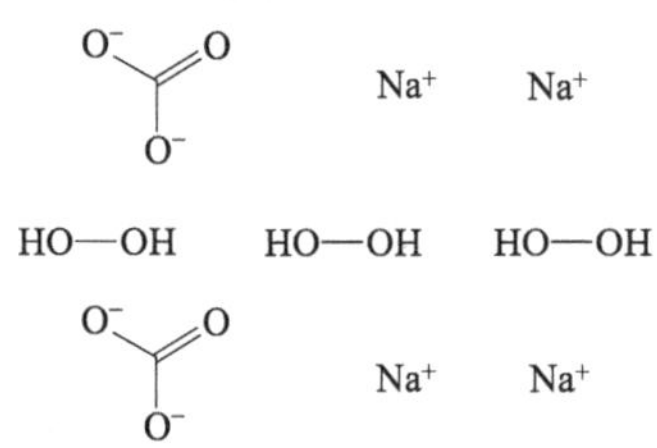

$2Na_2CO_3 \cdot 3(H_2O_2)$ 314.06 15630-89-4

其他名称　固体双氧水、碳酸钠过氧化物

化学名称　过氧化碳酸钠

IUPAC 名　disodium carbonate，compound with hydrogen peroxide（2∶3）

EC 编码　[239-707-6]

理化性质　过碳酸钠又称过氧碳酸钠，化学式 $2Na_2CO_3 \cdot 3H_2O_2$（或 $Na_2CO_3 \cdot 1.5H_2O_2$），俗称固体过氧化氢，是碳酸钠和过氧化氢的加成化合物。工业品为白色、自由流动的粒状结晶或结晶粉末。溶解性：易溶于水，其水溶液的性质与分解产物各自形成的水溶液的性质相同。稳定性：该水溶液呈碱性，稳定性较差。活性氧的理论含量为 15.28%（相当于 32.49%的 H_2O_2）。具有氧化性，低温下有漂白作用。100℃以上便迅速分解成水、氧和一水碳酸钠。

毒性　大鼠急性经口 LD_{50} 2000mg/kg。兔急性经口 LD_{50} >2000mg/kg（来源：欧洲化学品局）。

抗菌防霉效果　过碳酸钠（SPC）兼具碳酸钠和过氧化氢的双重性质，在水中溶解后首先变成碳酸钠和过氧化氢，过氧化氢遇碱分解后得到水和氧，得到的氧具有极强的漂白作用；与传统的磷系洗涤助剂相似，过碳酸钠遇水生成氧原子，具有漂白和杀菌作用。

于萍等采用悬液定量杀菌，结果见表 2-321。

表 2-321　过碳酸钠对细菌与真菌的杀灭作用

过碳酸钠浓度/(g/L)	作用不同时间的平均杀灭率/%			
	5min	10min	20min	40min
大肠杆菌				
10	93.14	99.98	100	100
15	99.86	99.99	100	100
20	99.99	100	100	100
金黄色葡萄球菌				
10	78.60	85.37	99.98	100
15	80.51	88.10	99.99	100
20	91.25	98.93	100	100
白色念珠菌				
25	54.08	76.73	84.08	90.20
50	55.10	84.48	90.20	91.42
100	84.28	94.18	99.72	99.90

注：试验温度为 18～22℃。消毒前对照组平均菌数大肠杆菌为 1.16×10^6 cfu/mL，金黄色葡萄球菌为 1.32×10^6 cfu/mL，白色念珠菌为 9.8×10^5 cfu/mL。结果为 5 次试验平均值。

制备　干法工艺是将双氧水溶液喷到无水碳酸钠固体上，产生的反应热和带入的水通过流化床除去。湿法工艺是将双氧水溶液与饱和碳酸钠溶液置于反应釜中，在较低温度下进行反应制得产品。

应用　过碳酸钠是日本 20 世纪 70 年代开发的一种化工产品，俗称固体双氧水。作为一种新型高效环保的洗涤漂白杀菌剂，在医疗卫生领域可作为杀菌消毒剂、口腔清洁剂、急救氧气源等，此外，过碳酸钠还广泛应用于鱼塘的增氧杀菌及纺织印染、环保降解等行业。

实际应用参考：

美国 Orange Glo 公司生产一种高去污除臭能力的含氧清洁剂 Oxiclean，其典型配方中过碳酸钠含量为 80%，碳酸钠含量为 20%，用它可去除衣物、地毯等多种物品表面上的污垢，且对原物品的染色和白度无损伤。有专利研制出一种含过碳酸钠的清洁剂，可产生稳定的泡沫，用它处理软表面（织物、地毯等）上的污垢。此清洁剂含有过碳酸钠和至少 1 种表面活性剂，溶于水中时，10～40s 内即可产生稳定的泡沫，且保证泡沫使用前所有固体物均已溶解，以防止未溶物的活性氧浓度过高，有损纤维或颜色。专利中还提供了清洁剂的配方和应用泡沫清洁软表面污垢的工具。另有专利提供一种含过碳酸钠的清洗剂，它可清除衣物上的新污垢，又可清除甚至 10 年以上的旧污垢。它含脂肪蛋白分解酶素、中性表面活性剂和过碳酸钠。脂肪蛋白分解酶素对新污垢去除效果优异，过碳酸钠则对旧污垢去除效果好。中性表面活性剂可提高清洗剂向纤维内的渗透性，缩短处理时间。

过氧化脲（CP）
（carbamide peroxide）

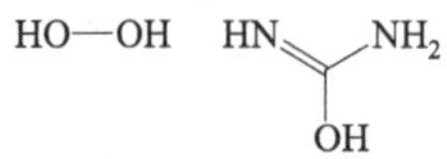

$CO(NH_2)_2 \cdot H_2O_2$ 94.07 124-43-6

其他名称　过碳酰胺、过氧化尿素、过氧化氢尿素、过氧化碳酰胺

化学名称　过氧化脲

IUPAC 名　urea hydrogen peroxide　hydrogen peroxide-urea

EC 编号　[204-701-4]

理化性质　过氧化脲是过氧化氢以氢键的方式结合到尿素上形成的加合物，结合力较弱，过氧化氢分子相对独立，与游离的过氧化氢具有较为相近的化学性质。纯品为白色结晶或结晶性粉末、片状或粒状固体，无毒无味。理论活性氧质量分数 17.2%。熔点 93～95℃。pH（1%水溶液）6.5～7.0。溶解性：易溶于水，水溶液兼具过氧化氢和尿素的性质；可溶于甲醇、乙醇、丙酮、乙醚等有机溶剂。稳定性：在水中缓慢分解释放出氧。

毒性　过氧化脲毒性较小，按规定量使用低毒。

抗菌防霉效果　过氧化物含有过氧基“—O—O—”，能释放出活性氧，可用于漂白、杀菌消毒和供氧。过氧化脲（又名过碳酰胺）是过氧化氢与碳酰胺加合反应制成的一种无色透明液体，其有效成分为过氧化氢，含量为 227g/L。

张晓玲等就过氧乙酸、过氧化氢、过碳酰胺等三种过氧化物消毒剂进行悬液定量杀菌比较，结果表明，含过氧化氢 30g/L 的过碳酰胺消毒液作用 20min，可完全杀灭大肠杆菌，对金黄色葡萄球菌杀灭对数值为 5.70；含过氧化氢 40g/L 的过碳酰胺消毒液作用 80min，对枯草杆菌黑色变种芽孢杀灭对数值为 5.84。过氧化氢消毒液含量为 10g/L 作用 6min，含量 30g/L 作用 10min，分别可完全杀灭大肠杆菌和金黄色葡萄球菌；含量 40g/L 的过氧化氢消毒液作用 100min，能完全杀灭枯草杆菌黑色变种芽孢。含量为 0.1g/L 过氧乙酸作用 2min，能完全杀灭金黄色葡萄球菌和大肠杆菌；含量为 2.0g/L 作用 20min，可完全杀灭枯草杆菌黑色变种芽孢。三种过氧化物消毒剂中，以过氧乙酸杀菌作用最强，过氧化氢次之，过碳酰胺稍差。

研究发现，在过氧化氢浓度相同的条件下，过碳酰胺杀菌效果不如纯品过氧化氢好，这可能与其活性有关系。过碳酰胺溶液的 pH 值明显高于过氧化氢，而过氧化物消毒剂杀菌效果受 pH 值影响明显，因为 pH 偏酸性有利于过氧化物消毒剂的活性。

制备　过氧化脲的合成方法主要分干法合成过氧化脲和湿法合成过氧化脲。

应用　过氧化脲用途广泛，在制药领域是一种安全、高效的固体消毒剂，具有杀菌能力强、杀菌谱广等优点，尤其对乙型肝炎病毒、霍乱、艾滋病毒等恶性病毒具有显著消杀效果；在日化领域可用作人及动物毛发的漂白剂、烫发中和剂；在水产养殖领域可用作鱼塘增氧剂和消毒剂；还可用于预防性消毒，物品消毒，食品储存如水果、蛋、蔬菜等消毒；农作物农药残留的去除；饮用水、污水的灭菌处理。因过氧化脲本身无毒无污染，属绿色化工产品，其广泛应用于纺织、食品、饲料、印染、冶金、建筑等领域（杨盟飞等，2021）。

实际应用参考：

魏海兵公开报道一种空气净化剂制备方法，由过氧化脲、氯化铵、茶多酚等液态反应剂和电气石、负载吸附剂等固态反应剂组成。与市场同类产品相比，本发明具有清除迅速、杀菌消毒长久有效等特点。实验结果表明，甲醛去除率最高可达 98.7%。

法规　GB 38850—2020《消毒剂原料清单及禁限用物质》规定过氧化脲可以使用的范围有：E，表示用于环境及物体表面的消毒剂。

过氧化氢
(hydrogen peroxide)

H_2O_2 34.0 7722-84-1

其他名称　双氧水

化学名称　氢过氧化物

IUPAC 名　hydrogen peroxide

EC 编码　[231-765-0]

理化性质　过氧化物消毒剂卫生标准 GB 26371—2010 指出，过氧化物消毒剂主要有过氧化氢和过氧乙酸，两者化学分子结构中含有二价基“—O—O—”。

纯过氧化氢是淡蓝色的黏稠液体，无臭或略有气味，低温下为结晶固体。沸点(760mmHg) 152℃。熔点 −0.43℃。溶解性：溶于水、醇、乙醚；不溶于苯、石油醚。稳定性：化学性质不稳定，受热、遇光或与重金属离子、粗糙表面及其他杂质接触容易分解，有着火、爆炸的危险；在不同条件下有氧化作用及还原作用，可以发生氧化还原、取代、分子加成、环氧化以及分解等反应。pK_a=11.75。

毒性　小白鼠急性经口 LD_{50} >10000mg/kg。过氧化氢高浓度时有刺激性和腐蚀性，但低浓度时，很快分解为水和氧，作用时间短，安全无毒性。

抗菌防霉效果　过氧化氢（H_2O_2）是一种灭菌剂，对病毒、细菌、霉菌、酵母菌和细菌孢子具有广谱功效，一般来说，对革兰氏阳性菌的活性高于革兰氏阴性菌。需要留意的是，很多细菌内存在过氧化氢酶或其他过氧化物酶可以增加对低浓

度 H_2O_2 耐受性。

过氧化氢除藻机制：H_2O_2 与含藻水体反应的过程是一个产生和捕获·OH 的动态平衡过程。H_2O_2 对藻细胞的损伤效应主要表现在摧毁藻细胞的抗氧化防御系统，降低光合活性、代谢活性。

过氧化氢分子本身，以及其分解后产生的自由羟基和活性衍生物，直接作用于细菌细胞膜，使其通透性屏障遭到破坏，细胞的内容物漏出，而使菌体死亡；与微生物的蛋白质和核酸发生反应，使其结构受到破坏导致死亡。

带有囊膜的病毒对其比较敏感，其灭活机理是通过渗入病毒衣壳蛋白内部，破坏核酸结构，进而达到灭活的目的。有研究表明，用 3%的双氧水灭活猪流行性乙型脑炎病毒（JEV）8h 便可灭活完全，不形成空斑。

研究报道浓度 10g/L 的过氧化氢消毒液作用 6min，浓度 30g/L 的过氧化氢消毒液作用 10min，可分别完全杀灭大肠杆菌和金黄色葡萄球菌；浓度 40g/L 的过氧化氢消毒液作用 100min，能完全杀灭枯草杆菌黑色变种芽孢。过氧化氢消毒剂被广泛应用于皮肤消毒和物品消毒，适用范围较为广泛，且可以分别与紫外线、碘化物、酸性化学物质和醛类物质发生协同作用，促进杀菌效果的提升。

制备 我国 H_2O_2 生产方法先后大致经历了电解法、镍催化剂搅拌釜氢化工艺的蒽醌法和钯催化剂固定床氢化工艺的蒽醌法等 3 个发展阶段。

应用 过氧化氢是一种强氧化剂，含量 30g/L 的过氧化氢制剂是一种传统医用消毒剂，多用于医疗机构和卫生防疫机构消毒，俗称双氧水。双氧水是一种具有二元弱酸性质的无色透明液体，最早于 1818 年由法国化学家 J. H. Thenard 通过氧化钡与硝酸的反应而发现。因其具有 4 个原子共价结合成非极性的 H—O—O—H 结构，过氧化氢溶液的化学性质非常活泼，极易分解为氧气和水，无残留毒性，过氧化氢不会对环境造成二次污染，故被称为最清洁的消毒剂。

实际应用参考：

有包膜的病毒对双氧水灭活较为敏感，1.5%双氧水在 1min 内可使流感病毒全部灭活。有研究表明，相对于传统的甲醛灭活，双氧水灭活对病毒表面蛋白结构破坏较小，灭活后的病毒具有良好的免疫原性，可诱导产生更高水平的保护性抗体。使用双氧水已成功制备日本脑炎病毒灭活疫苗。目前关于双氧水用作灭活剂的研究较少，但它仍是一种潜在的灭活剂。

法规

① 2015 年 9 月 29 日，欧盟委员会发布法规（EU）2015/1730，批准过氧化氢作为第 1 类（人体卫生学消毒剂）、第 2 类（不直接用于人体或动物的消毒剂和杀藻剂）、第 3 类（兽医卫生消毒剂）、第 4 类（食品和饲料领域消毒剂）、第 5 类（饮用水消毒剂）和第 6 类（产品在储存过程中的防腐剂）生物杀灭剂产品的活性物质。批准日期 2017 年 2 月 1 日，批准期满 2027 年 1 月 31 日。过氧化氢作为第 11 类（液体制冷和加工系统防腐剂）、第 12 类（杀黏菌剂）生物杀灭剂产品的活性物质目前处于审核之中。

② GB 38850—2020《消毒剂原料清单及禁限用物质》规定过氧化氢可以使用的范围有：A，表示用于室内的消毒剂；E，表示用于环境及物体表面的消毒剂；

H，表示用于人体的消毒剂；M，表示用于医疗器械的消毒剂。

过氧戊二酸

（peroxyglutaric acid）

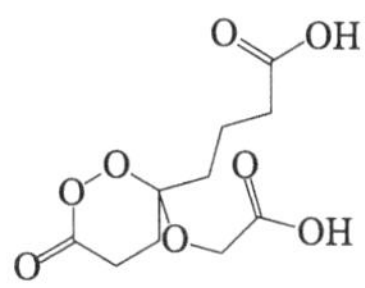

$C_{10}H_{14}O_8$ 262.00 10195-54-7

化学名称　5-[(4-羧基丁酰基)过氧化]-5-氧代戊酸

IUPAC名　5-[(4-carboxybutanoyl)peroxy]-5-oxopentanoic acid

EC编码　[600-254-8]

理化性质　过氧戊二酸为一新型过羧酸消毒剂，原药分固体与液体两种剂型。

毒性　李鹏飞等报道，2.0%过氧戊二酸对家兔皮肤和0.5%过氧戊二酸对眼黏膜均未见刺激作用（皮肤刺激指数为0，眼刺激综合平均分值为2分）；过氧戊二酸蓄积毒性极弱，蓄积系数$K=5$；小鼠骨髓嗜多染红细胞微核实验和小鼠精子畸形实验结果为阴性。

抗菌防霉效果　过氧戊二酸比过氧乙酸稳定，刺激性小，杀菌性能与过氧乙酸相仿。张慧贤等研究发现，过氧戊二酸杀芽孢效果不如过氧乙酸，使用浓度需较过氧乙酸高出7.5～11.3倍。

张淼等分别以62.5mg/L过氧戊二酸和125mg/L过氧戊二酸对相关公共场所空气消毒，空气中消毒液浓度为15mL/m^3。结果可知，消毒后空气中菌落总数显著下降，在消毒后100min菌落数达到最低值，其杀灭率达到92.35%，在消毒100min菌落数开始回升。

制备　专利CN1067882A《一种固体过氧戊二酸的制备方法》。

应用　1978年，Heinz Eggensperger等利用戊二酸酐和过氧化氢合成了60%过氧戊二酸液体，并申请了日本和美国专利。目前适用于医疗卫生、食品卫生等领域杀菌消毒。

法规　GB 38850—2020《消毒剂原料清单及禁限用物质》规定过氧戊二酸可以使用的范围有：E，表示用于环境及物体表面的消毒剂；M，表示用于医疗器械的消毒剂。

过氧乙酸（PAA）

（peracetic acid）

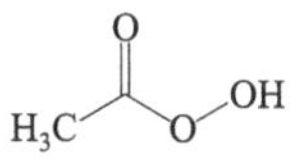

$C_2H_4O_3$ 76.05 79-21-0

其他名称　过氧化醋酸、过乙酸、乙酰过氧化氢

化学名称　过氧化乙酸

IUPAC名　ethaneperoxoic acid

EC编码　[201-186-8]

理化性质　过氧化物消毒剂卫生标准 GB 26371—2010 指出，过氧化物消毒剂主要有过氧化氢和过氧乙酸，两者化学分子结构中含有二价基“—O—O—”。

过氧乙酸外观为无色液体，具有强烈的刺激性气味，产品如加8-羟基喹啉稳定剂显黄色。沸点（760mmHg）105℃（EPA，1998）。相对密度（15℃）1.226（EPA，1998）。闪点（40%）40℃。蒸气压（25℃）14.5mmHg。$\lg K_{ow}=-1.07$。溶解性：易溶于水、乙醇、乙醚。稳定性：化学性质不稳定，分解产物有乙酸、过氧化氢、水和氧。

市售的过氧乙酸大部分为二元包装制剂，需提前24h将过氧乙酸A、B液混合反应，待其含量稳定再使用，因此又叫作二元制剂过氧乙酸。

毒性　过氧乙酸对大鼠急性经口毒性属低毒级，在33～342mg/kg试验剂量下亚急性毒性各项指标未见明显与受试物有关的异常。

抗菌防霉效果　过氧乙酸（PAA）是灭菌剂和高水平消毒剂，是一种酸性强氧化剂。过氧乙酸消毒作用机理解释为：过氧乙酸可以分解有害微生物DNA的碱基对，使DNA双链断裂；同时还可破坏细菌芽孢屏障的通透性，进而破坏和溶解细胞核，使RNA、DNA和蛋白质等物质暴露致使芽孢死亡。

目前认为活性氧起主要杀菌作用，其液体和气体对各种微生物均有强大的杀灭作用，可以杀灭细菌繁殖体、真菌、病毒、分枝杆菌，而且也可杀灭细菌芽孢。殷社等报道，根据不同的微生物群可以选择使用不同的杀菌浓度及作用时间，表2-322给出了过氧乙酸对多种微生物菌悬液的杀灭效果，通常要求杀灭对数值>5。

表2-322　过氧乙酸消毒液对多种微生物的杀灭效果

微生物	作用浓度/(mg/L)	作用时间/min	杀灭对数值
大肠杆菌 ATCC 25922	300	1	>5
金黄色葡萄球菌 ATCC 6538	300	1	>5
单增李斯特菌 ATCC 19115	300	1	>5
铜绿假单胞菌 ATCC 15442	300	1	>5
粪链球菌 ATCC 25912	300	1	>5
产气荚膜梭菌 ATCC 13124	300	1	>5
枯草杆菌黑色变种芽孢 ATCC 9372	800	3	3.7
	1000	5	>5
白色念珠菌 ATCC 10231	400	3	4.7
	400	5	>5
黑曲霉菌 ATCC 16404	1500	3	2.8
	2000	5	>5

制备　醋酸与过氧化氢反应，在酸的催化作用下，制成过氧乙酸。

应用　1902年，Freer和Novy首次对过氧乙酸（PAA）的杀菌性能进行了报道。研究结果公认，PAA 具有良好的消毒及客观的杀菌性能，由于 PAA 在低温下也有显著的杀微生物性能，曾一度引起了美国和其他国家反生物战研究中心的注意。

在 2003 年“非典”时期，过氧乙酸作为最有效的消毒剂之一被大量使用。2019 年 12 月突如其来的新型冠状病毒疫情让过氧乙酸消毒剂有机会进入了普通大众的视野，并被纳入国家重点应急管理物资名单。

过氧乙酸主要用于医院消毒和制药行业。但在国外如英国、芬兰等的废水处理中也有用到 PAA；美国环境保护局将 PAA 列为处理合流制溢流污水的 5 种消毒剂之一。

法规

① 2016 年，欧盟生物杀灭剂产品委员会（BPC）发布法规（EU）2016/672，批准过氧乙酸作为 PT-1（人体卫生学消毒剂）、PT-2（不直接用于人体或动物的消毒剂和杀藻剂）、PT-3（兽医卫生消毒剂）、PT-4（食品和饲料领域消毒剂）、PT-5（饮用水消毒剂）、PT-6（产品在储存过程中的防腐剂）类型生物杀灭剂产品的活性物质。批准日期 2017 年 10 月 1 日，批准期满 2027 年 10 月 1 日。

② 2016 年，欧盟生物杀灭剂产品委员会（BPC）发布法规（EU）2016/2290，批准过氧乙酸作为 PT-11（液体制冷和加工系统防腐剂）、PT-12（杀黏菌剂）类型生物杀灭剂产品的活性物质。批准日期 2018 年 7 月 1 日，批准期满 2028 年 7 月 1 日。

③ GB 38850—2020《消毒剂原料清单及禁限用物质》规定过氧乙酸可以使用的范围有：A，表示用于室内的消毒剂；C，表示用于污染物的消毒剂；E，表示用于环境及物体表面的消毒剂；H，表示用于人体的消毒剂；M，表示用于医疗器械的消毒剂。

过一硫酸氢钾复合盐（PMPS 复合盐）
（potassium monopersulfate composite salt）

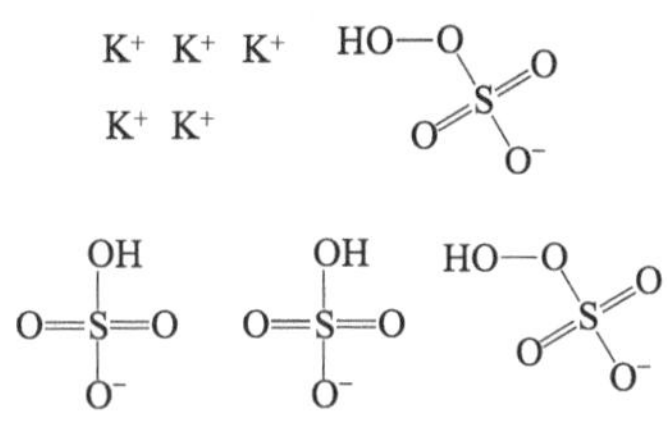

$2KHSO_5 \cdot KHSO_4 \cdot K_2SO_4$ 614.76 70693-62-8

其他名称　过硫酸氢钾复合盐、oxone

化学名称　单过硫酸氢钾复合盐

IUPAC 名　pentapotassium bis（peroxymonosulphate）bis（sulphate）

EC 编码　[274-778-7]

理化性质　单过硫酸氢钾又称过一硫酸氢钾（$KHSO_5$，PMPS 或 KMPS），由于分子中存在过氧键—O—O—，具有较强的氧化能力。但其性质过于活泼，难以制备和稳定存在，因此经常与 $KHSO_4$、K_2SO_4 组成过一硫酸氢钾复合盐 $K_2SO_4 \cdot KHSO_4 \cdot 2KHSO_5$，应用中也同样被称为 PMPS。

过一硫酸氢钾复合盐是由过硫酸氢钾（$KHSO_5$）、硫酸氢钾（$KHSO_4$）和硫酸钾（K_2SO_4）组成的白色粉状固体，三种成分的摩尔占比为 2∶1∶1。过一硫酸氢钾复合盐易溶于水，在 20℃时，每 100g 水溶解 25.6g。密度 1.12～1.20g/cm^3。含水量为 0.1%。1%水溶液的 pH 值 2.3。稳定性：受到温度及溶液 pH 的影响，在复合盐溶液中，由于硫酸氢根离子 HSO_4^- 的存在，溶液是酸性的，pH 值大约为 2。过一硫酸根离子 HSO_5^- 在这样的酸性溶液中是稳定的；当 pH 值超过 3 时，过一硫酸氢盐便会发生分解，形成硫酸氢盐，失去大量的活性氧。同时高温也会导致活性氧的损失，因此制备时中和反应的温度不能超过 40℃，最佳温度大约控制在 −10～10℃之间。

技术指标可参考国家化工行业标准 HG/T 5738—2020《工业过一硫酸氢钾复合盐》。

毒性 杨宁等报道，过硫酸氢钾小鼠急性经口毒性 LD_{50}＞4207mg/kg，属于低毒物质。该复合盐溶液对小鼠骨髓嗜多染红细胞无致微核作用，对雄性小鼠精子无致畸变作用。亚急性毒性试验中，血液学及生化指标均未见异常。

抗菌防霉效果 过一硫酸氢钾复合盐为过氧化物，是一种过氧化物类消毒剂。杀菌原理主要是利用单过硫酸氢钾的特殊氧化能力和链式反应，即在水中不断产生新生态氧、次氯酸、自由羟基、过氧化氢，通过新生态氧和自由羟基的氧化作用对病原体氧化和氯化，干扰病原体 DNA 和 RNA 的合成，并使蛋白质凝固变性，进而干扰病原体酶系统的活性，影响其代谢，使细胞膜的通透性增加，造成酶和营养物质流失、病原体溶解破裂，进而杀灭病原微生物。也可用同样的原理作用于病毒颗粒的囊膜、蛋白衣壳和病毒核酸等。

王欣舒报道，过一硫酸氢钾复合盐（PMPS 复合盐）对典型细菌灭活效果如表 2-323 所示。

表 2-323 PMPS 复合盐对典型细菌的灭活效果

消毒对象	质量浓度/(mg/L)	接触时间/min	灭菌效果/%	备注
大肠杆菌	750	15	＞99.999	悬浮定量杀菌实验法
	2	30	99.99	悬浮定量杀菌实验法
	10	30	100	定量杀菌实验法、模拟现场消毒实验法
	1000	30	＞99.999	杀菌实验
	5%	1	100	定量载体法
	835	15	100	悬液定量、定性杀菌
	100	20	＞99.999	添加 NaCl 增效
	10～40	5	100	悬浮定量杀菌实验法
	312.5～1250	5	100	悬浮定量杀菌实验法
	2500	1	100	在 30g/L 牛血清蛋白干扰条件下，悬液定量杀菌

续表

消毒对象	质量浓度/(mg/L)	接触时间/min	灭菌效果/%	备注
金黄色葡萄球菌	1500	30	>99.999	杀菌实验
	625	10	>99.999	悬液定量、定性杀菌
	10～40	5	100	悬浮定量杀菌实验法
	312.5～1250	5	100	悬浮定量杀菌实验法
	1%	5	>99.999	悬浮定量杀菌实验法
	10mmol/L	5	100	添加 1mmol/L 丙酮酸甲酯、31mmol/L $NaHCO_3$
铜绿假单胞菌	100	7.5	>99.999	悬液定量杀菌、添加氯化钠增效
白色念珠菌	1500	30	>99.999	杀菌实验
枯草杆菌黑色变种芽孢	5%	2	>99.999	悬浮定量杀菌实验法
	1000	60	>99.999	悬浮定量杀菌实验法
溶血性链球菌	625	10	>99.999	悬浮定量杀菌实验法
多杀性巴氏杆菌	1250	2.5	>99.999	悬浮定量杀菌实验法
绿脓杆菌	1%	5	>99.999	悬浮定量杀菌实验法
黑曲霉真菌孢子	10mmol/L	60	100	添加 31mmol/L $NaHCO_3$、5mmol/L 丙酮酸甲酯
爱德华氏菌	1%	1	100	添加 NaCl 增效

制备　专利 CN1781846A《过一硫酸氢钾复合盐的制备方法》。

应用　过一硫酸氢钾复合盐（PMPS 复合盐）首先由美国杜邦公司在 1992 年研制成功，商品名为 oxone。在英国口蹄疫和疯牛病的防控中效果优异，是美国 EPA 批准注册的第一个和唯一用于预防口蹄疫的兽用消毒剂，也是世界粮农组织（FAO）指定的唯一预防禽流感的消毒剂。继而美国和欧盟在 2000 年批准用于饮用水消毒。2004 年杜邦子公司英国安德公司开发了卫可（Virkon），将该产品应用于畜牧养殖领域，并于 2006 年进入中国兽药国标，目前该品牌已出售给德国朗盛化学公司，市场同时存在杜邦与朗盛两种卫可产品。

过一硫酸氢钾复合盐为高效的复方消毒剂，由过氧化物、表面活性剂、有机酸及无机盐缓冲系统组成，被广泛应用于水处理领域，同时也越来越多地用于畜牧养殖防疫灭疫，医院的环境、废水、器械、空气等消毒领域。

法规

① GB 38850—2020《消毒剂原料清单及禁限用物质》规定过一硫酸氢钾复合盐可以使用的范围有：E，表示用于环境及物体表面的消毒剂。

② 2019 年 9 月 10 日，我国农业农村部畜牧兽医局发布了《感染非洲猪瘟养殖场恢复生产技术指南》，其中批准了包括过硫酸氢钾复合物粉在内的多种消毒剂用于猪场消毒，过硫酸氢钾复合物粉可用于猪场生产、加工设备及器具消毒、环境及空气消毒、饮水消毒、衣帽鞋等可能污染物品的消毒，以及办公室、饲养人员的宿舍、公共食堂等场所消毒，消毒效果好。

聚维酮碘（PVP-I）
（povidone iodine）

其他名称　吡咯烷酮碘、聚乙烯吡咯烷酮碘、聚乙烯吡咯烷酮碘络合物

化学名称　聚乙烯吡咯烷酮碘络合物

IUPAC 名　1-ethenylpyrrolidin-2-one；molecular iodine

CAS 号　［25655-41-8］

分子式　$C_6H_9I_2NO$；分子量 364.95（EACH 和 Pub）

EC 编码　［607-771-8］

理化性质　本品为 1-乙烯基-2-吡咯烷酮均聚物与碘的复合物，按干燥品计算，含有效碘（I）应为 9.0%～12.0%。本品为黄棕色至红棕色无定形粉末。在水或乙醇中溶解，在乙醚或三氯甲烷中不溶［摘自《中国药典》（2015 年版）］。

药典中提出聚维酮碘（PVP-I）结构，见图 2-29。1979 年 Schenck 研究小组提出的结构见图 2-30，是目前普遍接受的结构。它是一种含碘的表面活性剂，它的各种成分之间并非以化学键相连，而是载体与碘元素（HI_5 为主）以包结/络合的形式，借助氢键及其他引力作用而形成的分子量不定的络合物。PVP-I 没有具体的分子式和分子量，通常用碘元素有效含量来计量聚维酮碘的有效成分标量。

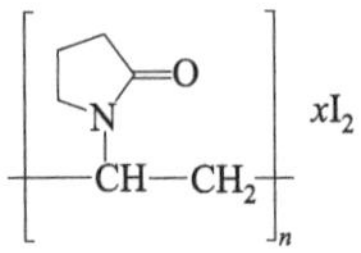

图 2-29　中国药典中 PVP-I 结构

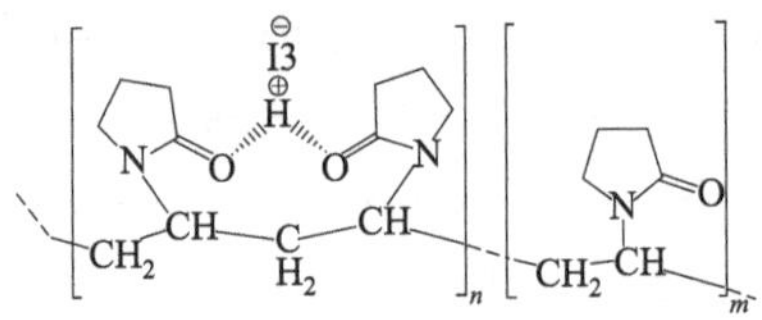

图 2-30　Hansuwe Schenck 研究小组提出的 PVP-I 的结构

聚维酮碘（PVP-I）中碘主要以 HI_3 的形式与 PVP 结合。PVP-I 的杀菌特性来自其溶液中的游离状态单质碘。在 PVP-I 中大部分的碘以络合形态存在，游离状态的单质碘含量极小，对于有效碘含量 10g/L 的 PVP-I 溶液，其中 99.9%的有效碘是以络合状态存在。当 PVP-I 溶液的浓度降低时，由于游离状态的单质碘的溶解特性，其浓度反而增加。当 PVP-I 浓度降低到 0.1g/L 时，因为整体 PVP-I 浓度的降低，游离状态的单质碘含量又降低，不同浓度 PVP-I 溶液中游离碘含量见表 2-324。

表 2-324　不同浓度 PVP-I 溶液中游离碘含量

有效碘浓度/(g/L)	游离碘浓度/(μg/g)	有效碘浓度/(g/L)	游离碘浓度/(μg/g)
0.2	15.8	2.5	4.4
0.5	11.6	5.0	2.9
1.0	8.1	10.0	1.7

毒性　小鼠急性经口 LD_{50} 8100mg/kg。小鼠静脉注射 LD_{50} 480mg/kg。小鼠皮下注射 LD_{50} 4100mg/kg。大鼠急性经口 LD_{50} ＞8000mg/kg。大鼠静脉注射 LD_{50} 640mg/kg。大鼠皮下注射 LD_{50} 3450mg/kg（来源：Drugs in Japan，1982）。

抗菌防霉效果　聚维酮碘（PVP-I）属于非离子型碘伏，是众所周知的消毒杀菌药物，可有效杀灭革兰氏阴性菌、革兰氏阳性菌、真菌、病毒、口腔类杆菌、淋病奈瑟菌、结核杆菌、嗜酸性细菌、沙眼衣原体、梅毒螺旋体等微生物。

消毒杀菌机理主要是通过缓慢释放出游离碘，利用游离碘的超强氧化性来使细菌、病毒内的蛋白质变性失活，从而达到杀菌消毒的目的。但是其缺点也很明显，在有效碘和作用时间都相同时，碘伏的杀菌效果受 pH 影响较大，pH 值越小，杀菌效果越好。

其对细菌最低抑菌和杀菌浓度如表 2-325。

表 2-325　聚维酮碘（PVP-I）对细菌最低抑制浓度（MIC）和杀菌浓度（MBC）

微生物	MIC/(mg/kg)	MBC/(mg/kg)
白假丝酵母	64	139
金黄色葡萄球菌	389	648
大肠杆菌	389	1080
铜绿假单胞杆菌	648	648
枯草芽孢杆菌	640	1080

魏兰芬研究聚维酮碘杀灭金黄色葡萄球菌的效果与浓度关系发现，该聚维酮碘消毒液在有效碘浓度 4000～500mg/L 范围内作用 1.0min，对金黄色葡萄球菌标准株和耐甲氧西林金黄色葡萄球菌（MRSA）菌株杀灭对数值范围在 3.14～4.50 之间；在有效碘浓度 250～100mg/L 范围内作用 1.0min，对金黄色葡萄球菌标准株和 MRSA 菌株杀灭对数值范围在 7.65～7.64 之间，且对标准株与 MRSA 菌株杀灭对数值基本一致。对大肠杆菌、铜绿假单胞菌和白色念珠菌的杀灭效果与有效碘浓度之间未出现倒置现象。

制备　参考专利 CN104013573A《高含量液体聚维酮碘》或专利 CN106674386A《一种聚维酮碘粉末的制备方法》。

应用　聚维酮碘（PVP-I）在 20 世纪 50 年代初首次报道，这种化合物是聚乙烯吡咯烷酮和碘的复合物，因而是碘伏的一种。聚维酮碘的应用非常广泛，主要涉及预防医学、兽药和农业等相关领域，目前最主要应用是预防医学上的应用，例如皮肤黏膜、外科手术及卫生消毒。随着医学的进步，聚维酮碘被发现对一些类型的癌症也具有积极的治疗意义，例如对结肠癌、实体瘤的治疗，以及联合使用铋化合物和顺铂等抗癌药物时，可减小抗癌药物的毒副作用。

实际应用参考：

聚维酮碘是一种常见的生物灭活剂，常用于皮肤黏膜杀菌，也有研究将其用于病毒灭活。王玲等用此消毒剂灭活脊髓灰质炎病毒，发现所需剂量比灭活细菌和真菌的剂量高 10～50 倍，原因可能是聚维酮碘对微生物核酸物质作用较差；刘梅等通过试验证明，聚维酮碘溶液消毒剂对基因Ⅶ型 NDV 具有良好的灭活效果；计慧琴等通过鸡胚感染试验和 Klein-Defors 悬浮灭活试验，证明聚维酮碘灭活 H3N2 亚型猪流感病毒的最佳质量浓度为 2%。

法规

① 欧盟生物杀剂产品委员会（BPC）根据（EU）No94/2014，批准聚维酮碘用作 PT-4、PT-22 的批准日期 2015 年 9 月 1 日，批准期满 2025 年 8 月 31 日，已过期。根据 Decision（EU）2025/951，聚维酮碘用作 PT-1、PT-3 的批准日期 2015 年 9 月 1 日，批准期满 2028 年 2 月 29 日。

② GB 38850—2020《消毒剂原料清单及禁限用物质》规定聚维酮碘可以使用的范围有：E，表示用于环境及物体表面的消毒剂；H，表示用于人体的消毒剂；M，表示用于医疗器械的消毒剂。

氯胺 B
（chloramine-B）

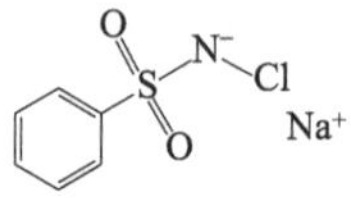

$C_6H_5ClNNaO_2S$ 213.6 127-52-6

其他名称　氯亚明 B、苯磺酰氯胺钠盐

化学名称　*N*-氯苯磺酸酰胺钠

IUPAC 名　sodium；benzenesulfonyl（chloro）azanide

EC 编码　[204-847-9]

理化性质　白色或微黄的晶体或粉末。有效氯含量为 26%～28%，稍有氯气味。熔点 170～173℃。溶解性：可溶于水。

毒性　大鼠急性经口 LD_{50} 1245mg/kg。皮肤斑贴试验显示，2%氯胺 B 应用浓度对皮肤无刺激性。大鼠微核实验未见有诱变作用。

抗菌防霉效果　氯胺 B 的杀菌特性与次氯酸盐有许多相似之处，但 pH 值对其药效影响很大，杀菌效果一般较慢。在酸性条件下氯胺 B 的杀菌作用比次氯酸盐强，在碱性条件下则相反。张经纯等报道了氯胺 B 相关杀菌效果，详见表 2-326。

表 2-326　杀菌试验结果

浓度	定量杀菌结果
50×10^{-6}	5min 杀灭金黄色葡萄球菌 99.99%
25×10^{-6}	5min 杀灭大肠杆菌 99.99%
60000×10^{-6}	60min 杀灭枯草菌黑色变种芽孢 100%

制备　氯胺 B 由苯磺酰胺和二氯胺 B 反应而得。

应用　氯胺 B 即三水 *N*-氯化苯磺酰胺钠，系从苏联引进的一种广谱消毒药，比如用于饮用水食具、各种器具、水果蔬菜消毒，用量为 5mg/L；用于养殖水质和搪瓷器具消毒，使用浓度为 1%。

实际应用参考：

董青等报道，鸡球虫卵囊在 1.2%的氯胺 B 溶液中孢子化率可以提高至 90%以上，同时氯胺B溶液可抑制细菌的生长；氯胺B溶液中保存的鸡球虫病四价活疫苗在13个月内，疫苗性状和卵囊数量均未受到影响；疫苗在2～8℃保存至11个月活力仍不受影响，仍表现出良好的免疫保护效果，且1.2%的氯胺B溶液对鸡体安全，无毒副作用。研究表明，1.2%的氯胺B溶液可以取代重铬酸钾作为鸡球虫活疫苗的培养和保存液。

法规　欧盟化学品管理局（ECHA）根据指令98/8/EC（BPD）或规则（EU）No 528/2012（BPR）提交了批准申请的所有活性物质/产品类型组合：PT-2（不直接用于人体或动物的消毒剂和杀藻剂）、PT-3（兽医卫生消毒剂）、PT-4（食品和饲料领域消毒剂）、PT-5（饮用水消毒剂）。目前氯胺B以上申请均未获批。

氯胺T
（chloramine-T）

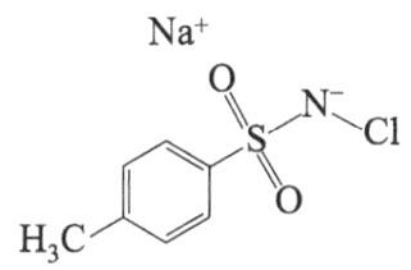

$C_7H_7ClNNaO_2S$ 227.7（无水）127-65-1

其他名称　对甲苯磺酰氯胺钠、妥拉明、氯亚明

化学名称　*N*-氯-4-甲基苯磺酰胺钠盐

IUPAC名　sodium chloro（4-methylbenzenesulfonyl）azanide

EC编码　[204-854-7]

理化性质　纯品含量＞99%（其中氯含量12.6%），外观呈白色微黄色晶粉，有轻微氯味。熔点170～177℃（分解）。密度1.4（g/cm^3）（三水合物）。pH（5%水溶液，20℃）8～10。闪点192℃（三水合物）。$\lg K_{ow}=0.84$（估算）。溶解性：易溶于水；不溶于苯、氯仿和乙醚。稳定性：在空气中缓慢分解，释放氯（三水合物）。

毒性　大鼠急性经口LD_{50} 935mg/kg。小鼠急性经口LD_{50} 1100mg/kg。氯胺T溶液对皮肤的刺激作用较小，易于及时去除。

抗菌防霉效果　氯胺T对细菌繁殖体、病毒、真菌孢子及细菌芽孢都有杀灭作用，杀菌特点与次氯酸盐有许多相似之处，但pH值对其药效速度影响很大。作用机制是由于产生次氯酸，释放出活性氯，同时氯胺T本身也有直接杀菌作用。

制备　采用NaClO溶液、10%NaOH溶液、对甲苯磺酰胺等原料反应可得。

应用　氯胺T是一种具有广谱杀菌能力的消毒剂，可用于创口洗涤、黏膜消毒、饮水消毒及医疗器械灭菌等；在印染行业，用作漂白剂和氧化退浆剂等。

实际应用参考：

氯胺T可用于治疗三代虫病、小瓜虫（ichthyophthirius）病等寄生虫性疾病，主要用于防治细菌烂鳃病和真菌病。氯胺T常规用量为1～10mg/L，常规消毒药浴用量为4～20mg/L。氯胺T对鲈鲤和白甲鱼幼鱼的安全浓度分别为2.96mg/L

和 3.48mg/L，低于消毒用量的最低值，但处于杀虫用量的中间值。在实际生产过程中为保障鱼类的用药安全，氯胺 T 对鲈鱼幼苗无论是消毒还是杀虫，其用量不可高于 5mg/L；氯胺 T 对白甲鱼幼苗可按常规杀虫用量进行寄生虫性疾病防治，但消毒用量不应高于 10mg/L，且在施药过程中不可使用金属容器。

法规

① 欧盟化学品管理局（ECHA）根据指令 98/8/EC（BPD）或规则（EU）No 528/2012（BPR）提交了批准申请的所有活性物质/产品类型组合：PT-2（不直接用于人体或动物的消毒剂和杀藻剂）、PT-3（兽医卫生消毒剂）、PT-4（食品和饲料领域消毒剂）、PT-5（饮用水消毒剂）。氯胺 T 申请目前处于审核进行之中。

② GB 38850—2020《消毒剂原料清单及禁限用物质》规定氯胺 T 可以使用的范围有：D，表示用于生活饮用水的消毒剂；E，表示用于环境及物体表面的消毒剂；M，表示用于医疗器械的消毒剂。

三氯异氰尿酸（TCCA）
（trichloroisocyanuric acid）

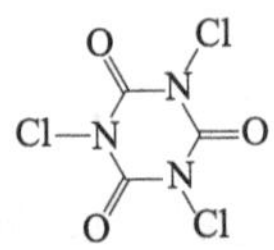

$C_3Cl_3N_3O_3$ 232.41 87-90-1

其他名称　三氯（均）三嗪三酮、强氯精

化学名称　三氯-均三嗪-2-4-6（1*H*-2*H*-3*H*）-三酮

IUPAC 名　1,3,5-trichloro-1,3,5-triazinane-2,4,6-trione

EC 编号　[201-782-8]

理化性质　外观呈白色棱状结晶或白色粉末，带有一定氯味。理论上三氯异氰尿酸（TCCA）有效氯含量为 91%，工业品有效氯含量不低于 85%。熔点 249～251℃（分解）。蒸气压（25℃）1.6×10^{-8}mmHg。pH（1%水溶液）2.7～2.9。闪点 250℃（开杯）。$\lg K_{ow}=0.94$（est）。溶解性（25℃）：水 12g/L；苯 36g/L；高度溶于二氯乙烷。稳定性：在水中分解为次氯酸和氰尿酸。其中，次氯酸杀菌能力是次氯酸根的 80 倍，并且异氰尿酸的存在还使得次氯酸在水中更加稳定，表现出与其他含氯杀菌剂不同的一些特性。参考化工行业标准 HG/T 3263—2001《三氯异氰尿酸》。

毒性　大鼠急性经口 LD_{50} 750mg/kg。兔急性经皮 LD_{50} 2000mg/kg。水生生物：水蚤 EC_{50}（静态，48h）640μg/kg；虹鳟鱼 LC_{50}（静态，96h）80μg/L。

抗菌防霉效果　三氯异氰尿酸（TCCA）属于高效消毒剂。三氯异氰尿酸的杀菌作用主要依靠水解产物次氯酸，其对水中大部分细菌繁殖体、真菌、病毒、芽孢和藻均具有杀灭作用。

三氯异氰尿酸在水中水解，1mol 三氯异氰尿酸水解生成 3mol 次氯酸和 1mol 异氰尿酸。其对部分微生物的最低抑制浓度见表 2-327。

表 2-327　三氯异氰尿酸对一些微生物的最低抑制浓度（MIC）

微生物	最低抑制浓度/(mg/L)	微生物	最低抑制浓度/(mg/L)
黑曲霉	40	巨大芽孢杆菌	500
黄曲霉	80	大肠杆菌	60
变色曲霉	80	金黄色葡萄球菌	60
球毛壳霉	80	枯草杆菌	100
蜡叶芽枝霉	80	荧光假单胞杆菌	100
橘青霉	500	啤酒酵母	150
宛氏拟青霉	150	酒精酵母	150
链格孢霉	80		

制备　合成方法有氯气法、液体氯化剂法、二氯异氰尿酸钠深度氯化法等。

应用　三氯异氰尿酸（TCCA）的杀菌性能优异，是新一代广谱、高效、低毒的杀菌剂、漂白剂和防缩剂。其主要用于饮用水、工业循环水、游泳池、餐馆、旅店、公共场所、家庭、医院、禽蛋和防治鱼病变等的消毒杀菌。

法规

① 欧盟化学品管理局（ECHA）根据指令 98/8/EC（BPD）或规则（EU）No 528/2012（BPR）提交了批准申请的所有活性物质/产品类型组合：PT-2（不直接用于人体或动物的消毒剂和杀藻剂）、PT-3（兽医卫生消毒剂）、PT-4（食品和饲料领域消毒剂）、PT-5（饮用水消毒剂）、PT-11（液体制冷和加工系统防腐剂）。生物杀灭剂三氯异氰尿酸申请目前处于审核进行之中。

② GB 38850—2020《消毒剂原料清单及禁限用物质》规定三氯异氰尿酸可以使用的范围有：C，表示用于污染物的消毒剂；D，表示用于生活饮用水的消毒剂；E，表示用于环境及物体表面的消毒剂；H，表示用于人体的消毒剂；M，表示用于医疗器械的消毒剂；S，表示用于游泳池的消毒剂；W，表示用于医院污水的消毒剂。

溴氯海因（BCDMH）
（bromochloro-5,5-dimethylhydantoin）

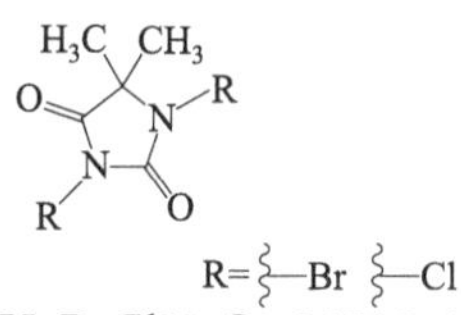

$C_5H_6BrClN_2O_2$　32718-18-6

化学名称　溴氯-5,5′-二甲基咪唑烷-2,4′-二酮

IUPAC 名　bromochloro-5,5′-dimethylimidazolidine-2,4′-dione

EC 编码　[251-171-5]

化学名称　3-溴-1-氯-5,5-二甲基海因

IUPAC 名　3-bromo-1-chloro-5,5-dimethylimidazolidine-2,4-dione

CAS 号　[126-06-7]

EC 编码　[204-766-9]

化学名称　1-溴-3-氯-5,5′-二甲基乙内酰脲

IUPAC名　1-bromo-3-chloro-5,5′-dimethylhydantoin

CAS号［16079-88-2］

EC编码　［240-230-0］

理化性质　纯品为白色粉末，可进一步加工至颗粒和片状。有氯气味道。沸点233℃。熔点159～163℃。pH（1%水溶液）2.88。溶解性：微溶于水，20℃时1L水中可溶解2.5g。稳定性：容易吸潮，吸潮后部分分解，在水中反应生成次溴酸和次氯酸，在强酸或强碱中易分解。参考GB/T 23854—2019《溴氯海因》。

毒性　小鼠急性经口LD_{50} 929mg/kg。水生生物：斑马鱼LC_{50}（96h）3.68mg/L；大型溞LC_{50}（24h）1.44mg/L；小球藻EC_{50}（96h）4.158mg/L。

抗菌防霉效果　溴氯海因（BCDMH）对大部分微生物均有很强的杀灭性能，其杀菌机制主要是溶解在水中缓慢释放HClO和HBrO，它们分解生成的化学氯、活性溴及氧自由基具有很强的氧化作用，能够将微生物氧化致死；另一方面，释放的活性溴和活性氯自由基能够和微生物机体中含氮蛋白质结合，形成氯胺和溴胺导致微生物的新陈代谢遭到破坏。

BCDMH药剂加入浓度在10mg/L就有很好的杀灭细菌效果，一般是氯气的20倍以上，并且对水质造成的影响也很小。同时BCDMH在较宽泛的水质范围内（pH 5～9）能够保持稳定的杀菌性能，在氨泄漏的系统中性能也不受影响。溴氯海因凭借能够有效地去除生物黏泥膜并且预防其再进一步生产的独特优势而受到各个工业领域的广泛使用。比如Cream SS 1203是以溴氯海因为主剂的杀菌剂，杀菌效果如表2-328所示，该杀菌剂的特点是使用量低，杀菌速度快，持续时间长，72h内杀菌率始终保持在90%以上，pH 5.5～9.5的使用范围内对杀菌效果的影响很小（郭宇平，2014）。

表2-328　Cream SS 1203杀菌效果

微生物	不同投加浓度作用4h杀菌率%		最初菌数/(cfu/mL)
	10mg/L	20mg/L	
异养菌	97.6	99.2	5×10^6
铁细菌	100	100	4×10^5
真菌	97.3	98.6	7×10^5
硫酸盐还菌	99.8	100	8×10^4

同时研究发现，含有效溴氯550mg/L的该消毒剂溶液作用15min，对大肠杆菌和金黄色葡萄球菌的平均杀灭对数值均≥5.00；有效溴氯含量为5500mg/L，作用135min，对枯草杆菌黑色变种芽孢的平均杀灭对数值为4.71；有效溴氯含量为550mg/L，作用7.5min，对脊髓灰质炎病毒的平均灭活对数值≥4.00。

制备　次卤酸盐间接卤化法、溴化物和氯气间接卤化法、卤素和碱直接卤化法等。

应用　溴氯海因（BCDMH）是近几年发展的海因类消毒剂，属广谱高效、氧化性杀菌消毒剂，在除去生物膜和防止生物膜在传热面上形成方面有其独特之处。其用量低至$(1\times10^{-6})\sim(2\times10^{-6})$即可抑制各种细菌、真菌及藻类，广泛用于工业循环水、油田注水、游泳池、景观喷泉、医疗用具、食品加工、酒店卫生等的消毒杀菌除臭，还可用于花卉、种子消毒杀菌，口岸的检验检疫，水果保鲜及水产养殖等方面。

注意：可与阻垢剂和缓蚀剂相容，对水中有机物和含氯化合物不敏感，便于管理和控制。

实际应用参考：

在酸性或低 pH 值的冷却水系统中，人们常用氯作抗菌剂。但是，在碱性或高 pH 值的冷却水系统中，由于生产的次氯酸离解成氯酸根离子，其杀菌作用大为减弱。研究发现，使用溴代替氯作为氧化性抗菌剂，可用于碱性冷却水处理。溴进入冷却水中，发生和氯类似反应：

$$Br_2 + H_2O \rightleftharpoons HBr + HBrO \quad HBrO \rightleftharpoons H^+ + BrO^-$$

同氯类似，氢溴酸的杀菌活性远高于氢溴酸根离子，其杀菌机理同氯相同。但氢溴酸在较高 pH 值下分解速度比氢氯酸慢很多，故溴在高 pH 值条件下的杀菌能力远比氯高（贾奎乐，2013）。

唐受印报道，在碱性冷却水中，溴对水中的大肠杆菌、假单胞菌和粪链球菌的杀灭率近 100%；而在相同的条件下，氯则几乎无效。溴和氯杀菌能力比较见表 2-329。

表 2-329　氯和溴杀菌能力比较

抗菌剂	pH 值	剂量/(mg/L)	细菌存活率/%		
			大肠杆菌	假单胞菌	粪链球菌
Cl_2	8.2	1.9	1	80	70
HBrO	8.2	1.9	0.00005	0.03	0.0008
溴氯海因	8.2	1.9	0.0008	0.05	0.2

法规

① 欧盟化学品管理局（ECHA）根据指令 98/8/EC（BPD）或规则（EU）No 528/2012（BPR）提交了批准申请的所有活性物质/产品类型组合：PT-2（不直接用于人体或动物的消毒剂和杀藻剂）、PT-11（液体制冷和加工系统防腐剂）、PT-12（杀黏菌剂）。溴氯海因（BCDMH）申请目前处于审核进行之中。

② CAS 号 [32718-18-6]。GB 38850—2020《消毒剂原料清单及禁限用物质》规定其可以使用的范围有：E，表示用于环境及物体表面的消毒剂。

③ CAS 号 [16079-88-2]。GB 38850—2020《消毒剂原料清单及禁限用物质》规定其可以使用的范围有：C，表示用于污染物的消毒剂；E，表示用于环境及物体表面的消毒剂；H，表示用于人体的消毒剂；M，表示用于医疗器械的消毒剂；S，表示用于游泳池的消毒剂。

亚氯酸钠

(sodium chlorite)

$NaClO_2$ 90.44 7758-19-2

化学名称　亚氯酸钠

IUPAC 名　natriumchlorit

EC 编码　[231-836-6]

理化性质　化工行业标准 HG/T 3250—2010《工业亚氯酸钠》规定，外观为白色或微带黄绿色结晶粉末或颗粒；液体为浅黄色溶液。

亚氯酸钠的活泼性介于次氯酸钠和氯酸钠之间，所以它是比次氯酸盐更温和的氧化剂，而它的氧化能力比亚硫酸钠强，也是比亚硫酸钠更强的漂白剂。

抗菌防霉效果 杀菌机理方面，在酸性条件下，亚氯酸钠和次氯酸钠通过亚氯酸和次氯酸的分子形式进行作用。次氯酸在杀菌、杀病毒过程中，不仅可作用于细胞壁病毒外壳，而且因次氯酸分子小，不带电荷，可渗透入菌（病毒）体内与菌（病毒）体蛋白、核酸和酶等发生氧化反应，从而杀死病原微生物。两者不同之处在于，$NaClO_2$ 所需的 pH 值更低，一般在 2.5～3.2 之间，而 NaClO 在 pH 5.5 就会分解了。

Takahashi Kazuhiro 研究证实，有机物存在下，$NaClO_2$ 的杀菌效果比 NaClO 更好。

制备 参考华南理工大学 CN1378973A《亚氯酸钠的制备方法》。另外蔡秀萍等发现，8-羧基喹啉、二乙烯三胺五甲叉膦酸和过氧化氢的加入能有效增加亚氯酸钠溶液的稳定性，为配制稳定性亚氯酸钠溶液提供了一种良好的选择和参考。

应用 亚氯酸钠在被化学家发现 100 多年后，才由美国 Methieson 公司工业化生产成功。尤其是从 20 世纪 60 年代起，亚氯酸钠和二氧化氯开始被广泛应用在造纸工业、污水处理、饮水净化、食品工业、纺织工业、皮革、化学工业、金属表面处理、消毒杀菌、金属表面处理，以及处理、净化焦炉气中一氧化氮等方面。

实际应用参考：

文献报道，NaClO 在酸性 pH 区域有杀菌效果，在碱性 pH 区域具有清洗效果；$NaClO_2$ 在酸性 pH 区域兼具清洗和杀菌效果。用 $NaClO_2$ 清洗不仅不会生成氯化物，而且从不锈钢溶出的金属离子量也大大低于 NaClO 清洗。如果考虑到腐蚀性和反应副产物问题，NaClO 的使用受到限制。这种情况下 $NaClO_2$ 不失为一种替代 NaClO 的清洗、杀菌剂。

2.16 其他化合物

对市售的各种防菌防霉剂进行分类是比较困难的。笔者根据现有的资料，前 15 节主要按照化学结构，侧重于以起到防菌防霉作用的主要基团分类。

暂不分类的化合物归本节。

2-癸硫基乙基胺盐酸盐（DTEA）
(2-(decylthio)ethanamine hydrochloride)

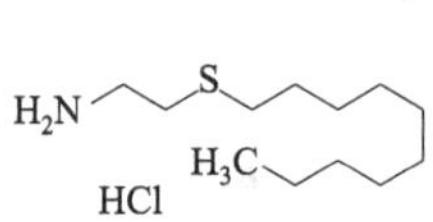

$C_{12}H_{27}NS \cdot HCl$ 253.9 36362-09-1

其他名称 癸巯代乙胺盐酸盐

化学名称 2-癸硫基乙基胺盐酸盐

IUPAC 名 2-decylsulfanylethanamine; hydrochloride

EC 编码 [405-640-8]

2-癸硫基乙胺（2-decylsulfanylethanamine）

分子式　$C_{12}H_{27}NS$；分子量 217.42

CAS 号　[29873-30-1]

理化性质　纯品含量≥98%，外观为白色至浅黄色固体。水分≤0.5%。铵盐≤0.5%。pH（1%水溶液）3.0～4.5。溶解性：易溶于水（来自：山的）。

抗菌防霉效果　2-癸硫基乙基胺盐酸盐（DTEA）通过可逆地与细胞膜中的盐类和无机离子形成螯合物，因而严重削弱了细胞膜并降低了其黏附能力。同时该化合物对大多数细菌抑制效果明显，据研究报道，5×10^{-6} 有效成分，测试菌株为大肠杆菌、金黄色葡萄球菌、巨大芽孢杆菌、荧光假单胞、枯草杆菌混合菌株，作用时间 24h，抑菌率>99.9%。

制备　采用巯基乙胺盐酸盐、1-癸烯、1,2-丙二醇和双氧水为原料合成。

应用　DTEA 可作生物黏泥剥离剂、长链胺缓蚀剂及杀菌剂。

实际应用参考：

① 在广泛 pH 范围内有效（pH 6～10 或更高），可以有效去除和控制生物膜生长；同时具有高表面活性，可以用作清洁系统的微生物杀菌皂。

② 唐永明等报道在，25℃、0.1mol/L 的盐酸溶液中，当 DTEA 的浓度为 1mmol/L 时，对碳钢的缓蚀效果最好，缓蚀率达到 96.2%。

③ Scunder® BD15（DTEA 为 15%）典型用量 50～100mg/L。在高微生物污染环境下可被快速消耗（例如 3～4h 内），因而，建议 DTEA 在其杀菌周期内分批添加。

Irgarol 1051

(cybutryne)

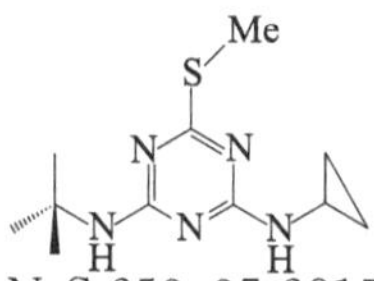

$C_{11}H_{19}N_5S$ 253.37 28159-98-0

其他名称　2-叔丁氨基-4-环丙氨基-6-甲硫基-*S*-三嗪、环丙叔丁嗪

化学名称　*N*-环丙基-*N'*-(1,1-二甲基乙基)-6-甲硫基-1,3,5-三嗪-2,4-二胺

IUPAC 名　2-*N*-tert-butyl-4-*N*-cyclopropyl-6-methylsulfanyl-1,3,5-triazine-2,4-diamine

EC 编码　[248-872-3]

理化性质　白色或淡黄色粉末。沸点 428℃。熔点 128～133℃。密度（20℃）1.1g/mL。蒸气压（25℃）1.5×10^{-5}Pa。闪点>200℃。pH（7mg/L，20℃）7。$\lg K_{ow}$=3.95。溶解性（20℃）：水 0.007g/L，二甲苯 50g/L，醋酸丁酯 150g/L，辛醇 50g/L，丙二醇 10g/L。稳定性：正常储存条件下热稳定。Irgarol 1051 不易发生水解。

毒性　大鼠急性经口 LD_{50}>2000mg/kg。大鼠急性经皮 LD_{50}>2000mg/kg。大鼠吸入 LC_{50}>4.1mg/L（4h，空气）。水生生物：蓝腮翻车鱼 LC_{50}（96h）2.9mg/L；虹鳟鱼 LC_{50}（96h）0.94mg/L；水蚤 EC_{50}（48h）2.4mg/L（来源：DEGUSSA）。

抗菌防霉效果　Irgarol 1051 本质上是一种三嗪类化合物，主要作用位点在光合自养型生物光系统Ⅱ，通过抑制藻类光合作用与生长，从而防止船舶表面污损生物附着，常与氧化亚铜一起形成复合防污剂，实现对海洋污损生物的防除。

国内外有关 Irgarol 1051 对水生生态系统影响的研究主要集中在它对海洋植物和动物等的生长抑制效应上（表 2-330）。

表 2-330　对水生生物的生长抑制效应

物种	种属	时间	指标	剂量/($\mu g/L$)
海草	大叶藻	10d	EC_{50}	1.1
褐藻	墨角藻	6h	EC_{50}(PSⅡ)	0.17
绿藻	杜氏盐藻	96h	EC_{50}	1.1
	四爿藻	72h	EC_{50}(PSⅡ)	0.23
		72h	EC_{50}(GR)	0.116
	一种绿藻	135d	EC_{50}	0.34
硅藻	钳状舟形藻	96h	EC_{50}	0.6
	中肋骨条藻	96h	EC_{50}	0.41
	假微型海链藻	96h	EC_{50}	0.29
	窗纹藻	58d	EC_{50}	0.09
	中肋骨条藻	96h	EC_{50}	0.57
	假微型海链藻	96h	EC_{50}	0.38
	威氏海链藻	72h	EC_{50}(PSⅡ)	0.327
		72h	EC_{50}(GR)	0.303
蓝藻	小形色球藻	7d	EC_{50}	5.7
	聚球藻	96h	EC_{50}	23
	极大节旋藻	1h	EC_{50}	12.72
	聚球藻 7942	96h	EC_{50}	7.09
针胞藻	针胞藻	72h	EC_{50}(PSⅡ)	0.11
		72h	EC_{50}(GR)	0.618
浮游植物	海洋颗石藻	72h	EC_{50}	0.604
		72h	EC_{50}	0.406
浮游动物	一种剑蚤	78d	EC_{50}	0.09
	草绿刺剑水蚤	92d	EC_{50}	0.33
	枝角类甲壳动物	148d	EC_{50}	1.21
	介形类	148d	EC_{50}	0.11
环节动物	华美盘管虫　幼虫	48h	LC_{50}	2600
甲壳类动物	纹藤壶　幼虫	24h	LC_{50}	2200
	日本虎斑猛水蚤　成体	96h	LC_{50}	2400

可见，Irgarol 1051 对藻类特效，杀藻活性涵盖淡水藻类和海水藻类。与藻类相比，甲壳纲动物对 Irgarol 1051 的敏感性较低。鱼类对 Irgarol 1051 的敏感性与甲壳纲动物相当。

制备　环丙胺、叔丁胺在甲苯中分别取代氰尿酰氯中的两个氯，然后在乙醇水体系中，让硫醇钠取代第 3 个氯，最终得到产率和纯度均很高的目标物。

应用　Irgarol 1051 是一种三嗪类除草剂，常被用于清除船体上的污垢。Irgarol 1051 本身亦是一种农业中广泛应用的除草剂，亦可用于木材防腐。

实际应用参考：

Irgarol 1051 主要生产厂商为瑞士的 Ciba 公司，商品名为 Irgarol 1051。防污剂 Irgarol 1051 在水中的溶解度为 7mg/L，从防污涂料中的渗出速率约为 2.6～

5.0μg/(cm^2·d)，吸附系数较高，易被悬浮颗粒所吸附。Irgarol 1051的化学性质非常稳定，其生物降解、化学水解和光降解速率非常缓慢，降解产物为2-甲硫基-4-叔丁基胺-6-氨基-1,3,5-三嗪，性质非常稳定。其应用在船舶防污涂料中，能长效防止海藻的生长，避免大范围污垢的产生，同时它对鱼类、贝壳等动物的毒性也非常低。在防污漆中，Irgarol 1051经常与铜或铜化合物，如氧化亚铜或硫氰酸铜一起使用会有较好的综合效果。建议用量1.0%～6.0%（基于树脂固体份）。

法规　2016年，欧盟生物杀灭剂产品委员会（BPC）发布法规（EU）2016/107，未批准环丙特丁嗪（Irgarol 1051）作为第21类（海洋防污剂）生物杀灭剂产品的活性物质。

β-丙内酯（BPL）
（*β*-propiolactone）

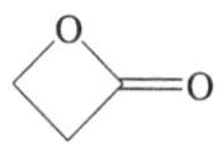

$C_3H_4O_2$ 72.06 57-57-8

其他名称　乙型丙内酯、丙醇酸丙酯

化学名称　β-丙酰内酯

IUPAC名　oxetan-2-one

EC编码　[200-340-1]

理化性质　纯品为无色黏稠液体，有刺激气味。熔点−33.4℃。沸点162.3℃（分解），相对密度1.146。闪点70℃。$\lg K_{ow}=-0.8$。溶解性：能与丙酮、乙醚和氯仿混溶，在水中溶解度为37%，其水溶液迅速全部水解。

毒性　小鼠腹腔注射LD_{50} 405mg/kg。大鼠急性吸入LC_{50}（6h）25×10^{-6}。

大剂量的BPL虽然是一种致癌物，但其极易水解，并且水解后的产物β-羟基丙酸是人体脂肪的代谢产物，无任何毒害作用，故而不必考虑其在成品疫苗中的残留问题（李军英等，2018）。

抗菌防霉效果　β-丙内酯（BPL）对病毒具有非常强的灭活作用，比甲醛的灭活作用要强25倍，其主要作用于病毒的核酸中的嘌呤碱基（以鸟嘌呤为主），进而改变病毒核酸的结构，起到灭活的目的，且在灭活过程中不破坏病毒的壳蛋白，可完整保留病毒的免疫原性（Chen Fan等，2017）。

β-丙内酯（BPL）对细菌繁殖体、芽孢、真菌、病毒等均有强大的杀灭作用，且杀灭细菌芽孢和杀灭细菌繁殖体的作用很接近，仅相差4～5倍。对细菌繁殖体使用浓度为10～20mg/L，对金黄色葡萄球菌、大肠杆菌、绿脓杆菌、变形杆菌、伤寒杆菌等均可杀灭。对细菌芽孢使用浓度为50～75mg/L，可杀灭枯草杆菌黑色变种芽孢、炭疽杆菌芽孢、脂肪嗜热杆菌芽孢、梭状杆菌芽孢等。对真菌使用浓度为25～50mg/L，可有效地杀灭头癣小孢菌、黑曲霉、红色毛霉等。

制备　专利CN113354601A《β-丙内酯的制备方法》。

应用　β-丙内酯（BPL）是一种四元环内酯类有机化合物，从1984年作为狂犬病灭活疫苗的灭活剂后，就被科研人员密切关注，时至今日，已经作为众多动物疫苗甚至是人用疫苗的灭活剂广泛使用。特别地，BPL也广泛应用于生产SARS-

CoV-2 全病毒灭活疫苗，如国药集团北京生物制品研究所的 BBIBP-CorV 疫苗和北京科兴中维生物技术有限公司的 CoronaVac 疫苗。大量临床应用说明，BPL 灭活病毒制备的灭活疫苗，能够诱导良好的保护性免疫反应（史大庆等，2023）。

ε-聚赖氨酸（ε-PL）
（ε-polylysine）

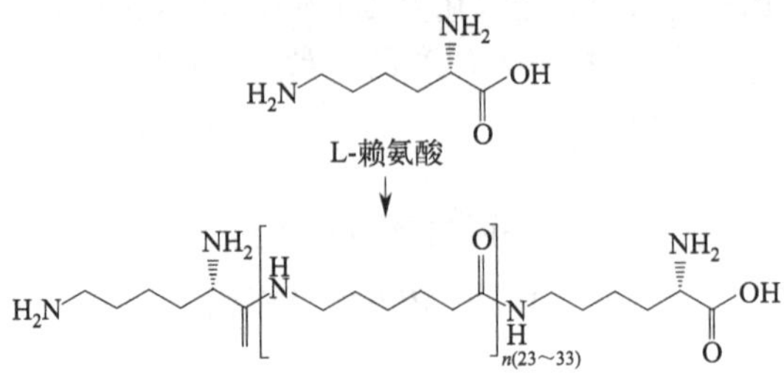

图 2-31　$C_{180}H_{362}N_{60}O_{31}$

其他名称　ε-PL
化学名称　epsilon-聚赖氨酸
IUPAC 名　(S)-poly(imino(2-amino-1-oxo-1,6-hexanediyl))
CAS 号　[28211-04-3]
EC 编码　[825-244-2]
名称　polylysine
IUPAC 名　epsilon-polylysine
CAS 号　[25104-18-1]
EC 编码　[813-897-6]

理化性质　ε-聚赖氨酸是一种聚酰胺，由 25～35 个 L-赖氨酸残基通过 ε-氨基和 α-羧基缩合形成的酰胺键连接而成，结构如图 2-31 所示，分子量(2～5)×10^3。研究表明，ε-聚赖氨酸的抑菌活性与其分子量有关，ε-聚赖氨酸是由 L-赖氨酸单体通过酰胺键连接而成，当其分子量在(3600～4300)×10^3 时，ε-聚赖氨酸具有最高抑菌活性，当分子量低于 1300×10^3 时，则逐渐失去抑菌活性。

纯品为淡黄色粉末，味微苦，吸湿性强，故而保存时要注意防湿防潮。ε-PL 水溶性极好，微溶于乙醇，但不溶于乙酸乙酯、乙醚等有机溶剂。由于 ε-PL 是由不同聚合度的分子组成，所以没有固定的熔点。当温度高于 250℃时，ε-PL 开始软化分解。在红外光谱中于 1680～1640cm^{-1} 和 1580～1520cm^{-1} 波长处都有强吸收。

ε-PL 具有良好的热稳定性，即使在 120℃高压灭菌 20min 这样严峻的环境中，ε-PL 的理化性质也不会发生太大变化。但是 ε-PL 遇铜离子和盐酸盐等会使其抑菌活性下降。相反，遇柠檬酸和盐酸等物质却会产生协同作用，使 ε-PL 的抑菌活性增强。

团体标准 T/ZZB 1625—2020《食品添加剂 ε-聚赖氨酸盐酸盐》规定：

分子式：$C_6H_{14}N_2O\ Cl\ [C_6H_{12}N_{20}\cdot HCl]_n\ C_6H_{14}N_2O_2Cl$，$n$ 为 23～33。

结构式：

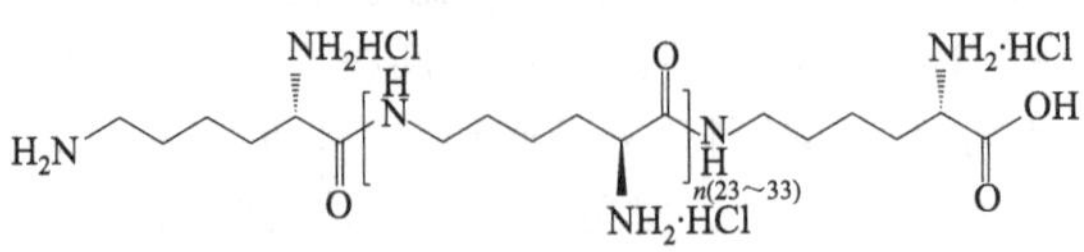

分子量 4133.9～5780.2（按 2016 年国际原子量）。

毒性　文献报道 ε-聚赖氨酸经消化和代谢后，在体内可分解为赖氨酸，为人体提供八种必需氨基酸之一。Fukutome 的实验表明，即使每天摄取的食物中 ε-聚赖氨酸的含量达到 6500μg/g，都属于极为安全的水平。

抗菌防霉效果　胡思嘉等报道，目前关于 ε-聚赖氨酸（ε-PL）抑菌机理的研究主要集中在金黄色葡萄球菌、大肠杆菌、枯草芽孢杆菌以及单核细胞增生李斯特菌等，大部分是从 ε-PL 对微生物细胞壁和细胞膜系统、遗传物质、酶或功能蛋白的破坏三方面阐述其抑菌机制：

第一方面作用于细胞壁和细胞膜系统。作为阳离子表面活性剂，ε-PL 可以通过静电吸附在微生物细胞表面上，破坏细胞壁和细胞膜的完整性，导致细胞质分布异常。此外，在低 pH 条件下，ε-PL 有更强的抑菌效果，由于在酸性条件下的氨基质子化，具有强的正电荷，促进 ε-PL 在细菌膜上的吸附。

第二方面作用于遗传物质。大量研究表明，ε-PL 的抑菌作用可能与细胞内活性氧（ROS）诱导的细胞凋亡有关。

第三方面作用于酶或功能蛋白。在某些蛋白质的翻译过程中，ε-PL 的存在也会影响翻译的继续，因为带正电荷的残基之间的排斥力会阻止 α-螺旋的形成。

ε-聚赖氨酸对革兰氏阳性菌、革兰氏阴性菌和酵母都有显著的抑制效果，对耐热性较强的芽孢杆菌和厌氧梭胞菌液有明显的抑杀效果，但对霉菌的抑杀效果较差。

研究发现，pH 对 ε-聚赖氨酸的抑菌性有一定影响，在过酸或过碱的条件下对抑菌效果有影响。黎萍等发现，ε-PL 发挥抑菌作用的最适 pH 值为 5～8。

制备　ε-聚赖氨酸的主要生产方法是生物合成法，多采用微生物发酵法。

应用　ε-聚赖氨酸（ε-PL）是一种安全高效、值得信赖的食品防腐剂。1977 年日本学者 SHIMA 和 SAKAI 从微生物中筛选中首次发现。2004 年 1 月，FDA 便认定 ε-聚赖氨酸是“一般认为安全的”（GRAS）。

目前韩国、日本和欧美的化妆品企业已将聚赖氨酸用作防腐剂，在一些化妆水、面霜、乳液产品中使用。其在医药和生物材料方面亦拥有较强的应用潜力，比如用于控制体重，可作食疗剂。

注意：ε-聚赖氨酸（ε-PL）与 0.1%醋酸混合以后抑菌效果最好，而与 0.1%甘氨酸混合以后抑菌效果次之，与 0.1%乳酸混合以后抑菌效果不太理想。

实际应用参考：

郝丽梅等《一种复合生物消毒剂的研制》获得了组分为 5mg/mL ε-聚赖氨酸（ε-PL）、1%甜菜碱表面活性剂（BS-12）、5mg/mL 甘氨酸和 0.2%甘油的复合型生物消毒剂配方，其在 3min 内对大肠杆菌、金黄色葡萄球菌、绿脓杆菌的消毒对数值均大于 4，消毒效果理想。加速试验结果表明，该消毒剂放置 2 年消毒效果保持不变。结论：该生物消毒剂具有优良的消毒效果，可以用于物体表面等的消毒。

法规　ε-聚赖氨酸（ε-PL）于 2003 年 10 月被 FDA 批准为安全食品保鲜剂（CAS 号：28211-04-3），被广泛应用于食品保鲜，特别是在韩国、日本和美国。在韩国和日本，ε-聚赖氨酸已被允许在食品中使用。我国在 2014 年 4 月批准 ε-聚赖氨酸及其盐酸盐作为食品添加剂新品种，浙江新银象生物工程有限公司是 ε-聚赖氨酸盐酸盐的标准起草单位。

丁苯吗啉
(fenpropimorph)

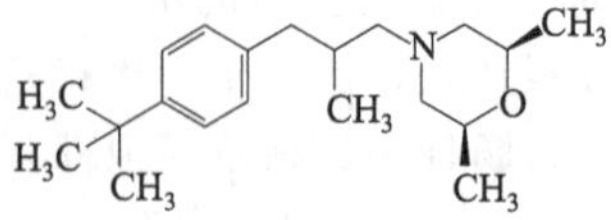

$C_{20}H_{33}NO$ 303.49 67564-91-4

化学名称　(±)顺-4-(3-(4-叔丁基苯基)-2-甲基丙基)-2,6-二甲基吗啉

IUPAC 名　(2*R*,6*S*)-4-[3-(4-tert-butylphenyl)-2-methylpropyl]-2,6-dimethylmorpholine

CAS 号　[67564-91-4]

EC 编码　[266-719-9]

理化性质　原药含量≥93%。纯品为无色无味液体，原药为淡黄色、具芳香味的油状液体。沸点在 300℃以上（101.3kPa）。蒸气压（20℃）3.5mPa。相对密度 0.933（20℃）。$\lg K_{ow}$=2.6（pH 5，22℃）、4.1（pH 7，22℃）、4.4（pH 9，22℃）。溶解性（20℃）：水 4.3mg/L（pH 7）；丙酮、氯仿、乙酸乙酯、环己烷、甲苯、乙醇>1000g/kg。稳定性：在室温下、密闭容器中可稳定 3 年以上，对光稳定。25℃时，在 pH 5、7、9 条件下不水解。pK_a=6.98（20℃）。

毒性　大鼠急性经口 LD_{50}>2230mg/kg。大鼠急性经皮 LD_{50}>4000mg/kg。水生生物：虹鳟鱼 LC_{50}（96h）2.4～4.7mg/L；水蚤 LC_{50}（48h）2.24mg/L。

抗菌防霉效果　丁苯吗啉属于麦角甾醇生物合成抑制剂，作用于△14-还原酶和异构化△8-异构酶～△7-异构酶。该化合物对常规的微生物均具有一定的抑制作用，尤其对真菌抑制效果明显。

制备　专利 CN103275030B《丁苯吗啉的合成方法》。

应用　丁苯吗啉由巴斯夫和先正达公司开发生产，于 1980 年上市，对谷物类的白粉病具有良好的控制效果，工业领域曾用于保护新鲜切割的木材。

法规　2009 年，欧盟生物杀灭剂产品委员会（BPC）发布法规（Directive）2009/86/EC，批准丁苯吗啉作为第 8 类（木材防腐剂）生物杀灭剂产品的活性物质。批准日期 2011 年 7 月 1 日，批准期满 2021 年 7 月 1 日。

丁基羟基茴香醚（BHA）
(butylated hydroxyanisole)

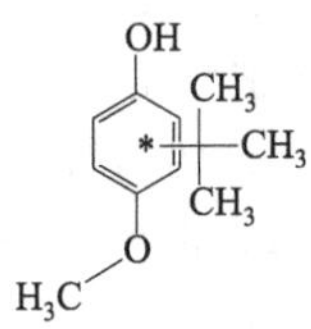

$C_{11}H_{16}O_2$ 180.2 25013-16-5、121-00-6

其他名称 BHA、丁基羟基苯甲醚、丁基大茴香醚

化学名称 叔丁基-4-羟基苯甲醚

IUPAC 名 2-tert-butyl-4-methoxyphenol

CAS 号 [25013-16-5]

EC 编码 [246-563-8]

CAS 号 [121-00-6]

EC 编码 [204-442-7]

理化性质 丁基羟基茴香醚（BHA）由 2-丁基羟基茴香醚（2-BHA）与 3-丁基羟基茴香醚（3-BHA）两种异构体组成。纯品为白色至微黄色结晶或蜡状固体，略有特殊气味。熔程 48～63℃。沸点 264～270℃。$\lg K_{ow}=3.500$。溶解性：不溶于水；易溶于乙醇、丙二醇。稳定性：长期储存则带黄棕色，有特异的酚类臭和刺激性气味。对热相当稳定，在弱碱性条件下不容易破坏。

毒性 小鼠急性经口 LD_{50} 1100mg/kg。大鼠急性经口 LD_{50} 2000mg/kg。大鼠腹腔注射 LD_{50} 881mg/kg（来源：Pubchem）。

抗菌防霉效果 丁基羟基茴香醚（BHA）对常见的食品污染菌有一定的防治效果。对细菌的最低抑制浓度一般在 50～400mg/L，对霉菌的最低抑制浓度一般在 25～1000mg/L，对酵母的最低抑制浓度一般在 125～250mg/L。

制备 专利 CN108314609A《一种丁基羟基茴香醚的合成方法》。

应用 丁基羟基茴香醚（BHA）于 1954 年作为抗氧化剂使用，对热较稳定，易溶于油脂，抗氧化效果是 BHT 的 5 倍，可单独或混合使用。BHA 在食品生产中用于延缓食用油及含油食品在生产、包装和储存过程中氧化酸败和变色，从而延长其保质期。此外，BHA 可抑制黄曲霉及黄曲霉毒素的产生。

丁基羟基茴香醚（BHA）目前主要作食品和饲料的抗氧化剂和防腐剂。

二环己胺（DCHA）

(dicyclohexylamine)

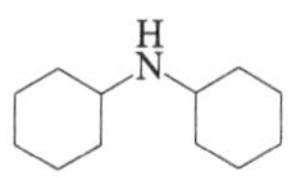

$C_{12}H_{23}N$ 181.3 101-83-7

其他名称 DCHA、十二氢二苯胺

化学名称 二环己基胺

IUPAC 名 *N*-cyclohexylcyclohexanamine

EC 编码 [202-980-7]

理化性质 无色液体，有鱼腥味。沸点（760mmHg）256℃。凝固点－0.1℃。蒸气压（25℃）0.0442hPa。相对密度（25℃）0.9104。折射率（25℃）0.9104。折射率（35℃）1.4823。闪点 106℃。溶解性：水 0.8g/L (25°C)；溶于乙醇、乙醚等。稳定性：在大气中，被光化学产生的 OH 自由基降解。$pK_a=10.39$（25℃）。

二环己胺呈强碱性，其最重要的反应是与各种酸反应生成盐，包括它与二氧化

碳的反应。二环己胺的氮原子反应性很强，几乎所有与胺在氮原子上的反应，均先与未共用电子对形成键。

毒性　小鼠急性经口 LD_{50} 500mg/kg。小鼠皮下注射 LD_{50} 135mg/kg。大鼠急性经口 LD_{50} 375mg/kg。接触本品对眼睛、皮肤和呼吸道都有强烈刺激性（来源：Pubchem）。

抗菌防霉效果　二环己胺对细菌，尤其对金属加工液的污染菌有效，例如铜绿假单胞杆菌、恶臭假单胞杆菌、普通变形杆菌、大肠杆菌、金黄色葡萄球菌等。

制备　专利 CN114907214A《一种二环己胺的制备方法》。

应用　最初实验室初制得二环己胺是在 1893 年。二环己胺是一种重要的精细化学品，可用于橡胶促进剂、金属缓蚀剂、表面活性剂、医药和农药的合成。目前在金属加工液中用作防腐剂和胺类腐蚀抑制剂。

二硫化硒

（selenium disulphide）

S_2Se 143.1 7488-56-4

其他名称　硫化硒

化学名称　二硫化硒

EC 编码　[231-303-8]

理化性质　亮橙色至红棕色粉末，带有微弱硫化氢气味。熔点 111℃。溶解性：不溶于水，微溶于氯仿，极微溶于乙醚，基本不溶于其他有机溶剂。

毒性　大鼠急性经口毒性 LD_{50} 300～2000mg/kg。

抗菌防霉效果　二硫化硒用于治疗真菌性皮肤病是由于其强大的抑制皮脂形成，杀灭真菌的作用，且对寄生虫、细菌均有明显抑制作用，作用机制为抑制核分裂，减少表皮细胞的更替，减少细胞生成，促进细胞角化，降低细胞功能。

制备　专利 CN112047309A《一种二硫化硒粉末的生产方法》。

应用　二硫化硒可强烈抑制皮脂形成，杀灭真菌、寄生虫的功能显著，且对细菌也有抑制作用，可作去屑洗发原料，亦可作外用杀浅部真菌、杀寄生虫等。

实际应用参考：

二硫化硒曾一度作为去屑的活性成分被应用在很多去屑洗发产品中，二硫化硒可以杀灭头皮真菌从而解决由真菌引起的头皮屑，但是二硫化硒可能导致脱发脱色等严重头发问题，头皮过干过涩，而且二硫化硒刺激性很大，对头皮以及眼睛、黏膜会造成不可逆的伤害，不小心进入眼睛或刺激脆弱黏膜会造成损伤，所以在使用时要注意方法，要快速按摩头皮并及时清洗干净（邢舒雅，2021）。

法规　欧盟化妆品条例附件Ⅲ中规定：二硫化硒用于洗发水中用作去屑成分时的限量值为 1%，且产品标签中须有“含有二硫化硒，避免眼睛或受损的皮肤”。

二硫氰基甲烷（MBT）

（methylene bisthiocyanate）

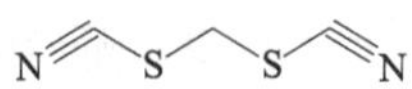

$C_3H_2N_2S_2$ 130.2 6317-18-6

其他名称　扑生畏、亚甲基双硫氰酸酯、二硫氰酸甲撑酯

化学名称　亚甲基二硫代氰酸酯

IUPAC 名　thiocyanatomethyl thiocyanate

EC 编码　[228-652-3]

理化性质　纯品为黄色结晶性粉末，有刺鼻的气味。沸点 285℃。熔点 105～107℃。闪点＞110℃。密度（20℃）2.0g/mL。溶解性：可溶于甲酸、二甲基甲酰胺（DMF）、二甲基亚砜等，不溶于酒精、丙酮等溶剂。稳定性：其在酸性条件下稳定，当 pH 值大于 8.5 时开始水解，分解产物为硫氰酸盐及甲醛等。

毒性　雄大鼠急性经口 LD_{50} 84.9（73.4～98.2）mg/kg。雌大鼠急性经口 LD_{50} 68.3（49.4～94.3）mg/kg（来源：EPA）。

抗菌防霉效果　二硫氰基甲烷（MBT）在酸性条件下稳定，是一种非氧化性杀菌杀藻剂。其作用机制可解释为二硫氰基甲烷的硫氰酸根阻碍微生物呼吸系统中电子的转移，在正常呼吸作用中，三价铁从初级细胞色素脱氢酶接受电子，硫氰酸根与高铁离子形成弱盐 $Fe(SCN)_3$，高铁离子在此情况下就消失活性，从而引起细胞死亡。因此凡含细胞色素的微生物均能被杀死，就是因为这种细菌含有含铁细胞色素。

研究发现，二硫氰基甲烷杀菌效果好，0.3%mg/L 的浓度就可以有效杀灭微生物。对藻类也有极好的抑杀效果，对绿藻的最低抑制浓度为 1.6mg/kg，对席藻的最低抑制浓度为 12.5mg/kg，对衣藻的最低抑制浓度为 3.1mg/kg。

二硫氰基甲烷对实验室试验菌的抗菌情况见表 2-331。

表 2-331　二硫氰基甲烷（MBT）对常见微生物的最低抑制浓度（MIC）

微生物	MIC(mg/L)	微生物	MIC(mg/L)
黑曲霉	2.5～10	产气杆菌	5～10
梭状芽孢杆菌	5～10	巨大芽孢杆菌	5
金黄色葡萄球菌	5	小球藻	3

制备　以二溴甲烷与硫氰酸钠为原料，通过相转移催化剂的作用制得目标物。

应用　二硫氰基甲烷（MBT）主要用于工业用水系统、油田回注水、造纸厂、水产养殖业等领域的杀菌灭藻，还可用于竹木制品、涂料、皮革、纸张等领域防霉。

注意：二硫氰基甲烷（MBT）在大于 7.5 的 pH 值环境下快速水解。

实际应用参考：

二硫氰基甲烷是一种广泛用于工业循环水、冷却水系统处理的有机硫杀菌剂。表 2-332 中列出了它在不同 pH 值的半衰期。

表 2-332　二硫氰基甲烷在不同 pH 值的半衰期

pH 值	半衰期/h	pH 值	半衰期/h
6	120	9	1
7	19	11	数秒
8	5		

由表 2-332 中可见，二硫氰基甲烷应用适宜的 pH 值在 6.0～7.0 范围内，如果冷却水系统的 pH＞7.5，二硫氰基甲烷会快速水解，达不到应有的杀菌效果。

贾奎乐报道，二硫氰基甲烷对于细菌、真菌和藻类的生长繁殖均有抑制作用，尤其是对于抑制硫酸盐还原菌的生长有特效。二硫氰基甲烷能够阻碍微生物细胞中电子的转移，使细胞的代谢停住，从而导致细胞死亡。当二硫氰基甲烷的用量为10～100mg/L时，24h的杀生率就可达到99%以上。

氟化钠（NaF）
（sodium fluoride）

NaF 42.0 7681-49-4

化学名称　氟化钠

EC编码　[231-667-8]

理化性质　室温下为无色晶体或白色固体，无臭味。其晶体类似氯化钠，Na^+及F^-离子占八面体配位。氟化钠、氟化钾、氟硅酸钠和氟化氢钾的理化性质见表2-333。

表2-333　氟化钠、氟化钾、氟硅酸钠和氟化氢钾的理化性质

氟化物名称	分子式	外观	相对密度	熔点/℃	沸点/℃	溶解性能
氟化钠	NaF	无色发亮晶体	2.79	992	1700	溶于水，难溶于乙醇
氟化钾	KF	无色立方晶体	2.48	860	1500	易溶于水，不溶于乙醇
氟硅酸钾	Na_2SiF_6	白色结晶粉粒	2.68	—	—	易溶于水，不溶于乙醇
氟化氢钾	KHF_2	无色结晶	2.37	—	—	易溶于水，不溶于乙醇

毒性　所有氟化物对人都有毒，误服0.25～0.45g氟化钠时会出现严重中毒症状，误服4g以上则会造成死亡。微量的氟化物对人有益，如饮用水中含1～2mg/kg的氟离子就能防止儿童蛀齿。

抗菌防霉效果　在氟化物中氟化钠的杀菌率最强，并对一些木材钻孔虫也有很好的杀灭性能。它既可单独使用，也可与其他盐类组成复合防腐剂。用氟化物做表面处理时，最低有效剂量为$50g/m^3$，含氟化物的混合防腐剂抗木材腐朽菌的最低剂量为$1.5kg/m^3$。软腐菌对所有氟化物的耐药性较大，另外防青变的效果也较差。硼砂和氟化钠对各种木腐菌和软腐菌的使用剂量分别见表2-334和表2-335。

表2-334　硼砂、氟化钠对各种木腐菌的使用剂量

菌种	硼砂/(kg/m^3)	氟化钠/(kg/m^3)
洁丽香菇	1.23～1.87	1.34～2.09
密黏褶菌	1.23～1.91	2.5～2.99
桑生卧孔菌	0.53～1.25	2.52～2.92
采绒革盖菌	1.09～2.85	13.5～22.6

表2-335　硼砂、氟化钠对各种软腐菌的使用剂量

菌种	硼砂/(kg/m^3)	氟化钠/(kg/m^3)
球毛壳霉	<0.5	0.10～0.30
小壳囊孢属	0.50～1.0	0.30～0.50
小壳囊孢属	<0.5	0.10～0.30

制备　将萤石、纯碱和石英砂高温煅烧，用水浸取，蒸发、结晶制得成品。

应用　氟化钠是一种重要的氟化盐，可作为制造其他氟化物的原料；农业上用作杀菌、杀虫剂；亦可用作木材防腐剂，冶炼精炼保护剂以及牙膏中的防龋添加剂等。

实际应用参考：

通常氟化物是无色无味的药剂，不污染木材，所以很适宜于作建筑材料的防腐剂，在欧洲一些国家中常用于防腐和防治木材害虫的幼虫。氟化物因为渗透性好，用涂刷或喷洒法就能透入木材深部，多用于表面处理。人们常用氟化钠处理建筑材和坑木，为防止它被水流失最好与铬盐混合使用，或将处理好的木材密堆，用塑料薄膜覆盖1～2周，促使药剂渗入木材深部，以减少流失。

法规　化妆品法规关于化妆品的第1223/2009/EC号法规附件Ⅲ，经法规(EU) 2022/2195修订，OJ L 292，2022年11月11日。当与本附件允许的其他氟化合物混合时，总氟浓度不得超过0.15%。

环氧丙烷（PO）
（propylene oxide）

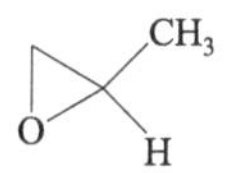

C_3H_6O 58.08 75-56-9

其他名称　PPO

化学名称　1,2-环氧丙烷

IUPAC名　2-methyloxirane

EC编号　[200-879-2]

理化性质　常温下环氧丙烷是一种无色液体。沸点（760mmHg）34.2℃（EPA，1998）。闪点－37℃。相对密度（0℃）0.859（EPA，1998）。蒸气压（20℃）445mmHg（EPA，1998）。$\lg K_{ow}$=0.03。溶解性：水40.5%。

技术指标参考国家标准GB/T 14491—2015《工业用环氧乙烷》。

毒性　环氧丙烷的毒性比环氧乙烷低，大约相当于环氧乙烷的三分之一。大鼠急性经口LD_{50} 380mg/kg。大鼠腹腔注射LD_{50} 150mg/kg。食用环氧丙烷处理后的食品有增加人体罹患肿瘤的潜在风险，因此已被国际癌症研究局列为潜在的致癌物质。

抗菌防霉效果　环氧丙烷不仅可以杀灭细菌繁殖体，也可杀灭真菌、病毒和细菌芽孢。细菌对环氧丙烷的抵抗力比真菌强，杀灭细菌所需环氧丙烷的剂量是杀灭真菌剂量的2倍。Himmelfarb等（1962）测定了环氧丙烷对十多种细菌繁殖体和芽孢的杀灭作用，发现对枯草杆菌芽孢、金黄色葡萄球菌和黄色微球菌的抵抗力较强。

制备　工业化生产方法主要包括氯醇法、共氧化法、双氧水直接氧化法（HP-PO）。

应用　环氧丙烷是一种广谱杀菌消毒剂，可用于食品消毒，比如质量分数1%～2%的环氧丙烷在密闭容器内对粉末食品灭菌，在37℃下作用2～3h，可使可可粉中的菌数减少50%～70%，真菌减少90%～99%。注意：由于环氧丙烷对消毒物品没有损害或损害轻微，故大多数可用环氧丙烷消毒的物品亦可用于环氧丙烷消毒，例如棉、毛制品。

环氧乙烷（EO）
（ethylene oxide）

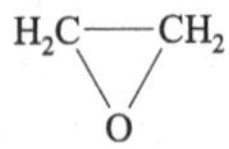

C_2H_4O 44.05 75-21-8

其他名称　氧化乙烯

化学名称　环氧乙烷

IUPAC名　oxirane

EC编号　[200-849-9]

理化性质　化学结构式—CH_2—CH_2—O—，环氧乙烷（EO）这种小分子、不稳定三元结构，具有很强的化学活泼性和穿透性。纯品外观低黏度无色液体。挥发时具有芳香的醚味。沸点（760mmHg）10.7℃。蒸气压（20℃）146kPa。相对密度（10℃）0.822。$\lg K_{ow}=-0.30$。溶解性：溶于水和大多数有机溶剂。稳定性：能进行多种加成反应。在水溶液中较稳定，慢慢变成乙二醇。

其他技术指标参考GB/T 13098—2006《工业用环氧乙烷》。

毒性　大鼠急性经口LD_{50} 72mg/kg。小鼠急性经口LD_{50} 280mg/kg。大鼠腹腔注射LD_{50} 100mg/kg。水蚤LC_{50}（静态，48h）490000μg/L。黑头呆鱼LC_{50}（48h）89000μg/L。蒸气对皮肤、黏膜、呼吸器官有刺激作用，对中枢神经有麻醉作用（来源：HSDB）。

2017年10月27日，世界卫生组织国际癌症机构公布的致癌物清单将环氧乙烷列为一类致癌物。

抗菌防霉效果　环氧乙烷（EO）作用机制为药剂与蛋白质上的羧基（—COOH）、氨基（—NH_2）、巯基（—SH）和羟基（—OH）发生烷基化作用，使微生物蛋白质失去反应基，阻碍其正常化学反应和新陈代谢，从而导致微生物死亡。

环氧乙烷（EO）是一种广谱低温灭菌剂，可在常温下杀灭各种微生物，包括芽孢、结核杆菌、细菌、病毒、真菌等。但不同的细菌对其抵抗力不同。一般来说，细菌芽孢的抵抗力强，繁殖体的抵抗力弱，但环氧乙烷对两者的杀灭作用仅差5倍。

环氧乙烷的液体和气体均有较强的杀微生物作用。相比之下，气体的杀微生物作用更强。所以在消毒灭菌时一般多用气体。Kereluk等（1970）报道，在相对湿度为30%～50%，温度为54.4℃时，用500mg/L环氧乙烷气体杀灭枯草分枝杆菌的D值（即杀灭90%微生物所需的时间）为2.40min，比粪链球菌（3.75min）、微球菌（3.0min）、短小杆菌（2.81min）为低。

制备　国内环氧乙烷生产普遍采用直接氧化法。

应用　环氧乙烷（EO）为一种最简单的环醚，属于杂环类化合物，早在1936年，美国UCC公司的Hans和Erwin最早发现环氧乙烷与二氧化碳混合可以用于杀灭谷物或水果中各种害虫和细菌。一年后，美国Liggett&Myers烟草公司的Gross和Dixon发现环氧乙烷对试验的48种微生物都有灭菌作用，且水分不能低于某最小量，否则影响灭菌的效果。1949 年，美国 Kaye 和 Phillips 等对环氧乙烷灭菌进行了较为系统的研究，结果表明，灭菌室内空气的相对湿度对物品灭菌至关重要。

环氧乙烷灭菌法和射线辐射灭菌法是目前美国、欧洲和日本等发达国家最广泛使用的灭菌技术。环氧乙烷灭菌法，因灭菌物品的适用面广、灭菌温度低，几乎对材料没有损害，成为有效和灵活的最重要的低温灭菌方法。另外，许多材料对辐射敏感，必须使用环氧乙烷灭菌。射线辐射灭菌法占全球灭菌市场份额的 40%以上，而环氧乙烷灭菌法已占全球灭菌市场份额的 50%以上，且仍在不断增长，已经成为迄今唯一得到全世界公认的最可靠和应用最广泛的灭菌方法。

抗菌肽（AMP）
（antimicrobial peptide）

理化性质　抗菌肽是由宿主产生的能抵御外界微生物侵害、消除体内突变细胞的一类小分子多肽。通常由 20～60（少于 100）个氨基酸（AA）残基组成，又称肽类抗生素或天然抗生素。

在多数抗菌肽中都有一个相同结构：两性表面结构，一端疏水性和一端表面带正电荷，结构直接影响了其抗菌性能，其分子结构中的电荷数量、两亲结构等对抗菌肽的性能至关重要。并且大部分抗菌肽具有耐强碱性、热稳定性及广谱抗菌等特点。

毒性　抗菌肽化学本质属蛋白质结构，在动物体内被分解为基本单元氨基酸，无残留问题。

抗菌防霉效果　抗菌肽（AMP）杀菌机理主要基于抗菌肽的结构特征和理化性质，即二级结构、两亲性、电荷数和氨基酸数量（Skvortsova 等，2022）。目前对于抗菌机制仅限于假说阶段，被普遍认可的有桶壁模型、地毯模型、环孔模型和聚集通道模型等四种。

抗菌肽的分子是由氨基酸通过肽键连接在一起的，对革兰氏阴性及阳性细菌均有高效广谱的杀伤作用。比如对大肠杆菌、沙门氏菌、金黄色葡萄球菌、链球菌等常见细菌都有很强的杀灭作用。国内外已报道至少有 113 种以上的不同细菌能被抗菌肽所杀灭。姚朔影等选用导致食品腐败常见的细菌进行试验，结果如表 2-336 所示。

表 2-336　抗菌肽的抗菌谱

菌株	抑菌谱	菌株	抑菌谱
大肠杆菌	＋＋＋	盐杆菌	＋
黏质赛氏杆菌	＋＋	沙门氏菌	＋
黑色腐败假单胞菌	＋＋	嗜热梭状芽孢杆菌	＋＋
青枯病菌	＋	土壤杆菌	—
金黄色葡萄球菌	＋		

注：＋＋＋抑菌圈直径 10～15mm；＋＋抑菌圈直径 5～10nm；＋抑菌圈直径＜5mm；—（无抑菌性）。

研究还发现，许多 α 防御素对单疱疹病毒、流感病毒、艾滋病毒等被膜病毒有明显的杀伤力。Mariam 等试验表明，来源于爪蟾的抗菌肽 Magainins 及其他 Magainins 类抗菌肽具有抗疱疹病毒的作用，还发现人的嗜中性粒细胞防御素（HNP-1）对一种疱疹病毒有抑制作用。抗菌肽对病毒的抑制作用分为两种途径：一种是抗菌肽与病毒竞争宿主细胞的结合位点，导致病毒无法与宿主细胞结合，降低病毒对宿舍细胞的感染概率；另一种是抗菌肽直接与病毒结合，影响其遗传物质的复制和病毒增殖，抑制病毒活性。

抗菌肽可以有效地杀灭产生人类及动物寄生虫病的寄生虫，如疟疾、Chagas 氏病、莱什曼病等。Shahabuddin 等研究发现，昆虫抗菌肽对引起人类疟疾的疟原虫发育的不同时期有不同的作用，主要对疟原虫的卵囊期和子孢子期造成明显的损伤。

制备 按照来源不同，可分为动物源抗菌肽（如天蚕素）、植物源抗菌肽（如植物防御素）、微生物源抗菌肽（如肠杆菌肽）及人工抗菌肽等。

应用 1980 年，世界上发现了最早的抗菌肽，是来源于蚕蛹中的天蚕素。随后，研究者发现抗菌肽分布广泛，存在于哺乳动物、蛛形纲、两栖动物、植物、真菌，甚至是单细胞微生物中。研究表明，抗菌肽是宿主先天性防御系统中的重要组成成分，具有抗细菌、抗病毒、抗真菌、抗寄生虫等活性。此外，在抑制肿瘤、抗生物膜及免疫调控过程中，抗菌肽也发挥着重要作用。这些优势都预示着 AMP 在食品安全、饲料、化妆品、医疗等领域的巨大应用潜力。

实际应用参考：

① 刘春辉等研究显示，抗菌肽具有调节皮肤皮脂分泌，并对痤疮丙酸杆菌等细菌有很好的抑制作用，对青春痘、暗疮、粉刺等预防和治疗非常有效。亦有研究表明，连续使用 28d 添加了抗菌肽的洗发水后，头皮微环境得到很好的改善，马拉色菌数量有了减少趋势，而且毛细血管扩张引起的头皮发红和瘙痒的症状也有所缓解。

② D-氨基酸是肽类天然物质中主要的防污活性物质（Choi 等，2009），能够抑制前期污损生物膜的形成。Doiron 等（2018）从雪蟹壳水解液中提取出抗菌肽 SCAMP，此类抗菌肽会影响污损生物膜与天然有机物（NOM）的相互作用，形成一种调节膜 SCAMP-NOM，从而改变浸水材料表面的理化性质，导致细胞的活性降低、细胞结构改变，进而抑制生物膜的形成和发育。

壳聚糖（CS）
(chitosan)

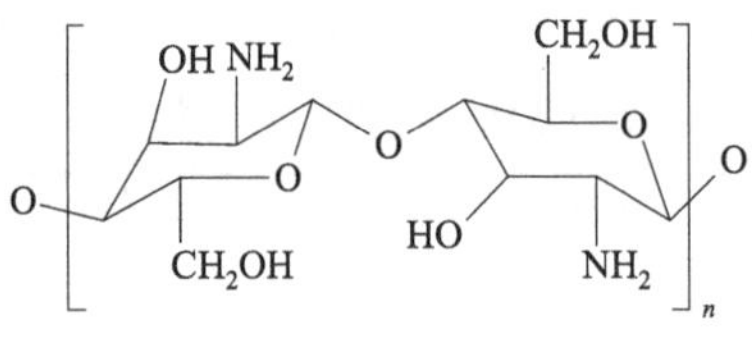

$(C_6H_{11}NO_4)_n$ 9012-76-4

其他名称 脱乙酰甲壳素、几丁聚糖、脱乙酰壳多糖、甲壳胺、壳多糖

化学名称 β-(1,4)-2-氨基-2-脱氧-D-葡聚糖

IUPAC 名称 chitosan

EC 编码 [618-480-0]

理化性质 壳聚糖是甲壳素的脱乙酰化产物，是天然氨基多糖几丁质的衍生物，亦是甲壳类动物外壳、昆虫外壳和真菌细胞壁的主要成分。

壳聚糖外观呈浅黄色或白色粉末状，半透明，无嗅无味，无毒无害，分子量从数十万到几百万不等，溶于酸后浓度高时呈黄色透明的黏稠溶液，酸化后的壳聚糖链上游离的氨基质子化，溶液带正电。脱乙酰度（D.D）反映了线型分子链上的氨基含量，一般而言，甲壳素D.D值大于55%就可称为壳聚糖。根据脱乙酰度不同可将壳聚糖分为高（85%～95%）、中（70%～85%）、低（55%～70%）3类。普遍认为壳聚糖的脱乙酰度越高，抗菌能力越强。

毒性　壳聚糖是自然界天然多糖中大量存在的唯一碱性氨基多糖。大鼠急性经口 LD_{50}>5000mg/kg（制剂），大鼠急性经皮 LD_{50}>5000mg/kg（制剂）。

抗菌防霉效果　壳聚糖（CS）是一种存在于甲壳类和节肢动物外骨骼中的天然高分子多糖，其形式为具有高电荷密度、活性氨基和羟基的线型聚阳离子，具有广谱抗菌功能，对一系列的细菌和真菌具有抑制作用。

壳聚糖的抗细菌和抗真菌机理主要为带正电荷的壳聚糖与微生物细胞膜中带负电的磷脂结合，导致细胞膜的通透性增大，细胞内容物流出。同时，壳聚糖可作为螯合剂，与微量元素相结合，使真菌缺乏生长所必需的营养物质从而抑制它的生长。此外，壳聚糖可穿透细胞壁与DNA作用从而影响一些必要蛋白质和酶类的合成。虽然壳聚糖及其衍生物的抗病毒功能已被广泛研究和报道，但具体的抗病毒机理目前仍不明确。

壳聚糖抗菌有以下特性：①在分子量30.5万以下的范围内，随壳聚糖浓度的增加，其抗菌作用增强。当浓度为1.0%时，对革兰氏阳性菌和革兰氏阴性菌的抗菌率均达到100%。②对革兰氏阳性菌，随壳聚糖的分子量增大，抗菌作用逐渐增强。其原因主要是分子量越大，所形成的外层膜越致密，越能阻止营养物质进入细菌细胞，因而抗菌效果更明显。③对革兰氏阴性菌，随壳聚糖的分子量减小，抗菌作用逐渐增强。分子量为5000以下，抗菌作用最强。其原因主要是分子量越小，越容易进入细胞壁的空隙结构内，干扰细胞的新陈代谢，以达到杀死细菌的目的。④壳聚糖在中性和碱性条件下的抗菌效果不如酸性环境条件下。表2-337总结了壳聚糖对各种细菌和真菌的抗菌活性（MIC）。

表2-337　壳聚糖对一些微生物的最低抑制浓度（MIC）

微生物	MIC/(mg/L)	微生物	MIC/(mg/L)
根癌土壤杆菌	1000	藤黄微球菌	2000
蜡样芽孢杆菌	10000	荧光假单胞菌	2000
密执安棒状杆菌	1000	金黄色酿脓葡萄球菌	1000
软腐欧氏杆菌	5000	甘蓝黑腐病黄单胞菌	5000
肠出血性大肠埃希菌	5000	灰葡萄孢菌	1000
佛里德兰德氏杆菌	7000	尖孢镰孢	1000

制备　壳聚糖通常是由甲壳素（又名几丁质）经脱乙酰基作用获得，其中虾壳、蟹壳是工业生产壳聚糖的主要原料。

应用　壳聚糖类是最具代表性的动物类抗菌剂，是甲壳素脱乙酰基的产物。壳聚糖（CS）最早是由Rouget制备的，他把浓氢氧化钾溶液和甲壳素混合加热后得到壳聚糖。在1894年，由Ledderhose正式命名为壳聚糖，且确定了其原理是甲壳素脱离部分—$COCH_3$而得到的。有关壳聚糖及其衍生物抑菌特性的报道最早见于

1979 年，系 Allan 等发现壳聚糖有广谱抑菌性。1988 年，日本具体报道了壳聚糖对金黄色葡萄球菌和大肠杆菌的抑制作用。随后人们开始认识到壳聚糖在这方面的应用价值。根据美国 FDA 的规定，它是一种通常被认为是安全的材料，具有多种生物学特性，如抗肿瘤、增强免疫、抗真菌、抗微生物、抗氧化和伤口愈合活性，已被广泛应用于制药和生物医学领域。

实际应用参考：

壳聚糖可使蛋白质凝聚，故不适于含蛋白质食品，一般应用于不含蛋白质的酸性食品。它与醋酸钠配合使用可增强壳抑菌效果。通过浸渍、喷洒、涂布等方式，壳聚糖可在水果蔬菜的表面形成一层极薄、均匀透明和具有多微孔通道的可食用薄膜，由于该薄膜具有较低的透水性和对气体有选择性，不仅能使水果蔬菜在储藏期减少水分的散失，而且因控制了保鲜膜形成的微环境中的气体浓度，使得水果蔬菜采后呼吸强度下降，而其本身有防霉抑菌的性能，故对水果蔬菜防霉保鲜、延长保存期有效。

联苯菊酯
(bifenthrin)

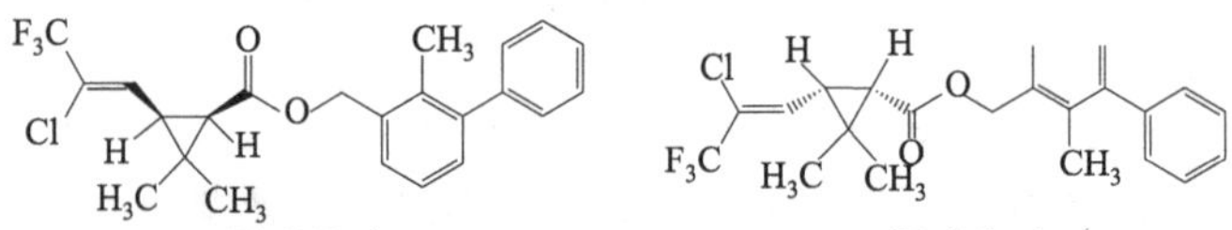

(Z)-(1R)-cis-　　(Z)-(1S)-cis-

$C_{23}H_{22}ClF_3O_2$ 422.90 82657-04-3

其他名称　氟氯菊酯

化学名称　(*Z*)-(1*RS*,3*RS*)-2,2-二甲基-3-(2-氯-3,3,3-三氟-1-丙烯基)环丙烷羧酸-2-甲基-3-苯基苄基

IUPAC 名　(2-methyl-3-phenylphenyl)methyl(1*R*,3*R*)-3-[(*Z*)-2-chloro-3,3,3-trifluoroprop-1-enyl]-2,2-dimethylcyclopropane-1-carboxylate

EC 编码　[617-373-6]

理化性质　产品中顺式异构体含量 97%，反式异构体含量 3%。黏稠液体、结晶或蜡状固体。熔点 57～64.6℃，沸点 320～350℃（1.01×10^5Pa）。闪点 165℃（敞口杯），151℃（闭口杯）。蒸气压 0.00178mPa（20℃）。$\lg K_{ow}>6.0$。相对密度 1.21（20～25℃）。水中溶解度（20～25℃）<0.001mg/L。溶于丙酮、氯仿、二氯甲烷、乙醚和甲苯；微溶于庚烷和甲醇。稳定性：在 25℃和 50℃可稳定储存 2 年（工业品）。在自然光下，DT_{50} 为 255d。pH 5～9（21℃）条件下，可稳定储存 21d。

毒性　大鼠急性经口毒性 LD_{50} 53.4mg/kg。兔急性经皮 LD_{50} >2000mg/kg。对兔皮肤无刺激作用，对兔眼睛轻度刺激，对豚鼠皮肤不致敏。

抗菌防霉效果　联苯菊酯作用于害虫的神经系统，通过作用于钠离子通道来干扰神经作用。联苯菊酯是拟除虫菊酯类杀虫、杀螨剂，具有触杀、胃毒作用，无内吸、熏蒸作用，杀虫谱广，作用迅速，在土壤中不移动，对环境较为安全，持效期较长。

制备　由三氟氯菊酰氯与联苯醇在碱金属化合物存在下缩合得到联苯菊酯。

应用　联苯菊酯首先是由 FMCCorp. 研究开发的。它可作高效杀虫剂、杀螨剂使用，早在 1978 年，JohnF. Engel（FMCCorp.）在其所获得的美国专利（专利号 US4，341，796）中，提供了联苯菊酯的合成及其生物活性应用研究。随后，FMC 公司有关于联苯菊酯的研究不断深入推广，而在白蚁防治的应用研究中，FMC 公司的杀白蚁剂 Biflex TC 已于 1995 年 6 月第一次在澳大利亚获得国家农药注册登记，并以商品上市。

实际应用参考：

李杰等（2023）研究浸泡工艺对马尾松锯材增重率和联苯菊酯载药量的影响。结果表明：联苯菊酯浓度对增重率和载药量的影响最大，其次为浸泡时长，最后为浸泡深度。其中，联苯菊酯浓度和浸泡时间对增重率和载药量有显著影响。综合企业实际生产，以时间为优化条件，确定的较优工艺为：联苯菊酯浓度 0.05%、浸泡时长 6h、浸泡深度 50mm。以此工艺浸泡的马尾松锯材，联苯菊酯载药量为 0.059%，满足 AS/NZS 1604.1：2021 Preservative-treated wood-based products Part 1：Products and treatment 对联苯菊酯的限值要求。

法规 2011 年，发布 Directive2011/10/EU，批准联苯菊酯作为第 8 类（木材防腐剂）生物杀灭剂产品的活性物质。批准日期 2013 年 2 月 1 日，批准期满 2023 年 1 月 31 日。

氯菊酯
(permethrin)

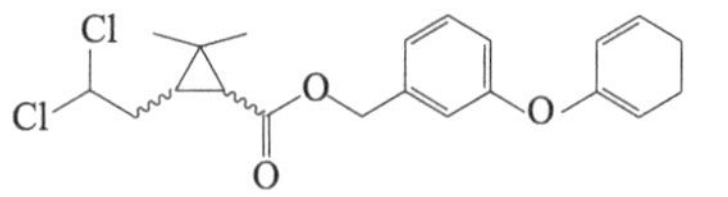

$C_{21}H_{20}Cl_2O_3$ 391.30 52645-53-1

其他名称 二氯苯醚菊酯、百灭灵、神杀等

化学名称 3-苯氧基苄基(1*RS*,3*RS*;1*RS*,3*SR*)-3-(2,2-二氯乙烯基)-2,2-二甲基环丙烷羧酸酯

IUPAC 名 3-苯氧苄基-3-(2,2-二氯乙烯基)-2,2-二甲基环丙烷羧酸盐

EC 编码 [258-067-9]

理化性质 氯菊酯是两个异构体的混合物，通常情况下，顺反异构比例约为 40：60，单在一部分产品中也有顺反异构比例约为 25：75。工业品为黄棕色至棕色液体。在室温下有时析出部分结晶。熔点 34～35℃，顺异构体熔点为 63～65℃，反异构体熔点为 44～47℃。沸点：200℃（13.3Pa）；>290℃（1.01×10^5Pa）。$\lg K_{ow}$=6.1。水中溶解度（20～25℃，pH 7）：0.006mg/L。有机溶剂中溶解度（25℃）：正己烷>650g/L，甲醇 204g/L，二甲苯>900g/L。稳定性：对热稳定（在 50℃稳定存在两年以上），在酸性介质中比在碱性介质中更稳定。25℃，pH 5、7 时稳定。其最适 pH 值约为 4，DT_{50} 为 50d（pH 9）。闪点>131℃。

毒性 氯菊酯对恒温动物的毒性相对较低，对大鼠急性经口 LD_{50}>4000mg/kg。但对于冷血动物，包括昆虫的毒性更大。

抗菌防霉效果 氯菊酯是拟除虫菊酯化学家族中的一种广谱杀虫剂，属于不含

α-氰基的Ⅰ型拟除虫菊酯。作用机制是其对昆虫的神经系统起作用，干扰钠离子通道，破坏神经元功能，引起肌肉痉挛，最终导致瘫痪和死亡，可用来杀死各种昆虫。氯菊酯在被昆虫摄取时起胃毒作用，或通过与目标害虫直接接触起作用。它可杀死成虫、卵子和幼虫，且有轻微的驱避作用，杀虫活性在施用后可持续 12 周。

氯菊酯是常见的驱蚊剂活性成分，快速地瘫痪昆虫的神经系统，有轻微的驱虫作用，将其喷洒到织物上可以起到驱蚊效果。文献报道，在标准允许范围内，氯菊酯浓度为 5%时可以达到良好且持久的驱蚊效果。

制备 通过氯氰菊酰氯和 3-苯氧基苄醇合成氯菊酯。

应用 氯菊酯自 1979 年起被美国 EPA 注册为杀虫剂，1990 年首次被注册用于军用服装上的驱虫剂。大约在同一时间，EPA 批准氯菊酯可作为消费者用服装的喷雾剂，以及用于商业工厂生产中服装处理。2003 年，EPA 首次注册面向消费者的、氯菊酯工厂化处理的服装产品，自此一直供消费者使用，且有更多的产品得到批准。经过 EPA 对氯菊酯处理服装的安全性进行评估发现，氯菊酯处理的服装不太可能对人体造成直接或者长期的伤害。美国 EPA 认为，氯菊酯是目前唯一一种应用于服装的驱虫剂。

氯菊酯的使用范围非常广泛，当用于作物、苗圃和草场等大面积范围时，被认为是限制使用的杀虫剂；当用于普通室内、宠物等场合时，被认为是一种通用杀虫剂。氯菊酯也可用于治疗人类头虱和疥疮的制剂，但这些药物由美国 FDA 监管。

实际应用参考：

拟除虫菊酯类如溴氰菊酯、联苯菊酯等，拟除虫菊酯是一种高效杀虫杀螨剂，使用较广泛，但因对人体有一定的毒害，目前使用逐渐减少。美国专利将拟除虫菊酯作为杀螨剂整理地毯，制备的地毯具有较好的抗螨效果，Sirichit Wongkamchai 等用二氯苯醚菊酯、溴氰菊酯、高效氯氰菊酯等合成菊酯处理坐垫，并对处理后的坐垫的防螨性能进行比较，发现三者对螨虫杀灭效果的次序为：二氯苯醚菊酯＞溴氰菊酯＞高效氯氰菊酯（魏文君，2016）。

经过世界卫生组织的评定，只有拟除虫菊酯才能够用于纺织品整理。目前世界卫生组织推荐使用的有六种，它们分别为顺式溴氰菊酯、氟氯氰菊酯、溴氰菊、三氟氯氰菊酯、醚菊酯和氯菊酯。

法规 欧盟化学品管理局（ECHA）批准氯菊酯（CAS 号：52645-53-1）作为第 8 类（木材防腐剂）生物杀灭剂产品的活性物质。批准日期 2016 年 5 月 1 日，批准期满 2026 年 4 月 30 日。作为第 18 类（杀虫剂、杀螨剂和控制其他节肢动物的产品）生物杀灭剂产品的活性物质，批准日期 2016 年 5 月 1 日，批准期满 2026 年 4 月 30 日。

嘧菌酯

(azoxystrobin)

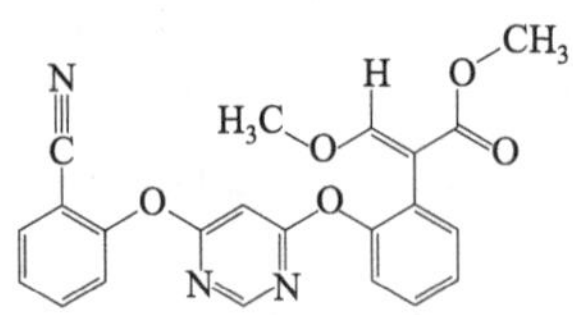

$C_{22}H_{17}N_3O_5$ 403.4 131860-33-8

其他名称　阿米西达

化学名称　(E)-[2-[6-(2-氰基苯氧基)嘧啶-4-基氧]苯基]-3-甲氧基丙烯酸甲酯

IUPAC名　methyl(E)-2-[2-[6-(2-cyanophenoxy)pyrimidin-4-yl]oxyphenyl]-3-methoxyprop-2-enoate

EC编码　[603-524-3]

理化性质　原药含量>93%，(Z)-异构体≤2.5%（EU Rev. Rep.）。白色晶状粉末。熔点116℃（原药114～116℃）。沸点>345℃。蒸气压1.1×10^{-7}mPa（20℃）。lgK_{ow}=2.5（20℃）。相对密度1.34（20℃）。溶解性：水6.7mg/L（pH 7，20℃）；己烷0.057g/L，正辛醇1.4g/L，甲醇20g/L，甲苯55g/L，丙酮86g/L，乙酸乙酯130g/L，乙腈340g/L，二氯甲烷400g/L（20℃）。稳定性：pH 7时水光解DT_{50} 8.7～13.9d。

毒性　雌雄大鼠急性经口LD_{50}>5000mg/kg。小鼠急性经口LD_{50}>5000mg/kg。水生生物：虹鳟鱼LC_{50}（96h）0.47mg/L；水蚤EC_{50}（48h）0.28mg/L。

抗菌防霉效果　嘧菌酯是一种人工仿生合成的甲氧基丙烯酸酯类广谱杀菌剂。作为醌外部抑制剂，阻断在Co-Q10辅酶位点细胞色素b与细胞色素c1之间的电子传递，抑制线粒体呼吸作用，导致病原菌死亡。其作为具有保护、治疗、杀灭、层间传导性能的内吸性杀菌剂，能抑制孢子产生和菌丝体的生长，同时有抗产孢作用。

嘧菌酯作为一种广谱杀菌剂，对真菌界（子囊菌纲、担子菌纲、卵菌纲和半知菌类）绝大多数病害有高效、显著的作用效果（刘长令等，2002）。

张景朋等试验以50%乙醇作为空白对照，结果显示其对测试菌种无活性，丙环唑是已列入国家标准的木材防腐剂，作为阳性对照。5种药剂对褐腐菌和白腐菌的抑菌圈试验结果分如表2-338和表2-339所示。

表2-338　不同药剂对褐腐菌的抑菌圈直径　　单位：mm

药剂	药液质量分数		
	0.01%	0.03%	0.10%
嘧菌酯	40.8	45.5	>49
醚菌酯	18.4	26.6	32.7
吡唑醚菌酯	39.8	>49	>49
4,5-二氯正辛基-4-异噻唑啉-3-酮(DCOIT)	30.7	44.8	>49
碘代丙炔基丁基氨基甲酸酯(IPBC)	41.9	>49	>49
丙环唑	38.9	>49	>49

表2-339　不同药剂对白腐菌的抑菌圈直径　　单位：mm

药剂	药液质量分数		
	0.01%	0.03%	0.10%
嘧菌酯	0	14.8	22.3
醚菌酯	0	0	0
吡唑醚菌酯	25.8	47.9	>49
4,5-二氯正辛基-4-异噻唑啉-3-酮(DCOIT)	0	12.9	29.8
碘代丙炔基丁基氨基甲酸酯(IPBC)	26.4	38.2	>49
丙环唑	16.4	32.6	42.6

由表2-338数据可以看出：5种候选药剂中，除了醚菌酯对褐腐菌的抑菌效果稍差外，其他药剂对褐腐菌均表现出较高的抑菌效果。各药剂对褐腐菌的抑菌圈直径随其质量分数升高而增大，即质量分数越高抗菌效果越好。在药液质量分数0.10%下，除了醚菌酯抑菌圈直径仅为32.7mm，其他4种药剂直径均大于49mm，与对照丙环唑的活性相当；在药液质量分数0.03%下，吡唑醚菌酯和IPBC的抑菌圈直径大于49mm，依然能表现出与丙环唑相当的活性，而嘧菌酯和DCOIT的活性稍低于丙环唑；尤其在低质量分数0.01%时，嘧菌酯、吡唑醚菌酯和IPBC抑菌圈直径均大于丙环唑抑菌圈直径，活性高于对照药剂。

由表2-339数据可以看出：5种候选药剂中，除了醚菌酯对白腐菌没有抑菌效果外，其他药剂对白腐菌均表现一定的抑菌效果，丙环唑抑菌效果与席丽霞等的研究结果一致。同样，各药剂对白腐菌的抑菌圈直径随其质量分数的升高而增大，即质量分数越高，抗菌效果越好。在药液质量分数0.10%下，吡唑醚菌酯和IPBC的抑菌圈直径均大于49mm，而对照药剂丙环唑的抑菌圈直径仅为42.6mm，活性显著高于丙环唑；嘧菌酯和DCOIT的抑菌圈直径分别为22.3mm和19.8mm，活性不突出，与0.01%丙环唑的作用效果相当。在药液质量分数0.03%和0.01%下，以上药剂表现出相同的活性规律。醚菌酯即使在高质量分数下对白腐菌仍没有抑菌效果。

综上分析，5种候选药剂中，嘧菌酯、吡唑醚菌酯、DCOIT和IPBC对褐腐菌抑制效果均较好，嘧菌酯和DCOIT对白腐菌效果不突出，吡唑醚菌酯和IPBC抗白腐菌和褐腐菌效果优于对照药剂丙环唑，醚菌酯对白腐菌和褐腐菌抑制效果均不明显。

制备 以邻氯苯乙酸为原料，经高压水解、环合、开环，再分别与4,6-二氯嘧啶、邻羟基苯甲腈经两步乌尔曼缩合得嘧菌酯。

应用 嘧菌酯作为世界上第一个商品化的甲氧基丙烯酸酯类化合物，由先正达公司于1992年开发成功，1996年首次面市。

嘧菌酯是捷利康（现先正达公司）模仿天然产物Strobinlurin开发的一种新型高效广谱甲氧基丙烯酸类杀菌剂。该化合物可作为抗菌防霉剂应用于涂料、纺织、塑料、木材等领域，本身亦是重要的农业杀菌剂。

法规 欧盟化学品管理局（ECHA）发布了Commission Implementing Regulation（EU）2025/1779，批准了嘧菌酯作为PT-7（干膜防霉剂）、PT-9（纤维、皮革、橡胶和聚合材料防腐剂）、PT-10（建筑材料防腐剂）生物杀灭剂产品的活性物质。批准日期2018年11月1日，批准期满2028年4月30日。

嘧霉胺

（pyrimethanil）

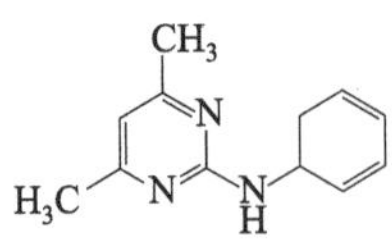

$C_{12}H_{13}N_3$ 199.3 53112-28-0

化学名称　*N*-(4,6-二甲基嘧啶-2-基)苯胺

IUPAC名 4,6-dimethyl-*N*-phenylpyrimidin-2-amine

EC编码 [414-220-3]、[610-963-4]

理化性质 原药含量≥97.5%。纯品为无色结晶。熔点96.3℃。蒸气压2.2mPa (25℃)(OECD 104)。相对密度1.15(20℃)。$\lg K_{ow}$=2.84(pH 6.1,25℃)。溶解性:水0.121g/L(pH 6.1,25℃);乙酸乙酯617g/L,正己烷23.7g/L,二氯甲烷1000g/L,丙酮389g/L,甲醇176g/L,甲苯412g/L(20℃)。稳定性:54℃下14d不分解。pK_a=3.52,弱碱(20℃)(OECD 112)。

毒性 大鼠急性经口 LD_{50} 4159~5971mg/kg。小鼠急性经口 LD_{50} 4665~5359mg/kg。水生生物:虹鳟鱼 LC_{50} (96h) 10.6mg/L;水蚤 LC_{50} (48h) 2.9mg/L。

抗菌防霉效果 嘧霉胺作用机制为蛋氨酸生物合成抑制剂,同时为触杀性杀菌剂,具有层间传导活性,既有保护作用又有治疗作用。

嘧霉胺有着广泛的抗菌作用,尤其对黄曲霉、宛氏拟青霉、蜡叶芽枝霉等真菌有较好的抑制效果。嘧霉胺对一些微生物的最低抑制浓度见表2-340。

表2-340 嘧霉胺对一些微生物的最低抑制浓度

微生物	MIC/(mg/L)	微生物	MIC/(mg/L)
黑曲霉	100~500	宛氏拟青霉	5
黄曲霉	2.5	链格孢霉	150
变色曲霉	100~500	绿色木霉	100~500
球毛壳霉	50	金黄色葡萄球菌	500
蜡叶芽枝霉	15	枯草杆菌	150
橘青霉	50	荧光假单胞杆菌	>500

制备 专利CN102746238A《一种嘧霉胺的制备方法》。

应用 本身是农业杀菌剂,亦可用于木材、竹材、草藤等工业制品的防霉。

纳他霉素(NA)
(natamycin)

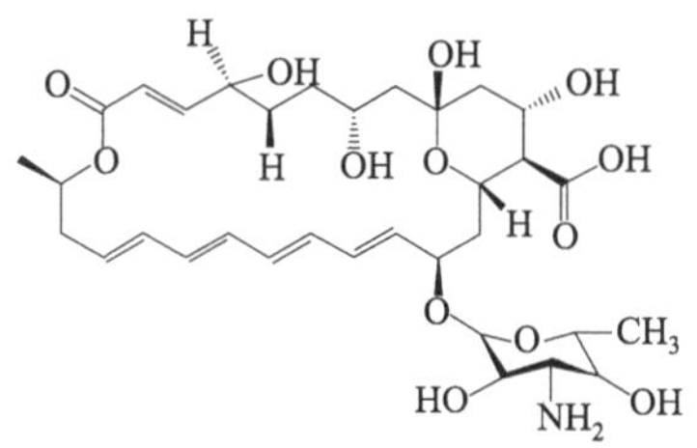

$C_{33}H_{47}NO_{13}$ 665.73 7681-93-8

其他名称 Pimaricin、游链霉素、纳塔霉素、匹马霉素、那他霉素

IUPAC名 natamycin

EC编码 [231-683-5]

理化性质 纳他霉素是一种四烯大环内脂,四烯系统是全顺式,内脂环上C9~C13部位是半缩醛结构,含有一个由糖苷键连接的碳水化合物基团。纳他霉素

是两性物质，分子当中含有一个碱性基团和一个酸性基团，其电离常数 pK_a 为 8.35 和 4.6，相应的等电点为 6.5，熔点为 280℃。纳他霉素通常以两种结构形式存在：烯醇式结构和酮式结构，前者居多。

纯品为近白色至奶油黄色结晶粉末，几乎无臭无味。可含 3 分子结晶水，由 22 个碳原子组成的内脂环，在其环外通过一个糖苷键连接一个海藻糖氨、一个氨基糖的抗霉菌复合物。溶解性：几乎不溶于水；微溶于甲醇；溶于冰醋酸和二甲苯亚砜。稳定性：对氧化剂和紫外线较为敏感。

毒性 小鼠急性经口 LD_{50} 1500mg/kg。大鼠急性经口 LD_{50} 2730mg/kg。纳他霉素很难被消化道吸收，由于其难溶于水和油脂，大部分摄入的纳他霉素会随粪便排出。

抗菌防霉效果 由于纳他霉素的平面内酯大环的双键结构与真菌细胞膜上特有的甾醇化合物具有高度亲和性，形成甾醇复合体，改变真菌细胞膜结构，增加细胞膜的通透性，使正常细胞的内容物流出，导致细胞死亡。细菌的细胞膜成分中不存在甾醇物质，所以纳他霉素对细菌来讲没有作用。低浓度的纳他霉素就对生命活动力旺盛的活细胞产生较强的抑制效果，但若需要破坏休眠的孢子则需要增加纳他霉素的浓度（张艳敏，2016）。

纳他霉素能有效抑制真菌的生长繁殖，但是对细菌、病毒和原生动物等没有生物活性。研究表明，纳他霉素对霉菌的最低抑制浓度的范围为 0.5～6μg/mL，但有些种类需要 10～25μg/mL，大多数酵母在浓度为 1～5μg/mL 时受到抑制，见表 2-341。

表 2-341 纳他霉素对霉菌和酵母菌的最低抑制浓度（MIC）（汪慧，2020）

霉菌种类	纳他霉素/(μg/mL)	酵母菌种类	纳他霉素/(μg/mL)
黑曲霉菌	1.0～1.8	啤酒酵母菌	2.5
灰质葡萄孢菌	1.0～2.5	酒香酵母菌	1.5
黄曲霉菌	4.5	青酒酵母	5.0
指状青霉菌	2.5	鲁氏酵母	5.0
赭曲霉菌	2.5	炼乳球酵母	3.0
米曲霉菌	10.0	白假丝酵母	1.5～2.0
米根霉菌	10.0	酒假丝酵母菌	1.0
斑点青霉菌	10.0	冰岛青霉菌	1.0

制备 纳他霉素是一种由恰塔努加链霉菌、钠塔尔链霉菌和褐黄孢链霉菌等链霉菌经过深层发酵产生的多烯大环内脂物。

应用 1955 年，Struyk 等从南非纳他州的土壤中发现一株纳塔尔链霉菌，从其发酵液中分离并得到匹马菌素；Burns 等从土壤中分离出一株恰努塔加链霉菌，从其发酵液中分离得到田纳西菌素，后来研究证实，匹马菌素和田纳西菌素为同一物质，并被 WHO 统一命名为纳他霉素。

纳他霉素是国际公认的三种安全高效的生物防腐剂之一，20 世纪 80 年代，美国 FDA 就正式将纳他霉素纳入食品防腐剂添加目录。90 年代，我国批准乳酸链球菌素作为食品防腐剂使用；1996 年，我国食品行业添加剂目录中正式收录纳他霉素为食品防腐剂。

实际应用参考：

① 专利 CN113535615A《纳他霉素在制备去屑止痒的洗发护发产品中的用途》，本发明具体涉及一种纳他霉素在制备去屑止痒的洗发护发产品中的用途。

② 近几年来，利用纳他霉素生产药品的报道越来越多，其主要产品有药水、软膏、乳剂、药片等。纳他霉素药品既可以单独使用，也可以与其他类固醇药剂共同使用，用于治疗皮肤和黏液膜的真菌感染。

③ 研究表明，乳酸链球菌素对 G^+ 菌活性有抑制作用，对真菌则无抑制作用；纳他霉素对真菌有高效的抑制作用，对细菌没有抑制作用，两者的抑菌谱正好互补，因此，两者经常复合使用添加到食品中起到防腐保鲜的作用。

柠檬烯

(limobene)

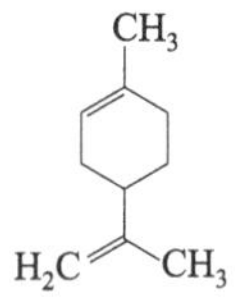

$C_{10}H_{16}$ 136.24 138-86-3

其他名称　苧烯

化学名称　1-甲基-4-异丙基环己烯

IUPAC 名　1-methyl-4-(prop-1-en-2-yl)cyclohex-1-ene

EC 编码　[205-341-0]

理化性质　柠檬烯主要以 3 种构型的异构体形式存在，分别为 L-柠檬烯、DL-柠檬烯和 D-柠檬烯。在果蔬中柠檬烯主要以 D-柠檬烯（即右旋柠檬烯）构型的异构体形式存在，其含量可占 95%以上，而 L-柠檬烯（左旋柠檬烯）和 DL-柠檬烯（二聚异戊二烯）构型的异构体含量较低。D-柠檬烯的分子结构如图 2-31 所示。

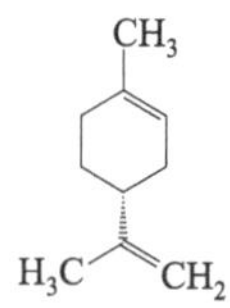

图 2-31　D-柠檬烯分子结构

柠檬烯是具有类似于柠檬香气，呈无色或者淡黄色的油状液体，其不溶于水，易溶于乙酸乙酯、正己烷、乙醇以及丙酮等有机溶剂。柠檬烯在光照、空气与水分条件下极易氧化为柠檬烯过氧化物，而柠檬烯过氧化物不稳定，会进一步转化为香芹酮、香芹醇等杂质。

毒性　Opdyke 等研究发现，柠檬烯对大鼠的半数致死量为 5.3g/kg，表明其无毒。de Almeida 等通过对小鼠进行腹腔注射柠檬烯来研究柠檬烯对龋齿类动物的毒性，结果发现，柠檬烯对龋齿类动物的毒性极低。

研究表明，柠檬烯被摄入机体后，大部分可随汗液、尿液等排出，不会在体内积累而对人体产生毒副作用，因此其近年来已被广泛应用于果蔬保鲜领域。

抗菌防霉效果　柠檬烯属于一类称为萜类化合物的单环单萜烯。郝静梅等报道证实柠檬烯具有明显的抗菌性，对单增李斯特菌、金黄色葡萄球菌、大肠杆菌、铜绿假单胞菌、沙门氏菌、枯草芽孢杆菌以及某些真菌均具有抑制作用。然而迄今为止，关于柠檬烯的抗菌机理研究较少。综合文献报道主要有以下几个方面：①破坏微生物生物膜，使内容物外泄；②影响微生物的能量代谢，打破微生物代谢平衡；③破坏微生物 DNA 的结构或改变其功能，影响微生物的正常代谢和繁殖；④抑制微生物体内的酶或功能蛋白，延缓或终止微生物的化学反应，进而产生抗菌作用。

近年来国内外学者对柠檬烯的抗菌性研究证实，柠檬烯对某些细菌有较好的抑制作用，详见表 2-342。

表 2-342　柠檬烯对细菌的抑制作用

形式	含量	抑制菌种	试验方法	抑菌强度(抑菌圈、抑制率或最低抑制浓度)
D-柠檬烯	98%	山夫登堡沙门氏菌 金黄色葡萄球菌 大肠杆菌 假单胞菌属	琼脂扩散法	抑菌率=97%(体积比=1∶1000) 抑菌率=100%(体积比=1∶1000) 抑菌率=95%(体积比=1∶1000) 抑菌率=86%(体积比=1∶1000)
D-柠檬烯	—	沙门氏菌	改进的琼脂稀释法	MIC(体积分数)=1%
(*R*)-(+)-柠檬烯	—	白色念珠菌	纸片扩散法(30μL/片)	(4±1.41)mm
D-柠檬烯	—	大肠杆菌 金黄色葡萄球菌 枯草芽孢杆菌	琼脂稀释法	MIC(体积分数):0.05%～0.1% MIC(体积分数):0.05%～0.1% MIC(体积分数):0.05%～0.1%
D-柠檬烯	1mg/L	金黄色葡萄球菌 枯草芽孢杆菌 大肠杆菌	肉汤稀释法	MIC:1μg/mL MIC:1μg/mL MIC:1μg/mL
D-柠檬烯	食品级	大肠杆菌 金黄色葡萄球菌 枯草芽孢杆菌 苏云金芽孢杆菌	最低抑菌浓度法	MIC:3000mg/L MIC>2000mg/L MIC:2000mg/L MIC:1000mg/L

柠檬烯的广谱抑菌性还体现在其对真菌也有一定的抑制作用，可有效抑制黑曲霉菌、黄曲霉菌、鲁氏酵母、串珠镰刀菌以及啤酒酵母等的生长。详见表 2-343。

表 2-343　柠檬烯对真菌的抑制作用（王佳宇，2021）

抑菌剂	抑菌种类	试验方法	抑菌强度(抑菌圈、最低抑制浓度、抑菌活性及抑菌率)
柠檬烯	毛霉 酵母菌 青霉菌	琼脂稀释法	MIC(体积分数):0.1%～0.2% MIC(体积分数):0.2%～0.4% MIC(体积分数):0.2%～0.4%
	酿酒酵母	肉汤稀释法	MIC:0.5μg/mL
	黑曲霉 啤酒酵母 青霉菌 面包酵母	最低抑菌浓度法	MIC:4000mg/L MIC:320mg/L MIC>5000mg/L MIC:320mg/L
	黑曲霉菌 青霉菌 黄曲霉菌	纸片扩散法	抑菌圈:(9.0±1.41)mm 抑菌圈:(3.0±1.41)mm 抑菌圈:(7.5±3.54)mm
	黄曲霉菌	纸片扩散法	抑制率:100%(500×10^{-6})
	串珠镰刀菌	半固体琼脂抗菌测定法	抑制率:100%(75×10^{-6})
	鲁氏酵母	最低抑菌浓度法	MIC=0.75μL/mL

制备　柠檬烯是一种单环单萜烯，可主要从橘皮精油、柑橘油、白（青）柠檬油、甜橙油、佛手油、柚子油以及榄香树脂等精油中提取。

应用　柠檬烯于 20 世纪 90 年代已被世界卫生组织（WHO）报道为无致癌性、无遗传毒性。美国食用香料与提取物制造商协会认定其为一般公认安全级（GRAS），国际日用香精香料协会（IFRA）不限定柠檬烯的用量，并经美国 FDA 批准使用。

柠檬烯除具有抗菌、抗真菌等性能之外，同样具有抗氧化、杀线虫、抗炎、抗癌等活性，且因其安全和低毒，在食品、香料、医药、美容和化工等领域应用广泛。

溶菌酶（LY）
（lysozyme）

其他名称　胞壁质酶（muramidase）、球蛋白 G、LYZ

化学名称　*N*-乙酰胞壁质聚糖水解酶

IUPAC 名称　lysozym

CAS 登录号　[9001-63-2]

EC 登录号　[232-620-4]

理化性质　溶菌酶是一种专门作用于微生物细胞壁的水解酶，能专一地作用于肽多糖分子中 *N*-乙酰胞壁酸与 *N*-乙酰氨基葡萄糖之间的 β-1,4 糖苷键，从而破坏细菌的细胞壁，使之松弛而失去对细胞的保护作用，最终使细菌溶解死亡。其外观呈白色粉状结晶，无臭，微甜。含 129 个氨基酸的多肽，分子量约为 14500。等电点 10.7～11.0。该品可溶于食盐水，遇丙酮、乙醇产生沉淀。在碱性条件下易被破坏，但在酸性溶液中其化学性质稳定，热稳定性很高。在 pH 值大于 7 的条件下，酶易被破坏，导致它失活。技术指标可参考 QB/T 5030—2017《溶菌酶》。

毒性　溶菌酶属微毒化合物，大鼠急性经口 LD_{50} 20g/kg。

抗菌防霉效果　人们普遍认为，溶菌酶的抑菌机理主要是通过破坏微生物的细胞壁，对细菌骨架物质——肽聚糖的降解反应进行催化，从而导致菌体细胞裂解而死亡。由于溶菌酶能够专门作用于菌体细胞壁，而不会影响干扰细胞其他部位，革兰氏阳性菌的细胞壁约 90%是由肽聚糖组成的，因此溶菌酶对革兰氏阳性菌的抑制效果十分显著。此外，溶菌酶对于枯草芽孢杆菌有极其显著的分解作用，对大肠杆菌等革兰氏阴性菌也有溶解作用。

郭文燕等研究发现，溶菌酶对金黄色葡萄球菌与大肠杆菌 O157：H7 的最低抑制浓度分别为 1.3×10^{-3}g/mL 与 2.6×10^{-3}g/mL。在酸性条件（pH 4～6）下，其对两种菌均能表现很好的抑菌效果。经过 4～121℃处理后，溶菌酶的抗菌活性不受处理温度的影响。不同金属离子对溶菌酶抗菌活性影响较大，Zn^{2+}、Mn^{2+} 与溶菌酶具有较强的协同抑菌效应，其中 Zn^{2+} 效果最为明显，而 Mg^{2+}、Ca^{2+} 具有一定的拮抗抑菌效应，可降低溶菌酶的抑菌效果。

制备　溶菌酶来源较为广泛，从动物体液和植物中均可分离提取。从来源划分，溶菌酶可分为植物溶菌酶、动物溶菌酶、微生物溶菌酶、噬菌体溶菌酶等。

应用　溶菌酶是一种专门作用于微生物细胞壁的水解酶，又称细胞壁溶解酶，早在 1907 年尼科耳（Nico He）发表枯草芽孢杆菌溶解因子的报告开始，两年后，拉希琴科指出其有强抑菌作用，是酶作用的结果。英国细菌学家弗莱明在 1922 年发现鸡蛋清、鸟卵及人的鼻涕、唾液、眼泪等具有强的溶菌活性，存在溶解细菌细胞壁的酶，并且有溶菌作用，并将此溶菌的作用因子命名为溶菌酶（lysozyme）。

1992 年 FAO/WTO 食品添加剂协会认定其可用于食品，因此溶菌酶在食品中具有巨大的发展潜力。除了抗菌，溶菌酶还具有抗氧化、抗病毒、抗肿瘤、抗癌、消炎止痛性，以及防止感染、增强机体免疫能力、促进营养物质消化吸收、疾病诊断作用。

实际应用参考：

① 黄栋、邵小娟等通过 MTG 催化交联溶菌酶的方法，直接将溶菌酶固定在羊毛纤维上并赋予织物抗菌性能。潘军军等则将溶菌酶固定在硅羟基溶胶中，通过浸轧工艺整理羊毛织物，整理后织物的抑菌率可达 90%以上。

② 以溶菌酶制造的酶滤网与普通滤网相比具有以下特点：杀菌速度快，且力度强；可在常温下使用，因而不需提供电、热等能量；酶以分子水平与滤纸结合，不会因物理冲击而导致剥离。

③ 溶菌酶用在化妆品中有强化皮肤抗菌力、抑制细菌繁殖、消炎退肿的作用，可使多种微生物细胞分解，杀灭致病微生物，尤其是对痤疮杆菌有较强的杀灭作用，使化脓性痤疮的创伤组织得以修复和再生。

法规　我国 2015 版的《已使用化妆品原料名称目录》中，溶菌酶作为抗菌剂已被纳入，并在多种类型的化妆品中使用，但其用量在《化妆品安全技术规范》中并未做出相应规定。

乳酸链球菌素

(nisin)

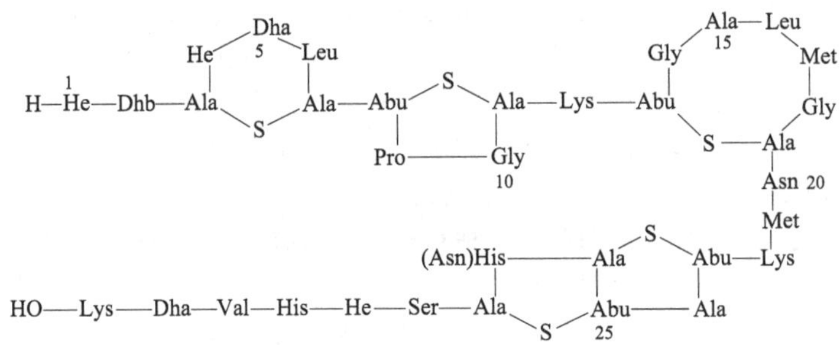

$C_{143}H_{228}N_{42}O_{37}S_7$ 3510 1414-45-5

其他名称　乳链菌素、乳球菌肽、尼生素

商品名称　Novasin

EC 编号　[215-807-5]

理化性质　乳酸链球菌素（nisin）是由乳酸链球菌产生的一种细菌素，系以蛋白质原料经过发酵提制的一种多肽抗菌素类物。由 34 个氨基酸组成的小肽，氨基末端为异亮氨酸，羧基末端为赖氨酸，还通过硫醚键构成五个内环。活性分子常为二聚体、四聚体。随着研究的深入，nisin 的类型由最初人们发现的两种类型，增至现今的七种类型，分别为 nisin A、B、C、D、E、Z 和 Q，其中研究最多的就是

nisin A 和 nisin Z，二者在组成上只有第 27 位氨基酸残基不同，即 nisin A 为组氨酸残基，而 nisin Z 为天冬酰胺残基。而 nisin Q 是近年来新发现的天然异构体。

乳酸链球菌素为白色针状结晶。溶于冰醋酸、苄醇、乙醇。但溶于有机溶剂中失去活性。

乳酸链球菌的溶解度受 pH 值的影响，pH 越高，溶解度越低，pH 值在 8.5 左右时最稳定，当 pH 值为 2 时，乳酸链球菌素的溶解度为 57mg/mL，当 pH=6 时，溶解度为 1.5mg/mL，当 pH=8.5 时，溶解度相对处于平稳状态，并且此时的乳酸链球菌素发生了 pH 诱导的改性。

毒性　作为一种微生物来源天然防腐剂，进入人体后能快速被水解成氨基酸并被进一步吸收，不会在胃肠道残留，克服了使用化学防腐剂的安全隐患问题。

抗菌防霉效果　乳酸链球菌素（nisin）抑菌机制主要分为两种模式，第一种是 nisin 与细菌细胞膜结合后，其碳端与脂质通过静电相互作用插入细胞膜形成孔洞，从而导致细胞内容物泄漏，细胞迅速死亡；第二种是 nisin 与脂质Ⅱ（肽聚糖亚基从细胞质到细胞壁的主要转运体）结合，阻止了正常的细胞壁合成，干扰了细胞的正常代谢，从而导致细胞死亡。

乳酸链球菌素对许多革兰氏阳性菌，例如葡萄球菌、肠球菌、片球菌、乳杆菌、明串珠菌、李斯特菌等有强烈抑制作用，只要加入 $10^{-5} \sim 10^{-4}$ 的量就足以抑制腐败菌生长和繁殖；同时，对细菌的芽孢萌发有一定的抑制作用，如芽孢杆菌和梭状芽孢杆菌；但它对革兰氏阴性菌、霉菌和酵母没有作用。

制备　目前工业上主要采用发酵法生产乳酸链球菌素，从发酵液中提取乳酸链球菌素的方法主要包括：有机溶剂萃取法、盐析法、树脂分离法等。

应用　1953 年乳酸链球菌素（nisin）的第一批商业产品 Nisaplin 在英国面世。目前为止，nisin 作为食品防腐剂已经得到较为广泛的应用，已在 60 多个国家和地区批准使用。联合国粮食及农业组织/世界卫生组织（FAO/WHO）于 1969 年确认 nisin 为高效、安全、可靠的食品防腐剂。1983 年，美国 FDA 确定 nisin 为公认安全产品（GRAS）并批准使用。我国于 1990 年批准使用，可用于肉制品加工、乳制品和酸性罐头食品中，能够有效阻止耐热性孢子的萌发和毒素的形成。在化妆品中，nisin 作为防腐剂已被纳入 2015 年版的《已使用化妆品原料名称目录》，广泛应用在洁面膏、面霜、面膜、乳液、化妆水、精华液、眼唇部护理以及毛发护理类的化妆品中，在这些化妆品中，nisin 与一些螯合剂协同组成防腐体系。

碳点（CD）
(carbon dot)

理化性质　碳点（CD）主要元素为碳元素和氧元素，是由 sp^2 或 sp^3 型杂化碳或有机分子团簇构成的一种生物相容性良好的零维碳纳米材料。CD 是由碳核和表面态组成的类球状纳米粒子，碳核作为 CD 的骨架，表面态则由大量含氧/氮基官能团组成，如—OH、—NH_2、—COOH 和—C═O 等。目前，根据碳核微观结构的不同，将 CD 分为石墨烯量子点（GQD）、碳量子点（CQD）、碳纳米点（CND）和碳化聚合物点（CPD）4 类。

抗菌防霉效果　基于碳点（CD）与细菌的相互作用关系，Ghirardello 等

（2021）认为 CD 的抗菌机制可从直接接触型、氧化应激型和光热型 3 方面来解释：第一，依靠其对细菌的吸附及扩散等作用破坏细菌结构；第二，通过 ROS 的氧化应激作用而使细菌失活，而 ROS 既可以由 CD 纳米酶催化生成，也可以通过光诱导 CD 产生；第三，利用 CD 将光能转化为热能而杀死细菌。

就抗菌性能而言，碳点（CD）可以从下面 4 个方面体现：第一方面，CD 的尺寸小（＜10nm），比表面积高，可以吸附在细菌表面，影响其与外界的物质和信息交流，产生间接毒性；第二方面，小尺寸 CD 穿过细胞膜进入细胞内，与裸露的 DNA 结合，导致细菌失活；第三方面，CD 表面含有丰富的官能团，容易被修饰或与其他材料复合形成多功能纳米抗菌复合材料；第四方面，CD 不仅可以作为纳米酶或光敏剂而生成活性氧（ROS）破坏细菌结构，还可以将光能转换为热能导致细菌死亡，而且与金属氧化物光催化型抗菌剂相比，CD 甚至可以吸收从紫外可见光区到近红外光谱范围内的光，表现出更强的光动力或者光热抗菌效应。

应用 碳点又称碳量子点，是一种具有准球形结构的、尺寸小于 10nm 的新类别碳纳米粒子。2004 年，Xu 等在纯化烟灰用来制备一种单壁碳纳米管的实验过程中，第一次无意发现了这种材料。2006 年 Cao 等通过高温加压等方法对石墨粉末进行一系列处理后，制备出碳纳米粒子这种材料，并第一次命名为碳点。

与天然和有机抗菌剂相比，CD 具有杀菌率高和毒性低的优势；与无机抗菌剂相比，CD 的制备原料广泛且成本低廉，因此，CD 及其复合材料是一种极具潜力的抗菌剂，在食品包装、污水处理、抗菌敷料和纺织纤维等领域具有广阔的应用前景。

实际应用参考：

碳基纳米材料主要有碳量子点（CQD）、碳点、碳纳米管和石墨烯基纳米材料。其中，CQD 一般指尺寸小于 10nm 的碳基纳米材料，小的尺寸赋予了 CQD 优异的光稳定性、水分散性、光催化活性、良好的生物相容性以及抗菌性能。其中，CQD 作为一种很有前途的光热无机纳米材料，在 400～470nm 的蓝光区域具有固有的抗菌性能。在 470nm 蓝光的激发下，CQD 可以通过光产生活性氧来杀灭金黄色葡萄球菌和大肠杆菌。

特丁净

(terbutryn)

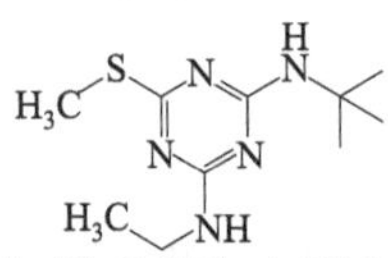

$C_{10}H_{19}N_5S$ 241.4 886-50-0

其他名称 去草净

化学名称 2-甲硫基-4-乙氨基-6-特丁氨基-1,3,5-三嗪

IUPAC 名 2-*N*-tert-butyl-4-*N*-ethyl-6-methylsulfanyl-1,3,5-triazine-2,4-diamine

EC 编码 ［212-950-5］

理化性质 纯品为白色粉末。熔点 104～105℃。沸点 274℃（101kPa）。蒸气

压 0.225mPa (25℃)(OECD)。相对密度 1.12 (20℃)。溶解性：水 22mg/L (pH 6.8，22℃)；丙酮 220g/L，正己烷 9g/L，正辛醇 130g/L，甲醇 220g/L，甲苯 45g/L (20℃)；易溶于二乙醚、二甲苯、三氯甲烷、四氯化碳和二甲基酰胺；微溶于石油醚。稳定性：常规条件下稳定，强酸强碱条件下容易水解。25℃，pH 5、7 或 9 时没有显著水解现象。

毒性 大鼠急性经口 LD_{50} 2045mg/kg。小鼠急性经口 LD_{50} 3884mg/kg。兔急性经皮 LD_{50}＞20000mg/kg。水生生物：虹鳟鱼 LC_{50} (96h) 1.1mg/L；蓝腮翻车鱼 LC_{50} (96h) 1.3mg/L；水蚤 LC_{50} (48h) 2.66mg/L；羊角月牙藻 EbC_{50} (72h) 0.00176mg/L。

抗菌防霉效果 特丁净属于光系统Ⅱ受体部位的光合电子传递抑制剂。通过根部和叶片吸收后，通过木质部向顶传导，并富集在顶端分生组织。

制备 由三聚氯氰分别与叔丁基胺及乙胺、甲硫醇在缚酸剂作用下反应生成。

应用 1966 年由 A. Gast 等报道除草活性，后由 J. R. Geigy 公司（现先正达）开发。特丁净是一种选择性芽前和芽后除草剂。芽前处理用量 1～2kg/hm^2。

实际应用参考：

制剂 Clarosan 用于防治藻类和浸没在水道、水库和鱼塘中的管束植物。

法规 欧盟化学品管理局 (ECHA) 根据指令 98/8/EC (BPD) 或规则 (EU) No 528/2012 (BPR) 提交了批准申请的所有活性物质/产品类型组合：PT-7（干膜防霉剂)、PT-9（纤维、皮革、橡胶和聚合材料防腐剂)、PT-10（建筑材料防腐剂)。生物杀灭剂特丁净 (terbutryn) 申请目前处于审核进行之中。

亚硝酸钠
(sodium nitrite)

$NaNO_2$ 69.00 7632-00-0

其他名称 亚硝酸盐

IUPAC 名 sodium；nitrite

EC 编码 [231-555-9]

理化性质 纯品为白色或微黄色结晶或颗粒状粉末，无臭，味微咸，易吸潮。熔点 270℃。加热至 320℃以上分解。溶解性：易溶于水，微溶于乙醇。稳定性：在空气中可吸收氧而逐渐变为硝酸钠。遇酸迅速分解，放出氧化氮气体。遇强氧化剂产生氧化还原反应，放出高热，使易燃物起火。

技术指标可参考国标 GB/T 2367—2016《工业亚硝酸钠》。

毒性 大鼠静脉注射 LD_{50} 65mg/kg。大鼠皮下注射 LD_{50} 96.6mg/kg。大鼠急性经口 LD_{50} 180mg/kg。亚硝酸盐能与多种氨基化合物（主要来自蛋白质分解产物）反应，产生致癌的 *N*-亚硝基化合物，如亚硝胺等。

抗菌防霉效果 亚硝酸盐是一种抗微生物制剂。其活性随 pH 值降低而增加，随氧浓度的降低而增强。在研究亚硝酸盐对鱼的防腐作用时发现，当 pH 值低于 6 时，亚硝酸盐的抑菌活性增强。同时证明，在用量为 200mg/kg 和 pH 值为 6.0 的情况下，亚硝酸盐能够抑制无色菌、产气菌、大肠杆菌、黄色杆菌、微球菌核和铜绿假单胞杆菌等。已经证明，沙门氏菌和乳酸杆菌对亚硝酸盐最具抗性，产气荚膜梭状芽孢杆菌和其他梭状杆菌等，同样具有比较大的抗性。

应用 亚硝酸盐主要用作食品防腐剂，但在有关的食品中，对亚硝酸盐的残留量有严格规定，肉类罐头不得超过50mg/kg，肉制品中不得超过30mg/kg。除用于肉制品外，硝酸钠和亚硝酸钠还可用于干酪中。另外采用30%亚硝酸钠溶液治疗皮肤霉菌病相当有效，尤其是足癣。注意：亚硝酸钠遇有机物易发生爆炸。

氧化石墨烯（GO）
（graphene oxide）

理化性质 石墨烯是一种由 sp^2 杂化碳原子构成的六角蜂巢晶格状的二维碳纳米材料，作为构成石墨（三维）、碳纳米管（一维）、富勒烯（零维）等碳材料的基本结构，其厚度仅为0.335nm，是目前世界上已知的最薄的材料。

氧化石墨烯（GO）属于石墨烯的氧化物，与石墨烯相比，氧化石墨烯表面含有大量的羟基（—OH）和醚基（C—O—C），片层边缘处则含有大量的羧基（—COOH）和羰基（C=O）等基团，这些含氧基团使氧化石墨烯呈现出良好的表面活性和亲水性。

毒性 Singh等发现，氧化石墨烯（GO）在小鼠上容易引起高度血栓的形成，且在人类血小板中引起强烈的聚集反应。Qiao等比较了9种不同的纳米材料，发现氧化石墨烯浓度在最低测试浓度（1μg/mL）会引起基因毒性，导致大部分DNA损伤；而 SiO_2、ZnO、TiO_2 等仅在较高浓度（100μg/mL）才会引起DNA损伤。

石墨烯及其衍生物的生物安全等方面存在很多不足，但是目前研究都提示石墨烯材料及其衍生物在生产和使用中对环境和生物存在着一定的安全隐患。

抗菌防霉效果 鉴于目前的研究进展，石墨烯和氧化石墨烯（GO）的抗菌机理主要有物理破坏理论（边缘切割和机械包裹）、氧化应激理论和磷脂分子抽提破坏理论。机理一：机械包裹指大量片层状氧化石墨烯把微生物细菌缠绕包裹，让细菌与外界隔绝，不能吸取营养，从而抑制细菌生长；边缘切割是指氧化石墨烯因片层结构而具有锋利的边缘，可对细菌进行物理切割，破坏细菌的细胞膜，降低膜电位或使电解质泄漏从而抑制细菌生长。机理二：氧化应激理论指氧化石墨烯表面大量含氧官能团（如—COOH和—OH）可产生活性氧簇（ROS），引起氧化应激，过氧化反应产生的自由基可通过细胞膜传导，破坏或氧化损伤细胞内的结构或组分，扰乱代谢进程，从而杀死细菌。机理三：磷脂抽提理论是指因氧化石墨烯独特的 sp^2 杂化碳原子二维结构，氧化石墨烯与膜脂质之间可产生强烈的范德华力和强疏水力，最后使磷脂被吸附到氧化石墨烯的表面。由于大量的磷脂从脂质双分子层中被萃取到石墨烯表面，损坏了细胞膜完整性，进而使细菌死亡。

Hu等在2010年首次报道了氧化石墨烯（GO）的抗菌作用。将85μg/mL的GO对大肠埃希菌作用2h，发现大肠埃希菌存活率减少了98.5%。这项实验结果一经发表，立即引起了众多研究者的关注。随后，大量研究结果表明，GO对多种常见细菌，如大肠埃希菌、金黄色葡萄球菌和伤寒沙门菌等均显示出优异的抗菌活性，并且其抗菌活性具有作用时间和浓度依赖性。

制备 制备石墨烯的方法非常多，通常是以石墨或者膨胀石墨为原料，通过机械剥离法、外延生长法、化学气相沉积法、氧化还原法、取向附生法等方法来制备。

制备氧化石墨烯的方法主要有3种，即Brodie法、Staudenmaier法与Hummers法。

应用 2010年10月5日瑞典皇家科学院宣布，将2010年诺贝尔物理学奖授予英国曼彻斯特大学科学家安德烈·海姆和康斯坦丁·诺沃肖洛夫，以表彰他们在石墨烯材料方面的卓越研究，自此石墨烯成为材料化学研究的新宠儿。石墨烯是一种由单层C原子以sp^2杂化的方式堆积形成二维蜂窝状晶格结构的新型纳米材料，具有良好的光学、导电、低毒、抗菌等特性。氧化石墨烯（GO）是石墨烯材料家族的重要成员，由化学氧化剥离石墨烯片层而得到，与石墨烯具有相似的单原子二维结构。氧化石墨烯表面含有大量的含氧官能团，具有亲水性、强吸附性、良好的生物相容性和稳定性等。此外，氧化石墨烯还易于被功能化修饰，可应用于不同领域，是石墨烯材料中活性最强的纳米材料之一，也是近年来研究的热点。

实际应用参考：

与银纳米颗粒结合而形成Ag-GO纳米复合物。银纳米颗粒是一种已被人们熟知的有效的纳米抗菌物质。通过化学方法使氧化石墨烯（GO）与银离子结合形成Ag-GO纳米复合物，其比单纯银纳米颗粒具有更加理想的抗菌活性。其原因有以下几点：第一，氧化石墨烯（GO）具有很大的表面积，沉积其上的银颗粒更容易与细菌接触；第二，氧化石墨烯（GO）的存在阻止了银颗粒自身的团聚，这对其发挥高效的抗菌作用非常重要；第三，氧化石墨烯（GO）与释放出的银离子显示出协同的抗菌活性。

异硫氰酸烯丙酯（AITC）
（allyl isothiocyanate）

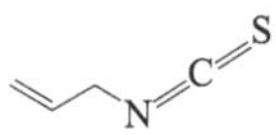

C_4H_5NS 99.15 57-06-7

其他名称 人造芥子油、辣根素

化学名称 3-异硫氰基-1-丙烯

IUPAC名 3-isothiocyanatoprop-1-ene

EC编码 [200-309-2]

理化性质 异硫氰酸烯丙酯（AITC）是一种带有强烈芥子性刺激气味的淡黄色油状物质，在储藏过程中容易变为棕黄色至褐色，其挥发性强，具有催泪性，可以使皮肤起泡，对肺的伤害严重。熔点−80℃。沸点152℃。相对密度1.0126。易溶于乙醇、乙醚和二硫化碳。在水中溶解度低，具有强烈的气味，挥发速度快。稳定性：AITC微溶于水，在水溶液中逐渐分解成烯丙基二硫代氨基甲酸酯，降解成二烯丙基四硫化物和五硫化物，这种多硫化物进一步降解成石蜡状烃和硫，产生类似大蒜的气味。

技术指标可参考GB 29980—2013《食品添加剂 异硫氰酸烯丙酯》。

毒性 异硫氰酸烯丙酯对皮肤有强烈刺激性，可强烈刺激人的眼、鼻和咽喉。在浓度高于9×10^{-6}时，刺激性很强，人的耐受程度不超过1min。大鼠急性经口LD_{50} 112mg/kg；小鼠急性经口LD_{50} 308mg/kg；兔子急性经皮LD_{50} 88mg/kg。

抗菌防霉效果 Isshiki等研究了异硫氰酸烯丙酯（AITC）对多种细菌的抑制效果。结果表明，相比革兰氏阳性菌，革兰氏阴性菌对AITC的敏感性更高。Lin等发现，处于指数期细菌比处于稳定期细菌对AITC敏感性更高；同时，通过比较青霉素、链霉素、多黏菌素B以及AITC，认为AITC的作用机制与多黏菌素B更为接近，因为多黏菌素B具有一个亲水性七肽环和一个疏水链，使其具有两性分子的属性，而AITC同样具有两性分子属性，即含有一个极性的末端和一个非极性末端链，这使得AITC可以更容易改变胞膜通透性。

异硫氰酸烯丙酯（AITC）对害虫的作用机制尚未完全建立，也有很多假说提出，一些人认为AITC可以与含硫基团、二硫键、蛋白质的氨基酸、氨基酸残基发生非特异性以及不可逆的结合。Murata等认为，AITC还可诱导DNA损伤。

AITC不仅抑制细菌的生长，还会破坏真菌并阻止其生长，对鼠伤寒沙门氏菌、单核细胞增生李斯特菌、大肠杆菌O157：H7、铜绿假单胞菌、莓实假单胞菌、变形杆菌、金黄色葡萄球菌和藤黄微球菌具有抗菌作用。在100μg/L AITC存在下，扩展青霉、黄曲霉和葡萄孢菌分生孢子的萌发和生长受到抑制。

制备 植物提取和化学合成。其中具有工业化前景的合成途径是以烯丙基卤与硫氰酸盐作为原料，通过液固非均相反应及将溶剂改为乙醇后的均相反应。

应用 异硫氰酸烯丙酯（AITC）是十字花科植物中存在的一种天然组分，广泛存在于辣根、芥菜和山葵等十字花科蔬菜中的天然含硫次生代谢物，早在1962年，美国就将其登记作为农药使用。目前在我国有4个农药登记证号，其中2个母药，1个水乳剂和1个可溶液剂。

异硫氰酸烯丙酯具有杀菌抗癌、止痛消炎、增进食欲等特性，值得一提的是，异硫氰酸烯丙酯具有优异的气相杀菌杀虫性能。

实际应用参考：

异硫氰酸烯丙酯（AITC）分子量很小，化学性质活泼，常温下具有很强的挥发性和刺激性，给使用带来了不便，但同时也是一种气相抗菌防霉剂。彭家华采用分子包结络合法，制备AITC微胶囊剂。该微胶囊剂有一定缓释作用且利用率可提高到80%左右。中国农业大学李健强团队选用高吸附性惰性材料等载体和助剂制备了多种用途的AITC剂型，包括水乳剂，颗粒剂，缓释型颗粒剂，缓释型纸片、块、袋等。

益生菌
(probiotics)

其他名称　益生素、利生素、促生素、微生态制剂、微生态调节剂、活菌制剂

理化性质 狭义上定义为在适当剂量下，给宿主带来健康益处的活生物体。广义上定义为根据微生态学原理而制成的含有大量有益菌的活菌制剂，有的还含有它们的代谢产物或（和）添加有益的生长促进因子，具有维持动、植物和人体及其内、外环境的微生态平衡或调整其微生态失调、提高健康水平和保护环境的功能。

益生菌（芽孢杆菌）抑菌制剂液体应具有均匀一致的外观，无异物、凝块或杂质，无异常变色，无异味。

指标可参考T/GIEHA 059—2023《益生菌（芽孢杆菌）抑菌制剂的技术要求》和

T/CAS 617—2022《益生菌（芽孢杆菌类）空气净化剂、环境清洁剂通用技术要求》。

毒性 对 SPF 级 KM 小鼠急性吸入毒性试验结果为 LC_{50}(2h)＞10000mg/m^3，属于实际无毒级；对 KM 小鼠急性经口毒性试验结果为 LD_{50}＞5000mg/kg，属于实际无毒级；对 SD 大鼠亚慢性吸入毒性试验未观察到有害作用浓度（NOAEL）为 20mg/L。

抗菌防霉效果 益生菌作为新型抗菌材料，具有杀死或妨碍有害细菌、真菌等病原微生物的生长繁殖及其活性的新品类，其防霉抗菌的作用途径主要有以下四种：①竞争占位和营养掠夺，即益生菌可以与同一生存环境的有害微生物竞争生存位点和营养物质，从而限制病原菌在环境中的定植；②产生有益的营养物质和代谢物，益生菌在繁殖过程中产生的多种酶类和辅助因子能辅助瓦解病原微生物的生物膜，达到深层清洁的目的；③产生抗菌活性物质，如抗菌肽、有机酸、细菌素、过氧化氢等，大量的研究表明，由枯草芽孢杆菌、凝结芽孢杆菌等益生菌发酵产生的细菌素对金黄色葡萄球菌、大肠杆菌、沙门氏菌、志贺氏菌、铜绿假单胞菌等多种病原菌均具有较强的抑菌能力，其作用方式主要是通过细菌素与病原菌的脂质Ⅱ结合，阻止脂质Ⅱ参与肽聚糖的合成，进而导致病原菌的细胞壁形成不完全，产生孔隙，致使细菌内外渗透压失衡而死；④调节环境微生态平衡，形成稳定的微生物区系，长期稳定地限制病原微生物的生长和繁殖，构建绿色、环保的社会生态环境。益生菌对环境中常见有害菌的作用效果见表 2-344。

表 2-344 益生菌对一些有害菌的作用效果

益生菌	作用表面	有害菌	作用效果
益生菌清洁卫生系统	地板、水槽、脚板	葡萄球菌属、肠杆菌属、不动杆菌属、霉菌、绿脓杆菌	作用物表面病原体减少 83%以上
枯草芽孢杆菌、短小芽孢杆菌、巨大芽孢杆菌	地板、水槽	常见的细菌、医院里的细菌	比常规方法减少 90%以上
枯草芽孢杆菌	地板、水槽、厕所门、淋浴、马桶	金黄色葡萄球菌、大肠杆菌、绿脓杆菌、念珠菌属	病原微生物负荷减少 80%以上
芽孢杆菌属	窗台、水槽(全部由石头、塑料、木材、玻璃和金属制成)	大肠菌群、金黄色葡萄球菌、艰难梭菌、白念珠菌	表面的病原微生物负荷减少 50%～89%
芽孢杆菌属	厕所、地板、走廊地板	大肠菌群、金黄色葡萄球菌、白念珠菌、不动杆菌属、绿脓杆菌	病原微生物细胞减少约 90%
嗜酸乳杆菌	地板	金黄色葡萄球菌、表皮葡萄球菌生物膜	病原微生物减少约 5%～56%
嗜热链球菌	硅胶、橡胶	大肠菌群、金黄色葡萄球菌、白念珠菌、不动杆菌属	病原细菌黏附减少 97%
乳酸乳球菌	硅胶、橡胶	金黄色葡萄球菌、白念珠菌、表皮葡萄球菌、唾液链球菌	致病菌的黏附减少

续表

益生菌	作用表面	有害菌	作用效果
嗜热链球菌、乳酸乳球菌	硅胶、橡胶	金黄色葡萄球菌、白念珠菌、表皮葡萄球菌、唾液链球菌	表面病原微生物数量显著减少
乳杆菌、嗜热链球菌	硅胶、橡胶	念珠菌属、链球菌属、葡萄球菌属	表面病原体数量减少

制备 菌株活化→种子液制备→发酵培养。

应用 益生菌是一种对人体有益的微生物，主要应用于以下几个领域：

① 农业。Djaenuddin 等研究结果表明，枯草芽孢杆菌制剂可以抑制玉米植株茎部和种子上轮枝镰刀菌的发病率，抑制率可达到 53.49%。秦楠等通过根施枯草芽孢杆菌以探究其对藜麦霜霉病的防治效果。结果表明，经枯草芽孢杆菌处理后的藜麦苗鲜质量和茎长分别比未经处理的对照组提高 54.5%、24.2%，穗长和干粒质量分别比对照组提高 20.4%、29.1%。

② 养殖业。有关研究表明，乳酸菌作为一种常用微生态制剂，在肠道中能为宿主提供多种酶类，可有效分解有机大分子，提高饲料消化率，抑制腐败菌生长，减少动物粪便中含氮有机质含量，以致大大减少 H_2S、NH_3 等臭源物质产生，减少蚊蝇类害虫的滋生，从而改善畜禽养殖环境。

③ 环境应用。D. Accolti 等以常规的消毒产品（70%酒精或 0.5%次氯酸钠）和益生菌清洁剂（以芽孢杆菌为主，其中每毫升产品中的芽孢杆菌含量超 1000 万）为对象，研究不同消毒或清洁产品对多种包膜病毒的灭活能力。这份研究报告表明，益生菌清洁剂在物体表面使用 1～2h 后，对病毒仍有 99.99%的灭活率，且在应用后的 24h 内仍具有杀灭包膜病毒的能力，而常规消毒剂仅在使用 1～2h 后就不再具有消毒能力。

④ 皮肤创伤护理。Sabio 等开发了一种含有益生菌（木质醋杆菌、发酵乳杆菌、格氏乳杆菌）的纤维素生物材料，他们通过抗菌实验证实，益生菌纤维素能大大降低金黄色葡萄球菌和铜绿假单胞菌的存活率，而这两种病原体是严重的皮肤感染和慢性伤口中最活跃的病原体。Fayed 等利用凝结芽孢杆菌和氧化锌纳米颗粒进行生物合成，并将合成的氧化锌纳米材料进行抗菌实验，结果显示，该生物材料对革兰氏阳性菌、革兰氏阴性菌及病原真菌均有较强的抑菌活性，对金黄色葡萄球菌和铜绿假单胞菌的最低抑制浓度分别为 500μg/mL 和 800μg/mL，对白念珠菌的最低抑制浓度为 600μg/mL，其抑菌效果均大于标准抗菌药物青霉素。

⑤ 预防口腔疾病。Stensson 等在母亲妊娠最后 1 个月及新生儿 1 岁前，以椰子花生复合油为载体，给予罗伊氏乳杆菌作为干预。等这些儿童 9 岁时再次复查，发现干预组 82%的儿童没有出现龋齿，而空白组的儿童只有 58%的概率没有出现龋齿。Shi 等汇总分析了 43 项关于益生菌对儿童龋齿治疗的疗效报道。分析结果表明，使用益生菌治疗可显著减少儿童龋齿的发病概率，此外，采用益生菌干预后，儿童口腔内的唾液变异链球菌数量减少，而乳酸杆菌数量增加。由此，我们可以得出，益生菌（尤其是乳酸杆菌）可作为一种很有前景的治疗策略，应用于儿童龋齿

的临床治疗。

⑥ 纺织业。Niehaus等采用丝网印花的方法，将益生菌制剂印花在涤纶织物上，并考察了反复洗涤对益生菌活力的影响。结果指出，采用丝网印花的方法将益生菌制剂印花在涤纶织物上是可能的，该织物在洗涤3次以后，仍然能够观察到一些益生菌的存在。Dural-Erem等采用了一种溶胶-凝胶浸涂法将益生菌孢子掺入聚酯机织物表面，并研究了它们在纺织层表面的活力。结果表明，即使经过重复洗涤循环后，涂层纺织品上仍能生长出足够数量的活细菌，因此该益生菌纺织技术可用于医疗环境中对抗病原体的生长与繁殖。

⑦ 食品包装。Pereira等研究了添加益生菌（动物双歧杆菌、乳杆菌）的可食用薄膜在切片火腿保鲜中的抗菌效果。实验结果表明，含有益生菌菌株的可食用薄膜可以抑制葡萄球菌、假单胞菌、肠杆菌科和酵母/霉菌的生长，从而使切片火腿在该薄膜的保护下保质期长达45d。Mozaffarzogh等制备了含有嗜酸乳杆菌、罗伊氏乳杆菌、干酪乳杆菌、鼠李糖乳杆菌和双歧杆菌的羧甲基纤维素-酪蛋白酸钠薄膜，并评价其在鳟鱼鱼片冷藏过程中的抗菌情况以及鳟鱼鱼片的品质特性，研究结果表明，与对照组相比，益生菌膜直到储藏末期都会抑制鱼片微生物的生长，这可使鳟鱼鱼片的保质期延长至少2周。

鱼精蛋白（Pro）
（protamine）

其他名称　硫酸鱼精蛋白（protamtne sulfate，PS）、精蛋白盐

CAS号　[9012-00-4]

EC编码　[232-726-0]

理化性质　鱼精蛋白（Pro）是一种碱性蛋白质，其主要组成为多聚阳离子肽，存在于各类雄性动物的成熟精巢组织（鱼白）中，一般与核酸紧密结合，以核精蛋白的形式存在。通常情况下仅由30个左右的氨基酸缩合而成，以精氨酸为主，分子量大多小于10000，等电点为10～12（穆云龙等，2006）。

按碱性氨基酸组成分类，鱼精蛋白可分为3类：第一类单鱼精蛋白，碱性氨基酸只有精氨酸；第二类双鱼精蛋白，碱性氨基酸含有精氨酸和组氨酸与赖氨酸其中的一种；第三类三鱼精蛋白，含有精氨酸、组氨酸和赖氨酸三种碱性氨基酸。大多数鱼精蛋白不是单一组成，而是由多种性质相近的蛋白共同组成的混合物，不同鱼种的鱼精蛋白的碱性氨基酸占比不同。

毒性　毒理实验证明，鱼精蛋白实际无毒、弱蓄积性，无染色体畸变作用（包括体细胞染色体畸变和生殖细胞染色体畸变），也无基因突变作用。因此可以认为，鱼精蛋白是一种对人体无害，高度安全，具有很高营养性和功能性的新型食品防腐剂。

抗菌防霉效果　鱼精蛋白的抑菌机理主要有三种解释：第一种破坏菌体细胞壁或细胞膜结构；第二种作用于细胞内部的核酸和蛋白质；第三种抑制菌体内能量相关酶的活性（朱燕莉等，2021）。

鱼精蛋白能够抑制多种好氧菌和厌氧菌的呼吸和代谢，从而影响其生长繁殖。至今，科研工作者已发现鱼精蛋白具有广谱抑菌活性，包括革兰氏阳性菌、革兰氏阴性菌、酵母菌和霉菌。进一步研究发现：

① 鱼精蛋白对革兰氏阳性、革兰氏阴性菌生长都有较强的抑制作用，在 pH 7.0 时，对革兰氏阴性菌的最低抑制浓度（MIC）小于 1000mg/L，对革兰氏阳性菌（金黄色葡萄球菌）的最低抑制浓度小于 500mg/L。研究结果还表明，随着 pH 值的升高，鱼精蛋白对细菌的最低抑制浓度逐渐降低。因此，鱼精蛋白在偏碱性条件下的抑菌能力较强。

② 鱼精蛋白对真菌具有一定的抑制作用，对酵母的抑菌效果相对较好。在 pH 7.0 时，鱼精蛋白对酵母菌和霉菌的最低抑制浓度均小于 1000mg/L；pH 5.5 时，对霉菌的最低抑制浓度均大于 1000mg/L。随着 pH 值的升高，鱼精蛋白对真菌的最低抑制浓度逐渐降低，这与鲑鱼鱼精蛋白的抗菌特性一致。

③ 鱼精蛋白的热稳定性较高，在 210℃加热 90min 仍有一定的活性。

制备　鱼精蛋白的主要获取方式为提取和纯化。

应用　1870 年，瑞士科学家首次从莱茵河鲑鱼精巢中得到一种含氯化合物，将其命名为“鱼精蛋白”，亦可以称为抗菌肽。1931 年，Uyttendaele 等首次报道了鱼精蛋白的抑菌活性，因其来源于食物，成为绿色食品防腐剂的首选。

基于良好的结合肝素的能力，鱼精蛋白硫酸盐成为体外循环心脏手术中唯一对抗肝素的药物，在临床上广泛用于抗凝血剂的解毒剂。鱼精蛋白还具有抗疲劳、助呼吸、促消化、降血压、抑制肿瘤生长等重要生理功能。

实际应用参考：

鱼精蛋白也可与其他防腐剂结合使用，减少化学防腐剂的使用量，降低潜在食品安全隐患。王陆玲等用鱼精蛋白与山梨酸钾复配，结果表明二者复配优于单独使用，且在 1%的质量分数下即具有良好防腐功能。鱼精蛋白可以与醋酸、甘氨酸、苯甲酸钠等化学防腐剂复配，也可以与其他天然防腐剂，如迷迭香、香芹酚等复配，均能够延长食品的保质期。

第 3 章 抗菌防霉步骤和试验方法

3.1 抗菌防霉工作的步骤

近年来，工业抗菌防霉剂的品种愈来愈多，应用愈来愈广，研究也愈来愈深。但在抗菌防霉剂的使用过程中难免会出现这样或那样的问题。要真正解决工业材料或制品的霉腐问题，将抗菌防霉剂推向工业领域的实际应用，则必须遵循一定的工作步骤。

3.1.1 霉腐微生物的调查

这是非常重要的工作，但往往被忽视。由于微生物种类繁多，习性各异，因此，生长在各种不同工业材料或制品上的微生物种类亦不相同。换言之，各种工业材料或制品中的污染菌的品种不一样。例如：在乳胶涂料中繁殖的微生物主要是细菌，包括假单胞杆菌、海生黄杆菌、黄色八叠球菌、蕈状芽孢杆菌等，而在涂膜上生长的微生物主要是霉菌，包括出芽短梗霉、蜡叶芽枝霉、黑曲霉、集团茎点霉、交链孢霉等。尽管从发霉的皮革表面分离到几十种霉菌，但是引起皮革发霉的主要霉菌是青霉和曲霉。使金属加工液腐败发臭的微生物主要是一些生命力很强的细菌，还有少数霉菌和酵母菌，如假单胞杆菌、普通变形杆菌、大肠杆菌、去硫弧菌、枯草芽孢杆菌、镰刀菌、曲霉、青霉、红酵母等。导致光学仪器发霉的主要霉菌包括灰绿曲霉、萨氏曲霉、杂色曲霉、文氏曲霉、土曲霉、橘青霉、黄青霉、芽枝霉、毛壳霉、根霉、毛霉等。石油注水系统的微生物主要是一些生命力很强的细菌，如硫酸还原菌、铁细菌、硫细菌、假单胞杆菌等。

由于不同品种的微生物对某种药物的敏感性不一样，即某种药物对不同品种的微生物具有一定的专一性，因此，依靠一种或几种药物来解决不同工业材料或制品的霉腐问题是不可能的。搞清楚某种工业材料或制品上霉腐微生物的种类，为筛选合适的抗菌防霉剂，解决产品的霉腐问题提供了依据，做到有的放矢，对症下药。

霉腐微生物调查的一般过程如下所述：

(1) 采样　使用灭菌的磨口玻璃试剂瓶、大试管或小锥形瓶和采样工具，到现场取样（最好取微生物数量多的霉腐样品），放入带冰块的保温瓶内，带回实验室，置于冰箱内待检。

（2）分离 使用灭菌的细菌培养基或霉菌培养基，根据污染程度的大小，亦即霉腐菌的多少，用无菌水稀释若干次，于适宜温度下培养一定时间，待污染菌菌落明显出现为止。在无菌室内，于火焰旁，用接种针（环）挑取各菌落于培养基斜面中再培养。最后将长好的斜面保存于冰箱备用。

（3）鉴定 微生物种类的鉴定是一项烦琐和费时的工作，一般由专业机构完成，因为要借助显微镜做形态观察和进行各种生理生化试验。通常情况下，应用单位就不必进行此项工作，只要将分离到的各种微生物编号保藏即可，同样可供抗菌防霉剂的筛选试验之用。当然，如果一定要知道某种污染菌的确切名称，则可委托专业机构完成。

3.1.2 实验室供试微生物

（1）霉菌 黑曲霉（*Aspergillus niger*）、黄曲霉（*Aspergillus flavus*）、变色曲霉（*Aspergillus versicolor*）、橘青霉（*Penicillium citrinim*）、宛氏拟青霉（*Pacilomyces varioti*）、蜡叶芽枝霉（*Cladosporium herbarum*）、绿色木霉（*Trichoderma viride*）、球毛壳霉（*Chaetomium globasum*）。

（2）细菌 巨大芽孢杆菌（*Bacillus megaterium*）、大肠杆菌（*Escherichia coli*）、金黄色葡萄球菌（*Staphylococcus aureus*）、枯草芽孢杆菌（*Bacillus subtilis*）、荧光假单孢杆菌（*Pseudomonas fluorescens*）。

（3）酵母 酒精酵母（*Klocckeria Janke*）、啤酒酵母（*Saccharomyces cereuisiae*）。

（4）其他常见菌 交链孢霉（*Alternaria* sp.）、毛霉（*Aetinomucor elegans*）、根霉（*Rhizopus* sp.）、出芽短梗霉（*Aureobasidium pullulans*）、铜绿假单胞杆菌（*Pseudomonas aeruginosa*）、白色念珠菌（*Candida albicans*）。

3.1.3 抗菌防霉剂的筛选

由于工业抗菌防霉剂种类繁多，性质各异，要选择某种或某几种药物来解决工业材料或制品的霉腐问题，就必须对众多的抗菌防霉剂进行一系列筛选试验。

对抗菌防霉剂的要求：作为一种理想的抗菌防霉剂，必须符合高效、广谱、低毒、长效、稳定、互溶性良好、价格适中、货源充沛等要求。还要考虑到色泽、气味、腐蚀性、溶解性等因素。当然，要完全满足上述各种要求是相当困难的。因此在实际使用时，可采用两种或两种以上药物的复配技术，扬长避短，协同作用。

（1）初筛 目前使用的工业抗菌防霉剂有几百种，首先要对各种抗菌防霉剂的物理化学性质有个基本的了解，从中选取所要解决的工业材料或制品霉腐问题之药物。其次要对所选取的药物做抗菌防霉效果的试验。对此十分重要，不然就不能有针对性地寻找到具有良好的抗菌防霉效果的药物。初筛一般采用平板抑菌圈法，初步考察药物对混合细菌、混合霉菌或混合酵母菌的抑杀能力的大小。进而选择抑菌圈大的，也就是抗菌防霉能力强的药物进行进一步复筛试验。

（2）复筛 在对混合细菌、霉菌或酵母菌初筛的基础上，用最低抑制浓度法

(MIC 法)，对各种微生物做最低抑制浓度的检测试验，从而了解各种药物抗菌防霉效果，为抗菌防霉剂在某种工业材料或制品中的应用提供必要的依据。某种药物对各种微生物的 MIC 数据是不一样的，此即为某抗菌防霉剂对某种或某几种微生物效果不好的原因。

① 添加试验。也叫互配试验，即将筛选到的抗菌防霉剂或复配物以一定比例添加到工业材料或制品中。试验者必须熟悉工业材料或制品的制造工艺，以能掌握添加到某一道工序。添加的抗菌防霉剂既要能够解决霉腐问题，又不能影响材料或制品的性能和质量，否则效果再好的抗菌防霉剂工厂也不会使用。例如：当抗菌防霉剂添加到乳胶涂料中后，是否应关注影响涂料的白度？是否破乳而使涂料引起分层、结块？当抗菌防霉剂添加到树脂塑料中时，是否能耐高温？是否会产生难闻的气味？是否影响树脂塑料的颜色？当抗菌防霉剂添加到金属加工液时，pH 是否匹配？是否对机械设备起腐蚀作用？当抗菌防霉剂用于木材防腐时，是否能够抗流失？是否使木材颜色变深？这些均必须予以考虑和关注。

② 挑战试验。就是在已添加抗菌防霉剂的工业材料或制品中加入一定量的供试微生物悬浮液，混合均匀后于适宜温度下考验一定的时间，定期观察样品中微生物的繁殖情况，从而判断所添加的抗菌防霉剂能否有效地解决产品的霉腐问题。作为供试微生物，如无特殊要求，则使用实验室常规试验菌（混合细菌、混合霉菌或混合酵母菌），如有特殊要求，可使用从某种工业材料或制品中分离到的污染菌，也可以两组菌同时使用。每 100g 样品中加入 1mL 菌悬液，含菌量为 10^8cfu/mL。考验时间为 28d，期间每 7d 检查一次，一般情况下，第 7d、14d、21d 可使用平板划线培养法检菌，用“－、＋、＋＋、＋＋＋”来表示菌的有无或多少。第 28d 时，进行活菌计数。诚然，经过 28d 考验后，样品中的菌越少越好，说明抗菌防霉剂发挥了作用；如果样品中的菌越来越多，则说明所加入的抗菌防霉剂及其配方效果不好，应重新筛选。本试验适合于化妆品、洗涤剂、乳胶涂料、胶黏剂、纺织助剂、金属加工液、造纸纸浆、墨水墨汁、循环水、油田注水等。

③ 培养皿试验。就是将添加过抗菌防霉剂的样品裁剪成一定要求的大小，置于固体平板培养基的中央，然后喷洒上霉菌孢子悬浮液（10^8cfu/mL）于（28±1)℃考验一定的时间，每 7d 检查一次，28d 结束试验。长霉程度可用“－、＋、＋＋、＋＋＋”来表示，28d 后最好为“－”，即未长霉。许多工业产品的耐霉要求可参照国家标准或行业标准。本法适用于皮革、塑料、橡胶、涂料、纺织品、铜版纸、帆布、漆布、漆纸、电线、电缆、木材、竹木草藤制品、工艺美术品等。

④ 湿室悬挂试验。就是将添加过抗菌防霉剂的样品裁剪成一定要求的尺寸，悬挂于一定湿度和温度的恒温恒湿箱中，喷洒上霉菌孢子悬浮液，孢子悬浮液浓度为 10^8cfu/mL。考验时间为 28d，期间每 7d 观察一次。长霉程度可用“－、＋、＋＋、＋＋＋”来表示。试验结束时长霉程度最好为“－”，即未长霉。许多产品的耐霉性要求都有国家标准或行业标准。本法适合对象同③。

⑤ 土壤埋没试验。就是将添加过抗菌防霉剂的样品埋入土壤中，考验一定的

时间，利用土壤微生物的作用来考验样品的耐蚀性。考验时间一般有3个月、6个月、9个月、12个月。耐蚀情况的评定通常用抗张强度的降低或材料的失重来表示。本法适用于接触土壤的工业产品，例如：电线、电缆、帆布、工程塑料、景观木等。

⑥ 应用试验。将通过一系列筛选试验所得到的抗菌防霉剂配方添加到需要解决霉腐问题的工业材料或制品中，进行生产化应用试验。同时定批次抽取样品，带回实验室进行抗菌防霉效果及其他性能检测。一般情况下，三批次产品合格即可视为工艺稳定。另外，跟踪服务非常重要，因为工业产品在制造过程中会遇到这样或那样的问题，加上环境条件的变化，有的会影响到产品的抗菌防霉效果。发现问题，及时改进。

3.2 抗菌防霉试验的有关方法

3.2.1 玻璃器皿等的清洗和消毒

微生物试验所用的玻璃器皿必须能耐高温，经得起高压灭菌。玻璃器皿的清洁、灭菌工作也是防霉研究的重要环节。如不严格掌握，不仅会影响培养基的质量和微生物检验的正确性，而且会使工作人员受到致病菌污染，并给下水道及周围环境带来污染。下面介绍怎样做好玻璃器皿的清洁和灭菌工作。

3.2.1.1 玻璃器皿的清洁

新购的培养皿、试管、吸管、烧杯、锥形瓶等玻璃器皿，先用水冲洗，然后放在5%的碱溶液内洗刷，再于3%的盐酸溶液内中和，最后用水冲洗，晾干（或烘干）即可。

培养（或污染）过微生物的玻璃器皿，在洗涤前必须进行消毒。一般用高压灭菌，也可用常压煮沸或其他化学药品消毒。高压灭菌法消毒彻底且省时，一般于$1kgf/cm^2$（$1kgf/cm^2=0.098MPa$）压力下灭菌30～45min即可。用常压煮沸或化学药品法消毒则需要更长的时间。消毒后，去除培养基的污染物，然后用水冲洗一次，再在肥皂水中洗刷，最后用水冲洗干净，晾干（或烘干）即可。

若遇有不易洗刷干净的玻璃器皿，则可用硫酸重铬酸钾洗液浸泡后再清洗。其配方：粗硫酸900mL，重铬酸钾（粗制）100g，自来水100mL。先将自来水和重铬酸钾置于烧杯中，加热熔化，待冷后，以细流加入硫酸中即可。

若玻璃器皿上有橡皮胶、封蜡、凡士林等物时，应另外处理，然后再按上述清洗过程洗涤。

3.2.1.2 玻璃器皿的灭菌

微生物试验中所用到的玻璃器皿都可以采用高压灭菌。清洗干净的玻璃器皿晾干（或烘干）后分别进行封口、包扎，然后灭菌。

培养皿一般用牛皮纸包裹（10套/包），用纸扎牢，或装入特制的铝皮盒及皮套铜丝篮内。试管应先加棉花塞（用脱脂棉），棉塞的大小松紧要适宜，以使操作时易于拔取和塞回。然后装进试管筐内，上面包以牛皮纸。吸管管口应先塞以少许棉花，以免使用时不慎将微生物吸入口中或球内。然后每支吸管都先用薄纸包卷，每10支用牛皮纸包扎好。锥形瓶用绒布（或几层纱布）和牛皮纸将瓶口包扎好。其他玻璃器皿（如针筒、刮棒、玻璃棒等）也都要用牛皮纸包裹后再进行灭菌。

准备工作做好后，置高压灭菌器内，于1kgf/cm^2压力下消毒45min左右即可。灭菌后取出，烘干备用。

3.2.2 培养基的配制与灭菌

3.2.2.1 培养基的配制

抗菌防霉工作需要对微生物进行观察、分离或培养。微生物培养需要合适的营养条件（培养基）、pH和温度等，在此把培养基配制和灭菌做简要介绍。

（1）培养基成分的组成　培养基成分的组成可以视微生物种类和工作目标而选择，在有关微生物的手册或实验指导的书中可以查到。

（2）培养基的形式　培养基的形式可分为固体培养基和液体培养基，在具体使用中要视实验的目的而定。

固体培养基通常是指琼脂凝固而成的培养基，其营养成分可与液体培养基相同。因为琼脂糖一般不为微生物利用，仅仅起了支持体的作用。

（3）培养基配制的方法和操作步骤

① 物料称量。明确培养基的组成部分，根据需要配制的量计算好各成分的质量，写成表格或在记录簿上分项写明，然后逐一称取。同时，需做好记录，以便今后备查、备考。

② 溶解。一般情况下，可几种药品和原料一起放入烧杯调匀，并定容到需要的体积。但有时也需要分别先后加入，如磷酸盐和钙盐配在同一个培养基内时，因为钙盐、镁盐一类药品易与磷酸盐在一起形成结块、沉淀，故宜依次加入。

③ 调节pH。微生物生长需要合适的pH，通常用1mol/L的NaOH、1mol/L的HCl或0.5mol/L的H_2SO_4调pH，调时要慢慢滴入并搅拌，不断用pH试纸检测是否调到了所需的pH范围，也可用pH计进行测定。总之，视工作条件和要求而定。

④ 加热溶解。特别是配制固体培养基，一般是加入2%左右的琼脂，琼脂加热会熔化，使液体变成均匀的胶体溶液，再冷却时便慢慢变成凝胶体。加入琼脂后，必须不断搅拌，以免琼脂粘底烧焦。

⑤ 过滤。一般来说，培养基配好后要过滤，滤去不溶物或块状物。过滤必须趁热进行，一般用3～4层纱布作滤层。

⑥ 分装。按照试验要求，分装进试管、培养皿或锥形瓶。分装进试管的，一般只装到试管的1/5；装入培养皿的，通常铺满皿底即可；装入锥形瓶的通常是液体培养基，一般只装到瓶的一半以下。

⑦ 加棉花塞或纱布、绒布扎口。培养基配好后，应在试管口或锥形瓶上加棉塞，其作用有二：一是阻止微生物进入；二是保证有良好的通气，使微生物能不断地获得无菌空气。因此棉塞质量的好坏对实验的结果至关重要。一只好的棉塞外形

似未开伞的蘑菇，松紧很相宜。加塞时，塞的3/5在口内，2/5在口外。有时为了通气条件更好，例如做摇瓶时，便不用棉塞，而是用纱布6～8层或绒布（1层）扎在瓶口上。这种包扎，也称为“通气塞”。

⑧ 包扎。棉塞或通气塞塞好后，试管扎成捆，在棉塞的外面包上一层牛皮纸，以防灭菌时冷凝水浸湿棉塞和灭菌后的灰尘侵入，再用棉绳扎好，挂上标签，注明培养的名称及配制日期。

⑨ 灭菌。一般情况下，培养基配制好后应立即灭菌。不及时灭菌，应放入冰箱内保存。有关灭菌的方法，见后面的叙述。

⑩ 定形。固体培养基温度降到一定程度便凝聚成形，所以灭菌后要按照需要放成一定的角度，例如茄子瓶和试管斜面。试管斜面，一般是用一根玻璃棒把一头垫高，搁置成一定的斜度即成。

3.2.2.2 几种常用的培养基配方

(1) 麦芽汁培养基（适于霉菌和酵母菌）

麦芽汁　　5°Bé（9°Bx）

琼脂　　2%

调节pH 5左右

(2) 马铃薯培养基（适于霉菌）

马铃薯浸液　　20%

葡萄糖　　2%

调节pH 5左右

(3) 蛋白胨-牛肉膏培养基（适于细菌）

蛋白胨　　1%

牛肉膏　　0.5%

氯化钠　　0.5%

琼脂　　2%

调节pH 7.2左右

(4) 察氏（Czavpek）培养基（适于霉菌）

硝酸钠　　0.2%

磷酸氢二钾　　0.1%

氯化钾　　0.05%

磷酸镁　　0.05%

硫酸铁　　0.001%

蔗糖　　3%

(5) 梅伊尔（Meyer）培养基（适于霉菌和细菌）

蔗糖　　5%

磷酸钙　　0.25%

硝酸铵　　1%

硝酸镁　　0.25%

磷酸二氢钾　　0.5%

(6) 海纳保格（Henneberg）培养基（适于霉菌）

① 蔗糖	10%
硫酸镁	0.05%
硝酸钾	0.2%
氯化钙	0.01%
磷酸二氢钾	0.1%
② 蔗糖	10%
蛋白胨	1%
硝酸钾	0.2%
磷酸二氢钾	0.2%
硫酸镁	0.05%
氯化钙	0.01%

(7) 海伊达克（Hayduck）培养基（适于酵母菌）

蔗糖	10%
磷酸二氢钾	0.1%
天门冬氨酸	0.25%
硫酸镁	0.3%

(8) 梅伊尔（Meyer）培养基（适于酵母菌）

蔗糖	15%
硫酸镁	0.25%
酒石酸铵	1%
磷酸钾	0.5%
磷酸钙	0.08%

(9) 海钠保格（Henneberg）培养基（适于酵母菌）

① 蔗糖	15%
磷酸二氢钾	0.5%
碳酸钙	0.5%
天门冬氨酸	0.3%
硫酸镁	0.2%
② 蔗糖	15%
蛋白胨	0.5%
磷酸二氢钾	0.5%
碳酸钙	0.5%
硫酸镁	0.2%

(10) 康氏（Cohn）培养基

酒石酸铵	1%
磷酸氢钙	0.5%
硫酸镁	0.25%
磷酸钾	0.5%

（11）弗兰开尔（Frankel）培养基（适于细菌）

天门冬氨酸钠	0.4%
乳酸铵	0.6%
氯化钠	0.5%
磷酸氢二钾	0.2%

（12）Wolfie 培养基（适于霉菌和细菌）

蔗糖	7.5%
磷酸氢二钾	0.5%
天门冬酰胺	1%
硫酸镁	0.25%

（13）Veirijski 培养基（适于霉菌和细菌）

蔗糖	4%
磷酸氢二钾	0.004%
硫酸镁	0.024%
尿素	1%
硫酸钾	0.002%
硫酸锌	0.006%
硅酸钾	0.006%

（14）Leonian 培养基

干麦芽浸渍物	0.625%
麦芽糖	0.625%
蛋白胨	0.0625%
硫酸镁	0.0625%
磷酸二氢钾	0.125%

（15）Hansen 培养基（适于细菌）

胨	0.1%
麦芽糖	0.59%
磷酸二氢钾	0.03%
硫酸镁	0.02%

细菌一般要求中性至微碱性（即 pH 7～8），霉菌和酵母菌一般要求偏酸性（即 pH 4～6），对此要根据具体情况调节 pH 值。如要求培养有特殊营养要求的微生物（如乙酸菌、丙酸菌、乳酸菌等），则需要分别采用特殊培养基。

配制培养基的麦芽汁，可到附近的啤酒厂购买，也可以自己制备，方法如下：

取大麦芽粉 1kg，加水 3L，60℃保温，使其自行糖化，直到液体中无淀粉反应为止（检查方法：取糖化液 0.5mL，加碘液 2 滴，如无蓝紫色出现，即表示糖化完全）。然后过滤，加 2～3 个鸡蛋清（有助于麦芽汁的澄清）、搅拌均匀、煮沸、再过滤，滤液即为麦芽汁，加水稀释至 10°Bé 左右，备用。调制麦芽汁浓度时，用波美表或勃力克斯表均可，两者关系如表 3-1 所示。

表 3-1　波美表与勃力克斯表的换算

°Bé	相对密度	°Bx	°Bé	相对密度	°Bx
1	1.007	1.8	24	1.200	43.9
2	1.015	3.7	25	1.210	45.8
3	1.022	5.5	26	1.220	47.7
4	1.028	7.2	27	1.231	49.6
5	1.036	9.0	28	1.241	51.5
6	1.043	10.8	29	1.252	53.5
7	1.051	12.6	30	1.263	55.4
8	1.059	14.5	31	1.274	57.3
9	1.067	16.2	32	1.286	59.3
10	1.074	18.0	33	1.297	61.2
11	1.082	19.8	34	1.309	63.2
12	1.091	21.7	35	1.321	65.2
13	1.099	23.5	36	1.333	67.1
14	1.107	25.3	37	1.344	68.9
15	1.116	27.2	38	1.356	70.8
16	1.125	29.0	39	1.368	72.7
17	1.134	30.8	40	1.380	74.5
18	1.143	32.7	41	1.392	76.4
19	1.152	34.6	42	1.404	78.2
20	1.161	36.4	43	1.417	80.1
21	1.171	38.3	44	1.429	82.0
22	1.18	40.1	45	1.442	83.8
23	1.190	42.0	46	1.455	85.7

3.2.2.3　培养基的灭菌

培养基的灭菌分干热灭菌、湿热灭菌、火焰灭菌和药物灭菌，此处着重介绍湿热灭菌法。

试管、烧瓶、培养皿、漏斗等玻璃器皿及金属用具等可施行干热灭菌。先用水洗涤干净，待干燥后，塞上棉花塞或绒布、牛皮纸等包扎好，置干热灭菌器（常用电热干燥箱），用电热丝加热至 150～170℃，约保持 1～2h。用这样的高温处理以后，附着在玻璃器皿上的微生物完全被杀灭，器皿即成为无菌状态。一般微生物的营养细胞在 100℃的温度下干热 1～2h 即能死亡，而芽孢菌则需要 140℃以上的干热才能完全被杀灭。

在同样条件下，湿热灭菌比干热灭菌的效果好，这是因为蒸汽的穿透力强。湿热灭菌有高压法和常压法两种。有条件的地方一般采用高压法。湿热灭菌主要是杀灭培养基及其他试料的微生物，也可用于玻璃器皿或其他用具的灭菌。培养基灭菌时，通常采用的压力为 $1kgf/cm^2$，维持 20～30min。根据培养基的种类和数量，灭菌压力可适当提高，灭菌时间可适当延长。例如，培养基是纤维之类的物质，容器的装液量又较多时，需提高压力或延长时间。但对含葡萄糖等的培养基则必须降低压力和温度，延长灭菌时间，因为高温易使培养基中的糖分破坏。

各类物品灭菌时所需时间、温度和压力可参考表 3-2。

表 3-2　灭菌所需时间、温度和压力参考表

物品种类	保温时间/min	蒸汽压力/(kgf/cm^2)	饱和蒸汽的相对温度/℃
橡胶类	15	1.05～1.1	121
敷料类	30～45	1.05～1.4	121～126
器皿类	30～45	1.05～1.4	121～126
器械类	15	1.05～1.4	121～126
瓶装溶液类	20～40	1.05～1.4	121～126

需要注意的是，灭菌时必须先将器内的空气排放干净，否则尽管压力到了所规定的数值，但还是达不到所需要的温度。

微生物的耐热性与许多因素有关，例如：微生物细菌的耐热性伴随着温度和水分的减少而增高。有脂肪存在的场合，微生物的耐热性增大。盐类对微生物耐热性的影响根据盐类的种类和浓度而不同。悬浊溶剂中，一旦有糖存在时，菌的耐热性就增大。一般来说，微生物在发育的最适 pH（例如，细菌在 pH 7～8）时耐热性最强。蛋白质含量高的基质比蛋白质含量低的基质杀菌处理困难，因为蛋白质对微生物显示出保护效应。菌的数目也影响杀菌效果，菌数增加时，耐热性似乎变得强起来，这是因为菌在增殖过程中产生各种菌体外的排泄物，其中蛋白质之类的东西较多，其结果也显示出保护作用。菌体的细胞新老也影响到灭菌的效果。细菌细胞发育的休止期，即所谓老的细胞，耐热性强，在对数期增殖时期则抵抗力弱。微生物的耐热性随着培养温度的提高而增大。另外，还受到加热温度与时间的影响，一般来说，加热时间长杀菌效果也好，温度越高杀菌效果越好。

温度与压力的关系见表 3-3。

表 3-3　温度与压力的关系

压力/lbf	摄氏温度/℃	华氏温度/℉	压力/lbf	摄氏温度/℃	华氏温度/℉
0	100.0	212.0	16	122.0	251.6
1	101.9	215.4	17	123.0	253.4
2	103.6	218.4	18	124.1	255.4
3	105.3	221.5	19	125.0	257.0
4	106.9	224.4	20	126.0	258.8
5	108.4	227.1	21	126.9	260.4
6	109.4	229.6	22	127.8	262.0
7	111.3	232.3	23	128.7	263.7
8	112.6	234.7	24	129.6	265.3
9	113.9	237.0	25	130.4	266.7
10	115.2	239.4	26	131.3	268.3
11	116.4	241.5	27	132.1	269.8
12	117.6	243.7	28	132.9	271.2
13	118.8	245.8	29	133.7	272.7
14	119.9	247.8	30	134.5	274.1
15	121.0	249.8			

注：1. 表中温度指饱和蒸气压的温度。

2. 1lbf=4.44822N，余同。

3.2.3　微生物的接种

接种是微生物技术中最基本的操作之一，接种技术在微生物的分离纯化、生理生化等试验中都非常重要。由于接种的目的不同，所采用的接种方式也不同，接种可分成斜面接种、穿刺接种和三点接种等。选择正确的接种方法，对于微生物的分离、纯化、增殖和鉴别都有重要作用。因接种方法的不同，常常采用不同的接种工具，如接种环、接种针、移液管和涂布棒等。

在接种过程中，必须进行严格的无菌操作。无菌操作一般是在无菌室或接种箱内进行，并靠近煤气灯（或酒精灯，一般用酒精喷灯）的火焰操作。有条件的也可在超净工作台上操作。

3.2.3.1　斜面接种

斜面接种是从已生长好的菌种斜面上挑取少量菌种，把它移接到另一支新鲜斜面培养基上的一种接种方法。具体操作如下：

步骤一，手持试管，在左手的食指、中指和无名指之间分别夹上菌种和待接斜面（斜面向上），并斜放使之近水平状态。

步骤二，旋松棉塞，先用右手将棉塞旋松，以便拔出。

步骤三，右手拿接种环（如握钢笔样），在火焰上先将环烧红灭菌，然后将有可能伸入试管的其余部分也过火灭菌。

步骤四，拔棉花塞，用右手无名指、小指和手掌边先后拔出菌种管和待接试管的棉花塞（或试管帽），然后让管口慢慢过火焰灭菌（切勿让管口烧得过烫）。

步骤五，环冷却，将灼烧过的菌种环伸入菌种管，先使环接触菌种管的培养基（如斜面顶端）部分，使环冷却。

步骤六，待环冷却后，轻轻蘸取少量菌苔（或孢子），然后将接种环移出菌种管。

步骤七，接种，在火焰旁将沾有菌种的接种环伸入另一支待接种的斜面试管，使斜面培养基的底部做“Z”形擅动划线。若要菌种接入液体培养基中，则待接试管要适当向上倾斜。洗脱环上菌体时，要使环与容器壁摩擦几下以利洗下环上的菌体，接好种后还要适当摇动以使菌体分散均匀。有时也可用接种针，仅在待接的斜面上拉一条直线，以便观察菌种的生长特点。

步骤八，塞棉花塞，接种好的试管口再次过火，并塞上棉花塞。

步骤九，接种环灭菌，将接种环烧红灭菌，放下接种环，将棉花塞旋紧。

将接过种的斜面放在 37℃（细菌）或 28℃（真菌和放线菌）恒温箱中培养。24～48h 后观察生长情况。

3.2.3.2　穿刺接种

经穿刺接种后的菌种常作为保藏菌种的一种形式，同时也是检查细菌运动能力的一种方法，它只适宜于细菌和酵母菌的接种培养。穿刺接种是用接种针，从菌种斜面上挑取少量菌种，并把它穿刺到固体或半固体直立柱培养基中的一种方法。具体操作如下：

步骤一，手持试管。

步骤二，旋松棉塞。

步骤三，右手拿接种针在火焰上将针端烧红灭菌，接着把在穿刺中可能伸入试管的其他部位也过火灭菌。

步骤四，拔塞取菌，用右手的小指和手掌边拔出棉塞。接种针先在培养基部分冷却，以针尖蘸取少量菌种。

步骤五，接种，有两种操作法：一种是水平法，它类似于斜面接种法；另一种是垂直法，即把待接种的试管管口朝下，接种针朝上刺入培养基。不管用哪一种方法，接种针都必须挺直，自培养基的中心刺入，挺直拔出，手要稳，动作轻巧快速，针要刺到底部。最后，塞上棉塞，并将接种针在火焰上灭菌。

将试管直立于试管架上，放在37℃（细菌）或28℃（酵母菌）恒温箱（室）中培养，24～48h后观察生长情况。

3.2.3.3 三点接种

三点接种是为了获得单菌落所使用的方法之一，它是在培养皿上接种，即用接种针蘸取少量霉菌孢子，在浇有琼脂培养基的培养皿（俗称平板）上，以等边三角形的三点轻轻点一点，培养后即在此三点上长出菌落。其优点是：同种菌落有三个重复，同时在菌落彼此相接近的边缘常留有一条狭窄的空白地带，此处菌丝生长稀疏，较透明，还分化出典型子实体，因此可以直接把培养皿放在低倍镜下观察，便于根据形态特点进行菌种的鉴定。具体操作如下：

步骤一，倒平板，将已灭菌的琼脂培养基放在水浴锅上加热熔化，待冷却至45℃（手握不觉太烫为宜）后，用无菌操作法倒平板。

步骤二，标明三点位置，待平板凝固后，在培养皿底部注明菌种、日期等，并以等边三角形的三个顶点标上记号。

步骤三，右手拿接种针，先在火焰上烧红灭菌，并在平板培养基的边缘冷却且蘸湿。

步骤四，蘸取孢子，将灭过菌而且蘸湿的接种针伸入菌种管，用针尖蘸取少量霉菌孢子。

步骤五，点接，以垂直法或水平法把接种针上的孢子点到预先标记好的部位，注意切勿刺破培养基。

将培养皿倒置，于28℃恒温条件下培养，48h后观察生长情况。

3.2.4 菌种的分离方法

在抗菌防霉研究中，常常需要把引起霉（腐）变的微生物进行分离培养，从混杂的微生物群体中把不同种的微生物分离开，以获得纯种（纯化）。获得纯种的方法很多，但基本原理却是相似的，即将分离的样品进行一定的稀释，使微生物的细胞（孢子）尽量以分散状态存在，然后长成一个个单菌落。如将单菌落移接到适当的培养基上，一般就算获得了纯种微生物。

3.2.4.1 稀释平板法

步骤一，分装无菌水，取若干支空试管（例如8支），依次编号为10^{-1}，10^{-2}，…，

10^{-8}，用 5mL 规格的移液管分别吸取 4.5mL 蒸馏水装于试管中，灭菌备用。

步骤二，稀释，先摇匀菌种试管内的菌液，然后用一支 1mL 的无菌移液管伸进菌液管中，反复吸吹几次，然后吸取 0.5mL，注入 10^{-1} 号管中（注意：这支移液管的尖端不能接触 10^{-1} 号试管内的菌液），随即弃去这支移液管（放入石炭酸缸中）。另取一支 1mL 的无菌移液管，以同样的方式在 10^{-1} 号试管中反复吹吸几次，然后吸取 0.5mL 菌液放入 10^{-2} 号试管中。其余依次类推，直至 10^{-8} 号试管为止。

步骤三，把已灭菌的琼脂培养基加热熔解，然后冷却至 45℃左右，备用。

步骤四，分别吸取 10^{-6}、10^{-7}、10^{-8} 三个稀释度的菌液 0.2mL 置于灭菌的培养皿中，然后倒入适量的琼脂培养基，以铺满皿底为限，晃动培养皿使菌液和培养基充分混匀，平放待冷却凝固。

将冷却后的培养皿倒置于 30℃恒温箱（室）中培养 1～2d，观察稀释分离结果（单菌落是否分清）。

3.2.4.2 稀释涂布分离法

步骤一，分装无菌水。如上法。

步骤二，稀释。如上法。

步骤三，把已灭菌的琼脂培养基倒入培养皿中，以铺满皿底为限，平放待冷却凝固。

步骤四，分别吸取 0.2mL 10^{-6}、10^{-7}、10^{-8} 号试管的菌液，置于已凝固的平板上。

步骤五，涂布，菌液一吹入平板上，立即用涂布棒迅速将菌液均匀涂布开。即左手握培养皿，并使皿盖打开一缝，右手拿涂布棒在培养基表面移动，以达到涂开菌液的效果。操作时小心，不要将培养基推破。

将涂布的培养皿倒置于 37℃或 28℃恒温箱（室）中培养 1～2d，观察分离效果。

选取单菌落：以上两法，经培养后长出单菌落。为了分离纯化，把单菌落挑出，移接到斜面试管上，经培养后即得纯种微生物。

3.2.4.3 划线分离法

平板划线分离法，是用接种环在平板培养基表面通过分区划线而达到分离微生物的一种方法。其原理是将微生物样品在固体培养基表面多次做“由点到线”的稀释而达到分离的目的。方法如下：

步骤一，倒平板，熔化已经配制好并灭过菌的琼脂培养基，冷却至 45℃左右倒平板。水平静置待冷却凝固。

步骤二，将待划线分离的平板倒置于煤气灯的左侧，贴上标签（或做记号），若划线时分区没把握，可在皿底上预先分为四个区。

步骤三，接种环烧红灭菌，并伸入菌种试管内冷却，挑取少量斜面菌苔。

步骤四，左手拿培养皿底，此时皿底尽量与桌面垂直，然后将接种环上的菌种先在平板的 A 区划 3～5 条平行线，再烧掉环上剩余的菌种。

步骤五，将烧红的接种环在平板培养基的边缘冷却。然后将平板转动一定角度

(约 60°)，用接种环通过 A 区向 B 区做来回平行划线；同样，由 B 区向 C 区划线。最后由 C 区向 D 区划线。区与区的线条间的夹角最好成 120°，这样可使 D 区的线条与 A 区线条相平行，并可避免此两区线条接触。最后将平板倒放在培养皿盖中。

划线用的接种环要圆滑。划线时，平板与接种环的角度要小一些，滑动要轻巧，线条要平行且密集，这样才能充分利用培养基的表面积。划线时，可把平板分成四个区，四个区的作用不同，所以四个区的面积也不相同，应是 D>C>B>A。D 区是关键，是单菌落的主要分布区。划 D 区内的线时，切勿再同 A、B 区的线条相接触。

培养：将培养皿倒置于 37℃（或 28℃）恒温箱或恒温室中培养，24h 后观察分离效果。

选取单菌落及移种至斜面上：把 D 区或 C 区内出现的典型单菌落用接种针以无菌操作的要求挑取并移接到斜面培养基上，经培养后即为纯种微生物。

3.2.5 菌种保藏

进行防霉研究或其他微生物工作时都涉及菌种保藏问题，这里介绍几种常用的菌种保藏方法。

(1) 斜面菌种保藏法　霉菌一般用马铃薯琼脂斜面或麦芽汁琼脂斜面或察氏琼脂斜面，酵母菌一般用麦芽汁琼脂斜面，细菌一般用蛋白胨-牛肉膏琼脂斜面，于适宜的温度下培养后，放在低温、干燥而清洁的地方。通常存放于 2～4℃ 的冰箱或冰库中，有芽孢的细菌及有孢子的霉菌用此法可保存 3～6 个月，无芽孢的细菌及酵母菌用此法可保存 1～3 个月。

(2) 麸曲法　此法最适用于产生大量孢子的霉菌。酵母菌不能用此法。做法是这样的：取麸皮与水拌匀，加水量根据不同霉菌对水分的要求不同而具体掌握。一般麸皮与水之比为 1∶1。把拌匀的麸皮装入小试管中，麸皮的厚度为 1.5～2.0cm。宜疏松，不能压紧。试管口用棉塞塞好，高压灭菌。冷却后接种，于适宜温度下培养，待孢子长好后，取出，放在装有氯化钙的干燥器中，在室温条件下干燥数日，然后连同干燥器放于低温干燥处保存；或者将试管取出，用蜡封口，再放低温处保藏。

(3) 液体石蜡法　取液体石蜡油，放入锥形瓶中，加盖，灭菌。然后置 40℃ 的恒温箱中使水分蒸发掉。用灭菌吸管取灭菌石蜡油加到已经长好的菌种斜面上，宜高出斜面 0.5～1.0cm，直立地放置在低温而干燥的地方保存。此法对嫌气性细菌尤为适宜。

(4) 沙土法　将沙过筛，用 10%的盐酸浸泡，除去有机物，然后水洗至中性，烘干，装入管内，用麸皮法灭菌，封口。具体方法如下：

步骤一，取河沙若干 (用量根据需要)，过筛，选取中间比较均匀的沙粒放入搪瓷容器中。用 10%的盐酸浸泡处理，以除去其中的有机物质。盐酸的用量以浸没沙石为度，浸泡 2～4h 后倒去盐酸溶液，用水洗涤数次，至呈中性为止。倒去水，烘干或晒干。

步骤二，把干沙分装入小试管中，装入量达 1cm 高左右，塞好棉塞，灭菌。

步骤三，灭菌后，取沙少许，放入无菌液体培养基内，置适宜温度下培养，检查有无微生物生长。如发现无微生物，即可使用。若有，则需再行灭菌。

步骤四，将需要保藏的菌种用1mL的无菌吸管吸取其悬浮液滴入沙管中，每小管约10滴，用接种针（环）拌匀，盖以棉塞。沙管放入干燥器中，干燥器内用无盖培养皿或其他玻璃器皿盛装五氧化二磷，以吸收水分。若五氧化二磷变湿，呈糊状时，需及时更换。沙管干燥后，即可取出，用火在棉塞下边将玻璃封口。当然亦可用真空泵抽气，使成相对真空状态，边抽真空，边用火焰封口。

沙土法最适宜于保藏产生孢子的丝状真菌。用这种方法可以使菌种保存几年时间。

3.2.6 活菌计数法和抗菌率

3.2.6.1 活菌计数法

菌落总数，系指1g或1mL样品，经过处理，在一定条件下培养后，所得细菌菌落的总数。菌落总数是作为判定样品被污染程度的重要依据。

【用具和材料】

灭菌培养皿（直径9cm）

熔化状态的琼脂培养基（最好保温于45℃左右的水浴中）

250mL灭菌玻璃瓶内装100mL无菌生理盐水

装有4.5mL无菌生理盐水的灭菌小试管

无菌吸管

玻璃刮棒

被检样品

【试验过程】

① 以无菌操作，将检样10g（或10mL）放于含有100mL（如检样为液体，则改为90mL）灭菌生理盐水或其他稀释液的灭菌玻璃瓶内（瓶内预置适当数量的玻璃珠）或灭菌乳钵内，经充分振摇或研磨成1∶10的均匀稀释液。

② 用1mL灭菌吸管，吸取1∶10稀释液0.5mL，注入含有4.5mL灭菌生理盐水或其他稀释液的试管内，振摇试管混合均匀成1∶100稀释液。

③ 另取1mL灭菌吸管，按上项操作顺序做10倍梯度稀释，如此每稀释一次，即换用1支1mL灭菌吸管。

④ 根据对标本污染情况的估计，选择2～3个适宜稀释度，分别在做10倍梯度稀释的同时即以吸取该稀释度的吸管移1mL稀释液于灭菌平皿内，每个稀释度做2个平皿。

⑤ 稀释液移入平皿后，应及时将凉至45℃的营养琼脂培养基倾注入平皿约15mL，并转动平皿使混合均匀。

⑥ 待琼脂凝固后，倒置于37℃恒温箱内培养24～48h，取出，计算平皿内菌落数目，乘以稀释倍数，即得每克（或每毫升）样品所含菌落总数。

【注意事项】

① 所用的操作用具和材料都要事先做灭菌处理，操作必须在无菌室（或无菌箱）内于火焰旁进行。

② 倒入培养皿的琼脂培养基温度不能太高（一般为45℃左右），否则会引起微生物的死亡。也不能太低，因为琼脂会很快凝结，以致搅拌不均匀，影响试验结果。

③ 各种微生物的最适生长条件不同，因而霉菌和细菌的计数要分别选择不同的培养基（例如霉菌用麦芽汁培养基，细菌用蛋白胨牛肉膏培养基等）和培养温度（例如霉菌一般为25～30℃，细菌一般为32～37℃等），恒温培养时宜分开放置。

④ 做平板菌落计数时，可用肉眼观察，必要时用放大镜检查，以防遗漏。在记下各平皿的菌落数后，求出同稀释度的各平皿平均菌落数。

【结果评判】

（1）平皿菌落数的选择　选取菌落数在30～300之间的平皿作为菌落总数测定标准。一个稀释度使用两个平皿应采用两个平皿平均数，其中一个平皿有较大片状菌落生长时则不宜采用，而应以无片状菌落生长的平皿作为该稀释度的菌落数；若片状菌落数不到平皿的一半，而其余一半中菌落分布又很均匀，则可计算半个平皿后乘以2代表全皿菌落数。

（2）稀释度的选择　应选择平均菌落数在30～300之间的稀释度，乘以稀释倍数报告之。若有两个稀释度，其生长菌落数均在30～300之间，则应视二者之比如何来决定，若其比值小于2应报告其平均数，若大于2则报告其中较小的数字。若所有稀释度的平均菌落数均大于300，则应按稀释倍数的最高的平均菌落数乘以稀释度报告之。若所有稀释度的平均菌落数均小于30，则应按稀释倍数的最低的平均菌落数乘以稀释倍数报告之。若所有稀释度的平均菌落数均不在30～300之间，其中一部分大于300或小于30时，则以最接近30或300的平均菌落数乘以稀释倍数报告之。菌落数的报告：菌落数在100以内时，按实有数报告；大于100时，采用二位有效数字，在二位有效数字后面的数值以四舍五入法计算，为了缩短数字后面的零数，也可用10的指数来表示。

3.2.6.2　抗菌率的检测

主要用于在实验室测定杀菌剂杀灭悬液中或载体上微生物的能力大小。

试验分为三组：第一组为试验组，即在悬液中加入一定浓度的被检杀菌剂；第二组为阳性对照组，以磷酸缓冲液代替杀菌剂；第三组为阴性对照组，即空白培养平板。方法可按照活菌计数法的试验过程进行。经24～72h培养，观察最终结果，计算各组的活菌浓度（cfu/mL），并按下式计算抗菌率。

$$\text{抗菌率}=\frac{\text{阳性对照组活菌浓度}-\text{试验组活菌浓度}}{\text{阳性对照组活菌浓度}}\times 100\%$$

3.2.7　滤纸抑菌圈法

【用具和材料】

灭菌培养皿

无菌吸管（或针筒）

圆片滤纸（直径2cm）

带玻璃珠的无菌水

带过滤漏斗的锥形瓶

镊子

接种针（环）

熔化状态的琼脂培养基（最好保温于 45℃左右的水浴中）

一定浓度的药剂

供试验用的菌种

【试验过程】

① 用接种环挑取各试管斜面的菌种于带玻璃珠的无菌水中，用手振荡数分钟使孢子分散，过滤后制成混合孢子悬液。

② 用无菌吸管（或针筒）向各培养皿中注入一定浓度的混合孢子悬浮液 0.5mL。

③ 向各培养皿内注入 15～20mL 的熔化状琼脂培养基（约 45℃），将菌液与培养基混合均匀，待其冷却。

④ 用镊子将圆片滤纸在不同浓度的防霉剂中浸渍片刻，取出置于带菌培养基平板的中央，盖上盖子。

⑤ 置适宜温度下，培养 2～3d，观察滤纸圆片周围抑菌圈的有无及大小。

【注意事项】

① 所用的操作用具和材料都要事先做灭菌处理，操作必须在无菌室（或无菌箱）内于火焰旁进行。

② 霉菌、细菌、酵母菌等各种微生物都必须分别配制混合菌液，即这里指的混合菌液是霉菌、细菌或酵母菌等诸种菌的混合液，并非霉菌、细菌和酵母菌的混合液。

③ 混合菌液的浓度一般为 10^6～10^8 cfu/mL。

④ 倒入培养皿的琼脂培养基温度不能太高（一般为 45℃左右），否则会引起微生物的死亡。也不能太低，因为琼脂会很快凝结，以致搅拌不均匀，影响试验结果。

⑤ 各种微生物的最适生长温度不同（例如霉菌一般为 25～30℃，细菌一般为 32～37℃等），恒温培养时宜分开放置。

【结果评判】

由于滤纸圆片所吸附的药液慢慢向四周扩散，因此在滤纸片的周围就出现清晰的抑菌圈（假如该防霉剂对供试菌有抑制效果的话）。抑菌圈的大小代表药剂抗菌力的高低。在一定的药剂浓度范围内，药剂的浓度越高则抑菌圈的直径越大。当然，此法同样适合于测定单个菌的抗菌效果。

3.2.8　最低抑制浓度法（MIC 法）

【用具和材料】

灭菌培养皿（直径 9cm）

无菌吸管或针筒

45℃左右的琼脂培养基（最好保温于 45℃左右的水浴中）

不同浓度的药剂

供试验用的孢子悬液

【试验过程】

① 用无菌吸管吸取不同浓度的药剂 1mL，依次注入灭过菌的培养皿中。

② 用无菌吸管（或针筒）吸取各种供试菌液 0.5mL，依次放到上述培养皿中。

③ 立即在各培养皿中注入 15mL 或 20mL 琼脂培养基（注入的量要恒定），摇匀，盖上盖子。

④ 凝固后，置适宜温度下培养一定的时间，观察其生长情况。

【注意事项】

① 各培养皿中注入的培养基数量要恒定（如 15mL 或 20mL 等），否则会影响培养基中药剂的浓度。

② 加入的药剂量各 1mL，宜预先计算好浓度，注入培养基后的最终浓度才是药剂的正确浓度。

③ 每种菌都要做不同的药剂浓度试验，假如有 10 个不同的药剂浓度，使用 17 株菌的话，就得做 170 个试样，若一次完成，工作量太大，可分批进行。

④ 药剂、菌液与培养基要搅拌均匀，否则影响试验结果。

⑤ 药剂对微生物生长的最低抑制浓度的确定也可以采用其他方法（例如点菌法、液体培养法等）。

【结果评判】

如果培养皿上有菌落生长，说明该浓度的药剂抑制微生物的生长，反之则说明该浓度的药剂不抑制微生物的生长。抑制微生物生长的最小浓度，即为药剂对此种微生物的最低抑制浓度。

下面就以某种药剂为例，详细介绍最低抑制浓度的判定。

药剂对各种微生物的最低抑制浓度见表 3-4。

表 3-4　药剂对各种微生物的最低抑制浓度

菌种	最低抑制浓度/(mg/L)									
	1000	750	500	250	100	75	50	25	10	5
黑曲霉	−	−	−	+	+	+	+	+	+	+
黄曲霉	−	−	−	−	+	+	+	+	+	+
变色曲霉	−	−	−	−	+	+	+	+	+	+
橘青霉	−	−	−	−	−	−	+	+	+	+
拟青霉	−	−	−	−	+	+	+	+	+	+
芽枝霉	−	−	−	−	−	−	+	+	+	+
木霉	−	−	−	−	−	+	+	+	+	+
球毛壳霉	−	−	−	+	+	+	+	+	+	+
交链孢霉	−	−	+	+	+	+	+	+	+	+
毛霉	−	+	+	+	+	+	+	+	+	+
枯草杆菌	−	−	−	−	+	+	+	+	+	+
大肠杆菌	−	−	−	−	−	−	−	+	+	+
巨大芽孢杆菌	−	−	−	−	−	+	+	+	+	+
金黄色葡萄球菌	−	−	−	+	+	+	+	+	+	
荧光假单胞杆菌	−	−	−	+	+	+	+	+	+	+
啤酒酵母	−	−	−	−	−	+	+	+	+	+
酒精酵母	−	−	−	−	+	+	+	+	+	+

注：表中符号“−”表示平板上不长菌，说明该浓度的药剂对微生物的生长有抑制作用；“+”表示平板上出现菌落，即该浓度的药剂对微生物的生长无抑制作用。

由表 3-4 可知药剂对微生物生长的最低抑制浓度（MIC），见表 3-5。

表 3-5 药剂对微生物生长的最低抑制浓度（MIC）

微生物名称	MIC/(mg/L)	微生物名称	MIC/(mg/L)
黑曲霉	500	毛霉	1000
黄曲霉	250	枯草杆菌	250
变色曲霉	250	大肠杆菌	50
橘青霉	75	巨大芽孢杆菌	100
拟青霉	250	金黄色葡萄球菌	500
芽枝霉	75	荧光假单胞杆菌	500
木霉	100	啤酒酵母	100
球毛壳霉	500	酒精酵母	250
交链孢霉	750		

假如要更详细了解某种药剂对各种微生物生长的最低抑制浓度，则可以将药剂的浓度范围再分割得细一点，例如 1000mg/L、950mg/L、900mg/L、850mg/L、…、10mg/L、5mg/L、1mg/L 等。也可以在初步找到某药剂的最低抑制浓度后，再在这个浓度以下做更细的工作。例如：由表 3-5 知道某药剂对黑曲霉的最低抑制浓度是 500mg/L，而比 500mg/L 小的下一浓度是 250mg/L，那么黑曲霉真正可能的最低抑制浓度是在 250～500mg/L 之间，可能小于 500mg/L，也可能等于 500mg/L，但一定大于 250mg/L（因为在 250mg/L 的平板上出现菌落，说明该药剂浓度对该种菌无抑制作用）。据此，可以将药剂浓度范围再分割得细一点，例如：500mg/L、490mg/L、480mg/L、…、260mg/L、250mg/L 等（如表 3-6 所示）。

表 3-6 药剂对黑曲霉的最低抑制浓度举例

药剂浓度/(mg/L)	500	490	480	470	460	…	290	280	270	260	250
抑制情况	－	－	－	－	＋	…	＋	＋	＋	＋	＋

由表 3-6 可知，药剂对黑曲霉的最低抑制浓度为 470mg/L，这个数值比原来的 500mg/L 更精确一些。

3.2.9 圆片培养皿法

圆片培养皿法适宜测定质地比较柔软、厚度比较小的材料或制品，例如纸张、纺织品、皮革、塑料、感光材料等。有些材料或制品虽然体积较大，但可采用裁剪工具适当减薄或减小，做成所要求的规格。有些液状材料或制品，例如合成洗涤剂、乳胶涂料、轧制乳化液以及胶黏剂等，可借用滤纸作载体。各种材料或制品做成一定直径大小圆片的目的，主要是观察抑菌圈。一般地说，抑菌圈的大小即代表材料或制品防霉力的高低。

【用具和材料】

灭菌培养皿（直径 9cm）

灭菌刻度吸管（或针筒）

裁剪工具

不锈钢镊子

接种针（环）

熔化状态的琼脂培养基（最好保温于45℃左右的水浴中）

供试样品

供试验用的孢子悬液

【试验过程】

① 将材料或制品裁剪成直径为3cm左右的圆片。

② 用刻度吸管（或针筒）向各灭菌培养皿中注入一定量的孢子悬浮液。

③ 向上述培养皿内倒入15mL左右的熔化状态的琼脂培养基（45℃左右），摇匀，放置，凝固。

④ 用镊子将试样置于上述带菌培养基平板的中央，盖上盖子。

⑤ 置适宜温度下，培养一定的时间，观察结果并记录。

【注意事项】

① 假如供试材料或制品体积小、硬度大、形状不规则等，无法裁剪时，则可采用其他方法进行测试。

② 此法既可采用单个菌测试，亦可采用混合菌测试；既可采用霉菌测试，亦可采用细菌或其他菌测定。

③ 必须在同样条件下，做空白对照试验（即使用未添加过防霉剂的材料或制品作对照）。

④ 观察时间一般为7d、14d、21d、28d，应注意保持培养皿的湿度。

⑤ 制作带菌培养基平板时，应控制培养基的温度在45℃左右。否则，温度太高，会杀死微生物，而太低便会迅速凝固。

可以对此法进行改良，先配制成不带菌的琼脂培养基平板，即在培养基倒入培养皿之前不先加入孢子悬浮液。此时，培养基的温度就不一定控制在45℃左右，温度稍高亦无妨。待培养基凝固后，用灭菌刻度吸管（或针筒）向各培养基平板内注入一定量的供试菌孢子悬浮液，接着用灭菌玻璃涂棒将菌液涂布均匀。再在带菌培养基平板的中央放置一片直径为3cm左右的样品，置适宜温度下，培养一定的时间，观察结果。

也可以先将一定量的孢子悬浮液注入45℃左右的熔化状琼脂培养基中，充分混合，立即向各灭菌培养皿内倒入15mL左右的带菌培养基。凝固后，再将直径3cm的供试样品置于带菌培养基平板的中央，置适宜温度下，培养一定的时间，观察结果。

【结果评判】

由于材料或制品添加过防霉剂，当试样圆片置于带菌培养基平板的中央时，其防霉剂就逐渐向四周扩散、渗透。假如该防霉剂的抗菌效果较佳的话，则试样的周围就呈现出明显的抑菌圈，无疑试样上面亦不长菌。一般地说，抑菌圈的大小即代表材料或制品防霉力的高低。同样也可以对没有添加过防霉剂的材料或制品进行防霉力的判断。

3.2.10 湿室挂片法

所谓湿室挂片法，就是在保持一定温度和湿度的空间内悬挂一系列喷洒上孢子悬浮液的供试样品，定期观察其霉变情况。

【用具和材料】

调温调湿箱（或调温调湿室）

密闭玻璃柜

裁剪工具

供试样品

供试验用的霉菌孢子悬液

【试验过程】

① 将添加过防霉剂的材料或制品裁剪成一定大小的试样（例如：20mm×200mm 或 40mm×100mm 等）。

② 将裁剪好的试样悬挂在密闭的玻璃柜内，均匀地喷洒上霉菌孢子悬浮液。

③ 将喷洒上菌液的试样移至调温调湿箱（或室），依次悬挂。

④ 调节所需要的温度和湿度（例如：温度 28℃，相对湿度 95%等），定时观察结果并记录。

【注意事项】

① 试样的大小视情况而定，不求一律。有些材料或制品本身体积小或硬度大，就不必裁剪。

② 喷洒孢子悬浮液的浓度一般为 10^6～10^8 cfu/mL，以洒湿试样表面为宜。

③ 试样必须依次悬挂，并保持一定的距离，且不要贴住箱壁。

④ 观察时间一般为 7d、14d、21d、28d。

⑤ 此法同样适宜于判断没有添加过防霉剂的材料或制品的防霉力。

【结果评判】

试样在调温调湿箱（或室）内悬挂一定时间以后，即用肉眼观察其表面菌的生长情况。假如某种材料或制品具有防霉力，则在试样的表面就看不到菌丝的生长。反之，不具防霉力的材料或制品，就能在试样的表面看到菌丝的生长。一般来说，由试样表面菌丝生长繁殖的程度可以判断材料或制品防霉力的高低，如表 3-7 所示。一般来说，经过 28d 恒温恒湿喷洒菌考验后，材料或制品的防霉力达到 0 级或 1 级为合格，否则为不合格（表 3-7）。

表 3-7　试样表面菌丝生长情况与防霉力评定的关系

菌丝生长情况	霉菌抗性表示	防霉力的评定
试样的表面看不到菌丝的生长	－	0 级
试样的表面看到菌丝的生长，但菌丝生长面积不超过全面积的 1/3	＋	1 级
试样的表面看到菌丝的生长，菌丝生长面积超过全面积的 1/3，但不超过全面积的 2/3	＋＋	2 级
试样的表面看到菌丝的生长，菌丝生长面积超过全面积的 2/3	＋＋＋	3 级

3.2.11　土壤埋没法

所谓土壤埋没法就是将裁剪成一定大小的试样埋没于土壤中，利用自然土壤菌的作用来判断材料或制品防霉力的高低。此法适用于测定线带、帆布、缆绳、皮革、塑料等材料或制品的防霉力。

【用具和材料】

含腐殖质较多的园艺土

培养盘（木制、玻璃制或陶瓷制等）

裁剪工具

供试样品

【试验过程】

① 将材料或制品裁剪成一定大小的试样［例如：直径为 4～6cm 的圆片，或 (4cm×4cm)～(6cm×6cm) 的方块等］。

② 将试样埋没于人工制造的土壤培养床中，深度约为 2～4cm。

③ 保持适宜的温度和湿度，定时观察结果。

【注意事项】

① 材料或制品试样的大小不求一律，需根据培养盘的大小灵活掌握。

② 试样依次埋没，互相分隔，不要重叠。

③ 土壤采用含较多腐殖质和少量砂粒的园艺土，用筛网筛过，pH 值为 7 左右，这样的土壤适合于微生物的繁殖和活动。

④ 可将培养盘置恒温室中保温，同时经常在土壤表面浇水，设法保持土壤中的平均湿度为 25%～30%。为此，要经常检查土壤水分的含量，不断补充蒸发掉的水分。

⑤ 埋没时间一般为 1～3 个月，需要时可适当延长。

⑥ 可将未经防霉剂处理的样品用同样的方法做对照试验，以便比较。

假如没有恒温设备，也可在室外进行，但受季节气候的影响。可选择一块肥沃的、有团粒构造的园艺土，同本法进行。夏天，室外气温高，试验时间仍为 1～3 个月。春秋季节气温低，微生物的活动能力减弱，埋没时间可适当延长。冬季天气冷，一般不宜在室外进行试验。

【结果评判】

各试样经过一定时间的埋没试验后，全部从土壤中取出，小心地用水洗去附在试样上面的土壤及微生物。然后在 50℃左右的温度下干燥 2h，再在温度约 20℃、相对湿度约 65%的环境中保持 24h。接着进行破坏性试验，与未做土壤埋没试验的样品及未用防霉剂处理的土壤埋没样品做比较。在一般情况下，试样经过埋没试验后应保持原来强度的 80%～90%方为合格，否则为不合格。

3.2.12 挥发性防霉剂效果的测定

防霉剂种类繁多，性质各异，用途不一。防霉剂效力的测定通常采用滤纸平板抑菌圈法和最低抑制浓度（MIC）法。物品防霉力的判断一般采用圆片培养皿法、湿片挂片法和土壤埋没法。但是，对于某些具有挥发性的防霉剂，由于对它的特殊使用要求，其防霉效果就不能单用上述方法来测定，必须有一种能够测定出挥发性防霉效果的方法。挥发性防霉剂品种较少，过去主要用于精密仪器防霉。随着含萘樟脑丸的潜在危险性被人们逐步认识，使用者愈来愈少，其发展趋势终将被安全的挥发性防霉剂淘汰。近年来，新型的不含萘的防霉剂不断被研究开发出来，因此如何测定其挥发性防霉效果就显得十分迫切。本书作者根据多年的工作实践设计出适合于测定挥发性防霉效果的方法，在实践应用中取得良好结果并获专家认可。本方法的原理是在规定的容积内放置一定量的挥发性防霉剂，并悬挂各种喷洒过霉菌孢子悬浮液的受试底物，于适宜温度下培养一定时间，最后观察结果。

【用具和材料】

容积为 $1200cm^3$ 左右带盖的圆柱形玻璃器皿

密闭玻璃柜

200mL 无菌水

喷雾器

受试底物：白板纸（30mm×50mm），纯棉织物（30mm×50mm），白色丝绸（30mm×50mm），白色毛料（30mm×50mm）等

供试验用的霉菌孢子悬液

恒温培养箱

【试验过程】

① 先用洗洁精擦洗圆柱形玻璃器皿，再用75%乙醇涂擦消毒。

② 将受试底物悬挂在密闭的玻璃柜内，喷洒霉菌孢子悬浮液（以表面湿润为宜），晾干，备用。

③ 在圆柱形玻璃器皿底部倒入 200mL 无菌水，将 1g 挥发性防霉剂悬挂于玻璃器皿中央部位。

④ 在防霉剂两侧悬挂受试底物（间隔至少 1cm，不能相互碰着，盖紧盖子，保持密封）。

⑤ 将玻璃器皿置于恒温培养箱内，于（28±1）℃培养 28d。

⑥ 在圆柱形玻璃器皿中央部位不悬挂挥发性防霉剂，作为空白对照。

【结果评判】

目前，对防霉剂防霉效力评定的标准很多，不同的材料及检测方法有不同的评判标准。但是，对挥发性防霉剂效果的评定至今没有标准。

本书作者根据多年来测试情况及客户要求，确定试样表面菌丝生长情况与防霉力评定的关系见表 3-8。

表 3-8 试样表面菌丝生长情况与防霉力评定关系

菌丝生长情况	长霉程度	长霉等级	挥发性防霉剂防霉效果
试样表面看不到菌丝生长	－	0级	好
试样表面看到菌丝生长，但菌丝生长面积不超过全面积的 1/3	＋	1级	较好
试样表面看到菌丝生长，菌丝生长面积为全面积的 1/3～2/3	＋＋	2级	较差
试样表面看到菌丝生长，菌丝生长面积超过全面积的 2/3	＋＋＋	3级	差

注：空白对照的受试底物通常情况长霉程度应为“＋＋”“＋＋＋”，即长霉等级为2级、3级。否则，整个试验需重做。

3.2.13 挑战试验

挑战试验（challenge testing）就是在添加过抗菌防霉剂的样品中加入一定量的供试微生物，搅拌均匀，置适宜温度下，考验一定的时间，定期取样检测微生物的生长繁殖情况。假如所添加的抗菌防霉剂有效，则样品中的微生物数量应该愈来愈少，直至最低水准，反之，微生物会愈来愈多，直至严重超标。本法主要用于液体、胶体、乳剂等产品的试验，例如化妆品、洗涤剂、胶黏剂、乳胶涂料、金属加工液、墨水、墨汁、纺织染料、制革、造纸纸浆、循环冷却水、油田注水等。

【用具和材料】

灭过菌的磨口玻璃试剂瓶（200mL）

灭过菌的玻璃棒（搅拌样品用）

灭过菌的培养皿（直径 9cm）

灭过菌的小试管

无菌吸管

带玻璃珠的无菌水

接种针（环）

熔化状态的琼脂培养基（最好保温于 45℃左右的水浴中）

供试验用的孢子悬液

【试验过程】

① 用灭过菌的磨口玻璃试剂瓶称取 100g 样品。

② 向上述样品中加入 1mL 供试微生物悬浮液。

③ 用灭过菌的玻璃棒将样品和菌液搅拌均匀。

④ 置适宜温度下考验一定的时间。

⑤ 定期取样检测微生物的数量。

【注意事项】

① 上述操作必须在无菌室内进行。

② 供试微生物悬浮液的浓度控制在 10^8cfu/g 左右（样品中供试微生物的浓度则为 10^6 cfu/g）。

③ 供试微生物分两组，一组是实验室常规试验菌，另一组是从材料或制品中分离到的特殊试验菌，根据客户要求决定。

④ 细菌或霉菌必须分别加入，于不同温度下培养。

⑤ 考验时间通常为 28d，其中每 7d 检测一次，第 7d、14d、21d、28d 可采用活菌计数法检测样品中的含菌量。

参 考 文 献

[1] 马振瀛. 防霉学［M］. 云南：云南科技出版社，1990.

[2] 井上真由美. 微生物灾害及其防治技术［M］. 彭武厚，马振瀛译. 上海：上海科技出版社，1982.

[3] 马振瀛. 防霉剂手册［M］. 北京：中国轻工业出版社，1998.

[4] 马振瀛. 工业防霉［M］. 北京：中国轻工业出版社，1983.

[5] Paulus W. Microbicides for the Protection of Materials—A Handbook［M］. London：Klumer，2005.

[6] Ash M. Handbook of Preservatives［M］. Leiden：CRC Press，2016.

[7] 张一宾. 农药［M］. 北京：中国物资出版社，1998.

[8] 张一宾，张怿. 工业防霉剂［M］. 北京：中国物资出版社，2001.

[9] 程天恩，张一宾. 防菌防霉剂手册［M］. 上海：上海科学技术文献出版社，1991.

[10] 刘长令. 世界农药大全［M］. 第二卷. 北京：化学工业出版社，2021.

[11] 章思规. 精细有机化学品技术手册［M］. 北京：化学工业出版社，1993.

[12] 王焕民. 新编农药手册［M］. 北京：农业出版社，1997.

[13] 徐浩. 工业微生物学基础及其应用［M］. 北京：科学出版社，1991.

[14] 俞大绂，李季伦. 微生物学［M］. 北京：科学出版社，1985.

[15] 吕嘉枥. 轻化工产品防霉技术［M］. 北京：化学工业出版社，2003.

[16] 薛广波. 现代消毒学［M］. 北京：人民军医出版社，2002.

[17] 薛广波. 实用消毒学［M］. 北京：人民军医出版社，1993.

[18] 陈仪本，欧阳友生，黄小茉，等. 工业杀菌剂［M］. 北京：化学工业出版社，2001.

[19] 顾学斌，谢小保，等. 工业杀菌剂应用技术［M］. 北京：化学工业出版社，2021.

[20] 顾学斌，王磊，马振瀛，等. 抗菌防霉技术手册［M］. 二版. 北京：化学工业出版社，2018.

[21] 郝隽毅. 复合微生态制剂对产蛋鹌鹑产蛋性能及蛋品质的影响研究［D］. 湖南农业大学，2022.

[22] 秦楠，周建波，吕红，等. 枯草芽孢杆菌对藜麦霜霉病的防治效果及其促生和改善土壤真菌群落作用［J］. 江苏农业科学，2023，51（14）：159-164.

[23] 赵志祥，王殿东，周亚林，等. 枯草芽孢杆菌 Ya-1 对辣椒枯萎病的防治及其对根际真菌群落的影响［J］. 生物技术通报，2023，39（9）：213-224.

[24] 陈俐志，刘莹，杜彪，等. 含乙醇手消毒剂研究进展［J］. 中国药业，2022，31（11）：128-131.

[25] 雷毅，蒋丽娟，陈宝宝，等. 不同浓度乙醇溶液杀菌效果观察［J］. 中国消毒学杂志，2020，37（9）：656-658.

[26] 马恒. 异丙醇生产工艺研究进展［J］. 云南化工，2021，48（7）：18-21.

[27] 黄柳云，梁莹莹，李江平，等. 苯甲醇在石粉牙膏防腐体系中的应用研究［J］. 口腔护理用品工业，2020，30（3）：34-37.

[28] 宋天龙，杨娟，陶宏兵，等. 二氯苄醇的改性及其抗菌性研究［J］. 工业微生物，2018，48（5）：28-31.

[29] 李慧芸，李蒙蒙，余琼，等. 纳他霉素结合壳聚糖保鲜对鲜食核桃霉变及采后生理的影响［J］. 农产品加工，2019，471（1）：23-26.

[30] 卢健，卢少明，马集锋，等. β-苯乙醇的现状与发展前景［J］. 广东化工，2012，39（235）：123-124.

[31] 于田，陈亮，龚盛昭. 几种表面活性剂的抑菌效果及与苯氧乙醇相互作用研究［J］. 香料香精化妆品，2021，6（3）：52-55.

[32] 朱之发，边力，刘心田，等. 12 种麻醉剂对长蛸的麻醉效果［J］. 2020，27（2）：195-203.

[33] 李烁，李靖. 国内 1,3-丙二醇市场现状和发展建议［J］. 精细与专用化学品，2022，30（3）：12-15.

[34] 吴克刚，赵欣欣，段雪娟，等. 芳樟醇气相抗菌活性与作用机制［J］. 食品科学，2020，41

(01)：61-67.

[35] 郭倖钰，陈文学，陈海明，等．芳樟醇对大肠杆菌的抑菌作用机制［J］．现代食品科技，2020，36（4）：113-118.

[36] 杭磊，李程碑．化妆品防腐剂氯苯甘醚复配体的制备［J]．工业微生物，2019，49（5）：61-63.

[37] 刁娟，沈寒晰，杭磊，等．化妆品用防腐剂氯苯甘醚研究进展及其发展趋势［J］．合成化学研究，2018，6（4）：55-59.

[38] 张壮，朱永瑞，张东燕．乙基己基甘油复配应用研究［J］．工业微生物，2018，48（5）：66-69.

[39] 曾平，魏盼中，张浴沂．1,2-戊二醇的合成及在个人护理品中的应用进展［J］．精细与专用化学品，2017，25（4）：12-16.

[40] 宋静．醇类防腐剂对皮肤常驻菌的抑制作用［J]．生物化工，2021，7（2）：33-39.

[41] 田雅娟，李钦青，杜娟，等．1,2-己二醇在中药抗瘙痒外用乳液中的抑菌效能研究［J］．中医外治杂志．2019，28（6）：6-9.

[42] 林国照，黄俊喆，邓瑞荣，等．兼具保湿防腐功效的多元醇抗菌效果和应用研究［J］．广东化工，2017，44（356）：89-91.

[43] 周琼，任宛云，王心桐，等．功能性护理品用新型保湿防腐剂烷基邻位二醇［J］．广州化工，2015，43（17）：30-32.

[44] 任慧，金铭扬．邻位烷基二醇构建的无防腐添加体系［J］．天津化工，2017，31（6）：12-14.

[45] 李省吾，吴晓航，黄荣珠，等．室内空气中甲醛污染去除技术进展研究［J］．广东化工，2022，49（466）：148-149.

[46] 刘晓飞，胡媛媛，史芳芳，等．游离甲醛对人体安全限值概述［J］．广州化工，2021，49（10）：34-36.

[47] 过利敏，张文生，李士明．食品中甲基乙二醛的来源、毒性及其清除剂研究进展［J］．食品科学：2018，39（07）：263-269.

[48] 唐蒙蒙，庞志枫，郑群．戊二醛对两种常见细菌的杀伤作用观察［J］．基础医学研究，2017，31（1）：148-149.

[49] 庞学敏，谢书宇，卢迪，等．浓戊二醛防冻消毒剂的防冻及消杀效果［J］．中国动物检疫，2022，39（2）：120-124.

[50] 龚嘉华，汤育炜，牛小莹，等．环境中丙烯醛存在现状与危害作用的进展研究［J］．环境科学与管理，2019，44（5）：66-69.

[51] 李青青，刘桂伶，任田．肉桂醛在食品活性包装中的抗菌应用研究进展［J］．中国粮油学报，2021，36（4）：161-166.

[52] 陈帅．肉桂醛的抑菌机理及其在食品行业中的应用研究进展［J］．中国食品添加剂，2019，30（5）：134-143.

[53] 魏兰芬，潘协商，赵永信，等．邻苯二甲醛对细菌芽孢和分枝杆菌杀灭效果研究［J］．中国消毒学杂志，2019，36（1）：1-3.

[54] 高永生，金斐，朱丽云，等．植物精油及其活性成分的抗菌机理［J］．中国食品学报，2021，22（1）：376-388.

[55] 张晶晶，彭锐，杜春贵，等．柠檬醛抑制真菌作用的研究进展及其在食品防霉中的应用前景［J]．中国调味品，2020，45（7）：186-190.

[56] 钱雄锋，罗怡，张岳玥，等．乙醛对荧光假单胞菌的抑菌活性及机理［J］．现代食品科技，2022，38（1）：104-109.

[57] 张桂华，毕馨丹，关俊伟．2019 年我国苯酚/丙酮发展态势分析［J］．化学工业，2020，38（4）：68-70.

[58] 朱佳文，刘道，叶思齐，等．化学消毒剂对非洲猪瘟病毒的作用效果与应用建议［J］．黑龙江畜牧兽医，2021（19）：21-26.

[59] 胡心怡，胡郁汉，潘振辉，等．百里香酚和肉桂醛联用对沙门氏菌的协同抑菌效应及其应用[J]．现代食品科技，2021，37（12）：112-117.

[60] 王康莉，张玲玲，袁火花，等．不同精油的抑菌效果及协同作用研究［J］．中国饲料，2019（1）：48-52.

[61] 耿俊强，刘辰澍，郝艺琳，等．纸质档案绿色抑菌剂的筛选及应用研究［J］．档案学研究，2022（1）：130-135.

[62] 李振翼，宋泽和．香芹酚的生物活性及其在畜禽生产中的应用［J］．湖南饲料，2020（4）：36-38.

[63] 谢宇婷，陈雯杰，陈昭斌，等．邻伞花烃-5-醇抗金黄色葡萄球菌机理的初步研究［J］．中国消毒学杂志，2019，36（6）：401-404.

[64] 陈雯杰，陈昭斌，谢宇婷．邻伞花烃-5-醇对金黄色葡萄球菌杀灭效果的研究［J］．中国消毒学杂志，2019，36（2）：99-103.

[65] 潘洪民，蒋乐霞，张长峰，等．渔用麻醉剂研究进展与安全性评价［J］．保鲜与加工，2021，21（10）：136-143.

[66] 高原，季宇彬，曲颖，等．丁香酚对白色念珠菌及其生物膜形成抑制作用研究［J］．中华中医药学刊，2021，39（11）：80-83.

[67] 张天翼．洗护市场消毒技术原理与应用［J］．中国洗涤用品工业，2021，9（246）：56-62.

[68] 毛仁杰，刘英，梁国雄，等．多用途家居消毒液开发研究［J］．中国洗涤用品工业，2020（3）：32-35.

[69] 王晶，谢诗琪，牛慧，等．抗菌聚丙烯的制备及其抗菌性能［J］．合成树脂及塑料，2021，38（2）：1-4.

[70] 谢华森，宋杨，王晓峰，等．三氯生的环境浓度、人群暴露及健康风险研究进展［J］．预防医学，2021，33（10）：1013-1015.

[71] 刘忠杰，汤小群，严万春，等．三氯生-醇免洗凝胶手部消毒剂的研究［J］．工业微生物，2021，51（5）：26-29.

[72] 李诗华，蔡伟江，刘长富，等．0.2%新洁尔灭和5%甲酚皂消毒液灭菌效果研究［J］．食品安全质量检测学报，2020，11（23）：8709-8714.

[73] 余晋霞，郭婧怡，高宇，等．五氯酚毒理学研究进展［J］．环境卫生学杂志，2019，9（6）：614-616.

[74] 丁先锋，方丰平，石文超，等．木材中五氯苯酚的检测方法研究进展［J］．化学分析计量，2020，29（1）：128-131.

[75] 武发思，马文霞，贺东鹏，等．太原北齐徐显秀墓壁画可培养真菌多样性及危害防治［J］．微生物学通报，2021，48（8）：2548-2560.

[76] 王晓晓，周天俊，陈秀荣，等．间苯二酚对小球藻生长特性的影响［J］．中国给水排水，2019，35（11）：125-129.

[77] 王小洪，徐晓明，沈月伟，等．防腐剂在化妆水中的抑菌作用研究［J］．杭州化工，2018，48（2）：11-14.

[78] 范培浩，张冉冉，杜玉兰，等．化妆品中含羟基类防腐剂性质的研究与分析［J］．广东化工，2020，47（417）：133-136.

[79] 赵敏，姚建英，孟宪敏，等．百合切花无银保鲜液筛选及其保鲜效果［J］．江苏农业科学，2017，45（21）：223-225.

[80] 殷桐，包蕾．短链脂肪酸在肠道中生理作用的研究进展［J］．临床医学进展，2022，12（2）：939-945.

[81] 张伟，左方瑞，邱权，等．甲酸和甲酸衍生物在畜牧行业中的应用与发展［J］．饲料研究，2021，44（23）：143-147.

[82] 姜春新，王雅莹，洪小利，等．柠檬酸和乙酸对致腐假单胞菌的抗生物被膜研究［J］．核农学报，2021，35（1）：0120-0127.

[83] 陈为，韩宛娜，刘铎，等．乳酸的研究进展［J］．吉林农业科技学院学报，2022，31（3）：19-22.

[84] 李雪儿，王成龙，冯宏业，等．不同构型苯乳酸抑菌活性对比研究［J］．分析检测，2021（6）：147-149.

[85] 刘天意，陈晓峰，姜睿祺．山梨酸钾的作用机理、毒性与检测方法综述［J］．现代食品，2020（18）：96-98.

[86] 于文喜，段华伟，曾少甫，等．山梨酸钾抗菌包装材料研究进展［J］．包装学报，2019，11（6）：7-12.

[87] 刘天意．食品防腐剂苯甲酸钠的作用机理、毒性及其检测方法综述［J］．现代食品，2020（7）：32-34.

[88] 宋凯，朱圻琳．山梨酸钾和苯甲酸钠防腐比较［J］．科教导刊，2018（35）：292-293.

[89] 刘广源，孙晨亮．新型牙膏防腐剂的防腐研究［J］．口腔护理用品工业，2018，28（1）：8-10.

[90] 陈基玉，魏丽娟，杨福馨，等．防雾抗菌聚乙烯薄膜的制备及性能［J］．包装工程，2021，42（1）：102-107.

[91] 谭小丽，龙春燕，李路，等．脱氢乙酸钠抑制指状青霉的作用机制［J］．食品科学，2022，43（23）：19-26.

[92] 陈家铃，吴航航，何益飞，等．水杨酸纳米乳的制备、体外释放行为及抑菌活性研究［J］．精细与专用化学品，2022，30（3）：16-21.

[93] 胡小京，赵云，关元静，等．水杨酸对金鱼草切花保鲜效果的影响［J］．江苏农业科学，2020，48（8）：213-218.

[94] 周敏姑，方森苗，谢龙飞，等．几种有机酸对木质材料防治黑曲霉效力初步研究［J］．木材科学与技术，2021，35（1）：53-57.

[95] 范艳利，杨玉民，周玉，等．植物源防腐剂复配在化妆品应用中的研究［J］．云南化工，2020，47（11）：10-11.

[96] 许春芳，余春平．肉桂酸钾及其他三种防腐剂对大肠杆菌的抑菌作用分析［J］．农产品加工，2022（9）：24-26.

[97] 曾子君，阮浩澜，肖树雄，等．曲酸安全性评价及其化妆品法规管理现状［J］．香料香精化妆品，2021，8（4）：94-97.

[98] 张育富，褚宏亮．硼酸对蚊虫的药效作用观察［J］．江苏预防医学，2020，31（4）：381-382.

[99] 郭亮，刘则学．中链脂肪酸抗微生物机制及在猪生产中应用的研究进展［J］．养猪，2022（1）：21-24.

[100] 冼宝仪，林浩秀，孟庆浩，等．辛酰羟肟酸在化妆品中的应用现状［J］．广东化工，2020，47（429）：92-93.

[101] 孟潇，陈庆生，陈亮，等．辛酰羟肟酸安全性评价及其在全球化妆品法规管理中的现状［J］．管理法规，2019，42（12）：18-22.

[102] 李钰静，黎昕，等．对羟基苯甲酸丙酯对大型溞（*Daphnia magna*）的毒性作用及其分子机制［J］．生态毒理学报，2022，17（2）：317-325.

[103] 刘颖，孙永波，张丽英．对羟基苯甲酸酯类防腐剂应用现状与展望［J］．中国饲料，2021（7）：13-16.

[104] 范培浩，张冉冉，杜玉兰，等．化妆品中含羟基类防腐剂性质的研究与分析［J］．广东化工，2020，47（417）：133-136.

[105] 侯新星，田如男．有机酸对铜绿微囊藻生长及光合色素的影响［J］．生物学杂志，2021，38（4）：65-70.

[106] 朱晓萍，庄智威，崔英杰，等．不同酸化剂对常见致病菌的体外抑菌效果研究［J］．安徽农业科学，2020，48（4）：78-80.

[107] 陈樑彬，何显扬，朱绮莹，等．三氯卡班的毒性及其生物降解研究现状［J］．河南化工，2021（38）：7-11.

[108] 陈敏．三氯生与三氯卡班的研究现状与展望［J］．云南化工，2020，47（5）：1-3.

[109] 陈进林，许玉洁，高亮，等．防污漆活性物质敌草隆和辣椒素对大型溞的急性和慢性毒性效应［J］．生态毒理学报，2020，15（3）：90-98.

[110] 倪婧，谢道燕，杨振国，等．天然辣椒碱类物质对朱砂叶螨杀螨活性的影响［J］．云南农业学报，2022，35（2）：380-385.

[111] 刘永龙，朱礼坪，黄晓冰，等．化妆品防腐剂布罗波尔的稳定性及其释放甲醛的研究［J］．工业微生物，2021，51（1）：18-22.

[112] 宋金武，张丽蓉，金贻芳，等．季铵盐与六亚甲基四胺协同杀菌效果观察［J］．广东化工，2019，46（408）：36-37.

[113] 陆智，李延川，李能．化妆品中游离甲醛的安全性评价［J］香料香精化妆品，2019，4（2）：74-79.

[114] 杨娟，刘永龙，林芮，等．几种常用防腐剂对日化产品中腐败微生物抑制效果研究［J］．工业微生物，2016，46（4）：34-37.

[115] 张亚梅，余养伦，于文吉．户外用重组竹防蓝变处理工艺及性能［J］．林业科学，2021，57（12）：140-146.

[116] 叶竹洪．化妆品防腐剂资料汇总［J］．口腔护理用品工业，2018，28（6）：27-31.

[117] 徐信燿，施春雷．多菌灵的毒性及风险评估研究进展［J］．南方农业，2019，13（34）：40-44.

[118] 李海涛，李川川．吡啶硫酮类化合物研究进展［J］．上海化工，2018，43（7）：43-48.

[119] 范会生，孙保库，张海春，等．4 种海洋防污剂对卤虫无节幼体的毒性研究［J］．江苏海洋大学学报，2020，29（2）：22-26.

[120] 陈冬芝，许明力，霍岩丽．温和型去屑剂吡罗克酮乙醇胺盐的研究概述［J］．科技广场，2021，44（5）：40-44.

[121] 陈俊，王亮，夏勇，等．盐酸奥替尼啶在宠物临床上的应用［J］．浙江畜牧兽医，2019（4）：39-40.

[122] 吴荣荣，李根容，龙梅，等．食品用洗涤剂中甲基异噻唑啉酮类防腐剂检测的必要性［J］．中国洗涤用品工业，2021，02：91-93.

[123] 张斌，马星霞，蒋明亮，等．古建筑木构件有机型防腐防虫剂制备及其效果［J］．林业科学，2021，57（8）：167-174.

[124] 刘铁成，陈有嗣，杨金琛，等．苯并异噻唑啉酮酰胺衍生物的合成及其对柞蚕链球菌的抑菌活性评价［J］．辽宁农业科学，2021，5：7-11.

[125] 张柏鸿，孙辉，张冲，等．异噻唑啉酮稳定剂的应用探索［J］．辽宁化工，2019，48（11）：1074-1075.

[126] 苏哲，林庆斌，王钢力，等．化妆品防腐剂甲基异噻唑啉酮的安全风险评估及技术法规要求最新进展［J］．香料香精化妆品，2019，2（1）：77-81.

[127] 李世昌，张龚敏，敖晓娟，等．异噻唑啉酮化合物的合成研究进展［J］．合成材料老化与应用，2018，47（4）：120-123.

[128] 刘国明，万梦雪，贾萌萌，等．异噻唑啉酮对土壤微生物杀灭效果及其影响因素初探［J］．土壤，2018，50（1）：101-108.

[129] 吕鹏，徐嘉擎，王森，等．杀菌剂苯并异噻唑啉酮对斑马鱼胚胎的急性毒性和氧化应激效应研究［J］．生物技术通报，2018，34（1）：172-182.

[130] 李文浩，葛军均，陈小娟，等．苯丙建筑乳液的 ORP 值对异噻唑啉酮类杀菌剂稳定性的影响

［J］．中国涂料，2018，33（01）：44-49.
［131］ 纪纯阳．百菌清对杨树烂皮病的抑制机理初步分析［J］．内蒙古林业调查设计，2022，45（1）：61-63.
［132］ 蔡波，方焱，孟瑞，等．溴甲烷熏蒸处理椰子木蛾技术研究［J］．湖北农业科学，2021，60（2）：271-274.
［133］ 曹坳程，方文生，王秋霞，等．氯化苦的生态毒理效应［J］．世界农药，2020，42（10）：32-35.
［134］ 钱嘉琚，崔家华群，贾金平．对二氯苯的毒理学研究进展［J］．生态毒理学报，2021，16（5）：228-237.
［135］ 蔡英强，王志强，孟凡民，等．国内二氯乙烷与氯乙烯产业发展现状［J］．精细与专用化学品，2017，25（8）：15-18.
［136］ 王治国．卤代甘脲衍生物的合成及杀菌活性［J］．化学试剂，2020，42（3）：264-268.
［137］ 王芊芊，翟连杰，杨晓哲，等．二氯乙二肟合成及其含能衍生物研究进展［J］．含能材料，2021，29（8）：771-780.
［138］ 潘旭东，左 鹏，杨喻，等．有机胍用作海生物抑制剂的性能评价［J］．工业水处理，2022，42（5）：140-142.
［139］ 杨正丽，洪新宇．聚六亚甲基胍毒性研究进展［J］．环境与职业医学，2022，39（1）：99-103.
［140］ 董琛，李丹丹，张志勇，等．食品外包装材料的真菌抑制剂筛选及复配研究［J］．食品工业科技，2021，42（16）：83-90.
［141］ 徐文哲，陈会娜，宁伟超，等．聚己双胍敷料在压力性损伤创面护理中的应用效果探讨［1］．上海护理：2021，21（10）：4-7.
［142］ 李俊，李运玲，王志飞，等．烷基胍表面活性剂杀菌剂的研究进展［J］．日用化学品科学，2020，43（3）：16-19.
［143］ 刘呈坤，江志威，毛雪，等．常见抗菌材料的研究进展［J］．西安工程大学学报，2020，34（162）：37-44.
［144］ 颜瑞，周迎梅 ，王田田，等．胍基化合物的分类及制备方法［J］．生物化工，2019，5（2）：154-156.
［145］ 王亚魁，鞠洪斌，耿涛，等．有机反离子十六烷基三甲基铵的表面活性及应用性能［J］．日用化学工业，2022（2）：117-122.
［146］ 张利兰，覃存立，钱瑶，等．季铵盐抗菌剂在环境中的迁移转化行为及其毒性效应［J］．环境科学，2022（5）：1-12.
［147］ 胥聪敏，陈月清，朱文胜，等．不同杀菌剂对混合菌生物膜杀菌缓蚀剥离效果的影响［J］．钢铁研究学报，2022（7）：1-10.
［148］ 王春梅，李琳．杀菌剂在漱口水中的应用研究［J］．口腔护理用品工业，2021，31（5）：20-23.
［149］ 陈小轲，谭玉静，魏婉妮，等．苯扎氯铵在纺织品中的应用及检测［J］．纺织检测与标准，2021（5）：1-4.
［150］ 姜亚洁，鞠洪斌，王亚魁，等．中国季铵盐消毒杀菌剂现状及发展方向［J］．日用化学品科学，2020，43（3）：1-3.
［151］ 马生妍，周学章．月桂酸单甘油酯（GML）对致病性念珠菌生物被膜的作用［J］．中国兽医学报，2020，40（8）：1536-1545.
［152］ 曾晖，李瑞，陈玉微，等．抑菌剂在洗衣凝珠中的应用及性能研究［J］．中国洗涤用品工业，2020（3）：62-67.
［153］ 张志国．一种新型广谱高效杀菌防腐剂 Triameen Y12D［J］．中国洗涤用品工业，2020（3）：26-31.

[154] 陈伟翰，谭佳佳，黄鸿章，等．新型眼用抑菌剂聚季铵盐-1的研究进展［J］．今日药学，2020，30（7）：498-500.

[155] 陈静，毛北萍，袁晓倩，等．高效液相色谱法同时测定化妆品中8种防腐剂［J］．香料香精化妆品，2020，10（5）：40-45.

[156] 宋金武，张丽蓉，金贻芳，等．季铵盐与六亚甲基四胺协同杀菌效果观察［J］．广东化工，2019，46（408）：36-37.

[157] 谭晓延．季铵盐阳离子调理剂在护发产品中的应用［J］．广东化工，2019，46（402）：43-45.

[158] 王丹锋，柴欣生，陈春霞，等．卫生用品中苄索氯铵用量对杀菌效果的影响［J］．造纸科学与技术，2018，37（2）：43-47.

[159] 王小娟．抗菌剂的分类及应用［J］. 染整技术，2018，40（7）：14-17.

[160] 张卓娜，孙琦，杨艳伟．国内市场季铵盐类消毒剂使用情况调查［J］．中国消毒学杂志，2018，35（1）：23-25.

[161] 王丹锋，柴欣生．苄索氯铵与聚六亚甲基双胍协同杀菌效果的评价［J］．造纸科学与技术，2018，37（5）：43-47.

[162] 高振杰，郭锡钦．α-单月桂酸甘油酯对致病菌的抑制作用［J］．添加剂世界，2019（6）：49-52.

[163] 崔岩，张焯然，张文静，等．N-苯基马来酰亚胺合成方法研究进展［J］．山东化工，2019（48）：70-72.

[164] 姚周麟，章虎，韶辉，等．抑霉唑手性异构体及其代谢物在柑橘贮藏中的选择性行为［J］．农药学学报，2022，24（1）：142-151.

[165] 刘敏，覃礼堂，莫凌云，等．4种唑类杀菌剂对蛋白核小球藻的急性毒性及其致毒机理［J］．生态毒理学报，2021，16（4）：301-310.

[166] 宋江燕，李方鸿，吴根义，等．氯咪巴唑在臭氧降解过程中的影响因素及其降解产物［J］．环境科学研发，2022，35（2）：478-486.

[167] 张斌，马星霞，张景朋，等．含石蜡水基型有机木材保护复合制剂的性能研究［J］．浙江农林大学学报，2022，39（2）：423-429.

[168] 蒋明亮，李晓文，马星霞，等．丙环唑/戊唑醇处理材的野外耐久性能评价［J］．木材工业，2018，32（6）：9-12.

[169] 刘迪，郭清泉，赵海山，等．丁香酚抗马拉色菌活性、细胞毒性及抑菌机制研究［J］．广东工业大学学报，2021，38（2）：88-93.

[170] 方利敏，聂旭亮，上官新晨，等．烯唑醇配合物抑菌稳定性研究［J］．江西农业大学学报，2019，41（5）：924-929.

[171] 黄泽彬，冯文超，刘丽瑜，等．戊唑醇与Cu（Ⅱ）、Zn（Ⅱ）配合物的合成及其抗霉菌性能研究［J］．工业微生物，2021，51（5）：31-35.

[172] 杨士杰，占军平．戊唑醇对不同病原菌的抑菌效果［J］．河北农业科学，2018，22（4）：36-39.

[173] 孙保库，范会生，潘学龙，等．基于丙烯酸酯树脂的无铜自抛光防污涂料研制［J］．表面技术，2022，51（1）：280-286.

[174] 于雪艳，王科，陈正涛，等．不含铜类防污剂海洋防污涂料研制及性能［J］．表面技术，2017，46（12）：11-17.

[175] 裴和瑛，曹巍．咯菌腈合成方法述评［J］．农药，2020，59（12）：915-917.

[176] 张静静，曹猛猛．杀菌剂氟环唑研究现状［J］．河南农业，2019（14）：64.

[177] 杜乐，喻世静，殷智鑫，等．硝基咪唑类药物的研究进展［J］．化学世界，2020，61（2）：92-98.

[178] 方利敏，汪流伟，熊丹，等．三唑类农药及其金属配合物对病原真菌抑制效果研究［J］．生物灾害科学，2020，43（1）：19-25.

[179] 陈欢，范东斌，杨昇．三唑基豆粕胶黏剂的防霉交联剂合成及应用［J］．森林与环境学报，2020，40（6）：662-666.
[180] 李晓天，任达，高卫，等．邻苯二甲酰亚胺类衍生物的合成及杀菌活性评价［J］．河北农业大学学报，2020，43（5）：73-78.
[181] 孙坤，吴新．多发性硬化症治疗新药富马酸二甲酯的研究进展［J］．科学技术创新，2019（17）：15-16.
[182] 董玻榕，苗建军，郭春华，等．苯甲酸、富马酸及其复合酸对常见致病菌体外抑菌效果的研究［J］．西南民族大学学报，2019，45（1）：36-41.
[183] 杨淑玮，曹琳，屈文婷．“无添加”防腐剂复配体系抑菌微生物应用试验［J］．工业微生物，2021，51（5）：40-43.
[184] 谈晨刚，庄孟芙，江俊华．新型防腐方案在膏霜体系中的性能研究［J］．香料香精化妆品，2018，12（6）：41-46.
[185] 李欣航，张金龙，毕永贤，等．无尼泊金酯类化妆品防腐体系的应用研究［J］．日用化学品科学，2018，41（8）：14-21.
[186] 庄孟芙，向立群，江俊华．山梨坦辛酸酯在个人护理产品中的防腐协同增效作用研究［J］．中国洗涤用品工业，2017（6）：39-43.
[187] 李阳，邓伶俐，徐晓卉，等．月 桂酰精氨酸乙酯盐酸盐复配保鲜剂对青椒保鲜效果的影响［J］. 食品科学，2020，41（11）：201-206.
[188] 李阳，徐晓卉，李杨，等．*N*-α-月桂酰-L-腐精败氨菌酸的乙抑酯菌盐活酸性盐对 5 种果蔬腐败菌的抑菌活性［J］．食品与机械，2018（7）：127-131.
[189] 王金平，张咪．宠物臭味及除臭剂应用的研究［J］．中国洗涤用品工业，2019（12）：67-70.
[190] 魏兰芬，苏裕心，李杰，等．过氧化氢-乙醇消毒液对噬菌体和脊髓灰质炎病毒灭活效果的比较［J］．中国消毒学杂志，2022，39（5）：321-323.
[191] 苏伟东．过氧化氢消毒剂应用研究进展［J］．中国消毒学杂志，2019，36（2）：150-153.
[192] 张天翼．洗护市场消毒技术原理与应用［J］．中国洗涤用品工业，2021，9（246）：56-62.
[193] 王欢欢，王家新，郑鹏．过氧乙酸和来苏尔对大肠杆菌杀灭效果的比较研究［J］．上海畜牧兽医通讯，2019（5）：42-45.
[194] 闫雷雷，杨涛．次氯酸消毒剂的研究进展及应用［J］．中国洗涤用品工业，2022（3）：43-46.
[195] 卫甲鑫，侯玉琴，叶月美，等．次氯酸钠与次氯酸消毒剂的人体和环境生态毒理学比较分析［J］．中国消毒学杂志，2021，38（4）：296-299.
[196] 李丹．4 种常用消毒剂应用浅析［J］．中国洗涤用品工业，2020（3）：253-255.
[197] 闫雷雷，杨涛．次氯酸消毒剂的研究进展及应用［J］．中国洗涤用品工业，2022（3）：43-47.
[198] 程亚光，辛鹏举，苏静，等．次氯酸对微生物作用的研究现状［J］．中国消毒学杂志，2019，36（6）：470-474.
[199] 孙鹏，唐国明，杨祎宁．等．以沸石为载体缓释型二氧化氯除菌卡［J］．哈尔滨理工大学学报，2022，27（4）：92-97.
[200] 王妍彦，张流波．低浓度二氧化氯消毒研究现状［J］．中国消毒学杂志，2019，36（2）：147-150.
[201] 高树珍，张帆，唐蓉蓉．氯胺类抗菌剂的合成及亚麻抗菌织物的制备［J］．上海纺织科技，2020，48（3）：41-45.
[202] 杨盟飞，沈冲，马会强，等．过氧化脲最新研究进展［J］．化学推进剂与高分子材料，2021，19（2）：38-42.
[203] 王一珂，陶向，马欣荣．新型消毒剂过碳酸钠灭菌对烟草种子萌发和无菌苗生长的影响［J］. 中国农学通报，2018，34（10）：43-47.
[204] 刘伯承，王慧，刘俊琦，等．不同条件对过硫酸氢钾复合粉杀菌效果的影响研究［J］．湖南畜

牧兽医，2021，6（226）：34-36.
[205] 高倩．温度、水硬度、有机干扰物对过硫酸氢钾复合粉杀菌效果影响的研究［J］．中国洗涤用品工业，2021，9（246）：64-68.
[206] 秦实宏，梅子夷．臭氧应用的研究述评［J］．武汉工程大学学报，2021，43（2）：148-153.
[207] 彭红，周刚，施庆珊．臭氧不同作用方式杀菌效果比较［J］．中国消毒学杂志，2017，34（9）：827-829.
[208] 刘志轩，王印庚，张正，等．几种消毒剂对凡纳滨对虾致病性弧菌的杀灭作用［J］．渔业科学进展，2018，39（3）：112-119.
[209] 罗嵩，邱天，张淼，等．我国碘类消毒剂产品现状调查［J］．中国消毒学杂志，2018.35（8）：573-575.
[210] 唐晨晨，孙巍，王玲，等．常用碘伏制品的杀菌性能研究［J］．江苏预防医学，2019，30（1）：13-14.
[211] 庞滋东，罗丽君，胡燕，等．4 种常用消毒剂对布鲁氏菌消毒效果的比较［J］．中国兽医杂志，2021，57（9）：48-57.
[212] 胡正华，章廊，杜满君．二氯异氰尿酸钠对饮水消毒效果的评价［J］．中国畜牧业，2019（6）：48-50.
[213] 闫雪莹，吴德生，刘素纯，等．三氯异氰尿酸应用研究现状及进展［J］．中国消毒学杂志，2018，35（3）：221-223.
[214] 谢永广，魏朝宇，魏秀英，等．4 种水产消毒剂对棘胸蛙蝌蚪急性毒性研究［J］．水产科学，2021（9）：1-8.
[215] 高桥和宏（日），岳霄译．活用亚氯酸钠清洗杀菌的可能性［J］．中国洗涤用品工业，2021，3（240）：62-65.
[216] 黄江峰，邓勇辉，饶毅，等．环烷酸铜对离体小瓜虫杀灭效果的研究［J］．江西水产科技，2015（2）：30-32.
[217] 覃斌，梁哨，李权，等．不同防腐剂处理马尾松边材防腐性能研究［J］．林产工业，2020，57（2）：22-26.
[218] 晏家友，杜亚楠，李书伟，等．饲料级柠檬酸铜对大肠杆菌和沙门氏菌的体外抑菌作用［J］．中国畜牧杂志，2022，58（1）：206-208.
[219] 鲍敏振，于文吉，陈玉和，等．铜唑防腐剂对杨木重组木防腐性能及物理力学性能的影响［J］．浙江农林大学学报，2020，37（1）：165-170.
[220] 马娜娜，张楠，孔玲，等．硫柳汞对秀丽隐杆线虫神经行为及生长发育的影响［J］．毒理学杂志，2017，31（2）：88-93.
[221] 郭正东，卞阳阳，刘晓迁，等．氢氧化钙抑制耐甲氧西林金黄色葡萄球菌的机制研究［J］．海南医学院学报，2022，28（5）：339-343.
[222] 姚永丽，高志恒，鲍亮，等．蓖麻醇酸锌在除臭方面的应用［J］．中国洗涤用品工业，2011（5）：48-50.
[223] 闫峥，费春楠，魏秋华．纳米二氧化钛抗菌应用及性能改善研究［J］．中国消毒学杂志，2022，39（6）：464-467.
[224] 陈河，彭富昌，赵韩东，等．纳米二氧化钛的抗菌性能及其在防护产品中的应用［J］．精细与专用化学品，2021，29（5）：4-9.
[225] 付霞丽，郑紫方，马志倩，等．酸性硫酸钙对临床常见致病微生物的杀灭能力［J］．中国农业科学，2021，54（13）：2906-2915.
[226] 王 劲，于礼，刘国栋，等．酸性硫酸钙杀菌性能试验研究［J］．中国消毒学杂志，2017，34（5）：410-411.
[227] 张晓丽 ，樊树理 ，张利平 ，等．酸性硫酸钙杀菌效果及其安全性研究［J］．包头医学院学报，

2016，32（9）：23-24.
[228] 叶明富，王标，孔祥荣，等．纳米硫氰酸亚铜制备与应用［J］．化工新型材料，2017，45（9）：229-231.
[229] 杨澜，沈雷，马雷，等．纳米氧化铜的生物毒性作用［J］．中国科技信息，2020（2）：95-97.
[230] 黄鹏杰，郑敏，郑康，等．小尺寸氧化铜的制备及其抗菌性能研究［J］．印染助剂，2019，36（1）：25-27.
[231] 曹京宜，唐建华，付婷，等．含氧化亚铜和有机防污剂的两种防污涂层失效过程对比［J］．中国表面工程，2019，32（6）：105-112.
[232] 杨步君，于少明．纳米氧化亚铜的制备及其抑菌性研究［J］．安徽化工，2018，44（1）：32-35.
[233] 王琦，胡长鹰，等．纳米铜食品抗菌包装材料的研究进展［J］．包装工程，2019，40（5）：64-69.
[234] 蒋建清，章水龙，杨新勇，等．纳米铜离子抗菌纱线纺纱工艺探析［J］．现代纺织技术，2020，28（1）：27-30.
[235] 罗云云，邓岳松，陶业，等．硫酸铜对水产动物的毒性研究现状［J］．河北渔业，2021，1（325）：38-43.
[236] 王秋实，王乐，裴月，等．硫酸铜对梭鲈幼鱼的急性毒性及其对车轮虫的灭杀作用［J］．水产学杂志，2018，31（1）：17-20.
[237] 李马成，黄勇，李林，等．纳米氧化锌抑菌机理及影响因素研究进展［J］．饲料研究，2021（6）：147-149.
[238] 张凤兰，苏哲，吴景，等．纳米氧化锌安全性评价及化妆品法规管理现状［J］．中国药事，2018，32（7）：983-990.
[239] 李开成，胡容平．磷酸锌的研究进展［J］．企业科技与发展，2021，7（477）：29-31.
[240] 王思博．锌基抗菌材料研究进展［J］．生物化工，2022，8（3）：162-166.
[241] 严杰，刘维．银离子在消毒卫生用品及化妆品中的应用研究［J］．中国洗涤用品工业，2020（3）：224-229.
[242] 朱新华，等. 医用银离子抗菌水凝胶敷料的制备及性能研究［J］. 当代化工，2019，48（10）：2257-2260.
[243] 刘金芳，孙榕尉，王文豪，等．磷酸银复合材料在催化及抗菌方面的研究进展［J］．广州化学，2020，45（3）：53-58.
[244] 朱凌娇，李倩，吴玲玲．有机锡化合物对生物的毒性效应的研究进展［J］．四川环境，2017，36（2）：161-165.
[245] 刘晓东，王韩信，苏明. 环境激素对鱼类生殖毒性的研究进展［J］．水产科技情报，2021，48（5）：281-287.
[246] 饶玲丽．探究无机非金属抗菌材料及其发展趋势［J］．冶金与材料，2018，38（6）：37-40.
[247] 韩双双，谭周倩，黄晓德，等. 异硫氰酸丙烯酯毒杀松材线虫作用机制初步研究［J］．农药学学报，2020，22（1）：48-53.
[248] 李迎宾，曹永松，罗来鑫，等．异硫氰酸烯丙酯的农用活性与应用研究进展［J］．植物保护，2018，44（5）：108-119.
[249] 赵成龙，王素春，庄青叶，等．兽医生物制品中常用灭活剂和冻干保护剂研究进展［J］．中国动物检疫，2021，38（8）：69-74.
[250] 朱建民，刘兆滨，董振鹏，等．环氧乙烷灭菌现状与发展［J］．中国消毒学杂志，2021，38（5）：373-376.
[251] 邹从霞．环氧乙烷灭菌原理及影响灭菌效果的因素［J］．计量与测试技术，2018，45（8）：65-66.

[252] 高亮，闫晓彤，刘斌雄，等．杀菌技术在控制巴旦木中沙门氏菌的研究进展［J］．食品工业科技，2021，42（23）：394-398.

[253] 王佳宇，胡文忠，管玉格，等．柠檬烯抑菌机理及其在果蔬保鲜中应用的研究进展［J］. 食品工业科技，2021，42（14）：414-418.

[254] 刘雪，王静楠，陈文学，等．柠檬烯对铜绿假单胞菌的抑菌活性及其机理［J］．食品工业科技，2018，39（7）：1-4.

[255] 黄淑明，于田，龚盛昭，等．去屑功效评价研究［J］．香料香精化妆品，2021，8（4）：64-67.

[256] 王佳宇，胡文忠，管玉格，等．乳酸链球菌素抑菌机理及在食品保鲜中的研究进展［J］．食品工业科技，2021（3）：346-350.

[257] 李梵．乳酸链球菌素的研究进展［J］．现代食品，2019（8）：13-16.

[258] 耿俊强，刘辰澍，郝艺琳，等．纸质档案绿色抑菌剂的筛选及应用研究［J］．档案学研究，2022（1）：130-135.

[259] 孙成行，张福娟，王延平．纳他霉素的应用与检测方法研究进展［J］．中国食品添加剂，2017（3）：178-182.

[260] 赵荣文，谭丽萍，刘同军．溶菌酶及其应用研究进展［J］．齐鲁工业大学学报，2021（2）：12-18.

[261] 张新帅，阮瑶，刘武康，等．致病菌抵抗溶菌酶机制的研究进展［J］．食品科学，2020，41（17）：298-306.

[262] 朱燕莉，王正莉，王卫，等．天然食品防腐剂的抑菌机理研究进展［J］．中国调味品，2021，46（9）：176-180.

[263] 王赢，牛广财，张东杰，等．壳聚糖基抗菌保鲜膜制备工艺的优化［J］．保鲜与加工，2020，20（2）：22-27，34.

[264] 俞娟，徐俊华，范一民．壳聚糖抗菌性能研究进展［J］．林业工程学报，2018，3（5）：20-27.

[265] 丁佩建，曹黎鑫，贾非，等. 光环境下 Irgarol 1051 与紫外辐射对不同粒径硅藻光系统Ⅱ的耦合效应［J］．海洋科学，2022，46（1）：123-129.

[266] 胡思嘉，李新福，熊强．ε-聚赖氨酸作为天然防腐剂在食品中的应用研究进展［J］．食品工业科技，2022，43（6）：452-459.

[267] 郑中博，丛远华，冯春波．聚赖氨酸在化妆品中的防腐效能研究［J］．广东化工，2021，48（435）：25-26.

[268] 柳芬芳，李迎秋．ε-聚赖氨酸抗菌特性及应用研究进展［J］．中国调味品，2021，46（4）：183-186.

[269] 何继超，莫崧鹰，黄戴宇，等．纺织品中氯菊酯含量对驱蚊效果的影响探讨［J］．染整技术，2019（10）：77-80.

[270] 曾军杰，张小军，陈思．鱼精蛋白的应用研究［J］．现代农业科技，2019（3）：216-220.

[271] 方国飞，周艳涛，于治军，等．四种杀虫剂对松沫蝉若虫室内毒杀效果［J］．中国森林病虫，2016，35（4）：39-41.

[272] 王为中，孙小涵．新型防治白蚁吡咯类杀虫剂溴虫腈合成与发展［J］．华中昆虫研究，2015，11：126-130.

[273] 李洪宇，刘扬科，何涛，等．抗菌肽抗菌活性评价及应用研究进展［J］．饲料博览，2022（3）：18-21.

[274] 王小方，李燕，冯红燕，等．抗菌肽抗病毒作用机制研究进展［J］．新乡医学院学报，2021，38（9）：884-889.

[275] 时志琪，连凯琪，林正丹，等．抗菌肽杀菌效果、机制研究方法进展［J］．中国畜禽种业，2020（11）：52-53.

[276] 何继超，莫崧鹰，汤蓓蓓，等．应用避蚊胺和氯菊酯在纺织服装中驱蚊效果的探讨［J］．纺织

导报，2019（5）：95-98.

［277］ 彭常安，陶福基，李鑫，等．尿囊素应用研究进展［J］．安徽农学通报，2022，27（22）：114-116.

［278］ 董友明，王娜，薛秋霞，等．竹材防霉研究现状及展望［J］．林业工程学报，2023，8（6）：24-32.

［279］ 韩玉淳，毅琳．长效抗菌材料的研究现状与展望［J］．化学学报，2023（81）：1196-1201.

［280］ 侯晓杰，薛宝霞 2，刘书浩，等．载银二氧化硅改性硅橡胶的抗菌性能和生物安全性［J］．高分子材料科学与工程，2023，38（2）：111-116.

［281］ Jacobson A H，Willingham G L．Sea-nine antifoulant：anenvironmentally acceptable alternative to organotin antifoulants［J］．The Science of the Total Environment，2000，258（1）：103-110.

［282］ Katarina Abrahamsson，Anja Ekdahl．Volatile halogenated compound and chlorophenols in the Skagerrak［J］．Journal of Sea Research，1996（35）：73-79.

［283］ Charles F F．Vapor phase hydrogen peroxide inhibits postharvest decay of table grapes［J］．Horst Science，1991，26（12）：1512-1514.

［284］ Elsmore R．Development of bromine chemistry in con-trolling microbial growth in water systems［J］．IntBicdeterior Biogegrad，1994，33（3）：245.

［285］ D John Faulkner．Marine natural products［J］．Nat prod Rep，1999（16）：155-198.

［286］ David J，Adrew G．Process for the preparation of pyrimidine compound［J］．Esticide，2005，7（21）：98-102.

［287］ Britton E C．Mehthod for purification of ortho-phenyl-phenol［P］．USP 835755，1930.

［288］ Bradford M M．A rapid and sensitive method for the quantitation of icrogram quantities of protein utilizing the principle of proteindye binding［J］．Anal Biochem，1976，72：248-254.

［289］ Atlantic R．Charring polymers and moldable compositions containing them［P］．JP 60217217，1985.

［290］ Blacow N W，Wade A M．The extra pharmacopoeia．28rd．London：The Pharmaceutical Press，1982.

［291］ Mozaffarzogh M，Misaghi A，Shahbazi Y，et al．Evaluation of probiotic carboxymethyl cellulose-sodium caseinate films and their application in extending shelf life quality of fresh trout fillets［J］．Lwt，2020（126）：109305.

［292］ Sabio L，González A，Ramírez-Rodríguez G B，et al．Probiotic cellulose：Antibiotic-free biomaterials with enhanced antibacterial activity［J］．Acta Biomaterialia，2021（124）：244-253.

［293］ Diez-Gutiérrez L，San Vicente L，Barrón L J R，et al．Gamma-aminobutyric acid and probiotics：Multiple health benefits and their future in the global functional food and nutraceuticals market［J］．Journal of Functional Foods，2020（64）：103669.

［294］ Roberts D，Reyes V，Bonilla F，et al．Viability of Lactobacillus plantarum NCIMB 8826 in fermented apple juice under simulated gastric and intestinal conditions［J］．Lwt，2018（97）：144-150.

［295］ Walencka E，Różalska S，Sadowska B，et al．The influence of Lactobacillus acidophilus-derived surfactants on staphylococcal adhesion and biofilm formation［J］．Folia microbiologica，2008（53）：61-66.